WILEY

船舶与海洋工程翻译出版计划

Fundamentals of Acoustics

# 声学基础

〔美〕劳伦斯·E·金斯勒（Lawrence E. Kinsler）
〔美〕奥斯汀·R·弗雷（Austin R. Frey）
〔美〕艾伦·B·科彭斯（Alan B. Coppens）
〔美〕詹姆斯·V·桑德斯（James V. Sanders）
著
张 超 肖 妍 王 曼 刘永伟 译

哈尔滨工程大学出版社
Harbin Engineering University Press

黑版贸登字 08-2024-010 号



**图书在版编目(CIP)数据**

声学基础 / (美) 劳伦斯 · E. 金斯勒 (Lawrence E. Kinsler) 等著 ; 张超等译. -- 哈尔滨 : 哈尔滨工程大学出版社, 2024. 6. -- ISBN 978-7-5661-4351-8

Ⅰ. O42

中国国家版本馆 CIP 数据核字第 202413LF76 号

**声学基础**
SHENGXUE JICHU

**选题策划** 石 岭
**责任编辑** 丁月华
**封面设计** 李海波

---

**出版发行** 哈尔滨工程大学出版社
**社　　址** 哈尔滨市南岗区南通大街 145 号
**邮政编码** 150001
**发行电话** 0451-82519328
**传　　真** 0451-82519699
**经　　销** 新华书店
**印　　刷** 哈尔滨午阳印刷有限公司
**开　　本** 787 mm×1 092 mm 1/16
**印　　张** 29.25
**字　　数** 729 千字
**版　　次** 2024 年 6 月第 1 版
**印　　次** 2024 年 6 月第 1 次印刷
**书　　号** ISBN 978-7-5661-4351-8
**定　　价** 178.00 元

http://www.hrbeupress.com
E-mail:heupress@hrbeu.edu.cn

# 前　言

这部书久负盛名要归功于最初的两位作者 Lawrence Kinsler 和 Austin Frey，他们均已故去。接受 Austin 委托准备第三版时，我们的目标是在保持前两版风格和精髓的基础上对文本进行更新。本书多次入选本科生高年级课程和研究生入门课程，这表明我们的目标已经达到。

在此第四版中我们继续进行了信息更新并增加了新的素材。我们做了大量努力以提供更多的课后习题，习题总数已经从上一版本的 300 题左右增加到这一版本的 700 多题。如今台式电脑的普及使学生们能够处理许多过去由于解算过于烦琐和耗时而不适宜作为课程习题的问题，例如近似解的有效范围以及问题中各参数变化影响的数值分析。为了有效利用台式电脑这一新工具，我们增加了大量需要学生们使用电脑编程的习题（通常标注"C"）。任何一种方便的编程语言都可以解题，但带有良好绘图功能的软件将会使问题的处理更加容易。求解这些问题可以加深学生对声学及其应用的理解并同时提高计算机技能。

在第四版中我们所做的修改如下：(1) 为了帮助学生理解组织结构，也为了节省教师的时间，将所有公式、图、表格和课后习题都按照章节进行了编号，这样虽然看起来显得有些繁杂，但是这种结构化带来的优点远大于缺点。(2) 将关于发射和接收灵敏度的讨论移到了第 5 章，以便于早期麦克风厂家在关联实验中的应用。(3) 将声吸收和声源的章节进行了互换，以便在进行复杂的声吸收效应讨论之前，先对波束图进行讨论。(4) 在声吸收章节中增加了关于自由场和管道中声波衰减热传导效应的扩散方程的推导。(5) 将简正模式和波导的讨论合并为单独一章，扩展包含了圆柱形和球形腔内简正模式，以及介质层中的声传播。(6) 加强了对瞬态激励和正交性的考虑。(7) 增加了关于有限振幅声学和冲击波的章节，用以说明声学原理在一些主题中的应用，而这些主题在本科课程通常不会涉及。增加这些新章节，不是为了综述这些领域的进展，而是旨在介绍相关基础性的声学原理，说明如何将声学基础扩展到某些更复杂的问题。我们已经从自己的教学和研究领域中总结出了这些例子。(8) 附录得到了增强，以提供有关物理常数、基本超越函数（方程式、表格和图形）、热力学要素、弹性和黏度的更多信息。

新增加的内容一般出现在某些更高层级要求的部分。与第三版一样，我们在每章中对这些小节用星号进行了标识，在较低层级要求的入门课程中这些小节可以删除，这样的课程设置可以基于前 5 章或前 6 章，并从第 7 章和第 8 章选择相应的主题。除此之外，剩余章节彼此独立（只有几个例外，很容易处理），可以随意选择感兴趣的主题。

随着手持计算器的出现，教科书不再需要包含三角函数、指数函数和对数函数的表格。台式电脑和当前数学软件的应用使得在本书中没有必要包含更复杂的函数（贝塞尔函数等）表格，但是，在将这些函数编程进入手持计算器之前，函数表格仍是有用的，我们仍然鼓励学生们使用台式电脑编制附录中函数更精细的表格。另外,学生们也会发现编制像第 17 章冲击参数这类表格是非常有用的。

我们将不定时在我们的网站(www. wiley. com/college/kinsler)上发布最新消息,读者也可以在上面给我们发送消息,我们非常欢迎。

我们向那些曾经启迪我们、纠正我们错误认识和帮助过我们的人表示感谢,他们包括:我们的合著作者 Austin R. Frey 和 Lawrence E. Kinsler,我们的导师 James Mcgrath、Edwin Ressler、Robert T. Beyer 和 A. O. Williams,我们的同事 O. B. Wilson、Anthony Atchley、Steve Baker 和 Wayne M. Wright,以及我们很多的学生,包括 Lt. Thomas Green(编写了第 1~15 章很多课后计算机习题的程序)和 L. Miles 等。

最后,我们向 John Wiley & Sons 公司的给予我们帮助、建议和指导的人们表示衷心的感谢,他们在这版书的出版过程中发挥了重要作用,他们是:物理编辑 Stuart Johnson,制作编辑 Barbara Russiello,设计师 Kevin Murphy,编辑项目助理 Cathy Donovan 和 Tom Hempstead,以及手稿文本编辑 Christina della Bartolomea 和印刷校对 Gloria Hamilton。

Alan B. Coppens
**黑山,北卡罗莱纳州**
James V. Sanders
**蒙特雷,加利福尼亚州**

# 术语符号表

此表列出在书中出现时可能不再给出定义的一些符号。

| | |
|---|---|
| $a$ | 加速度;吸收系数(单位距离的 dB 数);赛宾吸收率 |
| $a_E$ | 随机入射能量吸收系数 |
| $A$ | 声吸收 |
| AG | 阵增益 |
| $b$ | 每次反弹的损失;衰减参数 |
| $b(\theta,\varphi)$ | 波束图 |
| $B$ | 磁场;电纳 |
| BL | 底部损失 |
| $\mathscr{B}$ | 绝热体积模量 |
| $\mathscr{B}_T$ | 等温体积模量 |
| $c$ | 声速 |
| $c_g$ | 群速度 |
| $c_p$ | 相速度 |
| $C$ | 电容;声顺;热容 |
| $C_{\mathscr{P}}$ | 等压热容 |
| $c_{\mathscr{P}}$ | 等压比热容 |
| $C_V$ | 等容热容 |
| $c_V$ | 等容比热容 |
| CNEL | 社区噪声等效级(dBA) |
| $d$ | 检测指数 |
| $d'$ | 可检测性指数 |
| $D$ | 指向性;偶极子强度 |
| DI | 指向性指数 |
| DNL | 检测噪声级 |
| DT | 检测阈 |
| $\mathscr{D}$ | 衍射因子 |
| $e$ | 比能 |
| $E$ | 总能量 |

| | |
|---|---|
| $E_k$ | 动能 |
| $E_p$ | 势能 |
| EL | 回声级 |
| $\mathscr{E}$ | 时间平均能量密度 |
| $\mathscr{E}_i$ | 瞬时能量密度 |
| $f$ | 瞬时力;频率(Hz) |
| $f_r$ | 谐振频率 |
| $f_u$,$f_l$ | 上、下半功率频率 |
| $F$ | 峰值力振幅;频率(kHz) |
| $F_e$ | 有效力幅值 |
| $g$ | 瞬态函数频谱密度;声速梯度;重力加速度;孔径函数 |
| $G$ | 电导 |
| $\mathscr{G}$ | 剪切模量 |
| $h$ | 比焓 |
| $H(\theta,\varphi)$ | 方向性因子 |
| $H(T_K)$ | 种群函数(群体函数) |
| $I$ | 时间平均声能密度;电流,有效电流幅值 |
| $I_{ref}$ | 参考声强 |
| $I(t)$ | 瞬时声强 |
| IIC | 冲击隔离等级 |
| IL | 强度级 |
| ISL | 强度谱级 |
| $\mathscr{T}$ | 时间平均强度谱级 |
| $\mathscr{T}(t)$ | 瞬时强度谱级 |
| $\mathscr{J}$ | 脉冲 |
| $k$ | 波数 |
| $\boldsymbol{k}$ | 传播矢量 |
| $k_B$ | 玻耳兹曼常数 |
| $k_c$,$k_m$ | 耦合系数 |
| $l$ | 不连续距离 |
| $L$ | 电感 |
| $L_A$ | A-计权声级(dBA) |
| $L_C$ | C-计权声级(dBC) |
| $L_d$ | 日间平均声级(dBA) |

| | |
|---|---|
| $L_{dn}$ | 昼夜平均声级(dBA) |
| $L_e$ | 傍晚平均声级(dBA) |
| $L_{eq}$ | 等效连续声级(dBA) |
| $L_{ex}$ | 噪声暴露级(dBA) |
| $L_{EPN}$ | 有效感知噪声级 |
| $L_h$ | 小时平均声级(dBA) |
| $L_I$ | 声强级(参考 $10^{-12}$ W/m$^2$) |
| $L_N$ | 响度级(方) |
| $L_n$ | 夜间平均声级(dBA) |
| $L_{TPN}$ | 音调校正感知噪声级 |
| $L_x$ | 超过 $x$%的声级(dBA,快速) |
| LNP | 噪声污染级(dBA) |
| $m$ | 质量 |
| $m_r$ | 辐射质量 |
| $M$ | 声惯性;弯曲力矩;分子质量;声马赫数,流动马赫数 |
| $\mathscr{M}$ | 传声器灵敏度 |
| $\mathscr{ML}$ | 传声器灵敏度级 |
| $\mathscr{M}_{ref}$ | 参考传声器灵敏度 |
| $N$ | 响度(宋) |
| NCB | 平衡噪声准则曲线 |
| NEF | 噪声暴露预测 |
| NL | 噪声级 |
| NR | 噪声衰减量 |
| NSL | 噪声谱级 |
| $p$ | 声压 |
| $P$ | 峰值声压幅值 |
| $P_e$ | 有效声压幅值 |
| $P_{ref}$ | 参考有效声压振幅 |
| PR | 私密级 |
| $Pr$ | 普朗特数 |
| PSL | 声压谱级 |
| PTS | 永久检测阈移位 |
| $\mathscr{P}$ | 静水压力 $P$ |
| $\mathscr{P}_0$ | 平衡静水压力 |

| | |
|---|---|
| $q$ | 电荷;源强度密度;热能;归一化声压($p^2/\rho_0c^2$) |
| $Q$ | 品质因数;源强度(体积速度幅值) |
| $r$ | 比气体常数;特征声阻抗;声阻率 |
| $r_t$ | 过渡距离 |
| $r_s$ | 跨度距离 |
| $R$ | 阻尼(声、电、机械);反射系数;曲率半径 |
| $Re$ | 雷诺数 |
| $\dot{R}$ | 距离变化率 |
| $R_m$ | 机械阻尼 |
| $R_r$ | 辐射阻 |
| $R_I$ | (声)强度反射系数 |
| $R_\Pi$ | 功率反射系数 |
| RL | 混响级 |
| ROC | 接收机工作特性 |
| $\mathscr{R}$ | 普适气体常数 |
| $s$ | 弹性常数;压缩比 |
| $sL$ | 表观(声)源级 |
| $S$ | 横截面积;表面积;盐度 |
| $S_A,S_B$ | 单位面积散射强度 |
| SENSL | 单一事件噪声暴露级 $L_{ex}$(dBA) |
| SIL | 语音干扰级 |
| SL | (声)源级 |
| SPL | 声压级 |
| SS | 海况 |
| SSL | (声)源谱级 |
| STC | 声传播等级 |
| $S_V$ | 单位体积散射强度 |
| SWR | 驻波比 |
| $S$ | 发射机灵敏度 |
| SL | 发射机灵敏度级 |
| $S_{ref}$ | 参考发射机灵敏度 |
| $T$ | 运动周期;温度;张力;透射系数;混响时间 |
| $T_I$ | (声)强度透射系数 |
| $T_K$ | 开尔文温度 |

| | |
|---|---|
| $T_{em}, T_{me}$ | 换能系数 |
| $T_{\Pi}$ | 功率透射系数 |
| TL | 传播损失 |
| TNI | 交通噪声指数(dBA) |
| TS | 目标强度 |
| $TS_R$ | 混响目标强度 |
| TTS | 暂时性检测阈移位 |
| $\mathscr{T}$ | 单位长度的膜应力(膜张力、拉紧力) |
| $\boldsymbol{u}$ | 质点速度 |
| $u$ | 质点速率 |
| $U$ | 质点速度振幅峰值;体积速度 |
| $U_e$ | 有效质点速度振幅 |
| $\boldsymbol{v}$ | 归一化质点速度($\boldsymbol{u}/c$) |
| $V$ | 体积;电压;有效电压幅值;体积位移 |
| VL | 电压级;噪声级(dBA) |
| $V_{ref}$ | 参考有效声电压幅值 |
| $W$ | 爆炸输出 |
| $x$ | 声抗率 |
| $X$ | 电抗 |
| $X_m$ | 机械抗 |
| $X_r$ | 辐射抗 |
| $y$ | 横向位移 |
| $Y$ | 导纳;杨氏模量 |
| $z$ | 声阻抗率 |
| $Z$ | 阻抗(声、电、机械) |
| $Z_m$ | 机械阻抗 |
| $Z_r$ | 辐射阻抗 |
| $\alpha$ | 空间吸收系数 |
| $\beta$ | 时间吸收系数;鉴别常数之半;一个非线性系数 |
| $\gamma$ | 热容比;衰减系数;一个非线性系数 |
| $\delta$ | 边界层厚度;表层厚度 |
| $\eta$ | 剪切黏滞系数;效率 |
| $\eta_B$ | 体黏滞系数 |
| $\eta_e$ | 等效黏滞系数 |

| | |
|---|---|
| $\theta$ | 入射角；相位角；掠射角；波束的水平宽度；仰角或俯角 |
| $\Theta$ | 阻抗相位角 |
| $\kappa$ | 热导率；回转半径；传播矢量的横向分量 |
| $\lambda$ | 波长 |
| $\Gamma$ | $c_0$ 倍的(声)程函数，Goldberg 数 |
| $\xi$ | 纵向质点位移 |
| $\Xi$ | $\xi$ 的幅值 |
| $\Pi$ | 时间平均功率 |
| $\Pi_{\mathrm{i}}$ | 瞬时平均功率 |
| $\rho$ | 瞬时密度($\mathrm{kg/m^3}$)；概率密度函数 |
| $\rho_0$ | 平衡密度 |
| $\rho_{\mathrm{L}}$ | 线密度(kg/m) |
| $\rho_S$ | 面密度($\mathrm{kg/m^2}$) |
| $\sigma$ | 泊松比；标准差；消声截面 |
| $\sigma_{\mathrm{S}}$ | 散射截面 |
| $\tau$ | 弛豫时间；脉冲持续时间；处理时间 |
| $\varphi$ | 转换因子；相位角；扭转角；匝数比；逆匝数比 |
| $\Phi$ | 速度势 |
| $\omega$ | 无阻尼固有角频率(rad/s)；带宽 |
| $\omega_0$ | 自然角频率 |
| $\omega_{\mathrm{d}}$ | 有阻尼固有角频率 |
| $\omega_{\mathrm{u}},\omega_{\mathrm{l}}$ | 上、下半功率角频率 |
| $\Omega$ | 立体角 |
| $\Omega_{\mathrm{eff}}$ | 有效立体角 |
| $\delta(v)$ | 关于 $v$ 的狄拉克 δ 函数 |
| $\delta_{nm}$ | 克罗内尔 δ 函数 |
| $1(v)$ | Heaviside 单位函数(单位阶跃函数) |

# 目　　录

# 第1章　振动基本原理

## 1.1　引　　言

开始讨论声学问题之前应该先确定一套单位系统。由于声学涵盖了众多理工学科,因此单位系统的选择并非易事。在各种文献中作者都使用他们各自熟悉领域内的常用单位,致使单位使用严重缺乏统一性。早期文献多数采用了CGS(centimeter-gram-second)单位,但也有相当数量的工程文献将公制和英制单位混用,电声学和水声学文献则普遍使用MKS(meter-kilogram-second)单位。在MKS系统基础上建立的国际单位制(Le Système International d'Unités,SI)被确定为标准单位系统,其是本书普遍采用的单位系统。CGS和SI单位之间的转换和对比见附录A1。

本书约定“log”表示以10为底的对数,“ln”表示以e为底的对数(自然对数)。

作为一门学科,声学可以定义为能量在介质中以振动波的形式产生、传播和接收。当流体或固体分子偏离其正常构型时,其内部就产生一种弹性回复力,例如弦被张紧时所产生的张力、流体被压缩时压力的增大以及张紧的电线上的一点被拉开一段横向距离时所产生的回复力,就是这种弹性回复力与系统惯性的共同作用使得物质可以来回振动因而产生并传播声波。

最常见的声学问题是与声音的感知相关的。对一般的年轻人来说,当振动扰动产生的声在20~20 000 Hz(1 Hz=1 r/s)频率范围内时能被听到,但从广义上说,声也包括频率在20 000 Hz以上的“超声”以及20 Hz以下的“次声”。声学振动有许多种,如音叉产生的简单正弦振动、提琴弦弯曲产生的复杂振动以及与爆炸相关的非周期运动等。研究振动最好从最简单的类型开始,即只有单一频率成分(一个纯音)的一维正弦振动。

## 1.2　单　振　子

将质量为$m$的物块连接到一个弹簧上并被约束只能在平行于弹簧的方向移动,再将其从静止位置稍微移开然后释放,该质量为$m$的物块就会振动。通过测量知道,质量为$m$的物块相对于其静止位置的位移是时间的正弦函数。这类正弦振动称为“简谐振动”(simple harmonic vibrations)。大量用于声学的振动器都可以用单振子模型建模。带负载的音叉或扬声器膜片的构造使其在低频时做整体运动,这是可以用单振子模型来模拟的两个简单例子。更复杂的振动系统也具有单振子的许多特性,因此在一级近似下也常常可以用单振子来模拟。

对于单振子运动方程的所有物理限制是:回复力直接正比于位移(胡克定律)、质量恒定及没有使运动衰减的损耗，在上述限制下，振动频率与振幅无关，振动是简谐的。

一些更复杂的振动，如声波在流体中的传播，也有类似的限制。如果声压大到不再与流体质点的位移成比例，就必须用更复杂的一般性方程代替通常的波动方程。对于一般强度的声则无此必要，因为即使是足球比赛赛场上这样大规模的人群产生的噪声也难以使空气分子有超过 0.1 mm 的位移，其仍然在单振子运动方程物理限制之内。然而，一次大爆炸产生的冲击波幅值则远远超过上述限制，此时通常的波动方程不再适用。

图 1.2.1 为由质量为 $m$ 的物块一端连接弹性系数为 $s$ 的弹簧组成的单振子示意图（弹簧另一端固定）。

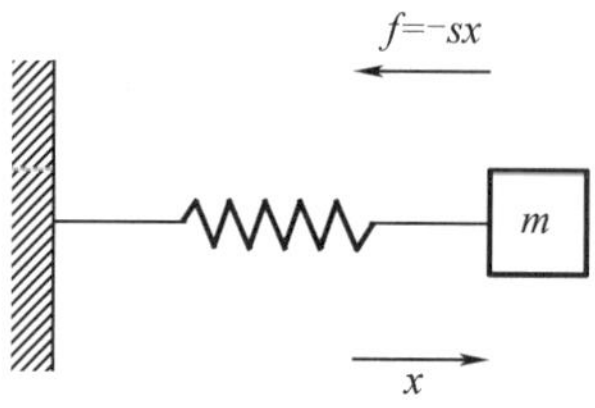


**图 1.2.1　由质量为 $m$ 的物块一端连接弹性系数为 $s$ 的弹簧组成的单振子示意图（弹簧另一端固定）。**

假设以牛顿（N）为单位的回复力 $f$ 可以用下面式子表示：

$$f=-sx \tag{1.2.1}$$

式中，$x$（单位为 m）为质量为 $m$（单位为 kg）的物块相对于其静止位置的位移；$s$ 为“刚度”或“弹性系数”，单位为 N/m，负号表示力与位移方向相反。线性运动的一般方程为

$$f=m\frac{\mathrm{d}^2x}{\mathrm{d}t^2} \tag{1.2.2}$$

式中，$\frac{\mathrm{d}^2x}{\mathrm{d}t^2}$为质量为 $m$ 的物块的加速度。将式（1.2.1）代入式（1.2.2）得

$$\frac{\mathrm{d}^2x}{\mathrm{d}t^2}+\frac{s}{m}x=0 \tag{1.2.3}$$

$s$ 和 $m$ 均为正，则可以定义一个常数，即

$$\omega_0^2=\frac{s}{m} \tag{1.2.4}$$

则式（1.2.3）可以写成下面形式：

$$\frac{\mathrm{d}^2x}{\mathrm{d}t^2}+\omega_0^2x=0 \tag{1.2.5}$$

这是一个重要的线性微分方程，可以由几种方法求其一般解。

一种方法是假设如下形式的试探解：

$$x=A_1\cos\gamma t \tag{1.2.6}$$

对其求微分并代入式（1.2.5）：如果 $\gamma=\omega_0$，则它是方程的解。类似地可以证明：

$$x=A_2\sin\omega_0 t \tag{1.2.7}$$

也是一个解。完整的一般解是这两个解之和，为

$$x=A_1\cos\omega_0 t+A_2\sin\omega_0 t \tag{1.2.8}$$

式中，$A_1$、$A_2$ 为任意常数；$\omega_0$ 为“自然角频率”，单位为 rad/s。由于一周为 2π 弧度，故以赫

兹(Hz)为单位的"固有频率 $f_0$"与自然角频率之间有下面关系：

$$f_0=\frac{\omega_0}{2\pi} \tag{1.2.9}$$

减小刚度或增大质量都可使频率降低。一个完整振动的周期 $T$ 为

$$T=\frac{1}{f_0} \tag{1.2.10}$$

## 1.3　初始条件

如果在 $t=0$ 时刻,质量为 $m$ 的物块有初位移 $x_0$ 和初速度 $u_0$,则任意常数 $A_1$、$A_2$ 就由这些初始条件所确定,质量在 $t=0$ 时刻以后的运动也完全是确定的。将 $t=0$ 时刻 $x=x_0$ 直接代入式(1.2.8)得 $A_1$ 等于初位移 $x_0$,将式(1.2.8)求导并将 $t=0$ 时刻的速度代入得 $u_0=\omega_0 A_2$,式(1.2.8)成为

$$x=x_0\cos\,\omega_0 t+\left(\frac{u_0}{\omega_0}\right)\sin\,\omega_0 t \tag{1.3.1}$$

令 $A_1=A\cos\,\varphi$,$A_2=-A\sin\,\varphi$,其中 $A$ 和 $\varphi$ 为两个新的任意常数,代入化简得式(1.2.8)的另一种形式,即

$$x=A\cos(\omega_0 t+\varphi) \tag{1.3.2}$$

式中,$A$ 为运动的幅值,$\varphi$ 为运动的初相位。$A$ 和 $\varphi$ 的值由初始条件确定,为

$$A=\left[x_0^2+\left(\frac{u_0}{\omega_0}\right)^2\right]^{1/2},\varphi=\arctan\left(-\frac{u_0}{\omega_0 x_0}\right) \tag{1.3.3}$$

式(1.3.2)求导得质量为 $m$ 的物块运动的速度为

$$u=-U\sin(\omega_0 t+\varphi) \tag{1.3.4}$$

式中,$U=\omega_0 A$,为速度振幅。加速度为

$$a=-\omega_0 U\cos(\omega_0 t+\varphi) \tag{1.3.5}$$

由式(1.3.1)至式(1.3.5)可见位移的相位落后于速度 90°(π/2 rad),加速度与位移相位相差 180°(π rad),如图 1.3.1 所示。

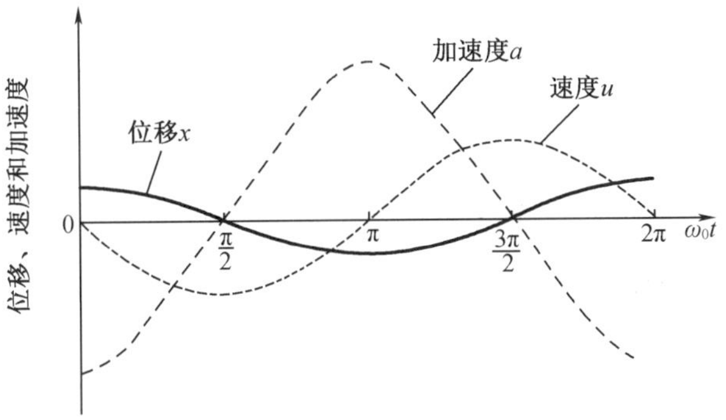


**图 1.3.1　单振子的速度 $u$ 始终比位移 $x$ 超前 90°,加速度 $a$ 和位移 $x$ 相位始终相差 180°,图中曲线对应于 $\varphi=0°$。**

## 1.4 振动的能量

系统的机械能 $E$ 为系统的势能 $E_p$ 与动能 $E_k$ 之和,势能是当质量为 $m$ 的物块离开静平衡位置时使弹簧发生形变所做的功。因为质量为 $m$ 的物块对弹簧的作用力沿位移方向等于 $+sx$,则储存在弹簧内的势能 $E_p$ 为

$$E_p = \int_0^x sx\mathrm{d}x = \frac{1}{2}sx^2 \tag{1.4.1}$$

位移 $x$ 采用式(1.3.2)的形式,得

$$E_p = \frac{1}{2}sA^2\cos^2(\omega_0 t+\varphi) \tag{1.4.2}$$

质量为 $m$ 的物块所具有的动能为

$$E_k = \frac{1}{2}mu^2 \tag{1.4.3}$$

利用式(1.3.4)中的 $u$,得

$$E_k = \frac{1}{2}mU^2\sin^2(\omega_0 t+\varphi) \tag{1.4.4}$$

系统的总能量为

$$E = E_p + E_k = \frac{1}{2}m\omega_0^2A^2 \tag{1.4.5}$$

其中,利用了 $s=m\omega_0^2$ 以及恒等式(1.4.5)。总能量也可以写成另一种形式,即

$$E = \frac{1}{2}sA^2 = \frac{1}{2}mU^2 \tag{1.4.6}$$

总能量是一个常数(与时间无关),等于最大势能(当质量为 $m$ 的物块处于最大位移并瞬时静止时)或最大动能(当质量为 $m$ 的物块以最大速度通过静平衡位置时)。由于假定系统不受外力,也没有任何摩擦力,所以总能量不随时间变化是很自然的结果。

如果以上各式中的其他所有量也用 MKS 单位制表示,则 $E_p$、$E_k$ 和 $E$ 的单位为焦耳(J)。

## 1.5 复指数复数解法

本书中复数通常用粗体字母表示,但不总如此,其中一个例外是定义 $\mathrm{j}\equiv\sqrt{-1}$。由于声学与工程应用之间存在许多相似之处,因此按照工程上的习惯,振荡函数随时间的变化用 $\exp(\mathrm{j}\omega t)$ 表示而不采用物理学中习惯使用的 $\exp(-\mathrm{i}\omega t)$ 表示。在很多情况下,看起来完全不同来源的表达式可以通过 j 到 -i 的变换来发现它们的一致性,有时这样做会导致复函数不同形式之间的互换,但通常根据上下文可以避免歧义。对复数不熟悉的读者可以参阅附录 A2 和 A3。

求解形如式(1.2.5)的线性微分方程,更通用也更灵活的一种方法是假定

$$\boldsymbol{x}=\boldsymbol{A}\mathrm{e}^{\gamma t} \tag{1.5.1}$$

将式(1.5.1)代入式(1.2.5),得 $\boldsymbol{\gamma}^2=-\omega_0^2$ 或 $\boldsymbol{\gamma}=\pm \mathrm{j}\omega_0$。于是一般解为

$$\boldsymbol{x}=\boldsymbol{A}_1\mathrm{e}^{\mathrm{j}\omega_0 t}+\boldsymbol{A}_2\mathrm{e}^{-\mathrm{j}\omega_0 t} \tag{1.5.2}$$

式中,$\boldsymbol{A}_1$、$\boldsymbol{A}_2$ 由初始条件 $\boldsymbol{x}(0)=x_0$ 和 $\mathrm{d}\boldsymbol{x}(0)/\mathrm{d}t=u_0$ 确定,由此导出两个方程为

$$\boldsymbol{A}_1+\boldsymbol{A}_2=x_0,\boldsymbol{A}_1-\boldsymbol{A}_2=\frac{u_0}{\mathrm{j}\omega_0}=-\frac{\mathrm{j}u_0}{\omega_0} \tag{1.5.3}$$

解得

$$\boldsymbol{A}_1=\frac{1}{2}\left(x_0-\frac{\mathrm{j}u_0}{\omega_0}\right),\boldsymbol{A}_2=\frac{1}{2}\left(x_0+\frac{\mathrm{j}u_0}{\omega_0}\right) \tag{1.5.4}$$

$\boldsymbol{A}_1$、$\boldsymbol{A}_2$ 为共轭复数,所以实际上只有两个常数 $a$ 和 $b$,其中 $\boldsymbol{A}_1=a-\mathrm{j}b$,$\boldsymbol{A}_2=a+\mathrm{j}b$。这样的结果是必然的,因为微分方程是二阶的,有两个独立的解,因此有两个任意常数,且要由两个初始条件来确定。将 $\boldsymbol{A}_1$、$\boldsymbol{A}_2$ 代入式(1.5.2)得

$$x=x_0\cos\,\omega_0 t+\left(\frac{u_0}{\omega_0}\right)\sin\,\omega_0 t \tag{1.5.5}$$

这与式(1.3.1)相同。两个初始条件均为实数,导致 $x$ 的虚部为零。

实际上并不需要将导致一般解虚部为零的数学过程走一遍,因为“复数解的实部本身就是原始的实微分方程的完整一般解”。于是,如果在式(1.5.2)中将 $\boldsymbol{A}_1$、$\boldsymbol{A}_2$ 写成 $\boldsymbol{A}_1=a_1-\mathrm{j}b_1$,$\boldsymbol{A}_2=a_2+\mathrm{j}b_2$,应用初始条件之前就可以通过取实部得到

$$\mathrm{Re}\{\boldsymbol{x}\}=(a_1+a_2)\cos\,\omega_0 t-(b_1-b_2)\sin\,\omega_0 t \tag{1.5.6}$$

再应用初始条件,得到 $a_1+a_2=x_0$ 和 $b_1-b_2=u_0/\omega_0$,于是 $\mathrm{Re}\{\boldsymbol{x}\}$ 同式(1.3.1)。同样,如果将位移写成复数形式,即

$$\boldsymbol{x}=\boldsymbol{A}\mathrm{e}^{\mathrm{j}\omega_0 t} \tag{1.5.7}$$

其中,$\boldsymbol{A}=a+\mathrm{j}b$,则由此得到的完整解只需考虑实部,为

$$\mathrm{Re}\{\boldsymbol{x}\}=a\cos\,\omega_0 t-b\sin\,\omega_0 t \tag{1.5.8}$$

本书将频繁采用式(1.5.7)形式,由该式可以容易地得到质量的复速度 $\boldsymbol{u}=\frac{\mathrm{d}\boldsymbol{x}}{\mathrm{d}t}$ 和复加速度 $\boldsymbol{a}=\frac{\mathrm{d}\boldsymbol{u}}{\mathrm{d}t}$。复速度为

$$\boldsymbol{u}=\mathrm{j}\omega_0\boldsymbol{A}\mathrm{e}^{\mathrm{j}\omega_0 t}=\mathrm{j}\omega_0\boldsymbol{x} \tag{1.5.9}$$

复加速度为

$$\boldsymbol{a}=-\omega_0^2\boldsymbol{A}\mathrm{e}^{\mathrm{j}\omega_0 t}=-\omega_0^2\boldsymbol{x} \tag{1.5.10}$$

表达式 $\exp(\mathrm{j}\omega_0 t)$ 可以看成复平面内以角速度 $\omega_0$ 逆时针旋转的单位长度相量。类似地,任意复数量 $\boldsymbol{A}=a+\mathrm{j}b$ 可以用长度为 $A=\sqrt{a^2+b^2}$、方向为由正实轴逆时针转过角度 $\varphi=\arctan\left(\frac{b}{a}\right)$ 的相量来表示。于是,乘积 $A\exp(\mathrm{j}\omega_0 t)$ 表示复平面内长度为 $A$、初相位角为 $\varphi$、以角速度 $\omega_0$ 逆时针旋转的相量(图 1.5.1),这个旋转相量的实部(即其在实轴上的投影)为

$$A\cos(\omega_0 t+\varphi) \tag{1.5.11}$$

并随时间谐和变化。

由式(1.5.9)可见,将 $\boldsymbol{x}$ 对时间微分得到 $\boldsymbol{u}=\mathrm{j}\omega_0\boldsymbol{x}$,因此代表速度的相量比代表位移的

相量相位超前 90°。这个相量向实轴的投影给出瞬时速度，速度的幅值为 $\omega_0 A$。由式(1.5.10)可知，代表加速度的相量 $\boldsymbol{a}$ 与位移相量有 π 或 180°的相位差。这个相量向实轴的投影给出瞬时加速度，加速度幅值为 $\omega_0^2 A$。

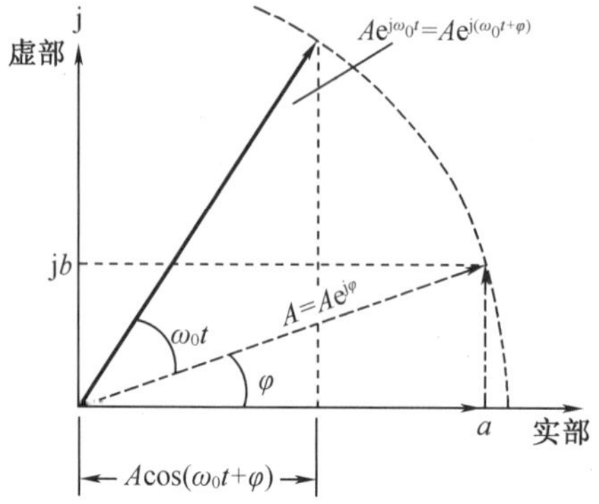


**图 1.5.1　向量 $A\exp[j(\omega_0 t+\varphi)]$ 的物理表示**

在本书中，一般都利用复指数方法分析问题。这种方法相比于三角函数解法的优点是数学过程简单得多，而且比较容易确定各个力学和声学变量之间的相位关系。但是，由复数解取实部时必须多加注意，确保得到的是正确的物理方程。

# 1.6　阻 尼 振 动

当真实物体被激起振动时总会产生耗散（摩擦）力，这些力有多种类型，取决于具体的振动系统，但它们总是导致振动衰减——自由振动幅值随时间减小。首先来考虑黏性摩擦力 $f_r$ 对单振子系统的影响。假定这样的力正比于物块的运动速度，力的方向是阻碍运动的方向，可以写成

$$f_r = -R_m \frac{dx}{dt} \tag{1.6.1}$$

其中，$R_m$ 为正的常数，称为系统的“机械阻尼”。显然机械阻尼单位为牛顿·米/秒(N·m/s)或千克/秒(kg/s)。

产生这种摩擦力的设备可以用一个阻尼器来表示（冲击吸收器），如图 1.6.1(a)所示，受到这种阻力的简谐振子通常用图 1.6.1(b)来表示。

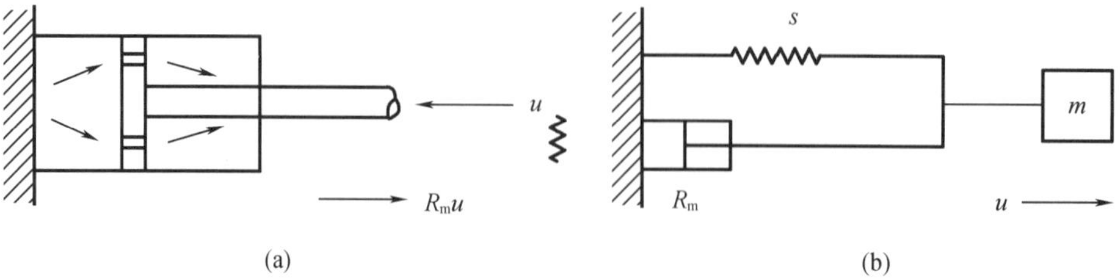


**图 1.6.1　(a)具有机械阻尼 $R_m$ 的阻尼器示意图；(b)由质量为 $m$ 的物块、弹性系数为 $s$ 的弹簧和机械阻尼为 $R_m$ 的阻尼器组成的自由振子示意图。**

考虑阻尼效应时，受刚性力 $-sx$ 约束的振子运动方程变为

$$m\frac{d^2x}{dt^2}+R_m\frac{dx}{dt}+sx=0 \tag{1.6.2}$$

各项除以 $m$ 并根据 $\omega_0=\sqrt{\frac{s}{m}}$ 得

$$\frac{d^2x}{dt^2}+\frac{R_m}{m}\frac{dx}{dt}+\omega_0^2x=0 \tag{1.6.3}$$

这个方程可以用复指数方法求解，假定将如下形式的解：

$$\boldsymbol{x}=\boldsymbol{A}e^{j\gamma t} \tag{1.6.4}$$

代入式（1.6.3）得

$$\left[\boldsymbol{\gamma}^2+\left(\frac{R_m}{m}\right)\boldsymbol{\gamma}+\omega_0^2\right]\boldsymbol{A}e^{j\gamma t}=0 \tag{1.6.5}$$

此时该解必对所有时间成立，则必有

$$\boldsymbol{\gamma}^2+\left(\frac{R_m}{m}\right)\boldsymbol{\gamma}+\omega_0^2=0 \tag{1.6.6}$$

或

$$\boldsymbol{\gamma}=-\beta\pm(\beta^2-\omega_0^2)^{1/2} \tag{1.6.7}$$

$$\beta=\frac{R_m}{2m} \tag{1.6.8}$$

式中，$\beta$ 表示时间吸收系数。大多数重要的声学应用中阻尼都足够小，满足 $\omega_0>\beta$，则 $\boldsymbol{\gamma}$ 为复数，并注意到如果 $R_m=0$，则

$$\boldsymbol{\gamma}=\pm(-\omega_0^2)^{1/2}=\pm j\omega_0 \tag{1.6.9}$$

问题就变为无阻尼振动。由此可以定义一个新的常数 $\omega_d$，即

$$\omega_d=(\omega_0^2-\beta^2)^{1/2} \tag{1.6.10}$$

则 $\boldsymbol{\gamma}$ 可以写成

$$\boldsymbol{\gamma}=-\beta\pm j\omega_d \tag{1.6.11}$$

$\omega_d$ 为阻尼振动的自然角频率（自阻尼角频率），注意到 $\omega_d$ 总是小于同一简谐振动无阻尼时的自然角频率 $\omega_0$。

完整的解是上面得到的两个解之和

$$\boldsymbol{x}=e^{-\beta t}(\boldsymbol{A}_1e^{j\omega_d t}+\boldsymbol{A}_2e^{-j\omega_d t}) \tag{1.6.12}$$

同无阻尼情况一样，常数 $\boldsymbol{A}_1$、$\boldsymbol{A}_2$ 通常为复数。如前所述，这个复数解的实部是完整的一般解，一般解也可以写成下面这种更方便的形式：

$$x=Ae^{-\beta t}\cos(\omega_d t+\varphi) \tag{1.6.13}$$

其中，$A$ 和 $\varphi$ 为取决于初始条件的实常数。图 1.6.2 为不同 $\beta$ 值时阻尼简谐振动的位移-时间函数曲线。

阻尼振动的振幅定义为 $A\exp(-\beta t)$，它不再是常数而是随时间指数衰减。同无阻尼振动一样，频率与振动的振幅无关。

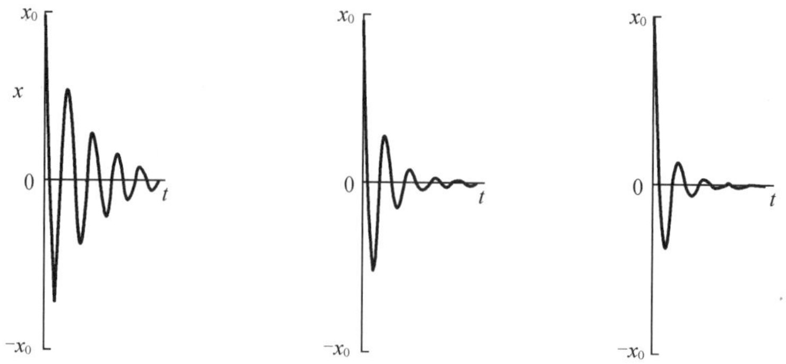


(a)$\beta/\omega_0$=0.1　(b)$\beta/\omega_0$=0.2　(c)$\beta/\omega_0$=0.3

**图 1.6.2　欠阻尼自由振动的衰减。初始条件:$x_0=1, u_0=0$。**

摩擦对振动衰减快慢的一种度量是振幅衰减到初始值的$\frac{1}{\mathrm{e}}$所用的时间。这个时间 $\tau$ 为"弛豫时间(relaxation time)"(其他名称包括"衰减模量(decay modulus)""衰减时间(decay time)""时间常数(time constant)"以及"特征时间(characteristic time)"),其值为

$$\tau=\frac{1}{\beta}=\frac{2m}{R_{\mathrm{m}}} \tag{1.6.14}$$

$R_{\mathrm{m}}$ 越小则 $\tau$ 越大,振动衰减所需的时间越长。

如果机械阻尼 $R_{\mathrm{m}}$ 足够大,则系统不再是往复振动的。发生了位移的质量为 $m$ 的物块渐近地返回到其静止位置。如果 $\beta=\omega_0$,则系统称为"临界阻尼(critically damped)"系统。

解式(1.6.13)为下面复数解的实部:

$$\boldsymbol{x}=\boldsymbol{A}\mathrm{e}^{-\beta t}\mathrm{e}^{\mathrm{j}\omega_{\mathrm{d}}t} \tag{1.6.15}$$

其中,$\boldsymbol{A}=A\exp(\mathrm{j}\varphi)$。如果将其写成下面形式:

$$\boldsymbol{x}=\boldsymbol{A}\mathrm{e}^{\mathrm{j}(\omega_{\mathrm{d}}+\mathrm{j}\beta)t} \tag{1.6.16}$$

则可以定义一个"复角频率(complex angular frequency)"为

$$\boldsymbol{\omega}_{\mathrm{d}}=\omega_{\mathrm{d}}+\mathrm{j}\beta \tag{1.6.17}$$

其实部为阻尼振动的角频率 $\omega_{\mathrm{d}}$,虚部为时间吸收系数 $\beta$。在后续章节中将看到,这种将角频率和吸收系数整合为一个复数量的方法对于分析阻尼振动非常方便。

# 1.7　受 迫 振 动

单振子或其他等效系统通常受到一个"外加激励力(externally applied force)"$f(t)$,此时运动微分方程变为

$$m\frac{\mathrm{d}^2x}{\mathrm{d}t^2}+R_{\mathrm{m}}\frac{\mathrm{d}x}{\mathrm{d}t}+sx=f(t) \tag{1.7.1}$$

这样的系统如图 1.7.1 所示。

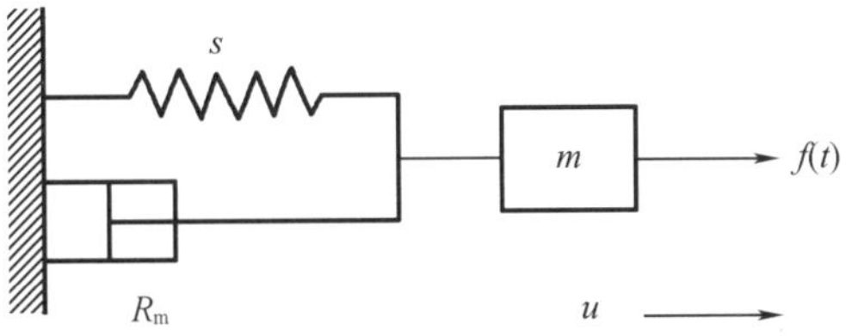


**图 1.7.1**　受外力 $f(t)$ 激励的阻尼振动示意图。振子系统由质量为 $m$ 的物块连接弹性系数为 $s$ 的弹簧及机械阻尼为 $R_m$ 的阻尼器组成。

假设正弦力从某一初始时刻开始作用于振子系统，式(1.7.1)的解包含两部分——含有两个任意常数的"瞬态(transient)"项和依赖于 $F$ 和 $\omega$ 而不含任意常数的"稳态(steady-state)"项。瞬态项通过令 $F$ 为零得到，因为这样得到的方程与式(1.6.3)相同，因此瞬态项就由式(1.6.13)给出，其角频率为 $\omega_d$。任意常数要通过将初始条件代入完整解来确定。经过足够长的时间 $t \gg \frac{1}{\beta}$，完整解中含阻尼的因子 $\exp(-\beta t)$ 的这一部分变得很小，可以忽略，只剩下稳态项，其角频率 $\omega$ 为激励力的角频率。

为得到稳态(特)解，将激励力 $F\cos\omega t$ 用与之等价的复激励力代替以方便求解，则方程变成

$$m\frac{d^2\boldsymbol{x}}{dt^2}+R_m\frac{d\boldsymbol{x}}{dt}+s\boldsymbol{x}=F e^{j\omega t} \tag{1.7.2}$$

这个方程的解给出复位移 $\boldsymbol{x}$。因为复激励力 $\boldsymbol{f}$ 的实部表示实际的激励力 $F\cos\omega t$，所以复位移的实部表示实际的位移。

因为 $\boldsymbol{f}=F\exp(j\omega t)$ 是角频率为 $\omega$ 的周期函数，因此可以合理地假设 $\boldsymbol{x}$ 也如此。于是 $\boldsymbol{x}=\boldsymbol{A}\exp(j\omega t)$，其中 $\boldsymbol{A}$ 一般情况下为复数。式(1.7.2)变成

$$(-\boldsymbol{A}\omega^2 m+j\boldsymbol{A}\omega R_m+\boldsymbol{A}s)e^{j\omega t}=F e^{j\omega t} \tag{1.7.3}$$

求解 $\boldsymbol{A}$ 得复位移为

$$\boldsymbol{x}=\frac{1}{j\omega}\frac{F e^{j\omega t}}{R_m+j\left(\omega m-\frac{s}{\omega}\right)} \tag{1.7.4}$$

微分得复速度为

$$\boldsymbol{u}=\frac{F e^{j\omega t}}{R_m+j\left(\omega m-\frac{s}{\omega}\right)} \tag{1.7.5}$$

定义系统的"复机械输入阻抗(complex mechanical input impedance)" $\boldsymbol{Z}_m$，则最后两式可以写成较简单的形式。

$$\boldsymbol{Z}_m=R_m+jX_m \tag{1.7.6}$$

其中"机械抗" $X_m$ 为

$$X_m=\omega m-\frac{s}{\omega} \tag{1.7.7}$$

机械阻抗 $\boldsymbol{Z}_m=Z_m\exp(j\Theta)$ 的模为

$$Z_m=\left[R_m^2+\left(\omega m-\frac{s}{\omega}\right)^2\right]^{1/2} \tag{1.7.8}$$

阻抗相位角为

$$\Theta=\arctan\left(\frac{X_{\mathrm{m}}}{R_{\mathrm{m}}}\right)=\arctan\left(\frac{\omega m-\dfrac{s}{\omega}}{R_{\mathrm{m}}}\right) \tag{1.7.9}$$

机械阻抗的量纲与机械阻和机械抗的量纲相同,用相同的单位表示,为 N · s/m,通常定义为“机械欧姆(mechanical ohm)”。应当强调一点,虽然机械欧姆与电欧姆相似,这两个量的单位却并不相同。电欧姆的量纲是电压除以电流,机械欧姆的量纲则是力除以振速。

利用 $\boldsymbol{Z}_m$ 的定义,将式(1.7.5)写成简化形式为

$$\boldsymbol{Z}_m=\frac{\boldsymbol{f}}{\boldsymbol{u}} \tag{1.7.10}$$

这个式子给出复机械阻抗最重要的物理意义:复激励力 $\boldsymbol{f}=F\exp(\mathrm{j}\omega t)$ 与相应的激励点处系统复振速 $\boldsymbol{u}$ 之比。如果激励力频率对应的机械阻抗是已知的,则立即得到复振速为

$$\boldsymbol{u}=\frac{\boldsymbol{f}}{\boldsymbol{Z}_{\mathrm{m}}} \tag{1.7.11}$$

再利用 $\boldsymbol{u}=\mathrm{j}\omega\boldsymbol{x}$ 得复位移为

$$\boldsymbol{x}=\frac{f}{\mathrm{j}\omega\boldsymbol{Z}_{\mathrm{m}}} \tag{1.7.12}$$

因此知道 $\boldsymbol{Z}_{\mathrm{m}}$ 就等于求得了微分方程的解。

实际的振动位移由式(1.7.4)的实部给出

$$x=\left(\frac{F}{\omega Z_{\mathrm{m}}}\right)\sin(\omega t-\Theta) \tag{1.7.13}$$

实际的振速由式(1.7.5)的实部给出

$$u=\left(\frac{F}{Z_{\mathrm{m}}}\right)\cos(\omega t-\Theta) \tag{1.7.14}$$

这两式都利用了式(1.7.8)和式(1.7.9)。比值$\dfrac{F}{Z_{\mathrm{m}}}$给出受迫振动的最大振速,为振速幅值。由式(1.7.14)可知,$\Theta$ 为速度与激励力之间的相位角。$\Theta$ 为正表示速度的相位落后于激励力,$\Theta$ 为负即表示振速超前于激励力。

## 1.8 简谐振动的瞬态响应

在对简单振子系统继续讨论之前,最好先考虑瞬态响应对稳态条件的影响。式(1.7.2)的完整一般解为

$$x=A\mathrm{e}^{-\beta t}\cos(\omega_{\mathrm{d}}t+\varphi)+\left(\frac{F}{\omega Z_{\mathrm{m}}}\right)\sin(\omega t-\Theta) \tag{1.8.1}$$

其中,$A$ 和 $\varphi$ 为两个任意常数,其值由初始条件决定。

考虑一个特例,假设开始施加激励力的 $t=0$ 时刻有 $x_0=0$ 和 $u_0=0$,且 $\beta$ 相比于 $\omega_0$ 为小量,将这些条件代入式(1.8.1)得

$$A=\left(\frac{F}{Z_{\mathrm{m}}^2}\right)\left[\left(\frac{X_{\mathrm{m}}}{\omega}\right)^2+\left(\frac{R_{\mathrm{m}}}{\omega_{\mathrm{d}}}\right)^2\right]^{1/2}$$

$$\tan\varphi=\left(\frac{\omega}{\omega_d}\right)\left(\frac{R_m}{X_m}\right) \tag{1.8.2}$$

图 1.8.1 为阻尼受激励力振动的瞬态响应,图中的典型曲线显式了复合振动中稳态项和瞬态项的相对重要性。瞬态项的影响在这些曲线的左段部分比较明显,接近右端时瞬态项严重衰减,几乎已经达到稳态。其他初始条件下的曲线也与此相似,激励力刚开始施加时波形总是有些不规则,但很快就进入稳定状态。

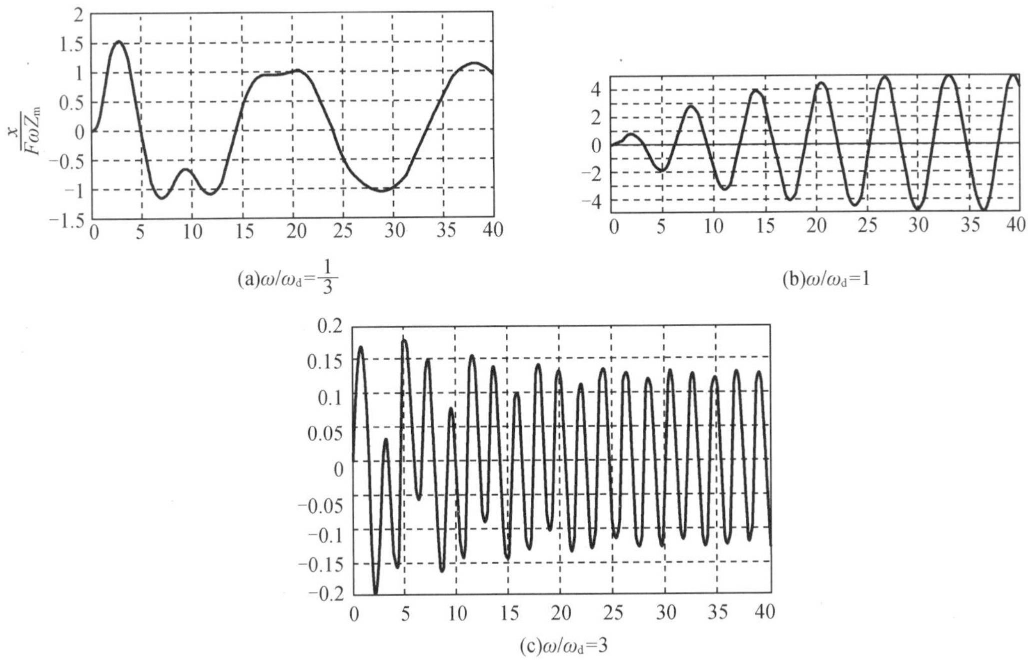


**图 1.8.1　阻尼受激励力振动的瞬态响应,$\beta/\omega_d=0.1, x_0=0, u_0=0$。**

另一种重要的瞬态是激励力突然被移去时发生的“衰减瞬态(decay transient)”。这种运动的方程为阻尼振动的式(1.6.13),角频率为 $\omega_d$ 而非 $\omega$。决定这个振动的幅值和相位的常数取决于激励力在一个振动周期中何时被移去。移去激励力必然要产生一个衰减瞬态,但如果激励力是非常缓慢地减小到零或者阻尼很大则可以忽略衰减瞬态效应。考虑声音再现组件(如扬声器和麦克风)的响应保真度时,机械振动元件的衰减瞬态特性尤其重要。衰减过慢的一个例子是一些设计不佳的扬声器系统在固有频率处出现明显的声音残留。

## 1.9　功率关系

输入系统的“瞬时功率(instantaneous power)”$\Pi_i$(单位:W)为瞬时激励力与相应的瞬时振速的乘积。将稳态力和振速实部的正确表达式代入,得

$$\Pi_i=\left(\frac{F^2}{Z_m}\right)\cos\omega t\cos(\omega t-\Theta) \tag{1.9.1}$$

注意:瞬时功率 $\Pi_i$ 不等于复激励力 $\boldsymbol{f}$ 与复速度 $\boldsymbol{u}$ 乘积的实部。

许多情况下输入系统的"平均功率(average power)"比瞬时功率更有意义。这个平均功率等于一个完整振动周期内做的总功除以振动周期,即

$$\Pi = \frac{1}{T}\int_0^T \Pi_i \mathrm{d}t = \langle \Pi_i \rangle_T \tag{1.9.2}$$

将 $\Pi_i$ 代入得

$$\begin{aligned}\Pi &= \frac{F^2}{Z_m T}\int_0^T \cos\omega t\cos(\omega t - \Theta)\mathrm{d}t \\ &= \frac{F^2}{Z_m T}\int_0^T (\cos^2\omega t\cos\Theta + \cos\omega t\sin\omega t\sin\Theta)\mathrm{d}t \\ &= \frac{F^2}{2Z_m}\cos\Theta \end{aligned}\tag{1.9.3}$$

由激励力输入到系统的这个平均功率不是永久地储存在系统内,而是因系统克服摩擦力 $R_m u$ 运动做功而被消耗掉了。因为 $\cos\Theta = \dfrac{R_m}{Z_m}$,所以式(1.9.3)可以写成

$$\Pi = \frac{F^2 R_m}{2Z_m^2} \tag{1.9.4}$$

当机械抗 $X_m$ 为零时,激励力供给振动系统的平均功率取得最大值,由式(1.7.7)可知这发生在 $\omega=\omega_0$ 时,在这个频率上 $\cos\Theta$ 取最大值 1($\Theta=0$),$Z_m$ 取最小值 $R_m$。

## 1.10 机 械 谐 振

"谐振角频率(resonance angular frequency)"$\omega_0$ 定义为机械抗 $X_m$ 为零从而机械阻抗为纯实数并取 $Z_m$ 最小值($Z_m=R_m$)时的角频率。如上一节所述,激励频率等于这个角频率时外力输入到振动系统的功率最大。在 1.2 节中曾得到 $\omega_0$ 为同一振动系统无阻尼时的自然角频率,它也是振速值最大时对应的角频率。当 $\omega=\omega_0$ 时,式(1.7.14)退化为

$$u_{\mathrm{res}} = \left(\frac{F}{R_m}\right)\cos\omega_0 t \tag{1.10.1}$$

位移式(1.7.13)退化为

$$x_{\mathrm{res}} = \left(\frac{F}{\omega_0 R_m}\right)\sin\omega_0 t \tag{1.10.2}$$

(注意:$\omega_0$ 并不对应最大位移,最大位移发生在使乘积 $\omega Z_m$ 为最小值的频率上,可以证明这个频率为 $\omega=\sqrt{\omega_0^2-2\beta^2}$。)

图 1.10.1 为简单机械振子受迫振动响应曲线图。对于幅值为常数的激励力,平均功率式(1.9.4)作为激励力频率的函数曲线类似于图 1.10.1(a)的形状,在共振频率取得最大值 $\dfrac{F^2}{2R_m}$,频率升高或降低时平均功率都随之减小。功率曲线峰值的尖锐程度大致取决于 $\dfrac{R_m}{m}$ 的值,如果这个比值较小,则曲线下降迅速——"尖锐共振(sharp resonance)",反之,如果 $\dfrac{R_m}{m}$

值较大,则曲线下降缓慢,系统具有“宽共振(broad resonance)”。可以利用系统的“品质因数(quality factor)”$Q$ 对共振尖锐程度进行较为精确的定义:

$$Q=\frac{\omega_0}{\omega_u-\omega_l} \tag{1.10.3}$$

其中,$\omega_u$ 和 $\omega_l$ 分别高于和低于共振角频率,为平均功率下降到共振时值的一半所对应的两个角频率。

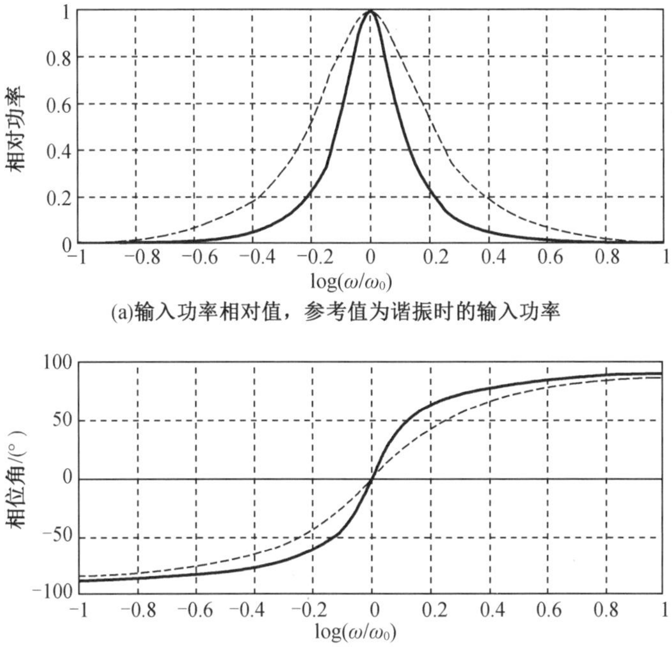


(a)输入功率相对值,参考值为谐振时的输入功率

(b)相位角$\Theta$。实线对应$Q$=2,虚线对应$Q$=1。

**图 1.10.1　简单机械振子受迫振动响应曲线图**

$Q$ 也能由系统的机械常数来表示,由式(1.9.4)可知,当 $Z_m^2=2R_m^2$ 时平均功率为共振时的一半,这对应于

$$R_m^2+X_m^2=2R_m^2 \text{ 或 } X_m=\pm R_m \tag{1.10.4}$$

因为 $X_m=\omega m-\dfrac{s}{\omega}$,所以满足这一要求的两个 $\omega$ 值为

$$\omega_u m-\frac{s}{\omega_u}=R_m \text{ 和 } \omega_l m-\frac{s}{\omega_l}=-R_m \tag{1.10.5}$$

消去 $s$ 得

$$\omega_u-\omega_l=\frac{R_m}{m} \tag{1.10.6}$$

于是

$$Q=\frac{\omega_0 m}{R_m}=\frac{\omega_0}{2\beta} \tag{1.10.7}$$

利用式(1.6.8),再由式(1.6.14)的振动弛豫时间 $\tau$,得

$$Q=\frac{1}{2}\omega_0\tau \tag{1.10.8}$$

振子系统受激励时共振的尖锐程度与它做自由振动时初始振幅衰减到$\frac{1}{\mathrm{e}}$所需的时间直接相关，这个衰减需要的振动周期数为$\left(\frac{\omega_d}{\omega_0}\right)\frac{Q}{\pi}$个，弱阻尼时大约就是$\frac{Q}{\pi}$个周期。因此，如果振子系统的 $Q$ 值为 100、固有频率为 1 000 Hz，则振幅衰减到初始值的$\frac{1}{\mathrm{e}}$需要$\left(\frac{100}{\pi}\right)$个周期或 32 ms。$\frac{Q}{2\pi}$还等于在共振频率被激励时振子系统的机械能与每个振动周期耗散的能量之比，其证明作为一个练习题(习题 1.10.3)供大家思考。

当振子系统在共振频率上被激励时，相位角 $\Theta$ 为零，振速 $u$ 与激励力 $f$ 同相。当 $\omega$ 大于 $\omega_0$ 时，相位角为正，当 $\omega$ 趋于无穷大时，$u$ 的相位比 $f$ 滞后约 90°。当 $\omega$ 小于 $\omega_0$ 时相位角为负，当 $\omega$ 趋于零时，$u$ 的相位比 $f$ 超前 90°。图 1.10.1(b)显示了典型振子系统 $\Theta$ 与频率的依赖关系，对于机械阻尼较小的系统，在共振频率附近速度和位移的相位角均快速变化。

## 1.11 机械共振与频率

周期力激励的机械系统可以归为三类：第一类是系统只对某“一个”特定频率有强烈响应。如果一个单振子系统的机械阻尼很小，则除了共振点附近很小的范围外，其机械阻抗都很大，这样的振子系统只在共振点附近为强响应。常见的例子如音叉、木琴音条下面的共鸣筒以及磁致伸缩声呐换能器。第二类是系统对一系列离散频率有强响应。单振子系统不具有这种特性，但是可以设计出有如此响应的机械系统，将在下面各章讨论。第三类是系统或多或少地对一个宽频带做出均匀一致的响应。这样的例子包括许多电声和机声换能器的振动部件，如麦克风、扬声器、水听器、声呐换能器以及钢琴的音板。

在不同的应用中，振幅与频率无关的量可能是不同的，一些情况要求位移幅值与频率无关，另一些则要求振速幅值或加速度幅值不随频率变化，通过适当选取刚度、质量和机械阻尼可使单振子系统在有限频率范围内满足上述任意一种要求，振子系统受迫振动这三种与频率无关的特殊情况分别称为“刚度控制(stiffness-controlled)”“阻尼控制(resistance-controlled)”和“质量控制(mass-controlled)”系统。

“刚度控制”系统的特征是在要求具有平坦响应的频带内$\frac{s}{\omega}$的值很大，在此范围内 $\omega m$ 和 $R_m$ 与$\frac{s}{\omega}$相比都可以忽略，这时很接近于$-\frac{\mathrm{j}s}{\omega}$，于是

$$x\approx\left(\frac{F}{s}\right)\cos\omega t \tag{1.11.1}$$

应该注意尽管位移幅值与频率无关，但振速幅值和加速度幅值却并非如此。

“阻尼控制”系统是 $R_m$ 大于 $X_m$ 的系统，当机械阻尼相对较高的振子系统在共振频率附近被激励时满足这个条件，于是

$$u \approx \left(\frac{F}{R_{\mathrm{m}}}\right) \cos \omega t \tag{1.11.2}$$

此时,振速幅值几乎与频率无关,但位移幅值和加速度幅值都与频率有关。

“质量控制”系统的特征是在要求的频带内 $\omega m$ 很大,则$\frac{s}{\omega}$和 $R_{\mathrm{m}}$ 可以忽略,而 $Z_{\mathrm{m}}$ 近似等于 $\mathrm{j}\omega m$,位移和振速幅值都不是跟频率无关的,但是

$$a \approx \left(\frac{F}{R_{\mathrm{m}}}\right) \cos \omega t \tag{1.11.3}$$

此时,加速度幅值与频率无关。

所有受迫的机械振动系统元件在激励频率近似等于其共振频率时都是阻尼控制的,但对于小机械阻尼的振动系统,响应相对平坦的范围非常窄。类似地,所有受迫振动都是在频率远低于 $f_0$ 时为刚度控制,而频率远高于 $f_0$ 时为质量控制,适当选取机械常数就可以将上述任意系统置于所需频带之内,但计算出来的数值有时却难以达到。

## *1.12　振动系统的等效电路

许多振动系统在数学上等价于相应的电系统,例如,考虑一个包括电感 $L$、阻尼 $R$ 和电容 $C$ 的简单串联电路,被外加正弦电压 $V\cos \omega t$ 激励,如图 1.12.1(a)所示,电流 $\boldsymbol{I}=\frac{\mathrm{d}\boldsymbol{q}}{\mathrm{d}t}$(其中 $\boldsymbol{q}$ 为复电荷量)的微分方程为

$$L\frac{\mathrm{d}\boldsymbol{I}}{\mathrm{d}t}+R\boldsymbol{I}+\frac{\boldsymbol{q}}{C}=\boldsymbol{V} \tag{1.12.1}$$

其中 $\boldsymbol{V}=V\mathrm{e}^{\mathrm{j}\omega t}$。这个方程可以写成

$$L\frac{\mathrm{d}^2\boldsymbol{q}}{\mathrm{d}t^2}+R\frac{\mathrm{d}\boldsymbol{q}}{\mathrm{d}t}+\frac{\boldsymbol{q}}{C}=\boldsymbol{V} \tag{1.12.2}$$

此式与式(1.7.2)形式相同。于是 $\boldsymbol{q}$ 的稳态解为

$$\boldsymbol{q}=\frac{1}{\mathrm{j}\omega}\frac{\boldsymbol{V}}{R+\mathrm{j}\left(\omega L-\frac{1}{\omega C}\right)} \tag{1.12.3}$$

电流为 $\boldsymbol{I}=\frac{\boldsymbol{V}}{\boldsymbol{Z}}$,其中

$$\boldsymbol{Z}=R+\mathrm{j}\left(\omega L-\frac{1}{\omega C}\right) \tag{1.12.4}$$

我们看到图 1.12.1(a)的电路是图 1.12.1(b)的阻尼谐振子的数学类比。电路中的电流 $\boldsymbol{I}$ 等价于机械系统的速度 $\boldsymbol{u}$,电荷 $\boldsymbol{q}$ 等价于位移 $\boldsymbol{x}$,加载的电压 $\boldsymbol{V}$ 等价于施加的力 $\boldsymbol{f}$。而且,这两个系统的阻抗有相似的形式,机械阻尼 $R_{\mathrm{m}}$ 类比于电阻 $R$,质量 $m$ 类比于电感 $L$,机械刚度类比于电容 $C$ 的倒数。由式(1.12.1)与式(1.7.1)的对比可知电路的共振角频率为

$$\omega_0=\frac{1}{\sqrt{LC}} \tag{1.12.5}$$

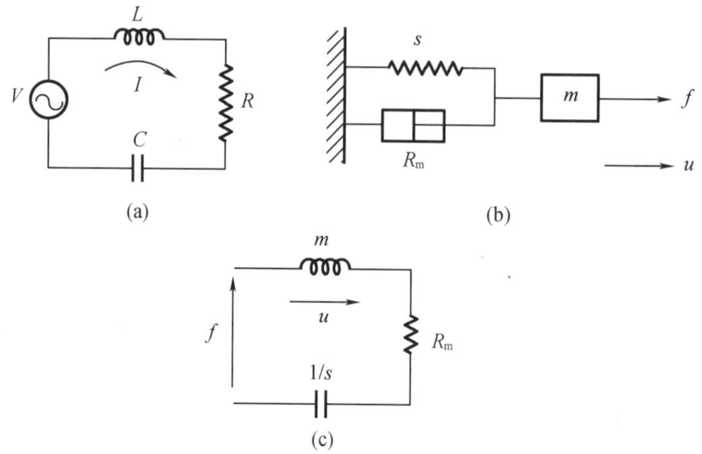


**图 1.12.1** 等效串联系统。(a)被电压 $V$ 激励的串联电路,所有元件有相同电流 $I$;(b)被力 $f$ 激励的机械系统,由质量为 $m$ 的物块连接弹性系数为 $s$ 的弹簧以及机械阻尼为 $R_m$ 的阻尼器构成,所有元件以相同的速度 $u$ 运动;(c)图(b)中机械系统的等效电路。

消耗的平均功率为

$$\Pi=\left(\frac{V^2}{2Z}\right)\cos\Theta \tag{1.12.6}$$

称电路系统(图 1.12.1(a))的元件为"串联(series)"是因为它们流过相同的电流。类似地,机械系统(图 1.12.1(b))的元件可以用图 1.12.1(c)的串联电路表示,它们具有相同的位移,因而也具有相同的振速。

如果一个单机械振子由加在弹簧(通常是被固定的)一端的正弦力激励,如图 1.12.2(a)所示,则质量为 $m$ 的物块和弹簧受力相同,这种连接用"并联(parallel)"电路来表示,如图 1.12.2(b)所示。弹簧受力端振速等价于流入并联电路的电流,质量的振速 $u_m$ 等价于流过电感的电流。

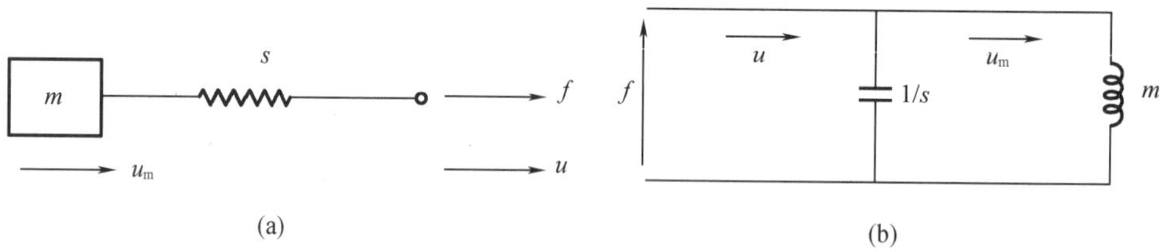


**图 1.12.2** 等效并联系统。(a)质量为 $m$ 的物块连接弹簧组成的机械系统,弹簧另一端被力激励,各元件受力相同但速度不同;(b)具有电感 $m$、电容 $1/s$ 的等效电路,所有元件两端电压相同但流过的电流不同。

其他等效系统如图 1.12.3 和图 1.12.4 所示。

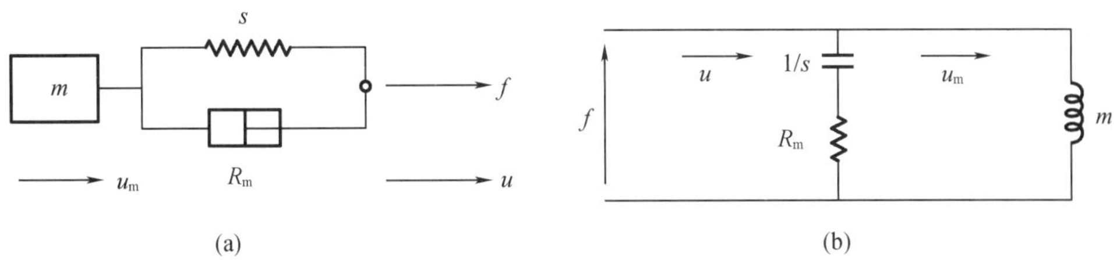


图 1.12.3　等效串联-并联电路。(a)弹簧和阻尼器的组合连接到质量为 $m$ 的物块上,弹簧/阻尼器的另一端受力。弹簧和阻尼器以相同速度运动,它们受力不同,但它们受到的力之和等于加在质量为 $m$ 的物块上的力。(b)电感、电阻和电容组成的等效电路。电容和电阻有相同的电流,它们的电压之和等于电感两端电压。

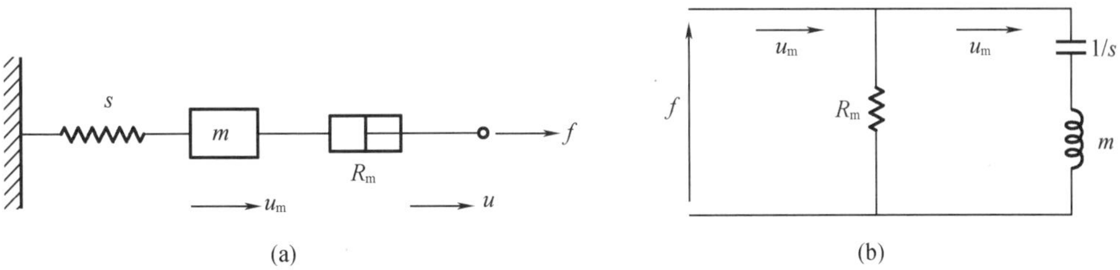


图 1.12.4　等效的串联-并联系统。(a)质量为 $m$ 的物块在弹簧和阻尼器之间组成的机械系统。弹簧一端固定,激励力作用于阻尼器上。质量为 $m$ 的物块和弹簧速度相同,它们受到的力之和等于阻尼器上的力。(b)等效电路。电容和电感流过相同的电流,二者的电压之和等于电阻两端电压。

## 1.13　简谐振动的线性组合

在声学的许多重要情况中,物体的运动是两个或多个简谐激励分别引起的振动的线性组合,这时物体的位移就是每个简谐激励单独产生的位移之和。对于声学中遇到的绝大多数情况,可以将各个单独振动的结果进行线性求和。一般来说,其中一个振动对介质造成的扰动不足以使其他振动的特征受到干扰,因此,总的振动为各个单独振动的“线性叠加(linear superposition)”。

一种情况是具有相同角频率 $\omega$ 的两个激励的组合,如果两个单独的位移分别为

$$\boldsymbol{x}_1=A_1\mathrm{e}^{\mathrm{j}(\omega t+\varphi_1)},\quad \boldsymbol{x}_2=A_2\mathrm{e}^{\mathrm{j}(\omega t+\varphi_2)} \tag{1.13.1}$$

它们的线性组合 $\boldsymbol{x}=\boldsymbol{x}_1+\boldsymbol{x}_2$,得到形如 $A\exp[\mathrm{j}(\omega t+\varphi)]$ 的运动,其中

$$A\mathrm{e}^{\mathrm{j}(\omega t+\varphi)}=(A_1\mathrm{e}^{\mathrm{j}\varphi_1}+A_2\mathrm{e}^{\mathrm{j}\varphi_2})\mathrm{e}^{\mathrm{j}\omega t} \tag{1.13.2}$$

如果将相量 $A_1\exp(\mathrm{j}\omega t)$ 和 $A_2\exp(\mathrm{j}\omega t)$ 的相加用图来表示,如图 1.13.1 所示,则很容易求出 $A$ 和 $\varphi$。由两个相量分别在实轴和虚轴上的投影得

$$A=[(A_1\cos\varphi_1+A_2\cos\varphi_2)^2+(A_1\sin\varphi_1+A_2\sin\varphi_2)^2]^{1/2}$$

$$\tan\varphi=\frac{A_1\sin\varphi_1+A_2\sin\varphi_2}{A_1\cos\varphi_1+A_2\cos\varphi_2} \tag{1.13.3}$$

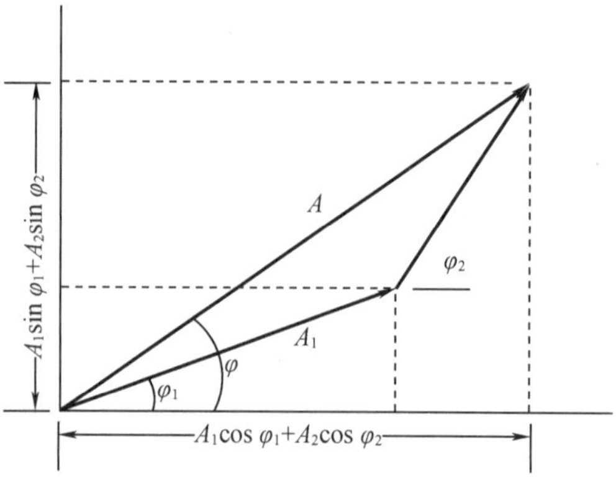


**图 1.13.1　频率相同的两个简谐振动的相量组合 $A\exp(\mathrm{j}\varphi)=A_1\exp(\mathrm{j}\varphi_1)+A_2\exp(\mathrm{j}\varphi_2)$**

真实的位移为

$$x=x_1+x_2=A\cos(\omega t+\varphi) \tag{1.13.4}$$

其中 $A$ 和 $\varphi$ 由式(1.13.3)给出。两个相同频率简谐振动的线性组合得到另一个频率与之相同的简谐振动,合成振动的相位与两个单独的振动都不同,合成振动的振幅在 $|A_1-A_2|\leqslant A\leqslant(A_1+A_2)$ 范围内。

图 1.13.1 中,多于两个相量相加时可以将它们首尾相接绘成一条链,然后取它们在实轴和虚轴上的分量,得到 $n$ 个简谐振动相加得到的合成振动的幅值 $A$ 和相位 $\varphi$:

$$A=\left[\left(\sum A_n\cos\varphi_n\right)^2+\left(\sum A_n\sin\varphi_n\right)^2\right]^{1/2}$$

$$\tan\varphi=\frac{\sum A_n\sin\varphi_n}{\sum A_n\cos\varphi_n} \tag{1.13.5}$$

于是,频率相同的简谐振动的任意线性组合产生一个新的同频简谐振动。例如,当两列或多列声波在一种流体介质中重叠时,在流体内任意一点,每一列波对应的周期变化声压就按照上述规律进行组合。

具有“不同”角频率 $\omega_1$、$\omega_2$ 的两个简谐振动线性组合的公式为

$$\boldsymbol{x}=A_1\mathrm{e}^{\mathrm{j}(\omega_1t+\varphi_1)}+A_2\mathrm{e}^{\mathrm{j}(\omega_2t+\varphi_2)} \tag{1.13.6}$$

合成振动不是简谐的,因此不能用一个简单的正余弦函数表示,但如果其中较高频率与较低频率的比值为有理数(二者大小相当),则运动是周期的,角频率为 $\omega_1$、$\omega_2$ 的最大公约数。否则,合成的振动不是周期振动,永不重复。频率不同的三个或多个简谐振动的线性组合也与上述两个振动合成有相似的特征。

两个频率很接近的简谐振动的线性组合容易阐释,如果将角频率 $\omega_2$ 写成

$$\omega_2=\omega_1+\Delta\omega \tag{1.13.7}$$

则组合为

$$\boldsymbol{x}=A_1\mathrm{e}^{\mathrm{j}(\omega_1t+\varphi_1)}+A_2\mathrm{e}^{\mathrm{j}(\omega_1t+\Delta\omega t+\varphi_2)} \tag{1.13.8}$$

又可以写成

$$\boldsymbol{x}=(A_1\mathrm{e}^{\mathrm{j}\varphi_1}+A_2\mathrm{e}^{\mathrm{j}(\varphi_2+\Delta\omega t)})\mathrm{e}^{\mathrm{j}\omega_1t} \tag{1.13.9}$$

于是可以归结为下面形式:

$$\boldsymbol{x}=A\mathrm{e}^{\mathrm{j}(\omega_1t+\varphi)} \tag{1.13.10}$$

其中

$$A=\left[A_1^2+A_2^2+2A_1A_2\cos(\varphi_1-\varphi_2-\Delta\omega t)\right]^{1/2}$$

$$\tan\varphi=\frac{A_1\sin\varphi_1+A_2\sin(\varphi_2+\Delta\omega t)}{A_1\cos\varphi_1+A_2\cos(\varphi_2+\Delta\omega t)} \tag{1.13.11}$$

合成振动可以看成具有角频率 $\omega_1$ 的“近似”简谐振动，但幅值 $A$ 和相位 $\varphi$ 以频率$\frac{\Delta\omega}{2\pi}$缓慢变化。可以证明振幅在$(A_1+A_2)$和$|A_1-A_2|$之间波动，相位的变化更复杂，使得合成振动的频率不再是严格恒定的，但平均角频率在 $\omega_1$ 和 $\omega_2$ 之间，具体取决于幅值 $A_1$ 和 $A_2$ 之间的相对大小。当同时存在频率略有不同的两个纯音时，其合成声音幅值的变化导致声音响度发生有节奏的脉动，这种现象称为“拍(beating)”。作为一个例子，考虑 $A_1=A_2$、$\varphi_1=\varphi_2=0°$ 的特殊情况，式(1.13.11)变成

$$A=A_1\left[2+2\cos(\Delta\omega t)\right]^{1/2}$$

$$\tan\varphi=\frac{\sin(\Delta\omega t)}{1+\cos(\Delta\omega t)} \tag{1.13.12}$$

幅值在 $2A_1$ 与 0 之间，是非常明显的拍振动。可以听到的拍振动以及相关的其他现象将在第 11 章进行更详细的讨论。

## 1.14　基于傅里叶定理的复合振动分析

上一节我们看到两个或多个频率接近的简谐振动合成为一个复杂振动，频率取决于两个频率的最大公约数。反过来，利用傅里叶定理，可以将任意复杂的周期振动分解为由其所包含的频率成分构成的简谐振动序列。

简言之，根据这个定理，任意单值周期函数可以表示成简谐项的和，这些简谐项的频率是该函数重复率的整数倍。由于一般的物体振动都能满足上述限制，因此这个定理在声学中应用很广。

如果一个周期为 $T$ 的振动用函数 $f(t)$ 表示，则根据傅里叶定理，$f(t)$ 可以用下面的简谐级数表示

$$f(t)=\frac{1}{2}A_0+A_1\cos\omega t+A_2\cos 2\omega t+\cdots+A_n\cos n\omega t+\cdots+$$
$$B_1\sin\omega t+B_2\sin 2\omega t+\cdots+B_n\sin n\omega t+\cdots \tag{1.14.1}$$

其中 $\omega=\frac{2\pi}{T}$，各个 $A_n$、$B_n$ 为待定的常数。

计算这些常数的公式为(在标准的数学教科书中有推导)

$$A_n=\frac{2}{T}\int_0^T f(t)\cos n\omega t\mathrm{d}t$$

$$B_n=\frac{2}{T}\int_0^T f(t)\sin n\omega t\mathrm{d}t \tag{1.14.2}$$

这些积分是否存在取决于函数 $f(t)$ 的性质和复杂度。如果 $f(t)$ 精确地代表有限个正弦和余弦振动的组合，则通过计算上述常数得到的级数只包含这些项。例如，一个简单拍振

动的分解就只包含合成拍振动的两个频率。类似地,三纯音的合成振动分解也只得到这三个频率。另一方面,如果振动有斜率的突变,例如锯齿波或方波,则分解的结果要与原振动完全等价,必须考虑整个无限级数。

如果 $f(t)$ 和 $\frac{\mathrm{d}f}{\mathrm{d}t}$ 在 $0\leqslant t\leqslant T$ 内是分段连续的,则能够证明谐波级数总是收敛的。但是对于锯齿形函数,为了得到原始函数的合理近似,需要包含很多项,而且在不连续点附近可能遇到困难。幸运的是,声学中遇到的绝大多数振动时间函数都是比较平滑的,因而收敛很快,只需计算几项而已。

根据要被展开的函数的性质,级数中还可能缺失一些项。如果函数 $f(t)$ 关于 $f=0$ 对称,则没有常数项 $A_0$;如果函数为偶函数,$f(-t)=f(t)$,则所有的正弦项都不存在;奇函数 $f(-t)=-f(t)$ 的所有余弦项都不存在。

在分析对声音的感知时,有一个事实是当复杂声振动中的高频成分被移除或忽略时,人耳对声音的主观感知只有微小的变化,这个因素可以减少需要计算的高频项。

将上述分析用于周期为 $T$ 的单位幅值方波,其定义为

$$f(t)=\begin{cases}1, & 0\leqslant t<\dfrac{T}{2}\\ -1, & \dfrac{T}{2}\leqslant t<T\end{cases} \tag{1.14.3}$$

并每隔一个周期 $T$ 重复一次。代入式(1.14.2)得,对所有偶数 $n$ 有 $A_n=0, B_n=0$,以及

$$B_n=\frac{4}{n\pi},\quad n=1,3,5,\cdots \tag{1.14.4}$$

因为振动关于 $f=0$ 对称,故 $A_0=0$。因为是奇函数,故所有的 $A_n=0$。在每半个周期内 $f(t)$ 是对称的,故偶数的 $n$ 对应的 $B_n$ 为零。于是,跟方波振动等价的完整谐波级数为

$$f(t)=\frac{4}{\pi}\left(\sin\omega t+\frac{1}{3}\sin 3\omega t+\frac{1}{5}\sin 5\omega t+\cdots+\frac{1}{n}\sin n\omega t+\cdots\right) \tag{1.14.5}$$

图 1.14.1 为级数保留不同项数的结果,各条曲线的差异非常明显。当保留足够多项数时,傅里叶级数在函数不连续的时间点上有明显过冲。

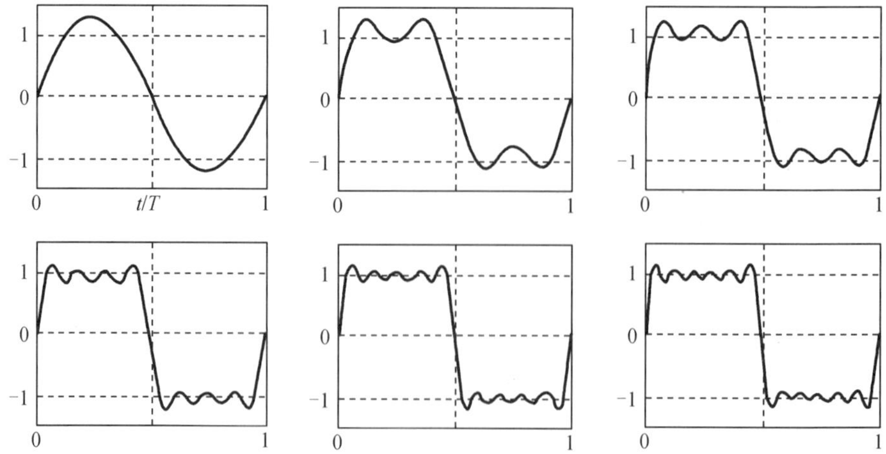


**图 1.14.1　周期为 $T$ 的单位幅值方波振动的傅里叶级数表示,每次增加一个最低阶的非零谐波。**

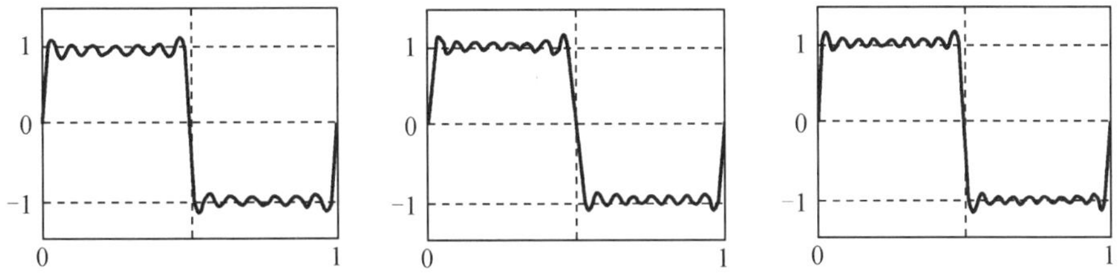


**图 1.14.1**(续)

# ∗1.15　傅里叶变换

脉冲及其他时间有限信号的分析有两种基本方法:拉普拉斯变换和傅里叶变换。拉普拉斯变换是常用方法,但它的物理基础不是特别明显,而且要求在某个时间点以前系统没有运动。我们遵循大多数声学教科书的选择,采用第二种方法即傅里叶交换。(实际上,这两种方法之间联系紧密,主要区别仅在于时间上的限制和数学命名的不同)。

在 1.14 节中已经证明,以周期 $T$ 重复的波形可以看成一系列频率等于基频 $f=\dfrac{1}{T}$ 整数倍的正弦分量之和。现在考虑一个波形序列,序列中的元素全部为形状完全相同的波形,它们以很长的时间间隔 $T$ 沿时间轴均匀分布,若令 $T\to\infty$,则该波形序列中的每个元素就是一个不重复的波形。这时运动的基频必趋于零,对于所有谐波的求和则要用在所有频率上的积分代替。

于是,若 $\boldsymbol{f}(t)$ 为瞬态扰动,可以写出一般表达式

$$\boldsymbol{f}(t)=\int_{-\infty}^{\infty} g(w)\,\mathrm{e}^{\mathrm{j}wt}\,\mathrm{d}w \tag{1.15.1}$$

其中,$w$ 为角频率(用 $w$ 而非 $\omega$ 来表示角频率一方面是基于符号表示上的考虑,后面会看到这样做的意义,另一方面因为它是积分的哑变量);$g(w)$ 为 $\boldsymbol{f}(t)$ 的"谱密度(spectral density)";积分域 $-\infty<w<0$ 引入"负"频率概念,但来自

$$\mathrm{e}^{\mathrm{j}(\pm wt)}=\cos wt\pm \mathrm{j}\sin wt \tag{1.15.2}$$

负频率只是产生共轭复数的一种方法。

给定 $\boldsymbol{f}(t)$,积分反变换得瞬态函数的谱密度 $\boldsymbol{g}(w)$

$$\boldsymbol{g}(w)=\frac{1}{2\pi}\int_{-\infty}^{\infty}\boldsymbol{f}(t)\,\mathrm{e}^{-\mathrm{j}wt}\,\mathrm{d}t \tag{1.15.3}$$

(其证明是纯数学的,跟我们目前所关心的问题关系不大,故此省略,读者可以参考傅里叶变换的有关教科书。)式(1.15.1)和式(1.15.3)这一对表达式是傅里叶变换的一种形式,如果 $\boldsymbol{f}$ 有单位(例如 m、N、Pa 或 J),则 $\boldsymbol{g}$ 也有单位(m·s、N·s、Pa·s 或 J·s)。

举一个例子,假设 $\boldsymbol{f}(t)$ 表示一个非常短暂但很强的力,例如用锤子敲击一下振子或用鼓棒敲击一下鼓面,这类冲击可以用狄拉克 δ 函数(Dirac delta function)近似,其定义为

$$\delta(t)=0\quad t\neq 0$$

$$\int_{-\infty}^{\infty}\delta(t)\,\mathrm{d}t=1 \tag{1.15.4}$$

这个积分是无量纲的，因此一般 $\delta(v)$ 与 $\frac{1}{v}$ 量纲相同，其中 $v$ 为积分变量。$\delta(t)$ 的一种表示是当 $\varepsilon \to 0$ 时下式的极限：

$$\delta(t)=\begin{cases}0 & |t|>\frac{\varepsilon}{2}\\ \frac{1}{\varepsilon} & |t|\leqslant\frac{\varepsilon}{2}\end{cases} \tag{1.15.5}$$

将 $\boldsymbol{f}(t)=\delta(t)$ 代入式（1.15.3）得

$$\boldsymbol{g}(w)=\frac{1}{2\pi}\int_{-\infty}^{\infty}\delta(t)\mathrm{e}^{-\mathrm{j}wt}\mathrm{d}t \tag{1.15.6}$$

由式（1.15.5）可知，因为 $\delta(t)$ 仅在 $|t|\leqslant\frac{\varepsilon}{2}$ 范围内不为零，故上式的积分限可以替换为 $\pm\frac{\varepsilon}{2}$。当 $\varepsilon\to 0$ 时，$\exp(-\mathrm{j}wt)$ 可以用它在 $w=0$ 处的值代替，于是得

$$\boldsymbol{g}(w)=\frac{1}{2\pi}\int_{-\frac{\varepsilon}{2}}^{\frac{\varepsilon}{2}}\delta(t)\mathrm{d}t=\frac{1}{2\pi} \tag{1.15.7}$$

因此 $\delta(t)$ 中等量地包含所有频率成分（这种情况下，$\boldsymbol{f}$ 具有量纲 $1/s$，$\boldsymbol{g}$ 无量纲。）

反之，若 $\boldsymbol{g}(w)$ 只包含一个频率，即

$$\boldsymbol{g}(w)=\delta(w-\omega) \tag{1.15.8}$$

则

$$\boldsymbol{f}(t)=\int_{-\infty}^{\infty}\delta(w-\omega)\mathrm{e}^{\mathrm{j}wt}\mathrm{d}w=\mathrm{e}^{\mathrm{j}\omega t} \tag{1.15.9}$$

单频信号的频谱密度是在该频率上的 $\delta$ 函数（在这第二种情况下，$\delta(w-\omega)$ 具有与 $\boldsymbol{g}(w)$ 相同的量纲 $s$，$\boldsymbol{f}(t)$ 无量纲。）

用一个简单的习题来说明这种方法的应用。令 $\boldsymbol{F}(t)$ 为施加给一个振子系统的脉冲力，将 $\boldsymbol{F}(t)$ 用其傅里叶分量表示为

$$\boldsymbol{F}(t)=\int_{-\infty}^{\infty}\boldsymbol{G}(w)\mathrm{e}^{\mathrm{j}wt}\mathrm{d}w \tag{1.15.10}$$

式中的谱密度 $G(w)$ 见式（1.15.3）。其中每一个单频的力分量

$$\boldsymbol{f}(w,t)=\boldsymbol{G}(w)\mathrm{e}^{\mathrm{j}wt} \tag{1.15.11}$$

产生一个由式（1.7.10）给出的单频复振速分量 $\boldsymbol{u}(w,t)$ 为

$$\boldsymbol{u}(w,t)=\frac{\boldsymbol{f}(w,t)}{\boldsymbol{Z}(w)}=\left[\frac{\boldsymbol{G}(w)}{\boldsymbol{Z}(w)}\right]\mathrm{e}^{\mathrm{j}wt} \tag{1.15.12}$$

其中 $\boldsymbol{Z}(w)$ 为振子系统输入机械阻抗在角频率 $w$ 处的值。$\frac{\boldsymbol{G}(w)}{\boldsymbol{Z}(w)}$ 为振速谱密度，则相应的振子瞬态振速为

$$\boldsymbol{U}(t)=\int_{-\infty}^{\infty}\boldsymbol{u}(w,t)\mathrm{d}w=\int_{-\infty}^{\infty}\frac{\boldsymbol{G}(w)}{\boldsymbol{Z}(w)}\mathrm{e}^{\mathrm{j}wt}\mathrm{d}w \tag{1.15.13}$$

直接将式（1.15.13）代入式（1.7.1）即可证明 $\boldsymbol{U}(t)$ 为激励力 $f(t)=\boldsymbol{F}(t)$ 的解。

这种方法的物理解释很重要也很直接。给机械系统施加一个任意的力求解产生的运动时，可以将激励力所包含的频率成分进行分解，得到每个频率成分单独激起的运动，再将

这些单频运动组合起来得到整个激励力导致的系统运动。这与前面周期非谐和力激励情况是相同的，只是这里频率组成不是离散的而是在某个范围内连续分布，因此要用积分代替求和。

这些积分有时可能很难计算，要采用一些特殊技术（如留数积分）或近似方法（如驻相法），通过查表可以得到一些傅里叶变换对 $\boldsymbol{f}(t)$ 和 $\boldsymbol{g}(w)$，但因缺乏统一的约定常常导致将查表所得结果转换成所需要的形式也涉及不小的计算量。

定义一个很有用的函数——单位阶跃函数（Heaviside 单位函数）：

$$1(t)=\int_{-\infty}^{t}\delta(t)\,\mathrm{d}t=\begin{cases}0 & t<0\\ 1 & t>0\end{cases}\tag{1.15.14}$$

这个无量纲函数（有时也将其记作 $u(t)$，这里为避免与质点振速混淆而没有采用这种符号）被用作一个乘数来指定当 $t<0$ 时值为零、$t>0$ 时值与 $f(t)$ 相等的一个函数 $f(t)\cdot 1(t)$。表 1.15.1 给出了与式(1.15.1)和式(1.15.3)一致的一些傅里叶变换对。

**表 1.15.1　当所涉及积分均存在时几个简单函数的傅里叶积分变换对**

| $\boldsymbol{f}(t)$ | $\boldsymbol{g}(w)$ | $\boldsymbol{f}(t)$ | $\boldsymbol{g}(w)$ |
|---|---|---|---|
| $\dfrac{\mathrm{d}^n\boldsymbol{f}(t)}{\mathrm{d}t^n}$ | $(\mathrm{j}w)^n\boldsymbol{g}(w)$ | $\mathrm{e}^{\mathrm{j}\omega t}$ | $\delta(w-\omega)$ |
| $(-\mathrm{j}t)^n\boldsymbol{f}(t)$ | $\dfrac{\mathrm{d}^n\boldsymbol{g}(w)}{\mathrm{d}w^n}$ | $\delta(t-\tau)$ | $\dfrac{1}{2\pi}\mathrm{e}^{-\mathrm{j}w\tau}$ |
| $\boldsymbol{f}(t)\mathrm{e}^{\mathrm{j}\omega t}$ | $\boldsymbol{g}(w-\omega)$ | $1(t+\tau)-1(t-\tau)$ | $\dfrac{1}{\pi}\dfrac{\sin w\tau}{w}$ |
| $\boldsymbol{f}(t-\tau)$ | $\boldsymbol{g}(w)\mathrm{e}^{-\mathrm{j}w\tau}$ | $\mathrm{e}^{-bt}\cdot 1(t)$ | $\dfrac{1}{2\pi}\dfrac{1}{\mathrm{j}w+b}$ |
| $\delta(t)$ | $\dfrac{1}{2\pi}$ | $\mathrm{e}^{\mathrm{j}\omega t}\cdot 1(t)$ | $\dfrac{1}{2\pi}\dfrac{\mathrm{j}}{\omega-w}$ |
| 1 | $\delta(w)$ | $(\cos\omega t)\cdot 1(t)$ | $\dfrac{1}{2\pi}\dfrac{\mathrm{j}w}{\omega^2-w^2}$ |
| $1(t)$ | $\dfrac{1}{2\pi}\dfrac{1}{\mathrm{j}w}$ | $(\sin\omega t)\cdot 1(t)$ | $\dfrac{1}{2\pi}\dfrac{\omega}{\omega^2-w^2}$ |

在信号的有效持续时间 $\Delta t$ 与其有效带宽 $\Delta w$ 之间有一个很有意思也很重要的关系，即

$$\Delta w\Delta t\sim 2\pi\tag{1.15.15}$$

这里不证明式(1.15.15)，但习题 1.15.9 对于脉冲信号给出了该式的证明。这个关系在量子力学和信号处理领域众所周知，它表明一个瞬态信号的频谱越宽，则它在时间上越集中。因此可以合理地预料，门控正弦信号持续时间越长，其频谱越窄。

注意上述结论与下列极限情况是一致的：(1)时间 δ 函数的频谱无限宽。(2)单频振动函数 $\cos(\omega t)$，其谱密度为 $w=\pm\omega$ 处的一对 δ 函数。其他例子如(1)持续时间为 $\Delta t$ 的单位幅值方波脉冲的频谱为 $(\pi w)^{-1}\sin\left(\dfrac{w\Delta t}{2}\right)$，如图 1.15.1 所示。(3)幅值恒定、周期为 $T$ 的余弦脉冲的四个周期，即 $\Delta t=4T$，其频谱包含 $\pm\omega$ 处的两个主峰，如图 1.15.2 所示。

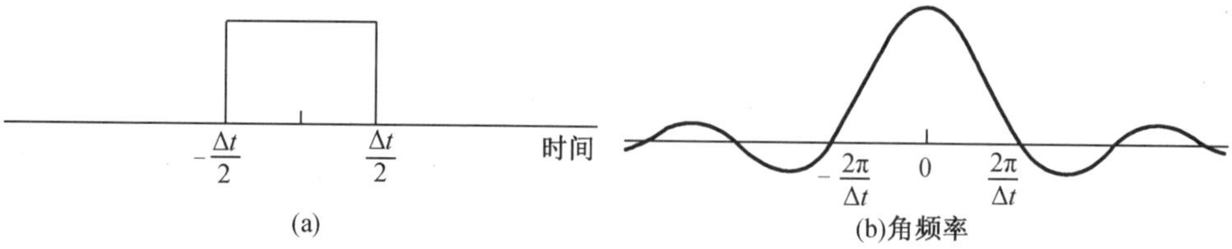


**图 1.15.1 (a)持续时间为 $\Delta t$ 的方波脉冲;(b)这个脉冲的谱**

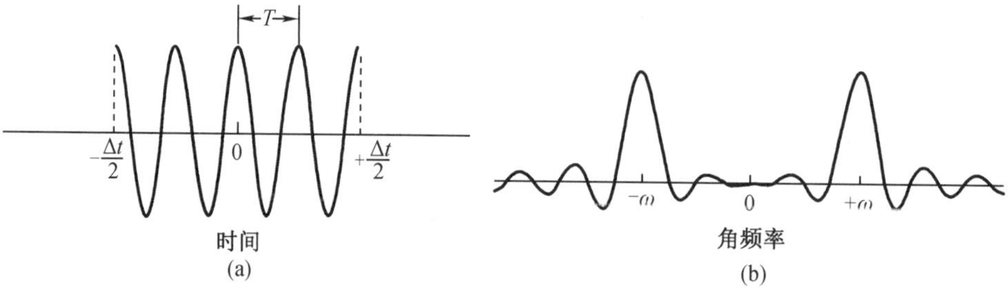


**图 1.15.2 (a)角频率为 $\omega$、周期为 $T$、持续时间为 $\Delta t=4T$ 的余弦脉冲;(b)这个脉冲的谱。**

现代信号处理系统是数字化的,在离散的时间点上对信号采样,然后对得到的一组离散数据而非不是连续函数进行处理。这种分析通过“离散傅里叶变换(discrete Fourier transform,DFT)”实现。DFT 的计算量很大,涉及 $N^2$ 次相乘和相加运算,其中 $N$ 为所需要的项数。为了缩短计算时间而研究出了一种称为“快速傅里叶变换(fast Fourier transform,FFT)”的技术。关于 FFT 和 DFT 可以参考信号处理的相关书籍。

## 习　　题

1.2.1　弹簧的弹性系数 $s$ 和质量块的质量 $M$ 给定,求下面各图所示系统的自然频率。

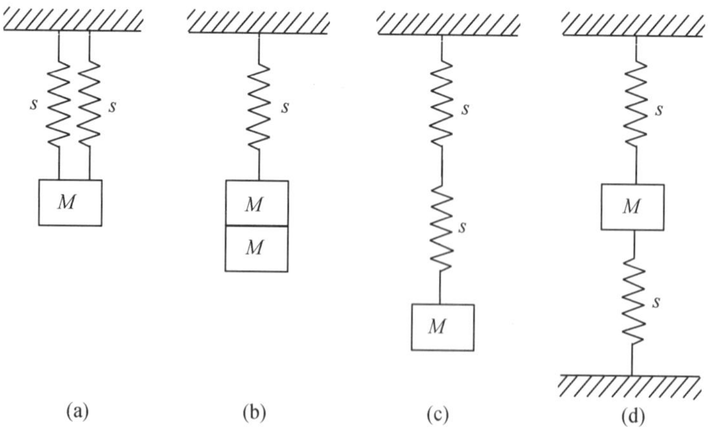


1.3.1　角频率为 $\omega_0$ 的单振子,$t=\dfrac{T}{2}$ 时刻速度幅值 $U$ 最大且为正,求 $x(t)$。

1.3.2　自然频率为 5 rad/s 的单振子,使其发生距离平衡位置 0.03 m 的位移后将其释放。求:(a)初始加速度;(b)运动的幅值;(c)能达到的最大速度。

1.3.3C　在下述初始条件下绘制单振子位移随$\frac{t}{T}$的变化曲线。(a)$u_0=0$,$\frac{x_0}{A}=-1$、0、1;(b)$\frac{x_0}{A}=1$,$\frac{u_0}{\omega_0 A}=-1$、0、1。

1.4.1　证明对于任意(无阻尼)单振子都有 $E_k(\max)=E_p(\max)$。

1.4.2　如果弹簧本身的质量 $m_s$ 相比于连接到弹簧上物块的质量 $m$ 不能忽略,则弹簧的附加惯性将导致振动的频率降低。假设弹簧任意部分的质量正比于到弹簧固定端的距离 $y$。(a)计算系统的总能量;(b)据此推导质量为 $m$ 的物块位移的微分方程并证明该物块以频率 $\omega_0=\sqrt{\frac{s}{m_e}}$振动,其中 $m_e=m+\frac{m_s}{3}$。(可能用到题 1.4.1 的结果)。

1.5.1　已知 $\boldsymbol{x}=\boldsymbol{A}\exp(j\omega t)$的实部为 $x=A\cos(\omega t+\varphi)$,证明:$\boldsymbol{x}^2$ 的实部不等于 $x^2$。

1.5.2　求实部、模和相位:(a)$\sqrt{x+jy}$;(b)$A\exp[j(\omega t+\varphi)]$;(c)$[1+\exp(-2j\theta)]\exp(j\theta)$。

1.5.3　给定两个复数 $\boldsymbol{x}=\boldsymbol{A}\exp[j(\omega t+\theta)]$,$\boldsymbol{B}=B\exp[j(\omega t+\varphi)]$。求:(a)$\boldsymbol{AB}$ 的实部;(b)$\frac{\boldsymbol{A}}{\boldsymbol{B}}$的实部;(c)$\boldsymbol{A}$ 的实部与 $\boldsymbol{B}$ 的实部之乘积;(d)$\boldsymbol{AB}$ 的相位;(e)$\frac{\boldsymbol{A}}{\boldsymbol{B}}$的相位。

1.5.4　给定复数 $\boldsymbol{A}=X+jY$ 和 $\boldsymbol{B}=X+jY$。求:(a)$\boldsymbol{A}$ 的模;(b)$\boldsymbol{B}$ 的模;(c)$\boldsymbol{AB}$ 的模;(d)$\boldsymbol{AB}$ 的实部;(e)$\boldsymbol{AB}$ 的相位;(f)$\frac{\boldsymbol{A}}{\boldsymbol{B}}$的实部。

1.6.1　弹簧悬挂一个质量为 0.5 kg 的物块。将弹簧悬挂的物块质量增加 0.2 kg,弹簧的伸长量增加了 0.04 m。再突然将 0.02 kg 质量移除,发现 0.5 kg 质量导致的振荡周期减小到其初始值 1.0 s 的$\frac{1}{e}$。计算 $R_m$、$\omega_d$、$A$、$\varphi$ 的值。

1.6.2　证明:临界阻尼振子 $x=(A+Bt)\exp(-\beta t)$满足运动方程。

1.6.3　证明:若 $\beta\ll\omega_0$,则 $\omega_d=\omega_0\left[1-\frac{1}{2}\left(\frac{\beta}{\omega_0}\right)^2\right]$。

1.6.4　一般解为 $x=A\exp(-\beta t)\cos(\omega_d+\varphi)$的阻尼振子由平衡位置以正的速度开始运动,求 $A$。

1.6.5　根据图 1.6.2 的阻尼振子,求每种情况下的 $A$ 和 $\varphi$。

1.7.1　写出:(a)被力 $F\cos\omega t$ 激励的阻尼振子的加速度一般式;(b)推导使得加速度达到最大的角频率表达式。

1.7.2　根据式(1.7.9)求使得 $\Theta$ 满足下面条件的角频率:(a)$\Theta$ 值为 0;(b)$\Theta$ 值为$\frac{\pi}{2}$;(c)$\Theta$ 值为$-\frac{\pi}{2}$;(d)$\Theta$ 值为$\frac{\pi}{4}$。

1.7.3　一质量为 $M$ 的物块通过弹簧和阻尼(弹性系数 $s$,机械阻尼 $R_m$)连接到刚性基础上并且只能垂直于刚性基础运动。另一个物块通过长度为 $L$ 的臂连接 $M$ 并以角速度 $\omega$ 绕一与 $M$ 的运动垂直的轴转动。求 $M$ 的稳态速度幅值。

1.7.4　触发汽车安全气囊的惯性开关可以模拟成弹性系数为 $s$ 的弹簧,一端连接固定在汽车上的盒子，另一端连接一个可以在盒子内自由运动的质量为 $m$ 物块。当盒子发生减速时，物块就压缩弹簧从而触发开关，释放气囊内的空气。盒子以常速率 $a$ 减速。(a) 推导物块的运动方程；(b) 通过直接代入证明物块的运动为 $x=\dfrac{1}{2}at^2+\left(\dfrac{a}{\omega_0^2}\right)(\cos\omega_0 t-1)$，其中 $\omega_0^2=\dfrac{s}{m}$；(c) 求使得弹簧被压缩 $X$ 距离所需的最小减速度，结果用弹簧发生相同的静态压缩量 $X$ 所需的力来表示。

1.7.5　质量为 $m$ 的物块连接刚度为 $s$ 的弹簧。弹簧另一端连接加速度为 $A\exp(\mathrm{j}\omega t)$ 的桌子，其中 $A$ 为常数。(a) 证明：物块与桌子的加速度之比为 $\left[1-\left(\dfrac{\omega}{\omega_0}\right)^2\right]^{-1}$，其中 $\omega_0^2=s/m$；(b) 对于 $0<\dfrac{\omega}{\omega_0}<5$，描绘该比值随 $\dfrac{\omega}{\omega_0}$ 变化的函数曲线；(c) 评价此系统作为隔振器的可能性。

1.7.6C　质量为 0.5 kg、刚度为 100 N/m、机械阻尼为 1.4 kg/s 的振子受到 2 N 的正弦力激励。绘制作为频率函数的速度幅值以及位移与速度间相位角曲线，并求相位角为 45° 的频率。

1.8.1　处于平衡位置的振子受到 $t=0$ 时刻开始作用的力 $F\sin\omega_0 t$。若 $\beta\ll\omega_0$，证明：$x(t)\approx-\left(\dfrac{F}{\omega_0 R_{\mathrm{m}}}\right)[1-\exp(-\beta t)]\cos\omega_0 t$。

1.8.2　无阻尼振子 $t=0$ 时刻开始受到激励力 $F\sin\omega t$，其中 $\omega\neq\omega_0$。(a) 若 $t=0$ 时刻振子处于平衡，求该力引起的振动；(b) 若 $\omega=2\omega_0$，绘制速度波形；(c) 若引入一个小阻尼并且激励频率远低于谐振频率，证明：稳态解可以近似为 $u(t)\approx\left(\dfrac{\omega F}{s}\right)\cos\omega t$。

1.8.3　在角频率为 $\omega$ 的方波激励力作用下阻尼振子的位移如图：(a) $\dfrac{\omega}{\omega_{\mathrm{d}}}\gg1$，(b) $\dfrac{\omega}{\omega_{\mathrm{d}}}\ll1$。从物理上对这些曲线给出解释。

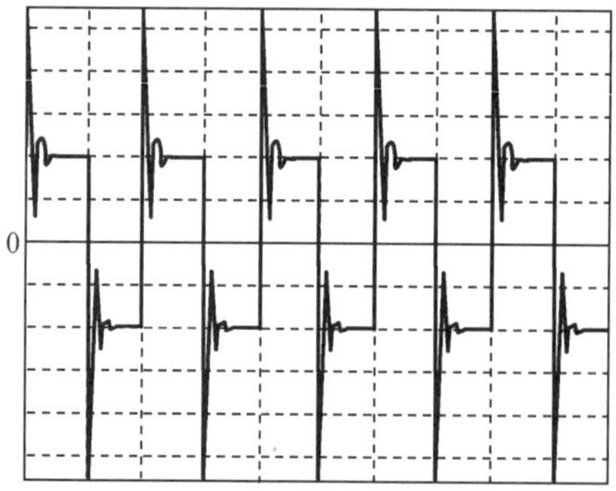


(a)

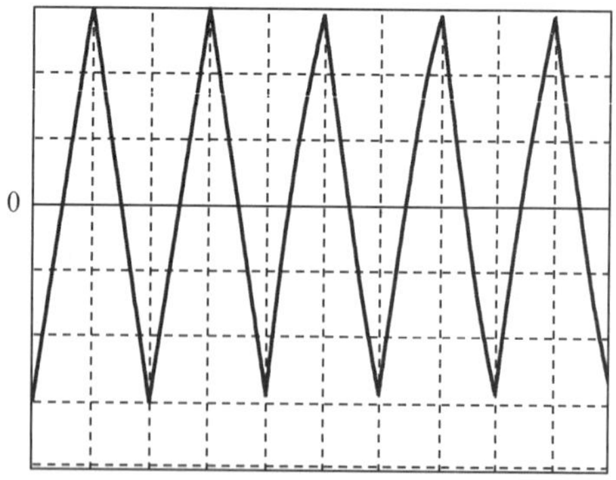


(b)

1.9.1　证明瞬时功率 $\Pi_{\mathrm{i}}$ 为 $\mathrm{Re}\{\boldsymbol{f}\}\mathrm{Re}\{\boldsymbol{u}\}$ 而非 $\mathrm{Re}\{\boldsymbol{fu}\}$。

1.9.2　阻尼振子受力 $\boldsymbol{f}=F\exp(\mathrm{j}\omega t)$，速度为 $\boldsymbol{u}=U\exp[\mathrm{j}(\omega t-\Theta)]$，其中 $U=\dfrac{F}{Z_{\mathrm{m}}}$。(a) 证明消耗的功率 $\Pi$ 为 $\dfrac{1}{2}\mathrm{Re}\{\boldsymbol{fu}^*\}$，其中 $\boldsymbol{u}^*$ 为 $\boldsymbol{u}$ 的复共轭；(b) 证明 $\mathrm{Re}\{\boldsymbol{fu}^*\}=\mathrm{Re}\{\boldsymbol{f}^*\boldsymbol{u}\}$。

1.9.3　证明稳态情况下阻尼振子摩擦力耗散的功率等于激励力提供的功率。

1.9.4　利用激励力提供给振子的平均功率以及存储在振子中的总能量 $E$ 推导关系式。解释这一结果的物理意义。这一关系是否意味着指数衰减？

1.10.1　证明：$Z_m=\omega_0 m\left[\left(\frac{\omega}{\omega_0}-\frac{\omega_0}{\omega}\right)^2+\frac{1}{Q^2}\right]^{1/2}$。

1.10.2　弹簧悬挂质量为 0.5 kg 的物块。弹簧的刚度为 100 N/m，机械阻尼为 1.4 kg/s。系统的激励力(N)为 $f=2\cos 5t$。(a)位移幅值、速度幅值和平均耗散功率的稳态值各为多少？(b)速度与力之间的相位角为何值？(c)谐振频率为何值？在该频率下力的幅值与(a)相同时，位移幅值、速度幅值以及平均耗散功率各为何值？(d)求系统的 $Q$ 值。在什么频率范围内耗散功率至少为谐振值的 50%？

1.10.3　证明当单振子在激励频率上被激励时，每个周期耗散的能量与当前的总机械能之比为$\frac{2\pi}{Q}$。

1.10.4　推导受激振子两个半功率点对应角频率的公式，证明其可以近似为 $\omega_0\pm\frac{R_m}{2m}$。

1.10.5　通过计算在 $f=f_0$ 点的$\frac{\mathrm{d}\Theta}{\mathrm{d}f}$值得到 $Q$ 值的一种表达式。

1.10.6　对于弱阻尼受迫振子，证明精确到$\frac{\beta}{\omega_0}$的二阶项，有$\frac{1}{2}(\omega_1+\omega_u)=\omega_0+\frac{1}{2}\left(\frac{\beta}{\omega_0}\right)^2$。

1.10.7　振子的谐振曲线可以利用波形分析仪(一种电子设备，可自动扫描所加激励电压同时绘制作为频率函数的输出电流)实验得到。这些设备的扫描速率可以由“慢”到“快”变化。图中为不同扫描速率下同一振子的谐振曲线：(Ⅰ)快速率扫描曲线；(Ⅱ)慢速率扫描曲线。水平刻度为 1 Hz/格。定性解释曲线Ⅱ与预期响应截然不同。

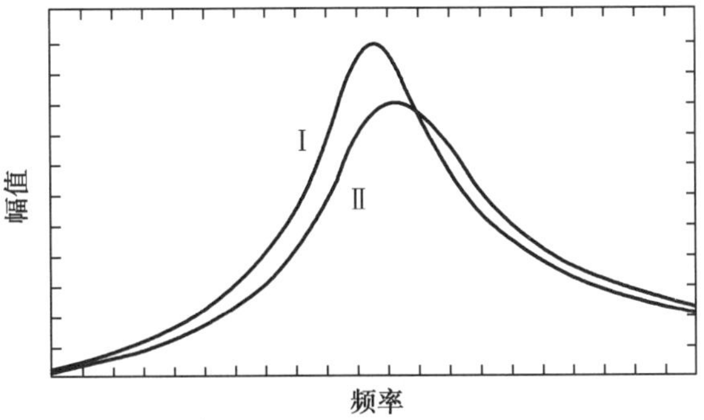


1.12.1　质量为 $m$ 物块系于刚度为 $s$ 的水平弹簧一端，于弹簧另一端施加水平力 $f=F\sin\omega t$。(a)假设无阻尼，写出弹簧激励端运动随时间变化的控制方程。(b)证明弹簧这一端速度的表达式与并联 LC 电路中电流的表达式相似。(c)若上述系统的常数为 $F=3$ N，$s=200$ N/m，$m=0.5$ kg，计算并绘制曲线显示在 $0<\omega<100$ rad/s 频率范围内，弹簧激励端位移和速度幅值随频率的变化。

1.12.2　给出下面系统的机械阻抗、谐振频率以及等效电路。

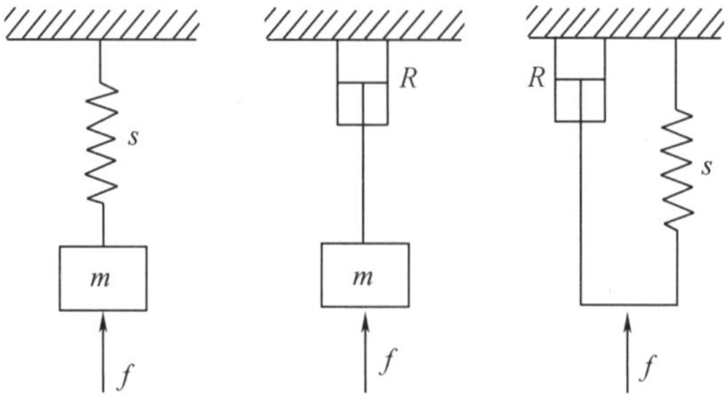

(a) (b) (c)

1.12.3　质量分别为 $m$ 和 $M$ 的物块之间由刚度为 $s$ 的弹簧连接，$m$ 受到外力。(a) 绘出等效的电路；(b) 求谐振角频率 $\omega_0$；(c) 如果改成 $M$ 受激励，则 $\omega_0$ 如何变化？

1.12.4C　根据图 1.12.2～图 1.12.4 三个等效电路的计算，绘制某一频率范围内的位移和速度幅值曲线，要求能反映运动的所有重要特性。假设 $m=0.5$ kg，$s=100$ N/m，$R_m=1.4$ kg/s，$=2$ N。

1.13.1　证明具有相同幅值 $A$ 及频率但具有不同初相位 $\varphi_1=\varepsilon$，$\varphi_2=2\varepsilon$，$\varphi_3=3\varepsilon$，…，$\varphi_n=n\varepsilon$ 的 $n$ 个简谐振动的线性叠加得到的振动幅值为

$$A_n=\frac{A\sin\left(n\dfrac{\varepsilon}{2}\right)}{\sin\left(\dfrac{\varepsilon}{2}\right)}$$

1.13.2　阻尼振子的激励力包括两项，角频率分别为 $\omega_1$ 和 $\omega_2$。(a) 计算 $\Pi_i$；(b) 证明消耗的总功率等于每一项力单独作用消耗的功率之和。

1.13.3　证明具有相同的振幅 $A$ 和初相位但具有不同角频率和的两个简谐振动之和为 $x=2A\sin\left(\dfrac{\Delta\omega}{2}\right)\exp\left[\mathrm{j}\left(\omega_1+\dfrac{\Delta\omega}{2}\right)t\right]$，其中 $\omega_2=\omega_1+\Delta\omega$。

1.13.4C　绘制两个正弦波之和，它们的位移幅值、频率相同，相对相位以步长 45°在 0°和 360°之间变化。

1.13.5C　两个信号幅值相同，频率分别为 $f$ 和 $f+\Delta f$，根据不同 $\dfrac{f+\Delta f}{f}$ 值绘制两信号之和的波形曲线，当 $f+\Delta f$ 从 $f$ 变化到 $2f$（一个倍频程）时，观察两信号之和的波形变化情况。如果电脑有声音输出，可以将波形和声音品质联系起来。

1.13.6C　一调幅(AM)信号为 $x=[1+m\cos(2\pi ft)]\cos(2\pi Ft)$，其中 $F$ 为载波频率，$f$ 为信号频率，$m$ 为调制指数。(a) 利用三角恒等式证明该信号包含三个成分：载频 $F$ 及两个边带 $F\pm f$；(b) 取 $F=20$ kHz，$f=1$ kHz，$m=0.5,1,2$，绘制 $x$ 曲线。

1.14.1　通过直接计算证明单位幅值方波由式(1.14.5)表示。

1.14.2　两端固定、长为 $L$ 的弦中点被拉离平衡位置 $h$ 距离，证明其振动的傅里叶分量为 $A_n=\left(\dfrac{1}{n^2}\right)\left(\dfrac{8h}{\pi^2}\right)\sin\left(\dfrac{n\pi}{2}\right)$。提示：这个空间波形与时间上的三角函数半个周期的波形具有相同的形状。

1.14.3　(a) 锯齿波在每个周期 $T$ 内的值从 +1 线性减小到 −1，证明该波形在 $0\leqslant t<T$ 上可以写成 $f(t)=1-\dfrac{2t}{T}$，并在每个周期内重复；(b) 证明波形的傅里叶系数为 $A_n=0$ 和 $B_n=$

$\frac{2}{n\pi}$,$n=1,2,3,\cdots$。

1.15.1　利用力 $F\exp(\mathrm{j}\omega t)$ 的谱密度 $\boldsymbol{g}(w)$ 求解式(1.15.13)得机械阻抗为 $\boldsymbol{Z}_m$ 的振子速度。

1.15.2　机械阻尼为 $R_m$ 的阻尼器一端连接墙壁,另一端在 $t=0$ 时刻受到一个力 $F=F\delta(t)$,其中 $F=1\ \mathrm{N\cdot s}$ 为脉冲。(a)利用傅里叶变换技术求激励端的速度和位移;(b)通过直接求解式(1.7.1)证明(a)的结果。

1.15.3　(a)利用式(1.15.3)求 $\boldsymbol{f}(t)=\exp(-bt)\cdot 1(t)$ 的 $\boldsymbol{g}(w)$。注意 $b$ 在使得积分上限退化为零中所起的作用;(b)通过令 $b\to 0$ 由式(1.15.3)得到 $\boldsymbol{f}(t)=1(t)$ 的 $\boldsymbol{g}(w)$。尽管极限情况下积分已不存在,这一结果却是可以接受的,从物理上给出解释。

1.15.4　静止的振子受到一个力 $F=F\delta(t)$,其中 $F=1\ \mathrm{N\cdot s}$ 为脉冲。利用傅里叶变换求物块的位移和速度。

1.15.5　利用式(1.15.3)求 $\boldsymbol{f}(t)=\exp(\mathrm{j}\omega t)\cdot 1(t)$ 的谱密度 $\boldsymbol{g}(w)$。提示:通过将 $\boldsymbol{f}(t)$ 乘以 $\exp(-bt)$ 引入一个微小衰减,计算积分,然后令 $b\to 0$。

1.15.6　静止的单振子受到一个力 $F(t)=F\cdot 1(t)$,其中 $F=1$ N。(a)根据 1.15 节求振子的位移和速度;(b)通过直接求解式(1.7.1)证明上面的结果。

1.15.7　单振子被竖直悬挂,弹簧无伸长。$t=0$ 时刻,将质量放开使其突然受到重力作用。求位移的时间函数。

1.15.8　利用表 1.15.1 求 $\boldsymbol{f}(t)=[\exp(-bt)\sin\omega t]\cdot 1(t)$ 的谱密度。

1.15.9　方波脉冲从 $t=0$ 时刻开启,经过 $\Delta t$ 时间被关闭。(a)证明这个波形可以写成 $\boldsymbol{f}(t)=[1(t)-1(t-\Delta t)]$;(b)证明这个波形的频谱密度为 $\boldsymbol{g}(w)=-\left(\frac{\mathrm{j}}{2\pi w}\right)[1-\exp(-\mathrm{j}w\Delta t)]$;(c)确定 $\boldsymbol{g}(w)$ 沿 $\pm w$ 轴的前两个零点之间的间隔 $\Delta w$ 并解释为什么这一区段包括了频谱密度的最重要部分;(d)证明 $\Delta w\Delta t=4\pi$。

1.15.10C　锯齿波定义为 $f(t)=a\left[1-2\left(\frac{t}{T}-n\right)\right]$,$n\leqslant\frac{t}{T}\leqslant(n+1)$,$n$ 为所有整数。绘出 $n$ 取不同值时该锯齿波的频谱。与图 1.14.1 的各个方波保留相同的项数,讨论超调量对于锯齿波和方波这两个波形的相对重要性。

1.15.11　(a)证明 $\cos(\omega t+\varphi)$ 的谱密度为 $\boldsymbol{g}(w)=\frac{1}{2}[\delta(w-\omega)\mathrm{e}^{\mathrm{j}\varphi}+\delta(w+\omega)\mathrm{e}^{-\mathrm{j}\varphi}]$;(b)由(a)求 $\cos(\omega t)$ 和 $\sin(\omega t)$ 的谱密度。

1.15.12　(a)求图 1.15.1 脉冲的谱密度;(b)求谱密度的最大值;(c)求第一零点之间的中心峰的带宽 $\Delta w$ 并证明 $\Delta w\Delta t\approx 4\pi$;(d)求曲线值下降到最大值一半对应的两点之间的中心峰带宽 $\Delta w'$ 并证明 $\Delta w'\Delta t\approx 2.4\pi$。提示:利用试错法得到 $\frac{w\Delta t}{2}$ 的正确值。

1.15.13　若图 1.15.2 中的脉冲具有单位幅值,证明:$\boldsymbol{g}(w)=-\frac{1}{\pi}\frac{w}{\omega^2-w^2}\sin\left(4\pi\frac{w}{\omega}\right)$

# 第 2 章　横向运动:振动的弦

## 2.1　连续系统的振动

前一章假设了质量为 $m$ 的物块作为一个刚体做没有旋转的运动,因此可以认为质量集中于一点。但大多数的振动物体并非如此简单。例如扬声器膜片的质量分布在其表面上,整个圆锥面并非作为一个整体运动,钢琴的琴弦、铙钹的表面也是如此。这里不从这些复杂振动开始研究而先考虑理想的弦振动,这是最容易想到的涉及波传播的物理系统。即使这样一个简单的系统也是假定性的,必须进行一些简化,而实际上是不可能实现的。尽管如此,其结果可以提供对波传播现象最基本的理解,因而是非常重要的。

## 2.2　弦 中 横 波

如果将张紧的弦的一部分从其平衡位置移开并释放,则观察到位移并不固定在其初始位置,而是分裂成两个扰动沿着弦一个向右一个向左以相同的速度传播,如图 2.2.1 所示。另外还观察到“小扰动(small disturbance)”的传播速度与初始位移的形状和幅度均无关,只决定于单位长度弦的质量以及弦的张力。实验和理论研究给出这个速度为 $c=\sqrt{\dfrac{T}{\rho_L}}$,其中 $c$ 的单位为 m/s,$T$ 为张力,单为 N,$\rho_L$ 为弦的“线密度(linear density)”(单位长度质量),单位为 kg/m。将传播的横向扰动称为“横向行波(transverse traveling wave)”。

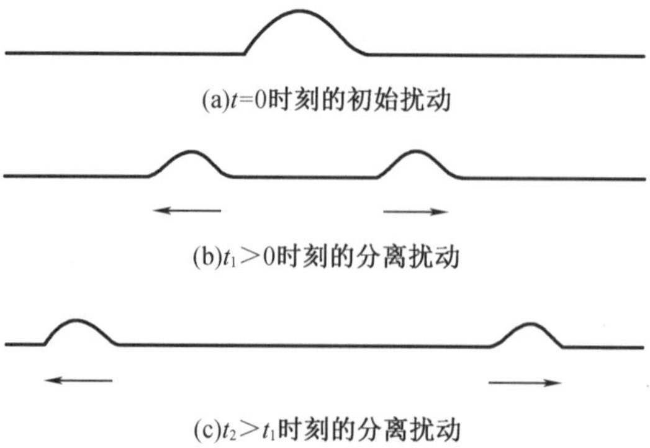


**图 2.2.1　横向扰动沿张紧弦的传播**

## 2.3　一维波动方程

考虑使弦回到平衡位置的力,可以得到"波动方程(wave equation)",使这个方程满足适当初始条件和边界条件的解就能完全描述弦的运动。

假设弦具有均匀线密度 $\rho_L$,刚度很小可以忽略,弦被张紧,张力 $T$ 足够大可以忽略重力的影响,并假设没有耗散力(例如跟摩擦或声辐射有关的力)。图 2.3.1 给出了从弦中分离出的一个微元,弦处于平衡位置时该单元的位置为 $x$、长度为 $\mathrm{d}x$。若这个单元相对于平衡位置的横向位移 $y$ 很小,则张力 $T$ 沿着弦是恒定的,微元两端的张力在 $y$ 方向的分量之差为

$$\mathrm{d}f_y=(T\sin\theta)_{x+\mathrm{d}x}-(T\sin\theta)_x \tag{2.3.1}$$

其中,$\theta$ 为弦的切向与 $x$ 轴之间的夹角;$(T\sin\theta)_{x+\mathrm{d}x}$ 为 $T\sin\theta$ 在 $x+\mathrm{d}x$ 处的值;$(T\sin\theta)_x$ 为 $T\sin\theta$ 在 $x$ 处的值。应用泰勒级数展开:

$$f(x+\mathrm{d}x)=f(x)+\left(\frac{\partial f}{\partial x}\right)_x\mathrm{d}x+\frac{1}{2}\left(\frac{\partial^2 f}{\partial x^2}\right)_x\mathrm{d}x^2+\cdots \tag{2.3.2}$$

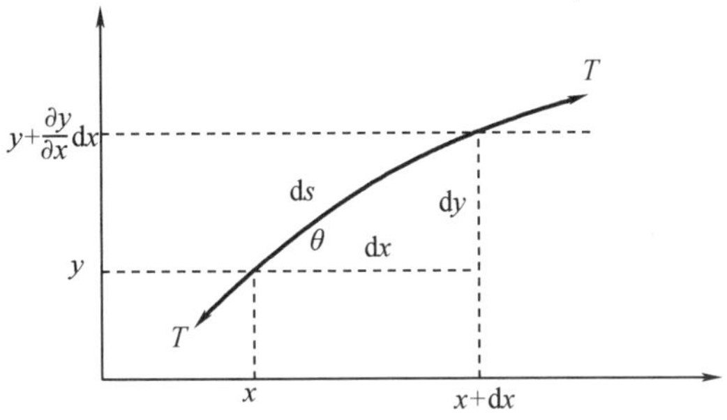


**图 2.3.1　长为 ds 的弦单元所受的力**

将式(2.3.2)代入式(2.3.1)得

$$\mathrm{d}f_y=\left[(T\sin\theta)_x+\frac{\partial(T\sin\theta)}{\partial x}\mathrm{d}x+\cdots\right]-(T\sin\theta)_x=\frac{\partial(T\sin\theta)}{\partial x}\mathrm{d}x \tag{2.3.3}$$

其中只保留了最低几阶非零项,如果 $\theta$ 值很小,则可以用$\frac{\partial y}{\partial x}$代替 $\sin\theta$,得到横向合力为

$$\mathrm{d}f_y=\frac{\partial}{\partial x}\left(T\frac{\partial y}{\partial x}\right)\mathrm{d}x=T\frac{\partial^2 y}{\partial x^2}\mathrm{d}x \tag{2.3.4}$$

由于微元的质量为 $\rho_L\mathrm{d}x$,它沿 $y$ 方向的加速度为$\frac{\partial^2 y}{\partial t^2}$,由牛顿第二定律得

$$\mathrm{d}f_y=\rho_L\mathrm{d}x\frac{\partial^2 y}{\partial t^2} \tag{2.3.5}$$

由式(2.3.4)和式(2.3.5)得波动方程:

$$\frac{\partial^2 y}{\partial x^2}=\frac{1}{c^2}\frac{\partial^2 y}{\partial t^2} \tag{2.3.6}$$

其中常数 $c$ 定义为

$$c^2=\frac{T}{\rho_L} \tag{2.3.7}$$

# 2.4 波方程的一般解

方程式(2.3.6)为二阶偏微分方程,完整解包含两个二阶可导的任意函数:

$$y(x,t)=y_1(ct-x)+y_2(ct+x) \tag{2.4.1}$$

两个函数的变量分别为$(ct-x)$和$(ct+x)$。将 $y_1$ 和 $y_2$ 直接代入波动方程,连续应用以 $w=ct\pm x$ 为变量的函数的求导公式:

$$\frac{\partial f}{\partial t}=\frac{\partial f}{\partial w}\frac{\partial w}{\partial t}=c\frac{\mathrm{d}f}{\mathrm{d}w}\text{和}\frac{\partial f}{\partial x}-\frac{\mathrm{d}f}{\mathrm{d}w}\frac{\partial w}{\partial x}=\pm\frac{\mathrm{d}f}{\mathrm{d}w} \tag{2.4.2}$$

可以证明 $y_1$、$y_2$ 为波动方程的解。此类函数的例子如:$\log(ct\pm x)$,$\left(t\pm\frac{x}{c}\right)^2$,$\sin\left[\omega\left(t\pm\frac{x}{c}\right)\right]$,$\exp\left[\mathrm{j}\omega\left(t\pm\frac{x}{c}\right)\right]$以及 $\cosh(ct\pm x)$。

# 2.5 一般解的波动本质

考虑解 $y_1(ct-x)$在时刻 $t_1$ 弦的横向位移为 $y_1(ct_1-x_1)$,如图 2.5.1(a)所示,在稍晚的 $t_2$ 时刻,弦的位移为 $y_1(ct_2-x_2)$,如图 2.5.1(b)所示,当满足条件

$$ct_1-x_1=ct_2-x_2 \tag{2.5.1}$$

时,$t=t_1$ 时刻 $x_1$ 处的位移与 $t=t_2$ 时刻 $x_2$ 处的位移相等,于是波形的这个点向右移动了距离

$$x_2-x_1=c(t_2-t_1) \tag{2.5.2}$$

即扰动保持固定的形状以常速度 $c$ 沿着弦线向右传播,因此函数 $y_1(ct_1-x_1)$代表一列沿$+x$ 方向传播的"波(wave)"。特定值 $y_1$ 沿着弦传播的速度 $c$ 称为"相速度(phase speed)"。应该注意的是,虽然波形以相速度 $c$ 传播,弦的材料单元却是关于其平衡位置做横向运动,"质点速度(particle speeds)"由 $u(x,t)=\frac{\partial y_1}{\partial t}$给出,对于沿$-x$ 方向传播的波可做类似讨论。

"初始扰动沿着弦传播过程中波形不变"这一数学结论永远无法精确实现,因为真实的弦永远不可能完全满足波动方程推导过程中所做的假设,它们总是有一定的抗弯刚度而且受到耗散力作用,波沿着真实的弦传播时就会发生变形。对于柔性相对较好的弦以及乐器中常见的低阻尼情况,如果扰动幅度小则波形失真率很小,然而,对于大幅扰动波形的变化则会很明显。

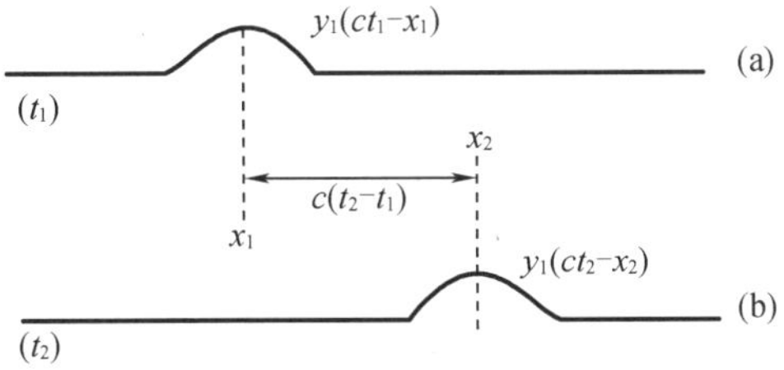


**图 2.5.1　一列向右传播的横波。(a)$t_1$ 时刻的波形;(b)$t_2>t_1$ 时刻的波形。波形无失真地传播,相速度为 $c=\frac{x_2-x_1}{t_2-t_1}$。**

## 2.6　初值和边界条件

函数 $y_1(ct_1-x_1)$ 和 $y_2(ct_2-x_2)$ 由“初值(initial values)”和“边界条件(boundary conditions)”决定,对于自由振动的弦,$t=0$ 时刻的初值取决于弦受到激励的类型和作用点。例如,“弹击”一根弦(如弹钢琴)时的初始波形与“拨动”一根弦(例如弹竖琴或吉他)或“弯曲”一根弦(小提琴)的初始波形有很大不同,因此代表波形的函数就不同。它们还取决于弦两端的边界条件,实际的弦总是有限长的,在两端必然以某种方式被固定,例如,若弦的支撑方式为刚性的,则在支撑点处,任意时刻 $y_1+y_2$ 的值始终为零。当弦在周期外部力激励下达到稳态时,$y_1$ 和 $y_2$ 也是跟激励频率相同的周期函数,但它们的其他特性(如振动幅度)取决于激励力的作用点以及弦的边界条件。

## 2.7　边 界 反 射

假设一根弦在 $x=0$ 处被刚性支撑(固定),则 $y_1(ct-x)$ 和 $y_2(ct+x)$ 不再完全是任意的,因为任意时刻它们的和在 $x=0$ 处的值必须为零,易知若有

$$y(0,t)=y_1(ct-0)+y_2(ct+0)=0 \tag{2.7.1}$$

则边界条件被满足。

如图 2.7.1 所示,刚性边界的反射可以看成向左传播的波变成具有相反位移的波向右传播,即

$$y(x,t)=y_1(ct-x)-y_1(ct+x) \tag{2.7.2}$$

简单边界条件的另一个例子是被支撑的端部虽然弦被张紧,但是弦在支撑点不受到横向力作用,这种边界称为“自由(free)”边界。没有横向力,要求 $T\sin\theta=0$,这意味着入射波和反射波对 $x$ 的斜率大小相等而符号相反,即波形具有相同的剖面(从面对着波传播的方向来看),于是

$$y(x,t)=y_1(ct-x)+y_1(ct+x) \tag{2.7.3}$$

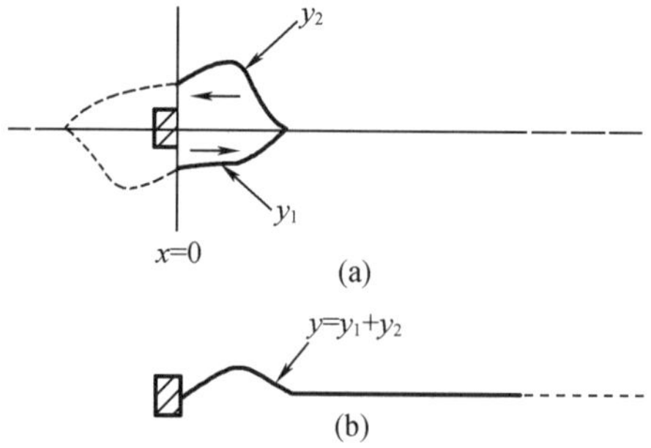


**图 2.7.1** 向左传播的横波在刚性边界的反射。在(a)图中,$y_2$ 波的虚线部分被反射成为 $y_1$ 波的实线部分,合成波向右传播,如(b)图所示。注意在 $x=0$ 处位移总为零。

自由边界的反射可以看成向左传播的波变成具有相同位移、形状相同而向右传播的波(图 2.7.2),于是在边界处斜率 $\frac{\partial y}{\partial x}=0$。

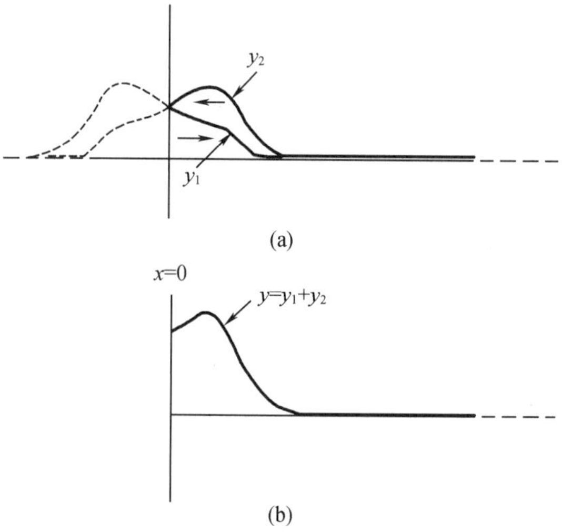


**图 2.7.2** 自由边界的反射。在(a)图中,向左传播的 $y_2$ 波的虚线部分被反射成为 $y_1$ 波的实线部分,合成波向右传播,如(b)图所示。注意在 $x=0$ 处的斜率总是零。

## 2.8 无限长弦的受迫振动

最简单的一类弦振动是理想的无限长弦在一端横向正弦力激励下的振动。由于实际的弦总是有限长的,这个问题似乎只有单纯学术上的意义,却很值得研究。(1)这个问题是有限长弦振动的一种前导性研究,有助于理解声波传播过程;(2)通过适当选择一端的边界条件可使有限长弦表现得像无限长一样。

考虑一端在 $x=0$、向右延伸的无限长弦,弦被张紧,张力为 $T$,$x=0$ 端受横向力 $F\cos\omega t$,假设 $x=0$ 端不能沿 $x$ 方向移动,可沿 $y$ 方向自由移动。同上一章一样,用复激励力 $\boldsymbol{f}(t)=F\exp(\mathrm{j}\omega t)$ 代替 $F\cos\omega t$。由于弦向 $x$ 正方向延伸至无限远并在 $x=0$ 端激励力作用下振动,

故解中应只包含向右传播的波:

$$\boldsymbol{y}(x,t)=\boldsymbol{y}_1(ct-x) \tag{2.8.1}$$

$x=0$ 端的边界条件要求:

$$\boldsymbol{y}(0,t)=\boldsymbol{A}\mathrm{e}^{\mathrm{j}\omega t} \tag{2.8.2}$$

其中 $\boldsymbol{A}$ 为复常数(其模和相位最终要与激励力联系起来)。上面两式结合得

$$\boldsymbol{y}_1(ct)=\boldsymbol{A}\mathrm{e}^{\mathrm{j}k(ct)} \tag{2.8.3}$$

其中"波数(wave number)"$k$ 定义为

$$k=\frac{\omega}{c} \tag{2.8.4}$$

则对于任意 $x$,解必为 $\boldsymbol{A}\exp[\mathrm{j}k(ct-x)]$或

$$\boldsymbol{y}(x,t)=\boldsymbol{A}\exp^{\mathrm{j}(\omega t-kx)} \tag{2.8.5}$$

图 2.8.1(a)显示了两个不同时刻弦的形状,图 2.8.1(b)显示了弦上两点的时间历程。弦单元关于其平衡位置做频率为 $f=\dfrac{\omega}{2\pi}$的简谐振动,振动周期为 $T=\dfrac{1}{f}$,任意时刻弦的形状是振幅为 $A=|\boldsymbol{A}|$的正弦曲线,在固定的时刻,弦的形状是 $x$ 的函数,当 $x$ 变化一个距离 $\lambda$,而 $\lambda$ 满足 $k\lambda=2\pi$ 时,弦的位移和斜率不变,这两点之间的距离 $\lambda$ 称为"波长(wavelength)",于是有

$$\lambda=\frac{2\pi}{k} \tag{2.8.6}$$

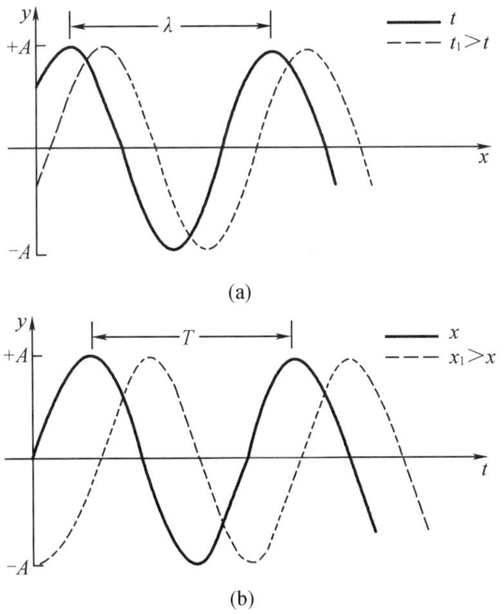


**图 2.8.1　一列向右传播的简谐波:(a)一列波长为 $\lambda$ 的波在两个相邻时刻的空间分布;(b)一列周期为 $T$ 的波上两个相邻的空间位置的时间历程曲线。**

波形以速度 $c=\sqrt{\dfrac{T}{\rho_L}}$向右传播,称为"谐和行波(harmonic traveling wave)"。因为波形在等于一个振动周期的时间内传播一个波长的距离,故频率、波长与相速度之间的关系为

$$c=\lambda f \tag{2.8.7}$$

这是对所有的波动现象都成立的一个基本关系。注意：利用 $k=\dfrac{2\pi}{\lambda}$ 及 $\omega=2\pi f$，由式(2.8.4)也能得到上面的关系。

为了得到波的幅值与激励力之间的关系，考虑加在 $x=0$ 端的所有力，如图 2.8.2 所示。由于在弦端没有集中质量，因此激励力必恰好与张力平衡：水平方向与 $T\cos\theta$ 相平衡，竖直方向与 $T\sin\theta$ 相平衡，于是弦左端的横向力($f+T\sin\theta$)必为零，对于小的 $\theta$ 角有

$$\boldsymbol{f}=-T\left(\frac{\partial \boldsymbol{y}}{\partial x}\right)_{x=0} \tag{2.8.8}$$

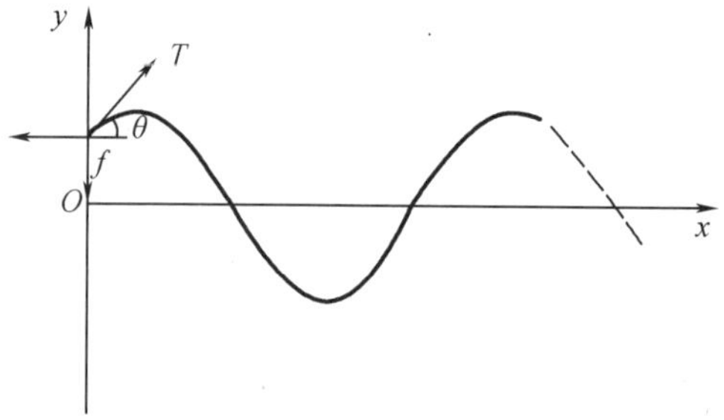


**图 2.8.2　作用到受激弦一端的作用力。作用在驱动器上弦的张力 $T\sin\theta$ 的垂向分量与驱动器作用到弦上力的垂向分量相平衡。**

其中的负号表示当 $\left(\dfrac{\partial \boldsymbol{y}}{\partial x}\right)_{x=0}>0$ 时，施加的外力一定是向下的，可见受力端弦的斜率决定于施加的外力以及弦中张力：$\left(\dfrac{\partial \boldsymbol{y}}{\partial x}\right)_{x=0}=-\dfrac{\boldsymbol{f}}{T}$（例如若 $\boldsymbol{f}=0$ 则弦端在横向可以自由移动，则有 $\left(\dfrac{\partial \boldsymbol{y}}{\partial x}\right)_{x=0}=0$，这就是 2.7 节中的自由边界条件）。将 $\boldsymbol{f}=F\mathrm{e}^{\mathrm{j}\omega t}$ 及式(2.8.5)代入式(2.8.8)，

$$F\mathrm{e}^{\mathrm{j}\omega t}=-T(-\mathrm{j}k)\boldsymbol{A}\mathrm{e}^{\mathrm{j}\omega t} \tag{2.8.9}$$

于是

$$\boldsymbol{y}(x,t)=\left(\frac{F}{\mathrm{j}kT}\right)\mathrm{e}^{\mathrm{j}(\omega t-kx)} \tag{2.8.10}$$

质点速度 $\boldsymbol{u}=\dfrac{\partial \boldsymbol{y}}{\partial t}$，则

$$\boldsymbol{u}(x,t)=\left(\frac{F}{\rho_{\mathrm{L}}c}\right)\mathrm{e}^{\mathrm{j}(\omega t-kx)} \tag{2.8.11}$$

定义弦的“输入点机械阻抗(input mechanical impedance)”$\boldsymbol{Z}_{\mathrm{m0}}$ 为激励力与激励点($x=0$)处弦的横向速度之比，即

$$\boldsymbol{Z}_{\mathrm{m0}}=\frac{\boldsymbol{f}}{\boldsymbol{u}(0,t)} \tag{2.8.12}$$

对于无限长弦有

$$Z_{\mathrm{m0}}=\rho_{\mathrm{L}}c \tag{2.8.13}$$

无限长弦的输入点机械阻抗是实数，即弦提供的机械负载是纯阻，这样的结果符合预

想,因为无限长弦只能将能量沿着弦传播出去而没有能量返回。无限长弦的输入点机械阻抗只是弦中张力以及单位长度弦质量的函数,与激励力无关,因此它是“弦的”而非“波的”特征参数,因此称之为弦的“特征机械阻抗”,它与无限长的电传输线特征电阻抗是类似的。

提供给弦的瞬时功率为 $\Pi_i = fu$,其中 $u$ 取 $x=0$ 处的值,或

$$\Pi_i = F\cos\omega t \cdot \left(\frac{F}{\rho_L c}\cos\omega t\right) \tag{2.8.14}$$

在一个周期内积分的平均输入功率为

$$\Pi = \frac{F^2}{2\rho_L c} = \frac{1}{2}\rho_L c U_0^2 \tag{2.8.15}$$

其中

$$U_0 = |u(0,t)| = \frac{F}{\rho_L c} \tag{2.8.16}$$

为 $x=0$ 处的弦速度幅值。

## 2.9　有限长弦的受迫振动

一端受力的有限长弦振动远比无限长弦振动复杂。弦中不仅有向远处支撑端传播的波,也有从支撑端反射回来的波,它传播到受激端时又被再次反射,但当振动达到稳态时,解必定可以用反向传播的两列谐和行波表示

$$\boldsymbol{y}(x,t) = \boldsymbol{A}e^{j(\omega t - kx)} + \boldsymbol{B}e^{j(\omega t + kx)} \tag{2.9.1}$$

其中复振幅 $\boldsymbol{A}$、$\boldsymbol{B}$ 由边界条件确定。下面考虑弦两端的几类边界。

1. “激励端-固定端”弦

假设弦一端受激励,一端固定,左端边界条件为式(2.8.8),在任意时刻

$$Fe^{j\omega t} + T\left(\frac{\partial \boldsymbol{y}}{\partial x}\right)_{x=0} = 0 \tag{2.9.2}$$

将式(2.9.1)代入这个边界条件得

$$F + T(-jk\boldsymbol{A} + jk\boldsymbol{B}) = 0 \tag{2.9.3}$$

由于弦在 $x=L$ 端受到刚性支撑,在这一点弦的位移总是零,于是

$$\boldsymbol{A}e^{-jkL} + \boldsymbol{B}e^{jkL} = 0 \tag{2.9.4}$$

式(2.9.3)、式(2.9.4)联立求解得

$$\boldsymbol{A} = \frac{Fe^{jkL}}{2jkT\cos kL}$$

$$\boldsymbol{B} = -\frac{Fe^{-jkL}}{2jkT\cos kL} \tag{2.9.5}$$

将这两个常数代入式(2.9.1)得

$$\boldsymbol{y}(x,t) = \frac{F}{2jkT\cos kL}\left\{e^{j[\omega t + k(L-x)]} - e^{j[\omega t - k(L-x)]}\right\} \tag{2.9.6}$$

或移出 $\exp(j\omega t)$ 因子并化简成为

$$\boldsymbol{y}(x,t) = \frac{F}{kT}\frac{\sin[k(L-x)]}{\cos kL}e^{j\omega t} \tag{2.9.7}$$

对这个解可以有两种不同但等价的解释:式(2.9.6)可以看成具有相同幅值和波长、沿着弦反向传播的两列波,而式(2.9.7)则描述一个并不沿着弦传播的波形,波形不移动但弦做振荡运动。这样的波称为“驻波(standing wave)”,数学特征是波幅随弦上位置而变,这两种描述表明,波幅相等、反向传播的波合成一个固定振动,振动的振幅取决于空间位置。将驻波看成行波的组合,反之亦然,这在波动问题处理中是很常用的。

由式(2.9.7)中的 $\sin[k(L-x)]$ 因子可知,弦上存在着一些位移总等于零的点,称为“波节点(node)”,或节点、波节,波节点的位置对应于 $k(L-x)=q\pi$,其中 $q=0,1,2,\cdots,\leqslant\frac{kL}{\pi}$,则节点位置 $x_q$ 为

$$x_q=L-\frac{q\lambda}{2}\quad q=0,1,2,\cdots,\leqslant\frac{2L}{\lambda}\tag{2.9.8}$$

图 2.9.1 为弦中的典型驻波示意图,显示了弦在不同时刻的瞬时位移,波节点之间的距离为$\frac{\lambda}{2}$,两波节点之间能运动的那部分弦称为“波腹(loop)”,位移最大的点称为“波腹点(antinode)”。

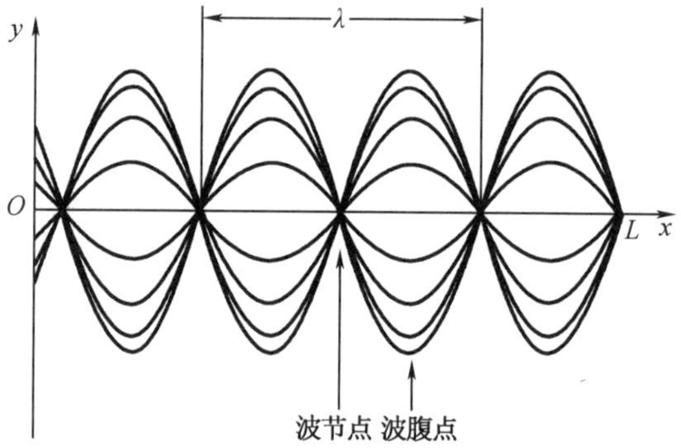


**图 2.9.1　长 $L$ 的弦做驻波振动时,不同时刻弦的形状。波节点间距为 $\lambda/2$。**

注意激励点到波节点的距离是频率的函数,若 $L$ 为$\frac{\lambda}{2}$的整数倍,则有一个波节点恰好在激励点,若频率升高,则波长变短,波节点向远离激励点方向移动,当激励频率使得 $L$ 为$\frac{\lambda}{4}$的奇数倍时,激励点处存在一个波腹点。

波节点随频率的移动伴随着波腹点处振幅的惊人变化。式(2.9.7)分母等于零对应的激励频率使得 $\cos kL=0$,即

$$kL=\frac{(2n-1)\pi}{2},\quad n=1,2,3,\cdots\tag{2.9.9}$$

因$\frac{\omega}{k}=c$,由式(2.9.9)得

$$f_{\mathrm{rn}}=\frac{2n-1}{4}\cdot\frac{c}{L}\tag{2.9.10}$$

$f_{\mathrm{rn}}$ 为“共振频率(resonance frequency)”。当激励频率等于 $1/f_{\mathrm{rn}}$ 时,弦振动最强。共振

时由式(2.9.7)给出的无穷大振幅在真实的弦上并不会发生,因为小 $\theta$ 角、恒定张力 $T$ 以及无阻尼假设在真实的弦上都不满足,但真实弦在这些共振点上振幅仍为最大值。注意到共振时激励点是一个波腹点,所以 $u(0,t)$ 取得最大值。

类似地,幅值为极小值的频率由条件 $\cos kL=\pm1$ 决定,则

$$kL=n\pi \quad n=1,2,3,\cdots \tag{2.9.11}$$

或

$$f_{an}=\frac{n}{2}\cdot\frac{c}{L} \tag{2.9.12}$$

观察式(2.9.7)可知,这些波幅极小值随频率升高而逐渐减小。这些频率($f_{an}$)是“反共振频率(antiresonance frequency)”。反共振时,有一个波节点在激励点,故 $u(0,t)=0$。(真实的弦由于有阻尼,$u(0,t)$ 为有限值,但很小;后面还会更详细地讨论这个问题。)

输入点机械阻抗 $\mathbf{Z}_{m0}$ 由式(2.8.12)给出

$$\mathbf{Z}_{m0}=\frac{F\mathrm{e}^{\mathrm{j}\omega t}}{\boldsymbol{u}(0,t)} \tag{2.9.13}$$

得出“激励端-固定端”的弦为

$$\mathbf{Z}_{m0}=-\mathrm{j}\rho_L c\cot kL \tag{2.9.14}$$

这个阻抗是纯抗,因此没有能量被弦吸收(对于无损耗、端部固定的弦,能量没有离开系统的渠道)。

从输入端机械阻抗来考虑也得到同样的结论:当 $\cot kL=0$ 时,输入端机械阻抗为零,则振动的振幅为极大值。一般地,任意机械系统的共振频率定义为输入机械抗为零的频率。对于“激励端-固定端”弦,这导致式(2.9.10)的共振频率。在式(2.9.12)确定的反共振频率上,$\mathbf{Z}_{m0}$ 为无限大,激励端的弦位移无限小,但弦的其他部分是有运动的。当 $\mathbf{Z}_{m0}$ 不是纯抗时,反谐振点的确定更复杂,将在第 3 章进行讨论。

当频率很低时,输入端机械阻抗取得极限值

$$\mathbf{Z}_{m0}\to-\frac{\mathrm{j}\rho_L c}{kL}=-\frac{\mathrm{j}T}{\omega L} \tag{2.9.15}$$

这与弹性系数为 $s=\dfrac{T}{L}$ 的弹簧输入阻抗相同。

将上面得到的共振和反共振概念用于真实的弦受迫振动时要小心,在任何物理可实现系统中,激励力(通常产生于电压)是通过传感器传递给弦的。传感器本身也有机械阻抗,会对系统行为产生很大影响,完整含义留待第 10 章对受激管的讨论中说明。

*2.“激励端-质量负载端”弦

如果弦在 $x=L$ 端的支撑物不是刚性的,而是有一定惯性的支撑物,则这个支撑物就好像是一个质量为 $m$ 的物块,如图 2.9.2 所示,则运动的分析复杂得多。同以前一样,解仍然是式(2.9.1)的形式,$x=0$ 端边界条件也仍然是式(2.9.2)

$$F\mathrm{e}^{\mathrm{j}\omega t}+\rho_L c^2\left(\frac{\partial \boldsymbol{y}}{\partial x}\right)_{x=0}=0 \tag{2.9.16}$$

其中用 $\rho_L c^2$ 代替了 $T$。

$x=L$ 端的边界条件与以前不同:质量为 $m$ 的物块受到的力必为 $-T\left(\dfrac{\partial y}{\partial x}\right)_{x=L}$,因为 $x=L$ 处

的负斜率导致力沿+$y$ 方向。由牛顿第二定律得

$$-\rho_L c^2\left(\frac{\partial \boldsymbol{y}}{\partial x}\right)_{x=L}=m\left(\frac{\partial^2 \boldsymbol{y}}{\partial t^2}\right)_{x=L} \tag{2.9.17}$$

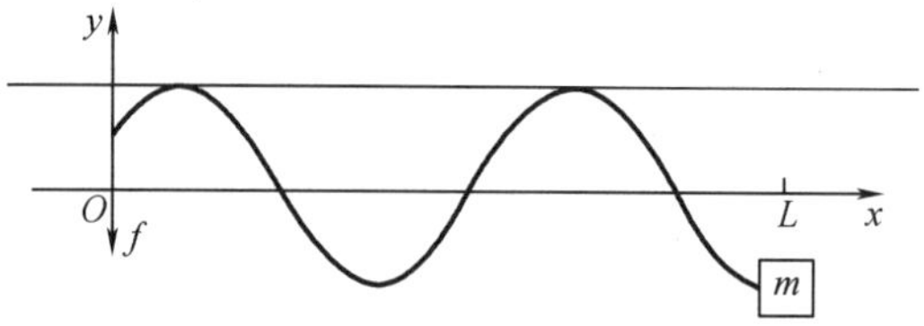


**图 2.9.2 “激动端-质量负载端”弦。弦在 $x=0$ 时被驱动,质量在 $x=L$ 时被限制横向移动。**

将式(2.9.1)代入式(2.9.16)得

$$F=-\rho_L c^2(-jk\boldsymbol{A}+jk\boldsymbol{B}) \tag{2.9.18}$$

将式(2.9.18)代入式(2.9.17)得另一个方程

$$-\rho_L c^2(-jk\boldsymbol{A}e^{-jkL}+jk\boldsymbol{B}e^{jkL})=m(j\omega)^2(\boldsymbol{A}e^{-jkL}+\boldsymbol{B}e^{jkL}) \tag{2.9.19}$$

求解 $\boldsymbol{A}$ 和 $\boldsymbol{B}$ 得

$$\boldsymbol{A}=-\frac{Fe^{jkL}}{2\omega\rho_L c}\frac{1+\dfrac{j\omega m}{\rho_L c}}{\dfrac{\omega m}{\rho_L c}\cos kL+\sin kL}$$

$$\boldsymbol{B}=-\frac{Fe^{-jkL}}{2\omega\rho_L c}\frac{1-\dfrac{j\omega m}{\rho_L c}}{\dfrac{\omega m}{\rho_L c}\cos kL+\sin kL} \tag{2.9.20}$$

注意到 $\boldsymbol{A}$、$\boldsymbol{B}$ 互为复共轭。向左传播的波与向右传播的波有相同的幅值。弦的复速度 $\boldsymbol{u}=\dfrac{\partial \boldsymbol{y}}{\partial t}=j\omega\boldsymbol{y}$ 为

$$\boldsymbol{u}(x,t)=-j\frac{F}{\rho_L c}\frac{\cos[k(L-x)]-\dfrac{\omega m}{\rho_L c}\sin[k(L-x)]}{\dfrac{\omega m}{\rho_L c}\cos kL+\sin kL}e^{j\omega t} \tag{2.9.21}$$

输入端机械阻抗为

$$\boldsymbol{Z}_{m0}=j\rho_L c\frac{\dfrac{\omega m}{\rho_L c}+\tan kL}{1-\dfrac{\omega m}{\rho_L c}\tan kL} \tag{2.9.22}$$

$\boldsymbol{Z}_{m0}$ 仍为纯抗。

当输入机械抗为零时发生共振,等价于令 $\boldsymbol{Z}_{m0}$ 的分子为零,得

$$\tan kL=-\frac{m}{m_s}kL \tag{2.9.23}$$

其中,$m_s=\rho_L L$,为弦质量,这个超越方程没有显式解,对很小的质量负载 $m\ll m_s$ 以及不是很大的 $kL$ 值,$\tan kL\approx 0$ 或 $kL\approx n\pi$,这正是“激励端-自由端”弦的共振频率。这样的结果是预期中的,因为负载很轻时弦的 $x=L$ 端就接近自由。类似地,对很重的质量负载($m\gg m_s$),其作用更接近于刚性支撑,此时共振频率更接近于“激励端-固定端”弦的共振频率。对于中

等质量负载的一般情况,利用掌上计算器或通过作图就能很容易地求解,在同一坐标下绘制出 tan $kL$ 和 $-\dfrac{\frac{m}{m_s}}{kL}$ 分别随 $kL$ 变化的曲线,共振频率就由两曲线交点对应的 $kL$ 值求出。

例如在 $m=m_s$ 的特殊情况下,满足式(2.9.23)的 $kL$ 值如图 2.9.3 所示。

$$kL=2.03,\ 4.91,\ 7.98,\ \cdots \tag{2.9.24}$$

最低一阶共振频率由 $k_1L=2.03$ 给出,为 $f_1=\dfrac{2.03}{2\pi}\cdot\dfrac{c}{L}$,这个频率介于"激励端-自由端"弦与"激励端-固定端"弦的两个共振频率之间,较高阶共振频率并不等于最低阶共振频率的整数倍,例如,第二阶与第一阶共振频率之比为 4.91/2.03=2.42。

质量负载影响弦上波节点的位置,波节点出现在 $\boldsymbol{u}(x,t)=0$ 处,由式(2.9.21)分子为零得

$$\tan[k(L-x_q)]=\frac{\rho_L c}{\omega m}\quad q=0,1,2,\cdots,\leqslant\frac{2L}{\lambda} \tag{2.9.25}$$

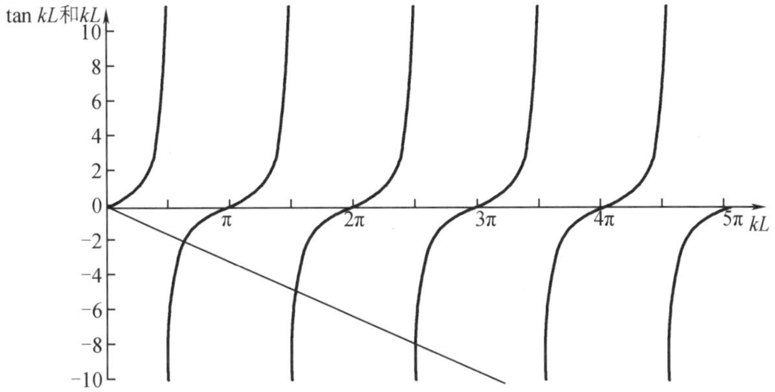


**图 2.9.3　作图法求"激励端-质量负载端"弦的共振频率。$m=m_s$,根为 $kL=2.03,4.91,7.98,\cdots$**

由于频率降低时,方程右端变大,因此频率很高时出现在 $x_0=L$ 端的波节点,当频率降低时移向 $x$ 值较小处,直到频率很低时移到距离 $x_0=L$ 端为 $\dfrac{\lambda}{4}$ 处,而在 $x_0=L$ 处有一个波腹点,这说明 $x_0=L$ 端在高频时接近刚硬而低频时接近自由。

*3. "激励端-阻尼负载端"弦

作为有限长弦受激振动的最后一例,令 $x=L$ 端连接一个阻尼器,该阻尼器受到约束只能沿横向运动。试探解为式(2.9.1),$x=0$ 端边界条件仍为式(2.8.8),此时在 $x=L$ 端,两个力 $R_m\left(\dfrac{\partial \boldsymbol{y}}{\partial t}\right)_{x=L}$ 与 $-T\left(\dfrac{\partial \boldsymbol{y}}{\partial x}\right)_{x=L}$ 平衡,于是

$$-\rho_L c^2\left(\frac{\partial \boldsymbol{y}}{\partial x}\right)_{x=L}=R_m\left(\frac{\partial \boldsymbol{y}}{\partial t}\right)_{x=L} \tag{2.9.26}$$

可以像以前一样求解,但稍微运用点小技巧可以节省不少工作量。考虑到解必为 exp(j$\omega t$)形式,将式(2.9.26)改写成

$$-\rho_L c^2\left(\frac{\partial \boldsymbol{y}}{\partial x}\right)_{x=L}=\frac{R_m}{\mathrm{j}\omega}\left(\frac{\partial^2 \boldsymbol{y}}{\partial t^2}\right)_{x=L} \tag{2.9.27}$$

注意到若将式(2.9.17)中的 $m$ 替换为$\frac{R_m}{j\omega}$即得到式(2.9.27),因此将前一个例子的各式中 $m$ 都替换为$\frac{R_m}{j\omega}$就得到现在这个例子的结果。这样得到新的 $\boldsymbol{A}$、$\boldsymbol{B}$ 表达式

$$\boldsymbol{A}=-\frac{F\mathrm{e}^{jkL}}{2\omega\rho_L c}\frac{1+\left(j\frac{R_m}{\rho_L c}\right)}{\left(\frac{R_m}{\rho_L c}\right)\cos kL+\sin kL}$$

$$\boldsymbol{B}=-\frac{F\mathrm{e}^{-jkL}}{2\omega\rho_L c}\frac{1-\left(\frac{R_m}{\rho_L c}\right)}{\left(\frac{R_m}{\rho_L c}\right)\cos kL+\sin kL} \tag{2.9.28}$$

$\boldsymbol{A}$、$\boldsymbol{B}$ 幅值不再相同。实际上,$\frac{|\boldsymbol{B}|}{|\boldsymbol{A}|}=\frac{|\rho_L c-R_m|}{|\rho_L c+R_m|}\leqslant 1$,因此向左传播波比向右传播波的波幅小,从物理上讲这是合理的:因为阻尼器消耗能量,流入阻尼器的能量一定多于流出的能量,这个新的结果对弦的波形有很大影响。将式(2.9.21)中 $m$ 替换为$\frac{R_m}{j\omega}$得复速度

$$\boldsymbol{u}(x,t)=\frac{F}{\rho_L c}\frac{\cos[k(L-x)]+j\left(\frac{R_m}{\rho_L c}\right)\sin[k(L-x)]}{\left(\frac{R_m}{\rho_L c}\right)\cos kL+j\sin kL}\mathrm{e}^{j\omega t} \tag{2.9.29}$$

式(2.9.22)经过相同的替换得机械输入阻抗

$$\boldsymbol{Z}_{m0}=\rho_L c\frac{\left(\frac{R_m}{\rho_L c}\right)+j\tan kL}{1+j\left(\frac{R_m}{\rho_L c}\right)\tan kL} \tag{2.9.30}$$

第 3 章将对此以及其他类似的受激共振系统进行详细研究,那里将看到,对于一般的情况,$R_m$ 和 $j\omega m$ 将被终端机械阻抗 $\boldsymbol{Z}_m$ 所取代。这里仅指出两个观察结果。

(1)速度幅值 $U(x)=|\boldsymbol{u}(x,t)|$由式(2.9.29)得到:

$$U(x)=\frac{F}{\rho_L c}\left\{\frac{\cos^2[k(L-x)]+\left(\frac{R_m}{\rho_L c}\right)^2\sin^2[k(L-x)]}{\left(\frac{R_m}{\rho_L c}\right)^2\cos^2 kL+\sin^2 kL}\right\}^{1/2}=\frac{F}{\rho_L c}\frac{\text{分子}}{\text{分母}} \tag{2.9.31}$$

当 $x$ 由 $L$ 减小到 0 时,分子在 1 和$\frac{R_m}{\rho_L c}$之间变化,而分母具有固定的有限值,只取决于激励角频率 $\omega=kc$。因此,$U(x)$有相对的最大和最小值,但最小值不是零。

(2)特别地,当 $R_m=\rho_L c$ 时,有限长弦与无限长弦的振动完全一样,即当 $x=L$ 端的阻抗与弦的特性阻抗匹配时,在 $x=L$ 端没有反射波。

## 2.10 “固定端-固定端”弦的简正模态

现在来研究有限长弦的另一类解。这次不是通过激励弦的一端使其振动,而是使弦的两端固定,使其某处有一个初始位移或者在某处施加一个冲击力使其振动,类似拨动吉他琴弦或弹击钢琴琴弦的振动。

由于弦两端均固定,在 $x=0$ 和 $x=L$ 端边界条件均为 $y=0$,满足波动方程的一个试探解为

$$\boldsymbol{y}(x,t)=\boldsymbol{A}\mathrm{e}^{\mathrm{j}(\omega t-kx)}+\boldsymbol{B}\mathrm{e}^{\mathrm{j}(\omega t+kx)} \tag{2.10.1}$$

应用边界条件得

$$\begin{gathered}\boldsymbol{A}+\boldsymbol{B}=0\\ \boldsymbol{A}\mathrm{e}^{-\mathrm{j}kL}+\boldsymbol{B}\mathrm{e}^{\mathrm{j}kL}=0\end{gathered} \tag{2.10.2}$$

其中前一式要求 $\boldsymbol{B}=-\boldsymbol{A}$,代入后一式得

$$2\mathrm{j}\boldsymbol{A}\sin kL=0 \tag{2.10.3}$$

有两种方式满足第二个边界条件。(1)令 $\boldsymbol{A}=0$ 得 $y=0$,试探解恒等于零。(2)令 $\sin kL=0$,要求

$$kL=n\pi \quad n=1,2,3,\cdots \tag{2.10.4}$$

(不能取 $n=0$,因为对于两端固定弦 $n=0$ 意味着没有运动。)此式意味着只有离散值 $k=k_n=\frac{n\pi}{L}$给出问题的解,而由于$\frac{\omega}{k}=c$,频率也只能取一些离散值,即

$$f_n=\frac{\omega_n}{2\pi}=\left(\frac{n}{2}\right)\left(\frac{c}{L}\right) \tag{2.10.5}$$

于是存在一族解,每一个解为下面形式:

$$\boldsymbol{y}_n(x,t)=\boldsymbol{A}_n\sin(k_nx)\,\mathrm{e}^{\mathrm{j}\omega_n t} \tag{2.10.6}$$

其中 $\boldsymbol{A}_n$ 为第 $n$ 个解的复振幅。

如果将 $\boldsymbol{A}_n$ 写成 $\boldsymbol{A}_n=A_n-\mathrm{j}B_n$,则第 $n$ 个解给出真实横向位移为

$$y_n(x,t)=(A_n\cos\omega_nt+B_n\sin\omega_nt)\sin k_nx \tag{2.10.7}$$

系数 $A_n$、$B_n$ 必须由初始条件确定。

边界条件限制了波动方程的可取解,为式(2.10.7)给出的一组离散函数,这些函数称为“本征函数(eigenfunctions)”或“简正模态(normal modes)”。(严格地说,空间函数 $\sin k_nx$ 为简正模态,而 $\boldsymbol{y}_n(x,t)$ 是简正模态与相应的时间振荡函数的乘积。但一般将 $\boldsymbol{y}_n$ 称为简正模态,我们有时也采用这种用法。)这组解中的每一个都对应一个特定的频率,称为“本征频率(eigenfrequency)”“自然频率(natural frequency)”或“简正模态频率(normal mode frequency)”。对于这个例子中的两端固定弦,本征频率由式(2.10.5)给出,由 $\lambda_nf_n=c$ 得 $L=\frac{n\lambda_n}{2}$,两端固定弦的长度等于整数个半波长。

频率最低的简正模态对应 $n=1$,称为“基模态(fundamental mode)”,其频率$f_1=2\frac{c}{L}$称为“基波(fundamental harmonic)”或“一次谐波(first harmonic)”,$n=2,3,\cdots$的本征频率称为

“泛音(overtone)”。对于两端固定弦,$f_n = nf_1$,泛音是谐波,即它们都等于基频的整数倍,因此二次谐波为一次泛音,依次类推。(另一个不那么容易混淆而更易于被接受的术语是“偏音(partial)”,习惯上约定基波为一次偏音,二次谐波为一次泛音或二次偏音,等等)。下一节将看到,在更接近于实际情况的边界条件下,弦自由振动的泛音并不一定是基频的整数倍(同样,二次及更高次的偏音也不是一次偏音的整数倍)。

两端固定弦自由振动一般解是式(2.10.7)所表示的所有模态的叠加,为

$$\boldsymbol{y}(x,t) = \sum_{n=1}^{\infty} (A_n \cos \omega_n t + B_n \sin \omega_n t) \sin k_n x \tag{2.10.8}$$

假设在 $t=0$ 时刻弦偏离其正常的线形构型,各点位移为

$$y(x,0) \tag{2.10.9}$$

对应的速度为

$$u(x,0) = \left(\frac{\partial y}{\partial t}\right)_{t=0} \tag{2.10.10}$$

若式(2.10.8)可以代表弦在所有时刻的位置,则 $t=0$ 时刻该式也必代表弦的位置,于是有

$$y(x,0) = \sum_{n=1}^{\infty} A_n \sin k_n x \tag{2.10.11}$$

它对时间的导数在 $t=0$ 时刻的值必等于弦的速度,于是

$$u(x,0) = \sum_{n=1}^{\infty} \omega_n B_n \sin k_n x \tag{2.10.12}$$

将傅里叶定理(1.14 节)应用于式(2.10.11)和式(2.11.12),得

$$A_n = \frac{2}{L}\int_0^L y(x,0)\sin k_n x \mathrm{d}x$$

$$B_n = \frac{2}{\omega_n L}\int_0^L u(x,0)\sin k_n x \mathrm{d}x \tag{2.10.13}$$

(a)被拨动的弦

假设初始时刻拨动一根弦的中心点,使其发生 $h$ 的横向位移后将其松开,这里 $u(x,0)=0$,所有系数 $B_n=0$。利用习题 1.14.2 的结果得

$$A_n = \frac{8h}{(n\pi)^2}\sin\left(\frac{n\pi}{2}\right) \tag{2.10.14}$$

于是有 $A_2=A_4=A_6=\cdots=0, A_1=\frac{8h}{\pi^2}, \frac{A_3}{A_1}=-\frac{1}{9}, \frac{A_5}{A_1}=\frac{1}{25}$,等等,各系数 $A_n$ 决定弦各阶简正振动的振幅。振动中不存在所有的偶数阶模态,这些模态都有一个节点恰好在弦的中点,也就是初始时刻弦上被拨动的点。弦上受到拨动的点使模态节点的那些模态不能被激起振动。

(b)被弹击的弦

如果在弦的中点弹击一下,则初始时刻的横向速度分布可以近似为 $u(x,0)=\mathscr{U}\delta\left(x-\frac{L}{2}\right)$,其中 $\mathscr{U}$ 的单位为 m/s²。因为没有初位移,所以式(2.10.8)中所有系数 $A_n=0$,系数 $B_n$ 由式(2.10.13)给出

$$B_n = \frac{2\mathscr{U}}{\omega_n L}\int_0^L \delta\left(x-\frac{L}{2}\right)\sin k_n x \mathrm{d}x = \frac{2}{n}\frac{\mathscr{U}}{\pi c}\sin\frac{n\pi}{2} \tag{2.10.15}$$

像中点被拨动的弦一样,振动中不包含在弹击点有一个节点的那些模态(偶数阶)。包含的奇数阶模态的相对幅值为$\frac{B_n}{B_1}=1,-\frac{1}{3},\frac{1}{5},-\frac{1}{7},\cdots$,其中 $n$ 为奇数。

## *2.11　更真实的边界条件对自由振动弦的影响

支撑物的任意屈服都会改变弦的运动,因为在弦的边界上不再有 $y=0$,这时在边界上弦的阻抗必等于支撑物的横向机械阻抗。

假设弦的左端连接机械阻抗为 $\boldsymbol{Z}_{m0}$ 的支撑物,例如让 $x=0$ 端连接一个无阻尼的谐振子,由振子提供给弦 $x=0$ 端的机械阻抗为 $\boldsymbol{Z}_{m0}=\mathrm{j}\left(\omega m-\frac{s}{\omega}\right)$,支撑物可以用一个被约束而只能在垂直于弦方向运动的简谐振子代替。这种用一个简单谐振子元件代替支撑物的假设对于支撑物同时表现出惯性和弹性的许多真实互作用关系是具有代表性的。弦作用在质量上的力 $\boldsymbol{f}$ 为

$$\boldsymbol{f}=T\left(\frac{\partial y}{\partial x}\right)_{x=0} \tag{2.11.1}$$

$x=0$ 端边界条件为 $\boldsymbol{u}(0,t)=\frac{\boldsymbol{f}}{\boldsymbol{Z}_{m0}}$,利用式(2.11.1)得

$$\boldsymbol{u}(0,t)=\frac{1}{\boldsymbol{Z}_{m0}}T\left(\frac{\partial \boldsymbol{y}}{\partial x}\right)_{x=0} \tag{2.11.2}$$

类似地,$x=L$ 端的边界条件为

$$\boldsymbol{u}(L,t)=-\frac{1}{\boldsymbol{Z}_{m}}T\left(\frac{\partial \boldsymbol{y}}{\partial x}\right)_{x=L} \tag{2.11.3}$$

其中 $\boldsymbol{Z}_m$ 是 $x=L$ 处支撑物的机械阻抗。

如果弦端点处的支撑物具有无穷大阻抗,则上式要求 $\boldsymbol{u}(L,t)=0$,于是有 $\boldsymbol{y}(L,t)=0$,正是 $x=L$ 端固定的边界条件。如果支撑对弦的横向运动无限制,则机械阻抗为零,边界条件必为$\left(\frac{\partial \boldsymbol{y}}{\partial x}\right)_{x=L}=0$,即自由端边界条件。

(a)“固定端-质量负载端”弦

假设弦在 $x=0$ 端被固定,在 $x=L$ 端的支撑可以用一个质量 $m$ 表征。边界条件为

$$\boldsymbol{u}(0,t)=0$$

$$\boldsymbol{u}(L,t)=-\frac{T}{\mathrm{j}\omega m}\left(\frac{\partial \boldsymbol{y}}{\partial x}\right)_{x=L} \tag{2.11.4}$$

将第一个边界条件代入一般谐波解式(2.9.1)得

$$\boldsymbol{y}(x,t)=-2\mathrm{j}\boldsymbol{A}(\sin kx)\mathrm{e}^{\mathrm{j}\omega t} \tag{2.11.5}$$

再将上式代入第二个边界条件得

$$\mathrm{j}\omega\sin kL=-\left(\frac{T}{\mathrm{j}\omega m}\right)\cos kL \tag{2.11.6}$$

又可以写成

$$\cot kL=\left(\frac{m}{m_s}\right)kL \tag{2.11.7}$$

其中 $m_s=\rho_L L$ 为弦质量。图 2.11.1 给出几种不同的 $\frac{m}{m_s}$ 值时利用图解法得到的解。如果 $\frac{m}{m_s}$ 值很大则解接近于 $kL=n\pi$，弦表现得像是两端被固定了一样，随着 $\frac{m}{m_s}$ 值减小，$kL$ 的可取值增大，使简正模态的频率升高。另外泛音也不再是基频的整数倍，由于频率升高了而左端 $x=0$ 总为节点，本来在右端点处的节点左移到右端点内侧。随着质量 $m$ 减小，最右端的节点向 $L-\frac{\lambda}{4}$ 处移动，$\frac{m}{m_s}=0$ 的极限情况下，$x=L$ 处有一个反节点。

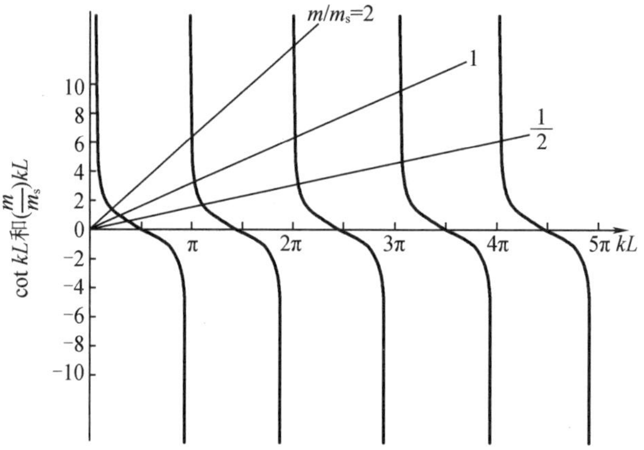


**图 2.11.1　作图法求"固定端–质量负载端"弦的简正模态。$\frac{m}{m_s}=0.5,1.0,2.0$ 时 $\cot kL=\left(\frac{m}{m_s}\right)kL$。**

(b)"固定端–阻尼负载端"弦

第二种(很不同)情形，考虑具有有限阻尼、无机械抗的支撑对驻波的影响。假设弦的 $x=0$ 端固定，$x=L$ 端连接一个受到约束只能做横向运动的阻尼器。边界条件为

$$\boldsymbol{u}(0,t)=0,\quad \boldsymbol{u}(L,t)=-\frac{T}{R_m}\left(\frac{\partial \boldsymbol{y}}{\partial x}\right)_{x=L} \tag{2.11.8}$$

由于阻尼器的损耗，驻波幅度是随时间衰减的。像 1.6 节一样引入复频率 $\boldsymbol{\omega}=\omega+j\beta$，其中 $\omega$ 为角频率，$\beta$ 为时间吸收系数。由于除了两端边界外，弦内没有损耗，解仍然满足无损耗的波动方程式(2.3.6)，由于 $\frac{\partial^2 \boldsymbol{y}}{\partial t^2}=-\boldsymbol{\omega}^2 y$ 得到 $\frac{\partial^2 \boldsymbol{y}}{\partial x^2}=-\left(\frac{\boldsymbol{\omega}}{c}\right)^2 y$。令人想到如下形式的试探解：

$$\boldsymbol{y}(x,t)=e^{j(\boldsymbol{\omega} t\pm \boldsymbol{k}x)} \tag{2.11.9}$$

其中空间依赖因子具有复波数 $\boldsymbol{k}=k+j\alpha$，且

$$\boldsymbol{\omega}^2=c^2\boldsymbol{k}^2 \text{ 或 } \boldsymbol{\omega}=c\boldsymbol{k} \tag{2.11.10}$$

现在来建立 $k$、$\alpha$ 与 $\omega$、$\beta$ 之间的联系。将 $\boldsymbol{\omega}=\omega+j\beta$ 和 $\boldsymbol{k}=k+j\alpha$ 代入式(2.11.10)，分别整理实部和虚部，得

$$(\omega-ck)+j(\beta-c\alpha)=0 \tag{2.11.11}$$

由实部、虚部分别等于零，得

$$\frac{\omega}{k}=c,\quad \beta=\alpha c \tag{2.11.12}$$

将试探解

$$\boldsymbol{y}(x,t)=\boldsymbol{A}\mathrm{e}^{\mathrm{j}(\omega t-\boldsymbol{k}x)}+\boldsymbol{B}\mathrm{e}^{\mathrm{j}(\omega t+\boldsymbol{k}x)} \tag{2.11.13}$$

代入边界条件得

$$\boldsymbol{y}(x,t)=-2\mathrm{j}\boldsymbol{A}(\sin \boldsymbol{k}x)\mathrm{e}^{\mathrm{j}\omega t}$$

$$\sin \boldsymbol{k}L=\mathrm{j}\left(\frac{\rho_{\mathrm{L}}c}{R_{\mathrm{m}}}\right)\cos \boldsymbol{k}L \tag{2.11.14}$$

其中第二个方程两端实部、虚部分别相等,得

$$\cos kL\sinh \alpha L=\left(\frac{\rho_{\mathrm{L}}c}{R_{\mathrm{m}}}\right)\cos kL\cosh \alpha L$$

$$\sin kL\cosh \alpha L=\left(\frac{\rho_{\mathrm{L}}c}{R_{\mathrm{m}}}\right)\sin kL\sinh \alpha L \tag{2.11.15}$$

(不熟悉复角三角函数的读者可以参考附录 A3)。两式联立求解得两个可能解:

$$\sin kL=0,\tanh \alpha L=\frac{\rho_{\mathrm{L}}c}{R_{\mathrm{m}}} \tag{2.11.16}$$

或

$$\cos kL=0,\tanh \alpha L=\frac{R_{\mathrm{m}}}{\rho_{\mathrm{L}}c} \tag{2.11.17}$$

对于弱阻尼 $R_{\mathrm{m}}\ll\rho_{\mathrm{L}}c$,因为 $\tanh x$ 总是小于 1,排除第一个可能解式(2.11.16),再利用 $x\ll1$ 时 $\tanh x\approx x$,第二个可能解式(2.11.17)得

$$\alpha L\approx\frac{R_{\mathrm{m}}}{\rho_{\mathrm{L}}c} \tag{2.11.18}$$

以及 $kL=\left(n-\frac{1}{2}\right)\pi$,由于 $x=0$ 端固定,则 $x=L$ 端为反节点。在小阻尼极限下可在式(2.11.14)中利用近似 $\sinh \alpha x\approx\alpha x$ 及 $\cosh \alpha x\approx1$ 求得质点位移的大小

$$|\boldsymbol{y}(x,t)|\approx2A\mathrm{e}^{-\alpha ct}[\sin^2kx+(\alpha x)^2\cos^2kx]^{1/2} \tag{2.11.19}$$

波形与"固定端-自由端"弦的波形近似,但振动以时间吸收系数 $\beta=\alpha c$ 随时间指数衰减,而且节点(在 $kx_q=0$ 处)处的波幅不是精确的零值而是有一个幅值 $2\alpha x_qA\exp(-\alpha ct)$,类似地,反节点的幅值为 $2A\exp(-\alpha ct)$。

(c)"固定端-固定端"阻尼弦

到目前为止我们忽略了周围介质对于弦振动的影响,介质的影响之一是提供一种阻碍弦运动的阻力,同简单振子的阻尼作用一样,这种摩擦阻力消耗自由振动的能量并略微降低振动频率,弦消耗的能量一部分给周围介质加热,一部分作为声能辐射出去。

弦在介质中运动引起的损耗可以通过在弦的波动方程中引入一个损耗项来描述。可以借鉴有阻尼谐振子的运动微分方程的形式,则包含损耗的波动方程可写成下面形式:

$$\frac{\partial^2y}{\partial t^2}+2\beta\frac{\partial y}{\partial t}-c^2\frac{\partial^2y}{\partial x^2}=0 \tag{2.11.20}$$

寻找试探解可借鉴前一个例子。可假设有时间和(或)空间阻尼,则可以合理地假设试探解为式(2.11.13),即

$$\boldsymbol{y}(x,t)=\boldsymbol{A}\mathrm{e}^{\mathrm{j}(\boldsymbol{\omega}t-\boldsymbol{k}x)}+\boldsymbol{B}\mathrm{e}^{\mathrm{j}(\boldsymbol{\omega}t+\boldsymbol{k}x)}$$

其中，$\boldsymbol{\omega}$、$\boldsymbol{k}$ 都有可能是复数。令弦在 $x=0$ 和 $x=L$ 端被固定，应用边界条件得

$$\boldsymbol{y}(x,t)=-2\mathrm{j}\boldsymbol{A}(\sin \boldsymbol{k}x)\mathrm{e}^{\mathrm{j}\boldsymbol{\omega}t}$$

$$\sin \boldsymbol{k}L=0 \tag{2.11.21}$$

要满足 $x=L$ 处边界条件只有波数为实数，即 $\boldsymbol{k}=k$。容易看出这适用于任何没有能量通过支撑边界流出的情况，将式(2.11.22)代入由损耗的波动方程(2.11.20)并将复波数代之以实波数 $\boldsymbol{k}=k$，得复角频率 $\boldsymbol{\omega}$ 须满足

$$\boldsymbol{\omega}^2-2\mathrm{j}\beta\boldsymbol{\omega}=c^2k^2 \tag{2.11.22}$$

容易解出

$$\boldsymbol{\omega}=[(ck)^2-\beta^2]^{1/2}+\mathrm{j}\beta \tag{2.11.23}$$

这一结果的物理意义很简单：实部为阻尼弦的角频率 $\omega_{\mathrm{d}}$，乘积 $ck$ 为同样的弦无阻尼时的自然角频率，关系为 $\omega_{\mathrm{d}}=\sqrt{\omega_0^2-\beta^2}$，与单振子阻尼振动的关系相同(见式(1.6.10))。时间吸收系数为 $\beta$，这也同以前一样。有阻尼时角频率略微降低意味着对于确定的波数，阻尼弦中驻波的相速度略低。对于由驻波描述的运动，容易证明(见习题 2.11.8)，有阻尼弦时的相速度 $c_{\mathrm{d}}$ 与无阻尼弦的相速度 $c$ 之间满足关系 $\dfrac{c_{\mathrm{d}}}{c}=\sqrt{1-\left(\dfrac{\beta}{\omega}\right)^2}$。

对于无限长有阻尼的弦中波传播也可以得到相似的结果，这种情况下，是波数被拓展为复数，其虚部为空间衰减因子 $\alpha$，这个问题的分析见习题 2.11.9。

介质的另一种效应是对单位长的弦附加一个等效质量。在液体或含气泡的气体介质中这种效应可能不容忽略。这里不考虑这个问题，第 8 章将用解析法处理这种振动系统的附加惯性。

## 2.12 弦振动的能量

弦的各部分以一定速度运动，因而具有动能，而弦相对于其静止位置有变形时必然受到拉伸，因而具有势能(图 2.3.1)，$x$ 与 $x+\mathrm{d}x$ 之间的单元质量为 $\rho_{\mathrm{L}}\mathrm{d}x$，以速度 $\dfrac{\partial y}{\partial t}$ 运动，具有的动能 $\mathrm{d}E_{\mathrm{k}}$ 为

$$\mathrm{d}E_{\mathrm{k}}=\frac{1}{2}\rho_{\mathrm{L}}\left(\frac{\partial y}{\partial t}\right)^2\mathrm{d}x \tag{2.12.1}$$

形变这个单元的长度变为 $\mathrm{d}s$，左端点有横向位移 $y(x,t)$，右端点有横向位移 $y(x,t)+\left(\dfrac{\partial y}{\partial x}\right)\mathrm{d}x$，伸长量为

$$\mathrm{d}s-\mathrm{d}x=\left[(\mathrm{d}x)^2+\left(\frac{\partial y}{\partial x}\right)^2(\mathrm{d}x)^2\right]^{1/2}-\mathrm{d}x=\left\{\left[1+\left(\frac{\partial y}{\partial x}\right)^2\right]^{1/2}-1\right\}\mathrm{d}x \tag{2.12.2}$$

对于假设的小位移情况，利用近似 $\sqrt{1+\varepsilon}\approx 1+\dfrac{\varepsilon}{2}$ 得

$$\mathrm{d}s-\mathrm{d}x\approx\frac{1}{2}\left(\frac{\partial y}{\partial x}\right)^2\mathrm{d}x \tag{2.12.3}$$

弦的张力 $T=\rho_{\mathrm{L}}c^2$ 与单元伸长量的乘积给出形变势能：

$$\mathrm{d}E_{\mathrm{p}}=\frac{1}{2}\rho_{\mathrm{L}}c^2\left(\frac{\partial y}{\partial x}\right)^2\mathrm{d}x \tag{2.12.4}$$

单位长度弦的能量$\frac{\mathrm{d}E}{\mathrm{d}x}$为和式$\left(\frac{\mathrm{d}E_{\mathrm{k}}}{\mathrm{d}x}+\frac{\mathrm{d}E_{\mathrm{p}}}{\mathrm{d}x}\right)$，有

$$\frac{\mathrm{d}E}{\mathrm{d}x}=\frac{1}{2}\rho_{\mathrm{L}}c^2\left[\left(\frac{\partial y}{\partial x}\right)^2+\left(\frac{1}{c}\frac{\partial y}{\partial t}\right)^2\right] \tag{2.12.5}$$

单位长度弦的能量在整个弦长度上的积分得弦的总能量，即

$$E=\frac{1}{2}\rho_{\mathrm{L}}c^2\int_{\text{string}}\left[\left(\frac{\partial y}{\partial x}\right)^2+\left(\frac{1}{c}\frac{\partial y}{\partial t}\right)^2\right]\mathrm{d}x \tag{2.12.6}$$

作为一例，考虑 $x=0$ 和 $x=L$ 端固定的弦，各阶模态的实位移为

$$y_n(x,t)=A_n\sin k_nx\cos(\omega_nt+\theta_n) \tag{2.12.7}$$

其中 $k_nL=n\pi, n=1,2,3,\cdots$。弦的实际位移是所有参与振动的模态的和：

$$y(x,t)=\sum_{n=1}^{\infty}y_n(x,t) \tag{2.12.8}$$

将总位移取平方代入式(2.12.6)时会出现乘积项 $\sin k_nx\sin k_mx$ 和 $\cos k_nx\cos k_mx$，容易证明，这些乘积项在弦长上积分的结果是

$$\int_0^L(\sin k_nx\sin k_mx)\,\mathrm{d}x=\int_0^L(\cos k_nx\cos k_mx)\,\mathrm{d}x=\frac{L}{2}\delta_{nm}\quad(n,m\neq 0) \tag{2.12.9}$$

其中 $\delta_{nm}=\begin{cases}1 & n=m\\ 0 & \mathrm{n}\neq\mathrm{m}\end{cases}$，为克罗内克 δ 函数。于是所有交叉项积分都得零，只剩下 $n=m$ 的项，每一项的积分值为$\frac{L}{2}$。总能量就是各阶模态振动的能量的简单求和，即

$$E=\sum_n E_n \tag{2.12.10}$$

每阶模态包含的能量为

$$E_n=\frac{1}{4}\rho_{\mathrm{L}}L(\omega_nA_n)^2=\frac{1}{4}m_{\mathrm{s}}U_n^2 \tag{2.12.11}$$

其中 $U_n=\omega_nA_n$ 为每阶模态质点速度的最大振幅；$m_{\mathrm{s}}=\rho_{\mathrm{L}}L$ 为弦质量。

对于中点被拨动（被拉离平衡位置 $h$ 后放开）的"固定端-固定端"弦，模态振幅由式(2.10.14)给出。代入式(2.12.11)得

$$E=m_{\mathrm{s}}c^2\left(\frac{4}{\pi}\frac{h}{L}\right)^2\sum_{\text{odd}}\frac{1}{n^2}=2m_{\mathrm{s}}c^2\left(\frac{h}{L}\right)^2 \tag{2.12.12}$$

其中利用了 $1+\frac{1}{3^2}+\frac{1}{5^2}+\cdots=\frac{\pi^2}{8}$（这个和式的证明见习题 2.13.6），基波的能量是 3 次谐波的 9 倍、5 次谐波的 25 倍，等等。

显然在不同位置拨动弦会影响谐波的组成，因而对弦的音质也有影响。

# ＊2.13 简正模态、傅里叶定理及正交关系

我们已经看到,在某些驻波中,系统能量就等于参与振动的各阶模态能量直接求和。我们还发现,将弦的总运动用系统简正模态的傅里叶叠加来表示通常是一个相对简单的过程,这些模态满足一种正交条件,为分析弦的振动和能量分布提供了一种最简单的可能性。现在是时候讨论一下正交性以及处理简正模态满足正交性系统的一些优势了。

首先,考虑在某种初始激励下振动的无损耗系统。我们已经发现这样的系统可以用一些适当的简正模态的和来表示,每个模态具有波数 $k_n$ 并被乘以一个时间振荡函数,该函数的角频率为自然角频率 $\omega_n=ck_n$。

波动方程式(2.3.6),假设其描述的系统振动由一系列时间振荡函数组成。取试探解:

$$\mathbf{y}(x,t)=Y(x)\mathrm{e}^{\mathrm{j}(\omega t+\varphi)} \tag{2.13.1}$$

其中各个函数对应的 $Y(x)$ 待定。代入波动方程得关于 $Y(x)$ 的二阶微分方程:

$$\frac{\mathrm{d}^2Y}{\mathrm{d}x^2}+k^2Y=0 \tag{2.13.2}$$

其中 $k=\dfrac{\omega}{c}$。这是一维亥姆霍兹方程(有时也称为与时间无关的波动方程),其一般解可以写成

$$Y(x)=A\cos kx+B\sin kx \tag{2.13.3}$$

在 $x=0$ 和 $x=L$ 处的边界条件确定波数的可取值 $k_n$(也就确定了允许的自然频率 $\omega_n$),于是有解:

$$y_n(x,t)=Y_n(x)\cos(\omega_nt+\varphi_n) \tag{2.13.4}$$

其中的初始相位角由初始条件决定,函数 $Y_n(x)$ 为系统的简正模态。

下面来建立解 $Y_n$ 的一个重要特性。用 $Y_m$ 去乘关于 $Y_n$ 的亥姆霍兹方程,用 $Y_n$ 去乘关于 $Y_m$ 的亥姆霍兹方程,得

$$\begin{aligned}Y_m\frac{\mathrm{d}^2Y_n}{\mathrm{d}x^2}+Y_mk_n^2Y_n=0\\ Y_n\frac{\mathrm{d}^2Y_m}{\mathrm{d}x^2}+Y_nk_m^2Y_m=0\end{aligned} \tag{2.13.5}$$

将两式相减,移项,在弦的两个端点间积分得

$$(k_n^2-k_m^2)\int_0^LY_nY_m\mathrm{d}x=\int_0^L\left(Y_n\frac{\mathrm{d}^2Y_m}{\mathrm{d}x^2}-Y_m\frac{\mathrm{d}^2Y_n}{\mathrm{d}x^2}\right)\mathrm{d}x \tag{2.13.6}$$

右端的被积函数是全微分,于是式(2.13.6)变成

$$(k_n^2-k_m^2)\int_0^LY_nY_m\mathrm{d}x=\left(Y_n\frac{\mathrm{d}Y_m}{\mathrm{d}x}-Y_m\frac{\mathrm{d}Y_n}{\mathrm{d}x}\right)\Bigg|_0^L \tag{2.13.7}$$

检查一下可以发现,对于固定边界和自由边界的任意组合,以及所有的 $n$、$m$ 组合式(2.13.7)右端都得零。左端除非 $k_n^2-k_m^2=0$,积分都是零。特别地,当 $n=m$ 时,无论值积分如何,两端都等于零。这些条件定义了“正交性(orthogonality)”:一组函数 $Y_n$,当该函数的所有乘积 $Y_nY_m$ 在某指定区间 $L$ 上的积分为零,只有 $n=m$ 时例外,则这组函数在 $L$ 内正交。

在这个例子中,满足下面关系时 $Y_n$ 组成正交系:

$$\int_0^L Y_n Y_m \mathrm{d}x = C_n \delta_{nm} \tag{2.13.8}$$

其中 $\delta_{nm}$ 是式(2.12.9)定义的克罗内克 δ 函数。若选择各 $Y_n$ 的幅值使得 $C_n=1$,则这组函数是归一化的,称为“标准正交函数(orthonormal)”。

注意在亥姆霍兹方程中并非一定要选择 $x$ 作为独立变量,亥姆霍兹方程可以等价地写成下面形式:

$$\frac{\mathrm{d}^2 f}{\mathrm{d}t^2}+\omega^2 f=0 \tag{2.13.9}$$

如果在 $t=0$ 和 $t=T$ 处指定“边界”条件使下式的右端为零

$$(\omega_n^2-\omega_m^2)\int_0^T f_n f_m \mathrm{d}t = \left(f_n \frac{\mathrm{d}f_m}{\mathrm{d}t} - f_m \frac{\mathrm{d}f_n}{\mathrm{d}t}\right)\Bigg|_0^T \tag{2.13.10}$$

则 $f_n$ 是一组正交函数。

1.14 节中给出了正交函数组的一个例子。通过直接积分就可以证明对于 $n=0,1,2,\cdots$, $\sin n\omega t$ 和 $\cos n\omega t$ 在 $0\leqslant t\leqslant T$ 上构成正交函数列,其中 $\omega T=2\pi$。

利用正交性可以容易地证明一组很有用的关系,若函数 $f(t)$ 用一组标准正交函数 $f_n(t)$ 展开

$$f(t) = \sum_{n=1}^{\infty} a_n f_n(t) \tag{2.13.11}$$

则利用帕斯瓦尔恒等式(Parseval's identity)可以将 $a_n^2$ 与 $f^2(t)$ 的一个积分联系起来:

$$\int_0^T f^2(t)\,\mathrm{d}t = \sum_{n=1}^{\infty} a_n^2 \tag{2.13.12}$$

(见习题 2.13.5)具体地,若将其应用于式(1.14.1)的傅里叶级数,则该恒等式成为

$$\frac{2}{T}\int_0^T f^2(t)\,\mathrm{d}t = \frac{1}{2}A_0^2 + \sum_{n=1}^{\infty}(A_n^2+B_n^2) \tag{2.13.13}$$

不管我们处理的是时间周期函数 $f(t)$ 还是空间周期函数 $Y(x)$,应用正交函数都可以简化对系统的描述。例如,求“固定端-固定端”弦自由振动能量,如果利用正交函数就可以使求解过程变得简单。由上述讨论,显然对于 $k_n x=n\pi(n=0,1,2,\cdots)$,函数 $\sin k_n x$ 在 $0\leqslant x\leqslant L$ 上是正交的,$\cos k_n x$ 也同样,结果将能量密度在弦长度上积分时,只有 $n=m$ 的项积分值不得零。

## 2.14　泛音与谐波

如前所述,振动系统的最低阶自然频率称为“基频(fundamental)”,其他各阶自然频率则称为“泛音(overtone)”。另外,如果弦的支撑都是完全刚性的,则各阶泛音是谐波,一般情况下各阶泛音并不是谐波。

泛音不是谐波的情况在乐器中很常见。例如,为了提高能量辐射效率,小提琴的弦与面板之间通过琴码连接,琴码必然要发生一定的弯曲而将弦的振动传递给音板,因此它起到一种抗性支撑的作用,导致拨动琴弦时自由振动的各阶自然频率有轻微的不和谐。

另一个比较重要的效应是许多真实弦振动并不同于理想的弦振动：若弦本身具有一定的抗弯刚度，如钢琴的弦，则观察到的泛音频率高于理想弦的预测值。由于刚度的影响随频率升高而增强，故真实钢琴弦的高阶泛音相对于基频变得越来越尖锐。正是由于这种效应以及钢琴弦两端都并非刚性固定这两个因素才使得钢琴具有独特的音质，也导致调好音的钢琴的音程被“拉宽”：高的音更尖，而低的音更平。钢琴一般被设计成击锤激励点距离琴弦一端$\frac{1}{8}\sim\frac{1}{7}$的位置，这意味着几乎没有第 7 或第 8 阶偏音成分，实际上，击锤的有限宽度、质量以及它停留在弦上的时间导致这些偏音是能被激起的（但拨动吉他或小提琴的琴弦时，手指拨动的位置为模态节点时就没有偏音）。如果研究一下钢琴弦被敲击后的振动就会发现运动是衰减的（由于能量的损耗），不同泛音衰减的速率不同。由于泛音不等于基频的整数倍，因而波形不是固定不变的，随着基频与泛音之间的相对相位随时间变化，波形也发生明显变化，多数的敲击乐器都是这样，如定音鼓、铙钹、拨弦小提琴、钢琴、木琴、木鱼等，它们发出的声音是慢速衰减的基频与衰减较快的非和谐泛音的叠加。

吹奏或用琴弓拉奏的乐器如双簧管、小提琴、管风琴、喇叭等是受迫振动系统。这种情况下，激励函数一般由谐波组成（小提琴被琴弓的线（用松香或树脂擦抹过）拉向一侧直至弹回再被琴弓捕捉，其运动类似锯齿形波，具有规则周期，每个周期内的波形相同）。弹簧管内的空气运动以及相应的簧片拍击运动周期性地重复，这类受迫振动乐器的稳态声音符是最低激励频率的整数倍，这些高阶泛音的相对组成决定乐器的音色。

必须记住一点，这些受迫振动总是从某一确定时刻开始的，因此存在一段初始时间，在这期间内瞬态振动足够强也能被听到。它们对声音的影响与瞬态解对受迫阻尼振荡器初始行为的影响极其相似。这种过渡态对于甄别某一件乐器的声音常常是很关键的：人耳的记忆功能使人在多个乐器奏响时仍能追踪每一件乐器的声音。即使一件乐器对于整个乐队的功率输出贡献很小，人脑仍能利用这种瞬态“指纹”在喧嚣中分辨出某一特定乐器的声音。

# 习　　题

2.3.1　在下面情况下理想弦的运动方程为何形式？(a)线密度随位置变化；(b)弦竖直悬挂，仅在顶端支撑。

2.4.1　通过直接代入证明下述均为波动方程的解：(a)$f_1(x-ct)$；(b)$\ln[a(ct-x)]$；(c)$a(ct-x)^2$；(d)$\cos[a(ct-x)]$。类似地，证明下述均不是波动方程的解：(e)$a(ct-x)^2$；(f)$a(ct-x)$。

2.5.1　令 $c=5\ \text{cm/s}$，$a=3\ \text{cm}^{-1}$，$A=1\ \text{cm}$，分别绘制 $t=0$，1 s，2 s 时 $y=A\exp(-a|ct-x|)$ 的草图。这些曲线表示的位移有什么意义？

2.7.1C　构造一个保持形状不变向右运动的空间有限范围内波形（直角三角形、等腰三角形、半圆等），再构造一个向左运动的波形，波形形状满足模拟不同端点条件的要求：(a)固定端；(b)自由端。

2.7.2C　构造一个空间有限范围内的波形（直角三角形、等腰三角形、半圆等）模拟两端固定弦中部初始静态位移。当初始位移分离成两个反向运动波并从固定端反射两次后组合成初始形状时，模拟弦的后续运动。

2.8.1　波形 $y=4\cos(3t-2x)$ 在线密度为 0.1 g/cm 的弦上传播，其中 $y$ 和 $x$ 单位为 cm，$t$ 的单位为 s。(a)求幅值、相位、频率、波长和波数。(b)求 $x=0$ 点、$y=0$ 时刻的质点速度。

2.8.2　线密度为 $\rho_L$ 的无限长弦($-\infty<x\leqslant 0$)与线密度为 $2\rho_L$ 的无限长弦($0<x<\infty$)相连接，两弦中张力同为 $T$。若一角频率为 $\omega$、幅值为 $A$ 的弦在第一根弦中沿 $+x$ 方向传播，求第二根弦中波的幅值。

2.8.3　张力为 $T$ 的无限长弦($-\infty<x\leqslant 0$)在 $x=0$ 点与两根并列的无限长弦($0<x<\infty$)相连接，这两根弦中的张力分别为 $\frac{T}{3}$ 和 $\frac{2T}{3}$。所有弦的线密度均为 $\rho_L$。若一角频率为 $\omega$、幅值为 $A$ 的弦在第一根弦中沿 $+x$ 方向传播，求另外两根弦中波的幅值。

2.9.1　无限长弦距离固定端 $L$ 处作用激励力，计算该作用力受到的机械阻抗。对机械阻抗中的各项逐一给出解释。

2.9.2　单谐振子的物块上连接一条横向延伸至无穷远的弦，计算作用于弦上的激励力遇到的机械阻抗。

2.9.3　相距 $L$ 的两个固定端之间张紧一根弦，力 $F\cos\omega t$ 作用于弦的中点。(a)求中点处的机械阻抗。(b)证明中点的位移幅值为 $\left(\frac{F}{2kT}\right)\tan\left(k\frac{L}{2}\right)$。(c) $x=\frac{L}{4}$ 处的位移振幅为何值?

2.9.4　密度为 0.01 kg/m 的弦一端连接固定支撑，另一端连接一个产生横向周期振动的设备，弦中张力为 5 N，弦长为 0.44 m。当激励频率为某一确定值时，节点间隔为 0.1 m，最大振幅为 0.02 m。求：(a)频率；(b)激励力幅值。

2.9.5　(a)一端激励、一端固定弦的激励源具有常数速度幅值，为 $\boldsymbol{u}(0,t)=U_0\exp(\mathrm{j}\omega t)$，其中 $U_0$ 与频率无关。求驻波最大位移幅值对应的频率。(b)对于位移幅值为常数的激励源 $\boldsymbol{u}(0,t)=Y_0\exp(\mathrm{j}\omega t)$ 重复上述计算。(c)将(a)和(b)的结果与一端激励、一端固定弦的机械谐振频率进行对比。(d)机械谐振是否总与运动的最大幅值吻合?

2.9.6　一端激励、一端质量负载的弦，当 $\boldsymbol{Z}_{m0}$ 的分母变成零时，输入抗变成无穷大，这发生在 $\tan kL=\frac{\rho_L c}{\omega m}$ 或 $\tan kL=\frac{\frac{m_s}{m}}{kL}$ 时，即式(2.9.23)关系的倒数。证明对于大的 $kL$ 值，这意味着 $kL$ 间隔大约 $\frac{\pi}{2}$ 出现两个可能解。这些解对应“反共振”条件，这个问题将在后续章节中进行研究。

2.9.7　长为 $L$、张力为 $T$、线密度为 $\rho_L$ 的弦一端固定、一端自由。若在弦中点激励，求谐振频率。

2.9.8C　绘出一端激励、一端固定弦在某一频带、常数激励力幅值下的驻波包络。(a)讨论最大位移的幅值及最靠近激励点的节点位置随频率的变化。(b)绘制激励位移幅值、弦的最大位移幅值及输入机械阻抗的模作为频率函数的曲线。阐述这些曲线的主要特点。

2.9.9C　(a)求 $\frac{m}{m_s}=1$ 的一端激励、一端质量负载弦最低三阶谐振对应的 $kL$ 值。(b)写出对于大 $kL$ 值成立的用谐振阶数 $n$ 表示的 $kL$ 值。(c)对于常数幅值激励力，绘出高于和低于谐振频率的几个频率点上弦的形状。

2.9.10C　一端激励、一端阻尼负载的弦，端点的阻尼负载为 $R_m=0.1\rho_L c$。(a)对于 $0<kL<3\pi$，绘出 $\mathbf{Z}_{m0}$ 的实部和虚部。(b)在(a)中机械抗为零值的点两侧取几个点描绘质点速度幅值随位置变化的曲线。

2.9.11　(a)证明式(2.9.23)中的 $\left(\frac{m}{m_s}\right)kL$ 可以表示成 $x=L$ 点的质量与一个波跨度内弦的质量之比。提示：利用 $kL=n\pi$。(b)将"$m\ll m_s$ 且 $kL$ 不是很大"的限制用支撑质量以及每一个波跨度内的弦质量来表示。(c)沿用上述概念来描述 $x=L$ 点的自由边界和固定边界。

2.10.1　长 $L$ 的张紧弦，拨动 $\frac{L}{3}$ 处使其产生初位移 $h$ 然后放开。试确定由此产生的基波以及前三阶谐波的振幅。描画上述每个波形的草图以及这些波形线性叠加得到的 $t=0$ 时刻的波形。对于 $t=\frac{L}{c}$ 重复上述步骤。

2.10.2　一根弦两端固定，$\rho_L$、$L$、$T$ 已知，因此相速度 $c$ 和基频 $f$ 也可视为已知。另一根弦材质相同，相速度记为 $c'$，基频记为 $f'$，在以下几种情况下，求 $c'$ 和 $f'$，$c'$ 用 $c$ 表示、$f'$ 用 $f$ 表示：(a)长度加倍；(b)单位长弦的质量增大到 4 倍；(c)弦的横截面积加倍；(d)张力减半；(e)弦直径加倍。

2.10.3　证明将两端固定弦的中点拨开一个距离 $h$ 所做的功等于将弦放开后各阶振动模态的能量之和。

2.11.1　一端固定、一端弹性负载弦，当 $T=sL$ 时，求简正模式对应的 $kL$ 值。绘出基音和第一阶泛音的波形。

2.11.2　质量为 0.2 kg 的物块悬挂于质量为 0.05 kg、长为 1.0 m 的弦。(a)弦中横波速度是多少？(计算张力时忽略弦质量)。(b)弦横振动基频以及前几阶泛音频率各是多少？(c)当弦以第一阶泛音频率振动时，波幅处的位移幅值与质量之比是多少？

2.11.3　证明对于一端固定、一端阻尼负载弦，阻尼 $R_m$ 远大于 $\rho_L c$，则 $x=L$ 点为节点，吸收为 $\alpha L\approx\frac{\rho_L c}{R_m}$。此振动是否与两端固定弦相似？

2.11.4　密度为 0.01 kg/m、长为 0.2 m 的弦张紧在两个固定支撑之间，张力为 10 N。弦中点有-0.001 kg 的质量负载。(a)系统的基频是多少？(b)系统的第一阶泛音频率是多少？(c)第二阶泛音频率是多少？提示：注意基音以及偶数阶泛音关于系统的中点对称，奇数阶泛音反对称。

2.11.5C　一端固定、一端质量负载弦 $\frac{m}{m_s}=1$。(a)求前三阶简正模式。(b)对于大的 $kL$ 值，用模态阶数 $n$ 写出简正模式对应的 $kL$ 值表达式。(c)将大 $kL$ 值对应的简正频率与习题 2.9.9C 得到的具有相同 $\frac{m}{m_s}$ 值但一端激励、一端质量负载的简正频率进行对比。

2.11.6C　一端激励、一端阻尼负载弦阻尼系数 $R_m=0.4\rho_L c$。(a)利用弱阻尼近似绘出运动的五个周期分别对应的五个时刻第三阶谐振的波形。(b)证明节点和反节点如预测的那样衰减。

2.11.7C　绘制有流体阻尼($\beta=0.1$)的两端固定弦的基频振动的下列曲线:(a) 五个连续周期弦的形状,(b)弦中点最大位移的时间函数;(c)在上面最后一图中读出位移值下降到初始值的$\frac{1}{e}$的时间并与根据$\beta$预报的时间进行对比。

2.11.8　推导浸没于阻尼介质中的弦相速度 $c_d$ 与同一根弦没有阻尼时的相速度 $c$ 之比。

2.11.9　无限长有阻尼的弦在端点 $x=0$ 受激励,该端点位移为 $\boldsymbol{y}(0,t)=\exp(j\omega t)$。将复波数写成 $\boldsymbol{k}=k_d-j\alpha$,其中 $\alpha$ 为空间衰减因子。(a)证明复角频率 $\boldsymbol{\omega}$ 为纯实数,$\boldsymbol{\omega}=\omega$。(b)证明$\frac{k_d}{k}=\sqrt{1+\left(\frac{\alpha}{k}\right)^2}$,其中 $k$ 为无阻尼时的波数。(c)证明无阻尼和有阻尼的相速度之比为$\frac{c}{c_d}=\sqrt{1+\left(\frac{\alpha}{k}\right)^2}$。(d)小阻尼时,$\frac{\alpha}{k}\ll 1$,对于材质和张力相同的弦,分别给出行波和驻波的$\frac{\alpha}{k}$和$\frac{\beta}{\omega}$之间的近似关系。(e)比较有阻尼情况下驻波和行波的相速度。

2.11.10　仿照 2.11 节(c)中的推导分析一端固定、一端自由阻尼弦的特性。

2.12.1　假设两端固定弦有两个模态被激励,证明式(2.12.10)成立。

2.12.2　长 $L=31.4$ cm、线密度 0.1 g/cm 的两端固定弦上的驻波为 $y=2\sin\frac{x}{5}\cos(3t)$。其中 $y$ 和 $x$ 单位为 cm、$t$ 单位为 s。(a)求相速度、频率和波数。(b)求 $x=\frac{L}{2}$和$\frac{L}{4}$处的质点位移和速度幅值。(c)求上述两点处的能量密度。(d)整个弦长度内的能量是多少?

2.13.1　通过直接计算式(2.13.7)证明下面几种端点条件下自由振动弦的简正模式构成正交函数列:(a)固定,固定;(b)自由,固定;(c)自由,自由。

2.13.2　(a)一端固定、一端质量负载弦的自由振动是否构成正交函数列?(b)对于一端固定、一端弹性负载弦重复上述分析。

2.13.3　(a)证明下面一组函数

$$f_0=\left(\frac{1}{T}\right)^{1/2}$$

$$f_n=\left(\frac{2}{T}\right)^{1/2}\cos n\omega t \quad (n\neq 0)$$

$$g_n=\left(\frac{2}{T}\right)^{1/2}\sin n\omega t$$

在 $0\leqslant t\leqslant T$ 上构成正交函数列,其中 $\omega t=2\pi$。(b)证明若式(1.14.1)用这组正交函数展开成

$$f(t)=\sum_{n=0}^{\infty}(a_n f_n+b_n g_n)$$

则两组系数之间有下面关系:

$$a_0=\left(\frac{T}{2}\right)^{1/2}A_0$$

$$a_n=\left(\frac{T}{2}\right)^{1/2}A_n\quad(n\neq0)$$

$$b_n=\left(\frac{T}{2}\right)^{1/2}B_n$$

2.13.4　利用习题 2.13.3 的结果证明式(2.13.13)。

2.13.5　通过直接将式(2.13.11)代入式(2.13.12)并积分证明帕斯瓦尔恒等式。

2.13.6　利用帕斯瓦尔恒等式证明式(2.12.2)后面的一段文字中所提到的式子 $1+\frac{1}{3^2}+\frac{1}{5^2}+\cdots=\frac{\pi^2}{8}$。提示:由方波及其傅里叶变换入手,将其代入恒等式。

# 第3章 杆的振动

## 3.1 杆的纵振动

另一种重要的波动是纵波(longitudinal wave)或称压缩波(compressional wave),常见于实心杆中(低频情况下也常见于充气管和刚硬壁管道)。当纵向扰动沿着杆传播时,杆的介质质点位移几乎平行于杆的轴线。当杆的横向尺度小于纵向长度时,可以认为任意横截面作为一个整体运动。(实际上当杆在轴向伸长时横向是有收缩的,但对于细杆可以忽略这种横向运动。)

许多声学设备都利用了杆的纵振动,可以使用各种长度的杆来构造确定音高的声音频率标准,当这样的杆中被激起纵波振动时,观测到的振动频率与杆长成反比(杆的成分都相同)。通常利用镍管的纵振动来激励声呐换能器膜片振动,可以对压电陶瓷晶体进行切割以利用晶体中指定方向的纵振动频率来控制振荡电流频率或激励电声换能器。

研究杆的纵振动也有助于对声波的理解,平面声波在流体介质中的传播与压缩波沿杆的传播两者的数学表达式非常相似,如果流体限制在刚硬管内,则二者的边界条件也非常相似。

## 3.2 纵向应变

考虑长为 $L$、横截面积为 $S$、受纵向力的杆。这种纵向力使杆的每个质点都发生一个纵向位移 $\xi$,对于细杆,在任意横截面的所有点,这个位移几乎是相等的。于是可以假定 $\xi$ 只是沿着杆轴向的坐标 $x$ 以及时间 $t$ 的函数:

$$\xi=\xi(x,t) \tag{3.2.1}$$

令杆左右两个端点的坐标分别为 $x=0$ 和 $x=L$,考虑 $x$ 和 $x+\mathrm{d}x$ 之间长度为 $\mathrm{d}x$ 的微元,假设力使得原来位于 $x$ 处的杆横截面向右移动距离 $\xi$,原来位于 $x+\mathrm{d}x$ 处的横截面向右移动 $\xi+\mathrm{d}\xi$(图 3.2.1),本书约定正 $\xi$ 值对应向右的位移,负的 $\xi$ 值对应向左的位移。

在任意时刻 $t$,对于小的 $\mathrm{d}x$,$x+\mathrm{d}x$ 处的位移可以用 $\xi$ 在 $x$ 附近的泰勒级数展开式前两项来表示:

$$\xi+\mathrm{d}\xi=\xi+\left(\frac{\partial\xi}{\partial x}\right)\mathrm{d}x \tag{3.2.2}$$

由于微元段的左端点位移了 $\xi$ 而右端点位移了 $\xi+\mathrm{d}\xi$,微元段的伸长量为

$$(\xi+\mathrm{d}\xi)-\xi=\mathrm{d}\xi=\left(\frac{\partial\xi}{\partial x}\right)\mathrm{d}x \tag{3.2.3}$$

“应变(strain)”定义为长度的变化量 d$\xi$ 与初始长度 d$x$ 之比,即

$$应变=\frac{\mathrm{d}\xi}{\mathrm{d}x} \tag{3.2.4}$$

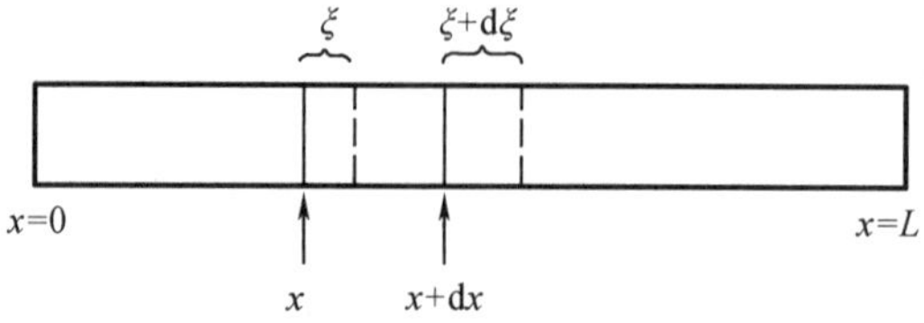


**图 3.2.1 杆中长度为 d$x$ 的微元的纵向应变$\frac{\mathrm{d}\xi}{\mathrm{d}x}$**

## 3.3 纵 波 方 程

只要杆有应变就有弹性力产生,这种力作用于每一个横截面使杆保持一体,用$f=f(x,t)$表示这种力,约定正的 $f$ 表示压力(compression),如图 3.3.1 所示,负的 $f$ 表示拉力(tension),这种约定与许多材料学家所采用的约定是相反的,对于我们这里的讨论,在这样的约定下,固体在正的力增量下的压缩与流体在正的压力增量下的压缩是相似的。

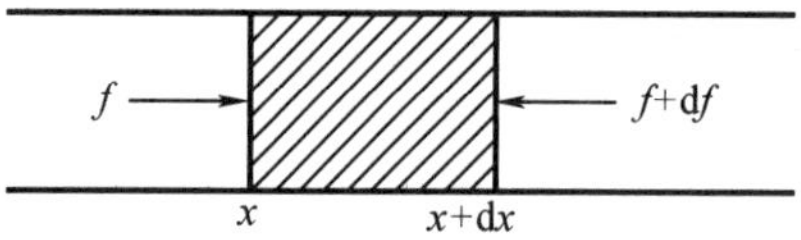


**图 3.3.1 作用于杆中 d$x$ 长度微元段上的压力**

横截面积为 $S$ 的杆中应力定义为

$$应力=\frac{f}{S} \tag{3.3.1}$$

对于大多数材料,在小应变下应力正比于应变,这种关系称为胡克定律(Hooke's law):

$$\frac{f}{S}=-Y\left(\frac{\mathrm{d}\xi}{\mathrm{d}x}\right) \tag{3.3.2}$$

其中 $Y$ 为杨氏模量(Young's modulus)或弹性模量(modulus of elsticity),是材料的一种特性参数。因为正的应力导致负的应变,式(3.3.2)中的负号确保 $Y$ 为正。附录 A10 列出了常见固体材料的 $Y$ 值。将式(3.3.2)改写成

$$f=-SY\left(\frac{\mathrm{d}\xi}{\mathrm{d}x}\right) \tag{3.3.3}$$

作为杆的纵向内力表达式。

如果 $f$ 表示 $x$ 处的内力,则 $f+\left(\frac{\partial f}{\partial x}\right)\mathrm{d}x$ 表示 $x+\mathrm{d}x$ 处的内力,向右的合力为

$$\mathrm{d}f=f-\left[f+\left(\frac{\partial f}{\partial x}\right)\mathrm{d}x\right]=-\left(\frac{\partial f}{\partial x}\right)\mathrm{d}x \tag{3.3.4}$$

利用式(3.3.3)得到

$$df = SY\left(\frac{\partial^2 \xi}{\partial x^2}\right)dx \tag{3.3.5}$$

$dx$ 段的质量为 $\rho S dx$,其中 $\rho$ 为杆的密度(单位体积的质量),于是 $dx$ 段的运动方程为

$$(\rho S dx)\left(\frac{\partial^2 \xi}{\partial t^2}\right) = SY\left(\frac{\partial^2 \xi}{\partial x^2}\right)dx \tag{3.3.6}$$

或

$$\frac{\partial^2 \xi}{\partial x^2} = \frac{1}{c^2}\frac{\partial^2 \xi}{\partial t^2} \tag{3.3.7}$$

将式(3.3.7)与弦横振动的式(2.3.6)进行对比,它们形式上相同,只是纵向位移 $\xi$ 代替了横向位移 $y$,而现在声速 $c$ 由下式给出

$$c^2 = \frac{Y}{\rho} \tag{3.3.8}$$

于是一般解也与横波方程的一般解形式相同

$$\xi(x,t) = \xi_1(ct-x) + \xi_2(ct+x) \tag{3.3.9}$$

式(3.3.7)的复谐波解为

$$\boldsymbol{\xi}(x,t) = \boldsymbol{A}e^{j(\omega t - kx)} + \boldsymbol{B}e^{j(\omega t + kx)} \tag{3.3.10}$$

其中 $\boldsymbol{A}$、$\boldsymbol{B}$ 为复振幅常数,$k=\frac{\omega}{c}$为波数。

由于杨氏模量 $Y$ 是在允许应变杆改变其横向尺度的条件下测量的,因此式(3.3.8)只对于细杆可以给出相速度。当固体的横向尺度大于一个波长,计算相速度时必须用体积模量(bulk modulus)$\mathscr{B}$ 与剪切模量(shear modulus)$\mathscr{G}$的组合来代替杨氏模量(见附录 A11)。

## 3.4 简单边界条件

令杆两端刚性固定,则对任意时间 $t$,在 $x=0$ 和 $x=L$ 都有 $\xi=0$(可以看到,下面的分析与 2.10 节对于刚性固定弦振动的分析是相同的)。

由 $x=0$ 处 $\boldsymbol{\xi}=0$ 得 $\boldsymbol{A}+\boldsymbol{B}=0$,则 $\boldsymbol{B}=-\boldsymbol{A}$,式(3.3.10)变成

$$\boldsymbol{\xi}(x,t) = \boldsymbol{A}e^{j\omega t}(e^{-jkx} - e^{jkx}) = -2j\boldsymbol{A}e^{j\omega t}\sin kx \tag{3.4.1}$$

由 $x=L$ 处 $\xi=0$ 得 $\sin kL=0$,这要求:

$$k_n L = n\pi \quad n=1,2,3,\cdots \tag{3.4.2}$$

这与“固定端-固定端”弦相同。振动的固有模态角频率为

$$\omega_n = n\pi c/L \text{ 或 } f_n = (n/2)\left(\frac{c}{L}\right) \tag{3.4.3}$$

这同式(2.10.5)对应于第 $n$ 阶模态振动的复位移 $\boldsymbol{\xi}_n$ 为

$$\boldsymbol{\xi}_n(x,t) = -2j\boldsymbol{A}_n e^{j\omega_n t}\sin k_n x \tag{3.4.4}$$

实部为

$$\xi_n(x,t) = (A_n\cos\omega_n t + B_n\sin\omega_n t)\sin k_n x \tag{3.4.5}$$

其中实部的幅值常数 $A_n$ 和 $B_n$ 由 $2\boldsymbol{A}_n = B_n + jA_n$ 定义。完整解为所有单独的谐波解的叠加:

$$\xi(x,t)=\sum_{n=1}^{\infty}(A_n\cos\omega_n t+B_n\sin\omega_n t)\sin k_n x \tag{3.4.6}$$

如果位移和速度初始条件为已知，则可以像 2.10 节一样利用傅里叶定理计算 $A_n$ 和 $B_n$。

由于固体杆很硬，也就难以给它提供更硬的支撑，因此所假定的边界条件实际上难以实现。相比之下，自由边界只要将杆端放在软的支撑物上就可以实现。

当杆一端可以自由移动时，在这一端就不会有弹性内力，于是在这一点有 $f=0$，因为 $f=-SY\left(\frac{\partial\xi}{\partial x}\right)$，所以这个条件等价于在自由边界处

$$\frac{\partial\xi}{\partial x}=0 \tag{3.4.7}$$

考虑"自由端-自由端"杆。将 $x=0$ 处 $\partial\xi/\partial x=0$ 代入式(3.3.10)得

$$-\boldsymbol{A}+\boldsymbol{B}=0 \text{ 或 } \boldsymbol{B}=\boldsymbol{A} \tag{3.4.8}$$

于是有

$$\boldsymbol{\xi}(x,t)=\boldsymbol{A}e^{j\omega t}(e^{-jkx}+e^{jkx})=2\boldsymbol{A}e^{j\omega t}\cos kx \tag{3.4.9}$$

由 $x=L$ 处 $\frac{\partial\xi}{\partial x}=0$ 得 $\sin kL=0$ 或

$$\omega_n=\frac{n\pi c}{L}\quad n=1,2,3,\cdots \tag{3.4.10}$$

"自由端-自由端"杆的固有频率与"固定端-固定端"杆的固有频率相同。第 $n$ 阶振动模式的复位移为

$$\boldsymbol{\xi}_n(x,t)=2\boldsymbol{A}_n e^{j\omega_n t}\cos k_n x \tag{3.4.11}$$

实际的位移为

$$\xi_n(x,t)=(A_n\cos\omega_n t+B_n\sin\omega_n t)\cos k_n x \tag{3.4.12}$$

这里，其中的 $2\boldsymbol{A}_n=A_n-jB_n$，与两端点为节点的"固定端-固定端"杆不同，式(3.4.12)中出现的是 $\cos k_n x$ 而非 $\sin k_n x$ 因子，因而决定了"自由端-自由端"杆的两端点为反节点。图 3.4.1 给出了这两种边界下节点分布的对比。应当注意，当有一个反节点出现在杆的中点时，振动是关于中点对称的：当中点左侧的一段杆向左移动时，中点右侧与其位置对称的一段杆也向左移动相同的距离。类似地，当有一个节点在杆中点时，振动为反对称的。

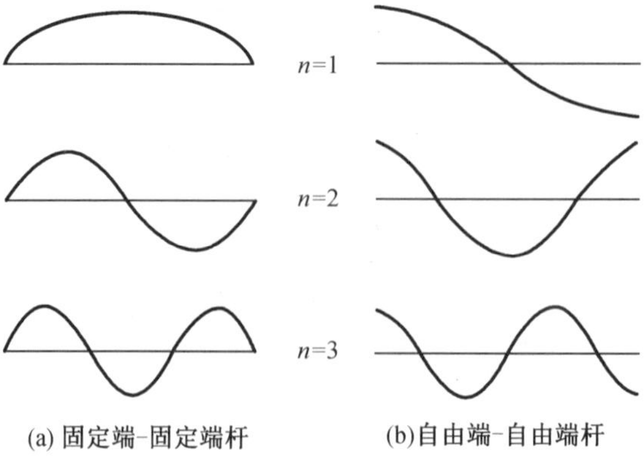


**图 3.4.1 "固定端-固定端"和"自由端-自由端"杆的最低三阶纵振动驻波**

将杆的某一点钳定,不会干扰到在该点处具有节点的任何振动模式,但是,钳定点处没有节点的振动模式将被抑制,不可能将“自由端-自由端”杆的某一点钳定而不抑制掉一些简正模态。

再考虑一个“自由端-固定端”杆。将 $x=0$ 端边界条件 $\frac{\partial \xi}{\partial x}=0$ 代入式(3.3.10)得式(3.4.9),再由 $x=L$ 端边界条件 $\xi=0$ 得 $\cos kL=0$,即

$$k_n L=\frac{(2n-1)\pi}{2} \quad n=1,2,3,\cdots \tag{3.4.13}$$

固有频率为

$$f_n=\frac{2n-1}{4}\frac{c}{L} \tag{3.4.14}$$

这个基频是相同的杆在“自由端-自由端”边界条件下基频的一半,并且只有奇数阶谐波。“自由端-固定端”杆的第一阶泛音是基频的3倍。由于没有偶数阶谐波,因此“自由端-固定端”杆的声与“自由端-自由端”杆的声有非常明显的区别。

## 3.5 “自由端-质量负载端”杆

在许多实际应用中,振动杆的边界既不是刚性固定也不是可以完全自由地移动,而是可能有某种机械阻抗负载,多数时候这种阻抗是质量控制型的。

为分析这类约束,考虑一根 $x=0$ 端自由、$x=L$ 端有一集中质量 $m$ 的杆(理想情况下这个质量应该是一个质点,否则它就不是作为一个整体运动,而是会有波通过它传播)。将 $x=0$ 端边界条件 $\frac{\partial \boldsymbol{\xi}}{\partial x}=0$ 代入式(3.3.10),再次得

$$\boldsymbol{\xi}(x,t)=2\boldsymbol{A}e^{j\omega t}\cos kx \tag{3.5.1}$$

$x=L$ 端的边界条件通过下面的讨论可以得到。因为约定 $f$ 正值表示杆受到压缩,这个力的反作用力将使连接在杆 $x=L$ 端的质量向右加速,由于质量是连接到杆上的,因此杆端与质量具有相同的加速度,于是边界条件必为

$$\boldsymbol{f}_L=m\left(\frac{\partial^2\boldsymbol{\xi}}{\partial t^2}\right)_{x=L} \tag{3.5.2}$$

或利用式(3.3.3)写成

$$-SY\left(\frac{\partial \boldsymbol{\xi}}{\partial x}\right)_{x=L}=m\left(\frac{\partial^2\boldsymbol{\xi}}{\partial t^2}\right)_{x=L} \tag{3.5.3}$$

将这个边界条件应用于 $\boldsymbol{\xi}$ 给出 $kSY\sin kL=-m\omega^2\cos kL$ 或

$$\tan kL=-\frac{m\omega c}{SY} \tag{3.5.4}$$

这个超越方程没有显式解。对于很小的质量负载,$m\approx 0$,则 $\tan kL\approx 0$ 或 $kL\approx n\pi$,这是确定“自由端-自由端”杆固有频率的条件。这样的结果显然可以预料,因为对于很轻的负载,杆的两端近似自由。类似地,对于重的质量负载,质量表现得非常类似于刚性支撑,固有频率趋近于“自由端-固定端”杆的固有频率。

应当注意的是,实际上杆的固定边界是通过给它施加一个大的质量负载,即支撑物的质量来实现的。对于一根轻杆来说,很重的支撑物相当于一个无穷大质量,因此可以充当刚性约束。但对于较重的杆就很难甚至不可能对固定边界进行近似。

对于一般的质量负载,可以通过图解法或数值法求解。用 $\rho c^2$ 代替杨氏模量 $Y$ 并令 $m_b=\rho SL$ 表示杆的质量,则式(3.5.4)变成

$$\tan kL=-\left(\frac{m}{m_b}\right)kL \tag{3.5.5}$$

这个超越方程与有质量负载的弦受迫振动方程式(2.9.23)相同,只是其中 $m_s$(弦的质量)换成了 $m_b$(杆的质量)。分析过程同以前完全相同。若选择 $m_b=m$,这种特殊情况下满足式(3.5.5)的 $kL=2.03,4.91,7.98,\cdots$ 振动的节点位于

$$\cos kx=0 \tag{3.5.6}$$

基频对应 $kL=2.03$,其节点位置

$$\frac{2.03x}{L}=\frac{\pi}{2} \text{或 } x=0.774L \tag{3.5.7}$$

与"自由端-自由端"杆不同,节点不再是在杆的中点而是向质量负载端移动,如图3.5.1所示,可以在这个节点处对杆加以支撑而不对基频振动产生干扰。

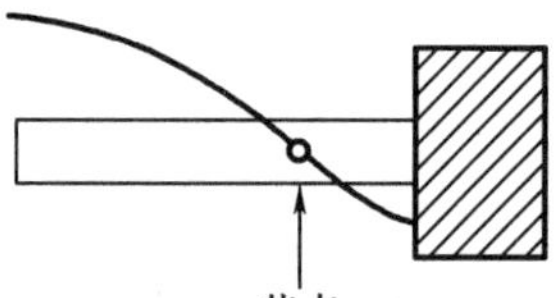


**图 3.5.1 一个"自由端-质量负载端"杆的纵振动基本模态**

显然,当 $m$ 的值由 $m \ll m_b$ 变化到 $m \gg m_b$ 时,基频振动的节点由 $x \approx \frac{L}{2}$ 移动至 $x \approx L$。因此"自由端-质量负载端"杆的质量负载越大,每一阶简正模态的节点向质量负载端移动的距离也越大。

注意到"自由端-质量负载端"杆的泛音不是谐和的,这种非谐和泛音的存在在实际中往往很有用。作为一个示例,考虑一根用来产生纯音的有质量负载镍管,通过改变安装在镍管上线圈内通过的电流产生磁致伸缩效应来激励镍管振动,输出中会有除基频以外不希望有的谐波分量,除非震荡-放大单元产生的电流激励镍管之前先经过很好的滤波,但是由于质量负载管的泛音不是基频的谐波,它们在激励信号的谐波频率上不会发生共振,因而即使有这些泛音的振动也是很弱的。

## *3.6 自由振动杆:一般边界条件

对于两端有任意负载杆的自由振动,振动的简正模态可以由两端的边界条件确定。如果 $x=0$ 端的机械阻抗为 $\boldsymbol{Z}_{m0}$,则杆作用在支撑物上的力为

$$\boldsymbol{f}_0=-\boldsymbol{Z}_{m0}\boldsymbol{u}(0,t) \tag{3.6.1}$$

其中有一负号,因为杆中压力导致支撑物向左加速。另一方面,$x=L$ 端的正压力导致支撑物向右加速,则杆对支撑物的力为

$$\boldsymbol{f}_{\mathrm{L}}=+\boldsymbol{Z}_{\mathrm{m}}\boldsymbol{u}(L,t) \tag{3.6.2}$$

其中 $\boldsymbol{Z}_{\mathrm{m}}$ 为杆右端支撑物的机械阻抗。

用式(3.3.3)代替压力并利用 $\boldsymbol{u}=\dfrac{\partial\boldsymbol{\xi}}{\partial t}$,上面两个边界条件可以用质点位移表示

$$\begin{cases}\left(\dfrac{\partial\boldsymbol{\xi}}{\partial x}\right)_{x=0}=\dfrac{\boldsymbol{Z}_{\mathrm{m0}}}{\rho_{\mathrm{L}}c^{2}}\left(\dfrac{\partial\boldsymbol{\xi}}{\partial t}\right)_{x=0}\\ \left(\dfrac{\partial\boldsymbol{\xi}}{\partial x}\right)_{x=L}=-\dfrac{\boldsymbol{Z}_{\mathrm{m}}}{\rho_{\mathrm{L}}c^{2}}\left(\dfrac{\partial\boldsymbol{\xi}}{\partial t}\right)_{x=L}\end{cases} \tag{3.6.3}$$

其中 $\rho_{\mathrm{L}}$ 为杆的线密度,即单位长度杆的质量。

满足杆中无损波动方程以及边界条件式(3.6.3)的试探解的选择取决于负载 $\boldsymbol{Z}_{\mathrm{m0}}$ 和 $\boldsymbol{Z}_{\mathrm{m}}$ 的性质。如果它们是纯抗,则没有声能的损耗,因此没有时间或空间衰减,此时合适的试探解为式(3.3.10)。更进一步,注意到由于没有损耗,向右传播的波与向左传播的波携带的能量必相等,因此波幅必相等,$|\boldsymbol{A}|=|\boldsymbol{B}|$,这时应用边界条件式(3.6.3)确定的只是这两个复振幅的相位角。

另一方面,如果 $\boldsymbol{Z}_{\mathrm{m0}}$ 和 $\boldsymbol{Z}_{\mathrm{m}}$ 都包含阻尼或其中之一包含阻尼部分,则必须假定更多一般性的试探解。如前面在 2.11 节(b)中讨论有阻尼支撑端的弦自由振动时所注意到的,阻尼的存在导致时间衰减。这意味着振动杆的时间行为必须用一个复角频率 $\boldsymbol{\omega}=\omega+\mathrm{j}\beta$ 描述,其实部为振动的角频率,虚部为时间吸收系数 $\beta$。由于杆中没有内损耗,波动方程仍为式(3.3.7)。于是提出如下试探解:

$$\boldsymbol{\xi}(x,t)=(\boldsymbol{A}\mathrm{e}^{-\mathrm{j}\boldsymbol{k}x}+\boldsymbol{B}\mathrm{e}^{\mathrm{j}\boldsymbol{k}x})\mathrm{e}^{\mathrm{j}\boldsymbol{\omega}t} \tag{3.6.4}$$

其中 $\boldsymbol{k}$ 由 $\boldsymbol{\omega}=c\boldsymbol{k}$ 确定。将边界条件式(3.6.3)代入一般解式(3.6.4)得到两个方程

$$\begin{aligned}\boldsymbol{A}-\boldsymbol{B}&=-\frac{\boldsymbol{Z}_{\mathrm{m0}}}{\rho_{\mathrm{L}}c}(\boldsymbol{A}+\boldsymbol{B})\\ \boldsymbol{A}\mathrm{e}^{-\mathrm{j}\boldsymbol{k}L}-\boldsymbol{B}\mathrm{e}^{\mathrm{j}\boldsymbol{k}L}&=\frac{\boldsymbol{Z}_{\mathrm{m}}}{\rho_{\mathrm{L}}c}(\boldsymbol{A}\mathrm{e}^{-\mathrm{j}\boldsymbol{k}L}+\boldsymbol{B}\mathrm{e}^{\mathrm{j}\boldsymbol{k}L})\end{aligned} \tag{3.6.5}$$

由第一式解出 $\boldsymbol{B}$ 用 $\boldsymbol{A}$ 表示代入第二式,得

$$\begin{cases}\boldsymbol{B}=\dfrac{1+\dfrac{\boldsymbol{Z}_{\mathrm{m0}}}{\rho_{\mathrm{L}}c}}{1-\dfrac{\boldsymbol{Z}_{\mathrm{m0}}}{\rho_{\mathrm{L}}c}}\boldsymbol{A}\\ \tan\boldsymbol{k}L=\mathrm{j}\dfrac{\dfrac{\boldsymbol{Z}_{\mathrm{m0}}}{\rho_{\mathrm{L}}c}+\dfrac{\boldsymbol{Z}_{\mathrm{m}}}{\rho_{\mathrm{L}}c}}{1+\dfrac{\boldsymbol{Z}_{\mathrm{m0}}}{\rho_{\mathrm{L}}c}\cdot\dfrac{\boldsymbol{Z}_{\mathrm{m}}}{\rho_{\mathrm{L}}c}}\end{cases} \tag{3.6.6}$$

这就得到了给定 $\boldsymbol{Z}_{\mathrm{m0}}$ 和 $\boldsymbol{Z}_{\mathrm{m}}$ 时杆的振动特性,虽然一般并不容易给出显式解。只要 $\boldsymbol{Z}_{\mathrm{m0}}$ 或 $\boldsymbol{Z}_{\mathrm{m}}$ 含有阻尼的部分就导致正切函数变量为复数,从而给求解这个超越方程带来计算上的困难。

# *3.7 杆的受迫振动：再谈共振与反共振

讨论有负载弦的受迫振动(2.9 节)时，我们定义了共振与反共振：当速度振幅为尽可能大的值时称系统发生了共振，而当速度振幅为尽可能小的值时称系统发生了反共振。当时发现共振对应于输入机械抗为零，而对于纯抗性负载，反共振对应于机械抗为无穷大。下面对这些概念进行进一步详细研究，并将证明当负载有非零阻尼部分时，必须对这些概念加以修正。我们将看到共振时速度幅值最大而反共振时速度幅值最小，但是共振和反共振都对应零输入机械抗。

假定长 $L$ 的杆在 $x=0$ 端被力 $\boldsymbol{f}_0=F_0\exp(\mathrm{j}\omega t)$ 激励，在 $x=L$ 端有机械阻抗为 $\boldsymbol{Z}_\mathrm{m}$ 的支撑物。假设式(3.3.10)的试探解，激励端边界条件为式(3.3.3)，则

$$F_0\mathrm{e}^{\mathrm{j}\omega t}=-\rho_\mathrm{L}c^2\left(\frac{\partial\boldsymbol{\xi}}{\partial x}\right)_{x=0}\tag{3.7.1}$$

其中，$\rho_\mathrm{L}=\rho S$，$Y=\rho c^2$。负载端边界条件为 $\boldsymbol{f}_\mathrm{L}=\boldsymbol{Z}_\mathrm{m}\boldsymbol{u}(L,t)$，有

$$\left(\frac{\partial\boldsymbol{\xi}}{\partial x}\right)_{x=L}=-\frac{\boldsymbol{Z}_\mathrm{m}}{\rho_\mathrm{L}c^2}\left(\frac{\partial\boldsymbol{\xi}}{\partial t}\right)_{x=L}\tag{3.7.2}$$

直接将这些边界条件代入式(3.6.4)或通过将杆与弦的情况进行类比都可以确定 $\boldsymbol{A}$、$\boldsymbol{B}$ 以及输入机械阻抗。

采用后一种即类比法来求 $\boldsymbol{A}$、$\boldsymbol{B}$。将式(3.7.1)、式(3.7.2)与式(2.9.16)、式(2.9.17)直接进行对比发现，如果用 $\boldsymbol{Z}_\mathrm{m}$ 代替 $\mathrm{j}\omega m$，边界条件就是相同的。由于试探解不变，对式(2.9.22)做同样代换就得到输入阻抗的一般形式：

$$\boldsymbol{Z}_\mathrm{m0}=\rho_\mathrm{L}c\,\frac{\dfrac{\boldsymbol{Z}_\mathrm{m}}{\rho_\mathrm{L}c}+\mathrm{j}\tan kL}{1+\dfrac{\boldsymbol{Z}_\mathrm{m}}{\rho_\mathrm{L}c}\mathrm{j}\tan kL}\tag{3.7.3}$$

如果定义一个缩放后的机械阻抗

$$\frac{\boldsymbol{Z}_\mathrm{m}}{\rho_\mathrm{L}c}=\frac{R}{\rho_\mathrm{L}c}+\frac{\mathrm{j}X}{\rho_\mathrm{L}c}=r+\mathrm{j}x\tag{3.7.4}$$

则式(3.7.3)又可以写成

$$\frac{\boldsymbol{Z}_\mathrm{m0}}{\rho_\mathrm{L}c}=\frac{r+\mathrm{j}(x+\tan kL)}{(1-x\tan kL)+\mathrm{j}r\tan kL}\tag{3.7.5}$$

(从这里直至本节结束，$x$ 表示缩放后的机械抗。)

当 $r=0$ 时输入阻抗为纯抗，若频率满足 $\tan kL=-x$，则输入阻抗为零，满足 $\tan kL=\dfrac{1}{x}$，则输入阻抗为无穷大，其证明留作练习。因为假设激励力幅值为常数，输入阻抗 $\boldsymbol{Z}_\mathrm{m0}=\dfrac{\boldsymbol{f}_0}{\boldsymbol{u}(0,t)}$为零意味着力作用点的速度幅值为无穷大，即机械共振的条件($\tan kL=-x$)。另一方面，当输入机械阻抗为无穷大时，力作用点的速度幅值为零，为机械反共振的条

件$\left(\tan kL=\frac{1}{x}\right)$。

当负载的阻尼不是零时，如果式(3.7.5)分子、分母的相位相同则输入阻抗中抗的部分为零，这个条件即

$$\frac{x+\tan kL}{r}=\frac{r\tan kL}{1-x\tan kL} \tag{3.7.6}$$

或可以写成平方形式

$$x\tan^2 kL+(r^2+x^2-1)\tan kL-x=0 \tag{3.7.7}$$

在$|r^2+x^2-1|\gg 2|x|$条件下，利用小 $\varepsilon$ 值近似$\sqrt{1+\varepsilon}\approx 1+\frac{\varepsilon}{2}$得近似根

$$\tan kL\approx\begin{cases}\dfrac{x}{r^2+x^2-1}\\ -\dfrac{r^2+x^2-1}{x}\end{cases} \tag{3.7.8}$$

假设杆右端的机械支撑阻尼很小，$r\ll 1$，则 $x$ 或者很大($x\gg 1$)或者很小($x\ll 1$)，无论哪种情况这一对根都简化为

$$\tan kL\approx\begin{cases}-x\\ \dfrac{1}{x}\end{cases} \tag{3.7.9}$$

将这一对根分别代入式(3.7.5)。由 $\tan kL\approx -x$，无论 $x\gg 1$ 或 $x\ll 1$ 都得到

$$\frac{\boldsymbol{Z}_{m0}}{\rho_L c}\sim r \tag{3.7.10}$$

由 $\tan kL\approx\frac{1}{x}$，无论 $x$ 很大还是很小都得到

$$\frac{\boldsymbol{Z}_{m0}}{\rho_L c}\sim\frac{1}{r} \tag{3.7.11}$$

(这些结果是近似的，但是很简单。要得到更高的精度将需要更多的数学运算，并且导致表达式比我们讨论所需的更复杂)。对于小阻尼，以及很大或很小的抗性负载，第一个根 $\tan kL\approx -x$ 对应共振，因为输入阻抗是很小的实数，因而激励点速度幅值很大；第二个根 $\tan kL\approx\frac{1}{x}$对应反共振，因为输入阻抗是很大的实数，因而激励点速度幅值很小。共振和反共振都发生在使得输入机械抗为零的频率，共振时输入阻小而反共振时输入阻大。

这些结果与共振时幅值大而反共振时幅值小的驻波是一致的。例如接近于自由的杆受迫振动时必有一反节点靠近端点 $x=L$，则杆的最大质点速度几乎就是 $U_L=|\boldsymbol{u}(L,t)|$。由杆传递给 $L$ 端负载的功率近似为

$$\Pi\approx\frac{1}{2}U_L^2 R \tag{3.7.12}$$

而输入给杆的功率在共振和反共振时均为

$$\Pi\approx\frac{1}{2}\frac{F_0^2}{R_0} \tag{3.7.13}$$

其中 $R_0$ 为式(3.7.5)的实部给出的输入机械阻尼。因为假定杆本身无损耗,这两个功率必相等,于是可以近似解出反节点处的速度幅值 $U_L \approx \dfrac{F_0}{\sqrt{R_0 R}}$。将 $R_0$ 的近似值代入得共振时 $U_L \approx \dfrac{F_0}{R}$,反共振时 $U_L \approx \dfrac{F_0}{\rho_L c}$,于是

$$\frac{U_L(\text{反共振})}{U_L(\text{共振})} \approx \frac{R_0}{\rho_L c} \tag{3.7.14}$$

因为已经假定 $R \ll \rho_L c$,显然驻波在共振时的波幅远大于反共振时的波幅。

$r \gg 1$ 的情况也导致类似的结果以及关于共振和反共振的相同结论。

# *3.8 杆的横振动

杆既可以沿纵向振动也可以沿横向振动,而且应变之间的内部耦合使得杆很难产生一种运动而不产生另一种运动。例如,假如一根细长杆中点被支撑,用锤子沿杆轴向敲击使其振动,只要敲击力有任何微小偏心,则激起的杆振动都以横向振动为主,而不是像所希望的那样以纵向振动为主。

考虑一根长为 $L$ 的直杆,横截面具有双向对称性,面积为 $S$。令坐标 $x$ 表示沿杆轴向的位置,坐标 $y$ 表示相对于杆正常构型的横向位移。当杆发生如图 3.8.1 所示的弯曲时,杆的下部被压缩而上部被拉长,在杆的最下部和最上部之间某处存在一个“中性轴(neutral axis)”,其长度保持不变(如果杆的横截面关于一个水平面对称,则中性轴与杆的中心轴重合。)

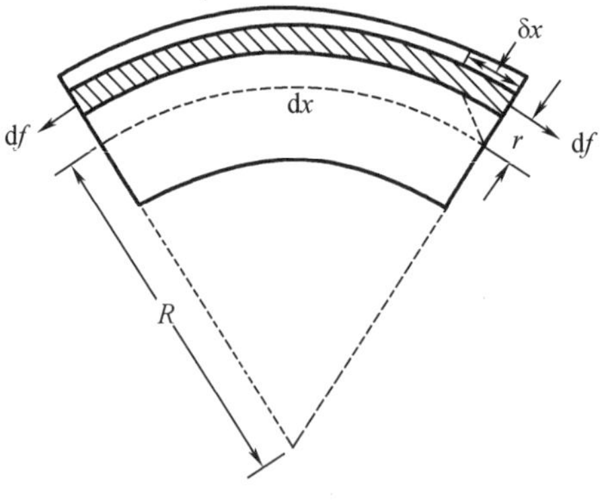


**图 3.8.1 杆中长度为 dx、曲率半径为 R 的单元由其两端横向位移引起的弯曲应变和应力**

现在考虑杆中长为 $dx$ 的微元,假定杆的弯曲用中性轴的曲率半径 $R$ 来度量,令 $\delta x = \left(\dfrac{\partial \xi}{\partial x}\right) dx$ 为距离中性轴 $r$ 的细纤维,由于杆弯曲而导致纤维伸长,则纵向力 $df$ 为

$$df = -Y dS\left(\frac{\delta x}{dx}\right) = -Y dS\left(\frac{\partial \xi}{\partial x}\right) \tag{3.8.1}$$

其中 $dS$ 为纤维的横截面积。对于图 3.8.1 所示纤维,$\delta x$ 为正,则 $df$ 为拉力,因此是负的;对

于中性轴以下的纤维，$\delta x$ 为负，则 $df$ 是压力，为正。

由几何关系，$\frac{dx+\delta x}{R+r}=\frac{dx}{R}$，由此得 $\frac{\delta x}{dx}=\frac{r}{R}$，代入式(3.8.1)得

$$df=-\left(\frac{Y}{R}\right)r dS \tag{3.8.2}$$

中性轴以上的力为负，中性轴以下的力为正，二者相互抵消，总的纵向力 $f=\int df$ 为零。但是杆中还是存在一个弯矩 $M$：

$$M=\int r df=-\frac{Y}{R}\int r^2 dS \tag{3.8.3}$$

若定义一个常数 $\kappa$

$$\kappa^2=\frac{1}{S}\int r^2 dS \tag{3.8.4}$$

则

$$M=-\frac{YS\kappa^2}{R} \tag{3.8.5}$$

常数 $\kappa$ 可以看成横截面积 $S$ 的"回转半径(radius of gyration)"，类似于固体回转半径的定义，$y$ 向厚度为 $t$ 的矩形截面杆 $\kappa=\frac{t}{\sqrt{12}}$，半径为 $a$ 的圆截面杆 $\kappa=\frac{a}{2}$。

曲率半径 $R$ 一般不是常数，而是沿中性轴位置的函数。如果杆的位移 $y$ 限制在较小值，$\frac{\partial y}{\partial x}\ll 1$，则可以利用下面的近似关系

$$R=\frac{\left[1+\left(\frac{\partial y}{\partial x}\right)^2\right]^{3/2}}{\frac{\partial^2 y}{\partial x^2}}\approx\frac{1}{\frac{\partial^2 y}{\partial x^2}} \tag{3.8.6}$$

将式(3.8.6)代入式(3.8.5)得到

$$M=-YS\kappa^2\left(\frac{\partial^2 y}{\partial x^2}\right) \tag{3.8.7}$$

在图 3.8.1 所示情况下，杆弯曲导致 $\frac{\partial^2 y}{\partial x^2}$ 为负，则弯矩 $M$ 为正。显然为了产生图示的弯曲，加在 $dx$ 段左端的力矩应为逆时针即沿角度为正的方向，则式(3.8.7)既给出了这个力矩的大小也表示了它的方向。类似地，作用于该段右端的力矩应为顺时针，为负，因此其大小和方向用 $-M$ 表示。

# *3.9 横 波

杆弯曲不仅产生弯矩还产生剪力,将作用在 d$x$ 段左端向上的剪力 $F_y$ 设为正(图 3.9.1),则作用在该段右端的剪力方向必向下,因此为负。当弯曲杆处于静平衡状态时,作用在任意一段杆上的力矩和剪力一定不产生使杆转动的净力矩。对图 3.9.1 中一段杆的左端点求矩,有

$$M(x)-M(x+\mathrm{d}x)=F_y(x+\mathrm{d}x)\,\mathrm{d}x \tag{3.9.1}$$

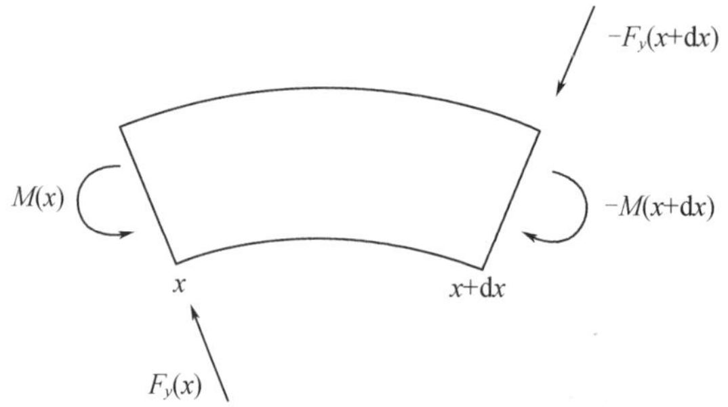


**图 3.9.1 长 d$x$ 的杆单元两端由于横向位移产生的弯矩和剪力**

对于长度 d$x$ 很小的杆,$M(x+\mathrm{d}x)$ 和 $F_y(x+\mathrm{d}x)$ 可以在 $x$ 附近展开为泰勒级数,得

$$F_y=-\left(\frac{\partial M}{\partial x}\right)=YS\kappa^2\left(\frac{\partial^3 y}{\partial x^3}\right) \tag{3.9.2}$$

其中忽略了 d$x$ 的二阶项。

剪力 $F_y$ 与弯矩 $M$ 之间的这个关系是基于静平衡状态得到的。对于横向振动来说,平衡是动态的而非静态的,式(3.9.1)右端必须等于该段杆角动量增大的速率。但是,如果杆的位移和斜率都限制在很小的值,则角动量的变化可以忽略,式(3.9.2)就可以作为 $F_y$ 和 $y$ 之间关系的适当近似式。

于是作用在 d$x$ 段杆上方向向上的合力 d$F_y$ 为

$$\mathrm{d}F_y=F_y(x)-F_y(x+\mathrm{d}x)=-\left(\frac{\partial F_y}{\partial x}\right)\mathrm{d}x=-YS\kappa^2\left(\frac{\partial^4 y}{\partial x^4}\right)\mathrm{d}x \tag{3.9.3}$$

根据牛顿第二定律,这个力使这段杆的质量($\rho S\mathrm{d}x$)产生向上的加速度$\dfrac{\partial^2 y}{\partial t^2}$,于是运动方程为

$$\frac{\partial^2 y}{\partial t^2}=-(\kappa c)^2\frac{\partial^4 y}{\partial x^4} \tag{3.9.4}$$

其中 $c^2=\dfrac{Y}{\rho}$。这个微分方程与较为简单的弦中横波方程的一个显著区别是,其包含对 $x$ 的四阶而非二阶偏导数,因此直接将 $f(ct-x)$ 代入即可发现它不是式(3.9.4)的解。横振动不是以常速度 $c$ 和不变的波形沿着杆传播的。

假定式(3.9.4)可以通过分离变量求解,将复的横向位移写成

$$\boldsymbol{y}(x,t)=\boldsymbol{\psi}(x)\mathrm{e}^{\mathrm{j}\omega t} \tag{3.9.5}$$

代入式(3.9.4),关于时间的指数函数因子可以约掉,得到关于 $\boldsymbol{\psi}$ 的一个全微分方程

$$\frac{\mathrm{d}^4\boldsymbol{\psi}}{\mathrm{d}x^4}=\left(\frac{\omega}{v}\right)^4\boldsymbol{\psi}$$

$$v^2=\omega(\kappa c) \tag{3.9.6}$$

其中 $v$ 具有速度量纲。如果将一个试探解 $\boldsymbol{\psi}=\exp(\boldsymbol{\gamma}x)$ 代入式(3.9.6),则等式成立要求 $\boldsymbol{\gamma}=\pm\left(\frac{\omega}{v}\right)$ 或 $\boldsymbol{\gamma}=\pm\mathrm{j}\left(\frac{\omega}{v}\right)$。若定义一个量 $g$ 为

$$g=\frac{\omega}{v} \tag{3.9.7}$$

则一个完整的单频解可以写成

$$\boldsymbol{\psi}(x)=\boldsymbol{A}\mathrm{e}^{gx}+\boldsymbol{B}\mathrm{e}^{-gx}+\boldsymbol{C}\mathrm{e}^{\mathrm{j}gx}+\boldsymbol{D}\mathrm{e}^{-\mathrm{j}gx}$$

$$\boldsymbol{y}(x,t)=(\boldsymbol{A}\mathrm{e}^{gx}+\boldsymbol{B}\mathrm{e}^{-gx})\mathrm{e}^{\mathrm{j}\omega t}+\boldsymbol{C}\mathrm{e}^{\mathrm{j}(\omega t+gx)}+\boldsymbol{D}\mathrm{e}^{\mathrm{j}(\omega t-gx)} \tag{3.9.8}$$

其中,$\boldsymbol{A}$、$\boldsymbol{B}$、$\boldsymbol{C}$、$\boldsymbol{D}$ 为任意常数;$g$ 既是波数也是空间衰减系数,注意到 $g$ 正比于$\sqrt{\omega}$。这个解代表两种类型的弯曲扰动:(1)两列行波,它们分别以正比于$\sqrt{\omega}$的相速度传播;(2)两个在空间上有衰减的驻波振荡,每个驻波的空间衰减系数 $g$ 取决于$\sqrt{\omega}$。不同频率的波以不同的相速度传播,这种效应被称为"频散(dispersion)"。高频比低频成分传播得快,从而使波形发生变化,这与光透过玻璃的传播类似,光束中的不同频率成分以不同的速度传播。振动杆是横波频散介质(dispersive medium)。

式(3.9.4)的真实解是式(3.9.8)的实部,可以方便地用双曲函数和三角恒等式表示(见附录 A3):

$$y(x,t)=(A\cosh gx+B\sinh gx+C\cos gx+D\sin gx)\cos(\omega t+\varphi) \tag{3.9.9}$$

其中 $A$、$B$、$C$、$D$ 为新的实常数,虽然它们与复常数 $\boldsymbol{A}$、$\boldsymbol{B}$、$\boldsymbol{C}$、$\boldsymbol{D}$ 有关,但它们之间的关系并不重要,因为在实际中是直接通过初始条件和边界条件来确定系数 $A$、$B$、$C$、$D$ 的。

## *3.10　边 界 条 件

因为式(3.9.9)包含两倍于弦横振动方程的任意常数,所以也需要两倍数量的边界条件来确定这些常数。杆端存在成对的边界条件,可以满足此需求。这些条件的具体形式取决于支撑的性质,包括下面几种。

(a)固定端(clamped end)

如果杆一端被刚性钳定,则对于任意时间 $t$,这一端的位移及其斜率总为零,则边界条件为

$$y=0 \text{ 和 } \frac{\partial y}{\partial x}=0 \tag{3.10.1}$$

(b)自由端(free end)

在自由端,既无外加力矩也无剪力,因此 $M$ 和 $F_y$ 都等于零,但是,位移和位移的斜率除了应为小值外没有其他限制,根据式(3.8.7)和式(3.9.2),边界条件可以写成

$$\frac{\partial^2 y}{\partial x^2}=0 \text{ 及 } \frac{\partial^3 y}{\partial x^3}=0 \tag{3.10.2}$$

(c)简支端(simply supported end)

通过将杆的一端约束在垂直于横向运动平面并以杆的中性轴为中心的一对刀刃(或一对针尖,类似地放置在中性轴上)之间,就可以得到简支端,则横向位移和力矩为零,对斜率无约束,即

$$y=0 \text{ 及 } \frac{\partial^2 y}{\partial x^2}=0 \tag{3.10.3}$$

# *3.11 一端固定杆

假设长为 $L$ 的杆 $x=0$ 端固定,$x=L$ 端自由,将式(3.10.1)两个条件代入一般解式(3.9.9)得 $A+C=0$ 以及 $B+D=0$,于是一般解退化为

$$y(x,t)=[A(\cosh gx-\cos gx)+B(\sinh gx-\sin gx)]\cos(\omega t+\varphi) \tag{3.11.1}$$

再将式(3.10.2)中 $x=L$ 端的两个条件代入得

$$A(\cosh gL+\cos gL)=-B(\sinh gL+\sin gL)$$

$$A(\sinh gL-\sin gL)=-B(\cosh gL+\cos gL) \tag{3.11.2}$$

尽管两个方程不可能对任意频率都同时成立,但在某些频率下两个方程会变成等价的。为了确定这样的频率,将两式相除消掉 $A$ 和 $B$,然后通过交叉相乘并利用恒等式 $\cos^2\theta+\sin^2\theta=1$ 和 $\cosh^2\theta-\sinh^2\theta=1$ 化简,得

$$\cosh gL\cos gL=-1 \tag{3.11.3}$$

通过数值方法容易求得 $gL$ 的允许值,尤其因为双曲余弦随 $\exp(gL)$ 增长,则当 $gL$ 约大于 π 的参数,余弦函数必须非常接近于零。解为

$$gL=\frac{\omega L}{v}=(1.194,2.988,5,7,\cdots)\frac{\pi}{2} \tag{3.11.4}$$

将 $v=\sqrt{\omega\kappa c}$ 代入式(3.11.4)并将两端同时平方,得"固定端-自由端"杆自由振动的固有频率为

$$f=(1.194^2,2.988^2,5^2,7^2,\cdots)\frac{\pi\kappa c}{8L^2} \tag{3.11.5}$$

边界条件的应用将固有模态限制为一组离散值,这与弦振动一样。与弦不同的是,泛音频率不是基频的整数倍,如表3.11.1所示,第一阶泛音频率为基频的6倍多。如果敲击杆使得各阶泛音的振幅大到可以被听到,则杆振动的声音类似金属声。但是泛音很快衰减,于是开始时听到的声音逐渐变得柔和成为只含基频的单音,音乐盒内的簧片振动就是很好的例子。可以通过改变杆的厚度或长度来调整基频,长度加倍使基频降低为原来的1/4。

节点的位置沿杆的分布比前面考虑过的例子都要复杂,因为节点不是以 $\frac{\lambda}{2}$ 为间距均匀分布,而是不规则分布的,如图3.11.1所示。$y=0$ 的节点有三类:(1)杆的钳定端,其特征

是另外附加一个条件$\frac{\partial y}{\partial x}=0$；(2)所谓的"真节点(true node)"，间距约为$\frac{\lambda}{2}$并且很靠近$\frac{\partial^2 y}{\partial x^2}\approx 0$的点，即拐点；(3)靠近杆自由端的节点(这最后一个节点附近并没有拐点，拐点比这个节点更向外，移到了杆的自由端)。还应注意到，各个反节点处振动幅度并不相同，其中杆自由端的振动幅度最大。

**表 3.11.1　长 $L=100$ cm 一端钳定一端自由杆的特征横振动**

| 频率 | 相速度 | 波长/cm | 节点位置/cm(从钳定端) |
|---|---|---|---|
| $f_1$ | $v_1$ | 335.0 | 0 |
| $6.267f_1$ | $2.50v_1$ | 133.4 | 0, 78.3 |
| $17.55f_1$ | $4.18v_1$ | 80.0 | 0, 50.4, 86.8 |
| $34.39f_1$ | $5.87v_1$ | 57.2 | 0, 35.8,64.4,90.6 |

表 3.11.1 列出了长度为 100 cm 的杆($x=0$ 端固定，$x=L$ 端自由)横振动的节点位置、泛音与基波的频率比和相速度之比，以及每个固有频率对应的波长 $\lambda=\frac{v}{f}$。相速度随频率的增加而增大是非常明显的。如前所述，一般情况下波长并不等于相邻节点间距的两倍，但是在数据精度范围内，第三泛音的真实节点之间的间距为$\frac{\lambda}{2}$($64.4-35.8=28.6=57.2/2$ cm)。

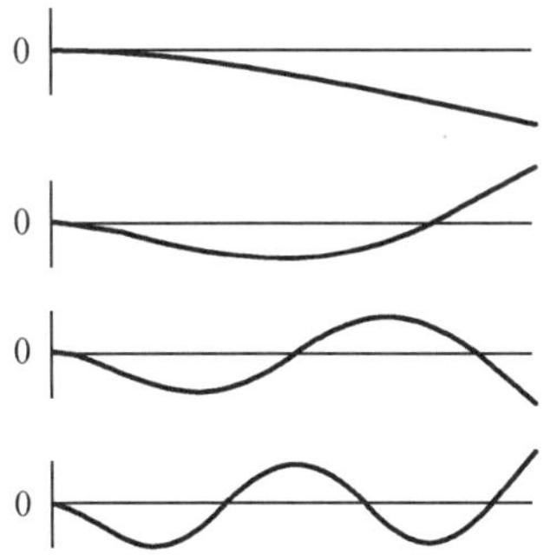


**图 3.11.1　"固定端–自由端"杆横振动的最低四阶模态。注意每一端的边界条件以及几类不同节点。**

## *3.12　"自由端–自由端"杆

另一种重要的横振动是"自由端–自由端"杆的横振动，满足 $x=0$ 端边界条件，要求 $A-C=0$ 以及 $B-D=0$，对 $x=L$ 端应用相同的边界条件并通过相同的三角函数和双曲函数简化，得超越方程

$$\cosh gL\cos gL=1 \tag{3.12.1}$$

与前面一样，数值求解非常简单，得"自由端–自由端"杆横振动的固有频率

$$f=(3.011^2,5^2,7^2,9^2,\cdots)\frac{\pi\kappa c}{8L^2} \tag{3.12.2}$$

泛音频率也不是基频的整数倍。

表 3.12.1 给出了 100 cm 长的杆两端自由时的固有频率、相速度以及节点位置信息。观察图 3.12.1 发现基波和所有的偶数阶泛音(对应图中 $f_1,f_3,f_5,\cdots$)是关于杆中点对称的,中点处$\frac{\partial y}{\partial x}=0$,有一个真节点。相比之下,奇数阶泛音(对应图中 $f_2,f_4,f_6,\cdots$)是关于中点的反对称模态。对于所有模态,节点分布都关于中点对称,在任意一个节点处都可以将杆支撑在一个刀刃上或者用一个刀刃(同样窄的)夹钳支撑而不会对在该点有节点的振动模态产生影响,要求刀刃支撑(或针尖支撑)是因为只允许将节点处的位移限制为零而不可以约束节点处斜率的变化。

**表 3.12.1　长 $L$=100 cm 的"自由端-自由端"杆横振动特征**

| 频率 | 相速度 | 波长/cm | 节点位置/cm(到杆一端的距离) |
|---|---|---|---|
| $f_1$ | $v_1$ | 133.0 | 22.4, 77.6 |
| $2.756f_1$ | $1.66v_1$ | 80.0 | 13.2, 50.0, 86.8 |
| $5.404f_1$ | $2.32v_1$ | 57.2 | 9.4, 35.6, 64.4, 90.6 |
| $8.933f_1$ | $2.99v_1$ | 44.5 | 7.3, 27.7, 50.0, 72.3, 92.7 |

木琴的每根音条都在其基频的节点处被支撑,因为伴随泛音的节点一般不会位于这两个相同的点上,因此泛音就很快被衰减掉,只剩下基频,这是木琴或马林巴琴声音比较柔和的原因之一。

可以利用"自由端-自由端"杆来定性地描述音叉。它大致是一个 U 形杆,中间连接有一根柄,柄的弯曲及其提供的质量负载缩小了基频模式下两个节点之间的间隔。对比图 3.12.2 与图 3.12.1,如前所述,当敲击音叉时,泛音迅速衰减,只剩下基频振动。连接在反节点处的音叉柄振动并将振动耦合到它接触的任何表面,如果这个表面的面积比较大或者这个表面构成调谐在基频的谐振腔的一个侧面,则辐射效率就会提高。

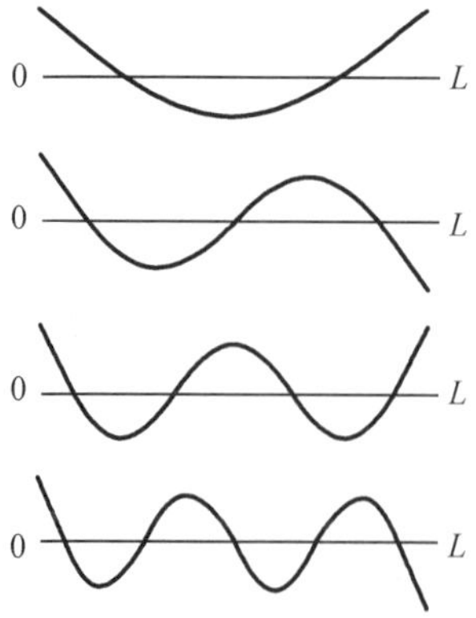


**图 3.12.1　"自由端-自由端"杆横振动的最低四阶模态。注意每一端的边界条件以及几类不同节点。**

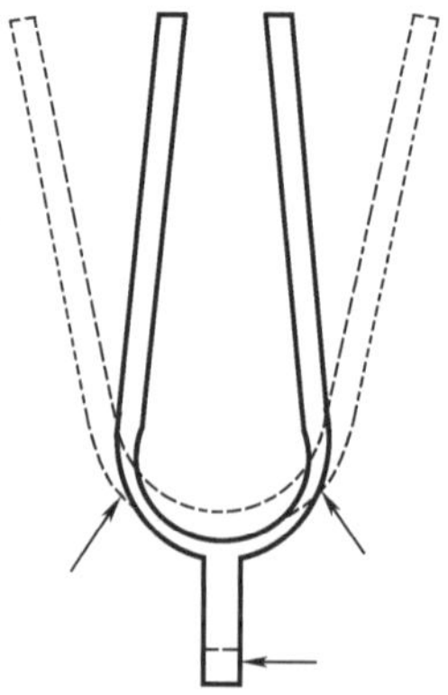

**图 3.12.2　音叉的振动(Node 节点 Stem 柄)**

如果杆的两端都被刚性固定，$x=0$ 和 $x=L$ 端都有 $y=0$ 以及 $\frac{\partial y}{\partial x}=0$，导致与“自由端-自由端”杆的固有频率相同，但可以预料节点位置是不同的。

# *3.13　杆中扭转波

杆既可以做纵振动和弯曲振动，也可以做扭转振动。例如，一根细长杆（或作为扭摆钟激活器的一根纤维）一端固定，沿长轴线扭转另一端，扭转角度增大时回复力矩也增大，这时若将被扭转的一端松开，将有扭转波沿杆传播。

为简化讨论，令杆具有半径为 $a$ 的圆截面。分离出长度为 d$x$ 的一段杆单元(图 3.13.1(a))，将其分割为一系列半径为 $r$、壁厚为 d$r$ 的同轴空心圆柱管（图 3.13.1(b)），再将每一个空心圆柱管分割成长度为 d$x$、厚度为 d$r$，宽度为 d$w$（弯曲的）的矩形片（图 3.13.1(c)）。当管由平衡位置被扭转一个小角度 d$\varphi$ 时，这个矩形片被扭转一个角度 $r\left(\frac{\mathrm{d}\varphi}{\mathrm{d}x}\right)$，即剪应变（shearing strain）。产生这个剪应变需要的剪应力与之成正比（胡克定律），比例系数为剪切模量 $\mathscr{G}$（shear modulus）或刚度模量（modulus of rigidity）（见附录 A11）。

$$\text{stress}=\mathscr{G}r\left(\frac{\mathrm{d}\varphi}{\mathrm{d}x}\right) \tag{3.13.1}$$

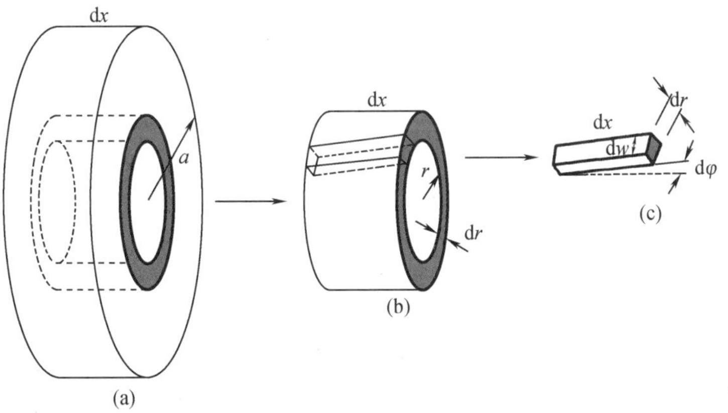


**图 3.13.1　推导剪切波方程用到的圆杆单元及其子单元。(a) 半径为 $a$、长为 d$x$ 的圆柱；(b) 半径为 $a$、厚为 d$r$、长为 d$x$ 的圆柱壳；(c) 宽为 d$w$、厚为 d$r$、长为 d$x$ 的矩形片，有 d$\varphi$ 角的应变。**

这是式（3.3.2）在扭转问题中的等价形式，产生这一扭转所需要的力等于剪切应力乘以该应力作用面的面积

$$\mathrm{d}f=\mathscr{G}(\mathrm{d}w\mathrm{d}r)r\left(\frac{\mathrm{d}\varphi}{\mathrm{d}x}\right) \tag{3.13.2}$$

在高度为 d$x$ 的空心管内产生这个应变需要的力矩 d$M$ 等于 d$f$ 乘以其力臂 $r$ 并沿管的圆周积分。由于圆周对称性，$\int \mathrm{d}w=2\pi r$，于是作用在圆柱管上的力矩为

$$\mathrm{d}\tau=\mathscr{G}(2\pi r^3)\left(\frac{\mathrm{d}\varphi}{\mathrm{d}x}\right)\mathrm{d}r \tag{3.13.3}$$

使实心圆柱单元的这一端发生扭转所需要的总力矩 $\tau$ 由 $r=0$ 到 $r=a$ 积分得到

$$\tau=\mathscr{G}\frac{1}{2}\pi a^4\left(\frac{\mathrm{d}\varphi}{\mathrm{d}x}\right) \tag{3.13.4}$$

长度为 d$x$ 的圆柱单元的合力矩等于两端力矩之差,由泰勒展开定理表示为 $\tau(x+\mathrm{d}x)-\tau(x)=\left(\frac{\mathrm{d}\tau}{\mathrm{d}x}\right)\mathrm{d}x=G\left(\frac{\pi a^4}{2}\right)\left(\frac{\partial^2\varphi}{\partial x^2}\right)\mathrm{d}x$。这个合力矩等于圆柱的转动惯量 $\left(\frac{a^2}{2}\right)\mathrm{d}m$,(其中 $\mathrm{d}m=\rho\pi a^2\mathrm{d}x$)乘以角加速度 $\frac{\partial^2\varphi}{\partial t^2}$。于是得到熟悉的一维波动方程:

$$\frac{\partial^2\varphi}{\partial x^2}=\frac{1}{c^2}\frac{\partial^2\varphi}{\partial t^2} \tag{3.13.5}$$

其中相速度 $c$ 为

$$c^2=\frac{\mathscr{G}}{\rho} \tag{3.13.6}$$

求弦中波和杆中纵波解的所有方法在这里也都适用。扭转振动适用的边界条件如:(1)固定端,$\varphi=0$;(2)自由端,$\tau=0$,于是 $\frac{\partial\varphi}{\partial x}=0$;(3)质量负载端,$\frac{\partial\varphi}{\partial x}=\left(\frac{\partial^2\varphi}{\partial x^2}\right)I$,其中 $I$ 为负载相对于杆轴线的转动惯量。

## 习 题

3.4.1 长为 $L$ 的杆 $x=0$ 端固定,$x=L$ 端可以自由运动。(a)证明振动中只有奇数阶泛音。(b)若杆的材质为钢、长度为 0.5 m,求基频。(c)若一个静态力作用于杆的自由端使端点发生位移 $h$,证明力突然撤离引起的各阶谐振动的振幅为 $A_n=\left[\frac{8h}{(n\pi)^2}\right]\sin\left(\frac{n\pi}{2}\right)$。(d)若力为 5 000 N,钢质杆的横截面积为 0.000 05 m$^2$,计算上述杆的振幅值。

3.4.2 证明下述端点条件下纵振动杆的简正模式是否构成正交函数列:(a)固定,固定;(b)自由,自由;(c)固定,自由。

3.5.1 横截面积为 0.000 1 m$^2$、长为 0.25 m 的钢质杆 $x=0$ 端可以自由移动,$x=0.25$ m 端有一个 0.15 kg 的质量负载。(a)计算上述质量负载杆纵振动的基频。(b)要尽量不激起基频的振动可以在什么位置将杆钳定?(c)若此杆以基频振动,则自由端与质量负载端位移幅值之比为何值?(d)此杆的第一阶泛音频率是多少?

3.5.2 横截面积为 0.000 01 m$^2$、长为 1 m 的钢质弦悬挂质量为 2 kg 的物块。(a)将物块视为一个单振子,计算其在竖直方向振动的基频。(b)将系统视为一端固定、一端有质量负载的杆的纵振动,计算物块在竖直方向振动的基频。(c)证明对于 $kL<0.2$,(b)中得到的公式退化为式(1.2.4)。

3.5.3 下述情况下简正模式是否正交?(a)一端固定,另一端质量负载杆;(b)一端自由,另一端质量负载杆。

3.6.1　长为 $L$、质量为 $M$ 的细杆一端固定,另一端自由,要使得基频值降低 25%,需要在自由端增加的质量负载 $m$ 是多少?

3.6.2　长为 0.2 m、质量为 0.04 kg 的钢杆一端有 0.027 kg 的质量负载,另一端有 0.054 kg 的质量负载。(a)计算纵振动的基频。(b)计算杆中节点的位置。(c)计算杆两端位移幅值之比。

3.6.3　杆长为 $L$,做纵振动,波速为 $c$。假定损耗很小,求杆两端点之间恰好有整数个波时,两端点机械阻抗与波速 $c$ 之比。

3.6.4　长为 $L$、质量为 $m$ 的一端固定,另一端自由的杆,若固定端约束相当于机械抗 $-\frac{\mathrm{j}s}{\omega}$,确定杆做纵振动的基频。

3.6.5　长为 $L$ 的杆截面积为 $S$,杆材料线密度为 $\rho_L$,杨氏模量为 $Y$,$x=0$ 端有质量负载 $m$,$x=L$ 端连接一个弹性系数为 $s$ 的纵向弹簧。(a)利用 $L$、$S$、$\rho_L$、$s$、$Y$ 写出决定纵振动简正模式的关于 $kL$ 的超越方程。(b)设杆材料为铝,杆长 1 m,直径 1 cm,质量 $m=0.848$ kg,弹簧的弹性系数 $s=2.23\times10^7$ N/m。求最低阶本征频率。(c)指出节点位置。

3.7.1　证明输入阻抗 $\mathbf{Z}_{m0}$ 当 $r=0$ 时为纯抗,当 $kL=-x$ 时模为零,当 $kL=\frac{1}{x}$时为无穷大。

3.7.2　设机械阻抗为$\frac{\mathbf{Z}_m}{\rho_L c}=1+\mathrm{j}x$:(a)如果在所关心的频带内抗很大($x\gg1$),证明确定共振和反共振的方程分别为 $kL=-x$ 和 $kL=\frac{1}{x}$;(b)如果在所关心的频带内抗很小($x\ll1$),证明 $kL\approx\pm1$ 且输入阻抗为 $Z_m\approx\rho_L c$。

3.7.3　长为 $L$ 的细长杆 $x=0$ 端受纵向力 $F\cos\omega t$,$x=L$ 端自由。(a)推导决定杆中驻波幅值的方程。(b)求输入机械阻抗。(c)同样的杆如果无限长则输入阻抗为何值?(d)若杆材料为铝,长为 1 m,横截面积为 0.000 1 $\mathrm{m}^2$,激励力幅值为 10 N,绘制(a)中杆激励端位移幅值在 200~2 000 Hz 随频率变化的曲线。

3.7.4C　纵振动的杆一端受到幅值为常数 $F$ 的力,另一端有负载阻抗 $R+\mathrm{j}\left(\omega m-\frac{s}{\omega}\right)$。绘制覆盖前三个谐振频率的输入功率曲线:(a)保持 $m$ 和 $s$ 为常数,取三个 $R$ 值;(b)保持 $m$ 和 $R$ 为常数,取三个 $s$ 值;(c)保持 $s$ 和 $R$ 为常数,取三个 $m$ 值。

3.7.5　长为 $L$ 的杆中纵波相速度为 $c$,$x=0$ 端受到频率可调的力作用。(a)在哪些频率上激励力遇到的机械阻抗等于 $x=L$ 端支撑物的阻抗?(b)在(a)的频率下比较杆两端的速度幅值。

3.7.6　证明对于 $r\gg1$,也可以得到式(3.7.11)后面关于共振和反共振的结论。

3.8.1　求圆截面半径为 $a$ 的杆的回转半径。

3.8.2　计算厚为 $t$、宽为 $w$ 的矩形截面杆的回转半径:(a)向厚度方向弯曲;(b)向宽度方向弯曲;(c)向跟对角线横交的方向弯曲。

3.9.1　通过直接代入证明式(3.9.9)是式(3.9.4)的解。

3.9.2　证明 $v=\sqrt{\omega\kappa c}$具有速度量纲。在什么频率下直径 0.01 m 的铝棒横振动与纵振动的相速度相等?

3.10.1 长 100 cm、圆截面直径 1 cm 的铝杆两端简支，对于横振动，(a)证明简正模式与两端固定弦相同；(b)计算简正模式的频率；(c)各阶谐波与两端固定弦相同吗？

3.11.1 杆截面为矩形，$w=2t$，一端钳定，另一端自由。计算沿厚度方向弯曲的自由振动与沿宽度方向弯曲的自由振动基频之比。

3.11.2 长 100 cm 的杆两端钳定，求用基频和相速度表示的横振动前三阶简正模式频率、波长和节点位置。

3.11.3C 一端钳定，另一端自由杆以第三阶横振动模式振动。(a)绘制作为长度坐标函数的位移幅值以及位移的前三阶导数；(b)利用计算的这些值证明两端都满足边界条件并讨论每个节点的性质。

3.11.4C 如果创建表 3.11.1 时所用的杆两端被钳定，(a)创建一个与表 3.11.1 类似的表；(b)绘出前四阶简正模式的形状。

3.11.5 长 100 cm、半径 1.0 cm 的铝杆一端被钳定，另一端自由。(a)计算横振动最低阶模式的频率；(b)若自由端位移幅值为 0.5 cm，确定横向位移方程中的所有常数；(c)绘制杆的位移幅值曲线。

3.12.1 一钢杆截面半径为 0.005 m、长为 0.5 m。(a)两端自由横振动的基频为何值？(b)当杆以基频振动时中点的位移幅值为 2 cm，两端点的位移振幅为何值？

3.12.2 计算$\frac{A}{B}$的值：(a)一端钳定，另一端自由杆；(b)两端自由杆。

3.13.1 长 100 cm 的铝杆，直径 1.0 cm。(a)计算使杆的一端相对于另一端发生 360°的静态扭转所需的力矩；(b)求该杆上波的相速度；(c)假设杆的中间是刚性支撑，在末端是自由支撑，找出它能支承扭转振动的最低频率。

3.13.2 计算两端自由的铝杆纵振动简正模式最低频率与扭转振动简正模式最低频率之比。

# 第 4 章　二维波动方程：膜、板的振动

## 4.1　平面的振动

考虑二维系统的横振动，如鼓膜或麦克风的膜片，需要用两维空间坐标来表示面上一点位置以及第三个坐标来表示位移，因而分析过程显得更加复杂，但是运动方程（在与前两章相同的简化假设下）将仅仅是弦的二维推广。

向二维推广首先要选择一个坐标系统，选择与边界条件匹配的坐标系（矩形边界选择笛卡儿坐标，圆形边界选择平面极坐标）可以大大简化求解过程以及对于解的物理解释，不幸的是可以利用的坐标系种类极其有限，因此容易求解的膜问题也受到相应的限制。

## 4.2　张紧膜的波动方程

假设一张膜很薄，沿所有方向被均匀拉紧，做小幅位移的横向振动。令 $\rho_S$ 为膜的面密度（$\mathrm{kg/m^3}$），$T$ 为单位长度的膜张力（N/m），长为 d$l$ 的线段两侧的材料将被 $T\mathrm{d}l$ 的力拉向两侧。

在笛卡儿坐标下一点的横向位移表示为 $y(x,z,t)$，发生位移的面积为 $\mathrm{d}S=\mathrm{d}x\mathrm{d}z$，面元上的受力为平行于 $x$ 轴及 $z$ 轴的边界上横向作用力的合力。对于图 4.2.1 所示面元，由一对相反的拉力 $T\mathrm{d}z$ 产生的竖直方向净力为

$$\mathscr{T}\mathrm{d}z\left[\left(\frac{\partial y}{\partial x}\right)_{x+\mathrm{d}x}-\left(\frac{\partial y}{\partial x}\right)_{x}\right]=\mathscr{T}\frac{\partial^2 y}{\partial x^2}\mathrm{d}x\mathrm{d}z \tag{4.2.1}$$

由面元另一对相反拉力 $\mathscr{T}\mathrm{d}x$ 合成的竖直方向净力为 $\mathscr{T}\left(\frac{\partial^2 y}{\partial z^2}\right)\mathrm{d}x\mathrm{d}z$。令这两个力的和等于面元质量 $\rho_S\mathrm{d}x\mathrm{d}z$ 乘以加速度$\frac{\partial^2 y}{\partial t^2}$，得

$$\frac{\partial^2 y}{\partial x^2}+\frac{\partial^2 y}{\partial z^2}=\frac{1}{c^2}\ \frac{\partial^2 y}{\partial t^2} \tag{4.2.2}$$

其中

$$c^2=\frac{\mathscr{T}}{\rho_S} \tag{4.2.3}$$

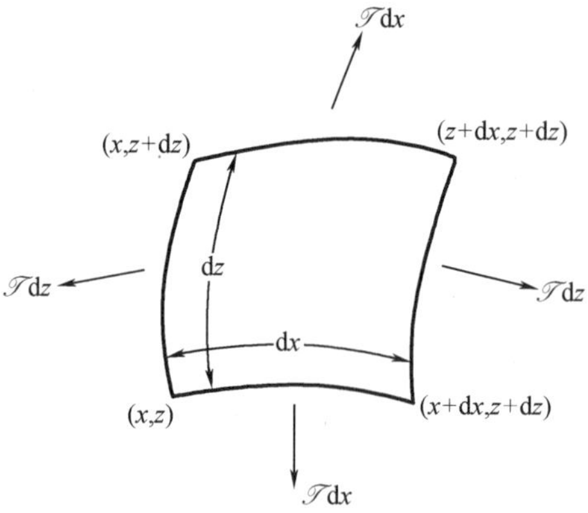


**图 4.2.1 发生横向位移时膜面元上的作用力**

式(4.2.2)可以写成更一般的形式

$$\nabla^2 y=\frac{1}{c^2}\frac{\partial^2 y}{\partial t^2} \tag{4.2.4}$$

其中$\nabla^2$为 Laplace 算子(这里为其二维形式),式(4.2.4)为二维波动方程。

Laplace 算子的形式依赖于所选取的坐标系,二维笛卡儿坐标下的形式为

$$\nabla^2=\frac{\partial^2}{\partial x^2}+\frac{\partial^2}{\partial z^2} \tag{4.2.5}$$

其适合矩形膜。圆形膜选取平面极坐标$(r,\theta)$更为合适,利用

$$\nabla^2=\frac{\partial^2}{\partial r^2}+\frac{1}{r}\frac{\partial}{\partial r}+\frac{1}{r^2}\frac{\partial^2}{\partial \theta^2} \tag{4.2.6}$$

得对应的波动方程为

$$\frac{\partial^2 y}{\partial r^2}+\frac{1}{r}\frac{\partial y}{\partial r}+\frac{1}{r^2}\frac{\partial^2 y}{\partial \theta^2}=\frac{1}{c^2}\frac{\partial^2 y}{\partial t^2} \tag{4.2.7}$$

式(4.2.4)的解将具有之前研究过的波的所有性质,这里推广至二维,为计算膜的简正模态,通常假定解具有下面形式:

$$\boldsymbol{y}=\boldsymbol{\psi}e^{j\omega t} \tag{4.2.8}$$

其中 $\boldsymbol{\psi}$ 只是位置的函数。将式(4.2.8)代入方程(4.2.7)并利用 $k=\dfrac{\omega}{c}$得亥姆霍兹方程:

$$\nabla^2\boldsymbol{\psi}+k^2\boldsymbol{\psi}=0 \tag{4.2.9}$$

对于指定形状和边界条件的膜,式(4.2.9)的解是问题的简正模态。

## 4.3 边缘固定矩形膜的自由振动

一张紧的矩形膜,边界 $x=0$、$x=L_x$、$z=0$、$z=L_z$ 被固定,边界条件为

$$y(0,z,t)=y(L_x,z,t)=y(x,0,t)=y(x,L_z,t)=0 \tag{4.3.1}$$

设解

$$\boldsymbol{y}(x,z,t)=\boldsymbol{\psi}(x,z)e^{j\omega t} \tag{4.3.2}$$

代入式(4.2.4)得

$$\frac{\partial^2 \boldsymbol{\psi}}{\partial x^2}+\frac{\partial^2 \boldsymbol{\psi}}{\partial z^2}+k^2\boldsymbol{\psi}=0 \tag{4.3.3}$$

利用分离变量法，假设 $\boldsymbol{\psi}$ 是两个函数的乘积，每个函数只依赖于其中一维坐标

$$\boldsymbol{\psi}(x,z)=\boldsymbol{X}(x)\boldsymbol{Z}(z) \tag{4.3.4}$$

代入式(4.3.3)，两端同时除以 $\boldsymbol{X}(x)\boldsymbol{Z}(z)$ 得

$$\frac{1}{\boldsymbol{X}}\frac{\mathrm{d}^2\boldsymbol{X}}{\mathrm{d}x^2}+\frac{1}{\boldsymbol{Z}}\frac{\mathrm{d}^2\boldsymbol{Z}}{\mathrm{d}z^2}+k^2=0 \tag{4.3.5}$$

由于第一项只是 $x$ 的函数，第二项只是 $z$ 的函数，则它们必都等于常数，否则三项之和不可能对任意 $x$ 和 $z$ 均为零，于是得到两个方程：

$$\frac{\mathrm{d}^2\boldsymbol{X}}{\mathrm{d}x^2}+k_x^2\boldsymbol{X}=0,\quad \frac{\mathrm{d}^2\boldsymbol{Z}}{\mathrm{d}z^2}+k_z^2\boldsymbol{Z}=0 \tag{4.3.6}$$

其中常数 $k_x$ 和 $k_z$ 有下面关系：

$$k_x^2+k_z^2=k^2 \tag{4.3.7}$$

式(4.3.6)的解为正弦函数，于是

$$\boldsymbol{y}(x,z,t)=\boldsymbol{A}\sin(k_x x+\varphi_x)\sin(k_z z+\varphi_z)\mathrm{e}^{\mathrm{j}\omega t} \tag{4.3.8}$$

其中 $k_x$、$k_z$、$\varphi_x$、$\varphi_z$ 由边界条件决定。条件 $y(0,z,t)=0$ 和 $y(x,0,t)$ 要求 $\varphi_x=0$ 和 $\varphi_z=0$；条件 $y(L_x,z,t)=0$ 和 $y(x,L_z,t)$ 要求 $k_xL_x$ 和 $k_zL_z$ 为 $\pi$ 的整数倍。于是膜的驻波为

$$\boldsymbol{y}(x,z,t)=\boldsymbol{A}\sin k_x x\sin k_z z\mathrm{e}^{\mathrm{j}\omega t}$$

$$k_x=\frac{n\pi}{L_x}\quad n=1,2,3,\cdots$$

$$k_z=\frac{m\pi}{L_z}\quad m=1,2,3,\cdots \tag{4.3.9}$$

其中 $|\boldsymbol{A}|$ 为最大位移振幅。这些方程将波数 $k_x$、$k_z$ 限制为离散值，得到可能的振动模式的固有频率

$$f_{nm}=\frac{\omega_{nm}}{2\pi}=\frac{c}{2}\left[\left(\frac{n}{L_x}\right)^2+\left(\frac{m}{L_z}\right)^2\right]^{1/2} \tag{4.3.10}$$

这是“固定端-固定端”弦的自由振动结果向二维的推广。将 $n=1,m=1$ 代入式(4.3.10)得基频，$n=m$ 的泛音是基频的谐波，$n\neq m$ 的泛音则不是基频的谐波。图 4.3.1 显示了矩形膜的几阶模态。简正模态用一对有序数字$(n,m)$进行标记。图 4.3.2 显示了边界固定矩形膜第(2,2)阶模态的位移。由于节线的位移为零，因此可以沿任意一条节线插入刚性支撑，而不会影响该阶模态对应频率的波形。

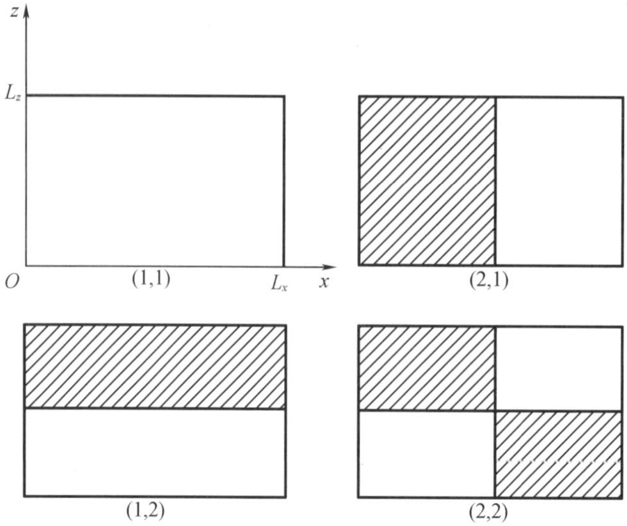


**图 4.3.1　边缘固定矩形膜的四阶典型模态示意图。模态用一对整数($n$,$m$)标记。阴影区与非阴影区的振动相位相差 180°,这些区域之间由节线分隔。**

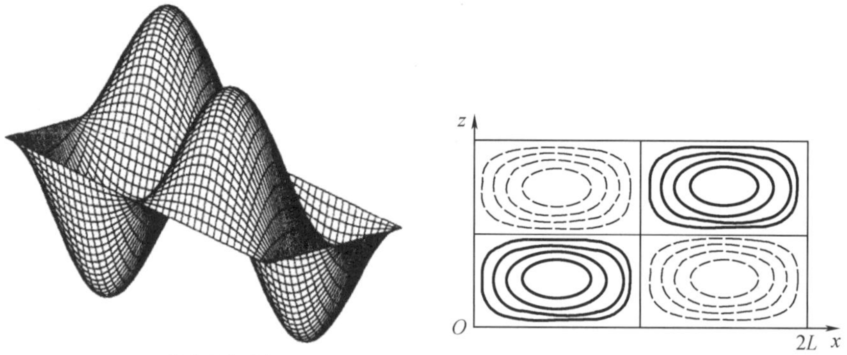


(a)等轴侧视图　　(b)位移等高线图

**图 4.3.2　$\dfrac{L_x}{L_z}=1$ 的矩形膜以(2,2)模态振动时的位移。等高线用实线表示的区域与用虚线表示的区域振动相位相差 180°。**

# 4.4　边界固定圆膜的自由振动

对于边缘 $r=a$ 被固定的圆膜采用圆柱坐标下的亥姆霍兹方程

$$\frac{\partial^2 \boldsymbol{\psi}}{\partial r^2}+\frac{1}{r}\frac{\partial \boldsymbol{\psi}}{\partial r}+\frac{1}{r^2}\frac{\partial^2 \boldsymbol{\psi}}{\partial \theta^2}+k^2\boldsymbol{\psi}=0 \tag{4.4.1}$$

可以通过假定 $\boldsymbol{\psi}(r,\theta)$ 为两个函数的乘积来求解,每个函数只依赖于一维空间坐标

$$\boldsymbol{\psi}=\boldsymbol{R}(r)\boldsymbol{\Theta}(\theta) \tag{4.4.2}$$

解需满足如下边界条件

$$\boldsymbol{R}(a)=0 \tag{4.4.3}$$

此外,$\boldsymbol{\Theta}$ 必须是 $\theta$ 的光滑连续函数。所设解代入式(4.2.9)得

$$\boldsymbol{\Theta}\frac{\mathrm{d}^2\boldsymbol{R}}{\mathrm{d}r^2}+\frac{\boldsymbol{\Theta}}{r}\frac{\mathrm{d}\boldsymbol{\Theta}}{\mathrm{d}r}+\frac{\boldsymbol{R}}{r^2}\frac{\mathrm{d}^2\boldsymbol{\Theta}}{\mathrm{d}\theta^2}+k^2\boldsymbol{R}\boldsymbol{\Theta}=0 \tag{4.4.4}$$

其中 $k=\dfrac{\omega}{c}$。以$\dfrac{r^2}{\boldsymbol{\Theta R}}$乘该方程并将含 $r$ 的项写到一侧，含 $\theta$ 的项写到另一侧，得

$$\frac{r^2}{\boldsymbol{R}}\left(\frac{\mathrm{d}^2\boldsymbol{R}}{\mathrm{d}r^2}+\frac{1}{r}\frac{\mathrm{d}\boldsymbol{R}}{\mathrm{d}r}\right)+k^2r^2=-\frac{1}{\boldsymbol{\Theta}}\frac{\mathrm{d}^2\boldsymbol{\Theta}}{\mathrm{d}\theta^2} \tag{4.4.5}$$

左端只是 $r$ 的函数，右端只是 $\theta$ 的函数，二者不可能相等，除非它们都等于同一个常数，令这个常数为 $m^2$，则右端变成

$$\frac{\mathrm{d}^2\boldsymbol{\Theta}}{\mathrm{d}\theta^2}=-m^2\boldsymbol{\Theta} \tag{4.4.6}$$

它有谐和解：

$$\boldsymbol{\Theta}(\theta)=\cos(m\theta+\gamma_m) \tag{4.4.7}$$

其中 $\gamma_m$ 由初始条件（中的空间因子）决定。因 $\boldsymbol{\Theta}$ 必须是光滑单值的，故 $m$ 必为整数。取定 $m$ 值时式（4.4.5）为贝塞尔方程：

$$\frac{\mathrm{d}^2\boldsymbol{R}}{\mathrm{d}r^2}+\frac{1}{r}\frac{\mathrm{d}\boldsymbol{R}}{\mathrm{d}r}+\left(k^2-\frac{m^2}{r^2}\right)\boldsymbol{R}=0 \tag{4.4.8}$$

该方程的解是 $m$ 阶第一类和第二阶贝塞尔函数 $\mathrm{J}_m(kr)$ 和 $\mathrm{Y}_m(kr)$：

$$\boldsymbol{R}(r)=\boldsymbol{A}\mathrm{J}_m(kr)+\boldsymbol{B}\mathrm{Y}_m(kr) \tag{4.4.9}$$

附录 A4、附录 A5 总结了贝塞尔函数的一些性质，它们是 $kr$ 的振荡函数，幅值大致随 $\dfrac{1}{\sqrt{kr}}$衰减，当 $kr\to 0$ 时，$\mathrm{Y}_m(kr)$ 的值无界。

虽然式（4.4.9）为式（4.4.8）的一般解，但穿过原点的膜在 $r=0$ 处必有有限位移，这要求 $\boldsymbol{B}=0$，于是

$$\boldsymbol{R}(r)=\boldsymbol{A}\mathrm{J}_m(kr) \tag{4.4.10}$$

（如果膜被张紧在内缘和外缘之间，则它不穿过原点，则要满足边界条件要用到式（4.4.9）的两项。）

边界条件 $\boldsymbol{R}(a)=0$ 要求 $\mathrm{J}_m(ka)=0$，如果将使得 $\mathrm{J}_m$ 值等于零的函数自变量值记为 $j_{mn}$，则 $k$ 取离散值 $k_{mn}=\dfrac{j_{mn}}{a}$（$j_{mn}$ 的值和公式见附录）。则方程解为

$$\boldsymbol{y}_{mn}(r,\theta,t)=\boldsymbol{A}_{mn}\mathrm{J}_m(k_{mn}r)\cos(m\theta+\gamma_{mn})\mathrm{e}^{\mathrm{j}\omega_{mn}t} \tag{4.4.11}$$

固有频率为

$$f_{mn}=\frac{\mathrm{j}_{mn}c}{2\pi a} \tag{4.4.12}$$

第（$m,n$）个解的真实位移为式（4.4.11）的实部

$$y_{mn}(r,\theta,t)=A_{mn}\mathrm{J}_m(k_{mn}r)\cos(m\theta+\gamma_{mn})\cos(\omega_{mn}t+\varphi_{mn}) \tag{4.4.13}$$

其中 $\boldsymbol{A}_{mn}=A_{mn}\exp(\mathrm{j}\varphi_{mn})$。方位因子中的相位角 $\gamma_{mn}$ 决定于初始激励在膜上的作用点。

图 4.4.1 为边缘固定圆膜的几个简单模态的示意图。整数 $m$ 决定径向节线数，第二个整数 $n$ 决定节圆数。应注意 $n$ 最小允许值为 $n=1$，对应振动模式有唯一一个节圆，与膜的外边缘重合。图 4.4.2 是以（1,2）阶模态振动的边界固定圆膜位移的等轴侧视图。

对每一个 $m$ 值存在一组递增的频率，表 4.4.1 列出了一些用基频表示的逆增频率。注

意:泛音都不等于基频整数倍。

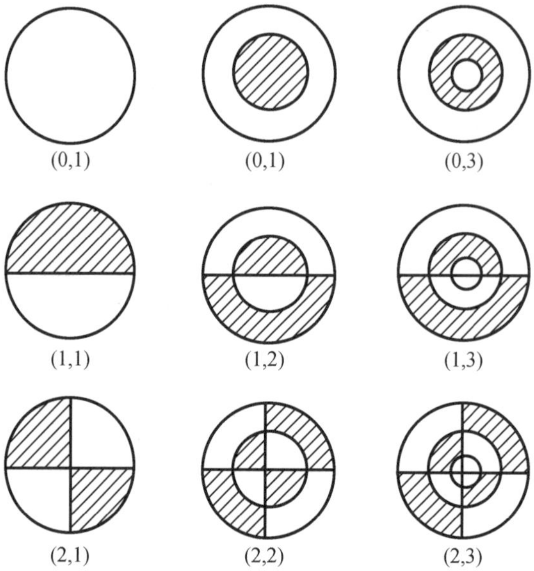


**图 4.4.1** 边界固定圆膜的简正模态。各阶模态用一对整数($m,n$)标记。阴影区与非阴影区振动相位相差 180°,这些区域之间由节线分隔。每一列由上到下模态频率是递增的(表 4.4.1)。

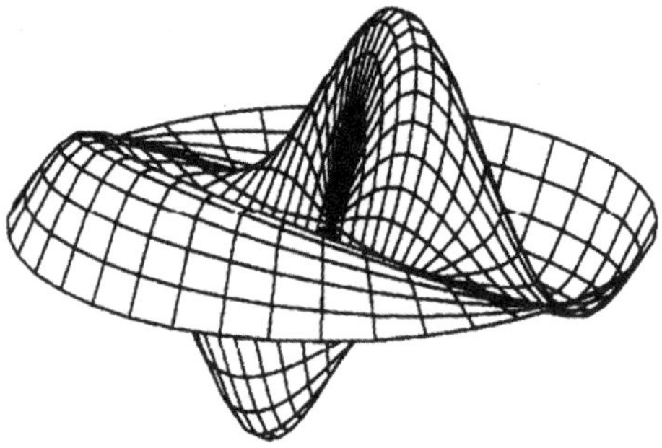

**图 4.4.2** 以(1,2)阶模态振动的边界固定圆膜位移的等轴侧视图

**表 4.4.1** 圆膜的简正频率

| | | |
|---|---|---|
| $f_{01}=1.0f_{01}$ | $f_{11}=1.593f_{11}$ | $f_{21}=2.135f_{21}$ |
| $f_{02}=2.295f_{01}$ | $f_{12}=2.917f_{01}$ | $f_{22}=3.500f_{01}$ |
| $f_{03}=3.598f_{01}$ | $f_{13}=4.230f_{01}$ | $f_{23}=4.832f_{01}$ |

## 4.5 边界固定圆膜的对称振动

对于用固定边界圆膜来描述的许多情况,具有圆对称性的模态最为重要,因此现在将注意力集中在与 $\theta$ 无关的解上,因为这些模态 $m=0$,故将 $m$ 下标省略不写,只保留下标 $n$,即

$$\boldsymbol{y}_n(r,t) \equiv \boldsymbol{y}_{0n}(r,\theta,t) = \boldsymbol{A}_n \mathrm{J}_0(k_n r) e^{\mathrm{j}\omega_n t} \tag{4.5.1}$$

由式(4.4.12)得固有频率

$$\frac{f_n}{f_1} = \frac{j_{0n}}{j_{01}} \tag{4.5.2}$$

其中最低三个频率见表 4.4.1 的第一列,除基频以外的对称模态的内部节圆都出现在 $\mathrm{J}_0(k_n r)$ 为零处。

$\boldsymbol{y}_n$ 的实部给出了以第 $n$ 阶对称模态振动时膜的位移,对所有 $n$ 求和得膜做圆对称振动的总位移:

$$y(r,t) = \sum_{n=1}^{\infty} A_n \mathrm{J}_0(k_n r)\cos(\omega_n t + \varphi_n) \tag{4.5.3}$$

其中 $A_n = |\boldsymbol{A}_n|$ 为第 $n$ 阶模态在 $r=0$ 处的位移幅值。

如图 4.4.1 所示,当膜的中心部分有向上的位移时,与中心部分相邻的圆环位移向下,因此,以不等于基频的固有频率振动的圆膜所引起的周围空气的净位移很小(由于这个原因,半球形定音鼓头部振动的泛音频率比基频的发声效率低),将各阶模态的发声效率进行排列所依据的一个参数是模态的平均位移振幅。由式(4.5.3)可知,第 $n$ 阶对称模态的平均位移幅值 $\langle \boldsymbol{\psi}_n \rangle_S$ 为

$$\langle \boldsymbol{\psi}_n \rangle_S = \frac{1}{\pi a^2}\int_S A_n \mathrm{J}_0(k_n r)\,\mathrm{d}S = \frac{1}{\pi a^2}\int_0^a A_n \mathrm{J}_0(k_n r) 2\pi r \mathrm{d}r = \left(\frac{2A_n}{k_n a}\right)\mathrm{J}_1(k_n a) \tag{4.5.4}$$

其中利用了附录 A4 中的关系 $z\mathrm{J}_0(z) = \dfrac{\mathrm{d}[z\mathrm{J}_1(z)]}{\mathrm{d}z}$。(注意:对所有非对称模态,因子 $\cos(m\theta+\gamma_m)$ 保证了平均位移为零)。

在许多声源尺度小于辐射声波波长的情况下,辐射声场主要决定于排开空气的量而非运动面的确切形状。空气排开量的一种度量是体积位移幅值,定义为振动面的表面积乘以振动面的平均位移幅值。

圆膜(边界固定)以最低阶模态振动时,$k_1 a = 2.405$,由式(4.5.4)可知,平均位移幅值为

$$\langle \boldsymbol{\psi}_1 \rangle_S = \left(\frac{2A_1}{2.405}\right)\mathrm{J}_1(2.405) = 0.432A_1 \tag{4.5.5}$$

其中 $A_1$ 为中心处的位移幅值。一个与膜面积相同的简单活塞当位移幅值为 $0.432A_1$ 时具有与膜相同的体积位移幅值 $0.432(\pi a^2)A_1$。如果膜以第一阶泛音模式振动,则 $\langle \boldsymbol{\psi}_2 \rangle_S = -0.123A_2$(负号表示平均位移与中心处的位移方向相反)。如果基频与第一阶泛音在膜中心具有相同的位移幅值,则基频排开空气的效率是第一阶泛音的约 3.5 倍。

## * 4.6　有阻尼的自由振动膜

由于膜的内部摩擦等因素产生的阻尼力以及与声辐射有关的外力使得每一阶模态的自由振动幅值指数衰减,因此同第 2 章和第 3 章一样将采用一种现象学方法,在波动方程中引入一个一般损失项,其大小与振动单元速度成正比,方向与之相反,为方便起见,令比例系数为 $2\beta$,式(4.2.4)变成

$$\frac{\partial^2 y}{\partial t^2}+2\beta\frac{\partial y}{\partial t}-c^2\nabla^2 y=0 \tag{4.6.1}$$

为使计算简单,假设系统是往复振荡的,并将 $y$ 拓展为复数:

$$\boldsymbol{y}=\boldsymbol{\psi}\mathrm{e}^{\mathrm{j}\omega t} \tag{4.6.2}$$

因为没有激励力,如果有阻尼则 $\boldsymbol{\omega}$ 必为复数。将式(4.6.2)代入式(4.6.1),各项都除以 $\exp(\mathrm{j}\boldsymbol{\omega}t)$ 得亥姆霍兹方程

$$\nabla^2\boldsymbol{\psi}+\boldsymbol{k}^2\boldsymbol{\psi}=0 \tag{4.6.3}$$

其中复数的分离常数 $\boldsymbol{k}^2$ 为

$$\boldsymbol{k}^2=\left(\frac{\boldsymbol{\omega}}{c}\right)^2-\mathrm{j}2\left(\frac{\beta}{c}\right)\left(\frac{\boldsymbol{\omega}}{c}\right) \tag{4.6.4}$$

这里 $\boldsymbol{k}$ 必为实数,因为边界固定的膜简正模态的自变量必为实数。由式(4.6.4)容易解出 $\boldsymbol{\omega}$

$$\boldsymbol{\omega}=\omega_{\mathrm{d}}+\mathrm{j}\beta$$
$$\omega_{\mathrm{d}}=(\omega^2-\beta^2)^{1/2}$$
$$\omega=kc \tag{4.6.5}$$

其中,$\omega$ 为无阻尼固有角频率,$\omega_{\mathrm{d}}$ 为有阻尼固有角频率,$\beta$ 为时间吸收系数。

如果膜被激起振动然后自然地静止下来,则膜的运动是被激起的各阶简正模态的叠加,每一阶模态有自己的衰减系数 $\beta$ 和有阻尼固有角频率 $\omega_{\mathrm{d}}$:

$$\boldsymbol{y}=\sum_m\sum_n\boldsymbol{\psi}_{mn}\mathrm{e}^{-\beta_{mn}t}\mathrm{e}^{\mathrm{j}(\omega_{\mathrm{d}})_{mn}t} \tag{4.6.6}$$

每一阶简正模态 $\boldsymbol{\psi}_{mn}$ 有一个复振幅 $\boldsymbol{A}_{mn}$,其模 $A_{mn}$ 的相位角 $\varphi_{mn}$ 取决于 $t=0$ 时刻的初始条件。衰减系数通常是频率的函数。随着频率升高,节线图案变得分段更多,与薄膜弯曲相关的损失趋于增大,而与此同时,由于向周围介质辐射声而导致的损失则随振型图复杂度的增加而减小(这正好反映了高阶模态体积位移幅值更小而非对称模态体积位移幅值为零的观测结果)。这两种效应趋向于相互抵消,但一般规律是高阶模态比低阶模态衰减得快。

# *4.7 定 音 鼓

膜表面可能受到由于运动而产生的力,阻尼力和惯性力就是其中的两种,还有另一种力产生于鼓面或电容传声器膜片后部封闭空间内的压力变化,这种压力变化是由于膜的运动导致被封闭气体的体积发生了变化。

例如,定音鼓的鼓面被拉紧固定在体积为 $V$ 的半球腔的开口端,鼓面振动时,腔内空气交替地压缩和膨胀。如果膜横波的相速度比空气中声速小得多,则封闭空气的压缩和膨胀产生的压力在整个体积内几乎是均匀的,只依赖于平均瞬时位移 $\langle y\rangle_S$。封闭空气的体积变化增量为 $\mathrm{d}V=\pi a^2\langle y\rangle_S$,其中 $a$ 为定音鼓鼓面的半径。如果平衡状态下容器内的体积为 $V_0$,平衡压力为 $\mathscr{P}_0$,则对于绝热体积变化过程来说,新的压力 $\mathscr{P}_0$和体积 $V$ 之间有如下关系:

$$\mathscr{P}V^\gamma=\mathscr{P}_0V_0^\gamma \tag{4.7.1}$$

其中 $\gamma$ 是被封闭空气的等压热容与等容热容之比(见附录 A9)。求微分得鼓内压力增量

$$\mathrm{d}\mathscr{P}\approx-\left(\frac{\gamma\mathscr{P}_0}{V_0}\right)\mathrm{d}V=-\gamma\left(\frac{\mathscr{P}_0}{V_0}\right)\pi a^2\langle y\rangle_S \tag{4.7.2}$$

这在膜的增量面积 $r\mathrm{d}r\mathrm{d}\theta$ 上产生一个额外的力 $\mathscr{P}r\mathrm{d}r\mathrm{d}\theta$。根据前一节的讨论，只有对称模态受到这个力的影响。它们对定音鼓的音乐属性而言并不太重要，但在其他一些应用中这种由运动产生的力却可能很有用，因此再多做一些分析。在 4.2 节的讨论中把这个力考虑进去，将 $\boldsymbol{y}$ 写成式(4.6.2)，其中 $\boldsymbol{\psi}$ 为实数，对于每个对称模态 $\boldsymbol{\Psi}$ 得

$$\nabla^2\Psi+k^2\Psi=\left(\frac{\gamma\mathscr{P}_0\pi a^2}{\rho_S c^2 V_0}\right)\langle\Psi\rangle_S \tag{4.7.3}$$

其中为了表达简洁省略了下标 0 和 $n$。右端与位移成正比所以是类似弹性力的一项，因此波数 $k$ 的可取值增大。式(4.7.3)的齐次解仍为贝塞尔函数，但在膜边界处可能不再等于零。边界条件要求存在一个特解，在这种情况下是一个常数，将其加到齐次解上，由满足边界条件得每个对称模态的解

$$\Psi=A[\mathrm{J}_0(kr)-\mathrm{J}_0(ka)] \tag{4.7.4}$$

现在可以计算式(4.7.3)的右端，由

$$\begin{aligned}\pi a^2\langle\Psi\rangle_S&=\int_0^a\Psi 2\pi r\mathrm{d}r\\&=2\pi A\left[\frac{r}{k}\mathrm{J}_1(kr)-\frac{r^2}{2}\mathrm{J}_0(ka)\right]_0^a\\&=\pi a^2A\left[\frac{2\mathrm{J}_1(ka)}{ka}-\mathrm{J}_0(ka)\right]\\&=\pi a^2A\mathrm{J}_2(ka)\end{aligned} \tag{4.7.5}$$

得式(4.7.4)是式(4.7.3)的解，要求

$$\mathrm{J}_0(ka)=-\frac{B\mathrm{J}_2(ka)}{(ka)^2}$$

$$B=\frac{\pi a^4\gamma\mathscr{P}_0}{T}V_0 \tag{4.7.6}$$

由式(4.7.6)解出 $ka$ 即可确定固有频率。无量纲参数 $B$ 为容器内空气回复力与膜应力两者之间相对重要程度的一种度量。

由于只有 $\Psi_{0n}$ 模态的频率受到容器内压力波动的影响，通过鼓面的面积 $\pi a^2$ 和容器体积 $V_0$ 的取值可以调整定音鼓的固有频率分布。$B$ 的变化则影响各阶 $f_{0n}$ 频率的相对值。改变 $a$ 和 $V_0$ 的值但保持 $\dfrac{a^4}{V_0}$ 为常数可以改变非对称泛音 $f_{mn}(m\neq0)$ 与对称泛音之间的相对值。

若考虑阻尼，则与式(4.6.5)一样每一阶驻波的角频率由无阻尼振动的 $\omega_{mn}$ 移到阻尼振动的 $(\omega_\mathrm{d})_{mn}$，而且每一阶驻波以自己的衰减常数 $\beta_{mn}$ 衰减。每阶驻波为式(4.6.6)的形式，对称模态 $\Psi_{0n}$ 为式(4.7.4)。

这个推导过程没有考虑介质对膜的任何惯性效应，实际上当膜振动时，它既辐射声能，也会在局部加速周围介质，就好像它不断向相邻介质的质量中存储能量又从其中回收能量一样。这种惯性对于被激起振动的模态固有频率有着非常重要的影响。实际上，定音鼓最重要的简正模态是最低的 4 阶或 5 阶$(m,1)$族的不对称模态(由 $m=1$ 开始)。介质惯性为膜提供一个附加的等效质量，因而使简正模态频率降低。这种影响对于较低阶模态更大，

随着简正模态分布图案的分段变得更多,这种影响逐渐减弱。简正频率被降低,其中最低的几阶模态受影响最大。结果导致频率相对值接近于2:3:4:5,这就解释了定音鼓独特的音色和清晰的音高。将从第7章开始进一步考虑对惯性的定量处理。

## *4.8 膜的受迫振动

在运动方程中引入激励项也同样很简单,式(4.6.1)中每一项的单位都是加速度的单位,因此激励项也应具有相同的单位,一种适当的组合是压强除以面密度。于是得到与式(4.6.1)对应、包括外部激励因素的一般形式:

$$\frac{\partial^2 y}{\partial t^2}+2\beta\frac{\partial y}{\partial t}-c^2\nabla^2 y=\frac{P}{\rho_S}f(t) \tag{4.8.1}$$

其中$f(t)$为时间的无量纲函数。压力$P$可以是常数或任意的适当空间函数,包括δ函数。时间函数可以是振荡函数、δ函数或描述激励力时间特性所必须的任何函数。例如,若$P$和$f(t)$均为δ函数则可以近似描述膜某一点受到的鼓棒一击。

这里,我们重点考虑外加的振荡激励,令$\boldsymbol{f}(t)=\exp(\mathrm{j}\omega t)$并假设$\boldsymbol{y}$的稳态解具有形式:

$$\boldsymbol{y}=\boldsymbol{\psi}\mathrm{e}^{\mathrm{j}\omega t} \tag{4.8.2}$$

其中角频率$\omega$为实数(受迫振动具有稳态解,$\omega$不能有虚部)。代入式(4.8.1)消去指数因子得

$$(-\omega^2+\mathrm{j}2\beta\omega-c^2\nabla^2)\boldsymbol{\psi}=\frac{P}{\rho_S} \tag{4.8.3}$$

式(4.8.3)的解为齐次方程的解与该方程一个特解之和。齐次方程可以写成

$$\nabla^2\boldsymbol{\psi}+\boldsymbol{k}^2\boldsymbol{\psi}=0$$

$$\boldsymbol{k}=k-\mathrm{j}\alpha$$

$$k=\frac{\omega}{c}\left[1+\left(\frac{\beta}{\omega}\right)^2\right]^{\frac{1}{2}}$$

$$\frac{\alpha}{k}=\frac{\dfrac{\beta}{\omega}}{1+\left(\dfrac{\beta}{\omega}\right)^2}\approx\frac{\beta}{\omega} \tag{4.8.4}$$

第一个方程是熟悉的亥姆霍兹方程,但其中$\boldsymbol{k}$为复数而非实数$k$。这意味着满足无损亥姆霍兹方程的任何函数仍然是解,但其中的$k$要替换为$\boldsymbol{k}$。对于我们研究过的情况(矩形和圆形膜),函数现在具有复的自变量,如果没有特解的帮助就不能再满足固定边界条件。

对于边界$r=a$固定的圆膜表面分布均匀压力$P$的情况,问题的圆周方向对称性限制了齐次解$\boldsymbol{\psi}_h$为零阶贝塞尔函数$\mathrm{J}_0(\boldsymbol{k}r)$。式(4.8.3)的适当特解$\boldsymbol{\psi}_p$为常数

$$\boldsymbol{\psi}_p=-\frac{\dfrac{P}{\rho_S}}{(\boldsymbol{k}c)^2} \tag{4.8.5}$$

将其加到齐次解$\boldsymbol{\psi}_h$上,并要求在边界上这个和为零,从而得到所需要的解

$$\boldsymbol{\psi}=\frac{P}{T\boldsymbol{k}^2}\left[\frac{\mathrm{J}_0(\boldsymbol{k}\boldsymbol{r})}{\mathrm{J}_0(\boldsymbol{k}a)}-1\right] \tag{4.8.6}$$

其中用膜张力 $\mathscr{T}$ 代替了 $\rho_S c^2$,$\boldsymbol{k}=k-\mathrm{j}\alpha$ 的值由式(4.8.4)确定。式(4.8.6)表明位移幅值正比于激励力幅值,反比于膜张力 $T$。任意位置处振幅对频率的依赖关系由方括号中较复杂的表达式给出。当激励频率与任意一阶固有频率(由 $\mathrm{J}_0(ka)=0$ 确定)相等时,$\mathrm{J}_0(\boldsymbol{k}a)$ 的模很小,$|\boldsymbol{\psi}|$ 值可以很大,取决于阻尼。

## *4.9　电容式传声器膜片

膜受迫振动的一个重要实例是电容传声器的圆形膜。入射声波作用在一金属片上方张得很紧的金属薄膜上时,产生一个几乎均匀的激励力。随着金属膜发生位移,金属膜与相邻的金属片之间的电容量发生变化,这种变化产生一个电压输出,小幅运动时,该电压输出近似为膜平均位移幅值的线性函数

$$\langle\boldsymbol{\psi}\rangle_S=\frac{1}{\pi a^2}\frac{P}{\mathscr{T}}\frac{1}{\boldsymbol{k}^2}\int_0^a\left(\frac{\mathrm{J}_0(\boldsymbol{k}r)}{\mathrm{J}_0(\boldsymbol{k}a)}-1\right)2\pi r\mathrm{d}r=\frac{Pa^2}{\mathscr{T}}\frac{1}{(\boldsymbol{k}a)^2}\frac{\mathrm{J}_2(\boldsymbol{k}a)}{\mathrm{J}_0(\boldsymbol{k}a)} \tag{4.9.1}$$

如果频率在最低共振频率区域以下,则 $\boldsymbol{k}$ 可以用波数 $k$ 代替并利用贝塞尔函数的小宗量近似得

$$\langle\boldsymbol{\psi}\rangle_S\approx\frac{1}{8}\left(\frac{Pa^2}{\mathscr{T}}\right)\left[1+\frac{(ka)^2}{6}\right] \tag{4.9.2}$$

于是,当 $ka<1$ 或频率

$$f<\frac{c}{2\pi a}=\frac{\left(\dfrac{\mathscr{T}}{\rho_S}\right)^{\frac{1}{2}}}{2\pi a} \tag{4.9.3}$$

时,$\langle\boldsymbol{\psi}\rangle_S$ 几乎是常数。

在这个频率以下,$\langle\boldsymbol{\psi}\rangle_S$ 类似于刚度控制谐振子的位移振幅。要提高这个频率上限可以通过增大膜应力或者减小膜的半径和面密度来实现。但是 $\mathscr{T}$ 增大或 $a$ 减小都使得 $\langle\boldsymbol{\psi}\rangle_S$ 变小从而减小传声器的输出电压。

阻尼足够大时,第一阶共振 $k_1a=2.405$ 处的响应大大减弱,响应相当均匀的范围可以向上扩展到甚至稍微超过第一阶共振频率。在共振点邻域内,式(4.9.1)分母中的 $\mathrm{J}_0(ka)$ 可以在 $k_1a$ 附近展开为泰勒级数

$$\mathrm{J}_0(\boldsymbol{k}a)=-\mathrm{J}_1(k_1a)(\boldsymbol{k}a-k_1a)+\cdots \tag{4.9.4}$$

如式(4.8.4)一样将 $\boldsymbol{k}$ 写成 $\boldsymbol{k}=k\left(1-\dfrac{\mathrm{j}\beta}{\omega}\right)$,由式(1.10.7)得 $\omega_1$ 处共振对应的品质因数 $Q=\dfrac{\omega_1}{2\beta}$,对于接近于 $\omega_1$ 的 $\omega$ 值,式(4.9.1)可写成

$$|\langle\Psi\rangle_S|=\frac{2Pa^2}{\mathscr{T}}\frac{1}{(ka)^3}\frac{\mathrm{J}_2(j_{01})}{\mathrm{J}_1(j_{01})}\frac{1}{\left[\left(\dfrac{\omega}{\omega_1}-\dfrac{\omega_1}{\omega}\right)^2+\dfrac{1}{Q^2}\right]^{\frac{1}{2}}} \tag{4.9.5}$$

由此可见,在其共振频率附近具有与阻尼谐振子相同的特性。由品质因数决定共振峰和带宽的关系也同阻尼谐振子。

图 4. 9. 1 给出有阻尼和无阻尼时膜受激振动的归一化平均位移幅值响应曲线。由式(4. 9. 1)可知,使 $J_2(ka)=0$ 的频率响应最小。由(4. 8. 6)式可知,对于 $ka>3.83$ 的频率,膜边缘以内有一个节圆。随频率升高,节圆半径减小。这个节圆以内的位移同节圆与膜边界之间的位移反相。随着节圆继续缩小,反相振动区域之间的抵消作用增大,当 $ka\approx5.136$ 时响应已经接近于零。

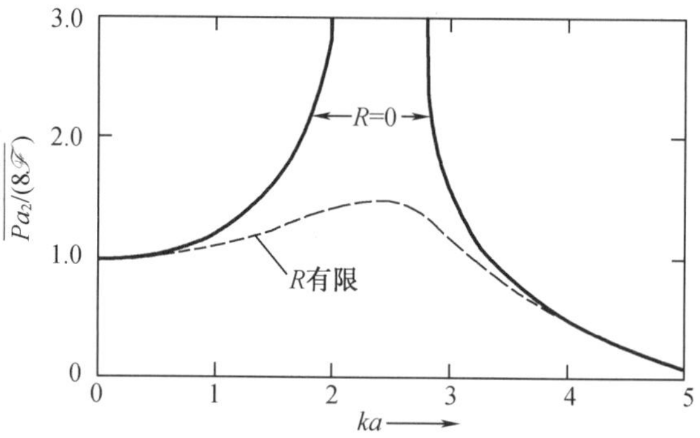


**图 4. 9. 1　一给定圆膜有阻尼和无阻尼时受迫振动的平均位移$\langle\psi\rangle_S$**

# *4. 10　膜的简正模态

对于描述一定边界下弦振动问题,2. 13 节推导了弦一维简正模态的正交性,这里把这种讨论扩展到二维面简正模态的处理。对于之前研究过的每一种膜的自由振动都得到了满足亥姆霍兹方程和边界条件的一组简正模态 $\boldsymbol{\Psi}$,其中每一个模态 $\boldsymbol{\Psi}_{mn}$ 都有决定于边界条件的一个相应的分离常数 $k_{mn}^2$。将关于两个简正模态 $\boldsymbol{\Psi}_{mn}$ 和 $\boldsymbol{\Psi}_{m'n'}$ 的亥姆霍兹方程分别与其中另一个模态相乘,再将得到的两个方程相减,得

$$\boldsymbol{\Psi}_{m'n'}\nabla^2\boldsymbol{\Psi}_{mn}-\boldsymbol{\Psi}_{mn}\nabla^2\boldsymbol{\Psi}_{m'n'}+(k_{mn}^2-k_{m'n'}^2)\boldsymbol{\Psi}_{mn}\boldsymbol{\Psi}_{m'n'}=0 \tag{4. 10. 1}$$

在膜表面 $S$ 积分得

$$(k_{mn}^2-k_{m'n'}^2)\int_S\boldsymbol{\Psi}_{mn}\boldsymbol{\Psi}_{m'n'}\mathrm{d}S=\int_S\nabla\cdot(\boldsymbol{\Psi}_{mn}\nabla\boldsymbol{\Psi}_{m'n'}-\boldsymbol{\Psi}_{m'n'}\nabla\boldsymbol{\Psi}_{mn})\mathrm{d}S \tag{4. 10. 2}$$

其中利用了附录 A8 中的恒等式。利用高斯定理的二维形式得

$$(k_{mn}^2-k_{m'n'}^2)\int_S\boldsymbol{\Psi}_{mn}\boldsymbol{\Psi}_{m'n'}\mathrm{d}S=\int_{rim}[\boldsymbol{\Psi}_{mn}(\hat{\boldsymbol{n}}\cdot\nabla\boldsymbol{\Psi}_{m'n'})-\boldsymbol{\Psi}_{m'n'}(\hat{\boldsymbol{n}}\cdot\nabla\boldsymbol{\Psi}_{mn})]\mathrm{d}l \tag{4. 10. 3}$$

其中,线积分是沿着膜表面 $S$ 的边界,$\hat{\boldsymbol{n}}$ 是膜平面中在膜边缘上每一点处指向外部的单位法向量。这个方程是式(2. 13. 7)右端向二维的推广,这里有两种我们感兴趣的情况:(1)对于自由边界,$\boldsymbol{\Psi}$ 在边界上的梯度垂直于法向;(2)对于固定边界,$\boldsymbol{\Psi}$ 在边界上为零。这两种情况下式(4. 10. 3)右端均为零,简正模态构成正交组。

当两个或多个模态有相同的固有频率时情况变得复杂,这时分离常数是相同的,无论简正模态之间正交与否,式(4. 10. 3)左端恒等于零。这意味着,如果以该频率对膜进行激

励，然后令其做自由振动，则产生的驻波形状跟激励的细节有关。根据简并的简正模态之间相对相位和振幅的不同，可能导致形状完全不同的驻波。尽管这些情况可能需要特别注意，但很少带来问题。数学上，当两个模态之间不正交时，它们的两种组合之间却有可能是正交的，可以考虑选择这样的组合。

由某种初始位移和速度分布来求解膜被激励以后的振动状态可以完全按照求解弦的相同问题的过程进行。$t=0$ 时刻的初始条件可以写成简正模态的叠加，幅值和相位待定。然后用每一个简正模态分别与上述方程相乘，并在膜面积上积分，利用正交性，对剩下的不等于零的积分求值就可以得到幅值和相位。

(a)固定边界矩形膜

由于边界固定，矩形膜的简正模态

$$\Psi_{nm}(x,z)=A_{nm}\sin k_{xn}x\sin k_{zm}z \tag{4.10.4}$$

组成正交组。对于每一个简正模态，亥姆霍兹方程式(4.3.3)中的分离常数为

$$k_{nm}^2=k_{xn}^2+k_{zm}^2 \tag{4.10.5}$$

于是

$$\int_0^{L_z}\int_0^{L_x}\Psi_{nm}\Psi_{n'm'}\mathrm{d}x\mathrm{d}z=\frac{4A_{nm}^2}{L_xL_z}\delta_{n'n}\delta_{m'm} \tag{4.10.6}$$

如果 $t=0$ 时刻膜在 $\boldsymbol{r}_0$ 处受到一个冲击力，则初始时刻膜的横向速度可以近似表示为 $v(\boldsymbol{r},0)=\mathscr{V}\delta(\boldsymbol{r}-\boldsymbol{r}_0)$，其中二维 δ 函数为

$$\int_{S_0}\delta(\boldsymbol{r}-\boldsymbol{r}_0)\mathrm{d}S=\begin{cases}1, & \boldsymbol{r}_0\in S_0\\ 0, & \boldsymbol{r}_0\notin S_0\end{cases} \tag{4.10.7}$$

其中 $\delta(\boldsymbol{r}-\boldsymbol{r}_0)$ 的单位为 $\mathrm{m}^{-2}$，$\mathscr{V}$ 的单位为 $(\mathrm{m/s})\mathrm{m}^2$。如果激励点在 $(x_0,z_0)$，则可以证明(习题 4.10.2)$\delta(\boldsymbol{r}-\boldsymbol{r}_0)$ 可以用一维 δ 函数的乘积表示

$$\delta(\boldsymbol{r}-\boldsymbol{r}_0)=\delta(x-x_0)\delta(z-z_0) \tag{4.10.8}$$

第 $(n,m)$ 阶模态对应的真实驻波可以写成

$$y_{nm}(x,z,t)=A_{nm}\sin k_{xn}x\sin k_{zm}z\sin(\omega_{nm}t+\varphi_{nm}) \tag{4.10.9}$$

$t$ 时刻膜是静止的，$y(x,z,0)=0$，令所有模态的 $\varphi_{mn}=0$ 就可以满足这个条件。既然这些 $\varphi$ 值已经确定，$t=0$ 时刻的质点速度为

$$\sum_{n,m}\omega_{nm}A_{nm}\sin k_{xn}x\sin k_{zm}z=\mathscr{V}\delta(x-x_0)\delta(z-z_0) \tag{4.10.10}$$

因简正模态是正交的，利用式(4.10.6)可得到每个 $A_{nm}$ 值，于是得

$$y(x,z,t)=\frac{4\mathscr{V}}{L_xL_z}\sum_{n,m}\frac{1}{\omega_{nm}}\sin k_{xn}x_0\sin k_{zm}z_0\sin k_{xn}x\sin k_{zm}z\sin\omega_{nm}t \tag{4.10.11}$$

这个表达式中由于利用了 δ 函数而引起收敛上的一些问题。在实际中，时间 $t$ 应取 $t\geqslant t_0$ 的有限值，求和则应取符合现实情况的阶数 $n<N$ 和 $m<M$ 进行截断，其中 $t_0$、$N$、$M$ 要根据激励实际持续的时间以及鼓棒的真实有限面积来选取，也可以如之前所讨论的那样，通过引入指数衰减因子 $\exp(-\beta_{nm}t)$ 并按照式(4.6.5)移动每一阶模态的固有频率来引入适当的衰减。

(b)边界固定圆膜

从概念上，圆膜与矩形膜的分析完全相同，二维 δ 函数须用 $r$ 坐标和 $\theta$ 坐标的一维 δ 函数表示为

$$\delta(\boldsymbol{r}-\boldsymbol{r}_0)=\frac{1}{r}\delta(r-r_0)\delta(\theta-\theta_0) \tag{4.10.12}$$

（见习题4.10.6）。可以调整轴的方向使 $\theta=0$ 对应于激励点的方位角方向（现在需令 $\theta_0=0$），并可以判断这个方位必为简正模态的最大值，这要求式（4.4.13）中 $\gamma_{mn}=0$。对于 $t=0$ 时刻作用于静止膜上的激励必有 $\varphi_{mn}=-\frac{\pi}{2}$。可以提取各阶驻波为

$$y_{mn}(r,\theta,t)=A_{mn}\mathrm{J}_n(k_{mn}r)\cos m\theta\sin\omega_{mn}t \tag{4.10.13}$$

求解过程与之前相同，利用

$$\int_0^a\int_0^{2\pi}[\mathrm{J}_m(k_{mn}r)\cos m\theta]^2r\mathrm{d}r\mathrm{d}\theta=\begin{cases}\pi a^2[\mathrm{J}'_m(k_{mn}a)]^2 & m=0\\ \frac{\pi a^2}{2}[\mathrm{J}'_m(k_{mn}a)]^2 & m>0\end{cases} \tag{4.10.14}$$

其中 $k_{mn}a=j_{mn}$。$t=0$ 时刻 $(r_0,0)$ 处的激励产生的驻波为

$$y(r,\theta,t)=\frac{\mathscr{V}}{\pi a^2}\sum_{m,n}\frac{\varepsilon_m}{\omega_{mn}}\frac{\mathrm{J}_m(k_{mn}r_0)}{\mathrm{J}'_m[(k_{mn}a)]^2}\mathrm{J}_m(k_{mn}r)\cos m\theta\sin\omega_{mn}t \tag{4.10.15}$$

其中 $\varepsilon_m=\begin{cases}1 & m=0\\2 & \text{else}\end{cases}$。同先前一样，时间应限制在 $t\geqslant t_0$，求和对适当的阶数 $N$、$M$ 截断。注意如果正好在膜的中心激励，则只有 $m=0$ 的那些模态有贡献。

## *4.11 薄板振动

膜与薄板振动之间有一个本质的区别，膜中回复力完全由施加在膜上的拉力产生，而在薄板中，回复力由薄板的刚度产生，弦与杆的横向回复力也有同样的区别。这里对板的分析仅限于均匀圆形膜板的对称振动，运动方程的严格推导超出了我们的兴趣范围，方程为

$$\frac{\partial^2y}{\partial t^2}=-\frac{\kappa^2Y}{\rho(1-\sigma^2)}\nabla^2(\nabla^2y) \tag{4.11.1}$$

其中 $\rho$ 为材料的体积密度，$\sigma$ 为泊松比，$Y$ 为杨氏模量，$\kappa$ 为回转半径，$\kappa=\frac{d}{\sqrt{12}}$，其中 $d$ 为板厚。

由于作用在板上的回复力取决于它对弯曲的弹性响应，式（4.11.1）右端项的系数应类似于杆弯曲式（3.9.4）右端项的系数 $\frac{\kappa^2Y}{\rho}$。但是像杆一样，薄板沿纵向弯曲时横向也有卷曲，而板的横向范围是延展的，限制这种卷曲。因此板在弯曲应力下的应变会有略微减小而使板的等效刚度略有增大，分析得到的这个系数是 $\frac{1}{1-\sigma^2}$。各种材料的泊松比在附录A10列出。大多数材料 $\sigma$ 为0.3。

假设周期振动

$$\boldsymbol{y}=\boldsymbol{\psi}\mathrm{e}^{\mathrm{j}\omega t} \tag{4.11.2}$$

圆对称情况下 $\boldsymbol{\psi}$ 只是 $r$ 的函数。代入式（4.11.1）得

$$\nabla^2(\nabla^2\boldsymbol{\psi})-g^4\boldsymbol{\psi}=0$$

$$g^4=\frac{\omega^2\rho(1-\sigma^2)}{\kappa^2 Y} \tag{4.11.3}$$

将

$$\nabla^2\boldsymbol{\psi}\pm g^2\boldsymbol{\psi}=0 \tag{4.11.4}$$

直接代入式(4.11.3)就能证明它使方程得到满足。

在极坐标下且具有圆对称性时，式(4.11.4)中取+号的解为 $\mathrm{J}_0(gr)$ 和 $\mathrm{Y}_0(gr)$，取−号的解为虚宗量的贝塞尔函数 $\mathrm{J}_0(\mathrm{j}gr)\equiv\mathrm{I}_0(gr)$ 和 $\mathrm{Y}_0(\mathrm{j}gr)$。同以前一样，包括 $\mathrm{Y}_0$ 的解在 $r=0$ 具有奇异性，可以舍去，于是有

$$\boldsymbol{\psi}=\boldsymbol{A}\mathrm{J}_0(gr)+\boldsymbol{B}\mathrm{I}_0(gr) \tag{4.11.5}$$

附录 A4 和附录 A5 给出了第一类修正的贝塞尔函数 $\mathrm{I}_m$ 的一些性质和函数值列表。

要求解 $\boldsymbol{A}$ 和 $\boldsymbol{B}$ 必须知道板是被怎样支撑的，最常见的支撑就是薄板在边界 $r=a$ 处被钳定，这等价于在 $r=a$ 处

$$\boldsymbol{\psi}=0\ \text{及}\ \frac{\partial\boldsymbol{\psi}}{\partial\boldsymbol{r}}=0 \tag{4.11.6}$$

由这两个条件得

$$\boldsymbol{A}\mathrm{J}_0(ga)=-\boldsymbol{B}\mathrm{I}_0(ga)$$

$$\boldsymbol{A}\mathrm{J}_1(ga)=\boldsymbol{B}\mathrm{I}_1(ga) \tag{4.11.7}$$

两式相除得到确定 $g$ 可取值的超越方程

$$\frac{\mathrm{J}_0(ga)}{\mathrm{J}_1(ga)}=-\frac{\mathrm{I}_0(ga)}{\mathrm{I}_1(ga)} \tag{4.11.8}$$

其中，$\mathrm{I}_0$ 和 $\mathrm{I}_1$ 对所有 $ga$ 值为正，所以 $ga$ 的解一定使得 $\mathrm{J}_0$ 和 $\mathrm{J}_1$ 为反号。查贝塞尔函数表得满足方程的值 $g_n a=3.20, 6.30, 9.44, 12.57, \cdots\approx n\pi$，其中 $n=1,2,3,\cdots,n$，值越大越接近于 $n\pi$。

由式(4.11.3)解得最低阶固有频率 $f_1$ 为

$$f_1=\frac{g_1^2}{2\pi a^2}\frac{d}{\sqrt{12}}\left(\frac{Y}{\rho(1-\sigma^2)}\right)^{\frac{1}{2}}=0.47\frac{d}{a^2}\left(\frac{Y}{\rho(1-\sigma^2)}\right)^{\frac{1}{2}} \tag{4.11.9}$$

其他对称模态的频率不等于基频的整数倍：$\dfrac{f_2}{f_1}=\left(\dfrac{g_2}{g_1}\right)^2=3.88$，$\dfrac{f_3}{f_1}=8.70$，等等。圆形板的固有频率间隔比圆形膜大得多。

薄圆板以基频模态振动的位移为

$$y_1=A_1\left[\mathrm{J}_0\left(\frac{3.2r}{a}\right)+0.0555\mathrm{I}_0\left(\frac{3.2r}{a}\right)\right]\cos(\omega_1 t+\varphi_1) \tag{4.11.10}$$

其中的系数之比是由式(4.11.7)得到的，注意到中心点的幅值 $|y_1(0)|$ 不是 $A_1$ 而是 $1.0555A_1$。将以各自基频振动的薄圆板和圆膜进行对比发现，板比膜在边界处的相对位移小得多。据此可以预测板的平均位移幅值与中心处位移幅值的比也比膜的相应值小，平均位移幅值为 $\langle\Psi_1\rangle_S=0.326A_1$ 或

$$\langle\Psi_1\rangle_S=0.309|y_1(0)| \tag{4.11.11}$$

中心点位移幅值相同时，板平均位移比边界固定圆膜的平均位移式(4.5.5)小，二者的比值为 0.432/0.309=1.40。

有负载和受激励板的分析与膜的分析相似,均匀分布力激励下的响应曲线与图 4.9.1 相似,除非阻尼很大,否则在基频处有很大的振幅。电容传声器也可以用薄圆板而不用膜制造以提高强度,但这样会使灵敏度降低,因此仅被用于要求传声器具有高强度的场合。

薄板的最重要应用是麦克风和接收器的振膜,虽然这些设备在宽频带内的响应并不均匀,但也能提供足够的清晰度,并且简单而坚固。另一个应用是声呐换能器,用于在水中产生 1 kHz 以下的声。薄圆钢板受附近电磁体内的交变电磁场激励而运动进而产生声。

## 习 题

除非特别说明,认为所有膜边界被固定。

4.3.1 宽度为 $a$ 的正方形膜以基频振动,膜中心的位移幅值为 $A$。(a)推导给出平均位移振幅的表达式。(b)对于膜上位移振幅为 $0.5A$ 的所有点,推导给出其位置的统一表达式。(c)根据(b)的公式计算并描绘出几个点的位置,它们是否形成一个圆?

4.3.2 矩形膜宽为 $a$,长为 $b$。若 $b=2a$,计算前四阶泛音频率分别与基频之比。

4.3.3 正方形膜边长为 $a$,具有均匀面密度 $\rho_S$,及均匀张力 $\mathscr{T}$,三条边固定,一条边自由。(a)计算基频。(b)写出固有频率的一般式及简正模态的一般式。(c)画出最低固有频率所对应的三个简正模态的节线图。

4.3.4 正方形膜边长为 $a$,相速度为 $c$,一对边($x=0,x=L$)固定,另一对边($z=0,z=L$)自由。(a)写出对所有简正模态适用的位移方程。(b)最低 5 阶模态频率为何值?(c)绘出这 5 阶模态的节线图。

4.4.1 证明以基频模式振动的圆膜总能量为 $0.135(\pi a^2)\rho_S(\omega_1 A_1)^2$。

4.4.2 想象具有自由边界的圆膜(尽管膜的自由边界在物理上难以实现)。(a)写出简正模式的一般表达式。(b)绘出最低几个固有频率对应的三个简正模态的节线图。(c)用张力和面密度表示这三阶简正模态的频率。

4.4.3 对于铝可以施加的最大张应力为 $2\times10^8$ Pa,对于钢为 $10^9$ Pa。求下面几种情况的最高基频:(a)半径为 0.01 m 的张紧铝膜;(b)相同半径的钢膜。(对于薄膜,这些频率与厚度无关。)

4.4.4 半径为 0.25 m 的圆膜面密度为 1.0 kg/m$^2$,以 25 000 N/m 的张力被张紧。(a)计算自由振动的最低 4 个频率。(b)对每一个频率确定节圆的位置。

4.5.1 半径为 1 cm、面密度为 0.2 kg/m$^2$ 的圆膜以 4 000 N/m 的张力被张紧。以基频振动时,中心处的振幅为 0.01 cm。(a)它的基频是多少?(b)膜排开气体的最大体积是多少?

4.5.2 第二阶对称模式节圆半径与膜半径之比为何值?

4.5.3 半径为 0.02 m、厚为 0.000 1 m 的圆膜以 20 000 N/m 的张力被张紧。(a)圆对称振动第二阶泛音模式的频率是多少?(b)当膜以上述频率振动时,两个节圆的半径是多少?(c)当膜以上述频率振动时,观测到膜中心的位移幅值为 0.000 1 m,则平均位移幅值是多少?

4.5.4C 对于图 4.4.1 所示圆膜的简正模态,绘制位移随半径和角度的变化。

4.5.5C 对于宗量 $0<x<10$ 绘制 $J_0$ 和 $J_1$ 曲线并分别与小宗量近似和大宗量近似进行

对比,讨论两种近似分别适用的 $x$ 值范围。

4.6.1　圆膜表面作用着均匀分布的阻力,单位面积的阻力为 $-R(\partial y/\partial t)$。以量纲相匹配的形式将这一项引入式(4.2.7),并求解所得方程,证明自由振动含一反映阻尼衰减的指数因子 $\exp(-Rt/2\rho s)$。

4.7.1　定音鼓的圆膜半径为 0.25 m,面密度为 1.0 $kg/m^2$,被张紧的张力为 10 000 N/m。(a)如果没有鼓,单独这个膜的基频是多少?(b)如果鼓是一个半径为 0.25 m 的半球,基频又是多少?假定鼓内充满压力为 $10^5$ Pa、比热容为 1.4 kJ/(kg·k)的空气。

4.7.2　对于定音鼓,计算式(4.7.6)中的 $B$ 对于最低三个对称简正模态对应的固有共振频率的影响。计算 $B=0,1,2,5,10$ 时 $ka$ 值,哪一个频率的改变量最大?

4.7.3　(a)确定圆膜自由振动$(m,1)$族模态中最低 5 个模态(从 $m=1$ 开始)的 $ka$ 值。(因为这些模式没有体积位移幅值,它们能表示定音鼓的模态。)(b)假设 $f_{51}$ 不改变,要使较低的各频率之比为 2∶3∶4∶5∶6,计算每个频率的降低分数。(c)频率改变是均匀的么?

4.8.1　计算边界自由(但仍有张力)并受到均匀压力 $P\exp(j\omega t)$ 的圆膜的谐振频率。

4.8.2　(a)圆膜受到的激励力频率等于基频的一半,计算并绘出膜的形状。(b)类似地,计算并绘制激励力频率等于基频的二倍时膜的形状。

4.8.3　半径为 0.02 m 的无阻尼圆膜面密度为 1.5 $kg/m^2$,张力为 950 N/m,受到 6 000 $\cos\omega t$ Pa 的压力。(a)计算并绘制 0~1 kHz 范围内膜中心位移振幅随频率的变化曲线。(b)激励频率为 400 Hz,计算并绘制膜的形状。(c)对于 1 kHz 重复(b)。

4.8.4C　膜的受激振动,(a)从 $ka=1$ 到 $ka=8$,步长 1.0,绘制膜的形状。(b)在相同的 $ka$ 值范围内绘出膜中心的位移幅值。

4.9.1　计算式(4.8.6)的积分得到式(4.9.1)。提示:做变量代换 $z=\boldsymbol{k}r$。利用附录中 $[zJ_1(z)]$ 的导数公式确定 $[zJ_0(z)]$ 的积分,将 $J_1$ 写成 $J_2$ 与 $J_0$ 的适当组合。

4.9.2　电容式麦克风的振膜是一直径为 0.03 m、厚 0.000 02 m 的铝箔,它可以承受的最大拉应力为 $2\times10^8$ Pa。(a)最大张力是多少?(b)当以这个张力值将膜张紧时基频是多少?(c)当膜受到频率为 500 Hz、声压幅值为 2.0 Pa 的声波作用时,膜中心的位移幅值是多少?(d)在上述条件下的平均位移幅值是多少?

4.9.3　若习题 4.9.2 中的电容传声器膜片后面滞留体积为 $3\times10^{-7}$ $m^3$ 的空气,它的基频将升高多少百分比?假设 $\mathscr{P}_0=10^5$ Pa,$\gamma=1.4$。

4.9.4　(a)借助于附录给出式(4.9.4)的泰勒展开。(b)证明当角频率接近最低谐振点时,式(4.9.1)可以用式(4.9.5)近似。提示:证明当 $\Delta\omega/\omega_1\ll1$ 时有 $[(\omega/\omega_1)-(\omega_1/\omega)]\approx2\Delta\omega/\omega_1$,并利用此关系化简角频率项。(c)将平方根与习题 1.10.1 中的平方根进行对比以证明在谐振点附近,振膜的位移特性就像一个与具有相同谐振频率和阻尼的单振子一样。

4.9.5C　(a)在 $0.01<ka<10$ 范围内分别根据精确解和低频近似解绘制受激振动膜的平均位移随 $\log(ka)$ 的变化曲线。(b)求低频近似相对于精确解误差在 10%以内所对应的频率与 $J_0(ka)=0$ 所对应的频率之比。

4.10.1　通过直接将式(4.10.4)在膜表面上积分证明矩形膜的简正模态构成正交集。求使其成为正交集的 $A_{nm}$。

4.10.2　直接应用式(4.10.7)证明 $\delta(\boldsymbol{r}-\boldsymbol{r}_0)=\delta(x-x_0)\delta(z-z_0)$ 是一个适当的表达式,其中 $\boldsymbol{r}_0$ 由(0,0)指向$(x_0,z_0)$。

4.10.3　矩形膜的尺寸使得(3,1)和(1,2)成为简并模态。(a)矩形边长之比 $L_z/L_x$ 为何值？(b)若在$(L_x/2, L_z/2)$点以简并频率激励膜振动，则这一对简并模式中的哪一个会被激励？(c)对于$(L_x/2, L_z/3)$、$(L_x/3, L_z/2)$和$(L_x/3, L_z/3)$点，重复问题(b)。(d)在$f_{31}$的倍数中另外找3对简并频率。

4.10.4　对于$\boldsymbol{y}_{nm}(x,z,t)=\sin(n\pi x/L_x)\sin(m\pi z/L_z)\exp(\mathrm{j}\omega_{nm}t)$，证明式(4.10.6)。

4.10.5　可以这样证明式(4.10.11)：将位移写成驻波之和，初始条件为膜静止在平衡位置，突然施加一个脉冲激励后，膜的横向速度可以描述为，在$t=0$时刻$\partial y/\partial t=\mathscr{P}\delta(x-x_0)\cdot\delta(z-z_0)$，其中$0<x_0<L_x$，$0<z_0<L_z$。

4.10.6　直接应用式(4.10.7)证明，在极坐标下，两维δ函数可以表示成一维δ函数的乘积$\delta(\boldsymbol{r}-\boldsymbol{r}_0)=(1/r)\delta(r-r_0)\delta(\theta-\theta_0)$，其中矢量$\boldsymbol{r}_0$的模为$r_0$，极角为$\theta_0$。提示：将$\delta(\boldsymbol{r}-\boldsymbol{r}_0)$写成$f(r)g(\theta)$，在微元面$\mathrm{d}S=r\mathrm{d}r\mathrm{d}\theta$上积分，将积分写成两个积分的乘积，一个是对$r$的积分，另一个是对$\theta$的积分，然后观察被积函数的形式。

4.10.7　边界固定的圆膜在距离中心$r_0$的一点被激励，将式(4.10.13)到式(4.10.15)之间的数学步骤补充完整。

4.10.8　推导边界固定、中心点受激励的圆膜模态表达式。

4.10.9C　矩形膜在$(0,L_x)$、$(0,L_z)$范围，编制程序绘制$(x_0,z_0)$点作用一冲击力后不同时刻的膜位移。

4.10.10C　半径为$a$的圆形膜，编制程序绘制$(r_0,0)$点作用一冲击力后不同时刻的膜位移，其中$r_0<a$。

4.11.1　电话接收器的膜片是直径4 cm、厚0.02 cm的钢片。(a)若边界是刚性钳定的，振动的基频是多少？(b)若膜片厚度加倍，对基频有何影响？(c)若膜片直径加倍，对基频有何影响？

4.11.2　习题4.11.1中的膜片，如果认为其基频完全取决于张力导致的回复力，张力要为多大才能使得基频与完全取决于弹性力的基频相等？

4.11.3　(a)边界钳定的薄圆板以第一阶泛频振动，确定常数比$\boldsymbol{B}_2/\boldsymbol{A}_2$。(b)将解表示成与式(4.11.10)相似的方程。(c)绘出膜的形状函数。(d)节圆半径与圆板半径之比为何值？

4.11.4　电磁声呐换能器的振动圆钢板半径为0.1 m、厚为0.005 m，边界被钳定。振动的基频是多少？

4.11.5　厚度为$d$的圆板，(a)证明表面的回转半径为$\kappa=d/\sqrt{12}$；(b)若板的厚度加倍，则各谐振频率有何变化？

4.11.6　(a)通过直接积分得到式(4.11.11)。(b)证明平均位移幅值为$0.309A$，其中$A$为中心处的位移幅值。

4.11.7　中心和边界均固定的板，求其对称简正模态的频率。

4.11.8C　对于宗量$0<x<6$，绘制前三阶修正的贝塞尔函数曲线。

4.11.9C　绘制边界钳定的圆板分别以前三阶对称简正模态振动时的形状。

# 第 5 章　声波动方程及其简单解

## 5.1　引　言

声波是在可压缩流体中可以存在的一种压力脉动。除了人们最为熟悉的中等强度可以听见的声压场,还有频率在听觉范围以外的“超声(supersonic)”波和“次声(infrasonic)”波、使人耳感觉到痛而非声音的“高强度(high-intensity)”波(例如喷气发动机或导弹附近的波)、强度更高的非线性波、爆炸和超音速飞机产生的“冲击(shock)”波等。

与固体相比,非黏性流体对于变形的约束少。使波得以传播的回复力是当流体发生压缩或膨胀时的压力变化。每个流体单元沿力的方向往复运动而产生类似于杆纵振动时产生的压缩区和稀薄区。

将用到如下术语和符号:

$\boldsymbol{r}$ 为流体微元的平衡位置

$$\boldsymbol{r}=x\hat{\boldsymbol{x}}+y\hat{\boldsymbol{y}}+z\hat{\boldsymbol{z}} \tag{5.1.1}$$

($\hat{\boldsymbol{x}}$、$\hat{\boldsymbol{y}}$、$\hat{\boldsymbol{z}}$ 分别为 $x$、$y$、$z$ 方向的单位矢量)

$\boldsymbol{\xi}$ 为流体微元离开平衡位置的质点位移(particle displacement)

$$\boldsymbol{\xi}=\xi_x\hat{\boldsymbol{x}}+\xi_y\hat{\boldsymbol{y}}+\xi_z\hat{\boldsymbol{z}} \tag{5.1.2}$$

$\boldsymbol{u}$ 为流体微元的质点速度(particle velocity)

$$\boldsymbol{u}=\frac{\partial\boldsymbol{\xi}}{\partial t}=u_x\hat{\boldsymbol{x}}+u_y\hat{\boldsymbol{y}}+u_z\hat{\boldsymbol{z}} \tag{5.1.3}$$

$\rho$ 为$(x,y,z)$处的瞬时密度(instantaneous density)

$\rho_0=(x,y,z)$处的平衡密度(equilibrium density)

$s$ 为$(x,y,z)$处的压缩率(condensation)

$$s=(\rho-\rho_0)/\rho_0 \tag{5.1.4}$$

$\rho-\rho_0=\rho_0 s$ 为$(x,y,z)$处的声密度(acoustic density)

$\mathscr{P}$为$(x,y,z)$处的瞬时压力(instantaneous pressure)

$\mathscr{P}_0$为$(x,y,z)$处的平衡压力(equilibrium pressure)

$p$ 为$(x,y,z)$处的声压(acoustic pressure)

$$p=\mathscr{P}-\mathscr{P}_0 \tag{5.1.5}$$

$c$ 为流体的热力学声速(thermodynamic speed of sound)

$\Phi$ 为波的速度势(velocity potential)

$$\boldsymbol{u}=\nabla\Phi \tag{5.1.6}$$

$T_{\mathrm{K}}$ 为开尔文温度,K;

$T$ 为摄氏温度,℃。

$$T+273.15=T_K \tag{5.1.7}$$

"流体微元(fluid element)"和"质点(particle)"两个名词术语的含义是指无穷小的流体体积,它既足够大以至于包含上百万分子,又足够小以至于所有声学量在其内部为均匀分布。

流体分子在介质中没有固定的平均位置,即使没有声波,它们也不停地做着无规则运动,这种运动的平均速度远大于波动对应的质点速度。但是可以将一个小体积看作不变单元,因为当一些分子离开这个体积时就有(平均意义上)等量的性质相同的分子补充进来,这个单元的宏观性质并未改变。因此讨论流体中的声波时,可以像对固体中弹性波一样提及质点位移和速度。假定流体是无损耗的,因此没有诸如黏性或热传导等引起的衰减效应。分析仅限于幅值很小的波,则介质密度的变化与其静态值相比很小。这些假设对于推导最简单的流体中声波动方程是必须的。幸运的是,实验证明这些简化是成功的,足以描述大多数常见的声学现象。但是也有一些情况下这些假设并不适用而必须对相关理论进行修正。

# 5.2 状态方程

对于流体介质,状态方程必须将描述流体热动力学特性的三个物理量联系起来。例如,理想气体状态方程(equation of state for a perfect gas):

$$\mathscr{P}=\rho r T_K \tag{5.2.1}$$

给出了相当多种类的气体在平衡状态(equilibrium conditions)下,以帕斯卡(Pa)为单位的总压力 $\mathscr{P}$、以每立方米千克数($kg/m^3$)为单位的密度 $\rho$,以及以开尔文(K)为单位的温度 $T_K$ 之间的一般关系。其中 $r$ 为"比气体常数(specific gas constant)",它取决于普适气体常数 $\mathscr{R}$ (universal gas constant)以及特定气体的分子量(molecular weight)。见附录 A9。对于空气,$r\approx 287$ J/(kg·K)。

如果对热力学过程加以限制则可以得到更简单的公式。例如,如果将流体限制在壁面具有高传热性的容器内,则容器体积的缓慢变化将导致能量在容器壁和流体之间传递。如果容器壁有足够的热容量,则容器壁和流体都保持恒定温度。这种情况下理想气体由等温(isothermal)关系描述:

$$\mathscr{P}/\mathscr{P}_0=\rho/\rho_0(\text{理想气体等温过程}) \tag{5.2.2}$$

与此不同,声学过程几乎是"等熵(isentropic)"的(绝热可逆)。流体热导率和扰动的温度梯度都足够小以致相邻流体单元之间没有明显的能量交换。这种情况下,流体的"熵(entropy)"几乎为常数。这种情况下理想流体的声学性质用绝热(adiabat)过程描述

$$\mathscr{P}/\mathscr{P}_0=(\rho/\rho_0)^{\gamma}(\text{理想气体绝热过程}) \tag{5.2.3}$$

其中 $\gamma$ 为"比热比(ratio of specific heats)"或"热容比(ratio of heat capacities)"。有限的热导率导致声能转换为随机热能,于是声扰动随时间或距离缓慢衰减。这些内容以及其他衰减效应都将在第 8 章中予以考虑。

对于理想气体以外的流体,其绝热过程则更复杂,这时最好是通过实验确定压力与密度扰动之间的等熵关系。这种关系可以用泰勒级数展开式表示:

$$\mathscr{P}=\mathscr{P}_0+\left(\frac{\partial\mathscr{P}}{\partial\rho}\right)_{\rho_0}(\rho-\rho_0)+\frac{1}{2}\left(\frac{\partial^2\mathscr{P}}{\partial\rho^2}\right)_{\rho_0}(\rho-\rho_0)^2+\cdots \tag{5.2.4}$$

这里的偏导数是针对流体在其平衡密度附近的等熵压缩和膨胀而确定的。若扰动幅度小则只需保留 $\rho-\rho_0$ 最低阶项,则给出压力扰动和密度变化之间的线性关系:

$$\mathscr{P}-\mathscr{P}_0\approx\mathscr{B}(\rho-\rho_0)/\rho_0 \tag{5.2.5}$$

其中 $\mathscr{B}=\rho_0(\partial\mathscr{P}/\partial\rho)_{\rho_0}$ 为"绝热体积模量(adiabatic bulk modulus)",见附录 A11。利用声压 $p$ 和压缩率 $s$,式(5.2.5)又可以写成

$$p\approx\mathscr{B}s \tag{5.2.6}$$

其中必要的限制就是小压缩率。

描述任意流体绝热过程的另一种方法是利用理想气体的绝热过程模型。将 $\mathscr{P}_0$和 $\gamma$ 进行推广,对于所考虑的流体,它们是需要根据经验来确定的系数。将式(5.2.3)展开为 $s$ 的泰勒级数并整理一下分离出声压 $p=\mathscr{P}-\mathscr{P}_0$,得

$$p=\mathscr{P}_0\left[\gamma s+\frac{1}{2}\gamma(\gamma-1)s^2+\cdots\right] \tag{5.2.7}$$

将此式与式(5.2.4)对比,直至 $s$ 二阶项的系数相等,热力学上可以将 $\mathscr{P}_0$和 $\gamma$ 表示为

$$\gamma\mathscr{P}_0=\mathscr{B} \tag{5.2.8}$$

$$\gamma-1\equiv\frac{B}{A}=\frac{\rho_0}{\mathscr{B}}\left(\frac{\partial\mathscr{B}}{\partial\rho}\right)_{\rho_0} \tag{5.2.9}$$

($\mathscr{B}$ 和 $(\partial\mathscr{B}/\partial\rho)_{\rho_0}$ 的值都是在绝热条件下确定的)。$B/A$ 为流体"非线性参数(parameter of nonlinearity)"。于是已知 $\mathscr{B}$ 及其导数,就可以确定 $\mathscr{P}_0$和 $\gamma$。$s$ 的三阶及以上项系数并不相等,但是已经证明,对于具有实际重要性的情况,这些高阶项完全可以忽略①。利用标准热力学关系就可将上两式右端利用其他更容易由实验获得的流体热力学特性表示。

对于像水、纯酒精、液体金属及许多有机化合物,$\gamma$ 值在 $\mathscr{P}_0$之间,$\mathscr{P}_0$在 $1\times10^3\sim5\times10^3$ 个标准大气压之间。常数 $\mathscr{P}_0$表示一种虚拟的"绝热内压(adiabatic internal pressure)",就好像在这个静水压力下流体的声学行为相当于某种气体。系数 $\gamma$ 是一个经验常数,它与单位值的差度量了声压与压缩率之间的非线性关系。(以下除非特别说明,$\gamma$ 为比热比。)

## 5.3 连续方程

为了将流体运动与其压缩或膨胀联系起来,需要知道质点速度 $\boldsymbol{u}$ 与瞬时密度 $\rho$ 之间的一个函数关系。考虑一个空间位置固定的小平行六面体单元,体积为 $\mathrm{d}V=\mathrm{d}x\mathrm{d}y\mathrm{d}z$。有流体流进流出这个单元。流体通过单元表面净流入的速率必等于单元内流体增加的速率。由图 5.3.1,由于 $x$ 方向的流动而进入这个空间固定体积的净流入量为

$$\left[\rho u_x-\left(\rho u_x+\frac{\partial(\rho u_x)}{\partial x}\mathrm{d}x\right)\right]\mathrm{d}y\mathrm{d}z=-\frac{\partial(\rho u_x)}{\partial x}\mathrm{d}V \tag{5.3.1}$$

① Beyer, Nonlinear Acoustics, Naval Ship Systems Command (1974).

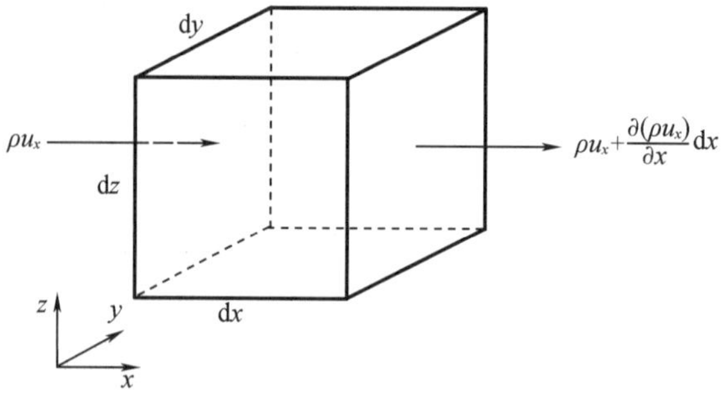


**图 5.3.1 流体中空间位置固定的一个单元体积,显示因流体在 $x$ 方向上的流动而流入和流出该体积的质量流速率。流体在 $y$ 和 $z$ 方向的流动也可以分别画出类似的图。**

类似的表达式给出 $y$ 和 $z$ 方向的净流入量,于是总的流入量为

$$-\left[\frac{\partial(\rho u_x)}{\partial x}+\frac{\partial(\rho u_y)}{\partial y}+\frac{\partial(\rho u_z)}{\partial z}\right]\mathrm{d}V=-\nabla\cdot(\rho\boldsymbol{u})\mathrm{d}V \tag{5.3.2}$$

体积内质量增加的速率为$(\partial\rho/\partial t)\mathrm{d}V$,净流入量必等于该体积内流体增加的速率

$$\frac{\partial\rho}{\partial t}+\nabla\cdot(\rho\boldsymbol{u})=0 \tag{5.3.3}$$

这是精确的“连续方程(exact continuity equation)”。左端第二项包含质点速度与瞬时密度的乘积,二者均为声学变量。但是若将 $\rho$ 写成 $\rho=\rho_0(1+s)$,假定 $\rho_0$ 为时间的足够弱函数,并假设 $s$ 也很小,则式(5.3.3)变成“线性的连续方程(linear continuity equation)”:

$$\rho_0\frac{\partial s}{\partial t}+\nabla\cdot(\rho_0\boldsymbol{u})=0 \tag{5.3.4}$$

进一步地,如果 $\rho_0$ 也是空间的弱函数,则进一步简化为

$$\frac{\partial s}{\partial t}+\nabla\cdot\boldsymbol{u}=0 \tag{5.3.5}$$

## 5.4 简单的力方程:欧拉方程

真实流体中必然存在黏性,声学过程也并非理想的绝热过程,这两个因素引入衰减项。正如前面所提到的,这些影响将在第 8 章进行研究。

考虑一个流体单元 $\mathrm{d}V=\mathrm{d}x\mathrm{d}y\mathrm{d}z$,它“随着流体运动(move with the fluid)”,包含质量为 $\mathrm{d}m$ 的流体。根据牛顿第二定律,作用于这个流体单元上的合力 $\mathrm{d}\boldsymbol{f}$ 使其得到加速度 $\mathrm{d}\boldsymbol{f}=\boldsymbol{a}\mathrm{d}m$。无黏性时流体单元受到的 $x$ 方向合力为

$$\mathrm{d}f_x=\left[\mathscr{P}-\left(\mathscr{P}+\frac{\partial\mathscr{P}}{\partial x}\mathrm{d}x\right)\right]\mathrm{d}y\mathrm{d}z=-\frac{\partial\mathscr{P}}{\partial x}\mathrm{d}V \tag{5.4.1}$$

对于 $\mathrm{d}f_y$ 和 $\mathrm{d}f_z$ 也有类似的表达式。由于存在重力场,因此在竖直方向上引入一个附加力 $\boldsymbol{g}\rho\mathrm{d}V$,其中 $|\boldsymbol{g}|=9.8\ \mathrm{m/s^2}$ 为重力加速度。由这些项组合得

$$\mathrm{d}\boldsymbol{f}=-\nabla\mathscr{P}\mathrm{d}V+\boldsymbol{g}\rho\mathrm{d}V \tag{5.4.2}$$

流体微元加速度的表达式则略微复杂一些。质点速度 $\boldsymbol{u}$ 是时间和空间两个变量的函数。当 $t$ 时刻位于$(x,y,z)$、速度为 $\boldsymbol{u}(x,y,z)$ 的流体元在 $t+\mathrm{d}t$ 时刻移动到新位置$(x+\mathrm{d}x,y+$

$\mathrm{d}y, z+\mathrm{d}z$)时,它的新速度由泰勒级数展开式取前几项表示为

$$\boldsymbol{u}(x+u_x\mathrm{d}t, y+u_y\mathrm{d}t, z+u_z\mathrm{d}t, t+\mathrm{d}t)=\boldsymbol{u}(x,y,z,t)+\frac{\partial \boldsymbol{u}}{\partial x}u_x\mathrm{d}t+\frac{\partial \boldsymbol{u}}{\partial y}u_y\mathrm{d}t+\frac{\partial \boldsymbol{u}}{\partial z}u_z\mathrm{d}t+\frac{\partial \boldsymbol{u}}{\partial t}\mathrm{d}t \tag{5.4.3}$$

则所考虑流体微元的加速度为

$$\boldsymbol{a}=\lim_{\mathrm{d}t\to 0}\frac{\boldsymbol{u}(x+u_x\mathrm{d}t, y+u_y\mathrm{d}t, z+u_z\mathrm{d}t, t+\mathrm{d}t)-\boldsymbol{u}(x,y,z,t)}{\mathrm{d}t} \tag{5.4.4}$$

或

$$\boldsymbol{a}=\frac{\partial \boldsymbol{u}}{\partial z}+u_x\frac{\partial \boldsymbol{u}}{\partial x}+u_y\frac{\partial \boldsymbol{u}}{\partial y}+u_z\frac{\partial \boldsymbol{u}}{\partial z} \tag{5.4.5}$$

若定义向量算子$(\boldsymbol{u}\cdot\nabla)$

$$(\boldsymbol{u}\cdot\nabla)=u_x\frac{\partial}{\partial x}+u_y\frac{\partial}{\partial y}+u_z\frac{\partial}{\partial z} \tag{5.4.6}$$

则可将 $\boldsymbol{a}$ 写成简便的形式

$$\boldsymbol{a}=\frac{\partial \boldsymbol{u}}{\partial t}+(\boldsymbol{u}\cdot\nabla)\boldsymbol{u} \tag{5.4.7}$$

流体元的质量为 $\mathrm{d}m=\rho\mathrm{d}V$,代入 $\mathrm{d}\boldsymbol{f}=\boldsymbol{a}\mathrm{d}m$ 得

$$-\nabla\mathscr{P}+\boldsymbol{g}\rho=\rho\left(\frac{\partial \boldsymbol{u}}{\partial t}+(\boldsymbol{u}\cdot\nabla)\boldsymbol{u}\right) \tag{5.4.8}$$

这个线性的无黏力方程为有重力的“欧拉方程(Euler's equation)”。没有声激励时,$\boldsymbol{g}\rho_0=\nabla\mathscr{P}_0$,则$\nabla\mathscr{P}=\nabla p+\boldsymbol{g}\rho_0$,于是式(5.4.8)变成

$$-\frac{1}{\rho_0}\nabla p+\boldsymbol{g}s=(1+s)\left(\frac{\partial \boldsymbol{u}}{\partial t}+(\boldsymbol{u}\cdot\nabla)\boldsymbol{u}\right) \tag{5.4.9}$$

若再假定$|\boldsymbol{g}s|\ll|\nabla p|/\rho_0$、$|s|\ll 1$ 以及$|(\boldsymbol{u}\cdot\nabla)\boldsymbol{u}|\ll|\partial\boldsymbol{u}/\partial t|$,则成为

$$\rho_0\frac{\partial \boldsymbol{u}}{\partial t}=-\nabla p \tag{5.4.10}$$

这是线性欧拉方程(linear Euler's equation),适用于小幅值的声学过程。

## 5.5　线性波动方程

将经过了线性化的方程式(5.2.6)、式(5.3.4)和式(5.4.10)联立,可以得到一个只含一个独立变量的微分方程。首先对式(5.4.10)求散度

$$\nabla\cdot\left(\rho_0\frac{\partial \boldsymbol{u}}{\partial t}\right)=-\nabla^2 p \tag{5.5.1}$$

其中$\nabla\cdot\nabla=\nabla^2$是三维 Laplace 算子。然后将式(5.3.4)对时间求导数,考虑到时间与空间是相互独立的,并且 $\rho_0$ 仅为时间的弱函数,得

$$\rho_0\frac{\partial^2 s}{\partial t^2}+\nabla\cdot\left(\rho_0\frac{\partial \boldsymbol{u}}{\partial t}\right)=0 \tag{5.5.2}$$

由这两个方程消去散度项,得

$$\nabla^2 p=\rho_0\frac{\partial^2 s}{\partial t^2} \tag{5.5.3}$$

利用式(5.2.6)可将压缩率表示为 $s=p/\mathscr{B}$，$\mathscr{B}$ 也仅为时间的弱函数，得

$$\nabla^2 p=\frac{1}{c^2}\frac{\partial^2 p}{\partial t^2} \tag{5.5.4}$$

其中 $c$ 为“热力学声速(thermodynamic speed of sound)”，定义为

$$c^2=\mathscr{B}/\rho_0 \tag{5.5.5}$$

式(5.5.4)为相速度为 $c$ 的流体中声传播的“线性无损耗波动方程(linear, lossless wave equation)”。因为上述推导过程从未对 $\mathscr{B}$ 或 $\rho_0$ 做出任何空间上的限制，所以该方程也适用于声速为空间函数的情况，例如大气或海洋中。

利用式(5.5.5)，绝热过程可以写成

$$p=\rho_0 c^2 s \tag{5.5.6}$$

若 $\rho_0$ 和 $c$ 只是空间的弱函数，则 $p$ 和 $s$ 之间基本上是成正比的，于是压缩量也满足波动方程。

因为一个函数梯度的旋度必等于零，$\nabla\times\nabla f=0$，则式(5.4.10)表明质点速度是无旋的，$\nabla \boldsymbol{u}=0$。这意味着它可以写成一个标量函数 $\Phi$ 的梯度，即

$$\boldsymbol{u}=\nabla\Phi \tag{5.5.7}$$

前面已将 $\Phi$ 确定为速度势。这是个很有用的结果，其物理意义是无黏(inviscid)流体的声激励不会引起有旋流动。真实流体具有有限的黏性，质点速度并非处处是无旋的。对于大多数声学过程来说，旋转效应很小并局限于边界附近，对声传播的影响不大，因此在声传播中假设式(5.5.7)的关系是能达到很高精度的。

将式(5.5.7)代入式(5.4.10)，并假定 $\rho_0$ 仅为空间的慢变化函数，得

$$\nabla\left(\rho_0\frac{\partial\Phi}{\partial t}+p\right)=0 \tag{5.5.8}$$

若没有声激励则可令括号内的量恒等于零，得

$$p=-\rho_0\frac{\partial\Phi}{\partial t} \tag{5.5.9}$$

则在相同的近似下 $\Phi$ 满足波动方程。

## 5.6 流体中声速

将式(5.2.5)和式(5.5.5)结合得到热力学声速的一种表达式

$$c^2=\left(\frac{\partial\mathscr{P}}{\partial\rho}\right)_{\text{adiabat}} \tag{5.6.1}$$

这是流体的一种特征量，取决于平衡条件。

当声波在一种理想气体中传播时，可以利用绝热关系得到式(5.6.1)的一种重要的特殊形式。直接对式(5.2.3)求导得

$$\left(\frac{\partial\mathscr{P}}{\partial\rho}\right)_{\text{adiabat}}=\gamma\frac{\mathscr{P}}{\rho}\text{(理想气体绝热过程)} \tag{5.6.2}$$

在 $\rho_0$ 处计算该表达式的值并代入式(5.6.1)，得

$$c^2=\frac{\gamma\mathscr{P}_0}{\rho_0} \tag{5.6.3}$$

将附录 A10 中的空气对应值代入得

$$c_0=(1.402\times 1.01325\times 10^5/1.293)^{1/2}=331.5\ \mathrm{m/s} \tag{5.6.4}$$

这个值作为在 0 ℃和 1 个标准大气压下空气中声速的理论值，它与测量值十分吻合，因而也支持了流体中声学过程是绝热过程的假设。对于大多数气体，在等温条件下比值 $\mathscr{P}_0/\rho_0$ 几乎与压力无关，因此声速只是温度的函数。由式(5.2.1)和式(5.6.3)还可以得到理想气体声速的另一种表达式，即

$$c^2=\gamma r T_{\mathrm{K}} \tag{5.6.5}$$

速度正比于绝对温度的平方根。利用 0 ℃时的速度 $c_0$ 又可写成

$$c=c_0(T_{\mathrm{K}}/273)^{1/2}=c_0(1+T/273)^{1/2} \tag{5.6.6}$$

液体声速理论值的预测比气体要困难得多。但是能够从理论上证明 $\mathscr{B}=\gamma\mathscr{B}_T$，其中 $\mathscr{B}_T$ 为等温体积模量。由于实验测量 $\mathscr{B}_T$ 要比测量 $\mathscr{B}$ 容易得多，因此由式(5.5.5)并利用 $\mathscr{B}_T$ 得到一种方便的液体中声速表达式

$$c^2=\gamma\mathscr{B}_T/\rho_0 \tag{5.6.7}$$

其中 $\gamma$、$\mathscr{B}_T$ 和 $\rho_0$ 都随着液体的平衡温度和压力而变化。因为没有预测这些变化的简单理论，必须通过实验测量，然后将所得的声速数值用公式表示。例如蒸馏水中，以 m/s 为单位时 $c$ 的简化公式为

$$c(\mathscr{P},t)=1402.7+488t-482t^2+135t^3+(15.9+2.8t+2.4t^2)(\mathscr{P}_G/100) \tag{5.6.8}$$

其中 $\mathscr{P}_G$ 为单位的表压，以 bar 为单位($1\ \mathrm{bar}=10^5\ \mathrm{Pa}$)，$t=T/100$，$T$ 为摄氏温度。表压 $\mathscr{P}_G$ 为零意味着平衡压力 $\mathscr{P}_0$ 为 1 个标准大气压(1.013 25 bar)。当 $0<T<100$ ℃、$0\leqslant\mathscr{P}_G\leqslant 200$ bar 时，这个表达式的精度在 0.05%以内。

## 5.7　谐和平面波

本节及以后几节的讨论仅限于均匀各向同性流体，其中声速 $c$ 为常数。到 5.14 节再来讨论声速依赖于空间位置的流体中声传播。

“平面波(plane wave)”的特性是在与传播方向垂直的任意平面内，每一个声学变量的幅值和相位均为常数。由于任何发散波在远离其源处，相位为常数的面都变成几乎是平面，因此可以预测发散波在大距离处的性质将与平面波非常相似。

选取坐标系使波沿 $x$ 方向传播，波动方程退化为

$$\frac{\partial^2 p}{\partial x^2}=\frac{1}{c^2}\frac{\partial^2 p}{\partial t^2} \tag{5.7.1}$$

其中 $p=p(x,t)$。直接与式(2.3.6)对比发现 2.4 节和 2.5 节推导横波解的数学过程在这里完全适用，无须再重复，因此直接进入谐和平面波以及声学变量之间关系的讨论。

平面波声压的谐和解复数形式为

$$\boldsymbol{p}=\boldsymbol{A}\mathrm{e}^{\mathrm{j}(\omega t-kx)}+\boldsymbol{B}\mathrm{e}^{\mathrm{j}(\omega t+kx)} \tag{5.7.2}$$

相应的质点速度由式(5.4.10)得到

$$\boldsymbol{u}=\boldsymbol{u}\hat{\boldsymbol{x}}=[(\boldsymbol{A}/\rho_0 c)\mathrm{e}^{\mathrm{j}(\omega t-kx)}-(\boldsymbol{B}/\rho_0 c)\mathrm{e}^{\mathrm{j}(\omega t+kx)}]\hat{\boldsymbol{x}} \tag{5.7.3}$$

质点速度平行于传播方向。

若用符号“+”表示沿 $+x$ 方向传播波，“−”表示沿 $-x$ 方向传播波，则

$$p_+ = A e^{j(\omega t - kx)}, \quad p_- = B e^{j(\omega t + kx)} \tag{5.7.4}$$

$$u_\pm = \pm p_\pm / \rho_0 c \tag{5.7.5}$$

$$s_\pm = \pm p_\pm / \rho_0 c^2 \tag{5.7.6}$$

$$\Phi_\pm = -p_\pm / j\omega\rho_0 \tag{5.7.7}$$

对于向任意方向传播的平面波,可以合理地假设试探解为

$$p = A e^{j(\omega t - k_x x - k_y y - k_z z)} \tag{5.7.8}$$

代入式(5.5.4)发现,若它是解则要求:

$$(\omega/c)^2 = k_x^2 + k_y^2 + k_y^2 \tag{5.7.9}$$

定义“传播矢量(propagation vector)”$\boldsymbol{k}$,有

$$\boldsymbol{k} = k_x\hat{\boldsymbol{x}} + k_y\hat{\boldsymbol{y}} + k_z\hat{\boldsymbol{z}} \tag{5.7.10}$$

(其模为 $\omega/c$)以及位置矢量 $\boldsymbol{r}$,

$$\boldsymbol{r} = x\hat{\boldsymbol{x}} + y\hat{\boldsymbol{y}} + z\hat{\boldsymbol{z}} \tag{5.7.11}$$

$\boldsymbol{r}$ 给出$(x,y,z)$点相对于坐标原点的位置。则试探解式(5.7.8)可以写成

$$p = A e^{j(\omega t - \boldsymbol{k}\cdot\boldsymbol{r})} \tag{5.7.12}$$

等相位面由 $\boldsymbol{k}\cdot\boldsymbol{r} = \text{constant}$ 确定。因为由梯度的定义,$\boldsymbol{k} = \nabla(\boldsymbol{k}\cdot\boldsymbol{r})$ 为垂直于等相位面的矢量,因此 $\boldsymbol{k}$ 指向传播方向。$\boldsymbol{k}$ 的模为“波数(wave number)”或“传播常数(propagation constant)”。$k_x/k$、$k_y/k$ 和 $k_z/k$ 分别为 $\boldsymbol{k}$ 相对于 $x$、$y$、$z$ 轴的方向余弦。

作为一个特例,考虑等相位面平行于 $z$ 轴的平面波。式(5.7.8)退化为

$$p = A e^{j(\omega t - k_x x - k_y y)} \tag{5.7.13}$$

等相位面由下式确定:

$$y = -(k_x/k_y)x + 常数 \tag{5.7.14}$$

该式描述一族平行于 $z$ 轴的平面,在 $x$-$y$ 平面内的斜率为$-(k_x/k_y)$。若取 $y=0$,考虑 $p$ 作为 $x$ 和 $t$ 的函数,即

$$p(x,0,t) = A e^{j(\omega t - k_x x)} \tag{5.7.15}$$

波的这个斜的“切片”在 $x$ 方向上具有表观波长 $\lambda_x = 2\pi/k_x$。由图 5.7.1 得 $\lambda/\lambda_x = \cos\varphi$,于是 $k_x = k\cos\varphi$。当 $x$ 值固定时,$y$ 方向也有类似的关系,得到 $k_y = k\sin\varphi$。于是

$$\boldsymbol{k} = k\cos\varphi\,\hat{\boldsymbol{x}} + k\sin\varphi\,\hat{\boldsymbol{y}} \tag{5.7.16}$$

$\boldsymbol{k}$ 垂直于 $z$ 轴,其在 $x$-$y$ 平面内投影指向第一象限并从 $x$ 轴逆时针转过 $\varphi$ 角。将 $\boldsymbol{k}$ 代入式(5.7.12)得到方便的形式为

$$p = A e^{j(\omega t - kx\cos\varphi - ky\sin\varphi)} \tag{5.7.17}$$

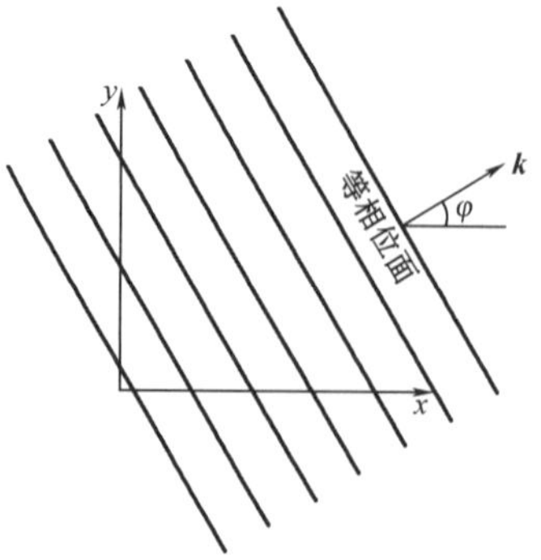


**图 5.7.1　波数为 $k$、传播方向垂直于 $z$ 轴并与 $x$ 轴夹角为 $\varphi$ 的平面波的等相位面**

# 5.8　能 量 密 度

流体中声波传播的能量有两种形式:(1)运动单元的动能(kinetic energy);(2)被压缩流体的势能(potential energy)。考虑一个随流体运动的小单元,它在无扰动流体中所占据的体积为 $V_0$,其质量为 $\rho_0 V_0$,动能为

$$E_k = \frac{1}{2}\rho_0 V_0 u^2 \tag{5.8.1}$$

体积由 $V_0$ 变成 $V$ 对应的势能变化为

$$E_p = -\int_{V_0}^{V} p\mathrm{d}V \tag{5.8.2}$$

其中,负号表示当正的声压 $p$ 导致单元体积减小时其势能是增加的(对流体元做了功)。为了计算上面的积分,须将积分号下所有变量用单一变量来表示,例如都用 $p$ 来表示。由质量守恒有 $\rho V=\rho_0 V_0$,于是

$$\mathrm{d}V=-(V/\rho)\mathrm{d}\rho \tag{5.8.3}$$

利用 $\mathrm{d}p/\mathrm{d}\rho=c^2$ 写成

$$\mathrm{d}V=(V/\rho c^2)\mathrm{d}p \tag{5.8.4}$$

代入式(5.8.2),从 0 到 $p$ 对声压积分,在线性近似范围内得

$$E_p = \frac{1}{2}(p^2/\rho_0 c^2)V_0 \tag{5.8.5}$$

于是流体单元总的声能量为

$$E=E_k+E_p=\frac{1}{2}\rho_0 V_0[u^2+(p/\rho_0 c)^2] \tag{5.8.6}$$

以每立方米内的焦耳数($\mathrm{J/m^3}$)为单位的“瞬时能量密度(instantaneous energy density)”$\mathscr{E}_i=E/V_0$,得

$$\mathscr{E}_i=\frac{1}{2}\rho_0[u^2+(p/\rho_0 c)^2] \tag{5.8.7}$$

声压 $p$ 和质点速度 $u$ 均为流体中所存在的所有声波叠加得到的“真实(real)”值。

瞬时质点速度和声压均同时为位置和时间的函数,因此瞬时能量密度 $\mathscr{E}_\mathrm{i}$ 在流体内各处不一定是常数。$\mathscr{E}_\mathrm{i}$ 的时间平均给出流体内任意一点的“能量密度(energy density)”$\mathscr{E}$,有

$$\mathscr{E}=\langle|\mathscr{E}_i|\rangle_T=\frac{1}{T}\int_0^T \mathscr{E}_\mathrm{i}\mathrm{d}t \tag{5.8.8}$$

其中,时间区间 $T$ 为谐和波的一个周期。

上述关系适用于任意线性声波。进一步的分析则需要知道 $p$ 和 $u$ 之间的关系。对于沿 $\pm x$ 方向传播的谐和平面波,由式(5.7.5)知 $p=\pm\rho_0 cu$,于是式(5.8.7)给出

$$\mathscr{E}_\mathrm{i}=\rho_0 u^2=p^2/\rho_0 c^2 \tag{5.8.9}$$

若 $P$、$U$ 分别为声压和质点速度幅值,则

$$\mathscr{E}=PU/2c=P^2/2\rho_0 c^2=\rho_0 U^2/2 \tag{5.8.10}$$

对于更复杂的情况,不能保证 $p=\pm\rho_0 cu$,能量密度也不一定由 $E=PU/2c$ 给出。但是,当

行波的等相位面的曲率半径远大于一个波长时，式(5.8.10)仍近似是正确的，例如，距离源许多倍波长的球面或柱面波场中就会发生这种情况。

## 5.9 声　　强

声波的“瞬时强度(instantaneous intensity)”$I(t)$是单位面积内一个流体微元对相邻的另一流体微元做功的瞬时速率，由 $I(t)=pu$ 给出，单位为瓦每平方米($W/m^2$)。“强度(intensity)”$I$ 为 $I(t)$的平均，是垂直于传播方向的单位面积内通过能量的时间平均。

$$I=\langle I(t)\rangle_T=\langle pu\rangle_T+\frac{1}{T}\int_0^T pu\mathrm{d}t \tag{5.9.1}$$

对于单频波，$T$ 为周期。

对于沿±$x$ 方向传播的平面波，$p=\pm\rho_0 cu$，于是

$$I=\pm P^2/2\rho_0 c \tag{5.9.2}$$

式(5.9.2)与传输线上的电磁波和电压波方程之间具有一种相似性。首先利用有效(均方)振幅重写式(5.9.2)。若定义 $F_e$ 为周期量 $f(t)$ 的“有效振幅(effective amplitude)”，则

$$F_e=\left(\frac{1}{T}\int_0^T f^2(t)\mathrm{d}t\right)^{1/2} \tag{5.9.3}$$

其中 $T$ 为运动的周期。对谐和波，这个关系成为

$$P_e=P/\sqrt{2},\quad U_e=U/\sqrt{2} \tag{5.9.4}$$

于是对于沿+$x$ 或−$x$ 方向传播的波，有

$$I_\pm=\pm P_e U_e=\pm P_e^2/\rho_0 c \tag{5.9.5}$$

必须强调的是，式(5.9.1)是完全通用的，$I_\pm=\pm P_e U_e$ 却只对于平面谐和波是精确的，对于发散波在远离声源处也近似成立。

## 5.10 声阻抗率

介质中声压与相应的质点速度之比为“声阻抗率(specific acoustic impedance)”，有

$$\boldsymbol{z}=\boldsymbol{p}/\boldsymbol{u} \tag{5.10.1}$$

对于平面波，这个比值为

$$\boldsymbol{z}=\pm\rho_0 c \tag{5.10.2}$$

正负号的选择取决于传播方向沿+$x$ 或−$x$。声阻抗率的 MKS 单位是 Pa · s/m，通常称为瑞利 rayl(1 MKS rayl = 1 Pa · s/m)以纪念 John William Strutt，即 Rayleigh 男爵(1842—1919)。乘积$\rho_0 c$ 作为一个介质特性参数往往比单独的$\rho_0$ 或 $c$ 具有更重要的声学意义，因此将 $\rho_0 c$ 称为介质的“特性阻抗(characteristic impedance)”。

对于平面传播波，介质的声阻抗率为实数，对于驻波或发散波却并不如此。一般来说 $\boldsymbol{z}$ 为复数，其值为

$$\boldsymbol{z}=r+\mathrm{j}x \tag{5.10.3}$$

其中 $r$ 为介质对于特定波的“声阻率(specific acoustic resistance)”,$x$ 为“声抗率(specific acoustic reactance)”。

介质对声波的特性阻抗与电介质对电磁波的波阻抗$\sqrt{\mu/\varepsilon}$以及电传输线的特性阻抗 $\mathbf{Z}_0$ 相似。附录 A10 列出了一些流体和固体的 $\rho_0 c$ 值。

在 20 ℃和大气压力下,空气的密度为 1.21 kg/m$^3$,声速为 343 m/s,则

$$\rho_0 c = 415\ \mathrm{Pa\cdot s/m}(20\ ℃\text{空气}) \tag{5.10.4}$$

蒸馏水在 20 ℃和 1 个标准大气压时声速为 1 482.1 m/s,密度为 998.2 kg/m$^3$,得特性阻抗

$$\rho_0 c = 1.48\times10^6\ \mathrm{Pa\cdot s/m}(20\ ℃\text{水}) \tag{5.10.5}$$

## 5.11　球　面　波

Laplace 算子在球坐标下形式为

$$\nabla^2 = \frac{\partial^2}{\partial r^2} + \frac{2}{r}\frac{\partial}{\partial r} + \frac{1}{r^2\sin\theta}\frac{\partial}{\partial\theta}\sin\theta\frac{\partial}{\partial\theta} + \frac{1}{r^2\sin^2\theta}\frac{\partial^2}{\partial\varphi^2} \tag{5.11.1}$$

其中 $x=r\sin\theta\cos\varphi$,$y=r\sin\theta\sin\varphi$,$z=r\cos\theta$(见附录 A7)。如果波具有球对称性,则声压 $p$ 只是径向距离和时间的函数,与角度坐标无关,上式的算子简化为

$$\nabla^2 = \frac{\partial^2}{\partial r^2} + \frac{2}{r}\frac{\partial}{\partial r} \tag{5.11.2}$$

则球对称压力场的波动方程为

$$\frac{\partial^2 p}{\partial r^2} + \frac{2}{r}\frac{\partial p}{\partial r} = \frac{1}{c^2}\frac{\partial^2 p}{\partial t^2} \tag{5.11.3}$$

根据能量守恒以及关系 $I=P^2/2\rho_0 c$ 预测声压幅值可能随 $1/r$ 衰减,则 $rp$ 幅值与 $r$ 无关。以 $rp$ 为因变量,将式(5.11.3)重写成

$$\frac{\partial^2(rp)}{\partial r^2} = \frac{1}{c^2}\frac{\partial^2(rp)}{\partial t^2} \tag{5.11.4}$$

若将 $rp$ 看成一个单独的变量,则这个方程就与平面波方程相同,一般解为

$$p = \frac{1}{r}f_1(ct-r) + \frac{1}{r}f_2(ct+r) \tag{5.11.5}$$

这个解对任意 $r>0$ 成立,但在 $r=0$ 点不成立。第一项表示以速度 $c$ 由原点向外扩散的球面波,第二项则表示向原点聚敛的球面波。对于向外扩散的波,解在原点处不成立是因为需要某种声源来提供被带走的能量,而波动方程中不含任何代表这种能量源的项(见 5.15 节和 5.16 节)。实际应用中,这意味着必须将介质排除在包含原点的某一体积之外,这个体积必须被作为声源的振动物体所占据。对于从外向内聚敛的波,能量聚焦于原点使小振幅近似失效,必须采用非线性波动方程并应当包含强的声损耗项以限制波所能达到的幅度。

最重要的发散球面波是谐和波,用复数形式表示为

$$\boldsymbol{p} = \frac{\boldsymbol{A}}{r}\mathrm{e}^{\mathrm{j}(\omega t-kr)} \tag{5.11.6}$$

利用5.5节中对于一般波所建立的关系式,可以将其他声学变量用声压表示

$$\boldsymbol{\Phi}=-\boldsymbol{p}/\mathrm{j}\omega\rho_0 \tag{5.11.7}$$

$$\boldsymbol{u}=\nabla\boldsymbol{\Phi}=\hat{\boldsymbol{r}}(1-\mathrm{j}/kr)\boldsymbol{p}/\rho_0 c \tag{5.11.8}$$

由式(5.11.6)~式(5.11.8)取实部得到观测到的声学变量。

由式(5.11.8)看出质点速度与声压明显不同相,这与平面波不同。声阻抗率不是$\rho_0 c$,而是

$$z=\rho_0 c\frac{kr}{[1+(kr)^2]^{1/2}}\mathrm{e}^{\mathrm{j}\theta} \tag{5.11.9}$$

或

$$z=\rho_0 c\cos\theta\mathrm{e}^{\mathrm{j}\theta} \tag{5.11.10}$$

$$\cot\theta=kr \tag{5.11.11}$$

图5.11.1给出了$\theta$角的几何表示。乘积$kr$是决定性的参数,而非单独的$k$或$r$,其他许多声学现象中也是这样。因为$kr=2\pi r/\lambda$,角$\theta$为声源距离与波长之比的函数。当到声源的距离仅为波长的一小部分时,复数的声压与质点速度之间的相位差很大。在相当于许多个波长的距离上,$\boldsymbol{p}$和$\boldsymbol{u}$非常接近于同相,球面波近似具有平面波的特性。这是预料之中的,因为距离声源很远时,波阵面(wave front)几乎成为平面。

将式(5.11.9)分成实部和虚部,有

$$z=\rho_0 c\frac{(kr)^2}{1+(kr)^2}+\mathrm{j}\rho_0 c\frac{kr}{1+(kr)^2} \tag{5.11.12}$$

第一项为声阻率,第二项为声抗率。当$kr$很小时两项都趋于零。当$kr$很大时,阻的项趋于$\rho_0 c$,抗的项趋于零。

声阻抗率的绝对值$z$等于声压幅值$P$与相应的速度幅值$U$之比

$$z=P/U=\rho_0 c\cos\theta \tag{5.11.13}$$

声压与速度幅值之间的关系可以写成

$$P=\rho_0 cU\cos\theta \tag{5.11.14}$$

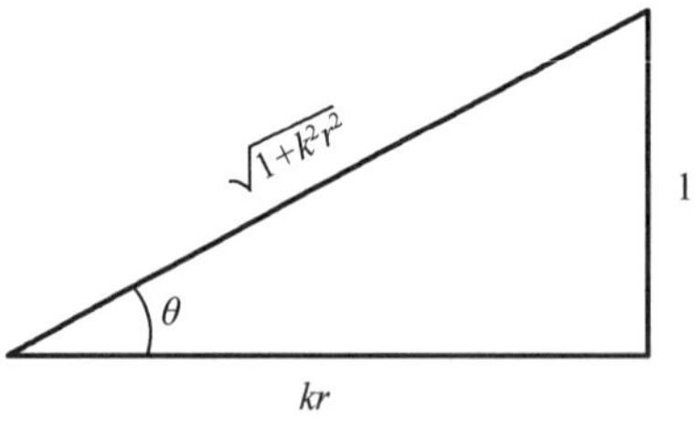


**图5.11.1 波数为$k$的球面波场中距离声源$r$处$\theta$与$kr$之间的关系**

对于大的$kr$值,$\cos\theta$趋于1,声压与速度之间关系与平面波相同。当球面声波的源到观察点距离减小时,$kr$和$\cos\theta$都减小,于是对于一定的声压幅值,质点速度越来越大。当到点声源的距离很近时,很低的声压对应的质点速度就大到不可能的程度:尺度小于一个波长的声源“天生”就不能产生大强度的波。

将式(5.11.6)改写成

$$\boldsymbol{p}=\frac{A}{r}\mathrm{e}^{\mathrm{j}(\omega t-kr)} \tag{5.11.15}$$

这里选择了一个新的时间零点使得 $\boldsymbol{A}$ 为实数 $A$，则 $A/r$ 为波的“压力幅值(pressure amplitude)”。球面波的压力幅值不像平面波一样是常数，而是与到声源的距离成反比。真实的压力为式(5.11.15)的实部

$$p=\frac{A}{r}\cos(\omega t-kr) \tag{5.11.16}$$

因为 $\boldsymbol{u}=\boldsymbol{p}/\boldsymbol{z}$，对应的质点速度的复数形式为

$$\boldsymbol{u}=\frac{A}{r\boldsymbol{z}}\mathrm{e}^{\mathrm{j}(\omega t-kr)} \tag{5.11.17}$$

将其中的 $\boldsymbol{z}$ 用式(5.11.10)代替，并对得到的表达式取实部得到真实的质点速度，为

$$u=\frac{1}{\rho_0 c}\frac{A}{r}\frac{1}{\cos\theta}\cos(\omega t-kr-\theta) \tag{5.11.18}$$

显然，由于 $\theta$ 是 $kr$ 的函数，速度幅值为

$$U=\frac{1}{\rho_0 c}\frac{A}{r}\frac{1}{\cos\theta} \tag{5.11.19}$$

并不与到源的距离成反比。

对于谐和球面波，式(5.9.1)给出

$$I=\frac{1}{T}\int_0^T P\cos(\omega t-kr)U\cos(\omega t-kr-\theta)\,\mathrm{d}t=\frac{PU\cos\theta}{2}=\frac{P^2}{2\rho_0 c} \tag{5.11.20}$$

其中的系数 $\cos\theta$ 与交流电路的功率因数相似。注意公式 $I=P^2/2\rho_0 c$ 对平面波和球面波都是“精确”成立的。

考虑将对称球面波的源包围在内、半径为 $r$ 的一个封闭球面，能量流过这个面的平均速率为

$$\Pi=4\pi r^2 I=4\pi r^2 P^2/2\rho_0 c \tag{5.11.21}$$

或由于 $p=A/r$，所以有

$$\Pi=2\pi A^2/\rho_0 c \tag{5.11.22}$$

通过包围原点的任意球面的能量流的平均速率与球面半径无关，这是无损耗介质中能量守恒的一种表述。

## 5.12　分 贝 刻 度

描述声压和声强通常习惯利用对数刻度，称为“声级(sound level)”。一个原因是声学环境中遇到的声压和声强的变化范围非常大，能被听到的声强范围大约是从 $10^{-12}$ W/m² 到 10 W/m²。利用对数刻度可以对描述如此宽的强度变化范围所需数值范围进行压缩，也符合人根据两个声音的强度比来判断其相对响度的特点。

描述声级的对数刻度应用最广的是“分贝(decibel, dB)”刻度 IL。强度为 $I$ 的声波的“强度级(intensity level)”IL 定义为

$$\mathrm{IL}=10\log(I/I_{\mathrm{ref}}) \tag{5.12.1}$$

其中 $I_{\mathrm{ref}}$ 是一个参考声强，IL 被表示成“以 $I_{\mathrm{ref}}$ 为参考的分贝数(dB *re* $I_{\mathrm{ref}}$)”，“log”表示以 10 为底的对数。

在5.9节和5.11节中曾得出平面与球面行波的强度和有效声压之间有关系 $I=P_e^2/\rho_0 c$。因此式(5.12.1)中的声强可以用声压表示,由此得到声压级为

$$SPL=20\log(P_e/P_{ref}) \tag{5.12.2}$$

其中 SPL 表示为以 $P_{ref}$ 为参考的 dB 数,$P_e$ 为测量的声波有效声压幅值,$P_{ref}$ 为参考有效声压幅值。若选择 $I_{ref}=P_{ref}^2/\rho_0 c$,则 IL *re* $I_{ref}$=SPL *re* $P_{ref}$。

在各个学科中使用的压力单位有许多,其中不少被用于声学。参考级也有古老程度各不相同的多种选择。这里先列出几种单位。

CGS 单位

1 dyne/cm$^2$,也称为微巴(μbar)(最早的微巴为 $10^{-6}$ 标准大气压,现在定义为 1 dyne/cm$^2$)。

MKS 单位:

1 帕斯卡(Pa)在 SI 中定义为 1 N/m$^2$。

其他

1 个大气压(atm)= 1.013 25×$10^5$ Pa=1.013 25×$10^6$ μbar。

1 千克力/平方厘米(kgf/cm$^2$)= 0.980 665×$10^5$ Pa=0.967 841 atm。

等价关系:

1 μbar=0.1 N/m$^2$≡$10^5$ μPa。

空气声参考级为 $10^{-12}$ W/m$^2$,大约是 1 kHz 纯音刚刚能被有正常听力的人耳听到的强度。将其代入式(5.9.2)得其对应峰值声压幅值

$$P=(2\rho_0 cI)^{1/2}=2.89\times10^{-5}\ \text{Pa} \tag{5.12.3}$$

或者对应有效(均方根)声压,有

$$P_e=P/\sqrt{2}=20.4\ \mu\text{Pa} \tag{5.12.4}$$

后面这个声压四舍五入得 20 μPa,是空气中声压级的参考值。对于空气中的平面或球面行波利用式(5.12.1)的 $10^{-12}$ W/m$^2$ 或式(5.12.2)的 20 μPa 得到的数值基本相同。但是在更复杂的一些声场,例如驻波场中,声强和声压之间不再有式(5.9.5)和式(5.11.20)的简单关系,式(5.12.1)和式(5.12.2)也就不再给出相同的结果。因为声学测量常用的传声器和水听器的电压输出是与声压成比例的,所以声压级比声强级的应用更广。

水声中遇到的参考声压有三种:一是 20 μPa 的有效值声压(与空气中的参考声压相同);二是 1 μbar;三是 1 μPa。现在的标准是最后一个。

参考声压的多种选择可能引起混乱,除非总是明确指出所用参考值,写成 *re* 1 μPa、*re* 1 μPa 等。表 5.12.1 总结了各种约定。

**表 5.12.1 声压级的参考值与约定**

| 介质 | 参考值 | 近似等价于 |
|---|---|---|
| 空气 | $10^{-12}$ W/m$^2$ | 20 μPa |
| | 20 μPa=0.000 2 μbar | $10^{-12}$ W/m$^2$ |
| 水 | 1 μbar=$10^5$ μPa | 6.76×$10^{-9}$ W/m$^2$ |
| | 0.000 2 μbar=20 μPa | 2.70×$10^{-16}$ W/m$^2$ |
| | 1 μPa | 6.76×$10^{-19}$ W/m$^2$ |

**表 5.12.1　声压级的参考值与约定(续)**

| |
|---|
| SPL *re* 1 μbar+100=SPL *re* 1 μPa |
| SPL *re* 0.000 2 μbar−74=SPL *re* 1 μbar |
| SPL *re* 0.000 2 μbar+26=SPL *re* 1 μPa |

根据上面的讨论,一定的声压值在空气中对应的声强度比在水中对应的声强度高得多。因为式(5.9.5)或式(5.11.20)表明,对于给定的声压幅值,声强与介质特性阻抗成反比。相同声压值在空气中声强与水中声强之比为$(1.48\times10^6)/415=3\ 570$。另一方面,若对比具有相同频率和质点位移的声波,它们在空气和水中的强度之比为 1/3 570。

由于分贝刻度的便捷性,电学量通常用级来表示。例如,电压级 VL 定义为

$$\mathrm{VL}(re\ V_{\mathrm{ref}})=20\log(V/V_{\mathrm{ref}}) \tag{5.12.5}$$

其中 $V$ 为有效电压,而 $V_{\mathrm{ref}}$ 为某种方便的有效电压参考值。

习惯上,提到电学量的有效幅值时省略下标“e”和形容词“有效”。两个常用的参考电压为 1 V 和 0.775 V(后者来自一种过去采用的参考值,即 600 Ω 的电阻消耗 1 mW 功率时的电压值)。分别对应于这两个参考电压的电压级之间有下面的关系:

$$\mathrm{VL}(re\ 0.775\ \mathrm{V})=\mathrm{VL}(re\ 1\ \mathrm{V})+2.21 \tag{5.12.6}$$

电声学的源和接收器将电能与声能进行相互转换的能力用“灵敏度(sensitivity)”表示。例如,传声器的“开路接受灵敏度(open circuit receiving sensitivity)”定义为

$$\mathscr{M}_0=(V/P_{\mathrm{e}})_{I=0} \tag{5.12.7}$$

其中 $V$ 为传声器位于某一点时的开路输出电压(输出电流 $I$ 小到可以忽略),没有传声器时,这一点的有效声压幅值为 $P_{\mathrm{e}}$。这是多种传声器灵敏度定义中的一种,更多细节见第 14 章。灵敏度 $\mathscr{M}$ 通常用相应的“灵敏度级 $\mathscr{ML}$”来表示

$$\mathscr{ML}(re\ \mathscr{M}_{\mathrm{ref}})=20\log(M/M_{\mathrm{ref}}) \tag{5.12.8}$$

其中 $\mathscr{M}_{\mathrm{ref}}$ 为一种参考灵敏度,例如 1 V/μbar 或 1 V/Pa。

$P$、$V$ 和 $\mathscr{M}_0$ 之间的关系可以用它们的基本量或相应的级来表示。例如假设已知灵敏度级 $\mathscr{ML}$ dB $re\ \mathscr{M}_{\mathrm{ref}}$ 的传声器的输出电压为 $\mathscr{VL}$ dB $re\ V_{\mathrm{ref}}$,希望得到声场的声压级为 SPL dB $re\ P_{\mathrm{ref}}$。由数学运算得

$$\mathrm{SPL}(re\ P_{\mathrm{ref}})=\mathrm{VL}(re\ V_{\mathrm{ref}})-\mathscr{ML}(re\ \mathscr{M}_{\mathrm{ref}})+20\log\left(\frac{V_{\mathrm{ref}}/P_{\mathrm{ref}}}{\mathscr{M}_{\mathrm{ref}}}\right) \tag{5.12.9}$$

完全类似地,声源特性可以用声源灵敏度 $\mathscr{S}=P_{\mathrm{e}}/V$ 和声源灵敏度级 $\mathscr{SL}$ 来表示

$$\mathscr{SL}(re\ \mathscr{S}_{\mathrm{ref}})=20\log\left(\frac{P_{\mathrm{e}}/V}{\mathscr{S}_{\mathrm{ref}}}\right) \tag{5.12.10}$$

其中,$V$ 为给声源的电输入端所加的电压,$P_{\mathrm{e}}$ 为某指定点(通常在源的声轴上、从远距离反推到距离源表面 1 $m$ 处)的有效声压,$\mathscr{S}_{\mathrm{ref}}$ 为参考灵敏度如 1 μPa/V 或 1 μbar/V。

# *5.13 圆柱波

三维圆柱波在大气和水声传播中有极为重要的应用。柱面传播的波动方程为式(5.5.4),其中的 Laplace 算子为圆柱坐标下的形式,为

$$\left(\frac{\partial^2}{\partial r^2}+\frac{1}{r}\frac{\partial}{\partial r}+\frac{1}{r^2}\frac{\partial^2}{\partial\theta^2}+\frac{\partial^2}{\partial z^2}\right)p=\frac{1}{c^2}\frac{\partial^2 p}{\partial t^2} \tag{5.13.1}$$

注意的物理意义依赖于所采用的坐标系。在球坐标中,$r$ 从原点到任意方向场点的径向距离,在柱坐标中,$r$ 为从 $z$ 轴到场点的垂直距离。

假设谐和解,并假设变量可以分离,即

$$\boldsymbol{p}(r,\theta,z,t)=\boldsymbol{R}(r)\boldsymbol{\Theta}(\theta)\boldsymbol{Z}(z)\mathrm{e}^{\mathrm{j}\omega t} \tag{5.13.2}$$

则式(5.13.1)可分解为三个微分方程,并得到几个分离常数之间的关系为

$$\frac{\mathrm{d}^2\boldsymbol{R}}{\mathrm{d}r^2}+\frac{1}{r}\frac{\mathrm{d}\boldsymbol{R}}{\mathrm{d}r}+\left(k_r^2-\frac{m^2}{r^2}\right)\boldsymbol{R}=0$$

$$\frac{\mathrm{d}^2\boldsymbol{Z}}{\mathrm{d}z^2}+k_z^2\boldsymbol{Z}=0$$

$$\frac{\mathrm{d}^2\boldsymbol{\Theta}}{\mathrm{d}\theta^2}+m^2\boldsymbol{\Theta}=0$$

$$(\omega/c)^2=k^2=k_r^2+k_z^2 \tag{5.13.3}$$

关于 $\boldsymbol{\Theta}$ 的方程同圆膜的方程相同,若假设方位对称,则 $m=0$。关于 $\boldsymbol{Z}$ 的方程的解为正弦函数或复指数函数,对应于波矢量在 $z$ 轴上投影为 $k_z$ 的斜向传播波。最简单的情况为 $k_z=0$,描述的波的等相位面是与 $z$ 轴同心的圆柱面。由这两个近似得到径向波动方程

$$\frac{\mathrm{d}^2\boldsymbol{R}}{\mathrm{d}r^2}+\frac{1}{r}\frac{\mathrm{d}\boldsymbol{R}}{\mathrm{d}r}+k^2\boldsymbol{R}=0 \tag{5.13.4}$$

与 $z$ 无关的、圆柱对称解。参考 4.4 节并利用 $m=0$ 给出一般解为

$$\boldsymbol{p}(r,t)=[\boldsymbol{A}\mathrm{J}_0(kr)+\boldsymbol{B}\mathrm{Y}_0(kr)]\mathrm{e}^{\mathrm{j}\omega t} \tag{5.13.5}$$

由于当 $r\to0$ 时 $Y_0$ 发散,则式(5.13.5)在 $r=0$ 时不成立,除非 $\boldsymbol{B}=0$,其原因与 5.11 节对球面波所做的讨论相同。于是当 $\boldsymbol{B}\neq0$ 时,可以应用式(5.13.5)的区域必须将 $z$ 轴排除在外。

由式(5.13.5)可知,如果 $\boldsymbol{p}$ 为行波,则它必为空间的复函数。再假定 $I=P^2/2\rho_0c$ 至少在足够远的距离上是成立的,由能量守恒得 $\boldsymbol{p}(r,t)$ 应当正比于

$$\frac{1}{\sqrt{r}}\mathrm{e}^{\mathrm{j}(\omega t\pm kr)} \tag{5.13.6}$$

其中的±符号分别对应聚敛波和扩散波。能在 $r\to\infty$ 时得到式(5.13.6)的 $\boldsymbol{A}$、$\boldsymbol{B}$ 组合,可以由 $\mathrm{J}_0$ 和 $\mathrm{Y}_0$ 的大宗量渐近式得到

$$\mathrm{J}_0(kr)\to(2/\pi kr)^{1/2}\cos(kr-\pi/4)$$

$$\mathrm{Y}_0(kr)\to(2/\pi kr)^{1/2}\sin(kr-\pi/4) \tag{5.13.7}$$

若 $\boldsymbol{B}=\pm\mathrm{j}\boldsymbol{A}$,则式(5.13.5)成为式(5.13.6)的形式。这些组合为第三类贝塞尔函数或汉克尔函数(Hankel function)

$$\mathrm{H}_0^{(1)}(kr)=\mathrm{J}_0(kr)+\mathrm{j}\mathrm{Y}_0(kr)$$

$$\mathrm{H}_0^{(2)}(kr)=\mathrm{J}_0(kr)-\mathrm{j}\mathrm{Y}_0(kr) \tag{5.13.8}$$

对于具有圆柱对称性并与 $z$ 无关的向外扩散的柱面波,式(5.13.4)的适当解为

$$\boldsymbol{p}(r,t)=\boldsymbol{A}\mathrm{H}_0^{(2)}(kr)\mathrm{e}^{\mathrm{j}\omega t} \tag{5.13.9}$$

尽管式(5.13.9)是利用了渐近行为式(5.13.6)以及汉克尔函数在大 $kr$ 值时的渐近式,它却是式(5.13.4)对所有 $r>0$ 的解(这通常称为施加一个"无穷远处的辐射边界条件")。对于大 $kr$,这个解具有渐近行为,即

$$\boldsymbol{p}(r,t)\to\boldsymbol{A}(2/\pi kr)^{1/2}\mathrm{e}^{\mathrm{j}(\omega t-kr+\pi/4)} \tag{5.13.10}$$

由式(5.5.9)构造速度势 $\boldsymbol{\Phi}$,再由式(5.5.7)得质点速度

$$\boldsymbol{u}(r,t)=-\mathrm{j}(\boldsymbol{A}/\rho_0c)\mathrm{H}_1^{(2)}(kr)^{\mathrm{j}\omega t} \tag{5.13.11}$$

利用附录 A4 立即得到声阻抗率 $\boldsymbol{z}$ 为

$$\boldsymbol{z}=\mathrm{j}\rho_0c\mathrm{H}_0^{(2)}(kr)/\mathrm{H}_1^{(2)}(kr)^{\mathrm{j}\omega t} \tag{5.13.12}$$

在 $kr\gg1$ 极限下,由汉克尔函数的渐近式知,在大距离处 $\boldsymbol{z}\to\rho_0c$。这是预期的结果,因为当 $kr$ 增大到超过 1 时,等相位面的曲率半径远大于一个波长,从局部看,波形越来越近似于平面波。

声强的计算更复杂一些。瞬时声强为 $I(r,t)=pu$,即

$$I(r,t)=(A^2/\rho_0c)[\mathrm{J}_0(kr)\cos\omega t+\mathrm{Y}_0(kr)\sin\omega t][\mathrm{J}_1(kr)\sin\omega t-\mathrm{Y}_1(kr)\cos\omega t] \tag{5.13.13}$$

为了简单起见,选择时间零点,使得 $\boldsymbol{A}=A$。取时间平均得声强为

$$I(r)=(A^2/2\rho_0c)[\mathrm{J}_1(kr)\mathrm{Y}_0(kr)-\mathrm{J}_0(kr)\mathrm{Y}_1(kr)] \tag{5.13.14}$$

方括号中的量为 $\mathrm{J}_0(kr)$ 与 $\mathrm{Y}_0(kr)$ 的朗斯基行列式(Wronskian),将其已知值 $2/\pi kr$ 代入得

$$I(r)=\frac{2A^2/\pi kr}{2\rho_0c}=\frac{P_{\mathrm{as}}^2}{2\rho_0c} \tag{5.13.15}$$

其中 $P_{\mathrm{as}}$ 为 $\boldsymbol{p}(r,t)$ 的渐近幅值

$$P_{\mathrm{as}}=A(2/\pi kr)^{1/2} \tag{5.13.16}$$

强度随 $1/r$ 衰减,这也正是在无损耗介质中由能量守恒给出圆柱面扩张波的必然结果。但柱面波却不像平面波和球面波那样声强处处等于 $P^2/2\rho_0c$。

## *5.14　射 线 与 波

到此为止,我们考虑了声速为常数的均匀介质中的声传播。然而声速通常是空间的函数,因而当波通过介质时传播方向会有变化,而不是整个无界空间内的平面波、球面波或柱面波。研究这种效应的一种技术是建立在"声能是沿着合理定义的路径在介质中传输的"这样一个假设基础之上,因此考虑"射线(ray)"比考虑波更有用。许多情况用射线比用波来描述更简单。但射线并非波的精确替代物而只是近似,在某种很严格的限制条件下才成立。

(a)程函与输运方程

声速与空间位置有关的波动方程为

$$\left(\nabla^2-\frac{1}{c^2(x,y,z)}\frac{\partial^2}{\partial t^2}\right)\boldsymbol{p}(x,y,z,t)=0 \tag{5.14.1}$$

当声穿过这样的流体时，幅值随位置变化，等相位面可能很复杂。假设试探解

$$\boldsymbol{p}(x,y,z,t)=A(x,y,z)\mathrm{e}^{\mathrm{j}\omega[t-\Gamma(x,y,z)/c_0]} \tag{5.14.2}$$

其中，$\Gamma$ 具有长度单位，$c_0$ 是一个参考速度，其定义将在后面给出。$\Gamma/c_0$ 为程函数(eikonal)。使得以 $\Gamma$ 为常数的$(x,y,z)$值定义了等相位面。由梯度的基本定义，$\nabla\Gamma$ 处处与这些面垂直。

将试探解代入式(5.14.1)，分别整理实部和虚部，得

$$\begin{cases}-\dfrac{\nabla^2 A}{A}+\left(\dfrac{\omega}{c_0}\right)^2\nabla\Gamma\cdot\nabla\Gamma=\left(\dfrac{\omega}{c}\right)^2\\[2ex] 2\dfrac{\nabla A}{A}\cdot\nabla\Gamma+\nabla^2\Gamma=0\end{cases} \tag{5.14.3}$$

这两个方程是耦合的非线性方程，难于求解。但若令

$$\left|\frac{\nabla^2 A}{A}\right|\ll\left(\frac{\omega}{c}\right)^2 \tag{5.14.4}$$

则式(5.14.3)第一式成为比较简单的近似形式

$$\nabla\Gamma\cdot\nabla\Gamma=(c_0/c)^2=n^2 \tag{5.14.5}$$

其中 $n=c_0/c$ 为折射率(index of refraction)。式(5.14.5)为程函方程(eikonal function)，则可以得到

$$\nabla\Gamma=n\hat{\boldsymbol{s}} \tag{5.14.6}$$

其中单位矢量 $\hat{\boldsymbol{s}}$ 给出局部声传播方向。给定声场中的一点 $\hat{\boldsymbol{s}}$，然后追踪这个特定的 $\hat{\boldsymbol{s}}$ 是如何在流体中一点一点地前进并改变方向的，由此就定义了一条“射线路径(ray path)”。因为根据式(5.14.6)，射线传播的局部方向垂直于程函，因此在这种假设下每一根射线总是垂直于局部等相位面。式(5.14.4)成立的充分条件是在与一个波长相当的距离上波的幅值和声速均无明显变化。若考虑横向尺度远大于一个波长的一束声在流体中的传播，则根据式(5.14.4)，在 $A$ 变化不快的声束中部可应用程函方程，但在声束边缘，$A$ 可以在一个波长量级的距离上迅速降到零，限制条件式(5.14.4)不再满足。表现为声束边缘处发生衍射(diffraction)——与光通过狭缝或小孔的衍射相似。这意味着式(5.14.5)只在高频极限下是精确的——具体多高取决于 $c$ 和 $A$ 在空间上的变化。也可以提出更严格的必要条件，但物理意义不是那么直接。实际上，存在不满足上述充分条件而使式(5.14.5)成立的行波(习题 5.14.10)。

式(5.14.3)第二式即输运方程(transport equation)，对这个方程的分析可以为射线概念提供进一步支持。将式(5.14.6)代入该方程经过一些运算式(习题 5.14.4a)得

$$\frac{\mathrm{d}}{\mathrm{d}s}\ln(nA^2)=-\nabla\cdot\hat{\boldsymbol{s}} \tag{5.14.7}$$

在距离声源几个波长以外，强度为

$$I=P^2/2\rho_0 c=nA^2/2\rho_0 c_0 \tag{5.14.8}$$

则式(5.14.7)变成

$$\frac{1}{I}\frac{\mathrm{d}I}{\mathrm{d}s}=-\nabla\cdot\hat{\boldsymbol{s}} \tag{5.14.9}$$

左端为"沿着一条射线路径"单位距离上声强度的相对变化，$\nabla \cdot \hat{s}$ 描述声线汇聚或发散的程度。现对图 5.14.1 所示声射线束所定义的体积应用高斯定理，选择体积使得射线只从两端的端面处通过。在体积 $S\Delta h$ 上对式(5.14.9)积分。左端体积分变成 $(1/I)(\mathrm{d}I/\mathrm{d}s)S\Delta h=S[\mathrm{d}(\ln I)/\mathrm{d}s]\Delta h$。右端应用高斯定理将体积分变成 $\hat{\boldsymbol{s}} \cdot \hat{\boldsymbol{n}}$ 的面积分。因为射线只通过端面进出该体积，所以该积分得射线束横截面积的变化增量为 $-\Delta S$。因为 $\Delta S$ 是沿着射线路径得到的，因此 $\Delta S=(\mathrm{d}S/\mathrm{d}s)\Delta h$。于是得 $\mathrm{d}(\ln I)/\mathrm{d}s=-\mathrm{d}(\ln S)/\mathrm{d}s$，即

$$IS=\text{constant} \tag{5.14.10}$$

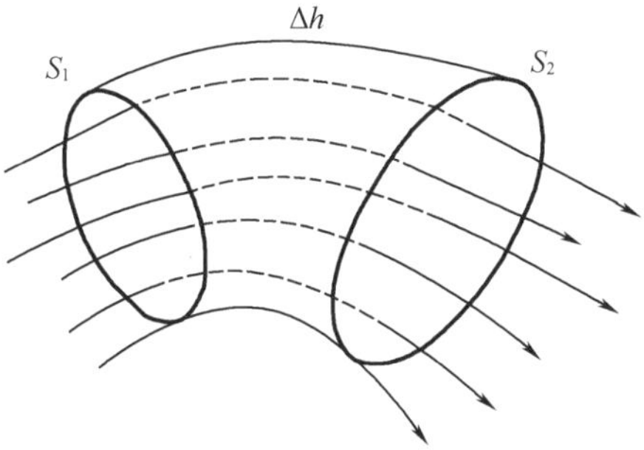


**图 5.14.1　射线束微元体积，其两个端面沿声线相距 $\Delta h$、面积分别为 $S_1$、$S_2$**

于是在程函方程限制内，一束射线内的能量为常数。这是声能沿射线传播这种直觉概念的数学证明。任何能追踪空间内射线轨迹的数学或几何技术都可以计算整个空间的声强度。

(b)射线路径方程

程函方程式(5.14.6)给出每一条射线路径上任意一点 $\hat{\boldsymbol{s}}$ 的方向。求射线路径就等于求连续位置处的 $\hat{\boldsymbol{s}}$。首先将 $\hat{\boldsymbol{s}}$ 用其方向余弦表示：

$$\begin{cases}\hat{\boldsymbol{s}}=\alpha\hat{\boldsymbol{x}}+\beta\hat{\boldsymbol{y}}+\gamma\hat{\boldsymbol{z}}\\ \alpha^2+\beta^2+\gamma^2=1\end{cases} \tag{5.14.11}$$

其中方向余弦为 $\alpha=\mathrm{d}x/\mathrm{d}s$，$\beta=\mathrm{d}y/\mathrm{d}s$，$\gamma=\mathrm{d}z/\mathrm{d}s$，其中 $\mathrm{d}x$、$\mathrm{d}y$、$\mathrm{d}z$ 为沿声射线路径、向 $\hat{\boldsymbol{s}}$ 所指方向变化 $s$ 长度时所对应的坐标变化量。将任意标量沿射线的变化量，求导得

$$\frac{\mathrm{d}}{\mathrm{d}s}=\alpha\frac{\partial}{\partial x}+\beta\frac{\partial}{\partial y}+\gamma\frac{\partial}{\partial z} \tag{5.14.12}$$

作用于式(5.14.11)第一式两端，各分量为(详见习题 5.14.4(b))

$$\begin{cases}\dfrac{\mathrm{d}}{\mathrm{d}s}(n\alpha)=\dfrac{\partial n}{\partial x}\\ \dfrac{\mathrm{d}}{\mathrm{d}s}(n\beta)=\dfrac{\partial n}{\partial y}\\ \dfrac{\mathrm{d}}{\mathrm{d}s}(n\gamma)=\dfrac{\partial n}{\partial z}\end{cases} \tag{5.14.13}$$

程函方程将射线传播方向的变化与局部折射系数的梯度之间联系起来。给定 $n(x,y,z)$ 就可以追踪波阵面的每一个微元在介质中的轨迹。下面是一个简单的例子。

(c)一维梯度

通常可以认为声速只是一维空间坐标的函数。例如在海洋和大气中，声速在水平方向

的变化远小于在深度或高度方向的变化。

令折射率只是 $z$ 的函数，$z$ 为竖直方向坐标。则式(5.14.13)成为

$$\begin{cases}\dfrac{\mathrm{d}}{\mathrm{d}s}(n\alpha)=0\\ \dfrac{\mathrm{d}}{\mathrm{d}s}(n\beta)=0\\ \dfrac{\mathrm{d}}{\mathrm{d}s}(n\gamma)=\dfrac{\mathrm{d}n}{\mathrm{d}z}\end{cases}\tag{5.14.14}$$

若选择各坐标轴的方向使得射线的起点在 $x-z$ 平面内并与 $x$ 轴的夹角为 $\theta$(图5.14.2)，$\beta$ 的初始值为零，由式(5.14.14)中第二式知 $\beta$ 将保持为零，从而声线一直在 $x-z$ 平面内。于是 $\alpha=\cos\theta$，$\gamma=\sin\theta$，式(5.14.14)中另外两式成为

$$\begin{cases}\dfrac{\mathrm{d}}{\mathrm{d}s}(n\cos\theta)=0\\ \dfrac{\mathrm{d}}{\mathrm{d}s}(n\sin\theta)=\dfrac{\mathrm{d}n}{\mathrm{d}z}\end{cases}\tag{5.14.15}$$

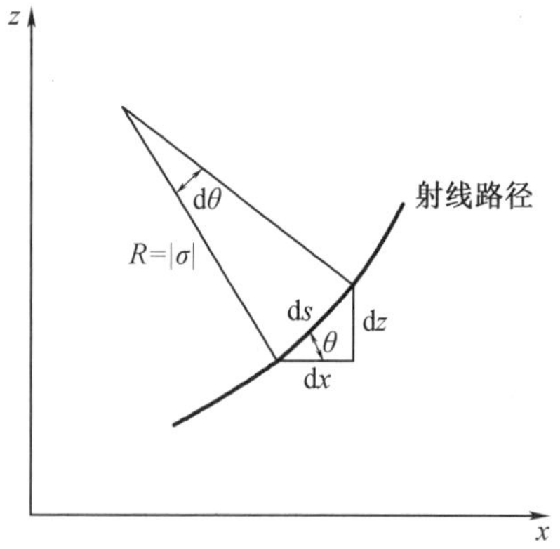


**图 5.14.2　在 $x-z$ 平面内与 $x$ 轴夹角为 $\theta$、长度为 $\mathrm{d}s$ 的射线路径微元具有曲率半径 $R=|c/(g\cos\theta)|$，其中 $c$ 为声速，$g$ 为声速梯度。**

式(5.14.15)的第一式表明沿着某一条特定射线路径上每一点 $n\cos\theta$ 都具有相同值。如果指定速度等于参考速度 $c_0$ 处声线路径的仰角为 $\theta_0$，则得到斯涅尔定律(Snell's law)的一种表述

$$\frac{\cos\theta}{c}=\frac{\cos\theta_0}{c_0}\tag{5.14.16}$$

由定义 $n=c_0/c$ 知 $\mathrm{d}c/\mathrm{d}z$ 与 $\mathrm{d}n/\mathrm{d}z$ 符号相反，则由式(5.14.15)，当沿 $z$ 方向声速增大时，$\theta$ 值必沿声线减小——声线弯向低声速区。当沿 $z$ 方向声速减小时，$\theta$ 值沿声线增大——声线仍然弯向低声速区。声线总是弯向附近的低声速区。当 $c$ 对 $z$ 的依赖关系未知时，该方程不能求解，但可以将其写成一种几何形式。参考图5.14.2，$\mathrm{d}z=\sin\theta\mathrm{d}s$，$\mathrm{d}s=\sigma\mathrm{d}\theta$，其中 $\sigma$ 为声线弯曲程度和弯曲方向的一种度量。对于图5.14.2所示的情况，$\mathrm{d}\theta$ 是沿声线增大的，故 $\sigma$ 为正。假如声线是向另一侧弯曲(二阶导数为负)，则 $\sigma$ 为负。$\sigma$ 的绝对值是"曲率半径(radius of curvature) $R$"。由这些几何关系以及式(5.14.15)和式(5.14.16)得

$$\sigma=-\frac{1}{g}\frac{c_0}{\cos\theta_0}$$

$$g=\frac{\mathrm{d}c}{\mathrm{d}z} \tag{5.14.17}$$

其中 $g$ 为声速梯度(gradient of the sound speed)。沿声线上任意一点曲率半径 $R$ 反比于 $|g|$。对每一条声线必须分别进行计算,因为每条声线有自己的斯涅尔定律常数($\cos\theta_0$)/$c_0$。当 $g$ 为分段常数时声线轨迹跟踪的例子参见第 15 章。

(d)相位与强度考虑

令 $I_1$ 为沿着具有初始仰角 $\theta_0$ 的一束射线折算到距离声源 1 m 处的声强。希望知道这束射线在某个距离处的强度,如图 5.14.3 所示。对于无损耗的介质,强度与射线束横截面积的乘积必为常数。令 $S_1$ 为距离声源 1 m 处射线束的横截面积,$S$ 为距离声源 $x$、声强为 $I$ 处的横截面积。由图中几何关系可得 $S=x\Delta\varphi\sin\theta\mathrm{d}x$, $S_1=\Delta\varphi\mathrm{d}\theta_0\cos\theta_0$,则由能量守恒得 $Ix\sin\theta\mathrm{d}x=I_1\cos\theta_0\mathrm{d}\theta_0$,微元 $\mathrm{d}x$ 可以写成 $\mathrm{d}x=(\partial x/\partial\theta_0)_z\mathrm{d}\theta_0$,其中距离 $x$ 必须写成 $\theta_0$ 和 $z$ 的函数。联立以上方程得

$$\frac{I}{I_1}=\frac{1}{x}\frac{\cos\theta_0}{\sin\theta}\frac{1}{(\partial x/\partial\theta_0)_z} \tag{5.14.18}$$

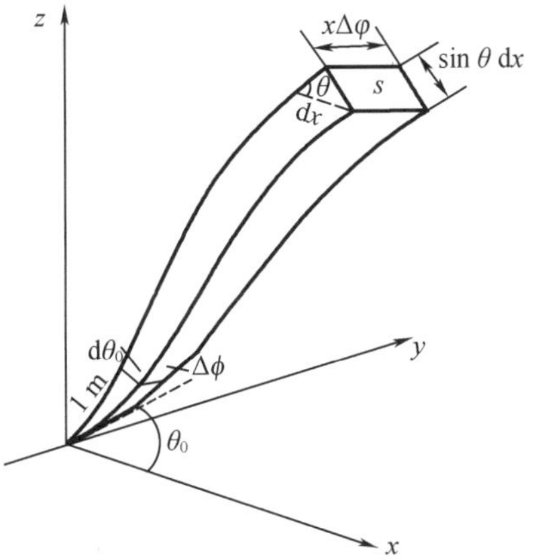


**图 5.14.3　根据能量守恒来确定声强度时用到的一个 $x$–$z$ 平面内射线束。在 1 m 处射线束的横截面积为 $\Delta\varphi\mathrm{d}\theta_0\cos\theta_0$,其中 $\Delta\varphi$ 为射线束在水平方向的角度宽度,$\mathrm{d}\theta_0$ 为初始竖直方向角宽度,$\theta_0$ 为初始仰角。射线与水平方向夹角为 $\theta$ 处的横截面积为 $x\Delta\varphi\sin\theta\mathrm{d}x$,其中 $\mathrm{d}x=(\partial x/\partial\theta_0)_z\mathrm{d}\theta_0$。**

当从源发出的相邻射线在某一场点处相交时,偏导数为零,声强度成为无穷大。这样的点的轨迹(locus)可以形成一个具有无穷大声强度的面,称为"焦散(caustic)"面。当然实际上焦散面内声强并不会达到无穷大,因为程函方程成立的必要条件已经不满足了。但焦散面确实给出声能量高度集中从而声强度很大的区域。

当不相邻的射线路径在源以外某一点相交时情况则不同。一个例子是从边界的反射,直达声与反射声的声线路径相交。当声源产生的是连续单频信号时,这种组合有两种不同方式:

(1)非相干和。如果空间不规则性、边界的起伏或声速剖面足以使得沿相交声线传播

信号的相对相位成为随机的，则可以取"随机相位近似（random phase approximation）"。在这种近似下，不同射线路径相交处平均声强的合理估计是各条射线强度之和，于是声压幅值就是各条射线相交处声压幅值的平方和的平方根。

（2）相干和。如果传播中的不规则性对相位的影响不够大，"相位相干性（phase coherence）"被保留，这时必须计算各个信号沿其路径的传播时间 $\Delta t$ 以便得到相对相位。计及相位，将所有相量相加得到组合后总的声压和相位。

连续波传播的典型情况一般介于这两种理想情况之间。短距离、低频、光滑边界、少边界反射、稳定光滑声速剖面的条件下倾向于相干和。与这些相反的条件下则更倾向于非相干和。传播时间的计算有几种方法，都容易得到

$$\Delta t=\int_0^s \frac{1}{c}\mathrm{d}s=\int_{x_0}^x \frac{1}{c\cos\theta}\mathrm{d}x=\int_{z_0}^z \frac{1}{c\sin\theta}\mathrm{d}z=\int_{\theta_0}^\theta \frac{1}{g\cos\theta}\mathrm{d}\theta \tag{5.14.19}$$

其中每一个被积函数必须写成积分变量的函数。

对于很短的瞬态声信号，沿不同射线路径的传播时间可能差别很大，使得不同到达波之间并不重叠，这样产生的合成信号中沿着不同射线路径的到达波之间都是分开的。但随着瞬态信号的持续时间加长，不同路径到达波之间开始有部分重叠，合成波变得复杂。

## *5.15 非齐次波动方程

前面各节推导了不包含任何声源的空间区域内适用的波动方程。然而要产生声场必须要有声源。可以通过引入依赖于时间的边界条件对所考虑的区域引入声源，如前面对于弦、杆、膜振动的描述。第 7 章中就将通过这种方法将声源的运动与其所产生的声场之间建立联系。但有时采取改变基本方程使其包含声源项在内的方法更方便。

（1）如果单位体积内有以某一速率 $G(\boldsymbol{r},t)$ 注入的质量（或看起来像是有质量注入一样），则线性化的连续性方程变成

$$\rho_0\frac{\partial s}{\partial t}+\nabla\cdot(\rho_0\boldsymbol{u})=G(\boldsymbol{r},t) \tag{5.15.1}$$

这个 $G(\boldsymbol{r},t)$ 由体积发生变化的封闭面所产生，例如爆炸的外表面，被抽真空的玻璃球的向心聚爆或封闭机柜内的扬声器。

（2）若流体中存在"体力"，在欧拉方程中就要包含一项单位体积的体力项 $\boldsymbol{F}(\boldsymbol{r},t)$。线性化的运动方程成为

$$\rho_0\frac{\partial\boldsymbol{u}}{\partial t}+\nabla p=\boldsymbol{F}(\boldsymbol{r},t) \tag{5.15.2}$$

这种力的例子：如在流体中运动而体积不变的源产生的力，如不受阻挡的扬声器圆锥、体积不变的振动球等。

这两个经过修正的方程与线性化的状态方程联立即得到非齐次波动方程为

$$\nabla^2 p-\frac{1}{c^2}\frac{\partial^2 p}{\partial t^2}=-\frac{\partial G}{\partial t}+\nabla\cdot\boldsymbol{F} \tag{5.15.3}$$

(3) 1952 年，Lighthill[①] 首先描述了第三类声源。Lighthill's 的结论包含剪切效应和体积黏滞效应，其推导超出了本书范围。但是在几乎所有实际情况中，黏滞力的贡献完全可以忽略而进行简化推导。声激励源在于加速度的对流项$(\boldsymbol{u}\cdot\nabla)\boldsymbol{u}$中。在式(5.4.8)中保留这一项而舍弃与黏性及重力有关的项得

$$-\nabla p=\rho\left(\frac{\partial \boldsymbol{u}}{\partial t}+(\boldsymbol{u}\cdot\nabla)\boldsymbol{u}\right)=\frac{\partial(\rho\boldsymbol{u})}{\partial t}-\boldsymbol{u}\frac{\partial\rho}{\partial t}+\rho(\boldsymbol{u}\cdot\nabla)\boldsymbol{u} \tag{5.15.4}$$

利用非线性的连续方程式(5.3.3)，将$\boldsymbol{u}(\partial\rho/\partial t)$用$-\boldsymbol{u}\nabla\cdot(\rho\boldsymbol{u})$代替，将式(5.3.3)对时间求导。求式(5.15.4)的散度，消掉相同项，利用式(5.5.6)，在线性项中将$\rho$用$p$表示。最终得到非齐次波动方程为

$$\nabla^2 p-\frac{1}{c^2}\frac{\partial^2 p}{\partial t^2}=-\nabla\cdot[\boldsymbol{u}\nabla\cdot(\rho\boldsymbol{u})+\rho(\boldsymbol{u}\cdot\nabla)\boldsymbol{u}] \tag{5.15.5}$$

重写成下面形式可以直接给出源项的物理意义

$$\nabla^2 p-\frac{1}{c^2}\frac{\partial^2 p}{\partial t^2}=-\frac{\partial^2(\rho u_i u_j)}{\partial x_i\partial x_j} \tag{5.15.6}$$

为简洁起见采用了张量符号，下标$i$、$j$的值取 1、2、3，代表$x$、$y$、$z$方向。利用了求和约定，当某一下标出现超过 1 次时表示对其所有取值求和。例如$\partial u_i/\partial x_i$等价于$\nabla\cdot\boldsymbol{u}$，$u_j(\partial u_i/\partial x_j)$等价于$(\boldsymbol{u}\cdot\nabla)\boldsymbol{u}$。于是源项包含 9 个量，它描述了流体中动量流的空间变化率，Lighthill 证明了“湍流”区(例如喷气发动机排气管内的)产生的声就源于此。(可以证明式(5.15.5)中的源项与式(5.15.6)中的源项等价，参见习题 5.15.3。)

上面 1、2、3 中描述的三个源项可以相互独立地出现，因此包含质量注入、体力和湍流的完整非齐次无损耗方程为

$$\nabla^2 p-\frac{1}{c^2}\frac{\partial^2 p}{\partial t^2}=-\frac{\partial G}{\partial t}+\nabla\cdot\boldsymbol{F}-\frac{\partial^2(\rho u_i u_j)}{\partial x_i\partial x_j} \tag{5.15.7}$$

可以在式(5.15.7)左端增加一项$\nabla\cdot(\rho_0\boldsymbol{g}s)$以包含重力效应、将$c$作为空间位置的函数以引入声速剖面的影响。在 7.10 节中将把式(5.15.7)右端各源项与单极子、偶极子和四极子源相对应。

## *5.16　点　　源

式(5.11.15)给出的单频球面波是齐次波动方程(5.5.4)除了$r=0$点外的解(这与$r=0$点必有产生此声场的源是一致的)。但式(5.11.15)却对所有$\boldsymbol{r}$满足非齐次波动方程，有

$$\nabla^2\boldsymbol{p}-\frac{1}{c^2}\frac{\partial^2\boldsymbol{p}}{\partial t^2}=-4\pi A\delta(\boldsymbol{r})e^{j\omega t} \tag{5.16.1}$$

其中三维$\delta(\boldsymbol{r})$函数定义为

$$\int_V\delta(\boldsymbol{r})\,\mathrm{d}V=\begin{cases}1 & \boldsymbol{r}=0\in V\\0 & \boldsymbol{r}=0\notin V\end{cases} \tag{5.16.2}$$

为证明这个关系，以$\mathrm{d}V$乘式(5.16.1)两端，在包含$\boldsymbol{r}=0$的体积$V$内积分，利用式

① Lighthill, *Proc. R. Soc.* (*London*) *A*, 211, 564 (1952).

(5.16.2)计算 δ 函数的积分,利用高斯定理使体积分退化面积分,得

$$\int_S \nabla \boldsymbol{p} \cdot \hat{\boldsymbol{n}} \mathrm{d}S - \frac{1}{c^2}\int_V \frac{\partial^2 \boldsymbol{p}}{\partial t^2} Dv = -4\pi A \mathrm{e}^{\mathrm{j}\omega t} \tag{5.16.3}$$

其中 $\hat{\boldsymbol{n}}$ 为 $V$ 的表面 $S$ 的外法向单位矢量。将 $p$ 以式(5.11.15)代入,在以 $\boldsymbol{r}$ 为中心的球面上计算面积分,见习题 5.16.1。

为推广至点源位于 $\boldsymbol{r}=\boldsymbol{r}_0$ 的一般情况,适当改变式(5.11.15)中的变量

$$\boldsymbol{p} = \frac{A}{|\boldsymbol{r}-\boldsymbol{r}_0|}\exp[\mathrm{j}(\omega t - k|\boldsymbol{r}-\boldsymbol{r}_0|)] \tag{5.16.4}$$

它是下面方程的解

$$\nabla^2 \boldsymbol{p} - \frac{1}{c^2}\frac{\partial^2 \boldsymbol{p}}{\partial t^2} = -4\pi A \delta(\boldsymbol{r}-\boldsymbol{r}_0)\mathrm{e}^{\mathrm{j}\omega t} \tag{5.16.5}$$

在适当的情况下,直接在波动方程中包含一个点源能带来数学上的极大便利(这样的例子可参见 7.10 节及 9.7~9.9 节)。但我们只在必要时采用这种形式,大多数情况下还是采用与基本物理直觉更紧密相关的方法。

# 习 题

5.2.1 (a)假设 $s \ll 1$,将式(5.2.3)线性化。将结果与式(5.2.5)对比,得到用 $\mathscr{P}_0$ 和 $\gamma$ 表示的理想气体的体积模量。(b)将式(5.2.1)应用于平衡条件得到等容条件下 $\mathscr{B}$ 对温度的依赖关系。

5.2.2 理想气体方程的另一种形式为 $\mathscr{P}V = n\mathscr{R}T_K$,其中 $n$ 为摩尔数,$\mathscr{R}=8.3143$ J/(mol · K)为普适气体常数(摩尔是分子量 $M$,以克为单位)。求 $r$ 和 $\mathscr{R}$ 之间的关系。计算以 J/(mol · K)为单位的 $\mathscr{R}$ 值(千摩尔是以千克为单位的分子量)。

5.2.3 若某流体的绝热方程为 $\mathscr{P}=\mathscr{P}_0 + A[(\rho-\rho_0)/\rho_0] + \frac{1}{2}B[(\rho-\rho_0)/\rho_0]^2$,将其写成 $(\mathscr{P}/\mathscr{P}_0) = (\rho/\rho_0)^a$ 形式,求指数 $a$ 的近似值。提示:将 $(\rho/\rho_0)^a$ 在 $\rho_0$ 附近展开,保留到第二阶,令系数相等。将结果与式(5.2.9)和式(5.2.7)联系起来。

5.2.4 组成标准空气的各主要成分的百分比以及以克为单位的分子量分别为:氮气($N_2$),78.084,28.0134;氧气($O_2$),20.948,31.9988;氩气(Ar),0.934,39.948;二氧化碳($CO_2$),0.031,44.010。(a)计算空气的等效分子量。(b)求空气的比气体常数 $r=R/M$ 并与附录 A1 中所列的值对比。

5.3.1 由线性的连续性方程式(5.3.4)证明压缩性和质点位移之间满足关系 $s=-\nabla \cdot \boldsymbol{\xi}$。提示:假设 $\rho_0$ 与时间无关。式(5.3.4)积分必得到与 $s$ 无关的常数。计算没有声场时这个常数的值。

5.4.1 证明以速度 $\boldsymbol{u}$ 运动的一个流体微元密度的变化为 $(\partial\rho/\partial t) + \boldsymbol{u} \cdot \nabla\rho$。

5.4.2 流体微元运动过程中密度不变的流动是不可压缩流动。由习题 5.4.1 得 $(\partial\rho/\partial t) + \boldsymbol{u} \cdot \nabla\rho = 0$。(a)证明对于不可压缩流动,连续性方程退化为 $\nabla \cdot \boldsymbol{u} = 0$。(b)写出不可压缩流体流动的欧拉方程。(c)不可压缩流体的 $c$ 为何值?

5.5.1 利用绝热方程以及线性化的连续性方程和运动方程证明在线性近似精度内且

$\rho_0$ 和 $c$ 近似为常数时,所有标量声学变量都遵守波动方程$\nabla^2-(1/c^2)\partial^2/\partial t^2=0$。

5.5.2 (a)利用绝热方程以及线性化的连续性方程(以及 $\rho_0$ 和 $c$ 接近常数的特性)证明$\nabla(\nabla\cdot\boldsymbol{u})=(1/c^2)\partial^2\boldsymbol{u}/\partial t^2$。(b)证明:由于是无旋的,因此$\nabla(\nabla\cdot\boldsymbol{u})=(1/c^2)\partial^2\boldsymbol{u}/\partial t^2$ 等价于$\nabla^2\boldsymbol{u}=(1/c^2)\partial^2\boldsymbol{u}/\partial t^2$。(c)写出后一方程在球坐标系中具有球对称性的形式并与同一坐标系中关于压力的波动方程进行对比。($\nabla^2\boldsymbol{u}$ 见附录 7)

5.6.1 (a)利用 $\mathscr{P}_0$、$\rho_0$、$\gamma$ 值求 1 个大气压、0 ℃时氢气的声速。(b)将结果与附录 A10 对比,是否在表格所列值的四舍五入范围内?(c)多大温度误差会导致同样的不一致?

5.6.2 (a)利用式(5.6.8)求大气压力下和温度 30 ℃时蒸馏水的声速。(b)在此温度下,水中声速对温度的变化率是多少?

5.6.3 (a)理想气体 $c$ 随平衡压力变化么?在某一声学过程中随瞬时压力变化么?(b)求满足等温方程式(5.2.2)的理想气体的 $c$ 值。(c)将(b)中得到的 $c$ 值与 20℃空气的 $c$ 值对比。

5.7.1 若 $\boldsymbol{u}=\hat{\boldsymbol{x}}U\exp[\mathrm{j}(\omega t-kx)]$,证明$|(\boldsymbol{u}\cdot\nabla)\boldsymbol{u}|/(\partial\boldsymbol{u}/\partial t)=U/c$,$U/c$ 为声马赫数。将此跟推导线性欧拉方程式(5.4.10)时所做的假设联系起来。

5.7.2 传播常数为 $k$ 的声波,证明为得到式(5.5.8)所做的数学假设等价于要求$(1/\rho)\nabla\rho_0\ll k$,分析其物理意义。

5.7.3 平面波 $\boldsymbol{u}=xU\exp[\mathrm{j}(\omega t-kx)]$,求声马赫数的表达式:(a)用 $P$、$\rho_0$、$c_0$ 表示;(b)用 $s$ 表示。

5.7.4 对于斜入射波,利用式(5.7.8)推导速度势并由此得到声质点速度,证明速度平行于传播矢量。

5.7.5 (a)证明若在欧拉方程的重力项中,密度不用 $\rho_0$ 近似,则声压波动方程中包含一项$\nabla\cdot(\boldsymbol{g}\rho_0 s)$。(b)证明对于平面波,只要 $\omega\gg|\boldsymbol{g}|/c$,则这一项可以忽略。计算水和空气的$|\boldsymbol{g}|/c$ 值。

5.7.6 角频率为 $\omega$ 的声波,找到一个条件来证明在线性化的连续性方程中忽略 $\rho_0$ 对时间的任何依赖性是合理的。

5.8.1 两列平行行进的平面波角频率为 $\omega_1$ 和 $\omega_2$,压力幅值为 $P_1$ 和 $P_2$。(a)证明空间一点的能量密度 $E_i$ 在$(P_1+P_2)^2/\rho_0c^2$ 和$(P_1-P_2)^2/\rho_0c^2$ 之间的变化。(b)证明该点总的能量密度等于每个波的单独的能量密度之和。提示:令平均时间远大于 $2\pi/|\omega_1-\omega_2|$。

5.9.1 若 $\boldsymbol{p}=P\exp[\mathrm{j}(\omega t-kx)]$,求:(a)声密度;(b)质点速度;(c) 速度势;(d)能量密度;(e)声强度。

5.9.2 (a)推导声压 $p$ 引起的气体绝热温度升高 $\Delta T$ 表达式。(b)求 20 ℃、标准大气压下,空气中强度为 10 W/m$^2$ 的声引起的温度波动幅度。

5.9.3 对 $p=P\cos(\omega t)\cos(kx)$的驻波重复习题 5.9.1。

5.10.1 一列波由两列沿+$x$ 方向传播、频率不同的波合成,证明声阻抗率为 $\rho_0c$。

5.10.2 证明沿+$x$ 方向传播的任意平面波的声阻抗率为 $\rho_0c$。提示:令 $\boldsymbol{\Phi}=\boldsymbol{f}(ct-x)$,再由 $\boldsymbol{\Phi}$ 产生 $\boldsymbol{p}$ 和 $\boldsymbol{u}$。

5.10.3 求驻波 $\boldsymbol{p}=P\sin(kx)\exp(\mathrm{j}\omega t)$的声阻抗率。

5.11.1C 绘制 $kr$ 值在 0 和 1 之间的声阻率和声抗率曲线。这些量在 $kr$ 值的什么范围内表现出从低频到高频的过渡性质?它们的最大值是多少?

5.11.2 空气中有一小型球面波声源,计算径向距离 10 cm 处 10 Hz、100 Hz、1 kHz、

10 kHz 声波的声压和质点速度相位差。对每一频率计算该点处声阻抗率的模。

5.11.3 计算球面波 $\boldsymbol{p}=(A/r)P\cos(kr)\exp(\mathrm{j}\omega t)$ 的下述量:(a)质点速度;(b)声阻抗率;(c)瞬时声强;(d)声强。

5.11.4 证明 $kr=1$ 时球面波的声抗率最大。

5.11.5 空气中测得 100 Hz 声波在某点的声压幅值和质点速度分别为 2 Pa 和 0.010 0 m/s。假定这是球面波,求该点到声源的距离。为了确定声源方位还需在该点进行何种测量?

5.11.6C 计算并绘制作为 $kr$ 函数的球面波的声阻抗率曲线(值除以 $\rho_0 c$ 实现归一化)。在 $kr$ 值的什么范围内球面波特性在 10%误差范围内接近于平面波?

5.12.1C 空气中球面波在距离原点 1 m 处声压幅值为 100 dB *re* 20 μPa。(a)对于不同频率值绘制声压幅值 $P$ 与质点速度幅值 $U$ 之比随 $r$ 的变化曲线。(b)$P/U$ 值以不大于 10% 的误差接近于 $\rho_0 c$ 的距离是否跟频率无关?(c)如果上述距离跟频率有关,绘制该距离作为频率函数的曲线。

5.12.2 空气中 171 Hz 平面行波声压级为 40 dB *re* 20 μPa,求:(a)声压幅值;(b)声强;(c)质点速度幅值;(d)声强幅值;(e)质点速度幅值;(f)压缩率幅值。

5.12.3 空气中 100 Hz 平面声波声压幅值峰值为 2 Pa。(a)声强和声强级是多少?(b)质点位移幅值的峰值是多少?(c)质点速度幅值的峰值是多少?(d)有效值或均方值声压是多少?(e)参考值 20 μPa,声压级是多少?

5.12.4 某声波声压级为 80 dB *re* 1 μbar。求:(a)参考值为 1 μbar 时的声压级;(b)参考值为 20 μPa 时的声压级。

5.12.5 (a)证明空气中声压有效值为 1 μbar 的平面波声强级为 74 dB *re* $10^{-12}$ W/m$^2$。(b)求水中 $SPL$(1 μbar)= 120 dB 的平面波产生的强度(W/m$^2$)。(c)强度相同时,水中与空气中声压幅值之比为何值?

5.12.6 (a)空气中平面波声强级为 70 dB *re* $10^{-12}$ W/m$^2$,求能量密度和声压有效值。(b)水中平面波声压级为 70 dB *re* 1 μbar,求能量密度和声压有效值。

5.12.7 (a)证明在常数压力 $P_0$ 下,气体的特性阻抗与绝对温度 $T_K$ 的平方成反比。(b)0 ℃时空气的特性阻抗为何值?80 ℃呢?(c)若声压幅值为常数,温度从 0 ℃升高到 80 ℃时声强度变化多少百分比?(d)相应地,声强级变化多少?声压级变化多少?

5.12.8 当水中的声压幅值超过静水压力时,声呐换能器表面会发生空化。(a)当静水压力为 200 000 Pa 时,不发生空化而能辐射的最高声强是多少?(b)以 1 μbar 为参考值,这时的声压级是多少?(d)海洋中多深处的静水压力等于上述声压值?

5.12.9 在均方根值 100 V(rms)声压激励下换能器在 1 m 处的声压级为 100 dB *re* 1 μbar。求灵敏度级,参考值为 1 μbar/V。

5.12.10 换能器灵敏度级为 60 dB *re* 1 μbar/V。求参考值分别为 1 μbar/V 和 1 μPa/V 时的灵敏度级。

5.12.11 水听器的接收灵敏度级为-80 dB *re*1 μbar/V。(a)以 1 V/μbar 为参考值表示这个灵敏度级。(b)声场为 80 dB *re* 1 μbar 时输出均方根声压是多少?

5.12.12 入射的有效值声压级为 120 dB *re* 20 μPa 时微音器的读数为 1 mV。求分别以 1 V/μbar 和 1 V/20 μPa 为参考时该微音器的灵敏度级。

5.13.1C 将 $H_0^{(2)}(kr)$ 与其的渐近表达式进行对比找到 $kr$ 的某一个值,在该值范围以外二者的误差在 10%以内。

5.13.2C　找到 $kr$ 的某一个值，在该值范围以外，式(5.13.12)的 $|z|$ 与 $\rho_0 c$ 之间的误差不超过 10%。

5.13.3　对于不同的 $z$ 值证明：$J_0(z)$ 和 $Y_0(z)$ 的朗斯基行列式为 $2/\pi z$。

5.13.4　求下列情况中传播距离加倍时声压幅值变化的百分比：(a) 球面波；(b) 柱面波 $kr \gg 1$；(c) 平面波。

5.13.5　在式(5.13.3)中假设 $k_z \neq 0$。(a) 证明 $\boldsymbol{p} = H_0^{(2)}(k_r r)\sin k_z z e^{j\omega t}$ 是式(5.13.3)的一个解。(b) 将 $\sin k_z z$ 用复指数表示并证明 $\boldsymbol{p}$ 包含两个向外传播的波。(c) 求传播矢量相对于 $z=0$ 平面的仰角和俯角。

5.14.1　(a) 若 $c$ 只是 $z$ 的函数，证明 $\mathrm{d}\theta/\mathrm{d}s = -[(\cos\theta_0)/c_0]\mathrm{d}c/\mathrm{d}z$，其中 $\theta_0$ 为 $c=c_0$ 处声线的仰角。(b) 若梯度 $g=\mathrm{d}c/\mathrm{d}z$ 为常数，求用 $g$、$c$、$\theta$ 表示的声线曲率半径 $R$。$R$ 是否为常数？(c) 若空气温度随高度 $z$ 线性降低，证明 $c(z)=c_0-gz$，其中 $g>0$。若温度降低 5 ℃/km，求在 $z=0$ 处沿水平方向的声线的曲率半径(假设 $c_0==340$ m/s)。在多大的水平距离上这条声响升高到 10 m？

5.14.2　假设声速剖面为准抛物线 $c(z)=c_0[1-(\varepsilon z)^2]^{-1/2}$。声道轴远离海面，定义其深度 $z=0$。(a) 求由 $(x,z)=(0,0)$ 点以俯仰角 $(x,z)=(0,0)$ 发出的声线 $\pm\theta_0$ 的方程。提示：利用斯涅尔定律、$\mathrm{d}z/\mathrm{d}x=\tan\theta$ 以及 $\int(a^2-u^2)^{-1/2}\mathrm{d}u=\sin^{-1}(u/a)$。(b) 对于给定的一条声线，写出能量在声道轴内传播至 $x$ 距离的平均速度。解释为何与参数 $\varepsilon$ 无关。对于小角度，利用 $\theta_0$ 的第一非零项对得到的表达式取近似。(c) 对于 $|\theta_0| \leqslant \pi/8$，证明 $c(z)$ 是抛物线型声速剖面 $c_0\left[1+\dfrac{1}{2}(\varepsilon z)^2\right]$ 的良好近似。22 ℃时的百分比差异是多少？(d) 声道轴深度低于海面下 1 km 的某海洋信道可以近似用 $c(z)$ 描述，其中 $c_0=1\ 475$ m/s，$\varepsilon=1.5\times10^{-4}\ \mathrm{m}^{-1}$。计算 $\theta_0=0,1,2,5$ 时(c)的传播速度。(e) 对于(d)的每一个角度，计算声线可以达到的声道轴以上的最大高度以及跟声道轴连续相交的两点间的水平距离。(f) 解释为什么(d)和(e)的结果并非矛盾的。

5.14.3　假设声速剖面为准线性 $c(z)=c_0(1-\varepsilon|z|)^{-1/2}$。声道轴远离海面，定义其深度 $z=0$。(a) $(x,z)=(0,0)$ 点的源以俯仰角 $\pm\theta_0$ 发出的声线，求声线方程。提示：利用斯涅尔定律和 $\mathrm{d}z/\mathrm{d}x=\tan\theta$。(b) 求初始角度为 $\theta_0$ 的声线与 $x$ 轴交点的距离间隔 $\Delta x$ 以及该声线在 $z=0$ 上下两侧达到的最大距离 $\Delta xz$。(c) 求一条给定声线能量传播至声道轴上 $x$ 距离的平均速度。解释为何不依赖于参数 $\varepsilon$。对于小角度，利用 $\theta_0$ 的第一非零项对得到的表达式取近似。(d) 对于 $|\theta_0| \leqslant \pi/8$，证明 $c(z)$ 是线性声速剖面 $c_0\left(1+\dfrac{1}{2}\varepsilon|z|\right)$ 的良好近似。22 ℃时的百分比误差是多少？(e) 某海洋信道声道轴深度约大于 1 km，声速剖面可以近似为准双线性函数，在声道轴上侧下侧分别有 $\varepsilon_1=4.0\times10^{-5}\ \mathrm{m}^{-1}$ 和 $\varepsilon_2=2.0\times10^{-5}\ \mathrm{m}^{-1}$。对于 $\theta_0=0°$，$1°$，$2°$，$5°$，$10°$ 计算传播速度。(e) 对于(d)的每一个角度，计算声线可以达到的声道轴以上的最大高度以及跟声道轴连续相交的两点间的水平距离。(f) 解释为什么(d)和(e)的结果并非矛盾的。

5.14.4　(a) 证明式(5.14.7)。提示：将式(5.14.6)代入式(5.14.3)，并注意到 $\nabla A\cdot(n\hat{\boldsymbol{s}})=n(\mathrm{d}A/\mathrm{d}s)$ 和 $\nabla\cdot(n\hat{\boldsymbol{s}})=\mathrm{d}n/\mathrm{d}s+n\nabla\cdot\hat{\boldsymbol{s}}$。(b) 由式(5.4.12)推导式(5.4.13)。一项

一项处理。首先证明 d(∇Γ)可以写成 d(nα)/ds,再根据式(5.14.12)可以写成($\alpha\partial/\partial x+\beta\partial/\partial y+\gamma\partial/\partial z$)($\partial\Gamma/\partial x$)。在后一表达式中交换求微分的次序,利用式(5.14.6),将导数展开并利用 $\alpha^2+\beta^2+\gamma^2=1$ 重新组合。

5.14.5　若水面声速为 1 500 m/s,并以 0.017 s 的速率随深度线性增大,在 100 m 深处水平发出的声线到达水面时经过了多少水平距离?

5.14.6　计算上题中声线到达水面时的强度与距离声源 1 m 时的强度之比。将此与球面波扩展进行对比。

5.14.7　绘制作为时间函数的两正弦信号相位相干和。两信号的频率、幅值相同、相位差从 0°到 360°,步长 45°。计算每种情况下和信号的强度与每个单独信号的强度之比,并与由曲线得到的结果进行对比。

5.14.8　由同一个源发出的信号经由两不同途径到达某一点。令两信号在该点的声压分别为 $p_1=P_1\cos(\omega t)$ 和 $p_2=P_2\cos(\omega t+\varphi)$。(a)假设两个波为平面波并且相互平行,证明该点的声强为 $I=[(P_1+P_2\cos\varphi)^2+(P_2\sin\varphi)^2]/2\rho_0c$。(b)若非相干效应使得相对于信号周期来说 $\varphi$ 是随时间缓慢变化函数,证明该点的总声强为两个波单独的声强之和。提示:令 $\varphi$ 的计算值以相等的概率分布在 $0\leqslant\varphi\leqslant2\pi$ 上。

5.14.9C　绘制作为时间函数的两个强度大致相等的准随机信号的总和。验证总和信号的强度是各个单独信号的强度之和。提示:由正弦函数构造两个准随机信号,在每个时间步长上令两个信号的相位为相互独立的随机数。

5.14.10　证明球面对称扩散波对所有 $r$ 值恒满足式(5.14.5)。

5.14.11C　深海中的声速可以用两层近似:上层声速从海面值 1 500 m/s 线性下降到 1 000 m深处的 1 475 m/s,下层为深度无限,声速深度以常数速率 0.017 $s^{-1}$ 增大。对位于海面的声源:(a)绘出俯角在 0°和 10°之间的声线返回到海面的距离;(b)求声线返回海面时到声源的最近距离以及该声线的俯角;(c)不同源角的声线在同一距离到达海面的区域为重扫区(resweep zone),求这个区域的宽度;(d)求对该区域有贡献的声线能到达的最大深度。

5.14.12　空气中的声速从地表的 343 m/s 增大到 100 m 高处的 353 m/s,继而随高度升高减小。对位于地表的声源,求:(a)能返回地面的声线的最大仰角;(b)该声线返回地面的距离。

5.14.13C　在习题 5.14.12 求得的距离上,求水平发出的声线到达该距离的时间与以最大仰角发出的声线到达该距离的时间之差。

5.14.14　(a)证明在导出程函方程的近似时,有 $\nabla p=pk\nabla\Gamma$。(b)声强矢量式为 $\boldsymbol{I}=\langle p\boldsymbol{u}\rangle_T$。利用 $p$ 和 $\boldsymbol{u}$ 之间的关系证明 $\boldsymbol{I}$ 平行于声线路径。

5.15.1　用矢量符号表示:(a)$u_iv_i$;(b)$\partial u_j/\partial x_j$;(c)$u_i\partial f/\partial x_i$;(d)$f\partial u_j/\partial x_j+u_i\partial f/\partial x_i$。

5.15.2　利用下标(张量)符号表示:(a)$(\boldsymbol{u}\cdot\nabla)$;(b)$[(\boldsymbol{u}\cdot\nabla)\boldsymbol{u}]$;(c)$\nabla\cdot[\boldsymbol{u}(\nabla\cdot\boldsymbol{u})]$。

5.15.3　证明式(5.15.5)和式(5.1.5.6)右端是等价的。提示:将 $\partial/\partial x_j$ 作用于$(\rho u_j)u_i$ 并写成矢量式。

5.16.1　证明式(5.16.3)的等式。提示:利用不定积分关系式 $\int x\exp(-\mathrm{j}x)\mathrm{d}x=\exp(-\mathrm{j}x)+\mathrm{j}x\exp(-\mathrm{j}x)$。

5.16.2　证明在球坐标系下,满足对称关系示三维 δ 函数可以写成 $\delta(\boldsymbol{r})=(4\pi r^2)^{-1}\delta(r)$,其

中 $\delta(r)$ 为一维 δ 函数。

5.16.3　证明圆柱坐标系下,满足对称关系示,位于 $z$ 轴上 $z=z_0$ 处的源的三维 δ 函数可以写成 $\delta(\boldsymbol{r}-\boldsymbol{r}_0)=(2\pi r)^{-1}\delta(r)\delta(z-z_0)$。

5.16.4　(a)证明 $p=(A/r)f(t-r/c)$ 为非齐次波动方程

$$\nabla^2 p-(1/c^2)\partial^2/\partial t^2=-4\pi A\delta(\boldsymbol{r})f(t)$$

的一个解。

(b)证明当 $f(t)=\delta(t)$ 时 $p=(1/r)\delta(t-r/c)$ 为该方程的一个解。

# 第 6 章　反射与透射

## 6.1　介质的变化

当在一种介质中传播的声波遇到第二种介质的边界时产生反射波和透射波。若假设入射波和介质之间的边界都是平面的而且介质均为流体，则对这种现象的讨论大大简化。当其中一种介质为固体时产生的复杂性将在 6.6 节进行讨论。值得注意的是，垂直入射情况下许多固体也遵循与流体相同的方程，唯一的修正就是声速要用基于体积模量（bulk modulus）和剪切模量（shear modulus）的固体“体积声速（bulk speed of sound）”，与第 3 章的杆不同，空间延伸范围大的固体不能自由改变横向尺度，见附录 A11。附录 A10 列出了一些固体声的膨胀波速度。

反射波和透射波与入射波的声压幅值及声强度之比依赖于两种介质的特性阻抗、声速以及入射波与界面的夹角。令入射波和反射波在特性声阻抗为 $r_1=\rho_1c_1$ 的流体中传播，其中 $\rho_1$ 为流体平衡时的密度（为表达简洁省略了下标“0”），$c_1$ 为流体中声速。令透射波在特性声阻抗为 $r_2=\rho_2c_2$ 的流体中传播。若入射波的复数声压幅值为 $\boldsymbol{P}_\mathrm{i}$、反射波的为 $\boldsymbol{P}_\mathrm{r}$、透射波的为 $\boldsymbol{P}_\mathrm{t}$，则可以定义声压透射和反射系数（pressure transmission and reflection coefficients）

$$\boldsymbol{T}=\boldsymbol{P}_\mathrm{t}/\boldsymbol{P}_\mathrm{i} \tag{6.1.1}$$

$$\boldsymbol{R}=\boldsymbol{P}_\mathrm{r}/\boldsymbol{P}_\mathrm{i} \tag{6.1.2}$$

因谐和平面行波的强度为 $P^2/2r$，因此声强度的透射和反射系数（intensity transmission and reflection coefficients）是实数，定义为

$$T_I=I_\mathrm{t}/I_\mathrm{i}=(r_1/r_2)\,|\boldsymbol{T}|^2 \tag{6.1.3}$$

$$R_I=I_\mathrm{r}/I_\mathrm{i}=|\boldsymbol{R}|^2 \tag{6.1.4}$$

多数实际情况下声束具有有限的横截面积。前面已经看到，在局部，声束可以用几乎平行的射线进行描述，因此可以用范围有限的平面波来近似。波束边缘的衍射可能会导致异常，但如果横截面积与一个波长相比足够大，则这种异常可以忽略，就可以适用本章推导的公式。

一束声携带的能量为声强与声束横截面积的乘积。若横截面积为 $A_\mathrm{i}$ 的声束斜入射到一个边界上，透射声束的横截面积 $A_\mathrm{t}$ 一般与入射声束不同。稍后将证明入射和反射声束的横截面积在所有情况下总是相同的。功率透射与反射系数（power transmission and reflection coefficients）定义为

$$T_\Pi=(A_\mathrm{t}/A_\mathrm{i})\,T_I=(A_\mathrm{t}/A_\mathrm{i})(r_1/r_2)\,|\boldsymbol{T}|^2 \tag{6.1.5}$$

$$R_\Pi=R_I=|\boldsymbol{R}|^2 \tag{6.1.6}$$

由于能量守恒，入射声的能量必然在反射声与透射声之间分配，于是

$$R_\Pi+T_\Pi=1 \tag{6.1.7}$$

比本章所讨论内容更为复杂的一些情况在一些专业教材中可以找到[①]。

## 6.2　从一种流体向另一种流体的透射:垂直入射

如图 6.2.1 所示,平面 $x=0$ 为特性阻抗为 $r_1$ 的流体 1 与特性阻抗为 $r_2$ 的流体 2 之间的边界。一列平面入射行波沿 $+x$ 方向传播

$$\boldsymbol{p}_{\mathrm{i}}=\boldsymbol{P}_{\mathrm{i}}e^{j(\omega t-k_1x)} \tag{6.2.1}$$

这列入射波遇到边界时产生一列反射波

$$\boldsymbol{p}_{\mathrm{r}}=\boldsymbol{P}_{\mathrm{r}}e^{j(\omega t+k_1x)} \tag{6.2.2}$$

和一列透射波

$$\boldsymbol{p}_{\mathrm{t}}=\boldsymbol{P}_{\mathrm{t}}e^{j(\omega t-k_2x)} \tag{6.2.3}$$

所有波必有相同的频率,但因为速度 $c_1$ 与 $c_2$ 不同,流体 1 中的波数 $k_1=\omega/c_1$ 与流体 2 中的波数 $k_2=\omega/c_2$ 也不同。

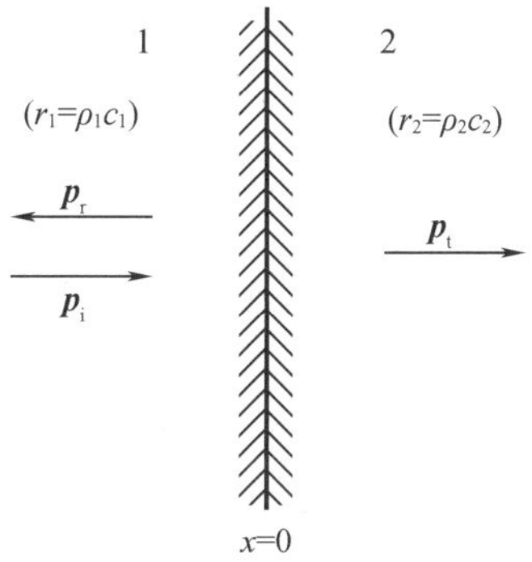


**图 6.2.1　平面波垂直入射到特性阻抗不同的两种流体之间的平面边界上发生的反射与透射**

有两个边界条件在任意时刻、任意边界上都要满足:(1)边界两侧的声压必须相等;(2)边界两侧质点速度沿界面法向的分量必须相等。第一个条件“声压连续(continuity of pressure)”,意味着在分隔流体的(无质量)平面上一定没有净力。第二个条件“速度的法向分量连续(continuity of normal component of velocity)”要求流体保持相互接触。流体 1 中的声压和法向质点速度为 $\boldsymbol{p}_{\mathrm{i}}+\boldsymbol{p}_{\mathrm{r}}$ 和 $(\boldsymbol{u}_{\mathrm{i}}+\boldsymbol{u}_{\mathrm{r}})\hat{\boldsymbol{x}}$,于是边界条件为

$$\boldsymbol{p}_{\mathrm{i}}+\boldsymbol{p}_{\mathrm{r}}=\boldsymbol{p}_{\mathrm{t}},x=0 \tag{6.2.4}$$

$$\boldsymbol{u}_{\mathrm{i}}+\boldsymbol{u}_{\mathrm{r}}=\boldsymbol{u}_{\mathrm{t}},x=0 \tag{6.2.5}$$

将式(6.2.4)除以式(6.2.5)得

$$\frac{\boldsymbol{p}_{\mathrm{i}}+\boldsymbol{p}_{\mathrm{r}}}{\boldsymbol{u}_{\mathrm{i}}+\boldsymbol{u}_{\mathrm{r}}}=\frac{\boldsymbol{p}_{\mathrm{t}}}{\boldsymbol{u}_{\mathrm{t}}},x=0 \tag{6.2.6}$$

① Officer, *Introduction to the Theory of Sound Transmission*, McGraw-Hill(1958). Ewing, Jardetzky, and Press, *Elastic Waves in Layered Media*, McGraw-Hill(1957). Brekhovskikh, *Waves in Layered Media*, Academic Press(1960).

这是越过边界时“法向声阻抗率连续(continuity of normal specific acoustic impedance)”的一种表述。

由于平面波有 $\boldsymbol{p}/\boldsymbol{u}=\pm r$,符号取决于传播方向,则式(6.2.6)成为

$$r_1\frac{\boldsymbol{p}_{\mathrm{i}}+\boldsymbol{p}_{\mathrm{r}}}{\boldsymbol{p}_{\mathrm{i}}-\boldsymbol{p}_{\mathrm{r}}}=r_2 \tag{6.2.7}$$

由此直接得到反射系数

$$\boldsymbol{R}=\frac{r_2-r_1}{r_2+r_1}=\frac{r_2/r_1-1}{r_2/r_1+1} \tag{6.2.8}$$

因为式(6.2.4)等价于 $1+\boldsymbol{R}=\boldsymbol{T}$,于是得

$$\boldsymbol{T}=\frac{2r_2}{r_2+r_1}=\frac{2r_2/r_1}{r_2/r_1+1} \tag{6.2.9}$$

声强度的透射和反射系数由式(6.1.3)、式(6.1.4)直接求出,即

$$R_I=\left(\frac{r_2-r_1}{r_2+r_1}\right)^2=\left(\frac{r_2/r_1-1}{r_2/r_1+1}\right)^2 \tag{6.2.10}$$

$$T_I=\frac{4r_2r_1}{(r_2+r_1)^2}=\frac{4r_2/r_1}{(r_2/r_1+1)^2} \tag{6.2.11}$$

因为所有波束的横截面积是相同的,所以式(6.1.5)和式(6.1.6)的功率系数等于声强的系数。

由式(6.2.8)可知,$\boldsymbol{R}$ 总是实数,当 $r_1<r_2$ 时为正,$r_1>r_2$ 时为负,因此在边界处,反射波与入射波的声压是同相的或者相位相差 180°。当介质 2 的特性阻抗比介质 1 大时(空气中的波入射到“空气-水”界面上),入射波声压的正值被反射后还是正的。反之,如果 $r_1>r_2$(水中的波入射到“水-空气”界面上),正的声压反射后成为负的声压。当 $r_1=r_2$ 时,$\boldsymbol{R}=0$,此时发生全透射。

由式(6.2.9)可以看到,不管 $r_1$ 与 $r_2$ 之间的相对大小关系如何,$\boldsymbol{T}$ 总是正的实数,因此在边界处透射波声压总是跟入射波声压同相位。由式(6.2.11)可知,当 $r_1$、$r_2$ 的值相差很大时,声强的透射系数很小。再由式(6.2.10)、式(6.2.11)形式上的对称性可知,声强反射和透射系数与波的方向无关,例如波由水进入空气和由空气进入水时它们是相同的。这是声互易性(acoustic reciprocity)的一种特殊情况。

在 $r_1/r_2\to0$ 的极限情况下,波被反射时幅值无衰减,相位也无变化。透射波声压幅值是入射波的两倍而且边界处质点的法向速度为零,由于这后一种事实,将边界称为“刚硬(rigid)”的。

对于 $r_1/r_2\to\infty$ 的情况,反射波幅值还是跟入射波相同,透射波的声压幅值为零。由于边界处声压为零,因此称边界为“压力释放(pressure release)”边界。

## 6.3 通过流体层的透射:垂直入射

假设两种不同流体之间有一个具有均匀厚度 $L$ 的平面流体层,平面波垂直入射到其边界上,如图 6.3.1 所示。几种流体的特性阻抗分别为 $r_1$、$r_2$ 和 $r_3$。

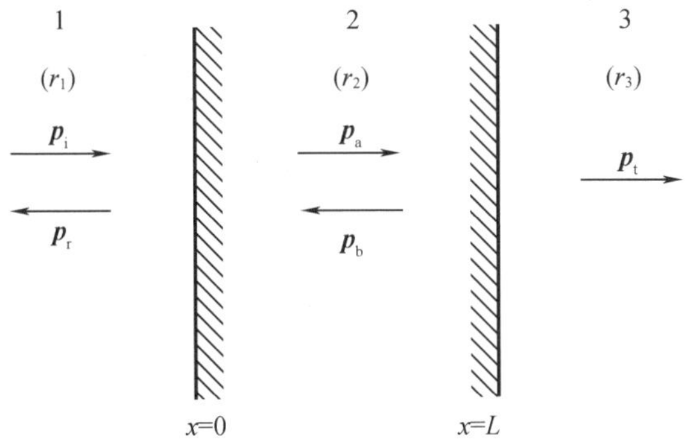


**图 6.3.1　平面波垂直入射到厚度均匀的流体层上的反射与透射**

当流体 1 中的入射波信号到达流体 1 与流体 2 之间的边界时，一些能量被反射，一些能量透射到第二种流体中。透射的这部分波继续在流体 2 中传播，到达流体 2 与流体 3 之间的边界，又有部分能量被反射，部分能量被透射。被反射的波往回传播，到达流体 1 与流体 2 之间的边界，则整个过程又被重复。如果入射信号的持续时间小于 $2L/c_2$，则在流体 1 或流体 3 中的观察者将看到一串回波，它们在时间上的间隔是 $2L/c_2$，回波的波幅则可以通过相应多次地应用前一节的结果来得到。反之，若入射波列具有一个单频的载波而波的持续时间比 $2L/c_2$ 大得多，则可以将其设为

$$\boldsymbol{p}_{\rm i}=\boldsymbol{P}_{\rm i}{\rm e}^{{\rm j}(\omega t-k_1x)} \tag{6.3.1}$$

这时各次反射波和透射波是重叠的，稳态时反射回流体 1 中的波为

$$\boldsymbol{p}_{\rm r}=\boldsymbol{P}_{\rm r}{\rm e}^{{\rm j}(\omega t+k_1x)} \tag{6.3.2}$$

流体 2 内的透射波和反射波为

$$\boldsymbol{p}_{\rm a}=\boldsymbol{A}{\rm e}^{{\rm j}(\omega t-k_2x)} \tag{6.3.3}$$

$$\boldsymbol{p}_{\rm b}=\boldsymbol{B}{\rm e}^{{\rm j}(\omega t+k_2x)} \tag{6.3.4}$$

透射到流体 3 中的波为

$$\boldsymbol{p}_{\rm t}=\boldsymbol{P}_{\rm t}{\rm e}^{{\rm j}(\omega t-k_3x)} \tag{6.3.5}$$

由 $x=0$ 和 $x=L$ 处法向声阻抗率连续给出

$$\begin{gathered}\frac{\boldsymbol{P}_{\rm i}+\boldsymbol{P}_{\rm r}}{\boldsymbol{P}_{\rm i}-\boldsymbol{P}_{\rm r}}=\frac{r_2}{r_1}\,\frac{\boldsymbol{A}+\boldsymbol{B}}{\boldsymbol{A}-\boldsymbol{B}}\\ \frac{\boldsymbol{A}{\rm e}^{-{\rm j}k_2L}+\boldsymbol{B}{\rm e}^{{\rm j}k_2L}}{\boldsymbol{A}{\rm e}^{-{\rm j}k_2L}-\boldsymbol{B}{\rm e}^{{\rm j}k_2L}}=\frac{r_3}{r_2}\end{gathered} \tag{6.3.6}$$

通过代数运算得声压反射系数为

$$\boldsymbol{R}=\frac{(1-r_1/r_3)\cos k_2L+{\rm j}(r_2/r_3-r_1/r_2)\sin k_2L}{(1+r_1/r_3)\cos k_2L+{\rm j}(r_2/r_3+r_1/r_2)\sin k_2L} \tag{6.3.7}$$

声强透射系数通过利用式(6.1.3)～式(6.1.7)并注意到 $A_t=A_i$ 得到

$$T_I=\frac{4}{2+(r_3/r_1+r_1/r_3)\cos^2k_2L+(r_2^2/r_1r_3+r_1r_3/r_2^2)\sin^2k_2L} \tag{6.3.8}$$

式(6.3.8)的几种特殊形式很有意思。

(1) 如果最后一种流体与第一种流体是相同的，即 $r_1=r_3$，则

$$T_I=\frac{1}{1+\frac{1}{4}(r_2/r_1-r_1/r_2)^2\sin^2 k_2L} \tag{6.3.9}$$

若再有 $r_2\gg r_1$，则式(6.3.9)还可以进一步简化为

$$T_I=\frac{1}{1+\frac{1}{4}(r_2/r_1)^2\sin^2 k_2L} \tag{6.3.10}$$

举个例子，声由一个房间内的空气通过固体墙壁进入隔壁房间的空气中就属于后面这种情况。构成房间之间墙壁的固体材料特性阻抗远比空气的大，因此对频率和墙壁厚度的任何合理值都有 $(r_2/r_1)\sin k_2L\gg 2$。于是当流体介质为空气时，式(6.3.10)退化为

$$T_I\approx\left(\frac{2r_1}{r_2\sin k_2L}\right)^2 \tag{6.3.11}$$

最后，除了频率很高、墙壁很厚的情况以外都有 $k_2L\ll 1$ 以及 $\sin k_2L\approx k_2L$，于是式(6.3.11)变成

$$T_I=\left(\frac{2}{k_2L}\,\frac{r_1}{r_2}\right)^2 \tag{6.3.12}$$

(在 1 kHz 时，0.1 m 厚的混凝土墙壁的 $k_2L$ 值为 $k_2L=2\pi\times 1\,000\times 0.1/3\,100=0.20$)。注意到透射波声压反比于厚度 $L$，因此也反比于单位面积墙壁的质量。对于一些常见的墙体观察到行为大致复合这样的规律。对于水中固体平板的情况，式(6.3.10)分母中的两项通常都比较重要，因此必须利用完整的表达式。但对薄板或低频情况而有 $(r_2/r_1)\sin k_2L\ll 1$ 时，式(6.3.10)简化为

$$T_I\approx 1 \tag{6.3.13}$$

这种行为在溢流式流线型声呐换能器导流罩的设计中得到应用。

(2)假设中间流体特性阻抗比流体 1 和流体 3 都大但厚度很小以至于有 $r_2\sin k_2L\ll 1$ 以及 $\cos k_2L\approx 1$，可以得到式(6.3.8)的另一种特殊形式。这时式(6.3.8)退化为

$$T_I=\frac{4r_3r_1}{(r_3+r_1)^2} \tag{6.3.14}$$

这与式(6.2.11)等价，即波由流体 1 直接进入流体 3 时的声强透射系数。因此可以用具有适当特性阻抗的固体材料薄膜来分隔两种气体或液体，以避免它们之间发生混合而不影响它们之间的声透射。特别地，如果 $r_1=r_3$，则发生流体 1 到流体 3 的全透射，就像流体 2 不存在一样。

(3)回到 $T_I$ 的一般形式式(6.3.8)，如果 $k_2L=n\pi$，即

$$f\approx nc_2/2L \tag{6.3.15}$$

则式(6.3.8)退化为式(6.3.14)。对于这些频率有 $L\approx n\lambda_2/2$，中间流体层厚度为半波长的整数倍。这时也好像流体 2 并不存在一样。

(4)最后，如果 $k_2L\approx\left(n-\frac{1}{2}\right)\pi$，其中 $n$ 为任意整数，则 $L\approx(2n-1)\lambda_2/4$，于是 $\cos k_2L\approx 0$，$\sin k_2L\approx 1$，则对于很接近于 $f=\left(n-\frac{1}{2}\right)c_2/2L$ 的频率，式(6.3.8)变成

$$T_I=\frac{4r_1r_3}{(r_2+r_1r_3/r_2)^2} \tag{6.3.16}$$

有一个很有意思的特例，当 $r_2=\sqrt{r_1r_3}$ 时，由式(6.3.16)得到 $T_I\approx 1$。因此，有可能通过使用特性阻抗为其他两种介质特性阻抗几何平均值的中间介质来获得声功率从一种介质到另一种介质的全透射。但是这种行为是有选择性的，因为它只发生在以这些特定值为中心的窄带频率上。这种利用四分之一波长厚度中间层使声功率发生全透射的技术与利用适当材料的四分之一波长厚度表层得到无反射玻璃透镜的技术是相似的。另一个例子是利用四分之一波长部件将天线与电传输线进行匹配。

由任意数量的连续层提供给流体 1 的阻抗 $z_2$ 可以用声压反射系数来表示。流体 1 和流体 2 之间的边界对应下式给出的阻抗：

$$z_2=\left.\frac{\boldsymbol{p}_{\mathrm{i}}+\boldsymbol{p}_{\mathrm{r}}}{\boldsymbol{u}_{\mathrm{i}}+\boldsymbol{u}_{\mathrm{r}}}\right|_{x=0} \tag{6.3.17}$$

分子、分母同时除以 $\boldsymbol{p}_{\mathrm{i}}$ 并利用关系 $\boldsymbol{p}_{\pm}=\pm r\boldsymbol{u}_{\pm}$ 得

$$z_2=r_1\frac{1+\boldsymbol{R}}{1-\boldsymbol{R}} \tag{6.3.18}$$

这样流体 1 右侧的多层流体边界就可以用 $x=0$ 处的一个简单边界来代替，这个简单边界的阻抗可能有实部和虚部。

## 6.4　从一种流体向另一种流体的透射：斜入射

假设平面 $x=0$ 分隔两种流体，入射波、反射波和透射波与 $x$ 轴的夹角分别为 $\theta_{\mathrm{i}}$、$\theta_{\mathrm{r}}$ 和 $\theta_{\mathrm{t}}$，如图 6.4.1 所示。当波矢量在 $x-y$ 平面内时，这些波可以写成

$$\boldsymbol{p}_{\mathrm{i}}=\boldsymbol{P}_{\mathrm{i}}\mathrm{e}^{\mathrm{j}(\omega t-k_1x\cos\theta_{\mathrm{i}}-k_1y\sin\theta_{\mathrm{i}})} \tag{6.4.1}$$

$$\boldsymbol{p}_{\mathrm{r}}=\boldsymbol{P}_{\mathrm{r}}\mathrm{e}^{\mathrm{j}(\omega t+k_1x\cos\theta_{\mathrm{r}}-k_1y\sin\theta_{\mathrm{r}})} \tag{6.4.2}$$

$$\boldsymbol{p}_{\mathrm{t}}=\boldsymbol{P}_{\mathrm{t}}\mathrm{e}^{\mathrm{j}(\omega t-k_2x\cos\theta_{\mathrm{t}}-k_2y\sin\theta_{\mathrm{t}})} \tag{6.4.3}$$

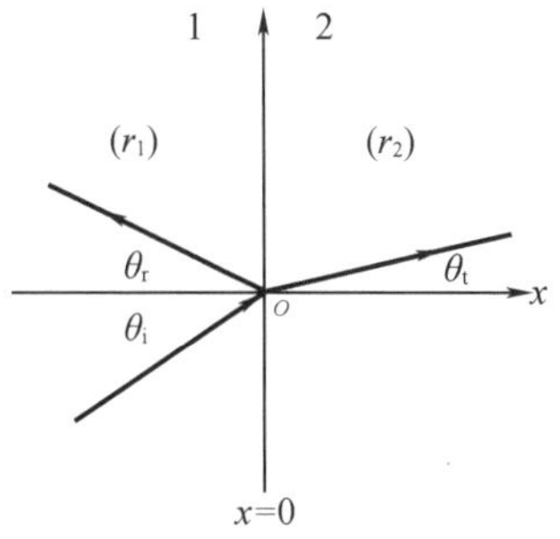


**图 6.4.1　平面波斜入射到特性阻抗不同的两种流体之间的平面边界上时的反射与透射**

后面很快就会看到将 $\theta_{\mathrm{t}}$ 写成复数的原因。

将声压连续应用于边界 $x=0$，得

$$\boldsymbol{P}_{\mathrm{i}}\mathrm{e}^{-\mathrm{j}k_1y\sin\theta_{\mathrm{i}}}+\boldsymbol{P}_{\mathrm{r}}\mathrm{e}^{-\mathrm{j}k_1y\sin\theta_{\mathrm{r}}}=\boldsymbol{P}_{\mathrm{t}}\mathrm{e}^{-\mathrm{j}k_2y\sin\theta_{\mathrm{t}}} \tag{6.4.4}$$

因为此式必须对于所有 $y$ 成立，则所有的指数必相等，这意味着

$$\sin\theta_{\mathrm{i}}=\sin\theta_{\mathrm{r}} \tag{6.4.5}$$

于是入射角等于反射角,以及

$$\frac{\sin\theta_i}{c_1}=\frac{\sin\theta_t}{c_2} \tag{6.4.6}$$

这是斯涅尔定律的一种表述。这里出现的是正弦而非余弦函数是因为按照惯例,处理空气中的反射和透射时,角度的度量是以边界的法向为参照的。而水下和大气中的射线轨迹追踪则通常采用5.14节中的约定。因式(6.4.4)中的指数全部相等,该式退化为

$$1+\boldsymbol{R}=\boldsymbol{T} \tag{6.4.7}$$

边界处质点速度的法向分量连续给出

$$\boldsymbol{u}_i\cos\theta_i+\boldsymbol{u}_r\cos\theta_r=\boldsymbol{u}_t\cos\theta_t \tag{6.4.8}$$

将每一个 $\boldsymbol{u}$ 用 $\pm\boldsymbol{p}/r$ 的适当值代替,并考虑到 $\theta_i=\theta_r$,得

$$1-\boldsymbol{R}=\frac{r_1}{r_2}\frac{\cos\theta_t}{\cos\theta_i}\boldsymbol{T} \tag{6.4.9}$$

将式(6.4.7)与式(6.4.9)联立消去 $\boldsymbol{T}$ 得到

$$R=\frac{r_2/r_1-\cos\theta_t/\cos\theta_i}{r_2/r_1+\cos\theta_t/\cos\theta_i}=\frac{r_2/\cos\theta_t-r_1/\cos\theta_i}{r_2/\cos\theta_t+r_1/\cos\theta_i} \tag{6.4.10}$$

其中由斯涅尔定律,有

$$\cos\theta_t=(1-\sin^2\theta_t)^{1/2}=[1-(c_2/c_1)^2\sin^2\theta_i]^{1/2} \tag{6.4.11}$$

式(6.4.10)称为“瑞利反射系数(Rayleigh reflection coefficient)”。这个等式有三个很重要的结果。

(1)若 $c_1>c_2$,则透射角 $\theta_t$ 为实数并小于入射角。对所有入射角,透射声束都比入射声束更偏向界面法向。

(2)如果 $c_1<c_2$ 且 $\theta_i<\theta_c$,其中临界角(critical angle)$\theta_c$ 定义为

$$\sin\theta_c=c_1/c_2 \tag{6.4.12}$$

透射角也是实数但大于入射角。对小于临界角的所有入射角,透射声束都比入射声束更偏离边界的法向。

(3)若 $c_1<c_2$ 且 $\theta_i>\theta_c$,此时透射波形式特殊。由式(6.4.11),$\sin\theta_t$ 为实数并大于1,因此现在 $\cos\theta_t$ 是纯虚数

$$\cos\theta_t=-\mathrm{j}[(c_2/c_1)^2\sin^2\theta_i-1]^{1/2} \tag{6.4.13}$$

由式(6.4.3)得透射声压为

$$\boldsymbol{p}_t=\boldsymbol{P}_t\mathrm{e}^{-\gamma x}\mathrm{e}^{\mathrm{j}(\omega t-k_1 y\sin\theta_i)}$$

$$\gamma=k_2[(c_2/c_1)^2\sin^2\theta_i-1]^{1/2} \tag{6.4.14}$$

透射波沿 $y$ 方向、平行于边界传播,波幅在垂直于边界方向衰减。(如果在式(6.4.13)中对平方根取了正虚部,则 $\gamma$ 为负,波幅随 $x$ 增大指数增大,物理上是不可能的)。因为 $\theta_t$ 为纯虚数,式(6.4.10)的分子为分母的复共轭,它们模相同而相位相反。求出比值的相位并利用式(6.4.13)将 $\cos\theta_t$ 用入射角和临界角表示,得到当 $\theta_t>\theta_c$ 时有

$$\boldsymbol{R}=\mathrm{e}^{\mathrm{j}\varphi}$$

$$\varphi=2\arctan[(\rho_1/\rho_2)\sqrt{(\cos\theta_c/\cos\theta_i)^2-1}] \tag{6.4.15}$$

该式是在 $\theta_i>\theta_c$ 的条件下得到的。对于大于临界角的所有入射角,反射波幅值与入射波相同。入射波被完全反射,稳态时没有能量离开边界而进入第二种介质中传播。透射波

具有能量,但其传播矢量平行于边界,因此波黏附于界面上。对于刚刚大于临界角的入射角,$\varphi$ 接近于零,反射系数为+1,分界面类似于刚硬边界。当 $\theta_i$ 增大到趋近于极限掠射时,$\varphi$ 趋近于 $\pi$,反射系数趋近于-1,分界面类似于压力释放边界。

回到一般情况,如前所述,根据斯涅尔定律,反射波束与入射波束有相同的横截面积。功率透射系数式(6.1.5)利用式(6.1.7)计算最为方便,得

$$T_{\Pi}=\frac{4\dfrac{r_2}{r_1}\dfrac{\cos\theta_t}{\cos\theta_i}}{\left(\dfrac{r_2}{r_1}+\dfrac{\cos\theta_t}{\cos\theta_i}\right)^2}\quad \theta_t\text{ 为实数} \tag{6.4.16}$$

$$T_{\Pi}=0\quad \theta_t\text{ 为虚数} \tag{6.4.17}$$

当 $c_1>c_2$ 或 $\theta_i<\theta_c$ 时适用第一个等式。当 $r_2/r_1=\cos\theta_t/\cos\theta_i$ 时,功率反射系数为零,入射功率全部被透射。将这个条件与式(6.4.6)组合消去 $\theta_t$ 得

$$\sin\theta_I=\left[\frac{(r_2/r_1)^2-1}{(r_2/r_1)^2-(c_2/c_1)^2}\right]^{1/2}=\left[\frac{1-(r_1/r_2)^2}{1-(\rho_1/\rho_2)^2}\right]^{1/2} \tag{6.4.18}$$

该式定义了“全透射角(angle of intromission)$\theta_I$”,以这个角度入射时无反射而全透射。这个角度只可能在两种情况下存在:(1)$r_1<r_2$ 而 $c_2<c_1$;(2)$r_1>r_2$ 而 $c_2>c_1$。第二种情况下存在一个临界角,它大于全透射角。

掠入射时,$\theta_i\to 90°$,$\cos\theta_i\to 0$,式(6.4.10)退化为 $R\approx -1$。因此在掠入射时不管两种流体的特性阻抗的相对大小如何,总是发生声能的全反射。

图 6.4.2~图 6.4.5 为所有可能情况下的典型反射系数。

发生在海水中的从沙或淤泥海底的反射是两种流体接触面反射很好的例子,这种行为是可以预料的,因为饱含水的沙或淤泥不能传播剪切波,因而更像流体而不是固体。作为一级近似,可以利用式(6.4.10)计算反射系数。根据测得的沙或淤泥的 $\rho_2$、$c_2$ 值可得 $\rho_2/\rho_1=1.5\sim2.0$、$c_2/c_1=0.9\sim1.1$,其中 $\rho_1$、$c_1$ 为海水的值。

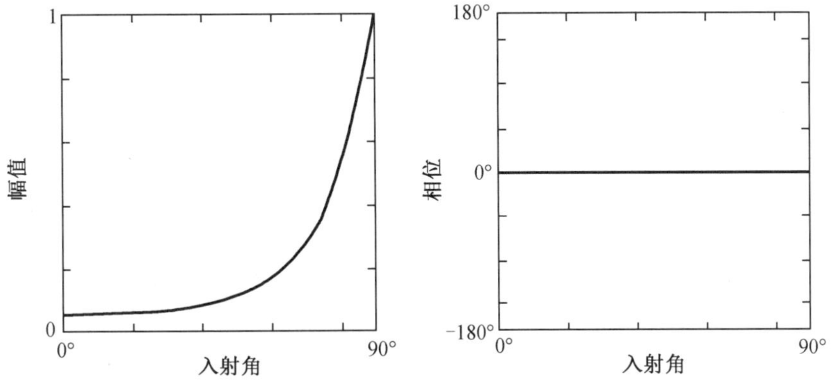


**图 6.4.2　底层介质为低声速时反射系数大小与相位。$c_2/c_1=0.9$,$r_2/r_1=0.9$。**

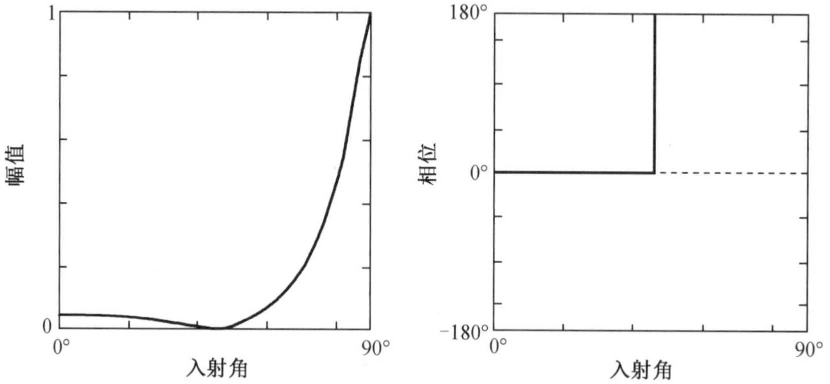


图 6.4.3 底层介质为低声速时反射系数大小与相位。$c_2/c_1 = 0.9, r_2/r_1 = 1.1$。注意 46.4°处的全透射角。

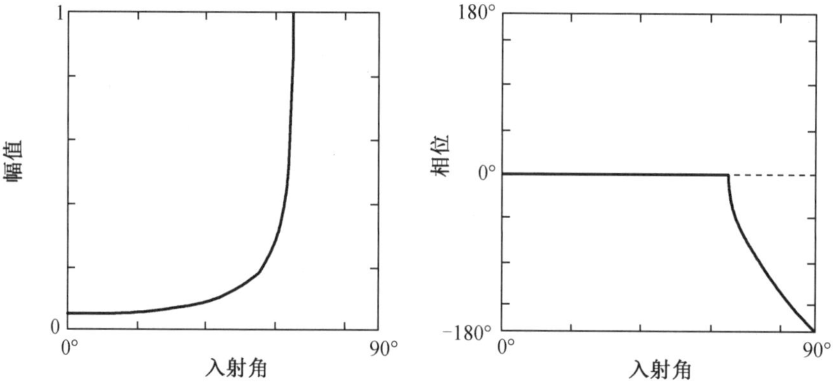


图 6.4.4 底层介质为高声速时反射系数大小与相位。$c_2/c_1 = 1.1, r_2/r_1 = 1.1$。注意 65.6°处的临界角。

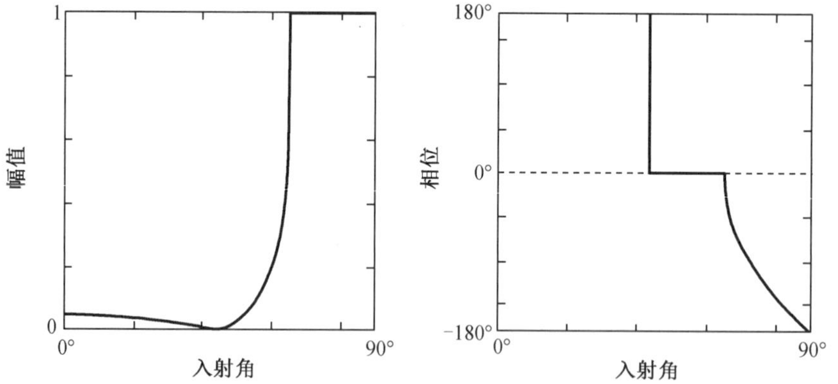


图 6.4.5 底层介质为高声速时反射系数大小与相位。$c_2/c_1 = 1.1, r_2/r_1 = 0.9$。注意 43.2°处的全透射角以及 65.6°处的临界角。

## *6.5 法向声阻抗率

在两种流体的界面处满足边界条件相当于要求声压以及质点速度的法向分量在边界两侧是连续的,这等价于要求法向声阻抗率(normal specific acoustic impedance)$z_n$ 是连续

的,有

$$z_n=\frac{p}{\vec{u}\cdot\hat{n}}=\frac{p}{u\cos\theta_i} \tag{6.5.1}$$

其中 $\hat{n}$ 为沿界面法向的单位矢量,$\theta_i$ 为适当的角度。边界处的法向声阻抗率可以用边界处入射波和反射波的性质来表示,为

$$z_n=\frac{r_1}{\cos\theta_i}\frac{1+\boldsymbol{R}}{1-\boldsymbol{R}} \tag{6.5.2}$$

求解声压反射系数得

$$\boldsymbol{R}=\frac{z_n-r_1/\cos\theta_i}{z_n+r_1/\cos\theta_i} \tag{6.5.3}$$

当垂直入射时有 $z_n=r_2$、$\cos\theta_i=1$,方程退化为式(6.2.8)。斜入射时 $z_n=r_2/\cos\theta_t$,式(6.5.3)与式(6.4.10)相同。因为入射声和反射声并不总是恰好同相或反相,因此法向声阻抗率可能是一个复数量,即

$$z_n=r_n+\mathrm{j}x_n \tag{6.5.4}$$

其中 $r_n$ 和 $x_n$ 分别为法向声阻率和声抗率。在边界处反射波可以超前或滞后于入射波 0°~180°。

# *6.6　从固体表面的反射

固体能支持两类弹性波——纵波和剪切波。在横向尺度远大于其中声波波长的各向同性固体(非晶态材料如玻璃、硬黏土、混凝土和多晶材料)中,纵波的相速度并不是杆速度(bar speed)$\sqrt{Y/\rho_0}$,而是式(6.6.1)体速度(bulk speed),为

$$c^2=\left(\mathscr{B}+\frac{4}{3}\mathscr{G}\right)/\rho_0 \tag{6.6.1}$$

其中 $\mathscr{B}$ 和 $\mathscr{G}$ 为固体的体积模量和剪切模量,$\rho_0$ 为固体密度(见附录 A11。附录 A10 列出了各种固体的体速度)。每一种材料的体速度总是大于细杆内的纵波速度。

1. 垂直入射

这时 $\cos\theta_i=1$,式(6.5.3)变成

$$\boldsymbol{R}=\frac{(r_n-r_1)+\mathrm{j}x_n}{(r_n+r_1)+\mathrm{j}x_n} \tag{6.6.2}$$

声强反射系数为

$$R_I=\frac{(r_n-r_1)^2+x_n^2}{(r_n+r_1)^2+x_n^2} \tag{6.6.3}$$

声强透射系数为

$$T_I=\frac{4r_nr_1}{(r_n+r_1)^2+x_n^2} \tag{6.6.4}$$

2. 斜入射

分析平面波倾斜入射到固体表面时的反射没有一种简单的方法可用。例如,透射到固体内的波的折射可能有几种情况:①仅在垂直于表面方向有效地传播;②与平面波进入另

一种流体时的折射相似；③变成两个波，一个是纵波沿某一方向传播，另一个是速度更小的横（剪切）波，沿着与纵波不同的另一个方向传播。

（1）第一种折射发生于垂直反应（normally-reacting）或局部反应（locally-reacting）表面。一个例子是在各向异性（anisotropic）固体中，波平行于表面传播的速度远小于垂直于表面的传播速度。这是具有蜂窝结构固体的典型特征，其中通过垂直于表面的毛细孔内流体的压缩波速度要比通过结构的固体材料从孔到孔的速度高得多。当纵波在固体中的传播速度比在相邻流体中的传播速度小时，在各向同性（isotropic）固体中也会发生这种折射。建筑中应用的许多吸声材料（声学瓦、穿孔板等）表现为法向响应表面。当 $c_2 \ll c_1$ 时，斯涅尔定律要求 $\theta_t \ll \theta_i$，合理的近似是令 $\cos\theta_t = 1$，则得到式（6.5.3），重写成

$$\boldsymbol{R} = \frac{(r_n - r_1/\cos\theta_i) + jx_n}{(r_n + r_1/\cos\theta_i) + jx_n} \tag{6.6.5}$$

该式与式（6.6.2）形式相同，只是其中 $r_1$ 被替换成 $r_1/\cos\theta_i$。于是声强的反射和透射系数也经过同样的代换由式（6.6.3）和式（6.6.4）给出。见习题 6.6.4。

对于大多数固体材料，$r_n > r_1$，则当 $\theta_i$ 增大时，它将达到一个角度使得 $r_n = r_1/\cos\theta_i$，这时功率反射系数 $R_{\Pi} = R_I$ 接近其最小值。特别地，如果 $x_n$ 为零则 $R_{\Pi}$ 为零而 $T_{\Pi}$ 为 1。当 $\theta_i \to 90°$，$R_{\Pi}$ 趋于 1。图 6.6.1 给出对于无量纲参数 $r_n/r_1$ 和 $x_n/r_1$ 的几种假定值，反射系数 $R_{\Pi}$ 作为入射角 $\theta_i$ 函数的曲线。

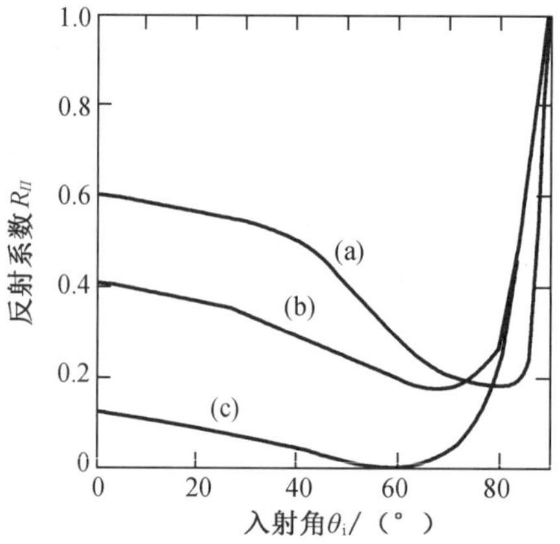


**图 6.6.1　一种典型的法向响应固体的反射系数。**

**（a）$r_n/r_1 = x_n/r_1 = 4$；（b）$r_n/r_1 = x_n/r_1 = 2$；（c）$r_n/r_1 = 2, x_n/r_1 = 0$。**

（2）第二种折射与 6.4 节所讨论的两种流体之间的反射与折射类似。

（3）第三种折射发生于硬质的弹性固体。详细的讨论需要考虑入射波向固体中切变波和纵波的声能量耦合。感兴趣的读者可参考相关文献。

## ＊6.7　通过薄隔离物的透射：质量定律

建筑声学中一个具有重要实际意义的问题是声音通过薄的隔板在两个空间之间的透射，这在许多办公室或临时性工作空间中经常会遇到。即两个空间之间薄隔墙的声透射。

隔板通常是一种无论入射角如何运动其总是垂直于界面的材料，而且其厚度 $L$ 在所涉及的频率范围内远小于一个波长（$k_2L\ll1$）。因为介质 1 和介质 3 是相同的，根据斯涅尔定律，透射进介质 3 的波一定与介质 1 中的入射波传播方向相同。角度相同导致质点速度法向分量连续等价于

$$\boldsymbol{u}_\mathrm{i}+\boldsymbol{u}_\mathrm{r}=\boldsymbol{u}_\mathrm{t} \tag{6.7.1}$$

如果插入层 2 很薄而且是完全柔性的，面密度为 $\rho_S$，则可将这个层视为一个有质量的分界面，于是界面两侧的压力差等于界面的面密度 $\rho_S$ 与其加速度的乘积，即

$$\boldsymbol{p}_\mathrm{i}+\boldsymbol{p}_\mathrm{r}-\boldsymbol{p}_\mathrm{t}=\mathrm{j}\omega\rho_S\boldsymbol{u}_\mathrm{t}\cos\theta \tag{6.7.2}$$

将式（6.7.1）乘以 $r_1$ 转化为压力并将式（6.7.1）、式（6.7.2）都除以入射声压幅值，得

$$1-\boldsymbol{R}=\boldsymbol{T}$$

$$1+\boldsymbol{R}=\boldsymbol{T}+\mathrm{j}\frac{\omega\rho_S}{r_1}\boldsymbol{T}\cos\theta \tag{6.7.3}$$

解出功率透射系数

$$T_\Pi(\theta)=|\boldsymbol{T}(\theta)|^2=\frac{1}{1+[(\omega\rho_S/2r_1)\cos\theta]^2} \tag{6.7.4}$$

当声垂直入射到表面时，式（6.7.4）简化为式（6.3.10）所给出的等效情况，即介质 1 和 3 特性阻抗相同，介质 2 为薄层且 $r_2\gg r_1$ 的情况（见习题 6.7.1）。

在空气中的大多数实际情况下，中频对应于 $\omega\rho_S/r_1$ 较大。由一片或两片石膏板或厚胶合板构成的两个工作空间之间的分隔板面密度量级一般为 $\rho_S\sim10\ \mathrm{kg/m^2}$。频率约高于 60 Hz 时，$\omega\rho_S/r_1>9$。对于这种情况，只要 $\theta$ 不超过大约 70°，式（6.7.4）可以近似为

$$T_\Pi(\theta)\sim(2r_1/\omega\rho_S\cos\theta)^2 \tag{6.7.5}$$

这个近似在接近掠入射时不再成立，它表达了质量定律（mass law）的一种形式：面密度每增加一倍时功率透射系数就减小为原来的 1/4。声从一个包含漫射声场的空间通过隔板向另一个空间透射时的更多特性以及声功率通过弹性隔板透射时的吻合（coincidence）效应等将留到第 13 章再进行讨论。

## 6.8　成　像　法

至此，我们讨论了平面波在平面分界面上的反射与透射。本节将研究球面波在平面边界上的反射，首先考虑理想反射边界（这种边界的一种近似是空气-水界面）。这个问题可以用成像法（method of images）。这种方法也用于静电学和光学。成像法在光学中应用的一个熟悉的例子是分析光源从单一镜面——劳埃德镜（Lloyd's mirror）上反射时产生的干涉。

当只有一个平面边界时，将流体 2 替换为流体 1 并引入一个像（image），选择像的强度和位置使得先前界面上的条件得到满足。因为满足边界条件的波动方程解是唯一的，所以真实流体 1 中现在的声场与原始情况相同。包含流体 2 的空间中声场将无法正确表示。

1. 刚硬边界

将球面波声源置于充满整个空间的流体介质 1 中。若该声源位于 $z$ 轴上距离原点 $+d$ 处，如图 6.8.1 所示，则由下式给出的球面波存在于整个空间：

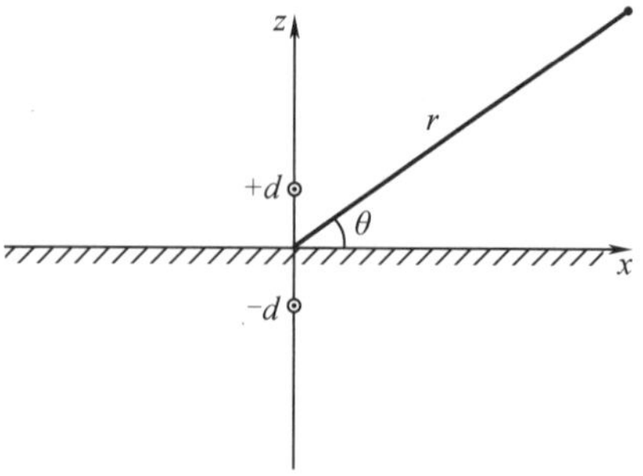


**图 6.8.1　利用成像理论计算刚硬平面边界附近球面波源的声场。源位于(0,0,+d),具有相同强度和相位的像位于(0,0,-d)。场点位于(r,θ)。**

$$\boldsymbol{p}_{\mathrm{i}}=\frac{A}{r_-}\mathrm{e}^{\mathrm{j}(\omega t-kr_-)}$$
$$r_-=[(z-d)^2+y^2+x^2]^{1/2} \tag{6.8.1}$$

其中 $r_-$ 为观察点到(0,0,d)点的距离。如果将另一个源即该声源的像放置在(0,0,-d)处,像与真实源具有相同的强度、频率和初相位,则有

$$\boldsymbol{p}_{\mathrm{r}}=\frac{A}{r_+}\mathrm{e}^{\mathrm{j}(\omega t-kr_+)}$$
$$r_+=[(z+d)^2+y^2+x^2]^{1/2} \tag{6.8.2}$$

容易证明在 $x-y$ 平面内质点速度的法向分量为零。于是在 $x-y$ 平面负的一侧的流体可以用替换为 $z=0$ 处的一个刚硬边界(质点速度平行于 $x-y$ 平面的分量不能抵消,因此有一个与边界平行的速度。若考虑黏性的影响会在边界处引入一些很小的声损耗,但对于我们此处的目的而言可以忽略不计)。

$z>0$ 区域内的声场由式(6.8.1)与式(6.8.2)的和给出

$$\boldsymbol{p}=\boldsymbol{p}_{\mathrm{i}}+\boldsymbol{p}_{\mathrm{r}}=A\left(\frac{1}{r_-}\mathrm{e}^{-\mathrm{j}kr_-}+\frac{1}{r_+}\mathrm{e}^{-\mathrm{j}kr_+}\right)\mathrm{e}^{\mathrm{j}\omega t} \tag{6.8.3}$$

不做任何近似地描绘出流体 1 区域内的声压幅值是很有启发性的(见习题 6.8.1C),而探寻距离 $r\gg d\cos\theta$($\theta$ 为相对于边界的掠射角)时的解析解则可以对问题有更深入的理解。在这种近似下容易由几何关系得

$$\Delta r\approx d\sin\theta$$
$$r_-\approx r-\Delta r$$
$$r_+\approx r+\Delta r \tag{6.8.4}$$

于是式(6.8.3)变成

$$\boldsymbol{p}(r,\theta,t)\approx\frac{A}{r}\mathrm{e}^{\mathrm{j}(\omega t-kr)}\left(\frac{\mathrm{e}^{\mathrm{j}k\Delta r}}{1-\Delta r/r}+\frac{\mathrm{e}^{-\mathrm{j}k\Delta r}}{1+\Delta r/r}\right) \tag{6.8.5}$$

其中的 $\Delta r/r$ 项给出了从源和像到场点距离的微小差别导致的声压幅值的差别。只要 $r\gg\Delta r$,它们的贡献就很小。指数中的 $k\Delta r$ 则是另一回事。来自源和像的接收声压可以有很强的相位干涉,除非 $k\Delta r\ll1$。略去式(6.8.5)分母中的 $\Delta r/r$,利用标准的指数函数和三角函数关系,得

$$\boldsymbol{p}(r,\theta,t) \approx \frac{2A}{r}\cos(kd\sin\theta)\,\mathrm{e}^{\mathrm{j}(\omega t-kr)} \tag{6.8.6}$$

声压场为向外传播的球面波，幅值取决于 $\theta$ 角。图 6.8.2 给出了几种 $kd$ 值的球面波在刚性边界上反射时的压力场示意图。

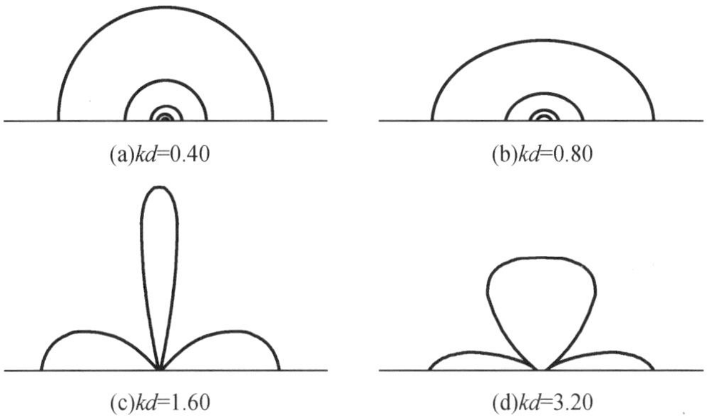


**图 6.8.2　波数为 $k$、距离刚硬平面边界 $d$ 的球面波声源的声压幅值等高线图**

2. 压力释放边界

球面波从压力释放边界的反射可以利用与声源幅值相同但相位相反的像来得到，其证明与推导留作练习，结果为

$$\boldsymbol{p}(r,\theta,t) \approx \mathrm{j}\,\frac{2A}{r}\sin(kd\sin\theta)\,\mathrm{e}^{\mathrm{j}(\omega t-kr)} \tag{6.8.7}$$

3. 扩展

对这些简单例子可以容易地进行许多拓展。

(1)这种方法不仅限于单频的振动声源。若声源发出球面波，则

$$\boldsymbol{p}_{\mathrm{i}} = \frac{1}{r_-}f(ct-r_-) \tag{6.8.8}$$

像的声压场也是相同的函数，只是 $r_-$ 要替换为 $r_+$，并根据刚硬边界或压力释放边界乘以±1。得到的总声压为

$$\boldsymbol{p} = \frac{1}{r_-}f(ct-r_-) \pm \frac{1}{r_+}f(ct-r_+) \tag{6.8.9}$$

(2)声源可能由多个元素组成(例如点源阵列或扬声器)。简单地应用叠加原理就可以证明像为实际声源的镜面反射，幅值要根据边界条件乘以±1。

(3)当边界不是刚硬边界或压力释放边界，若声源在距离边界许多个波长以外，则在边界处波阵面的曲率半径远大于一个波长，这时成像法可以作为一种合理的良好近似。这种条件下，在局部看来入射到边界上的波像是平面波一样，局部反射系数很接近于平面入射波的反射系数。例如，辐射式(6.8.1)声压场的单频球面波声源将产生一个总声场为

$$\boldsymbol{p} = \boldsymbol{p}_{\mathrm{i}} + \boldsymbol{p}_{\mathrm{r}} = A\left(\frac{1}{r_-}\mathrm{e}^{-\mathrm{j}kr_-} + \frac{\boldsymbol{R}(\theta)}{r_+}\mathrm{e}^{-\mathrm{j}kr_+}\right)\mathrm{e}^{\mathrm{j}\omega t} \tag{6.8.10}$$

其中的反射系数是先根据源与场点之间为镜面反射($\theta_{\mathrm{r}} = \theta_{\mathrm{i}}$)来确定 $\theta$ 角，然后在 $\theta$ 角上计算的反射系数。这样得到的声场相比于更精确同时也复杂得多的分析所能提供的结果会遗

漏一些特征，但在上述几何限制下这些影响相对较小。场点也必须满足同样的限制条件，这在下面将给出解释。

(4)可以存在多于一个反射面(镜厅)。在与上面扩展第3条相同的几何限制下，每一个边界的行为都像一面镜子，根据源到场点的每一条可能路径确定反射系数。

成像法在刚硬边界和压力释放边界中的所有应用都显示出一种重要特征。若在(0,0,$d$)处有一点源、($x,y,z$)处有一接收器，由 $r_-$ 和 $r_+$ 的表达式可见，将源与场点互换位置并不改变接收器处的声压值。这两种几何配置下，介质中声场可能有不同的干涉图样，但接收器观察到的信号并不因为源和场点交换位置而改变。这意味着，例如，扩展3中关于 $d/\lambda$ 的几何限制(用于获得一种简单近似)也必须应用于场点(接收器)与边界之间的距离。

对于指向性声源和接收器以及除了刚性和压力释放边界以外的其他情况，必须更仔细地处理源与接收器互换位置的条件以及源与接收器的相对方向，但也可以获得类似的结果。关于此，将在给出声互易性(acoustic reciprocity)的一般表述后，在第7章中再做进一步研究。

# 习　题

6.2.1　水中1 kHz、有效值声压(均方根值)为50 Pa的平面波垂直入射到水-空气界面上。(a)透射到空气中的平面波的有效值声压是多少？(b)水中入射波以及空气中透射波的声强各为多大？(c)用分贝值(dB)表示空气中透射波声强相对于水中入射波声强衰减量。(d)如果上述声波入射到厚冰层上，计算上述各量。(e)从冰层上的功率反射系数是多少？

6.2.2　平面波从海底垂直反射时相对于入射波有20 dB的衰减，则液态海底声阻抗率可能是哪些值？

6.2.3　(a)海水中平面波垂直入射于水-空气界面，求声强透射系数。(b)对于空气中波垂直入射到空气-水界面上，重复上述计算。(c)若两种介质中 $P_{\mathrm{ref}}$ 和 $I_{\mathrm{ref}}$ 相同，求(a)和(b)中声压级和强度级的变化量。

6.2.4　假设空气中500 Hz、声压幅值为2 Pa的垂直入射波反射系数为 $\boldsymbol{R}=0.5$。(a)入射、反射和透射波声强为何值？(b)计算第一种流体中总声压场的强度。(c)将第一种流体中的总声场写成一个行波与一个驻波之和。(d)分别计算(c)中两个波的强度。(e)计算结果符合能量守恒么？

6.2.5C　对于习题6.2.4，在第一种流体中，以到边界的距离为自变量，绘制总声压幅值。推导用入射波和反射波声压幅值表示的波腹和波节处声压幅值之比，并与绘制的图对比。

6.2.6C　绘制 $0<r_1/r_2<10$ 流体-流体边界上垂直入射的声压反射和透射系数以及声强度的反射和透射系数。讨论 $r_1/r_2=0$，$r_1/r_2=1$ 以及 $r_1/r_2\to\infty$ 时的结果。

6.3.1　证明当 $r_2=r_3$ 时，声压反射系数、声强反射系数、声强透射系数都退化为6.2节中的形式。

6.3.2　(a)利用密度为1 500 kg/m$^3$ 的塑料层实现20 kHz声由水中到钢中无反射地全透射，塑料层厚度及其中的声速需为何值？(b)声由水中入射到此种塑料的无限厚度层时，发射回水中声强反射系数为何值？

6.3.3　水中 2 kHz 平面波垂直入射到 1.5 cm 厚钢板上，(a)通过钢板进入另一侧水中的透射系数为多少？(b)这块钢板的功率反射系数是多少？(c)对厚 1.5 cm、密度为 500 $kg/m^3$、纵波速度为 1 000 m/s 的海绵橡胶重复(a)和(b)的计算。

6.3.4　为实现水到钢的最大声透射，(a)在水和钢之间要增加的材料最佳特性阻抗为何值？(b) 要用 1 cm 厚的材料在 20 kHz 达到 100% 透射，材料的密度和声速应为何值？

6.3.5　声垂直入射到流体 1 和流体 3 之间的中间层上，$r_2=r_1$。(a)证明对于合适的流体材料声压反射系数退化为 6.2 节的结果。(b)用信号在中间层内传播的时间解释反射系数的相位。

6.3.6　流体 1 和 3 被一层流体 2 所分隔。(a)比较声由流体 1 一侧垂直入射到流体层 2 上的声压反射系数与由流体 3 一侧垂直入射到流体层 2 上的声压反射系数。(b)两种情况下声压反射系数相同吗？(c) 对功率反射和透射系数重复问题(a)和(b)。(d)从能量传输角度看这些结果意味着什么？

6.3.7C　对于 $r_1/r_2=2$ 和 $1<r_1/r_3<9$，绘制作为归一化厚度 $k_2L$ 函数的声强透射系数，讨论实现最小和最大透射的条件。

6.3.8　平面波脉冲包含 10 kHz 载波的 10 个周期，由水中垂直入射到 50 cm 厚红黏土层上，黏土层下面是声速 $c_3=2\ 300$ m/s、密度 $\rho_3=2\ 210\ kg/m^3$ 的厚沉积层海底。对于水中接收到的前两个反射回波，计算：(a) 两个回波的时间间隔；(b) 相对于入射脉冲的幅值；(c)假设回波是连续信号而非脉冲，求它们的相对相位。

6.4.1　(a)作为 $\theta_i$ 的函数，绘制 $c_2=c_1$，$\rho_2>\rho_1$ 时的声压反射系数模和相位，指出所有重要特性。(b)绘制 $\rho_2=\rho_1$，$c_2>c_1$ 时的声压反射系数模和相位，指出所有重要特性。

6.4.2　观察平面波垂直入射到流体-流体界面上的反射波声压幅值等于入射波的一半(没有记录相位信息)。当入射角增大时，反射比幅值先减小到零，而后增大，直到入射角为 30°时反射波与入射波幅值相等。若第一种介质为水，求第二种介质的密度和声速。

6.4.3　平面波通过一分隔薄膜从空气进入氢气中时发生折射，偏离原方向 40°。(a)空气中入射角为何值？(b)声功率透射系数为何值？

6.4.4　水中声压幅值峰值为 100 Pa 的平面波以 45°角入射到 $\rho_2=2\ 000\ kg/m^3$、$c_2=1\ 000$ m/s 的淤泥底部。计算：(a)透射进泥底的声线角度；(b)透射声线的声压幅值峰值；(c)反射声线的声压幅值峰值；(d)声功率反射系数。

6.4.5　水中声压有效值 100 Pa 的平面波垂直入射于沙质底部。沙的密度为 2 000 $kg/m^3$，声速为 2 000 m/s。(a)反射回水中的声压有效值是多少？(b)进入沙中的声压有效值是多少？(c)功率反射系数为何值？(d)能量被全部反射的最小入射角是多少？

6.4.6　海水中沙底参数 $\rho_2=1\ 700\ kg/m^3$，$c_2=1\ 600$ m/s。(a)全反射对应的临界角是多少？(b)以什么角度入射时功率反射系数等于 0.25？(c)垂直入射时的功率反射系数为何值？

6.4.7C　平面波在流体-流体界面非垂直反射，绘制作为 $\theta_i$ 函数的反射系数模与相位。(a)$r_2/r_1=0.5$，$r_2/r_1=0.5,1,1.5$；(b)$r_2/r_1=1$，$r_2/r_1=0.5,1,1.5$；(c)$r_2/r_1=1.5$，$r_2/r_1=0.5,1,1.5$。

6.4.8　分析 $\boldsymbol{R}$(幅值和相位)的近似特性(小角度下最低阶)：(a)用接近掠射的掠射角 $\beta=(\pi/2-\theta_i)$表示；(b)$\theta_i$ 略小于 $\theta_c$ 时用 $\theta_c-\theta_i$ 表示；(c)$\theta_i$ 略大于 $\theta_c$ 时用 $\theta_c-\theta_i$ 表示；(d)利

用小 $\delta$ 值近似式 $\exp(\delta)\approx 1+\delta$，对上述情况在指数形式取最低阶近似。

6.6.1　隔声瓦片的法向声阻抗率为 900-j1 200 Pa·s/m。(a)空气中入射角多大时的功率反射系数最小？(b)入射角 80°时的功率反射系数是多少？(c)垂直入射时的功率反射系数是多少？

6.6.2　墙壁反射平面波时表现为法向声阻抗率为 $z_n=r_1+\mathrm{j}\omega\rho_S$ 的法向反应表面(normally-reacting surface)，其中 $r_1$ 为空气的特性阻抗，$\rho_S$ 为墙壁的面密度($\mathrm{kg/m^3}$)。推导作为入射角 $\theta_i$ 函数的功率反射系数的一般关系式。对于 $\rho_S=2\ \mathrm{kg/m^2}$，计算并绘制频率为 100 Hz 时作为 $\theta_i$ 函数的功率反射系数。

6.6.3C　绘制法向反应表面作为入射角函数的声压反射系数模和相位。(a) $r_n/r_1=2$，$x_n/r_1=0$；(b) $r_n/r_1=x_n/r_1=2$；(c) $r_n/r_1=x_n/r_1=4$。讨论最小反射系数条件。

6.6.4　由式(6.6.5)入手，证明法向反应固体斜向反射的功率反射系数和透射系数为

$$R_{\Pi}=\frac{(r_n\cos\theta_i-r_1)^2+(x_n\cos\theta_i)^2}{(r_n\cos\theta_i+r_1)^2+(x_n\cos\theta_i)^2}$$

$$T_{\Pi}=\frac{4r_1r_n\cos\theta_i}{(r_n\cos\theta_i+r_1)^2+(x_n\cos\theta_i)^2}$$

6.7.1　(a)利用隔离层材料的声速 $c_2$ 证明 $\omega\rho_S/r_1=(r_2/r_1)k_2L$，其中 $L$ 为隔离层厚度。(b)给出垂直入射时使得式(6.3.10)退化为式(6.7.4)的不等式。(c)(b)中的不等式是否与推导式(6.3.12)时所做的假设一致？

6.8.1C　波数 $k$ 的球面波声源到无限大刚硬平面的距离为 $d$。(a)对于 $kd=0.1$，分别根据精确解式(6.8.3)及近似解式(6.8.6)绘制声压幅值的等值线。如果两种结果有差异，给出讨论。(b)对 $kd=10$ 重复上述问题。

6.8.2　(a)证明在 $kd\ll 1$ 极限下，式(6.8.6)的声压场退化为 $p(r,\theta,t)\approx\frac{2A}{r}\mathrm{e}^{\mathrm{j}(\omega t-kr)}$；(b)相对于无边界情况，边界的存在对于(在很多个波长以外)观察到的声压级由有何影响？

6.8.3　(a)由式(6.8.3)证明引入幅值相同、相位相反的虚源就能满足声源和虚源中间、到二者距离相等的平面内声压为零的条件。(b)对于 $r\gg d\cos\theta$，证明由式(6.8.7)给出的压力释放面上的声压。(c)给出声压节面位置的表达式。

6.8.4　在 $kd\ll 1$ 极限下，证明式(6.8.7)退化为 $p(r,\theta,t)\approx -\mathrm{j}\frac{2Akd}{r}\sin\theta\mathrm{e}^{\mathrm{j}(\omega t-kr)}$

6.8.5　(a)频率为 $f$、1 m 处声压幅值为 $A$ 的球面波声源位于刚硬平面上方距离 $d$ 处。计算作为 $d$ 和 $r$ 的函数的边界面上声压幅值。(b)声源和距离不变，边界改为压力释放边界，计算边界上的质点速度法向分量。(c)令 $R$ 为界面上一点沿该面到源的最近距离。对于不同 $d$ 值，绘制作为 $R$ 函数的(a)中量。(d)对于(b)重复(c)。

6.8.6C　(a)水中频率为 $f$、1 m 处声压幅值为 $A$ 的球面波声源位于石英砂底部上方 $d$ 距离处。对于 $kd=20\pi$，绘制边界上方同样距离 $d$ 上、作为 $kr$ 函数的声压幅值，其中 $kr$ 为源和接收器之间的距离。(b)底部介质改成红黏土，重复上问。

6.8.7C　空气中单频球面波声源位于相互平行、间距为 $H$ 的两刚硬平面之间且到两平面距离相等。(a)假设非相干和，设计程序计算同样位于中间分隔平面内、到源的距离大于 $10d$ 处的接收器声压。(b)当虚源数量增加时声压是否趋近于跟 $1/\sqrt{r}$ 成正比的渐近函数？(c)对于大量的虚源，你的结果与 $\mathrm{SPL}(1)-\mathrm{SPL}(r)=10\log r+10\log(H/\pi)$ 的吻合度如何？

6.8.8　假设近岸海域可以用两个相互不平行的平面模拟：上表面为水平的压力释放面，下表面为斜的刚硬底面。(a)层中有一声源，分别绘出相应于海面一次反射、海底一次反射、海面一次加上海底一次反射、海底一次反射加上海面一次反射这四种情况的虚源位置，并指出虚源的相位。(b)证明所有虚源位于一经过声源的圆上，圆心位于海岸线上。

6.8.9C　一水平压力释放平面与刚硬平面底面成 20°夹角。频率为 $f$、1 m 处声压幅值为 $A$ 的球面波声源位于该楔形内一半深度处，到楔形顶点的距离为 $R$。(a)假定非相干和，计算楔形内一半深度处作为到楔形顶点距离函数的声压幅值，计算范围覆盖由楔形顶点到至少两倍 $R$ 距离处(为避免计算中溢出，避开声源邻域)。(b)假定相干和，重复上述计算。注意除声源外，共有 17 个虚源。

6.8.10C　在通过声源、平行于顶点的一条线上重复习题 6.8.9C 的计算。计算范围覆盖顶点到距离声源至少 $2R$ 处。

# 第 7 章　声波的发射与接收

## 7.1　脉动球的辐射

最容易分析的声源是脉动球——半径随时间为正弦变化的球。尽管脉动球的实用意义不大,但对它们进行分析却非常有用,因为脉动球可作为一类重要声源的原形,这类声源被称为简单声源(simple sources)。

在无限、均匀、各向同性介质中,脉动球将产生向外扩散的球面波

$$\boldsymbol{p}(r,t)=(\boldsymbol{A}/r)\mathrm{e}^{\mathrm{j}(\omega t-kr)} \tag{7.1.1}$$

其中 $\boldsymbol{A}$ 由适当的边界条件确定。

考虑一个平均半径为 $a$ 的球,它以复速度 $U_0\exp(\mathrm{j}\omega t)$ 沿径向振动,球面位移远小于半径 $U_0/\omega\ll a$。与球面接触的流体中声压由式(7.1.1)取 $r=a$ 给出(这与线性声学的小幅值近似是一致的)。与球面接触的流体质点速度径向分量利用球面波声阻抗率式(5.11.10)取 $r=a$ 得

$$\boldsymbol{z}(a)=\rho_0 c\cos\theta_a \mathrm{e}^{\mathrm{j}\theta_a} \tag{7.1.2}$$

其中 $\cot\theta_a=ka$。于是源表面声压为

$$\boldsymbol{p}(a,t)=\rho_0 cU_0\cos\theta_a \mathrm{e}^{\mathrm{j}(\omega t-ka+\theta_a)} \tag{7.1.3}$$

对比式(7.1.3)与式(7.1.1),得

$$\boldsymbol{A}=\rho_0 cU_0 a\cos\theta_a \mathrm{e}^{\mathrm{j}(ka+\theta_a)} \tag{7.1.4}$$

于是任意 $r>a$ 距离处声压为

$$\boldsymbol{p}(r,t)=\rho_0 cU_0\frac{a}{r}\cos\theta_a \mathrm{e}^{\mathrm{j}[\omega t-k(r-a)+\theta_a]} \tag{7.1.5}$$

由式(5.11.20)给出的声强为

$$I=\frac{1}{2}\rho_0 cU_0^2(a/r)^2\cos^2\theta_a \tag{7.1.6}$$

若源的半径小于一个波长,则 $\theta_a\to\pi/2$,球面附近的声阻抗率是强抗性的。这种抗性是声波在小声源附近强烈径向发散的表现,代表了能量的储存和释放,因为连续的流体层必须沿周向拉伸和收缩从而改变了向外的位移。这种惯性效应体现为声阻抗率为质量抗。在这种长波极限下声压

$$\boldsymbol{p}(r,t)=\mathrm{j}\rho_0 cU_0(a/r)ka\mathrm{e}^{\mathrm{j}(\omega t-kr)}\quad ka\ll 1 \tag{7.1.7}$$

几乎与质点速度有 $\pi/2$ 的相位差(声压与质点速度相位并非刚好相差 $\pi/2$,因为那会导致声强为零),声强为

$$I=\frac{1}{2}\rho_0 cU_0^2(a/r)^2(ka)^2\quad ka\ll 1 \tag{7.1.8}$$

对于常数的 $U_0$,该声强与频率的平方以及声源半径的四次方成正比。可见尺度小于波长的声源本质上就是声能量的不良辐射体。

在下一节中将看到,所有简单声源,无论其形状如何,只要波长大于源的尺度而且所有声源有相同的体积速度(volume velocity)时,它们都产生跟脉动球相同的声场。

## 7.2　声的互易性和简单声源

声的互易性是一个强有力的概念,可以由它获得一些具有普遍意义的结果。下面来推导声互易性最常见的一种表述。

考虑由两个源占据的空间,如图 7.2.1 所示。通过改变哪一个为主动源、哪一个为被动源可以建立不同的声场。选择频率相同的两种情况,记为 1 和 2。取空间体积 $V$,$V$ 内不包含任何源,但其部分边界为声源边界。令该体积的表面为 $S$。两种情况取相同的 $V$ 和 $S$。令情况 1 的速度势为 $\boldsymbol{\Phi}_1$,情况 2 的速度势为 $\boldsymbol{\Phi}_2$。格林定理(见附录 A8)给出一般关系,即

$$\int_S (\boldsymbol{\Phi}_1 \nabla \boldsymbol{\Phi}_2 - \boldsymbol{\Phi}_2 \nabla \boldsymbol{\Phi}_1) \cdot \hat{\boldsymbol{n}} \mathrm{d}S = \int_V (\boldsymbol{\Phi}_1 \nabla^2 \boldsymbol{\Phi}_2 - \boldsymbol{\Phi}_2 \nabla^2 \boldsymbol{\Phi}_1) \mathrm{d}V \tag{7.2.1}$$

其中 $\hat{\boldsymbol{n}}$ 为 $S$ 的单位外法向量。因为体积 $V$ 内不包含任何源而且两个速度势对应相同的激励频率,由波动方程得

$$\begin{aligned} \nabla^2 \boldsymbol{\Phi}_1 &= -k^2 \boldsymbol{\Phi}_1 \\ \nabla^2 \boldsymbol{\Phi}_2 &= -k^2 \boldsymbol{\Phi}_2 \end{aligned} \tag{7.2.2}$$

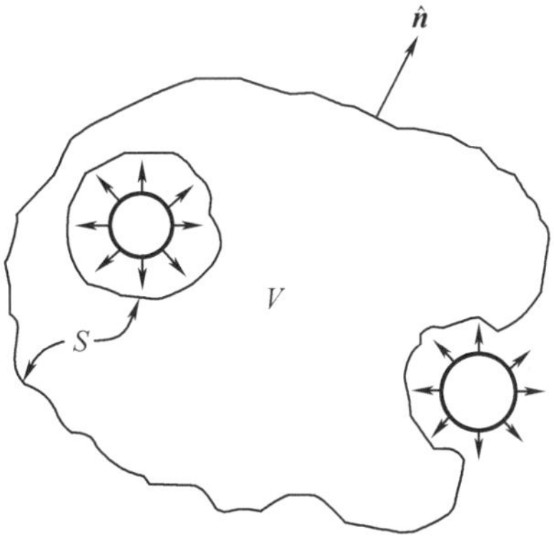


**图 7.2.1　推导声的互易性原理用到的几何关系**

于是式(7.2.1)右端被积函数在整个 $V$ 内恒等于零。再考虑到 $\boldsymbol{p} = -\mathrm{j}\omega\rho_0 \boldsymbol{\Phi}$ 以及无旋运动的质点速度 $\boldsymbol{u} = \nabla \boldsymbol{\Phi}$,将这些表达式代入式(7.2.1)左端得

$$\int_S (\boldsymbol{p}_1 \boldsymbol{u}_2 \cdot \hat{\boldsymbol{n}} - \boldsymbol{p}_2 \boldsymbol{u}_1 \cdot \hat{\boldsymbol{n}}) \mathrm{d}S = 0 \tag{7.2.3}$$

这是声的互易性原理(principle of acoustic reciprocity)的一种形式。例如根据该原理,若在不变的环境中,将一个小的源和一个小的接收器互换位置,接收到的信号不变。

为了得到关于简单源的信息,来推导约束更多但也更简单的式(7.2.3)的另一种形式。假设将 $S$ 面的一部分移到距离封闭声源很远处。任何真实情况下介质总会吸收一些声能,

因此这部分面上的声强衰减快于 $1/r^2$。因为 $S$ 面的面积随 $r^2$ 增大,则在 $r\to\infty$ 极限下,声强与面积的乘积为零。另外,如果 $S$ 面的其余各部分都属于下面几种情形之一:(1)完全刚硬,$\boldsymbol{u}\cdot\hat{\boldsymbol{n}}=0$;(2)压力释放面,$\boldsymbol{p}=0$;(3)法向响应面,$\boldsymbol{p}/(\boldsymbol{u}\cdot\hat{\boldsymbol{n}})=z_n$,则在这些面上的积分必为零。在这些条件下,式(7.2.3)退化仅在一部分 $S$ 面(即在情况 1 或情况 2 下主动声源所对应的那一部分 $S$ 面)上的积分,为

$$\int_{\text{声源}}(\boldsymbol{p}_1\boldsymbol{u}_2\cdot\hat{\boldsymbol{n}}-\boldsymbol{p}_2\boldsymbol{u}_1\cdot\hat{\boldsymbol{n}})\mathrm{d}S=0 \tag{7.2.4}$$

下面利用这个简单的结果来得到小于波长的声源一些重要的一般性质。

考虑一个空间区域,其中有两个形状不规则的源,如图 7.2.2 所示。在情况 1 中,令源 $A$ 为主动,源 $B$ 为绝对刚硬,情况 2 中则相反。当 $A$ 为主动且其辐射单元以速度 $\boldsymbol{u}_1$ 运动时,令 $B$ 处声压为 $\boldsymbol{p}_1$。当 $B$ 为主动且其辐射单元以速度 $\boldsymbol{u}_2$ 运动时,令 $A$ 处声压为 $\boldsymbol{p}_2$。应用式(7.2.4)得

$$\int_{S_A}\boldsymbol{p}_2\boldsymbol{u}_1\cdot\hat{\boldsymbol{n}}\mathrm{d}S=\int_{S_B}\boldsymbol{p}_1\boldsymbol{u}_2\cdot\hat{\boldsymbol{n}}\mathrm{d}S \tag{7.2.5}$$

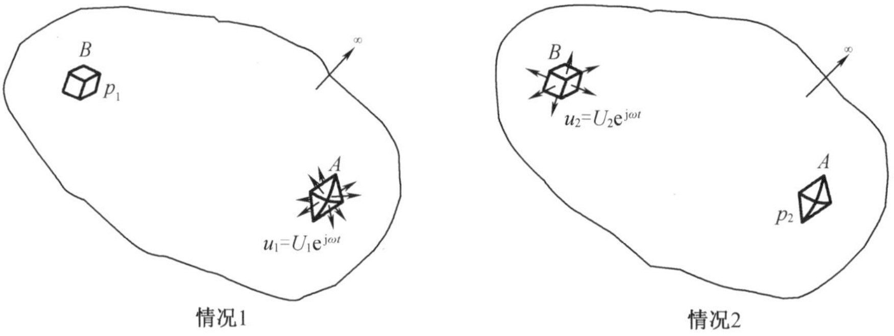


**图 7.2.2 用于简单源的互易原理**

若声源尺度均小于一个波长而它们之间的距离大于几个波长,则每个声源表面声压是均匀的,于是

$$\frac{1}{\boldsymbol{p}_1}\int_{S_A}\boldsymbol{u}_1\cdot\hat{\boldsymbol{n}}\mathrm{d}S=\frac{1}{\boldsymbol{p}_2}\int_{S_B}\boldsymbol{u}_2\cdot\hat{\boldsymbol{n}}\mathrm{d}S \tag{7.2.6}$$

假设声源的运动单元具有复的矢量位移,即

$$\boldsymbol{\xi}=\boldsymbol{\Xi}\mathrm{e}^{\mathrm{j}(\omega t+\varphi)} \tag{7.2.7}$$

其中 $\boldsymbol{\Xi}$ 给出位移的大小和方向,$\varphi$ 给出每个运动单元的时间相位。若 $\hat{n}$ 为表面的每个元面 $\mathrm{d}S$ 的外法向单位矢量,则源排开周围流体的体积为

$$\boldsymbol{V}=\int_S\boldsymbol{\Xi}\mathrm{e}^{\mathrm{j}(\omega t+\varphi)}\cdot\hat{\boldsymbol{n}}\mathrm{d}S=V\mathrm{e}^{\mathrm{j}(\omega t+\theta)} \tag{7.2.8}$$

其中 $\boldsymbol{V}$ 为复体积位移(complex volume displacement),$V$ 为 4.5 节讨论的体积位移幅值的推广。$\theta$ 为源表面的累积相位。时间导数 $\partial\boldsymbol{V}/\partial t$ 即复体积速度(complex volume velocity)定义了复声源强度(complex source strength)$\boldsymbol{Q}$",为

$$\boldsymbol{Q}\mathrm{e}^{\mathrm{j}\omega t}=\frac{\partial\boldsymbol{V}}{\partial t}=\int_S\boldsymbol{u}\cdot\hat{\boldsymbol{n}}\mathrm{d}S \tag{7.2.9}$$

其中 $\boldsymbol{u}=\partial\boldsymbol{\xi}/\partial t$ 为源表面复速度分布。脉动球的复声源强度只有实部

$$\boldsymbol{Q}=Q=4\pi a^2U_0 \tag{7.2.10}$$

将式(7.2.9)以及 $\boldsymbol{p}=\boldsymbol{P}(r)\exp[\mathrm{j}(\omega t-kr)]$ 代入式(7.2.6)得

$$\boldsymbol{Q}_1/\boldsymbol{P}_1(r)=\boldsymbol{Q}_2/\boldsymbol{P}_2(r) \tag{7.2.11}$$

这说明,源强度与距离源 $r$ 处声压幅值的比值对处于相同环境中的所有简单声源(在相同频率下)都是相同的。这样就可以计算任意形状不规则的简单源的声压场了,因为它一定与具有相同源强度的小脉动球产生的声压场相同。若简单源处于自由场中。则由式(7.1.7)和式(7.2.10)得式(7.2.11)给出的比值为

$$\boldsymbol{Q}/\boldsymbol{P}(r)=-\mathrm{j}2\lambda r/\rho_0c \tag{7.2.12}$$

这是自由场互易因子(free field reciprocity factor)。

利用式(7.2.10)重写式(7.1.7)得

$$\boldsymbol{p}(r,t)=\frac{1}{2}\mathrm{j}\rho_0c(Q/\lambda r)\mathrm{e}^{\mathrm{j}(\omega t-kr)} \tag{7.2.13}$$

由于上述原因,该式必对所有简单声源都成立。声压幅值为

$$P=\frac{1}{2}\rho_0cQ/\lambda r(\text{简单源}) \tag{7.2.14}$$

声强为

$$I=\frac{1}{8}\rho_0c(Q/\lambda r)^2 \tag{7.2.15}$$

在以源为中心的球面上对声强积分得辐射功率为

$$\Pi=\frac{1}{2}\pi\rho_0c(Q/\lambda)^2 \tag{7.2.16}$$

另一个很有实用意义的情况是在平面边界上或距离边界很近的简单源。若边界的各个尺度均远大于声的一个波长,则可以将边界视为无限大平面。这种边界称为障板(baffle)。如第 6.8 节所见,这时声源所在的半空间内声压场为该声源(具有相同声源强度)处于自由空间内时声压场的两倍

$$P=\rho_0cQ/\lambda r(\text{带障板简单源}) \tag{7.2.17}$$

声强为自由场的 4 倍

$$I=\frac{1}{2}\rho_0c(Q/\lambda r)^2 \tag{7.2.18}$$

声强在半球面上积分(没有声透过障板到达后面的空间内)得到辐射功率为自由场的 2 倍,即

$$\Pi=\pi\rho_0c(Q/\lambda)^2 \tag{7.2.19}$$

源的功率输出加倍这个结果看起来可能有些意外,它源于两种情况下声源强度相同这个事实:两种情况下源表面以相同的速度运动,但有障板时声场对源的力是自由场时的两倍,因此要消耗两倍的功率才能在两倍的力下保持相同的运动。

# 7.3 连续线源

作为用分布点源描述连续源的一个例子,考虑长为 $L$、半径为 $a$ 的细长圆柱形声源,如图 7.3.1 所示。这种声源构型称为连续线源(continuous line source)。令源表面以速度 $U_0\exp(\mathrm{j}\omega t)$ 运动。将源看成由一系列长为 $\mathrm{d}x$ 的圆柱构成。每个这样的单元可以看成强度为 $\mathrm{d}Q=U_0 2\pi a\mathrm{d}x$ 的无障板简单声源。每个单元产生的微元声压 $\mathrm{d}p$ 由式(7.2.13)给出,其中 $r$ 替换为从单元到场点 $(r,\theta)$ 的距离 $r'$,沿源长度对 $\mathrm{d}p$ 积分得总声压为

$$\boldsymbol{p}(r,\theta,t)=\frac{\mathrm{j}}{2}\rho_0 cU_0 ka\int_{-L/2}^{L/2}\frac{1}{r'}\mathrm{e}^{\mathrm{j}(\omega t-kr')}\mathrm{d}x \tag{7.3.1}$$

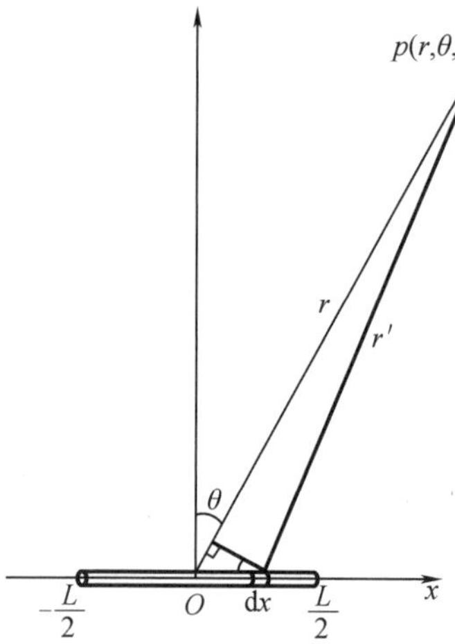


**图 7.3.1 由长为 $\mathrm{d}x$、半径为 $a$ 的简单声源的贡献叠加得到长为 $L$、半径为 $a$ 的连续线源在远场 $(r,\theta)$ 处的声场**

源附近的声场比较复杂,但在远场近似(far field approximation)下可以得到一个简单表达式。在 $r\gg L$ 的假设下,被积函数的分母可以用其近似值 $r$ 代替,这样做仅对每个简单声源在 $(r,\theta)$ 点产生的声场幅值引入很小的误差。但是在指数中却不是总能做这样的近似,因为当 $kL$ 接近或大于 1 时,各个单元之间的相对相位随角度变化很大。于是必须采用更精确的近似 $r'\approx r-x\sin\theta$,积分成为下面形式:

$$\boldsymbol{p}(r,\theta,t)=\frac{\mathrm{j}}{2}\rho_0 cU_0\frac{ka}{r}\mathrm{e}^{\mathrm{j}(\omega t-kr)}\int_{-L/2}^{L/2}\mathrm{e}^{\mathrm{j}kx\sin\theta}\mathrm{d}x \tag{7.3.2}$$

积分值很容易计算,得

$$\boldsymbol{p}(r,\theta,t)=\frac{\mathrm{j}}{2}\rho_0 cU_0\frac{a}{r}kL\left[\frac{\sin\left(\frac{1}{2}kL\sin\theta\right)}{\frac{1}{2}kL\sin\theta}\right]\mathrm{e}^{\mathrm{j}(\omega t-kr)} \tag{7.3.3}$$

远场声压幅值可以写成

$$P(r,\theta)=P_{\mathrm{ax}}(r)H(\theta) \tag{7.3.4}$$

其中

$$H(\theta)=\left|\frac{\sin v}{v}\right|,\quad v=\frac{1}{2}kL\sin\theta \tag{7.3.5}$$

为方向性因子(directional factor)而

$$p_{ax}(r)=\frac{1}{2}\rho_0 cU_0(a/r)kL \tag{7.3.6}$$

为远场轴上声压(far field axial pressure)幅值。

将远场声压幅值分解成两个因子,其中一个因子只依赖于角度并在声轴(acoustic axis)上取得最大值 1,另一个因子则只决定于到声源的距离,这种做法在复杂声源的声场分析中常用。注意:在远场,轴上声压正比于 $1/r$,与简单声源一样,这是所有声源的一个共性。

$(\sin v)/v$ 函数的行为如图 7.3.2 所示。这个函数称为 $\sin c$ 函数或零阶第一类球贝塞尔函数(zeroth order spherical Bessel function of the first kind)。取 $kL=24$ 对应的波束图(beam pattern)"$b(\theta)=20\log H(\theta)$ 见图 7.3.3。在 $H(\theta)=0$ 的角度上出现节面(nodal surfaces)(这里为圆锥面),对应于$\frac{1}{2}kL\sin\theta_n=\pm n\pi$,其中 $n=1,2,3,\cdots$这些节面之间由声能不为零的波瓣分隔开。声能中的大部分都被注入到由 $n=1$ 给出的主瓣(main lobe)中,主瓣以一个跟线源垂直的平面为中心。各个"旁瓣(minor lobe)"的幅值小于 1 并且离开这个平面旁瓣幅值趋于减小。显然,$kL$ 的值越大,主瓣越窄而旁瓣的数量越多。

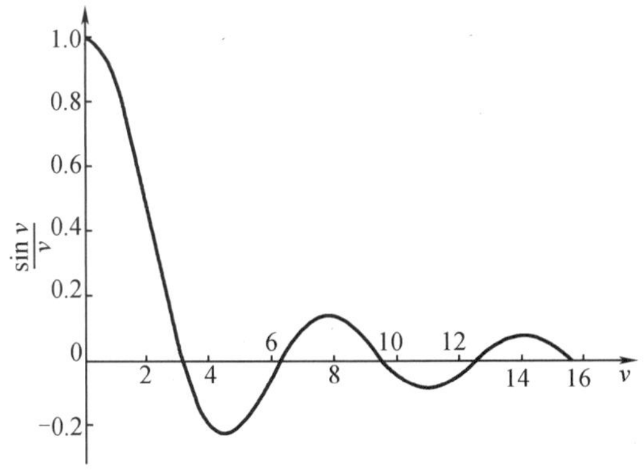


**图 7.3.2　函数$(\sin v)/v$的行为**

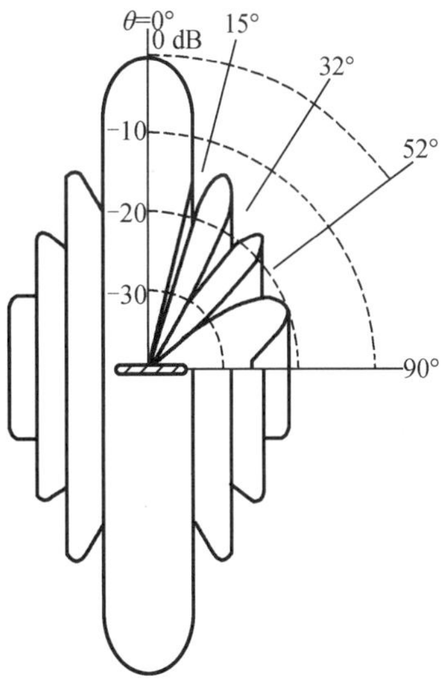


**图 7.3.3　长度为 $L$ 的连续线源辐射波数为 $k$ 的声波的波束图,$kL=24$**

声压用源强度 $Q=U_0 2\pi aL$ 表示时为

$$p(r,\theta,t)=\frac{\mathrm{j}}{2}\rho_0 c\frac{Q}{\lambda r}\frac{\sin v}{v}e^{\mathrm{j}(\omega t-kr)} \tag{7.3.7}$$

与式(7.2.13)对比可见这个声场等于源强度为 $Q$ 的简单声源声场乘以一个方向性因子 $\sin v/v$。

# 7.4 平面圆活塞的辐射

一种有实际意义的声源是平面圆形活塞,它是许多声源的模型,如扬声器、一端开口的乐器管以及通风管道等。考虑安装在无限大平面障板上、半径为 $a$ 的圆形活塞。令活塞辐射面以均匀速度 $U_0\exp(\mathrm{j}\omega t)$ 垂直于障板运动。几何配置与坐标系草图见图 7.4.1。

任意场点处的声压可以通过将活塞面划分成无穷小单元来得到,每个单元就像一个有障板的简单源,源强度为 $\mathrm{d}Q=U_0\mathrm{d}S$。这样一个单元产生的声压由式(7.2.17)给出,总声压为

$$\boldsymbol{p}(r,\theta,t)=\mathrm{j}\rho_0 c\frac{U_0}{\lambda}\int_S\frac{1}{r'}\mathrm{e}^{\mathrm{j}(\omega t-kr')}\mathrm{d}S \tag{7.4.1}$$

其中的面积分在 $\sigma\leqslant a$ 内进行。对于一般的场点这个积分很难计算,但在两个区域内可以得到封闭解:(1)沿垂直于活塞面并通过其中心的轴线上(声轴);(b)在足够远的距离上,即"远场"。

(a)轴上的响应

沿声轴($z$ 轴)上的声场计算相对简单。参考图 7.4.1 有

$$\boldsymbol{p}(r,\theta,t)=\mathrm{j}\rho_0 c\frac{U_0}{\lambda}\int_0^a\frac{\exp(-\mathrm{j}k\sqrt{r^2+\sigma})}{\sqrt{r^2+\sigma}}2\pi\sigma\,\mathrm{d}\sigma \tag{7.4.2}$$

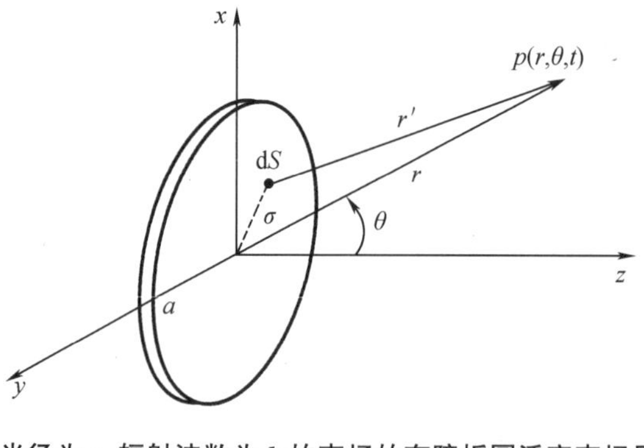


**图 7.4.1 推导半径为 $a$、辐射波数为 $k$ 的声场的有障板圆活塞声场用到的几何关系**

被积函数为全微分

$$\frac{\sigma\exp(-\mathrm{j}k\sqrt{r^2+\sigma^2})}{\sqrt{r^2+\sigma^2}}=-\frac{\mathrm{d}}{\mathrm{d}\sigma}\left[\frac{\exp(-\mathrm{j}k\sqrt{r^2+\sigma^2})}{\mathrm{j}k}\right] \tag{7.4.3}$$

则复声压为

$$\boldsymbol{p}(r,0,t)=\rho_0 cU_0\{1-\exp[-\mathrm{j}k(\sqrt{r^2+a^2}-r)]\}\mathrm{e}^{\mathrm{j}(\omega t-kr)} \tag{7.4.4}$$

活塞轴上的声压幅值就是上式的模为

$$P(r,0)=2\rho_0 cU_0\left|\sin\left\{\frac{1}{2}kr[\sqrt{1+(a/r)^2}-1]\right\}\right| \tag{7.4.5}$$

对于 $r/a\gg1$,平方根可以取近似,为

$$\sqrt{1+(a/r)^2}\approx 1+\frac{1}{2}(a/r)^2 \tag{7.4.6}$$

如果又有 $r/a>ka/2$,则轴上声压有渐近形式,为

$$P_{ax}(r)=\frac{1}{2}\rho_0 cU_0(a/r)ka \tag{7.4.7}$$

该式给出预期中的距离足够大时为球面扩展的结果。(不等式 $r/a>ka/2$ 可以写成 $r>\pi a^2/\lambda$。一般将 $S/\lambda$ 称为瑞利长度(Rayleigh length),其中 $S$ 为源运动部分的面积。)

由式(7.4.5)可见轴上声压表现出强干涉效应。当距离 $r$ 在 0 与 $\infty$ 之间变化时,声压值在 0 与 $2\rho_0 cU_0$ 之间波动,声压的这两个极值出现的距离满足

$$\frac{1}{2}kr[\sqrt{1+(a/r)^2}-1]=m\pi/2 \quad m=0,1,2,\cdots \tag{7.4.8}$$

从中解得声压取得极值的距离 $r$,为

$$r_m/a=a/m\lambda-m\lambda/4a \tag{7.4.9}$$

从 $r$ 很大处向声源移动时,在下式给出的距离 $r_1$ 上遇到轴上声压第一个局部极大值,即

$$r_1/a=a/\lambda-\lambda/4a \tag{7.4.10}$$

$r$ 继续减小,在距离 $r_2$ 处出现声压幅值第一个局部极小值,即

$$r_2/a=a/2\lambda-\lambda/2a \tag{7.4.11}$$

此后声压值继续波动直至到达活塞表面。图 7.4.2 给出轴上声压这种变化的示意图。

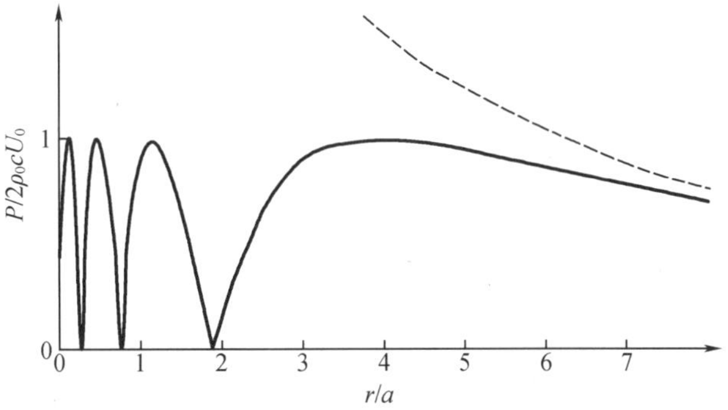


**图 7.4.2　半径为 $a$ 的带障板圆平面活塞辐射波数为 $k$ 的声场时轴上声压幅值,$ka=8\pi$。实线为根据精确理论计算值。虚线为由远场近似值归算到近场的。这种情况下远场近似仅在约为 7 倍活塞半径的距离以外是精确的。**

对于 $r>r_1$,轴上声压单调减小,逐渐趋近于 $1/r$ 的渐近依赖关系。对于 $r<r_1$,轴上声压显示出强干涉效应,说明活塞附近的声场是很复杂的。距离 $r_1$ 成为源附近复杂近场声与远离声源简单远场声之间一个方便的分界限。仅当 $a/\lambda$ 足够大从而 $r_1>0$ 时,$r_1$ 才是一个有实际意义的量。实际上,若 $a=\lambda/2$ 则 $r_1=0$,就不存在近场。在更低的频率下,活塞辐射就接近于简单源的辐射。

(b)远场

为方便计算远场引入辅助坐标系,如图 7.4.3 所示。选择 $x$、$y$ 轴的指向使得场点$(r,\theta)$在 $x$-$z$ 平面内。这样可以将活塞面分解成具有不同长度的连续线源阵列,每条线源平行于

$y$ 轴,则场点位于每条线源的声轴上。在 $r \gg a$ 条件下,每条线源对场点声的贡献就是其远场轴上声压,即得远场辐射图样。因为每条线源的长度为 $2a\sin\varphi$、宽度为 $dx$,其声源强度为 $dQ = 2U_0 a\sin\varphi dx$,由式(7.3.7),这样一个有障板的声源辐射声为

$$d\boldsymbol{p} = j\rho_0 c \frac{U_0}{\pi r'} ka\sin\varphi e^{j(\omega t - kr')} dx \tag{7.4.12}$$

对于 $r \gg a$,$r'$ 值可以很好地用下式近似

$$r' \approx r + \Delta r = r - a\sin\theta\cos\varphi \tag{7.4.13}$$

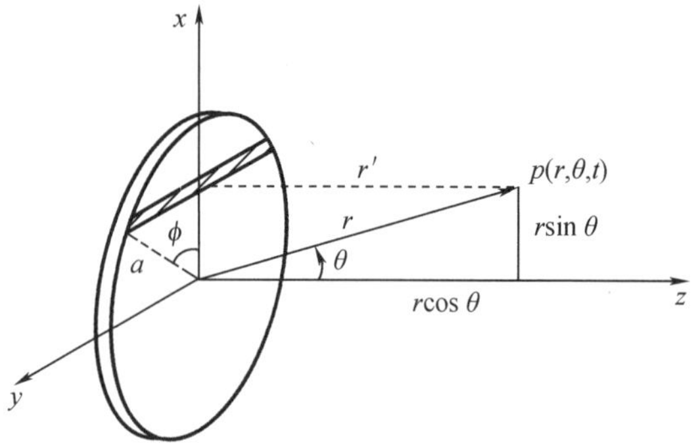


**图 7.4.3 推导半径为 $a$ 的带障板圆活塞$(r,\theta)$处远场声用到的几何关系**

声压为

$$\boldsymbol{p}(r,\theta,t) = j\rho_0 c \frac{U_0}{\pi r'} ka e^{j(\omega t - kr')} \int_{-a}^{a} e^{jka\sin\theta\cos\varphi} \sin\varphi dx \tag{7.4.14}$$

其中分母中的 $r' \to r$,相位中的 $r' = r + \Delta r$ 与远场近似一致。利用 $x = a\cos\varphi$,将积分由 $dx$ 转换成 $d\varphi$:

$$\boldsymbol{p}(r,\theta,t) = j\rho_0 c \frac{U_0}{\pi} \frac{a}{r} ka e^{j(\omega t - kr)} \int_{0}^{\pi} e^{jka\sin\theta\cos\varphi} \sin^2\varphi d\varphi \tag{7.4.15}$$

因为对称性,积分的虚部为零。积分的实部在关于贝塞尔函数的公式列表中可查,为

$$\int_0^{\pi} \cos(z\cos\varphi)\sin^2\varphi d\varphi = \pi \frac{J_1(z)}{z} \tag{7.4.16}$$

于是

$$\boldsymbol{p}(r,\theta,t) = \frac{j}{2}\rho_0 c U_0 \frac{a}{r} ka \left[\frac{2J_1(ka\sin\theta)}{ka\sin\theta}\right] e^{j(\omega t - kr)} \tag{7.4.17}$$

对角度的依赖关系全部包含在方括号内。因为当 $\theta$ 趋于 0 时该因子趋于 1,则可写成

$$|\boldsymbol{p}(r,\theta)| = P_{ax}(r) H(\theta)$$

$$H(\theta) = \left|\frac{2J_1(v)}{v}\right| \quad v = ka\sin\theta \tag{7.4.18}$$

注意到轴线声压幅值与渐近式(7.4.7)是相同的。$2J_1(v)/v$ 函数曲线见图 7.4.4,数值见附录 A6。图 7.3.2 和图 7.4.4 是很值得做一番对比的。

由 $H(\theta)$ 对角度的依赖关系知,在下式给出的角度上出现声压的节点

$$ka\sin\theta_m = j_{1m} \quad m = 1, 2, 3, \cdots \tag{7.4.19}$$

其中,$j_{1m}$ 为使得 $J_1$ 函数值为零的变量值,即 $J_1(j_{1m}) = 0$(见附录 A5)注意:到 $H(\theta)$ 的形式导

致 $\theta=0$ 为极大值。角 $\theta_m$ 定义了顶点在 $r=0$ 的圆锥节面。这些节面之间为声压波瓣，如图 7.4.5。各个波瓣内的声压极大值相对强度和角度位置由 $H(\theta)$ 的相对极大值给出。对于确定的 $r$，若令声轴上的强度级为 0 dB，则第一个旁瓣最大值的强度级为 -17.5 dB。

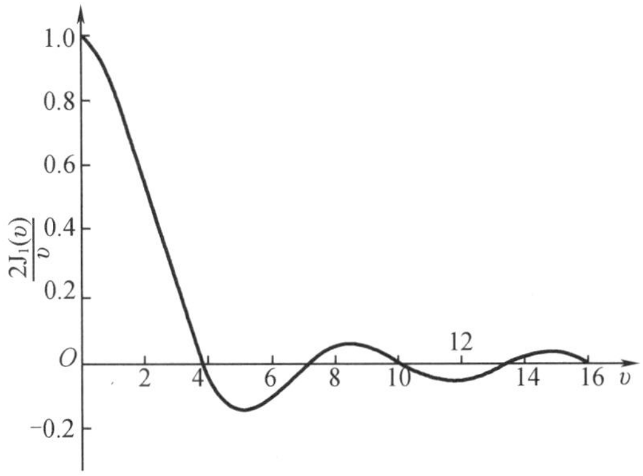


**图 7.4.4　$2J_1(v)/v$ 的函数行为**

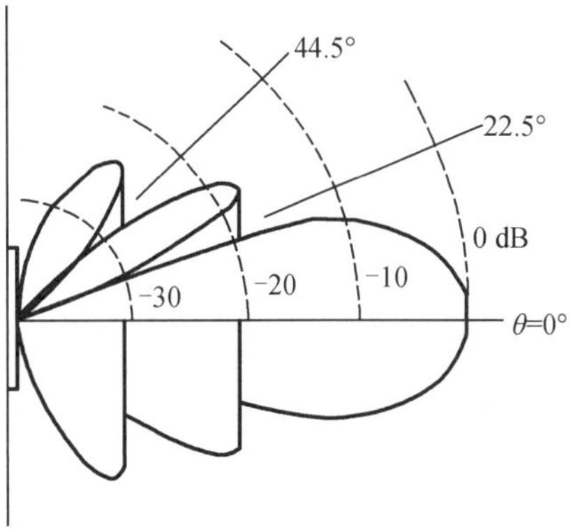


**图 7.4.5　半径为 $a$ 的圆活塞辐射 $ka=10$ 的声时的波束图 $b(\theta)$**

对于波长远小于活塞半径($ka\gg1$)的情况，辐射图样有许多旁瓣，同时主瓣的角宽度很窄；若波长足够大($ka<3.83$)则只有主瓣。对于 $ka\ll1$ 时，几乎对所有的角度方向性因子都近似为 1，则活塞成为源强度为 $Q=\pi a^2 U_0$ 的简单声源。

活塞类型的扬声器所产生的辐射图样在某种程度上与这些理想图样还是有区别，有如下原因：(1)安装扬声器的障板面积有限。低频时声波波长可能等于或大于障板的线性尺度，这时每个活塞单元的辐射按照半球面扩散的假设就不再成立。(2)若扬声器匣子不是封闭的，从扬声器后部的辐射可以传播到扬声器前面的区域中，结果产生的辐射图样近似于声偶极子而不是无限大障板内活塞。(3)扬声器圆锥的材料不是完全刚硬的。在扬声器中心点激励时，低频时圆锥中心的速度大于边缘速度，高频时圆锥为驻波振动。在上述这些条件下，$U_0$ 可能成为径向距离 $\sigma$ 和角度 $\varphi$ 的复函数 $\boldsymbol{U}_0$。通过适当选择 $U_0$ 和 $\sigma$ 之间的关心，可以得到多种辐射图样。利用柔性辐射面改变辐射图样是扬声器设计中的重要考虑因素。即使在小房间内，向窄的主瓣内辐射较高频声的扬声器也会使位于声轴上的听者感觉声音尖锐而声轴以外的听者感觉声音沉闷。增大高频声的主瓣宽度可以抵消声音的这种波束集中效应。在小房间内，避免高频声被墙壁吸收也有助于高频能量的散射。当扩音系统用于户外或大礼堂时，散射效应可以忽略，较高频率声的均匀分布必须通过多方向扬声器集群或指向不同方向的一组扬声器来获得。

## 7.5　辐射阻抗

在第 2 章曾定义了弦的输入机械阻抗这样一个很有用的量，即弦的激励力除以这个力引起的激励点速度。如果力不是直接作用于弦，而是作用于跟弦相连接的某个装置，则习题 2.9.2 曾证明这时施加给装置的力除以该装置的速度等于该装置的输入机械阻抗加上从该装置看到的弦的输入机械阻抗。类似地在对声源的讨论中，也可以将声源的输入机械阻抗用向真空中辐射的源的机械阻抗(mechanical impedance)和进入流体中传播的声波的辐射阻抗(radiation impedance)来表示。

考虑一个换能器,其主动面(膜片,diaphragm)的面积为 $S$,以法向速度分量 $\boldsymbol{u}$ 运动,$\boldsymbol{u}$ 的大小和相位可能是位置的函数。若 $\mathrm{d}\boldsymbol{f}_S$ 为作用于主动面微元 $\mathrm{d}S$ 上的力的法向分量,则辐射阻抗为

$$\boldsymbol{Z}_{\mathrm{r}}=\int\frac{\mathrm{d}\boldsymbol{f}_S}{\boldsymbol{u}} \tag{7.5.1}$$

若膜片具有质量 $m$、机械阻尼 $R_{\mathrm{m}}$ 以及刚度 $s$,在外力 $\boldsymbol{f}=F\exp(\mathrm{j}\omega t)$ 作用下,膜片的运动是均匀的,速度法向分量为 $\boldsymbol{u}_0=U_0\exp(j\omega t)=\mathrm{j}\omega\xi_0$,由牛顿运动定律得

$$\boldsymbol{f}-\boldsymbol{f}_S-R_{\mathrm{m}}\frac{\mathrm{d}\xi_0}{\mathrm{d}t}-s\xi_0=m\frac{\mathrm{d}^2\xi_0}{\mathrm{d}t^2} \tag{7.5.2}$$

其中膜片对流体的力为 $\boldsymbol{f}_S=\boldsymbol{Z}_{\mathrm{r}}\boldsymbol{u}_0$,利用 $\boldsymbol{Z}_{\mathrm{m}}=\boldsymbol{R}_{\mathrm{m}}+\mathrm{j}(\omega m-s/\omega)$ 并解出 $\boldsymbol{u}_0$ 得

$$\boldsymbol{u}_0=\boldsymbol{f}/(\boldsymbol{Z}_{\mathrm{m}}+\boldsymbol{Z}_{\mathrm{r}}) \tag{7.5.3}$$

于是存在流体负载时,激励力遇到的阻抗是源的机械阻抗与辐射阻抗之和。辐射阻抗可以表示为

$$\boldsymbol{Z}_{\mathrm{r}}=Z_{\mathrm{r}}\mathrm{e}^{\mathrm{j}\theta}=R_{\mathrm{r}}+\mathrm{j}X_{r} \tag{7.5.4}$$

其中 $R_{\mathrm{r}}$ 为辐射阻(radiation resistance),$X_{\mathrm{r}}$ 为辐射抗(radiation reactance)。

正的 $R_{\mathrm{r}}$ 值使总阻尼增大,也增大源消耗的功率,该功率量值上等于辐射到流体中的功率,为

$$\Pi=\frac{1}{T}\int_0^T\mathrm{Re}\{\boldsymbol{f}_S\}\,\mathrm{Re}\{\boldsymbol{u}_0\}\,\mathrm{d}t \tag{7.5.5}$$

或

$$\Pi=\frac{1}{2}U_0^2Z_{\mathrm{r}}\cos\theta=\frac{1}{2}U_0^2R_{\mathrm{r}} \tag{7.5.6}$$

辐射阻尼可以直接由辐射到流体中的功率得到。例如对于简单源,由式(7.2.16)、式(7.2.19)得

$$R_{\mathrm{r}}=\rho_0c(kS)^2/4\pi\text{(简单源)} \tag{7.5.7}$$

$$R_{\mathrm{r}}=\rho_0c(kS)^2/2\pi\text{(带障板简单源)} \tag{7.5.8}$$

其中每种情况下 $S$ 为源的表面积。

正的 $X_{\mathrm{r}}$ 表现为质量负载,使振子的谐振频率 $\omega_0$ 由 $\sqrt{s/m}$ 降低为 $\sqrt{s/(m+m_r)}$,其中 $m_{\mathrm{r}}=X_{\mathrm{r}}/\omega$ 为辐射质量(radiation mass)。在轻质流体例如空气中工作的声源,辐射质量的影响可能很小,但对较重的流体例如水,由于流体的存在而导致的谐振频率下降可能很明显。

(a)圆活塞

为了计算半径为 $a$ 的有障板圆活塞以复法向速度 $\boldsymbol{u}_0=U_0\exp(\mathrm{j}\omega t)$ 振动时的辐射阻抗,考虑活塞面的微元面积 $\mathrm{d}S$(图 7.5.1),令 $\mathrm{d}\boldsymbol{p}$ 为由于 $\mathrm{d}S$ 运动而在活塞的另一微元面 $\mathrm{d}S'$ 处产生的微元压力。$\mathrm{d}S'$ 处的总压力由式(7.4.1)在活塞面上的积分得到,即

$$\boldsymbol{p}=\mathrm{j}\rho_0c\frac{U_0}{\lambda}\int_S\frac{1}{r}\mathrm{e}^{\mathrm{j}(\omega t-kr)}\mathrm{d}S \tag{7.5.9}$$

其中 $r$ 为 $\mathrm{d}S$ 与 $\mathrm{d}S'$ 之间的距离。声压对活塞产生的总作用力 $\boldsymbol{f}_S$ 为 $\boldsymbol{p}$ 对 $\mathrm{d}S'$ 的积分,即 $\boldsymbol{f}_S=$

$\int \boldsymbol{p}\mathrm{d}S'$。这里对 d$S$ 积分得到 $\boldsymbol{p}$ 再对 d$S'$积分得到 $\boldsymbol{f}_S$ 的过程既包含了由于 d$S$ 的运动而作用在 d$S'$上的力,也包括由于 d$S'$的运动而作用在 d$S$ 上的力。但由声场的互易性,这两个力必相等,因此上述两重积分的结果应等于选取积分限使得每一对微元面之间的力只被考虑一次所得结果的两倍。后一种积分限的选取将使问题大大简化。参考图 7.5.1,取 $\sigma$ 为活塞中心到 d$S'$的径向距离,在这个半径为 $\sigma$ 的圆内积分,则每一对单元只被利用一次。从 d$S'$到圆内任意点的最大距离为 $2\sigma\cos\theta$,若从 0 到 $2\sigma\cos\theta$ 对 $r$ 积分,再从 $-\pi/2$ 到 $\pi/2$ 对 $\theta$ 积分就可以覆盖整个圆内区域。令 $\mathrm{d}S'=\sigma\mathrm{d}\sigma\mathrm{d}\psi$,由 0 到 $2\pi$ 对 $\psi$ 积分、再由 0 到 $a$ 对 $\sigma$ 积分,则对 d$S'$的积分覆盖整个活塞面。最后将结果乘以 2 就得到需要的表达式为

$$\boldsymbol{f}_S = 2\mathrm{j}\rho_0 c\frac{u_0}{\lambda}\mathrm{e}^{\mathrm{j}\omega t}\int_0^a\int_0^{2\pi}\int_{-\pi/2}^{\pi/2}\int_0^{2\sigma\cos\theta}\sigma\mathrm{e}^{-\mathrm{j}kr}\mathrm{d}r\mathrm{d}\theta\mathrm{d}\psi\mathrm{d}\sigma \tag{7.5.10}$$

积分的具体计算留作习题 7.5.2。辐射阻抗 $\boldsymbol{Z}_\mathrm{r}=\boldsymbol{f}_S/\boldsymbol{u}_0$ 的结果为

$$\boldsymbol{Z}_\mathrm{r}=\rho_0cS[R_1(2ka)+\mathrm{j}X_1(2ka)] \tag{7.5.11}$$

其中 $S=\pi a^2$,为活塞面积。活塞阻尼函数(piston resistance function)$R_1$ 和活塞抗函数(piston reactance function)$X_1$ 为

$$R_1(x)=1-\frac{2\mathrm{J}_1(x)}{x}=\frac{x^2}{2\cdot4}-\frac{x^4}{2\cdot4^2\cdot6}+\frac{x^6}{2\cdot4^2\cdot6^2\cdot8}-\cdots$$

$$X_1(x)=\frac{2\boldsymbol{H}_1(x)}{x}=\frac{4}{\pi}\left(\frac{x}{3}-\frac{x^3}{3^2\cdot5}+\frac{x^5}{3^2\cdot5^2\cdot7}-\cdots\right) \tag{7.5.12}$$

其中 $\boldsymbol{H}_1(x)$为附录 A4 中描述的一阶斯特鲁夫函数(first order Struve function)。$R_1$ 和 $X_1$ 函数曲线草图见图 7.5.2,附录 A6 给出函数值列表。

低频极限下($ka\ll1$),辐射阻抗可以用幂级数的前几项近似。辐射阻成为

$$R_\mathrm{r}\approx\frac{1}{2}\rho_0cS(ka)^2 \tag{7.5.13}$$

辐射抗成为

$$X_\mathrm{r}\approx(8/3\pi)\rho_0cSka \tag{7.5.14}$$

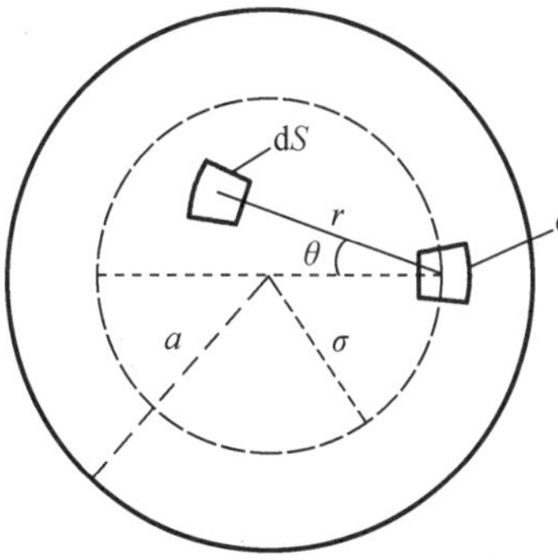


**图 7.5.1　推导平面圆活塞辐射反作用力用到的面单元 d$S$ 和 d$S'$**

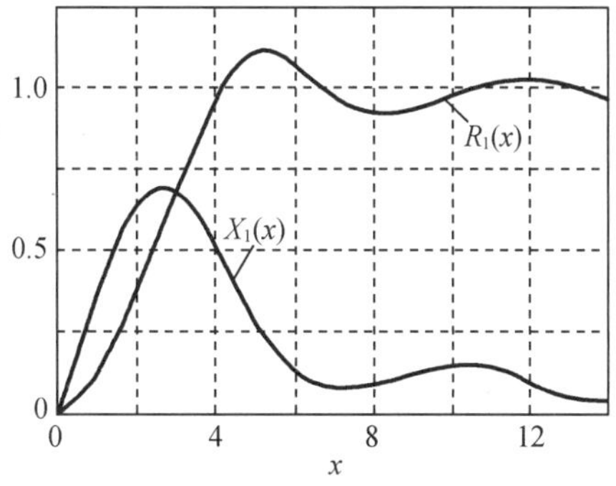


**图 7.5.2　半径为 $a$ 的圆活塞辐射波数为 $k$($x=2ka$)时的辐射阻和辐射抗**

注意:低频极限下,活塞辐射阻与具有相同表面积 $S$ 的有障板简单声源辐射阻是相同的。低频辐射抗为如下质量对应的抗:

$$m_r = X_r/\omega = \rho_0 S(8a/3\pi) \tag{7.5.15}$$

于是活塞就像是被施加了一个流体圆柱载荷一样，圆柱的横截面积等于活塞面积，圆柱等效高度为 $8a/3\pi \approx 0.85a$。

在高频极限下 $ka \gg 1$，$X_1(2ka) \to (2/\pi)/(ka)$，$R_1(2ka) \to 1$，于是 $Z_r \to R_r \approx S\rho_0 c$，这导致

$$\Pi \approx \frac{1}{2}\rho_0 cSU_0^2 \tag{7.5.16}$$

等于特性阻抗为 $\rho_0 c$ 的流体中质点速度幅值为 $U_0$ 的平面波在横截面积 $S$ 内所携带的功率。

(b)脉动球

脉动球的辐射阻抗可以容易地由式(7.1.2)得到，为

$$\mathbf{Z}_r = \rho_0 cS\cos \cdot \theta_a e^{j\theta_a} \tag{7.5.17}$$

其中 $S = 4\pi a^2$ 为球表面积。高频($ka \gg 1$)时这个阻抗退化为纯辐射阻 $\mathbf{Z}_r = R_r$，其中

$$R_r = \rho_0 cS \tag{7.5.18}$$

低频($ka \ll 1$)时，$\mathbf{Z}_r$ 成为

$$\mathbf{Z}_r \approx \rho_0 cS(ka)^2 + j\rho_0 cSka \tag{7.5.19}$$

辐射阻远小于辐射抗，这里辐射抗又类似一个质量，即

$$m_r = X_r/\omega = 3\rho_0 V \tag{7.5.20}$$

其中 $V = 4\pi a^3/3$ 为球体积。低频极限下，辐射质量为球排开流体质量的 3 倍。

## 7.6 换能器的主要特性

利用几个定义可以不显示出完整的辐射图样而描述场的一些重要特性。

(a)方向性因子与波束图

我们已经证明了两种不复杂的源(连续线源和活塞)的辐射远场可以表示为轴上声压 $P_{ax}(r)$ 与一个方向性因子 $H(\theta)$ 的乘积。对于低对称性的源，这样的分解也是可能的，但方向性因子可能依赖于两个角度，$H(\theta,\varphi)$。对方向性因子总是进行归一化使其最大值为 1，如式(7.3.5)和式(7.4.18)所示。$H=1$ 的方向决定了声轴的方向。声“轴”可以是一条直线、一个平面或一个圆锥面。沿着由 $\theta$、$\varphi$ 确定的任意一条径向直线的归一化远场声压即 $H(\theta,\varphi)/r$。

声强级(或声压级)随角度的变化为波束图(beam pattern)，为

$$\begin{aligned} b(\theta,\varphi) &= 10\log[I(r,\theta,\varphi)/I_{ax}(r)] \\ &= 20\log[P(r,\theta,\varphi)/P_{ax}(r)] \\ &= 20\log H(\theta,\varphi) \end{aligned} \tag{7.6.1}$$

(b)波束宽度

用并没有被普遍承认的一种定义来确定主瓣等效极值所对应的角，因此指定波束宽度时必须清楚地给出其准则。用来描述主瓣等效宽度的 $I(r,\theta,\varphi)/I_{ax}(r)$ 值从最大值的 0.5(下降 3 dB 或“半功率”)降到 0.25(下降 6 dB 或“四分之一功率”)，直至最小值 0.1(下降 10 dB)。作为因未指明强度之比而引起混淆的一个例证，考虑辐射声波长为 $\lambda = a/4$ 的一个活塞。根据上面给出的三个比值计算的波束宽度分别为 7.4°(下降 3 dB)、10.1°(下降 6

dB)和 12.9°(下降 10 dB),而第一个零值对应的波束宽度为 17.3°。即使定义主瓣外边界相对于声轴上的值下降 10 dB,这个值还是比第一个旁瓣的最大值高出大约 7.5 dB。

(c)声源级

度量声源轴向输出的一个量为声源级(source level)SL。假设声轴已经被确定并已经测得了在远场(声压按照 $1/r$ 规律衰减)沿着这条线上的声压幅值。可以将 $P_{ax}(r)$ 随 $1/r$ 变化的曲线由大 $r$ 值处外推到距离声源 $r=1$ m 处,给出

$$P_{ax}(1)=\lim_{r\to 1}P_{ax}(r) \tag{7.6.2}$$

(注意:$P_{ax}(1)$ 未必是 1 m 处真实的轴上声压,只是根据远场行为进行的一种方便的外推)。因为 $P_{ax}(1)$ 是一个峰值声压幅值,将其除以 $\sqrt{2}$ 变成有效值(或均方根值)$P_e(1)$。于是声源级为

$$\mathrm{SL}(\mathrm{re}\ P_{ref})=20\log[P_e(1)/P_{ref}]\quad P_e(1)=P_{ax}(1)/\sqrt{2} \tag{7.6.3}$$

其中的参考有效声压 $P_{ref}$ 为 1 μPa、20 μPa 或 1 μbar,见 5.12 节的讨论。

(d)指向性

给定远场声压的幅值 $P(r,\theta,\varphi)$ 时,在包围声源的一个球面上对声强积分即得总辐射功率为

$$\Pi=\frac{1}{2\rho_0 c}\int_{4\pi}P^2(r,\theta,\varphi)r^2 d\Omega \tag{7.6.4}$$

利用 $P(r,\theta,\varphi)=P_{ax}(r)H(\theta,\varphi)$ 并注意到对于积分来说 $r$ 为常数,于是可以写成

$$\Pi=\frac{1}{2\rho_0 c}r^2P_{ax}^2(r)\int_{4\pi}H^2(\theta,\varphi)\,\mathrm{d}\Omega \tag{7.6.5}$$

对于辐射相同声功率的一个简单声源,距离 $r$ 处的声压幅值 $P_S(r)$ 由下式给出

$$\Pi=4\pi r^2P_S^2(r)/2\rho_0 c \tag{7.6.6}$$

显然对于相同的声功率,指向性声源在距离 $r$ 处声轴上的声强要比简单声源的大,这两个声强之比可以反映指向性声源将可用声功率集中到某一特定方向的效率有多高。这个比值定义了指向性(directivity)$D$

$$D=I_{ax}(r)/I_S(r)=P_{ax}^2(r)/P_S^2(r) \tag{7.6.7}$$

将式(7.6.5)、式(7.6.6)代入式(7.6.7)得

$$D=4\pi\Big/\int_{4\pi}H^2(\theta,\varphi)\,\mathrm{d}\Omega \tag{7.6.8}$$

于是源的指向性 $D$ 为 $H^2(\theta,\varphi)\,\mathrm{d}\Omega$ 在立体角内平均值的倒数。现在式(7.6.5)成为

$$\Pi=4\pi P_e^2(1)/D\rho_0 c \tag{7.6.9}$$

将 $P_e(1)$ 代入式(7.6.3)得

$$\mathrm{SL}(\mathrm{re}\ P_{ref})=10\log(D\rho_0 c\Pi/4\pi P_{ref}^2) \tag{7.6.10}$$

(1)连续线源

连续线源的方向性因子为式(7.3.5),由圆柱几何关系得

$$D=4\pi/2\int_0^{\pi/2}H^2(\theta)2\pi\cos\theta\,\mathrm{d}\theta \tag{7.6.11}$$

通过变量代换 $v=\dfrac{1}{2}kL\sin\theta$ 得

$$D = \frac{kL}{2} / \int_0^{kL/2} \left(\frac{\sin v}{v}\right)^2 \mathrm{d}v \tag{7.6.12}$$

如果线源很长($kL \gg 1$)则积分上限可以取任意大的值而只引起很小的精度损失,这样得到的定积分值是已知的

$$\int_0^{\infty} \left(\frac{\sin v}{v}\right)^2 \mathrm{d}v = \frac{\pi}{2} \tag{7.6.13}$$

于是长连续线源的指向性近似为

$$D \approx kL/\pi = 2L/\lambda \tag{7.6.14}$$

(2)活塞源

活塞的指向性可由方向性因子式(7.4.18)确定

$$D = 4\pi / \int_0^{\pi/2} \left[\frac{2\mathrm{J}_1(ka\sin\theta)}{ka\sin\theta}\right]^2 2\pi\sin\theta \mathrm{d}\theta \tag{7.6.15}$$

其中 $2\pi\sin\theta\mathrm{d}\theta$ 为这种轴对称情况下的微元立体角 $\mathrm{d}\Omega$。这个积分可以计算,习题 7.6.1 则给出另一种方法。结果为

$$D = \frac{(ka)^2}{1-\mathrm{J}_1(2ka)/ka} \tag{7.6.16}$$

低频($ka \to 0$)时,贝塞尔函数可以用其级数展开式的前两项来近似,在这种极限下 $D \to 2$,与无限大障板上的半球源相同。高频时贝塞尔函数值变得很小而有

$$D \approx (ka)^2 \quad ka \gg 1 \tag{7.6.17}$$

这表明活塞在高频时具有强指向性。

(e)指向性指数

指向性指数(directivity index)DI 由下式给出

$$\mathrm{DI} = 10\log D \tag{7.6.18}$$

对于水,取参考声压为 1 $\mu Pa$ 时有

$$SL(\text{re } 1\ \mu Pa) = 10log\ \Pi + \mathrm{DI} + 171 \quad (\text{水中}) \tag{7.6.19}$$

式中,声功率的单位必须为瓦。在空气中习惯用参考声压为 20 $\mu Pa$,声源级为

$$SL(\text{re } 20\ \mu Pa) = 10log\ \Pi + \mathrm{DI} + 109 \quad (\text{空气中}) \tag{7.6.20}$$

指向性接收器忽略各项同性噪声的能力决定于指向性指数 DI。但若噪声场具有方向性,例如来自繁忙高速公路的噪声或来自海洋中远处的航运噪声(它们趋向于从接近于水平的方向到达),则必须引入一种更具一般性的度量——阵增益(array gain)AG。若 $N(\theta, \varphi)$ 为从$(\theta,\varphi)$方向到达噪声的有效声压幅值,则指向性接收器的阵增益为

$$AG = 10\log\left(\frac{\int_{4\pi} |N(\theta,\varphi)|^2 \mathrm{d}\Omega}{\int_{4\pi} |N(\theta,\varphi)|^2 H^2(\theta,\varphi)\mathrm{d}\Omega}\right) \tag{7.6.21}$$

分子为无指向性接收器接收的噪声功率,分母为指向性接收器接收的噪声功率。在各项向异性的噪声场中,阵增益取决于场的性质以及接收器的朝向。若噪声场为各项同性则 $N(\theta,\varphi)$ 对所有角度为常数,则对数函数的变量退化为式(7.6.8),这时阵增益变成与指向性指数相同。

(f)辐射指向性图估计

对具有合理的指向性以及简单几何形状的声源,辐射场的性质可以根据声源尺度、几何形状以及激励的波长来估计。声源可以是前面讨论过的声源中的一种,或者其中几种拼成的马赛克或阵列。声源具有合理指向性的要求即 $\lambda \ll L$,其中 $L$ 为声源的最大尺度。

(1)近场范围

令 $r_{\max}$、$r_{\min}$ 分别为远场声轴上一点到源的最远和最近单元的距离。当场点沿声轴向源靠近时,距离差 $\Delta r = r_{\max} - r_{\min}$ 由远场渐近值 $\Delta r_\infty$ 逐渐增大。当增大的量接近于半个波长时,$r_{\max} - r_{\min} = \Delta r_\infty - \lambda/2$,于是来自于源上不同点的信号到达场点时与到达远场点时相比已经有了足够大的相移,因此这些信号叠加得到的轴上声压幅值不同于远场值 $P_{ax}$,图 7.6.1 为平面声源情况下的示意图。若源在垂直于声轴方向的最大尺度为 $L$,则通过简单的几何运算就能得到远场范围开始的距离 $r_{\min}$ 大致为

$$r_{\min}/L \sim L/4\lambda \tag{7.6.22}$$

(2)主瓣角宽度

主瓣角宽度对应于远场辐射图案中声源的不同单元之间的相位关系可以产生最强相长干涉的范围。随着离开声轴的角度逐渐增大,相消干涉增强从而逐渐接近主瓣的边缘。近似地,当 $\theta$ 角增大到声源的一半单元相对于另一半单元的相位差达到 $\pi/2$ 时,就遇到一个节面。由图 7.6.2 所示的简单一维例子可以看到,这发生在角度约为 $\lambda/L$ 时。于是对于主瓣所张角度的一半可以给出估计

$$\sin\theta_1 \sim \lambda/L \tag{7.6.23}$$

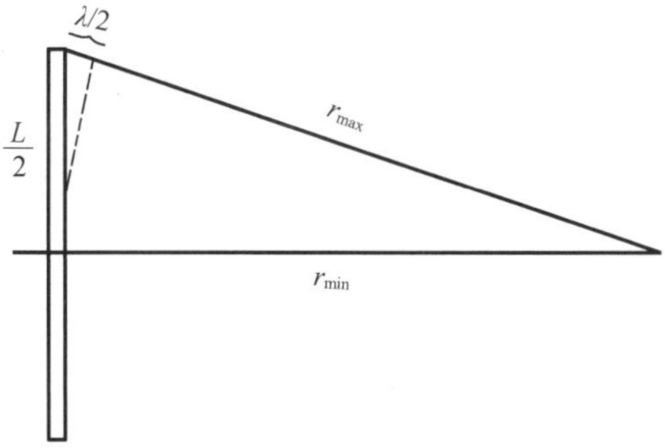


**图 7.6.1　最大尺度为 $L$、辐射波长为 $\lambda$ 的声,估算近场范围用到的几何关系**

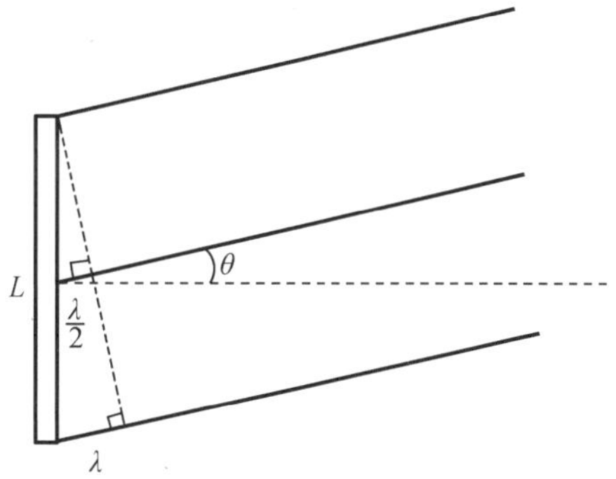


**图 7.6.2　最大尺度为 $L$、辐射波长为 $\lambda$ 的声,估算波束宽度用到的几何关系**

读者应证明式(7.6.22)和式(7.6.23)与对圆活塞的定量预测值是一致的,式(7.6.23)也与连续线源的主瓣宽度计算值一致。

对于垂直于声轴方向的两个主尺度分别为 $L_1$、$L_2$ 的较复杂声源,主瓣在两个方向的角度范围分别为 $2\theta_{11} \sim 2\lambda/L_1$ 和 $2\theta_{12} \sim 2\lambda/L_2$。

(3)指向性估计

由于式(7.6.8)中积分的精确计算可能太困难或者精度可能超出了具体问题的要求,因此若能对指向性 $D$ 进行估计就很有用。若声源具有合理的指向性而且被设计成旁瓣远低于主瓣,则可以令在主瓣的强中心区域内的积分值为 1 而其他区域内的积分值为零来估计指向性 $D$。$D$ 的表达式为

$$D=4\pi/\Omega_{\text{ref}} \tag{7.6.24}$$

于是对指向性 $D$ 的估计就退化为求主瓣中心区域所对的有效立体角 $\Omega_{\text{ref}}$ 的良好近似这样一个几何问题，也就是需要计算用来描述主瓣的半角波束宽度的有效角 $\theta'$。对于高指向性源，$\theta_1$ 往往高估了 $\theta'$。一种较好的近似是令方向性因子 $H$ 从最大值 1 下降到 0.5（四分之一功率）所对应的那部分主瓣的 $H$ 值为 1，而在该区域以外 $H$ 值为 0。对于到目前为止所研究的情况，这意味着由 $(\sin v)/v\approx\frac{1}{4}$ 求得 $\theta'$，其中 $v=\frac{1}{2}kL\sin\theta$。通过简单的数值估计得

$$\theta'\sim 2\theta_1/\pi \tag{7.6.25}$$

对于线形源，主瓣中心部分在单位球表面的分布如图 7.6.3 所示。这个环形带的高度用 $2\theta'$ 近似、周长为 $2\pi$，于是 $\Omega_{\text{ref}}\approx4\pi\theta'$，$D\sim1/\theta'$。

对于类似活塞的源，主瓣的中心部分大致为图 7.6.4 所示的椭圆片。在单位球面上其面积用 $\Omega_{\text{ref}}\approx\pi\theta_1'\theta_2'$ 近似，其中 $2\theta_1'$、$2\theta_2'$ 分别为与长度 $L_1$、$L_2$ 相关的有效角波束宽度。由此得到的指向性为 $D\sim4/\theta_1'\theta_2'$。

这些估计值与式（7.6.14）、式（7.6.17）对比表明它们是很好的近似。

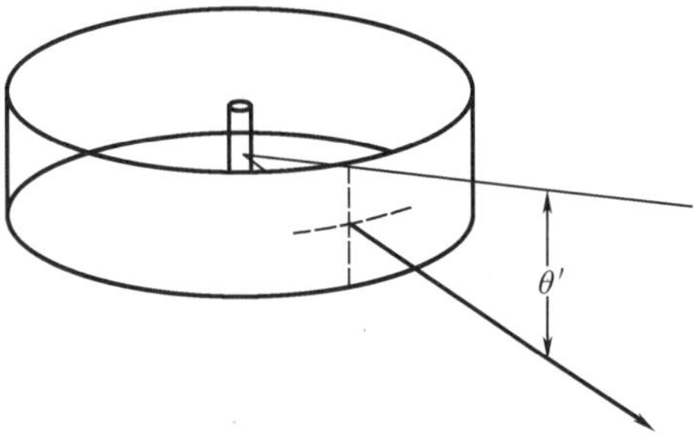


**图 7.6.3　原点处的线形源照射到的单位球面积**

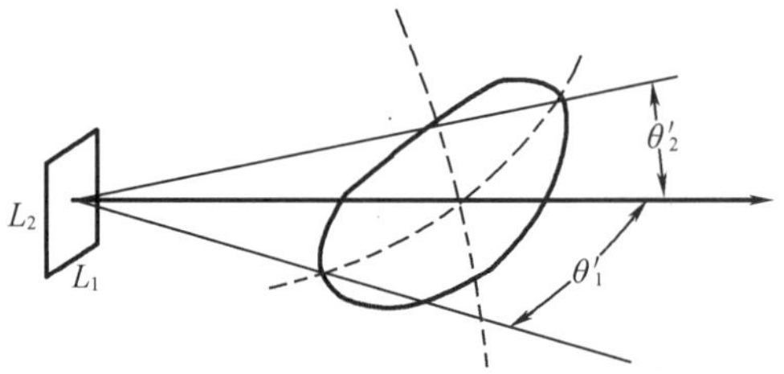


**图 7.6.4　形状任意的平面活塞源照射到的单位球面积**

# *7.7　可逆换能器的方向性因子

第 14 章将讨论几种更常用的声源和接收器工作的细节问题，这里先建立可逆（reversible）换能器发射与接收方向特性之间的重要联系。可逆换能器是指既可以用来发射声能又可以用来接收声能的换能器。普通的办公室对讲机就包含此类设备。其声学元件，通常是一个小扬声器，可以从充当声源（发射一条信息）切换为充当接收器（检测对信息的响应）。

一个可逆换能器如果作为声源有指向性，则它作为接收器也有指向性。例如倾斜入射到大的平面活塞表面的平面波将使活塞以正比于活塞面上空间平均压力的法向速度分量运动。因此，若声波的波长接近于或小于活塞尺度，则活塞对入射平面波的响应将与波到达的角度有关。度量这种响应的量为接收方向性因子 $H_r$。下面证明可逆换能器的发射与接收方向性因子是相同的。

考虑从 $\theta$、$\varphi$ 角指示的方向入射到接收器上的平面波。令 $\langle \boldsymbol{p}_{\text{B}}\rangle_{\text{S}}$ 为保持接收器膜片被完

全阻挡不动(blocked)时,入射波声压在膜片上的平均值。接收方向性因子定义为

$$H_r(\theta,\varphi)=\left|\frac{\langle \boldsymbol{p}_B(\theta,\varphi)\rangle_S}{\langle \boldsymbol{p}_{Bax}\rangle_S}\right| \tag{7.7.1}$$

这个量是固定不动的接收器膜片上入射波相位抵消程度的度量,它是 $\theta$ 和 $\varphi$ 的函数,给出接收器的方向灵敏度(接收方向性因子的定义以膜片固定不动为基础是为了消除膜片运动辐射的任何场,有关这一点参阅第 14 章)。

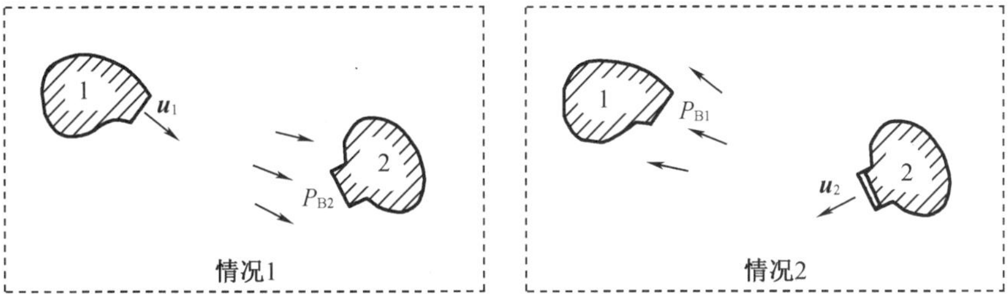


**图 7.7.1　互易定理用于可逆换能器**

利用互易定理可以建立可逆换能器的 $H_r$ 与 $H$ 之间的关系。考虑图 7.7.1 所示的情况。自由空间中有两个可逆换能器(其表面除膜片以外全部为理想刚硬的),它们之间的距离 $r$ 很大。($r$ 很大的要求确保近场效应可以避免)。情况 Ⅰ 要求一个换能器为主动,另一个为换能器为被动、膜片被阻挡不动。情况 Ⅱ 将两个换能器的角色进行互换。利用式(7.2.4)得

$$\int_{S_2}\boldsymbol{p}_{B2}\boldsymbol{u}_2\cdot\hat{\boldsymbol{n}}\mathrm{d}S=\int_{S_1}\boldsymbol{p}_{B1}\boldsymbol{u}_1\cdot\hat{\boldsymbol{n}}\mathrm{d}S \tag{7.7.2}$$

其中 $\boldsymbol{p}_B$ 为每一个被阻挡不动的膜片表面的声压分布,$S$ 分别为换能器 1、2 的膜片面积。若每个膜片作为一个整体运动,则 $\boldsymbol{u}_1$、$\boldsymbol{u}_2$ 在 $S_1$、$S_2$ 上为常数,上式简化为

$$\boldsymbol{u}_2\langle \boldsymbol{p}_{B2}\rangle S_2=\boldsymbol{u}_1\langle \boldsymbol{p}_{B1}\rangle S_1 \tag{7.7.3}$$

其中 $\boldsymbol{u}_1$、$\boldsymbol{u}_2$ 为垂直于膜片的质点速度分量。

若换能器 2 足够小,则它不足以对换能器 1 辐射的声压场 $\boldsymbol{p}_1$ 造成明显扰动,于是 $\boldsymbol{p}_{B2}=\boldsymbol{p}_1(r,\theta,\varphi,t)$。而在主动换能器 1 表面声压场 $\boldsymbol{p}_{B1}$ 是均匀的,于是式(7.7.3)变成

$$\boldsymbol{u}_2\boldsymbol{p}_1(r,\theta,\varphi,t)S_2=\boldsymbol{u}_1\langle \boldsymbol{p}_{B1ax}(t)\rangle_{S_1}S_1 \tag{7.7.4}$$

现在若将换能器 1、2 转向使它们互相位于对方的声轴上,则式(7.7.4)又给出另一等式为

$$\boldsymbol{u}_2\boldsymbol{p}_{1ax}(r,t)S_2=\boldsymbol{u}_1\langle \boldsymbol{p}_{B1ax}(t)\rangle_{S_1}S_1 \tag{7.7.5}$$

上面两式之比取模得

$$\left|\frac{\boldsymbol{p}_1(r,\theta,\varphi,t)}{\boldsymbol{p}_{1ax}(r,t)}\right|=\left|\frac{\langle \boldsymbol{p}_{B1}(\theta,\varphi,t)\rangle_{S_1}}{\langle \boldsymbol{p}_{B_1ax}(t)\rangle_{S_1}}\right| \tag{7.7.6}$$

式(7.7.6)左端为 $H$,右端为 $H_r$,于是

$$H(\theta,\varphi)=H_r(\theta,\varphi) \tag{7.7.7}$$

即可逆换能器发射时和接收时具有相同的指向性。

## *7.8 线　　阵

考虑 $N$ 个简单声源构成的线阵，相邻单元之间距离为 $d$，如图 7.8.1 所示。若所有源具有相同的源强度并且以相同的相位辐射，则第 $i$ 个源产生形如 $(A/r_i')\exp([\mathrm{j}(\omega t-kr_i')])$ 的声压波，其中 $r_i'$ 为这个源到 $(r,\theta)$ 点的距离。场点的总声压为和式

$$\boldsymbol{p}(r,\theta,t)=\sum_{i=1}^{N}\frac{A}{r'_i}\mathrm{e}^{\mathrm{j}(\omega t-kr_i')} \tag{7.8.1}$$

若将注意力集中于远场【由 $r\gg L$ 指定，其中 $L=(N-1)d$ 为阵长度】，则所有的 $r_i'$ 近似平行，于是 $r_i=r_1-(i-1)\Delta r$，其中 $\Delta r=d\sin\theta$。到阵中心的距离可以写成 $r=r_1-\frac{1}{2}(L/d)\Delta r$。在远场，式(7.8.1)分母中的 $r_i'$ 可以用 $r$ 代替，该式成为

$$\boldsymbol{p}(r,\theta,t)=\frac{A}{r}\mathrm{e}^{-\mathrm{j}(L/2d)k\Delta r}\mathrm{e}^{\mathrm{j}(\omega t-kr)}\sum_{i=1}^{N}\mathrm{e}^{\mathrm{j}(i-1)k\Delta r} \tag{7.8.2}$$

利用附录 A3 中的三角恒等式得

$$\boldsymbol{p}(r,\theta,t)=\frac{A}{r}\mathrm{e}^{\mathrm{j}(\omega t-kr)}\left(\frac{\sin[(N/2)k\Delta r]}{\sin[(1/2)k\Delta r]}\right) \tag{7.8.3}$$

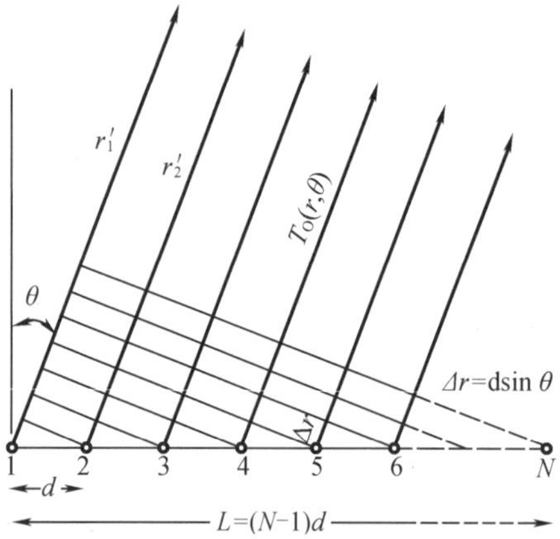


**图 7.8.1　推导由间距为 $d$ 的 $N$ 个同相单元组成的线阵远场声用到的几何关系**

轴上($\theta=0$)声压为

$$\boldsymbol{p}(r,0,t)=N(A/r)\mathrm{e}^{\mathrm{j}(\omega t-kr)} \tag{7.8.4}$$

具有的最大可能声压幅值为

$$P_{\mathrm{ax}}(r)=NA/r \tag{7.8.5}$$

利用方向性因子

$$H(\theta)=\left|\frac{1}{N}\frac{\sin[(N/2)kd\sin\theta]}{\sin[(1/2)kd\sin\theta]}\right| \tag{7.8.6}$$

可将声压幅值写成熟悉的形式

$$P(r,\theta)=P_{\mathrm{ax}}(r)H(\theta) \tag{7.8.7}$$

若$\frac{1}{2}kd|\sin\theta|=m\pi$，则 $H$ 的分母为零，但分子也为零，声压幅值为 $P_{ax}(r)$。这时主瓣多于一个。对应的角度为

$$|\sin\theta|=m\lambda/d\quad m=0,1,2,\cdots,[d/\lambda]\tag{7.8.8}$$

（这个结果也可以写成$|\Delta r|=m\lambda$，这意味着场点到相邻阵元的距离差等于整数倍波长所对应的角度上辐射声压达到最大值。）

还有一些使分子为零的角，由下式给出

$$|\sin\theta|=(n/N)\lambda/d\quad n\neq mN\quad n=0,1,2,\cdots,[Nd/\lambda]\tag{7.8.9}$$

其中整数 $n$ 既不等于零，也不等于 $N$ 的整数倍。因分母不为零，故声压为零，$\theta$ 角确定了远场的节面。此外还有 $H$ 的次极大，指示出次要波瓣的方向和大小。这些旁瓣的方向近似由下式给出

$$|\sin\theta|=[(n+\frac{1}{2})/N]\lambda/d\quad n\neq mN,n\neq mN-1\tag{7.8.10}$$

幅值为

$$P_n(r)=\frac{P_{ax}(r)}{N\sin\left[\left(n+\frac{1}{2}\right)\pi/N\right]}\tag{7.8.11}$$

图 7.8.2 给出线阵典型波束图。

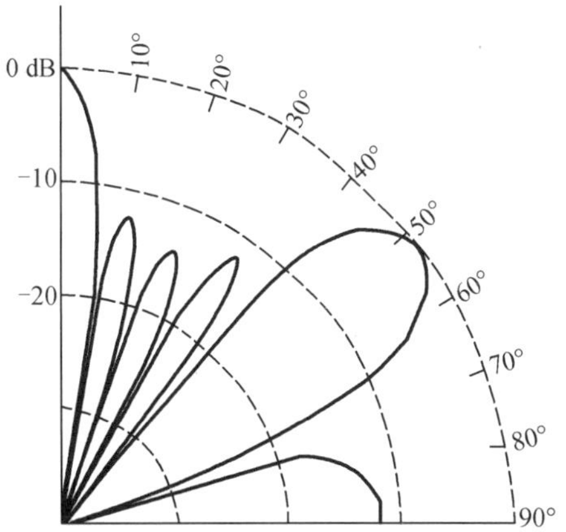


**图 7.8.2　同相单元组成的线阵辐射声波数为 $k$ 时的波束图 $b(\theta)$，$kd=8$，$N=5$**

某些扬声器系统就包含这类线阵，阵沿竖直方向安装，因此竖直方向的指向性大，水平方向指向性小。

有些应用要求只有一个窄的主瓣。一个简单的要求是令 $n=N-1$ 时 $\theta=\pi/2$，即可只产生一个主瓣，而且其宽度几乎可以尽可能地窄。这给出

$$\lambda/d=N/(N-1)\tag{7.8.12}$$

或 $kd=2\pi(N-1)/N$，这时波束图终止于与第二个主瓣相邻的零点处。虽不是很精确，我们将这种情况称为“唯一最窄主瓣”，这个主瓣在下式给出的$\pm\theta_1$ 角范围内

$$\sin\theta_1=1/(N-1)\tag{7.8.13}$$

对于许多个单元组成的阵，由此式知，若发生只有一个最窄主瓣的情况，则主瓣的近似

角宽度和指向性为

$$2\theta_1 \approx 2/N \quad D \approx (\pi/2)N \tag{7.8.14}$$

对于尺寸很大的阵，通常需要在不对阵做物理旋转的情况下实现不同方向的发射或接收。这可以通过电子转向实现。若对第 $i$ 个阵元的电信号插入 $i\tau$ 的时间延迟，则(7.8.1)式变成

$$\boldsymbol{p}(r,\theta,t) = \sum_{i=1}^{N} \frac{A}{r'_i} e^{j[\omega(t+i\tau)-kr'_i]} \tag{7.8.15}$$

方向性因子变成

$$H(\theta) = \left| \frac{1}{N} \frac{\sin[(N/2)kd(\sin\theta - \sin\theta_0)]}{\sin[(1/2)kd(\sin\theta - \sin\theta_0)]} \right| \tag{7.8.16}$$

现在主瓣指向下式给出的 $\theta_0$ 方向

$$\sin\theta_0 = c\tau/d \tag{7.8.17}$$

因此，在阵列上引入渐进的时间延迟可将主瓣转向，从 $\theta=0$ 平面转到由 $\theta_0$ 角确定的一个圆锥面。注意：式(7.8.17)与频率无关。实际应用中，这种转向可以通过利用硬件电路或计算机软件在激励声源的电信号中或在接收器产生的电信号中插入时间延迟来实现。

图 7.8.3 显示了一个被转向的线阵列的波束图，设计成当被转到 $\theta_0=0$（弦侧，broadside）方向时有唯一一个最窄主瓣。注意到当主瓣被旋转至 $\theta_0=\pi/2$（端射，endfired）方向时，第二个主瓣出现。避免出现第二个主瓣的唯一方法是设计线阵使其被旋转至 $\pi/2$ 方向时出现唯一最窄主瓣。这要求在 $\theta_0=-\pi/2$ 处遇到第二个主瓣之前放置最后一个零点，即

$$\lambda/d = 2N/(N-1) \tag{7.8.18}$$

或 $kd=\pi(N-1)/N$。若要求主瓣的最大转向角为 $\pm\theta_0$，则只有一个最窄主瓣的条件是最后一个零点位置在遇到 $\theta=\mp\pi/2$ 处第二个主瓣之前，即

$$\lambda/d = [N/(N-1)](1+|\sin\theta|) \tag{7.8.19}$$

对于所有转向角（从弦侧到端射方向）都只有一个最窄主瓣的定向线阵的指向性可以通过估计单位球上被主瓣照射到的面积来确定。从图 7.8.3 容易看出，当波束在端射位置时，照射面积为一个球冠，通过简单计算可得（对于大的 $N$ 值）

$$D \sim (\pi/2)^2 N \quad (\text{端射方向}) \tag{7.8.20}$$

但是当波束被转离端射方向时，照射面积近似为带状，对于大的 $N$ 值计算得

$$D \sim (\pi/4)N \quad (\text{定向方向}) \tag{7.8.21}$$

由定向波束向端射波束方向过渡过程中，主瓣的形状很复杂，要确定 $D$ 从 $(\pi/2)^2N$ 向 $(\pi/4)^2N$ 过渡的方式还需要进一步的分析。

阵的幅度抑制（amplitude shading）通过对各个阵元应用不同的增益来实现，即式(7.8.15)的求和式中 $A$ 各项的要用 $A_i$ 代替。利用幅度抑制可以减低甚至消除旁瓣，但代价是主瓣变宽。（本节的习题中有幅度抑制阵的例子）。

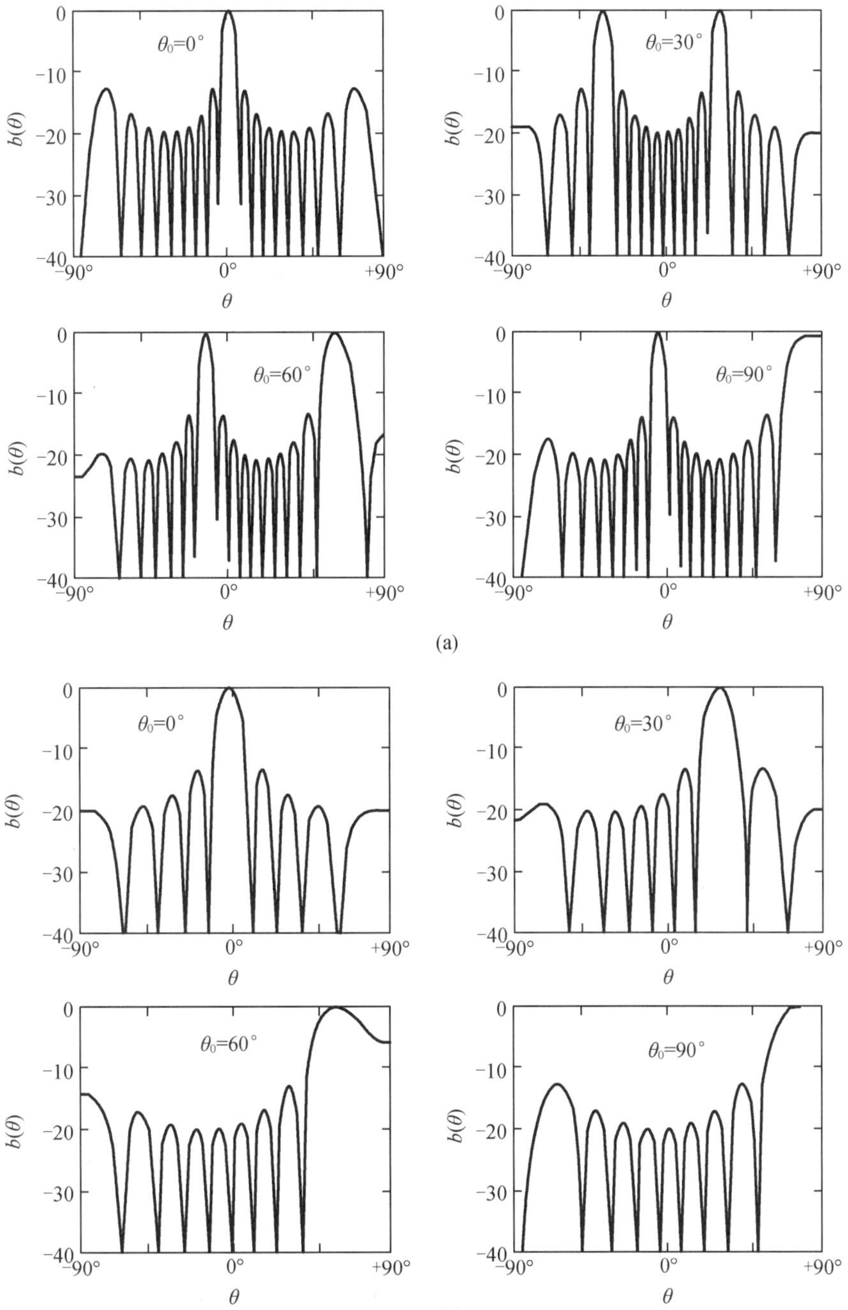


**图 7.8.3**　间距为 $d$ 的 10 阵元线阵波束图 $b(\theta)$。(a) $kd=2\pi(N-1)/N$，在 $\theta_0=0$ 处有唯一最窄主瓣。当将波束向 $\theta_0=90°$ 方向旋转时，第二个主瓣从 $\theta=-90°$ 方向进入。(b) 同一个阵，但 $kd=\pi(N-1)/N$，在端射条件下有唯一最窄主瓣（$\theta_0=90°$）。尽管主瓣的波束宽度比原来大，但转向任何方向都只有一个主瓣。

## *7.9 乘积定理

前面对阵的讨论中假设了每个阵元均为简单声源,因此每个元的声压波形是球对称的。其结果容易推广至由具有相同指向性并朝向同一方向的阵元组成的阵。若将注意力集中于远场,每个阵元产生的声压必包含每个阵元的方向性因子 $H_e$。由于所有射线是平行的,对阵元求和式中每一项都有这个相同的因子。因此可以将声压幅值进行修正得到更具有一般性的形式

$$P(r,\theta,\varphi)=P_{ax}(r)H_e(\theta,\varphi)H(\theta,\varphi) \tag{7.9.1}$$

其中,$H$ 为若每个阵元的位置处都是简单声源时阵的方向性因子,$H_e$ 为单个阵元的方向性因子。这是乘积定理(product theorem)。由具有相同方向性的阵元组成的阵的方向性因子等于几何形状相同但由简单声源组成的阵的方向性因子与每个阵元的方向性因子的乘积。

## *7.10 远场多极展开

得到声源远场辐射图样的另一种方法是从点源的非齐次波动方程入手。将式(5.16.4)与式(7.2.13)对比可见,在远离声源处,$\boldsymbol{A}$ 与 $Q$ 之间有关系 $\boldsymbol{A}=\mathrm{j}\omega\rho_0 Q/4\pi$。代入式(5.16.5)式并(为了表达式的简洁)将声压用质点速度势表示 $\boldsymbol{p}=-\mathrm{j}\omega\rho_0\boldsymbol{\Phi}$,得到位于 $\boldsymbol{r}_0$ 点、源强度为 $Q$ 的点源声场满足的方程

$$(\nabla^2+k^2)\boldsymbol{\Phi}=Q\delta(\boldsymbol{r}-\boldsymbol{r}_0)\mathrm{e}^{\mathrm{j}\omega t} \tag{7.10.1}$$

它有特解

$$\boldsymbol{\Phi}=-\frac{Q}{4\pi|\boldsymbol{r}-\boldsymbol{r}_0|}\mathrm{e}^{\mathrm{j}(\omega-k|\boldsymbol{r}-\boldsymbol{r}_0|)} \tag{7.10.2}$$

若在体积 $V_0$ 内有多个声源,则这种分布可以用声源强度密度(source strength intensity)$\boldsymbol{q}(\boldsymbol{r}_0)$ 描述,这时非齐次波动方程及其特解为

$$\begin{gathered}(\nabla^2+k^2)\boldsymbol{\Phi}=\boldsymbol{q}(\boldsymbol{r}_0)\mathrm{e}^{\mathrm{j}\omega t}\\ \boldsymbol{\Phi}=-\frac{1}{4\pi}\int_{V_0}\frac{\boldsymbol{q}(\boldsymbol{r}_0)}{|\boldsymbol{r}-\boldsymbol{r}_0|}\mathrm{e}^{\mathrm{j}(\omega t-k|\boldsymbol{r}-\boldsymbol{r}_0|)}\mathrm{d}V_0\end{gathered} \tag{7.10.3}$$

体积分是对变量 $\boldsymbol{r}_0$(对于积分来说,从坐标原点到场点的距离 $\boldsymbol{r}$ 为常数)进行的。

若假定场点远离体积 $V_0$,则积分中的分母可以用 $r$ 近似,相位中的距离可以取近似 $|\boldsymbol{r}-\boldsymbol{r}_0|\approx r-\boldsymbol{r}_0\cdot\hat{\boldsymbol{r}}$,其中 $\hat{\boldsymbol{r}}=\boldsymbol{r}/r$ 为 $\boldsymbol{r}$ 方向的单位矢量。利用指数函数的泰勒展开得

$$\mathrm{e}^{\mathrm{j}k\boldsymbol{r}_0\cdot\hat{\boldsymbol{r}}}=\sum_{n=0}^{\infty}\frac{1}{n!}(\mathrm{j}k\boldsymbol{r}_0\cdot\hat{\boldsymbol{r}})=1+\mathrm{j}k\boldsymbol{r}_0\cdot\hat{r}-\frac{1}{2!}(k\boldsymbol{r}_0\cdot\hat{\boldsymbol{r}})^2-\frac{\mathrm{j}}{3!}(k\boldsymbol{r}_0\cdot\hat{\boldsymbol{r}})^3+\cdots \tag{7.10.4}$$

逐项积分得

$$\boldsymbol{\Phi}=-\frac{1}{4\pi r}\mathrm{e}^{\mathrm{j}(\omega t-kr)}\left(\int_{V_0}\boldsymbol{q}(\boldsymbol{r}_0)\mathrm{d}V_0+\mathrm{j}k\int_{V_0}\boldsymbol{q}(\boldsymbol{r}_0)(\boldsymbol{r}_0\cdot\boldsymbol{r})\mathrm{d}V_0-\frac{1}{2!}k^2\int_{V_0}\boldsymbol{q}(\boldsymbol{r}_0)(\boldsymbol{r}_0\cdot\hat{\boldsymbol{r}})^2\mathrm{d}V_0-\cdots\right) \tag{7.10.5}$$

将式(7.10.5)右端各项依次记为 $\boldsymbol{\Phi}_1,\boldsymbol{\Phi}_2,\boldsymbol{\Phi}_3,\cdots$以下将利用球坐标。见附录 A7。

1. 式(7.10.5)第一项可以写成

$$\boldsymbol{\Phi}_1=-(\boldsymbol{Q}/4\pi r)\mathrm{e}^{\mathrm{j}(\omega t-kr)}$$

$$\boldsymbol{Q}=\int_{V_0}\boldsymbol{q}(\boldsymbol{r}_0)\mathrm{d}V_0 \tag{7.10.6}$$

其中 $\boldsymbol{Q}$ 为单极子强度(monopole strength),$\boldsymbol{\Phi}_1$ 为位于原点、源强度为 $\boldsymbol{Q}$ 的、辐射球对称场的点源的单极场(monopole field),声场按照 $1/r$ 规律衰减(在体积 $V_0$ 外)。

2. 第二项 $\boldsymbol{\Phi}_2$ 也容易解释

$$\boldsymbol{\Phi}_2=-\mathrm{j}k(\boldsymbol{D}\cdot\hat{\boldsymbol{r}}/4\pi r)\mathrm{e}^{\mathrm{j}(\omega t-kr)}$$

$$\boldsymbol{D}=\int_{V_0}\boldsymbol{q}(\boldsymbol{r}_0)\boldsymbol{r}_0\mathrm{d}V_0 \tag{7.10.7}$$

其中 $\boldsymbol{D}$ 为源强度密度分布的一阶矩,称为矢量偶极子强度(vector dipole strength)。相应的声场 $\boldsymbol{\Phi}_2$ 在各个方向都随 $1/r$ 衰减,$\boldsymbol{r}$ 方向的幅值正比于标量积 $\boldsymbol{D}\cdot\hat{\boldsymbol{r}}$。这是一种偶极场(dipole field),有两个相位相反的波瓣,它们被一个与偶极子方向垂直的节平面分隔开。例如令源强度密度为

$$\boldsymbol{q}(\boldsymbol{r}_0)=Q[\delta(\boldsymbol{r}_0-\hat{z}d)-\delta(\boldsymbol{r}_0+\hat{z}d)] \tag{7.10.8}$$

该式描述两个单极子,一个位于(0,0,$-d$),另一个位于 $Q$,每一个的源强度为 $Q$ 而相位相反。直接代入式(7.10.5)得 $\boldsymbol{\Phi}_1$ 和 $\boldsymbol{\Phi}_2$ 均为零,于是

$$\boldsymbol{\Phi}_2=-\mathrm{j}k[Q(2d)/4\pi r]\cos\theta\mathrm{e}^{\mathrm{j}(\omega t-kr)} \tag{7.10.9}$$

这是具有矢量偶极子强度 $\boldsymbol{D}=Q(2d)\hat{z}$ 的偶极场。对于该声场特性的进一步分析见习题 7.10.4。【级数展开式中的后续非零项($\boldsymbol{\Phi}_4$ 及其后各项)给出 $kd$ 的高阶项。这些项给出 $kd$ 为有限值时偶极子辐射图样的修正】。

3. $\boldsymbol{\Phi}$ 的级数式中第 3 项的定量讨论超出了本书的目的。但是,正如可以通过使两个相位相反的单极子靠得很近来构造偶极子一样,具有大小相等而方向相反的强度矢量的两个偶极子距离很近时就构成一个四极子(quadrupole)。有两种几何构型:(a)两个偶极子并排放置,称为侧向(lateral)或镶嵌(tesseral)四极子;(b)两个偶极子头对头放置,称为轴向(axial)或纵向(longitudinal)四极子。对于每种几何构型都容易得到 $\boldsymbol{\Phi}_1$ 和 $\boldsymbol{\Phi}_2$ 均为零,于是第一个非零贡献项为 $\boldsymbol{\Phi}_3$。

(a)对于侧向几何配置,将两个强度为 $Q$ 的源置于($d,d$,0)和($-d,-d$,0),两个强度为 $-Q$ 的源置于($-d,d$,0)和($d,-d$,0)。将适当的密度函数 $\boldsymbol{q}(\boldsymbol{r}_0)$ 代入被积函数,在 $\delta$ 函数的每个坐标处计算标量积,得

$$\boldsymbol{\Phi}_3=-\frac{1}{4\pi r}\frac{1}{2!}k^2Q\left[2\left(d\frac{x}{r}+d\frac{y}{r}\right)^2-2\left(d\frac{x}{r}-d\frac{y}{r}\right)^2\right]\mathrm{e}^{\mathrm{j}(\omega t-kr)}=\frac{1}{4\pi r}k^2[Q(2d)^2]\frac{xy}{r^2}\mathrm{e}^{\mathrm{j}(\omega t-kr)} \tag{7.10.10}$$

这个侧向四极场具有如下形式

$$\boldsymbol{\Phi}_3=k^2[Q(2d)^2/4\pi r]\sin\varphi\cos\varphi\sin^2\theta\mathrm{e}^{\mathrm{j}(\omega t-kr)} \tag{7.10.11}$$

其中 $Q(2d)^2$ 为四极子强度(quadruple strength)"。节面为 $x=0$ 和 $y=0$ 定义的两个平面以及 $z$ 轴对应的直线。源平面($z=0$)内的横截面显示方向性因子呈四叶草形状。

(b)至于轴向四极子,将两个强度为 $Q$ 的源置于 $z$ 轴上 $\pm d$ 处,一个强度为 $-2Q$ 的源置于原点。经过简单分析即可得轴向四极场为

$$\boldsymbol{\Phi}_3=k^2[Q(2d)^2/4\pi r]\cos^2\theta\mathrm{e}^{\mathrm{j}(\omega t-kr)} \tag{7.10.12}$$

这时方向性因子沿 $z$ 轴具有圆柱对称性,有垂直于 $z$ 轴并通过原点的一个节面。两个相位相同的波瓣沿 $z$ 轴指向相反方向。

现在可以将上述讨论与非齐次波动方程式(5.15.7)联系起来并可以用适当的远场多极辐射来识别三个源项 。对于单频运动,利用速度势将式(5.15.7)重写为

$$(\nabla^2+k^2)\boldsymbol{\Phi}=-\frac{\boldsymbol{G}}{\rho_0}+\frac{1}{\mathrm{j}\omega\rho_0}\nabla\cdot\boldsymbol{F}-\frac{1}{\mathrm{j}\omega\rho_0}\frac{\partial^2(\rho u_i u_j)}{\partial x_i\partial x_j} \tag{7.10.13}$$

其中,右端每一个非零项都有时间依赖因子 $\exp(\mathrm{j}\omega t)$。

令这些源项为 $\boldsymbol{r}_0$ 的函数,$\boldsymbol{r}_0$ 限制在距离场点很远的一个小体积 $V_0$ 内。若式(7.10.13)右端仅第一项不为零,则

$$\boldsymbol{q}(\boldsymbol{r}_0)\mathrm{e}^{\mathrm{j}\omega t}=-\boldsymbol{G}/\rho_0 \tag{7.10.14}$$

式(7.10.5)中每一个积分都可能不为零。与质量注入相对应的源项能产生任意的多极辐射项的组合。特别是可以激起单极项,产生与原点处强度为 $Q$ 的点源等价、由式(7.10.6)给出的声场。一个例子是本章前面讨论的脉动球(另一种情况见习题7.10.7)。

若式(7.10.13)中只有第二项不为零,则

$$\boldsymbol{q}(\boldsymbol{r}_0)\mathrm{e}^{\mathrm{j}\omega t}=(\nabla\cdot\boldsymbol{F})/\mathrm{j}\omega\rho_0 \tag{7.10.15}$$

声场为位于原点、矢量偶极子强度由式(7.10.7)给出的偶极子声场(见习题7.10.8)。注意到这是源强度的一阶矩。这类声源的一个例子是半径为常数 $a$ 的球以速度 $\hat{x}U\exp(\mathrm{j}\omega t)$沿 $x$ 方向运动。当 $ka\ll1$,远距离处($kr\gg1$)的声场为①

$$\boldsymbol{\Phi}_2=-[\rho_0 cU(ka)^2(a/2r)\cos\theta]\exp^{\mathrm{j}(\omega t-kr)} \tag{7.10.16}$$

这是偶极子强度的模为 $\rho_0 cU(ka)(2\pi a^2)$ 的偶极场。

最后若只有第三个源项不为零,则

$$\boldsymbol{q}(\boldsymbol{r}_0)\mathrm{e}^{\mathrm{j}\omega t}=-\frac{1}{\mathrm{j}\omega\rho_0}\frac{\partial^2(\rho u_i u_j)}{\partial x_i\partial x_j} \tag{7.10.17}$$

其中,$x_i$ 为 $\boldsymbol{r}_0$ 的分量。可以证明这个源对声场没有单极和偶极项的贡献。最低的非零贡献为四极的,其中四极子强度由源分布的二阶矩给出,为 $\frac{1}{2}\int(qx_i x_j)\,\mathrm{d}V_0$。

多极辐射的一个重要性质为辐射效率(radiation efficiency)$\eta_{\mathrm{rad}}$,定义为

$$\eta_{\mathrm{rad}}=R_{\mathrm{r}}/\sqrt{R_{\mathrm{r}}^2+X_{\mathrm{r}}^2} \tag{7.10.18}$$

对于单极辐射,脉动球的辐射效率由辐射阻抗式(7.5.19)得到,为 $\eta_{\mathrm{rad}}=ka$。对于偶极辐射,振动球的辐射阻抗等于其输入机械阻抗,于是①

$$Z_{\mathrm{r}}=\frac{2}{3}\rho_0 c\pi a^2\frac{\mathrm{j}ka(1+\mathrm{j}ka)}{1+\mathrm{j}ka-(ka)^2/2} \tag{7.10.19}$$

若 $ka\ll1$,分析(7.10.19)式得 $\eta_{\mathrm{rad}}=(ka)^3/a$。一般地,可以证明②若声源尺度远小于辐射声波长,则

$$\eta_{\mathrm{rad}}=(ka)^{2m+1}/\{(m+1)[1\times3\times5\times\cdots\times(2m-1)]\} \tag{7.10.20}$$

其中,$a$ 为声源的特征尺度,$m$ 为多极辐射的阶数,$m=0$(单极)、1(偶极)、2(四极)。于是可

① Dowling, Encyclopedia of Acoustics, Chap. 9, Wiley (1997)

② Morse and Ingard, Theoretical Acoustics, Princeton (1986). Morse, Vibration and Sound, Acoustical Society of America (1976). Ross, Mechanics of Underwater Noise, P. 51, Pergamon (1976).

以看到,低频时单极辐射是最有效的,起主导作用。若不存在单极辐射,则偶极辐射可能就变得重要了。只有不存在较强的单极和偶极辐射时,四极辐射才是重要的。

## *7.11　波束图与空间傅里叶变换

也可以通过空间傅里叶变换(spatial Fourier transforms)或空间滤波(spatial filtering)得到波束图。容易证明,进行傅里叶变换与计算远场波束图用到的公式是相同的。为了研究这种方法,我们重新回到连续线源。若每个微元段具有源强度 $\mathrm{d}\boldsymbol{Q}=\boldsymbol{g}(x)U_0 2\pi x\mathrm{d}x$,则式(7.3.2)变成

$$\boldsymbol{p}(r,\theta,t)=\frac{\mathrm{j}}{2}\rho_0 cU_0\frac{ka}{r}\mathrm{e}^{\mathrm{j}(\omega t-kr)}\int_{-L/2}^{L/2}\boldsymbol{g}(x)\mathrm{e}^{\mathrm{j}kx\sin\theta}\mathrm{d}x \tag{7.11.1}$$

若对于超出阵范围的 $x$ 值,$\boldsymbol{g}(x)$ 为零,则式(7.11.1)可以写成

$$\boldsymbol{p}(r,\theta,t)=\frac{\mathrm{j}}{2}\rho_0 cU_0\frac{ka}{r}\boldsymbol{f}(u)\mathrm{e}^{\mathrm{j}(\omega t-kr)} \tag{7.11.2}$$

$$\boldsymbol{f}(u)=\int_{-\infty}^{\infty}\boldsymbol{g}(x)\mathrm{e}^{\mathrm{j}ux}\mathrm{d}x \quad u=k\sin\theta \tag{7.11.3}$$

直接将式(7.11.3)与式(1.15.1)进行对比,利用将$(w,t)$替换为$(x,u)$得到的傅里叶变换对,得

$$\boldsymbol{g}(x)=\frac{1}{2\pi}\int_{-\infty}^{\infty}\boldsymbol{f}(u)\mathrm{e}^{-\mathrm{j}ux}\mathrm{d}u \tag{7.11.4}$$

$\boldsymbol{g}(x)$ 为孔径函数(apature function)。将 $\boldsymbol{f}(u)$ 归一化使最大幅值为 1,并将 $u$ 用 $k\sin\theta$ 代替,得到的 $\boldsymbol{f}(u)$ 模的绝对值为方向性因子 $H(\theta)$。因此当给定沿线源的幅值和相位分布时,可由式(7.11.3)预报远场方向性因子,反之——给定要求的远场方向性因子,也可以利用式(7.11.4)确定各个阵元的幅值和相位分布。

若各阵元保持同相位而只改变各阵元的幅值,则线阵为幅度抑制的(amplitude shaded)。若各阵元幅值相同而调整每个阵元的相位,则该源为相位抑制的(phase shaded)的。相位抑制的一个例子是前面讨论的定向线阵(steered line array)。

作为幅度抑制的一个例子,考虑长为 $L$、具有三角形幅度抑制的线源——位于 $x=0$ 的中心阵元幅值为 $L/2$,逐渐远离阵中心的一对对阵元的幅值随离开中心的距离线性减小,直至到达 $x=\pm L/2$ 时减小到零。由于对称性,式(7.11.3)变成

$$\boldsymbol{f}(u)=2\int_{0}^{L/2}(L/2-x)\cos ux\mathrm{d}x \tag{7.11.5}$$

积分的计算较简单,经过归一化并取模得到方向性因子

$$H(\theta)=\left|\frac{\sin(v/2)}{v/2}\right|^2 \tag{7.11.6}$$

其中 $v=\frac{1}{2}kL\sin\theta$。将式(7.11.6)与式(7.3.5)对比,可见幅度抑制线源的第一个旁瓣比峰值低 26 dB,而同样长度幅值不受抑制线源的相应值为 13 dB,但前者的主瓣宽度是后者的 2

倍(见图 7.11.1)。以低旁瓣换取宽主瓣,反之亦然,这是大多数幅度抑制技术的典型特征。增大靠近线源端部的阵元幅值可以使主瓣变窄、旁瓣增强,虽然这不太有用。

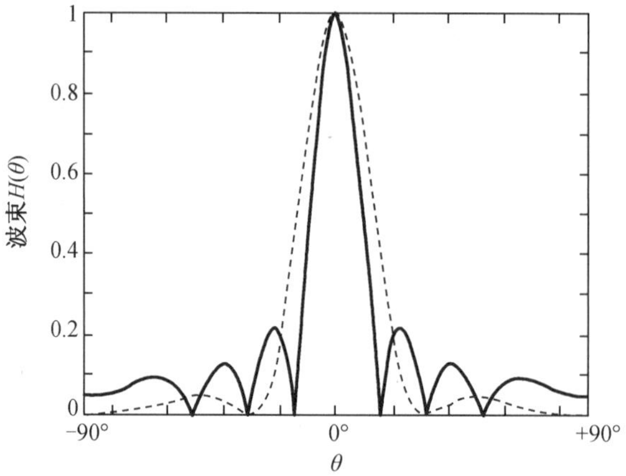


**图 7.11.1　一个 $kL=24$ 的连续线源的指向性因子。实线表示非抑制线源,虚线表示进行对称三角形抑制的相同线源。这种抑制降低旁瓣数目和旁瓣级,同时增加了主瓣宽度。**

点源阵的情况下,孔径函数为表示每个阵元位置 $x_i$ 的 delta 函数 $\delta(x-x_i)$ 的和。幅度抑制通过对每个线源乘以其幅值 $a_i$ 或源强度 $Q_i$ 来实现,相位抑制则通过对每个阵元引入一个因子 $\exp(j\varphi_i)$ 来实现。

# 习　　题

7.1.1　半径 $a=0.1$ m 的脉动球向空气中辐射 100 Hz 的球面波,距离球心 1.0 m 处声强度为 50 mW/m$^2$。(a)辐射声功率是多大?(b)计算球面 $r=a$ 处声强、声压幅值、质点速度、质点位移 $\Xi$,比值 $\Xi/r$、压缩率以及声马赫数 $U_0/c$。(c)在距离球心 0.5 m 处重复上面计算。

7.1.2　半径为 $a$ 的脉动球表面速度幅值为 $U_0$,频率足够高使得 $ka\gg1$。计算辐射声的声压幅值、质点速度幅值、声强度和总声功率。

7.1.3　(a)半径为 $a$ 的球面波声源在水中以 $ka=1$ 的频率工作。计算该频率下声源半径处的声阻抗率。如果利用 $ka\ll1$ 适用公式计算声强度误差有多大?(b)若使得小型球面声源($ka\ll1$)的源强度保持为常数,求辐射功率对频率的依赖关系。若该声源工作在加速度幅值为常数的状态,求辐射功率随频率的变化。

7.1.4　空气中以简单声源以 400 Hz 辐射声功率 10 mW。在距离声源 0.5 m 处计算:(a)声强度;(b)声压幅值;(c)质点速度幅值;(d)质点位移幅值;(e)压缩率幅值。

7.1.5C　(a)证明在 $ka\ll1$ 极限下,脉动球表面的声阻抗率幅值可以近似为 $z(a)\approx\rho_0cka(j+ka)$。(b)对于该声阻抗率,绘制作为 $ka$ 函数的阻部分、抗部分以及模,将(a)中的近似与式(7.1.2)对比求近似误差小于10%对应的 $ka$ 值。

7.2.1　半径同为 $a$ 的球和活塞被安装成仅向无限大刚硬平面障板一侧辐射的状态。它们以满足 $ka\ll1$ 的相同频率、相同的速度幅值 $U_0$ 辐射。(a)对于距离 $r\gg a$,求活塞与球的轴线声强度之比。(b)球与活塞的总辐射功率之比。

7.2.2　(a)证明半径为 $a$ 的脉动球距离 $r$ 处的声压幅值为 $P(r)=\frac{1}{2}(\rho_0cQ/\lambda r)\sin\theta_a$。(b)当 $ka\to 0$ 时(a)是否退化为简单声源?

7.2.3　求式(6.8.6)声压场当极限 $kd\ll 1$ 时的近似式。这一结果与简单源的式(7.2.14)以及有障板的简单源的式(7.2.17)是否一致?

7.3.1　(a)证明对于连续的线源的节面数为 $N=[L/\lambda]$。(b)求 $L/\lambda=4.8,5,5.2$ 时的主瓣和旁瓣数。(c)(b)中的哪个(些)情况下最后一个旁瓣是完整的?哪个(些)是不完整的?

7.3.2　一简单线源 $kL=50$。(a)有几个主瓣?(b)求节面数。(c)求中心为 $\theta=0$ 的主瓣角宽度。(d)估计第一旁瓣的相对强度分贝值。

7.3.3C　假设 $kL=24$ 的线源。(a)对 $r'$ 取近似之前直接对式(7.3.1)积分计算近场声压幅值并绘制等值线图。(b)将绘制的等值线图与由式(7.3.4)得到的远场等值线图进行对比。(c)描述近场到远场的过渡特性。

7.4.1　以角频率 $\omega$ 被激励的有障板活塞。(a)求远场声压为零的最小 $\theta_1$ 值。(b)求声轴上声压值为零的最大距离。(c)讨论同时得到 $\theta_1\ll 1$ 和 $r_1/a\ll 1$ 的可能性。

7.4.2　半径为 $a$ 的活塞只能向无限大障板的一侧辐射。激励频率使得 $\lambda=\pi a$。(a)计算轴向声强在其表面处的值与 $r=3a$ 处的值之比。(b)在多大的距离上近似为球面扩展?

7.4.3　半径 0.5 m 的圆面活塞声呐换能器以 10 kHz 频率向水中辐射 5 000 W 功率。在-10 dB 方向的波数宽度是多少?

7.4.4　证明活塞节面的角度可以近似为 $\sin\theta_m\approx(m+\frac{1}{4})\pi/ka$。估计由 $m=1$ 给出的第一节面的 $\theta_m$ 误差。

7.4.5　将式(7.4.15)展开为幂级数证明式(7.4.16)是正确的,并且 $\int_0^{\pi}e^{jka\sin\theta\cos\varphi}\sin^2\varphi d\varphi=\pi\frac{J_1(ka\sin\theta)}{ka\sin\theta}$。

7.4.6C　(a)对于圆活塞,绘制作为归一化距离 $r/a$ 函数的轴上声压幅值,$ka$ 在 3 和 12 之间取几个值。(b)绘制一个距离,超过该距离后声压幅值误差在渐进式(7.4.7)10%以内。(c)水中半径 20 cm 的活塞工作在 4 kHz,求相应于(b)的距离。

7.4.7C　对于 $ka=3$,利用数字积分绘制圆活塞的声压幅值。(a)轴上值,并与式式(7.4.5)对比。(b)活塞表面。(c)近场,非轴上。

7.5.1　(a)机械特性为 $m$、$s$ 和 $R_m$ 的活塞换能器向声阻抗率为 $\rho_0c$ 的液体中辐射,求谐振频率。假设 $ka\gg 2$。(b)若活塞被常数幅值的力激励,绘出辐射功率随频率的变化曲线。假设谐振频率远高于根据 $ka\gg 2$ 近似估计的最低频率,指出换能器的质量控制区和刚度控制区。

7.5.2　计算式(7.5.10)中的积分得到活塞的辐射阻抗。提示:(a)直接计算对 r 的积分。(b)利用贝塞尔函数和斯特鲁夫函数的积分形式

$$\frac{2}{\pi}\int_0^{\pi/2}\begin{Bmatrix}\cos(x\cos\theta)\\ \sin(x\cos\theta)\end{Bmatrix}d\theta=\begin{Bmatrix}J_0(x)\\ \mathbf{H}_0(x)\end{Bmatrix}$$

计算对 $\theta$ 的积分。(c)利用积分关系 $\int_0^b \begin{Bmatrix} J_0(x) \\ \mathbf{H}_0(x) \end{Bmatrix} x\mathrm{d}x = \begin{Bmatrix} J_1(b) \\ \mathbf{H}_1(b) \end{Bmatrix}$ 计算对 $\sigma$ 的积分。

7.5.3 (a)计算脉动球的辐射阻抗。(b)计算高频辐射阻,并由此计算辐射功率,将结果与 7.1 节结果对比。(c)计算低频辐射抗,由此计算辐射质量与球排开的流体质量之比。

7.6.1 利用下述方法计算有障板活塞的指向性:(a)利用式(7.5.6)和式(7.6.9)将指向性 $D$、外退化的轴上声压幅值 $P_{ax}(1)$ 以及活塞的辐射阻 $R_r$ 联系起来。(b)利用式(7.4.7)消去 $P_{ax}(1)$,再利用式(7.5.11)将 $R_r$ 用 $J_1(2ka)/ka$ 表示。(c)求解得到 $D$。

7.6.2 无限大障板中的平面圆活塞向水中辐射。活塞半径为 1 m。在 6/π、轴上 1 km 处声压级为 100 dB *re* 1μbar。(a)求远场声压值为零的所有角。(b)求活塞的均方根速度。(c)若活塞的速度幅值为常数,频率加倍,轴向远场声压级变化多少分贝?指向性指数变化多少分贝?

7.6.3 半径 0.2 m 的平面圆活塞在水中以 20 kHz 频率、100 W 的功率辐射。(a)将此辐射与安装在无限大障板上仅向一侧辐射的活塞等价,则活塞的速度幅值是多少?(b)活塞的辐射质量负载是多少?(c)求下降 10 dB 方向的波束宽度?(d)求波束的指向性指数。

7.6.4 活塞被安装成仅向无限大障板一侧的空气中辐射。活塞的半径为 $a$,激励频率使得 $\lambda=\pi a$。(a)若 $a=0.1$ m,活塞的最大位移幅值为 0.000 2 m,辐射声功率是多少?(b)距离 2.0 m 位置的轴向强度是多少?(c)辐射波束的指向性指数为何值?(d)辐射质量是多少?

7.6.5 要设计一个高指向性活塞换能器,使其辐射的声压在轴上 $r$ 距离处为 $P$。工作频率必须为 $f$,总辐射声功率为确定值。求该换能器的半径和速度幅值。

7.6.6 半径为 $a$ 的平面圆活塞被安装成只能向无限大障板一侧的空气中辐射,频率为 330 Hz。(a)要使其辐射 0.5 W 声功率,活塞的速度幅值应为多大?(b)若活塞质量为 0.015 kg,刚度常数为 2 000 N/m,忽略内部机械阻尼,需要施加多大的力产生这个速度幅值?

7.6.7 半径 10 cm 的有障板活塞换能器通常在 15 kHz 下工作。要使其在 3.5 kHz 下工作并保持轴上的远场声压值不变,计算 3.5 kHz 与 15 kHz 的辐射声功率之比。假设是在水中工作。

7.6.8 一连续线源 $kL=50$。(a)若源的长度为 100 m,估计远场距离。(b)根据式(7.6.14)估计指向性指数。(c)比较(b)和(c)之间 $D$ 和 $D_I$ 的差异并对它们的重要性质进行讨论。

7.6.9C 绘制作为 $ka$ 函数的圆活塞精确指向性、其高频近似以及二者之间的百分误差。(b)水中一活塞半径为 20 cm,低于什么频率时指向性近似值与精确值之间的误差大于 10%?

7.8.1 证明对于线源有 $P_{ax}(r)=(N/2)\rho_0 cQ/\lambda r$。

7.8.2 欲设计 30 个等间距阵元构成的水下线阵(阵列没有转向或抑制)。(a)若要使得 300 Hz 时只有一个最窄主瓣,求阵元间距。(b)主瓣的角宽度是多少度?(c)主瓣轴的几何形状如何?(d)估计阵的指向性指数。

7.8.3 (a)对于端射线阵推导保证只有一个主瓣的式(7.8.18)。(b)对于转向至偏离弦侧方向 $\theta_0$ 角的线阵推导式(7.8.19)的类似关系。

7.8.4 阵元数 $N$ 很大的线阵被设计成可以转向任意角度并且成为端射线阵时具有主

瓣最窄。(a)利用 7.6 节的估计技术,推导其成为端射线阵时的指向性指数式(7.8.20)。(b)当阵被旋转至不接近于端射方向的角 $\theta_0$ 方向时,推导指向性指数式(7.8.21)。

7.8.5　要设计在水下 300 Hz 工作的 30 个等间距阵元的端射线阵。(a)若要只有一个主瓣,求阵元间距。(b)求主瓣轴的几何形状?(c)求主瓣角宽度的度数。(d)估计端射阵的指向性指数。

7.8.6　求 $\theta_1=1/N$ 对相对于式(7.8.13)所给值的误差在 20%以内的最小阵元数,并从该差异中估算 DI 的误差。

7.8.7　(a)证明式(7.8.20)和式(7.8.21)。提示:利用式(7.8.16)~式(7.8.19)得到主瓣角宽度,再利用 $\sin(\theta_0+\delta)\approx\sin\theta_0+\delta\cos\theta_0$ 得到小角度近似。然后利用 7.6 节的技术估计指向性。(b)给出该估计精度变差的粗略判据,利用最大转向角的主瓣半角表示。

7.8.8　三个阵元的无转向阵列具有幅度权值 $A_1=A_3=1$ 及 $A_2=2$(这称为二项式抑制,因为系数对应二项式系数)。求:(a)要只有一个主瓣 $kd$ 需满足的条件;(b)在(a)的条件下 $H(\theta)$ 满足的方程。

7.8.9C　只有一个最窄主瓣的线阵,转向至 $D=(\pi/2)^2N$ 的端射方向与 $D=(\pi/4)N$ 之间的角度上,估计其指向性。

7.8.10C　一个无转向的 4 阵元阵列有四个最窄主瓣。如果 $A_2=A_3=1$,$A_1=A_4$ 可以从 2 变到-2,绘制指向性因子曲线并描述它们对波瓣和零点的影响。

7.8.11　一"shotgun"微音器包括 $N$ 个平行管,由振膜开始测量的长度为 $L,L-d,L-2d,L-3d,\cdots,L-(N-1)d$。证明这样一个微音器的指向性因子为

$$H(\theta)=\left|\frac{\sin[Nkd\sin^2(\theta/2)]}{N\sin[kd\sin^2(\theta/2)]}\right|$$

其中 $\theta$ 为偏离管轴线方向的角。

7.9.1　根据角度 $k$ 以及活塞的尺度 $L_x$、$L_y$ 写出矩形活塞换能器的指向性因子 $H(Q,\varphi)$。

7.9.2C　一双胞胎线阵由阵元间距为 $d$ 的两个相同的 $N$ 元线阵组成。两个线阵以端射方式工作,只有一个最窄主瓣。如果 $N=15$,$kd=\pi$,分别绘制单个线阵以及双胞胎线阵的波束图。

7.9.3C　半径为 $a$ 的三个相同活塞声源排列成一条直线安装在无限大障板上,活塞中心之间间隔 $d$,活塞轴垂直于障板。当 $kd=2\pi$,绘制 $d/a=2,3,4$ 的远场波束图。讨论活塞声源指向性对阵列波束图的影响。

7.10.1　证明若 $\boldsymbol{q}(\boldsymbol{r}_0)=Q\delta(0)$,则式(7.10.3)立即退化为当 $\boldsymbol{r}_0=0$ 时的式(7.10.2)。

7.10.2　通过直接对式(7.10.5)的无限级数积分证明位于 $r=\boldsymbol{a}$ 点的单极子源其速度势与式(7.10.2)在远场近似 $|\boldsymbol{r}-\boldsymbol{a}|\approx r-\boldsymbol{a}\cdot\boldsymbol{r}$ 下的速度势相同。

7.10.3　假设具有相同幅值和相位的三个点源沿 $x$ 轴分布在 $x=d,0,-d$ 点。(a)由式(7.10.5)得到阵列的多极展开式。(b)证明其可以写成

$$\boldsymbol{\Phi}=\frac{Q}{4\pi r}\left[3-4\sin^2\left(\frac{1}{2}kd\sin\theta\right)\right]e^{j(\omega t-kr)}$$

(c)证明(b)与对于三元线阵根据式(7.8.3)得到的结果相同。提示:证明 $4\sin^3\beta=3\sin\beta-\sin 3\beta$ 并利用其化简。

7.10.4　将式(7.10.9)转换长声压表达式并在 $kd\ll1$ 极限下与式(6.8.7)对比。注意

6.8 节所用的 $\theta$ 角是球坐标系中所定义 $\theta$ 角的补角。

7.10.5 推导式(7.10.12)。提示:证明声源强度由 $\boldsymbol{q}(\boldsymbol{r}_0)=Q[\delta(\boldsymbol{r}_0-\hat{z}d)+\delta(\boldsymbol{r}_0+\hat{z}d)-2\delta(0)]$ 给出。

7.10.6 证明中心全部位于原点、方向分别指向三个坐标轴的三个相同四极子产生 $O(kd)^2$ 阶的球面对称声场。

7.10.7 源强度分布当 $0<r\leq a$ 时 $q=A(a-r)$,当 $r>a$ 时 $q=0$,其中 $A$ 为常数,$r$ 为到原点的距离。求单极子、偶极子、四极子声场。

7.10.8 证明对于式(7.10.15)的声源强度,单极子贡献为零。提示:对包围所有源的体积分应用高斯定理。

7.10.9 证明对于式(7.10.17)的声源强度,单极子贡献为零。提示:利用式(5.15.5)将式(7.10.17)写成矢量式。

7.10.10C (a)画一草图(代表三维视图)并绘制几个代表性平面内偶极子的指向性因子图。(b)对于横向四极子重复(a)问。(c)对于轴向四极子重复(a)问。

7.10.11 (a)证明脉动球的辐射效率为 $\eta_{\text{rad}}=ka$。(b)证明振动球的辐射效率为 $\eta_{\text{rad}}=(ka)^3/2$。

7.11.1 假设具有相同幅值和相位的三个点源位于 $x$ 轴上 $x=d,0,-d$。(a)写出孔径函数的适当表达式。(b)利用式(7.11.3)得到指向性因子。(c)证明这个结果与根据式(7.8.3)得到的三阵元线阵的结果是相同的。

7.11.2C (a)绘制无转向、无抑制的 9 阵元线阵,阵元间距使得只有一个最窄主瓣,绘制远场指向性因子。(b)阵元间距不变,但有幅值抑制(1,2,3,4,5,4,3,2,1),重复(a)问。(c)幅值抑制(5,4,3,2,1,2,3,4,5),重复(a)问。(d)对这些抑制的影响进行讨论。

# 第 8 章　声的吸收和衰减

## 8.1 引　　言

第 5 章在所有声能损失都可以忽略的假设下推导了波动方程。尽管许多情况下损耗很小,在所关心的距离或时间范围内可以将其忽略,但最终所有声能量都转换成随机热能。这种损耗源可以分成两大类:(1)介质内部的;(2)与介质边界有关的。介质内的损耗又可以进一步划分为三种基本类型:黏滞损耗、热传导损耗以及与内部分子过程有关的损耗。只要介质内的相邻部分有相对运动就会发生黏滞损耗,例如发生剪切形变时或伴随声波的传播而发生压缩和舒张时。热传导损耗是由于热能从高温压缩区向低温稀薄区传导所致。导致吸收的分子过程包括分子动能转化为:(1)储存的势能(如在一些分子团中相邻分子的结构重新排列);(2)旋转和振动能量(对于多原子分子);(3)电离溶液中离子类型及络合物之间的缔合能与离解能(海水中的硫酸镁和硼酸)。

本书至此为止都假定了流体为连续体,具有可以直接观测的性质,如压力、密度、压缩性、比热以及温度,而并未关心其分子结构。本着同样的精神,斯托克斯(Stokes)利用黏滞性建立了第一个成功的声吸收理论。随后,柯西霍夫(Kirchhoff)也在这方面做出贡献,利用导热性能提出了一个量,现在被称为古典吸收系数。近年来,随着吸声测量准确性的提高,从这种观点出发已经不足以解释某些流体的声吸收。因此在研究其他的吸收机制时,有必要采取一种微观视角,考虑诸如分子内部以及分子之间的结合能之类的现象。这些机制通常称为分子吸收(molecular absorption)或弛豫吸收(relaxational absorption)"。(实际上,所有吸收机制本质上都是弛豫的,但在通常的频率和温度范围内某些弛豫效应观察不到)。更详细的讨论可参阅文献[①]。

## 8.2 黏滞性吸收

若推导力方程时保留黏滞效应就必须进行一些相当复杂的张量分析,超出了本书范围[②]。这种更普遍的推导结果是纳维-斯托克斯方程(Navier-Stokes equation),在没有外力

① Markham, Beyer, and Lindsay, *Rev. Mod. Phys.*, 23, 533 (1951). Herzfeld and Litovitz, *Absorption and Dispersion of Ultrasonic Waves*, Academic Press (1959). *Physical Acoustics*, Vol. IIA, ed. Mason, Academic Press (1965).

② Development is available in many books, including Temkin, *Elements of Acoustics*, Wiley (1981), and Morse and Ingard, *Theoretical Acoustics*, Princeton University Press (1986).

的情况下，其形式为

$$\rho\left(\frac{\partial \boldsymbol{u}}{\partial t}+(\boldsymbol{u}\cdot\nabla)\boldsymbol{u}\right)=-\nabla p+\left(\frac{4}{3}\eta+\eta_B\right)\nabla(\nabla\cdot\boldsymbol{u})-\eta\nabla\times\nabla\times\boldsymbol{u} \tag{8.2.1}$$

黏滞系数 $\eta$ 和体黏滞来系数 $\eta_B$ 的单位为帕斯卡 · 秒（Pa · s）。

剪切黏滞系数（coefficient of shear viscosity）$\eta$ 可以直接测量。虽然 $\eta$ 在剪切流动中表现明显，实际上它却是具有不同净速度的流体区域之间由分子碰撞导致的动量扩散的一种度量，因此即使在纯纵向运动中，它在产生吸收方面仍然很活跃。实验观察表明，几乎对于所有流体，在具有实际意义的物理参数范围内，$\eta$ 均只依赖于温度而与频率无关（理想气体的动力学理论也支持这一结果）。因为声传播中的温度波动很小，因此 $\eta$ 可以看成只是平衡温度的函数。

单原子气体的体黏滞系数（coefficient of bulk viscosity）$\eta_{\mathrm{B}}$ 为零，但其他流体中的 $\eta_{\mathrm{B}}$ 可为有限值。它似乎是分子运动、内部分子状态以及结构的势能状态之间能量转换的一种度量。体黏滞性通常称为膨胀（*expansive*）或体积（volume）黏滞性。

当膨胀或压缩导致流体的密度或温度发生改变时，这些黏滞过程使系统需要一些时间来逐渐接趋于平衡。这些时间延迟产生声能向随机热能的转换。

$\eta\nabla\times\nabla\times\boldsymbol{u}$ 一项表示与湍流、层流、涡流等有关的声能耗散。这些效应在非声学条件下可能是主要的，在线性声学中却仅限于边界附近的小区域，重要性也有所降低。

当式（8.2.1）左端被线性化时，利用线性化的连续性方程

$$\nabla\cdot\boldsymbol{u}=-\frac{\partial s}{\partial t} \tag{8.2.2}$$

以及绝热方程

$$p=\rho_0 c^2 s \tag{8.2.3}$$

给出有损耗的波动方程为

$$\left(1+\tau_{\mathrm{S}}\frac{\partial}{\partial t}\right)\nabla^2 p=\frac{1}{c^2}\frac{\partial^2 p}{\partial t^2}$$

$$\tau_{\mathrm{S}}=\left(\frac{4}{3}\eta+\eta_{\mathrm{B}}\right)/\rho_0 c^2 \tag{8.2.4}$$

其中，$\tau_{\mathrm{S}}$ 为弛豫时间，$c$ 为热力学声速，由 $c^2=\left(\frac{\partial\mathscr{P}}{\partial\rho}\right)_{ad}$ 确定，由于有了包含 $\tau_{\mathrm{S}}$ 的一项，因而 $c$ 不一定等于相速度 $c_{\mathrm{p}}$。

若假设单频运动 $\exp(\mathrm{j}\omega t)$，则这个波动方程退化为（有损耗的）亥姆霍兹方程，即

$$\nabla^2\boldsymbol{p}+k^2\boldsymbol{p}=0$$

$$\boldsymbol{k}=k-\mathrm{j}\alpha_{\mathrm{S}}=(\omega/c)(1+\mathrm{j}\omega\tau_{\mathrm{S}})^{1/2} \tag{8.2.5}$$

求解 $\alpha_{\mathrm{S}}$ 和 $c_{\mathrm{p}}$，经过一些运算得

$$\alpha_{\mathrm{S}}=\frac{\omega}{c}\frac{1}{\sqrt{2}}\left[\frac{\sqrt{1+(\omega\tau_{\mathrm{S}})^2}-1}{1+(\omega\tau_{\mathrm{S}})^2}\right]^{1/2}$$

$$c_{\mathrm{p}}=\frac{\omega}{k}=c\sqrt{2}\left[\frac{1+(\omega\tau_{\mathrm{S}})^2}{\sqrt{1+(\omega\tau_{\mathrm{S}})^2}+1}\right]^{1/2} \tag{8.2.6}$$

对于向 $+x$ 方向传播的平面波，式（8.2.5）的解为

$$\boldsymbol{p}=P_0 e^{j(\omega t-kx)}=P_0 e^{-\alpha_S x} e^{j(\omega t-kx)} \tag{8.2.7}$$

因幅值随 $\exp(-\alpha_S x)$ 衰减，故 $\alpha_S$ 为空间吸收系数(spatial absorption coefficient)，而相速度(phase speed)为 $c_p$。由于 $c_p$ 是频率的函数，所以传播是频散的(dispersive)。

对典型流体 $\tau_S$ 进行计算表明，气体中其典型值约为 $10^{-10}$ s，液体中约为 $10^{-12}$ s，除非是黏性特别大的液体如甘油。因此，$\omega\tau_S \ll 1$ 的假设仅仅在频率很高的超声区不成立。

根据动力学理论，理想气体中分子平均速度为

$$v=\sqrt{8rT_K/\pi} \tag{8.2.8}$$

其中，$r$ 为比气体常数，剪切黏滞系数为

$$\eta=\frac{1}{3}\rho_0 l v \tag{8.2.9}$$

其中，$l$ 为气体分子相继两次碰撞之间的平均自由程。两式结合可见剪切黏滞系数正比于 $\sqrt{T_K}$。经过简单运算得

$$v/c=\sqrt{8/\pi\gamma}\sim 1 \tag{8.2.10}$$

即分子的平均速度很接近于声速。因为碰撞的平均间隔时间为 $\tau_C=l/v$

$$\tau_C/\tau_S=\frac{9}{32}\pi\gamma\sim 1 \tag{8.2.11}$$

黏滞吸收的弛豫时间与碰撞间隔时间相似。于是当频率接近弛豫频率时，波长就与平均自由程大致相当。这与作为纳维-斯托克斯方程之基础的连续流体假设相悖，因此当频率接近于弛豫频率时，热黏滞性衰减模型是不可信的，至少在理想气体中是这样。

连续介质力学预测了存在吸收机制，但没有提供对黏滞系数的值或其对时间依赖关系进行估计的手段。利用统计力学，可以计算简单流体的这些量。

因为理论仅适用于 $\omega\tau_S \ll 1$，式(8.2.6)给出更有用的近似，为

$$\alpha_S \approx \frac{1}{2}(\omega/c)\omega\tau_S=(\omega^2/2\rho_0 c^3)\left(\frac{4}{3}\eta+\eta_B\right)$$

$$c_p \approx c\left[1+\frac{3}{8}(\omega\tau_S)^2\right] \tag{8.2.12}$$

吸收系数正比于频率的平方。因此实验测量吸收时，通常对数据绘制 $\alpha_S/f^2$ 随 $f$ 变化的曲线，这样相对于水平直线的任何偏差都意味着偏离式(8.2.12)的预测值。频散为 $O(\omega\tau_S)^2$，量级很小，所以相速度几乎等于 $c$。由 $\alpha$ 和 $c_p$ 组合得到下面的无量纲式：

$$\alpha_S/k \approx \frac{1}{2}\omega\tau_S$$

$$c_p/c \approx 1+\frac{3}{2}(\alpha_S/k)^2 \tag{8.2.13}$$

## 8.3 复声速和吸收

在进一步讨论其他具体的吸收机制之前，先对单频声波建立复声速(complex sound speed)概念。容易证明(见习题 8.3.6)，若假定一个联系 $\boldsymbol{p}$ 和 $\boldsymbol{s}$ 的动态(或单频)方程

$$\boldsymbol{p}=\rho_0\boldsymbol{c}^2\boldsymbol{s} \tag{8.3.1}$$

其中，复声速 $\boldsymbol{c}$ 是频率的函数，将决定于特定损耗机制的热力学过程。于是式(8.3.1)与线性化的欧拉方程式(5.4.10)和连续性方程式(5.3.5)联立，得到一个有损耗的亥姆霍兹方程及其衰减的行波解，为

$$\nabla^2\boldsymbol{p}+\boldsymbol{k}^2\boldsymbol{p}=0$$
$$\boldsymbol{k}=k-\mathrm{j}\alpha=\omega/\boldsymbol{c}$$
$$\boldsymbol{p}=P_0\mathrm{e}^{-\alpha x}\mathrm{e}^{\mathrm{j}(\omega t-kx)} \tag{8.3.2}$$

其中，压缩率是通过将式(8.2.7)代入式(8.3.1)得到的。利用连续性方程式(8.2.2)得到对应的质点速度，进而得到这个波的声阻抗率为

$$\boldsymbol{z}=\boldsymbol{p}/\boldsymbol{u}=\rho_0c_{\mathrm{p}}/(1-\mathrm{j}\alpha/k) \tag{8.3.3}$$

或对于 $a/k\ll1$，有

$$\boldsymbol{z}\approx\mathrm{e}^{\mathrm{j}\alpha/k}\rho_0c \tag{8.3.4}$$

由声强定义式(5.9.1)计算得到精度为相同量级的声强，即

$$I(x)=(P_0\mathrm{e}^{-\alpha x})^2/2\rho_0c=I(0)\mathrm{e}^{-2\alpha x} \tag{8.3.5}$$

吸收系数 $\alpha$ 单位是奈贝/米(Np/m)，奈贝(Np)是一个无量纲单位。对于平面波，当 $x=1/\alpha$ 时，声压幅值减小到初始值 $P_0$ 的 $1/\mathrm{e}=0.368$，声强减小到 $1/\mathrm{e}^2=0.135$。

衰减平面波的声强级随距离的衰减用 dB 数表示为

$$IL(0)-IL(x)=10\log[I(0)/I(x)]=10\log\mathrm{e}^{2\alpha x}=8.7\alpha x\equiv ax \tag{8.3.6}$$

其中 $a=8.7\alpha$ 是以 dB/m 为单位的吸收损耗。具有球对称性的波，当 $\alpha\ll0.1$ Np/m 时，声强级随距离衰减具有相似的表达式，即

$$IL(1)-IL(r)\approx20\log r+ar \tag{8.3.7}$$

其证明留作练习。(对数函数的变量应为 $r/1m$，但习惯写成 $r$，尽管这样其实并不正确。)

这一节和前一节表明，在波动方程中引入声吸收既可以通过在欧拉方程中包含一个耗散力也可以通过在声压和密度之间引入一个相位来做到。后一种方法尽管由于假设单频运动而受到更大的限制，但在考虑分子效应方面还是非常有用的，因为对联系声压与压缩率的绝热过程进行修正要比在力方程中引入额外的力更方便。而且一旦亥姆霍兹方程的单频行为已知，就可以通过傅里叶分析研究更复杂的波形。

## 8.4 热传导吸收

另一个产生吸收的机制是热传导。对热传导损失的吸收系数进行一般性推导要用到相当多的热力学知识。我们这里将从物理论证的角度对热吸收进行启发式推导。为计算简单起见，仅限于理想气体。

当流体经历一个声学过程时，受到压缩的区域将比发生膨胀的区域温度更高。若假设平面波 $p$ 角频率为 $\omega$、传播常数为 $k$，向 $+x$ 方向传播，则在平衡绝对温度为 $T_{\mathrm{eq}}$ 的无损耗理想气体中，由状态方程和绝热方程可得到温度为

$$T=T_{\mathrm{eq}}+T_{\mathrm{eq}}(\gamma-1)s \tag{8.4.1}$$

其中，$s=p/\rho_0c^2$。为了记号的简洁，本节均省略表示绝对温度的下标“K”。对于幅值为 $P$ 的

声波，温度波动的幅度为

$$|T-T_{\mathrm{eq}}|=T_{\mathrm{eq}}(\gamma-1)P/\rho_0 c^2 \tag{8.4.2}$$

在有损耗的气体中，温度波动的幅值像声压幅值一样衰减。但通过一点巧妙的处理，可以基于无损表达式式(8.4.1)来计算损失。由动力学理论，理想气体的平动动能正比于温度。较热区域内分子动能更大，并通过分子间碰撞向周围较冷区域扩散。当能量离开这个区域时，它就从声过程中损失掉了而转变成分子运动的随机热能。热能变化与温度变化之间的关系为

$$\frac{\Delta q}{\Delta t}=c_{\mathscr{P}}\rho_0\frac{\partial T}{\partial t} \tag{8.4.3}$$

其中 $c_{\mathscr{P}}$ 为等压比热(specific heat at constant pressure)"(单位是 J/(kg · K))，$\Delta q$ 为单位体积气体的热能增量。【见附录 A9 并注意到 $c_{\mathscr{P}}=C_{\mathscr{P}}/M$，其中 $M$ 为分子质量(kg)。因为声压波动远小于平衡时声压故(A9.4)式适用)。扩散过程由扩散方程描述，温度的扩散方程为

$$\frac{\partial T}{\partial t}=\frac{\kappa}{c_{\mathscr{P}}\rho_0}\nabla^2 T \tag{8.4.4}$$

其中 $\kappa$ 为热传导率(thermal conductivity)，单位是 W/(m · K)。由最后两式得

$$\frac{\Delta q}{\Delta t}=\kappa\nabla^2 T \tag{8.4.5}$$

将式(8.4.5)对气体的某一体积积分得该体积内声能的瞬时损失速率，这个速率在运动的一个周期内的时间平均给出声能损失的平均速率。

按照目前的情况，无损耗的声学近似不能用在式(8.4.5)中，因为这样得到的结果时间平均值为零。为了利用无损耗的式(8.4.1)，必须将式(8.4.5)右端重新改写一下，使得对于有损耗流体，震荡部分与累积部分可以进行分离。这通过下面的恒等式完成：

$$\nabla^2 T=\frac{1}{T}\nabla T\cdot\nabla T+T\nabla\cdot\left(\frac{1}{T}\nabla T\right) \tag{8.4.6}$$

与线性声学近似一致，分母中的 $T$ 都可以用平衡时的温度 $T_{\mathrm{eq}}$ 近似。右端第二项是时间平均为零的震荡项。右端第一项永不为零，表示从声波中损失能量的时间累积。则声能密度 $\mathscr{E}$ 的(时间平均)变化率为

$$\frac{\mathrm{d}\mathscr{E}}{\mathrm{d}t}=-\frac{1}{V}\left\langle\int_V\frac{\Delta q}{\Delta t}\mathrm{d}V\right\rangle_t=-\frac{\kappa}{T_{\mathrm{eq}}}\frac{1}{V}\left\langle\int_V\nabla T\cdot\nabla T\mathrm{d}V\right\rangle_t \tag{8.4.7}$$

现在考虑横截面积为 $S$、长为 $\lambda=2\pi/k$ 的圆柱形体积，圆柱轴平行于声波传播矢量 $\boldsymbol{k}$。为了得到声波中热能损失的速率，将式(8.4.7)对这个体积积分。声波行波的温度梯度由式(8.4.1)给出。对 $x$ 积分以及对运动的一个周期取平均都很容易，得

$$\frac{\mathrm{d}\mathscr{E}}{\mathrm{d}t}=-\frac{\kappa}{T_{\mathrm{eq}}}\frac{S}{V}\left\langle\int_0^\lambda\nabla T\cdot\nabla T\mathrm{d}x\right\rangle_t=-\frac{1}{2}\kappa T_{eq}(\gamma-1)^2\left(\frac{kP}{\rho_0 c^2}\right)^2 \tag{8.4.8}$$

吸收系数由 $(\mathrm{d}\mathscr{E}/\mathrm{d}t)\mathscr{E}=-2\alpha_\kappa c$ 给出。对于这个波，$\mathscr{E}=\dfrac{1}{2}P^2/\rho_0 c^2$。更进一步，对于理想气体，$T_{\mathrm{eq}}(\gamma-1)=c^2/c_{\mathscr{P}}$，于是热传导吸收系数为

$$\alpha_\kappa=\frac{\omega^2}{2\rho_0 c^3}\frac{(\gamma-1)\kappa}{c_{\mathscr{P}}} \tag{8.4.9}$$

这里不加证明地指出式(8.4.9)适用于任意流体。这个吸收系数对频率的依赖关系与

黏滞性吸收相同。(注意:当 $\gamma=1$ 时 $\alpha_\kappa$ 为零。这是意料之中的结果,因为这个值使得绝热过程与等温过程相同,在这样的流体中没有伴随声波的热扰动因而也没有热传导)。式(8.4.9)适用于频率远低于弛豫频率的情况。更深入的理论给出表明流体中热传导的弛豫时间为

$$\tau_\kappa=\frac{1}{\rho_0 c^2}\frac{\kappa}{c_{\mathscr{P}}} \tag{8.4.10}$$

如果通过假定弛豫时间与 $\alpha_\kappa$ 之间的关系正像 $\tau_s$ 与 $\alpha_S$ 之间的关系式(8.2.12)一样,这样得到的弛豫时间为式(8.4.10)乘以($\gamma-1$)。没有这个因子是合理的,因为它只是绝热与等温过程之间区别程度的一个度量。热传导的机理在于分子级别的碰撞,因此弛豫时间不应依赖于 $\gamma$。吸收的量决定于绝热条件与等温条件的区别有多大,因此应当依赖于($\gamma-1$),这可以从式(8.4.9)看出。最后应指出,这个推导过程没能给出相速度的值,但这关系不大,因为当频率远低于弛豫频率时相速度偏差很小。

## 8.5 古典吸收系数

对于气体,与热传导有关的吸收在某种程度上小于黏滞吸收,但二者为同一数量级。对于大多数非金属液体,热传导产生吸收与黏滞性吸收相比可以忽略。

当损耗较小时,看起来合理也可以被证明的结论是,对于相互独立的声损耗源,总吸收系数是各个损耗机制的吸收系数之和,就像它们各自独立发生作用一样

$$\alpha=\sum_i \alpha_i \tag{8.5.1}$$

品质因数之间也可以有非常简单的关系。令 $Q_i$ 为只存在一种由 $\alpha_i$ 表征的吸收机制时振子的品质因数。由式(1.10.7)以及关系式 $\beta_i=\alpha_i c$ 得 $Q_i=\frac{1}{2}k/\alpha_i$。于是,若存在多种产生声损耗的机制,则系统的总品质因数 $Q$ 为

$$\frac{1}{Q}=\sum_i \frac{1}{Q_i} \tag{8.5.2}$$

流体吸收过程研究的历史发展导致古典吸收系数(classical absorption coefficient)$\alpha_c$ 被它定义为在斯托克斯假设(Stokes assumption)$\eta_B$ 下,黏滞吸收与热吸收系数之和,即

$$\alpha_c=\frac{\omega^2}{2\rho_0 c^3}\left(\frac{4}{3}\eta+\frac{(\gamma-1)\kappa}{c_{\mathscr{P}}}\right) \tag{8.5.3}$$

若利用表征黏滞效应相对于热传导效应重要性的普朗特数(Prandtl number)

$$Pr=\eta c_{\mathscr{P}}/\kappa \tag{8.5.4}$$

则古典吸收系数成为

$$\alpha_c=\frac{\omega^2\eta}{2\rho_0 c^3}\left(\frac{4}{3}+\frac{(\gamma-1)}{Pr}\right) \tag{8.5.5}$$

对于空气,在 20 ℃和一个大气压下,普朗特数为 0.75。与斯托克斯假设下的弛豫时间进行对比得

$$\tau_s/\tau_\kappa=\frac{4}{3}Pr \tag{8.5.6}$$

表 8.5.1 给出几种典型气体和液体吸收系数的计算值和观测值的数据对比。正如预料的一样，对于单原子气体如氩和氦观测到的吸收与古典吸收系数（剪切黏滞性和热传导）符合得很好。古典吸收对于于高黏滞性液体如甘油和高导热性的液体金属如汞也符合得很好。但是多原子气体和大部分液体的古典吸收系数都小于观测结果。

**表 8.5.1　流体中的声吸收**

| 所有数据对应 $T=20$ ℃ 及 $\mathscr{P}_0=1$ atm | $\alpha/f^2$（$\mathrm{Np\cdot s^2/m}$） | | | |
|---|---|---|---|---|
| | 剪切黏滞性 | 热传导 | 古典 | 观测值 |
| 气体 | 所有值乘以 $10^{-11}$ | | | |
| 氩 | 1.08 | 0.77 | 1.85 | 1.87 |
| 氦 | 0.31 | 0.22 | 0.53 | 0.54 |
| 氧 | 1.14 | 0.47 | 1.61 | 1.92 |
| 氮 | 0.96 | 0.39 | 1.35 | 1.64 |
| 空气（干燥） | 0.99 | 0.38 | 1.37 | $\alpha/f$ 在 40 Hz 达到峰值 |
| 二氧化碳 | 1.09 | 0.31 | 1.40 | $\alpha/f$ 在 30 kHz 达到峰值 |
| 液体 | 所有值乘以 $10^{-15}$ | | | |
| 甘油 | 3 000.0 | — | 3 000.0 | 3 000.0 |
| 汞 | — | 6.0 | 6.0 | 5.0 |
| 丙酮 | 6.5 | 0.5 | 7.0 | 30.0 |
| 水 | 8.1 | — | 8.1 | 25.0 |
| 海水 | 8.1 | — | 8.1 | $\alpha/f$ 在 1.2 kHz 和 136 kHz 达到峰值 |

# 8.6　分子热弛豫

更多声吸收机制的预测需考虑分子的内部结构以及分子之间的相互作用，这些作用可导致内部振动、旋转、电离以及短程有序等。

关于这些问题的众多理论方法中，最古老也最成功的是多原子分子气体的分子热弛豫理论。这个理论认为，每个分子除了具有三个平动自由度外，还有与转动和振动有关的内部自由度。能量由分子平动能转变为内部状态能所需时间与声学过程的周期之比决定着在过渡过程中有多少能量转变成热能。如果声激励的周期大于内能状态的弛豫时间 $\tau$（$\omega\tau\ll1$），则这种状态可以充分占据整个空间；相位滞后为有限值但很小，因此运动的每个周期内损失的能量比例很小。反之，若声周期远小于弛豫时间（$\omega\tau\gg1$），在条件逆转之前，能量状态不能充分占据整个空间，每个周期内损失的能量比例也很小。但是，当声周期与弛豫时间接近时（$\omega\tau\sim1$），每个周期内的能量损失将达到最大。

若热力学系统在某个温度 $T_K$ 处于平衡状态，则热容 $C_V$ 取决于分子有多少种方式可以储存可观的能量。这些方式称为自由度（degrees of freedom）。所有分子都拥有三个平动自由度。多原子分子还可以以旋转和振动自由度存储能量。占有函数（population function）$H_i$

$(T_K)$描述这样一种事实,即一个能态(而非平动态)不能被充分占有,除非温度高于这个状态的德拜温度(Debye temperature)$T_D$。每一个 $H_i(T_K)$在低温极限下都渐近地趋于零,温度足够高时趋于 1。只有温度接近于这个状态的德拜温度时,$H_i(T_K)$才会快变。在室温下,对于大多数转动态,占有函数 $H_i(T_K)$接近于 1。对于较低的振动态,$H_i(T_K)$接近 1 或明显小于 1,对于较高的振动级,其值非常小。气体热容为

$$C_V = \mathscr{R}\left(\frac{N}{2} + \frac{1}{2}\sum_{i=1}^{n} H_i(T_K)\right) \tag{8.6.1}$$

其中 $N$ 包含了被充分激励的自由度的贡献,$n$ 项求和式包含了被部分激励自由度的贡献,$H_i(T_K)$为在温度 $T_K$ 下第 $i$ 个占有自由度所占的比例。除非环境温度极高,单原子气体的能量只储存在于三个平动自由度中,因此 $N=3$。对于双原子气体或线性多原子气体如二氧化碳,只有两个旋转态,都是被充分激励的,于是 $N=5$(由分子组成的氮气是一个例外,在温度不高于室温时,它的旋转态都不能被充分激励)。对于非线性(扭结的)多原子气体,$N=6$。若没有其他的激励态,则(利用附录 A9)由 $\gamma=C_p/C_v$ 和 $C_p=C_V+\mathscr{R}$ 得 $\gamma=1+2/N$,于是 $\gamma$ 值分别为 1.67,1.40 和 1.33。振动态既有动能又有势能,每一个态可以有两个自由度。常温下大多数气体旋转态的弛豫时间都很短,通常只需要几个震荡就可以使旋转态回到平衡位置而只剩下平动。多数振动态的弛豫时间则长得多,需要许多个周期。但是这些态一般要在高温下才能被明显激励起来,因此除了几个特例外在常温下一般并不重要。

当声周期与某一内部态的弛豫时间接近时,基于该内部态的声吸收就变得很重要。这时在声压与压缩之间存在显著的相位差,对于单频声运动导致式(8.3.1)形式的声压–压缩量关系。由于这些内部能态影响热容 $C_V$,因此需要知道热容与复声速之间的关系。理想气体的声速为 $c=\sqrt{\gamma r T_K}$。复热容比为 $\boldsymbol{\gamma}=\boldsymbol{C}_p/\boldsymbol{C}_V$,$\boldsymbol{C}_p=\boldsymbol{C}_V+\mathscr{R}$。于是对应于复热容 $C_V$ 的声速也是复数,可以写成

$$\frac{\boldsymbol{c}}{c}=\left(\frac{\boldsymbol{\gamma}}{\gamma}\right)^{1/2}=\left(\frac{1+\mathscr{R}\boldsymbol{C}_V}{\gamma}\right)^{1/2} \tag{8.6.2}$$

得到 $\boldsymbol{C}_V$ 就给出式(8.3.1)形式的 $\boldsymbol{c}$,再由 8.3 节的讨论得到 $\alpha$ 和 $k$。

为了继续我么的分析必须建立一点非线性热力学理论。值考虑第 $i$ 个自由度,储存在这个自由度中的能量变化率正比于平衡时应储存的能量 $E_i(eq)$与任一瞬时储存的能量 $E_i$ 之差。数学表达式为

$$\frac{\mathrm{d}E_i}{\mathrm{d}t}=\frac{1}{\tau}[E_i(eq)-E_i] \tag{8.6.3}$$

其中,$\tau$ 为比例系数。若系统瞬时由一种热力学构型转变为另一种热力学构型,前一构型平衡状态储存能量为 $E_0$,后一构型平衡状态储存能量为 $E_0+\Delta E_i$,则求解 $E_i$ 得

$$\begin{aligned} E_i &= E_0+(1-\mathrm{e}^{-t/\tau})\Delta E_i \quad & t>0 \\ &= E_0 & t<0 \end{aligned} \tag{8.6.4}$$

现在可以看出 $\tau$ 为弛豫时间。与这个自由度相关的"平衡"热力学热容为

$$\Delta E_i = C_i \Delta T_K \tag{8.6.5}$$

其中 $C_i=\frac{1}{2}\mathscr{R}H_i(T_K)$,$\Delta T_K$ 和 $\Delta E_i$ 为温度和内能变化在 $t/\tau$ 时达到的平衡值。假定过程不能达到平衡态,于是 $E_i(eq)$是 $E_i$ 一直在试图调整的一个波动量。单频声过程的温度波动为 $\Delta T_K=T_0\exp(\mathrm{j}\omega t)$,于是

$$\boldsymbol{E}_i(eq)=E_0+C_iT_0\mathrm{e}^{\mathrm{j}\omega t} \tag{8.6.6}$$

式(8.6.3)的震荡(特)解为

$$\boldsymbol{E}_i=E_0+\frac{C_i}{1+\mathrm{j}\omega\tau}T_0\mathrm{e}^{\mathrm{j}\omega t} \tag{8.6.7}$$

其中 $\boldsymbol{E}_i(eq)$ 由式(8.6.6)给出。式(8.6.7)又可以写成

$$\boldsymbol{E}_i=E_0+\boldsymbol{C}_iT_0\mathrm{e}^{\mathrm{j}\omega t}$$

$$\boldsymbol{C}_i=C_i/(1+\mathrm{j}\omega\tau) \tag{8.6.8}$$

其中 $\boldsymbol{C}_i$ 定义为这个自由度的复热容。

当 $N$ 个自由度被充分激励而 $n$ 个自由度被部分激励时,它们总的热容为

$$C_\mathrm{V}=\mathscr{R}\left(\frac{N}{2}+\frac{1}{2}\sum_{i=1}^{n}\frac{H_i(T_\mathrm{K})}{1+\mathrm{j}\omega\tau_i}\right) \tag{8.6.9}$$

当 $\omega\tau_i\ll1$ 时上式退化为式(8.6.1)。

只有一种分子热弛豫的气体的经典例子是常温下干燥的二氧化碳。二氧化碳是线性分子,有全激发态的三个平动和两个转动自由度,还有一个半激发态振动自由度。振动有两种简并模式(因为分子的线性),每个简并振动模式有两个自由度。于是式(8.6.9)中 $N=5$,$n=4$,求和号中的四项全部是相同的。

$$C_\mathrm{V}=\mathscr{R}\left(\frac{5}{2}+2\frac{H(T_\mathrm{K})}{1+\mathrm{j}\omega\tau_\mathrm{M}}\right) \tag{8.6.10}$$

其中 $\tau_\mathrm{M}$ 为弛豫时间。为了表达简洁,将其写成

$$C_\mathrm{V}=C_\mathrm{e}+C_i/(1+\mathrm{j}\omega\tau_\mathrm{M})$$

$$C_\mathrm{e}=\frac{5}{2}\mathscr{R}$$

$$C_i=2\mathscr{R}H(T_\mathrm{K}) \tag{8.6.11}$$

平衡热力学热容量 $C_\mathrm{V}$ 为 $\omega\tau_\mathrm{M}\to0$ 时 $C_\mathrm{V}$ 的极限为

$$C_\mathrm{V}=C_\mathrm{e}+C_i \tag{8.6.12}$$

一旦确定了 $C_\mathrm{V}$ 代入式(8.6.2)得

$$\boldsymbol{c}=\frac{c}{\sqrt{\gamma}}\left(1+\frac{\mathscr{R}}{C_\mathrm{e}+C_i/(1+\mathrm{j}\omega\tau_\mathrm{M})}\right)^{1/2} \tag{8.6.13}$$

经过复杂的数学运算,这种振动激励的吸收系数由下式得到:

$$\frac{\alpha_\mathrm{M}}{\omega/c}=\frac{1}{2}\frac{\mathscr{R}C_i}{C_\mathrm{e}(C_\mathrm{e}+\mathscr{R})}\frac{\omega\tau_\mathrm{M}}{1+(\omega\tau_\mathrm{M})^2} \tag{8.6.14}$$

相速度 $c_\mathrm{p}=\omega/k$ 由下式给出

$$\frac{c_\mathrm{p}}{c}=\frac{1}{\sqrt{\gamma}}\left(1+\mathscr{R}\frac{C_\mathrm{V}+C_\mathrm{e}(\omega\tau_\mathrm{M})^2}{C_\mathrm{V}^2+C_\mathrm{e}^2(\omega\tau_\mathrm{M})^2}\right)^{1/2} \tag{8.6.15}$$

当频率低于弛豫频率时,吸收正比于 $f^2$。随着频率升高,吸收系数趋于平稳,当频率高于弛豫频率时吸收系数趋于常数。也应注意,当 $\omega\tau_\mathrm{M}\ll1$ 时,$\alpha_\mathrm{M}$ 正比于 $\tau_\mathrm{M}$。这意味着若要 $\alpha_\mathrm{M}$ 大于其他吸收系数的话,$\tau_\mathrm{M}$ 必须足够大。低频时相速度大于但接近于无损耗极限,即

$$\frac{c_\mathrm{p}(0)}{c}=\frac{1}{\sqrt{\gamma}}\left(1+\frac{\mathscr{R}}{C_\mathrm{V}}\right)^{1/2}=1 \tag{8.6.16}$$

频率高于弛豫频率时,有

$$\frac{c_{\mathrm{p}}(\infty)}{c}=\left(\frac{1+\mathscr{R}/C_{\mathrm{e}}}{1+\mathscr{R}/C_{\mathrm{V}}}\right)^{1/2} \tag{8.6.17}$$

于是相速度 $c_{\mathrm{p}}$ 总是小于 $c$,除非 $C_i=0$。

用曲线图表示分子热弛豫吸收测量值时,习惯上绘制每个波长的吸收 $\alpha_{\mathrm{M}}\lambda=2\pi\alpha_{\mathrm{M}}/k$ 随频率的变换曲线,得到类似于图 8.6.1 的曲线。由于 $\alpha_{\mathrm{M}}\lambda$ 的峰值出现在 $\omega=\omega_{\mathrm{M}}=1/\tau_{\mathrm{M}}$,从曲线中可以直接读出弛豫频率 $f_{\mathrm{M}}=\omega_{\mathrm{M}}/2\pi$。$\alpha_{\mathrm{M}}\lambda$ 的最大值为

$$\mu_{\max}=(\alpha_{\mathrm{M}}\lambda)_{f_{\mathrm{M}}}=\frac{\pi}{2}\frac{\mathscr{R}C_i}{C_{\mathrm{e}}(C_{\mathrm{e}}+\mathscr{R})} \tag{8.6.18}$$

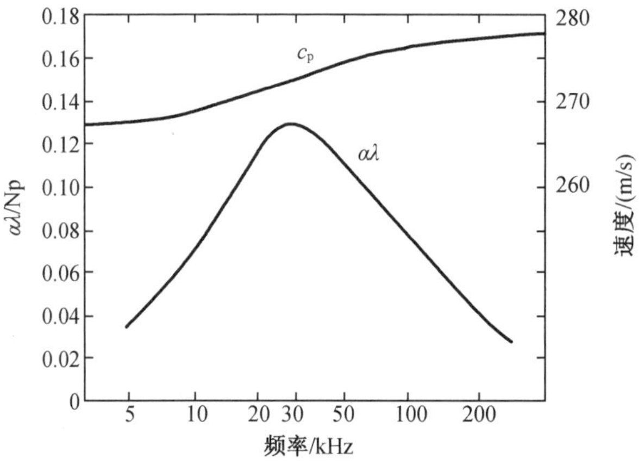


**图 8.6.1 20°C 时 $CO_2$ 每个波长的吸收及相速度**

实验取定 $\mu_{\max}$ 即得到 $C_{\mathrm{e}}$ 与 $C_i$ 之间关系。

式(8.6.18)与式(8.6.14)联立得

$$\alpha_{\mathrm{M}}\lambda=2\mu_{\max}\frac{f/f_{\mathrm{M}}}{1+(f/f_{\mathrm{M}})^2} \tag{8.6.19}$$

$$\frac{\alpha_{\mathrm{M}}}{f^2}=\frac{2\mu_{\max}}{c}\frac{f_{\mathrm{M}}}{f^2+f_{\mathrm{M}}^2} \tag{8.6.20}$$

(注意 $f_{\mathrm{M}}$ 和 $\mu_{\max}$ 都是温度的函数。)

对干燥二氧化碳的测量值与理论符合很好,$\alpha_{\mathrm{M}}\lambda$ 在约 30 kHz 达到峰值,在这个频率上 $\alpha_{\mathrm{M}}$ 大约是古典系数的 1 200 倍。

式(8.6.14)~式(8.6.20)给出了单一分子热弛豫对吸收系数的贡献。如果处于激发态的弛豫过程多于一个,则总的吸收系数为对每一弛豫过程单独计算的吸收系数的和式(8.5.1)。

有些时候,另一种分子的小规模距离对气体吸收系数有显著影响。例如,混入二氧化碳气体中的水蒸气对二氧化碳的吸收系数有很大的影响。尽管水蒸气并未产生任何其他重要的声吸收机制,但水分子作为催化剂,减少使动能得以出入二氧化碳振动态的平均碰撞次数,这种作用减小 $\tau_{\mathrm{M}}$ 而增大 $f_{\mathrm{M}}$。二氧化碳中混入 1%的水蒸气可使 $f_{\mathrm{M}}$ 由 30 kHz 提高到约 2 MHz。在弛豫频率时的单位波长吸收不变,但频率更高时由于波长减小而导致系数系数大幅增大。在潮湿气体的弛豫频率上,潮湿和干燥的二氧化碳吸收系数之比大约为 33。另一方面,在远低于干燥二氧化碳的弛豫频率时,潮湿二氧化碳的吸收系数和仅为干

燥二氧化碳的 0.015 倍。

被深入研究过的另一种多气体是空气[①]。空气包含氧气分子、氮气分子以及包括水蒸气和二氧化碳的其他气体。每个双原子气体分子和二氧化碳分子在室温下有处于完全激发态的两个转动自由度。水蒸气有三个转动自由度,但由于它含量低(即使在相对大的湿度环境下),因而对 $C_V$ 的转动部分仅有很小的贡献。图 8.6.2 为根据弛豫时间和互作用速率的测量值及假定值计算的相对湿度为不同值时空气的吸收系数。100 kHz 以下的所有频率的吸收系数明显高于古典预测值就是因为分子的热弛豫,这部分多余吸收随温度快速增加。除非在特别干燥的空气中水蒸气都表现为催化剂,提高与 $N_2$ 和 $O_2$ 振动态相关的弛豫频率。激发 $O_2$ 振动态的氧与水蒸气的碰撞在大约 1 到 10 kHz 以及相对湿度大于百分之几时作用明显。湿度较小时这种效应对总的吸收的贡献则不如经典的热黏滞性机理重要,见图 8.6.2。由于 $N_2$ 与水蒸气之间的碰撞而激发的 $N_2$ 振动态引起的吸收在 1 kHz 以下在总吸收中占主导地位。在很干燥的空气中,与水蒸气的碰撞又变得不重要,而 $N_2$ 与 $CO_2$ 之间的碰撞变得重要。定量研究很复杂,见参考文献。

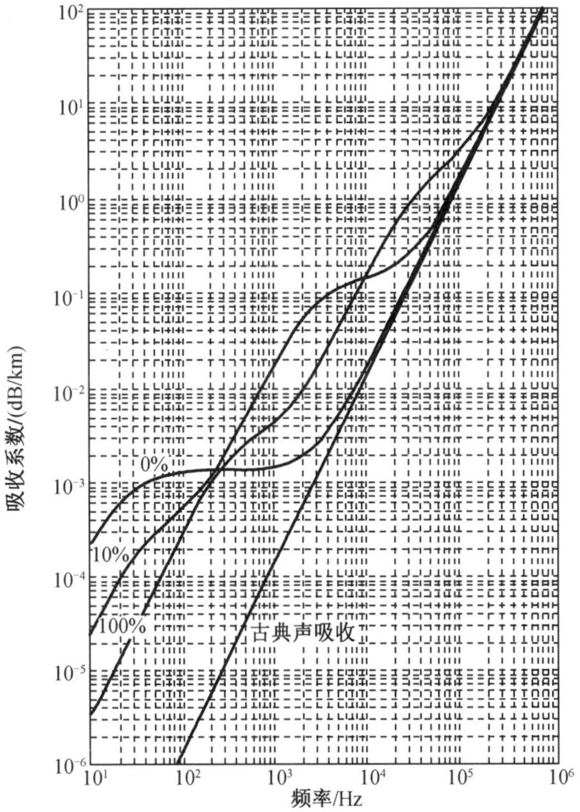


**图 8.6.2　20 ℃和一个大气压时,各种相对湿度的空气中的声吸收(引自 Bass et al.,op. cit.)**

① Bass, Bauer, and Evans, J. Acoust. *Soc. Am.*, 52, 821 (1972). Bass, Sutherland, Piercy, and Evans, *Absorption of Sound by the Atmosphere*, Physical Acoustics XVII, ed, Mason, Academic Press (1984). Bass, Sutherland, Zuckerwar, Blackstock, and Hester, *J. Acoust. Soc. Am.*, 97, 680 (1995).

## 8.7 液体中的吸收

液体中的一种逾量吸收是跟传导有关的。热弛豫理论被成功地用于解释在许多无缔合、无极性液体中观察到的逾量吸收,这类液体如二硫化碳、苯和丙酮。例如热弛豫理论解释了丙酮中测量值为古典理论预测值 4.3 倍的现象(见表 8.5.1。)

但热弛豫在解释有缔合的极性液体中观测到的逾量吸收方面并不成功,这类液体如乙醇和水。这类液体的分子间作用似乎很强,使得存在的任何弛豫时间都极短。由于吸收系数的大小与弛豫时间成正比,因此与这种过程相关的吸收就很小。水中的逾量吸收不是由于热弛豫已经被在 4 ℃附近测量的数据所证实①。如果测量到的水中逾量吸收是源于热弛豫,则这种吸收在 4 ℃附近就应该消失,因为这时的热膨胀系数为零。在这个温度下,压缩或膨胀都不会改变温度因此热弛豫就不会发生。在 4 ℃附近对水进行的测量没有显示出任何吸收减小的迹象。必须探寻其他的弛豫机制来解释为什么测量到的吸收大约是古典值的 3 倍。一种解释是基于结构弛豫理论,Hall 将其应用于水②。这种理论将水的过量吸收归因于直接跟体积变化(而非跟温度)相关的结构性变化。水被认为是一种双态液体。低能量状态是通常的状态,高能量状态是一种分子间结合更紧密的状态。在通常的静平衡条件下,多数分子处于第一种能量状态,但是压缩波的通过促进了分子从较为空旷的第一种状态向较为紧密的第二种状态的转变。这种过程以及相反过程的时间延迟导致声能量的弛豫耗散。详细研究表明可以通过假定体积黏滞性不为零而对结构弛豫加以考虑,结果得到水中总的吸收变成

$$\alpha=(\omega^2/2\rho_0c^3)\left(\frac{4}{3}\eta+\eta_B\right) \tag{8.7.1}$$

对水的 $\eta_B$ 直接测量③的值为 $\eta$ 值的 3 倍。由此计算的 $\alpha$ 于测量值吻合很好(表 8.5.1)。

另一种引起大量研究的液体是海水。图 8.7.1 显示了 5 ℃淡水和海水中的声吸收。两条曲线在 500 kHz 以下的显著差别是海水中其他吸收机制存在的证据,将其归因于溶解的盐是很自然的。实验室测量④证明中频段的过渡吸收是由于溶解的硫酸镁($MgSO_4$),这是一种化学弛豫。声学过程改变了结合在一起的离子以及游离的离子的聚集程度。这种过程有一个弛豫时间因而就有吸收。

由于涉及的数值很小(100 Hz 时 0.001 dB/km),对海水低频吸收系数的测量比较困难,但结果仍揭示出另一种在 1kHz 以下活跃的吸收机制。已经证明这是与硼酸有关的一种化学弛豫。尽管在海洋中硼酸的含量仅仅为大约 4 ppm(1 ppm = 0.001%),但与其相关的低频吸收却比淡水大 300 倍,比不含硼酸的海水大 20 倍。这两种化学弛豫以及在淡水中活跃的吸收机制共同构成海水的吸收系数。

$$a=\left(\frac{A}{f_1^2+f^2}+\frac{B}{f_2^2+f^2}+C\right)f^2 \quad \text{dB/km}$$

---

① Fox and Rock, *Phys. Rev.*, 70, 68 (1946).

② Hall, *Phys. Rev.*, 73, 775 (1948).

③ Liebermann, *Phys. Rev.*, 75, 1415 (1949).

④ Leonard, Combs, and Skidmore, *J. Acoust. Soc. Am.*, 21, 63 (1949).

$$=a(\text{boric acid})+a(MgSO_4)+a(H_2O) \tag{8.7.2}$$

其中 $f_1$ 和 $f_2$ 分别为跟硼酸和 $MgSO_4$ 有关的弛豫频率，它们依赖于温度，单位为 Hz。$A$、$B$、$C$ 的值决定于温度和静水压力。图 8.7.2 显示两种弛豫过程对声总的吸收的贡献。当频率超过弛豫频率时，这两种弛豫过程的贡献越来越不重要了。

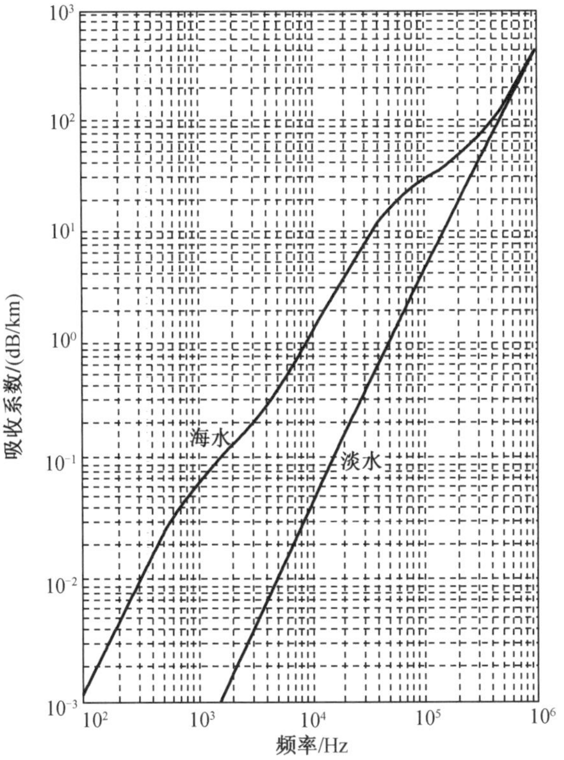


**图 8.7.1　$T=5$ ℃、$Z=0$ km 时淡水和海水中的声吸收（pH=8，$S=35$ ppt）。**

由于对于淡水 $A$ 和 $B$ 比趋于零，所以可以合理地假定它们线性依赖于盐度。现已有针对海水的大量实验数据的广泛研究①。一个简单的近似为

$$\begin{aligned} f_1 &= 780\exp(T/29) \\ f_2 &= 42\,000\exp(T/18) \\ A &= 0.083(S/35)\exp[T/31-Z/91+1.8(\text{pH}-8)] \\ B &= 22(S/35)\exp(T/14-Z/6) \\ C &= 4.9\times10^{-10}\exp(-T/26-Z/25) \end{aligned} \tag{8.7.3}$$

其中，$T$ 的单位为℃；盐度 $S$ 的单位为千分之一；静水压力的影响用海面下深度 $Z$ 表示，单位是 km。在海洋自然条件下的参数范围内，深度不超过 6 km 时，这些估计值的精度在百分之几以内。图 8.7.3 显示了温度对海水吸收的影响。压力和盐度的影响远不如温度的影响大，其证明留作练习。

① Fisher and Simmons, *J. Acoust. Soc. Am.*, 62, 558 (1997). Mellen, Scheifele, and Browning, *Global Model for Sound Absorption in Sea Water*, NUSC Scientific and Engineering Studies, New London, CT (1987). Fisher and Worcester, *Encyclopedia of Acoustics*, Chapt. 35, Wiley (997).

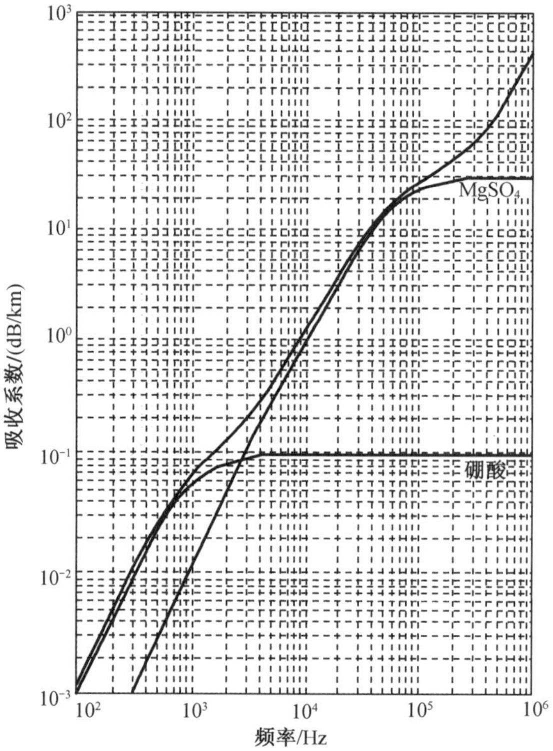


**图 8.7.2** 硼酸和 $MgSO_4$ 对海水总的声吸收的贡献($pH=8$,$S=35$ ppt,$T=5$ ℃,$Z=0$ km)。

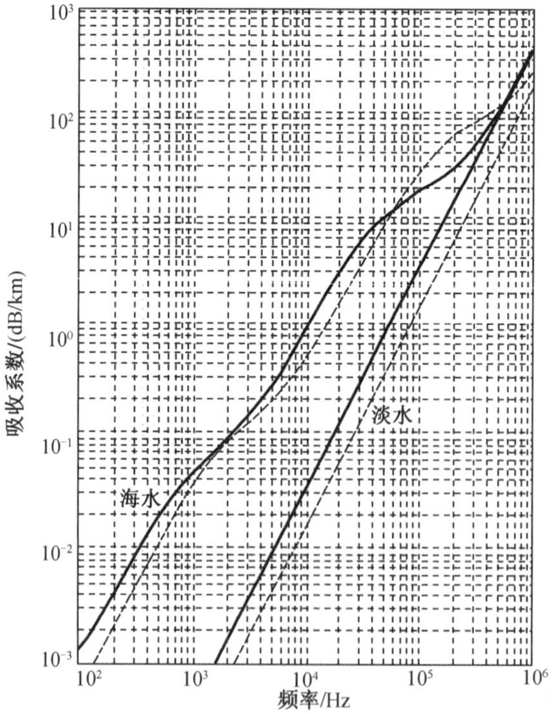


**图 8.7.3** 温度对海水声吸收的影响。实线为 $T=0$ ℃,虚线为 $T=20$ ℃($pH=8$,$S=35$ ppt,$Z=0$ km)。

似乎还存在其他弛豫过程，理论和实验研究仍在继续。在 1 kHz 以下散射对于水中声波的衰减似乎比吸收的影响更大。

## ＊8.8　在刚硬边界处的黏滞损耗

这一节建立声波掠射到边界上时黏滞损耗的一种简单模型，可应用于截面不变管道中的声。这种方法的基础是假设一列无衰减的平面行波，然后插入一个垂直于等相位面的平面，求解要满足边界条件所需的附加声场。

如式(8.2.1)后面所讨论的那样，由边界引起的黏滞性吸收牵涉纳维-斯托克斯方程中的旋度项。已经建立了流体中的损耗并看到互相独立的小损耗机制可以分别进行处理然后再进行整合得到累积的损耗。因此研究边界处剪切引起的吸收时，在纳维-斯托克斯方程中舍去$(4\eta/3+\eta_B)\nabla(\nabla\cdot\boldsymbol{u})$项而保留$\eta\nabla\times\nabla\times\boldsymbol{u}$项，则纳维-斯托克斯方程变成

$$\rho_0\frac{\partial\boldsymbol{u}}{\partial t}+\nabla p=-\eta\nabla\times\nabla\times\boldsymbol{u}\tag{8.8.1}$$

令传播矢量$\boldsymbol{k}$平行于$x$轴的平面声波存在于$z$为正值的空间内。这个“初级”波对应的质点速度只有$x$分量$u_x$，$u_x$只是$x$和$t$的函数，声压也只是$x$和$t$的函数。这个波精确地满足欧拉方程(式(8.8.1)取$\eta=0$)。现在$z\leqslant0$区域引入一刚硬壁，其边界位于$z=0$处，它引入一个平行于其表面的附加质点速度$u'\hat{x}$，这个“次级”波是$x$、$z$和$t$的函数。初级波与次级波之和必须满足式(8.8.1)以及适当的边界条件。存在黏滞性的情况下，静止壁面处的边界条件是“没有滑动”，意味着在边界上流体速度必为零。再有，在大$z$值处$u'$必趋近于零而只剩下初级波。于是将完整的质点速度写成

$$\boldsymbol{u}=u\hat{\boldsymbol{x}}=(u_x+u')\hat{\boldsymbol{x}}\tag{8.8.2}$$

于是在壁面处$u'=-u_x$，在大$z$值处$u'\to0$。将式(8.8.2)代入式(8.8.1)，考虑到原始波对应项有$\nabla\times(u_x\hat{\boldsymbol{x}})$且式(8.8.1)左端和式为零，得

$$\rho_0\frac{\partial u'}{\partial t}+\frac{\partial p'}{\partial x}=\eta\frac{\partial^2u'}{\partial z^2}$$

$$\frac{\partial p'}{\partial y}=0$$

$$\frac{\partial p'}{\partial z}=\eta\frac{\partial^2u'}{\partial x\partial z}\tag{8.8.3}$$

其中$p'$是质点速度$u'\hat{\boldsymbol{x}}$对应的声压。若$\dfrac{\partial p'}{\partial x}$可以忽略(见下面讨论)，则第一个方程近似为

$$\frac{\partial u'}{\partial t}=\eta\frac{\partial^2u'}{\partial z^2}\tag{8.8.4}$$

这是$u'$的一维扩散方程，是与热传导扩散方程式(8.4.4)对应的黏滞性扩散方程。假设对时间依赖关系为$\exp(j\omega t)$，通过直接代入得到满足边界条件的$u'$复数解为

$$\boldsymbol{u}'=-u_x\mathrm{e}^{-(1+j)2/\delta}$$

$$\delta=\sqrt{2\eta/\rho_0\omega}\tag{8.8.5}$$

其中，$\delta$为“黏性穿透深度”“声边界层厚度”或“表皮厚度”。于是对于

$$\boldsymbol{u}' = -U_0 e^{-z/\delta} e^{j(\omega t - kx - z/\delta)} \tag{8.8.6}$$

其中的贡献$\boldsymbol{u}'$是以 $x$ 分量为 $k$、$z$ 分量为 $1/\delta$ 的传播矢量由边界向介质中传播，同时在 $z$ 方向衰减的波。衰减系数和传播矢量在$+z$ 方向的分量同为 $1/\delta$。图 8.8 为初级场一个完整周期的一些有代表性的曲线。当 $z$ 大于几倍的表皮厚度时，总场就退化为初级场。

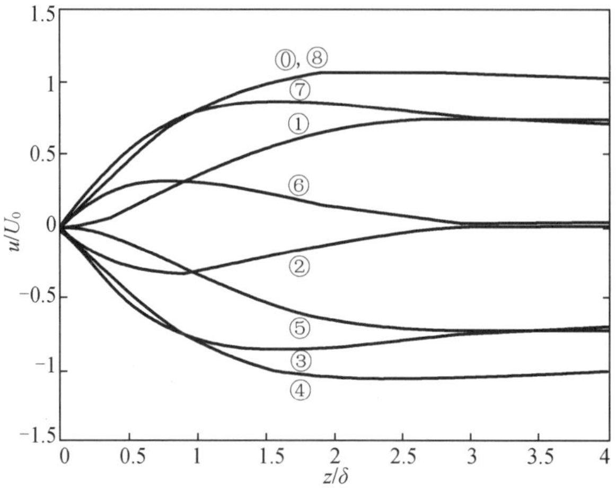


**图 8.8.1　壁面附近黏性流体中 $x=0$ 点，初级波一周的对应的归一化质点速度 $\mathrm{Re}\{u(z)\}/U_0$ 的剖面。远离壁面处速度为 $U_0\cos\omega t$，壁面处速度为零。各曲线：⓪$\omega t=0$，①$\pi/4$，②$\pi/2$，③$3\pi/4$，④$\pi$，⑤$5\pi/4$，⑥$3\pi/2$，⑦$7\pi/4$，⑧$2\pi$。**

当 $k\delta \ll 1$ 时，或者

$$\delta/\lambda \ll 1 \tag{8.8.7}$$

可以证明在式(8.8.3)中忽略 $\partial p'/\partial x$ 是合理的(见习题 8.8.2)。声的波长须远大于表皮厚度。对于空气，$\rho_0 \approx 1.3\ \mathrm{kg/m^3}$，$c \approx 340\ \mathrm{m/s}$，$\eta \approx 1.7 \times 10^{-5}\ \mathrm{Pa}$，上面不等式对几百 MHz 以下的频率都成立。

# ∗8.9　粗管中的损失

假设半径为 a 的管中传播着单频平面波，满足 $a \gg \delta$。因管的曲率半径远大于表皮厚度，可利用 8.8 节的结果而只引起很小的误差。

($a$)黏滞性

没有边界层时，使厚度为 $\Delta x$、横截面积为 $S=\pi a^2$ 的流体薄片单元沿 $x$ 方向获得加速度的力为 $\boldsymbol{f}=-S(\partial \boldsymbol{p}/\partial x)\Delta x$，这个单元对这个力的机械阻抗为 $\boldsymbol{Z}_m=\boldsymbol{f}/\langle \boldsymbol{u}\rangle_S$，其中

$$\langle \boldsymbol{u}\rangle_S = \frac{\boldsymbol{u}_x}{\pi a^2}\int_S (1 - e^{-(1+j)z/\delta})\,dS \tag{8.9.1}$$

第一项积分得 $\pi a^2$，第二项的积分值可以取近似

$$\langle \boldsymbol{u}\rangle_S \approx \boldsymbol{u}_x\left(1 - \frac{2\pi a}{\pi a^2}\int_0^\infty e^{-(1+j)z/\delta}\,dz\right) \approx \boldsymbol{u}_x\left(1 - 2\frac{\delta}{a}\frac{1}{1+j}\right) \tag{8.9.2}$$

有黏性边界层时流体薄片的机械阻抗为

$$\boldsymbol{Z}_{\mathrm{m}}=\frac{\boldsymbol{f}}{\langle \boldsymbol{u}\rangle_S}=\frac{\mathrm{j}\omega m}{1-2(\delta/a)(1+\mathrm{j})}\approx \omega m\delta/a+\mathrm{j}\omega m(1+\delta/a) \tag{8.9.3}$$

其中用到了 $\delta/a\ll 1$。流体单元具有机械阻 $R_{\mathrm{m}}=\omega m(\delta/a)$，它描述了由边界层内黏滞力引入类似于摩擦的损耗。流体薄片的表观质量也因边界层而有略微的增大。

(1)管中驻波

没有任何边界时，管中平面驻波的质点速度为下式的实部：

$$\boldsymbol{u}_x\hat{\boldsymbol{x}}=\hat{\boldsymbol{x}}U\sin kx\mathrm{e}^{\mathrm{j}\omega t} \tag{8.9.4}$$

存在边界时流体单元运动引起瞬时能量耗散为 $R_{\mathrm{m}}\langle u\rangle_S^2$。转换成单位体积、将 $\langle u\rangle_S^2$ 用 $\langle u_x\rangle_S^2$ 近似并在周期 $T$ 内积分，得每个位置 $x$ 处的能量密度损失。再在一个波长内取平均即得一个运动周期内的平均能量密度损失为

$$\mathscr{E}_w\approx\frac{1}{\lambda}\int_0^{\lambda}\int_0^{T}\rho_0\omega\frac{\delta}{a}\langle u_x\rangle_S^2\mathrm{d}t\mathrm{d}x=\frac{\pi}{2}\rho_0U^2\frac{\delta}{a} \tag{8.9.5}$$

总的能量密度利用驻波的声压和质点速度 $u_x\hat{\boldsymbol{x}}$ 由式(5.8.7)和式(5.8.8)得到，即

$$\mathscr{E}=\frac{1}{4}\rho_0U^2 \tag{8.9.6}$$

比值 $\mathscr{E}_{\mathrm{w}}/\mathscr{E}=2\pi/Q_{\mathrm{w}\eta}$ 给出由于壁面黏滞损失导致的品质因数为

$$Q_{\mathrm{w}\eta}=a/\delta=a\sqrt{\rho_0\omega/2\eta} \tag{8.9.7}$$

再利用式(1.10.7)及 $\alpha/k\approx\beta/\omega$ 得描述边界层损失的吸收系数为

$$\alpha_{\mathrm{w}\eta}=\frac{1}{ac}\left(\frac{\eta\omega}{2\rho_0}\right)^{1/2} \tag{8.9.8}$$

壁面吸收系数随 $\sqrt{\omega}$ 增大。因为边界层外的热黏滞吸收随 $\omega^2$ 增大，所以随着频率升高，壁面损失最终是小于主流损失的。

(2)管中行波

管中传播的平面波质点速度为

$$u_x\hat{\boldsymbol{x}}=\hat{x}U\cos(\omega t-kx) \tag{8.9.9}$$

每个周期能量密度损失的计算结果是前面结果的两倍，但行波的能量密度也是具有相同幅值的平面波的两倍，因此吸收系数的值不变，仍为式(8.9.8)。

(b)热传导

半径 $a\gg\delta$ 的等温管壁引起的热传导吸收系数的计算理论上很简单但实际计算起来却很麻烦。伴随声压幅值为 $P=\rho_0cU$ 的平面行波的温度场由式(8.4.1)给出：

$$\begin{gathered}\boldsymbol{T}=T_{\mathrm{eq}}+T_{\mathrm{eq}}(\gamma-1)\boldsymbol{s}\\ \boldsymbol{s}=(U/c)\mathrm{e}^{\mathrm{j}(\omega t-kx)}\end{gathered} \tag{8.9.10}$$

(为简洁起见省略了温度的上角标 $K$)。假定壁面为等温的，这就要求存在一个附加温度场 $\boldsymbol{T}'$，$\boldsymbol{T}'$在壁面处保持平衡温度 $T_{eq}$ 而在离开壁面的距离 $z$ 很大的地方趋于零值。温度场在边界层区域的行为由扩散方程式(8.4.4)描述，将该式用于总温度场 $\boldsymbol{T}+\boldsymbol{T}'$并假设波长远大于热边界层的表层厚度，得到

$$\frac{\partial T'}{\partial t}=\frac{\kappa}{c_{\mathscr{P}}\rho_0}\frac{\partial^2T'}{\partial z^2} \tag{8.9.11}$$

该式与式(8.8.4)相似，也有相似的边界条件，因此经过同样的数学运算得到

$$\boldsymbol{T}-T_{\mathrm{eq}}=(1-\mathrm{e}^{-(1+\mathrm{j})z/\delta_\kappa})T_{\mathrm{eq}}(\gamma-1)\boldsymbol{s}$$

$$\delta_\kappa = \sqrt{2\kappa / c_{\mathscr{P}} \rho_0 \omega} \tag{8.9.12}$$

其中 $\delta_\kappa$ 为热边界层表层厚度。普朗特常数将黏滞性和热传导的表层厚度之间联系起来,为

$$\delta / \delta_\kappa = \sqrt{Pr} \tag{8.9.13}$$

同以前一样,由式(8.4.5)开始计算热传导边界层的声能损失,得到式(8.4.7)。但这里的体积积分是在长度等于一个波长、周长为 $2\pi a$、壁厚 $z$ 足以包含边界层在内的一个管状体积内进行。因为边界层在 $z$ 方向是快速衰减的,因此对 $z$ 积分的积分限可以扩展至无穷大,得

$$\int_V \frac{\Delta q}{\Delta t} \mathrm{d}V = 2\pi a \frac{\kappa}{T_{\mathrm{eq}}} \int_0^\lambda \int_0^\infty \left(\frac{\partial T}{\partial z}\right)^2 \mathrm{d}z\mathrm{d}x \tag{8.9.14}$$

注意:$T$ 必须取 $\boldsymbol{T}$ 的实部。经过一些复杂的数学运算得到波长为 $\lambda$ 的管内单位时间的声能变化为

$$\frac{\mathrm{d}E}{\mathrm{d}t} = -\int_V \frac{\Delta q}{\Delta t} \mathrm{d}V = -\pi a \lambda \frac{\kappa}{T_{\mathrm{eq}} \delta_\kappa} \left( T_{\mathrm{eq}} (\gamma - 1) \frac{U}{c} \right)^2 \tag{8.9.15}$$

吸收系数由 $(\mathrm{d}E/\mathrm{d}t)/E = -2\alpha_{w\kappa} c$。该行波在该长度内的声能为 $E = \frac{1}{2}\rho_0 U^2 \pi a^2 \lambda$。再利用理想气体的 $T_{\mathrm{eq}}(\gamma-1) = c^2 / c_{\mathscr{P}}$ 关系得管壁的热传导吸收系数为

$$\alpha_{\mathrm{w}\kappa} = \frac{1}{ac}(\gamma-1)\left(\frac{\kappa\omega}{2\rho_0\omega}\right)^{1/2} = \frac{1}{ac}\frac{(\gamma-1)}{\sqrt{Pr}}\left(\frac{\eta\omega}{2\rho_0}\right)^{1/2} \tag{8.9.16}$$

与式(8.9.8)对比发现两个系数是成比例的

$$\alpha_{\mathrm{w}\kappa} / \alpha_{\mathrm{w}\eta} = (\gamma-1) / \sqrt{Pr} \tag{8.9.17}$$

对一个波长内的积分进行思考和回顾发现 $\alpha_{\mathrm{w}\kappa}$ 对于驻波额行波都将取相同的值。因为 $Q$ 反比于吸收系数,容易证明由于热传导损失对品质因数的贡献为

$$Q_{\mathrm{w}\eta} = \alpha\left(\frac{\rho_0\omega}{2\eta}\right)^{1/2} \frac{\sqrt{Pr}}{\gamma-1} \tag{8.9.18}$$

(c)联合吸收系数

壁面损耗的联合吸收系数为

$$\alpha_{\mathrm{w}} = \alpha_{\mathrm{w}\eta} + \alpha_{\mathrm{w}\kappa} = \frac{1}{ac}\left(\frac{\eta\omega}{2\rho_0}\right)^{1/2}\left(1 + \frac{\gamma-1}{\sqrt{Pr}}\right) \tag{8.9.19}$$

黏性边界层的存在也改变声波的相速度。由式(8.9.3)可见,壁面的黏滞性不仅引入一个阻尼,也改变了抗的部分因而流体圆片的表观质量有些许增大。这等价于流体密度有轻微的增大,变成 $\rho_\eta = \rho_0(1+\delta/a)$,因此影响到相速度 $c_{\mathrm{p}}$。对于给定的绝热压缩量,流体的声速与密度平方根成反比。这意味着对于黏性边界层修正的相速度为 $\sqrt{\rho_0/\rho_\eta} = 1 - \frac{1}{2}\delta/a = 1 - \alpha_{\mathrm{w}\eta}/k$。若将这些讨论应用于热边界层也得到相似的结论。边界层内的温度扰动正比于压缩量,所以等效密度的计算与质点速度模的计算二者精确匹配。热边界层伴随的密度修正为 $\rho_\kappa = \rho_0(1+\delta_\kappa/a)$,而这种密度修正带来相速度的修正。经由 $O(\alpha/k)$ 量级修正,修正后总的相速度 $c_{\mathrm{p}}$ 变成

$$c_{\mathrm{p}}/c = 1 - \frac{1}{2}(\delta+\delta_\kappa)/a = 1 - \alpha_{\mathrm{w}}/k \tag{8.9.20}$$

因为 $\alpha_w$ 随$\sqrt{\omega}$增大而 $k$ 随 $\omega$ 增大，所以相速度从小于自由场值一侧渐近趋近于自由场值。

作为一个例子，考虑一个锯齿行波因为这个波有频谱，故高频波比低频波传播快而发生变形。高频波的吸收更大，因此波形的峰被修圆，但谐波的极大值和极小值向前迁移，使波形上升段更陡，而下降段更缓（图 8.9.1）。

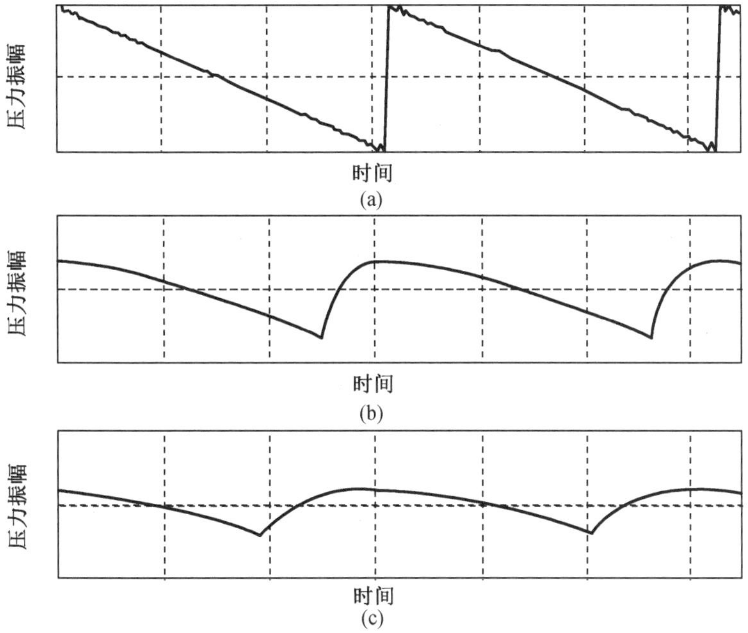


**图 8.9.1　初始时为锯齿形状的波在管壁损失为主导的管内传播时，沿传播方向几个不同点处波的时间历程：(a) $\alpha x = 0$，(b) $\alpha x = 0.5$，(c) $\alpha x = 1.5$，其中 $\alpha$ 为基频的空间衰减（计算中取了 100 阶谐波）。**

# *8.10　悬浮液中的衰减

当流体中包含不同物质如雾滴、悬浮颗粒、气泡、热的微蜂窝结构或湍流区时，则声束的能量损失比均匀介质中大。这种悬浮也中的逾量衰减来源于(1)吸收——声能转换成热能(2)散射——声能量项入射波数以外的二次辐射。本节仅讨论气体中液滴或水中气泡问题但分析过程具有足够的一般性可以适用许多类似情况。

散射和吸收的综合效应可以用“消失的横截面 $\sigma$”描述，其中 $\sigma$ 是一个“等效”面积，它与入射声强的乘积等于声束中损失的功率。假设粒子密度为单位体积有 $N$ 个粒子，每个粒子都有一个消失的横截面 $\sigma$ 并且它们互不“遮蔽”。沿着入射波束路径的每个无限小距离增量 $\mathrm{d}x$、对波束的每一个横截面积都将有一个总的横截面 $N\sigma\mathrm{d}x$。被粒子截留的能量比例为 $\mathrm{d}I/I = N\sigma\mathrm{d}x$，于是

$$I = I_0 \mathrm{e}^{-N\sigma x} \tag{8.10.1}$$

所考虑的情况下声强正比于声压幅值 $P$，于是 $P = P_0 \mathrm{e}^{-\alpha x}$，其中 $\alpha = N\sigma/2$ Np/m 或 $\alpha =$

4.35$N\sigma$ dB/m。若并非只分布着具有相同截面积的一种粒子，而是单位体积内的 $N$ 个粒子分别有各自的截面积 $\sigma_i$，则 $N\sigma$ 要用体积内各个散射体截面积 $\sigma_i$ 的和来代替。吸收系数的更一般形式为

$$\alpha=\frac{1}{2}\sum_{i=1}^{N}\sigma_i \tag{8.10.2}$$

这些截面积依赖于频率，每一个截面积的值可能等于、小于或大于"几何截面积 $\pi a_i^2$"，其中，$a_i$ 为第 $i$ 个粒子的半径。

(a)雾

雾和烟的粒子能显著影响大气中的声传播。在悬浮粒子附近除了均匀流体中的吸收还有热黏滞吸收。每一个液滴和周围气体之间的平衡被声波所改变，这种调整落后于扰动而导致弛豫效应。考虑对雾滴吸声有贡献的两种重要的弛豫效应：雾滴总运动的黏滞阻尼以及源自雾滴与外界之间双向热传导的热阻尼。

假设平面波在气体中向+$x$ 方向传播，分布着由相同流体液滴构成的雾。令坐标 $x$ 处气体具有复质点速度 $u(t)=U\exp(j\omega t)$。令气体密度为 $\rho_0$、声速为 $c_0$，剪切黏滞性为 $\eta$。令单位体积气体中有 $N$ 个液滴，每个液滴半径为 $a$，密度为 $\rho_d$、质量 $m_d$。当气体来回震荡时，黏滞力趋向于携带液滴一起以速度 $d\xi/dt$ 运动。在小雷诺数极限下，黏滞力由"斯托克斯关系"$6\pi\eta aV$ 给出，其中 $V=[d\xi/dt-u(t)]$ 为液滴相对于气体的速度①。（流动的雷诺数定义为无量纲比值 $VL/(\eta/\rho)$，其中 $V$ 和 $L$ 为特征速度和流动中的物体长度，$\eta/\rho$ 为围绕物体的动黏滞系数。）当斯托克斯关系成立时，关于液滴位移 $\xi$ 的运动方程为

$$m_d\frac{d^2\xi}{dt^2}+6\pi\eta a\left(\frac{d\xi}{dt}-Ue^{j\omega t}\right)=0 \tag{8.10.3}$$

很容易解出液滴在 $x$ 方向的速度为

$$\frac{d\xi}{dt}=\frac{1}{1+j\omega\tau_{f\eta}}Ue^{j\omega t}$$

$$\tau_{f\eta}=\frac{2}{9}\rho_d a^2/\eta \tag{8.10.4}$$

其中，$\tau_{f\eta}$ 为黏滞损耗弛豫时间。计算出单位时间内黏性力在单位体积的 $N$ 个液滴上所做的功再除以声波的能量密度，即得黏滞吸收系数为

$$2\alpha_{f\eta}c=\frac{\langle 6\pi\eta aN[(d\xi/dt)-u(t)]^2\rangle_t}{\frac{1}{2}\rho_0U^2}=\frac{6\pi\eta aN}{\rho_0}\frac{(\omega\tau_{f\eta})^2}{1+(\omega\tau_{f\eta})^2} \tag{8.10.5}$$

若定义 $r_m$ 为单位以及气体内水滴总质量与气体密度之比，并考虑到有实用意义的所有雾的密度 $\rho_f$ 与气体单独的密度其实非常接近，于是有

$$r_m=\frac{4}{3}\pi a^3\rho_d N/\rho_0\approx\rho_f/\rho_0-1 \tag{8.10.6}$$

利用近似 $\omega/c\approx k$，得

$$\alpha_{f\eta}/k=\frac{1}{2}r_m\omega\tau_{f\eta}/[1+(\omega\tau_{f\eta})^2] \tag{8.10.7}$$

---

① Stokes, Trans. Cambridge Philos. Soc., 9(2), 8 (1851). 或者，参考其他较好的流体动力学书籍。

其对 $\omega\tau$ 的依赖关系与式(8.6.14)中 $\alpha_M/k$ 对 $\omega\tau$ 的依赖关系相同。

当气体的温度随密度的波动而波动时，液滴温度也上下波动，并扰动周围气体内的温度场。液滴中液体的热传导远比气体的热传导强，因此可以假定每个液滴内作为时间函数的温度是均匀分布的。令远离液滴出的的气体环境温度为 $T_\infty$、液滴内温度为 $T_d$。单位体积液滴内能量的变化 $\Delta q_d/\Delta t$ 与其内部温度变化之间的关系由式(8.4.3)给出

$$\frac{\Delta q_d}{\Delta t}=c_{\mathscr{P}_d}\rho_0\frac{dT_d}{dt} \tag{8.10.8}$$

其中，$c_{\mathscr{P}_d}$ 为液滴的等压比热。液滴周围气体中能量损失的这个速率通过(8.4.4)式决定其局部温度

$$c_{\mathscr{P}_d}\rho_d\frac{dT_d}{dt}=\kappa\nabla^2 T \tag{8.10.9}$$

其中，$\kappa$ 为气体的热传导率。这是“泊松方程”。左端与液滴体积内均匀分布的电荷密度等效，温度 $T$ 则与电势等效。通过类比得到在大距离上 $T$ 趋于 $T_\infty$ 的边界条件下，液滴以外整个体积内的温度 $T$ 的解为

$$T(r)=T_\infty-\frac{c_{\mathscr{P}_d}\rho_d a^3}{3\kappa r}\frac{dT_d}{dt}\quad(r\geqslant a) \tag{8.10.10}$$

(液滴的质量用其密度和体积表示了)另一个边界条件为 $T(a)=T_d$，这导致液滴温度的微分方程为

$$\frac{dT_d}{dt}=\frac{3\kappa}{c_{\mathscr{P}_d}\rho_d a^2}(T_\infty-T_d) \tag{8.10.11}$$

当有质点速度幅值为 $U$、角频率为 $\omega$ 的平面行波传播时，环境温度为

$$T_d=T_{eq}+T_{eq}(\gamma-1)(U/c)e^{j\omega t} \tag{8.10.12}$$

将式(8.10.11)、式(8.10.12)与式(8.6.3)、式(8.6.6)、式(8.6.7)对比得液滴温度为

$$T_\infty=T_{eq}+\frac{T_{eq}(\gamma-1)U/c}{1+j\omega\tau_{f\kappa}}e^{j\omega t}$$

$$\tau_{f\kappa}=\frac{1}{3}c_{\mathscr{P}_d}\rho_d a^2/\kappa \tag{8.10.13}$$

其中，$\tau_{f\kappa}$ 为热损耗的弛豫时间。度量由于液滴所引起热损失的吸收系数的计算过程跟 8.4 节计算体热损耗的过程非常相似。将式(8.10.12)和式(8.10.13)代入式(8.10.10)式得液滴外的复温度场

$$\boldsymbol{T}(r)=T_\infty-T_{eq}(\gamma-1)\frac{U}{c}\frac{a}{r}\frac{j\omega\tau_{f\kappa}}{1+j\omega\tau_{f\kappa}}e^{j\omega t} \tag{8.10.14}$$

将实温度 $T(r)$ 的梯度代入式(8.4.7)，体积取液滴外的全部空间，在一个运动周期内积分。得到的结果乘以单位体积的液滴数 $N$，再除以平面波的能量密度 $\frac{1}{2}\rho_0U^2$，得

$$\frac{1}{\mathscr{E}}\frac{d\mathscr{E}}{dt}=-2\alpha_{f\kappa}c=-\frac{4\pi aN}{\rho_0}(\gamma-1)\frac{\kappa}{c_{\mathscr{P}}}\frac{(\omega\tau_{f\kappa})^2}{1+(\omega\tau_{f\kappa})^2} \tag{8.10.15}$$

利用式(8.10.6)、式(8.10.13)的弛豫时间以及理想气体的 $T_{eq}(\gamma-1)=c^2/c_{\mathscr{P}}$ 得

$$\frac{\alpha_{f\kappa}}{k}=\frac{1}{2}r_m r_c(\gamma-1)\frac{\omega\tau_{f\kappa}}{1+(\omega\tau_{f\kappa})^2}$$

$$r_c = c_{\mathscr{P}_d}/c_{\mathscr{P}} \tag{8.10.16}$$

这两种机理引起总的吸收为

$$\alpha_f = \alpha_{f\eta} + \alpha_{f\kappa} \tag{8.10.17}$$

频率远低于弛豫频率时,计算雾的等效密度 $\rho_f$ 和等效比热比 $\gamma_f$ 得到雾的修正绝热过程,即可以相当简单地实现相速度的计算。相速度由 $c^2=\gamma P_0/\rho$ 和 $c_p^2=\gamma_f P_0/\rho_f$ 给出。低频时液滴被气体携带着一起运动而可以简单地将其看成气体的组成部分,只是质量较大而已。在这些假设下,密度就简单地为静态值 $\rho_f=\rho_0(1+r_m)$。也可以类似得到比热的修正值。在频率远小于弛豫频率的情况下,可以认为液滴中液体是与气体处于热平衡的。在这两个假设下,雾的等效比热由下式得到

$$\begin{aligned}\rho_f c_{\mathscr{P}_f} &= \rho_0 c_{\mathscr{P}} + \rho_0 r_m c_{\mathscr{P}_d}\\ \rho_f c_{Vf} &= \rho_0 c_V + \rho_0 r_m c_{Vd}\end{aligned} \tag{8.10.18}$$

在流体中,比热比几乎为 1,于是 $c_{\mathscr{P}_d}/c_{Vd}\approx 1$,利用 $r_m r_c \ll 1$ 得低频时

$$\gamma_f/\gamma = 1-(\gamma-1)r_m r_c \tag{8.10.19}$$

于是相速度 $c_p$ 为

$$c_p/c = [(\rho_0/\rho_f)(\gamma_f/\gamma)]^{1/2} \approx 1-\frac{1}{2}r_m[1+(\gamma-1)r_c] \quad (\omega \ll \omega_\eta, \omega_\kappa) \tag{8.10.20}$$

更一般的推导①要烦琐的多,给出的相速度结果为

$$\frac{c_p}{c} = 1-\frac{1}{2}r_m\left[\frac{1}{1+(\omega\tau_{f\eta})^2}+\frac{(\gamma-1)r_c}{1+\omega\tau_{f\kappa}}\right] \tag{8.10.21}$$

低频时 $c_p$ 小于 $c$,渐近值为式(8.10.20)。$c_p$ 在频率接近于弛豫频率时增大较快,直至频率更高时它有小于 $c$ 的一侧趋近于 $c$。这与一些简单的物理论证是一致的。当频率远低于弛豫频率时上面的讨论成立。当频率高于弛豫频率时:(1)液滴与气体之间的热能交换减少,于是 $\gamma_f \to \gamma$;(2)液滴不能与周围气体一起漂浮,而是被冻结在运动之外,运动介质的等效密度又退化成气体自己的密度。因此对于远高于谐振频率的情况,相速度接近于气体单独的相速度值。

(b)水中的共振气泡

在含有气泡的水中,当入射声波使气泡发生共振时会产生很大的衰减。气泡共振时运动的幅值很大,因此相当一部分能量被辐射到声束以外,而且温度变化很大也导致大量的能量损失。黏性效应相对来说则不太重要。气泡的存在也影响到密度和介质的可压缩性,导致声速发生改变,并使得大量的声能量被反射和直射而偏离声波束的初始方向。于是一束声进入气泡含量高的水中时可因反射、折射、吸收、散射而衰减。虽然海洋主体中气泡并不是很多,但在船舶尾迹中、浅海区(波浪在海面破裂时)以及生物活动密集的各种深度下的海域还是会发生气泡高度集中的情况。

当被频率为 $f$ 的入射声压照射时,位于深度 $z$、半径为 $a$ 的气泡可被激励做径向震荡。令气泡表面向外的位移为 $\xi$。可由绝热式(5.5.6)得到气泡内的上升压力,$p=-\rho_b c_b^2\Delta V/V$,其中 $p=-\rho_b c_b^2 \Delta V/V$ 为气泡的压缩率,$\rho_b$ 和 $c_b$ 取气泡内气体的值。对于理想气体,式(5.6.3)式给出 $\rho_b c_b^2=\gamma\mathscr{P}_b$,其中 $\mathscr{P}_b$ 为气泡内总的静水压力(对于很小的气泡,表面张力会增大静

① Temkin and Dobbins, J. Acoust. Soc. Am., 40, 317 (1996).

水压力,但对于这里所关心的气泡尺度来说可以忽略这种效应而不会引入较大误差。)气泡内的压缩率为 $\Delta V/V$,气泡表面的压缩力为 $f=-4\pi a^2 p$。这几式联立得 $f=-12\pi a\gamma\mathscr{P}_b\xi$,于是气泡的等效刚度为

$$s=12\pi a\gamma\mathscr{P}_b \tag{8.10.22}$$

对于半径 $a$ 给定的气泡,气泡刚度取决于深度。海水中深度每增加 10 m,静水压力则增加一个大气压,于是气泡内平衡压力可写成

$$\mathscr{P}_b=\mathscr{P}_0(1+z/10) \tag{8.10.23}$$

其中,$z$ 的单位为米。

当气泡震荡时它就像一个小脉动球向各个方向均匀辐射,因此低频极限下它具有第 7 章推导的脉动球的辐射阻抗,为

$$\begin{gathered}\boldsymbol{Z}_r=R_r+j\omega m_r\\ R_r=4\pi a^2\rho_0 c(ka)^2\\ m_r=4\pi a^3\rho_0\end{gathered} \tag{8.10.24}$$

其中,$R_r$ 和 $m_r$ 分别为辐射阻和辐射质量,$\rho_0$、$c$、$k$ 分别为密度、声速和水中的传播常数。显然,气泡质量可以忽略,因为它远小于辐射质量。于是深度 $z$ 处半径为 $a$ 的气泡就像一个共振频率为 $\omega_0=\sqrt{s/m_r}$ 的谐振子,得

$$\omega_0=\frac{1}{a}\left(\frac{3\gamma\mathscr{P}_b}{\rho_0}\right)^{1/2} \tag{8.10.25}$$

式(8.10.25)在海面处给出 $k_0(0)a=0.0136$,即共振气泡的半径远小于共振时声的波长。在这个频率范围内有 $R_r\ll\omega m_r$。

除了辐射损耗还有气泡的能量吸收。由于水的热传导性高而气泡的热传导性低,空气的压缩过程不是绝热的。分析比较复杂①,结论是气泡可以用一个附加(机械)阻 $R_m$ 来表征,即

$$R_r/\omega m_r=1.6\times10^{-4}\sqrt{\omega} \tag{8.10.26}$$

对于在 50 kHz 附近共振的气泡,该式精度在 10%以内。黏滞损耗在这个频率范围内可以忽略。于是气泡总的输入机械阻抗 $\boldsymbol{Z}$ 为

$$\boldsymbol{Z}=(R_m+R_r)+j(\omega m_r-s/\omega) \tag{8.10.27}$$

此式将气泡描述为具有两个能量损耗源的简单谐振子,一个损耗源是声能辐射,另一个是气泡和周围水之间的热传导。激励力为 $4\pi a^2\boldsymbol{p}$,其中 $\boldsymbol{p}$ 为入射平面行波的复声压,质点速度 $\boldsymbol{u}_r(a,t)$ 描述气泡表面的径向运动。气泡共振的品质因数为

$$Q=\frac{\omega_0 m_r}{R_m+R_r}=\frac{1}{k_0a+1.6\times10^{-4}\sqrt{\omega_0}} \tag{8.10.28}$$

对于一个就在海面以下、半径 $a=0.065$ 的气泡,共振频率为 5 kHz,$Q=24$。

入射波强度为 $I=|\boldsymbol{p}|^2/2\rho_0c$。气泡辐射耗散的功率为

$$\Pi_r=\frac{1}{2}|\boldsymbol{u}_r(a)|^2R_r \tag{8.10.29}$$

辐射和热损失耗散的总功率为

---

① Devin, J. Acoust. Soc Am., 31, 1654 (1959).

$$\Pi=\frac{1}{2}|\boldsymbol{u}_{\mathrm{r}}(a)|^{2}(R_{\mathrm{r}}+R_{\mathrm{m}}) \tag{8.10.30}$$

径向复速度可以与下面两组量之间建立联系：(1)入射声压和气泡机械阻抗；(2)辐射声压和辐射阻抗。有

$$\boldsymbol{u}_{\mathrm{r}}(a,t)=4\pi a^{2}\boldsymbol{p}/\boldsymbol{Z}=4\pi a^{2}\boldsymbol{p}_{\mathrm{r}}(a)/\boldsymbol{Z}_{\mathrm{r}} \tag{8.10.31}$$

代入并化简得到散射截面 $\sigma_{\mathrm{S}}$ 以及消失截面 $\sigma$ 为

$$\sigma_{\mathrm{S}}=\Pi_{\mathrm{r}}/I=4\pi a^{2}(\omega m_{\mathrm{r}})^{2}/Z^{2}$$

$$\sigma=\Pi/I=4\pi a^{2}[(R_{\mathrm{m}}+R_{\mathrm{r}})/Z^{2}](4\pi a^{2}\rho_{0}c) \tag{8.10.32}$$

散射截面和消失截面之间有下面的简单关系：

$$\sigma_{\mathrm{S}}/\sigma=(\omega/\omega_{0})^{2}Qk_{0}a \tag{8.10.33}$$

因为总得有 $\sigma_{\mathrm{S}}<\sigma$，故此式给出了此模型适用的频率上限。由于品质因数相当高，故共振发生在很窄的频段内。在高 $Q$ 值近似下散射截面可以写成

$$\sigma_{\mathrm{S}}\approx\frac{4\pi a^{2}}{(1/Q)^{2}+[1-(\omega_{0}/\omega)^{2}]^{2}} \tag{8.10.34}$$

共振时散射截面变成

$$\sigma_{\mathrm{S}}=4\pi a^{2}Q^{2}$$

$$\sigma=4\pi a^{2}Q/k_{0}a \tag{8.10.35}$$

对于上面提到的半径为 0. 065 cm 的气泡，由上述结论得到其共振时散射截面约为消失截面的 0. 33 倍，而消失截面又比几何截面 $\pi a^{2}$ 大出约 7 000 倍。这以惊人的方式显示出共振气泡对入射声的散射效率。

当声波频率略高于谐振频率时，消失的截面接近于 $4\pi a^{2}$，见图 8. 10. 1。频率再高这个模型则不再适用，辐射不再是球对称的，消失的截面和几何截面变得近似相等。频率远低于谐振频率时，刚度在 $Z$ 中占主导地位，散射截面变成

$$\sigma_{\mathrm{S}}=4\pi a^{2}(\omega_{0}/\omega)^{4} \tag{8.10.36}$$

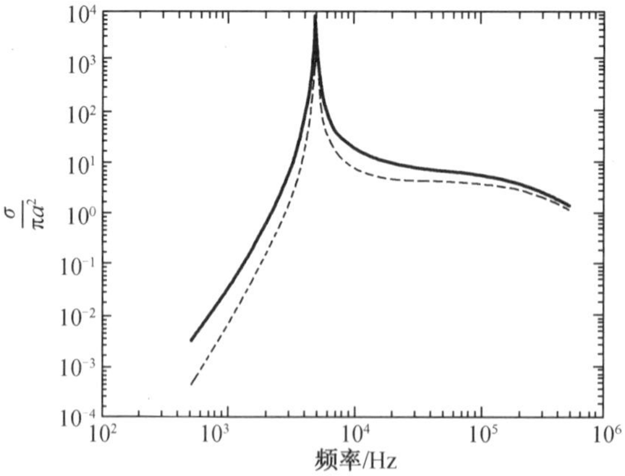


**图 8. 10. 1　水中半径 $a=6.5\times10^{-4}$ m 的空气泡在一个大气压下的声学截面。实线为总的截面，虚线为散射截面。**

这是瑞利散射定律，在光学中就是这个定律解释了天空呈蓝色（由于蓝色光频率比红色光高，因此大气对蓝光的散射比对红光的散射强，到达地球表面的蓝光就更多）。

自然条件下海洋中的气泡聚集现象很少，因此由于这种原因引起的任何衰减相比于黏滞力和其他弛豫现象引起的衰减都可以忽略。但是海面的搅动产生各种尺度的气泡而影响近海面的声传播。而且大群的鱼以及其他海洋生物由于其体内气囊的散射在气囊的共振频率上也产生能被测量到的衰减。还有一种很重要的气泡影响可能是在船舶的尾流中。例如距离航速 15 kn( 1 kn 30 km/h = 8.3 m/s)的驱逐舰船尾约 500 m 的较新鲜的尾流中测量到的衰减从 8 kHz 的 0.8 dB/m 到 40 kHz 的 1.8 dB/m。

# 习　　题

8.2.1　利用附录中的数据求：(a) 20 ℃时甘油的黏性弛豫时间；(b) 频率 $f_r$ 为何值时 $\omega\tau_S = 1$？

8.2.2　(a) 假定空气的剪切黏滞系数与压力无关且为占主导地位的损耗机制。20 ℃、0.1 大气压时空气的值 $\tau_S$ 是多大？(b) 在什么频率上 $\omega\tau_S = 1$？(c) 在这个频率上计算 $\alpha_S$ 和 $c_p$。(d) 同样的频率，1 个大气压下它们的值是多少？

8.2.3　对于一组方程式(8.2.2)～式(8.2.4)，假设有阻尼的平面行波 $\boldsymbol{p} = \exp(-\alpha x)\exp[\mathrm{j}(\omega t - kx)]$。(a) 求声压、压缩率和质点速度之间的相位差，哪一对变量是同相位的？(b) 由定义式式(5.9.1)，对 $\alpha/k$ 取一阶项，求声强。

8.2.4　假设空气式分子量为 29 的理想气体，在标准温度和压力下(20 ℃和 1 个大气压)，计算：(a) 分子的数量密度；(b) 空气分子的平均速率；(3) 碰撞之间的平均自由程；(d) 碰撞之间的平均时间。

8.2.5　无限大薄平板一侧与不可压缩黏性流体接触，平板以平行于表面的速度 $u_0 = U_0\exp(\mathrm{j}\omega t)$ 振动。(a) 由纳维-斯托克斯方程出发，证明流体运动控制方程为 $\partial^2 u/\partial z^2 = (\rho_0/\eta)\partial u/\partial t$。其中 $u$ 为平行于板表面的质点速度，$z$ 为到板的距离。$\mu$ 为流体的剪切黏性，$\rho_0$ 为流体密度。(b) 在给定的边界条件下求解(a)的方程。(c) 求相速度和吸收系数的表达式。(d) 求发生 1 Np 吸收的流体层厚度。对空气计算 10 Hz 和 1 kHz 的该厚度。

8.2.6C　对于习题 8.2.5 中的波，在一个振动周期内绘制质点速度随到板距离变化的函数。在绘制的图中确定相速度和表层厚度并与输入值对比。

8.3.1　斯托克斯研究了一种修正的压力-压缩率关系

$$p = \rho_0 c^2 (1 + \tau\partial/\partial t)s$$

(a) 若 $t = 0$ 时刻声压值突然由 0 增大到 $P$，求 $s(t)$ 和过程的弛豫时间。(b) 假设稳态激励，求动态方程 $\boldsymbol{p} = \rho_0\boldsymbol{c}^2\boldsymbol{s}$ 中的复声速表达式。(c) 证明对于这个稳态振动，$\boldsymbol{p} = \rho_0\boldsymbol{c}^2\boldsymbol{s}$ 与欧拉方程以及连续性方程联立导致有损耗的亥姆霍兹方程式(8.2.5)。

8.3.2　假设斯托克斯关系 $p = \rho_0 c^2(1 + \tau\partial/\partial t)s$，并将其与欧拉方程以及连续性方程联立得到一个关于声压的波动方程。如何选择 $\tau$ 给出式(8.2.4)？

8.3.3　通过在球坐标系辐射状对称条件下求解式(8.3.2)，证明在有声吸收的介质中 $\boldsymbol{p}(r,t) = (A/r)\exp(-\alpha r)\exp[\mathrm{j}(\omega t - kr)]$，其中 $\omega/k = c_p$。

8.3.4　证明行波 $\boldsymbol{p} = P\exp(-\alpha x)\exp[\mathrm{j}(\omega t - kr)]$ 的强度满足方程 $(1/I)(\mathrm{d}I/\mathrm{d}x) = -2\alpha$。

8.3.5C　作为 $\alpha/k$ 函数，绘制有阻尼平面波式(8.3.3)的精确声阻抗率的模和相位并与近似公式(8.3.4)对比。取何值时模的误差在 10%以内？这时相位误差是多大？

8.3.6　根据式(8.3.1)后面一段内容所提示步骤推导式(8.3.2)。

8.4.1　由理想气体状态方程和绝热方程推导式(8.4.1)。

8.4.2　利用温度波动幅度、平衡压力以及 $\gamma$ 确定平面行波的能量密度 $E$。

8.4.3　在标准状况(20 ℃、1 个大气压)下计算空气中热传导过程的弛豫时间。与黏滞弛豫时间进行对比。

8.4.4　利用附录 A9 证明热力学关系 $T_0(\gamma-1)-c^2/c_p$。

8.4.5　证明式(8.4.6)的算子恒等式。

8.4.6　推导扩散方程式(8.4.4)。提示:单位面积能量流正比于温度梯度,比例常数为导热系数。

8.5.1　证明式(8.5.1)导致式(8.5.2)。

8.5.2　在标准状况(20 ℃、1 个大气压)下计算干燥空气和氦气的普朗特数。

8.6.1　由式(8.6.14)求 $\alpha_M/k$ 取得最大值的频率。

8.6.2　(a)利用由图 8.6.1 确定的 $\mu_{max}$ 计算处于激发态的二氧化碳分子的分数。利用附录中列出的 0 ℃时二氧化碳的低频相速度,计算 20 ℃时的低频相速度,并与图 8.6.1 的结果比较。(c)利用这些结果计算 20℃时的高频相速度,并与图 8.6.1 结果比较。

8.6.3　假设相对湿度 13%的空气在 5 kHz 时的分子逾量吸收最大,并假设涉及氧气和二氧化碳的单弛豫。(a)弛豫时间是多少?(b)若测到的 5 kHz 时过量分子吸收为 0.14 dB/m,在频率 1 到 10 kHz 内,计算并绘制每一米长度的过量分子吸收。(c)将这些结果与干燥空气的古典吸收系数对比得到总吸收量的预报值。(d)将这些结果与根据图 8.6.2 得到的结果进行对比,谈论在此相对湿度和频率范围内氮气和二氧化碳弛豫机制的重要程度。

8.6.4　警报器需在空气中距离地面高度较近处以 500 Hz 的频率工作。假设球面扩散,地面无吸收,吸收系数是多少?在(a)空气无吸收,(b)根据古典吸收,(c)空气完全干燥,(d)相对湿度很大的空气条件下,要在 1 000 ft 处产生的 60 dB *re* 20 μPa 声强级,警报器的输出声功率应该为多少瓦?

8.6.5　二氧化碳气体的热容比为 $\gamma=1.31$,气体常数为 $r=189$ J/(kg · K)。利用图 8.6.1 的数据和 8.6 节的公式计算 $C_p, C_V, C_e, C$ 的值。

8.6.6　由统计力学得占有函数为

$$H(T_K)=u^2e^{-u}/(1-e^{-u})^2$$

其中,$u=T_D/T_K$,德拜温度为 $T_D=\Delta E/k_B$,其中 $\Delta E$ 为状态的激发能,$k_B=1.380\,7\times10^{-23}$ J/K 为玻尔兹曼常数。在室温下,某振动能态的 10%被占据,计算德拜温度和该状态的激发能量。

8.7.1　证明式(8.7.1)给出的衰减常数量纲为长度的倒数。在下列条件下求 40 kHz 声波传播 4 km 距离的声吸收分贝值:(a)在 5 ℃淡水中;(b)在 5 ℃海水中。假设深度为零,盐度 $S=35$ ppt。

8.7.2　一列 1 kHz 平面波穿过 15 ℃淡水。(a)经过多远的距离声衰减 10 dB?(b)对 20 kHz 平面波考虑相同的问题。(c)15 ℃海水中的相应距离是多少?(c)如果是 20 ℃干燥空气中呢?(d)如果是 20 ℃干燥、相对湿度 10%的空气中呢?

8.7.3C　绘制频率 100 Hz 到 1 000 Hz 之间海水的吸收系数,单位 dB/m,(a)盐度 $S=$ 35 ppt,1 大气压,温度分别取 5 ℃、15 ℃、30 ℃。(b)盐度 $S=35$ ppt,5 ℃,深度分别取 0 m、

1 000 m 和 4 000 m。(c)5 ℃,深度 0 m,盐度分别取 0 ppt 和 35 ppt。

8.7.4C　绘制 5℃、1 个大气压下频率 100 Hz 到 1000 Hz 之间海水(盐度 $S=35$ ppt)的吸收系数。

8.8.1　对于式(8.8.1)后面段落所述初级和次级质点速度场,证明这个矢量方程的三个分量方程为式(8.8.3)。

8.8.2　由式(8.8.6)解出 $\boldsymbol{u}'$,证明 $|\partial \boldsymbol{p}'/\partial x|/|\rho_0 \partial \boldsymbol{u}'/\partial t)|=\dfrac{1}{2}(k\delta)^2$,于是式(8.8.4)的近似结果得证。

8.9.1C　(a)半径为 1.0 cm、10 cm 和 100 cm 的管内传播着平面行波,在 1 kHz 到 100 kHz 频带内,绘制作为频率函数的干燥空气中吸收系数,单位 dB/m。(b)计算半径 100 cm 管在 1 kHz 和 100 kHz 时黏性表面层和热表面层深度与半径之比。

8.9.2　计算 20 kHz 的吸收系数,dB/m。条件为:(a)1.0 cm 半径的圆管内淡水;(b)15 ℃的大片淡水;(c)15 ℃的大片海水。

8.9.3　(a)计算 1 大气压、20 ℃、标准湿度空气中 200 Hz 平面波的热黏滞吸收。(b)计算半径 1 cm 管中考虑黏滞性和热效应的管壁吸收。(c)总吸收系数是多少 Np/m? (d)管中经过 2 m 距离声强级产生多大的变化?

8.9.4　为了在壁面吸收中考虑热传导效应,通常借助于瑞利采用的一种等效黏滞吸收系数 $\eta_c=\eta[1+(\gamma-1)/\sqrt{Pr}]^2$。证明在 $\alpha_{w\eta}$ 中用 $\eta_e$ 代替 $\eta$ 就将 $\alpha_{w\eta}$ 变成 $\alpha_w$。

8.9.5　计算半径 1.0 cm 管内干燥空气中平面波的吸收系数,并与无限介质中的值对比,频率分别取 1 kHz、10 kHz 和 100 kHz。

8.9.6　(a)计算空气中 200 Hz 声波的 $\sqrt{2\eta/\rho_0\omega}$ 值。(b)考虑管壁的热黏滞吸收,计算 200 Hz 平面波穿过半径 1 cm 管中空气时的相速度。(c)相应的吸收系数是多少 Np/m? (d)沿管 2 m 长度上产生多少分贝值的衰减量?

8.10.1　雾滴密度为 400 滴/$cm^3$,每个雾滴半径为 $6\times10^{-4}$ cm。计算由此雾造成 1 kHz 声波的衰减。将这个值与同样频率的两种情况进行比较:很干燥的空气;潮湿的空气。

8.10.2　(a)求空气中半径为 $a$ 的水滴的消声截面表达式。(b)若水滴半径为 $a=4\times10^{-6}$ cm,求弛豫频率。计算不同频率的消声截面:100 Hz;1 kHz;10 kHz。

8.10.3　计算雾中代表性水滴在 $IL=120$ dB *re* $10^{-12}$ W/$m^2$ 的声波入射下的雷诺数。

8.10.4　证明当单位体积空气中的雾滴体积很小时,$r_m\approx\rho_f/\rho_0-1$。

8.10.5　证明在 $\omega/c=k$ 近似下,$\alpha_M/k$、$\alpha_{f\eta}/k$ 和 $\alpha_{f\kappa}/k$ 的表达式对 $\omega\tau$ 有相同的依赖关系,其中 $\tau$ 为适当的弛豫时间。

8.10.6　对于共振泡:(a)只有声辐射损失,计算品质因数 $Q_r$;(b)只有热损失,计算品质因数 $Q_K$;(c)证明这些结果与式(8.5.2)一致。

8.10.7　(a)求水中 10 m 深处半径 0.01 m 的空气泡谐振频率。(b)求谐振时的消声半径和散射半径。(c)要产生 0.01 dB/m 的衰减,每立方米内应有多少个气泡? (d)假设温度为 15 ℃,这个衰减量与相同频率下无气泡海水中的值比较如何?

8.10.8C　半径为 0.065 cm 的气泡刚好在海面以下,在 0.1 倍到 10 倍谐振频率范围内绘制消声截面(除以几何截面)随频率(除以谐振频率)的变化关系,并在图中确定 $Q$ 值。

# 第9章 腔与波导

## 9.1 引　　言

这一章和下一章我们将集中讨论封闭或部分封闭空间中的能量约束问题。在完全封闭空间内可以激起二维和三维驻波。这些驻波相关的简正模式决定着房间、礼堂、音乐厅的声学特性。若空间在一维或两维方向上是开阔的则它构成波导。波导的应用包括表面波延迟线、高频电子系统、折角扬声器以及海洋和大气中的声传播。

## 9.2 矩　形　腔

考虑尺寸为 $L_x$、$L_y$、$L_z$ 的矩形腔,如图 9.2.1 所示。这个盒子可以代表一间起居室或礼堂、音乐厅的一个简单模型或任何窗户以及任何其他开口很少而壁很硬的直角平行六面体空间。这类应用将在第 12 章看到。假定腔的所有壁为理想刚硬的,则所有边界处质点速度没有法向分量

$$\left(\frac{\partial p}{\partial x}\right)_{x=0}=\left(\frac{\partial p}{\partial x}\right)_{x=L_x}=0$$
$$\left(\frac{\partial p}{\partial y}\right)_{y=0}=\left(\frac{\partial p}{\partial y}\right)_{y=L_y}=0$$
$$\left(\frac{\partial p}{\partial z}\right)_{z=0}=\left(\frac{\partial p}{\partial z}\right)_{z=L_z}=0 \tag{9.2.1}$$

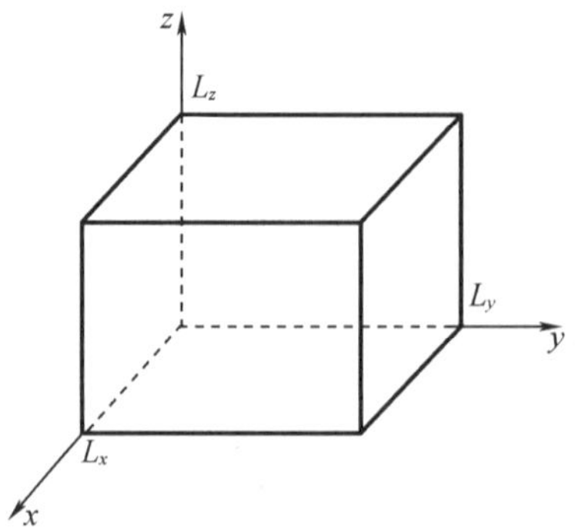


图 9.2.1　尺寸为 $L_x$、$L_y$、$L_z$ 的矩形腔

因为能量无法离开具有刚硬边界的腔,所有合适的波动方程解为驻波。将

$$\boldsymbol{p}(x,y,z,t)=\boldsymbol{X}(x)\boldsymbol{Y}(y)\boldsymbol{Z}(z)\mathrm{e}^{\mathrm{j}\omega t} \tag{9.2.2}$$

代入波动方程并分离变量(如第4章所做的那样)得到方程组

$$\left(\frac{\mathrm{d}^2}{\mathrm{d}x^2}+k_x^2\right)\boldsymbol{X}=0$$

$$\left(\frac{\mathrm{d}^2}{\mathrm{d}y^2}+k_y^2\right)\boldsymbol{Y}=0$$

$$\left(\frac{\mathrm{d}^2}{\mathrm{d}z^2}+k_z^2\right)\boldsymbol{Z}=0 \tag{9.2.3}$$

其中角频率必须由下式给出:

$$(\omega/c)^2=k^2=k_x^2+k_y^2+k_z^2 \tag{9.2.4}$$

由边界条件式(9.2.1)得余弦函数是合适的解,式(9.2.2)变成

$$\boldsymbol{p}_{lmn}=\boldsymbol{A}_{lmn}\cos k_{xl}x\cos k_{ym}\cos k_{zn}z\mathrm{e}^{\mathrm{j}\omega_{lmn}t} \tag{9.2.5}$$

其中 $k$ 的分量为

$$k_{xl}=l\pi/L_x \quad l=0,1,2,\cdots$$

$$k_{ym}=m\pi/L_y \quad m=0,1,2,\cdots$$

$$k_{zn}=n\pi/L_z \quad n=0,1,2,\cdots \tag{9.2.6}$$

于是振动允许的频率是量子化的

$$\omega_{lmn}=c[(l\pi/L_x)^2+(m\pi/L_y)^2+(n\pi/L_z)^2]^{1/2} \tag{9.2.7}$$

式(9.2.5)给出的每一个驻波都有它自己的角频率式(9.2.7),可以用一组有序整数$(l,m,n)$来指定。

式(9.2.5)的形式对应腔内的三维驻波,驻波具有平行于腔壁的节平面,在这些节平面之间声压为正弦变化,相邻两个节平面之间的正弦曲线弯曲拱形声压为同相,而相邻的弯曲拱形之间声压相差180°相位。将这里的数学推导过程与4.3节对于边界固定矩形膜的推导过程进行对比,发现它们之间有些相似的和可以互相类比的地方:

1. 若只考虑 $n=0$ 的模态则传播矢量的 $z$ 分量消失,结果驻波图样变成二维的,就像矩形膜的一样。

2. 流体中压力波的刚硬边界与膜中位移波的自由边界都与各自的波幅点对应,从这个意义上来说它们是可以互相比拟的。在两种情况下,尺寸和模态序号分别相同时,与任一坐标轴垂直的平面内压力波及位移波的波节和波腹的分布是完全相同的。类似地,流体的无压力边界与膜的固定边界之间是可以互相比拟的,两种边界分别对应压力和位移的节点。

若一个压力源位于压力分布的一个简正模态节面上的任意位置,则这阶模态不会被激励。源距离模态的波腹越近则这阶模态受到的激励越强。类似地,对压力敏感的接收器,位于模态的波腹附近时其输出最强。这种效应被用来增大或抑制指定的某些模态或模态族。例如,若希望激励并检测一个矩形房间内的所有模态,则源和接收器必须放置在角上(三个面相交处)。(在墙壁刚硬的房间内,例如淋浴间内,若一个人以固定频率发出声并在房间内移动,则可以听到声音响度的强烈波动,当头部靠近房间的角落或任意其他压力波腹时声音最大。反之,在某一模态的声压波节点则很难激起这一阶模态。)

若两个或更多模态有相同的本征频率,则称其为"简并的"。通过选择源和接收器的合

适位置可以将简并模态分离开，当源位于简并模态中一个模态的节点上时就不能激起另一个模态。

正如弦的驻波可以看成两列反向传播的行波一样，矩形腔内的驻波也可以分解成行波。将式(9.2.5)的解写成复指数形式并将所有解写成乘积项的和时，得

$$\boldsymbol{p}_{lmn}=\frac{1}{8}\boldsymbol{A}_{lmn}\sum_{\pm}\mathrm{e}^{\mathrm{j}(\omega_{lmn}t\pm k_{xl}x\pm k_{ym}y\pm k_{zn}z)} \tag{9.2.8}$$

其中，求和是对所有取正、负符号的排列进行的。八项中的每一项代表一列平面行波，沿着其传播矢量 $k_{lmn}$ 所确定的方向传播，$k_{lmn}$ 在坐标轴上投影为 $\pm k_{xl}$、$\pm k_{ym}$、$\pm k_{zn}$。于是驻波解可以看成八列行波的叠加(各向一个卦限内传播)，它们的传播方向都是固定的，受到边界条件的限制。

# 9.3 圆 柱 腔

图9.3.1为一个刚硬壁圆截面的直圆柱腔，半径为 $a$，高度为 $L$。柱坐标下(附录A7)亥姆霍兹方程 $\nabla^2\boldsymbol{p}+k^2\boldsymbol{p}=0$，其中 $\boldsymbol{p}=P\exp(\mathrm{j}\omega t)$ 变成

$$\frac{\partial^2 P}{\partial r^2}+\frac{1}{r}\frac{\partial P}{\partial r}+\frac{1}{r^2}\frac{\partial^2 P}{\partial\theta^2}+\frac{\partial^2 P}{\partial z^2}+k^2P=0 \tag{9.3.1}$$

刚硬壁处的边界条件为

$$\left(\frac{\partial P}{\partial z}\right)_{z=0}=\left(\frac{\partial P}{\partial z}\right)_{z=L}=\left(\frac{\partial P}{\partial r}\right)_{r=a}=0 \tag{9.3.2}$$

若假设解为如下形式：

$$P(r,\theta,z)=R(r)\Theta(\theta)Z(z) \tag{9.3.3}$$

则分离变量得到三个方程，为

$$\frac{\mathrm{d}^2Z}{\mathrm{d}z^2}=-k_{zl}^2Z$$

$$\frac{\mathrm{d}^2\boldsymbol{\Theta}}{\mathrm{d}z^2}=-m^2\boldsymbol{\Theta}$$

$$r^2\frac{\mathrm{d}^2R}{\mathrm{d}r^2}+r\frac{\mathrm{d}R}{\mathrm{d}r}+(k_{mn}^2r^2-m^2)R=0 \tag{9.3.4}$$

其中

$$k^2=k_{mn}^2+k_{zl}^2 \tag{9.3.5}$$

这些方程有如下解：

$$Z=\cos\ k_{zl}z$$

$$\boldsymbol{\Theta}=\cos(m\theta+\gamma_{lmn})$$

$$R=\mathrm{J}_m(k_{mn}r) \tag{9.3.6}$$

其中 $m=0,1,2,\cdots$(因为 $\boldsymbol{\Theta}$ 必须为单值函数)，$k_{zl}L=l\pi$，其中 $l=0,1,2,\cdots$，$k_{mn}a=j'_{mn}$，其中 $j'_{mn}$ 为 $m$ 阶第一类贝塞尔函数的第 $n$ 个极值点。简正模态用三个整数来指定，它们分别表示 $z$、$\theta$、$r$ 方向的零平面序号。第$(l,m,n)$阶模态声压为

$$\boldsymbol{p}_{lmn}=\boldsymbol{A}_{lmn}\mathrm{J}_m(k_{mn}r)\cos(m\theta+\gamma_{lmn})\cos\ k_{zl}z\mathrm{e}^{\mathrm{j}\omega_{lmn}t} \tag{9.3.7}$$

其中角频率决定于

$$(\omega_{lmn}/c)^2=k_{lmn}^2=k_{mn}^2+k_{zl}^2 \tag{9.3.8}$$

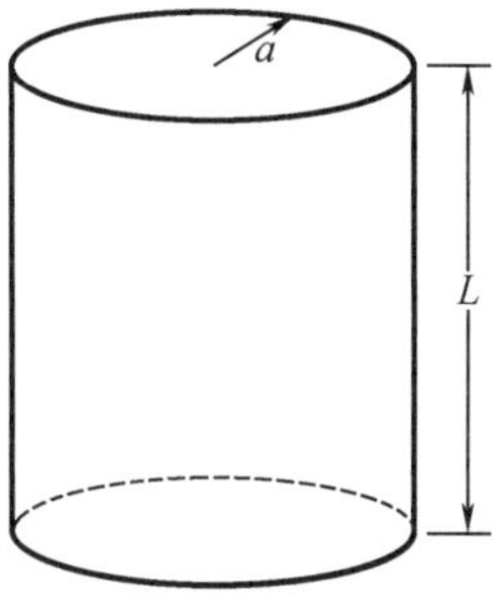


**图 9.3.1　长为 $L$、半径为 $a$ 的直圆柱腔**

与 4.4 节对固定边界圆形膜所作的讨论进行对比发现，正如矩形情况一样引入第三个空间维度 $z$ 只是简单地在传播矢量中引入一个新的分量。

同圆形膜情形一样，若还有一个内边界，即一个半径为 $r=b<a$ 的理想反射圆柱面而 $r<b$ 无声场，则 $\mathrm{Y}_m(k_{mn}r)$ 也是贝塞尔函数可以接受的解，$r=a$ 和 $r=b$ 处的边界条件要满足 $A_{lmn}\mathrm{J}_m(k_{mn}r)+\mathrm{B}_{lmn}\mathrm{Y}_m(k_{mn}r)$。

像矩形腔情形一样，圆柱腔内的驻波可以表示成行波。将 $\cos(k_z z)$ 用指数式展开，利用 $2\mathrm{J}_n=\mathrm{H}_n^{(1)}+\mathrm{H}_n^{(2)}$，然后再纯粹为了方便对解的物理意义进行解释，利用汉克尔函数的渐近近似，得到每个 $\boldsymbol{p}_{lmn}$ 中的八项为下面形式：

$$(2/\pi k_{mn}r)^{1/2}\mathrm{e}^{\mathrm{j}(\omega_{lmn}t\pm m\theta\pm k_{mn}r\pm k_{zl}z)} \tag{9.3.9}$$

取+和−符号所有排列组合。省略了幅值和含 $\gamma$ 的项（见习题 9.3.1）。这个表达式描述八个锥面行波，相位依极角 $\theta$ 被抑制（shaded），一般来说，等相位面为锥形螺旋面。相对于 $z$ 平面相位为常数的面式螺旋面，以径向速度 $\omega_{lmn}/k_{mn}$ 向外（或向内）传播，就好像从原点发出（或消逝于原点）一样。传播矢量有仰角或俯角 $\pm\tan^{-1}(k_{zl}/k_{mn})$。

# *9.4　球 形 腔

球坐标下亥姆霍兹方程（附录 A7）为

$$\frac{\partial}{\partial r}\left(r^2\frac{\partial P}{\partial r}\right)+\frac{1}{\sin\theta}\frac{\partial}{\partial\theta}\left(\sin\theta\frac{\partial P}{\partial\theta}\right)+\frac{1}{\sin^2\theta}\frac{\partial^2 P}{\partial\varphi^2}+k^2r^2P=0 \tag{9.4.1}$$

半径为 $a$ 的刚硬球面边界条件为

$$\left(\frac{\partial P}{\partial r}\right)_{r=a}=0 \tag{9.4.2}$$

对于如下形式的解

$$P=R(r)\Theta(\theta)\Phi(\varphi) \tag{9.4.3}$$

分离变量得

$$\frac{\mathrm{d}^2\Phi}{\mathrm{d}\varphi^2}+m^2\Phi=0$$

$$\frac{1}{\sin\theta}\frac{\mathrm{d}}{\mathrm{d}\theta}\left(\sin\theta\frac{\partial\Theta}{\partial\theta}\right)+\left(\eta^2-\frac{m^2}{\sin^2\theta}\right)\Theta=0$$

$$\frac{\mathrm{d}}{\mathrm{d}r}\left(r^2\frac{\mathrm{d}R}{\mathrm{d}r}\right)+(k^2r^2-\eta^2)R=0 \tag{9.4.4}$$

其中 $m$ 和 $\eta$ 为分离常数。

解得

$$\Phi_m=A\cos(m\varphi+\gamma_{lmn}) \tag{9.4.5}$$

因 $\Phi$ 必为单值的，故 $m$ 必为整数。如 4.4 节所讨论，每一个相位角 $\gamma_{lmn}$ 必由初始条件决定。如果没有用来确定 $\gamma_{lmn}$ 的条件，则除了 $m=0$ 外，每一个 $\Phi_m$ 必须看成一对简并模态。(可以使这一对简正模态成为正交的，例如一个为 $\cos m\varphi$，另一个为 $\sin m\varphi$。)

关于 $\Theta$ 的方程与勒让德方程有关。该方程的连续单值有限解必有 $\eta^2=l(l+1)$，其中 $l=0,1,2,\cdots$ 而且必有 $m\leqslant l$。这些解为第 $l$ 阶、第 $m$ 个自由度的第一类连带勒让德函数 $\mathrm{P}_l^m(\cos\theta)$。(关于这些函数的详细信息及其性质见附录 A4。)

径向依赖关系方程可以写成

$$r^2\frac{\mathrm{d}^2R}{\mathrm{d}r^2}+2r\frac{\mathrm{d}R}{\mathrm{d}r}+[k^2r^2-l(l+1)]R=0 \tag{9.4.6}$$

这个方程在 $r$ 的原点处为有限值的解是 $l$ 阶球贝塞尔函数

$$R=\mathrm{j}_l(k_{ln}r) \tag{9.4.7}$$

(若腔为半径分别为 $a$ 和 $b$ 的两个理想反射同心球面边界之间的空间，则第二类球贝塞尔函数 $\mathrm{y}_l(k_{ln}r)$ 也是允许的解。)对于刚硬壁的腔，$k_{ln}a=\zeta'_{ln}$，其中 $\zeta'_{ln}$ 为 $j_{ln}$ 的极值点。

于是腔内声压幅值为

$$\boldsymbol{p}_{lmn}=\boldsymbol{A}_{lmn}\mathrm{j}_l(k_{ln}r)P_l^m(\cos\theta)\cos(m\varphi+\gamma_{lmn})\mathrm{e}^{\mathrm{j}\omega_{ln}t} \tag{9.4.8}$$

角频率为 $\omega_{ln}=ck_{ln}$。传播常数与 $m$ 无关意味着所有具有相同 $l$ 和 $n$ 值但 $m$ 值不同的模态是简并的。

研究一下球贝塞尔函数发现，只有(1,0,1)模态和一对(1,1,1,)模态具有由 $k_{11}a=2.08$ 确定的最低简正频率。它们一起又构成三重简并。三者的声压空间分布为

$$p_{101}=A_{101}\left(\frac{\sin k_{11}r}{(k_{11}r)^2}-\frac{\cos k_{11}r}{k_{11}r}\right)\cos\theta$$

$$p_{111}^{(1)}=A_{111}^{(1)}\left(\frac{\sin k_{11}r}{(k_{11}r)^2}-\frac{\cos k_{11}r}{k_{11}r}\right)\sin\theta\cos\theta$$

$$p_{111}^{(2)}=A_{111}^{(2)}\left(\frac{\sin k_{11}r}{(k_{11}r)^2}-\frac{\cos k_{11}r}{k_{11}r}\right)\sin\theta\cos\theta \tag{9.4.9}$$

下一组模态构成 5 重简并，有 $k_{21}a=3.34$。径向依赖关系为 $\mathrm{j}_2(k_{21}r)$，角度依赖关系为一个 $(l,m,n)=(2,0,1)$ 模态、两个(2,1,1)模态以及两个(2,2,1)模态。第三组只有一个模态，$k_{02}a=4.49$，因为 $\mathrm{P}_0(\cos\theta)=1$ 而没有角度依赖关系。最低阶的三组简正模态的节面见图 9.4.1。

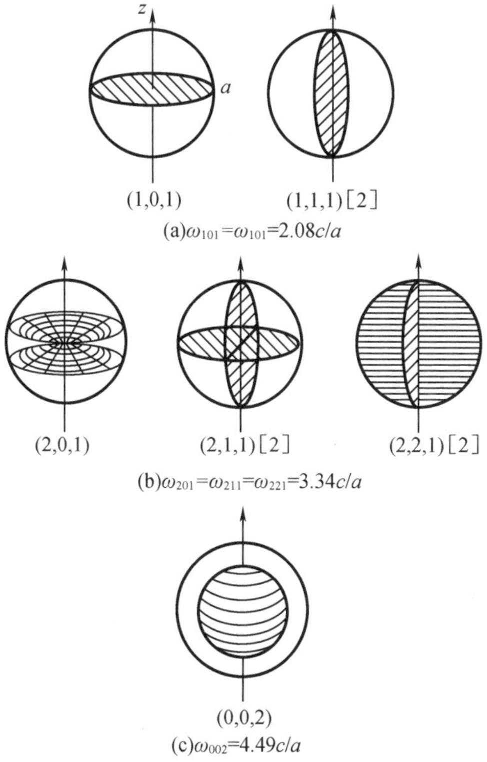


**图 9.4.1 半径 $r=a$ 的硬壁球腔内最低三阶简正模态的节面**

# 9.5 等截面波导

具有不同均匀截面的波导在相同的边界条件下将有相似的表现。我们将研究如图 9.5.1 所示矩形截面波导的特性,然后将结果推广至任意截面形状的波导。假设壁为刚硬的,$z=0$ 边界为以声能量源。$z$ 轴上没有其他边界因而能量可以沿着波导传播开去。这表明其中的波由横向($x$ 和 $y$)驻波和 $z$ 方向行波所构成。

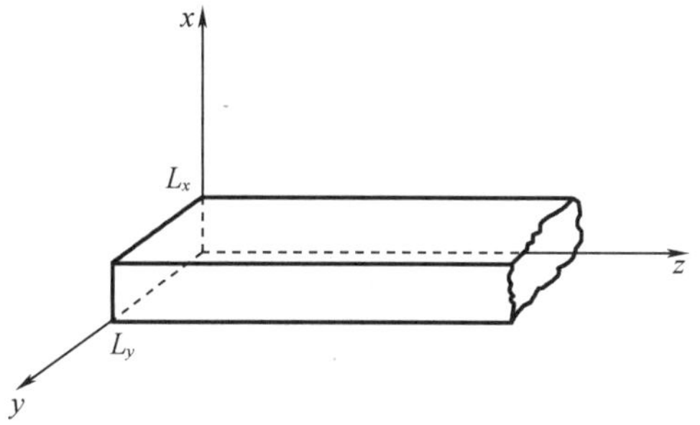


**图 9.5.1 尺寸为 $L_x$ 和 $L_y$ 的矩形波导**

因为截面为矩形而边界为刚硬,可以接受的解为

$$\boldsymbol{p}_{lm}=\boldsymbol{A}_{lm}\cos k_{xl}x\cos k_{ym}y\mathrm{e}^{\mathrm{j}(\omega t-k_z z)}$$
$$k_z=[(\omega/c)^2-(k_{xl}^2+k_{ym}^2)]^{1/2}$$
$$k_{xl}=l\pi/L_x\quad l=0,1,2,\cdots$$
$$k_{ym}=m\pi/L_y\quad m=0,1,2,\cdots \tag{9.5.1}$$

因为 $\omega$ 可以为任意值,故 $k_z$ 不固定。

可以方便地将 $k_{lm}$ 定义为传播矢量的横向分量。对于矩形截面

$$k_{lm}=(k_{xl}^2+k_{ym}^2)^{1/2} \tag{9.5.2}$$

可以将要求的 $k_z$ 值更简便地写成

$$k_z=[(\omega/c)^2-k_{lm}^2]^{1/2} \tag{9.5.3}$$

当 $\omega/c>k_{lm}$,则 $k_z$ 为实数,波沿+$z$ 方向传播,称为“传播模态”。使 $k_z$ 为实数的 $\omega/c$ 极限值为 $\omega/c=k_{lm}$,将其定义为$(l,m)$阶模态的“截止频率”

$$\omega_{lm}=ck_{lm} \tag{9.5.4}$$

若输入频率低于截止频率,则式(9.5.3)中平方根的自变数为负,$k_z$ 成为纯虚数

$$k_z=\pm\mathrm{j}[k_{lm}^2-(\omega/c)^2]^{1/2} \tag{9.5.5}$$

基于物理意义考虑必须取负号以使得当 $z\to\infty$ 时 $\boldsymbol{p}\to 0$,则式(9.5.1)取下面形式

$$\boldsymbol{p}_{lm}=\boldsymbol{A}_{lm}\cos k_{xl}x\cos k_{ym}y\exp\{-[k_{lm}^2-(\omega/c)^2]^{1/2}z\}\mathrm{e}^{\mathrm{j}\omega t} \tag{9.5.6}$$

这是一个在 $z$ 方向指数衰减而逐渐消逝的驻波,没有能量沿波导传播下去。若激励波导的频率刚刚在某一阶特定模态的截止频率以下,则这一阶模态以及更高阶的模态是逐渐消逝的,在距离声源足够远处就不重要了。所有低于激励频率的简正模态都可以传播能量,在远距离上能被检测到。

在硬壁波导中,动能声的频率足够低时只有平面波是传播波。对于尺寸较大的矩形截面波导,易得该频率为$f=c/2L$。

某一模态的相速度为

$$c_{\mathrm{p}}=\omega/k_z=c/[1-(k_{lm}/k)^2]^{1/2}=c/[1-(\omega_{lm}/\omega)^2]^{1/2} \tag{9.5.7}$$

这个速度大于 $c$。将式(9.5.1)中的余弦函数写成复指数形式。则解由下面的和组成:

$$\boldsymbol{p}_{lm}=\frac{1}{4}\boldsymbol{A}_{lm}=\sum_{\pm}\mathrm{e}^{\mathrm{j}(\omega t\pm k_{xl}x\pm k_{ym}y-k_z z)} \tag{9.5.8}$$

(注意 $k_z$ 前只有负号。)四个传播波中的任一一个的传播常数 $\boldsymbol{k}$ 与 $z$ 轴的夹角 $\theta$ 为

$$\cos\theta=k_z/k=[1-(\omega_{lm}/\omega)^2]^{1/2} \tag{9.5.9}$$

于是相速度式(9.5.7)为

$$c_{\mathrm{p}}=c/\cos\theta \tag{9.5.10}$$

这只是看上去等相位面沿 $z$ 轴的传播速度。(见习题 9.2.3 及 9.3.2。)

图 9.5.2 给出代表硬币矩形波导(0,1)模态的两个分量波的等相位面。在 $y=L_y/2$ 处两个波刚好相互抵消,因此在到两壁距离相等处有一节平面。在上、下壁面处两个波总是同相位的因此这些边界(刚硬)处声压幅值最大。$z$ 方向的表观波长为 $\lambda_z=\lambda/(\cos\theta)$。

硬壁波导的最低阶模态为(0,0)阶。这时,$k_z=k$,四个分量波退化为一个平面波以速度 $c$ 沿着波导传播。其他模态的分量波的传播矢量与波导轴有一夹角,每一个指向传播方向上四个象限中的一个。由式(9.5.9)和式(9.5.10),频率远高于$(m,l)$阶模态截止频率时,$\omega\gg\omega_{lm}$,于是 $\theta$ 趋于零,波几乎是平行于波导轴线传播的,$c_{\mathrm{p}}\approx c$。随之频率逐渐降低接近截

止频率,$\theta$ 角增大,各个波分量的传播方向也逐渐更偏向于横向。若将每一个分量波携带能量沿波导传播的过程想象成在壁面连续多次反射的过程(很像子弹在硬壁长廊间弹跳着前进的过程),而且波的能量沿 $\hat{k}=\boldsymbol{k}/k$ 方向以速度 $c$ 传播,则声能沿 $z$ 方向传播的速度为"群速度"$c_g=c\hat{k}\cdot\hat{z}$,为分量波速度在波导轴线上的投影。

$$c_g=c\cos\theta=c[1-(\omega_{lm}/\omega)^2]^{1/2} \tag{9.5.11}$$

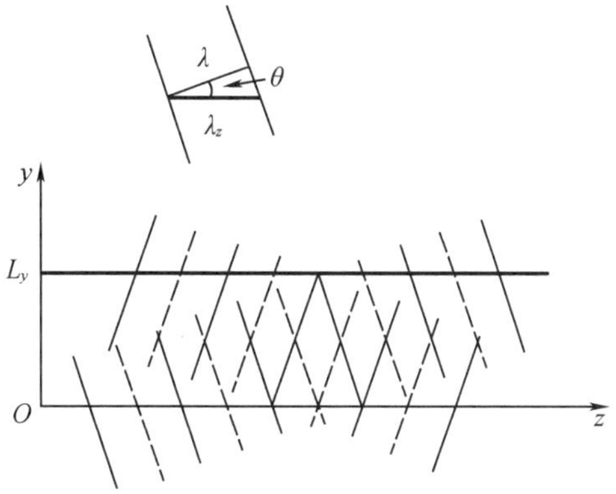


图 9.5.2　硬壁矩形腔内(0,1)模态的分量平面波。这些波以速度 $c$ 传播,与波导轴 $z$ 轴夹$\pm\theta$ 角。

对于给定的角频率 $\omega$,每一个 $\omega_{lm}<\omega$ 模态的波都有自己的 $c_p$ 和 $c_g$ 值。硬壁波导三个模态作为频率函数的群速度和相速度见图 9.5.3。

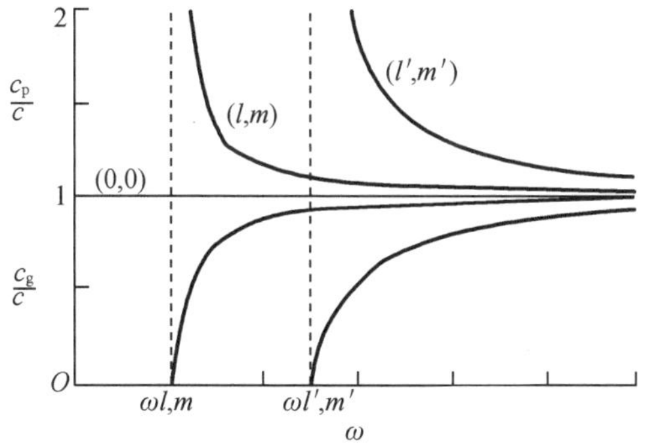


图 9.5.3　硬壁波导中最低 3 阶简正模态的群速度和相速度

容易将上述结论推广,得到半径 $r=a$ 的圆截面硬壁波导的特性。分离变量并求解得

$$\boldsymbol{p}_{ml}=\boldsymbol{A}_{ml}\mathrm{J}_m(k_{ml}r)\cos m\theta\mathrm{e}^{\mathrm{j}(\omega t-k_z z)}$$

$$k_z=[(\omega/c)^2-k_{ml}^2]^{1/2} \tag{9.5.12}$$

其中 $r$、$\theta$、$z$ 为柱坐标,$\mathrm{J}_m$ 为 $m$ 阶贝塞尔函数,允许的 $k_{ml}$ 值决定于刚硬壁边界条件。

$$k_{ml}=j'_{ml}/a \tag{9.5.13}$$

其中 $j'_{ml}$为 $\mathrm{J}_m(z)$的极值点。这些值的列表见附录 A5。一旦确定了 $k_{ml}$ 值,则将矩形截面波导的各个结果中 $k_{ml}$ 值用圆截面波导的 $k_{ml}$ 值代替,得到的结果就适用于圆截面波导。例如,(0,0)阶模态是对于所有 $\omega>0$ 以 $c_p=c$ 传播的平面波。截止频率最低的非平面模态为(1,1,)模态(最低的"晃动"模态),截止频率为 $\omega_{11}=1.84c/a$ 或对于空气 $f_{11}=100/a$。频率低于 $f_{11}$ 时,硬壁圆截面波导中只有平面波能够传播这一点具有重要的现实意义。

# *9.6 腔和波导中的源和瞬变区

到目前为止还没有处理声源。若已知源的压力和速度分布,则可以将它们与整个声场的声压或速度之间建立联系,就像4.10节中对膜所做的那样。以下对几种特殊情况进行简要推导,旨在给出基本方法。

假设一个硬壁矩形封闭空间被一个点脉冲声压源激励(比如玩具枪或法令枪射击)。这是矩形膜点脉冲激励情况的三维扩展和模拟。源可以用 $t=0$ 时刻的初始条件描述

$$\boldsymbol{p}(x,y,z,0)=\delta(x-x_0)\delta(y-y_0)\delta(z-z_0) \tag{9.6.1}$$

此式必须与式(9.2.5)匹配。因为声压脉冲作用之前空间必处于静止状态,所以 $t=0$ 时整个封闭空间内的质点速度必为零。这要求 $\boldsymbol{A}_{lmn}=A_{lmn}$,于是真实的声压驻波是时间的余弦函数,必有

$$\delta(x-x_0)\delta(y-y_0)\delta(z-z_0)=\sum_{l,m,n}A_{lmn}\cos k_{xl}x\cos k_{ym}y\cos k_{zn}z \tag{9.6.2}$$

反演并利用正交性求解系数得到声压

$$p(x,y,z,t)=\frac{8}{L_xL_yL_z}\sum_{l,m,n}\cos k_{xl}x_0\cos k_{ym}y_0\cos k_{zn}z_0\cos k_{xl}x\cos k_{ym}y\cos k_{zn}\cos \omega_{lmn}t \tag{9.6.3}$$

这个结果只是前面讨论的一个推广,对于圆柱形封闭空间的推导过程也完全类似,如存在损耗则每个驻波按照 $\exp(-\beta_{lmn}t)$ 规律衰减。

封闭空间被单频源激励的情况有点复杂:必须将损失包含进去,而这就需要对被激起的有损耗驻波引入幅值对频率的依赖关系。有损耗的腔被单频源激励的情形将推迟至12.9节分析来考虑。

均匀截面波导在 $z=0$ 平面被激励的情况,假设源的分布为

$$\boldsymbol{p}(x,y,0,0)=\boldsymbol{P}(x,y)e^{j\omega t} \tag{9.6.4}$$

可以像4.10节那样将 $\boldsymbol{p}$ 写成波导简正模态的叠加。对于矩形截面硬壁波导有

$$\boldsymbol{p}(x,y,0,0)=\sum_{l,m}\boldsymbol{A}_{lm}\cos k_{xl}x\cos k_{ym}y e^{j(\omega t-k_z z)} \tag{9.6.5}$$

求 $z=0$ 处值,并利用(9.6.4)式得

$$\boldsymbol{P}(x,y)=\sum_{l,m}\boldsymbol{A}_{lm}\cos k_{xl}x\cos k_{ym}y \tag{9.6.6}$$

可以用波导中对每个传播波描述时用到的三个速度 $c_p$、$c_g$ 和 $c$ 来说明瞬态信号的传播特性。首先以"驻相法"为基础推导一些基本结论,然后再具体考虑几种特定的瞬态信号。假设源产生的一个清晰脉冲信号沿波导传播。回顾第1.15节中所述傅里叶叠加的基本概念,我们可以将脉冲对距离和时间的依赖关系写成单频分量的加权叠加形式。可以用 $z=0$ 处源的特性来得到频谱密度 $g(\omega)$。若源产生的信号不是 $\exp(j\omega t)$ 形式而是已知的一种形式 $f(t)$,则

$$\begin{aligned} f(t)&=\int_{-\infty}^{\infty}g(\omega)e^{j\omega t}d\omega \\ g(\omega)&=\frac{1}{2\pi}\int_{-\infty}^{\infty}f(t)e^{-j\omega t}dt \end{aligned} \tag{9.6.7}$$

式(9.6.5)推广至瞬态激励为

$$\boldsymbol{p}(x,y,z,y)=\sum_{l,m}\left[\boldsymbol{A}_{lm}\cos k_{xl}x\cos k_{ym}y\int_{-\infty}^{\infty}g(\omega)\mathrm{e}^{\mathrm{j}(\omega t-k_z z)}\mathrm{d}\omega\right] \tag{9.6.8}$$

(要记得 $k_z$ 是 $\omega$ 的函数,对每一个非简并模态都有不同的值。)由于被积函数中与距离有关的相位,脉冲沿着 $z$ 轴传播过程中形状将发生变化。若脉冲在初始时刻被很好地定义,则 $g(\omega)$ 为频率的光滑函数并在一个很宽的频带内很强。这种情况下,积分中对脉冲贡献最大的部分是相位作为频率的函数几乎处于"静止"(常数)的那一部分。对于其他频率,被积函数的相位变化非常快使得被积函数的相邻周期贡献趋于相互抵消。于是,脉冲的主要部分将从相位静止的时间附近开始,对于每一阶模态这个时间由下式给出

$$\frac{\mathrm{d}}{\mathrm{d}\omega}(\omega t-k_z z)=0$$

$$t=\frac{\mathrm{d}k_z}{\mathrm{d}\omega}z \tag{9.6.9}$$

脉冲的这个主要部分沿波导传播的速度为群速度

$$c_{\mathrm{g}}=\frac{\mathrm{d}\omega}{\mathrm{d}k_z} \tag{9.6.10}$$

(容易证明该式与矩形截面波导的式(9.5.11)是相同的,但式(9.6.10)更具一般性,可以适用于任意有损耗的频散介质。)信号中每个频率分量的相速度当然仍为

$$c_{\mathrm{p}}=\omega/k_z \tag{9.6.11}$$

现在来分析仅激起波导中一阶模态的简单瞬态信号。将 $(l,m)$ 阶模态对应的声压 $p_{lm}$ 和以及质点速度 $\boldsymbol{u}_{lm}$ 的 $z$ 方向分量 $u_{zlm}$ 写成

$$p_{lm}(x,y,z,t)=P_{lm}(x,y)f(z,t)$$

$$u_{zlm}(x,y,z,t)=P_{lm}(x,y)v(z,t) \tag{9.6.12}$$

若在源 $z=0$ 处,函数 $v(0,t)$ 为 $l(t)/\rho_0 c$,其中 $l(t)$ 为单位阶跃函数,则利用表1.15.1和经典的声学关系,得

$$v(z,t)=\frac{1}{\rho_0 c}\frac{1}{2\pi}\int_{-\infty}^{\infty}\frac{1}{\mathrm{j}\omega}\mathrm{e}^{\mathrm{j}(\omega t-k_z z)}\mathrm{d}\omega$$

$$f(z,t)=\frac{1}{2\pi c}\int_{-\infty}^{\infty}\frac{1}{\mathrm{j}k_z}\mathrm{e}^{\mathrm{j}(\omega t-k_z z)}\mathrm{d}\omega \tag{9.6.13}$$

利用傅里叶变换对的更一般表格或由习题9.6.5~9.6.7计算 $f(z,t)$ 得

$$f(z,t)=\mathrm{J}_0(\omega_{lm}\sqrt{t^2-T^2})\cdot 1(t-T)\qquad T=z/c \tag{9.6.14}$$

其中 $T=z/c$ 为信号前沿以自由场速度 $c$ 传播所用的时间。(声传播的基本机制是分子间碰撞,这个不因边界的存在而改变。结果是最早到达 $z$ 点的"声源打开"这一信息一定是以速度 $c$ 通过最短路径(直接沿着 $z$ 轴)到达的。)

鉴于贝塞尔函数的行为非常类似于具有相同自变数的正弦函数(有轻微相移),将 $\mathrm{J}_0$ 的自变数写成与传播波对应的形式,瞬时角频率为 $\omega$,传播常数为 $k_z$,有

$$\omega_{lm}[t^2-(z/c)^2]^{1/2}=\omega t-k_z z \tag{9.6.15}$$

对 $t$ 求导得到 $\omega$ 作为 $z$ 和 $t$ 的函数,对 $z$ 求导得到 $k_z$ 作为 $z$ 和 $t$ 的函数:

$$\omega=\omega_{lm}t/[t^2-(z/c)^2]^{1/2}$$

$$k_z=\omega_{lm}z/\{c^2[t^2-(z/c)^2]^{1/2}\} \tag{9.6.16}$$

由式(9.6.16)第一式,若 $t$ 仅略大于 $T$,对应于最早到达 $z$ 的那部分信号,$\omega$ 远大于 $\omega_{lm}$。很长时间以后,$t\gg T$,截止频率的波到达 $z$。高频比低频成分到达快得多,并且不低于截止频率的波在波导中的传播。由第一式求解 $z/t$ 用 $\omega_{lm}/\omega$ 表示,得

$$z/t=c[1-(\omega_{lm}/\omega)^2]^{1/2} \tag{9.6.17}$$

此式给出角频率为 $\omega$ 信号到达 $z$ 处的时间,于是 $z/t$ 为角频率 $\omega$ 相应的群速度 $c_g$

$$c_g/c=[1-(\omega_{lm}/\omega)^2]^{1/2} \tag{9.6.18}$$

将式(9.6.16)的两式相除,再利用式(9.6.17)将 $z/t$ 用 $\omega_{lm}/\omega$ 表示,得

$$c_p/c=1/[1-(\omega_{lm}/\omega)^2]^{1/2} \tag{9.6.19}$$

这与早些时候得到的结果是相同的。

## *9.7 作为波导的层

波导中声传播的另一种重要情形是声源向介于两个水平面之间的水平分层流体层中辐射(图 9.7.1)。这一节和下面几节将对这类问题的简正模态法进行简要介绍,更进一步的信息和数学上更高级的方法见参考文献①。

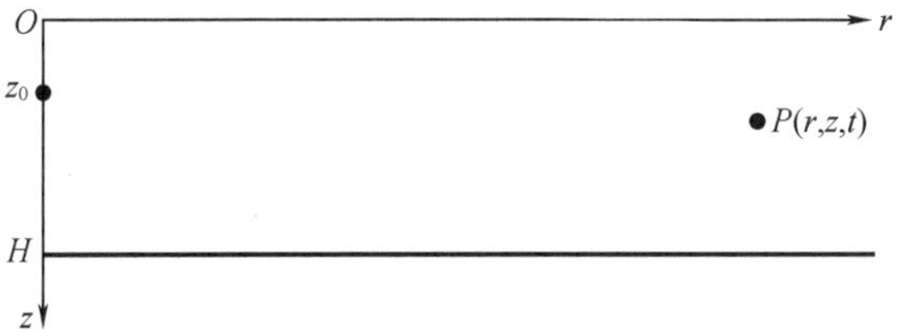


**图 9.7.1 两个理想反射平行平面之间有声源的的流体层**

在柱坐标下,假设一流体层以 $z=0$ 和 $z=L$ 深度处的理想反射平面为边界,一点声源在 1 m 处声压幅值为单位值、时间依赖关系为 $\exp(\mathrm{j}\omega t)$,它位于轴上($r=0$)、深度 $z=z_0$ 处。流体层中的声速可以是深度的函数,但不是水平距离 $r$ 的函数。若将声压场写成 $\boldsymbol{p}(r,z,t)=\boldsymbol{P}(r,z)\exp(\mathrm{j}\omega t)$,则根据式(5.16.5)可得这个问题的亥姆霍兹方程为

$$\left[\frac{1}{r}\frac{\partial}{\partial r}\left(r\frac{\partial}{\partial r}\right)+\frac{\partial^2}{\partial z^2}+\left(\frac{\omega}{c}\right)^2\right]\boldsymbol{P}(r,z)=-\frac{2}{r}\delta(r)\delta(z-z_0) \tag{9.7.1}$$

其中利用习题(5.16.3)将 $\delta(\boldsymbol{r}-\boldsymbol{r}_0)$ 表示成了柱坐标下的形式。因为这是波导传播的一种情形,假设下面形式的解为

$$\boldsymbol{p}(r,z,t)=\mathrm{e}^{\mathrm{j}\omega t}\sum_n R_n(r)Z_n(z) \tag{9.7.2}$$

其中 $Z_n$ 是满足一维亥姆霍兹方程的解,即

$$\frac{\mathrm{d}^2 Z_n}{\mathrm{d}z^2}+\left[\left(\frac{\omega}{c}\right)^2-\kappa_n^2\right]Z_n=0 \tag{9.7.3}$$

① Offcer, *Sound Transmission*, McGraw-Hill(1958). Stephen(ed), *Underwater Acoustics*, Wiey(1970). Frisk, *Ocean and Seabed Acouseics*, Prentice Hall(1994).

$\kappa_n$ 为分离常数。经过适当的归一化,$Z_n$ 组成正交的本征函数列为

$$\int_0^H Z_n(z)Z_m(z)\,\mathrm{d}z=\delta_{mn} \tag{9.7.4}$$

将式(9.7.2)、式(9.7.3)代入式(9.7.1)得

$$\sum_n\left[z_n\frac{1}{r}\frac{\mathrm{d}}{\mathrm{d}r}\left(r\frac{\mathrm{d}\boldsymbol{R}_n}{\mathrm{d}r}\right)+\kappa_n^2Z_n\boldsymbol{R}_n\right]=-\frac{2}{r}\delta(r)\delta(z-z_0) \tag{9.7.5}$$

乘以 $Z_m$ 并在深度上积分,利用正交性得关于 $\boldsymbol{R}_n$ 的非齐次亥姆霍兹方程为

$$\frac{1}{r}\frac{\mathrm{d}}{\mathrm{d}r}\left(r\frac{\mathrm{d}\boldsymbol{R}_n}{\mathrm{d}r}\right)+\kappa_n^2\boldsymbol{R}_n=-\frac{2}{r}\delta(r)\delta(z_0) \tag{9.7.6}$$

这个方程对于所有 $r$ 成立(包括原点)的扩散波解为

$$\boldsymbol{R}_n(r)=-\mathrm{j}\pi Z_n(z_0)\mathrm{H}_0^{(2)}(\kappa_n r) \tag{9.7.7}$$

于是复压力场为

$$\boldsymbol{p}(r,z,t)=-\mathrm{j}\pi\mathrm{e}^{\mathrm{j}\omega t}\sum_n Z_n(z_0)Z_n(z)\mathrm{H}_0^{(2)}(\kappa_n r) \tag{9.7.8}$$

在给定的声速剖面和适当的边界条件下求解式(9.7.3)得到 $\kappa_n$ 的值的正交函数 $Z_n(z)$ 的形式。

许多情况下分离常数并不都是离散的,而是在 $\kappa$ 值的某些区间内可以取连续值。$\kappa$ 的这些连续值对应的式(9.7.3)的解组成一组的连续本征函数。幸运的是,这些连续的本征函数与不受限能量或消逝模态相关,只在源附近产生明显的声场,因此我们现在可以将其忽略。

在足够远的距离上,汉开尔函数可以用它的渐近形式,式(9.7.8)变成

$$\boldsymbol{p}(r,z,t)=-\mathrm{j}\sum_n(2\pi/\kappa_n r)^{1/2}Z_n(z_0)Z_n(z)\mathrm{e}^{\mathrm{j}(\omega t-\kappa_n r+\pi/4)} \tag{9.7.9}$$

于是式(9.7.8)每一项是一列相速度为 $c_{\mathrm{p}}=\omega/\kappa_n$ 的柱面行波。$\kappa_n$ 的离散值是固定的,但传播矢量 $k=\omega/c$ 的大小可以是深度的函数。行波的局部传播方向的仰角或俯角可以由 $\cos\theta=\kappa_n/k(z)$ 确定。于是每一个传播波对应于流体中传播的一组声线,在每一深度 $z$ 处这些声线的局部传播方向由角 $\pm\theta(z)$ 给出。

一个方便的类比可以使熟悉量子力学的读者对这个问题有更深入的理解。将声速最效值记为 $c_{\min}$,则利用定义

$$\begin{aligned}E_n&=(\omega/c_{\min})^2-\kappa_n^2\\U(z)&=(\omega/c_{\min})^2-(\omega/c)^2\end{aligned} \tag{9.7.10}$$

亥姆霍兹方程式(9.7.3)取下面形式

$$\frac{\mathrm{d}^2Z_n}{\mathrm{d}z^2}+[E_n-U(z)]Z_n=0 \tag{9.7.11}$$

这是 $\hbar/2m=1$ 的一维时变薛定谔方程。最小速度的定义 $c_{\min}$ 保证了在这个类比中 $U(z)$ 为势阱(最小值为零),$E_n$ 为波函数 $Z_n(z)$ 的能量级。关于 $\kappa$ 的连续值和离散值的讨论可以用量子力学的术语表达。如果势能 $U(z)$ 具有有限的最大值,那么具有足够大的能量 $E_n$ 而使波函数沿 $z$ 轴在一个或两个方向上延伸到无穷大的那些量子态形成连续的本征函数集,于是 $E_n$ 及 $\kappa_n$ 取连续值。于是自由量子态对应于非陷落模态(untrapped modes)和消逝波模态(evanescent modes)。当能量级处于势阱内,每个波函数有两个转折点,$E_n$ 和 $\kappa_n$ 具有离散值,这些态对应于波道内的陷落模态。对于给定声速剖面,$E_n$ 正比于 $\omega^2$。当频率增

加到截止频率附近时,井壁越高凹口就更深。这意味着对于给定的一阶简正模态,频率接近截止频率时函数在深度方向的垂直扩展最大,随频率升高而减小。

式(9.7.3)存在的只是少数情况,绝大多数时候只能求数值解。存在解析解的有几种简单情况可以帮助理解其中的物理过程。

# *9.8 等速声道

假设 $z=0$ 无压力表面和 $z=H$ 刚硬底面所限的整个流体层内声速为常数。边界条件为 $Z(0)=0$ 和在 $z=H$ 处 $\partial Z/\partial z=0$。容易求得式(9.7.3)的解

$$Z_n(z)=\sqrt{2/H}\sin k_{zn}z \quad k_{zn}=\left(n-\frac{1}{2}\right)\pi/H \tag{9.8.1}$$

分离常数的值取决于

$$\kappa_n=\left[(\omega/c_0)^2-k_{zn}^2\right]^{1/2} \tag{9.8.2}$$

对大于 $\omega/c_0$ 的 $k_{zn}$ 值,相应的 $\kappa_n$ 必为复数,产生随距离衰减的非传播波。于是若 $n$ 大于下式所确定的 $N$ 值

$$N\leqslant(H/\pi)(\omega/c_0)+\frac{1}{2} \tag{9.8.3}$$

则相应的波为渐逝波,只在 $r=0$ 附近重要。在大距离上,解可以很好地近似为

$$\boldsymbol{p}(r,z,t)\approx-\mathrm{j}\frac{2}{H}\sum_{n=1}^{N}\left(\frac{2\pi}{\kappa_n r}\right)^{1/2}\sin k_{zn}z_0\sin k_{zn}z\mathrm{e}^{\mathrm{j}(\omega t-\kappa_n r+\pi/4)} \tag{9.8.4}$$

每阶模态的相速度由式(9.5.7)给出,其中 $\omega_{lm}$ 用 $\omega_n$ 代替

$$c_{\mathrm{p}}/c=1/\left[1-(\omega_n/\omega)^2\right]^{1/2} \tag{9.8.5}$$

# *9.9 双流体声道

令具有常数密度 $\rho_1$ 和声速 $c_1$ 的流体层位于具有常数密度 $\rho_2$ 和声速 $c_2>c_1$ 的底层流体上。流体 1 的表面为 $z=0$ 无声压边界,两种流体之间的边界位于 $z=H$。几何关系见图 9.9.1。因为底层流体声速较大,当流体 1 中波入射到 $z=H$ 分界面的掠射角小于 $\cos\theta_c=c_1/c_2$ 确定的临界掠射角视为全反射。

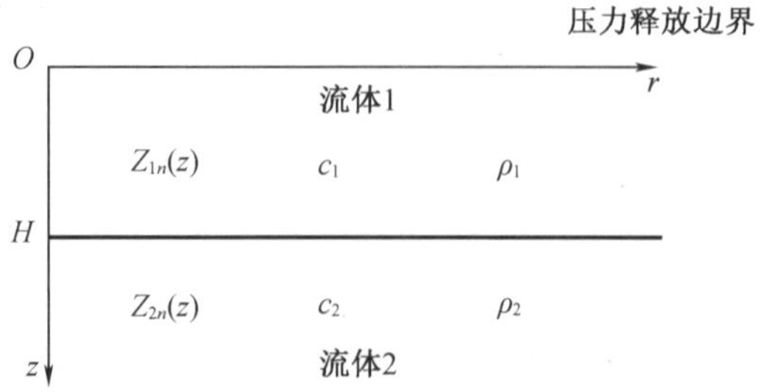


**图 9.9.1 由厚度为 $H$、声速和密度分别为 $c_1$、$\rho_1$ 的流体层与声速和密度分别为 $c_2$、$\rho_2$ 的无限厚底层流体所构成的声道**

尽管 $c$ 随深度变化,但在每一层中 $c$ 为常数,而在分界面两侧发生不连续的变化。于是将亥姆霍兹方程

$$\left\{\frac{d^2}{dz^2}+\left[\left(\frac{\omega}{c}\right)^2-\kappa_n^2\right]\right\}Z_n(z)=0 \tag{9.9.1}$$

分界为两个方程,每个方程对应于一个区域

$$\left\{\frac{d^2}{dz^2}+\left[\left(\frac{\omega}{c}\right)^2-\kappa_n^2\right]\right\}Z_{1n}(z)=0 \quad 0\leqslant r\leqslant H$$

$$\left\{\frac{d^2}{dz^2}+\left[\left(\frac{\omega}{c}\right)^2-\kappa_n^2\right]\right\}Z_{2n}(z)=0 \quad H\leqslant r\leqslant \infty \tag{9.9.2}$$

边界条件为:(1)在 $z=0$ 有 $p_1=0$,(2)在 $z=H$ 有 $p_1=p_2, u_{z1}=u_{z2}$,(3)当 $z\to\infty$ 时,$p_2\to 0$。由此得

$$Z_{1n}(0)=0$$

$$Z_{1n}(H)=Z_{2n}(H)$$

$$\frac{1}{\rho_1}\left(\frac{dZ_{1n}}{dz}\right)_H=\frac{1}{\rho_2}\left(\frac{dZ_{2n}}{dz}\right)_H$$

$$\lim_{z\to\infty}Z_{2n}(z)=0 \tag{9.9.3}$$

满足流体表面、分界面和无限深度处边界条件的解为

$$Z_{1n}(z)=\sin k_{zn}z \quad 0\leqslant z\leqslant H$$

$$Z_{2n}(z)=\sin k_{zn}He^{-\beta_n(z-H)} \quad H\leqslant z\leqslant \infty$$

$$k_{zn}^2=(\omega/c_1)^2-\kappa_n^2$$

$$\beta_n^2=\kappa_n^2-(\omega/c_2)^2 \tag{9.9.4}$$

对于受限制简正模态,$k_{zn}$ 和 $\beta_n$ 必为实数,这将限制 $\kappa_n$ 限制于 $\omega/c_2\leqslant\kappa_n\leqslant\omega/c_1$ 范围内,等价于

$$c_1\leqslant c_{pn}\leqslant c_2 \tag{9.9.5}$$

处理一下 $z=H$ 处的边界条件则对于每个角频率下的 $k_{zn}$(以及 $\kappa_n$)允许值得到一个超越方程

$$\tan k_{zn}H=(\rho_2/\rho_1)(k_{zn}/\beta_n) \tag{9.9.6}$$

定义

$$y=k_{zn}H \quad b=\rho_2/\rho_1 \quad a=\omega H\sqrt{1/c_1^2-1/c_2^2}=(\omega/c_1)H\sin\theta_c \tag{9.9.7}$$

则可将式(9.9.6)写成适合于进行图形或数值分析的形式

$$\tan y=-by/(a^2-y^2)^{1/2} \tag{9.9.8}$$

如图9.9.2所示,正切曲线按照它所对应的简正模态编号。由于 $a$ 正比于频率,随着频率升高,正切曲线与右端函数对应曲线在不同点相交,如图中(a)、(b)、(c)三条曲线。显然当 $a$ 随频率升高而增大时,直线 $y=a$ 向右移动,更多的简正模态被激励。第 $n$ 阶模态在 $a$ 增大到 $a\geqslant\left(n-\frac{1}{2}\right)\pi$ 之前都不能被激起,将这个值代入式(9.9.7)即得到截止频率

$$\frac{\omega_n}{c_1}=\left(n-\frac{1}{2}\right)\frac{\pi}{H}\frac{1}{\sin\theta_c} \tag{9.9.9}$$

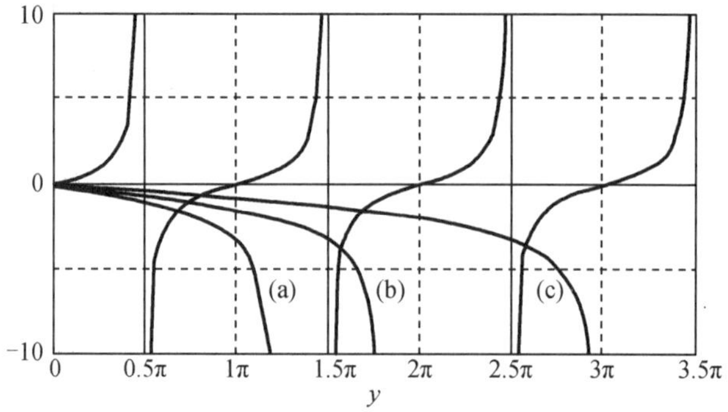


**图 9.9.2 具有大声速底的浅水声道内不同频率下较低阶模态传播的图形解。上层介质为水，$c_1$ = 1 500 m/s，$\rho_1$ = 1 000 kg/m³，厚度 $H$ = 30 m。底为石英砂，$c_2$ = 1 730 m/s，$\rho_2$ = 2 070 kg/m³，厚度无限。激励频率为(a)60 Hz，(b)90 Hz，(c)150 Hz。**

一旦求得了 $\kappa_{zn}$，则由式(9.9.4)可得 $\kappa_n$ 和 $\beta_n$。式(9.9.7)和式(9.9.9)联立可得 $a$ 很接近于入射频率与截止频率之比

$$\frac{\omega}{\omega_n}=\frac{a}{\left(n-\dfrac{1}{2}\right)\pi} \tag{9.9.10}$$

图 9.9.3 显示模态与深度的关系。当频率升高到第 $n$ 阶模态的截止频率以上，$k_{zn}H$ 值由截止频率对应的 $\left(n-\frac{1}{2}\right)\pi$ 增大到 $\omega\to\infty$ 时的 $n\pi$。在截止频率上 $z=H$ 分界面为声压波腹，高频时此处则趋于声压节点，因此截止频率时分界面类似刚硬边界而高频时则类似无声压边界。在截止频率上求 $\kappa_n$ 值得 $\kappa_n=\omega_n/c_2$，由式(9.9.4)得 $\beta_n=0$，于是该简正模态有一个长的尾部一直延伸至深度为无穷大。当频率升高，高于截止频率时，$\kappa_n$ 减小，$\beta_n$ 变为正实数，尾部随深度的衰减加快。随着频率变得任意大，尾部消失。这与式(9.7.11)之后关于简正模态在垂直范围随着频率增加而减小的讨论是一致的。

因为在 $z=H$ 处斜率的不连续性，试图在层中假设 $Z_n=A_nZ_{1n}$、层以下假设 $Z_n=A_nZ_{2n}$ 来构造一个正交组 $Z_n$ 的想法并不可行。将正交关系用于式(9.9.1)得

$$\int_0^{\infty}\frac{\mathrm{d}}{\mathrm{d}z}\left(Z_m\frac{\mathrm{d}Z_n}{\mathrm{d}z}-Z_n\frac{\mathrm{d}Z_m}{\mathrm{d}z}\right)\mathrm{d}z=0 \tag{9.9.11}$$

积分并应有边界条件得

$$\left.\left(Z_m\frac{\mathrm{d}Z_n}{\mathrm{d}z}-Z_n\frac{\mathrm{d}Z_m}{\mathrm{d}z}\right)\right|_{H+}^{H-}=0 \tag{9.9.12}$$

在流体 1 中向边界靠近($z$ 增大到 $H$)计算其中上限的值，在流体 2 中向边界靠近计算其中下限的值。直接将边界条件式(9.9.3)和式(9.9.12)代入发现上述假定不满足方程。但稍微复杂一点的选择

$$Z_n(z)=\begin{cases}A_n\sin k_{zn}z & 0\leqslant z<H\\ A_n(\rho_1/\rho_2)^{1/2}\sin k_{zn}H\mathrm{e}^{-\beta_n(z-H)} & H\leqslant z\leqslant\infty\end{cases} \tag{9.9.13}$$

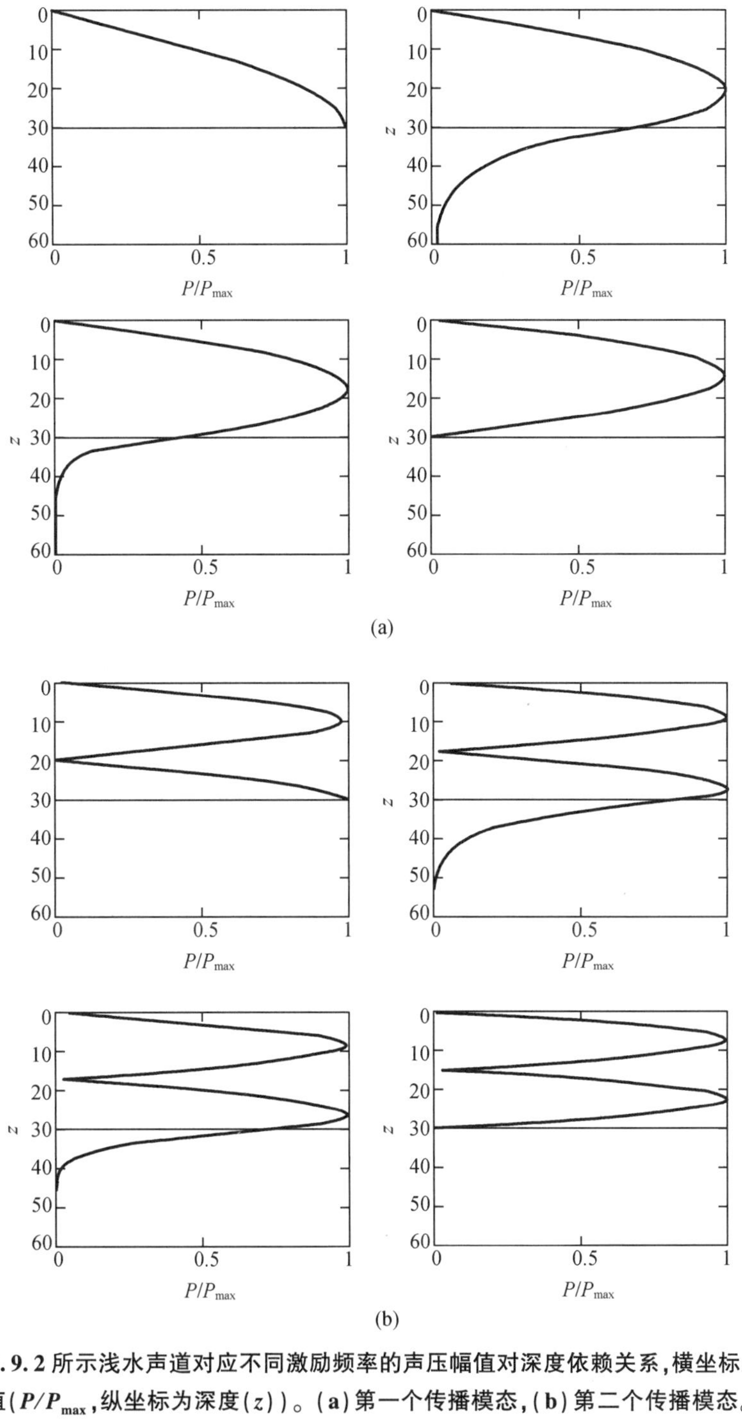


**图 9.9.3** 图 9.9.2 所示浅水声道对应不同激励频率的声压幅值对深度依赖关系，横坐标为归一化声压幅值（$P/P_{max}$，纵坐标为深度（$z$））。（a）第一个传播模态，（b）第二个传播模态。每一个模态激励频率从刚刚略高于截止频率（左上）、底面类似刚硬面情况增大到一个很高的频率（右下）、底面特性趋近于自由面。

确实满足式（9.9.12）。于是式（9.9.13）组成关于加权函数$\sqrt{\rho_1/\rho(z)}$的正交本征函数列。将该函数列进行归一化得到使其成为标准正交函数列的各个系数 $A_n$

$$\frac{1}{A_n^2}=\int_0^H Z_{1n}^2(z)\,\mathrm{d}z+\frac{\rho_1}{\rho_2}\int_H^\infty Z_{2n}^2(z)\,\mathrm{d}z$$
$$=(1/2k_{zn})[k_{zn}H-\cos k_{zn}H\sin k_{zn}H-(\rho_1/\rho_2)^2\sin^2 k_{zn}H\tan k_{zn}H] \tag{9.9.14}$$

将式(9.9.13)代入式(9.7.8)得流体 1 和流体 2 中的声压

$$\boldsymbol{p}_1(r,z,t)=-\mathrm{j}\pi\sum_n A_n^2\sin k_{zn}z_0\sin k_{zn}z\mathrm{H}_0^{(2)}(\kappa_n r)\mathrm{e}^{\mathrm{j}\omega t}$$
$$\to -\mathrm{j}\sum_n (2\pi/\kappa_n r)^{1/2}A_n^2\sin k_{zn}z_0\sin k_{zn}z\mathrm{e}^{\mathrm{j}(\omega t-\kappa_n r+\pi/4)}$$
$$\boldsymbol{p}_2(r,z,t)=-\mathrm{j}\pi\sum_n A_n^2\sin k_{zn}z_0\sin k_{zn}z\mathrm{e}^{-\beta_n(z-H)}\mathrm{H}_0^{(2)}(\kappa_n r)\mathrm{e}^{\mathrm{j}\omega t}$$
$$\to -\mathrm{j}\sum_n (2\pi/\kappa_n r)^{1/2}A_n^2\sin k_{zn}z_0\sin k_{zn}z\mathrm{e}^{-\beta_n(z-H)}\mathrm{e}^{\mathrm{j}(\omega t-\kappa_n r+\pi/4)} \tag{9.9.15}$$

群速度和相速度的计算有些复杂,具体细节见习题 9.9.8。结果可以用隐式表示为

$$\left(\frac{c_1}{c_{pn}}\right)^2=1-\frac{\sin^2\theta_c}{1+(b\cot y)^2}$$
$$\frac{c_1}{c_{gn}}\frac{c_1}{c_{pn}}=1-\frac{(\sin\theta_c\sin y)^2}{\sin^2 y+b^2(\cos^2 y-y\cot y)} \tag{9.9.16}$$

其中$(n-\frac{1}{2})\pi\leqslant y\leqslant n\pi$。因为 $y$ 随频率单调增大则可以确定群速度和相速度的一些特性。(1)在截止频率 $\cos y=0$,由式(9.9.16)得 $c_{\mathrm{pn}}=c_{\mathrm{gn}}=c_2$;(2)随着频率升高,相速度单调减小到渐近值 $c_1$;(3)群速度值也趋近于 $c_1$,但是从下方趋近;(4)在某个中间频率上群速度取得最小值,小于 $c_1$。见图 9.9.4 和习题 9.9.14C。

每个模态的群速度有一个最小值、在截止频率附近趋近于 $c_2$ 这一事实导致瞬态激励的复杂波形。通过在每种模式下的传播,可以识别出如图 9.9.5 中所示的一般特征。

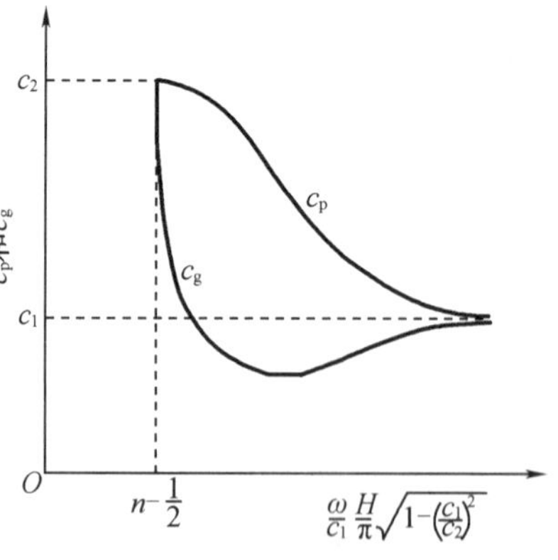


**图 9.9.4 具有高声速流体底部的等声速浅水声道内简正波传播的群速度和相速度。声道内声速为 $c_1$,底部内声速为 $c_2$。**

1. 最早到达接收器的声在 $t=r/c_2$ 时刻到达。它由瞬态信号中频率很接近于截止频率、以接近于截止频率的群速度传播的傅里叶分量组成。随着时间增加,频率略高、群速度更小的成分到达接收器。这部分信号为"地面波",对应于贴近流体 2 的边界传播、又反射回层内的能量。

2. 晚些的 $t=r/c_1$ 时刻,最高的频率分量以等于和略小于 $c_1$ 的群速度到达叠加到地面波的尾部。这个高频成分为"水波",对应于在声道内沿径向向外传播、仰角和俯角很接近于零的高频能量。

3. 更晚些时候,地波中增大的频率和水波中减小的频率逐渐接近合并成一个信号以略高于模态最小群速度的群速度传播。当以最小群速度传播的能量到达时,这种"埃里相"突然中止。

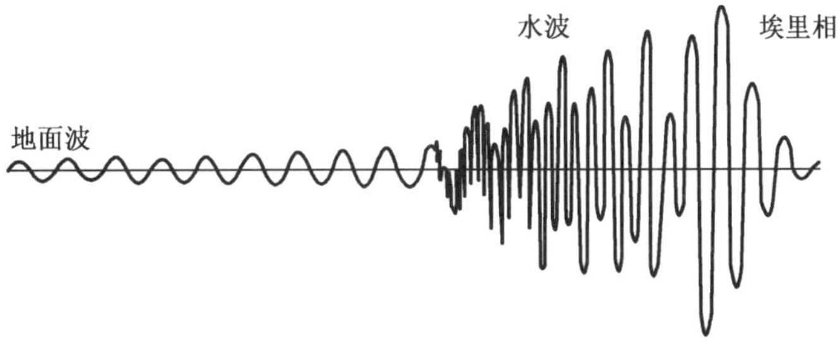


**图9.9.5　具有快声速底部的浅水声道内接收到的瞬态信号传播信号示意图。(引自 Ewing, Jardetzky, and Press, *Elastic Waves in Layered Media*, McGraw-Hill,1957)**

## 习　题

除非特别说明,流体为空气。若无指定则假设空气中 $c=343$ m/s,水中 $c=1\ 500$ m/s。

9.2.1　计算尺寸为 2.59 m×2.42 m×2.82 m 的刚硬壁面房间的最低 10 阶简正模式频率。

9.2.2　棱长为 $L$ 的正方体腔五个壁面为刚硬,另一个为无压力面。腔内充满水,计算最低 5 阶简正频率。这些其中是否有简并模态? 如有,是哪些?

9.2.3　针对刚硬壁矩形腔的 $(l,m,0)$ 模式,证明:(a)平面行波的常数相位平面垂直于 $z$ 轴;(b)上述平面的传播速度模为 $\omega/k$,在 $x$-$y$ 平面内,与 $x$ 轴夹角为 $\arctan(k_y/k_x)$;(c)上述平面与 $y$ 轴的交点以速度 $\omega/k$ 沿该轴移动。

9.2.4　(a)计算壁面刚硬、棱长为 $L$ 的正方体房间为最低 10 阶简正模式的频率;(b)画出这些模式的节点分布图案;(c)哪些模式是简并的? (d)对于每一对简并模式,想要只激起其中的一个模式要如何选取激励位置?

9.2.5　棱长为 $L$ 的刚硬壁面正方体房间在一个角上有一声源,与之相对、距离最远的角上右移接收器。最低 10 阶简正模式中的每一阶,源和接收器之间的相位差分别是多少?

9.2.6C　习题 9.2.1. 中的房间,假设第 $n$ 阶模式的幅值为 $A_n=f_n/f_1$,品质因数为 $Q_n=10f_n/f_1$。绘制覆盖最低 10 阶简正模式的频带内的接收点声压。讨论吸收效应对于实验确定房间的简正模式有何影响。

9.3.1　由式(9.3.7)出发推导式(9.3.9)所表示的柱面行波的复振幅和相位。

9.3.2　针对 $(l,0,n)$ 阶圆柱驻波模式,证明:(a)平面行波的常数相位面是顶点位于 $z$ 轴上的圆锥面;(b)每个圆锥面的传播速度模为 $\omega/k$,位于 $\theta=$const 平面内,与 $z=0$ 平面夹角为 $\arctan(k_z/k_{0n})$;(c)圆锥面顶点以速度 $\omega/k_z$ 沿 $z$ 轴移动;(d)圆锥面与 $z=$const 平面相交

得到的圆以速度 $\omega/k_{0n}$ 向内或向外传播。

9.3.3 (a)计算半径 10 m、高 3 m 的圆柱形房间最低 5 阶简正模式的频率。(b)绘出上述每一阶模式的节点图案。(c)其中若有简并模式,是哪些?

9.3.4 半径 1 m、深 1 m 的水槽,侧壁和底面刚硬,顶面为无压力面。(a)计算最低 5 阶简正模式频率。(b)对每一阶模式计算所有节点位置。

9.3.5C 计算两同心圆柱面之间刚硬壁空气腔的基频,内外圆柱面半径分别为 10 cm 和 50 cm,高 10 cm。

9.4.1 (a)计算半径 20 cm 球形空气腔的最低 3 阶简正模式频率,设壁面为刚硬。(b)对于其中每一阶模式计算所有节面和反节面位置。(c)球心的源能激起哪些模式?

9.4.2 对具有相同尺寸和形状但充满水且表面为无压力面的腔重复习题 9.4.2 的问题。利用式(5.6.8)的声速并假设 $T=4$ ℃。

9.4.3C 对于习题 9.4.2 的腔,在 $0<T<10$ ℃范围内绘制基频随温度变化曲线。在此温度范围内水的体积膨胀系数为 $\beta\approx15(T-4)\times10^{-6}$℃,声速由式(5.6.8)给定。

9.5.1 一开放式灌溉渠 30 m 长、10 m 深。若渠内充满水,计算最低 5 阶简正模式传播的截止频率。假定侧壁和底面是理想刚硬面。

9.5.2 充满流体的无限长刚硬壁管截面为正方形,边长为 $L$。对于最低 5 组简并模式(a)计算截止频率;(b)画出管内压力分布图。

9.5.3 计算半径 10 cm、壁面为无压力面的充水圆截面波导最低 5 阶截止频率。

9.5.4 由式(9.6.10)证明刚硬壁波导 $c_g/c=\sqrt{1-(\omega_{lm}/\omega)^2}$。

9.5.5 充水波导截面为正方形,边长 10 cm,波导壁面为无压力面。(a)计算最低 5 阶模式的截止频率。(b)这些模式中哪些有相同的截止频率?(c)若点源位于横截面中心,能激起这些模式中的哪些?(d)有无可能将点源放置在某一点只激起这 5 阶模式中的一阶?如果有,是哪里?

9.5.6C 充水波导截面为正方形,边长 10 cm,波导壁面为无压力面。(a)当只激励起具有最低截止频率的传播模式时,绘出相位和群速度。(b)在最低截止频率以下,绘制沿波导轴方向渐逝模式幅值衰减到$\frac{1}{e}$所对应的距离随频率的变化曲线。

9.6.1 尺寸为 $L_x=2.59$ m,$L_y=2.42$ m,$L_x=2.82$ m 的刚硬壁面房间内一脉冲压力点源位于$(x,y,z)=(0,0,1.41)$m。计算激起的最低 2 阶简正模式的最大压力幅值之比。

9.6.2 一脉冲压力点源位于每边长度为 $L$ 的刚硬壁正立方体房间内$(0,L/2,L/4)$点。将最低 2 组简并模式中每一个模式的最大声压幅值与(1,0,0)模式的相应值进行对比。

9.6.3 利用 $c_p=\omega/k_z=c/\cos\theta$,其中 $\cos\theta=\sqrt{1-(\omega_n/\omega)^2}$,$c_g=\mathrm{d}\omega/\mathrm{d}k_z$,证明截面均匀的波导中群速度为 $c_g=c\cos\theta$。

9.6.4 壁面为无压力面的正方形截面波导中以点压力源位于横截面中心,激励频率刚刚高于最低阶传播模式的截止频率。(a)哪些模式的截止频率使其可以传播?(b)这些模式中哪些能被该源激励起来?(c)求被激起模式的幅值与最低阶传播模式幅值的相对值。

9.6.5 通过直接对时间积分求与式(9.6.12)声压相应的速度势 $\Phi_{lm}$。提示:注意所有声学量当 $t<0$ 时必须为零。(b)由 $\Phi_{lm}$ 给出 $u_{zlm}$,由此得到将 $\mathrm{d}f/\mathrm{d}z$ 对 $t$ 的积分与 $v(z,t)$ 的积

分式联系起来的方程。(c)将(b)中方程对 $t$ 求导再对 $z$ 积分得到式(9.6.13)的 $f(z,t)$。

9.6.6　(a)证明可以将波动方程分离变量得到依赖于 $z,t$ 的因子即式(9.6.12)中 $f$ 的微分方程为

$$\frac{\partial^2 f}{\partial z^2}-\frac{1}{c^2}\frac{\partial^2 f}{\partial t^2}-\left(\frac{\omega_{lm}}{c}\right)^2 f=0$$

(b)若 $f(z,t)$ 满足上面微分方程,证明若 $\frac{\mathrm{d}f}{\mathrm{d}z}=-\frac{1}{c}\left.\frac{\partial f}{\partial t}\right|_{t=z/c}$,则 $f(z,t)\cdot 1(t-z/c)$ 也满足上面的微分方程。(c)证明若 $f(z,t)$ 有宗量 $[t^2-(z/c)^2]$,则(b)中的条件被满足。(d)证明微分方程的解为 $J_0(u)\cdot 1(t-T)$,其中 $u=\omega_{lm}\sqrt{t^2-T^2}$,$T=z/c$。

9.6.7　通过由 $p$ 构造 $\Phi$、进而得到 $u_z$,证明与式(9.6.14)相应的声压与 $v(0,t)$ 的边界条件一致。

9.6.8C　(a)取一套坐标系,绘制式(9.6.14)在相距不远的两个很大距离 $z_2z_1$ 上的解随时间的变化,时间轴分别取为 $\tau=t-z_1/c$ 和 $\tau=t-z_2/c$,以使得两个函数都从 $\tau=0$ 开始。应取足够长的时间区间以清楚显示波的分散现象,时间步长应足够短以便再现每一个振动周期。(b)选择一个在信号前沿后面穿过相同周期数的轴,看看它在距离更远的波包中是如何向前显示的。由图中确定该轴附近的局部频率对应的相速度并与理论值对比。(精度将取决于选择的距离和交叉轴,因此可能需要对参数进行一些实验,如果“放大”图形,将很有帮助。)(c)改变两个距离比为2或更大,重复问题(a)。(d)在(c)的图中,找到从波包前端移除的两个等频率多个周期的区域的位置,确定该频率的群速度,并与理论预测进行比较。

9.7.1　证明对包括 $r=0$ 的所有 $r$ 值式(9.7.7)都是式(9.7.6)的解。

9.7.2　证明式(9.7.8)表现为一个纯柱面扩展项加上一个与深度有关的修正项,后者描述声源激起各种简正模式的能力以及接收器感应这些模式的能力。

9.8.1　声速为 $c$ 的流体层限制于 $z=0$ 和 $z=H$ 两个刚硬面之间。(a)求各阶传播模态对于深度的依赖关系。(b)求各阶传播模态的相速度。(c)对于给定的激励角频率 $\omega$,求能传播的最高阶模态个数。(d)写出距离原点处声源很远的距离上适用的 $p(r,z,t)$ 的方程。

9.8.2　一 12 m 厚的等声速水层底面刚硬、顶面为无压力面。8 m 深处有一个单位值的压力源,激励频率为最低可传播截止模态频率的 4 倍。(a)有多少个传播模态?(b)求远离声源处的 $P(r,z)$。

9.8.3　假设习题9.8.2中的信道,一个单位值的压力源位于 4 m 深处,激励频率是最低可传播模态截止频率的 4 倍。(a)有多少阶模态传播?(b)若接收器在 8 m 深处,求距离声源很远处接收的 $P(r)$。

9.8.4　假设习题9.8.2中的信道,一个单位值的压力源位于 4 m 深处,激励频率是最低可传播模态截止频率的 4 倍。接收器也位于 4 m 深处。(a)求距离声源很远处接收的 $P(r)$。(b)求使得最低 2 阶模态的相对相位变化 180°所经过的距离。

9.8.5C　在习题9.8.4的条件下绘制某一距离范围内的声压幅值,该距离至少应为习题9.8.4b中所计算距离的 2 倍。

9.8.6C　假设习题9.8.2中的信道,一个单位值的压力源位于 4 m 深处,激励频率是最低可传播模态截止频率的 4 倍。绘制所有深度、大距离上的声压幅值等值线图。

9.8.7C　由于潮汐,习题9.8.2描述的信道深度在 8 m 和 12 m 之间变化。位于底部的

单位值压力源的激励频率是水深 12 m 时最低可传播模态截止频率的 4 倍。接收器也位于底部。画出声压幅值随深度的变化。

9.8.8　具有理想反射表面的等声速水层，证明能量守恒导致 $P(1)/P(r)=\sqrt{rH/2}$。

9.8.9　(a)证明表面为无压力面、底部刚硬的等声速信道可以用在 $z=-H$ 和 $z=H$ 之间值为零，高度为无限大的方形势阱模拟。(b)证明只保留反对称波函数并令其在处为波腹就可以满足表面和底面的边界条件。(c)求和的可取值并与式(9.8.1)和式(9.8.2)对比。

9.9.1　证明式(9.9.4)的解和等式既满足亥姆霍兹方程也满足两种流体区域的边界条件。

9.9.2　(a) 若可以为虚数，对所有深度求式(9.9.2)的解(这些解在无限深处不衰减至零)。(b)证明这些解中可以取任意大于$(\omega/c_1)\sin\theta_c$ 的值，并且值不是离散化的。(c)求这些解中 $\kappa$ 的允许值。(d)证明这些解对应于以小于临界角的角度入射到海底的声线因此不局限于该层内传播。

9.9.3　(a)证明两层流体声道可以模拟成正方形势阱，在 $|z|<H$ 为零值，$|z|>H$ 高度为$(\omega/c_1)^2\sin^2\theta_c$。(b)证明 $z=0$ 处的无压力面等价于只保留反对称量子波函数。(c)求未被捕获波对应的 $k_z$ 和 $\kappa$ 值。

9.9.4　证明层内取 $Z_n=A_nZ_{1n}$、底面取 $Z_n=A_nZ_{2n}$ 时，不能得到一组正交的本征函数 $Z_n$。提示：证明这种选择不满足式(9.9.12)。

9.9.5　证明层内取 $Z_n=A_nZ_{1n}$、底面取 $Z_n=A_n\sqrt{\rho_1/\rho_2}Z_{2n}$ 时，$Z_n$ 构成一组正交的本征函数。

9.9.6　将式(9.9.14)中求 $A_n$ 的步骤补充完整。

9.9.7　由边界条件推出式(9.9.6)并证明其导致式(9.9.8)。

9.9.8　推导群速度和相速度的表达式式(9.9.16)。推导相速度时，由式(9.9.8)解出$(y/a)^2$，再利用式(9.9.7)的 $a$ 以及式(9.9.4)的 $\kappa$。推导群速度时，定义 $x=\kappa_nH$，证明 $\mathrm{d}a/\mathrm{d}x=(c_{gn}/c_1)\sin\theta_c$，然后求$(y/a)^2$ 和 $\kappa_n$ 的全微分得到关于 $\mathrm{d}a,\mathrm{d}x,\mathrm{d}y$ 的方程，再消去 $\mathrm{d}y$。

9.9.9　两层流体信道截止频率由(9.9.9)式给出。由声线概念，利用临界掠射角以及截止频率对应 $k_{zn}H=(n-\frac{1}{2})\pi$ 推导该式。

9.9.10　一 12 m 厚的等声速水层($c_1=1\ 500$ m/s，$\rho_1=10^3$ kg/m$^3$)位于另一中无限厚介质($c_2=1\ 600$ m/s，$\rho_2=1.25\times10^3$ kg/m$^3$)之上。(a)计算界面处的临界掠射角。(b)计算传播波的最低三个截止频率。(c)计算最低阶传播波截止频率的 1，2，3，4 倍频率下，最低两阶传播模态的 $k_{zn},\kappa_n,A_n$ 值。

9.9.11C　对于习题 9.9.10 的介质层和频率，源位于 6 m 深处，接收器距离 100 m，绘制水中以及底部介质中声压幅值随深度的变化曲线。

9.9.12C　对于习题 9.9.10 的介质层和频率，源和接收器均位于 6 m 深处，绘制声压幅值随距离的变化曲线。

9.9.13C　对于习题 9.9.10 的介质层和频率源位于 6 m 深处，绘制声压幅值等值线图。

9.9.14　对于习题 9.9.10 的介质层，绘制 $c_p$ 和 $c_g$ 随 $f$ 的变化曲线。

9.9.15　液态海底之上为 100 m 深的等声速海水层，海水的 $c_1=1.5\times10^3$ m/s，海底的

$\rho_2 = 1.25\rho_1$，$c_1 = 1.6\times10^3$ m/s。一个3.5 kH的无指向性声源位于海面下50 m，声源级为SL（$re$ 1 μPa）= 200 dB。(a)计算同一深度、20 km距离处的声强级。假设在这个距离上只有最低阶模态的贡献占主导地位。(b)对其他深度的结果进行讨论。(c)求经过多远的距离两个最低简正模式的相对相位变化180°。

# 第 10 章　管、共振器和滤波器

## 10.1　引　　言

硬壁管中声行为很大程度上取决于激励器特性、管长、其截面随距离的变化、管壁有没有穿孔，以及描述管中止端的边界条件。若声的波长足够大，则认为波动可以用平行平面波很好地近似，这提供了极大的简化。应用包括测量材料的吸收和反射特性、预测管乐器的性能（铜管乐器、木管乐器、管风琴等）以及确定通风管道的设计。

所有尺寸与相应的波长相比都足够小的一段管道可以被看做行为类似于简单振子的“集总声学元件”。可以方便地将这类集总元件作为更复杂声系统的低频模型而简化管道噪声传播特性、消音器等的设计而不对通过系统的稳定流动产生大的影响。

## 10.2　管 内 共 振

假设横截面积为 $S$、长为 $L$ 的管被 $x=0$ 处的活塞激励，管的终端 $x=L$ 机械阻抗为 $\boldsymbol{Z}_{\mathrm{mL}}$。若活塞以只有平面波能传播的频率振动，则管中波为下面形式

$$\boldsymbol{p}=\boldsymbol{A}\mathrm{e}^{\mathrm{j}[\omega t+k(L-x)]}+\boldsymbol{B}\mathrm{e}^{\mathrm{j}[\omega t-k(L-x)]} \tag{10.2.1}$$

其中 $\boldsymbol{A}$、$\boldsymbol{B}$ 由 $x=0$ 和 $x=L$ 处边界条件决定。

力以及质点速度的连续性要求 $x=L$ 处波的机械阻抗等于终端机械阻抗 $\boldsymbol{Z}_{\mathrm{mL}}$。因为流体对端面的力为 $\boldsymbol{p}(L,t)S$、质点速度为 $\boldsymbol{u}(L,t)=-(1/\rho_0)\int(\partial\boldsymbol{p}/\partial x)\,\mathrm{d}t$；则

$$\boldsymbol{Z}_{\mathrm{mL}}=\rho_0 cS\frac{\boldsymbol{A}+\boldsymbol{B}}{\boldsymbol{A}-\boldsymbol{B}} \tag{10.2.2}$$

$x=0$ 处的输入机械阻抗 $\boldsymbol{Z}_{\mathrm{m0}}$ 为

$$\boldsymbol{Z}_{\mathrm{m0}}=\rho_0 cS\frac{\boldsymbol{A}\mathrm{e}^{\mathrm{j}kL}+\boldsymbol{B}\mathrm{e}^{-\mathrm{j}kL}}{\boldsymbol{A}\mathrm{e}^{\mathrm{j}kL}-\boldsymbol{B}\mathrm{e}^{-\mathrm{j}kL}} \tag{10.2.3}$$

最后两式联立消去 $\boldsymbol{A}$、$\boldsymbol{B}$ 得流体的“特征机械阻抗”

$$\frac{\boldsymbol{Z}_{\mathrm{m0}}}{\rho_0 cS}=\frac{(\boldsymbol{Z}_{\mathrm{mL}}/\rho_0 cS)+\mathrm{j}\tan kL}{1+\mathrm{j}(\boldsymbol{Z}_{\mathrm{mL}}/\rho_0 cS)\tan kL} \tag{10.2.4}$$

这与将 $\rho_{\mathrm{L}}c$ 用 $\rho_{\mathrm{L}}cS$ 代替后的式(3.7.3)相同。所以

$$\boldsymbol{Z}_{\mathrm{mL}}/\rho_0 cS=r+\mathrm{j}x \tag{10.2.5}$$

代入式(10.2.4)立即得到(3.7.5)式。根据该式后面所做的讨论，共振和反共振频率由输入机械抗为零决定，即

$$x\tan^2 kL+(r^2+x^2-1)\tan kL-x=0 \tag{10.2.6}$$

与“小”输入机械阻对应的解记为“共振”，与“大”输入机械阻对应的解记为“反共振”(在 $r=0$ 的极限情况下只有对应于共振的一个解。)

令管在 $x=0$ 被激励，$x=L$ 被刚硬管帽封闭。为了最简单地得到共振条件，令(10.2.4)式中 $|\mathbf{Z}_{mL}/\rho_0 cS|\to\infty$，得

$$\mathbf{Z}_{m0}/\rho_0 cS=-\mathrm{j}\cot kL \tag{10.2.7}$$

当 $\cot kL=0$ 时抗为零，发生共振

$$k_n L=(2n-1)\pi/2 \quad n=1,2,3,\cdots \tag{10.2.8}$$

这与受激两端固定弦的式(2.9.9)时相同。共振频率为基频的奇数次谐波。受激的封闭管在 $x=L$ 为压力波幅，$x=0$ 为压力节点。这要求激励器提供给管道的机械阻抗为零，其含义以及激励器机械特性对“激励器-管道”系统行为的影响将在 10.6 节中讨论。

现在来考虑一个在 $x=0$ 被激励、$x=L$ 为开口端的管。乍一看会以为这将导致 $\mathbf{Z}_{mL}=0$，于是 $\mathbf{Z}_{m0}/\rho_0 cS=\mathrm{j}\tan kL$，得共振频率 $f_n=(n/2)c/L$，其中 $n=1,2,3,\cdots$尽管许多基础性的物理教科书这样说，但实际并非如此。$x=L$ 的条件并非 $\mathbf{Z}_{mL}=0$，因为管开口端向周围介质中辐射声。则 $\mathbf{Z}_{mL}=0$ 的合适值为

$$\mathbf{Z}_{mL}=\mathbf{Z}_r \tag{10.2.9}$$

其中 $\mathbf{Z}_r$ 为管开口端的辐射阻抗。例如假设半径为 $a$ 圆管开口端环绕着尺度大于声波波长的轮缘。这与波长大于管横向尺度($\lambda\gg a$)的假设一致，因此在低频极限下开口端类似于一个带有障板的活塞。于是由式(7.5.11)以及该式后面的讨论得

$$\mathbf{Z}_{mL}/\rho_0 cS=\frac{1}{2}(ka)^2+\mathrm{j}(8/3\pi)ka \quad (\text{有法兰连接}) \tag{10.2.10}$$

其中 $r=(ka)^2/2$ 和 $x=8ka/3\pi$ 均远小于 1。在这些条件下求解式(10.2.6)得共振频率对应 $\tan kL=-x$，因 $x\ll 1$，故得到

$$\tan(n\pi-k_n L)=(8/3\pi)ka\approx\tan(8ka/3\pi) \quad n=1,2,3,\cdots \tag{10.2.11}$$

于是

$$n\pi=k_n L+(8/3\pi)k_n a \tag{10.2.12}$$

共振频率为

$$f_n=\frac{n}{2}\,\frac{c}{L+(8/3\pi)ka} \tag{10.2.13}$$

这些共振频率都是基频的谐波，这样一根管的“等效长度 $L_{\mathrm{eff}}$”不是 $L$ 而是 $L+8a/3\pi$。端部修正的这个预测值与 0.85$a$ 附近的测量值在合理范围内是一致的。

对于没有轮缘的开口管，理论和实验表明辐射阻抗近似为

$$\mathbf{Z}_{mL}/\rho_0 cS=\frac{1}{4}(ka)^2+\mathrm{j}0.6ka \quad (\text{无法兰连接}) \tag{10.2.14}$$

于是无轮缘的管等效长度为 $L_{\mathrm{eff}}=L+0.6a$。

两种情况下的端部修正均与频率无关，有、无轮缘的开口管共振频率为基频的谐波(只要 $\lambda_n\gg a$)，这只是等截面管的结果。管道截面有扩张时，如许多管乐器和一些管风琴，结果就发生变化，特别是共振频率不再是基频的谐波。管道扩张设计对于加强或抑制激励中的一些谐频从而改善管的辐射声音质相当重要。

## 10.3 端部开口管的辐射功率

由式(10.2.2)求解 $\boldsymbol{B}/\boldsymbol{A}$ 得

$$\frac{\boldsymbol{B}}{\boldsymbol{A}}=\frac{\boldsymbol{Z}_{\mathrm{mL}}/\rho_0 cS-1}{\boldsymbol{Z}_{\mathrm{mL}}/\rho_0 cS+1} \tag{10.3.1}$$

一旦已知终端阻抗,则功率传递系数可由下式得到

$$T_{\Pi}=1-|\boldsymbol{B}/\boldsymbol{A}|^2 \tag{10.3.2}$$

对于开口端有轮缘的管,$\boldsymbol{Z}_{\mathrm{mL}}$ 由式(10.2.10)给出,此时式(10.3.1)成为

$$\frac{\boldsymbol{B}}{\boldsymbol{A}}=\frac{\left[1-\frac{1}{2}(ka)^2\right]-\mathrm{j}(8/3\pi)ka}{\left[1-\frac{1}{2}(ka)^2\right]+\mathrm{j}(8/3\pi)ka} \tag{10.3.3}$$

对于 $ka\ll1$,此时给出的 $\boldsymbol{B}/\boldsymbol{A}$ 很接近于$-1$,传递系数非常小,可以进一步简化为

$$T_{\Pi}\approx2(ka)^2\quad(\text{有法兰连接}) \tag{10.3.4}$$

反射波幅值只比入射波略小并由式(10.2.1)可知在管终端二者相位差接近 180°,所以入射波的压缩状态静反射后变成膨胀状态。相比之下,入射和反射质点速度几乎同相,因此终端近似为质点速度的波幅。于是尽管管口处总的质点速度几乎是入射波的两倍,然而只有一小部分能量通过管口辐射出去。前面已经看到,小($ka\ll1$)的源是低效辐射器。

管口无轮缘的管,$\boldsymbol{Z}_{\mathrm{mL}}$ 由式(10.2.14)给出,传递系数为

$$T_{\Pi}\approx(ka)^2\quad(\text{无法兰连接}) \tag{10.3.5}$$

管端的宽轮缘几乎是低频声辐射功率加倍。(当管端为逐渐扩张的形状时低频功率传递更大)。

在共振点附近频率可以写成 $\omega=\omega_n+\Delta\omega$,利用式(10.2.14)将无轮缘管的输入机械阻抗式(10.2.4)很好地近似为

$$Z_{\mathrm{m0}}/\rho_0 cS\approx\frac{1}{4}(k_n a)^2+\mathrm{j}\Delta\omega L/c \tag{10.3.6}$$

半功率点为

$$\omega_{ul}=\omega_n\pm\frac{1}{4}(k_n a)^2 c/L \tag{10.3.7}$$

第 $n$ 阶共振的品质因数为

$$Q_n=\frac{\omega_n}{\omega_u-\omega_l}=\frac{2}{n\pi}\frac{L}{a}\frac{L+0.6a}{a} \tag{10.3.8}$$

辐射功率 $\Pi=F^2R_{\mathrm{m0}}/2Z_{\mathrm{m0}}^2$,其中 $R_{\mathrm{m0}}=\mathrm{Re}\{\boldsymbol{Z}_{\mathrm{m0}}\}$ 为力幅值

$$\Pi_n=\frac{F^2}{\rho_0 cS}\frac{2}{(k_n a)^2}=\frac{2}{(n\pi)^2}\frac{F^2}{\rho_0 cS}\left(\frac{L+0.6a}{a}\right)^2 \tag{10.3.9}$$

于是外加力幅值一定时,低频段内,共振的品质因数 $Q$ 随 $1/n$ 减小,共振时辐射的功率随 $1/n^2$ 减小。

# 10.4 驻波模式

利用有端盖的管中传播波和反射波之间相位干涉形成的驻波模式可以来求负载阻抗。令

$$\boldsymbol{A}=A \quad \boldsymbol{B}=B\mathrm{e}^{\mathrm{j}\theta} \tag{10.4.1}$$

其中 $A$、$B$ 为正实数。将式(10.4.1)代入式(10.2.2)得

$$\frac{\boldsymbol{Z}_{\mathrm{ml}}}{\rho_0 cS}=\frac{1+(B/A)\mathrm{e}^{\mathrm{j}\theta}}{1-(B/A)\mathrm{e}^{\mathrm{j}\theta}} \tag{10.4.2}$$

给定 $B/A$ 和 $\theta$,$\boldsymbol{Z}_{\mathrm{ml}}$ 就可以确定。将式(10.4.1)代入式(10.2.1)并求解波幅 $P=|\boldsymbol{p}|$ 得

$$P=\{(A+B)^2\cos^2[k(L-x)-\theta/2]+(A-B)^2\sin^2[k(L-x)-\theta/2]\}^{1/2} \tag{10.4.3}$$

声压波腹处的幅值为 $A+B$、波节处的幅值为 $A-B$。波腹与波节处的声压幅值比为“驻波比”,即

$$\mathrm{SWR}=\frac{A+B}{A-B} \tag{10.4.4}$$

改写成

$$\frac{B}{A}=\frac{\mathrm{SWR}-1}{\mathrm{SWR}+1} \tag{10.4.5}$$

则用小型传声器测量管中声压场的 SWR 就可以计算出 $B/A$。相位角 $\theta$ 可根据第一个波节到 $x=L$ 端的距离计算。由式(10.4.3),这些波节的位置为 $k(L-x_n)-\theta/2=(n-\frac{1}{2})\pi$,于是对应与第一个波节

$$\theta=2k(L-x_1)-\pi \tag{10.4.6}$$

例如,假设某终端封闭管内的驻波比为 SWR=2,第一个波节到端部距离为 3/8 倍波长。则 $L-x_1=3\lambda/8$,$\theta=2(2\pi/\lambda)(3\lambda/8)-\pi=\pi/2$。而且 $B/A=(2-1)/(2+1)=1/3$ 以及

$$\boldsymbol{Z}_{\mathrm{ml}}/\rho_0 cS=\left(1+\frac{1}{3}\mathrm{e}^{\mathrm{j}\pi/2}\right)\Big/\left(1-\frac{1}{3}\mathrm{e}^{\mathrm{j}\pi/2}\right)\approx 0.80+\mathrm{j}0.60 \tag{10.4.7}$$

因为终端机械阻抗可以是频率的复杂函数,可能有必要在关心的频带内重复上述测量。

将隔音瓦或其他声控材料小样品安装在驻波管终端并进行上述测量和计算可得到这些垂直入射情况下反射和吸收特性。利用史密斯图可以简化计算过程①。

# 10.5 管内声吸收

若考虑管壁流体中和管壁的吸收,则只须像第 8 章那样,将上面得到的无损耗解中 $k$ 用复传播常数 $\boldsymbol{k}=k-\mathrm{j}\alpha$ 代替。

---

① Beranek, *Acoustic Measurements*, P. 317, Wiley(1949).

举例来说，对于 $x=L$ 为刚硬封闭端的情况，声压为

$$p(x,t)=\frac{F}{S}\frac{\cos[\boldsymbol{k}(L-x)]}{\cos \boldsymbol{k}L}\mathrm{e}^{\mathrm{j}\omega t} \tag{10.5.1}$$

输入阻抗式(10.2.7)为

$$\mathbf{Z}_{\mathrm{m0}}=-\mathrm{j}\rho_0(\omega/\boldsymbol{k})S\cot \boldsymbol{k}L \tag{10.5.2}$$

利用复自变量的正余弦函数展开式，写成

$$\frac{\mathbf{Z}_{\mathrm{m0}}}{\rho_0 cS}=-\mathrm{j}\frac{1+\mathrm{j}\alpha/k}{1+(\alpha/k)^2}\frac{\cos kL\sin kL+j\sinh \alpha L\cosh \alpha L}{\sin^2 kL\cosh^2\alpha L+\cos^2 kL\sinh^2\alpha L} \tag{10.5.3}$$

当 $\alpha/k\ll1$ 时忽略含 $\alpha/k$ 的项不损失精度。若再有 $\alpha L\ll1$，则输入阻抗成为简单的形式

$$\frac{\mathbf{Z}_{\mathrm{m0}}}{\rho_0 cS}=\frac{\alpha L-\mathrm{j}\cos kL\sin kL}{\sin^2 kL+(\alpha L)^2\cos kL} \tag{10.5.4}$$

在无损耗极限下机械阻变成零，机械抗正比于 $\cot kL$。吸收的主要效应一是引入一个小的阻尼，它在 $k_nL=n\pi$ 时值最大，二是在同一区段内改变机械抗的行为使它不会再达到无穷大的值而是为有限值并由正值很非常快地变为负值。这些效应示于图 10.5.1 中。

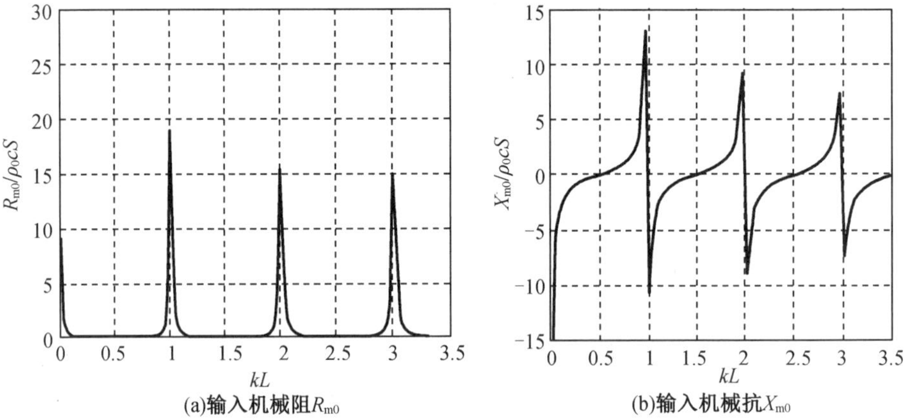


**图 10.5.1　长 1 m、半径 1 cm、有刚硬封闭端的空气填充管机械阻抗**

管内损耗的功率由源提供，$\Pi=F^2R_{\mathrm{m0}}/2Z_{\mathrm{m0}}^2$，其中 $\mathbf{Z}_{\mathrm{m0}}=R_{\mathrm{m0}}+\mathrm{j}X_{\mathrm{m0}}$。这时成为

$$\Pi=\frac{1}{2}\frac{F^2}{\rho_0 cS}\alpha L\frac{\sin^2 kL+(\alpha L)^2\cos^2 kL}{(\alpha L)^2+\cos^2 kL\sin^2 kL} \tag{10.5.5}$$

机械共振时 $\cos kL=0$，功率消耗为

$$\Pi_r=\frac{1}{2}\frac{F^2}{\rho_0 cS}\frac{1}{\alpha L} \tag{10.5.6}$$

而反共振时 $\sin kL=0$，有

$$\Pi_\alpha=\frac{1}{2}\frac{F^2}{\rho_0 cS}\alpha L \tag{10.5.7}$$

共振频率接近一端开口一端刚性封闭的无阻尼管自然频率，反共振频率则接近两端刚性封闭的无阻尼管自然频率。

若利用角频率增量 $\Delta\omega$ 来定义相对于共振频率的偏离量，则

$$kL=(\omega_n+\Delta\omega)L/c=(2n-1)\pi/2+\Delta\omega L/c$$

$$\mathbf{Z}_{m0}/\rho_0 cS = \alpha L + \mathrm{j}\Delta\omega L/c \tag{10.5.8}$$

阻尼在该范围内为常数,半功率点为抗和阻相等时的频率,$\Delta\omega = \pm\alpha c$。上下半功率点之间的频率间隔为 $2\alpha c$,于是 $Q_n = \omega_n/2\alpha c$ 或

$$Q_n = \frac{1}{2}\frac{1}{\alpha/k_n} \tag{10.5.9}$$

实验室对流体中声吸收的测量通常是对圆柱管内的流体进行。一种方法是利用探针式传声器测量平面行波在沿管轴方向两个或多个位置处的声压幅值。若 $x_1$ 处声压幅值为 $P_1$,$x_2$ 处声压幅值为 $P_2$,则衰减常数可由下式确定

$$P_2 = P_1 \mathrm{e}^{-\alpha(x_2 - x_1)} \tag{10.5.10}$$

利用此式时必须采取措施消除反射波,或者是在管道末端实现无反射终端,或者利用短脉冲和长管以便在反射脉冲到达之前就完成 $x_1$ 和 $x_2$ 处的测量。

另一种方法利用驻波(图 10.5.2)。假设 $x=L$ 端是刚性的。则在 $x=L$ 处反射波幅值 $P_L$ 等于入射波的相应值。由式(10.5.1)得沿管轴任意位置处的总声压

$$P = 2P_L\{\cos^2[k(L-x)]\cosh^2[\alpha(L-x)] + \sin^2[k(L-x)]\sinh^2[\alpha(L-x)]\}^{1/2} \tag{10.5.11}$$

波节位置在

$$k(L-x) = (2n-1)\pi/2 \quad n = 1,2,3,\cdots \tag{10.5.12}$$

波节处波幅的相对值为

$$P_{\min}/P_L = 2\sinh[\alpha(L-x)] \approx 2\alpha(L-x) \tag{10.5.13}$$

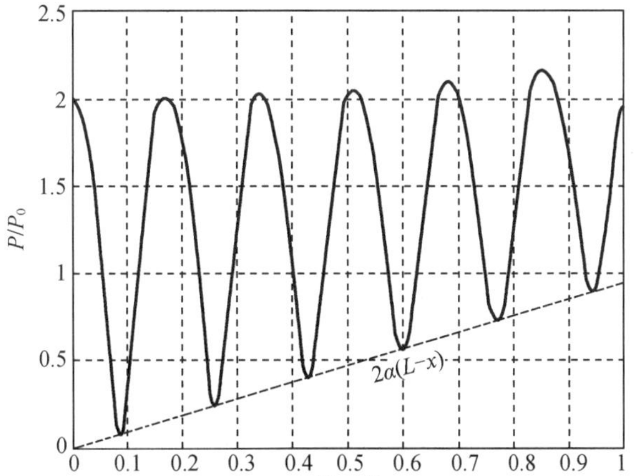


**图 10.5.2　长 1 m、半径 0.20 cm、$x=L$ 端刚性封闭管内 1 kHz 有衰减的驻波($\alpha/k=0.025\ 3$)声压幅值的空间变化。**

相继的各波节处的声压幅值可以由探针传声器测量,通过这些点画出一条光环的曲线即可确定 $\alpha$ 值,如图 10.5.2 所示。波幅位置为 $k(L-x)=n\pi$,其中 $n=0,1,2,\cdots$,对应的最大声压幅值为

$$P_{\max}/P_L = 2\cosh[\alpha(L-x)] \approx 2 + [\alpha(L-x)]^2 \tag{10.5.14}$$

由于管壁吸收的影响,上述两种方法测得的声吸收总是高于同种流体在大体积内的测量值。见第 8 和第 9 章。总的吸收系数为每种吸收机制单独作用吸收系数之和。

# 10.6 “激励器-管道”组合系统的行为

至此为止我们考虑了管的共振特性。更有实际意义的管道共振研究必须考虑到机械激励器的特性。激励器有它自己的机械阻抗,因此当一个力作用于“激励器-管”系统时,组合系统的机械谐振与激励器以及管的机械特性都有关。

例如,令激励器为一个有阻尼的谐振子被外力 $\boldsymbol{f}=F\exp(\mathrm{j}\omega t)$ 激励,如图 10.6.1 所示。质量运动的牛顿定律为

$$m\frac{\mathrm{d}^2\xi}{\mathrm{d}t^2}=-R_{\mathrm{m}}\frac{\mathrm{d}\xi}{\mathrm{d}t}-s\xi-S\boldsymbol{p}(0,t)+\boldsymbol{f} \tag{10.6.1}$$

其中 $\xi$ 为质量向右的位移,$\boldsymbol{p}(0,t)$ 为管中 $x=0$ 处的声压。质量的复速度为 $\boldsymbol{u}(0,t)=\mathrm{d}\xi/\mathrm{d}t$,也是管内流体在 $x=0$ 处的质点速度。于是式(10.6.1)成为

$$\left[R_{\mathrm{m}}+\mathrm{j}\left(\omega m-\frac{s}{\omega}\right)+\frac{S\boldsymbol{p}(0,t)}{\boldsymbol{u}(0,t)}\boldsymbol{u}(0,t)=\boldsymbol{f}\right] \tag{10.6.2}$$

激励器的输入机械阻抗 $\boldsymbol{Z}_{\mathrm{md}}$ 为

$$\boldsymbol{Z}_{\mathrm{md}}=R_{\mathrm{m}}+\mathrm{j}(\omega m-s/\omega) \tag{10.6.3}$$

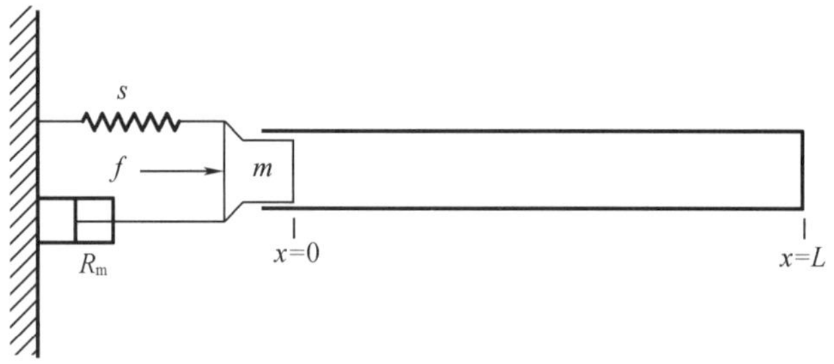


**图 10.6.1 激励器-管道系统示意图。管长 $L$,在 $x=0$ 被质量为 $m$、机械阻抗为 $R_{\mathrm{m}}$、刚度为 $s$ 的简单振子激励**

管的输入机械阻抗为

$$\boldsymbol{Z}_{\mathrm{m0}}=\frac{S\boldsymbol{p}(0,t)}{\boldsymbol{u}(0,t)} \tag{10.6.4}$$

(10.6.2)式表明系统的输入机械阻抗是 $\boldsymbol{Z}_{\mathrm{md}}$ 和 $\boldsymbol{Z}_{m0}$ 的串联,于是

$$\boldsymbol{f}=\boldsymbol{Z}_{\mathrm{m}}\boldsymbol{u}(0,t)=(\boldsymbol{Z}_{\mathrm{md}}+\boldsymbol{Z}_{\mathrm{m0}})\boldsymbol{u}(0,t) \tag{10.6.5}$$

当激励器的阻抗为零即 $\omega_0=\sqrt{s/m}$ 时单独的激励器发生共振,而 $\mathrm{Im}\{\boldsymbol{Z}_{\mathrm{m0}}\}=0$ 时单独的管道发生共振。当组合系统被激励时,外力看到的阻抗是激励器和管道的阻抗之和,于是系统的机械共振频率由下式决定

$$\mathrm{Im}\{\boldsymbol{Z}_{\mathrm{md}}+\boldsymbol{Z}_{\mathrm{m0}}\}=0 \tag{10.6.6}$$

假定管道在 $x=L$ 端刚性封闭。利用式(10.5.4)和式(10.6.3),可以将式(10.6.6)写成

$$\omega m-\frac{s}{\omega}-\frac{S\rho_0 c\cos kL\sin kL}{\sin^2 kL+(\alpha L)^2\cos^2 kL}=0 \tag{10.6.7}$$

利用 $\omega/k=c$ 并整理一下写成

$$\frac{\cos kL\sin kL}{\sin^2 kL+(\alpha L)^2\cos^2 kL}=akL-\frac{b}{kL}$$
$$a=m/S\rho_0 L$$
$$b=sL/S\rho_0 c^2 \tag{10.6.8}$$

注意到 $a$ 为激励器质量跟管内流体质量之比，$b$ 为激励器的悬挂刚度与填充管的流体刚度之比。在同一套坐标上绘制出式(10.6.8)两端随 $kL$ 的变化曲线，两条曲线的交点对应的 $kL$ 值就给出共振频率。图 10.6.2 给出的两个例子说明了两种不同激励条件的影响。(1)对具有小 $a$、$b$ 值的轻质柔性激励器(图 10.6.2a)，曲线大约在 $k_nL\sim(2n-1)\pi/2$ 处相交，于是 $L\sim(2n-1)\lambda/4$，$x=0$ 近似为声压的节点。(2)若激励器比较厚重则 $a$、$b$ 值较大，图 10.6.2b 显示谐振多发生在 $k_nL\sim n\pi$ 处，$x=0$ 近似为声压波腹。但是在激励器共振点附近，图 10.6.2b 中 $kL=3.6\pi$ 处，系统共振点趋向于 $k_nL$，对应 $x=0$ 为声压节点。

因为 $x=L$ 永远是声压的一个波腹点，若得到该处声压幅值用所加外力和机械阻抗的表达式，则可以确定波腹处声压幅值随频率的变化。由式(10.5.1)，有

$$\boldsymbol{p}(x,t)=\boldsymbol{p}(0,t)\frac{\cos[\boldsymbol{k}(L-x)]}{\cos \boldsymbol{k}L} \tag{10.6.9}$$

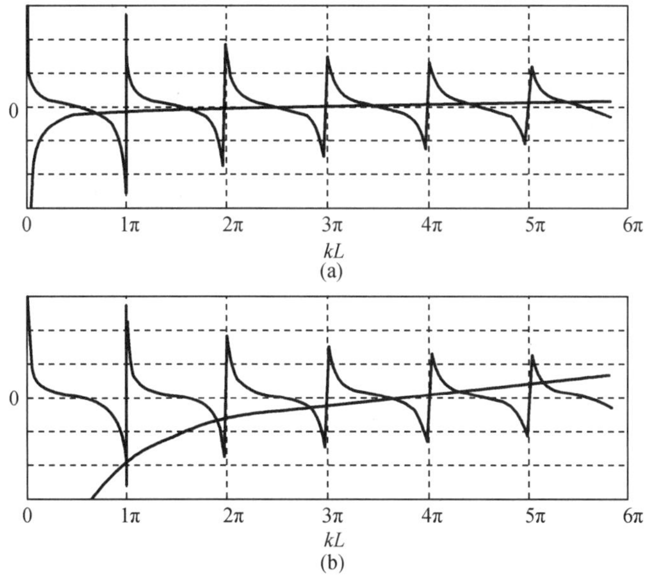


**图 10.6.2　长 1 m、半径 1 cm 的一端刚性封闭管在不同激励条件下的共振频率图形解：(a)轻质柔性激励器，$a=0.04$，$b=2.57$；(b)厚重刚性激励器，$a=0.25$，$b=32$。**

在 $x=L$ 处求解上述方程，并利用式(10.6.4)和式(10.6.5)，得

$$\boldsymbol{p}(L,t)=\frac{F}{S}\frac{\boldsymbol{Z}_{m0}}{\boldsymbol{Z}_m\cos \boldsymbol{k}L}e^{j\omega t} \tag{10.6.10}$$

当 $\alpha L\ll 1$，刚性封闭端的声压幅值为

$$p(L)=\rho_0 c\frac{F}{Z_m}\frac{1}{[\sin^2 kL+(\alpha L)^2\cos^2 kL]^{1/2}} \tag{10.6.11}$$

图 10.6.2 对应的“激励器-管”系统刚性封闭端处的声压幅值见图 10.6.3。(1)具有轻质柔性激励器的系统共振频率几乎是等间距分布而且最大声压幅值也几乎相等;(2)具有厚重刚性激励器的系统在共振处产生压力振幅,对于激励器共振频率的频率,压力振幅要大得多。

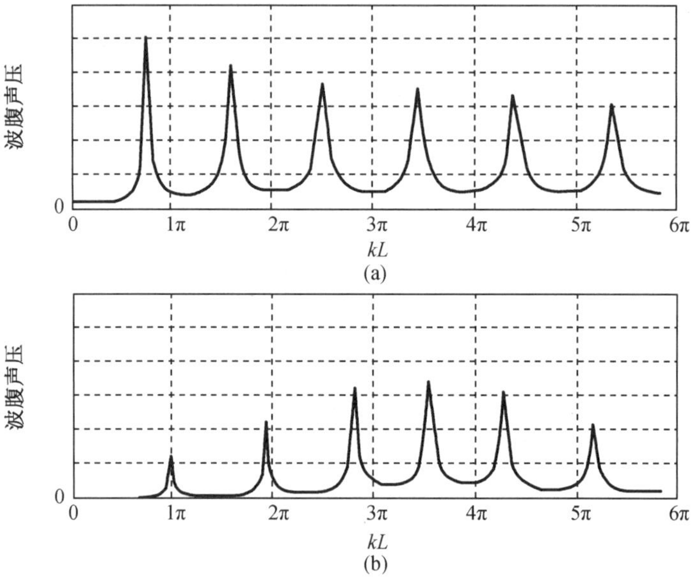


**图 10.6.3　一端刚性封闭的“激励器-管”系统在常数幅值的力激励下波腹处的声压幅值:(a)图 10.6.2a 的柔性激励器,(b)图 10.6.2b 的厚重刚性激励器。两种激励器均有 $R_m/S\rho_0c=0.0715$。**

而且,由于激励器共振而在 3π 和 4π 之间引入“额外”共振。最后注意到对于足够大的 $b$,图 10.6.2b 的两条曲线就不会在 $kL=\pi$ 处相交,尽管根据定义这不是一个真实的共振点,因为系统的机械抗不为零,但机械抗在这里的值还是相对较小,因此“激励器-管”系统在这个频率达到峰值。

激励器与管相互作用决定系统共振频率的现象在许多乐器中表现得很明显。例如在铜管乐器中,演奏者可以通过改变运唇法(唇齿的张紧度和位置)来改变激励器的机械抗,从而改变系统的共振频率。演奏者因此可以使某个音符“滑离”相关的共振频率大约半个音调。(在均衡的音乐音阶中,间隔一个半音的两个频率之间关系为 $f_2/f_1=2^{1/12}$)

## 10.7　长 波 极 限

当流体中声的波长远大于声学设备的尺度时,许多设备的分析就变得简单了。例如,前面曾证明刚性壁波导存在一个频率,在该频率以下能传播的波只有以相速度 $c_p=c$ 沿着波导传播的平面波。若波长相比于波导的横向尺度足够大则这种波导中的声传播极其简单。若波长相比于所有尺度都足够大,则还有可能做进一步的近似:在设备的各维方向上,所有声学变量都是常数。于是在波动方程中可以忽略空间坐标,设备就像两个自由度的谐振子一样。这时,第一章的所有结论就都适用了。这种长波极限下的声学设备称为“集总声学元件”。

## 10.8 亥姆霍兹谐振腔

集总声学元件的一个简单例子是亥姆霍兹谐振腔,如图 10.8.1 所示。它由一个壁面为刚性、体积为 $V$ 的腔和一个横截面积为 $S$、长为 $L$ 的颈构成。对于感兴趣的频率,假设 $\lambda \gg L, \lambda \gg V^{1/3}, \lambda \gg S^{1/2}$。颈的开口端辐射声从而提供辐射阻和辐射质量。颈内的流体作为一个整体运动而提供另一个质量元件,颈壁热摩擦损耗提供额外的阻尼,腔内流体的压缩提供刚性。

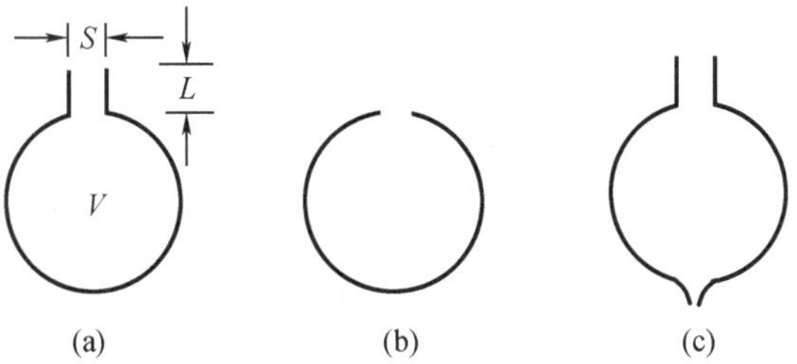


**图 10.8.1 简单亥姆霍兹谐振腔的三个例子**

在 10.2 节中曾看到,低频时半径为 $a$ 的圆形开口被加载一个辐射质量,对于有宽法兰的开口,辐射质量等于横截面积为 $\pi a^2$、长为 0.85$a$ 的流体圆柱质量,没有法兰的开口则流体圆柱长度为 0.6$a$。这就描述了颈的外开口。若假设颈的内开口可等效为有法兰的终端,组合起来得到颈的总等效质量

$$m = \rho_0 S L' \tag{10.8.1}$$

其中 $L'$ 为颈的等效长度

$$L' = L + (0.85 + 0.85)a = L + 1.7a \quad (\text{外端有法兰连接})$$

$$L' = L + (0.85 + 0.6)a = L + 1.4a \quad (\text{外端无法兰连接}) \tag{10.8.2}$$

(谐振腔薄壁上的圆形开口有效长度约 1.6$a$。)

为了确定系统刚度,考虑装有气密活塞的颈。当活塞被推动距离 $\xi$ 时,腔的体积变化量为 $V = -S\xi$,由此产生的压缩量为 $\Delta\rho/\rho = -\Delta V/V = S\xi/V$。声压增量(在声学近似下)为

$$p = \rho_0 c^2 \Delta\rho/\rho = \rho_0 c^2 S\xi/V \tag{10.8.3}$$

保持这一位移所需的力为 $f = Sp = S\xi$,于是等效刚度为

$$s = \rho_0 c^2 S^2 / V \tag{10.8.4}$$

总的阻尼为声辐射阻尼 $R_r$ 与源于壁面损失的阻尼 $R_w$ 之和。由于幅值为 $P$ 的压力波入射到谐振腔开口端而产生的瞬时复激励力为

$$\boldsymbol{f} = SP\mathrm{e}^{\mathrm{j}\omega t} \tag{10.8.5}$$

得到关于颈内流体向内位移 $\boldsymbol{\xi}$ 的微分方程为

$$m\frac{\mathrm{d}^2\boldsymbol{\xi}}{\mathrm{d}t^2} + (R_r + R_w)\frac{\mathrm{d}\boldsymbol{\xi}}{\mathrm{d}t} + s\boldsymbol{\xi} = SP\mathrm{e}^{\mathrm{j}\omega t} \tag{10.8.6}$$

谐振腔的输入机械阻抗为

$$\mathbf{Z}_{\mathrm{m}}=(R_{\mathrm{r}}+R_{\mathrm{w}})+\mathrm{j}(\omega m-s/\omega) \tag{10.8.7}$$

当抗为零时发生谐振,即

$$\omega_0=c(S/L'V)^{1/2} \tag{10.8.8}$$

推导此方程的过程中并未对谐振腔的形状有所限制。只要腔的各维尺度均大大地小于一个波长,开口不要太大而且横截面为圆形,则谐振频率只取决于 $S/L'V$ 的值。这个值相同而形状不同的谐振腔实际上是相同的。

若假设颈内流体以跟开口管相同的方式向周围介质中辐射声,辐射阻如 10.2 节所给出的

$$R_{\mathrm{r}}=\rho_0ck^2S^2/2\pi \quad (有法兰)$$
$$R_{\mathrm{r}}=\rho_0ck^2S^2/4\pi \quad (无法兰) \tag{10.8.9}$$

由式(8.9.19)计算壁面吸收系数再利用 $Q_{\mathrm{w}}=k/2\alpha_{\mathrm{w}}=\omega_0m/R_{\mathrm{w}}$ 得到热黏滞阻尼 $R_{\mathrm{w}}$

$$R_{\mathrm{w}}=\omega_0m/Q_{\mathrm{w}}=2mc\alpha_{\mathrm{w}} \tag{10.8.10}$$

受激的亥姆霍兹谐振腔的品质因数为

$$Q=\omega_0m/R_{\mathrm{m}}$$
$$R_{\mathrm{m}}=R_{\mathrm{r}}+R_{\mathrm{w}} \tag{10.8.11}$$

对于有法兰而热黏滞损耗可以忽略的振子,$Q$ 具有特别简单的形式

$$Q=2\pi[V(L'/S)^3]^{1/2} \quad (有法兰,R_w\ll R_r) \tag{10.8.12}$$

若谐振腔是无法兰连接的,则右端乘以 2。

谐振腔的"压力放大系数"为腔内声压幅值 $P_{\mathrm{c}}$ 与入射波的外部激励声压幅值 $P$ 之比。声压幅值 $P_{\mathrm{c}}$ 由式(10.8.3)得到。于是由机械阻抗 $\mathbf{Z}_{\mathrm{m}}=F/(\mathrm{d}\boldsymbol{\xi}/\mathrm{d}t)$ 得谐振时 $|\boldsymbol{\xi}|=PS/\omega_0R_{\mathrm{m}}$,此时与式(10.8.8)联立得

$$P_{\mathrm{c}}/P=Q \quad (谐振时) \tag{10.8.13}$$

于是亥姆霍兹谐振腔谐振时就像一个增益为 $Q$ 的放大器。

亥姆霍兹在研究复杂音乐波形的谐波含量时利用了一串逐渐过渡的谐振腔作为声学滤波器,这些谐振腔的放大系数使它们各自对波形中所含谐波分量的共振响应被放大,将谐振腔颈部对面的小连接头耦合到耳朵,就可以听到这些共振响应。

扩音器被安装在封闭匣子内组成的系统可以按照亥姆霍兹谐振器处理,空气的阻抗和扩音器圆锥的质量都对系统的等效质量有贡献。类似地,腔的刚性和扩音器的悬挂刚性都对等效刚度有贡献。等效阻尼为辐射阻、扩音器圆柱的机械阻尼以及匣子内热黏滞损耗阻尼三者之和。

## 10.9 声　阻　抗

可以转换成相似机械系统的所有声系统也都可以用电路来表示,流体的运动等价于电流,声学元件两端的压力差等价于电路中对应部分的电压。电路中某一点上电流的声学模拟是相应声学元件中流体的体积速度 $\boldsymbol{U}$。(严格地说,因为 $\boldsymbol{U}$ 不是矢量,不应将其称为"速度",但这是公认的惯例。)流体在面积为 $S$ 的面上作用的"声阻抗 $\boldsymbol{Z}$"是该面上的复声压除以该面上的复体积速度得到的商

$$\boldsymbol{Z}=\boldsymbol{p}/\boldsymbol{U} \tag{10.9.1}$$

目前我们已经遇到了三种阻抗,如果不是因为这些不同的阻抗在不同类型的计算中有用的事实,则是不可原谅的冗余。

1. “声阻抗率 $\boldsymbol{z}$”(声压除以质点速度)是介质及其中所传播波的一种特性。它在涉及声波由一种介质向另一种介质透射的计算中有用。

2. “声阻抗 $\boldsymbol{Z}$”(声压除以体积速度)讨论来自振动表面的声辐射以及这种辐射通过集总声学元件或管道和喇叭的传播时很有用。

$$\boldsymbol{Z}=\boldsymbol{z}/S \tag{10.9.2}$$

3. “辐射阻抗”(力除以质点速度)用于计算声波与激励源或被激励的负载之间的耦合。它是振动系统机械阻抗 $\boldsymbol{Z}_{\mathrm{m}}$ 中与声辐射有关的部分。在辐射面上辐射阻抗与声阻抗率之间通过下式相联系

$$\boldsymbol{Z}_{\mathrm{r}}=S\boldsymbol{z} \tag{10.9.3}$$

(a)集总声阻抗

当考虑集中而非分布阻抗时,某一部分声系统的阻抗定义为激励它的声压差 $\boldsymbol{p}$ 与总体积速度 $\boldsymbol{U}$ 之比。声阻抗的单位是 Pa. s/m$^3$,通常称为“声欧姆”。

集总声学系统的一个例子是亥姆霍兹谐振腔。为了将式(10.8.7)写成声阻抗的形式,将其除以 $S$ 并考虑到 $\boldsymbol{U}=(\mathrm{d}\boldsymbol{\xi}/\mathrm{d}t)S$,得

$$\boldsymbol{Z}=R+\mathrm{j}(\omega M-1/\omega C) \tag{10.9.4}$$

其中

$$\begin{aligned} R&=R_{\mathrm{m}}/S^2\\ M&=m/S^2\\ C&=S^2/s \end{aligned} \tag{10.9.5}$$

其中 $R$、$M$、$C$ 为等效机械系统的(声)阻,(声)质量和(声)顺。这些量可以利用式(10.8.1)、式(10.8.4)和式(10.8.9)~式(10.8.11)由 $R_{\mathrm{m}}$、$m$ 和 $s$ 计算。

声系统的声质量 $M$ 用包围在某一结构内的流体来表示,结构足够短以至于可以认为所有质点作为一个整体运动。系统的柔度 $C$ 用一个封闭的体积及其有关的刚度来表示。声系统的阻尼可能由多种不同的因素引起,无论其起源如何,通常以管道中的狭缝表示。亥姆霍兹谐振腔的这三个等价的力学元件用示意图表示在图 10.9.1a 中。图 10.9.1b 为对应的等效电路。

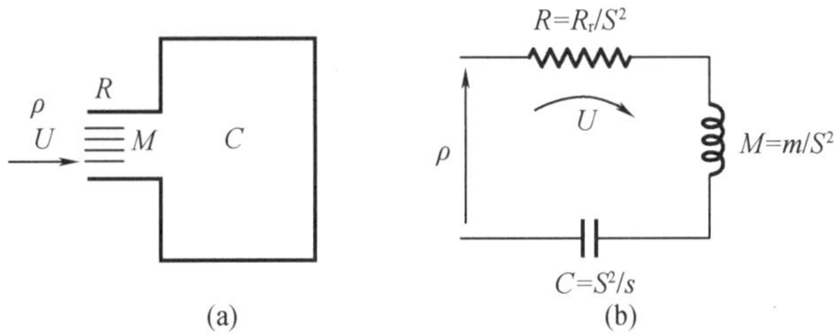


**图 10.9.1　亥姆霍兹谐振腔示意图。(a)具有声质量 $M$、声阻 $R$ 和声顺 $C$ 的声学模拟。振子被入射声压 $p$ 激励,颈内的流体以体积速度 $U$ 运动。(b)具有电感 $M$、电阻 $R$ 和电容 $C$ 的电学模拟。这个串联电路被电压 $p$ 激励,流过的电流为 $U$。**

(b)分布声阻抗

当声系统的一维或多维尺度与波长相比并不小时,将系统作为集总元件处理就不再合适而必须将其视为具有“分布元件”。这类系统中最简单的是低频平面波通过管道的传播。若波沿$+x$方向传播,声压与质点速度之比由介质特性阻抗$\rho_0 c$给出,于是管道任意截面处的声阻抗为

$$\boldsymbol{Z}=\boldsymbol{p}/\boldsymbol{U}=\rho_0 c/S \tag{10.9.6}$$

平面波在这样的管道中的传播类似于高频电流沿传输线的传播。若这样的传输线单位长度的电感为$L_1$,单位长度的电容为$C_1$,则可证明输入点阻抗为$\sqrt{L_1/C_1}$。(见任意电学教科书。)

可以认为管中的介质单位长度具有(分布)声质量$M_1$、(分布)声顺$C_1$。长为$l$、横截面积为$S$的流体单元具有声质量$M=\rho_0 l/S$,于是单位长度的声质量为

$$M_1=M=\rho_0/S \tag{10.9.7}$$

若流体的长度被压缩$\xi$,则$p=\rho_0 c^2\xi/l$。施加的力为$pS$,刚度为$s=\rho_0 c^2 S/l$于是声顺为$Sl/\rho_0 c^2$,单位长度的声顺为

$$C_1=S/\rho_0 c^2 \tag{10.9.8}$$

通过类比得到管的声阻抗为

$$\boldsymbol{Z}=\sqrt{M_1/C_1}=\rho_0 c^2/S \tag{10.9.9}$$

这与式(10.9.6)是一致的。

## 10.10 管内波的反射与透射

在由一种流体填充的管内,假设在某一$x=0$处声阻抗由$\rho_0 c^2/S$变成$Z_0=R_0+\mathrm{j}X_0$。这可以通过截面变化、分支或在在管侧壁上开口来实现。边界条件必为声压$\boldsymbol{p}$连续和体积速度$\boldsymbol{U}$连续。(对于亚音速流动,分界面两侧密度不变,于是质量不变要求体积速度不变。)与6.2节分析过程类似,但式(6.2.5)中体积速度用$\boldsymbol{U}$而不用$\boldsymbol{u}$,将入射波反射波分别表示成

$$\boldsymbol{p}_\mathrm{i}=\boldsymbol{P}_\mathrm{i}\mathrm{e}^{\mathrm{j}(\omega t-kx)}$$
$$\boldsymbol{p}_\mathrm{r}=\boldsymbol{P}_\mathrm{r}\mathrm{e}^{\mathrm{j}(\omega t+kx)} \tag{10.10.1}$$

透射波$\boldsymbol{p}_\mathrm{i}$可能为驻波、行波或二者的任意组合。由声压连续和体积速度连续得

$$\frac{\boldsymbol{p}_\mathrm{i}+\boldsymbol{p}_\mathrm{r}}{\boldsymbol{U}_\mathrm{i}+\boldsymbol{U}_\mathrm{r}}=\frac{\boldsymbol{p}_\mathrm{i}}{\boldsymbol{U}_\mathrm{r}}\quad x=0 \tag{10.10.2}$$

$x<0$的声阻抗$\boldsymbol{Z}$为

$$\boldsymbol{Z}=R+\mathrm{j}X=\frac{\boldsymbol{p}_\mathrm{i}+\boldsymbol{p}_\mathrm{r}}{\boldsymbol{U}_\mathrm{i}+\boldsymbol{U}_\mathrm{r}}=\frac{\rho_0 c}{S}\frac{\boldsymbol{P}_\mathrm{i}\mathrm{e}^{-\mathrm{j}kx}+\boldsymbol{P}_\mathrm{r}\mathrm{e}^{\mathrm{j}kx}}{\boldsymbol{P}_\mathrm{i}\mathrm{e}^{-\mathrm{j}kx}-\boldsymbol{P}_\mathrm{r}\mathrm{e}^{\mathrm{j}kx}} \tag{10.10.3}$$

一般来说,$x=0$附近的流动比较复杂,但在长波极限下,$x=0$附近的声阻抗可以通过求式(10.10.3)在$x=0$附近的值来很好地近似:

$$\boldsymbol{Z}_0=\frac{\rho_0 c}{S}\frac{\boldsymbol{P}_\mathrm{i}+\boldsymbol{P}_\mathrm{r}}{\boldsymbol{P}_\mathrm{i}-\boldsymbol{P}_\mathrm{r}} \tag{10.10.4}$$

求解声压反射系数得 $\boldsymbol{P}_r/\boldsymbol{P}_i$ 得

$$\frac{\boldsymbol{P}_r}{\boldsymbol{P}_i}=\frac{\boldsymbol{Z}_0-\rho_0 c/S}{\boldsymbol{Z}_0+\rho_0 c/S} \tag{10.10.5}$$

“功率反射系数”$R_\Pi=|R_r/P_i|$ 的平方为

$$R_\Pi=\frac{(R_0-\rho_0 c/S)^2+X_0^2}{(R_0+\rho_0 c/S)^2+X_0^2} \tag{10.10.6}$$

功率透射系数 $T_\Pi=1-R_\Pi$ 为

$$T_\Pi=\frac{4R_0\rho_0 c/S}{(R_0+\rho_0 c/S)^2+X_0^2} \tag{10.10.7}$$

若两种流体之间具有平面分界面，$Z_0=\rho_2 c_2/S$，其中 $\rho_2$、$c_2$ 为 $x\geqslant 0$ 一侧流体参数，则上面最后两式与声垂直入射于该分界面时公式形式相同。(见 6.2 节。)

将上述公式应用于管中平面波由截面为 $S_1$ 的管进入截面为 $S_2$ 的管中的情况。若第二个管为无限长或终端为无反射边界则没有反射波，入射到连接处的波看到的阻抗为 $Z_0=\rho_0 c/S_2$，代入式(10.10.6)和式(10.10.7)得

$$R_\Pi=\frac{(S_1-S_2)^2}{(S_1+S_2)^2}$$

$$T_\Pi=\frac{4S_1S_2}{(S_1+S_2)^2} \tag{10.10.8}$$

若管端部是封闭的，$S_2=0$，则 $\boldsymbol{Z}_0=\infty$，$R_\Pi=1$，这正是刚性封闭管应有的值。若管端是开口的，$\boldsymbol{Z}_0=\boldsymbol{Z}_{ml}/S^2$，其中 $\boldsymbol{Z}_{ml}$ 由式(10.2.10)或式(10.2.14)给出。

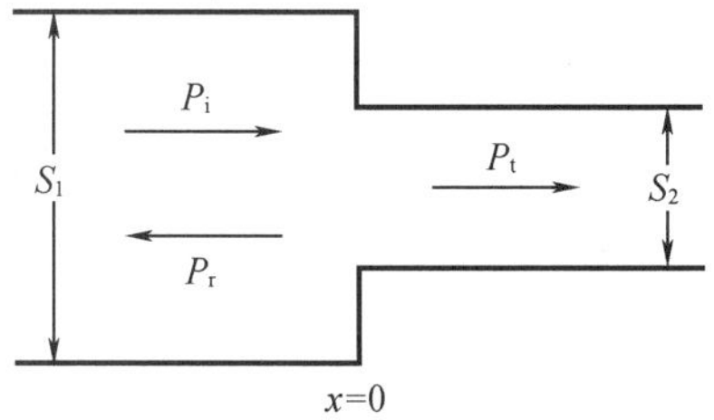


**图 10.10.1　平面波在横截面积从 $S_1$ 变为 $S_2$ 的两个管道之间的交汇处的透射和反射**

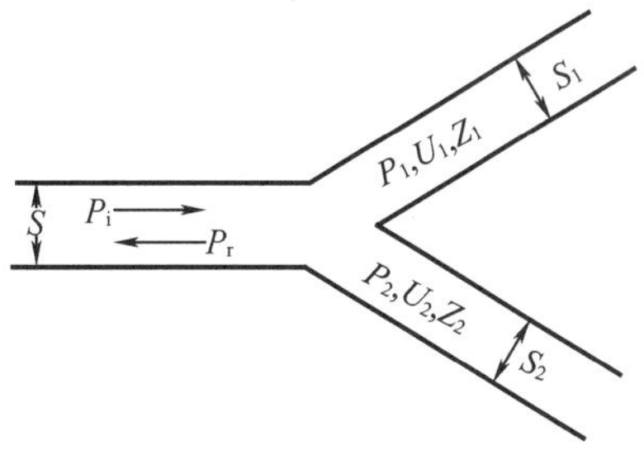


**图 10.10.2　管分支处的条件。两个分支管分别具有横截面积 $S_1$ 和 $S_2$ 以及声阻抗 $z_1$ 和 $z_2$**

作为一个例子，考虑一根管分支成两根任意截面管的情况，如图 10.10.2 所示。若分支点在 $x=0$，则三根管中靠近 $x=0$ 处的声压为

$$\begin{aligned}\boldsymbol{p}_i&=\boldsymbol{P}_i e^{j\omega t}\\ \boldsymbol{p}_r&=\boldsymbol{P}_r e^{j\omega t}\\ \boldsymbol{p}_1&=\boldsymbol{Z}_1\boldsymbol{U}_1 e^{j\omega t}\\ \boldsymbol{p}_2&=\boldsymbol{Z}_2\boldsymbol{U}_2 e^{j\omega t}\end{aligned} \tag{10.10.9}$$

其中 $\boldsymbol{Z}_1$、$\boldsymbol{Z}_2$ 和 $\boldsymbol{U}_1$、$\boldsymbol{U}_2$ 为两分支管的输入阻抗和复体积速度幅值。在长波近似下，分支处声压连续要求

$$\boldsymbol{p}_{\mathrm{i}}+\boldsymbol{p}_{\mathrm{r}}=\boldsymbol{p}_1=\boldsymbol{p}_2 \tag{10.10.10}$$

体积速度连续要求

$$\boldsymbol{U}_{\mathrm{i}}+\boldsymbol{U}_{\mathrm{r}}=\boldsymbol{U}_1=\boldsymbol{U}_2 \tag{10.10.11}$$

将式(10.10.11)除以式(10.10.10)得

$$(\boldsymbol{U}_{\mathrm{i}}+\boldsymbol{U}_{\mathrm{r}})/(\boldsymbol{p}_{\mathrm{i}}+\boldsymbol{p}_{\mathrm{r}})=\boldsymbol{U}_1/\boldsymbol{p}_1+\boldsymbol{U}_2/\boldsymbol{p}_2 \tag{10.10.12}$$

可以写成

$$1/\boldsymbol{Z}_0=1/\boldsymbol{Z}_1+1/\boldsymbol{Z}_2 \tag{10.10.13}$$

于是跟入射和反射波有关的总声导率等于两个分支管的声导率 $1/\boldsymbol{Z}_1$ 与 $1/\boldsymbol{Z}_2$ 之和。

作为分支的一种特殊情况,考虑任意声阻抗 $\boldsymbol{Z}_1=\boldsymbol{Z}_b$ 的侧分支在 $x=0$ 处连接横截面为 $S$、阻抗为 $\boldsymbol{Z}_2=\rho_0c/S$ 的无限长管道。求解声压反射系数得

$$\frac{\boldsymbol{P}_{\mathrm{r}}}{\boldsymbol{P}_i}=-\frac{\rho_0c/2S}{\rho_0c/2S+\boldsymbol{Z}_b} \tag{10.10.14}$$

(10.10.10)式条件表明 $\boldsymbol{P}_2/\boldsymbol{P}_1=1+\boldsymbol{P}_{\mathrm{r}}/\boldsymbol{P}_i$,于是声压透射系数为

$$\frac{\boldsymbol{P}_t}{\boldsymbol{P}_i}=-\frac{\boldsymbol{Z}_{\mathrm{b}}}{\rho_0c/2S+\boldsymbol{Z}_{\mathrm{b}}} \tag{10.10.15}$$

其中 $\boldsymbol{P}_t=\boldsymbol{P}_2$。将支管的声阻抗记为 $\boldsymbol{Z}_{\mathrm{b}}=R_{\mathrm{b}}+\mathrm{j}X_{\mathrm{b}}$ 并求解功率反射和透射系数得

$$R_{\Pi}=\frac{(\rho_0c/2S)^2}{(\rho_0c/2S+R_{\mathrm{b}})^2+X_{\mathrm{b}}^2}$$

$$T_{\Pi}=\frac{R_{\mathrm{b}}^2+X_{\mathrm{b}}^2}{(\rho_0c/2S+R_{\mathrm{b}})^2+X_{\mathrm{b}}^2} \tag{10.10.16}$$

侧分支管的功率透射系数为

$$T_{\Pi b}=\frac{(\rho_0c/S)R_{\mathrm{b}}}{(\rho_0c/2S+R_{\mathrm{b}})^2+X_{\mathrm{b}}^2} \tag{10.10.17}$$

当 $\boldsymbol{Z}_b=0$ 时,通过分支点沿主管传播的功率为零。这时全部功率都被反射回声源。若 $R_{\mathrm{b}}$ 大于零但不是无穷大,无论 $X_{\mathrm{b}}$ 值如何,一部分功率被侧分支管消耗,另一部分穿过分支点被透射。若 $R_{\mathrm{b}}$ 或 $X_{\mathrm{b}}$ 大大地大于 $\rho_0c/S$,则几乎所有入射功率被透射如侧分支管。极限情况下,$R_{\mathrm{b}}=X_{\mathrm{b}}=\infty$,即无侧分支管,$T_{\Pi}=1$。

## 10.11 声学滤波器

侧支路衰减管道中传输的声能的能力是一类声学滤波器的基础。取决于侧支路的输入声阻抗,此类系统可以充当低通、高通或带通激励器。对于每种类型将考虑一个例子。

(a)低通滤波器

假设我们在横截面为 $S$ 的无限长管道中插入总横截面为 $S_1$ 且长度为 $L$(或适当中止)的管道放大截面。在低频下 $kL\ll1$,这个截面充当一个体积约为 $V=(S_1-S)L$ 的侧分支管,具有声顺 $C=V/\rho_0c^2$。于是这个小室的声阻抗为

$$Z_b\approx-\mathrm{j}\rho_0c^2/[\omega(S_1-S)L] \tag{10.11.1}$$

而且根据式(10.10.13),它与管本身的阻抗 $\rho_0c/S$ 是并联的。将式(10.11.1)代入式

(10.10.16)得功率透射系数

$$T_{\Pi} \approx \frac{1}{1+\left(\dfrac{S_1-S}{2S}kL\right)^2} \tag{10.11.2}$$

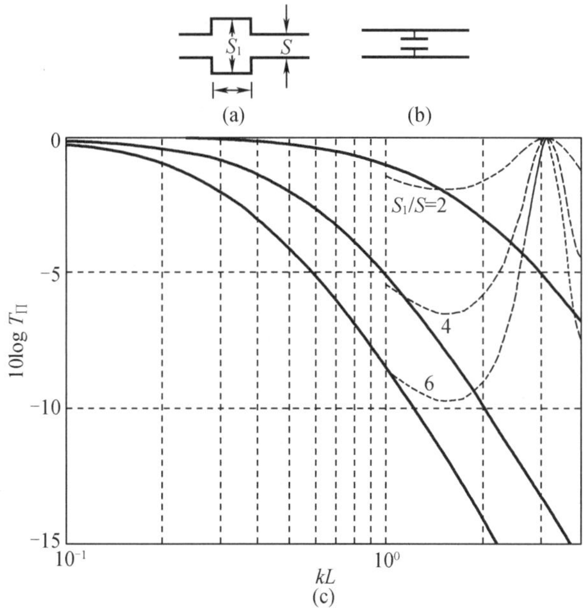


**图 10.11.1　一个简单的低通声学滤波器由截面为 $S$ 的管中半径为 $S_1$、长为 $L$ 的放大截面构成。(a)示意图;(b)类比的电滤波器;(c)几种 $S_1/S$ 值对应的衰减。实线由式(10.11.2)计算,其中 $kL \ll 1$。虚线由式(10.11.6)计算,其中 $kL \gg 1$。**

由此式知低频时功率全部透射,随着频率升高逐渐减小。当 $kL=2S/(S_1-S)$ 时,$T_{\Pi}$ 为 0.5。这种类型的声滤波器类似于通过在传输线上加上分流电容器而产生的低通电滤波器,如图 10.11.1b,但仅当 $kL<1$ 时如此,$kL>1$ 时公式不成立。

图 10.11.1c 显示了几种 $S_1/S$ 值对应的近似功率透射系数分贝数与 $kL$ 的关系。注意到直至 $S_1/S>3$ 时,$T_{\Pi}$ 才会在 $kL=1$ 时降至 0.5。

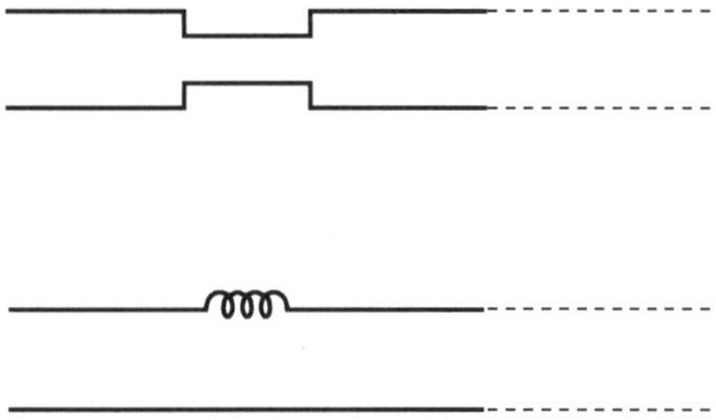

**图 10.11.2　管道的颈缩及其电学类比**

通过考虑三部分管中的入射、反射和透射波可以得到适用于 $kL>1$ 时的更一般公式。当波长比三部分管的半径都大时,合适的边界条件仍为在管扩张部分的两端声压及体积速度连续。则可由 6.3 节方法得到透射系数,但不用质点速度而用体积速度。得到结果与式

(6.3.9)用 $S/S_1$ 代替 $r_2/r_1$ 得到的表达式相同。

另一类低通滤波器是通过收窄管径实现的,如图 10.11.2。可以用一个声质量与连续管串联来模拟。但与扩张管颈时的情况一样,电与声之间的类比关系只对低频成立。这类滤波器的透射系数可以用相同的方程计算(式(6.3.9)用 $S/S_1$ 代替 $r_2/r_1$),因为该式推导过程与 $S$ 和 $S_1$ 哪个更大无关。

除了频率上限制以外,还有实用上的限制在设计低通声学滤波器时必须要考虑。上面得到的公式不能应用于滤波器与管横截面积相差很大的情况。尽管有这些限制,这类滤波器仍是设计简单的车辆消音器、枪支消音器和安装于通风系统中的吸声增压室的基础。

(b)高通滤波器

接下来考虑短的无法兰管作为分支的影响。若这个分支管的半径 $a$ 和长度 $L$ 均小于波长,则由式(10.8.2)、式(10.8.9)可得分支管的阻抗为

$$\mathbf{Z}_{\mathrm{b}}=\rho_0 c k^2/4\pi+\mathrm{j}\omega(\rho_0 L'/\pi a^2) \tag{10.11.3}$$

其中 $L'=L+1.4a$。第一项来自于声通过分支管向外部介质的辐射,第二项来自于孔内气体的惯性。

分支管的阻与抗之比为

$$R_{\mathrm{b}}/X_{\mathrm{b}}=ka^2/4L' \tag{10.11.4}$$

因为假设分支管半径比波长小,$ka\ll 1$,计算透射系数时,声阻相对于声抗可以忽略。式(10.10.16)变成

$$T_{\Pi}=\frac{1}{1+(\pi a^2/2SL'k)^2} \tag{10.11.5}$$

图 10.11.3 所示显示了 $L\gg a$ 和 $L=0$(主管上有一个洞)两种情况下作为 $kL$ 函数的功率透射系数,低频时透射系数几乎为零,高频时则接近于 1。当

$$k=\pi a^2/2SL' \tag{10.11.6}$$

时,透射系数为 0.5。

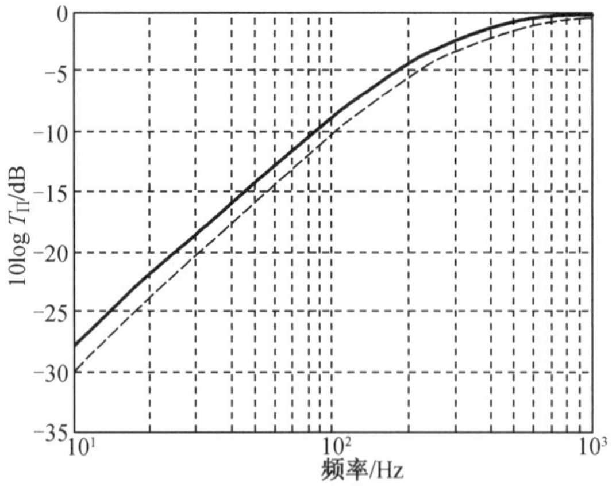


**图 10.11.3 一个截面积 $S=28\ \mathrm{cm}^2$ 的管道中高通滤波器的衰减。分支半径 1.55 cm。实线代表 $L=0.6$ cm,虚线代表 $L=0$。**

一个简单分支的存在将管道转换为高通滤波器。随着分支的半径增大,低频的功率透射减小,$T_{\Pi}=0.5$ 对应的的频率升高。若管有几个间距足够近而可以将它们看做位于同一

点(间距小于波长的一小部分)的分支,则它们并联的等价阻抗反映它们的共同作用。但若孔之间的距离与一个波长相比不是特别小,则从各个孔反射的波互不同相,功率透射系数必须利用与多层介质反射类似的求解方法来计算。一般来说,几个适当分布的支管可以比截面积等于它们截面积之和的单独一个支管产生大得多的衰减。

向单独一个支管的功率透射系数近似为

$$T_{\Pi b}=\frac{2}{\pi}\frac{k^2S}{1+(2SkL'/\pi a^2)^2} \tag{10.11.7}$$

在 $T_\Pi=0.5$ 对应的频率,该式退化为 $T_{\Pi b}=k^2S/\pi$。对于图 10.11.3(实线)的例子,对应于在 225 Hz 时为 0.015。显然孔的滤波作用不是源于声能向管外的透射,而是由于能量被反射回了声源。

孔的影响可用于定性地解释诸如长笛或单簧管之类的管乐器的行为。当这些乐器在其基本音域中弹奏时,演奏者会打开距离吹嘴特定距离之外的所有(或几乎所有)孔口。因为孔的直径几乎与管口一样大,这等效于减小了乐器的管长,从第一个孔反射的声能在这个孔和吹嘴之间形成驻波分布。长笛基本上像一个两端开口管,其波长大约等于从吹口中的开口到第一个开放性孔口距离的两倍。而在单簧管中,簧片振动的作用使得吹口处的条件与封闭管端的条件近似,因此波长几乎是簧片到第一个开口距离的 4 倍。在这两种乐器中都还有许多谐波泛音,其中单簧管主要是奇数阶谐波,正如对一端开口一端封闭管所预料的一样。当在一个高的音域内演奏这两种乐器时指法更复杂,超过第一个开放孔口的一些孔口保持关闭状态,而其他一些孔口打开,目的是强调所期望的驻波模式。

(c)带阻滤波器

如果侧支管既有惯性又有柔性,则它充当带阻滤波器。这中侧分支管的一种形式是远端刚性封闭的一条长管。另一个例子是图 10.11.4 所对应的亥姆霍兹谐振器。若忽略热黏滞损耗,则没有能量的净耗散于是 $R_b=0$。如果谐振腔开口的面积为 $\pi a^2$,颈长度为 $L$,体积为 $V$,则该支管的声抗为

$$X_b=\rho_0(\omega L'/S_b-c^2/\omega V) \tag{10.11.8}$$

其中 $L'=L+1.7a$。代入式(10.10.16)得到透射系数为

$$T_\Pi=\frac{1}{1+\left(\dfrac{c/2S}{\omega L'/S_b-c^2/\omega V}\right)^2} \tag{10.11.9}$$

当

$$\omega=c(S_b/L'V)^{1/2} \tag{10.11.10}$$

时,透射系数为零。这就是亥姆霍兹谐振器的共振频率。在这个频率上,谐振器颈内有很大的体积速度,但是由入射波传输到谐振腔的所有声能都返回主管,而返回时的相位关系又导致能量反射回声源。

对两种有代表性的谐振器在无损耗假设下计算的透射系数与频率关系示于图 10.11.4。两条曲线的一个显著特性是在共振频率两侧带宽超过一个倍频程的范围内透射都有明显衰减。

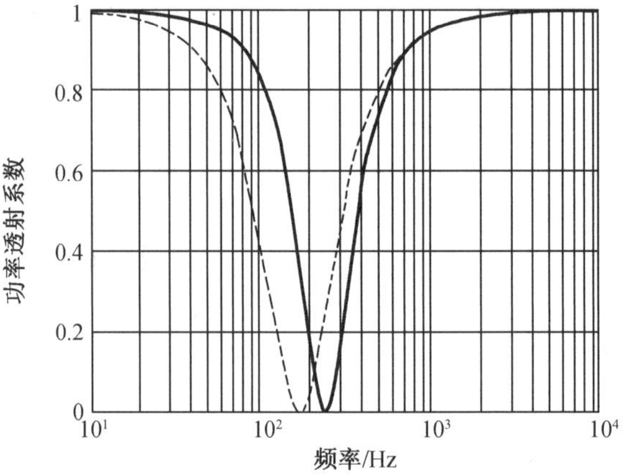


**图 10.11.4　亥姆霍兹谐振器构成的带阻滤波器的功率透射系数。谐振器有一个长 0.6 cm、半径 1.55 cm 的颈。管截面积为 28 cm$^2$。实线对应体积为 1 120 cm$^3$ 的谐振器,虚线对应体积为 2 240 cm$^3$ 的谐振器。**

# 习　　题

除非特别说明,管内流体为 20 ℃、1 个大气压的空气。

10.2.1　管终端的负载阻抗等于管内空气的特性机械阻抗的 3 倍,求 500 Hz 时输入阻等于输入抗的最短管长。

10.2.2　证明 $kL \ll 1$ 时受迫振动刚硬管的输入阻抗是弹性抗。解释这一刚度对于理想气体的物理意义。

10.2.3C　长 0.01m、半径 0.02m 的管子,一端用电容传声器膜片张紧,另一端开口,刚性假设,计算并绘制膜片表面声压与开口端声压比值随频率从 100 Hz 到 2 000 Hz 变化的函数曲线。

10.2.4　长 1 m、半径 1 cm 的圆柱管一端激励,另一端连接法兰,开口于空气中。(a)绘出输入作为 $kL$ 函数机械阻和机械抗曲线。(b)由图中得出前三阶谐振频率之间的百分比差异以及整数个半波所对应频率之间的百分比差异。

10.3.1　半径 0.05 m、长 1.0 m 的管内空气被管一端的活塞所激励,活塞质量 0.015 kg、半径 0.05 m。(a)考虑管内空气的影响,150 Hz 时活塞的机械阻抗是多少?(b)在此频率上要使活塞产生 0.005 m 的位移幅值需要多大幅值的力?(c)从管的开口端辐射出去的声功率是多少?

10.3.2　长 1.0 m、半径 0.05 m 的管内空气被管一端的活塞所激励,活塞质量可以忽略。管的远端开口于空气并装有一个大法兰盘。(a)求系统的基频。(b)如果以上述频率激励活塞使其产生的位移幅值峰值为 0.01 m,则向管开口端传播的平面波传递的声功率是多少瓦?(c)通过开口端辐射出去的声功率是多少瓦?

10.3.3C　(a)管末端开口并装有法兰,$ka<0.2$,绘出功率传输系数随 $ka$ 的变化曲线并与式(10.3.5)的近似值对比。(b)求近似值偏离精确值 10%对应的 $ka$ 值。

10.3.4C　管一端激励,另一端开口无法兰,长度与半径比为 100。(a)绘出第一阶谐振频率附近的辐射声功率曲线。(b)由此图得出值并与利用式(10.3.9)得到的值对比。

10.4.1　水中 1 480 Hz 平面波垂直入射于平面水泥墙壁,后者吸收所有透射声能量。假设水中声速为 1 480 m/s。驻波在墙壁表面取得声压幅值峰值 15 Pa,到墙面最近的节点距离为 0.25 m,声压幅值为 5 Pa。(a)求反射波与入射波强度之比。(b)求墙壁的声阻抗率。

10.4.2　空气中 500 Hz、声压级 60 dB *re* 0.000 2 μbar 的声波入射到空气与特性阻抗为 830 Pa·s/m 的另一种介质的分界面。(a)求等效的反射波声压幅值(均方根值)。(b)求等效的透射波声压幅值的有效值。(c)距离边界多远处驻波图案的声压幅值与入射波相同?

10.4.3　空气中 200 Hz 平面波垂直入射于声阻抗率为 1 000-j2 000 Pa·s/m 的隔声瓦片上。(a)产生的驻波图案的驻波比是多少?(b)求前两个节点位置。

10.4.4　水中 1 kHz 平面波垂直入射于可以认为是无限厚的水泥墙上。(a)驻波比是多少?(b)这相当于多大的声压级差?(c)前三个节点位置在何处?

10.4.5　空气中 200 Hz 平面波垂直入射于隔声瓦上。产生的驻波 SWR=10,距离瓦最近的节点在 50 cm 处。求瓦的法向声阻抗率。

10.4.6C　对于习题 10.4.5 的瓦,绘出声压幅值随到瓦的距离变化的曲线。

10.5.1　半径 0.1 m 的充空气管一端安装的扬声器发射 6 kHz 平面波在管内传播。管的远端刚硬封闭。在管内某位置测得驻波比为 8。在沿管向下游移动 0.5 m 的另一位置测得的驻波比为 0.9。(a)推导一个包含这两个驻波比和这两点间距离的公式,用以计算波的吸收常数。给出时 $\alpha \ll 1$ Np/m 公式的简化形式。(b)上面数据对应的 $\alpha$ 值是多少?(c)如果管壁只有热黏性损失,计算预期的吸收常数。(d)假设吸收常数的测量值比预期值多的部分完全由于存在水蒸气,利用图 8.6.2 估计管内空气湿度。

10.5.2C　长 1 m、半径 1 c m、充满空气的管一端激励,另一端刚性封闭。管内衰减由式(10.5.9)给出,其中 $\alpha = 2.93\times10^{-5} f^{1/2}/a$ Np/m。(a)根据精确解式(10.5.3)绘制机械阻和机械抗随频率的变化关系。(b)根据近似式式(10.5.4)绘制机械阻和机械抗随频率的变化关系。(c)确定近似解误差开始变大的频率并求该频率的 $\alpha/k$ 和 $\alpha L$ 值。

10.5.3C　对于习题 10.5.2C 的管,(a)绘制第一阶谐振频率附近声源发出的功率;(b)利用此图确定 $Q$ 值并与根据式(10.5.9)计算的值对比。

10.5.4C　对于末端 $x=L$ 刚硬封闭、$\alpha/k=0.04$ 的受激管中有阻尼驻波,绘制声压幅值随空间位置变化曲线。由此图确定连接各节点的一条直线的斜率和截距。

10.6.1　证明有阻尼的开口受激管的谐振频率和接近于反谐振的频率分别对应于最大和最小功耗。假设 $ka \ll 1$。

10.6.2　质量为 $m$、半径为 $a$ 的活塞安装于长为 $L$、半径为 $a$ 的管一端,其中 $a \ll L$。管另一端通向无限大法兰盘。(a)当 $ka \gg 1$ 的高频力 $F\cos\omega t$ 激励活塞时,推导管开口端辐射出去的声功率的近似公式(假设平面波)。(b)给出 $ka \ll 1$ 且 $kL \ll 1$ 时的近似公式。

10.6.3　对于图 10.6.2 所示的受激管系统,找到激励器共振时的 $f$ 和 $kL$ 值。你的结果与图中结果是否一致?

10.6.4C　长 1 m、半径 1 c m 的充满空气管一端激励,另一端刚性封闭。衰减为 $\alpha = 2.93\times10^{-5} f^{1/2}/a$ Np/m。(a)若激励器的质量为 1 g,刚度为 $10^4$ N/m,求前六阶谐振频率。(b)对于常数激励力绘出刚硬端的声压。

10.8.1　亥姆霍兹谐振腔球直径 0.1 m。(a)在空气中要使其在 320 Hz 谐振，需要在球上钻一直径为多大的孔？(b)320 Hz 入射平面波要在腔内产生 20 μbar 声压幅值，入射波声压幅值需为多大？(c)如果在球上钻孔的直径为(a)的 2 倍，谐振频率为何值？(d)如果在球上钻两个直径同(a)中值的孔，谐振频率为何值？

10.8.2　一硬壁封闭式扬声器箱内部尺寸为 0.3 m×0.5 m×0.4 m，箱的前面板 0.03 m 厚，有一个为了安装扬声器而钻的直径 0.2 m 的孔。(a)该箱的基频是多少？(将其视为一个亥姆霍兹谐振腔。(b)圆锥直径 0.2 m、质量 0.01 kg，悬挂刚度 1 000 N/m 的扬声器安装于此箱内，圆锥的谐振频率是多少？假设系统的等效质量为圆锥质量和辐射质量之和，等效刚度为圆锥刚度与腔内空气体积的刚度之和。(c)若圆锥未安装于此箱内，也没有空气负载，其谐振频率是多少？(d)若以(b)的频率激励圆锥，位移振幅为 0.002 m，辐射声功率多大？(e)在同样的频率和位移振幅下，圆锥安装在箱内相比于不安装在箱内声压幅值高出多少？相应地作用在一个 0.4 m×0.5 m 面板上的力是多少？

10.8.3　证明式(10.8.8)可以写成 $k_0L'=(\text{有效颈体积}/\text{腔体积})^{1/2}$ 的形式，其中 $k_0=\omega_0/c$。

10.9.1　一扬声器参数为：圆锥质量 $m$，悬挂刚度 $s$，辐射阻抗 $R_r+\mathrm{j}X_r$。若激励扬声器的力为 $F\exp(\mathrm{j}\omega t)$：(a)给出用该声源各部分的声阻抗表示的等效电路；(b)求圆锥的速度幅值；(c) 这是否与 7.5 节分析一致？

10.9.2　一长方形房间内部尺寸为 2.5 m×4.0 m×4.0 m，墙壁厚 0.1 m。通往该房间的一扇门尺寸为 0.8 m×2.0 m。(a)假设这扇门的惯性与相同面积圆形开口的惯性相同，计算房间的谐振频率(视为亥姆霍兹谐振腔)。(b)房间的声顺和门开口的声质量是多少？(c)只考虑房间的声顺和门开口的声质量，该房间对处于其中的 20 Hz 声源的声阻抗是多大？

10.10.1　一横截面为 $S_1$ 的管连接一横截面为 $S_2$ 的管。(a)推导透射到第二根管中波的声强度与入射波声强度之比的一般表达式。(b)在什么条件下透射声强大于入射声强？(c)推导用 $S_1$ 和 $S_2$ 表示 $S_1$ 管中驻波比的一般表达式。

10.10.2　平面波在充满特性阻抗为 $\rho_1c_1$、横截面积为 $S_1$ 的管中传播。此管末端连接另一根横截面积为 $S_2$ 的管，管内充满特性阻抗为 $\rho_2c_2$ 的流体。两根管之间被一层薄的橡胶膜分隔开。(a)推导功率透射系数。(b)全透射条件是什么？

10.10.3　声压幅值为 $P$ 的平面波在横截面积为 $S_1$ 的管中向右传播。横截面积为 $S_2$ 的较细无限长管连接到 $S_1$ 管末端。(a)要使得透射到第二根管中的声压幅值为第一根管中入射声压幅值的 1.5 倍，两个截面积值比是多少？(b)如果在距离两管连接处 1/4 波长的位置将较细的管截断并用一个刚硬端面将其封闭，给出用粗管中入射波声压幅值表示细管封闭端声压幅值的一般表达式。(c)对于(a)中确定的截面积之比，这两个声压之比是多少？

10.10.4　横截面积为 $S$ 的无限长主管的支路是另一根横截面积为 $S_b$ 的无限长管。主管中传播着某一频率的平面波，波长比每一根管的直径都大。(a)推导 $T_\Pi$ 的方程。(b)推导 $T_{\Pi b}$ 的方程。(c)若主管横截面积是支管的两倍，计算向每一根管内的透射系数。(d)这两个系数之和是否为 1？若不是，剩下的功率去了哪里？用计算支撑你的结论。

10.10.5　正方形截面通风管的截面边长为 0.3 m。在其中一个壁上钻一个半径 0.08 m 的孔，使其通向体积为 $V$ 的封闭房间，这样就构成一个亥姆霍兹带通滤波器。(a)要使其对 30 Hz 声过滤效果最佳，$V$ 应该多大？(b)60 Hz 的功率透射系数多大？

10.10.6　(a)在半径为 2 cm 的薄壁管上钻一个半径 1 cm 的孔，500 Hz 时 $T_\Pi$ 是多大？提示：利用式(10.8.2)和式(10.8.9)估计 $\mathbf{Z}_r$，然后得到 $\mathbf{Z}_b$。(b)如果在与 1 cm 半径孔相对的位置再钻一个同样大小的孔，$T_\Pi$ 为何值？

10.10.7　证明：为了使 $T_\Pi=0.5$，需要在半径为 $a$ 的薄壁管上钻一个半径为 $a=\frac{64}{3}fa_0^2/c$ 的孔。

10.10.8　频率 300 Hz、功率 0.1 W 的平面波在半径 2.0 cm 的无限长管内传播，遇到管壁上一个半径 0.50 cm 的孔口时反射的功率、继续沿管传播的功率以及经由孔口辐射出去的功率各是多大？

10.10.9　通风管半径 0.6 m。为了抑制低频声的透射，在管壁上引入一个质量为 $m$、半径 0.5 m 的活塞。(a)绘制作为 $\omega m/\rho_0 cS$ 函数的功率透射系数曲线。(b)要求 60 Hz 时 $T_\Pi$ 不大于 0.5，活塞最大允许质量是多少？

10.10.10　水管直径 0.04 m。为了滤掉其中平面波的传播，加装直径 0.02 m、末端刚性封闭的支管。要使得对于 900 Hz 平面波滤波效果最佳，计算支管的最小长度。

10.10.11　证明：容积为 $V$、末端端盖上有一半径为 $a$ 的孔的短支管等价于以声质量 $M=1.7\rho_0/\pi a$ 和声顺 $C=V/\rho_0 c^2$ 并联对主管道分流。(a)这样得到的是什么型滤波器？(b)给定主管的 $S=0.005\ \text{m}^2$，$a=0.02$ m，要使 400 Hz 沿主管传播的波透射最小，$V$ 应取多大？(c)200 Hz 时多大？

10.10.12C　截面积为 $S_1$ 的空气管末端连接截面积为 $S_2$ 的无限长管。(a)对于 $0<S_2/S_1<10$，绘出透射系数随 $\log(S_2/S_1)$ 变化的曲线。(b)计算使 $T_\Pi$ 至少为 0.5 的 $0<S_2/S_1<10$ 值。

10.10.13　横截面积为 $S$ 的空气管有一横截面积为 $S_b$ 的支管。若支管无限长，计算使 $T_\Pi=0.5$ 的 $S_b/S$ 值。

10.10.14C　横截面积为 25 cm 的空气管有半径同为 2 cm、长度分别为 50 cm 和 100 cm 的两个支管。每个支管末端都是开口的并有法兰。绘出 $0<f<1$ kHz 内的输入阻和输入抗曲线并确定谐振频率。

10.11.1　由式(10.11.1)和式(10.10.16)推导式(10.11.2)。

10.11.2　取式(10.11.2)当$[(S_1-S)/S]kL\ll 1$ 时的近似式，并与 6.3 节流体层功率透射系数当 $r_1=r_3\gg r_2$ 且 $k_2L\ll 1$ 时的近似式对比。

10.11.3C　一个低通滤波器插入半径 1 cm 的无限长空气管，绘制功率透射系数随 $\log f$ 的变化曲线。滤波器半径 2 cm、长 5cm。所考虑的频率上限不超过等于滤波器最大尺度 10 倍的波长所对应的频率。

10.11.4　(a)一低通滤波器由两个相同的细管将三个相同的腔串联构成。证明这是截止频率为 $fc=(1/\pi)(c^2S/LV)^{1/2}$ 的低通滤波器，其中 $S$ 为每个细管的横截面积，$L$ 为其有效长度，$V$ 为每个腔的余量体积。(b)若某空调系统的风扇噪声频率高于 60 Hz，为该滤波器设计合适的尺寸使其安装于横截面积为 1 $\text{m}^2$ 的管道时可以滤掉大部分噪声。

10.11.5　(a)设计安装于横截面积为 0.1 $\text{m}^2$ 管中的滤波器使得 1 kHz 时 $T_\Pi=0.5$。(b)在什么频率上 $T_\Pi=0.9$？

10.11.6　横截面积为 $S_1$、长为 $L$ 的圆柱形膨胀室插入横截面积为 $S$ 的管构成低通滤波器。(a)推导对于 $\lambda>\sqrt{S_1}$ 对应的所有 $kL$ 值成立的 $T_{\Pi}$ 表达式。提示:按照 6.3 节的步骤进行。(b)证明如果将 $S/S_1$ 用 $r_2/r_1$ 代替,则结果与式(6.3.9)相同。(c)求 $T_{\Pi}$ 取得最小值对应的 $kL$ 最小值,并将此最小值写成对$(S_1-S)/S$ 及其倒数的对称依赖性的形式。

10.11.7C　横截面积为 28 $cm^2$ 的空气管有一个由横截面积为 7.5 $cm^2$、长 $L$ 的无法兰支管构成的高通滤波器。在 $f<2.5$ kHz、$0<L<0.6$ cm 范围内绘制功率透射系数随 $\log f$ 的变化曲线。

10.11.8C　横截面积 7.5 $cm^2$ 的空气管有一带通滤波器,该滤波器是容积 1 120 $cm^3$ 的腔和半径 1.55 cm、长 0.6 cm 的颈组成的亥姆霍兹谐振器。(a)在 $f<2.5$ kHz 范围内绘制功率透射系数随 $\log f$ 的变化曲线。(b)要保持功率透射系数为零的频率不变但改变止带的宽度,可以改变那些参数来实现?

10.11.9C　(a)为习题 10.11.8C 的管设计一个 $T_{\Pi}=0$ 的频率不变的带通滤波器,滤波器由长 $L$、末端刚性封闭的支管构成。(b)绘制该滤波器的功率透射系数曲线,并与亥姆霍兹谐振器的曲线进行对比。

# 第 11 章　噪声、信号、检测、听觉和语音

## 11.1 引　　言

语音、音乐和噪声的物理特性可以由标准声学器件(传声器、滤波器、频谱分析仪、示波器等)精确测量,测量结果可以用物理参数定量表示。相比之下,听觉的解释性特征可以通过主观参数来表达,利用这些主观参数可以在假设或已知条件下对一般听众的判断进行统计预测,例如,对不同频率的两种声音的相对响度的判断可以将主观响度与强度和频率的物理参数联系起来。通过这类研究确定了开始感到疼痛的阈值、刚好能被分辨的频率和强度等的统计值。这样的实验通常存在不确定性,即是否控制了所有相关变量,包括受试者对实验的任何偏见或态度。因此必须牢记,基于主观印象的实验数据是由研究人员利用特定条件下提供给所选定实验对象的特定刺激获得的。试图重复某一实验的其他实验者可能会得到不同的结果,除非特别小心地复制原始实验的所有有关参数。除此以外,建议读者查阅这里给出的参考文献①及本书后续部分将给出的参考文献,将可以获得大量信息。

## 11.2 噪声、频谱级和频带级

到目前为止,重点研究的一直是单频声信号(单音),这是一个很严格的限制。实际上,无论是听弦乐四重奏还是试图忽略的喷气式飞机噪声,我们通常听到的都是包含许多频率的声。多数声音的声强在频率和时间上不是均匀分布的,可以用“谱密度”方便地描述这种分布

$$\mathscr{I}=\Delta I/\Delta f \tag{11.2.1}$$

其中,$P$ 为 $\Delta f=1$ Hz 区间内的强度。上、下限频率为 $f_2$、$f_1$ 的频带内的总声强为

$$I=\int_{f_1}^{f_2}\mathscr{I}\mathrm{d}f \tag{11.2.2}$$

区间 $w=f_2-f_1$ 为带宽。

瞬时谱密度$\mathscr{I}(t)$几乎对于所有噪声来说都是时间的函数,式(11.2.2)中的$\mathscr{I}$是在适当的时间间隔 $\tau$ 内的平均量$\mathscr{I}=\langle\mathscr{I}(t)\rangle_\tau$。若无论在何时取平均得到的$\mathscr{I}$均为常数,则称噪声为“平稳”的。

许多传统的声学滤波和测量仪器都有快积分时间($\frac{1}{8}$ s)和慢积分时间(1 s)两种工作

① Fletcher, *Sound and Hearing in Communication*, Van Nostrand (1953). *Handbook of Noise Control*, ed. Harris, Mc Graw-Hill (1979). *Encyclopedia of Acoustics*, ed. Croker, Vols. 3 and 4, Wiley (1997).

方式。慢积分时间对于波动的平滑特别有效。一般来说，$I$ 的波动随积分时间增加和频谱宽度增宽而减弱。

$\mathscr{I}$的分贝度量值为“强度谱级(ISL)”

$$\mathrm{ISL}=10\log(\mathscr{I}\cdot 1\ \mathrm{Hz}/I_{\mathrm{ref}}) \tag{11.2.3}$$

对于空气 $I_{\mathrm{ref}}=10^{-12}\ \mathrm{W/m^2}$。若 ISL 在某个频带内基本上是常数，则很容易得到该频带内的强度级，ISL 对频率的依赖性很强则该频带内的强度级很难计算。

1. 若 ISL 在频带 $w$ 内为常数，则由式(11.2.2)计算的总强度为 $I=\mathscr{I}w$ 的简单形式，而频带内的 IL 为

$$\mathrm{IL}=10\log(\mathscr{I}\cdot 1\ \mathrm{Hz}/I_{\mathrm{ref}})+10\log(w/1\ \mathrm{Hz}) \tag{11.2.4}$$

右端第一项为 ISL，于是

$$\mathrm{IL}=\mathrm{ISL}=10\log(w) \tag{11.2.5}$$

为了表达的简洁，习惯上将 1 Hz 省略不写，尽管这样是不正确的。

2. 若 ISL 为频率的函数，则可以将整个频带划分成小区间，使每个小区间内 ISL 的变化不超过几个 dB。每个小频率区间内的强度级 IL 由式(11.2.5)计算后转换成强度 $I$，再将各个区间的强度相加的结果转换成强度级

$$\mathrm{IL}=10\log\left[\frac{\left(\sum_i I_i\right)}{I_{\mathrm{ref}}}\right] \tag{11.2.6}$$

下一节将对这个计算进行简化。

若参考声强与参考声压之间是对应的，即 $I_{\mathrm{ref}}=P_{\mathrm{ref}}^2/\rho_0 c$，则行波的声强级和声压级通常是相等的，于是式(11.2.5)可以写成

$$\mathrm{SPL}=\mathrm{PSL}=10\log w \tag{11.2.7}$$

其中，声压谱级 PSL 等价于声强谱级 ISL。某一频带的声压级 SPL 和强度级 IL 分别称为相应的“频带级”。非纯音声的声压谱级可能会使读者迟疑，这是不同频率的几个电压产生在电阻 $R$ 上的等效电压的声学类比量。每个电压单独作用时在电阻上消耗功率为 $V_i^2/R$，总消耗功率为 $\sum(V_i^2/R)$，由此得到在该电阻上消耗相同功率的总等效电压 $V=\left(\sum V_i^2\right)^{1/2}$。

进行噪声分析的仪器可能是“常数带宽”或“比例带宽”的。常数带宽仪器几乎就是一个具有(常数)带宽为 $w=f_{\mathrm{u}}-f_{\mathrm{l}}$ 的可调窄带滤波器，其中 $f_{\mathrm{u}}$ 和 $f_{\mathrm{l}}$ 为上、下半功率点，中心频率 $f_{\mathrm{c}}$ 定义为

$$f_{\mathrm{c}}=\sqrt{f_{\mathrm{u}}f_{\mathrm{l}}} \tag{11.2.8}$$

$f_{\mathrm{c}}$ 通常可以连续变化，因此可以覆盖给定频带内的所有频率。对于不同的仪器和频段，带宽范围可能从几 kHz 到小于 0.01 Hz。

比例带宽仪器由一系列频带相对较宽的宽带滤波器组成，每个滤波器的上、下半功率点频率满足 $f_u/f_l=$ 常数。每个带宽正比于中心频率而随中心频率线性增大。大多数这种滤波器具有固定的中心频率和相互衔接的频带。这类仪器中常见的是 $f_{\mathrm{u}}/f_{\mathrm{l}}=2$ 的倍频程滤波器，$f_{\mathrm{u}}/f_{\mathrm{l}}=2^{1/3}$ 的 1/3 倍频程滤波器和 $f_u/f_l=2^{1/10}$ 的 1/10 倍频程滤波器(关于更多特性见作业题)。现代滤波器的首选中心频率及相应的对数带宽列于表 11.2.1 中。分析变化相对平缓的频谱时应用最多的是倍频程和 1/3 倍频程滤波器。

**表 11.2.1　首选的倍频程和 1/3 倍频程滤波器中心频率和带宽**

| 中心频率/Hz | | 10log(带宽) | |
|---|---|---|---|
| 倍频程 | 1/3 倍频程 | 倍频程 | 1/3 倍频程 |
| 16 | 10 | 10.5 | 3.6 |
| | 12.5 | | 4.6 |
| | 16 | | 5.7 |
| | 20 | | 6.6 |
| 31.5 | 25 | 13.4 | 7.6 |
| | 31.5 | | 8.6 |
| | 40 | | 9.7 |
| 63 | 50 | 16.5 | 10.6 |
| | 63 | | 11.6 |
| | 80 | | 12.7 |
| 125 | 100 | 19.5 | 13.6 |
| | 125 | | 14.6 |
| | 160 | | 15.7 |
| 250 | 200 | 22.5 | 16.7 |
| | 250 | | 17.6 |
| | 315 | | 18.6 |
| 500 | 400 | 25.5 | 19.7 |
| | 500 | | 20.6 |
| | 630 | | 21.6 |
| 1 000 | 800 | 28.5 | 22.7 |
| | 1 000 | | 23.6 |
| | 1 250 | | 24.6 |
| 2 000 | 1 600 | 31.5 | 25.7 |
| | 2 000 | | 26.7 |
| | 2 500 | | 27.6 |
| 4 000 | 3 150 | 34.5 | 28.6 |
| | 4 000 | | 29.7 |
| | 5 000 | | 30.6 |
| 8 000 | 6 300 | 37.5 | 31.6 |
| | 8 000 | | 32.7 |

理论上测量噪声的 PSL 可用校准过的传声器检测声，然后将产生的电压通过一个在所要求频带内可调的 1 Hz 带宽滤波器。实际操作上更方便地用带宽为 $w$ 的宽带滤波器得到该带宽内的 SPL 然后由式(11.2.7)得到一个“平滑后的”谱级

$$\langle PSL\rangle_w = SPL - 10\log w \tag{11.2.9}$$

若 $w$ 不是特别大,谱也不含很强的纯音,则 $\langle PSL\rangle_w$ 为 PSL 的一个相当好的近似。若频谱结构很复杂则 $\langle PSL\rangle_w$ 为经过平滑后的 PSL。若纯音很强,则式(11.2.9)导致误导性的结果而必须借助于窄带滤波器增加测量值。图 11.2.1 给出包括宽带噪声和纯音的一个有代表性的噪声谱。尽管由 $\langle PSL\rangle_w$ 可以给出条形图,从中可以轻松地计算出频带级,但重要纯音的影响却可能被掩盖掉。

若宽带噪声具有不依赖于频率的声压谱级,则称之为"白噪声",这种噪声听起来是很尖锐的嘶嘶声。另一类噪声是"粉红噪声"。它在一定的倍频程范围内包含着相同的功率,谱级随频率升高以-3 dB/八度音阶均匀下降。相比于白噪声来说,粉红噪声更安静,对人的刺激更小。

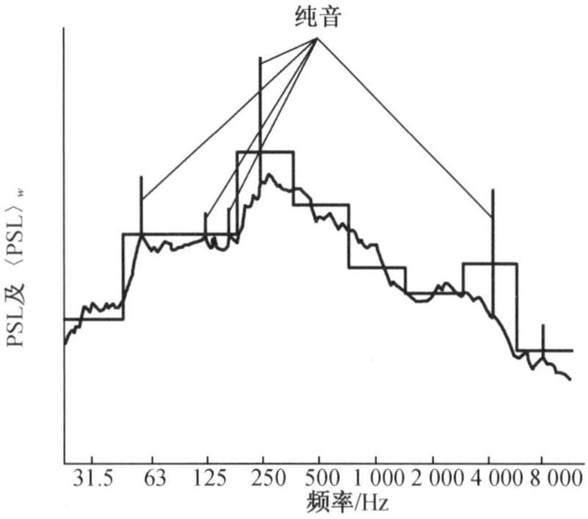


**图 11.2.1 混有纯音的宽带噪声的代表性谱。$\langle PSL\rangle_w$ 是在首选的倍频程频带上确定的。**

## 11.3 频带级与纯音的组合

借助于图 11.3.1 的诺模图可以避免式(11.2.6)的对数和反对数运算而简化整体频带级的计算。作为其应用的一个例子,表 11.3.1 显示了利用倍频程滤波器分析的噪声整体频带级的计算过程。若要进行更精确的计算可将式(11.2.6)写成可以方便地用便携计算器计算的形式

$$IL = 10\log\left(\sum_i 10^{IL_i/10}\right) \tag{11.3.1}$$

因为 PSL 是定义在 1 Hz 区间上,故纯音的 SPL 与 PSL 相同。若一个谱包含背景噪声和纯音,则连续谱的带级与各个纯音的 PSL 组合。例如,考虑图 11.3.2 所示的谱(为了计算简便起见,带宽内背景噪声为常数),由式(11.2.7)可得,单独背景噪声的带级为 60 dB,与谱级为 60 dB 和 63 dB 的两个纯音组合后得到的总的带级为 66 dB。

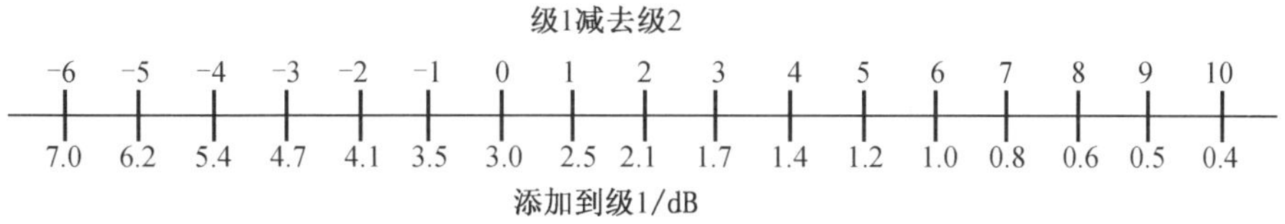


**图 11.3.1　将谱级进行组合的诺模图**

**表 11.3.1　由倍频程带宽频带级计算整体频带级的计算示例**

| 倍频程中心频率 | 倍频程频带级/(dB re 20 μPa) | 整体频带级计算 |
|---|---|---|
| 31.5 | 70 | |
| 63 | 75 | 76.2 |
| 125 | 75 | 79.6 |
| 250 | 73 | 77.1 |
| 500 | 76 | 85.1 |
| 1 000 | 78 | 80.1 |
| 2 000 | 80 | 83.7 |
| 4 000 | 75 | 81.2　85.1+=85 dB re 20 μPa |
| 8 000 | 65 | 65 — 65 — 65 |

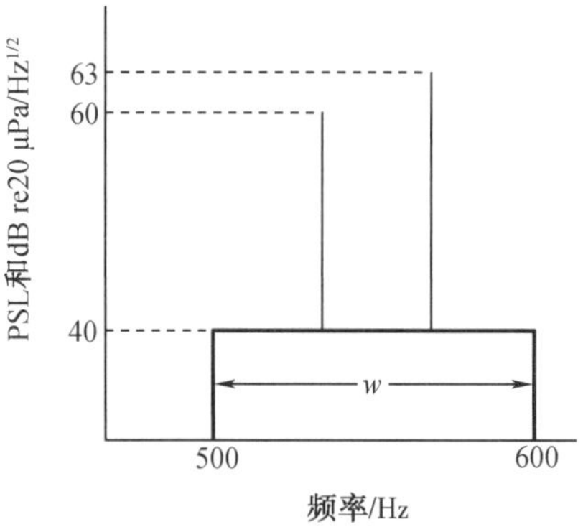


**图 11.3.2　窄带宽 $w$ 内的宽带噪声和两个纯音**

# * 11.4　检测噪声中的信号

存在噪声时的信号检测最终归结为一个主观判断①。无论是在一个嘈杂的聚会上倾听一个人的讲话声还是在水下试图对潜艇定位,听者都是试图从不需要的信息“噪声”中分离

① Green and Swets, *Signal Detection Theory and Psychophysics*, Wiley (1966).

出需要的信息(信号)。对于人类而言,由鼓膜机械刺激经过生物声学、神经学和心理声学过程而形成大脑对声音感知的复杂过程链条构成一个相当高级的信号处理系统,而且该系统局限于一个非常小的体积内,其许多功能和属性都可以借助于“检测理论”来定量描述。

考虑一个经过检测、带宽 $w$ 滤波、在时间间隔 $\tau$ 内被处理,最后呈现为“输出”的一个信号。这个输出可能是传声器的时间平均整流电压、可能是包含一个纯音的噪声采样的主观响度、热敏感双金属条的瞬时电压或限频噪声的连续两个采样可感知的音高。不管是什么检测系统都将输出记为 $A$。若对每个时刻 $t_i=t_{i-1}+\tau$ 的处理器输出 $A_i$ 进行长时间记录,则由任意一个值被测得的概率即可确定每个值出现的频率并作出曲线图(图 11.4.1)。图 11.4.1a 表示只有噪声时的“概率密度函数 $\rho_N$”,图 11.4.1b 表示“信号加噪声”的概率密度函数 $\rho_{S,N}$。它们的均值分别为 $A_N$ 和 $A_{S,N}$,标准差为 $\sigma_N$ 和 $\sigma_{S,N}$。$A_i$ 的任意值出现的概率必为 1,于是

$$\int_0^\infty \rho_N \mathrm{d}A=\int_0^\infty \rho_{S,N}\mathrm{d}A=1 \tag{11.4.1}$$

对于任意一个时间区间 $\tau$,确定一个信号是否存在的唯一方式是选择一个“门限准则 $A_T$”并假设若 $A_i>A_T$ 则存在信号,若 $A_i<A_T$ 则不存在信号。这样每个时间间隔产生一个独立判断,每个判断都有一个正确或错误的概率。图 11.4.1c 中,$A_T$ 右侧、“信号加噪声”曲线下面的面积给出“检测概率 $P(D)$”,而 $A_T$ 右侧、“噪声”曲线下面的面积给出“虚警概率 $P(FA)$”

$$P(D)=\int_{A_T}^\infty \rho_{S,N}\mathrm{d}A$$
$$P(FA)=\int_{A_T}^\infty \rho_S\mathrm{d}A \tag{11.4.2}$$

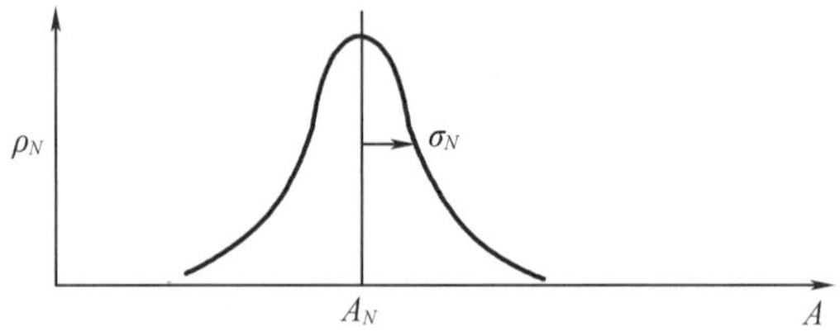

(a)噪声概率密度函数

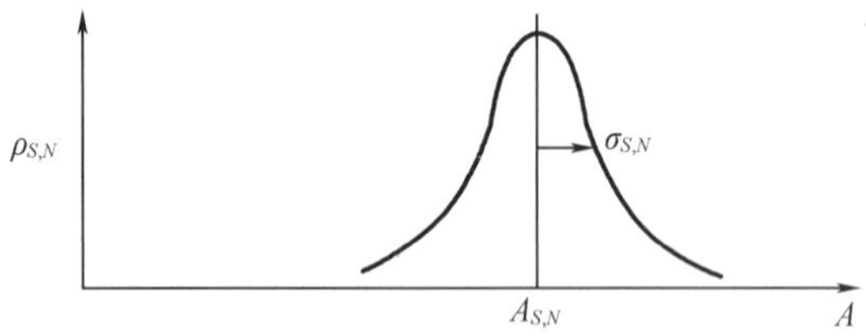

(b)有噪声的信号概率密度函数

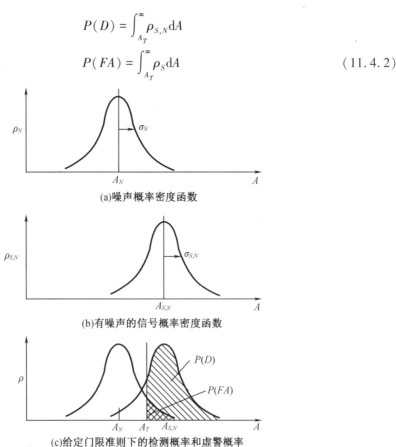

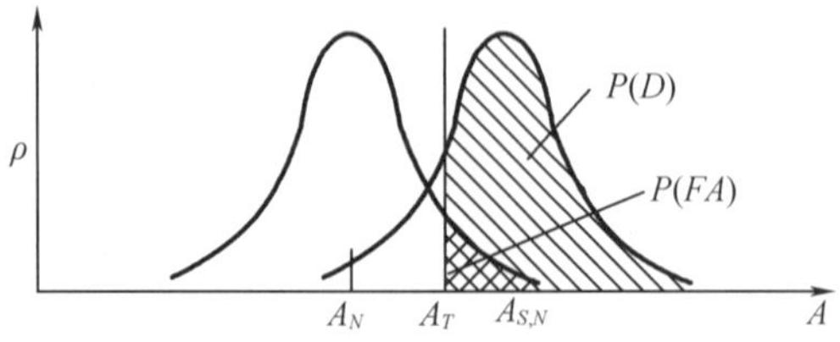

(c)给定门限准则下的检测概率和虚警概率

**图 11.4.1 有噪声和信号加噪声的概率密度函数以及给定门限准则下的检测概率和虚警概率**

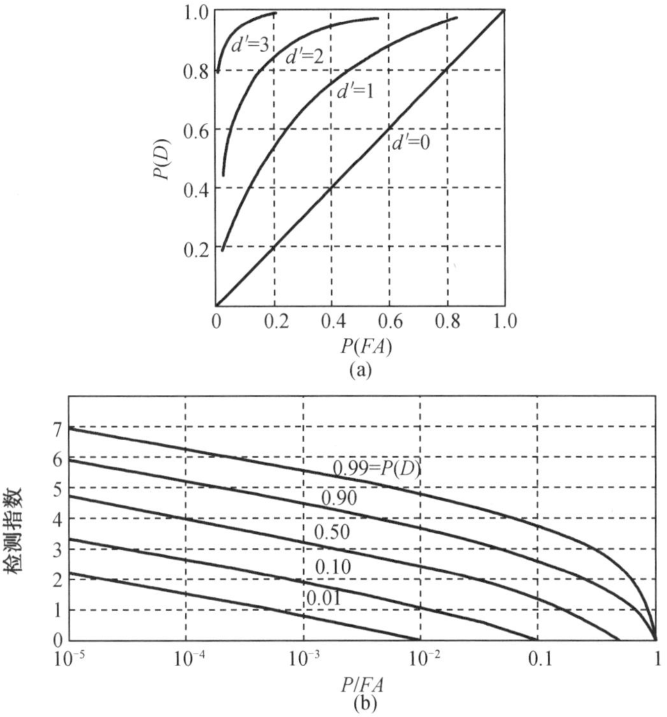


**图 11.4.2　标准差相等的高斯分布的接收工作特性曲线(ROC)**

当 $A_7$ 从零值增加到任意大的值时，$P(D)$ 和 $P(FA)$ 从 1 减小到零(图 11.4.2a)。多余接收机工作特性(ROC)曲线中具体遵循哪一条取决于这两个概率函数之间的差异。例如，如果保持 $A_7$ 值不变而允许信号增大，则混有噪声的信号的概率密度函数曲线右移，$P(D)$ 增大。这导致系统的工作点在图中竖直移动到更高的值。每个具体的检测系统(一只回声定位的蝙蝠、潜艇探测系统及其操作员或者烟雾探测器)都有自己的一套 ROC 曲线。每一组曲线中每一条 ROC 曲线都标有一个“检测指数”，值越高的曲线检测指数越大。

一种非常重要的特殊情况是 $\rho_N$ 和 $\rho_{S,N}$ 为具有相同标准差 $\sigma$ 的高斯分布的概率密度函数。这时检测指数由下式给出

$$d' = (A_{S,N} - A_N)/\sigma \tag{11.4.3}$$

这个量表示两个均值之间的差等于几个标准差。若标准差 $\sigma_N$ 和 $\sigma_{S,N}$ 不等，则(11.4.3)式 $\sigma$ 代之以 $\sqrt{\sigma_S^2+\sigma_{S,N}^2}$。

尽管每个具体的检测问题都有特定概率密度函数，但对于许多过程来说具有相等 $\sigma$ 值的高斯分布假设已经足够了。在某种实际情况下，实验确定的 ROC 曲线与图 11.4.2a 所示曲线之间的偏离程度证明这个假设总能得到满足。

确定某一检测过程的 ROC 曲线是相当烦琐的。对于 ROC 曲线上的一个点估计其 $P(D)$ 和 $P(FA)$ 值就需要几百次的试验，而确定一族中的每一条曲线至少需要几个点。这些分析方法摘要如下。

1. “是-否”任务

每次试验向受试者提供噪声或是有噪声的信号。通常信号强度保持恒定($d'$一定)，因此结果将落在同一条 ROC 曲线上。由发给观察者的指令给出具体判据(例如，“仅当确定存在信号时给出肯定判断”设定的 $A_T$ 值就比“只要有信号存在的迹象就给出肯定判断”设

定的 $A_T$ 值要高)。通过在各组试验之间改变判据就能得到一条 ROC 曲线上的几个点。对于不同信号强度重复试验步骤就得到不同 $d'$ 的曲线。作为本节讨论的基础、图 11.4.2 曲线所适用的决策过程就是"是-否"任务。

2. 评分任务

每次试验向受试者提供噪声或是有噪声的信号,要求其对存在信号的可能性评分(例如由 1 分到 4 分)。这相当于对每一个任务应用四种不同的 $d'$ 值。若观察者保持合理的一致性,则得到与"是-否"任务相同的 ROC 曲线。

3. $n$ 选项强制选择($nAFC$)任务

每次试验向受试者提供 $n$ 个样本,其中只有一个有信号,受试者必须对哪一个样本最可能包含信号做出选择。若噪声以及有噪声的信号为 $\sigma_N = \sigma_{S,N}$ 的高斯分布,则 $2AFC$ 的 ROC 曲线与"是-否"任务的相同,但每条曲线的 $d'$ 值为图 11.4.2 对应值的 $\sqrt{2}$ 倍。

## *11.5 检 测 阈

到此为止我们处理了检测系统输出端的检测过程。一项很重要的工作是将上面所考虑的与检测系统的输入联系起来。例如,耳朵接收声信号和噪声,则信号与噪声的组合经过机械的、神经的、心理的一连串演变最后决定信号是否存在。

接收器(耳朵)接收到系统带宽 $w$ 内的"信号功率 $S$"和"噪声功率 $N$"作为输入。完成对输入的所有处理后,对于指定的 $P(FA)$ 值,能保证某一给定 $P(D)$ 值的比值 $S/N$ 最小值被指定为带宽 $w$ 内的检测阈

$$\mathrm{DT} = 10\log(S/N) = \mathrm{DT}_1 - 10\log w \tag{11.5.1}$$

其中 $\mathrm{DT}_1$ 为 1 Hz 带宽内的检测阈

$$\mathrm{DT}_1 = 10\log[S/(N/w)] \tag{11.5.2}$$

(不同的文献讨论检测过程时用符号 DT 或 $\mathrm{DT}_1$ 或两者都用,读者必须小心确定要引用的内容,因为记号经常不清楚。)

将其与在输出(感知)处观察到的属性相关联是很重要的。具体的计算超出本书范围,但我们可以引用与两种极端情况对应的两个结果①,它们的概率密度函数为具有相同 $\sigma$ 值的高斯分布。

(a) 相关检测

如果信号是确知的,则最佳的信号处理是基于互相关,它是在接收到的包含噪声的信号中搜索的已知信号。假设信号 $s(t)$ 持续时间为 $\tau$,噪声为 $n(t)$。混有噪声的信号为 $r(t)=s(t-T')+n(t)$,其中 $T'$ 为不确定的时间延迟(即信号从源到检测系统输入端所用的时间)。互相关相当于产生和研究下面的函数

$$F(T) = \int_{-\infty}^{\infty} s(t)r(t+T)\,\mathrm{d}t \tag{11.5.3}$$

其中 $T$ 为相关器的可调时间延迟。将 $r(t)$ 代入得

---

① Peterson, Birdsall, and Fox, *Trans. IRE*, PGIT4, 171 (1954).

$$F(T)=\int_{-\infty}^{\infty}s(t)s(t-T'+T)\mathrm{d}t+\int_{-\infty}^{\infty}s(t)n(t+T)\mathrm{d}t \tag{11.5.4}$$

当 $T=T'$ 时右端第一个积分值最大。平均而言,第二个积分对 $T$ 的任何值贡献很小,因为被积分是时间的独立振荡函数的乘积。于是在 $T=T'$ 时达到峰值的 $F(t)$ 起着检测系统输出的作用。检测指数为

$$d'=(2w\tau S/N)^{1/2}\quad(相关) \tag{11.5.5}$$

经验丰富的听众可以专注于乐队中某个特定乐器,甚至在全体合奏中也能分辨这一种乐器的声音,上述相关处理在人的这种能力中可能起到了作用。

(b)能量检测

如果信号的显著特征未知,则平方律处理为最佳。检测系统接收声压,将其进行平均以确定每个观察间隔内的声能呈现为输出 $A$。在听的过程中,有证据表明检测混在噪声中的纯音可能就是这样的过程。例如,在没有与乐器相关的瞬变或泛音突出的存储信息的情况下,听觉过程可能依赖于纯能量检测。在 $S/N\ll 1$ 和 $w\tau\gg 1$ 的限制条件下,检测指数为

$$d'=(w\tau)^{1/2}S/N\quad(平方律) \tag{11.5.6}$$

这两种处理方案的检测阈为

$$DT=\begin{cases}10\log[(d')^2/2w\tau] & (相关)\\ 5\log[(d')^2/w\tau] & (平方律)\end{cases} \tag{11.5.7}$$

例如假设系统要检测一个 $P(D)=0.5$、$P(FA)=0.02$ 的未知信号。由图 11.4.2 知 $d'=2$。令系统带宽为 100 Hz,处理时间为 $\tau=0.5$ s。(1)平方律处理 DT=-5.5 dB,要求的信噪比为 0.28。若信号为一个纯音,其 SPL 应比噪声的 PSL 高 14 dB(假设噪声在带宽内具有常数的 PSL)。(2)如果信号确知,则由相关处理 DT=-14 dB,要求的信噪比为 $S/N=0.04$。纯音的 SPL 只需比噪声 PSL 高 6 dB 仍能满足对 $P(D)$ 和 $P(FA)$ 的要求。

在实际的检测系统中(可能包括听觉的某些方面)通常会有一个“后检测滤波器”对输出 $A$ 在一个时间间隔 $T_s$ 内进行平均以减少输出的波动。可以证明这对于检测阈的影响时使其增大 $|5\log(\tau/T_s)|$。当存在这样一个设备时,处理系统和受处理滤波器的组合系统的总检测阈 DT′比检测系统单独的检测阈 DT 高

$$\mathrm{DT}'=\mathrm{DT}+|5\log(\tau/T_s)| \tag{11.5.8}$$

后处理滤波器不会使 $DT$ 降低,但如果 $\tau\approx T_s$ 时则有一些小的负面影响。

## *11.6　耳　　朵

人耳对大约在 20 Hz 到 20 kHz 范围内的频率有反应。在 1 kHz 频率时,当声音使鼓膜发生的位移仅为氢分子直径的 1/10 时就能被听到。但耳朵远不止是一个灵敏的宽带接收器。结合神经系统,耳朵可作为具有出色选择性的频率分析仪。在这本书中,我们只能对耳朵和听力进行有限的介绍,更多信息见参考文献①。

人耳(图 11.6.1)是人体最为复杂和精细的机械结构之一。包括三个主要部分:外耳、

① Fletcher, *ibid*. Gelard, *The Human Senses*, 2nd ed., Wiley (1972). Jerger, *Modern Developments in Audiology*, 2nd ed., Academic Press (1973). Gelfand, *Hearing*, Dekker (1981).

中耳和内耳。

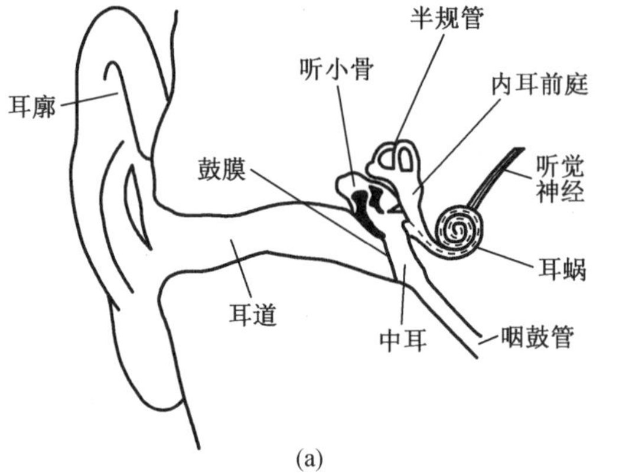


(a)

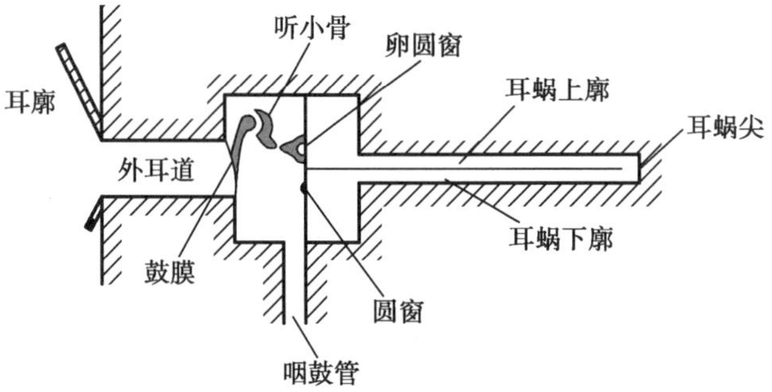


(b)

**图 11.6.1　耳的示意图**

耳廓的作用相当于一个喇叭将声音收集进入耳道。人类的耳廓的作用相对较小，但某些动物的耳廓可使某些频带内的声获得可观的增益。耳道近似为一根直管，直径大约 0.8 cm，长约 2.8 cm，里端被鼓膜封闭。这根管的最低阶谐振是在 3 kHz 附近较宽的峰，在 2 kHz 到 6 kHz 范围都能提供可观的增益。当耳暴露于指向性入射声场时，并考虑到头的散射效应，取决于声的方向，鼓膜处 SPL 最大值可以比入射声场高出 7 到 20 dB。

鼓膜是一个扁平的圆锥体，倾斜地横跨耳道，其顶点面向内，其中心非常柔韧，边缘与耳道的里端连接。这层膜是通往中耳的入口，中耳是体积约 2 $cm^3$ 的空气腔，有三根听小骨。鼓膜与第一根听小骨连接，称为锤骨，锤骨通过砧骨与镫骨连接。镫骨直接连接内耳的卵圆窗。骨头的连接以及鼓膜和卵圆窗之间的面积比约 30∶1，形成了与内耳液体间的宽带共振耦合器。共振频率在 3 kHz 左右。该耦合器的机械性能似乎对图 11.7.1 的最小听觉曲线的整体形状给出了解释。耦合功能也随声强变化。对于高强度的声，控制听小骨运动的肌肉改变其张力以减小镫骨的运动幅度使内耳免受损害。这是“听觉反射”。对于很响的声音，激活反射大约需要 20 至 40 毫秒（频率越高需要时间越短），因此不能防止突然出现的脉冲声例如枪声、爆炸声等等。中耳的腔通过咽鼓管连接喉咙（咽鼓管通常是封闭的，但有时在吞咽或打哈欠时打开，以减小鼓膜两侧的压力梯度。）

内耳（迷宫）分为三个部分：前庭、半规管和耳蜗。前庭通过“卵圆窗”和“圆窗”这两个开口与中耳连接，两个窗都是密封的防止内耳里的液体渗出，前者被镫骨及其支撑结构密封、后者被一个薄膜密封。除了这两个窗以外，整个内耳被骨头所包围。半规管对听觉无用但为我们提供平衡感。耳蜗包含一个横截面大致为圆形的管,以蜗牛壳的形式缠绕在骨核上,并形成一个圆锥形结构,其基部直径约为 0.9 cm,高度约为 0.5 cm。该管约有 2.7 圈,总长度约 3.5 cm,体积约 0.05 $cm^3$。

耳蜗管由耳蜗分隔物分成上廊(前庭阶)、蜗管和下廊(鼓室阶)。前庭阶和鼓室阶在蜗孔处连接,蜗孔是在耳蜗尖端的一个小孔。前庭阶和鼓室阶的另一端分别与卵圆窗和圆窗连接。耳蜗之一圈的横截面如图 11.6.2 所示。骨质螺旋板由蜗轴向管的中央伸出并携带听觉神经。在骨质螺旋板末端神经纤维进入基底膜,后者继续穿过管进入更深处与螺旋韧带连接。该膜约 3.2 cm 长,在耳蜗顶点处约 0.05 cm 宽,在底端宽度减小到 0.01 cm,厚度最大。基底膜以上为盖膜,盖膜的一边通过螺旋缘与骨架连接,另一端伸入蜗管通过网状板与基底膜连接。厚度只有两个细胞的赖斯纳氏膜从骨质螺旋板对角穿过蜗管道到另一侧管壁,这个膜和基底膜将前庭阶和鼓室阶与蜗管分隔开。蜗管内充满内淋巴液,前庭阶和鼓室阶则充满外淋巴液(内淋巴液富含钾,与遍布全身的细胞内液密切相关。外淋巴液富含钠,与脊髓液接近)。

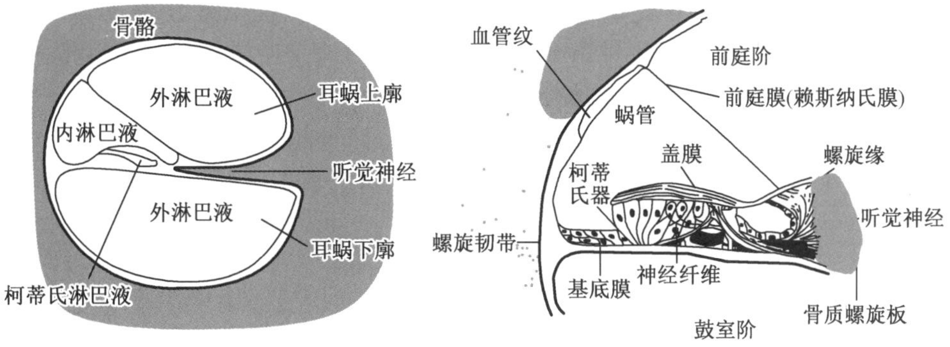


**图 11.6.2　耳蜗管截面**

与基膜上端和盖膜下端相连的是柯蒂氏器。其包含另一种液体称为柯蒂氏淋巴(富含钠),网状板将其与内淋巴液分隔开)。柯蒂氏器名义上包含四行毛细胞(共约 $16\times10^3$ 个细胞),横跨耳蜗的整个长度。里面一行的毛细胞对损害的耐受力强于外面三层毛细胞。几十个小毛发(纤毛)从每个毛细胞延伸穿过网状板并到达盖膜下表面。每个外层细胞的较高的纤毛被嵌入到盖膜中,而该细胞的其他纤毛似乎起着非线性硬化的作用。

当耳朵暴露于纯音中时,鼓膜的运动通过中耳的骨骼传递到卵圆窗而产生流体波动,该波动在耳蜗上廊内向尖端传播,通过蜗孔进入下廊然后在下廊中传播到圆窗,该窗充当压力释放终端。Bekesy 所进行的一系列研究揭示了这种压力扰动的详细属性及其在听觉中的作用,并因此获得了诺贝尔奖。他通过实验证明了基底膜被激励进行大阻尼运动,振动幅度的峰值随着离开镫骨的距离缓慢增大,达到最大值后随着逐渐靠近顶点而迅速减小。低频时幅度在更靠近顶点处达到峰值。图 11.6.3 为两个例子的示意图。通过对测量值的简单经验拟合得到频率 $f$(Hz)与幅度峰值点到镫骨距离 $z$(cm)之间的关系

$$f=10^{4-1.5\tan(z/3)} \tag{11.6.1}$$

无论是空气中的声(通过鼓膜)或颅骨传导的声产生的机械激励都能引起基底膜的这种运动。

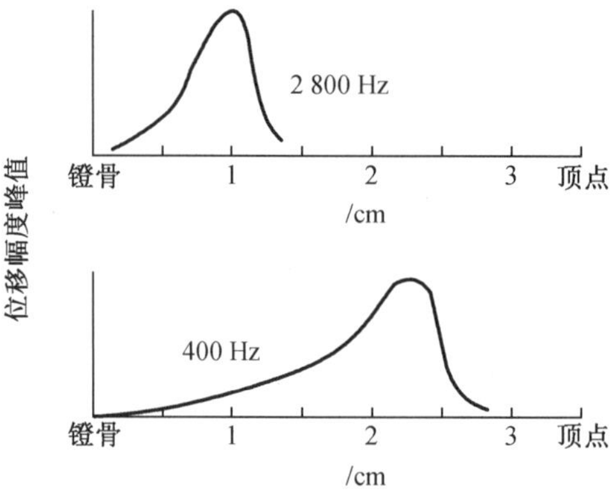


**图 11.6.3 纯音时的基底膜位移幅度峰值**

由于柯蒂氏器与基底膜相连而盖膜与骨质螺旋板相连,它们之间的相对剪切运动使纤毛弯曲。嵌入盖膜中的外层毛细胞的纤毛对膜之间的剪切位移有响应,而内层毛细胞的纤毛对流体阻力有响应因而是速度敏感的。这些依赖于激励的矢量特性的响应使连接毛细胞的神经末梢发出电脉冲,但发出脉冲的频率不一定等于它们被激励的频率,当它们受到的压力超过一定值时会准随机地发出电脉冲,通常压力大时发射脉冲的频率也高。这些脉冲构成从耳蜗传给大脑的信息。信息路径从每只耳朵传到大脑内多个相互连接的处理中心。脑不同侧的处理器之间有大量的信息交换,因此来自两耳的信息混合在一起。另外还有将信息从大脑传递到毛细胞的神经。例如左耳向左上橄榄复合体传递信息,后者直接有神经通向右耳。如果想了解更多相关信息,参考文献①可能是一个合适的起点。

## 11.7 听觉的基本特征

本节介绍人类听觉器官表现出的某些行为特性:阈值和频率辨别,屏蔽和一些非线性效应。将对响度和音高的主观评估分别进行讨论。

(a)阈值

国际标准化组织(ISO)建议用符号 $L_I$ 表示以 $10^{-12}$ W/m$^2$ 为参考值的 IL 值。"听阈"定义为人耳可听的整个频率范围内每个频率的纯音可被人耳感知时的最小 $L_I$ 值。纯音(在漫射声场中通过头戴式耳机提供给一只或两只耳朵,或通过放置在相对于受试者头部特定位置的源在消音室中产生)的持续时间应约为 1 s。对于短于约 0.1 s 的音调,表观响度随纯音持续时间的增加而增加,这非常类似于耳朵对音调的总能量敏感。如果纯音持续超过几秒钟,则灵敏度会降低,表观强度随时间而逐渐减小,对应于在大约 5 min 的时间内信号级有大约 30 dB 的明显下降。

图 11.7.1 的最低一条曲线显示了未受损伤的年轻人耳朵的代表性听觉阈值。灵敏度最高的频率在 4 kHz 附近。低于此频率时听阈随频率降低而增大,在 30 Hz 时能被听到的声音的最小功率是 4 kHz 时的将近一百万倍。高频时阈值也会迅速上升到截止值。在高频区,不同听者尤其是 30 岁以上的人群听阈变化较大。年轻人的截止频率可能达到 20 kHz

① Carteratte and Friedman, *Handbook of Perception*, Vol. 2, Academic Press (1974).

甚至 25 kHz,但 40 或 50 岁听力正常的人(生活在西方社会)很少能听到 15 kHz 附近或更高频率的声音。在 1 kHz 以下,听阈通常与听者的年龄无关。

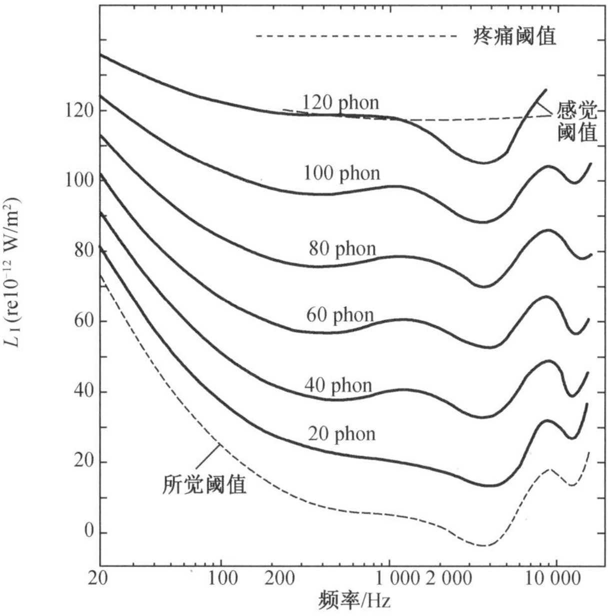


**图 11.7.1　受试者面对声源时的纯音的听阈以及自由场等响度级曲线**

当入射声强度增大时,声音越来越响最后产生一种发痒的感觉。这发生在强度级大约为 120 dB 时,称为"感觉阈"。与下限阈值一样,它因人而异,但差异不大。强度进一步增大,达到约 140 dB 时,痒感变成痛感。

由于耳朵通过减少中耳的杠杆作用而相对缓慢地对较响的声音做出反应(前面提到过的听觉反射),因此耳朵受到声刺激时听阈上移,上移的程度取决于声音的强度和持续时间。声音移除后,听阈开始下降,如果耳朵完全恢复原始听阈则它经历了"暂时性听阈移位(TTS)"。(一只耳朵的强刺激可以引起另一只耳朵阈值的小幅偏移,表明两耳之间存在信息交流。)完全恢复所需的时间随声音强度和持续时间的增大而增加。如果耳朵暴露于声音中的时间足够长或声音的强度足够高则不能完全恢复,阈值永远不能再回到原始值,称发生了"永久性听阈移位(PTS)"。重要的是要意识到导致 PTS 的损伤发生在内耳,毛细胞被破坏了。这种损伤曾经被认为是不可逆的,现在有证据表明某些动物的伤害可以得到一定程度的修复,正在积极研究通过治疗使毛细胞再生的可能性。

差分阈值也很重要,其中之一是进行强度确定时的差分阈值。如果同时听到频率几乎相同的两个纯音,一个比另一个弱得多,则二者的合成信号与一个振幅略有正弦波动的单频信号是无法区分的(1.13 节讨论的"拍"现象)。耳朵刚刚能检测到的波动量转换成为较强和较弱部分之间的强度差异,将决定差分阈值。如预期的那样,值取决于频率,每秒的拍数和强度级。一般来说对强度变化敏感度最高值大约发生在每秒 3 拍时。灵敏度在极端频率下会降低,尤其是对于低频,但这种效应对声级增高而减弱。对高于阈值约 40 dB 的声,在极限频率下,耳朵能感知声强级波动幅度小于 2 dB 的声,在 100~1 000 Hz 时这个数值则小于 1 dB。

其他差分阈值包括区分频率几乎相等的两个时序信号的能力。对两者进行区分要求的频率差成为"差阈"。测量差阈的老方法是让耳朵暴露于调频的纯音中，控制调制量和速率。"差阈"与信号的强度、中心频率以及调制速率有关。高于 200 Hz 时，可检测的频率分数改变 $\Delta f/f$ 集中在 0.005 左右（在 2 的因数内）（在较低的频率下具有较高的值，反之亦然）。近来较多的实验则采用了精心塑造的单频猝发的方式。两种方法结果的数量级是一致的，但是，高于 2 kHz 时，脉冲法的差阈趋于调频法的 5 倍左右。

（b）等响度级线[①]

让听者交替听两个不同频率的声音，由感觉响度相同的各次实验得到作为频率函数的等响度线，如图 11.7.1，若要听起来响度相同，高频和低频相比于中间频段的纯音需要更高的 $L_I$ 值。通过此种比较得到的曲线用 1 kHz 时的 $L_I$ 值标记。每一条曲线为一条"响度级等高线"，将响度级用"方（phon）"表示，每条曲线都是具有相等响度级的等值线，以"方"表示某条曲线的响度级 $L_N$ 并将该值赋以 $L_I$ 值落在该等值线上的所有纯音。于是对于 1 kHz 的纯音 $L_N = L_I$ 而不管它的级是多少。但一个 $L_I = 90$ dB 的 40 Hz 纯音的响度级为 $L_N =$ 70 phon，与 $L_I = 60$ dB 的 4 kHz 纯音相同。在较高的响度级下，曲线变得更直，且 $L_N$ 和 $L_I$ 在所有频率下都变得更相似。

较高的响度级下等响度级曲线变得更平直解释了为什么增大高保真音响系统的响度时低音和高音成分就不成比例地增多，而降低响度时音质就变得尖细。这也暴露出一个在具有大致相等的频率响应的扬声器之间进行选择的问题，输入信号相等时，听起来更响的扬声器似乎具有更宽的频率响应。

（c）临界带宽

当受试者聆听包含一个纯音的噪声采样时，直到纯音的 $L_I$ 超过某个值时它才能被检测到，这个值决定于噪声的含量。在一组关键实验中，Fletcher 和 Munson[②] 发现宽带噪声对纯音的掩盖与噪声带宽无关，直到带宽变得小于某个取决于纯音频率的临界值为止。在此任务中，耳朵看起来像是一个并行滤波器的集合，每个滤波器都有自己的带宽，实现对纯音的检测要求其声级超过其特定频带中的噪声级一定的检测阈值。

在早期的实验中假设检测条件为信号等于噪声。在此基础上假设每个频带 $w_{cr}$ 内耳的灵敏度为常数，于是 $w_{cr} = S/N_1$，其中 $S$ 为信号功率，$N_1$ 为 1 Hz 内的噪声功率。现在将这样测得的带宽称为"临界比值"，见图 11.7.2。

后来的实验以感知的噪声响度为基础，得到的"临界带宽"$w_{cb}$ 大于临界比值。在一些实验中，保持总的噪声级不变，测量某一带宽内的噪声响度与带宽的关系。对于带宽小于临界值的噪声，测得的响度为常数，但是当噪声带宽超过临界带宽时响度增大（见 11.8 节）。图 11.7.2 给出该临界带宽的代表性曲线[③]。在大约 400 Hz 以上的频率，临界带宽接近于 1/3 倍频程。临界带宽为临界比率的 2 到 4 倍。当临界比率大约为 −4 dB 时，临界带宽和临界比率曲线重叠得非常好。

---

① Robinson and Dadson, *Br. J. Appl. Phys.*, 7, 166 (1956). International Organization for Standardization ISO R226-1961. For more recent comments, see Yost and Killion, *Encyclopedia of Acoustics*, ed. Crocker, Chap. 23, Wiley (1997).

② Fletcher and Munson. *J. Acoust. Soc. Am.*, 9, 1 (1937).

③ Zwicker, Flottop, and Stevens, *J. Acoust. Soc. Am.*, 29, 548 (1957). Buus, *Encyclopedia of Acoustics*, Chap. 115, Wiley (1997).

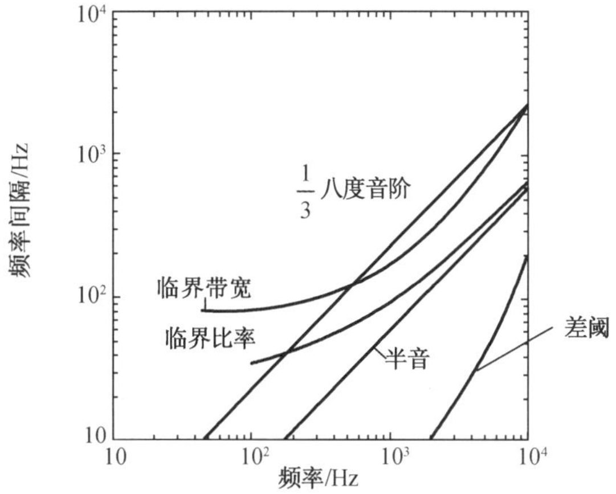


**图 11.7.2　耳朵的临近带宽**

当频率低于约 2 kHz 时,通过纯音对比得到的差阈表明耳朵能感知约低于临界带宽 0.03 倍的频率变化。这种频率选择的机理不能用前面提到的简单滤波作用来解释,关于导致这种频率辨别增强的机制的建议包括导致耳蜗反应区域的有效变窄的大脑内的信号处理。另一个假设是,耳朵可能会从神经发出脉冲的长期组合率中获得频率信息。尽管每条神经发出脉冲的频率通常远低于检测到的频率,如果有多条神经以低速率发射,所有神经总和起来就可以形成重复速率与检测到的频率相等的“群射”。更近的一些发现则指向耳蜗本身的机电效应①。膜振动的现代测量表明基底膜任意位置的频率响应都比 Bekesy 观察到的尖锐得多(他的工作限于尸检样本)。看来嵌入盖膜内的纤毛的弯曲导致的生物化学过程使外部毛细胞的长度发生变化从而改变薄膜和基底膜之间的连接的几何形状和力学行为。对这种相当复杂的耦合运动的机械性能所产生的非线性变化的研究支持了响应的这种锐化。($Q$ 值大约在 20 左右,对应半功率带宽大约为 $0.05f$,略微比四分之一纯音宽,这与观察到的一致)

耳蜗不仅仅是一个被动的接收器,它主动对外界刺激引起的机械振动发生反应并形成强的非线性过程,观察结果进一步证实了这一发现:耳朵会产生听觉特征(自发声)。这些可能与外部毛细胞的反应性变形有关,可以在去除刺激后的不同时间间隔观察到。

(d)掩盖

这是存在噪声时听阈的提高。首先考虑一个纯音被另一个纯音所掩盖。实验对象被暴露于频率确定、具有 $L_I$ 值的一个纯音下,并被要求检测另一个不同频率、不同声级的纯音。分析发现有阈值移位,即被掩盖的纯音刚能被听到时,其 $L_I$ 值比听阈高出的量。图 11.7.3 给出掩盖频率分别为 400 Hz 和 2 000 Hz 时的代表性曲线。有明显掩盖存在的频率范围随掩盖信号 $L_I$ 增大而增大,在高于掩盖信号 $L_I$ 的频率增加幅度更大。这是预料之中的,因为,在 $L_I$ 适中的情况下,基底膜被激励而有明显运动的区域从最大值位移处延伸到镫骨,而不是到顶点。膜受强激励时这两个区域都增大,向镫骨延伸的区域增大更明显,就是这个区域覆盖了高于覆盖信号的频率(低频信号覆盖高频信号)。曲线的凹口后面再来分析。

① Zwislocki, *Am. Sci.*, 69, 184(1981).

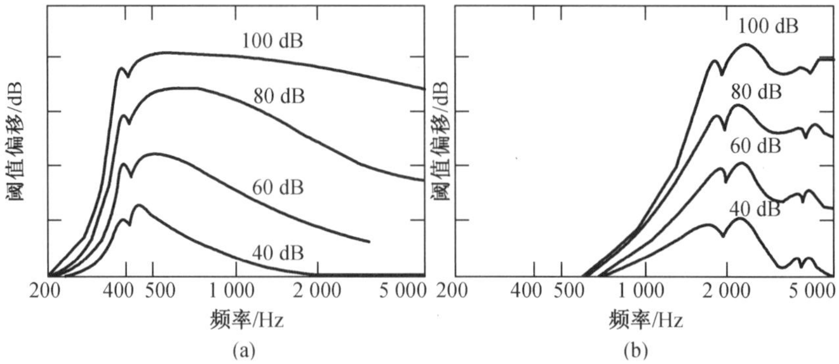


**图 11.7.3　一个纯音被另一个纯音掩盖。坐标轴为被掩盖纯音的频率，曲线用掩盖信号的 $L_I$ 值标记。掩盖纯音的频率分别是 400 Hz(a)和 2 000 Hz(b)。**

比 $w_{cb}$ 窄的噪声带对纯音的掩盖基本等于同等强度、频率等于该频带中心频率的纯音的掩盖。结果是当谱级相对固定时，窄带噪声的强度直接正比于带宽 $w<w_{cb}$，而掩盖值(dB)随 $10\log w$ 增大。最后带宽将等于临界带宽，此后，噪声频带进一步增宽对带宽中心处纯音的掩盖作用影响很小。

(e)拍、组合纯音以及听觉谐波

让一只(或两只)耳朵听两个 $L_I$ 值相同、频率 $f_1$ 和 $f_2$ 值接近的纯音。当两个频率很接近时，耳朵听到的是一个单独的频率 $f_c=(f_1+f_2)/2$，声的强度则以拍频 $f_B=|f_1-f_2|$ 波动(见 1.13 节)。当两个纯音之间的频率间隔增大时，拍的感觉发生颤动，然后变得粗糙。频率间隔进一步增大，粗糙的感觉逐渐减弱声音变得平滑，最后成为两个分开的纯音。对于属于听力中频的频率，在每秒 5~10 拍时发生拍的颤动，每秒 15~30 拍时变得粗糙。频率间隔增大到约等于临界带宽时过渡到两个单独的纯音。如果给两只耳朵分别听两个频率的纯音，则上述现象都不会发生。每只耳朵分别暴露于一个单独的纯音中时，组合起来的声不出现上述的强度波动，不出现这种拍。这表明拍的发生是由于两个纯音在基底膜产生激励的区域有交叉，直到这种区域之间间隔的距离大于临界带宽对应的距离时，耳朵才能将它们分别为两个音。当每个耳朵听一个音时，每个耳朵的基底膜被分别激励因此不出现上述效应。

当一只或两只耳朵同时听分得足够开、响度足够大的两个音时，可以检测到组合音。这种组合音在原始的声音中并不存在，是由耳朵产生的。有一系列可能的组合音频率，是两个原始频率的各种和频与差频

$$f_{nm}=|mf_2\pm nf_1|\quad n,m=1,2,3,\cdots \tag{11.7.1}$$

这些频率中只有几个能被感觉到。其中最容易检测的频率之一是差频 $|f_2-f_1|$。

频率不同的两个音的线性组合并不产生组合音，但若将两个频率输入一个非线性系统，则响应不仅包含原始频率，还包含各种和频和差频。在无线电接收的发射机中常用这类非线性电路来产生这种组合音。(中耳在达到痛阈之前都异乎寻常地保持线性。)研究这种非线性的一种方法是测量耳蜗电势。当基底膜被激起运动而毛细胞受到压力时会产生可由伸入耳蜗的电子探针测量到的微小电势差。耳蜗电势的幅值和波形似乎很精确地表示听到的声音。对于两个低强度的纯音，耳蜗电势波形与接收到的声相同。但是当输入声

的强度增大时,波形发生畸变表明产生了组合音。一般来说开始产生差频组合音的频率低于开始产生和频组合音的频率,但两种组合音都有被观察到。

耳蜗内存在非线性机制的事实导致同一只耳朵听两个纯音时可以形成组合音,而且只听一个纯音时也有非线性畸变。若令式(11.7.1)中 $m$ 为零,移除频率为 $f_2$ 的纯音,仍存在由于非线性而产生的频率 $nf_1$,即“听觉谐波”。频率高于 500 Hz、响度级低于 40 phon 时不产生幅值足够大而能被感知的听觉谐波。对于 100 Hz 附近的频率,开始出现畸变的响度级大约为 20 phon。随着响度级增大,听觉谐波按照谐波阶数陆续出现。一般来说,听觉谐波的响度低于基波,而且随阶数升高逐渐降低(但是高强度的低音例如 60 Hz、100 dB 的纯音,其二阶谐波可能比基波更响,而且几个更高阶谐波的响度也可能接近于基波)。耳蜗电势是其存在性的最有利证明。

另一种方法是引入第二个纯音,使其频率与某一阶听觉谐波频率接近,使得二者之间产生拍现象(因为基底膜的振动会受到第二个音的干扰因此这种方法不是那么令人信服)。但这种方法证明拍现象的形成可以有效地提高检测效率。图 11.7.3 掩盖曲线的凹陷表明拍降低了听觉谐波的检测阈。

(f)和音与基波恢复

除了上面描述的效应以外,还有其他更为精细的非线性效应,它们对于音乐很重要。如果同时听到相距大约一个倍频程的两个音调,并朝向一个倍频程的间隔调音,就会有种类似拍的感觉,随着间隔逐渐接近一个倍频程,这种感觉也逐渐消失。这种感觉不像前面讨论幅度调制,但显然是对波形缓慢时变特性的一种响应(图 11.7.4)。不必将两个音调都提供给同一只耳朵,如果将两个音调分别给两只耳朵来听,仍会产生这种感觉。可见这种干涉不是产生于耳蜗的非线性而是产生于脑。除了一个倍频程的间隔外,当两个频率之比几乎是两个整数之比如 $f_2/f_1=1/1,3/2,4/3,\cdots$ 等等时,这种影响随两个整数增大而变得更细微。当频率精确对准这些比值时,拍的感觉消失而变成一种和谐的感觉。这些比值构成音阶的基础绝非偶然[①]。

(a)

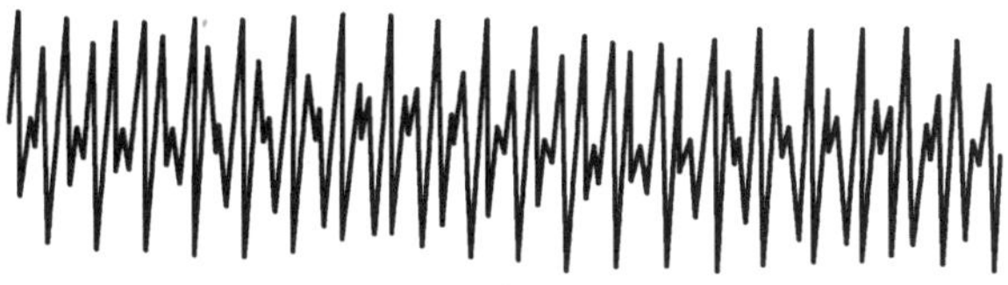

(b)

**图 11.7.4　失谐波形:(a)1 个倍频程失谐;(b)5 个倍频程失谐。(为了看得清晰夸大了失谐程度)**

① Roederer, *Introduction to the Physics and Psychophysics of Music*, Springer-Verlag (1973). Strong and Plitnik, *Music*, *Speech*, *and High Fidelity*, Brigham Young University Publications (1977).

第二种效应为当存在两个或多个谐音时会产生基频波。如果给两耳以 1 000 Hz、1 200 Hz、1 400 Hz 组成的信号(例如以 200 Hz 对 1 200 Hz 的载波进行幅值调制),则能感觉到 200 Hz 的频率。这个频率是以其他几个相邻谐频的基频。(回顾 4.7 节讨论的半球形铜鼓。)这个基频音与前面所讨论的差频音可以被噪声所掩盖不同,这个基频仅当下面情况下能被感觉到:(1)它本应该被掩盖;(2)信号太弱不足以产生能被感觉到的差频;(3)音调不是被提供给同一只耳朵。如果频率发生偏移,则会观察到此恢复的另一方面。例如在上面的例子中若载波频率从 1 200 Hz 偏移到 1 236 Hz 则产生 1 036 Hz、1 236 Hz、1 436 Hz 的声,而且耳朵会感觉到 206 Hz 附近一个恢复的音高。(还有其他能被感知的音高,见习题 11.7.6。)这称为"音高移位"。一个可能的解释是对总信号进行时间分析,耳朵和脑对在连续拍中分离波形的一个特定峰值的时间进行"锁定",上述移位的频率在连续拍的振幅包络中产生一个向前移位的峰值,从而导致观察到的基频更高。另一种可能性要对信号做谱分析:头脑会搜索最接近所观察到的频率分量的谐波序列。在上面的例子中,三个偏移频率提供了与第五,第六和第七谐波的良好匹配。两种解释都有困难,目前一些研究试图找到两种可能性之间的可行组合①。

这种产生缺失基频波的方法在廉价小型收音机设计中得到实际应用。为了不产生滤除 60 Hz 线频和 120 Hz 谐频的电子滤波器成本,制造商有意地限制这种收音机的低频响应以便移除低于 150 Hz 的频率(要滤除线频的更高阶谐频成本相当高)。于是,尽管 150 Hz 以下的输出很小,但大脑内的非线性过程可以由仍存在的高阶谐频恢复出低音的基频。

## 11.8 响度级和响度

我们将具有相同响度级的两个声音判断为同样响度,但这并不意味着主观的响度 $N$ 正比于响度级 $L_N$。一个响度级为 $L_N=60$ phon 的声音和一个响度级为 $L_N=30$ phon 的声音,前者听起来的响亮程度也并不是后者的两倍。响度的单位是宋(sone),$N=1$ sone 定义为 40 phon 的强度级所对应的响度,与频率无关。响度为 16 sone 的声音听起来的响亮程度是响度为 8 sone 的声音的两倍、4 sone 的声音的 4 倍。

响度不容易测量,确定其值需要精巧的设计。Fletcher 对不同频率的相关实验进行了综述(参考文献同前),图 11.8.1 为表示响度和响度级之间关系的一条曲线。小响度值部分曲线有明显弯曲,大于 1 sone 后成为直线。在曲线的线性段(对应声音从舒适地可听见到引起不舒服的响亮),响度级增大 9 dB 近似相当于响度加倍。线性段响度和响度级之间的经验公式为②

$$N=0.046\times 10^{L_N/30} \tag{11.8.1}$$

这个关系与频率无关。

现在可以将响度与强度联系起来。由定义,在 1 kHz 响度级就等于强度级 $L_I$。将此代入式(11.8.1)并利用 $L_I=10\log(I/10^{-12})$ 得到

$$N(1\ \text{kHz})=460I^{1/3} \tag{11.8.2}$$

---

① Moore, *Encyclopedia of Acoustics*, Chap. 116, Wiley (1997).

② 对于标准化工程近似,见习题 11.8.6.

其中 $I$ 为 1 kHz 纯音的强度($W/m^2$)。对于任意其他频率可参考图 11.7.1 绘出 $L_N$ 与 $L_I$ 关系的曲线,应该是很接近于直线且斜率为+1。在感兴趣的响度级范围内将该曲线与具有相同斜率的直线进行拟合得到

$$L_N \approx L_I + 30\log \mathscr{F} \tag{11.8.3}$$

其中 $\mathscr{F}$ 是一个只依赖于频率的经验参数。将式(11.8.3)代入式(11.8.1)得

$$N \approx 460\mathscr{F} I^{1/3} \tag{11.8.4}$$

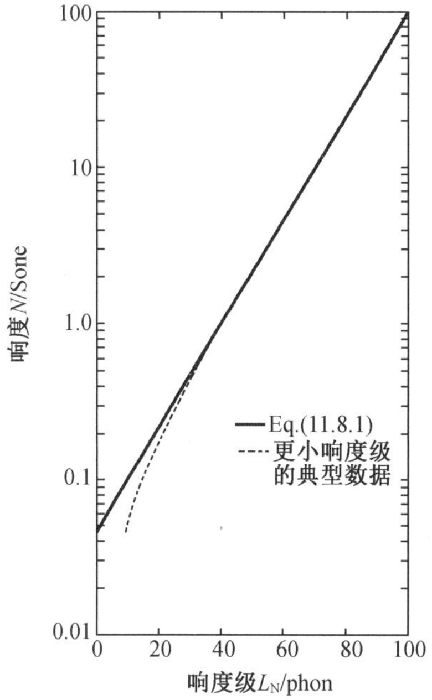


**图 11.8.1　响度与响度级**

式(11.8.4)在 500 Hz 到 5 kHz 频带内对于中等响度级情况是很精确的。这种关系是 Stevens① 所假设的感觉的一般心理物理学“功率定律”的一个例子,可以将其表示为

$$\Omega=\begin{cases} C(S-S_T)^E & S\geqslant S_T \\ 0 & S<S_T \end{cases} \tag{11.8.5}$$

其中,$\Omega$ 为主观感觉,$S$ 为物理激励,$S_T$ 为阈值,$C$ 和 $E$ 为常数,依赖于 $\Omega$ 和 $S$ 所代表的量。

如果两个或多个纯音同时发声,总的响度取决于他们是否处于一个临界带内。

1. 人耳对处于一个临界带宽内的多个纯音的感觉是基于其总功率,因此它们的强度相加,响度由下式给出

$$N = 460\mathscr{F}\left(\sum_i I_i\right)^{1/3} \tag{11.8.6}$$

2. 间隔大于相关的临界带宽的纯音被基底膜的不同部分所感应,响度相加

$$N = \sum_i N_i \tag{11.8.7}$$

3. 如果纯音之间响度差别很大,或频率分得很开,则响度值的确定变得很困难,通常趋

① Stevens, *Science*, 133, 80 (1961).

向于以最响的一个纯音为准。

**表 11.8.1 响度和响度级计算样本**

| 频率 $f$/Hz | 强度级 $L_I$/dB | 响度级 $L_N$/phon | 响度 $N$/sone |
| --- | --- | --- | --- |
| 125 | 60 | 55 | 3.2 |
| 250 | 60 | 62 | 5.4 |
| 500 | 60 | 63 | 5.9 |
| 1 000 | 60 | 60 | 4.7 |
| 2 000 | 60 | 62 | 5.4 |
| 4 000 | 60 | 69 | 9.3 |
| 合计 | | | 33.9 |

作为第二种情况的一个例子,考虑频率分别为 125 Hz、250 Hz、500 Hz、1 000 Hz、2 000 Hz、4 000 Hz 的六个纯音总的响度,每个纯音的 $L_I$ 为 60 dB。计算总结在表 11.8.1 中。34 sone 的结果大约与 84 phon 等价。对于 1 kHz 纯音,这对应于强度级 84 dB。六个纯音的强度之和对应的 $L_I$ 只有约 68 dB,显然当声的能量分布在几个临界带宽内时听起来更响。

宽带噪声(或纯音的更复杂组合)的总响度计算变得很复杂。响度成为在几个临界带宽内声音间相互遮蔽作用的函数。Stevens 通过一系列的排列将这一处理过程系统化,在参考文献中给出了处理方法以及计算相关的必要表格①。

## 11.9 音高和频率

声音的另一个主观描述量是“音高”。与响度一样,这是与几种物理量以及观察者有关的一个复杂参数。主要由频率和强度决定,但波形对其也有影响。

对于任意特定的响度,可以给感知到的纯音音高分配一些值来描述它们听起来有多“高”,这就对该响度建立了音高与频率之间的关系。参考频率通常是 1 kHz,对应于这个频率的音调就被指定为 1 000 mel。音高为 500 mel 的纯音听起来有一半高,音高为 2 000 mel 的纯音听起来则有两倍高。

对于有些但不是所有观察者,500 Hz 以下的纯音响度增大使音高降低,大约 3 kHz 以上的纯音响度增大使音高也升高,两个频率之间的纯音音高变化则很小。当大约低于 200 Hz 或高于 6 kHz 的纯音的响度有明显增大时,对这种效应敏感的观察者可以感觉到接近一个全音的变化。(因为均匀分布音阶的相邻半音的基频之间关系为 $f_1/f_2 = 2^{1/12} = 1.059$,一个全音对应音高约改变 12%。)

不同响度的复合声在音高与频率之间产生的偏差小得多。这样的声谐频丰富,有些谐频幅度可能超过基频。即使基频处于纯音音高随响度降低的频带内,谐频却可能处于音高

① Stevens, *J. Acoust. Soc. Am.*, 51, 575 (1972).

变化很小的频带内,于是耳朵在所有谐频的帮助下判断与声实际上处于相同的音高。于是复合声的音高主要决定于谐频。

# *11.10　嗓　　音

与嗓音相关的声能发生于胸腔、横隔膜和胃部肌肉,它们通过收缩使空气从肺向上通过发声机制的各个部分(图 11.10.1)。这个稳定的空气流可以看成是能量的载体,必须对其速度和相应的压力进行调制才能产生声音。必要的调制是通过两种基本方式实现,分别产生浊音和清音。

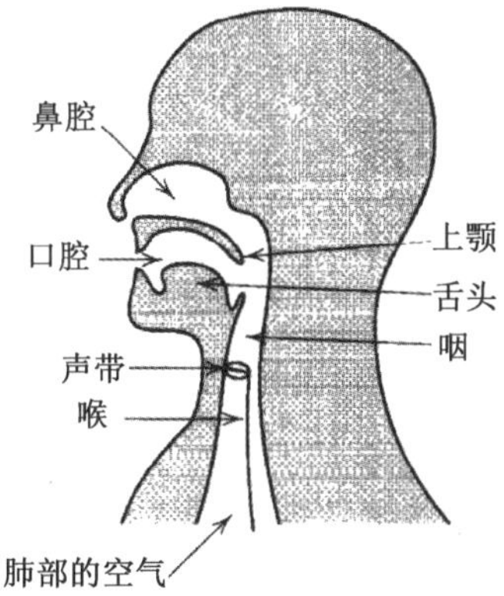


**图 11.10.1　头部剖视图,显示了语音机制的重要组成部分**

浊音包括通常讲话的元音以及唱歌的典型音。对浊音进行调制的主要器官是喉,“声带”被拉伸横跨喉部。声带是两个类似膜的带子,由几组肌肉控制对其张力和皱壁间距离进行调节。它们形成一个带有一条狭缝状开口的隔膜,隔膜的开合就可调节空气流。这样产生谐波丰富的波形。这个开口的长度(男性约 2 cm,女性约 1 cm)以及皱壁被拉伸的张力决定调制的基频。似乎存在三种振动方式:(1)脉冲方式。皱襞厚而松,产生三个或更多压力脉冲组成、间隔时间较长的脉冲组。(2)(胸腔)模态方式。皱襞的张力较大,脉冲以近似于脉冲持续时的间间隔均匀地到达。(3)假声(头)。皱壁非常薄并被拉伸,在振动周期之间不完全关闭。多数女性短而轻的声带几乎以两倍于男性的速度振动。对于歌者,基频近似为 70~300 Hz(低音)、100~300 Hz(男高音)、200~700 Hz(女低音)以及 250~1 300 Hz(女高音),其中也有一些明显的例外。

鼻的共振腔和鼻孔、口、以及喉上部和下部的空气通道组成长约 15 cm、体积 70 $cm^3$ 的弯管,管的横截面积变化很大,从 0 到 10 $cm^2$,平均值约为 3.5 $cm^2$。这些大小不同的膨胀部分组成一个声学滤波网络改变各次谐波的相对量。似乎有三到四个突出的共振成为相当宽的带通滤波器或共振峰。最低的三个中心频率,女性的典型值为 $F_1$ ~ 500 Hz、$F_2$ ~ 1.6 kHz、$F_3$ ~ 3.0 kHz 附近,小孩比上述值高 20%,男性比上述值低 20%。这些值在所限范围内可以由张力和声带空隙、舌的位置、口腔位形、嘴唇形状等进行调整。$F_1$ 和 $F_2$ 两个共振峰似乎很容易改变,可以在一个半倍频程内对其进行控制。发声机制的所有组成部分柔韧性都非常好,因此可以形成各种各样音高、音量、音色可调的浊元音,从空洞音到鼻音、从发牢骚到挑衅、乐音到刺耳的声音。

发声机制也能产生清音，这种声音源于空气通过声道时产生的湍流，包括“由摩擦产生的辅音”如 f、h、s 和 sh 以及“停止辅音”如 k、p、t 以及无声的元音。同浊音一样，由唇、齿、舌调节空气流可改变共振峰，产生各种各样的耳语声因此才产生可识别的语音。对清音分析表明，其在可听频率范围的上部几乎具有连续的频谱密度。

图 11.10.2 显示了典型的平均语音谱。1 m 处的平均 $L_I$ 约为 65 dB。女性发声者的典型 $L_I$ 值比男性约低 5~6 dB。男性歌者产生在 1 m 处的最大声级，低音高时约为 75 dB，高音高时约为 90 dB。女性歌者在其音高范围内产生在 1 m 处的声级约为 85 dB。一般交谈时讲话者产生的 2~4 s 内平均声功率为 10 μW 量级，大声谈话的功率在 100 μW 量级，而喊叫时在 1 000 μW 量级。

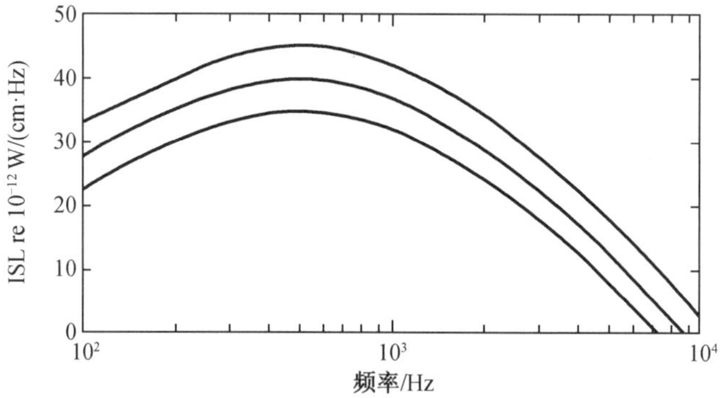


**图 11.10.2　距离交谈者口腔 1 m 处代表性的平均 ISL 值**

# 习　题

11.2.1　比例宽带滤波器有 $f_u/f_l=r=2^{1/n}$，求 $n$ 和 $r$ 使得该滤波器设计具有带宽(a)1/3 倍频程，(b)1/2 倍频程，(c)1/12 倍频程。

11.2.2　均匀音阶的设计使相邻的半音具有 $f_{i+1}/f_i=2^{1/12}$。(a)一个倍频程中有多少个半音？(b)对于最低音符(第一个半音)调谐至 440 Hz 的一个倍频程，确定倍频程中剩余半音的频率。(c)计算第 8 个半音与第 1 个半音的比值，它接近 3/2 的程度如何？(d)对于第 6 个半音和第 1 个半音，重复前面计算，并于 4/3 比较。

11.2.3　比例带宽滤波器有 $f_u/f_l=2^{1/n}$。(a)证明 $f_u=f_c\sqrt{r}$ 和 $f_l=f_c/\sqrt{r}$。(b)证明每个带的带宽 $w=f_c(\sqrt{r}-1/\sqrt{r})$。(c)证明相接的第 $i$ 和第 $i+1$ 个频带的中心频率满足 $f_{c(i+1)}/f_{ci}=r$。

11.2.4　证明一个比例带宽滤波器的一个带宽的上下限频率可分别由相邻中心频率的几何平均确定。

11.3.1　一个包含三个纯音的声信号，每个频率及其有效声压值分别为：$P_1=5\times10^{-2}$，$P_2=7\times10^{-2}$，$P_3=0.1$ Pa，$f_1=104$，$f_2=190$，$f_3=237$ Hz。分别计算如下每个带宽的声音强度：(a)100 到 110 Hz；(b)100 到 150 Hz；(c)150 到 300 Hz。

11.3.2　噪声分析的结果如下：

| 滤波器 | $f_l$ | $f_u$ | $V$=有效输出电压 |
|---|---|---|---|
| 1 | 100 | 200 | 7.1 mV |
| 2 | 200 | 400 | 6.3 |
| 3 | 400 | 800 | 11.2 |
| 4 | 800 | 1 600 | 8.9 |
| 5 | 1 600 | 3 200 | 11.2 |
| 6 | 3 200 | 6 400 | 7.9 |

(a)如果接收器的灵敏度为 $5\times10^{-2}$ V/Pa，计算每个滤波器带宽内的声压有效值。(b)计算每个滤波器带宽内的声音强度。(c)计算每个滤波器的带内声压级(re 20 μPa)。(d)计算每个滤波器的带内声压谱级(re 20 $\mu\mathrm{Pa/Hz^{1/2}}$)。(e)用(b)计算获得的声强计算 100 Hz 到 6 400 Hz 之间的带级。(f)用(c)计算获得的带级计算 100 Hz 到 6 400 Hz 之间的总带级，并与(e)的计算结果进行比较。

11.3.3　一个声压级 140 dB re 1 μPa 的纯音叠加在一个常数声压谱级 150 dB re 1 Pa/$\mathrm{Hz^{1/2}}$ 的背景噪声上，当该纯音和背景噪声用带宽 1 Hz、10 Hz、100 Hz 的滤波器组合时，计算获得的带级。(b)对于一个声压级 150 dB re 1 μPa 的纯音重复前面计算。(c)对于一个声压级 160 dB re 1 μPa 的纯音重复前面计算。(d)分析纯音声压级增加的效应。

11.3.4　一个拥有每 1 Hz 带宽内声强噪声 $I_1$ 的噪声谱，其中 $I_1=(10^{-6}/f)\ \mathrm{W/m^2}$，$f$ 为 1 Hz 带宽内的中心频率。(a)在 100 Hz、500 Hz、1 000 Hz 计算声强谱级。(b)在带宽 0.1~1 kHz 内的声强级是多少？

11.3.5　一个噪声用均方根声压表示，$P_1=(500/f)$ μbar，其中 $P_1$ 是在中心频率 $f$ Hz 处 1Hz 带宽内的声压。(a)导出这个声音的声压谱级的一般表达式。(b)声压谱级如何随着频率以 dB/八度改变？(c)在中心频率 2 500 Hz 带宽 50 Hz 的带内，这个噪声的带级是多少？

11.3.6　如果声压 $p=Af^n$，证明 $\mathrm{ISL}=10\log(A/I_{\mathrm{ref}})+10n\log f$。如果两个信号在 1 kHz 时均为 ISL=35 dB re $10^{-12}\ \mathrm{W/m^2}$，则在 0.1~1 kHz、0.5~2 kHz 和 1~10 kHz 的频率间隔内获得粉红噪声和白噪声的声强级。

11.4.1　一个检测系统，在 $P(D)$ 不变的情况下，虚警概率从 0.005 减小一个数量级，混有噪声的信号的概论密度函数必须相对于单独噪声的概论密度函数如何偏移？

11.4.2　向受试者呈现噪声样本和混有信号的噪声样本，在如下每种情况下，定性地解释 $P(D)$、$P(FA)$ 和 $d'$ 如何变化：(a)信号的平均幅值变弱，$P(FA)$ 不变；(b)受试者被告诉只有“当他确信存在的时候”说有一个信号存在，而不是“当可能存在的时候”；(c)噪声的平均幅值逐渐变小；(d)受试者被告诉“不能给出如此多的虚警”。

11.4.3　两个试验被设计来检测噪声中信号的存在。一个是“是-否”任务，另一个是 2$AFC$ 任务，两者都用相同的噪声样本和混有噪声的信号样本。在第一个试验中，当 $P(D)=0.5$ 时 $P(FA)=0.002$。对于相同的 $P(D)$，在第二个试验中 $P(FA)$ 将被期望如何？

11.4.4　在“是-否”任务中，每个受试者被指令做出选择，三个受试者听高斯噪声样本，其中混有或没有信号，信号的幅值恒定，$d'=1$。当信号存在时，10% 的时间受试者 1 检测到信号，70% 的时间受试者 2 检测到信号，40% 的时间受试者 3 检测到信号。(a)估计每

个受试者的 $P(FA)$。(b)按照避免错误检测的愿望增加的顺序列出受试者。

11.5.1　一个检测系统拥有固定带宽 $w$ 和固定积分时间为 $T_s$ 且处理时间 $\tau$ 可调的检测后滤波器,对于噪声样本和固定 $d'$ 的混有噪声的信号样本,定性地解释对于平方律检测而言检测阈值如何改变。

11.5.2　一个信号为一个纯音脉冲信号,脉冲持续时间 $\tau=1$ s,频率 200 Hz,声压有效值 0.02 Pa。被混合的噪声平均声压幅值 $2.83\times10^{-2}$ Pa,带宽 100 Hz,标准偏差 $0.41\times10^{-2}$ Pa。(a)分别计算信号、噪声、混有噪声信号的声压级 re 20 μPa。(b)对于假设的"是-否"任务计算 $d'$。(c)根据 $P(D)=0.5$ 查找 $P(FA)$。(d)如果检测器是一个拥有 $T_s=\tau$ 检测后滤波器的平方律处理器,对于指定的 $P(FA)$ 和 $P(D)$ 计算检测阈值。(e)对于 $T_s=$ 500 ms 和 $T_s=2$ s,分别重复前面过程。

11.5.3　两个接收系统有相同的带宽和相同的处理时间。一个是平方律检波器,另一个是相关检波器,如果两个系统以相同的虚警概率和相同的检测概论运行,什么信号噪声比值时检测阈是相同的,检测阈的值是什么?

11.5.4　假设两个高斯分布,有相同的标准差 $\sigma$,但是有不同的平均值 $A_N$ 和 $A_{S,N}$,对于 $d'=1,2$ 和 3,对于一些 $A_T$ 值找出 $P(D)$ 和 $P(FA)$,并画出 $P(D)$ 随 $P(FA)$ 变化的曲线,同课本中的 *ROC* 曲线进行比较。提示:对于一个平均值 $x$ 的高斯分布,测量大于 $x+a\sigma$ 的概率是 $0.5-F(a)$,其中

$$F(a)=\frac{1}{\sqrt{2\pi}}\int_0^a e^{-z^2/2}dz$$

11.6.1　反推式(11.6.1),导出关于 $f$ 的函数 $z$。

11.6.2　对于 30 Hz、100 Hz、300 Hz 和 1 Hz、3 Hz、10 kHz,计算峰值时从椭圆窗到基底膜的距离。

11.7.1　根据图 11.7.1 和图 11.7.3 回答下面的问题:(a)当一个声压级为 80 dB re 20 μPa 的 2 kHz 纯音存在时,一个 1 kHz 纯音的声压级等于多少?(b)在 2 kHz 纯音存在时,一个 5 kHz 的纯音听起来声压级多大?

11.7.2　假设人耳可以用一系列平行的平方律检波器进行建模,每个检波器具有指定的带宽 $w_{cb}$,后面分别连接一个积分时间 $T_s$ 的检测后滤波器。在三次独立实验中,使用高斯噪声中持续时间 $\tau$ 的 200 Hz 信号,得到如下关系并导出 $P(D)=0.6$ 和 $P(FA)=0.05$:

| 实验 | $\tau$/s | $A$/Pa | $A$/Pa | $\sigma$/Pa |
|---|---|---|---|---|
| 1 | 4 | $3.44\times10^{-2}$ | $3\times10^{-2}$ | $0.22\times10^{-2}$ |
| 2 | 1 | $3.44\times10^{-2}$ | $3\times10^{-2}$ | $0.22\times10^{-2}$ |
| 3 | 0.1 | $4.51\times10^{-2}$ | $3\times10^{-2}$ | $0.22\times10^{-2}$ |

(a)找出检测阈对于固定 $d'$ 作为 $\tau$ 的函数的性能特性。(b)对于每个试验确定带有滤波处理器的检测阈。(c)确定积分时间 $T_s$。(d)假设 $T_s$ 是不依赖频率的,对于相同的 $P(D)$ 和 $P(FA)$,分别计算 100 Hz、200 Hz、500 Hz、1 000 Hz、2 000 Hz 和 5 000 Hz 纯音持续 1 s 时间的检测阈。

11.7.3　在一个工厂噪声环境中,100 Hz 到 300 Hz 间的噪声谱级 73 dB re 20 μPa/

$Hz^{1/2}$，一个 200 Hz 的纯音能被听到时他的声压级是多少？假设临界比值即是工作带宽。

11.7.4　(a)令入射声施加在耳朵鼓膜上的声压是 $p=P\cos\omega t$。假设主观响应 $r$ 可以表示为 $r=a_1p+a_2p^2$，其中 $a$ 是常数，证明响应包含一个常数项和多个含有角频率 $\omega$ 和 $2\omega$ 的项。计算作为 $P$ 和其他常数的函数的每一项的幅值。(b)如果入射声包含频率 $\omega_1$ 和 $\omega_2$，产生声压 $p=P_1\cos\omega_1 l+P_2\cos\omega_2 l$，确定响应的频率和幅值。

11.7.5　如果频率为 $nf$ 和 $(n+1)f$ 两个纯音都在频率上移动相同的小量 $\Delta f \ll f$，证明：连续相长干涉最大值间的时间间隔 $T'$ 与 $f+\Delta f/n$ 附近的重复率是一致的。提示：注意组合信号的连续拍现象在时间间隔 $T=1/f$ 略微大于 $T'$ 的时候才能发生。

11.7.6　对于 11.7 节频移的例子，证明在 177 Hz 和 247 Hz 频率附近的偏移音高也可能被感知。

11.8.1　(a)对于一个 100 Hz 的纯音，声强级 60 dB re $10^{-12}$ W/m$^2$，确定其响度和响度级。(b)该纯音声强级减小到多少时，其响度降低到(a)中计算结果的 1/10？(c)该纯音声强级增大到多少时，其响度增加到(a)中计算结果的 10 倍？

11.8.2　6 个纯音有如下的频率和声强级(re $10^{-12}$ W/m$^2$)：50 Hz 时 85 dB，100 Hz 时 80 dB，200 Hz 时 75 dB，500 Hz 时 80 dB，1 kHz 时 75 dB，10 kHz 时 70 dB。(a)计算每个纯音的响度级。(b)假设每个纯音的声强级降低 30 dB，计算每个纯音新的响度级。

11.8.3　(a)计算习题 11.8.2 中 6 个纯音总声强级。(b)这 6 个纯音总响度是多少 sone？(c)一个 1kHz 的纯音，具有(b)中相同的响度，它的声强级是多少？

11.8.4　3 个纯音有如下的频率和 $L_I$ 值：100 Hz 时 60 dB，200 Hz 时 60 dB，500 Hz 时 55 dB。(a)哪个纯音更响？(b)当这 3 个纯音同时响时，总的声压级是多少？(c)它们总的响度级是多少 phon？

11.8.5　一个近似关系是响度级增加 10 dB 相当于响度加倍。在归一化的图 11.8.1 中绘制曲线，使得 1 sone 和 40 phon 是等效的，并同式(11.8.1)的曲线进行比较。

11.8.6　对于工程应用，ISO R131-1959 推荐

$$N=0.0625\times 10^{0.03L_N}$$

在图 11.8.1 中绘制曲线，并同习题 11.8.5 的结果进行比较。

11.8.7　假设式(11.8.5)中 $\Omega$ 是响度 $N$，$S$ 是声强 $I$。(a)在 1 kHz，从图 11.7.1 中估计 $S$ 的阈值。(b)假设式(11.8.4)是对更大响度级数据的近似拟合，找一个按照 Stevens 定律的修正，以扩展该方程到更小的响度级。(c)对于图 11.8.1 计算一条修正的理论曲线，并同图中呈现的数据进行比较。(d)现在，假设 $S$ 是声压幅值 $P$ 的有效值，重复前面(a)~(c)的计算。(e)从数据上比较两条修正的曲线，并做出评论。

# 第12章 建筑声学

## 12.1 封闭空间内的声

大约在19世纪初，Wallace Sabine①(1868—1919年)得到了房间的混响特性、房间大小以及吸声材料数量之间的经验关系，Sabine公式

$$T \propto V/A \tag{12.1.1}$$

将房间的混响时间$T$、体积$V$及其总的声吸收$A$(也称为“吸声面积”)之间联系起来。该公式以一个射线模型为基础。假设声沿着发散的射线向外传播。如前几章所描述，每次遇到房间的边界时，射线一部分被吸收，一部分被反射。经过多次反射后，假设房间内的声变成漫射的。在漫射声场中，能量密度$E$在整个空间内是均匀的，向各个方向传播的可能性相同。该模型过分简化了房间中声音的实际行为，特别是对于低频和高吸收情况，因为它需要大量的反射才能累积明显的衰减，而且忽略了驻波的存在、吸声材料的分布以及房间形状的影响。但若适当选择$A$值式(12.1.1)仍可得出有效的结论。

当在封闭空间内打开具有恒定声功率输出的声源时，该空间内的能量密度比该声源位于开阔空间内时的能量密度要高(通常大于10倍)。若将声源关掉，$t=r/c$时间后将停止接收到直达声，其中$r$为源到接收器的距离，$c$为空气中声速。相继到达、强度逐渐衰减的反射波还能继续被接收到。这种混响能量的存在往往会掩盖对任何新声音的立即识别，直到经过足够的时间。因为混响时间长时，响度和掩蔽(masking)都随之增大，在一个封闭空间内为特定目的选择混响时间必须在这两种效应之间进行折中。

如果想了解建筑声学方面的更多信息，可以从几个资源入手②。

## 12.2 房间内声增长的一个简单模型

如果一个声源在封闭空间内持续工作，空气以及该封闭空间外表面的吸收使声压幅值不会变成无穷大。在较小的空间内，空气吸收可以忽略，因此声压幅值的增长及其最终值都由表面的吸收控制。如果总声吸收很大，则声压幅值很快达到最终值，该最终值比直达

---

① Sabine, *Collected Paters on Acoustics*, Harvard University Press (1922); republished, Acoustical Society of America (1993).

② Knudsen and Harris, *Acoustical Designing in Architecture*, Wiley (1950), republished, Acoustical Society of America (1980). Doelle, *Environmental Acoustics*, McGraw-Hill (1972). Rettinger, *Acoustic Design and Noise Control*, Vberanekol. 1, Chemical Publishing Co. (1977). Beranek, *Music, Acoustics, and Architecture*, Wiley (1962); *Concert and Opera Halls: How They Sound*, Acoustical Society of America (1996).

波产生的值略大。高吸收的房间称为“消声室”或“无回声室”。相比之下，如果房间很小，则较长时间后才达到声压的最终值，这个最终值也较大。这类房间为“混响室”或“回声室”。

当在混响室中打开声源时，由于壁面反射产生随时间增大越来越均匀的声能分布。最后可以假设除了声源和吸收面附近声场完全是漫射的，则该声场可以用射线声学描述。

由图 12.2.1，令 $\Delta S$ 为边界的一个单元、$\mathrm{d}V$ 为空气中到 $\Delta S$ 距离为 $r$ 的体积单元，$r$ 与 $\Delta S$ 法向夹角为 $\theta$。令整个区域内声能密度 $\mathscr{E}$ 均匀，则 $dV$ 内的声能量为 $\mathscr{E}\mathrm{d}V$。这部分能量中，通过直接传播而到达 $\Delta S$ 面上的能量等于 $\mathscr{E}\mathrm{d}V/4\pi r^2$ 乘以 $\Delta S$ 在以 $\mathrm{d}V$ 为中心、半径为 $r$ 的球面上的投影

$$(\mathscr{E}\mathrm{d}V/4\pi r^2)\Delta S\cos\theta \tag{12.2.1}$$

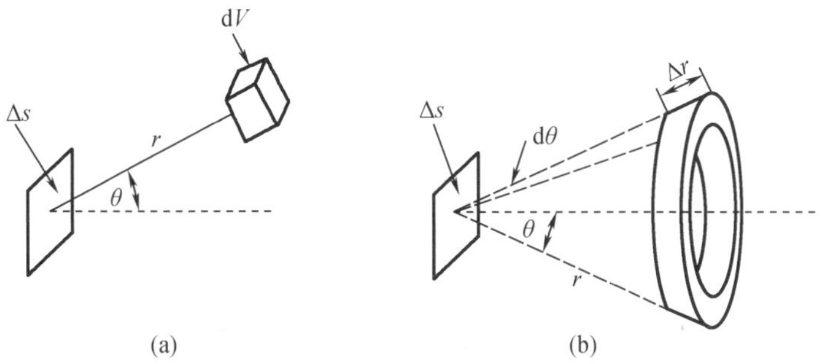


**图 12.2.1　推导漫射声场强度用到的体 dV 和面 dS**

现在令 $\mathrm{d}V$ 属于以 $\Delta S$ 为中心、厚为 $\Delta r$、半径为 $r$ 的半球壳。通过假设能量以相同的概率从各个方向到达，得到这个半球壳对 $\Delta S$ 的声能贡献 $\Delta E$。取 $\mathrm{d}V=2\pi r\sin\theta r\Delta r\mathrm{d}\theta$ 对半球壳积分得

$$\Delta E=\frac{\mathscr{E}\Delta S\Delta r}{2}\int_0^{\pi/2}\sin\theta\cos\theta\mathrm{d}\theta=\frac{\mathscr{E}\Delta S\Delta r}{4} \tag{12.2.2}$$

这些能量在 $\Delta t=\Delta r/c$ 时间内到达，于是式(12.2.2)可以写成 $\Delta E/\Delta t=\mathscr{E}c\Delta S/4$，于是能量打在单位面积壁面上的速率为

$$\frac{\mathrm{d}E}{\mathrm{d}t}=\frac{\mathscr{E}c}{4} \tag{12.2.3}$$

假设在房间内的任意一点，(1)能量各自沿不同射线到达和离开，(2)射线相位是随机的。则该点的能量密度 $E$ 是每条射线的能量密度之和。由式(5.8.10)，如果第 $j$ 条射线声压幅值为 $P_{ej}$，则有 $\mathscr{E}=\sum\mathscr{E}_j=\sum(P_{ej}^2/\rho_0c^2)$，而且

$$\mathscr{E}=P_r^2/\rho_0c^2 \tag{12.2.4}$$

其中 $P_r=\left(\sum P_{ej}^2\right)^{1/2}$ 为“混响声场的等效声压幅值”。

如果房间的外表面和房间内的表面总的声吸收为 $A$，由式(12.2.3)可知，能量吸收的速率为 $A\mathscr{E}c/4$。声吸收 $A$ 是具有面积的量纲，表示为公制的塞宾($\mathrm{m}^2$)或英制的塞宾($\mathrm{ft}^2$)。能量被面吸收的这个速率加上房间体积 $V$ 内能量增加的速率 $V\mathrm{d}\mathscr{E}/\mathrm{d}t$ 必须等于输入功率 $\Pi$。于是混响室内声能增长的控制微分方程为

$$V\frac{d\mathscr{E}}{dt}+\frac{Ac}{4}\mathscr{E}=\Pi \qquad (12.2.5)$$

如果 $t=0$ 时刻打开声源，则解为

$$\mathscr{E}=(4\Pi/Ac)(1-e^{-t/\tau_E})$$
$$\tau_E=4V/Ac \qquad (12.2.6)$$

其中，$\tau_E$ 为时间常数。显然 $1/\tau_E=2\beta$，其中 $\beta$ 为时间吸收系数。如果空间体积大、总吸收小，则 $\tau_E$ 大，能量达到其极限值需要的时间更长。最终的能量密度为

$$\mathscr{E}(\infty)=P_r^2(\infty)/\rho_0c^2=4\Pi/Ac \qquad (12.2.7)$$

对于相同的输入功率，$A$ 越小，$\boldsymbol{E}(\infty)$ 越大。

因为这些结果是以混响场为基础的，所以是有限制的。例如仅当经过足够长时间、沿每条声线路径传播的能量都经过了几次边界反射后，才能应用式(12.2.5)。这个时间范围可以从小房间的约 50 ms 到大礼堂的 1 s 以上。式(12.2.7)表明最终的声能密度和等效声压幅值与频率和房间形状无关，而且在空间内的不同点具有相同的值，只决定于声源强度和总吸收量。对于有声聚焦面或声凹陷的空间，或通过开口与另一个空间相通的空间，这些都不成立。如果空间有某些大面的吸收异常大，则这些面附近的能量密度可能比其他位置小，因此上述公式也不适用。

## 12.3 混响时间——塞宾

假定在一个混响室中，一个声源被打开足够长时间、已经建立了稳态的能量密度 $\mathscr{E}_0$ 后，在 $t=0$ 时刻被关闭。解式(12.2.5)给出任意 $t>0$ 时刻的能量密度

$$\mathscr{E}=\mathscr{E}_0e^{-t/\tau_E} \qquad (12.3.1)$$

由式(12.2.4)可知声压级随时间按照 $\Delta SPL=4.34t/\tau_E$ 规律衰减。“混响时间”定义为声级下降 60 dB 所需的时间，为 $T=13.82\tau_E=55.3V/Ac$。将 $V$ 用公制的米表示、$A$ 用公制的塞宾表示、并取 $c=343$ m/s，则得到“塞宾混响公式”的公制形式

$$T=0.161V/A \qquad (12.3.2)$$

（在英制单位中，如果 $V$ 用英尺(ft)表示，$A$ 用英制的塞宾表示，并取 $c=1\ 125$ ft[①]/s，则 $T=0.049V/A$。）

如果空间的总面积为 $S$，则“平均塞宾吸收率 $\bar{a}$”定义为

$$\bar{a}=A/S \qquad (12.3.3)$$

在这个定义下，式(12.3.2)变成

$$T=\frac{0.161/V}{S\bar{a}} \qquad (12.3.4)$$

如果混响时间 $T$ 已知，则可以计算总的声吸收 $A$ 和平均塞宾吸收率 $\bar{a}$。但我们的目的是要求逆过程，即根据给定空间的声学特性预报其混响时间。尽管 $A$ 显然依赖于空间的面积和空间内各种材料的吸收特性有关，但这种依赖关系受各种简化假设的约束。Sabine 曾

① 1 ft=30.48 cm。

假设总的声吸收是每个面的声吸收 $A_i$ 的和

$$A=\sum_i A_i=\sum_i S_i a_i \tag{12.3.5}$$

其中,$a_i$ 为第 $i$ 个面 $S_i$ 的“塞宾吸收率”。在这种假设下,平均塞宾吸收率 $\bar{a}$ 为各个吸收率 $a_i$ 的面平均。

$$\bar{a}=\frac{1}{S}\sum_i S_i a_i \tag{12.3.6}$$

(在建筑声学中,$a$ 称为一件物品的“能量吸收系数”或“吸收系数”,习惯写作 $\alpha$)。注意它不同于第 9 章用 $\alpha$ 和 $\beta$ 表示、单位为 $m^{-1}$ 和 $s^{-1}$ 的吸收系数。下面将看到,它是以第 6 章的功率反射系数 $R_{\Pi}$ 为基础的无量纲量。在本书中为避免混淆,用 $a$ 而不用 $\alpha$,用“吸收率”而不用“吸收系数”。

每一个面或物体的 $a$ 是通过在一种混响室中对该材料的式样进行标准化测量得到的。(这个混响室是一个 $\bar{a}$ 值很小、具有合理尺度的封闭空间,最长边小于最短边的 3 倍)。空的混响室其混响时间由式(12.3.4)给出。如果用面积为 $S_s$、吸收率 $a_s$ 未知的面取代混响室的一个相同面积、吸收率为 $a_0$ 的面,新的混响时间 $T_s$ 将为

$$T_s=\frac{0.161V}{S\bar{a}+S_s(a_s-a_0)} \tag{12.3.7}$$

式(12.3.4)和式(12.3.7)联立得到需要计算的值

$$a_s=a_0+\frac{0.161V}{S_s}\left(\frac{1}{T_s}-\frac{1}{T}\right) \tag{12.3.8}$$

实际操作发现 $a_s$ 的测量在某种程度上与面的大小和它在空间内的位置有关。

混响测量中遇到的难点包括由于形成驻波模式而产生的局部异常。Sabine 的解决办法是在靠近混响室中央布置几个大的高反射面,测量时旋转这些面。驻波模式的变化将局部异常平均掉。另一种解决办法是在混响室内大量的不同点进行测量。现在的方法包括:(1)利用颤声振荡器(其变化的频率连续不断地改变了驻波模式);(2)利用 1/3 倍频程的带内噪声。测量的另一个困难产生于样品边缘的散射。当样品为高吸收时(如一扇敞开的窗),则得到的吸收率可能大于 1。(按照建筑声学的惯例,对于任何吸收率超过 1.0 的值,将 $a=1.00$ 指定为最大值。)

Sabine 对混响进行的最初研究仅限于 512 Hz。他后来所做的实验包括了 64 Hz 到 4 096 Hz 之间的八度音节测量。习惯上特别重视 512 Hz 这个频率以至于当给出混响时间时若未明确指定频率则就是指这个频率(或最近也常指 500 Hz)。由于面吸收对频率的依赖性,在对语音或音乐重要的整个频率范围内,必须指定具有代表性的频率所对应的混响时间。通常选择的频率为 125 Hz、250 Hz、500 Hz、1 000 Hz、2 000 Hz 和 4 000 Hz。

考虑一个 3 m×5 m×9 m 的矩形空间,内表面的平均塞宾吸收率为 $\bar{a}=0.1$。则 $A=17.4\ m^2$,$T=1.25$ s,是一个优良的混响室。对于一个 10 μW 的源,由式(12.2.7)给出最终的等效声压幅值为 0.031 Pa,以 20 μPa 为参考的声压级为 64 dB。相比之下,自由空间内距离该声源 5 m 处直达波以 20 μPa 为参考的声压级为 45 dB。

推导混响时间式(12.3.4)时,忽略了充满空气的体积内的声损失,这些声损失使得总吸收增大而混响时间减小。总的时间吸收系数就是各个系数的简单求和。已知道只有空气吸收的驻波声压幅值按照 $P_0\exp(-\alpha t)$ 规律衰减。于是 $\mathscr{E}=\mathscr{E}_0\exp(-mct)$,其中 $m=2\alpha$。(在建筑声学中,用 $m$ 而不用 $2\alpha$)。结果式(12.3.1)可以重写成

$$\mathscr{E}=\mathscr{E}_0 e^{-(A/4V+m)t} \tag{12.3.9}$$

混响时间的表达式变成

$$T=\frac{0.161V}{S\bar{a}+4mV} \tag{12.3.10}$$

空气中吸收的重要程度决定于 $4mV/S\bar{a}$。因为 $m$ 随 $f$ 增大,而 $\bar{a}$ 在 1 kHz 以上减小,所以高频、大空间内空气吸收很显著。而且,在高混响空间内声吸收主要发生在空气中而非表面上。当用百分比表示的相对湿度在 20~70 之间、频率在 1.5 kHz 到 10 kHz 之间时,精度足以满足建筑方面的大多数应用的一种近似为

$$m=5.5\times10^{-4}(50/h)(f/1\,000)^{1.7} \tag{12.3.11}$$

## 12.4 混响时间——艾琳和诺里斯

还有其他的混响时间公式,其中一种是艾琳①和诺里斯提出的。该方程以反射之间的平均自由程为基础。可以证明②,从矩形封闭空间壁面的连续反射之间射线通过的平均距离为 $L_M=4V/S$,于是每秒的反射次数为 $N=cS/4V$。每次反射声能量衰减为原来的 $(1-\bar{a}_E)$,其中 $\bar{a}_E$ 为"随机入射能量吸收系数的面积平均"

$$\bar{a}_E=\frac{1}{S}\sum_i S_i a_{Ei} \tag{12.4.1}$$

$a_{Ei}$ 为第 $i$ 个面的随机入射能量吸收系数,则在一个混响时间 $T$ 的时间间隔内能量的总吸收为 $(1-a_E)^{NT}$,这必然对应于声压级下降 60 dB,于是 $10\log(1-\bar{a}_E)^{NT}=-60$。解出 $T$ 并将 $N$ 的表达式代入得"艾琳-诺里斯混响时间"

$$T=\frac{0.161V}{-S\ln(1-\bar{a}_E)} \tag{12.4.2}$$

对小的 $\bar{a}_E$ 值展开 $\ln(1-\bar{a}_E)$ 并将塞宾和艾琳的混响公式进行对比表明,对于高混响空间($a\ll1$)得

$$a=a_E \tag{12.4.3}$$

对于特定表面,塞宾吸收率与随机入射能量吸收系数可以认为是相同的。小 $\bar{a}$ 值时,艾琳和塞宾对于混响时间的预测是相同的,但大 $\bar{a}$ 值时艾琳的预测值较小。

如果每个入射角 $\theta$ 对应的功率反射系数 $R_\Pi$ 均为已知,则 $R_\Pi(\theta)$ 与 $a_E(\theta)$ 之间的关系为

$$a_E(\theta)=1-R_\Pi(\theta) \tag{12.4.4}$$

于是由式(6.1.7)可知,$a_E(\theta)$ 为功率透射系数 $T_\Pi$。由式(12.2.2)易知对于漫射的入射场

$$a_E=2\int_0^{\pi/2} a_E(\theta)\sin\theta\cos\theta\,d\theta \tag{12.4.5}$$

尽管通常是假设漫射声场,但却不能保证实际情况就是如此。如果功率反射系数对角度的依赖关系已知,则可以由式(12.4.5)计算漫射场吸收率。如果声线的分布不是漫射的则可以对积分进行适当的修正。另外,可以利用塞宾的方法在混响室中测量吸收率,结果

① Eyring, *J. Acoust. Soc. Am.*, 1, 217 (1930).

② Bae and Pillow, *Proc. Phys. Soc.*, 59, 535 (1947).

可能并不一致,特别是前面曾提到混响室测量可能得到大于 1 的吸收率。关于确定等效 $a_E$ 值的各种方法,现仍存在对其相对优劣性的讨论,但对于大多数实际应用来说,许多研究者建议采用塞宾方程以及实验确定的塞宾吸收率①。

这些和其他混响时间公式的进一步讨论可查阅文献②。

## 12.5　吸声材料材料

表 12.5.1 给出各种材料的吸收率和吸收。进一步信息可参考“声学和绝缘材料协会”每年发布的公告“性能数据——声学材料”以及脚注 2 给出的参考文献。

声学设计中重要的声学材料可以大致分成几类:(1)多孔材料,(2)吸声板,(3)谐振腔,(4)每个人和家具。

1. 多孔材料,如隔音砖和石膏、矿棉、玻璃纤维、地毯、帷帐,这些材料都是相互连接的孔组成的网状结构,其中各种损失将声能转换成热能。这些材料的吸收率强烈依赖于频率,低频时相对较小,500 Hz 以上时增加到相对较高的值。吸收率随材料厚度增大。材料安装得远离壁面可以增大低频吸收。涂刷吸声石膏和吸声砖必然会导致效果显著降低。

2. 离开固体背板安装的无孔板在入射声作用下振动,无孔板内的损耗机制将入射声能的一部分转化为热能。这类吸声器(石膏,石膏灰胶纸夹板、胶合板、细木镶板)在低频很有效。在无孔板和墙壁之间的空间内增加多孔材料可以进一步提高低频吸声效率。

3. 谐振腔是由封闭体积的空气通过一个小的开口与房间相连构成。它充当一个亥姆霍兹谐振腔,在其谐振频率附近的一个窄频带内对声能的吸收效率最高。这些吸收器可以是单个元件的形式,例如带有开槽空腔的混凝土块。其他形式包括打孔的面板和与固体背板隔开的木格,中间有吸收毯。这些结构允许各种建筑表现手法,还能在宽频带内提供单独的腔单元无法做到的有效声吸收。

4. 表 12.5.1 中还列出了穿着衣服的人、带软垫的座椅和木制家具等每一项的声吸收。木质家具包括没有装饰的椅子、课桌和桌子(能提供五人工作空间的桌子计数为五张桌子)。对于广泛散布的听众,包括木质课桌、桌子或椅子(如稀疏的教室以及许多演讲厅就是这种情况),使用每个人的声吸收、每件家具的声吸收,要比使用听众声吸收更合适。

**表 12.5.1　代表性的萨宾吸收率和吸收**

| 描述 | 频率/Hz | | | | | |
|---|---|---|---|---|---|---|
| | 125 | 250 | 500 | 1 000 | 2 000 | 4 000 |
| | 塞宾吸收率 $a$ | | | | | |
| 观众、乐队、合唱团 | 0.40 | 0.55 | 0.80 | 0.95 | 0.90 | 0.85 |
| 软垫座椅(布套、带孔底部) | 0.20 | 0.35 | 0.55 | 0.65 | 0.60 | 0.60 |

① Young, *J. Acoust. Soc. Am.*, 31, 912 (1959). *Noise and Vibration Control*, ed. Beranek, McGraw-Hill (1971).

② *Encyclopedia of Acoustics*, ed. Crocker, Wiley (1997): Tohyama (Chap. 77), Kuttruff (Chap. 91), 以及 Bies and Hansen(Chap. 92).

**表 12.5.1**(续)

| 描述 | 频率/Hz | | | | | |
|---|---|---|---|---|---|---|
| | 125 | 250 | 500 | 1 000 | 2 000 | 4 000 |
| | 塞宾吸收率 $a$ | | | | | |
| 软垫座椅(皮革覆盖) | 0.15 | 0.25 | 0.35 | 0.40 | 0.35 | 0.35 |
| 重地毯[底层为地毯(1.35 kg/m$^3$ 毡或泡沫橡胶)] | 0.08 | 0.25 | 0.55 | 0.70 | 0.70 | 0.75 |
| 重地毯(底层为混凝土) | 0.02 | 0.06 | 0.14 | 0.35 | 0.60 | 0.65 |
| 隔音石膏(近似) | 0.07 | 0.17 | 0.40 | 0.55 | 0.65 | 0.65 |
| 硬表面上的隔音砖 | 0.10 | 0.25 | 0.55 | 0.65 | 0.65 | 0.60 |
| 悬吊的隔音砖(假天花板) | 0.40 | 0.50 | 0.60 | 0.75 | 0.70 | 0.60 |
| 窗帘(0.48 kg/m$^2$ 天鹅绒,垂到一半面积) | 0.07 | 0.30 | 0.50 | 0.75 | 0.70 | 0.60 |
| 带有空腔的木质平台 | 0.40 | 0.30 | 0.20 | 0.17 | 0.15 | 0.10 |
| 木镶板(在 2~4 in 空间上方安装 3/8~1/2 in 板) | 0.30 | 0.25 | 0.20 | 0.17 | 0.15 | 0.10 |
| 胶合板(1/4 in、螺栓、玻璃纤维背衬) | 0.60 | 0.30 | 0.10 | 0.09 | 0.09 | 0.09 |
| 木质墙壁(2 in) | 0.14 | 0.10 | 0.07 | 0.05 | 0.05 | 0.05 |
| 地面、水磨石 | 0.01 | 0.01 | 0.02 | 0.02 | 0.02 | 0.02 |
| 混凝土(浇注、未上漆) | 0.01 | 0.01 | 0.02 | 0.02 | 0.02 | 0.02 |
| 石膏(板条上、光滑) | 0.14 | 0.10 | 0.06 | 0.04 | 0.04 | 0.03 |
| 石膏(在木条和螺栓上光滑) | 0.30 | 0.15 | 0.10 | 0.05 | 0.04 | 0.05 |
| 石膏(1 in、在混凝土块、砖、板条上带阻尼) | 0.14 | 0.10 | 0.07 | 0.05 | 0.05 | 0.05b |
| 玻璃(厚板) | 0.18 | 0.06 | 0.04 | 0.03 | 0.02 | 0.02 |
| 玻璃(窗玻璃) | 0.35 | 0.25 | 0.18 | 0.12 | 0.07 | 0.04 |
| 砖(未上釉、无油漆) | 0.03 | 0.03 | 0.03 | 0.04 | 0.05 | 0.07 |
| 砖(光滑石膏饰面) | 0.01 | 0.02 | 0.02 | 0.03 | 0.04 | 0.05 |
| 混凝土砌块(开槽两孔) | 0.10 | 0.90 | 0.50 | 0.45 | 0.45 | 0.40 |
| 隔离毯上的穿孔板(开口面积为 10%) | 0.20 | 0.90 | 0.90 | 0.90 | 0.85 | 0.85 |
| 玻璃纤维(1 in、刚性背衬) | 0.08 | 0.25 | 0.45 | 0.75 | 0.75 | 0.65 |
| 玻璃纤维(2 in、刚性背衬) | 0.21 | 0.50 | 0.75 | 0.90 | 0.85 | 0.80 |
| 玻璃纤维(2 in、在刚性背衬上、1 in 空隙) | 0.35 | 0.65 | 0.80 | 0.90 | 0.85 | 0.80 |
| 玻璃纤维(4 in、刚性背衬) | 0.45 | 0.90 | 0.95 | 1.00 | 0.95 | 0.85 |
| | | | | | | |
| | 用 m$^2$ 表示的声吸收 $A$ | | | | | |
| 一个人或软包装座位(±0.01 m$^2$) | 0.40 | 0.70 | 0.85 | 0.95 | 0.90 | 0.80 |
| 一个人的木质椅子、桌子、家具 | 0.02 | 0.03 | 0.05 | 0.08 | 0.08 | 0.05 |

1 in=2.54 cm

选择这些吸声材料的适当数量和分布可以调整混响时间与频率的关系,几乎可以得到所需的任意声学环境。最佳混响时间取决于房间的功用,可以设计带有滑动或旋转面板的多用途房间,这些面板可以将具有不同吸收特性的表面暴露在外。但是通过电子方式引入的人工混响可能是成本更低也更灵活的解决方案,尤其是在大房间内。

## 12.6 混响室内声源输出的测量

测量声源输出的最精确方法需要一个消声室,墙壁越接近完全吸收越好。这是在实验室条件下对无边界均匀空间的最佳近似。但声源输出可以在混响室中测量并达到可以接受的精度。当室内的声能为完全漫射状态,则声功率输出由式(12.2.7)给出。如果整个房间内 $P_r(\infty)$ 为真正均匀的,则只需对其幅值测量一次即可。否则需要多次测量取平均或者让传声器在一个臂上旋转(距离至少需覆盖 1/4 波长)来测量平均声压。式(12.2.7)中唯一未知的参数是房间的声吸收 $A$。如果房间墙壁的吸收率已知,则 $A$ 可由较早前给出的公式计算,否则可通过测量房间的混响时间由式(12.3.2)确定。将式(12.2.7)与式(12.3.2)联立消去 $A$ 得

$$\Pi = 13.9(P_r^2/\rho_0 c^2)V/T = 9.7\times10^{-5}P_r^2 V/T \tag{12.6.1}$$

(如果 $P_r$ 的单位不是 Pa 而是 μbar,则以 0.139 代替 13.9,指数以−7 代替−5。)

## 12.7 直达声与混响声

只要房间内存在连续声源就产生两种声场。其中“直达声场”是直接从声源到达的波。另一个是“散射声场”,是由于反射产生的。无指向性声源的直达声场能量密度 $\mathscr{E}_d$ 为:

$$\mathscr{E}_d = (\Pi/c)/4\pi r^2 \tag{12.7.1}$$

其中 $r$ 是到声源等效声中心的径向距离,$\Pi$ 为声源的声功率输出。混响场的能量密度 $\mathscr{E}(\infty)$ 由式(12.2.7)给出,总声场的能量密度为 $\mathscr{E}_d+\mathscr{E}(\infty)$。混响与直达声的能量密度之比为

$$\mathscr{E}(\infty)/\mathscr{E}_d = (r/r_d)^2 \tag{12.7.2}$$

其中 $r_d = \dfrac{1}{4}\sqrt{A/\pi}$ 为直达声场减小到与混响场的值相等时对应的距离。这个公式表明,当位置很靠近声源时($r \ll r_d$),房间形状或对房间进行的声学处理几乎不会影响测量到的声压级。相比之下,在 $r \gg r_d$ 的距离上,总的声吸收每增大一倍,声压级降低 3 dB。

例如,噪声很大的机器附近的工人从房间总吸声量的增加中获益很少。但是距离机器较远的工人则可以因这种处理而少受很多噪声干扰。另一个例子,当安静的房间中只有两人而且他们相距很近时,周围物体的声学特性对他们谈话的影响几乎可以忽略,但是如果房间内有许多人在讲话,则混响声压级增大 10log $N$,其中 $N$ 是讲话的人数。这就是为什么在大的舞厅或餐厅内当许多人在讲话时交谈就变得很困难。假设有 100 个讲话的人,每人的声功率输出为 100 μW,他们在 5 m×20 m×40 m、$T$=3 s 的房间内。代入式(12.3.2)得 $A$= 215 m$^2$。则混响声压式(12.6.1)为 $P_r$=0.28 Pa,对应声压级以 20 μPa 为参考时是 83 dB。对一般的谈话来说,这个背景级太高了,代入式(12.7.1)得距离讲话者 0.2 m 处的直达声具有相同的声压。如果所有讲话者都将其输出功率降低到 10 μW,则混响声背景级将降低

到以 20 μPa 为参考的 73 dB 而不会改变谈话的可听度。不幸的是,当房间内有许多人时,每个人都提高声音以便可以被听到,这时“鸡尾酒会效应”①就变得明显。平均来说,这不会提高可听度,只会将背景级的值提高到令人不舒服的程度。

## 12.8 建筑设计中的声学因素

无论设计音乐室、会议室、演讲厅、音乐厅或大礼堂,声学顾问都必须考虑到几个不同因素,它们之间的相对重要程度则取决于房间的功用。

(a)直达声

在任意封闭空间内,在听众与声源之间都应有一条直而清晰的视线。这不仅具有心理学上的重要性,而且保证有清晰的直达声,对于声音来自什么方向给人以听觉上的感觉,这是非常重要的。一般来说,在大的空间内,这要求声是从前向后或从后向前掠过座位区域包括包厢的。这也有助于避免声以接近掠射的角度入射经过听众时产生的低频衰减。倾斜舞台或在其后部安装竖板也将增加直达声并减少掠射入射的问题。如果有声音的电增强(常见于多用途的封闭区域),则在这些信号之间必须插入足够的时间延迟使直达声比其他方向来的声早到 10~30 ms。这种“优先效应”对于良好的声音方向感是必要的。

(b)500 Hz 的混响

在直达声和混响声之间必须有一个适当的平衡。式(12.7.2)与式(12.3.2)联立得

$$\mathscr{E}(\infty)/\mathscr{E}_d=312r^2T/V \tag{12.8.1}$$

因为直达声能量随着到源的距离的平方下降,所以不可能在整个空间内有不变的比值。但是在形状相似的空间中的等价位置,$r^3$ 将正比于体积 $V$。这意味着在体积相同的不同形状空间内,要在同样的相对位置保持相同的 $\mathscr{E}(\infty)/\mathscr{E}_d$ 值,则必须有

$$T=RV^{1/3} \tag{12.8.2}$$

其中,$R$ 为常数,取决于空间的用途。这个本质上是近似的关系却是一种有用的经验估计。对于各种不同用途目的的封闭空间,表 12.8.1 给出了被普遍接受的 $T$、$V$ 值之间拟合的结果。这些公式可以估算设计准则中的某些限制。当混响时间不大于约 0.8 s 时,熟练的演讲者在安静的大厅里进行演讲的条件非常好,这个条件要求演讲厅的最大体积约为 $2.4\times10^3\ m^3$。至于音乐厅混响时间则不应超过 2 s,对应最大体积约 $2.4\times10^4\ m^3$。必须强调这些预测值只是估计,当 $V$ 不在通常遇到的典型值范围内时,这些值是不可信的。当体积接近或超过上面给出的上限值时,实用中发现 $R$ 值可能减小,向上面给出的下限值靠近,但是,基本趋势是明显的。例如,如果没有电增强,卡内基音乐厅就很不适合演讲,而在演讲厅里,除非故意严格地限制输出,否则交响乐队或摇滚乐团功率又显太大了。

**表 12.8.1 各种用途房间的 $R=T/V^{1/3}$ 近似值**

| 用途 | $R\pm10\%/(s\cdot m^{-1})$ | 常规体积范围$(V)/(m^3)$[a] |
|---|---|---|
| 音乐厅 | 0.07 | $10\times10^3<V<25\times10^3$ |
| 歌剧院 | 0.06 | $7\times10^3<V<20\times10^3$ |

① MacLean, *J. Acoust. Soc. Am.*, 31, 79 (1959)

**表 12. 8. 1**(续)

| 用途 | $R\pm10\%/(\mathrm{s\cdot m^{-1}})$ | 常规体积范围$(V)/(\mathrm{m^3})$[a] |
|---|---|---|
| 电影院 | 0. 05 | $V<10\times10^3$ |
| 礼堂<br>传统剧院<br>演讲厅<br>会议室 | 0. 06 | $V<4\times10^3$ |
| 录音棚<br>播音室 | 0. 04 | $V<1\times10^3$ |

a:转换为英制单位时,$1\ \mathrm{m^3}=35.3\ \mathrm{ft^3}$。

在衰减的不同时刻观测到的混响可能显示出不同的 $T$ 值。有迹象显示初始的视在混响时间对于听者最重要。这意味着较早的延迟到达声对建立令人满意的混响印象非常重要。在侧壁为发散状的扇形空间内这可能就会产生问题。要对于一个封闭空间指定最佳混响时间,当该空间被设计成要做播放或复制音乐之用时问题就比空间要做讲话之用时复杂,因为混响时间因音乐类型和所要求的效果而不同。音乐室应当比尺度接近的演讲厅或会议厅的混响更大。最佳的混响时间从起居室的约 0. 5 s、用于独奏或室内音乐的小房间的约 1. 0 s,到大教堂内风琴音乐或清唱剧的约 2. 5 s。古典音乐和巴洛克音乐最佳混响时间约为 1. 0~1. 4 s,而 19 世纪管弦乐在混响时间约为 2. 0 s 时效果最佳。这些值也跟个人喜好和文化态度有关。

设计非古典音乐录影棚(尤其是摇滚、流行摇滚或乡村和西部音乐)或电视演播室时,混响时间应当短,特别是由于这些用途通常都要有大量的电子处理,包括幅度限制、人工混响和回声、频率整形等。

设计礼堂时必须考虑的一个因素是观众对混响的影响。观众的规模可以使所有频率的混响时间发生大的变化,尤其是 250 Hz 以上。当排练时空的音乐厅内没有垫子的座位引起的这种变化尤其明显。当公开演出时,没有经验的指挥家可能会大吃一惊。通过使用带有软垫和底部穿孔的座椅可以大大减少观众规模变化的影响,因为这样一来座椅有人坐和无人坐时吸收量接近。如果为了经济原因而需要使用少装饰或无装饰的座椅,则合理的经验法则是使得入座率为 2/3 时的混响时间等于希望值。

对于有代表性的音乐厅,表 12. 8. 1 给出直达声与混响声的能量之比约为 0. 07。这意味着当声的持续时间足够长使得大厅里能建立起充分的混响场时,混响声能量约为直达声能量的 15 倍。从主观上讲,组合声场的响度比单独的直达声响度两倍略大。这就是浪漫主义时期的音乐力量感或宏伟感的来源。(未放大的音乐或室外音乐会不能令人满意的原因往往就是因为缺乏混响。)

经过对欧洲、新世界音乐厅及歌剧院的广泛调查,Beranek 给出了混响时间与封闭空间参数之间的经验关系

$$1/T=0.1+5.4S_T/V \tag{12.8.3}$$

其中 $S_T$ 为观众席、管弦乐队和合唱团的总占地面积。对在一般水准以上的音乐厅这个公式的描述似乎比式(12. 8. 2)要好。归因于 $S_T$ 的吸收率由表 12. 5. 1 中第一项给出。表 12. 8. 2 列出了被评为“很好”至“优秀”的音乐厅和歌剧院,混响时间倒数作为 $S_T/V$ 的函数见图 12. 8. 1,显然与式(12. 8. 3)的曲线符合得很好,尤其是混响时间较长时。对相同的厅绘制的 $T\sim V^{1/3}$ 曲线与式(12. 8. 2)对比,相关度差得多。

**表 12.8.2　选择的音乐厅和歌剧院的声学环境**

| 音乐厅/歌剧院(简写) | $V/10^3$ /$m^3$ | $S_T/10^3$ /$m^2$ | 不同频率(Hz)的混响时间/s | | | | | | 到达时间延迟/ms | 座位数 |
|---|---|---|---|---|---|---|---|---|---|---|
| | | | 125 | 250 | 500 | 1 000 | 2 000 | 4 000 | | |
| Jerusalem, Binyanei Haoomah(J) | 24.7 | 2.4 | 2.2 | 2.0 | 1.75 | 1.75 | 1.65 | 1.5 | 13~26 | 3 100 |
| New York, Carnegie Hall (翻新前)(N) | 24.3 | 2.0 | 1.8 | 1.8 | 1.8 | 1.8 | 1.7 | 1.4 | 16~23 | 2 800 |
| Boston, Symphony Hall(Bo) | 18.7 | 1.6 | 2.2 | 2.0 | 1.8 | 1.8 | 1.7 | 1.5 | 7~15 | 2 600 |
| Amsterdam, Concertgebouw(A) | 18.7 | 1.3 | 2.2 | 2.2 | 2.1 | 1.9 | 1.8 | 1.6 | 9~21 | 2 200 |
| Glasgow, St. Andrew's Hall(GI) | 16.1 | 1.4 | 1.8 | 1.8 | 1.9 | 1.9 | 1.8 | 1.5 | 8~20 | 2 100 |
| Philadelphia, Academy of Music(P) | 15.7 | 1.7 | 1.4 | 1.7 | 1.45 | 1.35 | 1.25 | 1.15 | 10~19 | 3 000 |
| Vienna, Grosser Musikvereinsaal(V) | 15.0 | 1.1 | 2.4 | 2.2 | 2.1 | 2.0 | 1.9 | 1.6 | 9~12 | 1 700 |
| Bristol, Colston Hall(Bri) | 13.5 | 1.3 | 1.85 | 1.7 | 1.7 | 1.7 | 1.6 | 1.35 | 6~14 | 2 200 |
| Brussels, Palais des Beaux Arts(Bru) | 12.5 | 1.5 | 1.9 | 1.75 | 1.5 | 1.35 | 1.25 | 1.1 | 4~23 | 2 200 |
| Gothernburg, Konserthus(Go) | 11.9 | 1.0 | 1.9 | 1.7 | 1.7 | 1.7 | 1.55 | 1.45 | 22~33 | 1 400 |
| Leipzig, Neues Gewandhaus(L) | 10.6 | 1.0 | 1.5 | 1.6 | 1.55 | 1.55 | 1.35 | 1.2 | 6~8 | 1 600 |
| Basel, Stadt-Casino(Ba) | 10.5 | 0.9 | 2.2 | 2.0 | 1.8 | 1.6 | 1.5 | 1.4 | 6~16 | 1 400 |
| Cambridge, Mass, Kresge Auditorium(C) | 10.0 | 1.0 | 1.65 | 1.55 | 1.5 | 1.45 | 1.35 | 1.25 | 10~15 | 1 200 |
| Buenos Aires, Teatro Colon(Bu) | 20.6 | 2.1 | – | – | 1.7 | – | – | – | 13~19 | 2 800 |
| New York, Metropolitan Opera(NM) | 19.5 | 2.6 | 1.8 | 1.5 | 1.3 | 1.1 | 1.0 | 0.9 | 18~22 | 2 800 |
| Milan, Teatro alla Scala(M) | 11.2 | 1.6 | 1.5 | 1.4 | 1.3 | 1.2 | 1.0 | 0.9 | 12~15 | 2 500 |

源:Adapted from Beranek, *op. cit.*

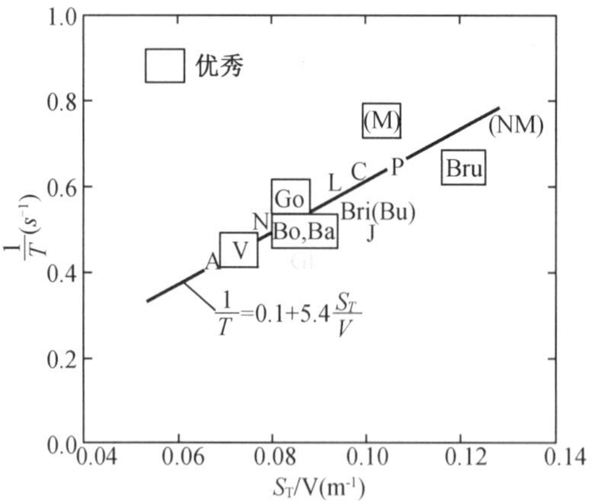


**图 12.8.1　"好"或"优秀"的音乐厅和歌剧院的混响时间。具体建筑名称参见表 12.8.2**

(c)温暖度

空间内的温暖度依赖于低频和高频混响时间之比。图 12.8.2 概述了在语音和音乐的极限情况下,混响时间作为频率函数的期望行为。交叉线绘出的阴影区域指示希望的值,巴洛克音乐接近于语音曲线而浪漫音乐接近于音乐曲线。脑子里想着这些曲线再去研究表 12.5.1 就会发现,使用薄镶板或其他轻质墙壁材料可导致低频的过大吸收。对于大的混凝土厅,观众是起主要作用的吸收源,厚的蜡封木质表面是优良的选择。

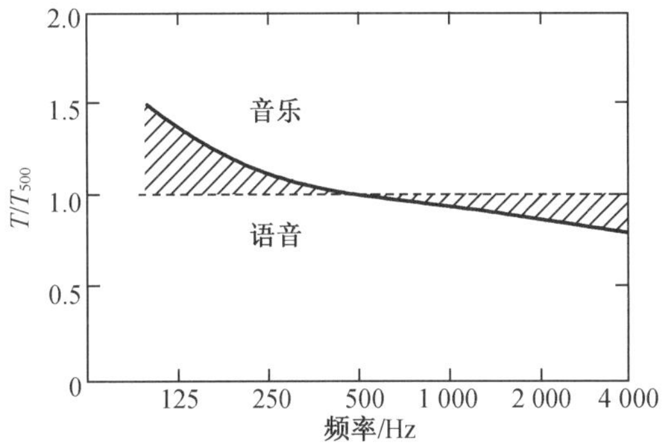


**图 12.8.2 音乐和语音的相对混响时间极限**

(d)亲密感

声音的亲密感对于讲话很重要,而对于音乐则更为重要。这种品质取决于紧跟声源直达声到达的反射声。这些较早到达的延迟声应该有很多而且在时间上均匀分布,开始到达的时刻晚于直达声不超过 20 ms(对于歌剧院为 30 ms),而且两者逐渐平滑地融合到一起形成混响。(20 ms 的延迟对应路径长度相差约 7 m)。来自厅侧壁比来自顶棚的早期到达声更重要。现代的观众似乎比过去更喜欢“立体声”效应,这可能是因为可以更好地使用设计良好的家庭音响系统。在大的或扇形的空间内,在早期到达的侧壁反射声之间取得适当的平衡可能是个问题,尤其是在靠近声源的地方。精心设计的舞台,沉重而坚固的外壁,位置适当的天花板和墙壁反射器以及悬吊的反射器可以增强整个观众席的这些早期到达声。反射器应为刚性加固的胶合板,至少 1.9 cm(3/4 in)厚,或其他合理的等价物。必须注意避免这些补救措施引入其他不希望的效应,如:(1)反射器的谐振;(2)额外的吸收;(3)向听众席的高频反射,向反射器上方空间的低频散射,以及伴随的观众席区的低频能量损失;(4)声聚焦。

必须对封闭空间连同其外壁和反射器的比例尺图或模型进行研究以确定在有代表性的位置上沿反射路径的较早到达声,以便可以去除阴影和“热点”时使早到达的反射声分布在整个封闭空间内。如果封闭空间为复杂或不规则形状,构建比例尺模型以及使用小型脉冲源和探头接收器时可能会发现原本会被遗漏的声学问题。在研究现有设施时,使用发令手枪并记录放置在适当位置的麦克风的输出,可以帮助隔离反射到达和回声的来源。任意封闭空间的后墙(尤其扇形的)以及任意平的或凹的面都可能很麻烦。大而平的平行面可以引起震颤(重复的回声)。在这些表面上引入结构不规则性来使反射声向各方向发散,或者引入随机分布的吸收单元可抑制反射并引起部分衍射,这些是有用的补救措施。包厢要浅且其底面设计要防止聚焦、允许早到达反射声存在,以及允许混线声场穿透底面到达里面的听众,可能的话应设计成倾斜的,使听众能接受到直达声。

对于主要用于未经放大的演讲或音乐大厅,最接近源的几排座位对源的张角不应超过 120°,除非特别注意利用天花板、墙壁、某些壳体(如果有的话)或合理布放的反射面的早期反射。

(e)漫射、混合与合奏

混响声场必须快速变成漫射场以达到整个空间内声场的完美融合。这对于听者、演讲者以及乐队都很重要。必须要有返回舞台的混响声，否则表演者就会感觉它们在向一个声的空洞发声。尽管许多演讲者对它们所处的环境很不敏感，但也有一些人对接收的声音很依赖，对这些人来说“死寂”的感觉可能使他们过渡补偿，导致讲话过快或对于所处空间来说过响。缺乏回响也会使一个管弦乐队及其指挥对大厅的行为作出误判而导致同样的结果。

舞台的设计还应使声音从舞台的各处边界均匀地一方面投射回舞台、一方面投射到整个大厅中。这使得演讲者和表演者可以听到自己并互相听到。这对于得到协调一致的合奏很重要。大厅内的舞台宽度不应超过深度的两倍。如果在获得良好的漫射场方面存在任何问题，则可以将构成舞台的墙壁和顶棚、任意的板壳，以及有关的反射面打碎成经过精心选择的不规则面。

## *12.9 驻波和封闭空间内的简正模态

射线声学不能完整描述封闭空间内的声行为，更加适当的方法必须考虑波动理论。简单封闭空间内波动方程解已经求得，并且通过研究此类封闭空间中声音的瞬态和稳态行为，得出了新的见解。在波动方程不能求解的复杂封闭空间内，波动理论是将射线声学的预测结果进行推广的一种补充。

(a)矩形封闭空间

在9.2节中曾得到尺寸为$L_x$、$L_y$、$L_z$，无损耗刚性壁的腔内波动方程的解为驻波

$$\boldsymbol{p}_{lmn}=\boldsymbol{P}_{lmn}(x,y,z)\mathrm{e}^{\mathrm{j}\omega_{lmn}t}$$

$$\boldsymbol{P}_{lmn}(x,y,z)=\boldsymbol{A}_{lmn}\cos k_{xl}x\cos k_{ym}y\cos k_{zn}z \tag{12.9.1}$$

$k$的分量由式(9.2.6)给出，对应的固有频率由式(9.2.7)给出，模态用一组整数$(l,m,n)$指示。如果三个整数均不为零，则称模态为“倾斜的”。如果其中一个整数为零，则模态称为“切向的”，因为传播矢量平行于一对面。如果两个整数为零，则模态称为“轴向的”，因为传播矢量平行于其中的一个轴。下面我们将从研究一个特定简正模态的行为入手，因此为表达简洁省略下标$l$,$m$和$n$。考虑阻尼的驻波固有角频率记为$\omega_{\mathrm{d}}$，任意激励角频率记为$\omega$。

(b)有阻尼的简正模态

因为封闭空间的壁不是完全刚性的，因此系统的声能量有损失，上述简正模态要进行修正。首先，由于壁面有能量损失，简正模态的介质质点速度在壁面处法向分量不再为零。每一阶驻波将以其各自的时间吸收系数$\beta$衰减，每一阶简正模态应具有与其传播矢量的分量$k_x$、$k_y$、$k_z$对应的空间吸收系数$\alpha_x$、$\alpha_y$、$\alpha_z$。这些衰减波必须满足无损波动方程（空气中的吸收稍后再做考虑），于是

$$\boldsymbol{p}^{D}=\boldsymbol{A}\cos(\boldsymbol{k}_x x+\varphi_x)\cos(\boldsymbol{k}_y y+\varphi_y)\cos(\boldsymbol{k}_z z+\varphi_z)\mathrm{e}^{\mathrm{j}\omega_d t}$$

$$\boldsymbol{\omega}_{\mathrm{d}}=\omega_{\mathrm{d}}+\mathrm{j}\beta$$

$$\boldsymbol{k}_x^2+\boldsymbol{k}_y^2+\boldsymbol{k}_z^2=\boldsymbol{\omega}_{\mathrm{d}}^2/c^2$$

$$\boldsymbol{k}_i=k_i+\mathrm{j}\alpha_i \quad i=x,y,z \tag{12.9.2}$$

其中，$k$、$\varphi$、$\alpha$必须由有损耗壁面的边界条件确定，再由它们决定每个驻波的时间吸收系数。这只是2.11节中所分析的两端固定阻尼负载弦的三维推广。

简正模态及其固有频率决定于封闭空间的形状和尺度,而其衰减的速率则取决于壁面法向声阻抗率的具体值,这种分割是幸运的,它使我们能利用可能的边界条件中最简单的一种(理想刚性无吸收边界)来得到简正模态及其固有频率。壁面吸收对简正模态衰减的影响就可以作为这些简单情况的一种扰动来处理。

由于在总的吸收系数中每一种独立的损耗机理是相加的,我们先考虑只有 $x=L_x$ 一个壁面有损耗的封闭空间,其他表面都是理想刚性的。壁面吸收特性决定于其法向声阻抗率 $\mathbf{z}_x$ 的假设(6.5 节)导致简单的边界条件,对于具有传统墙壁的相对活动的空间,$\mathbf{z}_x$ 抗的部分可以忽略,于是

$$\mathbf{z}_x=\rho_0 c v_x \tag{12.9.3}$$

其中,$v_x$ 为墙壁法向声阻抗率与空气特性阻抗 $\rho_0 c$ 的无量纲比值。剩下的在 $x=0$、$y=0,L_y$ 以及 $z=0,L_z$ 的壁面是理想刚性的。则式(12.9.2)的简正模态必有 $\alpha_y=\alpha_z=0$、所有的 $\alpha_y=\alpha_z=0$、所有的 $\varphi=0$、$\beta=\beta_x$,$k_y$、$k_z$ 由式(9.2.6)给出。式(12.9.2)中的条件成为下面形式

$$\begin{gathered}k^2-\alpha_x^2=(\omega_{\mathrm{d}}/c)^2-(\beta_x/c)^2\\ \alpha_x k_x=(\omega_{\mathrm{d}}/c)(\beta_x/c)\end{gathered} \tag{12.9.4}$$

应用 $x=L_x$ 处边界条件 $\boldsymbol{p}/\boldsymbol{u}_x=\rho_0 c v_x$ 得

$$\tan[(k_x+\mathrm{j}\alpha_x)L_x]=\mathrm{j}\frac{1}{v_x}\frac{\omega_{\mathrm{d}}/c+\mathrm{j}\beta_x/c}{k_x+\mathrm{j}\alpha_x} \tag{12.9.5}$$

对于所有简正模态,壁面接近刚性导致 $k_x L_x\approx L\pi$。将正切函数展开得

$$(k_x L_x-l\pi)+\mathrm{j}\alpha_x L_x=\mathrm{j}\frac{1}{v_x}\frac{\omega_d/c+\mathrm{j}\beta_x/c}{k_x+\mathrm{j}\alpha_x} \tag{12.9.6}$$

1. 当 $l\neq 0$ 时,由低阶项得 $k_x L_x=l\pi$ 及 $\alpha_x k_x\approx\omega_d/v_x c L_x$,代入式(12.9.4)得

$$\beta_x=c/v_x L_x\quad l\neq 0 \tag{12.9.7a}$$

2. 对于 $l=0$ 的情况,将式(12.9.6)整理后,由两端的虚部相等得 $\alpha_x k_x\approx\omega_{\mathrm{d}}/2v_x c L_x$,于是

$$\beta_x=\frac{1}{2}c/v_x L_x\quad l=0 \tag{12.9.7b}$$

注意:这个“掠射”模态的 $\beta_x$ 是 $l\neq 0$ 模态的 $\beta_x$ 值的一半。(由两端实部相等得 $k_x\approx\alpha_x$ 而且$(0,m,n)$模态 $k_x$ 不会变成零)。这从物理上看似乎是合理的。因为墙壁不是完全刚性的,任何压力都可使其发生轻微的弯曲,这意味着墙壁处 $u_x$ 不能为零,因此必有一个小而有限的 $k_x$ 值)。

因为各个独立的吸收效应是相加的关系,由封闭空间的所有壁面导致的驻波的总时间吸收系数为

$$\beta=\frac{c}{V}\sum_{i=1}^{6}\varepsilon_i S_i\frac{1}{v_i} \tag{12.9.8}$$

若某一阶模态沿第 $i$ 个面掠射则 $\varepsilon_i$ 为$\frac{1}{2}$,否则为 1。$S_i$ 为每个面的面积,$V=L_xL_yL_z$。式(12.9.8)可以推广到非矩形的封闭空间。单一简正模态的混响时间可以按照 12.3 节所述的过程计算(要记得 $2\beta=1/\tau_E$),得

$$T=\frac{0.020\,1V}{\sum\varepsilon_i S_i/v_i} \tag{12.9.9}$$

同以前一样,可以通过在式(12.9.9)分母中加上 $4mV$ 将空气中的吸收考虑进去。

每个 $v_x$ 必须与对应壁面的随机入射能量吸收系数 $a_E$ 之间联系起来。对于式(12.9.3)描述的壁面,平面波功率透射系数见习题 6.6.4。这个功率必等于以(与壁面法向夹角)$\theta$ 入射的平面波反射时的功率吸收系数 $a_E(\theta)$。于是

$$a_E(\theta)=\frac{4v_x\cos\theta}{(v_x\cos\theta+1)^2} \tag{12.9.10}$$

漫射声场的假设使得可以计算 $a_E$。将式(12.9.10)代入式(12.4.5)并积分得

$$a_E=\frac{8}{v_x}\left(1+\frac{1}{1+v_x}-\frac{2}{v_x}\ln(1+v_x)\right) \tag{12.9.11}$$

对于 $v_x>25$ 有近似解

$$v_x\to 8/a_E \tag{12.9.12}$$

吸收越小这个解的近似程度越好。代入式(12.9.9)得塞宾混响公式式(12.3.4)被加权系数 $\varepsilon_i$ 修正后的结果。要记得式(12.9.9)对应单独一个简正模态而且塞宾公式以漫射声场的假设为基础。

掠射模态的衰减较小,因为这些模态在它们掠射的表面上产生的均方声压只是在其他壁面上对应值的一半。这说明了一个一般性的原理:当一个有吸收的面处于一个简正模态均方声压最大的区域时,它对该模态的衰减效率最高。要想减弱某个不想要的特定模态的最有效方法就是在该模式对应的声压最大的壁面部分放置吸收材料。而且由于所有模态在角点上都具有声压最大值,因此吸声材料在房间角点处时的效率几乎可以达在其他位置处效率的两倍。

图 12.9.1 给出作为时间函数的混响声场特性的一个例子。在这个高度简化的模型中,空间的尺度为 10 m×20 m×30 m,其中高度为 10 m。只有地板会吸收,并假定其行为像一个观众(表 12.5.1 的第一项)。曲线较陡的初始段对应斜模态的衰减,最后段对应掠射模态的衰减。

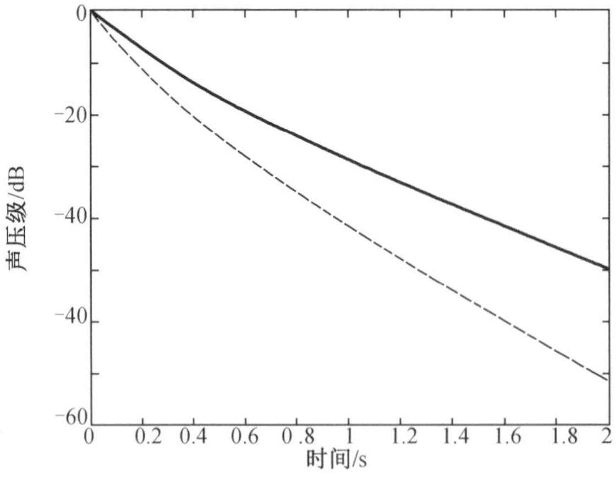


**图 12.9.1 一个 10 m×20 m×30 m 除地面外所有面完全反射的房间的混响衰减。实线对应激励频率 250 Hz;早期衰减时间是大约 1.7 s,扩展混响时间大约 2.3 s。虚线对应激励频率 500 Hz,前述时间分别为 1.0 s 和 1.4 s。**

在通常的空间中,频率足够高而使得声能主要在斜模态中时,混响曲线的断裂点来得足够晚以至于初始的 20 dB 或 30 dB 的衰减形成一条直线。初始段的这个斜率决定了与能

量主要部分相关的混响时间。目前,混响环境声的总衰减通常由两个衰减时间表征。“早期衰减时间”定义为声场发生最初的 10 dB 衰减所用时间的 6 倍。扩展或经典混响时间为混响场由低于初始值-5 dB 下降到低于初始值-35 dB 所用时间的 2 倍。后者与塞宾准则的-60 dB 接近。

(c)由源开始声音的增长和衰减

在壁面基本是硬质但有吸收的空间内,我们可以预期边界处为压力波腹。留意式(12.9.2)后面的讨论,可以将被激起的每个驻波写成式(12.9.1)形式,但用 $\omega$ 代替模态的固有角频率 $\omega_d$。每个模态的幅值取决于源的位置以及激励频率与这一阶驻波谐振频率之差。可以直接借用第 1 章对受激的有阻尼单振子的讨论、第 4 章对受激的麦克风膜片的讨论以及第 9 章对矩形腔的讨论。由式(1.10.7),可知驻波的 $Q$ 值为 $Q=\omega_d/2\beta$。受激驻波的共振角频率与阻尼共振角频率 $\omega_d$ 的差值在 $O(\beta^2)$之内,因此可以认为二者是相等的。于是每一阶模态的幅值与$[(\omega/\omega_d-\omega_d/\omega)^2+1/Q^2]^{1/2}$ 成反比,于是达到稳态的每阶驻波具有下面形式

$$\boldsymbol{p}^S=\boldsymbol{P}^S(x,y,z)\mathrm{e}^{\mathrm{j}\omega t}$$

$$\boldsymbol{P}^S(x,y,z)=\frac{\boldsymbol{B}\cos k_x x\cos k_y y\cos k_z z}{[(\omega/\omega_d-\omega_d/\omega)^2+1/Q^2]^{1/2}} \tag{12.9.13}$$

其中,各个 $k$ 值由式(9.2.6)给出,各个驻波的 $\boldsymbol{B}$ 值取决于声源位置和构型。对所有驻波求和时,仅当驻波的响应曲线在带宽之内或附近有声源的某些频率分量时,该波才具有较大的幅度。与式(12.9.13)对应并具有相同幅值的齐次项为

$$\boldsymbol{p}^D=\boldsymbol{P}^S(x,y,z)\mathrm{e}^{-\beta t}\mathrm{e}^{\mathrm{j}\omega_d t} \tag{12.9.14}$$

于是当 $t=0$ 时刻打开声源时,对源的傅里叶谱中存在的每一个角频率 $\omega$,解为

$$\boldsymbol{p}_\omega=1(t)\cdot\sum_{l,m,n}\boldsymbol{P}^S_{lmn}(x,y,z)(\mathrm{e}^{\mathrm{j}\omega t}-\mathrm{e}^{-\beta_{lmn}t}\mathrm{e}^{\mathrm{j}\omega_{lmn}t}) \tag{12.9.15}$$

为了清晰起见恢复了指示简正模态的下标,$\omega_{lmn}=(\omega_d)_{lmn}$,$1(t)$为单位阶跃函数。数学上,$t=0$ 时刻每一阶稳态驻波恰好被对应的衰减驻波所抵消,因此声源打开之前空间内是寂静的。随着衰减波逐渐消逝,两种波的和逐渐增长而达到稳态值。激励频率中接近固有频率的成分增长相对平滑,越远离固有频率的成分增长越不规则(参见图 1.8.1 的夸张示意图)。于是一个封闭空间可以处理成一个谐振器,它有许多允许的振动模态,每个模态有自己的固有频率和时间衰减常数。当声源被打开时,具有声源频率的稳态驻波被建立起来,每个驻波都有其伴随的衰减驻波,随着时间的增长,暂态量各以自己的速率逐渐消逝,最终只剩下稳态驻波。

经过长时间后关掉信号在数学上等价于打开一个与原信号相位相差 180°的新信号。通过叠加,新信号的稳态解抵消了原信号的稳态解,剩下的是原信号中各频率分量对应的同一组衰减波(但符号相反)。

$$\boldsymbol{p}_\omega=\sum_{l,m,n}\boldsymbol{P}^S_{lmn}(x,y,z)\mathrm{e}^{-\beta_{lmn}t}\mathrm{e}^{\mathrm{j}\omega_{lmn}t} \tag{12.9.16}$$

$t=0$ 时刻为现在对应信号被关掉的时刻。由于每一阶模态有自己的固有频率,在设计糟糕的封闭空间内这些混响成分可能相互干涉产生拍现象或者听起来与激励信号的音高完全不同。

(d)封闭空间共振的频率分布

知道房间的固有频率对于完整地了解其声学特性是必须的。房间对于频率靠近这些固有频率的声响应强烈。就是这些特性影响混响室内测量的扩音器输出而导致结果的意义有限,无法准确衡量麦克风的属性。而且每阶模态有其特定的节点和波幅点的空间模式。实际上,每个封闭空间都将自己的特性叠加到任意的声源特性之上,因此将麦克风由一点移到另一点时或改变声源频率时声压的波动可能掩盖源的真实特性。由于这个原因,扩音器的响应曲线应在开阔空间或消声室中确定。如果消声室的壁面吸收超过约 0.9,则混响场对于在源附近且远离壁面处进行的测量影响很小。(这种情况显然违背前面得到封闭空间简正模态时所做的假设)。

对于封闭空间的每一阶简正模态,仅当声源正好在这一阶模态的波幅位置时该阶模态才能被充分激励。当源或麦克风在空间的角上即可最大限度地激励或接收一阶模态。当源或拾音器位于某阶模态的节点上时,则这阶模态如果能被激励或检测到的话也是很微弱。例如,如果扩音器在矩形房间中央,则激励频率由低到高变化时,只有 $l$、$m$、$n$ 全部为偶数的模态能被激励(大约是 10 个中 1 个),而在这个位置的拾音器也只能接收到这些频率。

例如图 12.9.1 描述的矩形房间地板的一角放置声源,地板上与之相对的另一角上拾音器响应见图 12.9.2。虚线为消声室中测量的声源输出。说明房间的影响是很明显的。

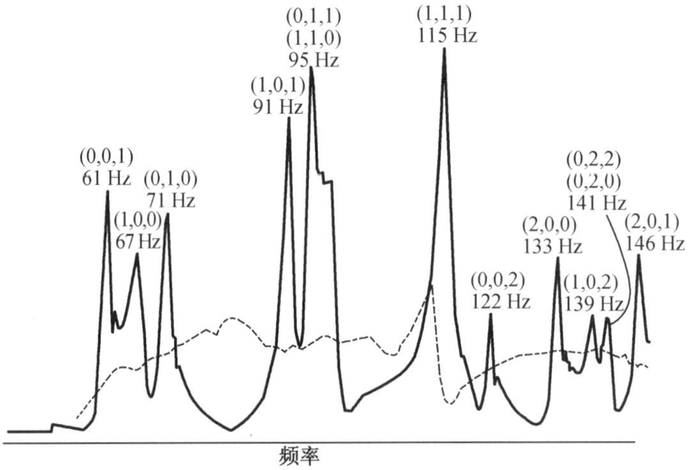


**图 12.9.2 图 12.9.1 混响房间响应的实验测定。实线为地板声源和拾音器在地板($L_z=0$)两个相对的角(0,0,0)和($L_x$,$L_y$,0)上时测量的声压幅值。虚线为同一声源在消声室中的声压幅值。**

**表 12.9.1 空气声速为 343.6 m/s 时,2.59 m×2.42 m×2.82 m 的刚硬壁房间最低 12 阶简正模态及相应的固有频率**

| 模态 | 频率(Hz) | 模态 | 频率(Hz) |
|---|---|---|---|
| (0,0,1) | 60.9 | (1,1,1) | 114.7 |
| (1,0,0) | 66.3 | (0,0,2) | 121.8 |
| (0,1,0) | 71.0 | (2,0,0) | 132.7 |
| (1,0,1) | 90.1 | (1,0,2) | 138.7 |
| (0,1,1) | 93.6 | (0,1,2) | 141.0 |
| (1,1,0) | 97.2 | (0,2,0) | 142.0 |

式(9.2.7)说明每一个固有频率 $f$ 可以看成是频率空间的一个矢量,分量为 $f_x=l(c/2L_x)$、$f_y=l(c/2L_y)$ 和 $f_z=l(c/2L_z)$。于是每个简正模态可以用该空间内一个点表示。固有频率等于或低于 $f$ 的所有简正模态是频率空间中位于正半轴和半径为 $f$ 的球面之间的八分体内的点。每个格点占据频率空间内尺寸为 $c/(2L_x)$、$c/(2L_y)$ 和 $c/(2L_z)$ 的矩形块,因此体积为 $c^3/8V$,其中 $V=L_xL_yL_z$。八分体体积除以 $c^3/8V$ 得该体积内的点数 $N$

$$N\sim(4\pi V/3c^3)f^3 \tag{12.9.17}$$

对 $f$ 求导得固有频率在以 $f$ 为中心、带宽 $\mathrm{d}f$ 频带内的简正模态数量。

$$\frac{\mathrm{d}N}{\mathrm{d}f}\sim\frac{4\pi V}{c^3}f^2 \tag{12.9.18}$$

简正模态的频率密度 $\mathrm{d}N/\mathrm{d}f$ 随频带中心频率 $f$ 升高(或封闭空间尺度增大)而迅速增大。固有频率越密,则驻波的响应曲线重叠越多,有越多的驻波被激励,混合场越接近于漫射场。如果在频率 $f$ 至少有三阶简正模态在各自的半功率点内被激励,则总的声场随机性是很好的。若谐振的平均带宽为 $\Delta f$,则需要的频率密度必为 $\mathrm{d}N/\mathrm{d}f>3/\Delta f$。但 $\Delta f=\beta/Q$,$\beta=1/2\tau_{\mathrm{E}}=6.9/T$。由上述关系以及式(12.9.18)得到体积为 $V$、混响时间为 $T$ 的房间内为良好漫射声场的判据

$$f\geqslant 2\,000\sqrt{T/V} \tag{12.9.19}$$

(所有量为公制单位)。其中的低频极限值称为施罗德频率。

当房间的对称度提高时,可观察到其响应的均匀度下降。这是由于有不同$(km,n)$值而固有频率相同的简并模态增加了。如果需要优化房间尺寸以获得固有频率分布的最大均匀性,Bolt① 证明了可接受的长度比 $1:X:\gamma$(其中 $1<X<\gamma$)同时满足 $2<(X+\gamma)<4$ 和 $\frac{3}{2}(X-1)<(\gamma-1)<3(X-1)$。

除了数学上更复杂外,波动理论用于建筑声学有助于理解封闭空间内的声行为。尤其在低频可以帮助理解封闭空间形状、吸收边界的分布以及源和接收器位置的影响。

## 习 题

12.3.1 在一个混响室内达到稳态条件时,声压级是 74 dB re 20 μPa。(a)如果墙壁的平均吸收率是 0.05,那么每平方米墙面上吸声的声能是多少?(b)如果房间内吸声表面的总面积是 50 $\mathrm{m}^2$,那么房间内激发的声功率是多少瓦?

12.3.2 一个礼堂表面 200 ft×50 ft×30 ft,有平均吸收率 $\bar{a}=0.29$。(a)混响时间是多少?(b)如果想要产生 65 dB re 20 μPa 的稳态声压级,声源的输出功率应该等于多少?(c)如果一个演讲者讲话输出功率为 100 μW,想要产生 65 dB re 20 μPa 的稳态声压级,则平均声吸收率需要是多少?(d)计算相应的混响时间,并评论对演讲者可理解性的影响。

12.3.3 一个 10 m×10 m×4 m 的房间有平均吸收率 $\bar{a}=0.1$,(a)计算它的混响时间;(b)如果想要产生 60 dB re 20 μPa 的稳态声压级,声源的输出功率应该等于多少?(c)房

① Bolt, *J. Acoust. Soc.* Am., 19,120 (1946)

间墙壁上声能入射功率是多少 $W/m^2$？

12.3.4 一个礼堂有 2.0 s 的混响时间，它的大小是 7 m×15 m×30 m。(a)如果想要产生 60 dB re 20 μPa 的稳态声压级，声源的输出功率应该等于多少？(b)礼堂壁面平均声吸收率是多少？(c)如果礼堂内有 400 个人，如果每个人增加 0.5 $m^2$ 到总吸收中，则新的混响时间是多少？(d)求(a)中声源产生的新的声压级是多少？

12.3.5 (a)将平均吸收率与等效体时间吸收系数 $\beta$ 联系起来，(b)将平均吸收率与等效空间吸收系数 $\alpha$ 联系起来，(c)证明式(12.3.6)与式(8.5.1)假设的基本原理是一致的。

12.3.6 (a)证明式(12.3.10)中 $m$ 的单位是 $m^{-1}$。(b)计算 38%相对湿度的空气中 3 000 Hz 时的 $m$ 是多少？(c)同利用图 8.6.3 估计的值进行比较。(d)吸收只存在于墙壁，体积 10 000 $ft^3$ 的房间中，3 000 Hz 的混响时间是 1.2 s，如果空气中的吸收也包含进来，那么混响时间将会是多少？

12.3.7 一个 9 ft×10 ft×11 ft 的小混响室中的混响时间是 4.0 s。(a)室内的表面等效声吸收是多少？(b)当一面墙上 50 $ft^2$ 的面积敷设声学瓦时，混响时间降低到 1.3 s。则瓦的等效声吸收是多少？(c)如果室内所有表面都敷设这种瓦，则混响时间将是多少？

12.4.1 给定一个 12 ft×18 ft×30 ft 的房间，(a)房间中一条声线的平均自由路径是多少？(b)如果声线每次碰到腔壁声强级平均降低 1dB，则房间的平均吸收率是多少？

12.4.2 一个 3 m×6 m×10 m 的房间，其壁面平均吸收率是 0.05，地板用地毯($a=0.6$)覆盖，顶棚是木制($a=0.1$)。(a)计算平均吸收率。(b)根据式(12.3.4)计算混响时间。(c)根据式(12.4.2)计算混响时间，并与(b)中结果进行比较。

12.4.3 (a)对于 $\bar{a}=0.02, 0.05, 0.1$ 和 0.5，估计根据艾琳和塞宾公式预测的吸收时间的比值。(b)如果所有封闭空间壁面都有入射声能完全吸收，计算预测的混响时间。(c)使用平均自由程，每种情况下计算为了得到混响时间所需的平均反射次数，在这种消声极限下，哪一个看起来是更真实的？

12.4.4 给定一个边长 10 ft 的立方体房间。(a)房间内声线的平均自由程是多少？(b)一条平均声线每秒与墙发生多少次反射？(c)如果每次反射损失 1.5 dB，房间的混响时间是多少？墙壁的平均吸收率是多少？

12.4.5 大多数封闭空间的相对尺度范围从 1∶1∶1到 1∶3∶5。(a)证明沿一条声线路径连续反射间的平均自由程长度 $L_M$ 是一个典型封闭空间最小尺度 $L$ 的大约 30%以内。(b)在相同的精度内，证明 $T \sim 0.040L/\bar{a}$。

12.4.6 设封闭空间内每个壁面 $a_i=-\ln(1-a_{Ei})$，(a)证明塞宾公式变为 Millington-Sette 混响公式

$$T=\frac{0.161V}{-\sum_i S_i \ln(1-a_{Ei})}$$

(b)证明这个公式等价于假设艾琳公式中平均声能反射系数是各个声能反射系数的面积加权的几何平均

$$1-\bar{a}_E=\prod_i (1-a_{Ei})^{S_i/S}$$

(c)如果一个 $S_i$ 是完全吸收的，会发生什么？这是可能的么？

12.5.1 一个边长 10 ft 的房间，墙壁敷设声学瓦，顶棚安装声学石膏板，地面是铺设地毯的混凝土地面，使用 12.5 节给出的数据，计算下列频率时的混响时间：(a)125 Hz；(b)

500 Hz；(c) 2 000 Hz。

12.5.2 一个中心频率 125 Hz 的窄带噪声源，声输出功率为 10 μW。(a) 在习题 12.5.1 房间中可以产生多大的环境背景声压级？(b) 响度级是多少 phon？(c) 对于一个 500 Hz 的类似噪声源，重复(a)和(b)的计算。

12.6.1 在一个 10 ft×20 ft×50 ft 的房间中，一个发动机产生稳态混响声压级 74 dB re 20 μPa。房间中测量得到的混响时间是 2 s。(a) 发动机的声输出功率是多少？(b) 多少英制塞宾的额外声吸收加到这个房间中，可以降低声压级 10 dB？(c) 新的混响时间是多少？

12.6.2 一个现有的混凝土混响室，高、宽、长的比例室 2:4:5，将其替换为另一个混凝土混响室，高度不变，宽变为两倍，长变为三倍。请问，将一个常功率输出的声源从第一个室移动到第二个室，混响场的声压级将会增加多少？

12.6.3 一个小混响室墙壁为混凝土结构，内部尺寸为 6 ft×7 ft×8 ft。(a) 计算一个 2 000 Hz 声源输出功率 7.5 μW 作用下，最终的稳态声压级是多少？(b) 从声源打开开始，直到声压级达到(a)声压级 3 dB 以内时需要多少 s？(c) 当一个观察者进入混响室后，稳态声压级降低了 3 dB。请问观察者的声吸收能力用英制塞宾表示是多少？

12.7.1 一个工作台位于一台噪声机器声中心前部 1m 位置，距离纯混凝土墙 0.5 m 远。假设所有其他表面都是高吸收的。干扰噪声处于 1~2 kHz 频带内。对于工人而言，移动工作台再远离墙壁 1 m 远和粘贴声学瓦到墙上，哪种方式更好？

12.7.2 一个声源，指向性因子为 10，声输出功率为 100 μW，置于一个体积 5 000 $ft^3$、混响时间 0.7 s 的房间中，如果要使直达场的声压级大于混响场的声压级 10 dB，测量位置距离声源的最大距离是多少？假定问题具有远场特性。

12.8.1 一个音乐厅具有尺度比 1:1:2，其中从舞台到观众席后部的距离为长度方向。根据表 12.8.1 给出的粗略的设计准则，估计大厅中央座椅位置处的混响声强度与直达声强度之比。

12.8.2 一个音乐厅地面尺寸 20 m×50 m，高 15 m。整个地面被乐队和观众占满，横贯后部有一个深 5 m 的楼厅，两边 3 m 深，沿着两边扩展 40 m。楼厅的两边、天花板、底部是厚重的、密封的木制结构。另外，还有总面积 200 $m^2$ 的厚板玻璃窗。当音乐厅全部占满时，计算作为频率函数的混响时间(假设湿度 36%)。这个音乐厅与式(12.8.3) Beranek 准则相比如何？

12.8.3 一个音乐厅，混响时间 $T=1.7$ s，宽度方向 25 m，高 10 m，长 50 m。(a) 根据式(12.8.3)，估算混响时间值的可接受度如何？(b) 估算从中心舞台的后部到厅中央座椅第一反射声到达的延迟时间。(假设两个点都在地平面上。) 评论座椅的选择。(c) 计算反射间的平均自由程，以及时间 $T$ 内反射的次数。(d) 比较根据塞宾公式和根据艾琳公式预计的平均吸收系数。

12.9.1 一个封闭式扬声器柜内部尺寸为 2 ft×3 ft×4 ft。它的内表面敷设吸声材料衬里，等效吸收率 0.2。(a) 当每 1 Hz 带宽内平均驻波数目超过 1 时，内部共振对扬声器输出的影响可假设为不可忽略。这在什么频率时可能发生？(b) 扬声器任何瞬态振动的持续时间都将受到柜内混响时间的影响。柜内的混响时间是多少？(c) 辐射进柜子的稳态声可能在内部产生非常大的声压，如果声功率 0.1 W 的声辐射进柜子，内部的稳态声压级将是多大？(d) 柜内三个最低阶简正模态的简正频率是多少？

12.9.2 一个立方体房间边长 5 m。最低频率(a)轴向波、(b)切向波、(c)斜向波的简正频率是多少？

12.9.3 给定一个 4 m×6 m×10 m 的房间，(a)第(1,1,1)阶模态的模态频率是多少？(b)如果该频率下的平均吸收率是 0.1，这阶模态的混响时间是多少？(c)每 1 Hz 带宽内简正频率平均数超过 5 个对应的最低频率是多少？

12.9.4 一个立方体房间边长 5 m。(a)计算 30 Hz 到 70 Hz 之间的简正频率。(b)确定每个相关简正模态的节点平面。

12.9.5 一个矩形房间 3 m×4 m×7 m，所有墙有相对法向声阻抗率 $v_x=20$。(a)对于随机入射声波，墙的吸收率是多少？(b)对于斜向波，房间的混响时间是多少？(c)对于平行于房间最长尺度的轴向波，混响时间是多少？

12.9.6 一个立方体房间边长 5 m，对于地面和顶棚 $v_x=32$，墙 $v_x=160$。下面各种波的混响时间是多少？(a)那些撞击地面和顶棚的轴向波，(b)哪些撞击所有四面墙的切向波，(c)斜向波。

12.9.7 混凝土中声速为 3 500 m/s，密度为 2 700 kg/m$^3$，(a)混凝土相对水的法向声阻抗率是多少？(b)应用式(12.9.11)，计算随机入射声能量吸收系数。(c)如果一个边长 3 m 的混凝土墙水池充满水，水中声音的混响时间是多少？假设上表面反射全部的入射声能量。

12.9.8 对于下述情况，估计施罗德频率，以及低于该频率能被激发的模态数：(a)12.3 节中给出的样例房间；(b)Boston Symphony Hall。

12.9.9C 对于表 12.9.1 中描述的房间，绘制激发模态数目作为 $\log f$ 的函数的曲线，证明，对于高于施罗德频率的情况，该曲线是被式(12.9.17)和式(12.9.18)很好地近似。

12.9.10 对于相对尺寸 1∶$X$∶$Y$ 的房间，确定允许的 $X$ 和 $Y$ 的值，以产生可接受的均匀分布的简正频率。假设 $1<X<Y$。

# 第13章 环境声学

## 13.1 引 言

噪声对人类情绪的影响范围可从微不足道、到使人烦恼和愤怒,再到对人的心理产生破坏性影响;噪声对人类身体的影响可从无害、到引起疼痛,再到引起身体上的损害;噪声对经济的影响为通过降低工人工作效率减少营业额,降低财产价值。

噪声控制的第一步是将已存在的噪声和潜在的噪声与适当的评级标准进行比较。这种比较不仅可以确定要达到要求的某种噪声环境需降低的噪声级,而且可指导应着重在哪个方面解决噪声,以及如何提供最具成本效益的解决方案。

噪声评级程序和标准的发展会因为噪声频谱和时间历程的多样性以及不同人或同一人在不同时间生理和心理反应的变化而变得复杂。

最容易进行评级的环境噪声量级和频谱均为稳定的或变化缓慢的。这类噪声的例子,如以固定速率运转的机器噪声(如排风系统),以及远处的环境噪声,在一个社区内在白天和夜晚之间缓慢变化。对这种噪声的评级程序可以进行调整,以提供对"平均"个体的影响的准确预测,以及受到不同程度影响的人口的百分比。这种评级程序的例子包括"语音干扰级(SIL)"和"平衡噪声准则(NCB)"曲线。

多数环境噪声都不是平稳的。非平稳噪声的例子有"脉冲"(如嘭的关门声或音爆,声压级为以 20 μPa 为参考的 40 dB 或以上,持续时间为 0.5 s 及以下)、持续时间相对较长的某一"单独事件"(头顶飞过的飞机或经过的摩托车),以及到繁忙的十字路口附近测得的波动很大的噪声。

由于涉及的可变因素很多,对一个社区所能接受的噪声进行评级是非常困难的。目前还没有一种单一的测量方法能够满足所有的情况,相反,存在多种评级系统,每一种都适用于不同的噪声或社会条件。但似乎存在一种共识,认为瞬时谱分析提供过多信息,A-计权声级(后面对此进行讨论)是对许多常见噪声环境影响的可接受的量度。以 A-计权声级测量为基础的各种评级系统区别仅在于声级时间变化是如何处理的。利用 A-计权声级统计行为的评级程序的例子如"昼夜平均声级($L_{dn}$)""百分之五十超过声级($L_{50}$)"以及"社区等价噪声级(CNEL)"。

不能应用 A-计权声级的一个例外情况是机场噪声影响的计算,这时由瞬时谱计算的"有效感知噪声级($L_{EPN}$)"被用来进行"噪声暴露预测(NEF)"。

Harris①、Beranek② 以及 Crocker③ 编辑的书中包含对噪声及其控制极好的处理方法。

---

① *Handbook of Acoustical Measurements and Noise Control*, $3^{rd}$ ed., ed. Harris, McGraw-Hill (1991); republished, Acoustical Society of America (1998).

② Beranek and Ver, *Noise and Vibration Control Engineering*, Wiley (1992).

③ *Encyclopedia of Acoustics*, ed. Crocker, Wiley (1997).

# 13.2 计权声级

最简单可能也是应用最广的环境噪声的度量是“A-计权声级($L_A$)”。A-计权给每个频率分配一个“权”,其值与耳朵在这个频率上的灵敏度有关。例如在一个声级计中,接收信号通过一个具有 dBA 频率特性的滤波器网,如图 13.2.1 所示,滤波后的信号级随即被确定并显示出来。dBA 频率特性最初被设计成反映 40 方的等响度级曲线。由倍频程频带级通过表 13.2.1 对每个频带级进行修正,再将所有修正过的频带级组合,就可以得到 A-计权声级。表 13.2.2 给出了一些常见噪声的 A-计权声级。

也有人提出了其他权重,但得到广泛接受的很少。许多声级计允许在 A-计权和 C-计权(记为 $L_C$,对应 90 方的响度级曲线)之间进行选择。C-计权的频率特性(也示于图 13.2.1 中)几乎是平的,在极限频率有点下滑。虽然没有一个单一的整体声级能够提供噪声频谱的信息,但对 $L_A$ 和 $L_C$ 的测量可提供各种频谱成分相对重要的一些信息。

$L_A$ 获得了广泛应用主要是因为它价格便宜,对多数人来说它也比其他几种更精确但也更复杂的噪声评级程序更容易理解。对于多数环境噪声,$L_A$ 与其他的噪声等级评定程序之间有良好的相关性[①]。

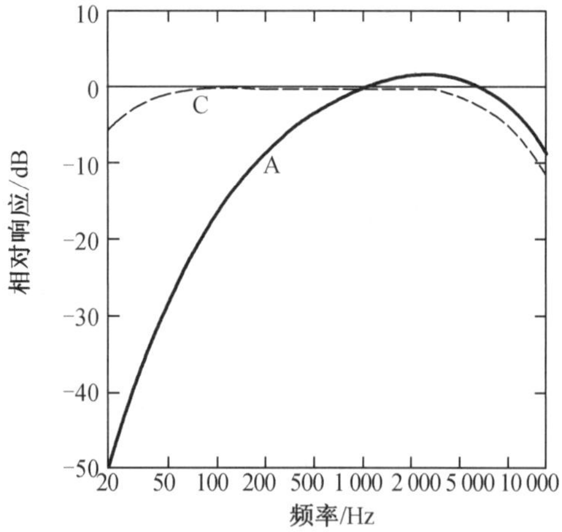


**图 13.2.1　A-计权和 C-计权声级的滤波器特性**

① Botsford, *Sound Vib.*, 3, 16 (1969).

**表 13.2.1 将倍频程频带级转换为 A-计权频带级时的修正**

| 中心频率/Hz | 修正/dB |
|---|---|
| 31.5 | -39.4 |
| 63 | -26.2 |
| 125 | -16.1 |
| 250 | -8.6 |
| 500 | -3.2 |
| 1 000 | 0 |
| 2 000 | +1.2 |
| 4 000 | +1.0 |
| 8 000 | -1.1 |

**表 13.2.2 常见噪声的 A-计权声级**

| A-计权声级/dBA | 噪声声源 |
|---|---|
| 110~120 | 迪斯科舞厅,摇滚乐队 |
| 100~110 | 300 m(1 000 ft)高度飞过的喷气式飞机 |
| 90~100 | 动力割草机[a],轻型飞机驾驶舱 |
| 80~90 | 距离速度 64 km/h(40 mph)的重型卡车 15 m(50 ft)处,食物搅拌机[a],距离摩托车 15 m(50 ft)处 |
| 70~80 | 距离速度 100 km/h(65 mph)的小汽车 7.6 m(25 ft)处,洗衣机[a],电视音响 |
| 60~70 | 吸尘器[a],空调 6 m(20 ft)处 |
| 50~60 | 轻量交通 30 m(100 ft)处 |
| 40~50 | 安静居民区——白天 |
| 30~50 | 安静居民区——夜里 |
| 20~30 | 野外 |

a:在操作者处测量

# 13.3 语音干扰

噪声可提高听者的可听阈,同时掩盖信息,从而降低语音的清晰度,通过缩小距离、提高讲话音量或利用电子放大可以部分地补偿这种信息损失。

幸运的是,语音是高度冗余的,通常丢掉一个句子的大部分仍可以不影响可懂度,句子的意思仍能从上下文中提取出来。为度量可懂度,由受过训练的讲话者向受过训练的听者进行清晰的背诵,根据正确响应的百分比进行可懂度的级别评定。单个词可懂度受噪声影响大,但随着词的音节增多可懂度提高。在相同的噪声背景下,两音节的词易懂程度约为单音节词的两倍。句子和单词的可懂度作为语音和噪声的 A-计权声级相对值的函数曲线如图 13.3.1 所示。可懂度优于 95%的一个句子信号级至少要等于噪声级。由于根据上下文重构姓名比较困难,因此寻呼系统的"单字"可懂度应在 85%以上,这要求信噪比要达到 6 dB,机场大厅很少能得到这样的信噪比,更别说汽车站了。

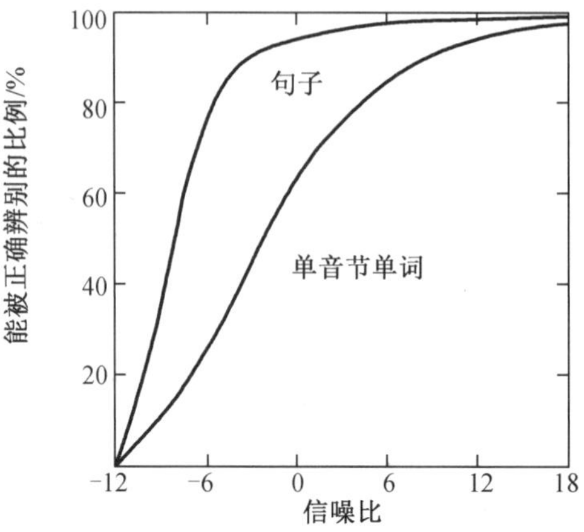


**图 13.3.1　存在背景噪声时能被正确辨别的词和句子的比例**

嗓音级(VL)是在讲话者前方 1 m 处记录的 A 计权 SPL。未经过训练的嗓音安静地谈话时约对应 VL=57 dBA,正常讲话的嗓音约为 64 dBA,大声讲话约 70 dBA,很大声的讲话约 77 dBA,喊叫时约 83 dBA。

适合现场使用的一种可懂度的度量是"语音干扰级(SIL)",这是噪声级(dB 值而非 dBA 值)在分别以 500 Hz、1 000 Hz、2 000 Hz、4 000 Hz 为中心的四个倍频程频带内的代数平均。当没有任何其他信息的情况下,可以利用 A 计权声级来得到通常噪声条件下语音可懂度的一个粗略估计。用

$$\mathrm{SIL}\approx L_A-7 \tag{13.3.1}$$

估计的 SIL 值对于不是特别病态的所有噪声谱的误差小于 4 dB。

当人们以所处环境下自然的嗓音级讲话并满足于仅仅达到可靠的沟通(20 句话中约有 1 句是听不懂的)时,有一组联系距离与最大 SIL 的判据[①]。当间距 $r>8$ m 时,对于男性要求

$$\mathrm{SIL}\leqslant -20\log r+58 \tag{13.3.2}$$

间距更小时,不成比例的高 SIL 值可以被接受,因为当 SIL 增大到超过 40 dB 时,人们会逐渐提高音量。对于 $r<8m$,仅达到可靠沟通的自然嗓音级的关系为

$$\mathrm{SIL}\leqslant -29\log r+66 \tag{13.3.3}$$

嗓音级从 SIL=40 dB 的正常水平到 SIL=82 dB 时很响的水平。保证可靠沟通要求的最低嗓音级的近似表达式为

$$\begin{aligned}&\mathrm{VL}\geqslant \mathrm{SIL}+20\log r+6 \quad r>8\ \mathrm{m}\\&\mathrm{VL}\geqslant \frac{4}{3}(\mathrm{SIL}+20\log r)-13 \quad r<8\ \mathrm{m}\end{aligned} \tag{13.3.4}$$

对于女性的嗓音,SIL 值大约应降低 5 dB,如 11.10 节所述。如果要求的嗓音级低于

① ANSI S-3.14-1977(R-1986). 更多的讨论看下面文献,Tocci, *Encyclopedia of Acoustics*, Chap. 94, and Crocker, *Encyclopedia of Acoustics*, Chap. 80.

64 dBA,则交流条件令人满意或更好。如果 VL 值在 64~70 dB,则交流条件可以接受;在 70~77 dB 为困难;在 77 dB 以上为不能交流。

## 13.4　私密度

除了语音的可懂度,在诸如多户住宅、私人办公室、开放型办公室以及教室等场合,出于保护私密性、防止侵犯他人隐私权的考虑,语音的私密性也是很重要的。私密度取决于间壁墙和隔墙的隔音性,也取决于背景噪声。隔墙的隔音性将在 13.13 节中讨论,这里只考虑背景噪声的影响。图 13.3.1 表明,在接收声音的房间内,如果噪声比通过墙壁传过来的语音的 A-计权噪声高 9 dBA,则只能听懂 10%的单词和 30%的句子。这样可以保证办公室有足够的隐私,也不容易使人因隔壁房间的谈话而分心,但在住宅单元内就要求更低的音量。

提高私密度的措施有:(1)减少通过墙壁的声音(建造更好的墙壁);(2)降低源房间内的语音级(增加声吸收);(3)提高接收房间内的噪声级(用不容易引起注意的噪声如通过通风机屏的流动噪声来掩盖)。私密度的计算过程可参见 Beranek[①]。

## 13.5　噪声评价曲线

语音干扰可以接受的噪声对于其他活动(阅读、听音乐或睡眠)则可能是很恼人的。频谱相同的两个连续噪声可以通过比较它们的 A-计权声级进行评价,对于随时间变化且频谱不同的噪声进行评价则不仅要考虑其时间上的间歇性,还要考虑噪声的主观性质。

对于不含明显单音的稳态宽带噪声,例如通风系统的噪声、远处公路的交通噪声,被广泛接受的程序是将测得的倍频程频带级与一族标准曲线进行对比。

通常对平稳噪声进行评价的程序有几种,它们的区别仅在于标准曲线的形状不同。目前被接收的一种方法是利用 Beranek 给出的“平衡噪声准则(NCB)”[②],这些曲线见图 13.5.1。

为了确定一个噪声的评级,将其倍频程频带级和标准曲线绘制在一张图上。噪声的倍频程频带级达到的最高一条曲线给出该噪声的 NCB 评级。图 13.5.1 中的虚线为 NCB=40 的噪声的频谱。

决定噪声谱的声特性还需要另外两个步骤:(1)如早些时候所讨论的方法计算噪声的 SIL 值。如果中心频率在 1 kHz 及以下的任意倍频程频带级超过 SIL+3 的 NCB 曲线,则该噪声就类似“隆隆”声。(2)计算以 125 Hz、250 Hz、500 Hz 为中心频率的倍频程频带内的平均声级,找到与该声级在 250 Hz 处相交的 NCB 曲线。如果中心频率为 1 kHz 及以上的倍频程频带级都在 NCB 曲线上方,则噪声类似“嘶嘶”声。

对于房间建议的最大噪声等级不仅取决于房间的预期用途,也取决于使用者对于房间

---

① Beranek and Ver, *op. cit.*

② Beranek, J. *Acoust. Soc. Am.*, 86, 650 (1989).

的期望值等参数。例如,市区居民就比乡村居民能容忍高得多的环境噪声级。实际上城市居民可能会被低噪声所困扰,因为那些被掩盖的声音可能会被清晰地听到,从而造成干扰。各种用途的房间建议的可接受噪声评级如表 13. 5. 1 所示。

**表 13. 5. 1　空房间内的可接受噪声评级**

| 地点 | 噪声标准/NCB |
| --- | --- |
| 音乐厅,录音室 | 10~15 |
| 音乐室,正统剧院 | 25~30 |
| 教堂,法庭,会议室,医院,卧室 | 25~35 |
| 图书馆,私人办公室,起居室,教室 | 30~40 |
| 餐厅,电影院,零售店,银行 | 35~45 |
| 健身房,文书室 | 40~50 |
| 商店,车库 | 50~60 |

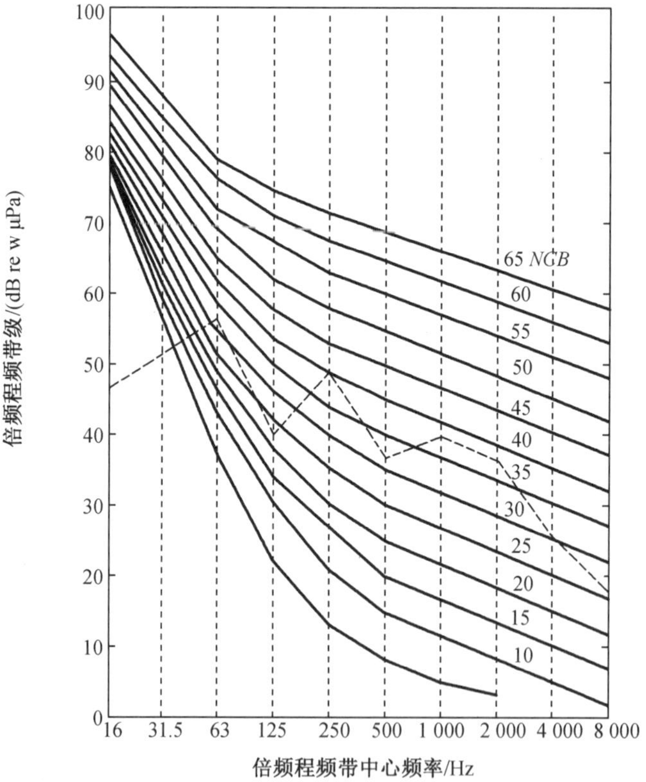


**图 13. 5. 1　平衡噪声准则曲线倍频程频带级(NCB)(引自 Crocker, op. cit.)**

## 13.6　社区噪声的统计描述

图 13.6.1 显示了在一个典型的郊区环境中两个时间段内的 A-计权声级。这些曲线说明了大部分社区噪声的基本特性：与遥远的、无法识别的噪声源相关的相当稳定的“余量噪声级”上叠加离散的局部“噪声事件”。余量噪声级随时间缓慢变化，通常显示出日、周和季节的周期，最大偏移量很少超过 10 dBA。噪声时间在量级和持续时间上都不同，可能在数秒、数分钟或更长时间内超过余量噪声达 40 dBA。

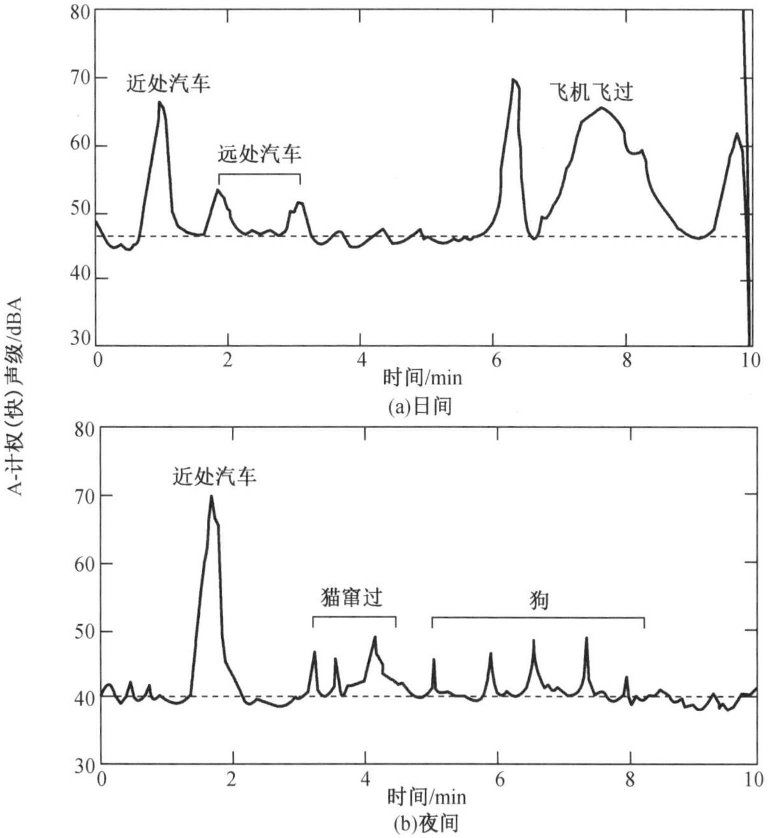


**图 13.6.1　典型的社区 A-计权声级**

持续读取 A-计权声级数据可为确定社区噪声的统计特性提供基础。由一段时间内的 A-计权声级记录可以构造一个“柱状图”（图 13.6.2a）或“累积分布图”（图 13.6.2b）。柱状图显示了噪声级在每次增量中所用时间占总采样时间的百分比；累积分布图显示噪声级在超过该值的所有时间占总采样时间的百分比。由其中任意一图即可确定噪声的统计特性。（连续记录和高级分析设备并非必须，在相同时间间隔内进行手动采样可以得到相同的结果，只是麻烦一些）[①]。

① Yerges and Bollinger, *Sound Vib.*, 7, 23 (1973)

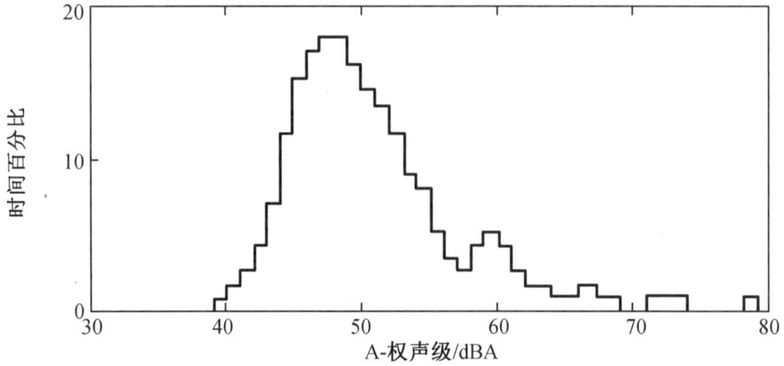


(a)噪声级在每一增量内的时间占总时间的百分比

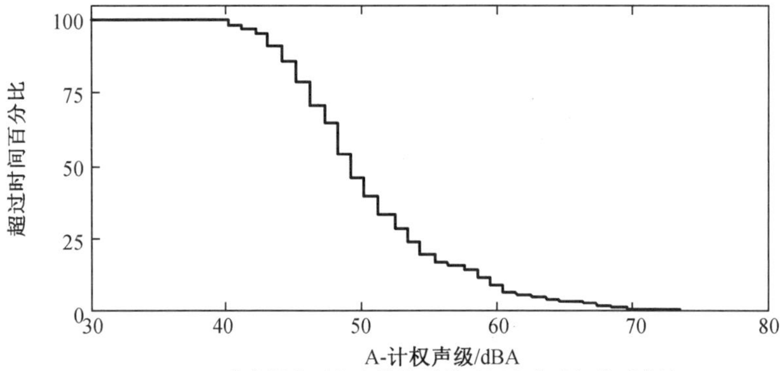


(b)噪声级大于每个值的采样时间占总时间的百分比

**图 13.6.2　社区噪声的统计表示**

图 13.6.2 显示社区噪声的分布不是高斯的，而是很陡地上升，有一条长长的尾巴，表示发生率相对较低、噪声很大的单个事件。这个尾部的长度随地点的变化显著，在机场或工厂附近进行的测量通常尾部更长。

噪声对环境影响的度量取决于接收的总能量、噪声事件发生的频度以及单个噪声事件的嘈杂程度。下面是度量环境噪声影响中应用的一些 A-计权量。（为了符号的简洁，在本列表中以及后面用到这里定义的量时都省略下标“A”。）

(a)等效连续声级($L_{eq}$)，与时变声在指定时间段内能量平均的 A-计权声级相同的稳态声。

(b)日间平均声级($L_d$)，即从早 7 点到晚 7 点之间计算的 $L_{eq}$。

(c)傍晚平均声级($L_e$)，即从晚 7 点到晚 10 点之间计算的 $L_{eq}$。

(d)夜间平均声级($L_n$)，即从晚 10 点到早 7 点之间计算的 $L_{eq}$。

(e)小时平均声级($L_h$)，任意一小时内计算的 $L_{eq}$。

(f)昼夜平均声级($L_{dn}$)，从晚 10 点到早 7 点之间的声级加上 10 dBA 后计算的 24 h 内 $L_{eq}$。

(g)噪声暴露级($L_{ex}$)，在指定时间段内 A-计权声级平方的积分，参考值(1 s)×(20 μPa)$^2$。

(h)累计百分声级($L_x$)，$x$%的时间内超过的声级。最常用的是 $L_{10}$、$L_{50}$ 和 $L_{90}$(分别表示总测量时间内有 10%、50%和 90%的时间声级超过该值)。

(i)单个噪声事件暴露级(SENEL)对一个单独事件确定的 $L_{eq}$。

(j)社区噪声等效级(CNEL),从晚 7 点到 10 点之间的声级加上 5 dBA、从晚 10 点到早 7 点之间的声级加上 10 dBA 后计算的 24 h 内 $L_{eq}$。

在同一地点不同日期所作的测量,即使考虑到明显的变化,例如工作日与周末的交通情况,或向机场靠近的方式(取决于风向),亦会显示不同结果。例如,在不同的 4 d 内测得的城市噪声显示出 $L_{50}$ 的变换范围有 9 dBA。图 13.6.3 显示了对于上述任意一种 $L$ 声级的标准差估计值,这个 $L$ 的平均值在指定的不确定度内(90%的可信度)所需的测量次数。例如对于标准差估计值为 4 dBA 的一个采样,十之八九需要测量 13 次以得到 $L$ 在 2 dB 内的正确平均值。

图 13.6.4 显示了不同噪声环境下的 A-计权累计百分声级。

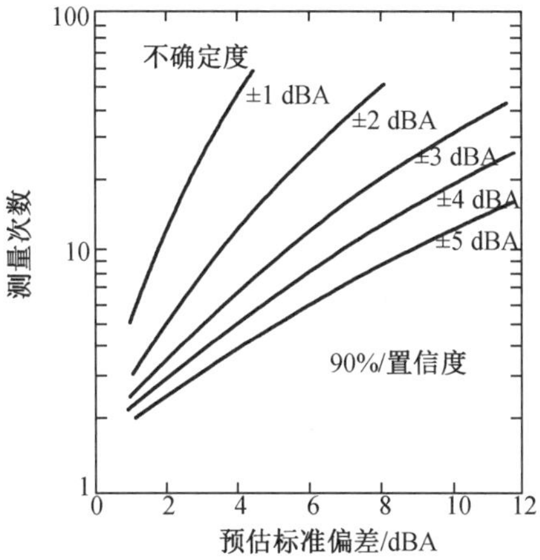


**图 13.6.3　从多次测量中获得的平均声级的不确定度,结果落在所需不确定度内的可信度为 90%**

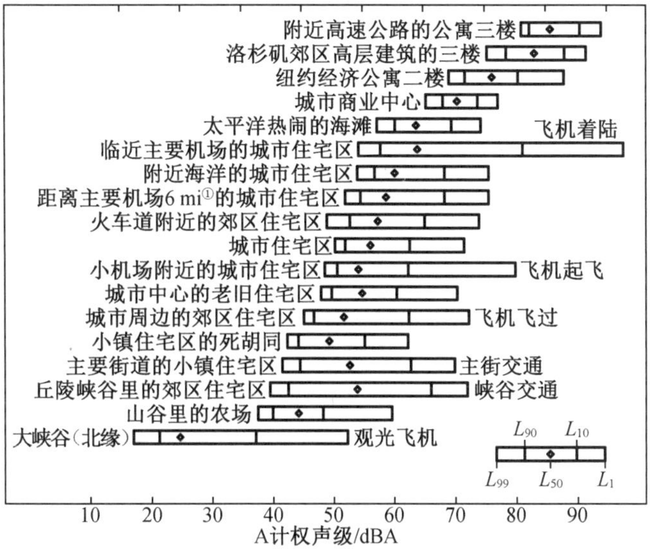


**图 13.6.4　1971 年在 700~1 900 h 内测得的 A-计权声级(经克罗克同意,引自《声学百科全书》第 80 章)。**

①1 mi≈1.6 km。

# 13.7 社区噪声准则

最初,有关社区噪声的投诉被提交到法庭,法官会根据普通法的先例,决定原告是否受到损害。随着噪声源的日益普及和噪声对公众的不利影响日益明显,地方政府或将噪声制造者列入“扰乱治安行为”的总条例,或颁布禁止“不必要的”或“过度的”噪声的新条例,执法工作便交给地方警察。

随着对社区噪声及其危害的了解逐渐深入,噪声治理的法令也逐渐完善。佛罗里达州盖恩斯维尔的噪声条例[①],提出了一种适于简单理解和强制执行的评级程序。其根据地区和时段指定最大允许 A-计权声级(表 13.7.1),并规定无论何时不允许超过这些最大声级累计 3 min 以上。对机动车进行单独处理:距离机动车行驶车道中心 15 m(50 ft)测量的数值,卡车和大巴车不得超过 85 dBA,小汽车和摩托车不得超过 79 dBA。空调、割草机以及“在制造商规范范围内运行”的建筑设备不受上述限制。

州和联邦机构的准则通常更复杂,一般基于前一章所讨论的评级程序之一。例如,美国环境保护局(EPA)建议[②]户外 $L_{dn} \leqslant 55$ dBA,室内 $L_{dn} \leqslant 45$ dBA,“以足够的安全边际保护公众健康和福利”。联邦城市噪声机构间委员会(FICON)提出[③]户外 $L_{dn} \leqslant 65$ dBA 与住宅开发大致协调。

**表 13.7.1 弗洛里达盖恩斯维尔最大允许噪声级限制**

| 地点 | 噪声级限制/dBA | |
|---|---|---|
| | 日间 | 夜间 |
| 住宅 | 61 | 55 |
| 商业 | 66 | 60 |
| 工厂 | 71 | 65 |

表 13.7.2 总结了几个联邦和州机构对受到不同外部噪声影响的各种土地适宜的用途提出的建议。对只在一天中的部分时段使用的建筑,适当的度量是在使用时间段内测量 $L_{eq}$。对于 24 h 使用的建筑,$L_{dn}$ 是适当的度量。

美国住房和城市发展部(HUD)对新建造和修复的建筑有更详细的标准。他们建议窗户开着时(除非有足够的机械通风系统)房间内部的噪声级:(1)在 24 h 内超过 55 dBA 的时间不应超过 60 min;(2)从晚上 11 点到早上 7 点之间超过 45 dBA 的时间不应超过 30 min;(3)任意 24 h 内超过 45 dBA 的时间不应超过 8 min。

美国交通部针对不同的土地使用类别规定了新建高速公路的最高噪声水平。这些外

① Schwartz, Yost, and Green, *Sound Vib.*, 8, 24 (1974)

② *Information on Levels of Environmental Noise Requisite to Protect Public Health and Welfare with an Adequate Margin of Safety*, Report No. 550/9-74-004, EPA (1980).

③ *Guideline for Considering Noise in Land Use Planning and Control*, FICON Document 1981-338-006/8071 (1980).

部噪声级用 $L_{10}$ 表示：(1)在安静性特别重要的地区，如剧院和特别以宁静为特质的开放空间为 60 dBA；(2)住宅、汽车旅馆、公共会议室、学校、教堂、图书馆、医院、野餐区、休闲区、操场、运动区和公园为 70 dBA；(3)不包括在上述两类中的其他已开发土地为 75 dBA。

高速公路和机场由于其特殊的重要性，将利用独立的两节进行讨论。

**表 13.7.2　土地用途与噪声环境的兼容性[a]**

| 设施 | 户外 $L_{dn}$ 或 $L_{eq}$ | | | | |
|---|---|---|---|---|---|
| | 65～70 | 70～75 | 75～80 | 80～85 | 85～90 |
| 家庭 | 25[b] | 30[b] | 否 | 否 | 否 |
| 酒店、汽车旅馆、教堂、教室、图书馆 | 25[b] | 30[b] | 35[b] | 否 | 否 |
| 办公室、商店、银行、餐厅 | 是 | 25 | 30 | 否 | 否 |
| 户外音乐 | 否 | 否 | 否 | 否 | 否 |
| 工业、制造 | 是 | 25[c] | 30[c] | 35[c] | 否 |
| 操场 | 是 | 是 | 否 | 否 | 否 |
| 体育馆 | 是 | 是 | 25 | 30 | 否 |

资料来源：改编自美国空军环境规划公报 125 USAF/PREVX Env。1976 年计划 Div。

是＝土地用途与噪声环境兼容，可采取常规建造。

否＝即使采取非常规建造，土地用途与噪声环境仍不兼容。

25/30/35＝建造必须能提供所指示的户外到户内噪声级下降值。

a：如果设施仅在一天的部分时间内使用，则采用该时间段内的 $L_{eq}$。

b：不鼓励使用，除非别无选择。

c：只在噪声敏感区域需要降噪。

# ＊13.8　高速公路噪声

行驶中的车辆辐射的噪声产生于发动机、传动系统、排放系统、轮胎与地面之间的互作用以及空气动力产生的声(只在速度大于 80 km/h 时重要)。联邦监管法典要求在美国出售的车辆通过一个认证测试，测试内容为以最大加速度行驶时在距离车道中心 15 m、距离地面 1.2 m 处的噪声测量。对于载客的和其他轻型车辆要求 $L_A<80$ dBA。

对于大量汽车和卡车在巡航状态下的测量给出 15 m(50 ft)的典型 A-计权声级为

$$L_A=71+32\log(v/88) \tag{13.8.1}$$

其中，$v$ 为车辆的速度，单位是 km/h(88 km/h ＝ 55 mph)。除了在最低速度下，轮胎噪声都是最主要的。

对摩托车的类似测量得到

$$L_A=78+25\log(v/88) \tag{13.8.2}$$

卡车为

$$L_A=\begin{cases}84 & v\leqslant 48\ \text{km/h}\\ 88+20\log(v/88) & v>48\ \text{km/h}\end{cases} \tag{13.8.3}$$

图 13.8.1 显示了低密度和高密度的交通量的 A-计权声级。交通密度低时,声级的峰值对应通过接收器的每台车辆。交通密度高时,这些峰合并起来提高了平均噪声级,结果只有噪声最大的车辆能被辨别出来。于是,随着交通密度增加,交通噪声波动减小。对于固定的交通密度,当接收器逐渐远离道路时交通噪声的波动也减小,因为在远距离上每一台汽车的峰变宽变平缓。

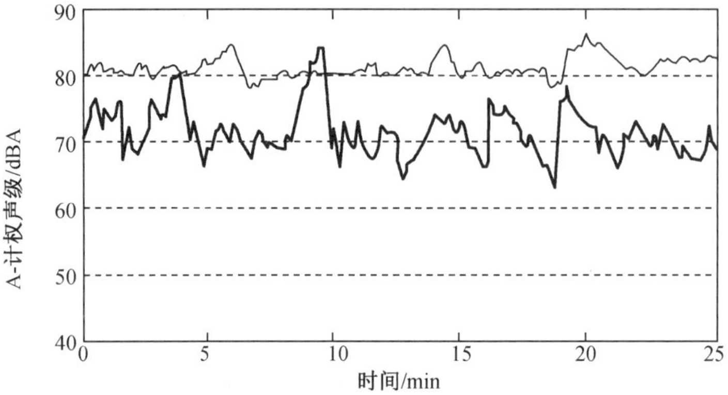


**图 13.8.1 高速公路附近测量的 A-计权声级。下面一条曲线对应较低密度的交通量,上面一条曲线对应较高密度的交通量。**

交通噪声用通常描述社区噪声的量进行量化,$L_{10}$、$L_{50}$ 和 $L_{eq}$ 是最常见的。建议改进指标的例子有:(1)交通噪声指数 $TNI=4(L_{10}-L_{90})+L_{90}-30$;(2)噪声污染级 $LNP=L_{eq}+2.56\sigma$,其中 $\sigma$ 为声级的标准差。

已经制定了详细的程序,根据预期的交通密度、组成和道路几何形状来预测公路噪声。作为一个简化的例子,考虑一条直的、双车道无限长零级公路,忽略卡车的交通。接收器到最近的车道中心距离为 $d$,计算噪声还需要平均速度 $v$(单位 km/h)以及流量 $Q$(每小时的车辆数)。A-计权声级由下式得到

$$L_{eq}=39+10\log Q+22\log(v/88)+\Delta L$$

$$\Delta L=\begin{cases} 0 & d\leqslant 15\ \text{m} \\ -a\log\left[\dfrac{d}{15}+\left(\dfrac{d-15}{75}\right)^2\right] & d\geqslant 15\ \text{m} \end{cases} \tag{13.8.4}$$

其中,在地面上 $a=13.3$,如果从道路表面到接收器的视线比地形的坡度高出 10°或更多则 $a=10.0$。对于关心的时间段,由确定 $L_{eq}$ 值可以得到需要的声级($L_{10}$、$L_{50}$ 等)。

作为一个数值算例,计算 $Q=6\ 000$ h、$v=88$ km/s、55 mph、$d=61$ m(200 ft)、$a=13.3$ 时的 $L_{eq}$。由式(13.8.4),$L_{eq}=76$ dBA,$\Delta L=-8$ dBa。等效连续噪声级为 68 dBA。处理更现实的一些情况的更多细节参见 Harris(op. cit.)。

## *13.9 飞机的噪声等级

受到飞机噪声影响的人群众多,加之这类噪声治理的费用较高,使得飞机噪声受到的关注比其他交通噪声更多。联邦航空管理局用年平均 $L_{dn}$ 评价联邦政府资助的机场项目,

用居住在 $L_{dn}$>65 dB 区域的人数衡量其影响。

一种更复杂的机场噪声评价系统要对每一类型的飞机的起飞和降落进行评价。在机场附近选择的每个地点，飞机噪声高于背景噪声时，在每个 0.5 s 的时间间隔内获得 24 个中心频率从 50 到 10 000 Hz 的 1/3 倍频程频谱。考虑到对每种飞机类型和飞行计划所要选取的测点数，即使有带有存储器的实时处理器这类现代设备，这也是一个非常庞大的任务，因此更多地是依靠计算机仿真模拟各种飞机的噪声谱以及飞机沿不同路径的飞行。

每一种谱被转换成“音调校正后的感知噪声级（$L_{TPN}$）”，转换过程考虑到谱的细节特征，并添加了对主要音调的修正。飞越的总效果（仍在一个测点）表示为等效感知噪声级（$L_{EPN}$），它是最大的 $L_{TPN}$ 加上一个持续时间修正，后者描述 $L_{TPN}$ 大于某一指定值的时间。希望详细了解这个过程的读者可参考 Harris（op. cit.）。

一旦对于给定的飞机类别和飞行安排在机场周围的各个测点都计算了 $L_{EPN}$，就以在机场周围社区地图上做出 $L_{EPN}$ 的等值线。这样的噪声足迹在评估新飞机的噪声影响或调整飞行过程时会发挥作用。

评价机场周围噪声环境时 $L_{EPN}$ 也作为输入参数。对给定的第 $i$ 类飞机、在第 $j$ 条飞行轨道上，噪声暴露预测（NEF）定义为

$$\mathrm{NEF}_{ij}=L_{\mathrm{EPN}ij}+10\log(N_d+17N_n)-88 \tag{13.9.1}$$

其中 $N_d$ 和 $N_n$ 为白天和夜间这类事件的次数。注意到夜间事件（晚 10 点到早 7 点）的重要程度被认为是白天发生的同一事件的 17 倍。给定测点的总的 NEF 值为所有飞机类型和飞行路径的组合

$$\mathrm{NEF}=10\log\left[\sum_{i,j}\mathrm{antilog}(\mathrm{NEF}_{ij}/10)\right] \tag{13.9.2}$$

不同位置的 *NEF* 连接起来就得到的等值线。

在现有条件下根据 NEF 等值线就可以规划土地的使用。例如，住房和城市发展基金不能用于 NEF>40 的区域，但 NEF<30 区域可以接受。NEF 在 30 到 40 之间的区域需要特别审批。预测的 NEF 等值线可以估计像飞行作业的次数和时间变换以及混合的飞机类型的变化等对社区的影响。

加利福尼亚的机场噪声标准相对简单，利用每小时测量的 A-计权声级 $L_h$ 计算“社区噪声等效级”

$$\mathrm{CNEL}=10\log\left[\frac{1}{24}\left(\sum_{7A.M.}^{7P.M.}10^{L_h/10}+3\sum_{7A.M.}^{7P.M.}10^{L_h/10}+10\sum_{10A.M.}^{7P.M.}10^{L_h/10}\right)\right] \tag{13.9.3}$$

根据加州行政法规，机场附近的居民区噪声不得超过 65 dBA。

## *13.10 社区对噪声的响应

环境声学中最困难的部分（可能的例外是使居民对噪声的评价系统意见一致）在于预测社区对某个给定噪声环境的响应。不同的人对噪声的反应区别很大，将这种主观感觉进行量化的所有努力都要依赖于调查者的主观判断。这种调查采用的方法不在本书范围内，我们只列举几个比较有意思的结论。

将社区对噪声的反应进行量化的一种方法是由 A-计权声级出发，对各种噪声特性添

加不同的修正,然后将修正过的 dBA 与预期的反应大小进行对比。表 13.10.1 显示了这种技术的最简单形式中的一种。如果修正后的声级低于 45 dBA,则没有预期的社区反应;如果在 45 dBA 到 55 dBA 之间,预期会有零散的不满;在 50 dBA 到 60 dBA 之间,不满现象将会比较普遍;在 55 dBA 到 65 dBA 之间,存在社区反应的威胁;高于 65 dBA 必然引起强烈的社区反应。国际标准化组织 ISO R1996(1971)的建议也包含了类似的方法。

**表 13.10.1 为测量社区反应在 A-计权声级中引入的修正**

| 噪声特性 | 修正量/dBA |
|---|---|
| 纯音存在 | +5 |
| 断断续续的或脉冲的 | +5 |
| 工作时间段内的噪声 | −5 |
| 每天噪声总的持续时间 | |
| 持续不断的 | 0 |
| 不少于 30 min | −5 |
| 不少于 10 min | −10 |
| 不少于 5 min | −15 |
| 不少于 1 min | −20 |
| 不少于 15 s | −25 |
| 街区 | |
| 安静的郊区 | +5 |
| 郊区 | 0 |
| 城市住宅区 | −5 |
| 临近部分工厂的市区 | −10 |
| 重工业区 | −15 |

例如估计一下对郊区一个环境噪声级为 37 dBA 的狗窝的反应。当狗吠叫时,可能引起不满的地点测量的结果是 72 dBA。狗在白天和夜里的任意时间吠叫,每天吠叫的总时间为 20 min。由表 13.10.1,对于间歇性应用+5 的修正,对于少于 30 min 的时间应用−5 的修正,对郊区附近应用的修正为 0。则总的修正量为 0,修正后的声级为 72 dBA。预测的反应为"强烈的社区反应"。

Schultz① 建立了一种模型,将社区的户外 $L_{dn}$ 与受到强烈干扰的居民百分比之间建立联系(图 13.10.1)。研究了在几个国家内进行的社区对交通噪声(飞机、公路的街道交通)的反应调查结果后,他发现受到强烈干扰居民的百分比与 $L_{dn}$ 之间的关系为

$$\text{Percent highly annoyed} = 0.036L_{dn}^2 - 3.27L_{dn} + 79 \tag{13.10.1}$$

对于 $45 < L_{dn} < 85$ dBA,不确定度为±5 dBA。虽然这个关系基于交通噪声的测量,Schultz

① Schultz, J. *Acoust. Soc. Am.*, 64, 377 (1978). Fidell, Barber, and Schultz, *J. Acoust. Soc. Am.*, 89, 221 (1991).

猜测它也可应用于其他社区噪声。

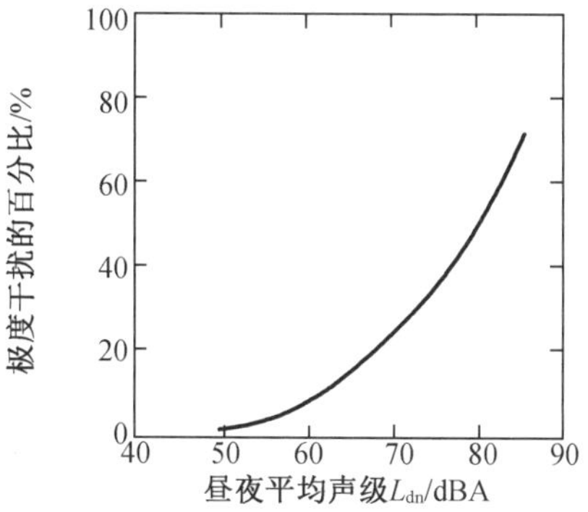


图 13.10.1 基于昼夜平均声级 $L_{dn}$ 的交通噪声对公众干扰程度估计

## 13.11 噪声引起的听力损失

声学上通过指定“永久性阈值移位(PTS)”作为频率的函数来量化听力损失。听力损失是一个宽泛的概念,指语音理解能力的损失。听力损失的常用分类如表 13.11.1 所示,它是基于对损伤较轻的一只耳朵测量的 500、1 000、2 000 Hz PTS 值的平均值进行衡量的。

表 13.11.1 听力损伤的分类

| 在 500、1 000、2 000 Hz 的平均听力损失/dB | 分类 |
|---|---|
| 小于 25 | 在正常范围内 |
| 26~40 | 轻微 |
| 41~55 | 中度 |
| 56~70 | 比较严重 |
| 71~90 | 严重 |
| 大于 91 | 永久 |

噪声引起的听力损失有两种方式:(1)创伤:高强度声,如爆炸或引擎声,可以使鼓膜破裂,损伤听小骨,破坏感觉毛细胞,或导致柯蒂氏器的一部分塌陷。这种听力损失是突然的,总是与一个具体的噪声事件相关。(2)慢性的:尚不足以引起创伤的噪声如果发生频度足够高或持续时间足够长,可引起毛细胞的功能紊乱或破坏。这产生于受到最大程度刺激的细胞的代谢压力。这类听力损失比创伤引起的隐蔽性更强,因为缓慢增加的损失通常不易引起注意。

由于对人体进行 PTS 受控实验是不可接受的,因此,对于听力损失的了解大部分来自于对长期忍受工业噪声的工人进行的实地研究,以及由暂时性阈值移位(TTS)的实验室研究得出的推论。

当不足以引起 PTS 但可引起 TTS 的噪声停止后,耳朵以一种特定的方式逐渐恢复其原始听阈。在大约 2 min 内,TTS 先下降再升高到一个最大值(回弹效应),此后 TTS 随 $\log t$ 线性下降直至达到 0 dB。由于初始阶段的响应复杂,对 TTS 的测量总是在结束噪声暴露 2 min 后进行。

对于中心频率为 250 Hz 和 500 Hz 的倍频程频带,只要噪声在 75 dB 以下,则无论暴露时间多长都没有听阈移位。对于 1、2、4 kHz 的倍频程频带,70 dB 以下没有听阈移位。当频带级在 80 和 105 dB 之间而且暴露时间不到 8 h 时,TTS 随 $\log t$ 线性增大,增大的速率与噪声级成正比。当持续时间大于 8 h 时,TTS 接近一个取决于噪声级的渐近值。暴露于 70 dB 或更低的声级前后,对 TTS 的值及其增大或减小的速率没有影响。

对给定的激励频率,TTS 的最大值发生的频率比源频率高 1/2 到 1 个倍频程。例如,700 Hz 的纯音在 1 kHz 产生最大的 TTS。

对于波动的或间歇的噪声,预测 TTS 值比较困难。对于波动的噪声,似乎比较重要的是平均声压级而不是总能量。对于接通持续时间在 250 ms 到 2 min 之间的间歇性噪声,TTS 正比于接通时间占总时间之比。当持续时间短于 250 ms 时,TTS 通常大于上述预测值。当持续时间大于 2 min,可以考虑根据通常的增长和恢复特性进行预测。

对多年暴露于相同噪声下的多名工人的研究发现,个体之间的差异性很大,但是 PTS 的中位数对噪声强度和暴露时间的依赖性很有规律。一般来说,听力损失首先出现在感觉最为敏锐的 4 kHz 附近。随着暴露的持续,听力损失的严重程度增加并向低频和高频蔓延。4 kHz 的 PTS 随噪声的 A-计权声级增大而增大,直到暴露时间达到 10 年以后趋于一个渐近值。图 13.11.1 显示了 10 年暴露期的 PTS 与 A-计权声级的关系。

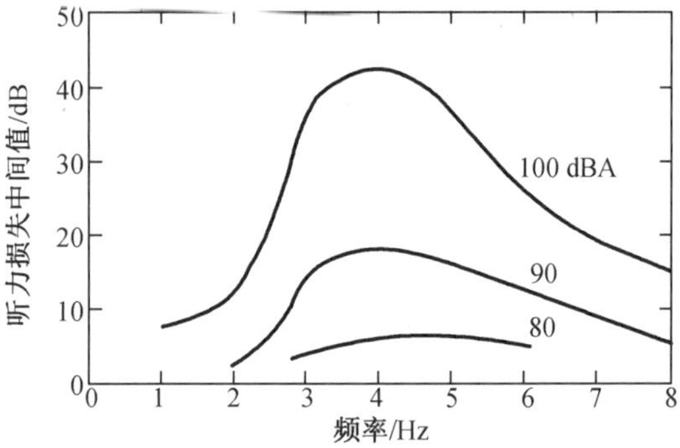


**图 13.11.1 暴露于具有不同 A-计权声级(每天 8 h、每周 5 d 平均值)的工业噪声中 10 年后的听力损失中间值**

每个工作日 8 h 暴露于工业噪声中,持续 10 年后,对听力的影响可以归纳如下:

(1)对于中位数的个体,当声级在 80 dBA 以下时不发生听力损失。环境保护局(EPA)接受的标准是 70~75 dBA 的噪声可在 1~10%的人群中引起频率 4 kHz 处听力损失,它虽小但可以检测到。

(2)在 80 dBA,3 kHz 到 6 kHz 之间的 PTS 中值开始发生移位。

(3)在 85 dBA,3 kHz 到 6 kHz 之间中值移位有 10 dB,在占整个人群 10%的易感人群中移位有 15~20 dB。

(4)在 90 dBA,3 kHz 到 6 kHz 之间的中值移位预计达 20 dB,但是在 500、1 000、2 000 Hz 仍未受到影响。根据定义这时还没有听力损伤。

(5)在 90 dBA 以上,500、1 000、2 000 Hz 的移位开始出现,意味着开始有听力损伤。

在建立噪声暴露的标准时,必须确定噪声级和持续时间之间的平衡关系。TTS 实验结果表明,噪声级增加 5 dB 等效于暴露时间加倍。

基于这些以及其他发现,1970 年的《职业安全与健康法案》(OSHA)规定了与美国联邦政府有业务往来的行业所允许的暴露量,列在表 13.11.2 中。如果暴露包括噪声级不同的两个或多各时间段,则限制为 $\sum(t_i/T_i)$ 不大于 1,其中 $t_i$ 为在某一噪声级下的暴露时间,允许暴露在该噪声级下的总时间为 $T_i$。

**表 13.11.2　允许的每日工业噪声暴露限值**

| 每日暴露时间限值/h | A-计权声级慢响应/dBA |
|---|---|
| 8 | 90 |
| 6 | 92 |
| 4 | 95 |
| 3 | 97 |
| 2 | 100 |
| 1.5 | 102 |
| 1 | 105 |
| 0.5 | 110 |
| 小于 0.25 | 115 |

这些标准后面的内在哲学考虑应该弄清楚:(1)这些声级仅为理解语音所必要的频率提供保护,4 kHz 及以上的听力损失必须作为工作的一部分被接受;(2)假设一天 8 h、一周 5 d 的暴露时间,除此以外没有其他损伤听力的活动,如高噪声的娱乐活动等;(3)这些标准被设计成只保护暴露在噪声中的人群的 85%,对 15%的易感人群的听力损失提供金钱上的补偿。

尽管 OSHA 标准为判断非职业噪声的影响提供了参考,但对娱乐性或其他非职业性噪声的影响进行估计时也必须对上述限制加以考虑。表 13.11.3 列出了对于非职业性噪声每日暴露量的建议值[①]。为了与这些标准噪声级进行比较,这里给出一些典型值,摇滚乐队为 108~114 dB,动力割草机为 96 dBA,轻型飞机的驾驶员座舱内为 90 dBA,距离摩托车 7.6 m (25 ft)处为 86 dBA。

**表 13.11.3　非职业噪声每日暴露量建议值**

| 每日暴露时间限值 | A-计权声级慢响应/dBA |
|---|---|
| 少于 2 min | 115 |
| 少于 4 min | 110 |

① Cohen, Anticaglia, and Jones, *Sound Vib.*, 4, 12 (1970)

表 13.11.3(续)

| 每日暴露时间限值 | A-计权声级慢响应/dBA |
|---|---|
| 少于 8 min | 105 |
| 15 min | 100 |
| 30 min | 95 |
| 1 h | 90 |
| 2 h | 85 |
| 4 h | 80 |
| 8 h | 75 |
| 16 h | 70 |

# 13.12 噪声与建筑设计

建筑设计的目的之一是提供足够的声学隔离,防止噪声对所要设计空间的指定用途产生干扰。13.5 节中描述了适用于各种用途的空间的噪声标准。在本节以及后面的三节讨论为满足这些标准应采取的措施。

城市规划是噪声的第一条防线。分区规则应在指定用于噪声密集型产业(重工业、高速公路、机场等)的区域和对噪声敏感的区域(住宅、医院、公园等)之间进行最大程度的隔离。

对于现有的或潜在的不利声学环境,建筑师如果从一开始就考虑到声学因素,则可以采取许多更加经济的措施减轻噪声的影响。适当选择建筑的位置和朝向可使它们相互提供声音的屏障。要求安静的房间应位于建筑中远离主要噪声源的一侧;在一栋建筑内,比较吵的区域(如厨房、走廊、杂物间、楼梯井以及家庭房等)应通过缓冲区与对噪声敏感的区域(如卧室、私人办公室、学习室等)分隔开。

为了减小建筑内部产生的噪声,建筑师应指定低噪声机械(空调、洗衣设备、水阀等)并使其安装在合理设计和安装的振动隔离体上。其他措施如大厅和楼梯井采用弹性覆盖层可减小非机械源产生的噪声。

建筑师对侵入噪声最后的屏蔽措施是可以指定建筑物的构造来抑制由结构传播和空气传播的声音。

噪声可以找到多种途径穿透建筑师的防线而透入到房间内。最主要的路径是:(1)室外的空气噪声使一般的墙壁发生振动从而向房间内辐射声;(2)由固体结构振动(机器、脚步等)产生的声沿着结构传播并使房间表面发生振动。如果通过合理设计的隔墙以及弹性安装等将上面这两个路径有效地截断,则“侧翼路径”就变得重要。一些侧翼路径比较明显,如声音通过假棚顶或管线槽隙的传播及窗户到窗户的传播。其他路径则比较隐蔽,如含孔水泥板、墙壁和棚顶或地板之间的密封不良、墙壁开孔处周边的缝隙,以及背靠背的插座等等。

## 13.13　隔声规范和测量

隔墙的透射传播损失(TL)定义为

$$\mathrm{TL}=10\log(\Pi_i/\Pi_t) \qquad (13.3.1)$$

其中,$\Pi_i$ 为隔墙声源一侧的总入射功率,$\Pi_t$ 为透过隔墙的总功率。传播损失只决定于频率和隔墙特性。通过简单的思考可以知道,对于给定的隔墙(TL 一定),当隔墙面积增大时,两个房间之间的噪声衰减量减小;而当接收房间内的吸收增加时,两个房间之间的噪声衰减量增大。(对于源房间内相同的声强度,吸收少的房间内的声级要高于吸收大的房间内声级)。对于建筑学更有直接意义的一个量是噪声衰减量

$$\mathrm{NR}=10\log(I_1/I_2)=\mathrm{SPL}_1-\mathrm{SPL}_2 \qquad (13.13.2)$$

其中 $I_1$、$I_2$ 分别为源和接收房间内的声强,$\mathrm{SPL}_1$、$\mathrm{SPL}_2$ 分别为源和接收房间内的声压级。

传播损失和噪声衰减之间可以建立联系:入射到面积为 $S$ 的分隔物上的功率为 $\Pi_1=I_1S$。声透射到接收房间内的功率等于在接收房间内能量被吸收的速率,$\Pi_2=I_2A$,其中 $A$ 为接收房间的声吸收。将上述几个关系联立得

$$\mathrm{TL}=\mathrm{NR}+10\log(S/A) \qquad (13.13.3)$$

通常指定 $\mathrm{SPL}_1$、$\mathrm{SPL}_2$ 为 1/3 倍频带声压级的空间平均,而不对每个频率测量 NR 值。通过空间平均减小源房间和接收房间内的驻波效应。

基于利用典型多户住宅典型噪声源所做的研究,“声透射等级”提供了隔墙隔声特性的一种相当成功的单件规范。

为确定一个分隔物的声传播等级(STC),在 125 Hz 到 4 000 Hz 之间(包括这两个频率)的 16 个相邻的 1/3 倍频程带内测量其 TL。将这些测量值与一个参考线对比,曲线包括三段直线:低频段从 125 Hz 到 400 Hz 增大 15 dB,中间段从 400 Hz 到 1 250 Hz 增大 5 dB,高频段是一段水平线(图 13.13.1)。

选择参考曲线使得任意一个频率处不足的最大数量(数据在曲线下的偏差)不超过 8 dB,所有频率总的不足的最大数量不超过 32 dB。于是隔墙的 STC 是所选取的参考线与 500 Hz 纵坐标交点对应的 TL 值。

墙壁与屋顶/地板结构以及门窗的安装可以在实验室测量,其 TL 和 STC 值被制成表格供建筑师参考。建筑师对问题的严重性做到心中有数就可以选取能提供所要求的隔声性能的结构。表 13.13.1 给出了一些代表结构的 STC 值。更多结构的相关数据可在参考文献中查到①。

复合结构,如有门窗的墙壁,其 STC 值可以由各个部分的 TL 值得到。若传播损失为 $\mathrm{TL}_i$ 的部分面积为 $S_i$,则功率透射系数为

$$T_{\Pi i}=\mathrm{antilog}(-\mathrm{TL}_i/10) \qquad (13.13.4)$$

若整个墙壁总面积为 $S$,则等效的功率透射系数 $T_\Pi(eff)$ 为

$$T_\Pi(eff)=\frac{1}{S}\sum T_{\Pi i}S_i \qquad (13.13.5)$$

① Doelle, *Environmental Acoustics*, McGraw-Hill (1972).

复合结构的传播损失为 $10\log[1/T_{II}(eff)]$，则可以由一般的步骤得到复合结构的 STC。

现场测量的声透射等级一般小于实验室得到的值。这通常可以归因于侧翼路径或不佳的工作质量(填缝不当，本该孤立的元素之间桥接)。即使正确建造隔墙，在现场测量与实验室测量之间有 5 dB 的差别也是预料之中的。

还有一种量化两个房间之间隔声效果的程序，不需进行频带级分析。在源房间内有一“粉红”噪声源，在源房间内用声级计测量 C-计权声级($L_C$)，在接收房间内测量 A-计权声级($L_A$)。“私密度等级(PR)”为

$$PR = L_C - L_A + 10\log(2T_2) \tag{13.13.6}$$

其中，$T_2$ 为接收房间内的混响时间(单位：s)，见 12.3 节。据称 PR 与 STC 的差别在几个分贝之内。

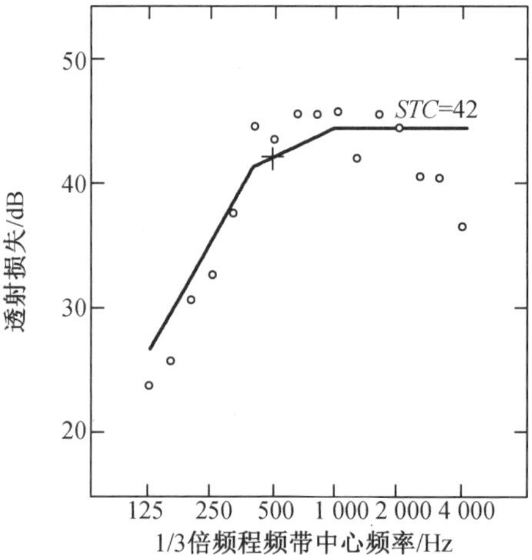


**图 13.13.1 由测量的 TL 确定 STC。这面墙壁的评级为 STC=42。(4 kHz 的 TL 值比 STC=42 曲线低 8 dB，总的不足量为 30 dB。)**

**表 13.13.1 代表性墙壁结构的声传播等级(*STC*)**

| 结构 | 单位面积质量/(kg/m$^3$) | STC |
|---|---|---|
| 1. 4 in 厚空心砌块，两侧有 1/2 in 厚石膏 | 115 | 40 |
| 2. 4 in 厚砖，两侧有 1/2 in 厚石膏 | 210 | 40 |
| 3. 9 in 厚砖，两侧有 1/2 in 厚石膏 | 490 | 52 |
| 4. 24 in 厚石头，两侧有 1/2 in 厚石膏 | 1 370 | 56 |
| 5. 3/8 in 厚石膏墙板 | 8 | 26 |
| 6. 1/2 in 厚石膏墙板 | 10 | 28 |
| 7. 5/8 in 厚石膏墙板 | 13 | 29 |
| 8. 两层 1/2 in 厚石膏墙板粘在一起 | 22 | 31 |
| 9. 2×4 骨架，16 in 中心距，两侧有 1/2 in 石膏墙板 | 21 | 33 |
| 10. 同 9 但两侧为 5/8 in 厚石膏墙板 | 26 | 34 |
| 11. 同 10 但一侧为两层 5/8 in 厚石膏墙板，另一侧为一层 | 42 | 36 |

表 13.13.1(续)

| 结构 | 单位面积质量/(kg/m³) | STC |
|---|---|---|
| 12. 同 10 但在石膏墙板外层有 1/2 in 厚石膏层 | 68 | 46 |
| 13. 同 9 但有 2 in 厚隔声毯 | 23 | 36 |
| 14. 同 10 但有 2 in 厚隔声毯 | 29 | 38 |
| 15. 同 11 但有 2 in 厚隔声毯 | 44 | 39 |
| 16. 同 14 但一侧为弹性安装 | 29 | 47 |
| 17. 同 14 但两侧为弹性安装 | 29 | 49 |
| 18. 两行 2×4 骨架,16 in 中心距,两侧分别有 5/8 in 厚石膏墙板和 2 in 厚隔声毯 | 37 | 57 |
| 19. 两行 2×4 骨架,16 in 中心距,两侧分别有 5/8 in 厚石膏墙板,无隔声毯 | 60 | 58 |
| 20. 同 19 但隔声毯为 2 in 厚 | 60 | 62 |

注:1~15 为单层结构,16~20 为双层结构

由于外部噪声的频谱不同,STC 评级不能直接用于预测外墙的隔声值,但是确实有一种技术可以将 STC 用于这一目的,参见 Harris(op. cit.)。

地板/顶棚隔墙除了要考虑它们的 STC 外,还应考虑它们的"撞击隔离等级(Impact Isolation Class)"。这个量度量的是地板/顶棚隔离楼上房间地板上产生的撞击使其不传入楼下房间的能力,参见 Harris(op. cit.)。

## 13.14 建议隔离量

两个房间之间要求的隔离量决定于源房间内的噪声级和接收房间对侵入性噪声能接受的噪声级。这两个声级都与房间预期的用途有关,后者决定于将掩盖侵入噪声的环境噪声。

考虑到背景噪声的不同,联邦住房管理局的建议定义了建筑的三个级别。

级别 1:户外夜间噪声级低于 40 dBA、建议的室内噪声级低于 35 dBA 的建筑。

级别 2:建议的室内噪声级为 40 dBA 或更低的建筑。

级别 3:外部夜间噪声级为 55 dBA 或更高、室内建议的噪声级为 45 dBA 或更高的建筑。

对于建筑内不同单元之间的分隔墙,他们对级别 1、2、3 的建筑建议的 STC 值分别为 55、52、48。对于一套居住单元内各个房间之间的分隔墙,他们对于级别 1 的建筑给出的建议值为:卧室之间 STC=48,起居室与卧室之间 STC=50,洗漱间与卧室、厨房与卧室、洗漱间与起居室之间为 52。级别 2 的建筑值低 4 dB,级别 3 比级别 2 再低 4 dB。

用于分隔公寓房间和共用服务空间(车库、洗衣房、聚会房)的墙壁,建议的最小值为:卧室 STC=70,起居室 65,厨房和洗漱间 60。

分隔居室的地板的撞击隔离类也有建议值。

# 13.15 隔墙设计

忽略侧翼和泄露,声音通过墙壁的主要机理是源房间内的声使暴露的表面振动,这种振动透过墙壁结构到达墙壁另一侧表面引起后者振动从而向接收房间内辐射声。如果墙壁的两个表面是刚性连接的,则它们作为一个整体振动(单层隔墙),透射损失仅决定于频率和墙壁单位面积的质量、刚度和内部的阻尼。如果墙壁包括两层分离的墙体,中间有空腔(双层隔墙),则透射损失决定于两层层墙壁的特性以及空腔的尺寸和吸收。

(a)单层隔墙

对于平面、无孔、均匀、柔性墙壁,透射损失决定于隔墙的密度以及噪声的频率。在 $\Delta t$ 时间间隔内入射到隔墙 $\Delta S$ 面积上的能量 $\Delta E_i$ 由式(12.2.2)给出 $E$

$$\Delta E_i = \frac{E\Delta S\Delta r}{2}\int_0^{\pi/2}\sin\theta\cos\theta \mathrm{d}\theta \tag{13.15.1}$$

透过隔墙的能量 $\Delta E_t$ 为同一个积分乘以 $T_{\Pi}(\theta)$

$$\Delta E_i = \frac{E\Delta S\Delta r}{2}\int_0^{\pi/2} T_{\Pi}(\theta)\sin\theta\cos\theta \mathrm{d}\theta \tag{13.15.2}$$

其中透射系数由式(6.7.4)给出

$$T_{\Pi}(\theta) = \frac{1}{1+a^2\cos^2\theta}$$

$$a = \omega\rho_S/2\rho_0 c = \pi f\rho_S/\rho_0 c \tag{13.15.3}$$

其中,$\rho_S$ 为隔墙的面密度,$\rho_0$、$c$ 为空气的密度和声速。取式(13.15.1)与式(13.15.2)之比并将式(13.15.2)积分得到任意入射的透射系数积分表达式

$$\langle T_{\Pi}(\theta)\rangle_\theta \frac{\Delta E_t}{\Delta E_i} = 2\int_0^{\pi/2}\frac{\sin\theta\cos\theta}{1+a^2\cos^2\theta}\mathrm{d}\theta \tag{13.15.4}$$

进行变量代换 $u = a\cos\theta$,则可以算出直接积分,得

$$\langle T_{\Pi}(\theta)\rangle_\theta \frac{2}{a^2} = 2\int_0^a \frac{u}{1+u^2}\mathrm{d}u = \frac{1}{a^2}\ln(1+a^2) \tag{13.15.5}$$

于是(13.13.1)式定义的透射损失为

$$\mathrm{TL} = 10\log\langle T_{\Pi}(\theta)\rangle_\theta = 20\log a - 10\log[\ln(1+a^2)] \tag{13.15.6}$$

由图 13.15.1 可见,$\rho_S$ 的值在大约 10~1 000 kg/m² 之间,但多集中在 20~50 kg/m² 之间。感兴趣的频率由大约 60 Hz 到 4 kHz,空气的 $\rho_0 c$ 值为 415 Pa · s/m,则 $a$ 值范围为 $4<a<3\times10^4$。代入式(13.15.6)得到右端最后一项的值在-5 dB 到-13 dB 之间,大部分集中在-8 dB 附近。保守估计,假设衰减量最小,则通过隔墙的透射是被高估的,取-5 dB 并将 $\rho_0 c$ 和 $\pi$ 的值代入,得

$$\mathrm{TL} = 20\log(f\rho_S) - 47 \tag{13.15.7}$$

其中,频率单位为 Hz,面密度单位为 kg/m²。由这个"质量定律"可以预知在某一频率上单位面积的质量加倍,或者对于给定的单位面积质量而频率加倍都导致 TL 的值增大 6 dB。

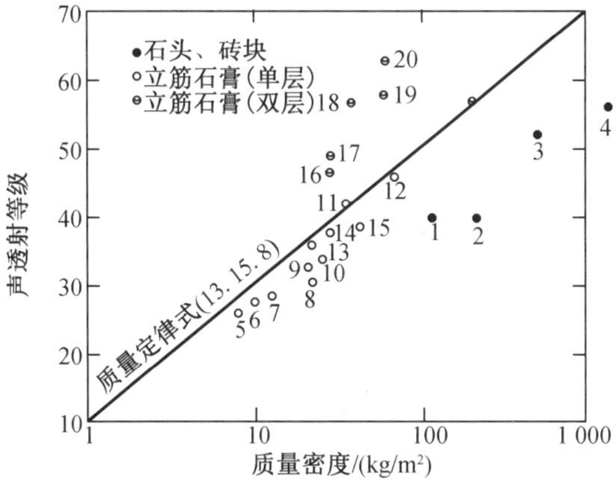


**图 13.15.1　隔墙的声透射等级以及与质量定律的对比。数字指示表 13.13.1 列出的结构。单层隔墙由数字 1~15 表示,双层隔墙由数字 16~20 表示。**

一个在 125 Hz 到 4 000 Hz 的整个频率范围内遵守质量定律式(13.15.7)的墙,由 13.13 节描述的步骤,其声透射等级可有下式得到

$$\mathrm{STC}=20\log \rho_S+10 \tag{13.15.8}$$

由图 13.15.1,单层隔墙的 STC 总在质量定律预报的值以下,这部分是由于材料的多孔性就像实心块被封妆后效果有所改善一样(注意表 12.5.1),其他的原因是与板的刚度有关,这在推导质量定律时被忽略了。

对于刚性的均匀板,弯曲波沿表面传播的相速度为

$$c_{\mathrm{p}}=\left(\frac{\pi^2}{3}\frac{Yt^2}{\rho}f^2\right)^{1/4} \tag{13.15.9}$$

其中,$f$ 为激励频率,$Y$ 为杨氏模量,$t$ 为厚度,$\rho$ 为板的体积密度。因为传播是频散的,存在一个"吻合频率 $f_c$",这时弯曲波的波长等于空气中同频率声波的波长。

$$f_c=\frac{c^2}{\pi t}\left(\frac{3\rho}{Y(1-\sigma^2)}\right)^{1/2} \tag{13.15.10}$$

其中,$c$ 为空气中的声速,$\sigma$ 为泊松比。对于所有高于 $f_c$ 的频率有一个入射角(与法向的夹角)满足

$$\lambda_f=\lambda/\sin\theta \tag{13.15.11}$$

其中,$\lambda_f$ 和 $\lambda$ 分别为板中和空气中的波长。对于这个特殊的角度,能量从入射波到板的耦合相当好,板又非常有效地向接收房间内辐射能量。因此,当频率高于 $f_c$ 时,所有入射角度上平均透射功率的透射损失要比基于质量定律预测的值小。因为 $\lambda_f$ 正比于 $1/\sqrt{f}$,$\lambda$ 正比于 $1/f$,于是在高频只有接近于垂直入射的波才有可能是吻合的;TL 值增大到质量定律预测的值。这个吻合下沉点的宽度决定于板的内部阻尼。

为了得到与质量定律预测值接近的 STC,墙壁的设计或者要使得吻合频率或低于 125 Hz,或高于 4 000 Hz,前者要求板厚而密度和杨氏模量小,后者要求板薄而密度和杨氏模量大。"吻合下沉(coincidence dip)"对于不同结构墙壁的影响示于图 13.15.2 中。

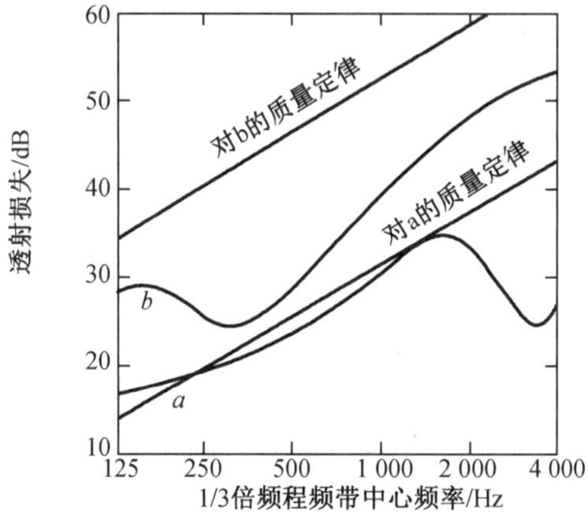


**图 13.15.2 墙的特性对吻合频率的影响。(a) 单层 1/2 in 厚石膏墙板 (10 kg/m$^2$), 临界频率 2.6 kHz, STC=28。(b) 轻质泡沫混凝土 (110 kg$^2$), 临界频率 200 Hz, STC=35。(引自 Harris, op. cit.)**

适当设计的单层隔墙为了有较大的 STC 还应有较大的单位面积质量。例如,6 in 厚、两面有 1/2 in 厚石膏的混凝土墙壁单位面积质量为 390 kg/m$^2$,评级为 STC=52。这比豪华公寓之间的部分墙推荐的量低了 3 dB。(注意到质量定律对同一墙壁的预测值是-62 dB)。为了不额外增加质量而有好的隔声效果就有必要采用双层结构。

(b) 双层隔墙

由图 13.15.1 可见,双层结构的 STC 比质量密度相同的单层结构大得多。这种影响在图 13.15.3 中表现很明显,其中将两层 1/2 in 厚石膏板粘贴在一起作为单层结构的透射损失曲线与同样的两层板作为双层结构的曲线做了对比。另外当两层板之间的空间内有吸声材料时的隔声效果提高也值得注意。

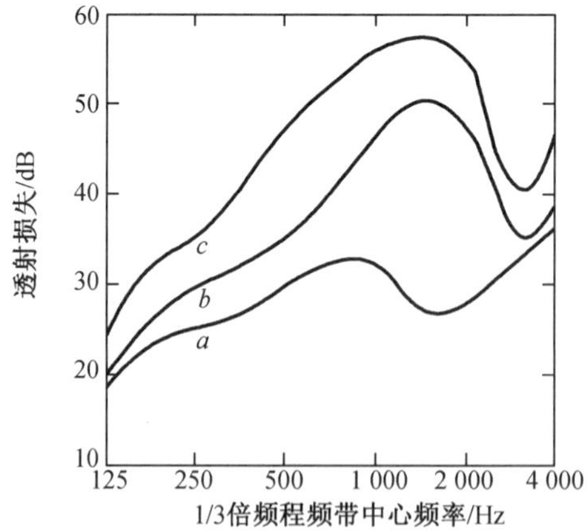


**图 13.15.3 有相似材料建造的单层和双层墙的透射损失。(a) 两层 1/2 in 厚石膏墙板粘结在一起 (22 kg/m$^2$), STC=31。(b) 交错 4 in 槽钢立柱两侧的 1/2 in 厚单层石膏墙板 (21 kg/m$^2$), STC=45。(c) 在 (b) 上敷设 2 in 厚隔声毯, STC=45。(引自 Harris, op. cit.)**

为了清楚地展现设计上的各种变化的影响,表 13.15.1 列出了结构近似的一系列隔墙。没有弹性安装时,加装阻尼材料仅使 STC 增加 4 dB;有弹性安装时加装毯子可以增加

10 dB。不管有没有毯子，第二种弹性安装仅增加 1 dB 或 2 dB。

表 13. 15. 1 为隔墙的声透射等级（STC）。隔墙构成为：2×4 骨架中心距 16 in，面上安装 5/8 in 厚的石膏板，在在骨架一边或两边或者直接钉或者弹性安装，铺设 2 in 厚的隔声毯或者不铺设。

**表 13. 15. 1　隔墙的声透射等级（STC）**

| 隔声毯 | 弹性安装 | STC |
| --- | --- | --- |
| 无 | 无 | 34 |
| 有 | 无 | 38 |
| 无 | 一边 | 38 |
| 无 | 两边 | 39 |
| 有 | 一边 | 47 |
| 有 | 两边 | 49 |

为了得到更高的 STC 评级，可采用一种交错骨架结构提供较好的振动隔离、用更多的石膏层来增加质量。能提供 STC = 55 的一种墙壁包括两组 2×4 木制骨架，每个有 24 in 的间隔，安装在分立的、间距 1 in 的 2×4 块板上，以及板下层不连续结构；一个 2 in 厚的隔声毯、两侧各用钉子订上一层 5/8 in 厚的石膏。如果党曾石膏板不是钉上的而是弹性安装，STC 可增大到 60。

（c）门窗

门窗面密度小，加上周边有缝隙，所以成为隔声的薄弱环节。图 13. 15. 4 显示了实心门对空心门的优势，以及包括自动门槛密封底部缝隙在内的声学密封的价值。图 13. 15. 5 描绘了最小间隔 10 到 13 cm（4 到 5 英寸）良好封边的双层玻璃的优势。

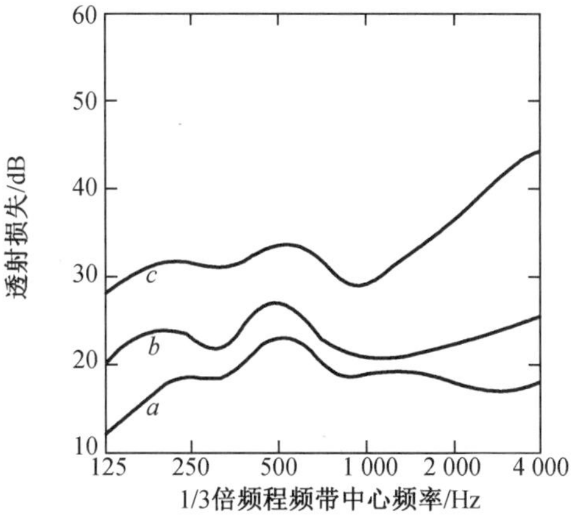


**图 13. 15. 4　$1\frac{3}{4}$ in 厚的门结构透射损失。（a）空心门，无垫衬（7 kg/m²）。STC = 17。（b）空心门，有垫衬（7 kg/m²）。STC = 2。（c）实心门，有垫衬（20 kg/m²）。STC = 26。（引自 Doelle，op. cit.）**

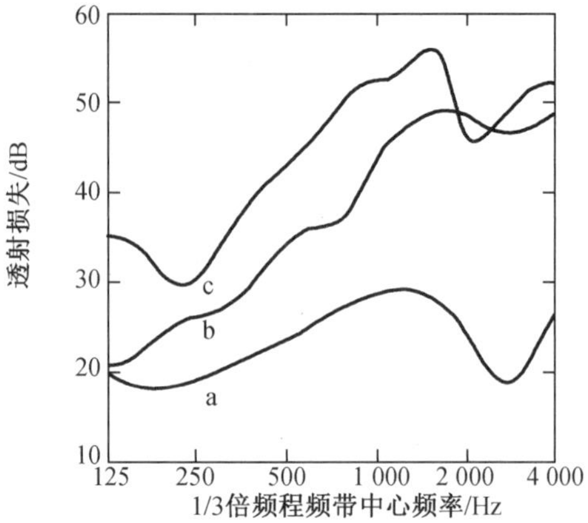


**图 13.15.5　不同可开窗封边结构的透射损失。(a)单片玻璃窗,3 mm 厚玻璃($7.5\ kg/m^2$),STC=25。(b)双片玻璃窗,3 mm 厚玻璃,之间 20 cm 厚空气间隔($13\ kg/m^2$),STC=40。(引自 Doelle ,op. cit.)**

(d)障板

防止室外噪声对某一特定位置产生干扰的一种廉价的方法是在源和接收点之间树立一个屏障。由于散射,这只能起到部分作用,但通常对达到目的也很有效。(这种技术在室内难以成功应用因为声可以通过多种反射路径到达,但是对于距离所要屏蔽的空间很近的源也能起到作用。)

如果源到接收点的直线距离(穿过障板)为 $r$,可能的最短散射路径(传播时间最短的物理路径)为 $R$,则菲涅尔数(Fresnel number)$N_F$ 为

$$N_F = 2(R-r)/\lambda \tag{13.15.12}$$

其中,$\lambda$ 为每个关心的频率的波长。已经证明①引入障板后接收的功率衰减 $20N_F$,导致传播损失的增加量 $A_b$ 为

$$A_b \sim 10\log(20\ N_F) \tag{13.15.13}$$

于是,如果 TL 为没有障板时源和接收器之间的传播损失,则有障板时为

$$TL_b = TL + A_b \tag{13.15.14}$$

精度在±5 dB 范围内。

## 习　　题

13.2.1　一噪声在 31.5 Hz 的带级是 70 dB re 20 μPa,每倍频程降低 3 dB。计算(a)31.5 Hz 到 8 000 Hz 之间总声压级,(b)该频带上 A-计算声压级。

13.2.2　用一个具有完美平坦频率响应的仪器分别测量中心频率在 31.5、63、125、250、500、1 000、2 000、4 000、8 000 Hz 倍频程频带上的倍频程带级为 78、76、78、82、81、80、80、73、65 dB re 20 μPa,计算用一台声级计进行(a)C-计权和(b)A-计权测量得到的带级。

13.2.3　一台声级计意外的设置到了 A-计权,在中心频率为 31.5、63、125、250、500、

① Maekawa, *Appl. Acoust.*, 1, 157 (1968)

1 000、2 000、4 000、8 000 Hz 的倍频程频带上测得的带级为 75、75、62、73、78、80、81、73 和 63 dB re 20 μPa，如果声级计设置到 C-计权，计算输出带级是所多少。

13.3.1　对于习题 13.2.1 中给出的噪声，(a)计算语音干扰级，并同由式(13.3.1)给出的近似值进行比较。(b)确定在 10 m 距离上刚好可靠的面对面交流的噪声级，对噪声条件进行分类。

13.3.2　(a)SIL = 40 dB，计算在 8 m 距离上与听者刚好可以可靠交流的 VL。估计听者位置。(b)噪声的 A-计权声级和信号的 A-计权声级。(c)根据图 13.3.1 确定句子的语言可懂度。(d)这同 13.3 节开头的讨论是一致的么？

13.5.1　对于习题 13.2.1 的噪声，(a)根据图 13.5.1，确定平衡噪声准则。(b)根据式子 NCB ~ $L_A$ −8 可以获得一个 NCB 的粗略估计，在这种情况下这种估计好么？(c)对于表 13.5.1 列出的房间，评论该噪声的适当性。

13.6.1　对于图 13.6.2 的社区噪声，计算 $L_{10}$、$L_{50}$ 和 $L_{90}$。

13.6.2　对于一个单一事件，A-计权声压级跳到常值 80 dB re 20 μPa 持续 25 s，然后突然回落到环境声压级，请计算 SENEL。

13.6.3　一个社区噪声时均声级从上午 7 点到晚上 7 点是 60 dBA，从晚上 7 点到晚上 10 点是 55 dBA，从晚上 10 点到早上 7 点是 50 dBA，计算：(a) 24 小时的 $L_{eq}$；(b) $L_{dn}$；(c)CNEL。

13.8.1　一辆汽车和一台摩托车分别以时速 44 km/h 和 88 km/h 巡航，在距离 15 m 的地方进行测量，计算测得的 A-计权声压级。

13.8.2　一条笔直无限沿伸的零级双车道公路，可忽略卡车交通，在给定距离上，测量得到的最大等效声级保持为常数，如果最大车速从 104 km/h(65 mph)降低到 88 km/h(55 mph)，计算最大车流量的比值。

13.11.1　一个工人每个工作日暴露在噪声级 92 dBA 下 4 h、90 dBA 下 4 h，这些条件超出 OSHA 的推荐么？

13.13.1　在测量一个 30 $m^2$ 隔墙的声透射等级时，源房间的带级保持常数 90 dB，在接收房间，从 125 Hz 到 4 000 Hz 的每个 1/3Oct 带内的带级和总声吸收 $A$(单位 $m^2$)是：(带级，$A$) = (65,15)、(51,15)、(44,16)、(48,17)、(44,19)、(42,20)、(47,25)、(40,28)、(39,30)、(35,32)、(34,36)、(35,45)、(33,53)、(32,60)、(34,60)、(37,60)，计算隔墙的 STC。

13.15.1　(a)根据质量定律，对于一个单层隔墙，要在 100 Hz 到达 TL = 20 dB，则面密度需是多少？(b)什么类型的结构可以提供这样的 TL？

13.15.2C　对于 $\rho_S$ = 1 000 kg/$m^2$ 的一单层隔墙，绘制由式(13.15.6)给出 TL 随频率从 60 Hz 到 4 kHz 变化的函数，并同由式(13.15.7)给出的近似式进行比较。对于 $\rho_S$ = 10 kg/$m^2$ 重复上述计算，评论该近似表达式的应用范围。

13.15.3　计算一个 1/4 in 厚透明玻璃窗的吻合频率。

13.15.4　(a)证明一个给定高度的声障板的最有效安装位置在是声源和接收点之间一半的位置。(b)证明，对于固定位置和高度，增加的透射损失随频率按照 10log $\lambda$ 而降低。

13.15.5C　高速路与住宅之间相距 100 m，之间竖立一个高度为 $h$ 的声障板，可以预期声传播损失会增大。对于 100、200、300 Hz，绘制增加的声传输损失作为障板高度的函数的曲线。对于每个频率，计算声传播损失提高 5 dB 需要的障板高度。

# 第 14 章 换 能

## 14.1 引 言

本章介绍的换能理论适用于任意电声换能器,被设计成在空气或水中使用都可以。具体的例子是针对空气中的换能器。对扬声器以及静电式、压电式、铁电式、磁致伸缩式换能器的更多细节有许多教科书可以参考①。整个这一章里对震荡的电学、力学和声学量的有效值表示都省略了下标“e”。

## 14.2 换能器的电路网络

将能量在电能与机械能之间进行转换的换能器可以处理成一个 2 端口的网络,将一个端口的电学量转换为另一个端口的机械量。这些量定义为:

$V$=换能器电输入端的电压

$I$=输入端电流

$F$=辐射面的力

$u$=辐射面速度

所有这些都是有效值(rms)。

如果认为力类比为电压、速度类比为电流,网络如图 14.2.1a。有些情况下考虑“机械对偶(mechanical dual)”更有用,即将速度类比为电压、力类比为电流,这种网络见图 14.2.1b。利用哪一种更方便取决于换能器。

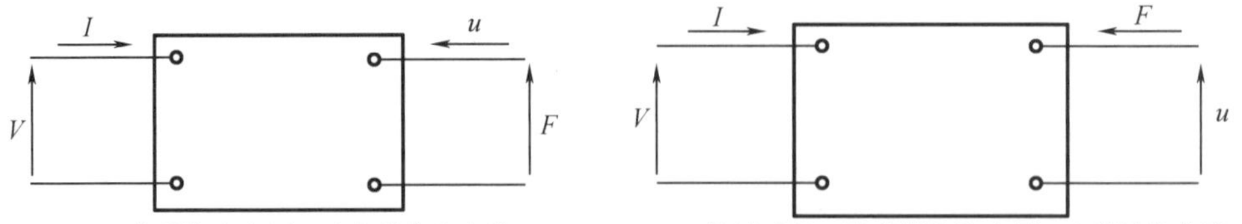


(a)力类比为电压、速度类比为电流 (b)机械对偶,速度类比为电压、力类比为电流

图 14.2.1 2 端口网络

---

① Hunt, *Electroacoustics*, Wiley (1954); republished, Acoustical Society of America (1982). *Physical Acoustics* IA, ed. Mason, Academic Press (1964). Camp, *Underwater Acoustics*, Wiley (1970). Wilson, *An Introduction to the Theory and Design of Sonar Transducers*, U. S. Gov't. Printing Office (1970).

与电学和力学变量相关的是一些阻抗，它们是可以测量的系统特性：

$\boldsymbol{Z}_{\mathrm{EB}}=\boldsymbol{V}/\boldsymbol{I}\,|_{u=0}=$阻挡电阻抗(Ω)

$\boldsymbol{Z}_{\mathrm{EF}}=\boldsymbol{V}/\boldsymbol{I}\,|_{F=0}=$自由电阻抗(Ω)

$\boldsymbol{Z}_{\mathrm{mo}}=\boldsymbol{F}/\boldsymbol{u}\,|_{I=0}=$开路机械阻抗(N·s/m)

$\boldsymbol{Z}_{\mathrm{ms}}=\boldsymbol{F}/\boldsymbol{u}\,|_{V=0}=$短路机械阻抗(N·s/m)

(机械阻抗的单位通常定义为“机械欧姆”，1 机械欧姆 = 1 N·s/m)。大写字母的下标表示电阻抗，小写字母下标表示机械阻抗，下标的后一个字母表示限制条件。

由 $\boldsymbol{Z}_{\mathrm{EB}}$ 的定义得 $\boldsymbol{V}(\boldsymbol{I},0)=\boldsymbol{Z}_{\mathrm{EB}}\boldsymbol{I}$。但如果 $\boldsymbol{u}$ 不为零，则相同的电流对应 $\boldsymbol{V}$ 不同。如果 $\boldsymbol{V}$ 对 $\boldsymbol{u}$ 的依赖关系同它对 $\boldsymbol{I}$ 的依赖关系一样是线性的，则

$$\boldsymbol{V}=\boldsymbol{Z}_{\mathrm{EB}}\boldsymbol{I}+\boldsymbol{T}_{\mathrm{em}}\boldsymbol{u} \tag{14.2.1}$$

其中 $\boldsymbol{T}_{\mathrm{em}}$ 为“换能系数”。类似地，一般化的力学方程为

$$\boldsymbol{F}=\boldsymbol{T}_{\mathrm{me}}\boldsymbol{I}+\boldsymbol{Z}_{\mathrm{mo}}\boldsymbol{u} \tag{14.2.2}$$

式(14.2.1)和式(14.2.2)为换能器机电行为的正则方程。

如果电端为短路的，则可以求解式(14.2.1)将 $\boldsymbol{I}$ 用 $\boldsymbol{u}$ 表示，这个结果可以代入式(14.2.2)。于是 $\boldsymbol{F}/\boldsymbol{u}$ 为 $\boldsymbol{Z}_{\mathrm{ms}}$，再经过一些运算得

$$\boldsymbol{Z}_{\mathrm{ms}}=(1-\boldsymbol{k}_{\mathrm{c}}^{2})\boldsymbol{Z}_{\mathrm{mo}} \tag{14.2.3}$$

其中定义了一个耦合系数 $\boldsymbol{k}_{\mathrm{c}}$

$$\boldsymbol{k}_{\mathrm{c}}^{2}=\boldsymbol{T}_{\mathrm{em}}\boldsymbol{T}_{\mathrm{me}}/\boldsymbol{Z}_{\mathrm{EB}}\boldsymbol{Z}_{\mathrm{mo}} \tag{14.2.4}$$

它在工作频带内通常具有简单的形式和物理意义。类似地，将 $\boldsymbol{F}=0$ 代入经过运算得

$$\boldsymbol{Z}_{\mathrm{EF}}=(1-\boldsymbol{k}_{\mathrm{c}}^{2})\boldsymbol{Z}_{\mathrm{EB}} \tag{14.2.5}$$

在某些对称条件下，正则方程形式更简单，而图 14.2.1 的网络可以表示为一个可逆的 3 端口网络。

(a)互易换能器

当 $\boldsymbol{T}_{\mathrm{em}}=\boldsymbol{T}_{\mathrm{me}}=\boldsymbol{T}$ 时换能器表现出“电声互易性”。晶体、陶瓷和静电换能器属于这类。正则方程退化为

$$\begin{gathered}\boldsymbol{V}=\boldsymbol{Z}_{\mathrm{EB}}\boldsymbol{I}+\varphi\boldsymbol{Z}_{\mathrm{EB}}\boldsymbol{u}\\ \boldsymbol{F}=\varphi\boldsymbol{Z}_{\mathrm{EB}}\boldsymbol{I}+\boldsymbol{Z}_{\mathrm{mo}}\boldsymbol{u}\\ \varphi=\boldsymbol{T}/\boldsymbol{Z}_{\mathrm{EB}}\end{gathered} \tag{14.2.6}$$

其中转换系数 $\varphi$ 对于感兴趣的大多数频率为实常数。这是一种大大的简化，因为式(14.2.6)可以利用图 14.2.1a 的“力-电压”和“速度-电流”比拟，得到图 14.2.2 的等效电路。现在就可以利用线性电路分析。由图 14.2.2b 可见，$\varphi$ 的物理意义是连接网络电端和机械端的理想变压器的匝数比。(注意这个变压器仅仅是概念上的，因为 $\varphi$ 是无量纲的。)式(14.2.4)定义的耦合系数变成

$$k_{\mathrm{c}}^{2}=\varphi^{2}\boldsymbol{Z}_{\mathrm{EB}}/\boldsymbol{Z}_{\mathrm{mo}} \tag{14.2.7}$$

代入式(14.2.3)得

$$\boldsymbol{Z}_{\mathrm{ms}}=\boldsymbol{Z}_{\mathrm{mo}}-\varphi^{2}\boldsymbol{Z}_{\mathrm{EB}} \tag{14.2.8}$$

在 14.3 节将看到，对于互易换能器，这个耦合系数 $\boldsymbol{k}_{\mathrm{c}}$ 形式和物理意义都很简单。

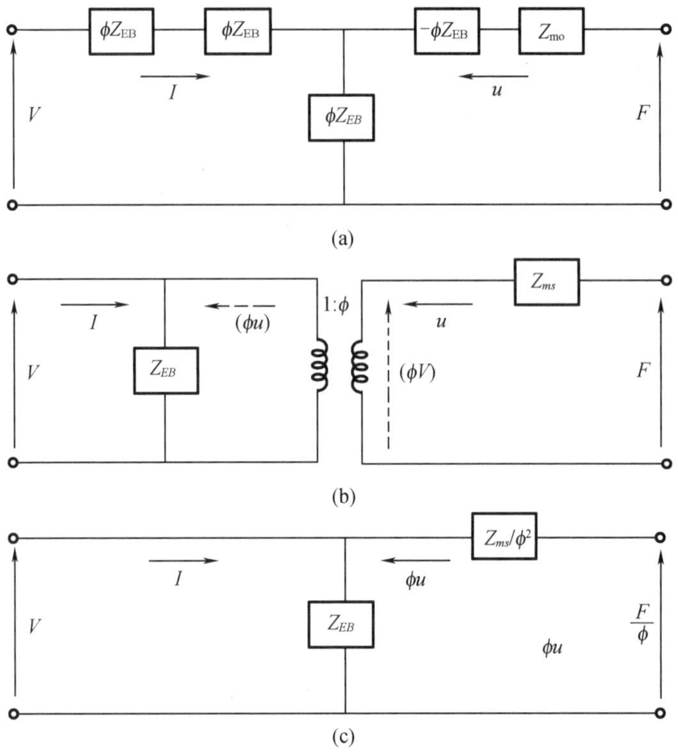


**图 14.2.2　可逆换能器的等效电路**

(b)反互易换能器

另一类耦合显示出“电声反互易性”,$\boldsymbol{T}_{\rm em}=-\boldsymbol{T}_{\rm me}$。这样的例子有磁致伸缩、动圈、运动电枢换能器。现在正则方程和相关的机械阻抗具有简单但不同的形式

$$\begin{aligned}\boldsymbol{V}&=\boldsymbol{Z}_{\rm EB}\boldsymbol{I}+\varphi_{\rm M}\boldsymbol{u}\\ \boldsymbol{F}&=-\varphi_{\rm M}\boldsymbol{I}+\boldsymbol{Z}_{\rm mo}\boldsymbol{u}\\ \boldsymbol{Z}_{\rm ms}&=\boldsymbol{Z}_{\rm mo}+\varphi_{\rm M}^2/\boldsymbol{Z}_{\rm EB}\\ \varphi_{\rm M}&=\boldsymbol{T}_{\rm em}=-\boldsymbol{T}_{\rm me}\end{aligned}\tag{14.2.9}$$

这个转换因子 $\varphi_{\rm M}$ 通常为实数或相位角很小的复数。$\boldsymbol{T}_{\rm em}$ 与 $\boldsymbol{T}_{\rm me}$ 之间的负号排除了“力-电压”类比型电路。但是,有两种方法可以得到线性 3 端口网络。

(1)机械对偶

将正则方程改写一下得到到下面的对称形式

$$\begin{aligned}\boldsymbol{V}&=\boldsymbol{Z}_{\rm EF}\boldsymbol{I}+\varphi_{\rm M}Y_{\rm mo}\boldsymbol{F}\\ \boldsymbol{u}&=\varphi_{\rm M}Y_{\rm mo}\boldsymbol{I}+Y_{\rm mo}\boldsymbol{F}\\ Y_{\rm mo}&=1/\boldsymbol{Z}_{\rm mo}\end{aligned}\tag{14.2.10}$$

其中,$Y_{\rm mo}$ 为“开路机械导纳”。这些方程形式上与式(14.2.6)相同,但 $\boldsymbol{F}$ 与 $\boldsymbol{u}$ 对调、阻抗换成导纳。一个有用的新等效电路如图 14.2.3 所示。注意到 $\varphi_{\rm M}$ 为变压器匝数比的倒数。

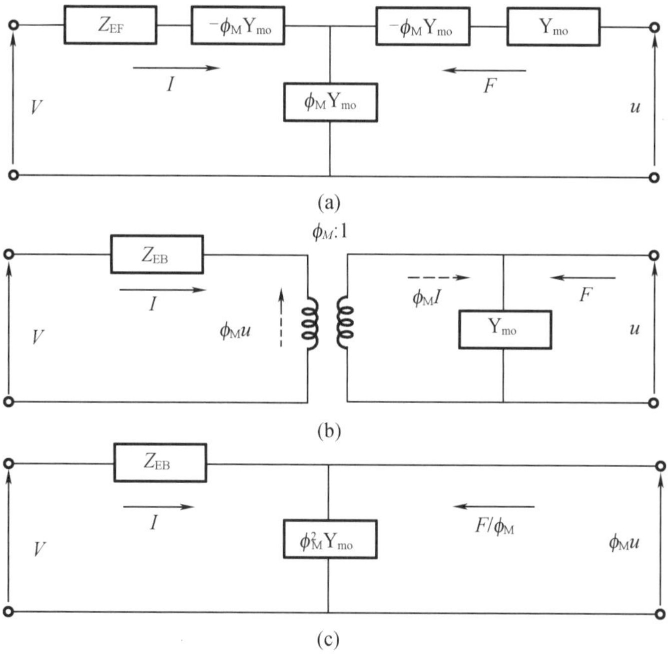


**图 14.2.3　一个反互易换能器的等效电路图**

(2)位移了的力和速度

利用变量 $\boldsymbol{F}'=-\mathrm{j}\boldsymbol{F}$、$\boldsymbol{u}'=-\mathrm{j}\boldsymbol{u}$ 将(14.2.9)式写成

$$\boldsymbol{V}=\boldsymbol{Z}_{EB}\boldsymbol{I}+\mathrm{j}\varphi_M\boldsymbol{u}'$$
$$\boldsymbol{F}'=\mathrm{j}\varphi_M\boldsymbol{I}+\boldsymbol{Z}_{mo}\boldsymbol{u}' \tag{14.2.11}$$

与式(14.2.6)是对比表明式(14.2.11)可以用图 14.2.2 式的电路表示,但要用 $j\varphi_M$ 代替 $\varphi\boldsymbol{Z}_{EB}$。这种方法保留了互易换能器的力-电压和速度-电流比拟,但是将力和速度移相了 π/2,物理意义不明显。

对反互易换能器可由式(14.2.9)定义一个耦合系数 $\boldsymbol{k}_m$

$$\boldsymbol{Z}_{mo}=(1-\boldsymbol{k}_m^2)\boldsymbol{Z}_{ms}$$
$$\boldsymbol{k}_m^2=\varphi_m^2/\boldsymbol{Z}_{EB}\boldsymbol{Z}_{ms} \tag{14.2.12}$$

这个系数与式(14.2.4)定义的 $\boldsymbol{k}_c$ 不同,对于反互易换能器、在较低的频率上,这个系数形式和物理意义都更简单。

## 14.3　两个简单换能器的正则方程

为了说明正则方程的应用,以及简化分析的工程近似,对两个换能器(一个互易另一个反互易)进行稍详细的分析。

(a)静电换能器(互易)

静电换能器可以模拟成一对电容板,其中一个保持静止,另一个即膜片对机械或电的激励发生响应而移动,如图 14.3.1a。换能器与一个外部电路连接,如图 14.3.1.b,其中 $V_0$ 为常数极化电压,$C_B$ 为电容,阻止来自电气终端的支流电流。当适当选择值使得 $C_B \gg C_0$、

$R_B \gg 1/\omega C_B$ 时,则 $C_B$ 和 $R_B$ 可以忽略,因为在关心的频带内它们不会严重改变换能器的行为。若在电容器两极板间加上一个瞬态电压,则膜片对变化的电量有响应而运动。若膜片受到入射压力场作用,则因此而导致的运动就产生一个电信号。

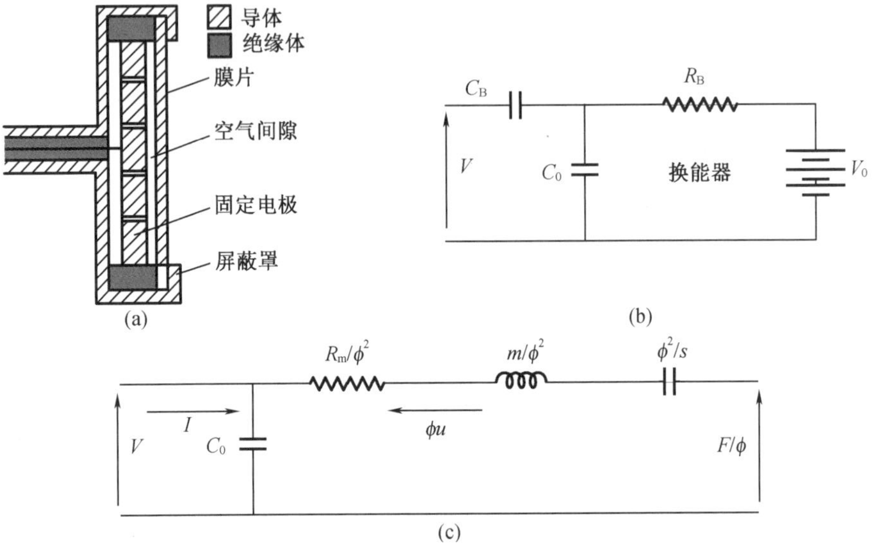


**图 14.3.1 作为一个代表性互易换能器的静电换能器。(a)换能器结构简图,(b)包含换能器电容 $C_0$ 的外部电路,(c)等效电路。**

极板静止时,电容器的电容为 $C_0 = \varepsilon S/x_0$,其中 $\varepsilon$ 为极板间介质的介电常数,$S$ 为膜片的面积,$x_0$ 为极板间的平衡间距。目前先忽略极板间任何的泄露阻尼(leakage resistance),以后将对此加以考虑。由平衡电压 $V_0$ 导致的极板电量 $q_0$ 由 $q_0 = c_0 V_0$ 给出。当一个正弦电压 $\boldsymbol{V}$ 叠加在 $V_0$ 上时,瞬时电量 $q_0+\boldsymbol{q}$ 和间距 $x_0+\boldsymbol{x}$ 之间关系为 $\boldsymbol{V}+V_0 = (\boldsymbol{q}+q_0)(\boldsymbol{x}+x_0)/\varepsilon S$。如果 $|\boldsymbol{q}| \ll q_0$、$|\boldsymbol{x}| \ll x_0$,而且 $\boldsymbol{V}$ 按照 $\exp(\mathrm{j}\omega t)$ 变化,从而 $\boldsymbol{u} = \mathrm{j}\omega \boldsymbol{x}$、$\boldsymbol{I} = \mathrm{j}\omega \boldsymbol{q}$,线性化导出

$$\boldsymbol{V} = \frac{1}{\mathrm{j}\omega C_0}\boldsymbol{I} + \frac{V_0}{\mathrm{j}\omega x_0}\boldsymbol{u} \tag{14.3.1}$$

与式(14.2.1)对比得

$$\begin{aligned} \boldsymbol{Z}_{EB} &= 1/\mathrm{j}\omega C_0 \\ \boldsymbol{T}_{em} &= V_0/\mathrm{j}\omega x_0 \end{aligned} \tag{14.3.2}$$

为了得到第二个正则方程,注意到在固定的极板上,与电量变化 $\boldsymbol{q}$ 对应的力变化 $\boldsymbol{f}$ 为 $\boldsymbol{f} = -\boldsymbol{q} q_0/\varepsilon S = -\boldsymbol{q} V_0/x_0 = -\boldsymbol{I} V_0/\mathrm{j}\omega x_0$。利用牛顿定律得 $\boldsymbol{Z}_{mo}\boldsymbol{u} = \boldsymbol{F}+\boldsymbol{f}$ 或

$$\boldsymbol{F} = \frac{V_0}{\mathrm{j}\omega x_0}\boldsymbol{I} + \boldsymbol{Z}_{mo}\boldsymbol{u} \tag{14.3.3}$$

与式(14.2.2)对比得 $\boldsymbol{T}_{me} = V_0/\mathrm{j}\omega x_0$。由于换能系数是相等的,$\boldsymbol{T} = \boldsymbol{T}_{em} = \boldsymbol{T}_{me}$,静电换能器显示机电互易性

$$\begin{aligned} \boldsymbol{T} &= V_0/\mathrm{j}\omega x_0 \\ \varphi &= C_0 V_0/x_0 \end{aligned} \tag{14.3.4}$$

变换因子是实常数。短路条件下的机械阻抗为

$$\boldsymbol{Z}_{ms} = R_m + \mathrm{j}(\omega m - s/\omega) \tag{14.3.5}$$

其中 $R_m$ 为机械阻尼，$m$ 为膜片质量，$s$ 为(短路)刚度。这导致图 14.3.1c 的等效电路成为图 14.2.2c 的形式。利用(14.2.8)和(14.3.2)式得到

$$\boldsymbol{Z}_{\mathrm{mo}}=R_{\mathrm{m}}+\mathrm{j}(\omega m-s'/\omega)$$

$$s'=s+\varphi^2/C_0 \tag{14.3.6}$$

所以将短路的电端打开的唯一影响是使刚度 $s$ 变成 $s'$，当频率低到满足 $\omega\ll\sqrt{s/\omega}$、$R_m\ll s/\omega$ 时，由式(14.2.3)得 $\boldsymbol{k}_c^2\approx 1-s/s'$，于是 $\boldsymbol{k}_c$ 成为纯实数 $\boldsymbol{k}_c=k_c$。若定义跟短路机械刚度等效的电容

$$C=\varphi^2/s \tag{14.3.7}$$

则

$$k_{\mathrm{c}}^2=C/(C+C_0) \tag{14.3.8}$$

这是刚度控制而阻尼损失可以忽略情况下储存的机械能与总储存能之比。

(b)动圈式换能器(反互易)

换能器由一个膜片连接一个圆柱形线圈即音圈组成，音圈悬吊在恒定磁场 $B$ 中，如图 14.3.2 所示。当给线圈通以交变电流 $\boldsymbol{I}$，电流与磁场的互作用在音圈中产生一个使膜片运动的力，反之使音圈在磁场中运动时也在音圈中产生感应电压。如果膜片是被钳定的，则电阻抗为

$$\boldsymbol{Z}_{EB}=\boldsymbol{R}_0+\mathrm{j}\omega L_0 \tag{14.3.9}$$

其中，$R_0$ 和 $L_0$ 为音圈的电阻和电感。钳定的音圈内的电流在膜片上产生一个复振幅为$\boldsymbol{F}_e=Bl\boldsymbol{I}$ 的力，其中 $l$ 为音圈的线长度，$\boldsymbol{B}\times\boldsymbol{I}$ 的方向规定为正方向。于是为了使音圈不动要施加的外力为 $\boldsymbol{F}=-Bl\boldsymbol{I}$。若换能器的电端是开路的，则 $\boldsymbol{I}=0$，没有电效应。当频率足够低从而膜片作为一个整体运动时，它就是一个单振子，(开路)机械阻抗为

$$\boldsymbol{Z}_{\mathrm{mo}}=R_{\mathrm{m}}+\mathrm{j}(\omega m-s/\omega) \tag{14.3.10}$$

其中，$m$ 为膜片的质量，$s$ 为振子的刚度，$R_{\mathrm{m}}$ 为系统的机械阻尼。运动方程为 $\boldsymbol{F}=\boldsymbol{Z}_{\mathrm{mo}}\boldsymbol{u}$。满足这两种特殊情况的用 $\boldsymbol{I}$ 和 $\boldsymbol{u}$ 表示 $\boldsymbol{F}$ 的线性方程为

$$\boldsymbol{F}=-Bl\boldsymbol{I}+\boldsymbol{Z}_{\mathrm{mo}}\boldsymbol{u} \tag{14.3.11}$$

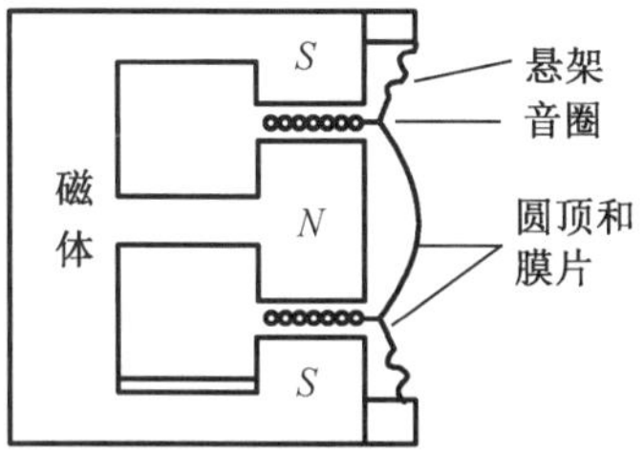


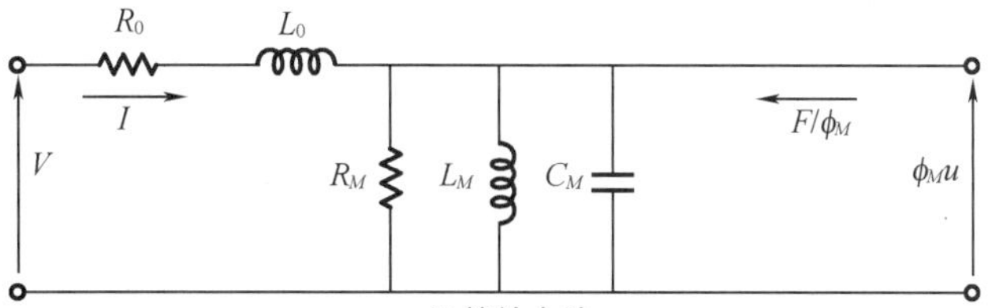


**图 14.3.2　动圈式换能器作为一种代表性的反互易换能器**

这是正则方程中的一个方程，为得到另一个，注意到由楞次定律，磁场中的线圈运动产生与外加电压相反的感应电压 $Bl\boldsymbol{I}$，这导致

$$\boldsymbol{V}=\boldsymbol{Z}_{\mathrm{EB}}\boldsymbol{I}+Bl\boldsymbol{u} \tag{14.3.12}$$

这两个就是反互易换能器的正则方程，转换因子为

$$\varphi_{\mathrm{M}}=Bl \tag{14.3.13}$$

这是实常数。这个换能器的等效电路如图 14. 3. 2 所示，其中

$$R_{\mathrm{M}}=\varphi_{\mathrm{M}}^{2}/R_{\mathrm{m}}$$
$$L_{\mathrm{M}}=\varphi_{\mathrm{M}}^{2}/s$$
$$C_{\mathrm{M}}=m/\varphi_{\mathrm{M}}^{2} \tag{14.3.14}$$

对于 $R\ll\omega L_0$，利用(14. 2. 9)式得

$$\boldsymbol{Z}_{\mathrm{ms}}\to R_{\mathrm{m}}+\mathrm{j}[\omega m-(s+\varphi_{M}^{2}/L_0)/\omega] \tag{14.3.15}$$

这是电端被短路因而电流可以流动时由于磁效应而引起的低频刚度变化。如果使式(14. 3. 15)成立的频率低于机械共振频率而且损失可以忽略，则式(14. 3. 10)与式(14. 3. 15)联立得

$$\boldsymbol{Z}_{\mathrm{mo}}/\boldsymbol{Z}_{\mathrm{ms}}\approx 1-(\varphi_{\mathrm{M}}^{2}/L_0)(s+\varphi_{\mathrm{M}}^{2}/L_0)=1-L_{\mathrm{M}}/(L_{\mathrm{M}}+L_0) \tag{14.3.16}$$

耦合系数 $\boldsymbol{k}_m$ 为实数，由下式给出

$$k_{\mathrm{m}}^{2}=L_{\mathrm{M}}/(L_{\mathrm{M}}+L_0) \tag{14.3.17}$$

这是低频 $R_0/L_0\ll\omega\ll\sqrt{s/m}$ 且损失可忽略时储存的机械能与总储存能之比。

## 14.4 发 射 器

如 7. 5 节所见，当一个换能器用作源时膜片上的力 $\boldsymbol{F}$ 与其周围介质的质点速度 $\boldsymbol{u}$ 之间由下式联系

$$\boldsymbol{F}=-\boldsymbol{Z}_{\mathrm{r}}\boldsymbol{u} \tag{14.4.1}$$

其中 $\boldsymbol{Z}_{\mathrm{r}}=R_{\mathrm{r}}+\mathrm{j}X_{\mathrm{r}}$ 为辐射阻抗。

5. 12 节中曾定义了源和接收器的几种灵敏度和灵敏度级。现在将这些以及其他定义与换能器的机电特性之间建立联系。换能器的灵敏度可以表示成声压幅值由远场外推到距离声源 1 m 处的值与激励电压 $V$ 或激励电流 $I$ 的幅值之比。

$$S_V=P_{\mathrm{ax}}(1)/V$$
$$S_I=P_{\mathrm{ax}}(1)/I \tag{14.4.2}$$

(注意所有这些幅值都是有效值。)下面关系的证明留作练习

$$S_V=\frac{P_{\mathrm{ax}}(1)}{|\boldsymbol{u}|}\frac{T_{\mathrm{me}}}{Z_{\mathrm{EB}}|\boldsymbol{Z}_{\mathrm{ms}}+\boldsymbol{Z}_{\mathrm{r}}|}$$
$$S_I=\frac{P_{ax}(1)}{|\boldsymbol{u}|}\frac{T_{\mathrm{me}}}{|\boldsymbol{Z}_{\mathrm{mo}}+\boldsymbol{Z}_{\mathrm{r}}|} \tag{14.4.3}$$

每种情况下的发射灵敏度级都由下式给出

$$\mathrm{SL}=20\log(S/L_{\mathrm{ref}}) \tag{14.4.4}$$

其中，参考灵敏度 $L_{\mathrm{ref}}$ 对于 $S_V$ 通常为 1 Pa/V，对于 $S_I$ 通常为 1 Pa/A。(习惯也用 1 μbar 或 1 μPa 代替 1 Pa)。

(a)互易源

在图 14. 2. 2c 中应用 $\boldsymbol{F}=-\boldsymbol{Z}_r\boldsymbol{u}$ 就得到图 14. 4. 1a。膜片的运动源于作用在机械阻抗 $\boldsymbol{Z}_{ms}+\boldsymbol{Z}_r$ 上的幅值为 $-\varphi\boldsymbol{V}$ 的力

$$\boldsymbol{u}=-\varphi\boldsymbol{V}/(\boldsymbol{Z}_{ms}+\boldsymbol{Z}_r) \tag{14.4.5}$$

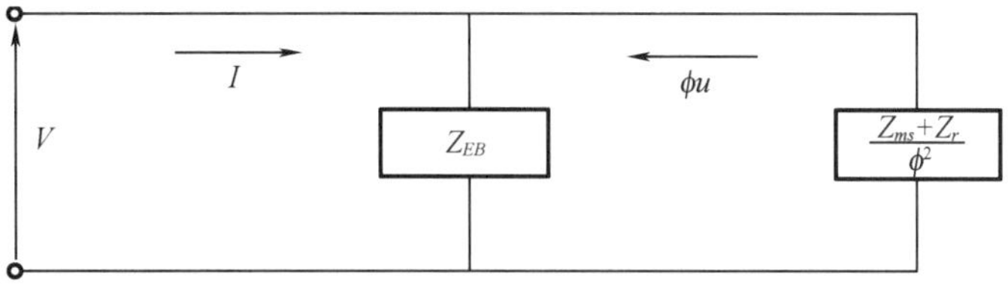


(a)

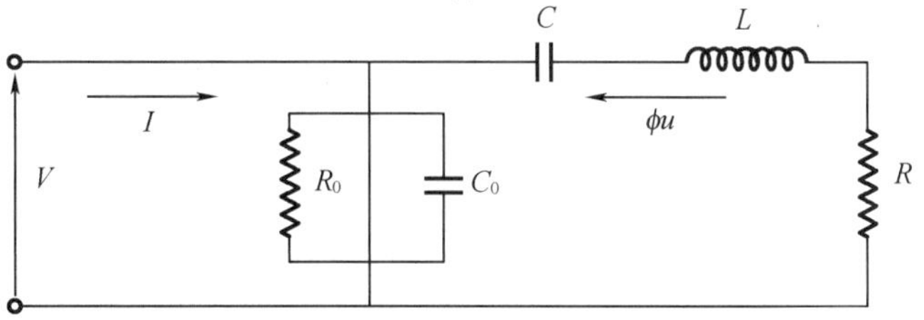


(b)

**图 14.4.1　互易换能器的等效电路**

在感兴趣的频带内的大部分，$\boldsymbol{Z}_{ms}$ 由(14.3.5)式给出。原来被忽略的极板间泄露引入一个与 $C_0$ 并联的阻尼 $R_0$。等效电路为图 14.4.1b，其中

$$C=\varphi^2/s$$

$$L=(m+X_r/\omega)/\varphi^2 \tag{14.4.6}$$

源几何及波长确定后才能进一步确定 $R_r$ 和 $X_r$。但是在高频，$X_r\to 0$，$R_r\to\rho_0 cS$，其中 $S$ 为膜片的面积，$\rho_0 c$ 为介质的特性阻抗。在低频 $R_r\to 0$，$X_r\to\omega m_r$，其中 $m_r$ 为辐射质量(见 7.5 节)。

图 14.4.1 电路的输入电导纳为

$$Y_E=Y_{EB}+Y_{MOT}$$

$$Y_{EB}=1/R_0+j\omega C_0$$

$$1/Y_{MOT}=(R_m+R_r)/\varphi^2+j(\omega m-s/\omega+X_r)/\varphi^2 \tag{14.4.7}$$

其中，$Y_{EB}$ 为阻挡电导纳，$Y_{MOT}$ 为动态导纳。求解 $Y_E$ 的实部和虚部得到输入电导 $G_E$ 和输入电纳 $B_E$

$$Y_E=G_E+jB_E$$

$$G_E=1/R_0+R/(R^2+X^2)$$

$$B_E=\omega C_0-X/(R^2+X^2)$$

$$R=(R_m+R_r)/\varphi^2$$

$$X=\omega L-1/\omega C=(\omega m+X_r-s/\omega)/\varphi^2 \tag{14.4.8}$$

通过测量输入电导和电纳可以得到互易发射机的许多特性，图 14.4.2 显示了这些特性作为频率的函数，图 14.4.3a 则绘制了它们之间的关系。在低频，这些曲线从$(1/R_0,0)$附近开始，随频率升高构成一条逆时针环路，当频率 $\omega\to\infty$ 时趋于$(1/R_0,\infty)$。如果机械共振足够尖锐，则这个环路很接近于圆。如果从 $G_E$ 和 $B_E$ 分别减去 $G_{EB}=1/R_0$ 和 $B_{EB}=j\omega C_0$，得到的结果为动态电纳 $B_{MOT}$，其中 $Y_{MOT}=G_{MOT}+jB_{MOT}$。若在共振点附近 $R_r$ 和 $m_r=X_r/\omega$ 为常数，则 $G_{MOT}$ 与 $B_{MOT}$ 随的变化曲线为一个圆，如图 14.4.3b 所示。各个行为点对应的角频率为

$\omega_0$ = 机械共振，$X=0$

$\omega_u$ = 运动分支的上半功率点，$B_{MOT}=-G_{MOT}$

$\omega_l$ = 运动分支的下半功率点，$B_{MOT}=G_{MOT}$

$\omega_m$ = 取最大值的点

$\omega_n$ = 取最小值的点

$\omega_r$ = 电共振，$B_E=0$，$G_E$ 值大

$\omega_a$ = 电反共振，$B_E=0$，$G_E$ 值小

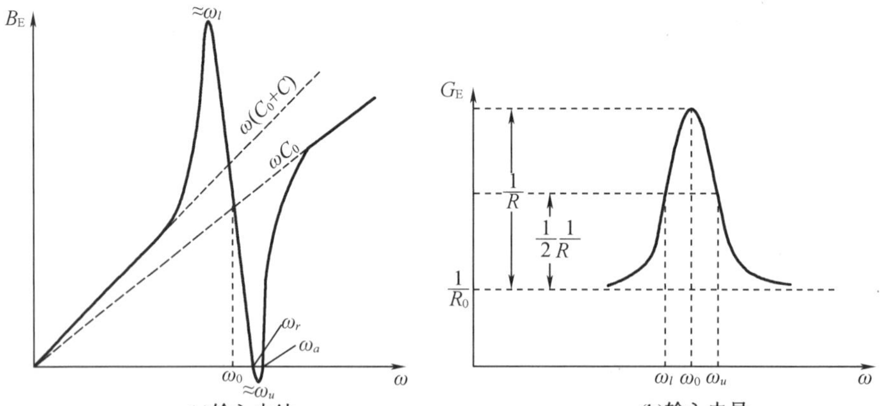


(a)输入电纳　　(b)输入电导

**图 14.4.2　互易发射机**

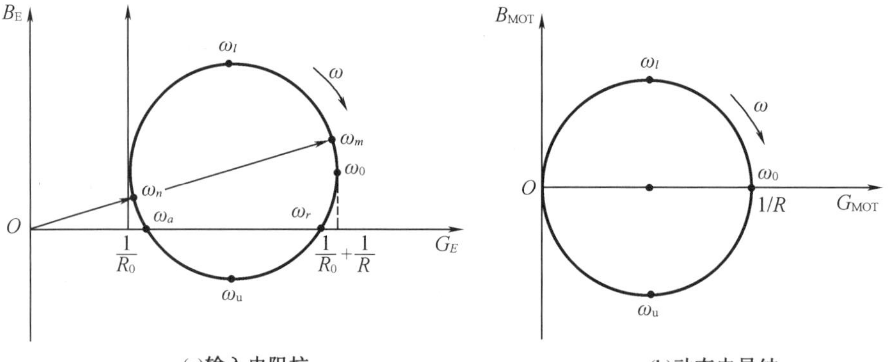


(a)输入电阻抗　　(b)动态电导纳

**图 14.4.3　互易发射器**

当环路与 $G_E$ 轴不相交时，最后两个即 $\omega_r$ 和 $\omega_a$ 不存在。将 $\omega_l$、$\omega_0$ 和 $\omega_u$ 代入运动分支得到与单振子的阻尼受迫振动等价的公式

$$\omega_0=[s/(m+m_r)]^{1/2}$$

$$\omega_u\omega_l=\omega_0^2$$

$$\omega_u-\omega_l=(R_m+R_r)/(m+m_r)$$

$$Q_M=\omega_0/(\omega_u-\omega_l)=\omega_0 L/R=\omega_0(m+m_r)/(R_m+R_r) \tag{14.4.9}$$

其中，$Q_M$ 为机械品质因数。由图 14.4.3a，从原点到曲线上点所做矢量的长度为 $Y_E$。它与频率的关系见图 14.4.4。

电声效率 $\eta$ 定义为辐射的声功率与总消耗功率之比。它可以写成两个比值的乘积

$$\eta=\frac{R_0}{R_0+(R^2+X^2)/R}\ \frac{R_r/\varphi^2}{R}=\eta_{EM}\eta_{MA} \tag{14.4.10}$$

第一个比值度量电能向机械能的转换，称为“机电效率 $\eta_{EM}$”。第二个比值 $R_r/R\varphi^2$ 度量机械能向声能的转换，称为“机声效率 $\eta_{MA}$”。在机械共振点有 $\omega=\omega_0$，机电效率简化为 $R_0/(R_0+R)$，效率 $\eta$ 最大为

$$\eta_0=\frac{R_0}{R_0+R}\ \frac{R_r/\varphi^2}{R} \tag{14.4.11}$$

根据换能器在机械共振点附近的特性而不是根据其低频特性，可能对耦合系数给出估计。首先，由图 14.4.2（或图 14.4.4）注意到可以由两条虚线的斜率来估计 $C_0$ 和 $C_0+C$ 的值。因为某些换能器中，包括压电和铁电材料换能器，$C$ 的值在某种程度上依赖于频率，机电耦合系数的这个估计值可能与低频时得到的值不同。因此将这个值称为“等效耦合系数”

$$k_c^2(\mathit{eff})=C(\omega_0)/[C_0+C(\omega_0)] \tag{14.4.12}$$

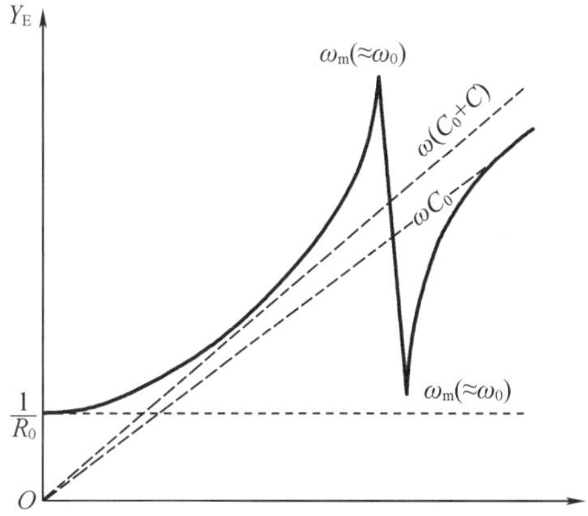


**图 14.4.4　互易发射机的输入电导纳**

另外，如果换能器具有相当高的品质因数而且工作在无负载状态从而足够小，则可以将 $R$ 处理成很小。可以从解析分析和直观上看出当 $R$ 减小时，导纳圆的直径变大，$B_E$ 和 $G_E$ 一对值在圆上频率区间变小。这意味着当 $R\to0$ 时有 $\omega_0\to\omega_m$、$\omega_a\to\omega_n$，反共振频率可以由下式估计

$$\omega_a C_0\approx\frac{1}{\omega_a L-1/\omega_a C} \tag{14.4.13}$$

与 $\omega_0=\sqrt{1/LC}$ 联立得

$$k_c^2(\mathit{eff})\approx1-(\omega_0/\omega_a)^2\approx1-(\omega_m/\omega_n)^2 \tag{14.4.14}$$

于是可以由图 14.4.2－图 14.4.4 的角频率之比估计 $k_c^2(\mathit{eff})$ 的值。

（b）反互易源

将 $\boldsymbol{F}=-\boldsymbol{Z}_r\boldsymbol{u}$ 代入图 14.2.3b 得到图 14.4.5a 的电路，膜片的运动产生于机械阻抗 $\boldsymbol{Z}_m=\boldsymbol{Z}_{mo}+\boldsymbol{Z}_r$ 上作用的力 $\varphi_M\boldsymbol{I}$

$$\boldsymbol{u}=\varphi_M\boldsymbol{I}/\boldsymbol{Z}_m=\varphi_M\boldsymbol{I}(\boldsymbol{Z}_{mo}+\boldsymbol{Z}_r) \tag{14.4.15}$$

其中，$\boldsymbol{Z}_{mo}$ 由式（14.3.10）给出。代表（14.4.15）式的电路示于图 14.4.5c。由图 14.4.5a，

输入电阻抗为

$$\mathbf{Z}_E=\mathbf{Z}_{EB}+\mathbf{Z}_{MOT}$$
$$\mathbf{Z}_{MOT}=\varphi_M^2/(\mathbf{Z}_{mo}+\mathbf{Z}_r) \tag{14.4.16}$$

(尽管 $Y_E=1/\mathbf{Z}_E$、$Y_{EB}=1/\mathbf{Z}_{EB}$,但注意 $Y_{MOT}$ 并不与 $\mathbf{Z}_{MOT}$ 成反比。)

首先,为简单起见假设转换因子 $\boldsymbol{\varphi}_M$ 为实常数,$\boldsymbol{\varphi}=\varphi_M$。对大多数反互易换能器 $\mathbf{Z}_{EB}$ 由式(14.3.9)给出,$\mathbf{Z}_{mo}$ 由式(14.3.10)给出。若利用式(14.3.14)的定义并进一步定义

$$R_R=\varphi_M^2/R_r$$
$$C_R=(X_r/\omega)\varphi_M^2 \tag{14.4.17}$$

则图 14.4.5a 可以表示为图 14.4.5b,其中

$$R=\frac{\varphi_M^2}{R_m+R_r}=\frac{1}{1/R_M+1/R_R}$$
$$L=L_M=\varphi_M^2/s$$
$$C=(m+X_r/\omega)/\varphi_M^2=C_M+C_R \tag{14.4.18}$$

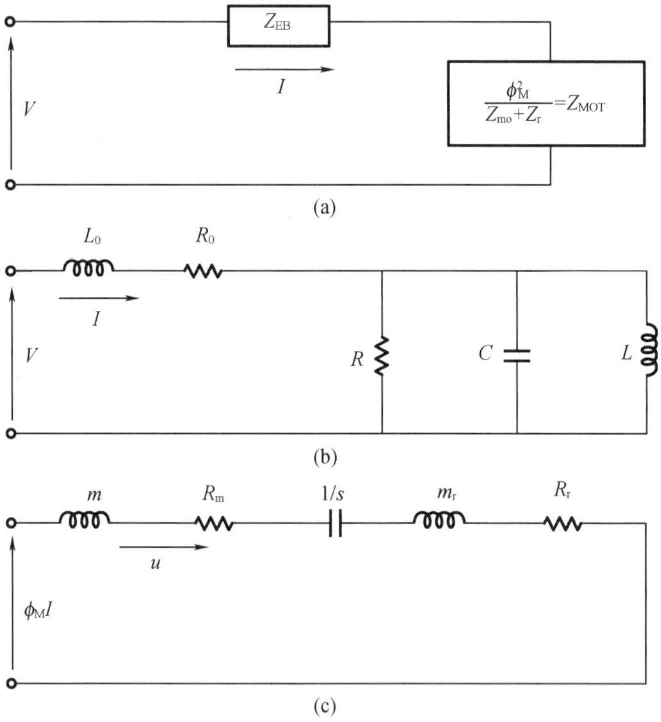


**图 14.4.5　反互易换能器的三种等效电路**

于是,$R$ 为 $R_M$ 与 $R_R$ 的并联,$C$ 为 $C_M$ 与 $C_R$ 的并联。动阻抗 $\mathbf{Z}_{MOT}=R_{MOT}+jX_{MOT}$ 具有下面的形式

$$R_{MOT}=\frac{1/R}{1/R^2+(\omega C-1/\omega L)^2}$$
$$X_{MOT}=-\frac{\omega C-1/\omega L}{1/R^2+(\omega C-1/\omega L)^2} \tag{14.4.19}$$

若在共振点附近 $X_r/\omega$ 和 $R_r$ 为常数,则 $X_{MOT}$ 与 $R_{MOT}$ 的关系曲线是一个半径等于 $R$ 的

圆(图 14.4.6a)。给 $R_{MOT}$ 加上 $R_{EB}$ 使圆右移 $R_0$,将 $X_{MOT}$ 加上 $X_{EB}$ 使圆上移 $\omega L_0$。得到的曲线见图 14.4.6b,与图 14.4.3a 具有相同的形状(导纳和阻抗对调)。由这些图,可以定义与互易换能器完全相似的角频率

$\omega_0$ = 机械共振,$X_{MOT}=0$

$\omega_u$ = 运动分支的上半功率点,$X_{MOT}=R_{MOT}$

$\omega_l$ = 运动分支的下半功率点,$X_{MOT}=-R_{MOT}$

$\omega_m$ = 取最小值的点

$\omega_n$ = 取最大值的点

$\omega_r$ = 电共振,$X_E=0$,$R_E$ 值小

$\omega_a$ = 电反共振,$X_E=0$,$R_E$ 值大

机械谐振由下式决定

$$\omega_0=(1/LC)^{1/2}=[s/(m+m_r)]^{1/2} \tag{14.4.20}$$

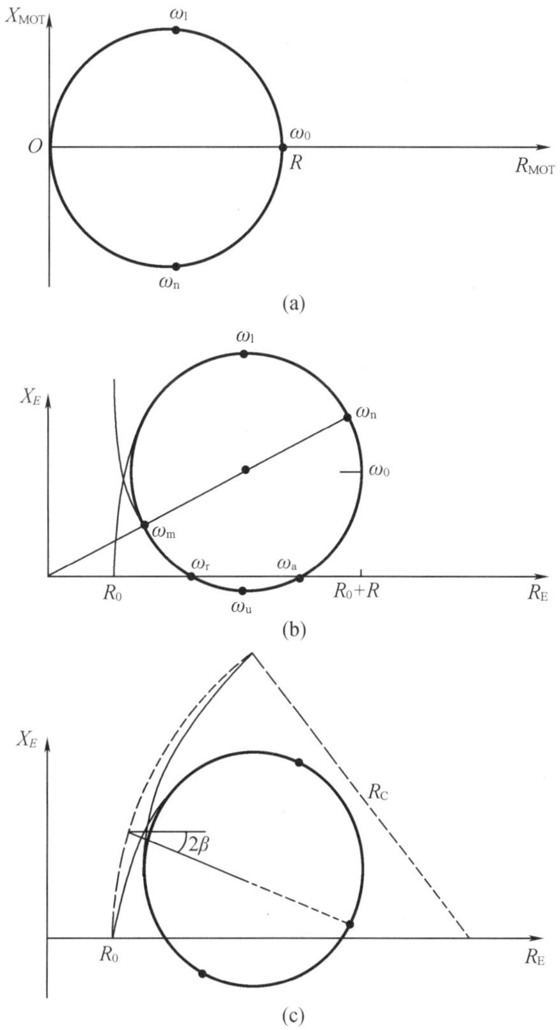


**图 14.4.6　反互易换能器的阻抗图**

机械品质因数为

$$Q_M=\omega_0RC=\omega_0(m+m_r)/(R_m+R_r) \tag{14.4.21}$$

发射器辐射的声功率为 $R_ru^2$，总的消耗功率为 $R_0I^2+(R_m+R_r)u^2$，于是再利用式(14.4.15)和式(14.4.16)得电声效率为

$$\eta=\frac{(R_m+R_r)u^2}{R_0I^2+(R_m+R_r)u^2}\frac{R_r}{R_m+R_r}=\eta_{EM}\eta_{MA}=\frac{R_r}{R_0\varphi_M^2/Z_{MOT}^2+(R_m+R_r)} \tag{14.4.22}$$

在反共振点简化为

$$\eta_0=\frac{R}{R_0+R}\frac{R}{R_R} \tag{14.4.23}$$

通过与导致式(14.4.14)类似的推导得到一个等效耦合系数，对于大的 $R$，其近似值由下式给出很好的估计

$$k_m^2(eff)\approx1-(\omega_0/\omega_r)^2\approx1-(\omega_n/\omega_m)^2 \tag{14.4.24}$$

将式(14.4.24)与式(14.4.14)进行对比(也参见图 14.4.6 和图 14.4.3)发现，$\omega_m$ 和 $\omega_n$ 以及 $\omega_a$ 和 $\omega_r$ 进行了角色互换——互易和反互易行为之间相区别的结果。

某些实际的反互易设备会出现一些复杂情况。线圈中的电阻和电容以及磁材料中的磁滞损耗会导致复数的 $\varphi_M$，后者产生类似于图 14.4.6c 的歪斜的阻抗图。$\varphi_M$ 中的 $\beta$ 称为“倾角(dip angle)”。移动电枢式和磁致伸缩式换能器是两个 $\beta$ 非零的例子。曲率半径 $R_C$ 与磁性材料中的损耗有关，它决定在离开机械共振的频率上 $X_E$ 随 $R_E$ 变化的曲线渐近行为。

上面的推导表明，换能器的机械和声学特性可以通过在输入端进行电测量来确定。可以通过一个扬声器来说明这个问题。多数大尺寸的扬声器谐振频率很低，将手紧紧的按住音圈附近的圆锥体就可以机械地将其钳定。通过钳定扬声器或在低频或高频 $Z_{MOT}$ 变得可以忽略时测量输入电阻抗就可以容易地确定 $R_0$ 和 $L_0$。决定扬声器运动特性有两种途径。(1)可以确定安装在大障板上和不安装(为了移除辐射负载)两种状态下的动态阻抗圆。由这两个圆确定两组 $R$、$\omega_0$ 和 $Q_M$ 值(图 14.4.6a)。其中一组 $R$ 由式(14.4.8)、$\omega_0$ 由式(14.2.20)、$Q_M$ 由式(14.4.21)给出；另一组由同一组方程取 $R_r=m_r=0$ 给出。于是，若对于有负载的换能器 $R_r$ 和 $m_r$ 可以计算，则由这两组值联合可以得到 $R_m$、$m$、$s$ 和 $\varphi_M$。(对水声换能器也可以采用相同的方法，将换能器移出水就得到无负载状态。)(2)另一种方法是先测量无负载扬声器的阻抗圆，然后给音圈附近的圆锥体增加一个已知的附加质量 $M$ 后再测量阻抗圆。(由这两次测量结果就可以确定扬声器的参数，证明留作练习。)这后一种方法有一个优点是不需要做那些计算辐射阻抗所必须的假设，但这个方法假设增加的附加质量 $M$ 只影响膜片振动的幅度而不会对它的振动模态产生影响。

如果测量的是导纳圆而不是阻抗圆，则上述过程对于互易换能器同样有效。

## 14.5 动圈式扬声器

图 14.5.1 为动圈式扬声器的示意图。注意振动膜片(圆锥)通常明显大于音圈以提高高频的辐射效率。由于扬声器在高频变得有指向性，高保真的应用中通常利用多个膜片尺寸不同的扬声器。宽带、高保真系统包含大的、相对较重、辐射低频声的扬声器(超低音和

低音)，也包含较小的、辐射中频声的扬声器(中音扬声器)，还包括更小的辐射最高频率声的扬声器(高频和超高频扬声器)。由电子滤波网络向每个扬声器发送适当频率的信号来驱动，或者通过每个扬声器各自的电、机械和辐射阻抗特性使其自然成为有限带宽的。中频、高频和超高频扬声器更加可以按照图 14.3.2 的设计，用小的膜片或不用膜片。若圆顶足够小就有足够的高频频散。

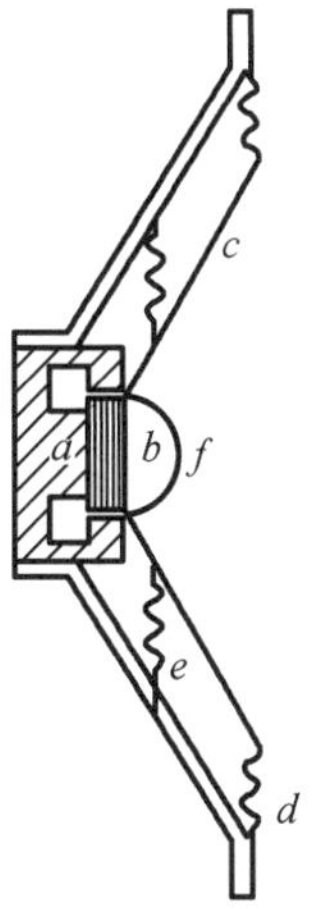


a—磁铁；b—音圈；c—膜片；d—波纹边缘；e—增加结构刚度的三脚架；f—圆顶。

**图 14.5.1　简单扬声器的结构示意图**

作为扬声器分析的一个简单示例，假设一个活塞型扬声器安装在一个密封的有吸收的封闭空间内，它的一侧好像安装在无限大障板上一样向外辐射，封闭空间的一侧则没有辐射。(更接近实际的扬声器封闭体将在后面几节讨论，目前将封闭空间内空气的力学特性处理成扬声器机械阻抗的一部分。)令扬声器具有下面的物理特性和辐射特性：

扬声器膜片和音圈的质量，$m=10$ g；

膜片半径，$a=0.1$ m；

扬声器刚度，$s=2\ 000$ N/m；

扬声器机械阻，$R_m=1$ N · s/m；

音圈的电感，$L_0=0.2$ mH；

音圈的电阻，$R_0=5\ \Omega$；

音圈的线长，$l=5$ m；

磁场，$B=0.9$ T；

辐射阻，$R_r=13R_1(0.003\ 66f)$ N · s/m；

辐射抗，$X_r=13X_1(0.003\ 66f)$ N · s/m；

在式(14.2.24)后面所讨论的复杂情况可以忽略，于是转换因子可以假定为实数值 $\varphi_M=4.5$ T · m。对较低的频率($2ka<1$)，辐射项可以用式(7.5.13)和式(7.5.14)近似，误差在 10%以内，于是在 275 Hz 以下，$R_r\approx 2.2\times10^{-5}f^2$，$X_r\approx 0.02f$。对于高频($2ka>4$)，$R_1(2ka)\approx 1.0$ 误差在 10%以内，于是在 1 100 Hz 以上，$R_r\approx 13$ N · s/m。由$(X_r+\omega_0 m-s\omega/_0)=0$ 确定的机械谐振频率 $f_0$ 为 62 Hz。

如图 14.5.2a 所示，阻尼 $R_r+R_m$ 由 1 N · s/m 缓慢增大，当 $R_r$ 占主导后 $R_r+R_m$ 在

100 Hz 到 1 000 Hz 之间迅速增大,高频在 14 N · s/m 附近震荡。频率很低时,抗的值很大(刚度控制),在谐振频率减小到零,然后又随频率升高而增大(质量控制)。机械阻抗 $Z_m$ 在谐振频率处具有最小值 1.085 N · s/m,其他频率处几乎等于机械抗的值。

由式(14.4.22)计算电声效率 $\eta$ 并绘制于图 14.5.2b 中。随着频率升高,$\eta$ 迅速增大,机械谐振时达到的最大值约为 6%。低于此频率,$R_r$ 正比于 $f^2$,$Z_m$ 正比于 $1/f$,因此 $\eta$ 正比于 $f^4$。在 200 Hz 和 700 Hz 之间,$R_r$ 和 $Z_m$ 增大,$\eta$ 从 2%缓慢下降到 1%。在高频,辐射阻变成几乎为常数,$Z_m$ 大致随 $f$ 增大,于是 $\eta$ 大致随 $1/f^2$ 下降。

$\boldsymbol{Z}_{\mathrm{MOT}}$ 的阻和抗的部分由式(14.4.19)计算并绘制于图 14.5.2c 中。谐振时,动阻尼 $R_{\mathrm{MOT}}$ 增大到最大值 19 Ω。离开谐振频率的动阻抗中抗的部分占主导地位,低于谐振频率其值为正,高于谐振频率其值为负。

由式(14.4.6)计算输入电阻和电抗得到图 14.5.2d 的曲线。阻的部分与图 14.5.2c 中相同,只是所有值都增加了音圈 5 Ω 电阻。低频时输入阻主要是音圈的。随着频率升高,输入阻和输入抗显示出机械谐振效应。频率更高时,音圈的正的抗抵消了负的运动抗,于是输入抗成为零。这定义了电谐振频率 $f_r$,这里为 450 Hz。在 40 Hz 以下以及 200 Hz 到 2 000 Hz 之间,输入阻抗主要是音圈的电阻。因为这种不变的性质,许多扬声器制造商并不指定扬声器音圈具有额定输入阻抗的频率。一般在稍高于谐振频率的频率上对其进行测量。)最后,频率高于 4 000 Hz 时,输入点阻抗主要决定于音圈电感 $L_0$。

输入阻抗圆绘制于图 14.5.2e 中。由该曲线及其支持数据可以测得图 14.4.6 中给出的各种频率。

图 14.5.2f 三条曲线为计算的扬声器声输出。曲线 A 是对 2 A 的输入电流,由 $\Pi = R_r u^2$ 及式(14.4.15)计算的,曲线 B 是对 20 W 的输入功率,由式(14.4.22)的效率计算的,曲线 C 是对 10 V 的输入电压,并利用 $\boldsymbol{V}=\boldsymbol{I}\boldsymbol{Z}_E$ 由 $\Pi$ 及式(14.4.15)计算的。选择的这些电流、功率和电压的值在 1 kHz 时产生几乎相等的声输出。频率逐渐接近机械谐振的 62 Hz 时,三个输出差别扩大。谐振时,输入为 2 A 时的输出几乎比输入为 10 V 时的输出大 20 倍。声输出最为平坦的是恒定电压放大器。因为大多数高保真放大器采用大负压反馈以减小谐波失真,所以具有极低的内阻抗因此可以保持几乎恒定的电压输出,即所考虑的三种情况中最佳的一种。在 700 Hz 以上,曲线 C 的输出趋向于随 $1/f^4$ 下降,这部分地补偿了高频指向性,后者接近于 $(ka)^2$,于是扬声器轴上的声源级仅按照 20log $f$ 规律下降,轴上的高频输出逐渐衰减。但是真实的行为在某种程度上还要更复杂些。

1. 在高频,圆锥不作为一个整体振动。圆锥边缘的振幅相对较小,因此辐射主要来自中央部分,后者的等效半径 $a_{\mathrm{eff}}$ 和等效质量 $m_{\mathrm{eff}}$ 随频率升高逐渐减小。这种等效半径的减小导致辐射阻 $R_r$ 大致随 $a_{\mathrm{eff}}^2$ 减小。因高频时系统为质量控制的,故 $m_{\mathrm{eff}}$ 也随 $a_{\mathrm{eff}}$ 减小,$\eta$ 的减小不如刚硬活塞快。这两种效应的综合结果是 700 Hz 以上输出有显著增大。宽带扬声器有波纹边缘从而可以充分利用并增强这种效应。

2. 在中间频率,位移从圆锥中心传播到边缘的时间小于振动周期,因此可以认为圆锥是作为一个刚硬面振动的。圆锥上弯曲波的速度是位置、厚度、刚倾角和频率的函数。对市售扬声器常用的材料,这个速度大约是 500 m/s。因此,在 500 Hz 以下可以合理地假设圆锥是以一个整体运动。

3. 在低频要保持均匀声输出更加困难。提高低频响应的方法是增大扬声器半径。辐射阻随半径的 4 次方增大而提高效率,但并不如预期的那样大,因为扬声器质量也随半径而增大。低频相移也可以通过减小悬吊系统的刚度从而降低机械谐振频率来实现。但是如果刚度变得太小,圆锥的位移就会变得太大导致音圈运动到磁场的非均匀区,这会导致声输出的谐波失真。

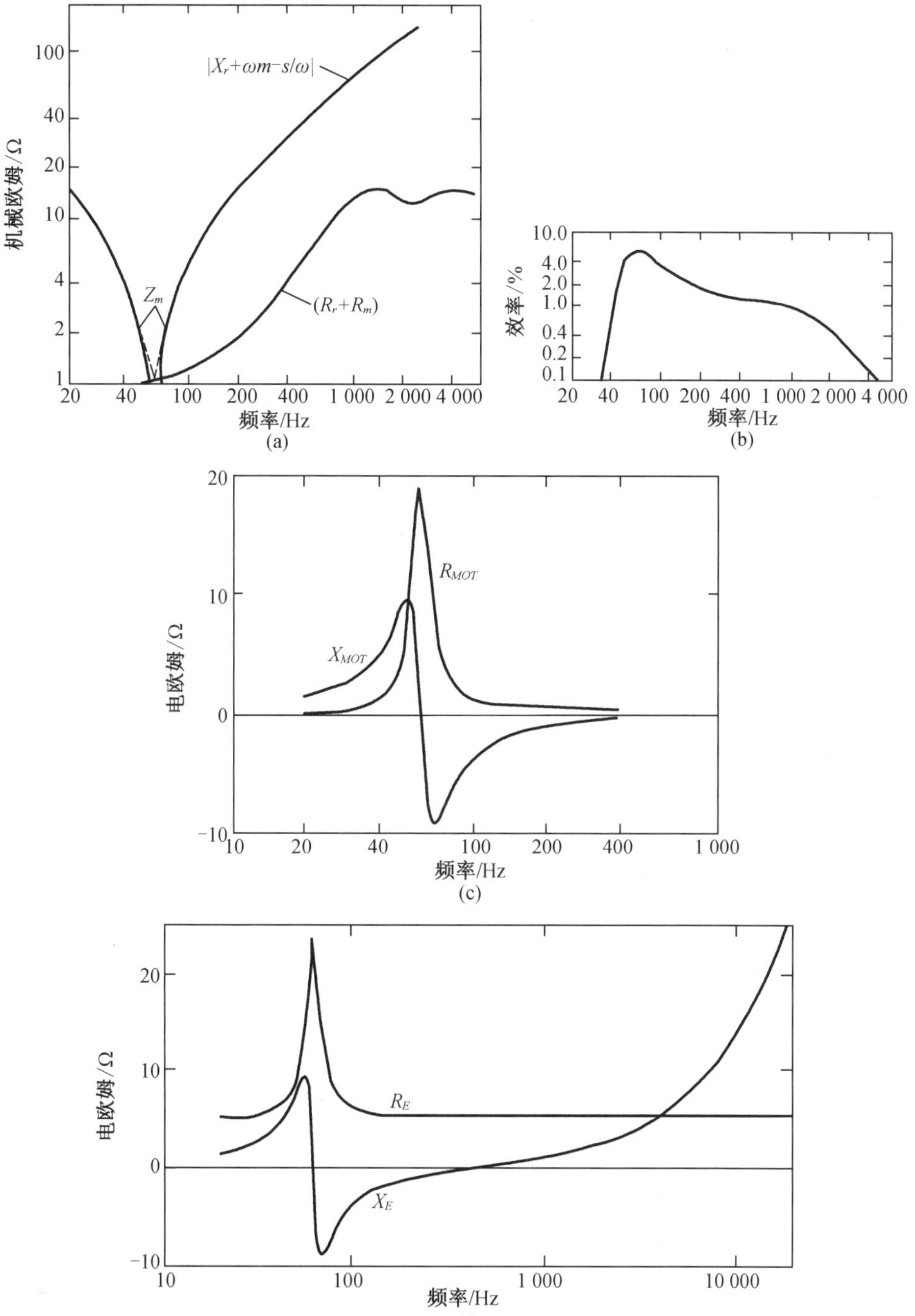


**图 14.5.2**　典型扬声器的频率特性。(a)机械阻抗;(b)效率;(c)动阻抗;(d)电输入阻和抗;(e)电输入阻抗;(f)分别对恒定电流输入(曲线 A)、恒定功率输入(曲线 B)、恒定电压输入(曲线 C)计算的扬声器输出。

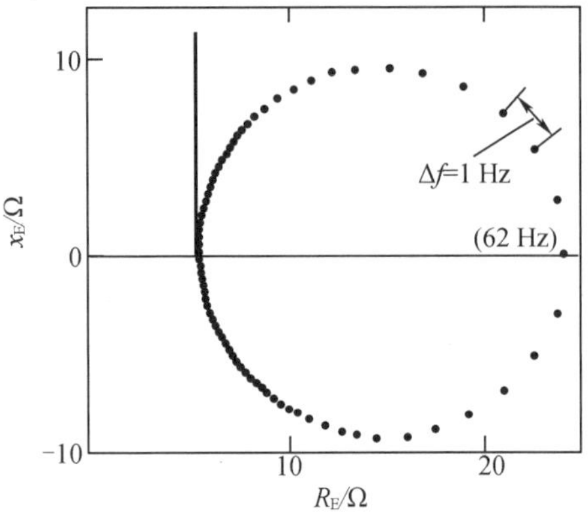

(g)

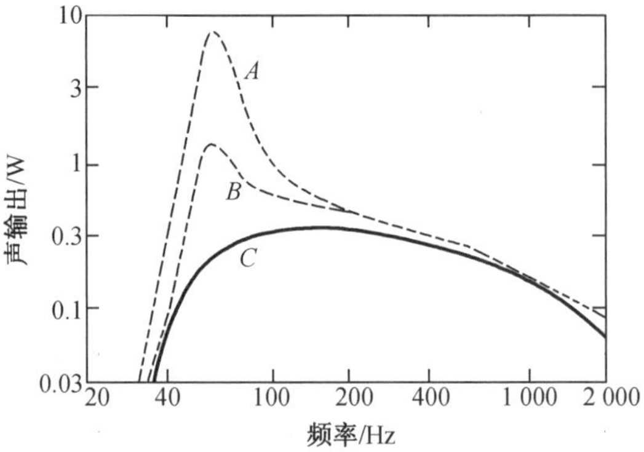

(f)

**图 14.5.2**(续)

除了机械谐振附近以外，由式(14.4.16)和式(14.4.22)得

$$\eta \approx \frac{\varphi_M^2}{|\mathbf{Z}_{mo}+\mathbf{Z}_r|^2}\frac{R_r}{R_0} \tag{14.5.1}$$

这个简单的公式在分析各种设计参数对性能的影响时很有用。因为 $\varphi_M$ 直接正比于空气间隙内的磁通密度，因此提高 $B$ 就能提高扬声器的效率。其两种可行的实现方法是：(1)用更强的磁场，(2)尽最大可能地减小空气间隙的宽度。增大绕成音圈的导线长度应该也可以提高效率，因为 $\eta \propto \varphi_M^2/r_0 \propto l$。但是，对任意的导线尺寸都有一个最佳长度，超过这个长度时，质量增大和 $B$ 减小(为了容纳更大的线圈就需要更大的空气间隙)带来的收益比增大 $l$ 而获得的收益要更高。如果给定绕成音圈的导线质量，则改变线的尺寸不会使效率发生改变。因此选择导线尺寸时需要优先考虑的是单位质量导线携带电流的能力，则铝优于铜。如果线圈占据的体积是限制因素，则铜优于铝。

# *14.6 扬声器机箱

扬声器性能的一个重要组成部分是安装扬声器的机箱，本节介绍三种最常见的机箱。

(a)封闭机箱

安装在封闭机箱内的扬声器只能从扬声器锥的正面辐射声能。这种机箱的主要机械效应时为扬声器的悬吊系统提供附加刚度。机箱在低频的刚度为亥姆霍兹谐振器的刚度 $s_c$

$$s_c = (\pi a^2)^2 \rho_0 c^2 / V \tag{14.6.1}$$

其中，$a$ 为扬声器半径，$V$ 为机箱体积。这个刚度加到扬声器的刚度上使系统的机械谐振频率高于扬声器安装在无限大障板上时的谐振频率，从而低频衰减开始于更高的频率。

如果 14.5 节的扬声器安装在一个 0.05 m$^3$ 的封闭音箱内，则附加的刚度 $s_c$ 为 2 850 N/m，机械谐振频率从 62 Hz 提高到 96 Hz。图 14.6.1 表明，低于 80 Hz 的频率上，安装在这个封闭机箱内比安装在无限大障板上的扬声器输出低得多。

提高安装在封闭机箱内的扬声器的低频响应的一种方法是增大机箱。另一个(更实用)的方法是减小圆锥的刚度同时增大其质量。例如，"悬挂式"扬声器的刚度几乎完全来自于封闭机箱内的空气。总刚度 2 850 N/m、圆锥和音圈总质量增大到 45 g 时，我们的例子用到的扬声器的机械共振频率下降到大约 40 Hz。而较大的质量严重降低高频响应,因此这样的改造对于低频和超低频扬声器最为有用。假如另外再将机箱填充以吸声材料,则可以抑制机箱内的驻波,但是扬声器的表观机械阻将增大,效率约减小 3 dB。再者,材料的高热容使机箱内空气的压缩和舒张几乎变成绝热的。在这些条件下,来自机箱的刚度进一步减小 $1/\gamma \sim 0.7$,使谐振频率进一步降低约 20%。

(b)开放机箱

另一种常用的机箱是多数收音机和电视机采用的后部开放式箱体。图 14.4.5c 的等效电路改变成图 14.6.2 形式。作用在圆锥后部的机械阻抗 $\mathbf{Z}_{mc}$ 可以写成

$$\mathbf{Z}_{mc}=(\pi a^2)^2\mathbf{Z}_{Ac} \tag{14.6.2}$$

其中,$\mathbf{Z}_{Ac}$ 为扬声器圆锥后部看到的机箱输入声阻抗,这类似于 10.2 节讨论的开口管的情况。在机箱的最低阶谐振频率,圆锥的运动被增强,这可发生在 100 Hz 到 200 Hz 之间,导致一种固有的"嗡嗡声"特性。在这个机箱谐振频率以下,系统的辐射更像一个偶极子,低频响应每个倍频程又被衰减约 6 dB。

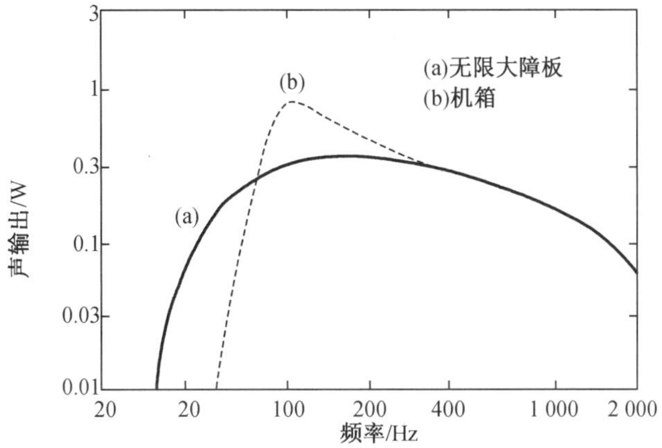


**图 14.6.1 扬声器在恒定电压输入时的声输出。(a)在无限大障板上;(b)在体积 $V=5\times10^4$ cm$^3$ 后面封闭的机箱内。**

(c)低音反射机箱

圆锥与空气之间的耦合效率不高是限制全向辐射扬声器输出的一个因素。采用大圆锥可以提高辐射阻因此增强耦合,但以牺牲指向性为代价。另一种选择是将扬声器安装在一个机箱内,使圆锥后部辐射声能与前部辐射声同相相加从而有效地增大总辐射阻。这类机箱的一种是低音反射(或涵道式开口)机箱。除了由机箱提供给扬声器的机械阻抗 $\mathbf{Z}_{mc}$ 外,这个系统的等效电路与图 14.6.2 的相同。低频时,负载与气体排放口的声质量 $m_v$ 和阻尼 $R_v$ 串联后再与腔的声顺并联。(质量和阻尼串联是因为它们都经历相同的气体排放口内空气质点速度 $u_v$。它们与声顺并联是因为密封排气口等价于 $m_v$ 变得任意大,$u_v$ 必为零而系统退化为刚度为 $s_c$ 的封闭机箱)。这些元件的声阻抗由带有法兰盘的亥姆霍兹谐振器的相应公式得到,谐振器的颈就是这里的排气口,扬声器机械阻抗为这些值的$(\pi a^2)^2$ 倍。(因为高频时封闭机箱周围边界面的作用、低频时圆锥附近壁面的作用,法兰盘的假设是合理的。)于是扬声器圆锥处的机械阻抗为

$$1/\mathbf{Z}_{mc}=\mathrm{j}\boldsymbol{\omega}/s_c+1/(R_v+\mathrm{j}\omega m_v)$$

$$s_c=(\pi a^2)^2\rho_0c^2/V$$
$$R_v=(\pi a^2)^2\rho_0ck^2/2\pi$$
$$m_v=(\pi a^2)^2\rho_0(l_v+1.7a_v)/\pi a_v^2 \tag{14.6.3}$$

其中,$a_v$ 为圆形排气口的半径。面积 $S_v$ 的矩形排气口等效半径 $a_v\sim\sqrt{S_v/\pi}$。

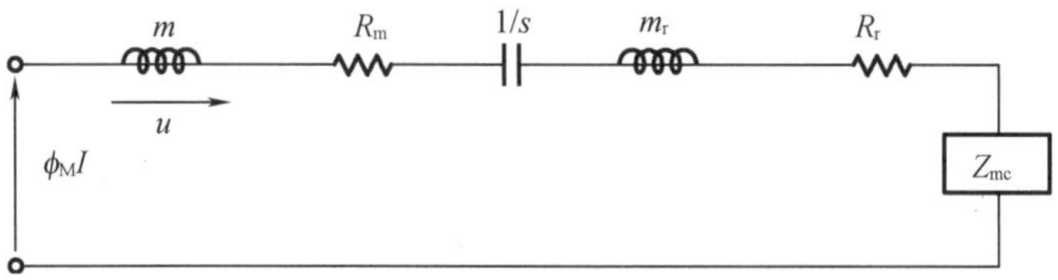


**图 14.6.2 安装在后部开放机箱内的扬声器的等效电路**

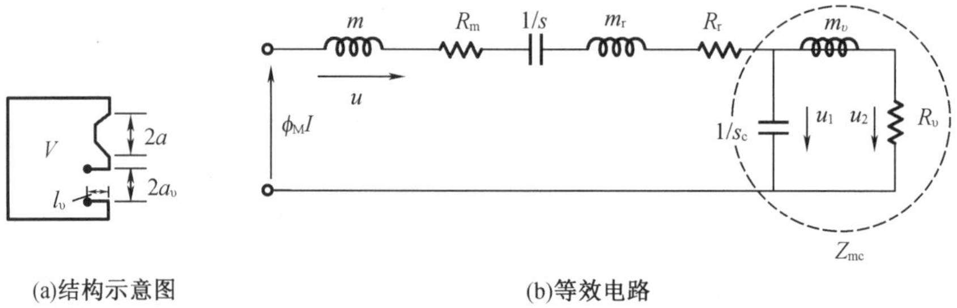


**图 14.6.3 低音反射音箱的(a)结构示意图(b)等效电路**

频率高于 $X_{mc}=0$ 确定的机箱基频时,$\boldsymbol{u}_2$ 的支路的阻抗大于 $\boldsymbol{u}_1$ 支路的阻抗,$\boldsymbol{u}$ 和 $\boldsymbol{u}_2$ 相位相差 180°。因为 $\boldsymbol{u}$ 描述圆锥后部的运动,$\boldsymbol{u}_2$ 描述空气流出排气口的运动,排气口的辐射加强圆锥前部的辐射。在这个谐振频率以下,$\boldsymbol{u}$ 和 $\boldsymbol{u}_2$ 之间的相对相位迅速接近零,系统像偶极子一样辐射。

设计低音反射音箱时有许多考虑,但如果排气口面积与扬声器圆锥接近而且机箱的谐振频率在某种程度上低于扬声器的谐振频率,则低频响应优于同一扬声器安装在无限大障板上的响应。与后部开放式机箱对比,低音反射机箱对基本响应有拓宽和平滑作用。通过将排气口填充被动辐射体(就是一个质量和刚度适当选择的活塞),还可以对机箱的参数做进一步调整。如前面曾对封闭机箱所提到的一样,当机箱内充填吸声材料降低驻波效应时,高频响应变得平滑。

在任意扬声器机箱的设计中,其壁面的机械刚度是很重要的。后部开放式木质机箱的壁厚至少应有 1.3 cm。封闭式和低音反射式机箱的要求则更为严格,因为这些空间内的声压相对更高。导致壁面共振通常发生在较低的可听频率并在频率响应中产生不希望的畸变。因此壁应当比后部开放式的机箱更厚,必要的话还应用加强筋支撑。也可以采用沙子填充的空心墙壁。

# *14.7　喇叭扬声器

将一个适当的喇叭连接到活塞型源上可以明显提高低频的响应。喇叭充当一个变换器,使活塞与空气之间的阻抗匹配。喇叭喉部的低频声阻大于无限大障板内相同面积活塞的声阻,因此声输出更大。高频时喇叭的影响几乎可以忽略,因为这些频率是在窄的声束内辐射,因此喇叭壁的限制作用就不明显。

这里给出的简化分析虽然只在有限的频带内有效,却可以导致许多有实用意义的结论。考虑图 14.7.1 中喇叭内长为 d$x$、截面积为 $S(x)$ 的体积单元。令 $\xi$ 为平行于喇叭轴线的质点速度,只要在一个波长的长度内 $S$ 的相对变化为小量,就可以认为波在喇叭内的波是均匀的。则压缩量为

$$s=-\frac{1}{S}\frac{\partial(S\xi)}{\partial x} \tag{14.7.1}$$

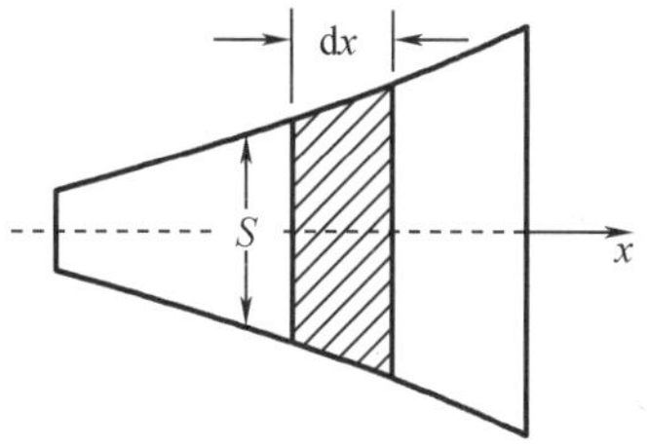


**图 14.7.1　一个喇叭扬声器的体积单元 $S(x)dx$**

借助于绝热关系 $p=\rho_0c^2s$,有

$$p=-\frac{\rho_0c^2}{S}\frac{\partial(S\xi)}{\partial x} \tag{14.7.2}$$

力方程为$\frac{\partial p}{\partial x}=-\rho_0\left(\frac{\partial^2\xi}{\partial t^2}\right)$。改写一下(并利用 $S$ 不依赖于时间的事实),得到近似的波动方程

$$\frac{\partial^2 p}{\partial t^2}=c^2\frac{1}{S}\frac{\partial}{\partial x}\left(S\frac{\partial p}{\partial x}\right) \tag{14.7.3}$$

注意:$c$ 为自由场声速,而且当 $S$ 为常数时,这个方程简化为自由空间的一维平面波方程。

最有效的喇叭由喉到口的喇叭展开率 d$S$/d$x$ 是递增的。双曲线、悬链线和指数型喇叭都有应用。我们来考虑最简单的指数型喇叭,截面积 $S(x)=S_0\exp(2\beta x)$,其中 $x$ 为到喉部的距离,$S_0$ 为喉部面积,$2\beta$ 为喇叭常数。由能量守恒,压力幅值至少应大致按照 $\exp(-\beta x)$ 规律衰减。代入式(14.7.3)并求解得到的代数方程得

$$\boldsymbol{p}=\mathrm{e}^{-\beta x}(\boldsymbol{A}\mathrm{e}^{\mathrm{j}(\omega t-\kappa x)}+\boldsymbol{B}\mathrm{e}^{\mathrm{j}(\omega t+\kappa x)}$$

$$\kappa^2=(\omega/c)^2-\beta^2 \tag{14.7.4}$$

满足式(14.7.3)。$\boldsymbol{p}$ 的两项代表向着喉部和离开喉部传播的波,波幅随离开喉部的距离指数减小。每个波的相速度为

$$c_p=\omega/\kappa=c[1-(\beta/k)^2]^{-1/2} \tag{14.7.5}$$

因为相速度 $c_p$ 是频率的函数,故指数型喇叭中的空气是频散介质。当激励频率低于 $\kappa=\beta$ 确定的截止频率 $f_c$ 时,波不能在喇叭内传播

$$f_c=\beta c/2\pi \tag{14.7.6}$$

在截止频率,相速度变成无穷大,意味着整个喇叭内的介质都是同相运动的。

由 $\frac{\partial \boldsymbol{p}}{\partial x}=-\rho_0\left(\frac{\partial \boldsymbol{u}}{\partial t}\right)$ 可以计算声阻抗,得

$$\boldsymbol{Z}(x)=\frac{\rho_0 c}{S(x)}\ \frac{1}{k}\ \frac{(\kappa+\mathrm{j}\beta)\boldsymbol{A}\mathrm{e}^{-\mathrm{j}\kappa x}-(\kappa-\mathrm{j}\beta)\boldsymbol{B}\mathrm{e}^{\mathrm{j}\kappa x}}{\boldsymbol{A}\mathrm{e}^{-\mathrm{j}\kappa x}+\boldsymbol{B}\mathrm{e}^{\mathrm{j}\kappa x}} \tag{14.7.7}$$

如果喇叭的长度是无限的则没有反射波,$\boldsymbol{B}$ 为零。可以证明,反射波的幅值小于入射波,当喇叭口的半径 $a$ 满足 $ka>3$ 时就可以做无限长喇叭处理。例如,若喇叭口开向无限大障板,由式(14.7.7)预测当 $ka>3$ 时 $\boldsymbol{B}$ 将小于 $\boldsymbol{A}/10$。若在式(14.7.7)中令 $\boldsymbol{B}=0$,则喉部的声阻抗为

$$\boldsymbol{Z}(0)=(\rho_0 c/S_0 k)(\kappa+\mathrm{j}\beta)=(\rho_0 c/S_0)\{[1-(\beta/k)^2]^{1/2}+\mathrm{j}\beta/k\} \tag{14.7.8}$$

为比较指数型喇叭的阻抗与安装在无限大障板上活塞的阻抗,假设喉部半径为 0.02 m,口部半径为 0.4 m,长度为 1.6 m,喇叭常数为 $2\beta=3.74$,给出截止频率约为 100 Hz。图 14.7.2 显示了喉部声阻 $R_0$ 和声抗 $X_0$ 作为频率的函数。虽然是假设喇叭无限长计算的,该结果对于 400 Hz 以上的频率是相当精确的。在该频率以下,从喇叭口的反射导致谐振引起喇叭的阻和抗围绕计算值的波动。在 100 Hz 到 3 000 Hz 之间,喇叭喉部的声阻负载比安装在无限大障板上的活塞的声阻负载大得多。将喇叭连接到这样的活塞扬声器上可以显著增大低频的声输出。

发现喇叭在高保真中有应用,大喇叭提高低音扬声器响应,小喇叭提高高级高频扬声器的效率。但喇叭的主要应用是在体育场、礼堂的扩音系统以及广播系统中。

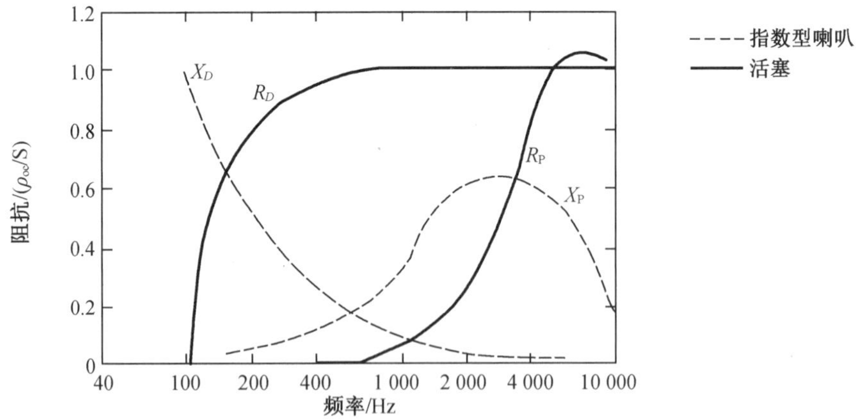


**图 14.7.2　无限长指数型喇叭喉部的声阻和声抗($R_0$ 和 $X_0$)以及无限大障板上活塞的声阻和声抗($R_p$ 和 $X_p$)**

至于通过适当设计的机箱和喇叭以加强扬声器声输出的更多处理方法,建议读者参考

Beranek 和 Olsen 所著的教科书[①]。利用滤波理论的更多高级现代方法则可以参考 Journal of Audio Engineering Society。

## 14.8 接 收 器

接受器膜片受到的力决定于接收器不存在时的声场以及膜片受到激励而振动辐射的声场。若定义

$\boldsymbol{p}$=没有接收器时场点的声压

$\boldsymbol{p}_B$=有接收器但膜片被钳定时场点的声压

则运动膜片上总的作用力为

$$\boldsymbol{F}=\langle \boldsymbol{p}_B \rangle S-\boldsymbol{Z}_r \boldsymbol{u} \tag{14.8.1}$$

其中$\langle \boldsymbol{p}_B \rangle$为$\boldsymbol{p}_B$在膜片面积 $S$ 上的平均,$-\boldsymbol{Z}_r \boldsymbol{u}$ 为流体对膜片的辐射力。

(a)传声器指向性

$\langle \boldsymbol{p}_B \rangle$和 $\boldsymbol{p}$ 之间的关系依赖于被钳定的膜片以及外壳的衍射特性,这种依赖关系可能很复杂,但结果可以利用一个"衍射因子 $\mathscr{D}$"写成

$$\mathscr{D}=\langle \boldsymbol{p}_B \rangle/\boldsymbol{p} \tag{14.8.2}$$

衍射因子是频率以及传声器相对声源方位的函数。当传声器尺度远小于一个波长时,散射因子接近于 1。以上两式组合得

$$\boldsymbol{F}=\mathscr{D}S\boldsymbol{p}-\boldsymbol{Z}_r \boldsymbol{u} \tag{14.8.3}$$

(1)衍射

简单地考虑一下球形外壳的衍射效应,就能大致反映更复杂外壳的预期结果。图 14.8.1 显示了半径为 $a_h$ 的球面上一点声压随与频率以及声波入射角的关系。这里 $P_\theta$ 为球面上对于平面入射波方向的极角为 $\theta$ 的一点的声压,$P$ 为未受扰动的声波的压力幅值。垂直入射时,衍射效应使压敏传感器的高频响应提高 6 dB。如果希望传感器在整个可听频域内基本是无衍射的,则传感器及其外壳必须小。在空气中 20 kHz 时,这要求 $a_h \leqslant 0.3$ cm。

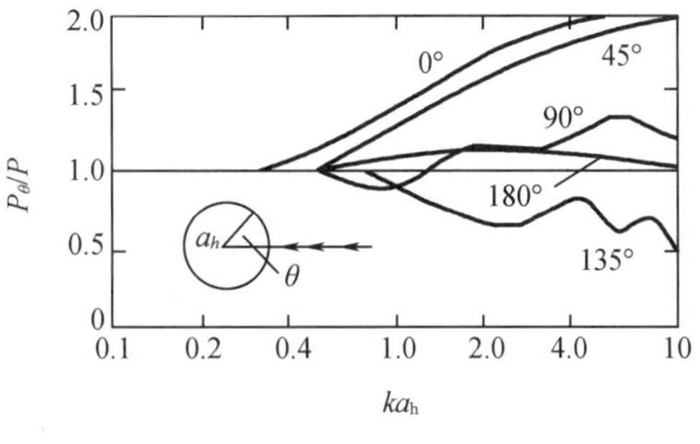


**图 14.8.1 从右侧入射的平面波作用下半径为 $a_h$ 的球面上的声压,角度 $\theta$ 从波接近的方向开始测量**

① Beranek, Acoustics, McGraw-Hill (1954); republished, Acoustical Society of America (1986). Olsen, Elements of Acoustical Engineering, Van Nostrand (1947).

(2)膜片的相位干涉

压敏传感器指向性的另一个来源是当入射声传播方向不垂直于膜片表面时膜片不同部分受到的声场作用力之间的相位差。使膜片足够小而满足 $ka \leqslant \pi/4$ 可以避免对这种相位干扰的敏感性,其中 $a$ 为膜片的半径。在空气中 20 kHz 时,若要使这种效应可以忽略,要求 $a \leqslant 0.2$ cm。

(b)传感器灵敏度

传感器灵敏度可以用开路输出电压除以要放入传感器的点的声压幅值 $P=|\boldsymbol{p}|$,或者除以膜片受到的平均单位面积力幅值 $F/S$。于是,电压灵敏度为

$$\mathscr{M}_0 = V/P\,|_{I=0} = T_{\mathrm{em}}\mathscr{D}S/|\boldsymbol{Z}_{\mathrm{mo}}+\boldsymbol{Z}_{\mathrm{r}}|$$

$$\mathscr{M}_0^D = V/(F/S)\,|_{I=0} = T_{\mathrm{em}}S/Z_{\mathrm{mo}} \tag{14.8.4}$$

注意:当低频 $\boldsymbol{Z}_r \to 0$,$\mathscr{D} \to 1$ 时,有 $\mathscr{M}_0^D \to \mathscr{M}_0$。如 5.12 节所述,可以将灵敏度方便地用 dB 数表示

$$\mathscr{M}L = 20\log(\mathscr{M}/\mathscr{M}_{\mathrm{ref}}) \tag{14.8.5}$$

其中,$\mathscr{M}$ 为开路电压灵敏度 $\mathscr{M}_0$ 或 $\mathscr{M}_0^D$,$\mathscr{M}_{\mathrm{ref}}$ 为参考灵敏度级。(其他的参考值包括空气中的 1 V/μbar 和水中的 1 V/μPa)。

(c)互易接收器

对于互易接收器,式(14.8.3)说明运动面上的作用力可以由图 14.8.2 的等效电路得到,其中在图 14.2.2 电路的机械端加上了一个阻抗 $\boldsymbol{Z}_{\mathrm{r}}$,并将膜片处的自由场声压用衍射因子 $\mathscr{D}$ 修正来描述接收器的存在及其方向。传统的传声器在所考虑频带内通常都很小,则 $\mathscr{D} \approx 1$,于是利用式(14.2.4)和式(14.2.6)

$$\mathscr{M}_0 = S\varphi Z_{\mathrm{EB}}/Z_{\mathrm{mo}} = k_{\mathrm{c}}^2 S/\varphi \tag{14.8.6}$$

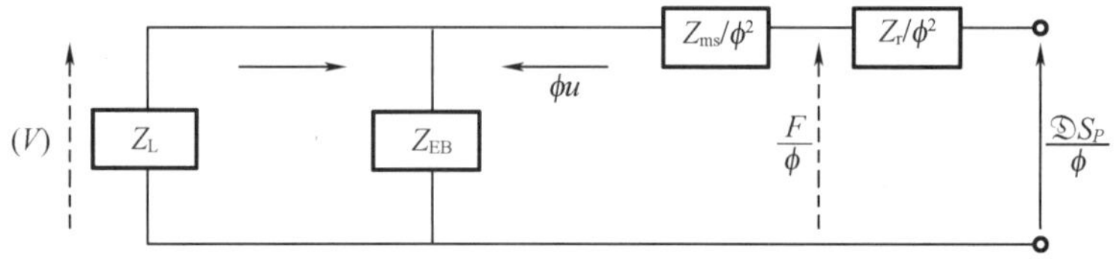


**图 14.8.2　典型互易接收器的等效电路**

如果可以忽略衍射则互易传声器的开路电压灵敏度是与频率无关的。

(d)反互易接收器

对于开路条件,式(14.2.9)的第一式成为 $\boldsymbol{V}=\boldsymbol{\varphi}_{\mathrm{M}}\boldsymbol{u}$。式(14.2.9)与式(14.8.3)结合并假设波长大于接收器尺度得

$$\mathscr{M}_0 \approx S\varphi_{\mathrm{M}}/Z_{\mathrm{mo}} \tag{14.8.7}$$

反互易传声器的灵敏度依赖于频率。如果希望得到不随频率变化的灵敏度,就必须引入附加的机械元件使得 $Z_{\mathrm{mo}}$ 在所关心的频率范围内保持为常数。

# 14.9　电容式传声器

典型电容式传声器为一个半径为 $a$、被张紧的薄膜,材质通常为钢、铝或镀金属膜的玻璃,它与一刚硬板平行,两者之间距离为 $x_0$。刚硬板与传声器的其余部分之间绝缘。在刚硬板和膜片之间加以极化电压 $V_0$。从并不昂贵的卡式录音机到高保真录音设备中应用都很普遍的驻极体传声器则采用两侧外表面镀铝的极化塑料膜。有了塑料的内部极化就不必再加极化电压。

章节 14.3(a)中给出了简单电容式传声器的经典方程及等效电路,除了高频以外,传声器的开路灵敏度可以由式(14.8.6)很好地近似。以法拉(F)为单位的传声器电容为 $\varepsilon S/x_0$,将自由空间的介电常数 $\varepsilon_0=8.85$ pF/m 代入后,得

$$C_0=27.8a^2/x_0\ \text{pF} \tag{14.9.1}$$

假定膜片充当 4.8 节讨论的受迫振动膜。对于 $ka<1$ 的低频激励,可以忽略 $\mathbf{Z}_r$,在这种限制下响应为均匀的上限频率由式(4.9.3)给出。平均位移幅值由(式 4.9.2)给出

$$\langle y\rangle=Pa^2/8\mathscr{T} \tag{14.9.2}$$

其中,$P$ 为以帕斯卡为单位的声压幅值,$\mathscr{T}$为膜内的张力(单位为 N/m)。如果膜的机械刚度仅源于张力,则 $PS=\langle y\rangle s'$,$s'=8\pi\mathscr{T}$。对于感兴趣的大多数频率,膜工作在其谐振频率以下,于是 $\mathbf{Z}_{mo}\to -\mathrm{j}(s'/\omega)$。再忽略泄露阻尼,则得到 $\mathbf{Z}_{EB}\to 1/\mathrm{j}\omega C_0$。转换因子由式(14.3.4)给出。将这些结果代入式(14.8.6),得到

$$\mathscr{M}_0\approx V_0S/x_0s'=V_0a^2/8x_0\mathscr{T} \tag{14.9.3}$$

设计高灵敏度的传声器要求的膜片面积、高的极化电压、小的电极间距以及小的刚度。但 $V_0/x_0$ 受介质击穿限制。面积过大刚度过小会降低机械谐振频率而使高频响应变差。

作为一个数值例子,考虑铝膜厚度 0.04 mm、半径 $a=1$ cm、将其张紧的张力为$\mathscr{T}=$ 20 000 $N/m$ 的传声器。如果铝膜片与背板之间的距离为 0.04 $mm$,极化电压 $V_0$ 为 300 $V$,则 $\mathscr{M}_0=4.7\times10^{-3}$ V/Pa,灵敏度级为 $\mathscr{M}_0\mathscr{L}=-47$ dB re 1 V/Pa,在 8 k Hz 以下,测量的传声器响应与这个预测值相吻合。这是预料之中的,因为有式(4.9.3)预测的频率极限为 6.8 kHz。式(4.4.12)给出的膜片的基频是这个频率的 2.4 倍,大约为 16 kHz。在谐振频率附近,传声器的响应比低频响应约高出 5~10 dB,高出的具体值取决于阻尼力的大小。在谐振频率以上,响应迅速下降:膜片的运动变成质量控制,因此平均位移不再是常数而是与频率成反比地减小。

图 14.9.1 显示了这个电容式传声器的开路电压灵敏度。设计传声器使得在 16 kHz 附近,来自固定底板特殊沟槽内空气运动的黏滞阻尼变大,这样可以对谐振频率附近响应的增大起到衰减作用。这个例子中的传声器电容 $C_0$ 仅为 69.5 pF,因此 $\mathbf{Z}_{EB}$ 很高(如 100 Hz 时为 23 MΩ)。结果是,为了使电端的电压近似等于传声器上产生的电压,电端必须连一个至少为 50 MΩ 的电阻。由于这个高的内阻抗,必须在传声器极近处提供放大。现代电容式传声器的放大器通常安装在机壳以内,输入的第一级是一个输入阻抗约 500 MΩ 的 FET。假如传声器是通过一根长导线与它的放大器连接,则电子拾音(大多为 60 Hz 的线频及其谐频)可能成为一个问题,而且导线的电容与 $C_0$ 并联。一般传声器的屏蔽电缆的电容为 60~100 pF/m,因此即使很短的距离也会使总电容大于 $C_0$,从而降低传声器灵敏度。因为 $\mathbf{Z}_{EB}$

为容性,因此导线电容的效应是在整个可听频带内均匀的衰减。

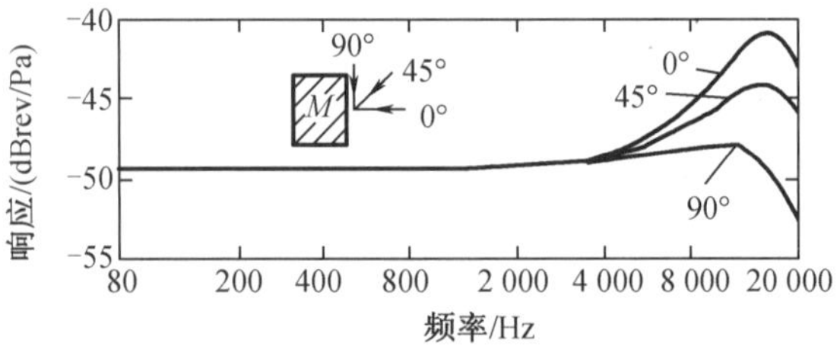


**图 14.9.1　典型电容传声器的自由场灵敏度。垂直入射对应 $\theta=0°$**

# 14.10　动圈式电动传声器

“动圈式”或“动力”传声器由一个小的金属线圈连接到一个轻质膜片上。入射声压使膜片和线圈在恒定磁场中沿径向运动而产生电压。动圈式传声器基本上与动圈式扬声器类似。实际上,典型对讲机系统的小扬声器是在作为源和作为接收器之间切换的。

这个反互易设备的转换因子由式(14.3.13)给出。与以前一样,我们只讨论开路电压灵敏度式(14.8.7)

$$\mathscr{M}_0 \approx SBl/Z_{\mathrm{mo}} \tag{14.10.1}$$

这里假定了波长小于接收器的尺度。令 $R_{\mathrm{m}}$ 很大从而系统成为阻尼控制,就可以由使电压灵敏度与频率无关。但是高电压灵敏度要求大的速度幅值也即小的机械阻抗。利用 $\mathbf{Z}_{\mathrm{mo}}$ 由式(14.3.10)给出、与单振子等效的机械系统不能得到高的灵敏度和平坦的响应,必须引入额外的机械元件来对 $\mathbf{Z}_{\mathrm{mo}}$ 在机械谐振频率以上及以下的行为进行修正。具有所要求的机械特性的动圈式传声器的截面图如图 14.10.1 所示。膜片为穹顶形,在有用的频率范围内作为一个整体振动。刚度 $s$ 和阻尼 $R$ 来自于支撑膜片的波纹边缘的贡献。刚度 $s_1$ 主要产生于膜片下面小室内空气的压缩。质量 $m_1$ 和阻尼 $R_1$ 来自于空气在丝绸布料内的毛细管内流动的黏滞阻力。丝绸下面小室内空气的刚度 $s_2$ 相对较小,我们暂且将它以及管的影响忽略。传声器的等效机械系统示于图 14.10.2a,相应的等效电路如图 14.10.2b 所示。开路机械阻抗为 $\mathbf{Z}_{\mathrm{mo}}=R_{\mathrm{mo}}+jX_{\mathrm{mo}}$,其中

$$R_{\mathrm{mo}}=R+\frac{s_1^2R_1}{R_1^2\omega^2+m_1^2(\omega_1^2-\omega^2)^2}$$

$$X_{\mathrm{mo}}=\omega m-\frac{s}{\omega}-s_1\omega\frac{R_1^2-m_1^2(\omega_1^2-\omega^2)}{R_1^2\omega^2+m_1^2(\omega_1^2-\omega^2)^2}$$

$$\omega_1^2=s_1/m_1 \tag{14.10.2}$$

可以选择 $R$、$m$、$s$、$m_1$、$s_1$ 的值使得 $Z_{\mathrm{mo}}$ 在可听频率范围内相当均匀。曲线 $A$ 为 $R=1\ \mathrm{N\cdot s/m}$、$R_1=24\ \mathrm{N\cdot s/m}$、$s=10^4\ \mathrm{N/m}$、$s_1=10^6\ \mathrm{N/m}$、$m=0.6\ \mathrm{g}$、$m_1=0.3\ \mathrm{g}$ 时 $Z_{mo}$ 的值。为了方便对比,将参数为 $R$、$m$、$s$ 的单振子的机械阻抗绘制成曲线 $B$,曲线 $C$ 为同一个单振子将 $R$ 变成 $R=25\ \mathrm{N\cdot s/m}$ 时的结果。显然,曲线 $A$ 增强了在极限频率的响应,在三条曲线中其响应最为平坦。对于 1.5 T 磁场中,等效面积 5 $\mathrm{cm}^2$ 的膜片连接 10 m 长线圈,这三个机械系

统的开路电压响应如图 14.10.4 所示。

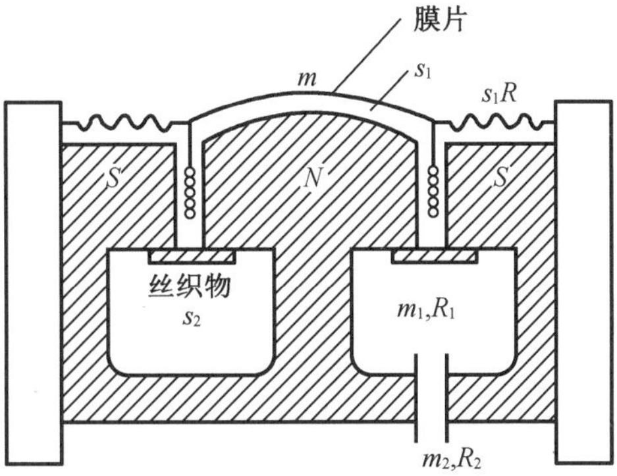


图 14.10.1　动圈式传声器示意图

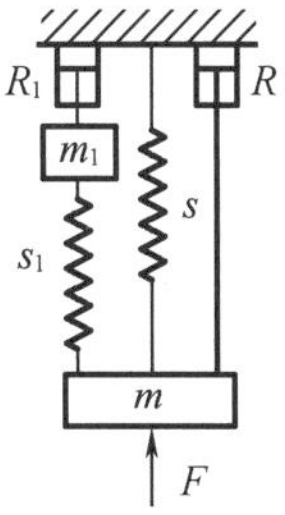


(a)机械类比

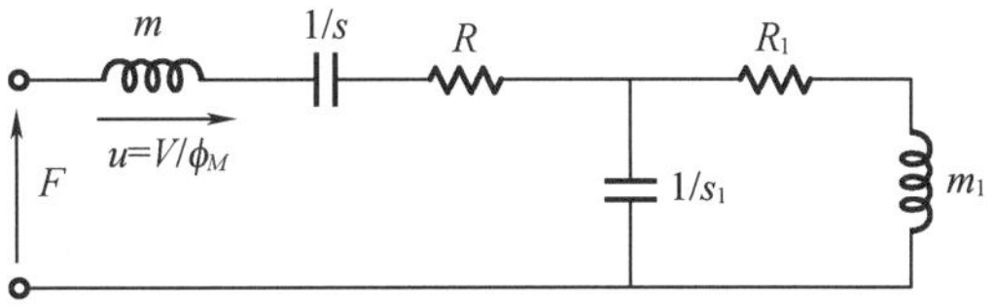


(b)等效电路

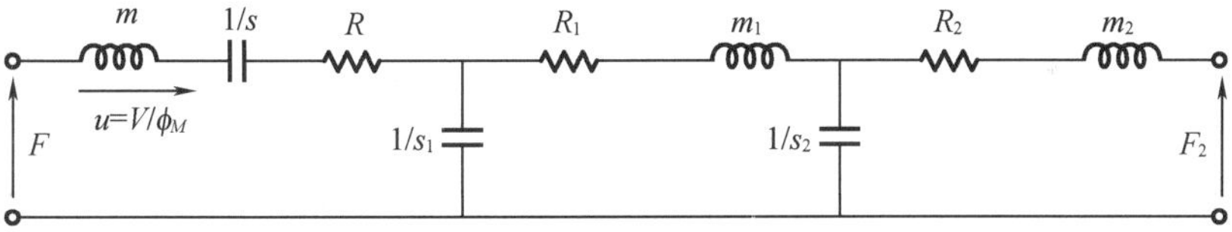


(c)更接近实际的等效电路

图 14.10.2　动圈式传声器

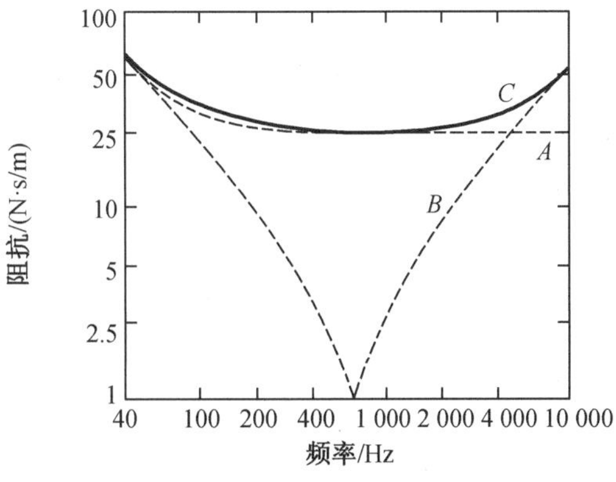


**图 14.10.3**　输入机械阻抗。曲线 $A$：典型动圈式传声器；曲线 $B$：$R$、$m$、$s$ 组成的单振子；曲线 $C$：同一个单振子，但增大 $R$ 值使其在中间频率上与曲线 $A$ 的阻抗匹配。

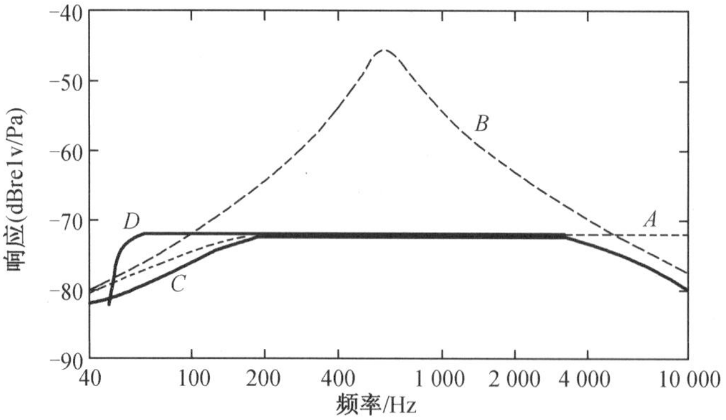


**图 14.10.4　动圈式传声器的灵敏度。曲线 *A*~*C* 同为对应于图 14.10.3 的机械系统。曲线 *D* 显示在膜片下方的腔室与外面空气之间增加一根短管的影响。**

通过连接下部小室与外部空气的管子,这个传声器的低频响应被进一步提高。这将等效电路修正为图 14.10.2c。因为 $s_2$ 小,$s_2/\omega$ 值只在很低频时才有作用,这时它使得管口处的力 $\boldsymbol{F}_2$ 可以对电路发生影响。分析表明,$\boldsymbol{F}_2$ 使 $\boldsymbol{u}$ 增大,灵敏度成为图 14.10.4 中曲线 $D$。传声器的开路电压灵敏度级约为 $\mathscr{ML}=-72$ dB re 1 V/Pa。

## 14.11　声压梯度传声器

上述的传声器都归类为压力传声器。声压主要作用在膜片的一侧,由此产生的力基本与压力场正比,也可以构造"压力梯度"传声器,激励力正比于膜片两侧的压力差。

作为对这类压力传声器的介绍,考虑声波入射到有限大障板内的膜的前表面,膜质量为 $m$,面积为 $S$。令入射角 $\theta$ 为入射方向与膜和障板面法向的夹角。若障板的尺度远小于波长,则膜前表面的压力可以写成 $\boldsymbol{p}(t)=P\exp(\mathrm{j}\omega t)$。压力绕过障板传播到膜后表面所用的时间 $\tau$ 可以合理地近似取为 $\tau=(L/c)\cos\theta$,其中 $L$ 为垂直入射时某种等传播路径长度。作用在膜上的净力为 $\boldsymbol{F}(t)=S[\boldsymbol{p}(t)-\boldsymbol{p}(t+\tau)]$或

$$\boldsymbol{F}=PS(1-\mathrm{e}^{\mathrm{j}kL\cos\theta})\mathrm{e}^{\mathrm{j}\omega t} \tag{14.11.1}$$

其中,$k=\omega/c$。若限制活塞以复速度 $\boldsymbol{u}$ 垂直于表面运动而且它是质量控制的,则 $\boldsymbol{F}=\mathrm{j}\omega m\boldsymbol{u}$,于是

$$u=-(PS/\mathrm{j}\omega m)(1-\mathrm{e}^{\mathrm{j}kL\cos\theta})\mathrm{e}^{\mathrm{j}\omega t} \tag{14.11.2}$$

如果长 $l$ 的导线安装在膜片上处于强度为 $B$ 的磁场中,磁力线在障板平面内并与导线垂直。导线内的感应电压为 $\boldsymbol{V}=Bl\boldsymbol{u}$。于是开路电压灵敏度 $|\boldsymbol{V}/\boldsymbol{p}|$ 为

$$\mathscr{M}_0=\frac{2BlS}{\omega m}\sin\left(\frac{1}{2}kL\cos\theta\right) \tag{14.11.3}$$

若障板足够小,$kL\ll1$,则简化成

$$\mathscr{M}_0=\frac{BlSL}{\omega m}\cos\theta \tag{14.11.4}$$

在这种极限下,传声器具有方向性因子 $H(\theta)=|\cos\theta|$。输出电压正比于 $\cos\theta$,因此也正比于入射波的质点速度法向分量。具有这种特性的传声器称为"速度"传声器。传声器

是双向的，偏爱入射角接近 0°和 180°的波，抑制入射角接近±90°的波。将 $H(\theta)$ 代入式(7.6.8)得指向性 $D=3$ 和对应的指向性指数 $DI=4.8$ dB。障板通常形状很不规则，因此等效路径很难计算并表现出某种频率依赖性，通常由测得的灵敏度进行推测。典型值是几个厘米的量级。

声压梯度传声器的一个例子是图 14.11.1 的带式传声器。它包括一条悬吊在磁场中的轻质波纹金属带，带的两面都暴露在声场中。金属带的悬挂刚度很低使其机械谐振频率低于可听频率域，低频响应很平坦。当频率升高至千赫范围，响应与式(14.11.4)预测的不符，因为 $L$ 不再小于波长而必须采用式(14.11.3)。频率更高时，衍射将变得明显。

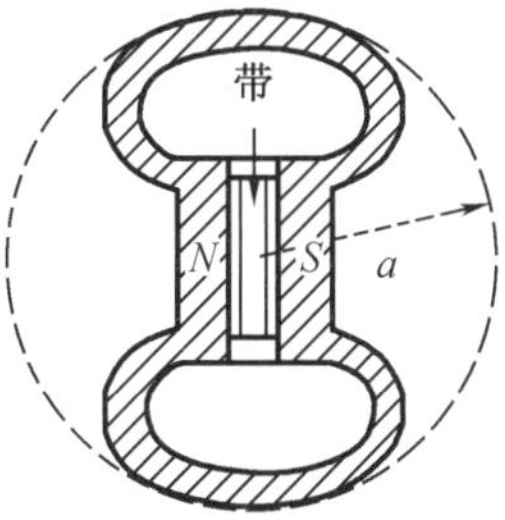


**图 14.11.1 安装在一个而半径为 *a* 的障板内的简单振速带式传声器**

参数为 $m=0.001$ g、$S=5\times10^{-5}$ m$^2$、$l=0.02$ m、$B=0.5$ T、$L=3$ cm 的带式传声器，由式(14.11.3)计算得垂直入射时的开路电压响应见图 14.11.2 中的曲线 $A$。曲线 $B$ 显示了测量的传感器响应。2 kHz 到 9 kHz 响应的增大主要是由于衍射引起的。应用的上限频率约为 9 kHz。

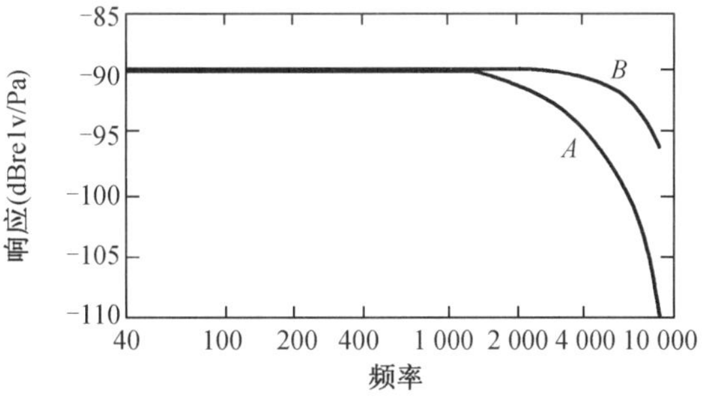


**图 14.11.2 一个速度带式传声器计算(曲线 *A*)和测量(曲线 *B*)的法向入射灵敏度**

振速传声器有三个主要优点。(1)因为它对背景噪声和混响的分辨因子为 3，源和传声器之间的距离可以达到无指向性传声器在同样信噪比条件下的要求值的$\sqrt{3}$倍。(2)它的双向性使得源可以在传感器两侧面对面，而它们的声以相同的灵敏度被接收。(3)利用在障板平面内的尖锐零值，可以通过调整传声器方向使得局部不希望有的源在输出中可以被抑制。

振速传声器的一个特殊情况是，当它距离源很近时，低频响应可以被大大加强。这是因为靠近声源时，球面波的质点振速幅值与声压幅值之比增大。由式(5.11.9)可估计灵敏度级将增大 $20\log\{[1+(kr)^2]^{1/2}/kr\}$，一些声音轻柔、低音不足的歌手应该会喜欢这种可以丰富音质的特性。

如果将放在一起的一个声压传声器与一个振速传声器的输出进行串联,结果是响应偏重于接收来自于一个半球的声。如果两者的轴向灵敏度相同,则它们组合在一起的灵敏度$\boldsymbol{M}_0'$的为

$$\boldsymbol{M}_0' = \boldsymbol{M}_0(1+\cos\theta) \tag{14.11.5}$$

图 14.11.3 显示了单独传声器以及组合传声器的响应指向性。组合响应是一个心形旋转线,旋转轴垂直于障板平面。具有这类响应的传声器称为“单向”或“心形”传声器。心形传声器的指向性也是 $D=3$。因为心形传声器可在大的立体角范围无明显抑制地接收声,因此对分散的声源可以仅用一个传声器进行接收。如在靠近舞台前方放置这样一个传声器,则它的指向性特别适于接收来自舞台的声而屏蔽来自观众的声。

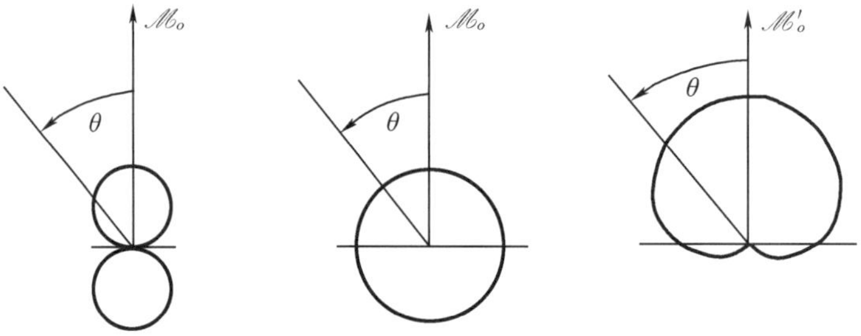


(a)振速传声器　(b)声压传声器　(c)心形传声器

**图 14.11.3　各种传声器的响应指向性**

# * 14.12　其他传声器

(a)碳传声器

碳传声器在电话和无限电通信中被广泛应用,这些情况下对高输出和耐用性的要求比对保真度的要求高。其工作基于充有碳颗粒(碳精)的小腔室电阻的变化(图 14.12.1)。当膜片有位移时,活塞施加到碳精上的力发生改变,因此也使每个碳颗粒的电阻不同,于是碳精两端的总电阻(通常约为 100 Ω)随压力大致呈线性变化。

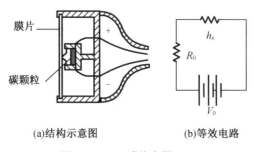

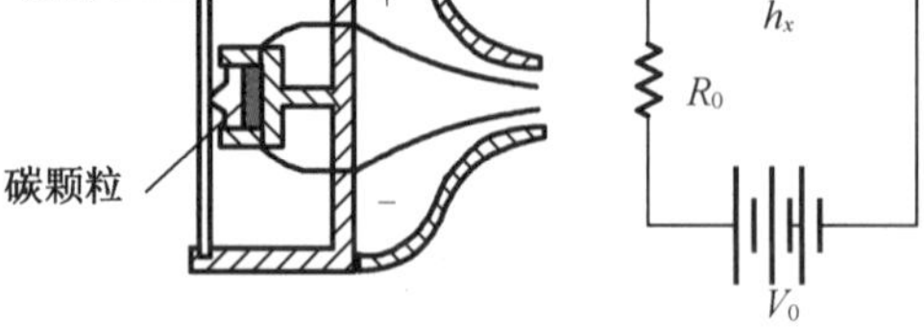


(a)结构示意图　(b)等效电路

**图 14.12.1　碳传声器**

膜片在基频振动模式下式为刚度控制,对于小位移,碳精的电阻 $R$ 随膜中心处的位移

线性变化。于是

$$R=R_0+hx=R_0+hSp/s \tag{14.12.1}$$

其中,$R_0$ 为碳精的静态电阻,$h$ 为电阻常数(Ω/m),$s$ 为膜片刚度,$S$ 为等效面积,$p$ 为声压。$R$ 的变化使电流按照 $I=V_0/R$ 规律变化,其中 $V_0$ 为电池的电压。若 $hSp/s \ll R_0$,则 $1/R$ 可以展开,得 $I=V_0/R_0(1-hSp/sR_0+\cdots)$,其中第一项为常数电流 $V_0/R_0$,第二项产生所需的正比于声压的输出电压 $V=-V_0hSp/sR_0$,未写出的高阶项产生谐波失真。开路电压灵敏度为

$$\boldsymbol{M}_0=V_0hS/sR_0 \tag{14.12.2}$$

响应随电池电压 $V_0$ 增大或者电路总电阻 $R_0$ 减小而增大。也随膜面积 $S$ 以及刚度 $s$ 的倒数增大。但是,大的 $V_0$ 值在碳精中产生多余的热量和内部噪声,而减小 $s$ 或增大 $S$ 使膜的基频降低,从而限制可用频率。

图 14.12.2 是典型的响应曲线,2 kHz 附近的峰是来自膜的基频,较高频率的不平坦响应来自振动的高阶模态,若膜张得很紧则其等效刚度变大而使基频提高,响应相对均匀的频率可延伸至大约 8 kHz,但灵敏度有所下降。

尽管在某些应用中碳传声器还很盛行,但它正越来越多地被驻极体传声器所取代。

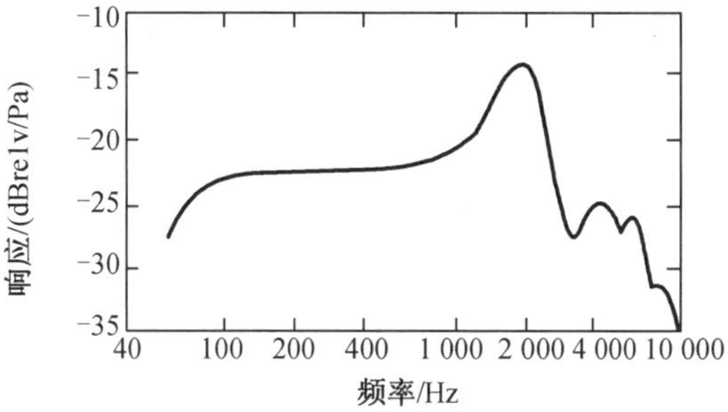


**图 14.12.2　典型碳传声器的灵敏度**

(b)压电传声器

压电传声器利用的是晶体或陶瓷,它们可以被电极化而产生正比于应变的电压。只需对其特性进行非数学的讨论。(关于压电和铁电换能器的更多细节,可参见合适的参考文献。)由于压电特性是可逆的,当给压电传声器端口加以交变电压时它具有声源的功能,这些是互易换能器,其等效电路如图 14.4.1 和图 14.8.2 所示。

历史上,石英晶体作为换能器曾具有重要意义。今天它们主要在消费品(腕表)中作为频率标准,或在实验室中作为频率达几百兆赫的超声声源和接收器,它们不受水和大多数腐蚀性材料的影响,可以耐受极高的温度而且容易加工。取决于从石英材料中切割出换能元件的方向,它可以产生纵波、剪切波或二者的组合。某些切割方式表现出与温度无关的物理特性。石英换能器的灵敏度相对较弱。

罗谢尔盐的单晶已广泛应用于传声器中。不幸的是,这种晶体在潮湿环境下会退化,而当内部温度超过 46 ℃时则彻底损坏。从合成磷酸二氢铵(ADP)中切割的晶体对压力的灵敏度略低于罗谢尔盐,但它们的温度可以超过 93 ℃而不退化,而且其压电和介电性能随温度的变化都小的多。其他有用的材料有烧结陶瓷,包括钛酸钡、锆酸铅、钛酸铅,以及它们与相关化合物的混合物。铁电陶瓷的极化(于是具有类似压电材料的行为)是当温度位于陶瓷的居里温度(大于 120 ℃,决定于其组成)以上时,通过给它施加约 2 000 kV/m 的静

电势梯度并在冷却过程中保持外加电压来完成的,这些陶瓷传声器可以跟晶体传声器交替使用,其灵敏度低于罗谢尔盐或 ADP 约 10 dB。另一方面,陶瓷传声器可以耐受较高的温度,不容易因潮湿而退化,而且可以做成各种不同的形状和大小。

应变引起的压电材料中势能差取决于形变的类型以及形变方向与晶体轴(或陶瓷的极化轴)之间的相对关系,弯曲、剪切和纵向形变都被利用,可以由直接作用于压电材料上的声波引起形变,但其主要缺点是灵敏度低。因此通常按照图 14.12.3 形式构造压电传声器。声波作用于一个轻质膜,膜的中心通过一个激励针连接压电元件的一端或一角。虽然也可以利用单一元件,但通常是将两个元件粘合在一起构成一个双压电晶片元件。一般来说产生相同的电压输出时,双压电晶片比单压电晶片的机械阻抗小。两个元件之间可以串联也可以并联。串联的电压输出的电压输出较大,并联的内阻抗较小。

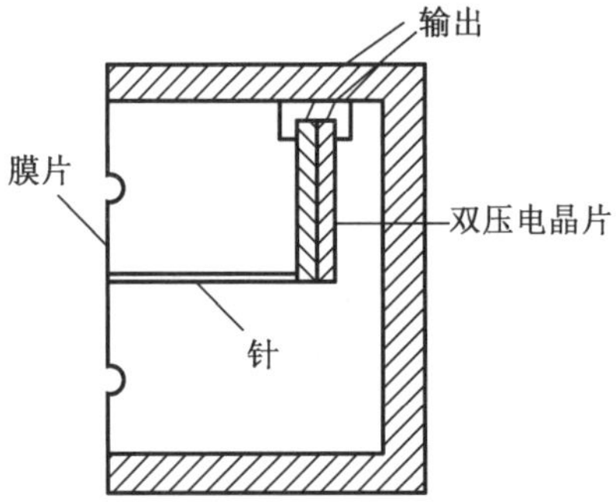


**图 14.12.3　膜片驱动晶体传声器结构简图**

双压电晶片的电压输出正比于应变,正与电容传声器一样,因此必须对其进行机械刚度控制。膜片、激励针和双压电晶片构成的整个系统的基频必须高于相对均匀响应的范围。

压电传声器在广播系统、声级计和助听器中应用普遍。它们具有能满足这些应用的频率响应而且灵敏度相对较高、造价较低、尺寸较小。廉价的膜片驱动类型是可行的,可以覆盖 20 Hz 到 10 kHz,灵敏度级变化小于±5 dB。典型的平均灵敏度级为-30 dB,参考为 1 V/Pa。压电传声器的电阻抗基本就是介电电容器的阻抗,典型值为 3 000 pF,这个值大于电容传声器,因此这些传声器可以通过中等长度的导线连接音频放大器而不需要插入一个前置放大器。

(c)光纤接收器

光在单模光纤中的传播是一种波导现象,单色光在光纤中的相速度决定于玻璃的折射率和纤维的直径。声压作用在光纤上改变其直径、长度和折射率[①]。这种变化导致在声场中一圈纤维末端接收的光与不在声场中类似的一圈纤维末端接收的光之间的相位差。这种相位变化可以通过干涉测量技术来测量,从而使接收机在几何结构上具有高灵敏度和灵活性。

---

① Optical Fiber Sensors: Systems and Applications, Vol. 2, ed. Culshaw and Dakin, Artech House (1989).

# *14.13 接收器的校准

接收器灵敏度的获取技术分为两个大类。绝对技术只要测量长度、电压等等,相对技术则要有一个对其灵敏度有先验知识的换能器作为校准器。

如果手头有一个灵敏度已知的接收器,则可以通过直接比较方法对任意其他接收器进行校准。在这种方法中:(1)发射器在无回声环境中产生一个声场。低频时,无回声环境并非必须,但是当波长与接收器尺度接近或小于接收器尺度时,无回声环境就变得很重要,因为对这样的波长,接收器相对于声场的方向必须是已知的。(2)灵敏度已知为 $\mathscr{M}_{oA}$ 的接收器 $A$ 置于声场中,记录一组频率下其输出电压 $V_A$。(3)移除接收器 $A$,将灵敏度 $\mathscr{M}_{oX}$ 未知的接收器 $X$ 置于同一点(方向也相同),记录同一组频率下的输出电压 $V_X$。(4)每个频率下未知的灵敏度为

$$\mathscr{M}_{oX}=\mathscr{M}_{oA}V_X/V_A \tag{14.13.1}$$

最为直接的绝对技术是给接收器加载一个已知的声压,通常的实现方法是:将接收器连接一个体积已知的腔室,腔室中有一个面积已知的活塞以已知的速度幅值振动。如果声波波长远大于腔室的尺度,则腔室内的压力幅值可以由气体的绝热过程来计算。这种技术概念简单,但是应用困难,因为存在接收器时难以精确确定腔室的体积。对于某些流行的麦克风品牌,称为活塞发声器的校准设备在市场上可以买到。但必须为每种麦克风提供不同的耦合器。这一技术的这个缺点是校准只能在一个(或最多几个)频率上进行,得到的灵敏度是以传声器表面的实际声压为基础,而不是以受到传声器扰动前的声场为基础的。但是对于波长大于接收器尺度的频率可以忽略后一种效应。这种技术方便和简单的特点使其获得了广泛应用。

另一种获得绝对校准的技术是远场互易校准。为应用这一技术,要有一个发射器 $T$、一个待校准的传声器 $X$ 和一个互易换能器 $R$。互易换能器的发射和接收响应都不需要知道。为了避免一些复杂性,使讨论更为清晰,假设 $X$ 和 $R$ 的尺度都远小于感兴趣的最短波长。需要导出互易换能器的 $\mathscr{M}_{oR}$ 和 $\mathscr{S}_{IR}$ 之间的关系。对于满足 $D\approx 1$ 的频率,联立式(14.4.3)和式(14.8.4),考虑到 $uS$ 为可逆换能器的声源强度,并利用式(7.2.12),得

$$\mathscr{M}_{oR}/\mathscr{S}_{IR}=2\lambda/\rho_0 c \tag{14.13.2}$$

步骤如下:(1)在发射器 $T$ 的声场中的特定位置放置互易换能器 $R$(图 14.3.1),$R$ 产生的开路输出电压为 $V_R=\mathscr{M}_{oR}P_T$。(2)用传声器 $X$ 替换 $R$,对相同的入射声场测量开路输出电压,$V_X=\mathscr{M}_{oX}P_T$。在这两式中消去 $P_T$ 得

$$\mathscr{M}_{oX}=\mathscr{M}_{oR}V_X/V_R \tag{14.13.3}$$

(3)用互易换能器 $R$ 替换发射器 $T$,用电流 $I_R$ 激励在传声器 $X$ 处产生一个声压 $P_R=\mathscr{S}_{IR}I_R/r$,测量由此产生的传声器开路输出电压 $V'_X$,于是 $V'_X=\mathscr{M}_{0X}P_R$。在这两式中消去 $P_R$ 得

$$V'_X=\mathscr{M}_{oX}\mathscr{S}_{IR}I_R/r \tag{14.13.4}$$

将式(14.13.2)和式(14.13.4)结合得到需要的结果

$$\boldsymbol{M}_{oX}=\left(\frac{2\lambda r}{\rho_0 c}\frac{V_X V'_X}{V_R I_R}\right)^{1/2} \tag{14.13.5}$$

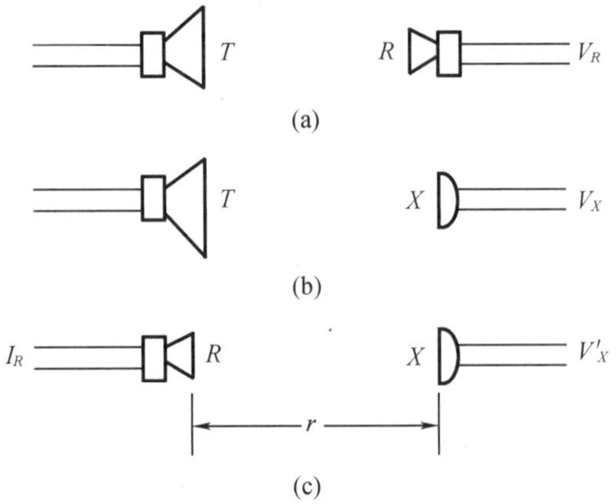


**图 14.13.1　传声器互易校准的三个步骤。(a)可逆换能器 $R$ 放置在到发射器 $T$ 的距离为 $r$ 处,测量输出电压 $V_R$。(b)然后,将 $X$ 替换成待校准的传声器 $R$,测量输出电压 $V_X$。(c)最后,用 $R$ 替换 $T$,测量电流 $I_R$ 和输出电压 $V'_X$。**

这种方法不需要测量声压幅值,只要确定电压、电流并测量一个距离。(由式(14.13.5)得到的结果乘以 0.1 可转换成 V/μbar)。

如果有两个相同的互易传声器,利用互易原理,可以只进行步骤(3)一组测量就可以对两个传声器进行校准。因为它们是相同的,$V_x=V_R$,于是式(14.13.5)退化为

$$\mathscr{M}_{oX}=\left(\frac{2\lambda r}{\rho_0 c}\frac{V'_X}{I_R}\right)^{1/2} \tag{14.13.6}$$

最后,利用短脉冲技术和电子开关技术,可以对互易换能器进行高频的自校准。先用幅值为 $I$ 的短脉冲电流激励换能器使其产生一个压力脉冲,这个压力脉冲被一个理想的平面反射面反射回换能器。被切换成接收器状态的换能器检测脉冲产生一个输出电压 $V$。将式(14.13.6)中 $V'_X$替换为 $V$、$I_R$ 替换为 $I$,得到灵敏度

$$\mathscr{M}_{oX}=\left(\frac{2\lambda r}{\rho_0 c}\frac{V}{I}\right)^{1/2} \tag{14.13.7}$$

其中 $r$ 为往返的距离(从换能器到反射器再回来)。

# 习　题

除非另有明确说明,所有震荡量的幅值都假设为有效值。

14.2.1　证明图 14.2.2a 和 14.2.2c 的电路图可以导出一个互易换能器的正则方程式(14.2.6)。

14.3.1　假设一个静电换能器用作声源。(a)证明对于足够低频导出式(14.3.8)的假设等效于用 $C$ 和 $C_0$ 的并联替换图 14.3.1c 中的电路。(b)知道由电容 $C$ 上电荷 $q$ 存储的能量 $E$ 为 $E=q^2/C$,证明式(14.3.8)为指定的能量比。

14.3.2　由正则方程,证明 $\boldsymbol{k}_c^2$ 和 $\boldsymbol{k}_m^2$ 之间的正式关系。如果耦合是弱的,$|\boldsymbol{k}_c|\ll 1$,比较耦合系数的大小。

14.3.3　假设一个动圈式换能器用作声源。(a)对于足够低的频率,证明导致式

(14.3.16)的假设等效于用 $L_M$ 和 $L_0$ 的串联替换图 14.3.2 中的电路。(b)知道由电感 $L$ 中电流 $i$ 存储的能量 $E$ 为 $E=Li^2$,证明式(14.3.17)是所描述的能量比。

14.4.1　一个发射器在 100 V 激励电压作用下产生 1 m 处声压级 100 dB re 1 μbar,计算灵敏度级,单位 dB re 1 μbar/V。

14.4.2　一个发射器有灵敏度级 60 dB re 1 μbar/V,计算它的灵敏度级 re 1 μPa/V 和灵敏度级 re 20 μPa/V。

14.4.3　当一个扬声器的音圈被钳定,它的输入阻抗的阻的分量是 5 Ω,当这个扬声器安装在一面大墙上,并在机械共振频率处计算,阻的分量变为 10 Ω,当这个扬声器从墙上移走,近似消除声辐射负载,在机械共振频率处输入电阻为 12 Ω,当该扬声器安装到墙上时,在共振频率处的电声效率是多少?

14.4.4　一个半径 0.2 m 的扬声器安装在一面大而平的墙上,在 1 000 Hz 激励时,在距离扬声器器轴线上距离 5 m 位置的声强为 0.1 W/m$^2$。(a)该点的声强级是多少?(b)假设该扬声器具有与相同半径平面活塞相同的指向性图,在墙壁上相同距离处的声强级是多少?(c)离开墙壁 30°方向上相同距离处的声强级是多少?(d)离开墙壁 60°方向上呢?(e)扬声器总声输出是多少瓦?

14.4.5　根据定义推导式(14.4.10)。

14.4.6　(a)从关于功率的定义获得式(14.4.22)中的第一个恒等式。(b)证明两个比值是电机和机声效率。(c)借助指标方程证明最后一个恒等式。

14.4.7　证明式(14.4.23)中在机械共振频率处有 $\eta_{MA}=R/R_R$ 和 $\eta_{EM}=R/(R_0+R)$。

14.5.1　对于 14.5 节的扬声器,由教材中给定的量估计(a)$k_m^2$、(b)$k_m^2$(eff)和(c)$Q_M$。

14.5.2　一个扬声器的音圈直径 0.03 m,有 80 圈。它的阻挡电阻为 3.2 Ω,它的阻挡电感为 02 mH。工作在 1 T 的磁场中,圆锥和音圈的总质量为 0.015 kg,机械阻 $R_m$ 是 1 N·s/m,辐射阻 $R_r$ 是 1 N·s/m,圆锥系统的刚度为 1 500 N/m。(a)假设辐射抗 $X_r$ 可以忽略,在 200 Hz 时阻挡电阻抗 $Z_{EB}$、动态阻抗 $Z_{MOT}$、总的电输入阻抗 $Z_E$ 是多少?(b)在这个频率使扬声器圆锥产生 0.1 cm 的位移振幅需要施加多大的激励电压?(c)该激励电压将产生多少瓦的声输出?(d)并联电路有与上述扬声器动态阻抗相同的阻抗,计算该并联电路的 $R$、$L$ 和 $C$。

14.5.3　(a)习题 14.5.2 中扬声器的机械共振频率是多少?(b)扬声器圆锥系统的机械品质因数 $Q_M$ 是多少?(c)在共振频率施加 5 V 电压,该圆锥的位移幅值的均方根值是多少?(d)如果激励电路在最大位移时立即开路,那么在 0.02 s 末尾位移幅值的均方根值是多少?

14.5.4　一个扬声器安装在无限大障板上,半径 0.2 m,动质量 0.04 kg,音圈电阻 4 Ω、电感 0.1 mH,转换因子 10 T·m。悬架刚度为 2 000 N/m,机械阻为 2 N·s/m。(a)一个 10 V、200 Hz 的交流电压施加到音圈上,扬声器的输出声功率是多少?(假设辐射负载只在扬声器圆锥的一面)。(b)假设其辐射波束方向图与无限大障板上圆面活塞的波束方向图是一样的,在轴线 10 m 距离上的产生的声压是多少?

14.5.5C　(a)对该节分析的扬声器绘出动态阻抗图。(b)从图中确定 $\omega_u$ 和 $\omega_l$。(c)从这些数据中计算机械品质因数,(d)并与由式(14.4.21)计算的值进行比较。

14.6.1　一个扬声器半径为 0.15 m。当安装在墙上时其机械共振频率为 25 Hz,当安装在体积为 0.1 m$^3$ 的封闭机箱内时,其机械共振频率升高到 50 Hz。(a)悬架的刚度系数是多少？(b)扬声器圆锥的质量是多少？在每种情况下，考虑只在扬声器圆锥的一面施加辐射抗。

14.6.2　一个扬声器质量为 0.01 kg，刚度 1 000 N/m，机械阻 1.5 N·s/m，半径 0.15 m，音圈半径 1.5 cm、No.34 的铜线 150 匝，空气间隙的磁通密度 0.8 T，电感 0.4 mH。扬声器安装在一个 0.2 m×0.5 m×1.0 m 的封闭箱体内。(a)考虑扬声器圆锥辐射负载仅加载在一边，则机械共振频率是多少？(b)如果 10 V 电压施加到音圈上，在共振频率、200 Hz 及 1 kHz，声输出分别是多少瓦？

14.6.3　假设习题 14.6.2 的扬声器安装到一个低音反射机箱内，(a)如果通风孔是半径 0.15 m 的圆孔，长度可以忽略，如果它的亥姆霍兹共振频率等于该扬声器安装在无限大障板上时的机械共振频率，则箱体的体积必须是多少？(b)在 75 Hz，该扬声器安装在这个机箱种的声输出与安装在无限大障板上的声输出的比值是多少？(假设扬声器圆锥的位置在两种情况下是相同的。)

14.7.1　验证当 $S=S_0\exp(2\beta x)$ 时式(14.7.4)的每一项满足式(14.7.3)。

14.7.2　一个小圆面活塞半径 0.03 m、质量 0.002 kg，它的悬挂刚度使得它的共振频率为 300 Hz，一个指数型喇叭喉部半径 0.03 m，长度 0.1 m，口部半径 0.3 m，安装在活塞上。(a)活塞的新的机械共振频率式多少？假设喇叭对活塞的质量负载与一个具有相同扩展常数的无限大喇叭的质量负载相同。(b)如果作用在活塞上的激励力的幅值是 5 N，在 300 Hz，该无限大喇叭辐射的声功率是多少？

14.7.3　在 250 Hz 有 1 W 的声功率从无限长指数型喇叭辐射出去，这个喇叭喉部半径 0.03 m，扩展系数 $2\beta=5$。(a)该喇叭的截止频率是多少？(b)产生 1 W 的声输出，则要求喉部的峰值体积速度是多少？(c)驱动器上膜片的半径是 0.05 m，如果要产生上述体积速度，则要求它的峰值位移幅值是多少？

14.7.4　一个高音指数型喇叭喉部半径为 0.01 m，膜片半径 0.03 m，刚度 5 000 N/m，质量 0.001 kg，音圈电阻 1.6 Ω，电感 0.1 mH，转换因子 4 T·m。(a)如果截止频率是 500 Hz，则喇叭的扩展常数是多少？(b)如果在 1 kHz 的声输出是 0.2 W，则在喇叭喉部的峰值体积速度是多少？(c)在 1 kHz 多大的膜片位移幅值可以产生纸样的体积速度？(d)在该频率处扬声器的效率是多少？(e)多大的电压施加到音圈上可以产生这样的声输出？

14.7.5　假设喇叭内的传播波遵循声压和声强间的平面波关系。(a)波的幅值将会如何依赖于喇叭的横截面积？(b)基于(a)，确定 $P(x)$ 的特性，这与式(14.7.4)一致么？(c)对于圆锥型喇叭，$S(x)=(x/a)S(a)$，如果喉部在 $x=a$，喉部的声压幅值为 $P(a)$，计算 $P(x)$，这与球面波传播一致么？

14.7.6　对于单频激励，证明式(14.7.3)可以写为

$$\frac{\partial^2 p}{\partial x^2}+\frac{d(\ln S)}{dx}\frac{\partial p}{\partial x}+k^2 p=0$$

其中，$\omega=kc$。(b)对于一个指数型喇叭，证明式(1.6.3)是上式的一个类比，找出 $p$、$x$、$2\beta$、$k$ 和 $\kappa$ 的类比。

14.8.1　一个水听器的接收灵敏度级时−80 dB re 1 V/μbar。(a)以参考值 1 V/μPa 重新表示该灵敏度级。(b)如果声压场是 80 dB re 1 V/μbar，则输出电压是多少？

14.8.2　一个传声器对一个入射有效声压级 120 dB re 1 μbar 显示 1 mV，计算该传声器的灵敏度级 re 1 V/μbar。

14.9.1　一个电容式传声器膜片半径 0.02 m，膜片与背板间隙 0.000 02 m，膜片拉伸张力为 10 000 N/m。(a)如果计划电压为 200 V，该传声器的低频开路电压响应是多少 V/Pa？(b)相应的相应级是多少 dB re 1 V/Pa？(c)当幅值 1 Pa 声压作用到膜片上，则膜片的平均位移幅值是多少？(d)当一个幅值 10 μbar 的波作用时，该传声器在 100 Hz 在 5 MΩ 负载电阻上产生的电压是多少？

14.9.2　一个半径 0.8 cm 的电容式传声器用作一个探测器。钢膜片厚 0.001 cm，被拉伸到最大允许张力 10 000 N/m，膜片和背板间的距离为 0.001 cm，极化电压是 150 V，(a)膜片的最低阶频率是多少？(b)开路电压灵敏度级以 1 V/μbar 为参考和以 1 V/μPa 为参考分别是多少？计算 10 kHz 时的阻挡输入阻抗。(c)考虑衍射与同半径圆球的衍射是相同的，该频率处轴线上自由场响应级 re 1 V/Pa 是多少？

14.10.1　一个动圈式扬声器在对讲系统中被用作传声器和扬声器。扬声器的参数是 $m=0.003$ kg，$a=0.05$ m，$R_m=10$ N·s/m，$S=50\ 000$ N/m，$B=0.75$ T，$l=10$ m，$R_0=1\ \Omega$，$L_0=0.01$ mH，计算它在 1.1 kHz 时的开路电压灵敏度级 re 1 V/Pa。

14.10.2　一个动圈式传声器，其动单元的截面积为 0.000 2 m$^2$，质量为 0.001 kg，刚度为 10 000 N/m，机械阻为 20 N·s/m，线圈电阻为 5 Ω，长度为 5 m，在 1.0 T 的磁场中振动，(a)1 kHz 时开路电压灵敏度级 re 1 μPa 是多少？(b)在 100 Hz 重复计算。

14.11.1　一个振速带式传声器构造为在一个半径 4 cm 的圆形障板上安装一条铝带，铝带 0.001 cm 厚，0.4 cm 宽，2.5 cm 长，磁场磁通密度 0.25 T，一个 250 Hz、2 Pa 声压的平面波垂直入射到铝带表面。(a)在铝带上形成的电压是多少？(b)这个频率的开路电压灵敏度级是多少？(c)在上述条件下，铝带的位移幅值是多少？

14.11.2　一个平面驻波声压 $p=2P\cos\omega t\sin kx$，导出作用在一个理想化声压梯度传声器膜片上静轴向力的表达式。令膜片截面积为 $S$，令从前到后的有效传播路径为 $L$。仅考虑等相位面平行于膜片表面的情况，证明这个力在声压的波腹为零，在声速的波腹为最大值。

14.11.3　一个传声器存在指向性，使得与主轴夹角 $\theta$ 任意方向上的响应正比于 $\cos^2\theta$。(a)计算指向性的数值。(b)它的指向性指数是多少？

14.11.4　(a)得出式(14.11.3)；(b)得出指向性因子；(c)计算 $kL$ 值，使得式(14.11.3)的开路电压灵敏度级与式(14.11.4)在 $\theta=0°$时偏离 3 dB；(d)对于一个障板半径 3 cm 的带式传声器，估计与(c)相关联的频率。

14.11.5　证明心形传声器的指向性为 3。

14.12.1　对于碳传声器的关于偏置电压 $V_0$ 和基频输出电压幅值 $V_1$ 的输出，写出其分数第二阶和第三节谐波失真的表达式。假设谐波很小。

14.12.2　一个碳传声器连接到 12 V 电池上，内阻是 100 Ω，该传声器的开路电压响应是−40 dB re 1 V/μbar，其膜片面积为 0.001 m$^2$，有效刚度为 $10^6$ N/m，(a)该传声器电阻常数 $h$ 的值是多少？(b)对于 100 μbar 声压幅值的入射声波，这个传声器上形成的第二阶谐波与基频电压的比值是多少？

14.12.3　一个晶体传声器，其在 400 Hz 的开路电压响应级为−34 dB re 1 V/Pa，内部容性阻抗 200 000 Ω。(a)如果该频率一列 70 dB re 20 μPa 的平面波入射到传声器上，跨接在传声器输出端上的 500 000 Ω 电阻器上产生的电压是多少？(b)在这个电阻器上产生多少功率？(c)如果膜片的面积是 0.000 4 m$^2$，则该电功率与入射在传声器上的声功率的比值是多少？

14.13.1 一个电容式传声器,膜片半径 2 cm,膜片与背板的间隔 0.002 cm,膜片被拉伸到张力 5 000 N/m,极化电压 200 V。(a)该传声器的低频开路电压响应级 re 1 V/Pa 是多少?(b)应用电声互易原理,该传声器作为扬声器,在 1 kHz 激励电流 0.01 A,计算传声器上产生的 1 m 距离处的声压级 re 1 V/Pa。

14.13.2 一个传声器进行比较校准时,灵敏度级为-120 dB re 1 V/μbar 的标准传声器给出 1 mV 的输出电压。当替换掉标准传声器后,待校准传声器的输出电压为 0.2 mV。(a)未知传声器的灵敏度级是多少?(b)传声器暴露环境的声压级是多少?

14.13.3 一个传声器待校准。根据最初的测量,它的灵敏度确定为是一个可逆换能器的 5 倍。当该可逆换能器在距离传声器 1.5 m 位置用作声源时,当换能器上施加 500 Hz 1 A 的驱动电流时,传声器被观察到有一个 0.001 V 的开路输出电压。(a)传声器的开路电压响应是多少?(b)在上面试验过程程作用在传声器上的声压是多少?

14.13.4 在互易校准中,两个可逆换能器之间的间距为 2 m。在 2 kHz,一支传声器输入电流 0.001 A,另一个传声器被测量的开路输出电压是 0.001 V,在该传声器的开路电压响应级是多少 dB re 1 V/Pa?

14.13.5 从式(14.13.2)等方程直接导出一支可逆换能器的自校准的式子(14.13.7)。

# 第15章 水 声 学

## 15.1 引 言

在水中利用声发送和接收信息对于人类和鲸类同样非常重要。人类对水声的最早应用是在灯船上安装浸没在水里的钟,这些钟发出的水下声音可以被很远处安装在船壳上的水听器检测到。如果船壳相对的两侧各有一个这样的设备,由它们接收的声各自独立地传播到一个听者的左右两耳,则可以确定灯船的大致方位。1912 年,Fessenden 发明了一种电动发射器,可以在船只之间通过摩尔斯电码进行水声通信。航海的安全性由于回声测深仪的使用得到了提高,它通过测量发射器发射的短脉冲传播到海底再返回的时间确定海深。

水声的一种非常重要的应用,称为声呐(SOund NAvigation and Raging),是对潜艇的探测、追踪和分类。这种应用要实现电能向声能的高效转换、设计存在噪声时能检测微弱信号的系统并研究声在海洋中传播的影响因素。

关于水声学更为详尽的讨论,感兴趣的读者可以参考 Urick 的书①。

## 15.2 海水中的声速

在 5.6 节曾指出,淡水中的声速是温度和压力的函数,海水中的一个额外的参数是盐度。由 Del Grosso 提出的公式②被广泛接受为对 Neptunian 海水③中声速的精确描述,这个方程适合于计算机计算,一种相当准确的近似为

$$c(T,S,P)=1\,449.08+4.57Te^{-[T/86.9+(T/360)^2]}+1.33(S-35)e^{-T/120}+$$
$$0.152\,2Pe^{[T/1\,200+(S-35)/400]}+1.46\times10^{-5}P^2e^{-[T/20+(S-35)/10]} \qquad (15.2.1)$$

其中,$c$ 为声速,单位 m/s,$T$ 为摄氏温度,$S$ 为千分之一盐度(ppt),$P$ 为大气表压。这个公式适用于开阔海域,但若将指数$(S-35)/400$ 用其模替换,则也可用于盐度较低的黑海和波罗的海,尽管用于黑海时误差会达到 60 cm/s。除此以外的误差典型值是在 6 km 深处误差约 10 cm/s,一些非典型海域如苏禄、哈马黑拉、加勒比和东印度盆地等海域可达到 20 cm/s。

压力和深度之间的关系是纬度以及该深度以上水柱密度的函数,有压力和深度之间关系的转换公式④,但是对于近似计算,在纬度 45°的范围内可以假定 1 atm≈10 m 的深度。在

① Urick, *Principles of Underwater Sound*, 3rd ed., McGraw-Hill (1983).

② Del Grosso, *J. Acoust. Soc. Am.*, 56, 1084 (1974).

③ Leroy, *J. Acoust. Soc. Am.*, 46, 216 (1969).

④ Fofonoff and Millard, *UNESCO Tech. Pap. Mar. Sci.*, 44 (1983).

这种近似下,式(15.2.1)的 $P$ 可以用 $100Z$ 替换,其中 $Z$ 为深度的千米数。若需要更精确的转换关系,下面的关系就足够了

$$P=99.5(1-0.002\,63\cos 2\varphi)Z+0.239Z^2 \tag{15.2.2}$$

其中,$\varphi$ 为纬度,单位是度。

对于常规估计,用声速 1 500 m/s 和标称特性阻抗 $\rho_0 c=1.54\times10^6$ Pa · s/m 就足够了。这些值可以用来计算声压、质点速度和海水密度。如果要考虑声速的空间变化就要采用式(15.2.1)或更精确的公式。

## 15.3 传播损失

传播损失定义为

$$\mathrm{TL}=10\log[I(1)/I(r)]=20\log[P(1)/P(r)] \tag{15.3.1}$$

其中,$P(r)$ 和 $P(1)$ 是在距离声源 $r$ 和 1 m 处(由远场反推到 1 m 处)的声压幅值。

例如,衰减的球面波声压幅值为

$$P(r)=(A/r)\mathrm{e}^{-\alpha(r-1)} \tag{15.3.2}$$

对于满足 $\alpha\ll0.1$ Np/m 的频率,式(15.3.1)退化为式(8.3.7)

$$\mathrm{TL}=20\log r+ar$$

$$a=8.7\alpha \tag{15.3.3}$$

其中,$a$ 为吸收系数,单位 dB/m,是对数 log 的参数除以 1 m。如果声被限制在两个平行的理想反射平面之间,则得到柱面扩散,吸收和想传播损失为

$$\mathrm{TL}=10\log r+ar \tag{15.3.4}$$

通常可以将传播损失分解成两部分

$$\mathrm{TL}=\mathrm{TL(geom)}+\mathrm{TL(losses)} \tag{15.3.5}$$

其中 TL(geom)为几何扩散衰减,TL(losses)表示由于吸收和其他的非几何效应如散射等引起的衰减。

在 8.7 节中讨论了海水中声的吸收系数 $a$。例如,pH=8、$S$=35 ppt、$T$=5 ℃时,在 1 kHz 时 $a$=0.063 dB/km,10 kHz 时为 1.1 dB/km,50 kHz 时为 15 dB/km。对于海水在这些条件下,式(8.7.2)和式(8.7.3)的如下近似对于本章的目的就足够了:

$$\frac{a}{F^2}=\frac{0.08}{0.9+F^2}+\frac{30}{3\,000+F^2}+4\times10^{-4}(\mathrm{dB/km})/(\mathrm{kHz})^2 \tag{15.3.6}$$

其中,$F$ 为频率,单位 kHz;$a$ 的单位为 dB/km。对低于 100 Hz 的频率,应该包含一个深度修正,并以 $\exp(-Z/6)$ 乘以 $MgSO_4$ 损失项(右端第二项),其中 $Z$ 单位为 km。图 15.3.1 曲线为有吸收的球面扩展对应的传播损失随 $r$ 的变化。低频近距离时 TL 主要来自于球面扩展。随着频率和距离增大,曲线 $B$、$C$ 表明吸收衰减表现的更重要,显然远距离要求低频。

传播损失测量值通常与上面的简单公式有偏差。(1)与多路径传播相关的折射、干涉所引起的声线发散或汇聚以及从海面和海底的反射都对几何扩散有影响。(2)水中非均匀体引起的衍射和散射(见 8.10 节)导致的衰减增大对损失有影响。

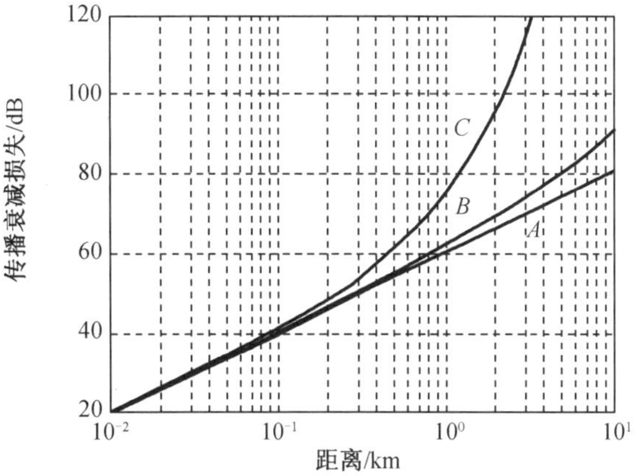


**图15.3.1 有吸收的海水中球面传播衰减损失。曲线 *A* 对应 1 kHz,曲线 *B* 为 10 kHz,曲线 *C* 为 50 kHz。**

尽管诸多因素都限制着海水中的声传播,声在海洋中携带能量的能力仍远远优于电磁波。在水中,商用最低频无线电波为 30 kHz,对应 $a\sim3$ dB/m,更高频率的波衰减更快。光通过海水时被漫射和散射快速衰减以至于距离超过 200 m 时,介质就成为完全不透明的了。只是在空气中传播时,声才逊色于电磁波和光。

## 15.4 折 射

改变声在海洋中球面扩散的最重要现象是由于声速的空间变化引起的折射,这种声速变化产生于温度、盐度和压力的不均匀性。盐度变化大的区域包括不同盐度的海水相遇处以及海面,因为海面受到降水和蒸发的影响最大。声速随深度的变化很小,100 m 的深度变化对应的压力变化(约 10 个大气压)使声速增大 1.6 m/s,仅 0.1%。相比之下,温度引起的声速变化大得多,而且有大的波动,尤其在海面附近。在海面下 100 m 内通常会有大于 5 ℃的温度差,温度提高 5 ℃使声速增大 16 m/s,约 1%。

通常,声速在水平方向的变化远小于在深度方向的变化,但河流入海口、大的洋流(如墨西哥湾流)边缘以及正在溶化的冰块附近除外。在下面的讨论中忽略这些影响。

给定温度、盐度和压力对深度的依赖关系时,声速随深度的变化可由式(15.2.1)计算。或者也可以直接测量不同深度上的声速。图 15.4.1 为深海的典型声速剖面。最为普遍的特性是除了在很高的纬度之外都有一个明显的最小值。在赤道附近由于太阳提供的热量多,这个最小值的深度更深。在高纬度,这个最小值向海面靠近,在极地海域有时甚至达到海面。声速最小值的深度称为“深海声道轴”。在这个轴以下声速增大直至在很深处出现“深海等温层”,温度为常数,对多数海洋盆地温度在−1 ℃到 4 ℃之间。在这个区域声速几乎是线性的,具有正梯度,标称值为 $0.016(\mathrm{m/s})/\mathrm{m}=0.016\ \mathrm{s}^{-1}$。

深海声道轴以上有“主温跃层(main thermocline)”。这个层为负声速梯度,有轻微的季节变化,但仍是声速剖面的一个相对稳定的特征,这个层的特性主要决定于纬度。在主温跃层以上是“季节性温跃层(seasonal thermocline)”,也是负梯度,随季节变化。最后是在季节跃变层以上的“表面层(surface layer)”,这个层对每一天甚至每小时内的空气和海面条件的变化很敏感。如果有足够的表面波活动使海面附近的海水发生混合,表面层就成为“混合层(mixed layer)”,它是等温的,具有约 0.015 $s^{-1}$ 的正声速梯度。

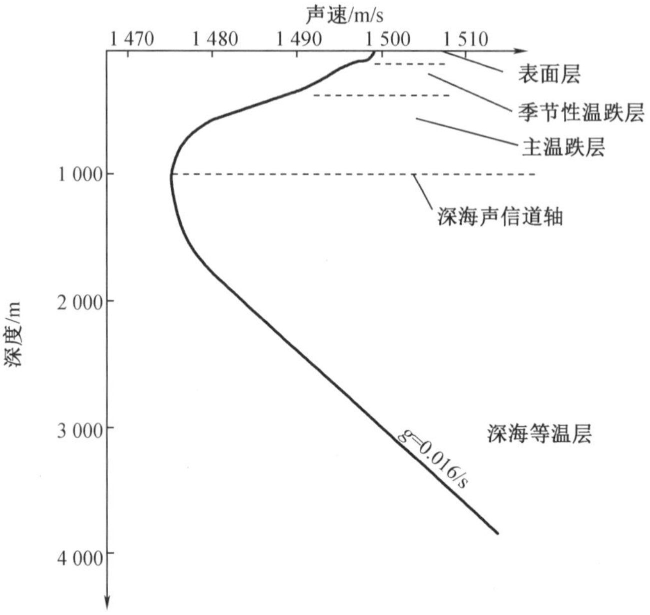


**图 15.4.1　中纬度深海中的典型声速剖面**

声速的实际变化量与它的大小相比是很小的。图 15.4.1 的剖面最大变化约为 30 m/s,约为标称值的 2%,但声速变化对海洋中声传播的影响却是相当大的。

声速随深度变化的介质中声线路径可以由斯涅尔定律式(5.14.16)计算

$$c/\cos\theta=c_0 \tag{15.4.1}$$

其中,$\theta$ 为声速为 $c$ 的深度处声线对与水平方向的俯角,$c_0$ 为声线变为水平方向(真实或外推)时对应的深度($\theta_0=0°$)。

通常是通过划分为薄层并假设每个薄层内声速梯度为常数的方法将如图 15.4.1 的复杂剖面进行简化。这样做的好处是声速梯度 $g$ 为常数的水层内声线路径是一段 $x$ 弧,圆弧的圆心位于“基线深度”,这个层内的声速外推到该深度上的值为零。为了证明这一点,考虑一条声线路径中局部曲率半径为 $R$ 的一段,如图 15.4.2 所示。取深度 $z$ 竖直向下为正,$\Delta z=R(\cos\theta_1-\cos\theta_2)$。将梯度 $g=(c_2-c_1)/\Delta z$ 与斯涅尔定律结合得到

$$R=-c_0/g=-c/g\cos\theta \tag{15.4.2}$$

因为 $c_0$ 和 $g$ 为常数,故声线路径为圆。圆的曲率中心位于 $\theta=90°$的深度上,对应于 $c=0$。对于图 15.4.2 所示情况,声速梯度为负,因此 $R$ 为正。(如果 $g$ 为正,则 $R$ 为负,声线路径将向上弯曲。)以下取 $R$ 为曲率半径的大小 $R=|c_0/g|$,对于明确包含 $R$ 项的符号则需相应的指定。

将薄层内的等梯度剖面外推确定了该层的基线深度后就可以通过绘制或计算出声线路径。如果一条声线的起始俯角为 $\theta_1$,则参见图 15.4.2 并利用式(15.4.2),算得水平距离的变化 $\Delta r$ 和竖直方向距离的变化 $\Delta$ 为

$$\Delta r=R(\sin\theta_1-\sin\theta_2)$$

$$\Delta z = R(\cos\theta_2 - \cos\theta_1) \tag{15.4.3}$$

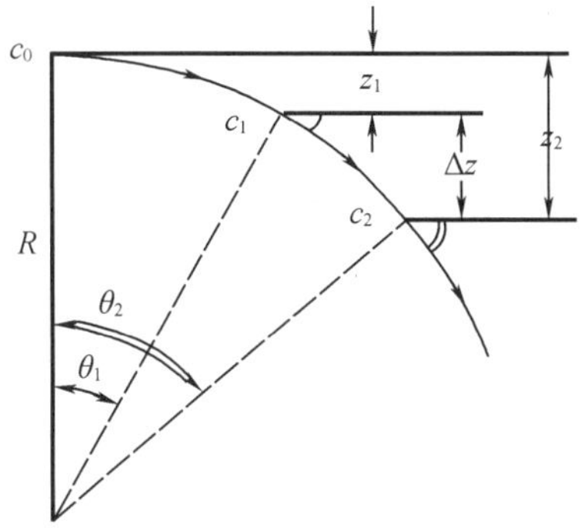


**图 15.4.2　确定梯度 $g$ 和声线曲率半径 $R$ 之间关系的简图**

# 15.5　混　合　层

波浪作用可以搅拌表层海水形成混合层,其中影响声速的唯一因素是压力。这个层中的正声速梯度使声局限在表面附近传播。混合层一旦形成后就可维持直至太阳开始使其上部变热从而减小梯度。这种热效应最终形成负声速梯度从而形成向下折射导致层内的声损失。因为这经常发生在下午,所以称为“午后效应”。夜间海面变凉,波浪的搅动作用又使等温层重新形成。很少会形成大于 0.015 $s^{-1}$ 的正声速梯度,因为这要求温度随深度而升高,而这是一种动态不稳定条件,因为当盐度为常数时密度将随深度减小。

当存在混合层时,海面附近的声速剖面可以用两个线性梯度模拟,如图 15.5.1a 所示,其中 $D$ 为层的深度。图 15.5.1b 为深度 $z_s$ 处声源的典型声线。向上传播的声线在水-空气界面以等于入射角的反射角发生反射,而向下传播的声线与该层的下边界相交,进入到下面一层传播,传播的路径决定于下面一层的声速梯度。注意,角度 $\theta$ 不变时,随梯度改变路径光滑连续。离开声源时的仰角或俯角在 1、2 两条声线之间的那些声线都被限制在混合层内。声线 1、2 具有相同的曲率半径并且都与层的下边界相切。声线 2′称为“临界声线”,因为它标示了影区的内边界,在影区内是没有声线的。尽管根据这个简单模型在影区内没有信号,但气泡以及粗糙海面的散射、导致 $D$ 随水平距离波动的内波的存在以及声音从其外围进入影区的衍射,使阴影区存在微弱的、波动的声。对于高千赫数的频率,声级的典型值在影区内至少比影区边界低 40 dB。对于低千赫数的频率,影区内的信号衰减减弱,频率足够低时,由于强散射以及射线声学失效,影区可能不再存在。

离开声源时的俯仰角在 1、2 两条声线以外的那些声线进入更深层海水中而从该层中损失掉。极限声线(1 和 2)之间的声线先是按照球面波规律扩展,最终被限制在层内按照柱面波规律扩展。由球面扩展转为柱面扩展的距离称为“过渡距离 $r_i$”。对于小的 $\theta_0$ 值,可以令 $r=r_i$ 时张角为 $2\theta_0$ 的波束照射到的范围在竖直方向的长度等于层的深度 $D$ 来估计过渡距离,得 $r_i=D/2\theta_0$。

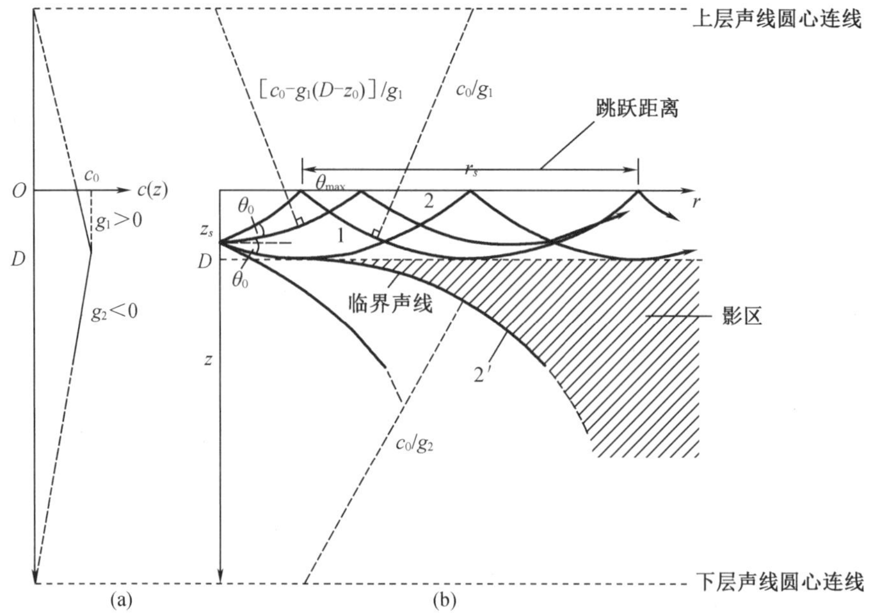


**图 15.5.1　深度 $D$ 混合层内声源的声传播**

另一个重要参数是“跳跃距离 $r_s$”。由图 15.5.1b，$r_s=2R\sin\theta_{max}\approx 2R\theta_{max}$，其中 $R=c_0/g_1$ 为在层底部掠射的声线半径。对于小角度，由斯涅尔定律得

$$1/c_0=\left(1-\frac{1}{2}\theta_{max}^2\right)/c(0) \tag{15.5.1}$$

其中，$c(0)$为海面($z=0$)处声速。对于这个等梯度层

$$c_0=c(0)/(1-D/R) \tag{15.5.2}$$

将上述方程联合得

$$r_s=2(2RD)^{1/2}$$

$$r_t=(r_s/8)[D/(D-z_s)]^{1/2} \tag{15.5.3}$$

混合层的 $R$ 标称值为 $R=1\ 500/0.015=1.0\times10^5$ m。

一个简单的声传播损失模型现在就可以如下构建，假定当 $r<r_t$ 时几何扩展为球面扩展，当 $r>r_t$ 时为柱面扩展。因为通过过渡距离时传播损失必为连续的，一种合适的形式为

$$\text{TL(geom)}=\begin{cases}20\log r, & r\leqslant r_t\\ 10\log r+10\log r_t, & r>r_t\end{cases} \tag{15.5.4}$$

限制在声道内的所有声线都可以达到海面再被向下反射，却并非所有声线都能到达声道底。(例如，一条从声源水平发出的声线永远不能到达比声源深的深度。)如果一个接收器在比声源深的深度 $z_r$ 处，它只能检测可到达深度等于或大于 $z_r$ 的那些声线。这意味着声源和接收器之间的 TL(geom)必大于式(15.5.4)给出的值。根据声的互易原理，交换源与接收器位置不改变它们之间传播损失的测量值。如果将源与接收器位置互换，使源位于接收器原来的深度 $z_r$，现在过渡距离由式(15.5.3)其中 $z_s$ 替换为 $z_r$ 得到。这个值超过了早先的计算值，因此传播损失变大了。计算 $r_t$ 时必须采用源和接收器深度两者之间较大的一个。

由于传播损失决定于源或接收器深度中较大的一个，因此在给定的声道中，使源或接

收器的深度变浅就可以使传播损失最小化。但是源和接收器到海面的距离都不能小于几个波长,否则源(或接收器)与其虚源之间的干涉会变得很重要。

TL(losses)中包含几种不同的贡献。海水吸收的贡献由 $ar$ 描述。各种因素也导致海面波导中的声损失:粗糙海面的声散射、由衍射导致的能量由波导底部的泄露、内波以及声速剖面的不均匀性等。可以根据跳跃距离和"每次反弹的损失 $b$"将这些贡献参数化。综上得到 $\mathrm{TL(losses)}=ar+br/r_s$。于是传播损失为

$$\mathrm{TL}=\begin{cases}20\log r+(a+b/r_s)r, & r\leqslant r_t\\ 10\log r+10\log r_t+(a+b/r_s)r, & r>r_t\end{cases} \tag{15.5.5}$$

尽管取决于混合层的不同性质,$b$ 可以有很大的变化,由 Schulkin① 提出的经验公式仍可以得到粗糙但具有代表性的值

$$b=(\mathrm{SS})\sqrt{F} \tag{15.5.6}$$

其中,SS 为海况,是对海面粗糙度的评级(表 15.9.1),$F$ 为 kHz 频率。这个公式的有效范围是在 2~25 kHz 内 $3<b<14$ dB/bounce(反弹)。

因为声被限制在混合层内形成一个圆柱波导,低频时必须应用简正波理论而不是射线理论。这个情况与 9.7 至 9.9 节所研究的情况不同,但物理是相同的。存在着的简正模态,它们有各自的截止频率。这意味着对于足够低的频率许多阶简正波是衰减的因而混合层携带能量的本领被减弱。结果是,对于波长足够长的波,不会出现声被限制在混合层内的现象。截止频率决定于混合层以下梯度,一种粗糙的近似为

$$F\sim 200/D^{3/2} \tag{15.5.7}$$

其中,$D$ 的单位为米,$F$ 单位为 kHz。当频率近似等于或低于这个值时,前面建立的混合层传播损失模型的可靠性逐渐降低,而简正波模型提供更精确的预测。

在声源处俯角或仰角大于 $\theta_0$ 的声线离开混合层并被向下折射。如果水深足够,则这些声线最终又被向上折射直至传播到海面。经常会有这样的声线接近海面时相交从而就在海面下形成高声强级区域。这种增强区称为"汇聚区"。这种现象发生的距离决定于声速剖面的细部特征而且随海域而不同,"汇聚区距离"在 15 km 至 70 km 之间变化,汇聚区宽度(声信号有明显提高的范围)约为汇聚区距离的 10%。假定球面扩展、吸收损失和汇聚增益 $G$,汇聚区内传播损失的一种简单模型为

$$\mathrm{TL}=20\log r+ar-G \tag{15.5.8}$$

其中,$r$ 必须在汇聚区内。汇聚增益是汇聚区内位置的复杂函数,但是从内部进入这个区时经常会有 $G$ 的一个突然增大,而通过这个区的外边界时则是逐渐减小。确定 $G$ 的值要进行数值计算。由海底反射回海面的声线也形成一个有用的传播路径。如果这些声线的俯角大,声线路径就成为直线,海底反射的传播损失可由下式很好地近似

$$\mathrm{TL}=20\log r'+ar'+\mathrm{BL} \tag{15.5.9}$$

其中,$r'$ 为声线传播的实际距离,BL 为传播损失的 dB 数。对于简单海底,可以由声线与海底的夹角,以及对于这种海底介质这个角度的反射系数来计算 BL。但是多数情况下必须对 BL 进行实地测量。

这些底部反弹声线有助于跨越混合层中传播的外部界限与任何会聚区之间的间隔。

① Schulkin, *J. Acoust. Soc. Am.*, 44, 1152 (1968).

但是海底反射特性的不确定性限制了海底反弹传播路径的应用。

## 15.6 深海声道和可靠声路径

自深海声道轴附近出发、与平水平方向成小角度的所有声线都不会到达海面和海底而回到声道轴并被限制在 SOFAR 声道中(这个名称来自于这种声道的一种早期应用"SOund Fixing And Ranging",即用声学方法确定飞行员在海上坠落的位置)。由于低频声在海水中的吸收很小,在这个声道内炸药爆炸中的低频成分可以传播到很远的距离。这样的信号曾在超过 3 000 km 的距离上被检测到。用两个或多个分隔得较远的水听器阵接收这类爆炸声信号就可以通过三角测量确定爆炸位置。

用线性梯度来近似声道轴附近的声速剖面可以构造深海声道中传播损失的一种简单模型,如图 15.6.1 所示。被限制在声道内的声线与声道轴相交形成的最大角可以由斯涅尔定律得到,为

$$(c_{max}-\Delta c)/\cos\theta_{max}=c_{max} \tag{15.6.1}$$

其中,$c_{max}$ 为声道中最大声速,$\Delta c$ 为 $c_{max}$ 与声道轴上最小声速 $c_{min}$ 之差。对于小角度,

$$\theta_{max}=(2\Delta c/c_{max})^{1/2} \tag{15.6.2}$$

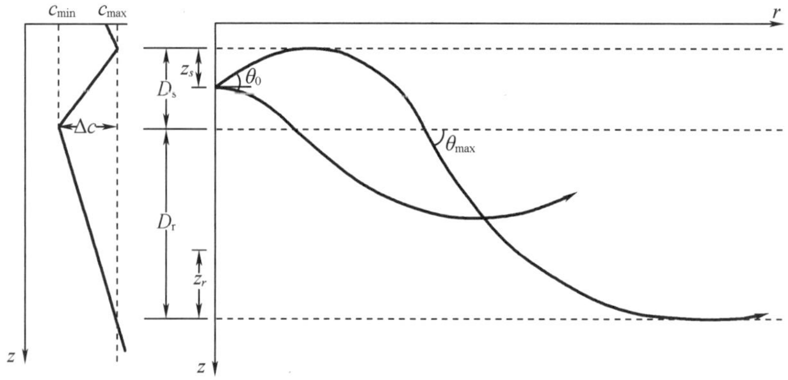


**图 15.6.1 深海声道内声源的传播损失**

对位于声道轴以上、上边界以下的源,只有水平方向以上和以下某个角度 $\theta_0$ 范围内的那些声线才被限制在声道内。由斯涅尔定律和小角度近似公式得

$$\theta_0=\theta_{max}(z_s/D_s)^{1/2} \tag{15.6.3}$$

其中,$z_s$ 为声道顶部与声源之间的距离。(若声源位于声道轴以下、距离声道轴底部 $z_r$ 距离处,则被限制在声道内的声线角度由式(15.6.3)给出,其中下标 s 改成 r。)由图 15.6.1 通过简单的几何关系可以得到跳跃距离 $r_s$

$$r_s=2(D_s+D_r)(2c_{max}/\Delta c)^{1/2} \tag{15.6.4}$$

其中,$(D_s+D_r)$为声道的垂直范围。对于图 15.4.1 的剖面,$\Delta c\sim30$ m/s,$(D_s+D_r)\sim3\ 000$ m,则 $r_s\sim60$ km。同混合层内一样,声道在 $r_t=(D_s+D_r)/2\theta_0$ 的距离上有声能的汇聚。经过运算得

$$r_t=(r_s/8)(D_s/z_s)^{1/2} \tag{15.6.5}$$

同混合层一样,$r_t$ 必须是由声源深度 $z_s$ 和 $D_s$ 计算值或由接收器深度 $z_r$ 和 $D_r$ 计算值中的较大者。若源和接收器都在声道轴以上,则根据二者中的较浅者以及 $D_s$ 计算 $r_t$。如果两者都在声道轴以下,则用较深者以及 $D_r$ 计算 $r_t$。

由于经过几个跳跃距离以后声能才开始在声道深度内相当均匀地分布,传播损失的适当公式

$$\mathrm{TL}=10\log r+10\log r_1+ar \tag{15.6.6}$$

仅在传播几个跳跃距离以后才能应用,这可能对应几百千米。

式(15.6.6)对很长的声信号有效。由于声道的频散,对短的单音脉冲或和爆炸信号必须做不同的处理,大多数海域在声道轴上下声速随距离增大都很快,因此限制在声道中的声线中那些传播路径最远的声线提供了能量传播最快的路径。该声道内任意声线传播的最长时间 $t_{max}$ 均小于等于 $r/c_{min}$ 在远距离上,若信号传播时间为 $t$,则初始时持续时间为的 $\tau$ 信号被拉长为 $\tau+\Delta\tau$,其中

$$\Delta\tau/t\sim[(D_s+D_t)/r_t]^2/24 \tag{15.6.7}$$

这里也要用两个 $r_t$ 中较大的一个。

在距离声源 $r$ 的接收器处,原始信号中的能量被分布在 $\tau+\Delta\tau$ 时间内,但分布并非均匀的。通常先到达的信号相对较弱,然后强度逐渐增大,最后戛然而止。这些效应的细节很大程度上取决于声速剖面的细节。如果在声道轴上下声速的增大不够快,则沿着声道轴传播的声最早到达。作为对信号被拉长时间的粗略估计,对如图 15.4.1 的声道源和接收器都在声道轴上时,式(15.6.7)给出在 2 000 km 距离处,$\Delta\tau/t=0.007$ 或大于 9 倍的时间拉伸。

那些离开声源时的仰角大于 $\theta_0$ 的声线可以照射到海面形成一个由深海声源到海面以及反方向的一条"可靠声路径 RAP(Reliable acoustic path)"。可照射到的海面最大范围随声源深度增大。如果声线足够陡则可以认为是直线,沿这个 RAP 路径的传播损失可以用有吸收损失的情况下沿这个斜向距离 $r'$的球面扩展来近似

$$\mathrm{TL}=20\log r'+ar' \tag{15.6.8}$$

图 15.6.1 以及前面对汇聚区的讨论说明若声道的上边界在海面,则汇聚区距离 $r_{cz}$ 为声道内的跳跃距离。若声道上边界在海面以下,则汇聚区距离就要增大一个适当的额外传播距离。例如,若声道轴与海面之间有一混合层,则汇聚区范围可以增大到声道的跳跃距离加上层的跳跃距离(取决于声源深度)。

## 15.7　海 面 干 涉

当海洋中有无指向性声源时,海面和海底反射波就会与直达波混合。根据它们之间相对相位的不同,这些波可能相互加强也可能部分相互抵消。在深水中,当源和接收器都靠近海面时,近距离上的海底反射波相对较弱。在这些条件下,干涉发生在直达声和海面反射声之间。

如果相对于波长来说海面较为平整,则深度为 $d$ 的声源的海面反射波就好像是从海面以上 $d$ 处的虚源发出的一样,虚源与真实声源的相位相反。这是第 6.8 节(b)以及习题 6.8.4 中讨论的声偶极子。为了将其用于水声,最好将这些结果重新改写一下,用偶极子到深度 $h$ 处接收器的水平距离替换柱坐标$(r,\theta)$。若 $d$ 和 $h$ 均小于 $r$,则

$$P=(2A/r)\sin(khd/r) \tag{15.7.1}$$

其中,$A$ 为距离声源 1 m 处的压力幅值。当 $khd/r=\pi/2, 3\pi/2, \cdots\cdots$ 两个波互相加强,当 $khd/r=\pi, 2\pi, \cdots\cdots$ 时两个波相互抵消(图 15.7.1 曲线 A)。最重要的实际情况发生在 $khd/r \ll 1$ 时

$$P \approx 2Akhd/r^2 \tag{15.7.2}$$

对于常数的 $d$ 和 $h$,大 $r$ 值时,距离每增大一倍,传播损失增大 12 dB,而不是球面扩展的 6 dB。

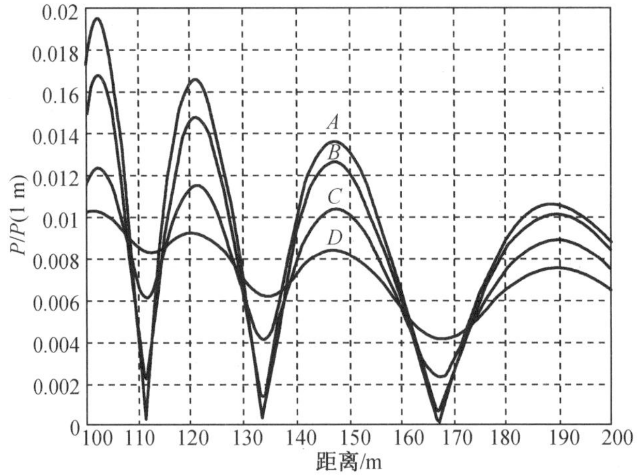


**图 15.7.1 位于 10 m 深处的 5.0 kHz 声源产生在 10 m 深接收器处的声压幅值。均方根海面粗糙度 $\sigma$=0 m($A$)、0.2 m($B$)、0.4 m($C$)和 0.6 m($D$)。**

衡量海面粗糙度对海面干涉影响的一个近似判据是

$$K=k\sigma\sin\theta_i \tag{15.7.3}$$

其中,$\sigma$ 为均方根海面粗糙度(海面相对于平整面的标准差),$\theta_i$ 为海面处的入射角,相对于水平方向。若 $K \ll 1$ 则海面是平的;若 $K \gg 1$ 则海面是粗糙的。海面粗糙度和入射角决定频率低于多少时有明显的海面干涉,当 $\theta_i \to 0$ 时粗糙度变得不重要。但是对于小的掠射角,海面附近的非均匀性以及由于声速剖面而产生的声线弯曲可以改变或破坏干涉效应,只有近距离不受影响。

为描述粗糙度的影响,假设将虚源的声线中散射方向不同于 $\theta_i$ 角的所有声线去除。这意味着看起来像是从虚源发出的信号的声压幅值有因子 $\mu<1$ 的衰减,这就是海面粗糙度影响大小的度量。$\mu$ 显然是 $\theta_i$ 的函数,可以近似为 $\mu \sim \exp(-2K^2)$。若虚源的幅值乘以 $\mu$ 则式(15.7.2)推广为

$$P=(A/r)\left[1+\mu^2-2\mu\cos(2khd/r)\right]^{1/2} \tag{15.7.4}$$

这个模型没有考虑散射场的存在。散射会产生一个非相干背景与相干的干涉场相结合。这个背景使干涉图样发生时间上的波动从而有“洗掉”干涉零点的趋势。更全面的处理参见 Clay 和 Medwin[①]。

① Clay and Medwin, *Acoustical Oceanography*, Wiley (1977).

## 15.8　声 呐 方 程

所有水声应用的关键是在有噪声的条件下检测所需的信号。若信号级为“回声级 EL”而噪声级为“检测到的噪声级 DNL”，则声呐方程为

$$\mathrm{EL} \geqslant \mathrm{DNL} + \mathrm{DT} \tag{15.8.1}$$

这实际就是第 11 章中检测阈定义的另一种表述。检测阈 DT 为在给定虚警概率下，检测概率要达到 50%时，要求回声级高于检测到的噪声级的值。

在信号处理应用中，传统的做法是使用适合于 $w=1$ Hz 带宽的检测阈值 $\mathrm{DT}_1$。在 11.5 节中曾得到二者之间的关系

$$\mathrm{DT} = \mathrm{DT}_1 - 10\log w \tag{11.5.1}$$

这使得许多方程可以用频谱级而不用接收器带宽内的频带级表示，在窄带处理中很有用。许多作者对 $DT$ 和 $DT_1$ 都用而在符号上又不加区分，读者应该清楚指的是哪一个。

在水声中，用检测指数 $d$ 代替可检测指数 $d'$

$$d = (d')^2 \tag{15.8.2}$$

(a) 被动声呐

被动声呐接收目标产生的噪声，这种情况下“回声级”这个词从字面上来说并不恰当，但习惯上还是这样用。声源级为 SL 的目标辐射的声传播到接收器有 TL 的传播损失。于是回声级为

$$\mathrm{EL} = \mathrm{SL} - \mathrm{TL} \tag{15.8.3}$$

利用高指向性接收器，被动声呐系统可以决定信号来自于什么方向。如果相互之间距离已知的两个或多个这样的系统同时接收到来自目标的信号，则目标的位置就可以通过三角测量来确定。

同信号一起被接收的还有来自许多源的噪声。海洋中充满着噪声源(波浪破碎、虾钳击打、波浪拍击、船舶噪声等)，它们共同产生宽带海洋环境噪声。除此以外，接收平台上的机械以及周围水的流动还产生自噪声。这些声源组合的总声源级是噪声级 NL。若接收器是有指向性的，则检测到的噪声级 DNL 为

$$\mathrm{DNL} = \mathrm{NL} - \mathrm{DI} \tag{15.8.4}$$

其中的指向性指数 DI(7.6 节(e))描述接收器区分来自于不感兴趣的方向的噪声的能力。将以上公式结合得到被动声呐方程

$$\mathrm{SL} - \mathrm{TL} \geqslant \mathrm{NL} - \mathrm{DI} + \mathrm{DT}_N \tag{15.8.5}$$

其中，$\mathrm{DT}_N$ 为噪声限值条件下的检测阈。因为被动声呐几乎就是以能量检测为基础的，因此适当的形式通常就是式(11.5.7)第二式。

(b) 主动声呐

对于主动声呐，信号是声源级为 SL 的发射机发出的声能脉冲。这个信号传播到目标处，累计一个单程传播损失 TL。在目标处，入射声能的一部分被反射，经历传播损失 TL′后到达到接收器，这部分声能用目标强度 TS 描述。单基地情况下，源和接收在同一位置，因此 TL=TL′，回声级为

$$\mathrm{EL} = \mathrm{SL} - 2\mathrm{TL} + \mathrm{TS} \tag{15.8.6}$$

除非特别指明,方程都写成单基地形式。为了推广到主动双基回声测距情况,将用 2TL(TL+TL′)代替具体几何位置关系下适当的双基目标强度。

通过测量脉冲发射与回声接收之间的时间间隔可以得知源到接收器的距离。如果已知源和接收器的位置而且它们都是高指向性的,则目标的方位就可以确定,因而目标的位置就也可以确定了。

主动系统的检测噪声级可能主要是环境噪声,也可能主要是自噪声。于是式(15.8.1)、式(15.8.4)以及式(15.8.6)给出噪声限值条件下的主动声呐方程

$$\mathrm{SL}-2\mathrm{TL}+\mathrm{TS}\geqslant \mathrm{NL}-\mathrm{DI}+\mathrm{DT}_{\mathrm{N}} \tag{15.8.7}$$

主动声呐还有一种被动声呐没有的掩蔽源——混响。混响源于那些不想要的目标如鱼类、气泡、海面以及海底等对信号的散射。这种情况下,检查的噪声级是混响级 RL

$$\mathrm{DNL}=\mathrm{RL} \tag{15.8.8}$$

将上述公式结合得到混响限值时的主动声呐方程

$$\mathrm{SL}-2\mathrm{TL}+\mathrm{TS}\geqslant \mathrm{RL}+\mathrm{DT}_{\mathrm{R}} \tag{15.8.9}$$

其中,$\mathrm{DT}_{\mathrm{R}}$ 为混响限值下的检测阈,15.11 节将给出 $\mathrm{DT}_{\mathrm{R}}$ 的表达式。

具体是噪声还是混响起主要作用决定于声功率、距离和目标速度。这两种可能情形示于图 15.8.1。一般来说,低功率系统是噪声限制的,因为当回声级低于可以从噪声中提取出回声时的回声级时,得到最大检测距离(图 15.8.1a)。增大系统的声功率使得给定距离上的回声级和混响级同时增大,但随着距离增大,混响级的减小比回声级的减小慢(图 15.8.1b)。如果随着距离增加,回声级减小直到被混响级淹没,则系统就成为混响限制的。

为减小混响效应,在接收器端利用一个陷波滤波器去除包含混响的窄频带内的能量。如果目标是运动的,则回声的频率跟混响频率不同(见 15.9 节(c)),信号检测就比较容易。但如果目标相对于水是静止的,则陷波滤波器也会滤除回波。

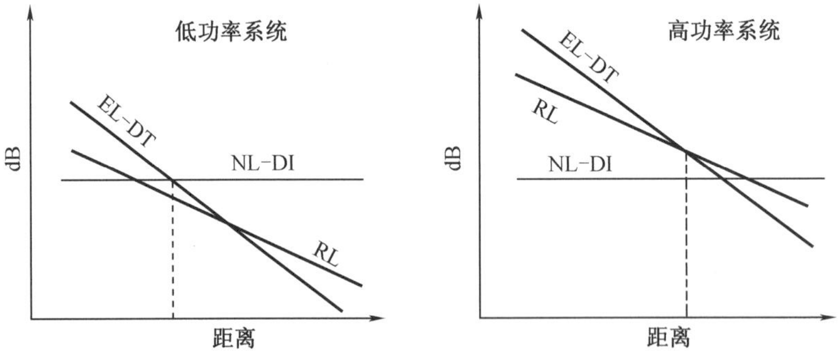

(a)噪声限制下的性能　　(b)混响限制下的性能

图 15.8.1　声呐系统在噪声限值和混响限值条件下的性能

## 15.9　噪声和带宽的考虑

根据声呐方程,显然降低检测噪声级可以提高声呐性能。这可以通过利用环境噪声和目标的频谱选择接收系统的带宽来实现。

(a)环境噪声

开阔海域环境噪声谱的标称形状如图 15.9.1 所示。在 500 Hz 和 20 kHz 之间,局部海面的搅动是最强的环境噪声源,可以通过指定局部风速来表征。海况、波高和典型风速之间的关系如表 15.9.1 所示。在这个频率范围内,噪声谱级以大约 17 dB/10 八度音阶的速度下降。在较低的频率上,环境噪声主要是远处的船只噪声和生物噪声的贡献。航运繁忙时噪声会大大超出图中标明的极限值。在大约 20 Hz 以下,海洋湍流和地震噪声是主要的。大约 50 kHz 以上水分子的热扰动成为一个重要的噪声源,噪声谱级以 6 dB/八度音阶速度增大。在浅水域由于繁忙的航运、附近冲浪、高的生物噪声、岸上噪声、近海钻井平台等的影响噪声级可能高得多。

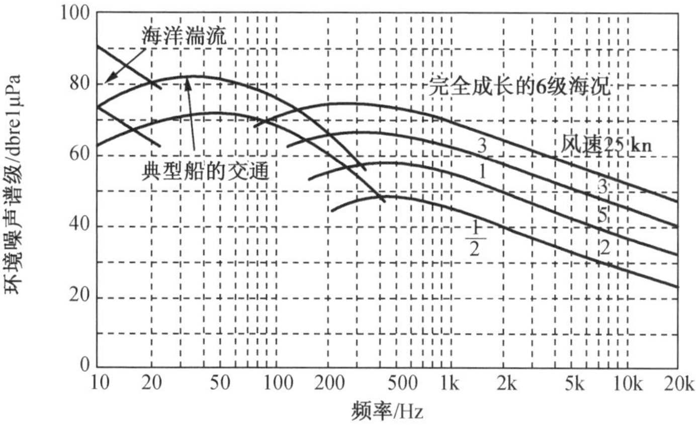


**图 15.9.1　深海环境噪声。(引自 Wenz, J. Acoust. Soc. Am., 34, 1936 (1962) 和 Perrone, ibid., 46, 762 (1969))**

图中的噪声谱是用无指向性接收器测量的。指向性接收器检测到的噪声级则决定于它的朝向。利用指向性接收器发现来自海面的噪声主要是沿竖直方向到达的,而船只噪声来自于更接近于水平的方向。

环境噪声的检测噪声级为式(15.8.4)。若带宽 $w$ 足够窄可以认为 NSL 在 $w$ 内为常数,则

$$\mathrm{DNL}=\mathrm{NSL}+10\log w-\mathrm{DI} \tag{15.9.1}$$

(b)自噪声

自噪声由接收平台产生并可以对要接收的信号形成干扰。自噪声可以通过机械结构传播到接收器,也可以在水中由声源直接传播或由海面反射传播到接收器。自噪声通常倾向于随着平台速度增大而增大。低频、低航速下主要是机械噪声,高频时推进器和流噪声成为主要的。航速提高时,对所有频率推进器和流噪声都是主要的。航速很低时,自噪声通常次于环境噪声和混响。

风速是在海面上方 10 m 处测量的。风速与波高的关系决定于风的持续时间、风程以及近陆块和浅水的影响。

瑞利海是用零级海况下各点相对于海面的偏离值 $a$ 的概率分布 $P(a)$ 定义的

$$P(a)=(a/\sigma^2)\exp\left[-\frac{1}{2}(a/\sigma)^2\right]$$

**表 15.9.1　远离陆地的深海海面特性**

| 描述 | 波高 $(H_{1/3})$/ft | 海况 (SS) | 给定波高的平均风速 | | | |
|---|---|---|---|---|---|---|
| | | | 12 小时风速/kn | 充分发展的风浪 | | |
| | | | | 风速 /kn | 所需时间 /h | 所需距离 /n mile |
| 海面平如镜 | | 0 | | | | |
| 形成了鳞片状的波纹，但没有泡沫峰 | | 1/2 | 2 | 2 | 2 | |
| 小波，仍然很短，但更明显。波峰有玻璃样外观，不破裂 | 0~1 | 1 | 5 | 5 | 7 | 40 |
| 大的小浪，波峰开始破裂。玻璃样泡沫，可能有四散的浪尖白花 | 1~2 | 2 | 9 | 9 | 11 | 100 |
| 小波浪变得更长，频繁的浪尖白花 | 2~4 | 3 | 14 | 13 | 14 | 150 |
| 中尺度波，呈现更明显的长波形状；许多浪尖白花（可能有一些浪花喷射） | 4~8 | 4 | 19 | 17 | 18 | 200 |
| 大波浪开始形成，浪尖白花普遍（可能有一些浪花喷射） | 8~13 | 5 | 24 | 21 | 23 | 300 |

对于瑞利海，波高定义为 $H_{1/3}=4\sigma$，可以由 $H_{1/3}\sim 0.4(SS)^2$(ft) 或 $H_{1/3}\sim 0.12(SS)^2$(m) 来估计，其中 $SS\approx 0.2\times$(12 h wind in kt)。

在声呐方程中，自噪声是作为等效的各向同性噪声谱级，该谱级以等效的环境噪声量的级表示接收机带宽中的自噪声掩蔽级。根据这种约定惯例，噪声限制条件下的检测噪声级为式(15.9.1)。

(c) 多普勒频移

假设频率为 $f$ 的声源在水中以速度 $v$ 径直地驶向接收机，同时接收机以速度 $u$ 驶向声源(图 15.9.2a)。在时间间隔 $\tau$ 内，源向水中发出 $f\tau$ 个信号周期，它们在指向接收机的方向占据 $(c-v)\tau$ 的空间长度。这个声波在水中的波长为 $(c-v)/f$，在水中静止的观察者检测到的频率为 $f_w=c/\lambda_w$ 或

$$f_w=fc/(c-v) \tag{15.9.2}$$

在同样的时间间隔 $\tau$ 内，接收机截获的波长个数为 $(c+u)\tau/\lambda_w$。这个数除以 $\tau$ 得每秒接收到的波的个数。因此接收机感知的频率为 $f'=(c+u)/\lambda_w$，与上一式组合得

$$f'=f(c+u)/(c-v) \tag{15.9.3}$$

对于 $v\ll c$、$u\ll c$，简化为

$$f'=f[1+(u+v)/c] \tag{15.9.4}$$

(1) 被动声呐

令两艘船以不同速度向不同方向行驶，建立如图 15.9.2b 式的几何关系。若 1 船辐射频率为 $f_1$ 的信号，则由式(15.9.2)，在水中向 2 船传播的信号频率为

$$f_w=f_1[1+(V/c)\cos\theta] \tag{15.9.5}$$

而 2 船将检测到的频率为

$$f_2 = f_1(1+\dot{R}/c)$$

$$\dot{R} = V\cos\theta + U\cos\varphi \tag{15.9.6}$$

其中，$\dot{R} = -dR/dt$ 是距离变化率，是两艘船相互接近的速度。被动情况下的多普勒频率为

$$\Delta f = f_2 - f_1 = (\dot{R}/c)f_1 \tag{15.9.7}$$

如果两艘船相互靠近则 $\dot{R}$ 为正，$f_2>f_1$(向上多普勒)。若它们相互背离，则 $f_2<f_1$(向下多普勒)。

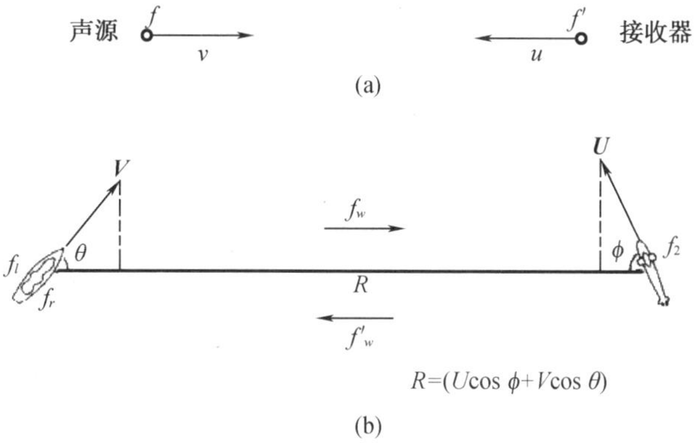


**图 15.9.2　推导频移与声源速度和方向间关系用图**

(2)主动声呐

如果 1 船发出的频率为 $f_1$ 的信号为主动声呐脉冲，该脉冲以频率 $f_w$ 在水中向 2 船传播，2 船以频率 $f_2$ 接收并反射该信号。向返回 1 船方向传播的回波在水中的频率为

$$f'_1 = f_2[1+(U/c)\cos\varphi] \tag{15.9.8}$$

1 船接收的回波频率为

$$f'_1 = f_1(1+2\dot{R}/c) \tag{15.9.9}$$

接收的回波与产生的声呐脉冲之间的多普勒频移为

$$\Delta f_1 = f'_1 - f_1 = (2\dot{R}/c)f_1 \tag{15.9.10}$$

另一方面，混响来自于水中几乎静止的散射体，1 船观察到的混响频率 $f_r$ 为

$$f_r = f_1[1+2(V/c)\cos\theta] \tag{15.9.11}$$

接收的回波与朝向目标方向的混响之间的多普勒频移为

$$\Delta f_r = f'_1 - f_r = 2[(U/c)\cos\theta]f_1 \tag{15.9.12}$$

1 船可以将它接收的回波频率 $f'_1$ 与它自己的声呐频率 $f_1$ 对比，或者与朝向目标方向的混响频率 $f_r$ 对比。

(d)带宽的考虑

在被动声呐中，接收信号与源之间的多普勒频移设定了接收机带宽的下限。对于给定的最大可能距离变化速率，并对正在接近和正在远离的目标都要进行检测时，带宽必须为相应的多普勒频移的两倍。于是由式(15.9.7)得被动声呐接收机应有的带宽 $w_p$

$$w_p = 1.33\dot{R}F \tag{15.9.13}$$

当 $\dot{R}$ 的单位为 m/s、$F$ 单位为 kHz 时，$w_p$ 单位为 Hz。

将式(15.9.7)与式(15.9.10)对比可见，设计成对上多普勒和下多普勒目标都能检测的主动声呐总的带宽 $w_a$ 应为被动声呐的两倍，于是

$$w_a = 2.67\dot{R}F \tag{15.9.14}$$

其中，当 $\dot{R}$ 的单位为 m/s、$F$ 单位为 kHz 时，$w_p$ 单位为 Hz。
(在公制单位与英制单位之间进行转换时，注意 1 kt = 1.852 km/h = 0.514 4 m/s。)

## 15.10 被动声呐

将目标辐射的等效声压级由远场反推回距离目标声中心 1 m 处得到目标辐射噪声的声源级。如果目标的声源谱级由平坦的连续谱加上突出的一些单音线谱构成，连续谱单位带宽内的密度(1 m 处)为 $J$，单音的声强(1 m 处)为 $I$，则对连续谱定义一个声源级 SSL 为 1 Hz 带宽内的强度级

$$\text{SSL(cont)} = 10\log(J \cdot 1\ \text{Hz}/I_{\text{ref}}) \tag{15.10.1}$$

对于单音定义声源级 SL

$$\text{SL(tone)} = 10\log(I/I_{\text{ref}}) \tag{15.10.2}$$

若接收机带宽 $w$ 包含单音在内，则接收的总强度为 $Jw+I$，于是总的声源级 SL 为

$$\text{SL} = 10\log[(Jw+I)/I_{\text{ref}}] = 10\log(Jw/I_{\text{ref}}) + 10\log(1+I/Jw) \tag{15.10.3}$$

如果 $Jw \gg 1$，则单音的贡献可以忽略。例如，如果单音比连续谱级高 20 dB，则对于 $w$ = 100 Hz，它对信号级的贡献为 3 dB，明显能被耳朵或 $w \leqslant 100$ Hz 的滤波器感知得到。但如果滤波器的带宽为 400 Hz，则纯音对这个频带内接收到的信号级贡献只有 1 dB。由诺模图得到在某个带宽内的总 SL 参见 11.3 节的讨论。

目标向某个方向辐射的噪声依赖于许多参量，包括目标的指向、机械状态、速度和深度。所有船只辐射有一些共有的特点，一般的宽带背景在较高的频率上趋向于以每八度音阶 5~8 dB 的速度下降。因此低频噪声是主要的。螺旋桨空化贡献一个宽带噪声，低频很弱，随频率升高增大，在某个中间频率达到峰值后又随频率升高而减弱。速度增大或深度减小时，贡献最大区向低频移动。叠加在这种背景上的是机械噪声、发动机、泵、减速齿轮以及其他机械系统贡献的谐波级数。由于船只是一个大的声源，各种噪声产生于不同部位，各个辐射噪声可以有各自的方向性，这些方向性是频率和工作条件的函数。

被动声呐的接收系统可以是宽带的，以检测目标辐射的总能量，也可以是窄带的，以检测纯音。因此式(15.8.5)的被动声呐方程可以写成两种形式：

1. 宽带检测

如果检测器是宽带的，则纯音对声源级的贡献不显著，但检测器的带宽又足够窄使得式(15.10.1)能适用，则

$$\text{SSL(cont)} - \text{TL} \geqslant \text{NSL} - \text{DI} + \text{DT}_\text{N} \tag{15.10.4}$$

2. 窄带检测

若接收机带宽足够窄使得 $Jw \ll 1$，则式(15.10.2)适用，且

$$\text{SL(tone)} - \text{TL} \geqslant \text{NSL} + 10\log w - \text{DI} + \text{DT}_\text{N} \tag{15.10.5}$$

看起来似乎带宽越窄对纯音的检测越有利,但带宽不可以窄到将由于目标运动而产生了多普勒频移的信号排除在外。带宽窄而同时频率覆盖范围却宽,这可以通过一组具有连续带宽的窄带滤波器实现,这称为并行处理。如果每个滤波的带宽为 $w$,有 $n$ 个这样的滤波器,则系统的总带宽为 $w_{\mathrm{T}}=nw$。

(a)一个例子

一艘浮出水面的潜艇以 4 kn 的速度航行,其在 1 kHz 附近的声源谱级为 120 dB re 1 μPa/Hz$^{1/2}$,而且在这个频率范围内没有单音音调。海况为 3 级,有 100 m 深的混合层。在 36 m 深处的水听器采用中心频率为 1 kHz、带宽为 100 Hz 的滤波器,在多远的距离上可以检测到这艘潜艇? 指向性指数为 20 dB,检测阈为 0 dB。解:适用的声呐方程为式(15.10.4),其中的 SSL、DI 和 $\mathrm{DT_N}$ 在问题描述中已经给出。1 kHz、海况 3 级时的噪声谱级由图 15.9.1 可得为 NSL=62 dB,re1 μPa/Hz$^{1/2}$。将这些值代入声呐方程得 TL<78 dB。由式(15.5.7)知,若 $f$>200 Hz 则声限制在这个混合层中,于是传播损失由式(15.5.5)给出。由式(15.5.3)得到跳跃距离和过渡距离(根据接收机深度计算)分别为 8 660 m 和 1 350 m。尽管频率略微超出了式(15.5.6)的范围,可以估计每个跳跃的损失约为 3 dB,而且由图 8.7.1 可知,衰减系数为 $6\times10^{-5}$ dB/m。假设目标被检测时处于过渡距离以外,将这些值代入式(15.5.5)得

$$10\log r+(4.1\times10^{-4})r\leqslant 47 \tag{15.10.6}$$

通过试探和误差求解得 $r$=13.4 km,正如所假设的一样,这在过渡距离以外。如果 $r$ 小于 $r_{\mathrm{t}}$,则整个问题要重新求解,传播损失采用式(15.5.5)的第一式。

## 15.11　主 动 声 呐

讨论主动声呐方程的解之前必须先对目标强度和混响的概念做进一步完善。

(a)目标强度

当一列声波以强度 $I(r)$ 照射一个目标时,目标向各个方向散射声,其中有些朝向接收机方向。就接收机而言,目标产生了一个声信号,该声信号的声源级是通过将散射信号折算到距离目标声中心 $r'=1$ m 处来确定的。(图 15.11.1)

在接收机看来,目标辐射的表观功率 $\Pi$ 为 $I_s(r'=1)$ 乘以球心在目标声中心的单位球面积,于是有 $\Pi=4\pi I_{\mathrm{s}}(1)$。根据 8.10 节,定义接收机看到的声截面为 $\sigma=\Pi/I(r)$,这导致 $\sigma I(r)=4\pi I_{\mathrm{s}}(1)$ 或

$$I_{\mathrm{s}}(r'=1)/I(r)=\sigma/4\pi \tag{15.11.1}$$

声截面很大程度上依赖于目标在入射声场中的方向以及声源到目标的连线与目标到接收机连线之间的夹角。通常假定其与源到目标以及目标到接收机的距离无关,但如果目标足够大或距离足够近使得源、目标和(或)接收机位于彼此的近场内或者声场不能照射到整个目标时,它也会受到影响。

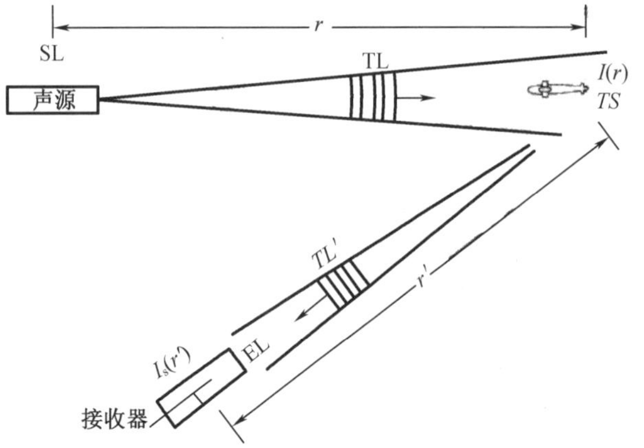


**图 15.11.1 推导目标强度表达式用图**

接收机处的回声级为

$$EL = 10\log[I_s(r'=1)/I_{ref}] - TL' = 10\log\left(\frac{I(r)}{I_{ref}}\frac{\sigma}{4\pi}\right) - TL' \tag{15.11.2}$$

注意到 $10\log[I(r)/I_{ref}]$ 即 SL−TL，与式(15.8.6)对比得到 $\sigma$ 与 TS 之间的关系

$$TS = 10\log(\sigma/4\pi) \tag{15.11.3}$$

若将式(15.11.2)右端第一项解释成“表观声源级 sL”，则回声级可以写成被动声呐的式(15.8.3)形式

$$EL = sL - TL'$$

$$sL - 10\log[I(r)/I_{ref}] + TS \tag{15.11.4}$$

一个反射物体的目标强度主要决定于它的尺度、形状、结构、相对于源和接收机的方向以及入射声的频率。下面考虑两种特别简单的情形。

(1)完全反射小球面的各向同性散射

因球面小($ka \ll 1$)、是完全反射面，并向各个方向均匀散射，球面($r'=a$)上的散射球面波声压幅值 $P_s(r')$ 等于入射声压幅值 $P(r)$，于是 $I_s(a)=I(r)$。散射声强在 $r'=1$ m 处与 $r'=a$ 处的值之间关系为 $I_s(1)/a^2=I_s(a)$。代入式(15.11.1)得 $\sigma=4\pi a^2$，代入式(15.11.3)得目标强度

$$TS = 20\log a \tag{15.11.5}$$

在这种低频极限下半径 1 m 的球目标强度为 0 dB。0 dB 相当于目标以等于入射声级的表观声源级进行再辐射。低频极限下较大球的表观声源级大于入射声级。这是基本定义式(15.11.1)的结果，该定义要求折算到 1 m 处。

(2)完全反射大球面的反向散射

对于反向散射，可以假定源和接收机位置重合(单基地)。对于 $ka \gg 1$ 可以由射线声学对问题建模。达到接收机的反向散射声必来自于与入射方向基本上垂直的那部分球面。这部分声从这个球冠上被反射回一个无限小立体角内，从目标看来，这个立体角将接收机的作用单元包含在内。在射线声学极限下，从球冠反射的每一条声线都有相等的入射角和反射角。画出示意图，通过简单的几何运算即可得出反射声线看上去是从球面后 $a/2$ 处发出的。于是，这些反射(反向散射)声线像是从一个半径为 $a/2$ 的球面发出的。关于入射和反向散射声强由同样的讨论得

$$TS=20\log(a/2) \tag{15.11.6}$$

在这个高频极限下,半径 2 m 的球目标强度为 0 dB。目标对反向散射有贡献的部分只是垂直于目标与接收机连线的球冠,目标的其余部分没有贡献。在这个高频极限下,只有这个球冠是重要的。于是,鼻部曲率半径为 $a$ 的来袭鱼雷就具有上述目标强度而无论其实际的横向尺度如何(只要鱼雷宽度是检测声脉冲的很多个波长)。

(3)形状不规则目标的散射

可以预料潜艇等形状不规则目标的目标强度跟它相对于声源和相对于接收机的方向都有关。例如,二战中的舰队潜艇单基地目标强度测量值在艇首和艇尾方向为最小值约 10 dB,正横方向增大到约 25 dB。

对许多目标的目标强度与频率的关系了解甚少。高频更有利于对目标分类,因为短波长使接收的回波中可以观察到目标的某些结构,而较长的波长会丢失回波中的许多信息。很短的高频脉冲可以显示来自于目标各种特征的反射,这些回波可能是离散的,也可能相互之间有重叠。当脉冲长度远小于目标在波传播方向的尺度或二者的量级相当时,回波会长得多,而且当它先从目标前沿后又从目标尾部边缘反射时会发生很明显的幅度调制。很长的脉冲测量结果将更接近于连续波激励下测得的目标强度。

对于双基地几何,双基地角定义为从源到目标的声线与从目标到接收器的声线之间所夹的角。(单基地极限下,双基地角为零。目标在源和目标连线上,双基地角为 180°。)从雷达借用来的一个粗略标准是双基地目标强度可用二分双基地角方向测量的单基地目标强度来近似,至于这个近似的精度如何有待观察。

由目标推进器产生的尾迹形成一个充满气泡的湍流区因而可以导致很强的散射信号使其更容易被探测到。尾迹的重要程度与目标速度及深度关系很大,在深海慢速航行的潜艇尾迹很弱。声照射的每米长度内尾迹强度的典型值是 0~30 dB。

(4)大的平坦表面的反向散射

声源经常被用做竖直向下发出声波使其在海底被反射的回声测深仪。令海底在测深仪以下 $z$ 距离处,根据发出的脉冲从海底反射回来的时间 $t=2z/\langle c\rangle_z$ 就可以确定海底的深度。如果相对于一个波长来说海底是平坦的并且海底为很厚的均匀层,则由虚源理论,回波就像是从海底以下 $z$ 深处的虚源发出的,而测深仪的声源级 SL 降低 $10\log R_{II}$,其中 $R_{II}$ 为垂直入射时海底的功率反射系数。测深仪接收的回声级 EL 为

$$EL=SL-20\log 2z-2az+10\log R_{II} \tag{15.11.7}$$

(b)混响

当声源照射到某一部分海水时,可能会从气泡、特定物质、鱼、海面和海底以及海洋中存在的任何其他不均匀性产生散射。有些混响会与感兴趣的目标形成对抗。得到混响级 RL 的一个必不可少的步骤是计算目标距离上的体积 $V$(或面积 $A$),来自该体积(或面积)的散射声与来自期望目标的回波同时到达接收机。显然这决定于脉冲长度、源和接收器的指向性及其几何位置关系。给定这个体积(或面积)就可以直接计算混响级。目前假定 $V$(或 $A$)是已知的来推导计算 RL 的公式。

图 15.11.2 显示了目标及散射声可以跟回波形成对抗的周围混响体积,照射这片区域的信号强度 $I(r)$ 与发射机声源级 SL 之间的关系为

$$10\log[I(r)/I_{ref}]=SL-TL \tag{15.11.8}$$

其中 TL 为从源到目标的传播损失。

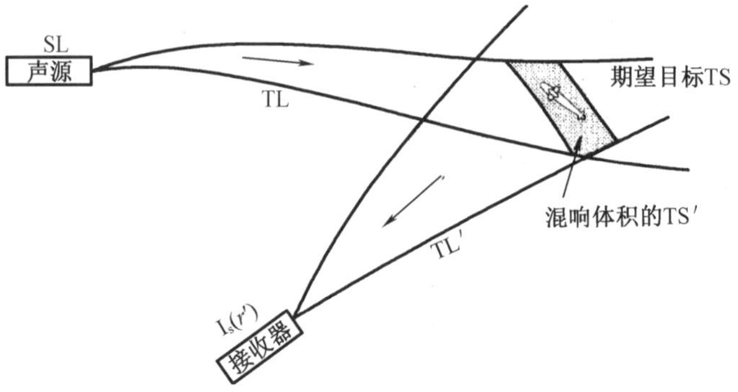


**图 15.11.2　推导体积散射源混响级用图**

由式(15.11.3)和式(15.11.4),混响体积内的每个散射体具有一个表观声源级

$$\mathrm{sL}_i = 10\log[I(r)/I_{\mathrm{ref}}] + 10\log(\sigma_i/4\pi) \tag{15.11.9}$$

其中 $\sigma_i$ 为第 $i$ 个散射体的声截面。如果每个散射体的相位随机,则总散射强度为每个单独散射强度之和

$$\mathrm{sL} = 10\log[I(r)/I_{\mathrm{ref}}] + 10\log\left(\sum_V \sigma_i/4\pi\right) \tag{15.11.10}$$

其中求和为对 $V$ 内所有散射体进行。

单位体积的散射强度定义为

$$S_V = 10\log\left(\sum_V \sigma_i/4\pi\right) - 10\log V \tag{15.11.11}$$

于是

$$\mathrm{sL} = 10\log[I(r)/I_{\mathrm{ref}}] + S_V + 10\log V \tag{15.11.12}$$

类似地,若混响来自面积为 $A$ 的面,则可以定义单位面积的散射强度 $S_A$。于是面散射声级为

$$\mathrm{sL} = 10\log[I(r)/I_{\mathrm{ref}}] + S_A + 10\log A \tag{15.11.13}$$

参照式(15.11.14),上面两式中的最后两项可以解释成散射区域的目标强度

$$\mathrm{TS_R} = \begin{cases} S_V + 10\log V \\ S_A + 10\log A \end{cases} \tag{15.11.14}$$

接收机处的混响级为 RL=sL−TL′,这些与上一式组合得

$$\mathrm{RL} = \mathrm{SL} - (\mathrm{TL} + \mathrm{TL}') + \mathrm{TS_R} \tag{15.11.15}$$

式(15.8.9)的另一种形式为

$$\mathrm{TS} \geqslant \mathrm{TS_R} + \mathrm{DT_R} \tag{15.11.16}$$

这表明对需要的信号产生的混响干扰就是来自那些不希望的目标。式(15.11.15)和式(15.11.16)与声源强度无关。于是一旦 SL 大到混响强于噪声,再增大 SL 就没有作用了。为了增大检测距离应注意提高 DI 以减小 $V$(或 $A$)或降低 $\mathrm{DT_R}$。

(1)体积混响

表 15.11.1 给出海洋中 $S_V$ 的近似值。注意到生物活动频繁的深海散射层比一般的海水中 $S_V$ 高得多。这个层具有复杂的组成因此其声学行为非常复杂。

**表 15.11.1 深海散射层的近似散射强度**

| |
|---|
| 体积散射<br>深海散射层(1~20 kHz)<br>散射强度 $S_V$ 在-90~-60 dB 之间,较高的 $S_V$ 趋向于出现在较高的频率。在该层内,在特定的频率和深度有可能出现与不同的生物种类相对应的强峰。层的混响显示出明显的结构,包括不同深度的子层。<br>水体(1~20 kHz)<br>散射强度 $S_V$ 在-100~-70 dB 之间变化,较高的 $S_V$ 趋向于出现在较高的频率和较浅的深度 |
| 包括海面层的海面混响(300 Hz 到 4 kHz)<br>在极小的入射角、海况 1~4 之间,散射强度 $S_A$ 在-55~-45 dB 之间变化。在这个掠射角范围内,就在海面以下的气泡层很重要,尤其对于高频。对于接近 40°的入射角,$S_A$ 增大到在-40~-30 dB 之间变化。除了接近垂直入射情况以外,$S_A$ 均趋向于随频率升高 |
| 海底混响(kHz 范围)<br>一直到掠射角接近 60°的范围内,$S_A$ 都是强变化的,依赖于海底以及海底下层的组成和粗糙度。$S_A$ 趋向于随频率增大,但并不总是如此。掠射角接近于 0°时,$S_A$ 迅速下降变得可以忽略。掠射角在大约 20°~60°之间时,$S_A$ 在-40~-10 dB 之间,实际的值很大程度上取决于海底类型 |

引用自:Urick, *Principle of Underwater Sound*, 2nd. ed., McGraw-Hill (1975). Blatzler and Venr, *J. Acoust. Soc. Am.*, 41, 154 (1967); Patterson, *ibid.*, 46, 756 (1969); Scrimger and Turner, *ibid.*, 46, 771 (1969); Urick, *ibid.*, 48, 392 (1970); Hall, *ibid.*, 50, 940 (1971); Brown and Saenger, *ibid.*, 52, 944 (1972).

现在回到求 $V$(或 $A$)的问题。由于一般的双基地几何的复杂性,我们只考虑单基地情形。假设源和接收器的主瓣同轴而且两者之间指向性较强者由一个等效立体角 $\Omega_{eff}$ 描述,混响体积的厚度应使得其内的散射体对接收器的混响贡献能发生在同一时刻,令源在 $t=0$ 时刻发出一个时长为 $\tau$ 的脉冲。距离 $r$ 处的散射体的混响到达接收器的时间满足 $2r/c<t<2r/c+\tau$,距离 $r+L$ 处散射体的混响的接收时间 $2(r+L)/c<t'<2(r+L)/c+\tau$。如果 $L$ 为 $V$ 的厚度,则当来自距离 $r+L$ 处的散射刚开始被接收到时,来自距离 $r$ 处的散射应当刚刚结束,这要求 $2r/c+\tau=2(r+L)/c$,求解得 $L=c\tau/2$。

若处于 $\Omega_{\text{eff}}$ 内的混响体积的截面积为 $A_{\text{T}}$,则混响的目标强度为

$$\text{TS}_{\text{R}}=10\log(A_{\text{T}}c\tau/2)+S_V \tag{15.11.17}$$

几何传播损失简单的等于 $A_{\text{T}}$ 与距离 1 m 处该面积所张立体角 $\Omega_{\text{eff}}$ 的比值

$$\text{TL(geom)}=10\log(A_{\text{T}}/\Omega_{\text{eff}}) \tag{15.11.18}$$

于是混响目标强度 $\text{TS}_{\text{R}}$ 为

$$\text{TS}_{\text{R}}=S_V+TL(\text{geom})+10\log(\Omega_{\text{eff}}c\tau/2) \tag{15.11.19}$$

混响级变成

$$\text{RL}=\text{SL}-\text{TL(geom)}-2\text{TL(losses)}+S_V+10\log(\Omega_{\text{eff}}c\tau/2) \tag{15.11.20}$$

将式(15.11.20)用指向性指数表示会更方便,$\Omega_{\text{eff}}$ 可以用 $4\pi/D$ 表示。

混响级随 TL(geom)减小而回声级随 2TL(geom)减小。因此 RL 随距离的减小比 EL 慢,如关于图 15.8.1 的讨论所述。显然,减小 $\Omega_{\text{eff}}$ 和 $\tau$ 可以在更远的距离上检测到目标。但是要注意的是,若脉冲长度小于目标长度则 TS 减小,而且减小 $\Omega_{\text{eff}}$ 降低搜索率。

(2)表面混响

混响来自于一个面如海面或海底,则混响目标强度为

$$TS_R = 10\log A + S_A \tag{15.11.21}$$

由于声线在水平方向的弯曲很小,由图 15.11.3 以很小的角度掠射到表面的声束的面积为 $A = r\theta(c\tau/2)$,在单基地、同轴几何构型下,$\theta$ 为声源和接收器之间较小的水平束宽。由此得

$$TS_R = S_A + 10\log r + 10\log(\theta c\tau/2) \tag{15.11.22}$$

$TS_R$ 随距离按照 $10\log r$ 规律变化。海面混响级成为

$$RL = SL - 2TL + 10\log r + S_A + 10\log(\theta c\tau/2) \tag{15.11.23}$$

同体积混响一样,检测能力随距离下降,但对于表面混响几何传播损失为 $10\log r$。

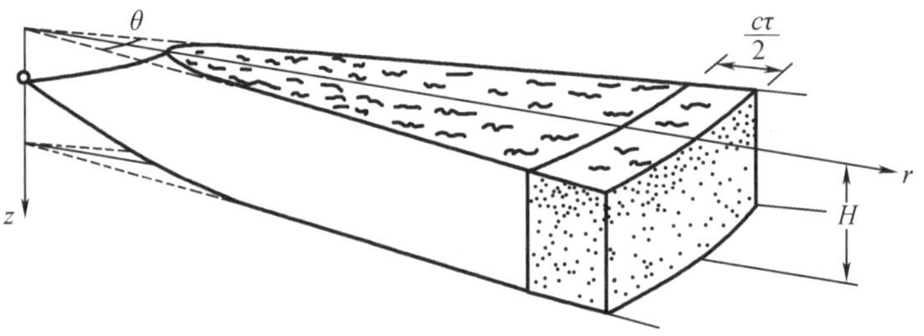


**图 15.11.3 推导表面散射体的混响级的简图**

来自海面的混响可能包含聚集在海面下的一层气泡的影响,方便的做法是将气泡层的散射与从粗糙海面的散射结合到一起认为发生在海面,总的等效表面散射强度 $S_A$ 为海面散射 $S_S$ 与气泡层散射 $S_B$ 的组合

$$S_A = 10\log(10^{S_S/10} + 10^{S_B/10}) \tag{15.11.24}$$

(或者根据 11.3 节的诺莫图将它们的声级进行组合。)令半径为 $a$、深度为 $z$ 的气泡的声学截面积为 $\sigma(a,z)$,深度 $z$ 处单位体积内半径为 $a$ 的气泡的个数为 $n(a,z)$。将 $n\sigma/4\pi$ 对所有气泡以及层深度 $H$ 积分得气泡的散射强度

$$S_B = 10\log\left[\int_0^H\int_0^\infty n(a,z)\ \frac{\sigma(a,z)}{4\pi}dadz\right] \tag{15.11.25}$$

低频和大掠射角时从粗糙海面的散射比较重要,高频和小掠射角时气泡层的散射比较重要。

海底散射依赖于频率、入射角、海底粗糙度以及海底组成。频率较低时,较深的海底下层的组成和配置变得越来越重要。表 15.11.1 给出了海面和海底散射的典型值。

(c)混响限值条件下的检测阈

基本上,混响是由入射声脉冲的不连贯、分散的副本组成的集合。由于这种不希望的掩蔽噪声由非常类似于所需信号的无数脉冲组成,因此相关检测将降低。有观点认为混响回声的检测应该像能量检测一样处理(见 Urick①)。于是接收机带宽 $w$ 内混响的检测阈应以式(11.5.7)的平方律检测公式为基础。但由于混响的频率特性,须对这个表达式进行修正。前面对混响级 RL 的计算是假设散射体相互之间为静止,相对于水也是静止的,而实际

① Urick, *op. cit.*

情况通常不是这样。对于海面混响和体积混响,散射体可以有很显著的相对运动。这意味着这些情况下总的混响级分布在一个频率区间内,该频率区间决定于由于散射体运动所导致的多普勒频移的整个范围 $w_R$。这个混响带宽 $w_R$ 可能超过接收机的带宽 $w$,可以分布几个接收机。一种简单的方法是认为混响谱级在它的带宽内是相当恒定的,通过减去 $10\log w_R$ 得到混响谱级 RSL,再加上 $10\log w$ 得到每个接收机带宽 $w$ 内的混响级 $RL_w$。或者一种更简单(并等价)的方法是不需要修正每个接收机带宽内的混响级,而是对接收机的检测阈做等价的变换。这样混响级 RL 就可以进行计算,但需利用下面关系将式(11.5.7)给出的检测阈转换成 $DT_R$

$$DT_R = 5\log(d/w\tau) - 10\log(w_R/w) \tag{15.11.26}$$

如果 $w_R$ 小于 $w$ 并完全包含在 $w$ 中,则应忽略上式中对带宽的修正,于是两个带宽有部分重合,对方程也应进行相应的修正。

如果目标在水中静止而且散射体在水中的平均速度为零,则混响与目标回波有相同的中心频率,二者都出现在同一个接收机上,于是若 $RL+DT_R$ 明显大于 $NL-DI+DT_N$,则性能受混响限制,其中 $DT_N$ 为对处理器的针对噪声的平方律或相关检测。反之,若目标的多普勒频移足够大使回声出现在混响所占用的接收机上,则性能受噪声限制。

(d)一个例子

一个静止的主动声呐工作在 1 kHz,声源级为 220 dB re 1 μPa,指向性指数为 20 dB,水平波束宽度为 10°(0.17 弧度),脉冲长度为 0.1 s。利用相关检测,要求检测概率为 0.50,虚警概率为 $10^{-4}$。用单一处理器进行检测,处理器带宽必须足够宽以保证不会丢掉快速运动的目标。估计潜艇的目标强度为 30 dB,速度达到 38 km/h(20.5 kn)。源和潜艇都处于 100 m 深的混合层内,源在 36 m 深处,潜艇接近海面。海况为 3 级。海面散射体的散射强度为-30 dB,体积散射可以忽略。由于这些最大的距离变化率以及只应用一个处理器,可以认为混响级 $w_R$ 包含在接收机带宽 $w$ 内。对混响限制和噪声限制条件都需要研究。传播条件与被动声呐例子相同(15.10 节(a))。如检测距离 $r>r_t$,则有

$$TL = 10\log r + (4.1\times10^{-4})r + 31.2 \tag{15.11.27}$$

对于距离变化率 38 km/h,由式(15.9.13)得 1 kHz 的带宽为 28.1 Hz。由图 11.4.2,为了得到要求的检测概率和虚警概率,检测指数应为 16,由式(11.5.7)得检测阈为 $DT_N = 4.6$ dB。(1)首先假设性能是受噪声限制的,检测噪声级 DNL 由式(15.9.1)给出,噪声谱级为 62 dB re 1 $\mu Pa/Hz^{1/2}$。于是 DNL(noise) = 56.5 dB。将已知值代入式(15.8.7)得 $TL = 94.5$ dB,由试探和误差对式(15.11.27)求解 $r$ 得 $r = 42$ km,此即噪声限制条件下最大检测距离。(2)现在假设检测是受混响限制的。因为假设 $w_R$ 小于 $w$ 并包含在 $w$ 内,所有的混响都在处理器带宽内。于是混响检测阈 $DT_R$ 为 3.8 dB。对式(15.8.9)和式(15.11.23)求解 $10\log r$ 得

$$10\log r = 45.1 \tag{15.11.28}$$

由此得混响限制条件下的最大检测距离 $r = 32$ km。在这个距离上,由式(15.8.9)、式(15.11.23)得 RL=66.2 dB,于是($RL+DT_R$) = 70 dB,不仅高于[DNL(noise)+$DT_N$] = 61 dB 并有 9 dB 的余量。于是系统是受混响限制的,在给定的概率下检测距离可达到约 32 km。

# *15.12 等速度浅海声道

在许多等速度环境下可以应用很有效但也很烦琐的虚源法。这种方法得到的解通常表示为有限或无限多个虚源贡献的叠加。有用的分析结果通常是借助于数字计算机完成的。但也有例外,见 Tolstoy 和 Clay①。

由于发生在海面和海底的反射的复杂性,对浅海的声传播损失进行预测要比深海中困难得多。根据虚源法,等声速层的上下表面可以处理成分界面,声波遇到界面时声压振幅衰减系数为该表面和入射角下的反射系数。这导致一个多层空间(图 15.12.1),其中源的各个虚源沿直线路径对场点有贡献。用信号从虚源到场点经过的海底反射次数记为虚源标号。进行一些近似假设可以得到简单的传播损失模型②。假设海面为完全反射的,如果假设水中的非均匀性以及海面和海底的粗糙度足够大,则可认为各虚源的相位是随机的,就可以对它们的贡献进行非相干叠加。而且在大距离上,可以认为与海底相交 $i$ 次的 4 个虚源作为每一组,到场点的等效距离为 $r_i=[r^2+(2iH)^2]^{1/2}$。这样就可以 4 个一组地对虚源的贡献求和

$$\frac{I(r)}{I(1)}=\frac{2}{r^2}+4\sum_{i=1}^{\infty}\frac{R^{2i}(\theta_i)}{r^2+(2iH)^2}=\frac{2}{r^2}(1+2S) \tag{15.12.1}$$

其中 $S$ 为

$$S=\sum_{i=1}^{\infty}\frac{R^{2i}(\theta_i)}{1+i^2+(2H/r)^2} \tag{15.12.2}$$

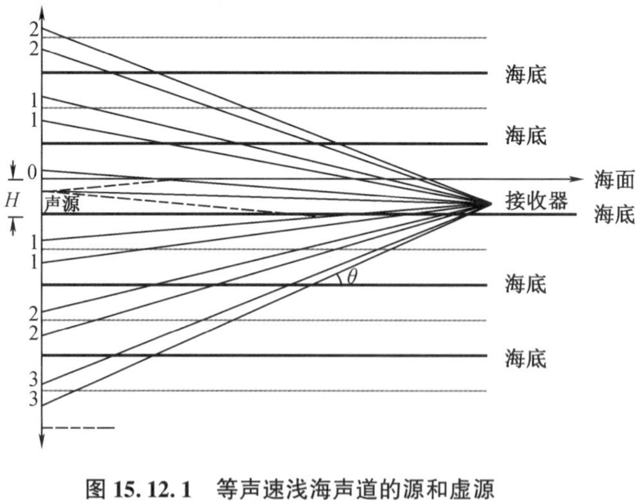


图 15.12.1 等声速浅海声道的源和虚源

① Tolstoy and Clay, Ocean *Acoustics*, McGraw-Hill (1966); republished, Acoustical Society of America (1987).

② This approach is adapted from a more complicated situation analyzed by Macpherson and Daintith, *J. Acoust. Soc. Am.*, 41, 850 (1966).

每个掠射角 $\theta_i$ 为

$$\cos\theta_i = 1/[1+i^2(2H/r)^2]^{1/2} \tag{15.12.3}$$

如果源到接收器的距离远大于声道深度，$H/r \ll 1$，则可以用积分代替求和

$$S = \int_1^{\infty} R^{2u}(\theta)\cos^2\theta du \tag{15.2.4}$$

其中用积分变量 $u$ 代替了 $i$，$\theta$ 为 $u$ 的函数。由式(15.12.3)得 $u=(r/2H)\tan\theta$，将积分变量由 $u$ 换成 $\theta$ 得

$$S = \frac{r}{2H}\int_{\tan^{-1}(2H/r)}^{\pi/2} R^{(r/H)\tan\theta} d\theta \tag{15.2.5}$$

(a)刚硬海底

如果海底的声压反射系数对所有的 $\theta$ 角是均匀的，则式(15.12.5)的被积函数为1，对于 $r \gg H$ 有

$$S \approx \frac{r}{2H}\int_{2H/r}^{\pi/2} d\theta = \frac{\pi}{4}\frac{r}{H} - 1 \tag{15.2.6}$$

代入式(15.12.1)得

$$\mathrm{TL(geom)} \approx 10\log r + 10\log(H/\pi) \tag{15.12.7}$$

扩散是柱面的，对TL的贡献与表面声道的式(15.5.4)相似，其中 $r_t$ 代之以 $H/\pi$。这个结果后面将会与式(15.13.5)进行比较，它是一个基于这种情况的简正波模型导出的各项的非相干叠加的一个估计。

(b)低声速海底

如果海底的声速低于水中声速，则大掠射角下反射系数小，小掠射角时增大到1。则对 $S$ 的贡献主要来自于积分下限。对于小入射角，反射系数可以写成 $R(\theta) \sim \exp(-\gamma\theta)$，其中 $\gamma$ 为决定于海底特性的参数(见习题15.12.5)。因为 $S$ 的值大部分来自于 $\theta \sim 2H/r$，可以用 $\theta$ 代替 $\tan\theta$ 并令积分上限变成无穷大，于是式(15.12.5)变成

$$S \approx \frac{r}{2H}\int_{2H/r}^{\infty} R^{-(r/H)\gamma\theta^2} d\theta \tag{15.2.8}$$

将变量由 $\theta$ 改成 $x=\theta\sqrt{\gamma r/H}$ 得

$$S \sim \frac{1}{2}\left(\frac{r}{\gamma H}\right)^{1/2}\int_{2\sqrt{H\gamma/r}}^{\infty} \mathrm{e}^{-x^2}\mathrm{d}x \tag{15.12.9}$$

当大距离 $r$ 时，积分下限趋于零，积分值趋于 $\sqrt{\pi}/2$。代入式(15.12.1)得

$$\mathrm{TL(geom)} \sim 15\log r + 5\log(\gamma H/\pi) \tag{15.12.10}$$

慢声速海底的效应是提供一种介于球面和柱面之间的扩展。

(c)快声速海底

这种情况下，对于所有小于临界角的掠射角 $\theta_c$，反射系数恒等于1。所有以更大掠射角从海底反射的声线有反射损失，比柱面衰减更快。掠射角小于 $\theta_c$ 的路径被限制在声道内，按照柱面波规律传播到很远的距离。鉴于这些考虑，式(15.12.6)积分求值可以仅从积分下限积分到 $\theta_c$，并在此范围内令 $R(\theta)=1$。在 $r \gg 2H/\theta_c$ 的限制下，可以用零代替积分下限，$S$ 变成

$$S = \frac{r}{2H}\int_0^{\theta_c} \mathrm{d}\theta = \frac{r}{2H}\theta_c \tag{15.2.11}$$

于是

$$TL(\text{geom}) = 10\log r + 10\log(H/2\theta_c) \tag{15.2.12}$$

注意到 $\theta_c$ 的作用与极限角度 $\theta_0$ 在混合层的作用相同：对虚源法得到的声场所采用的近似得到了与基于射线理论相似的结果。这将与基于简正波法的式(15.13.6)也吻合很好。

# *15.13 简正波传播的传播损失模型

在许多海洋传播条件下，尤其是低频声在混合层或浅海中的声传播，射线理论不适用，必须应用9.7节和9.9节的简正波理论。图15.13.1对比了射线理论和简正波理论计算的传播损失，并将这些预测值与在海上测得的值进行了对比①。声线剖面(图15.13.1a)在10 m附近有最小值，于是从15 m附近深度发出的声趋向于被限制在浅海声道内，如图15.13.1b声线轨迹所示。图15.13.1c为71 m深处接收器测得的传播损失。数据的离散性代表了海洋实验的预期结果。由射线理论计算的传播损失显示出近距离上有显著的表面干涉效应，从7 km附近开始没有数据，对应于影区。简正波计算表明在所有距离上都与测量数据吻合很好。图15.13.1d显示在大距离上只要几阶(10阶)简正波就可以得到很吻合的结果。但是要重构海面干涉区内的复杂行为则需要计算更多阶数(40阶)。经验是射线理论适用于高频、短距离，而简正波理论适用于低频、长距离。

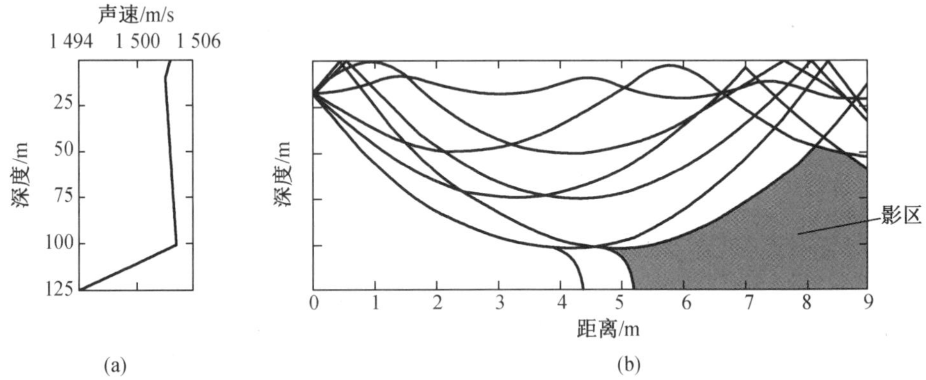


**图15.13.1 射线和简正波理论预测结果的比较以及同测试传播损失的比较。(a)声速剖面。(b)声线轨迹。(c)17 m深530 Hz声源到71 m深接收器的传播损失。(d)更多阶简正波包含进计算时简正波理论的结果(接收器122 m深1 030 Hz)。((a)和(b)引自Pedesen, *J. Acoust. Soc. Am.*, 34, 1197 (1962)，(c)和(d)引自Pedersen and Gordon, *J. Acoust. Soc. Am.*, 37, 105 (1965).)**

① Pedersen and Gordon, *J. Acoust. Soc. Am.*, 37, 105 (1965).

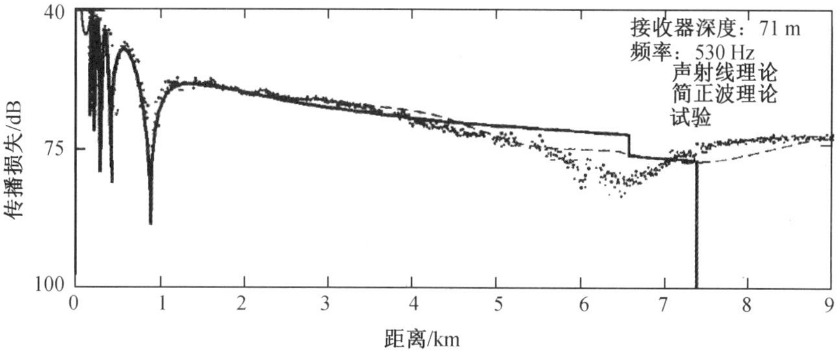


(c)

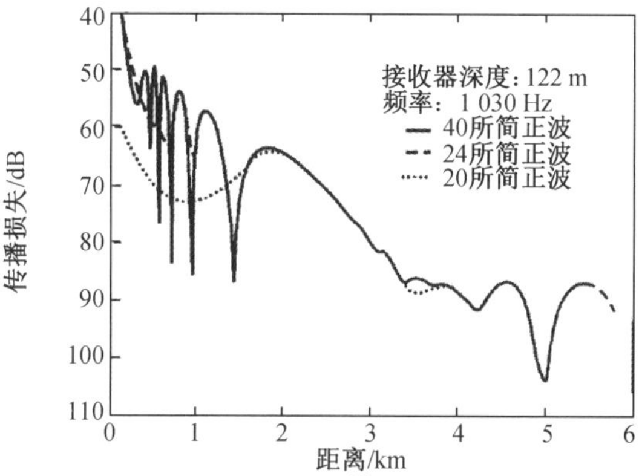


(d)

**图 15.13.1**（续）

给定某种声速剖面下的简正波解 $Z_n$，传播损失可以由式(9.7.9)计算，其中的求和可以用相位相干法或随机法进行，取决于介质的非均匀性对每个简正模态的影响大小。若相干相位合理，则几何传播损失为

$$\mathrm{TL(geom)} = -20\log\left|\sum_n (2\pi/\kappa_n r)^{1/2} Z_n(z_0) Z_n(z) \mathrm{e}^{-\mathrm{j}\kappa_n r}\right| \tag{15.13.1}$$

若随机相位求和更合适，则

$$\mathrm{TL(geom)} = -10\log\left|\sum_n (2\pi/\kappa_n r) Z_n^2(z_0) Z_n^2(z)\right| \tag{15.13.2}$$

上述两个方程中通常第二个更容易计算，相当于空间平滑。注意 TL 与源和接收的深度都有关。这些形式显示了简正波方法的一个明显优势：一旦对一种特定的声速剖面确定了本征函数列，就可以直接计算传播损失随距离和深度的变化。而射线理论随每一组源和接收器位置组合都需要单独的声线追踪。

在简正波理论中将吸收和散射引起的衰减考虑进去并非易事。一般来说，每个模态都有自己的依赖于频率的衰减系数 $\alpha_n$。如果这些可以确定，对相干相位，由式(15.13.1)每一项乘以 $\exp(-\alpha_n)$ 得总的传播损失，对于随机相位，由式(15.13.2)每一项乘以 $\exp(-2\alpha_n r)$ 得总的传播损失。应当注意，除非所有 $\alpha_n$ 都是相同的(一般不大可能)，传播损失不能分解成一个几何项和一个损失项，因为简正波理论最有用的是在低频，因此以下都忽略损失项。

(a)刚硬海底

对位于刚硬海底上面的流体层估计传播损失是很有益的。(1)假设声道是足够不理想的，则可以假设随机相位，则由式(15.13.2)得

$$\mathrm{TL(geom)} = -10\log\left[\frac{4}{H^2}\sum_{n=1}^{N}\left(\frac{2\pi}{\kappa_n r}\right)\sin^2 k_{zn}z_0 \sin^2 k_{zn}z\right] \tag{15.13.3}$$

(2)假设源和接收器都离海面和海底足够远,则当 $n$ 在 1 和 $N$ 之间变化时,式中的 $\sin^2$ 项在 0 与 1 之间波动,可以取统计平均,令每一个 $\sin^2$ 项的值为$\frac{1}{2}$。而且如果频率足够高,则模态的阶数要多,$N$ 可以由式(9.8.3)近似。将此近似与式(9.8.1)和式(9.8.2)结合,表明 $\kappa_n$ 可以用$(\omega/c_0)[1-(n/N)^2]^{1/2}$ 代替。log 函数的变量现在可以简化为

$$\begin{aligned}\left(\frac{2\pi}{H^2 r}\right)\sum_{n=1}^{N}\frac{1}{\kappa_n} &\approx \left(\frac{2\pi}{H^2 r}\right)\left(\frac{c_0}{\omega}\right)\sum_{n=1}^{N}\left[1-\left(\frac{n}{N}\right)^2\right]^{-1/2} \\ &\approx \left(\frac{2\pi}{H^2 r}\right)\left(\frac{c_0}{\omega}\right)N\int_0^1 (1-x^2)^{-1/2}\mathrm{d}x \\ &\approx \left(\frac{2\pi}{H^2 r}\right)\left(\frac{c_0}{\omega}\right)N\int_0^{\pi/2} d\theta \\ &= \frac{\pi}{Hr}\end{aligned} \tag{15.13.4}$$

于是得

$$\mathrm{TL(geom)} \approx 10\log r + 10\log(H/\pi) \tag{15.13.5}$$

这刚好与对每个虚源进行非相干求和得到的式(15.12.7)相同。显然在靠近上边界处,$\sin^2$ 项的期望值低于$\frac{1}{2}$,则传播损失增大到超过式(15.13.5)。类似地,如果源和接收器靠近下边界时,$\sin^2$ 项更接近于 1,传播损失将下降。

(b)快声速海底

将同样的过程应用于具有快声速海底的等速度声道(在 15.12 节(c)中有描述)得到相位相干假设下的几何传播损失,结果是

$$\mathrm{TL(geom)} = 10\log r + 10\log\left(\frac{H}{2\sin\theta_c}\right) \tag{15.13.6}$$

其中 $\sin\theta_c = [1-(c_1/c_2)^2]^{1/2}$。对于 $\theta_c < \pi/4$,这与式(15.12.12)相同。

# 习 题

除非另有说明,假设 TL(geom)由球面波传播给出,一些有用的变换可在附录 AI 中找到。

15.2.1 根据式(15.2.1)和式(15.2.2)计算海水中的声速,海水深度 4 000 m,温度 4 ℃,盐度 35 ppt,纬度 0°和 45°。

15.2.2C 对于式(15.2.1)中各种压力值,绘制盐度 $S=0$ 时水中的声速,并同淡水式(5.6.8)给出的结果进行比较。

15.2.3C (a)对于各种盐度值,绘制海水表面声速作为温度的函数。对于温度和盐度参数实际值,考虑两个参数的相对重要性。(b)对于盐度 $S=35$ ppt,对温度和压力两个参数重复(a)的过程。

15.3.1　根据式(15.3.6)等方程,在频率 100 Hz、1 kHz、10 kHz 和深度 0 m、2 000 m,计算海水中的近似声吸收系数(dB/km),对于这些频率和深度,海水盐度 $S=35$ ppt、pH=8、温度为 5 ℃和 20 ℃,根据式(8.7.3)计算海水中的近似声吸收系数,并将前面结果与其进行比较。

15.3.2　一个 30 kHz 的声呐换能器在海水中 1 000 m 距离处,产生一个轴线上声压级 140 dB re 1 μPa。假设球面波传播和损失。(a)1 km 位置的轴线声压级是多少?(b)2 000 m 呢?(c)在什么距离上轴线声压级会降低 100 dB?(d)在什么距离上 TL(geom)等于 TL(losses)?(e)在什么距离上,与球面扩展相关的传播损失率等于与吸声相关的损失率?

15.3.3C　(a)根据式(15.3.6)绘制海水中声衰减关于频率的函数曲线,并同根据式(8.7.3)在相同条件下获得的结果进行比较。(b)对于各种 $T$、$S$ 和 pH 值,绘制式(8.7.3)的曲线,确定那些值的偏差是不可接受的(参见 Leroy, op. cit.),以研究式(15.3.6)的适用极限。这些极限式如何受频率影响的?

15.4.1　证明 $x=\sqrt{2c_0d/g}$ 给出了近似水平距离 $x$,此时,一条初始的水平声线将会抵达一个有模值 $g$ 常值负梯度的水层中的深度 $d$ 位置。

15.4.2　(a)对于盐度 35 ppt 和纬度 45°,证明

$$c(T,35,Z)\approx 1\,449.1+4.57T-0.052\,6T^2+15.14Z+0.181Z^2$$

是对于开阔海水中声速的合理精度的近似。提示:对于这些条件,$ZT<20$ km · ℃。(b)在中纬度某一位置,盐度 35 ppt 海水中的声速从海表面 1 500 m/s 降低到深度 50 m 的 1 480 m/s,则深度方向的梯度是多少?(c)平均温度梯度是多少?(d)一条海表面的水平声线抵达深度 50 m,水平距离是多少?(e)在这个深度,这条声线的俯角是多少?

15.4.3C　(a)开发一个计算机程序,绘制任意声源深度、分层数任意、每层有自己常值声速的水平分层海洋中的声线轨迹。(b)开发一个计算机程序,绘制水平分层海洋中的声线轨迹,其中声源任意深度、层数任意、每个第 $i$ 层有自己的常值梯度 $g_i$ 声速,并且匹配声速在每相接层上声速连续。(c)为比较这两种模型的精度,对于一个常梯度单一层,给出合理精度的声线轨迹,常声速层需要分多少层?

15.4.4　证明,根据式(15.4.3)小角度近似($|\theta|<20°$有效)和 $\theta_2$ 的消除,提供了沿一条声线上距离和深度增量之间的一个方便的抛物线关系:

$$\Delta z=\tan\theta_1\Delta r-(g/2c_1)(\Delta r)^2$$

15.5.1　一海水等温层温度 20 ℃,盐度 35 ppt,延伸到深度 40 m。一声呐换能器位于该等温层中水下 10 m。(a)一条换能器沿水平方向发出的声线,在水平距离多么远处抵达水面?(b)声线以多少俯角从换能器发出时在该等温层的底部将变成水平方向?(c)在多远水平距离后(b)中声线抵达该等温层的底部?(d)在等温层以下,声速以速率 0.2 $s^{-1}$ 下降,一条声线出射角为俯角 3°,它将在水下什么深度抵达水平距离 2 300 m?

15.5.2　一个声呐换能器在浅水中水下 5 m 的位置,水底是平坦的,深度 35 m。声速从水面 1 500 m/s 到水底 1 493 m/s 线性降低。(a)计算并绘制一条声线的路径,它以水平方向离开换能器,一秒钟碰触到海底,假设从海底的第一次反射是镜面反射。(b)对于一条初始仰角 1°和初始俯角 1°发出的声线,分别类似的计算和绘制声线。

15.5.3　一个声呐换能器位于水下 10 m,水中声速具有常值负梯度 0.2 $s^{-1}$,换能器深度上的声速为 1 500 m/s。该换能器的柱轴倾斜向下与水平方向夹角为 6°,它的波束中心看起来照射到水平距离 1 000 m 的潜艇上。(a)该潜艇表观深度是多少?(b)该潜艇的真

实深度是多少?

15.5.4 一个表面声信道,该水层声速从表面 1 500 m/s 到深度 10 m 1 498 m/s 均匀降低,然后均匀增加到深度 100 m 处的 1 500 m/s。(a)一条声线可以穿过声道轴依旧保留在声道中传播,该声线的最大出射角度是多少?(b)对于信道上部中的这样声线,其两次穿越声道轴之间的距离是多少?(c)在声道下部的声线呢?(d)推导一个一般表达式,它能够给出所有的出射角,使得由位于声道轴的声源向上半信道发出的声线两次穿越声道轴的距离为 3 000 m。

15.5.5 一个表面层,上部为 100 m 深的等温层,下部为陡的温跃层。如果一条潜艇正好位于该层下部,计算一个距离,超出该距离后该潜艇可以尝试隐藏来自表面声呐的探测。

15.5.6 一个表面以下 7 m 的声源,在 100 m 深的混合层中发射 3 kHz 的声波。接收器位于相同深度,每次反弹损失 6 dB。(a)计算过渡距离。(b)计算跳跃距离。(c)计算传播损失为 80 dB 的近似距离。(d)计算该声源的最小垂直波束宽度,使其可以充分利用该层的传播特性。

15.5.7 假设一个混合层深度 100 m,3.5 kHz 的声源位于深度 75 m。(a)忽略任何来自层的泄漏,计算到达一个深度 50 m 水平距离 20 km 的接收器的传播损失。(b)将这个结果同大约 90 dB 的观测值进行比较,估计泄漏系数(单位 dB/km)。从这个结果,计算反弹损失。

15.6.1 利用图 15.4.1 两线段式近似声速剖面,验证在式(15.6.7)后讨论的预估拉长时间。

15.6.2 一声速剖面由连接如下各点的直线组成:0 m 深度 1 500 m/s,800 m 深度 1 514 m/s,1 400 m 深度 1 470 m/s,5 400 m(海底)5 400 m/s。(a)深海声道轴的深度是多少?(b)声道轴上的声源声线离开声源后仍能被陷在声道内的最大出射角是多少?这条声线的循环距离是多少?(c)假设接收器也在声道轴上,计算过渡距离。

15.6.3C 一个深海信道声传播的简单模型包括两个层,每层由相同的声速梯度绝对值。如果 $|g|=0.025\ s^{-1}$,绘制声道轴上一个声源出射声线到达距离 2 000 km 同样在声道轴上接收器的到达时间作为出射仰角的函数。

15.6.4C 一个汇聚区声传播的简单模型,包含两个线性声速梯度:在表面声速为 1 500 m/s,1 000 m 处声速为 1 475 m/s,1 000 m 以下声速梯度 $0.016\ s^{-1}$。假设海底足够深,不会干涉任何感兴趣的声线。对于表面上的声源,(a)作为俯角的函数,绘制到达表面的一条声线,确定汇聚区距离,汇聚区宽度。(b)确定汇聚区存在的最小水深。

15.6.5C (a)对于习题 15.6.4C 的声速剖面,海底深度 3 000 m,水平平坦海底,声源在海面,作为俯角的函数,绘制海底入射声线的掠射角,声线抵达海面的水平距离。(b)将(a)的结果与假设声线是直线而获得的结果进行比较,评论对于哪些俯角直线近似是适用的。

15.6.6C 如果习题 15.6.5C 中的海底是"红土",对于声源和目标都在海面的情况,应用直线近似,绘制单向声传播损失作为水平距离的函数。

15.6.7C 对于习题 15.6.4C 中声速剖面,声源位于深海声道轴上。(a)作为仰角的函数,绘制一条声线抵达表面的水平距离,将这个结果与假设声线是直线而计算的距离进行比较。(b)作为水平距离的函数,绘制由声线理论计算的声传播损失的函数,并同假设声线是直线而计算的结果进行比较。

15.7.1 一个频率 1 000 Hz 的球面发散波声源位于海表面以下 5 m,该声源产生距离声中心 1 m 处 200 μbar 的均方声压幅值。假设 100%反射($\mu=1$),在距离 200 m 远,如下深度上产生的 SPL 是多少?(a)1 m,(b)5 m,(c)10 m。(d)在这个距离上,直达波单独产生的声压级将是多少?(e)对于 $\mu=0.5$ 重新计算该问题。

15.7.2　(a)假设 $\mu=1$,推导一个由 $k$,$h$ 和 $d$ 表示的距离 $r$ 的方程,超过该距离后,由表面干涉效应导致的传播损失超出球面扩展、损失大于 10 dB。(b)当 $f=500$ Hz,$d=10$ m,$h=20$ m 时,这个距离是多少?

15.7.3　考虑一个点源位于海面以下深度 $d$。(a)在表面声质点振速的指向性是什么?(b)如果距离声源 1 m 处声源自身的声压幅值是 $A$,对于 $r\gg d$ 和 $kr\gg 1$ 极限条件,计算海表面声学质点振速的幅值。

15.7.4C　一个全指向性 5 kHz 声源位于等声速水中深度 10 m 处,表面均方粗糙度从 0 到 0.6 m,绘制声压幅值式(15.7.4)作为距离的函数。

15.8.1　一个声呐在 1 kHz 由声源级 220 dB re 1 μPa,从距离目标 1 km 距离处收到回声声压级 110 dB re 1 μPa,计算目标强度。

15.8.2　一主动声呐系统由检测阈-3 dB 和声源级 220 dB re 1 μPa,如果检测到的噪声级是 70 dB re 1 μPa,单向传播损失为 80 dB,它能在 50%的时间上检测到的最弱目标是什么?

15.8.3　一个主动声呐被设计来探测声源级 SL 的单音,如果噪声在带宽 w 上有常数谱级 NSL,证明适当的声呐方程为

$$\mathrm{SL-TL=NSL-DI+DT_1}$$

表达式 $\mathrm{DT_1}$ 与 $d$、$w$ 和 $\tau$ 有关,如果接收器使用能量检测方式。

15.8.4　一个 2 kHz 的声呐首先在 5 km 检测到一个艇艏方位潜艇(TS = 10 dB),在什么距离上该相同声呐能够首先检测到一个船艏方位鱼雷(TS = -20 dB)?假设两种情况下检测阈值是相同的。

15.8.5　针对下列几种情况,说明 $P(D)$、$P(FA)$ 及检测指数 $d$ 将会发生什么,定性的解释为什么会这样,(a)目标远离和接收到的信号变弱(系统中其他不变)。(b)其他不变的情况下,操作人员减小显示增益(这等效于提高检测阈值)。

15.8.6　如下情况下,如果 DT 提高(降低)5 dB,$w\tau$ 必须改变多少?(a)能量检测,(b)相关检测,(假设 $d$ 保持不变)。

15.9.1　对于海况 3 级、轻型船舶,接收器具有如下中心频率和带宽,估计深海中的环境噪声级:(a)20 Hz 和 0.1 Hz;(b)200 Hz 和 1 Hz;(c)2 000 Hz 和 10 Hz;(d)20 kHz 和 100 Hz。

15.9.2　一个被动接收器工作在 500 Hz 带宽 100 Hz,它的指向性指数是 10 dB,计算在 3 级海况下的检测噪声级。

15.9.3C　一艘潜艇位于水下 10 m 深,以 4 kt 速度直线航行,发射一个 5 kHz 的全向单音,被一个水下 10 m 深的全向水听器接收。最近点的距离是 100 m,此时时间为 $t=0$,绘制接收信号的幅值和频率作为时间的函数,假设为常值声速和光滑的海面。

15.10.1　以被动检测系统使用能量检测方式。如果带宽是 200 Hz,处理时间是 10 s,如果监测阈值必须是-10 dB,对于 $P(D)=0.5$,计算 $P(FA)$。

15.10.2　(a)导出一个确定最有频率 $F$(kHz)的表达式,以用于对一条直线水听器被动探测系统达到一个给定的探测距离 $r$。假设目标的连续谱噪声与掩蔽噪声有相同的频率依赖特性,水的声吸收系数为 $a/F^2=0.01$ (dB/km)/(kHz)$^2$。(b)达到 10 km 距离最优频率是多少?(c)在频率 1 kHz,什么距离将最有效的达到?

15.10.3　一艘潜艇辐射单频信号 250 Hz,声源级 150 dB re 1 μPa。在海况 3 级的存在下,信号被一个全指向接收器接收。(a)如果该潜艇能有航速 14.7 m/s(28.6 节),估计接收器所必须的带宽。(b)估计接收器位置处的环境噪声级 DNL。(c)期望具有 10 km 距离上探测的能力,最大被允许的探测阈值是多少?(d)如果探测概率 50%、虚警率 0.2%是可接收的,假设能量处理,计算所需的观察时间。(e)如果接收器由 5 个并行处理器构成,每个处理器带宽 1 Hz,并假设相同的虚警率,重复(b)、(c)和(d)的过程。

15.10.4　一个被动声呐系统工作在 500 Hz,它必须能够探测正在发射 500 Hz 单音、高达 30 kn(15.4m/s)距离变化率的目标,(a)最小带宽必须是多少?(b)如果接收器包含 10 个并行的等带宽滤波器,每个带宽是多少?(c)在最高频率滤波器中进行检测,被探测目标的距离变化率的可能值是多少?

15.10.5　(a)一艘常规潜艇在潜望镜深度以 4 kn(2.06 m/s)航行。海况 3 级,层深 100 m,如果一个水听器在 1 kHz 的 DI = 20 dB,DT = 0 dB,潜艇在该频率范围的 SSL 是 120 dB re 1 μPa/$Hz^{1/2}$,该水听器位于 36 m 深在多远距离上可以探测到该潜艇?

15.10.6　一接收平台的自噪声构成如下:200 Hz 到 2 kHz 之间 NSL = 120 dB re 1 μPa/$Hz^{1/2}$,一个 300 Hz SPL = 140 dB re 1 μPa 的单频信号,一个 600 Hz SPL = 160 dB re 1 μPa 的单频信号,计算如下范围内的带级,(a)200~299 Hz,(b)250~350 Hz,(c)1~2 kHz,(d)200 Hz~2 kHz,(e)在上述每个频带中,对自噪声主要贡献者是什么?

15.10.7　一个被动声呐有 90 个波束,每个波束都通过接收器发送,接收器有 20 个并行处理器,每个 0.1 Hz 带宽,每个处理器的积分时间是 10 s(每个波束处理器同步工作)。(a)如果波束顺序形成,完成一次全方位搜索需要花费多长时间?(b)有多少个频率-方位单元组?(c)每小时必须虚警不超过一次,则 $P(FA)$ 是多少?(d)如果处理时能量检测,用图 11.4.2 来计算检测阈值。

15.11.1　一主动声呐的方位-距离记录仪将一个半径 15 km 的圆划分为 3.6°宽、100 m 长的单元组,(a)如果在下一个声碰撞发起之前,回声必须能够从 15 km 位置返回,请问发射脉冲的额最大重复率是多少?(即每秒多少个脉冲)。(b)如果每次声碰撞的虚警不超过 1 次,$P(D) = 0.5$,则 $P(FA)$ 是多少?(c)对于每分钟不超过 1 次虚警的情况,重复(b)过程。(d)对于(b)和(c),要求的 $d$ 是多少?假设可以利用图 11.4.2。

15.11.2　(a)平坦海底位于深度计下方 $z$ m,海底法向功率反射系数为 $R_{\Pi}$,导出一个海底目标强度的一般公式。(b)如果海底 $R_{\Pi} = 0.17$,深度计的 SL 是 100 dB re 1 μPa,$f = 30$ kHz,从 $z = 1\,000$ m 的海底返回的回声级是多少?(c)基于几何考虑,解释为什么目标强度依赖于深度计和海底之间的距离。

15.11.3　一个声源级 220 dB re 1 μPa 的发射机发射一个 3kHz 脉冲后 1 s,混响级是 90 dB re 1 μPa。如果在个瞬间贡献到混响的水体积是 $10^7$ $m^3$,计算散射强度。

15.11.4　环境噪声 DNL 是 80 dB re 1 μPa,混响 DNL 为 $113 - 10\log r - 10^{-4}\,r$ dB re 1 μPa。(a)对于混响计算检测到的噪声级,对于环境噪声和距离 500 m、1 kHz、2 kHz、5 kHz、10 kHz 和 20 kHz 混响的叠加,计算总的检测到的噪声级。(b)在什么范围内混响是比环境噪声更重要的?假设 $w_R$ 在 $w$ 内。

15.11.5　一个主动声呐工作在 1 kHz,声源级 220 dB re 1 μPa,指向性指数 20 dB,水平波束宽度 10°,脉冲长度 0.1 s,使用相关检测,期望有 $P(D) = 0.5$、$P(FA) = 10^{-4}$,一个潜艇的目标强度预计是 30 dB,速度可能达到 10.6 m/s。声呐和潜艇都位于深度 100 m 的混合层内,潜艇位于较浅位置,声源位于 36 m 位置。海况 3 级,海面散射的散射强度是

-20 dB,体积散射可以忽略。为了简化,假设噪声限制和混响限制性能的检测阈是相同的。计算最大探测距离。

15.11.6　对于给定潜艇目标,一声呐具备 20 kHz、最大 3 km 探测距离的回声探测能力。(a)如果换能器声源级增加 20 dB,对于相同目标,新的最大探测距离将是多少?(b)如果发射频率降低至 10 kHz,不改变发射换能器的物理尺寸或者说从源到 3 km 探测距离的声功率输出,新的最大探测距离将是多少?假设换能器产生一个探照灯类型的波束,探测被环境噪声掩盖。

15.12.1　对于具有完全反射表面的等声速浅水信道,证明能量守恒导出 TL(geom)= 10log $r$+10log($H$/2),同时与式 15.12.7 进行比较,并评论。

15.12.2　假设近岸海域可考虑用两个非平行平面进行建模:一个平行于声压释放表面,一个斜的刚硬海底,(a)绘制位置草图,标明下列情况呈现从声源发出的声路径虚源的相位:一次海面反射;一次海底反射;一次海面反射,然后一次海底反射;首先海底反射然后海面反射。(b)证明所有虚源将落在一个通过声源、中心在海岸的圆上。

15.12.3　一个 50 Hz 的球面波声源,位于深度 30 m 的水中,石英砂海底深度 60 m。距离声源中心 1 m 位置上的产生的声压级是 1 000 Pa。(a)计算从 30 m 深声源发出水平距离 150 m 位置直达波路径时的产生的声压级,以及来自前四个虚源反射路径产生的声压级。(b)考虑声速是常值 1 500 m/s,计算上述声线间的相位差,它们相干叠加导致的声压幅值。(c)对于非相干叠加,重复(b)过程。

15.12.4　假设信道 90 m 深,海底是粗糙的泥沙,计算一个范围,超出后式(15.12.12)是有效的。

15.12.5　对于慢速海底情况,小掠射角入射情况下,证明式(15.12.8)和式(15.12.10)中的 $r$ 的良好近似是 $2(\rho_2/\rho_1)[(c_1/c_2)^2-1]^{-1/2}$,提示:参考习题 6.4.8(a)。

15.13.1　(a)对于一个深度 100 m、传播 3.5 kHz 信号的等声速海水层($c_1=1.5\times10^3$ m/s),估计 20 km 距离上的传播损失。海底是 $\rho_2=1.25\rho_1$ 和 $c_2=1.6\times10^3$ m/s 的液体,假设在感兴趣的距离上只有最低阶简正波是重要的。让声源和接收器都在该层 50 m 深度,对其他深度选择的结果进行评论。(b)计算一个距离,其上最低两阶简正波将传播走过一个 180°的相对相位偏移。

15.13.2　推导式(15.13.6)的随机相位 TL(geom)。

15.13.3C　一个 100 m 深的浅水信道有刚硬海底,一个 200 Hz 声源位于深度 25 m。在 100 m 距离上,对下述情况绘制声压幅值作为深度的函数:(a)每个传播简正波;(b)所有传播简正波的相干求和;(c)所有传播简正波的非相干求和。

15.13.4C　一个 100 m 深的浅水信道有刚硬海底,一个 200 Hz 的声源位于深度 25 m。对一个 25 m 深的接收器,绘制下述情况的传播损失:(a)每个传播简正波;(b)所有传播简正波的相干求和;(c)所有传播简正波的非相干求和。

15.13.5　使用图 15.13.1c 中深度和频率的声源和接收器,假设常值声速为 1 500 m/s,计算海面干涉效应作为式(6.8.7)中距离的函数,同图中观察到的结果进行比较。

15.13.6　对于图 15.13.1a 中的声速剖面,(a)计算深度 50 m 处的梯度,同使用混合层的结果进行比较。假设图 15.13.1c 的几何关系,以及(a)的梯度一直扩展到海面,计算:(b)跳跃距离;(c)过渡距离;(d)估计层的截止频率。(e)根据式(15.5.5)计算传播损失,并比较曲线。提示:强的干涉效应表明每次反弹损失不超过 2 dB。

# 第16章　选定的非线性声学效应

## 16.1　引　　言

关于声波在大气、水以及管道中传播的非线性效应的理论研究已经进行了将近150年。近年来,非线性效应在高精度回声测深仪、热声热机以及声学处理器设计中得到实际应用。关于非线性传播已经有许多复杂解,本章仅讨论相对简单、仅适用于非线性效应较小时的微扰展开技术。用例子说明这种方法并提供简单的物理解释。希望对声场做进一步研究的读者可以参考相关文献①。

## 16.2　非线性波动方程

对非线性声学问题的分析有多种技术,如特征值法、黎曼不变量分析、有限差分变分法、Burger方程的推广等。我们主要考虑微扰展开法,除非是冲击波形成地附近,应用这种方法都很有效。

考虑没有边界的无限均匀介质。本构方程为第5章和第8章推导的方程未经过线性化的形式。假定对于小压缩状态 $|s|\ll 1$ 推导非线性波动方程时,仅需对声学变量保留到二阶项以考虑非线性的贡献,这一点也可以证明。另外对于弱非线性情况,非线性项足够小以至于可以利用线性无损失的声学关系对其进行简化(任意误差为3阶或更高阶小量)。最后,前面关于有损耗的线性波动方程的工作说明描述吸收和漫射效应的项远小于其他的线性项,于是它们也可以用线性声学关系近似。

对于绝热过程,利用式(5.2.7)

$$p=\mathscr{P}_0\left[\gamma s+\frac{1}{2}\gamma(\gamma-1)s^2+\cdots\right] \tag{16.2.1}$$

对于理想气体,$\gamma$ 为热容比,但对一般的流体它是一个决定于绝热压缩性的经验常数。$\mathscr{P}_0$ 对于理想气体为流体静压力,其他情况由式(5.2.8)决定,定义无量纲的归一化声压 $q$ 为

$$q=p/\rho_0c^2 \tag{16.2.2}$$

将式(16.2.1)的级数求逆并简化得

$$s=q-\frac{1}{2}(\gamma-1)q^2 \tag{16.2.3}$$

---

① Landau and Lifshitz, *Fluid Mechanics*, Addison-Wesley (1959). Beyer, *Nonlinear Acoustics*, Naval Ship Systems Command (1997); republished, Acoustical Society of America (1997). *Encyclopedia of Acoustics*, ed. Crocker, Vol. 2, Wiley (1997).

非线性的连续方程为式(5.3.3)

$$\frac{\partial\rho}{\partial t}+\nabla\cdot(\rho\boldsymbol{u})=0 \tag{16.2.4}$$

当 $s$ 用 $q$ 表示,这个关系变成

$$\frac{\partial q}{\partial t}+\nabla\cdot\boldsymbol{u}=\frac{\gamma-1}{2}\frac{\partial q^2}{\partial t}-\nabla\cdot(q\boldsymbol{u}) \tag{16.2.5}$$

有声损失时的受迫方程为非线性纳维-斯托克斯方程(8.2.1)式

$$\rho\left[\frac{\partial\boldsymbol{u}}{\partial t}+(\boldsymbol{u}\cdot\nabla)\boldsymbol{u}\right]=-\nabla p+\left(\frac{4}{3}\eta+\eta_B\right)\nabla(\nabla\cdot\boldsymbol{u})-\eta\,\nabla\times\nabla\times\boldsymbol{u} \tag{16.2.6}$$

将 $\rho$ 和 $p$ 用 $q$ 表示,舍去旋度项,将非线性项移到右端,得

$$\frac{\partial\boldsymbol{u}}{\partial t}+c^2\,\nabla q-c^2\tau\,\nabla(\nabla\cdot\boldsymbol{u})=-q\,\frac{\partial\boldsymbol{u}}{\partial t}-\frac{1}{2}\nabla u^2$$

$$\tau=\left(\frac{4}{3}\eta+\eta_B\right)/\rho_0c^2 \tag{16.2.7}$$

利用关系

$$(\boldsymbol{u}\cdot\nabla)\boldsymbol{u}=\frac{1}{2}\nabla\boldsymbol{u}^2-\boldsymbol{u}\times(\nabla\times\boldsymbol{u}) \tag{16.2.8}$$

将式(16.2.5)与式(16.2.7)组合得到非线性波动方程。按照第5章的步骤:将式(16.2.5)对时间求导同时对式(16.2.7)求散度,将得到的两式相减消去$\nabla\cdot\frac{\partial\boldsymbol{u}}{\partial t}=\frac{\partial}{\partial t}\nabla\cdot\boldsymbol{u}$。

利用式(16.2.5)和式(16.2.7)的线性无损耗近似以及标准的矢量恒等式对损耗项和非线性项进行简化。引入无量纲归一化速度 $\boldsymbol{v}$

$$\boldsymbol{v}=\boldsymbol{u}/c \tag{16.2.9}$$

得到的结果为

$$c^2\left(1+\tau\,\frac{\partial}{\partial t}\right)\nabla^2q-\frac{\partial^2q}{\partial t^2}=-\frac{1}{2}\,\frac{\partial^2}{\partial t^2}(\gamma q^2+v^2)+\frac{1}{2}c^2\,\nabla^2(q^2-v^2) \tag{16.2.10}$$

这里检查一下 $q$ 和 $v$ 的重要程度是有用的。根据式(16.2.3),压缩率和归一化压力直至一阶项是相等的。而且由线性声传播可知除了在小声源紧邻区域,$p$ 和 $u$ 之间通过 $\rho_0c$ 联系,因此 $q$ 和 $v$ 的幅值必为接近的。这意味着直至一阶项,$s$、$q$ 和 $v$ 都等于声马赫数 $M$ 峰值

$$|q|=|p|/\rho_0c^2\approx|s|\approx|\boldsymbol{v}|=|\boldsymbol{u}|/c=M \tag{16.2.11}$$

式(16.2.10)左端为线性无损耗波动方程式(8.2.4),右端贡献非线性非齐次项。每一个非线性项可以看成一个空间分布声源,使波动方程有一个对应解。式(16.2.10)的非线性项仅当它们本身接近于线性波动方程的解时才能产生明显的解,这可以针对具体情况加以验证。基于这样的可以逐一验证的事实,可以将式(16.2.10)简化成一种方便得多的形式

$$c^2\,\nabla_L^2q=-\beta\,\frac{\partial^2}{\partial t^2}(q^2)$$

$$c^2\,\nabla_L^2\equiv c^2\left(1+\tau\,\frac{\partial}{\partial t}\right)\nabla^2-\frac{\partial^2}{\partial t^2}$$

$$\beta=\frac{\gamma+1}{2} \tag{16.2.12}$$

其中$\Box_L^2$定义为达朗贝尔损失。注意到对于$\beta=0$这个方程就变成线性无损耗的波动方程。5.2节定义了一个非线性参数$B/A$，与$\beta$之间由$\beta=1+B/2A$联系。Everbach根据众多研究人员的工作对大量液体的$B/A$值进行了汇编①。

## 16.3 两个描述性参数

现在可以确认两个重要参数：(a)不连续距离$l$，它度量当一个单频的初始波形进入一种非线性介质时非线性效应发展的速度。(b)Goldberg数$\Gamma$，它度量在吸收损耗最终导致声信号衰减消失之前，非线性效应将累积到何种程度。

(a)不连续距离

这个参数源于Earnshaw(ca. 1860)的研究。若利用非线性绝热过程的式(16.2.1)计算热力学声速式(5.6.1)，则可以发现它是瞬时压缩率的函数

$$c^2(s)=c^2[1+(\gamma-1)s] \tag{16.3.1}$$

其中，$c=c(0)$为零压缩率时的声速。$c(s)$值给出一个特定的压缩率值(因此也包括对应的压力和质点振速)相对于周围流体传播的速度。周围流体本身以质点振速$\boldsymbol{u}$运动，因此在一个静止的观察者看来，某一声学变量的某一特定值在空间内的传播速度是叠加在质点振速上的热力学速度

$$c_{\mathrm{p}}=c(s)+u\approx c+\beta u \tag{16.3.2}$$

其中，用到了式(16.2.12)并假设$\beta|u/c|\ll1$。这说明，初始时在$x=0$且为单频的无损耗平面波向$+x$方向传播时，质点振速可以写成

$$u(x,t)=u\sin\left[\omega\left(t-\frac{x}{c+\beta u}\right)\right] \tag{16.3.3}$$

随着波向$x$值更大的方向传播，波峰(以速度$c+\beta u$传播)超过在它前面的波谷(以速度$c-\beta u$传播)。图16.3.1显示了逐渐远离声源时，空气中初始正弦波质点振速的时间行为。随着离开源的距离逐渐增大，波形逐渐变得更陡，在每个波谷和波峰之间与轴交点处，波的斜率$(\partial u/\partial x)_{u=0}$越来越大。波与轴的这些交点发生在式(16.3.3)的正弦函数的自变量为$\pi$的偶数倍时。与横波(海浪到达顶峰在岸边破碎)不同，波形不能变为三倍值，则在这些波与轴交点处必形成不连续点。将式(16.3.3)对$x$求导，并在这些与轴的交点处($u=0$，余弦函数的自变量为$\pi$的偶数倍)求值，得到

$$\left(\frac{\partial u}{\partial x}\right)_{u=0}=u\left[-\frac{\omega}{c}+\frac{\omega x}{c^2}\beta\left(\frac{\partial u}{\partial x}\right)_{u=0}\right] \tag{16.3.4}$$

求解其中的导数得

$$\left(\frac{\partial u}{\partial x}\right)_{u=0}=-\frac{\dfrac{\omega}{c}}{\dfrac{1}{u}-\dfrac{\omega x\beta}{c^2}} \tag{16.3.5}$$

在不连续点首次形成处导数变无限大，由此得不连续点的距离为

① Everbach, *Encyclopedia of Acoustics*, ed. Crocker, Chap. 20, Wiley (1997).

$$\ell = 1/\beta M k \tag{16.3.6}$$

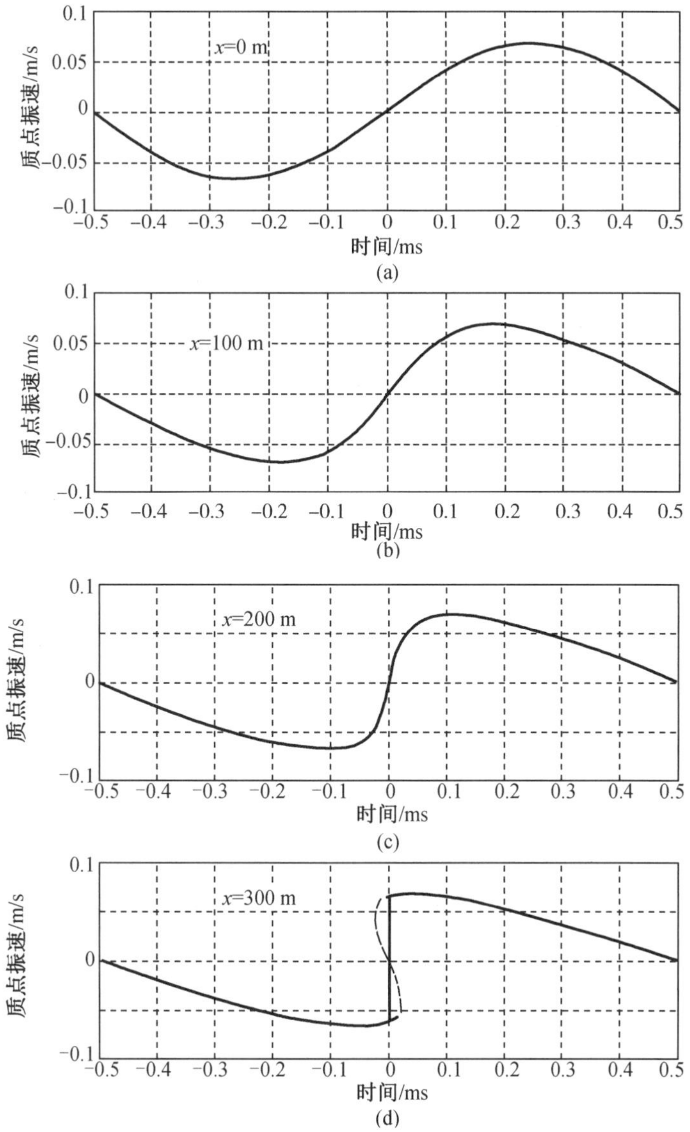


**图 16.3.1　1 kHz 平面波无衰减地在空气中传播时的时间波形。(a) 均方根压力幅值为 $P=20$ Pa(SPL = 120 dB re 20 μPa、马赫数 0.000 2) 的初始正弦波的质点振速在 $x=0$ 的波形，在 (b) $x=100$ m，(c) $x=200$ m，(d) $x=300$ m，畸变逐渐变大。由于质点振速不能变成 3 倍，不连续点在 200 m 和 300 m 之间。**

在该距离上，初始角速度为 $\omega = kc$、初始时的幅值由声马赫数的峰值指定的平面行波形成一个击波波前。例如，在空气中传播、声压级为 SPL = 120 dB re 20 μPa 的波具有等效声压幅值 SPL = 120 dB re 20 μPa 以及马赫数峰值 $M=\sqrt{2}P_e/\rho_0 c^2 = 0.2\times10^{-3}$。对于空气，$\gamma = 1.4$，$\beta = 1.2$。若频率为 1 kHz，则 $k = 18.3\ \text{m}^{-1}$，不连续距离 $\ell$ 约为 230 m。对于相同的 SPL 但频率为 10 kHz，$\ell = 23$ m。

(b) Goldberg 数

从物理上说,显然并不会在不连续点处真的产生一个击波波前。损耗将导致波的强度随距离衰减,因此等效于增大了 $l$ 的值。因为吸收系数 $\alpha$ 随频率增大,高频波比低频波衰减更快,这也进一步延后了不连续点的形成。非线性的产生和损失累积的相互作用一定是非线性传播的一种重要描述。非线性效应强度的度量为 $\beta M$,一个波长的长度内的衰减为 $\alpha/k$(其中 $\alpha$ 和 $k$ 为波形中基频的值)。这些量之间的比为 Goldberg 数 $\Gamma$

$$\Gamma \equiv M\beta/(\alpha/k)=1/\alpha\ell \tag{16.3.7}$$

若 $\Gamma \ll 1$,非线性畸变还没有变得很严重之前波就已经衰减掉了,若 $\Gamma \gg 1$,波发生显著衰减之前形成击波波前。

## 16.4 微扰展开法解

假设对于某个特定问题,在无限小幅值极限下的解 $q_1$ 已知,它必满足由式(16.2.12)取 $\beta=0$ 得到的线性波动方程

$$c^2\Box_L^2 q_1=0 \tag{16.4.1}$$

为了确定对线性近似的第一个修正,尝试给解 $q_1$ 增加一个额外的贡献 $q_2$,试探解为

$$q=q_1+q_2 \tag{16.4.2}$$

若将这个试探解代入(16.2.12)式并利用 $q_1$ 满足(16.4.1)式,则左端只剩下 $q_2$。右端得时间的两阶导数($q_1^2+2q_1q_2+q_2^2$)。可以合理地假设 $|q_2|\ll|q_1|$,则 $2q_1q_2$ 以及 $q_2^2$ 可以忽略,即得到

$$c^2\Box_L^2 q_2=-\beta\frac{\partial^2}{\partial t^2}(q_1^2) \tag{16.4.3}$$

可以解得第一个非线性修正 $q_2=q_2(\text{hom})+q_2(\text{part})$,其中 $q_2(\text{hom})$ 为关于 $q_2$ 的线性波动方程的齐次解,$q_2(\text{part})$ 为方程(16.4.3)的特解。要选择齐次解的系数使得齐次解与特解之和满足声压的适当边界条件。

为了求第二个微扰修正,将

$$q=q_1+q_2+q_3 \tag{16.4.4}$$

代入式(16.2.12)。现在 $q_1$ 满足式(16.4.1),$q_2$ 满足式(16.4.3),这就将 $q_1$ 和 $q_2$ 从等式左端去掉。假设 $|q_3|\ll|q_2|$ 并对右端仅保留最低阶项。结果是

$$c^2\Box_L^2 q_3=-\beta\frac{\partial^2}{\partial t^2}(2q_1q_2) \tag{16.4.5}$$

按照上面求解 $q_2$ 的过程求解 $q_3$。如果继续上述过程则容易证明贡献 $q_n$ 的非线性波动方程为

$$c^2\Box_L^2 q_n=-\beta\frac{\partial^2}{\partial t^2}\sum_{i=1}^{n-1}q_iq_{n-1} \tag{16.4.6}$$

## 16.5　非线性平面波

对于每种简单的几何构型(平面、圆柱面、球面)及可以想象的边界条件都已经研究了弱非线性范畴的声现象。因为除了最简单的情况外,数学处理很快就会变得无法进行,我们只举例说明一维平面波的三种简单情况的结果。

(a)无限半空间内的行波

假设由 $x=0$ 处声压 $p(0,t)=P\sin(\omega t)$ 产生的平面行波在自由空间中沿$+x$ 方向传播。在线性极限下的解为

$$q_1=Me^{-\alpha x}\sin(\omega t-kx) \tag{16.5.1}$$

其中,$M=P/\rho_0c^2$。当频率远低于弛豫频率时,$\omega/k\approx c,\alpha\approx\omega^2\tau/2c,\omega$ 为基频角频率。这些与推导非线性波动方程时所作的近似一致。得到 $q_1^2$ 并代入式(16.4.3)得

$$c^2\Box_L^2q_2=-\frac{1}{2}(2\omega)^2\beta M^2e^{-2\alpha x}\cos(2\omega t-2kx) \tag{16.5.2}$$

因为指定了源的震荡角频率为 $\omega,q_2$ 的边界条件必为在 $x=0$ 处 $q_2=0$。特解为(见习题16.5.1)

$$q_2(\text{part})=\frac{1}{4}M\frac{\beta M}{\alpha/k}e^{-2\alpha x}\cos(2\omega t-2kx) \tag{16.5.3}$$

对于角频率 $2\omega$ 的一个齐次解为

$$q_2(\text{hom})=Ae^{-4\alpha x}\sin(2\omega t-2kx) \tag{16.5.4}$$

$2\omega$ 对应的吸收系数为 $4\alpha$,因为吸收系数正比于频率的平方。常数 $A$ 由 $q_2$ 的边界条件决定,结果为

$$q_2=\frac{1}{4}M\Gamma(e^{-2\alpha x}-e^{-4\alpha x})\sin(2\omega t-2kx) \tag{16.5.5}$$

于是第二阶谐波的对于基波的相对幅值为

$$|p_2|/|p_1|=\frac{1}{4}\Gamma e^{-2\alpha x}(1-e^{-2\alpha x}) \tag{16.5.6}$$

对于短距离($\alpha x\ll1$),将指数函数展开得 $|p_2|/|p_1|\to\frac{1}{2}(x/\ell)$。第二阶谐波的相对幅值随 $x$ 线性增大,增大的速率反比于 1。对于长距离($\alpha x\gg1$),$|p_2|/|p_1|\to\frac{1}{4}\Gamma\exp(-\alpha x)$,相对幅值正比于 Goldberg 数,但也显示出取决于吸收的指数衰减。线性效应的产生和吸收损失在限制第二阶谐波的增长方面的对抗关系是明显的。

产生下一个微扰修正项按照式(16.4.5)过程进行,乘积 $q_1q_2$ 展开成第一阶和第三阶谐波的和,得到每个谐波的特解。与齐次解组合满足在 $x=0$ 处 $q_3=0$ 的边界条件,得

$$\begin{aligned}q_3&=q_{31}+q_{33}\\&=\frac{1}{8}M\Gamma^2\left[-\left(\frac{1}{4}e^{-\alpha x}-\frac{1}{2}e^{-3\alpha x}+\frac{1}{4}e^{-5\alpha x}\right)\sin(\omega t-kx)+\right.\\&\left.\left(\frac{1}{2}e^{-3\alpha x}-\frac{3}{4}e^{-5\alpha x}+\frac{1}{4}e^{-9\alpha x}\right)\sin(3\omega t-2kx)\right]\end{aligned} \tag{16.5.7}$$

解 $q_3$ 对第三阶谐波贡献为 $q_{33}$，对基波贡献为 $q_{31}$。$q_{33}$ 中的项通过基波和二次谐波的相互作用给出了三次谐波的构成形式。对于 $\alpha x \ll 1$，三次谐波具有相对幅值 $|q_{33}|/|q_1| \to \frac{3}{8}(x/\ell)^2$，这随归一化距离（$x/\ell$）呈二次增长并与损耗无关。对基波的修正 $q_{31}$ 为负，对于 $\alpha x \ll 1$ 具有相对幅值 $|q_{31}|/|q_1| \to \frac{1}{8}(x/\ell)^2$，能量传递给二次谐波，这调整了基波幅值。对于远距离 $\alpha x \gg 1$，$q_{31}$ 和 $q_{33}$ 的相对幅值都正比于 Goldberg 数的平方，但也是指数衰减的。图 16.5.1 显示了空气中 SPL = 120 dB re 20 μPa、初始时为 1 kHz 的正弦波在到声源不同距离上的时间行为，只包含了前三次谐波。

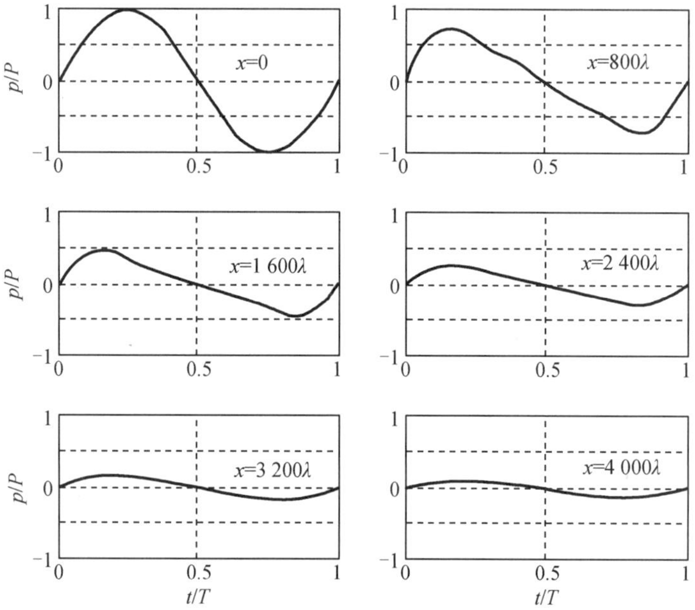


**图 16.5.1 干燥空气中（$\alpha$ = 0.317 s$^{-1}$）一个 100 kHz 平面行波的时域波形。初始正弦波形均方声压幅值 20 Pa（SPL = 120 dB re 1 μPa，峰马赫数 0.000 2，Goldberg 数 3.19）。左上角给出了初始波形，之后每递增 800λ 给出了相应的波形。（仅前三次谐波包含在计算中）**

（b）管中行波①

如第 8.9 节中所讨论，壁面会在流体体积吸收以外引入额外的吸收，还会引入相速度的频散。假设管的半径足够小、频率足够低以致于体积损失远小于壁面损失。吸收系数由式（8.9.19）的 $\alpha_w$ 给出，相速度为式（8.9.20）的 $c_p$。这使得非线性解变得复杂，因为吸收正比于 $\sqrt{\omega}$ 而相速度与 $c$ 之间相差一个正比于 $1/\sqrt{\omega}$ 的项。式（16.2.12）中的每一个频率成分有自己的等效吸收系数和等效的相速度，在线性极限下，有损耗的达朗伯贝尔算子必有适合于每个频率的相速度和吸收系数。于是 $x=0$ 处的 $p=P\sin(\omega t)$ 在管中产生的波的线性解为

$$q_1 = M\mathrm{e}^{-\alpha_1 x}\sin[\omega(t-x/c_1)] \tag{16.5.8}$$

其中，$\alpha_1$ 由式（8.9.19）、$c_1$ 由式（8.9.20）给出。为求解二次谐波，利用式（16.2.12）以及达

① Coppens, *J. Acoust. Soc. Am.*, 49, 306 (1971).

朗贝尔算子得

$$c_2^2\square_{L2}^2=c_2^2\left(1+\alpha_2\frac{2c}{(2\omega)^2}\frac{\partial}{\partial t}\right)\nabla^2+(2\omega)^2 \tag{16.5.9}$$

其中的角频率为 $2\omega$，线性极限下吸收系数为 $\alpha_2=\sqrt{2}\alpha_1$，相速度为 $c_2=c(1-\alpha_2/2k)$。二次谐波的微扰解为

$$q_2=\frac{1}{\sqrt{2}-1}\frac{M\Gamma}{4}\left\{e^{-\alpha_2 x}\sin\left[2\omega\left(t-\frac{x}{c_2}\right)-\frac{\pi}{4}\right]-e^{-\sqrt{2}\alpha_2 x}\sin\left[2\omega\left(t-\frac{x}{c'_2}\right)-\frac{\pi}{4}\right]\right\}$$

$$c_2/c=1-\alpha_2/2k$$

$$c_2'/c=1-\alpha_2/\sqrt{2}k \tag{16.5.10}$$

右端第一项为齐次解，是在线性极限下应有的解。右端第二项为特解，具有与线性极限下不同的衰减常数和相位。这个形式与平面传播波的二次谐波相似，即包括两项，每一项分别为指数衰减的并有各自的衰减系数，但这个形式每一项有不同的相速度因而比平面传播波的二次谐波更为复杂。实际观察到的求和式的相速度是距离的函数，随着波以不同速率衰减而变化。

(c)管中驻波①

谐振腔任何尺度的瑕疵都对谐振频率产生干扰，使其偏离基于理想几何和理想刚硬条件的计算值。这可以处理成特定驻波的对应的相速度值的扰动。密封腔内损耗的理论预测值与观测值的接近程度虽然比相速度的理论值和测量值的接近程度要好，但也还是有一定的偏差。因此，对于腔内的驻波一般来说最好能对实际的品质因数、谐振频率和标称尺寸进行测量。于是就可以将品质因数和等效相速度作为经验输入，对每个驻波的波动方程进行求解。

遵循与上面相同的论点，显然能被明显激励起来的驻波，不管是线性还是非线性的，就是与腔的谐振频率很接近的那些，而这又意味着仅当相关的各个谐振频率接近于是谐和的时候才会有明显的非线性效应。

为了简要阐明求解方法，考虑一个长为 $L$ 刚硬的壁细管，一端有帽，另一端由一个厚重的活塞激励，因此类似于一个两端封闭管。对于平面波模态，非线性驻波每个频率成分的有损耗达朗贝尔算符为

$$c_n^2\square_{Ln}^2=\left[c_n^2\left(1+\frac{1}{n\omega Q_n}\frac{\partial}{\partial t}\right)\nabla^2+(n\omega)^2\right] \tag{16.5.11}$$

$n=1,2,3,\cdots$，在 10.5 节中曾得到驻波的线性稳态解，在弱吸收假设下（高 $Q$ 值），可以近似取

$$q_1=M\cos(k_1 x)\sin(\omega t) \tag{16.5.12}$$

被激励的驻波角频率 $\omega$ 必须接近于谐振时的测量值 $\omega_1$。马赫数 $M$ 仅基于经典解，$k_1=\omega_1/c_1$，其中 $c_1$ 为根据管的标称长度确定的相速度。（例如，若驻波接近于两端封闭管的基频波，则 $k_1=\pi/L$，$L$ 为标称长度）。

将式（16.5.12）代入式（16.4.3）并只保留最低阶项，得到第一个非线性修正

① Coppens and Sanders, *J. Acoust. Soc. Am.*, 43, 516 (1968), 58, 1133 (1975); Coppens and Atchley, *Encyclopedia of Acoustics*, Chap. 22.

$$\left[c_2^2\left(1+\frac{1}{2\omega Q_2}\frac{\partial}{\partial t}\right)\nabla^2+(2\omega)^2\right]q_2=\frac{1}{4}M^2\beta\frac{\partial^2}{\partial t^2}\cos(2k_1x)\cos(2\omega t) \tag{16.5.13}$$

推广至复数形式

$$\left[c_2^2\left(j+\frac{1}{Q_2}\right)\nabla^2+(2\omega)^2\right]\boldsymbol{q}_2=\frac{1}{4}M^2\beta\frac{\partial^2}{\partial t^2}\cos(2k_1x)e^{jzwt} \tag{16.5.14}$$

则求解较为简便。首先,任意的齐次解都是随时间衰减的,因而几个衰减时间后就将消失。特解给出腔的稳态响应。提取 $\boldsymbol{q}_2$ 的实部得到解

$$q_2=\frac{1}{4}M^2\beta Q_2\cos\,\theta_2\cos(2k_1x)\sin(2\omega t+\theta_2)$$

$$\tan\,\theta_2=Q_2\left[\left(\frac{\omega_2}{2\omega}\right)^2-1\right] \tag{16.5.15}$$

其中,$Q_2$ 为 $\omega_2$ 的谐振的品质因数,$\theta_2$ 描述在 $2\omega$ 处的二次谐振与谐振角频率 $\omega_2$ 的接近程度。对于确定的马赫数 $M$,二次谐波的强度决定于二次谐波的品质因数以及激励角频率 $2\omega$ 谐振角频率 $\omega_2$ 之间的差别。

高阶扰动修正的解决方案与上述一致。$q_3$ 的解包含一个基频项和一个三次谐波项。三次谐波幅值决定于 $Q_2Q_3\cos\,\theta_2\cos\,\theta_3$,其中 $\theta_3$ 与 $\theta_2$ 定义相似。结果是高次谐波受到低次谐波响应曲线的影响。当基波的谐波最接近较高次受驱动驻波的谐振频率时,可获得最大的非线性响应。

## 16.6 参　量　阵

20 世纪 60 年代对于高强度声束非线性互作用的深入研究导致了实用参量阵换能器的问世,这些声源因可以提供频率相对低、中等强度的高指向性声束而成为很有用的精密测深仪。

下面是一个参量阵的简单模型,是从 Westervelt 的更为简练的论证演变而来的①。假设半径为 $a$ 的活塞向无边界限制的介质中同时发射幅值相等的两个初级波束,它们具有相对较高的角频率 $\omega_1$ 和 $\omega_2$。定义平均角频率 $\omega=(\omega_1+\omega_2)/2$、差角频率 $\omega_d=|\omega_2-\omega_1|$以及减频比 $\omega/\omega_d$。假定 $\omega_d\ll\omega$ 以及两个高频波束的指向足够高使得初级声场在远场形成前就因吸收而明显衰减。若用 $r_1$ 指示近场范围(如 8.8 节定义),则这后一个条件可以陈述为 $\alpha r_1>1$,其中 $\alpha$ 为与 $\omega$ 相关的吸收系数。由于每个声压波在近场的强衰减以及在远场的球面扩展,非线性效应比较重要的区域就是近场截面积 $S\approx\pi a^2$ 内,并沿声源轴线延伸至 $L=1/\alpha<r_1$ 的距离。假定 $L\gg a$。

在这个圆柱体积 $V=SL$ 内,每个初级波束可以近似为截面积为 $S$ 的平行平面波。(如 7.4 节所见,在近场内可能有明显的结构。因为后面将有在这个体积内的积分,可以合理地假定幅值的波动沿着波束轴非周期分布,通过积分波动的影响被减弱因而可以忽略)。两个初级波束在 $V$ 内近似为

$$q_{11}(z,t)=Me^{-\alpha_1 z}\cos(\omega_1t-k_1z)$$

---

① Westervelt, *J. Acoust. Soc. Am.*, 32, 8 (1960)。

$$q_{12}(z,t)=Me^{-\alpha_2 z}\cos(\omega_2 t-k_2 z) \tag{16.6.1}$$

在 $V$ 外为零。(坐标系统与 7.4 节有障板活塞的相同。)这种近似下总的线性场为 $q_1=q_{11}+q_{12}$。

对于第一个非线性修正,将 $q_1^2$ 代入式(16.4.3)右端并寻求 $q_2$ 的解。右端包括角频率为 $2\omega_1$、$2\omega_2$、$\omega_d$ 和 $\omega_1+\omega_2$ 的项。除了 $\omega_d$ 外的其他几个角频率的标称值均为 $2\omega$,因此吸收系数约为初级波的四倍,故这些对 $q_2$ 的贡献仅存在于距离声源很近处。另一方面,角频率为 $\omega_d$ 的场 $q_d$ 因吸收而有明显衰减之前就可传播到远距离,因而成为主要项。于是有

$$c^2\Box_L^2 q_d=+\omega_d^2\beta M^2 e^{-2\alpha z}\cos(\omega_d t-k_d z) \tag{16.6.2}$$

对于 $V$ 以外的点,右端为零,$Vk_d=\omega_d/c$ 为差角频率的传播常数。在体积 $V$ 以外的位置,声压场 $q_d$ 可以看成占据了体积 $V$ 的分布声源的辐射场。这使问题退化为一个等价的线性声学问题,可以利用复数量表示为

$$c^2\Box_L^2 \boldsymbol{q}_d=+\omega_d^2\beta M^2 e^{-2\alpha z}e^{j(\omega_d t-k_d z)} \tag{16.6.3}$$

体积源是长约为 $L$、截面积为 $S$ 的分布线源。幅值被 $\exp(-\alpha z)$ 加权,相位由 $\exp(-jk_d z)$ 给定。按照 7.10 节的过程计算 $q_d$。若 $r'$ 为从 $V$ 内的一个源点到场点 $(r,\theta)$ 的距离,其中 $r$ 自活塞面中心开始测量,$\theta$ 为 $r$ 和 $z$ 之间的夹角,则

$$\boldsymbol{q}_d(r,t)=\frac{\omega_d^2}{4\pi c^2}\int_V \beta M^2 e^{-2\alpha z}e^{j(\omega_d t-k_d z)}\frac{e^{-\alpha_d r'}e^{-jk_d r'}}{r'}dV \tag{16.6.4}$$

$\alpha_d$ 为差角频率的吸收系数。对于 $r\gg L$ 并对该体积的横向尺度有 $\lambda_d=2\pi/k_d\gg a$ 的限制时

$$r'\approx r-z\cos\theta \tag{16.6.5}$$

积分变成

$$\boldsymbol{q}_d(r,t)=\frac{\omega_d^2}{4\pi c^2}\beta M^2\frac{S}{r}e^{-\alpha_d r}e^{j(\omega_d t-k_d r)}\int_0^L e^{-2\alpha z}e^{-jk_d z(1-\cos\theta)}dz \tag{16.6.6}$$

对于 $\alpha L>1$,积分上限可以外推到无穷大,则容易求的积分值

$$\boldsymbol{q}_d(r,t)=\frac{\omega_d^2}{4\pi c^2}\beta M^2\frac{S}{r}\frac{e^{-\alpha_d r}e^{j(\omega_d t-k_d r)}}{j[k_d(1-\cos\theta)-j(2\alpha)]} \tag{16.6.7}$$

求解辐射声压幅值

$$|p_d(r,\theta,t)|/\rho_0 c^2=M_{ax}(r)H(\theta)$$

$$M_{ax}(r)=\frac{\omega_d^2}{8\pi c^2}\beta\frac{M^2}{\alpha}\frac{S}{r}$$

$$H(\theta)=\frac{\alpha/k_d}{[\sin^4(\theta/2)+(\alpha/k_d)^2]^{1/2}} \tag{16.6.8}$$

方向性因子显示没有旁瓣,-3 dB 波束宽度由 $2\theta_{1/2}\approx 4\sin^{-1}[(\alpha/k_d)^{1/2}]$ 确定。在海水中,当载波的标称频率为 1 MHz,差频率为 100 kHz 时(减频比 10),波束宽度约为 2.4°。减频比不变,若载波频率增大到 10 MHz,则波束宽度增大到 7.6°。若载波频率增大到 10 MHz,差频率保持在 100 kHz(减频比 100),则波束宽度增大到 24°。在限制假设下,载波频率越低、差频越大,则波束越窄。对于正比于频率平方的吸收,波束宽度随 $\omega/\sqrt{\omega_d}$ 变化。

图 16.6.1 显示了 $f=1$ MHz 的参量阵在不同减频比 $f/f_d$ 时的波束图[$b=20\log(H)$]。注意波数宽度很窄而且完全没有旁瓣。

轴向响应显示 $1/r$ 依赖关系，与远场的预期响应相同。差频的幅值不仅决定于初级波束的幅值，还与差频的平方有关，并与初级波频率的吸收系数成反比。可以证明(习题 16.6.4)第二波束的声源级 $SL(\omega_d)$ 和其中一个初级波束的声源级 $SL(\omega)$ 之间差为

$$SL(\omega_d)-SL(\omega)=20\log\left[\frac{1}{2}(\omega_d/\omega)^2\Gamma\right] \tag{16.6.9}$$

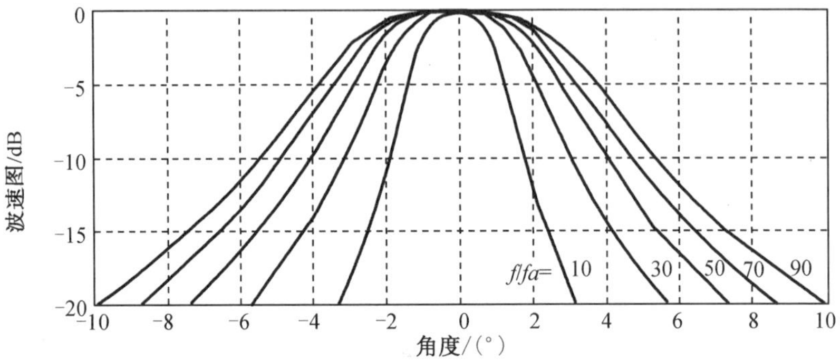


**图 16.6.1　参量阵 $f=1$ MHz、不同减频比 $f/f_d$ 时的波束图[$b=20\log(H)$]。注意较窄的波束宽度和旁瓣的完全消失。**

Goldberg 数 $\Gamma$ 是相应于初级波束的。

得到这个参量阵模型过程中所施加的限制可以归纳如下：$\alpha r_1\geqslant 1$ 使得等效的参量阵长度在初级波的近场范围内；相当高的指向性，$(ka)^2>10$，则 $L\gg a$；差频对应的波长相当长，$k_d a<3$，因此体积积分时由于 $r'$ 取近似引起的相位误差不大。

这个模型还要求从初始频率向由于非线性而产生谐频的能量损失相对较小。当这种非线性产生的损失变得重要时，就不能再假设在初级场的近场内 $M$ 沿轴向为常数，而是因非线性损失而衰减。这种效应称为“饱和”。因为(见式(16.5.6)后面的讨论)二次谐波的累计初始时为$\frac{1}{2}(r/\ell)$，要求$\frac{1}{2}(r/\ell)<\frac{1}{10}$我们可以防止饱和的发生。几何参数限制减频比到大约 $\omega/\omega_d>10$，饱和效应限制 Goldberg 上限约为 $\Gamma<1/5$。这些限制共同给出对差频波束声源级的一个相当保守的限制，比初级波束(主波束)约低 60 dB。

更复杂的计算表明更窄的波束和更高的效率是可能的。感兴趣的读者可以参考文献①。

# 习　　题

16.2.1　如果求解一列传播平面波 $p=P\exp(-\alpha x)\cos(\omega t-kx)$ 在线性限制下式(16.2.12)的解时，$\omega\tau$ 中超过 1 阶的各项都舍弃掉，证明结果是 $k=\omega/c$ 和 $\alpha=\omega^2\tau/2c$。提示：为了简化，推广 $p$ 到复数形式，代入有损波动(Helmholt)方程，整理实部和虚部。

16.2.2　假设式(16.2.12)右边的项有形式 $A\sin mkx\cos n\omega t$，其中 $\omega/k=c$，$m$ 和 $n$ 不一

① Hamilton, *Encyclopedia of Acoustics*, Chap. 23.

定是整数。(a)证明只有当 $m \approx n$ 时,该项的特解有显著的幅值,首先在假设 $\tau=0$ 下概述解。(b)用这个结果验证这个假设简化式(16.2.10)为式(16.2.12)。提示:对于线性无损耗单频驻波和行波 $q$,证明

$$c^2\ \nabla^2 q^2 = c^2\ \nabla^2 v^2 = (\partial^2/\partial^2 t)v^2 = (\partial^2/\partial^2 t)q^2$$

其中,$q$ 和 $v$ 是与速度势相联系的。

16.2.3　证明,如果

$$c^2 \Box_L^2 f = -\omega^2 \beta e^{-\mu x}\cos(\omega t - kx)$$

那么在 $O(\omega t)$ 条件下,

$$f = \frac{1}{2}\frac{\beta k}{\alpha - \mu} e^{-\mu x}\sin(\omega t - kx)$$

其中,$k=\omega/c$,$\alpha=\omega^2\tau/2c$。

16.3.1　对于 SPL 120 dB re 20 μPa、频率 0.1、1 和 10 kHz,(a)潮湿和(b)干燥空气中的平面行波,计算不连续距离和 Goldberg 数,对于 SPL 100 dB re 20 μPa 重复(a)和(b)的过程。

16.3.2C　对于第 16.3(a)节末尾讨论的平面波,为了精确确定不连续距离,用式(16.3.3)在适当距离上绘制时域波形,并同式(16.3.6)计算的结果进行比较。

16.3.3　对于第 16.3(a)节末尾讨论的平面波,假设干燥空气,计算 Goldberg 数,该波可以发展为冲击波么?

16.5.1　证明式(16.5.3)是式(16.5.2)的特解。

16.5.2C　对于第 16.3(a)节末尾讨论的在干燥空气中以 10 kHz 传播的平面波,绘制前三个谐波到不连续距离的振幅。(a)说明当 $ax \ll x/\ell \ll 1$ 时第三个谐波与标度距离 $x/\ell$ 成正比增长。(b)说明当 $ax \ll x/\ell \ll 1$ 时第一个谐波与标度距离 $x/\ell$ 成正比减小。

16.5.3C　对于习题 16.5.2C 中的波,对于 $q_1$、$q_2$、$q_3$ 和 $q_1+q_2+q_3$,从源点到不连续距离有几个 2 m 间隔,绘制波形。评论更高阶扰动项的增长,波形随所有三个扰动项的改变。

16.5.4C　如果习题 16.5.2C 中的波在半径 2 cm 的刚硬壁圆管中传播,在从源到确定是否该波形成冲击波的几个距离上绘制波形的时域行为。

16.5.5C　一个长度为 $L$ 的刚硬壁圆管一端具有刚硬帽,在基频波模式的上半功率点有一个大质量活塞驱动,在完美几何和理想壁面损失($Q_n = Q_1\sqrt{n}$)假设条件下,可得到一个对 $\Gamma \sim 1.6$ 有效的近似解

$$q \sim M\sum_n R_n \cos(nkx)\sin(n\omega t + \varphi_n)$$

其中,对于 $n \geqslant 2$ 和 $\varphi_n \sim -(n-1)\pi/4$,$R_1=1$,$R_n \sim 0.6n^{-1.6}$,(a)在 $x/L=0,1/8,1/4,\cdots\cdots,1$,绘制声压波形的时域特性。(b)$T$ 是基波周期,在时刻 $t/T=0,1/8,1/4,\cdots\cdots,1$ 绘制空间特性。(c)解释管道中传播的两个近场击波波前的特性。

16.6.1　从式(16.6.1)给出的基数解获得式(16.6.3)的右边。

16.6.2　应用第 7 章给出的几何近似和参数,从式(16.6.4)获得式(16.6.6).

16.6.3　估计式(16.6.6)的积分,获得远场差频波束式(16.6.7)。

16.6.4　从式(16.6.8)获得式(16.6.9),用 7.4 节获得的表达式,对于每个初始波束,用轴线响应的近场量 $2\rho_0 cU_0$,确认假设的声压幅值 $P$。对于一个初始波束,建立 $P$ 与远场轴线声压 $P_{ax}(1)$ 之间的关系,然后,对次级和(一个)初始波束的远场轴线声压幅值之比

取 20log。

16.6.5　本文研究的参量阵简单模型，证明半功率波束宽度可写为 $2\theta_{1/2}=4(\beta M\Gamma k_d/k)^{-1/2}$。

16.6.6C　(a)对于一个平均载频 1 kHz 的参量阵，和 10～100 的减频比，绘制波束图。测量半功率波束宽度，对于一个固定频率，证明波束宽度随 $f/\sqrt{f_d}$ 改变。(b)对于一个参量阵，固定减频比为 10，载频 1～10 MHz 之间，绘制波束图，图式确定波束宽度对载频的依赖性。

# 第 17 章　冲击波和爆炸

## 17.1　冲　击　波

第 1 章至第 15 章中都假定流体特性是空间和时间的连续函数因此取无穷小体积极限的过程是合理的。然而如第 16 章所述,某些声学过程的马赫数相当高以致于可以形成“冲击波(shock wave)”。当冲击波产生时,在“冲波面(shock front)”处总压力、密度和质点速度有(几乎)不连续的变化。(前面将不连续性如从界面的反射或从源的辐射处理成边界条件,对冲波面则不能如此处理,因为有通过冲波面的质量流)。本章考虑空气中标准的平面和球面冲击波。希望对更一般情况做进一步了解的读者可以由参考文献①入手。

研究冲击波要用到两种坐标系统,一种在风洞中很有用,这时空气在风扇驱动下从区域 1(上游)流向“激波速度(shock speed)”为 $u_1$ 的冲击波,通过冲波面后混入冲击波后面速度为 $u_2$ 的区域 2(下游)。在这套坐标中冲波面是静止的,称为“激波坐标系(shock coordinates)”。

对于爆炸引起的冲击波,观察者相对于上游流体静止,冲击波以速度 $u_1$ 接近观察者。这种坐标系称为“体坐标(body coordinates)”。冲击通过后,观察者感觉到“回流(back flow)”或“鼓风(blast wind)”,其中的流体初始时以速度 $u_b = u_1 - u_2$ 沿着与冲击波相同的方向运动。

(a) Rankine–Hugoniot 方程

图 17.1.1 为风洞中可以观察到的标准静止冲击波,称之为标准的是因为两个流体速度都垂直于冲击面,称之为静止是因为它相对于实验室为静止。

将附录 A9 中的摩尔热力学量用单位质量的特性来表示比较方便,称为“率”。则“内能率 $e$”为单位质量的内能 $E/m$。比热 $c_V$ 和 $c_P$ 为单位质量的热容,$h$ 为比焓,$s$ 为比熵,$v=1/\rho$ 为比容。为了与本书其他章节的符号保持一致,仍用 $\mathscr{P}$ 表示总压力。(该领域内常用的符号是 $p$,但我们希望保留这个符号来描述压力相对于其初始值的波动)。绝对温度用 $T$ 表示(没有下标 $K$)。

上游条件(流体通过冲击波之前)为 $\mathscr{P}_1, \rho_1, T_1, u_1$。通过冲击波后,下游的流体条件为 $\mathscr{P}_2, \rho_2, T_2, u_2$。将质量守恒方程用于区域 1 中具有单位横截面积、长度为 $u_1\Delta t$ 的体积内的流体,其前沿刚刚要进入冲波面。$\Delta t$ 时间后,该流体单元完全通过冲波面。在这个时间段内,区域 1 内有质量为 $\rho_1 u_1 \Delta t$ 的流体通过并混入密度为 $\rho_2$、速度为 $u_2$ 的区域 2 流体中。该

① Landau and Lifshitz, *Fluid Mechanics*, Addison-Wesley (1959). Kinney and Graham, *Explosive Shocks in Air*, 2nd ed., Springer-Verlag (1985)(入门级别,但较多印刷和计算错误). Raspert, *Encyclopedia of Acoustics*, ed. Crocker, Chap. 31, Wiley (1997). Cole, *Underwater Explosions*, Princeton (1948).

流体单元的质量守恒要求 $\rho_1 u_1 \Delta t = \rho_2 u_2 \Delta t$ 或

$$\rho u = 常数 \tag{17.1.1}$$

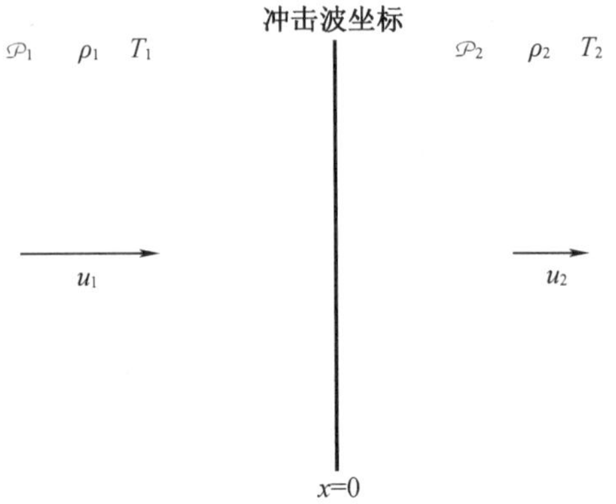


**图 17.1.1 标准冲击量。上游：压力 $P_1$，密度 $\rho_1$，温度 $T_1$，质点速度 $u_1$。下游：压力 $P_2$，密度 $\rho_2$，温度 $T_2$，质点速度 $u_2$。**

该单元的总比能 $e_{tot}$ 等于其比内能 $e$ 与平动的比动能 $u^2/2$ 之和，因此 $e_{tot}=e+u^2/2$。对于无黏流体的绝热流动，没有来自热传导或化学反应的能量输入，也没有热黏滞损耗，因此 $\delta Q=0$。流体单元总比能的增加 $e_{tot2}-e_{tot1}$ 必等于对其所做的功 $\mathscr{P}_2 u_2-\mathscr{P}_1 u_1$。应用式(17.1.1)给出能量守恒方程 $e_{tot}+\mathscr{P}/\rho=$常数。利用比焓的定义 $h=e+P/\rho$ 可以重写为

$$h+u^2/2=常数 \tag{17.1.2}$$

因为作用在单元侧面的力垂直于流的方向，因此作用在流体单元上的总的推动力产生于单元两个端面的压力差。单位横截面积的单元质量为 $\rho u\Delta t$，于是单位面积对应的动量为 $\rho u^2\Delta t$。单位面积的净推动力为$(\mathscr{P}_2-\mathscr{P}_1)\Delta t$ 于是 $\mathscr{P}_2-\mathscr{P}_1=\rho_1 u_1^2-\rho_2 u_2^2$，利用式(17.1.1)得

$$\mathscr{P}/\rho u+u=常数 \tag{17.1.3}$$

上述推导中假设了区域 1 和区域 2 中为均匀流动。若激波面任意一侧的流动为非均匀，总可以将 $\Delta t$ 取得足够小使方程在中冲波面处仍成立。

式(17.1.1)~式(17.1.3)为 Rankine-Hugoniot 方程的一种形式。方程中包含两个区域中的全部四个量 $\mathscr{P}$、$\rho$、$u$ 和 $h$。如果一个区域的状态为完全已知的，则还剩下 4 个未知量 3 个方程. 还需要一个描述流体状态的方程。本章剩下的部分假定流体是理想气体，具有确定的比热 $\gamma$ 之比与比气体常数 $r$ 之比。为了方便符号标记，我们将使用下面一些额外的方程和定义，尽管有些是多余的。

$$h=c_P T$$
$$\mathscr{P}=\rho rT$$
$$c^2=\gamma rT$$
$$M=u/c \tag{17.1.4}$$

在空气中，比热之比 $\gamma=7/5=1.4$。对于流速 $u_1$ 处本地马赫数为 $M_1$，流速 $u_2$ 处为 $M_2$。

继续进行之前，借助一点热力学知识做些一般性的观察分析。每一个流体单元通过冲波面时经历一个绝热不可逆过程，因此受到冲击的空气比未受冲击的空气具有更高的熵和更高的温度。对理想气体，内能正比于 $T$，焓为 $h=e+\mathscr{P}/\rho=e+rT$，因此受到冲击的气体的焓增加了。由式(17.1.2)，冲击后气体的 $u_2$ 大于未受冲击前气体的 $u_1$，则由式(17.1.1)，激

波后面的密度 $\rho_2$ 必小于激波前面的密度 $\rho_1$。由式(17.1.3)，$P_2>P_1$，因此激波面必总是产生超压，不可能有产生低压的激波阵面。

(b)停滞和临界流动

如果一个静止的物体被放置在流中，则流体发生转向绕着自身流动，但在前缘至少有一个点“驻点”，在这一点流体单元相对于物体处于绝热静止状态。在这一点 $u=0$，由式(17.1.2)和式(17.1.4)得驻点温度 $T_0$ 与其他地方的温度之间满足下面关系

$$\frac{T_0}{T}=1+\frac{\gamma-1}{2}M^2=1+\frac{1}{5}M^2 \qquad (17.1.5)$$

其中，$M$ 为温度为 $T$ 的流动中的马赫数。此外，如果任何激波外的流都是等熵的(绝热可逆)于是适用绝热方程 $\mathscr{P}/\mathscr{P}_0=(\rho/\rho_0)^\gamma$，则可得驻点压力比为

$$\frac{\mathscr{P}}{\mathscr{P}_0}=\left(1+\frac{\gamma-1}{2}M^2\right)^{\gamma/(\gamma-1)}=\left(1+\frac{1}{5}M^2\right)^{7/2} \qquad (17.1.6)$$

若流动的截面积随距离减小，则流动速度增大，反之亦然。如果截面的收缩在什么地方足以使局部流速 $u^*$ 等于局部声速 $c^*$，则流体达到其临界状态，而这里相应的温度为 $T^*$，这些临界值表示处于冲击阈值时的流体状态。由于临界状态有 $M=1$，由式(17.1.5)得 $T_0/T^*=(\gamma+1)/2=6/5$，代入式(17.1.6)得对于绝热流动 $T^*$ 与其他地方 $T$ 之间的关系

$$\frac{T^*}{T}=\frac{2}{\gamma+1}\left(1+\frac{\gamma-1}{2}M^2\right)=\frac{M^2+5}{6} \qquad (17.1.7)$$

除了其重要的物理意义之外，临界声速 $c^*$ 和临界温度 $T^*$ 也给出上下游之间联系的一种方便形式。

(c)标准的冲击关系

利用式(17.1.1)~式(17.7.7)并利用临界声速 $c^*=\sqrt{\gamma r T^*}$，经过相当复杂的数学运算，可以得到在冲击波阵面两侧的流速、马赫数和热力学性质之间的联系。能量守恒方程在整个绝热流动中处处成立，它将临界声速与流动中其他地方的声速联系起来

$$c^2+(\gamma-1)u^2/2=(\gamma+1)(c^*)^2/2 \qquad (17.1.8)$$

注意这是一个流动常数。动量方程可以直接应用于激波面得到

$$c_1^2/u_1+\gamma u_1=c_2^2/u_2+\gamma u_2 \qquad (17.1.9)$$

对激波应用式(17.1.8)，与式(17.1.9)结合得普朗特关系

$$u_1u_2=(c^*)^2 \qquad (17.1.10)$$

利用 $c^*$ 和 $c$ 改写式(17.1.7)，用于激波面两侧，得到的两式相乘，再利用普朗特关系，可以得到上下游马赫数之间关系

$$M_2^2=\frac{(\gamma-1)M_1^2+2}{2\gamma M_1^2-(\gamma-1)}=\frac{M_1^2+5}{7M_1^2-1} \qquad (17.1.11)$$

将此式求逆得到 $M_1$ 用 $M_2$ 表示，就是上式的下标对调一下得到的表达式。将式(17.1.8)除以 $c^2$ 得到的结果分别应用于区域 1 和 2，从两式中消去 $(c^*)^2$，再借助于式(17.1.11)消去 $M_2$ 得

$$\frac{T_2}{T_1}=\frac{[(\gamma-1)M_1^2+2][2\gamma M_1^2-(\gamma-1)]}{(\gamma+1)^2M_1^2}=\frac{(M_1^2+5)(7M_1^2-1)}{36M_1^2} \qquad (17.1.12)$$

利用理想气体方程和质量守恒，很容易得到感兴趣的其他比值

$$\frac{u_2}{u_1}=\frac{(\gamma-1)M_1^2+2}{(\gamma+1)M_1^2}=\frac{M_1^2+5}{6M_1^2} \tag{17.1.13}$$

$$\frac{\mathscr{P}_2}{\mathscr{P}_1}=\frac{2\gamma M_1^2-(\gamma-1)}{(\gamma+1)}=\frac{7M_1^2-1}{6} \tag{17.1.14}$$

$$\frac{\rho_2}{\rho_1}=\frac{(\gamma+1)M_1^2}{(\gamma-1)M_1^2+2}=\frac{6M_1^2}{M_1^2+5} \tag{17.1.15}$$

在体坐标中，$M_1$ 为正在靠近的激波面的马赫数，波面的速度为 $u_1=M_1c_1$。激波后面与之紧挨着的流体被推动的速度为 $u_b=u_1-u_2$。将 $u_b$ 用激波面的马赫数表示为

$$\frac{u_b}{c_1}=\frac{2(M_1^2-1)}{(\gamma+1)M_1^2}=\frac{5(M_1^2-1)}{6M_1} \tag{17.1.16}$$

受到冲击的流体的流速 $u_b$ 是爆炸气浪的初始速度值。

图 17.1.2 显示了空气的上述部分特性。

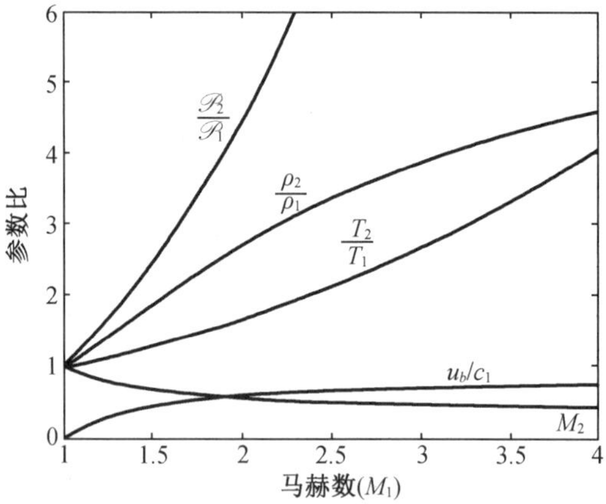


**图 17.1.2　对于空气($\gamma=1.4$)，标准激波两侧的参数比作为上游马赫数 $M_1$ 的函数**

(d)激波绝热

与理想气体绝热过程 $\mathscr{P}_2/\mathscr{P}_1=(\rho_2/\rho_1)^\gamma$ 类似，有一个描述激波过程压力-密度关系的激波绝热。先前关系的组合给出

$$\frac{\rho_2}{\rho_1}=\frac{1+\frac{\gamma+1}{\gamma-1}\frac{\mathscr{P}_2}{\mathscr{P}_1}}{\frac{\gamma+1}{\gamma-1}+\frac{\mathscr{P}_2}{\mathscr{P}_1}}=\frac{1+6\frac{\mathscr{P}_2}{\mathscr{P}_1}}{6+\frac{\mathscr{P}_2}{\mathscr{P}_1}} \tag{17.1.17}$$

绘制出绝热过程和激波绝热的压力比 $\mathscr{P}_2/\mathscr{P}_1$ 作为密度比($\rho_1/\rho_2$)的函数曲线(图 17.1.3)发现当 $\mathscr{P}_2$ 只略大于 $\mathscr{P}_1$ 时，它们几乎是相同的。对于弱激波($M\approx1$)，激波绝热几乎就是绝热过程，因此几乎(但不是精确地)是等熵的，可以用线性声学描述。当压力比大于 1 时，激波绝热的密度比大于绝热过程，说明熵增加了(见习题 17.1.5 和 17.1.6)，当压力比增大到任意大时，绝热过程的密度比趋近于零，而激波绝热的密度比趋于一个渐近极限$(\gamma-1)/(\gamma+1)$。这说明，激波是研究高温高压但密度不高的物质的特性的好方法。

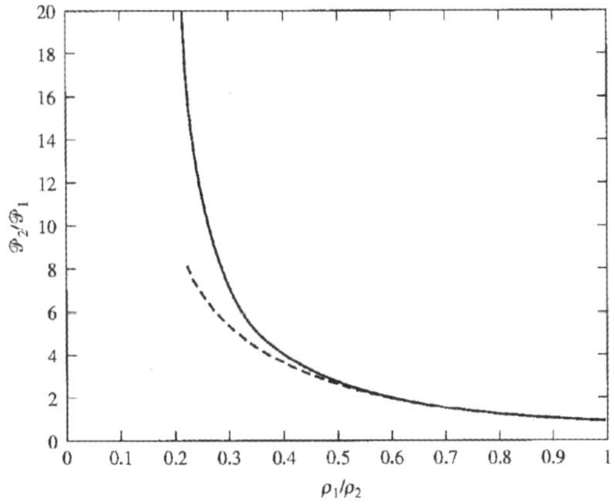


**图 17.1.3　空气($\gamma$=1.4)的绝热过程。实线为激波绝热,虚线为可逆绝热。对于小的压力比,激波和可逆绝热几乎相同。**

我们假定了冲击是一个真实的数学不连续面,在这个不连续面两侧,流体分别是可以在空间上变化的,对于两侧无限接近于该不连续面范围内的量,Rankine-Hugoniot 方程都适用。只要流体无黏上述假设就是正确的。当考虑黏滞性时,冲击具有有限厚度 $\delta$,但这个厚度很小以至于数学上可以将冲击处理成一个不连续面。例如,在空气中 20 ℃,$\mathscr{P}_1=1$ atm 时,超压从其最终值的 12%增大到 88%对应的激波面宽度大约是 $\delta\sim2\times10^{-7}\mathscr{P}_1/(\mathscr{P}_2-\mathscr{P}_1)$ m,在这些条件下,空气中的平均自由程约为 $6\times10^{-8}$ m,对于 $\mathscr{P}_2=2\mathscr{P}_1$ 的冲击波,冲击波厚度大约是未受冲击的空气中平均自由程的 3 倍。

# 17.2　爆　炸　波

当炸药在自由空间爆炸时,发生一个极快速的化学反应将固体或液体的炸药混合物转化成极高温度、高度压缩的反应气体。这个火球膨胀产生一个球面扩张冲击波面向外传播进入本来处于静态、静压力为 $\mathscr{P}_1$ 的大气。这个冲击波面是一个爆炸波。距离爆炸点 $r$ 处,爆炸波的通过产生一个突然的超压并随时间演化。若时间 $t$ 是从波前到达的时刻算起,则初始超压为 $p(0)=\mathscr{P}_2-\mathscr{P}_1$,其中 $\mathscr{P}_2$ 为冲击波后面紧靠波前处的总瞬时压力。随着时间流逝,压力显示非常尖锐的下降,减小到初始值 $\mathscr{P}_1$,然后光滑地下降到这个值以下(由于向外流动空气的惯性),后又慢慢恢复到 $\mathscr{P}_1$。这个实际上相当复杂的过程的一个显著特征是它可以用一个相对简单的公式很好地近似

$$p(t)/p(0)=[1-(t/\tau)]e^{-b(t/\tau)} \tag{17.2.1}$$

其中,$\tau$ 为一个持续时间,决定于爆炸点到接收点距离以及爆炸的强度或当量。图 17.2.1 为一个典型剖面图。以后将看到衰减参数 $b$ 仅决定于马赫数 $M_1$。

伴随这个爆炸波的是相应的质点速度。前面在式(17.1.16)中曾用 $u_b$ 表示这个质点速度的初始值。可以证明(习题 17.2.1)$p(0)/u(0)=\rho_1u_1$。但由式(17.1.1)可知,这是一个流动常数,因此在空间内每一点超压和爆炸波比必成比例。因此,爆炸波的瞬时值 $u(t)$ 也遵循相同的时间依赖关系

$$u(t)/u(0)=[1-(t/\tau)]e^{-b(t/\tau)} \tag{17.2.2}$$

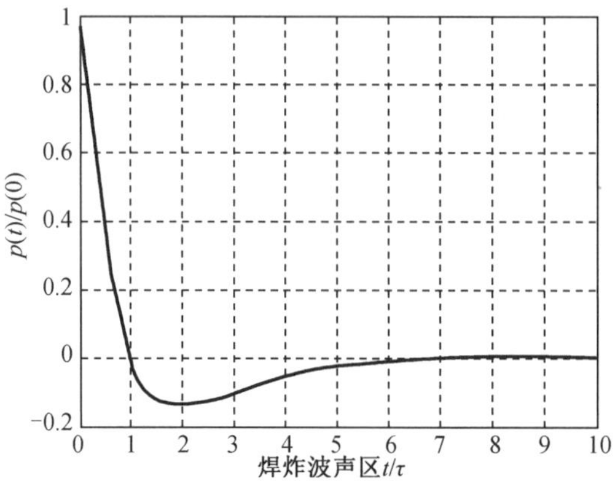


**图 17.2.1　对于 $b=1.0$ 一个爆炸波后的超压**

当超压的初始值 $p(0)$ 已知时就可以知道马赫数 $M_1$，利用式(17.1.16)得到相应的爆炸波初始值 $u(0)$。式(17.2.1)和式(17.2.2)的一个有意思的特征是碎片先是被推向外，然后又被吸向内，而有些时候碎片最后会回到比其产生位置更靠近爆炸点的位置。

从使得爆炸的最主要影响无论是移动大地还是破坏建筑物都来自爆炸波最强的部分，即发生在时间 $\tau$ 内的部分。因此可以方便地定义爆炸的单位面积冲击 $\mathscr{I}/S$ 为

$$\frac{\mathscr{I}}{S}=\int_0^{\tau}p(t)\,\mathrm{d}t=p(0)\ \frac{\tau}{b}\left(1-\frac{1-\mathrm{e}^{-b}}{b}\right) \tag{17.2.3}$$

# 17.3　基准爆炸

对于两个基准爆炸（化学和核）提出爆炸波向外扩散时控制其演变的物理参数，这样做的原因考虑到下一节的比例法则就会变得清楚。主要由于历史原因，两个基准爆炸都是基于标准质量的 TNT 炸药。一定质量的 TNT 炸药爆炸释放的能量定义为 4 610 kJ/kg。这略有误差，比真实值低大约 1%，但是为了工程上的方便就采用了这个值。

(a)基准化学爆炸

基准化学爆炸是 1 kg TNT 炸药在标准大气压 $\mathscr{P}_1=1$ atm、15 ℃远离任何边界条件下的爆炸。由实验数据得到对于爆炸物理参数的良好 Bode 方程拟合(图 17.3.1)。冲击的超压与未受扰动的静水压力之间关系为

$$\frac{p(0)}{\mathscr{P}_1}=\frac{9.7}{R^{9/4}}\left[1+\left(\frac{R}{7.2}\right)^3\right]^{5/12} \tag{17.3.1}$$

其中距离限制在 $1<R<500$ m 范围内。由式(17.1.7)得到冲击波面的马赫数 $M_1$

$$M_1=\left(\frac{6}{7}\frac{p(0)}{\mathscr{P}_1}+1\right)^{1/2} \tag{17.3.2}$$

在每一距离 $R$(m)处持续时间 $\tau$(ms)为

$$\tau\ (\mathrm{ms})=\frac{0.85R^4}{\left[1+\left(\frac{R}{0.915}\right)^{25/4}\right]^{1/2}\left[1+\left(\frac{R}{8.54}\right)^{21/8}\right]^{1/3}} \tag{17.3.3}$$

$b$ 的值为

$$b=\frac{3.7}{R^{3/2}}\left[1+\left(\frac{R}{3.4}\right)^{6}\right]^{1/6}\left[1+\left(\frac{R}{40}\right)^{3/2}\right]^{1/4} \tag{17.3.4}$$

激波面由爆炸中心向距离为 $R$ 处的场点传播速度的平均值为

$$\langle u_1\rangle_R=\frac{1\ 960}{R^{9/10}}\left[1+\left(\frac{R}{5.2}\right)^{14/5}\right]^{2/7}\left[1+\left(\frac{R}{70}\right)^{2}\right]^{1/20} \tag{17.3.5}$$

单位是 m/s。

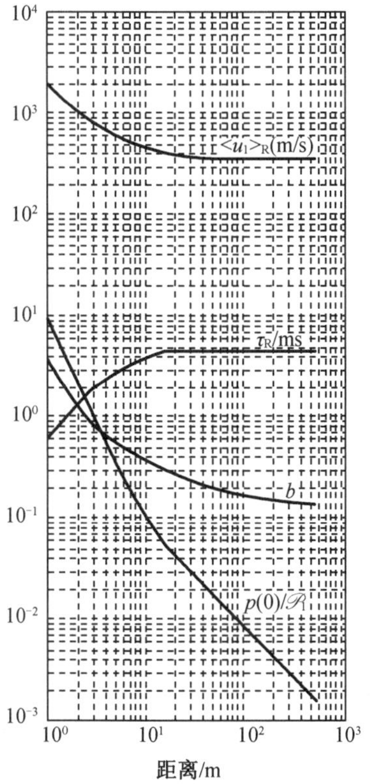


**图 17.3.1　1 kg TNT 在标准大气中引爆的基准化学爆炸参数**

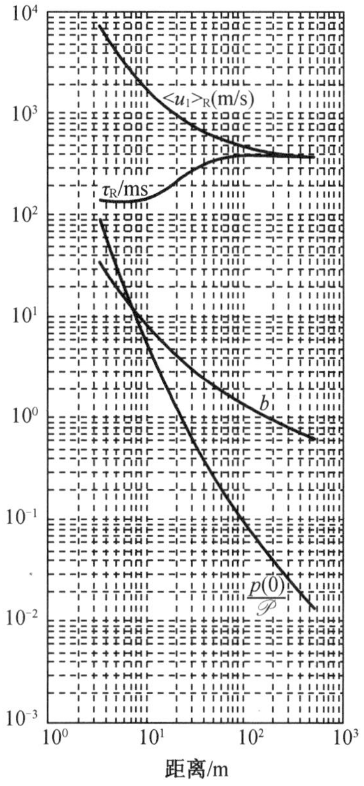


**图 17.3.2　当量为 1 000 t TNT 在标准大气中引爆的基准核爆炸的参数**

(b)基准核爆炸

图 17.3.2 给出无界标准大气中当量相当于 1 000 t TNT 的核爆炸的等效量,适用距离为 35 m<$R$<5 000 m。

超压为

$$\frac{p(0)}{\mathscr{P}_1}=\frac{4\times10^6}{R^{16/5}}\left[1+\left(\frac{R}{165}\right)^{22/25}\right]^{5/2} \tag{17.3.6}$$

持续时间为

$$\tau\ (\mathrm{ms})=125\left[1+\left(\frac{R}{110}\right)^{9/2}\right]^{1/5}\Big/\left[1+\left(\frac{R}{360}\right)^{3}\right]^{3/10} \tag{17.3.7}$$

衰减参数为

$$b=\frac{6\,800}{R^{3/2}}\left[1+\left(\frac{R}{105}\right)^{9/2}\right]^{1/6}\Big/\left[1+\left(\frac{R}{1\,200}\right)^{5}\right]^{1/8} \tag{17.3.8}$$

平均传播速度为

$$\langle u_1\rangle_R=\frac{1\times10^6}{R^{7/5}}\left[1+\left(\frac{R}{170}\right)^{5/2}\right]^{2/5}\left[1+\left(\frac{R}{1\,200}\right)^{9/5}\right]^{2/9} \tag{17.3.9}$$

单位：m/s。

## 17.4 比例法则

在缺乏控制物理过程的特定规律的情况下，可以根据对所选实验数据的一些基本观察以及对过程所涉及物理参数的了解来预测行为。

为描述爆炸波，需将下面几类参数进行分离：(1)描述爆炸强度的参数，(2)描述爆炸波将在其中传播的大气参数，(3)描述激波波阵面强度的参数，(4)描述激波传播的参数。爆炸强度由等价的 TNT 质量提供，用爆炸当量 $W$ 描述

$$W=m/m_{\text{ref}} \tag{17.4.1}$$

其中，$m$ 为能释放出与爆炸能量相等的等价 TNT 质量，$m_{\text{ref}}$ 为基准爆炸中 TNT 的质量。大气可以用平衡时的密度 $\rho_1$ 和声速 $c_1$ 描述，激波面由 Rankine-Hugoniot 关系描述，则我们需要的只有马赫数 $M$。爆炸波的传播需要指定它的某一特性传播到距离 $r$ 处所需的时间 $t$。由这些量，可以构造参数的三种无量纲组合

$$M \quad m/\rho_1 r^3 \quad c_1 t/r \tag{17.4.2}$$

(可以看出，这些参数的任何其他无量纲组合都是上述三者的组合)

就我们的目的而言，我们仅考虑标准大气，则问题得到简化，也不需对大气的特性进行归一化。利用基准爆炸的相关参数预报爆炸波中马赫数为 $M$ 的成分在时间 $T$ 后可以到达的距离 $R$。对于不同质量 $m$ 的真实爆炸，激波中具有马赫数 $M$ 的等效成分在时间 $t$ 后可以到达的距离 $r$。对于这两个爆炸，式(17.4.2)中的无量纲参数值必相同。第二个比值给出基准爆炸的距离 $R$ 与真实爆炸的距离 $r$ 之间的关系

$$r=W^{1/3}R \tag{17.4.3}$$

第三个比值给出相应的时间之间的关系

$$t=W^{1/3}T \tag{17.4.4}$$

因此，当两个爆炸相应的距离和时间满足式(17.4.3)和式(17.4.4)的关系时，对于当量为 $W$ 的真实爆炸在时刻 $t$、距离 $r$ 处观察到的现象与基准爆炸在时刻 $T$、距离 $R$ 处观察到的现象相同。$R$ 为当量为 $W$ 的爆炸的归一化距离，$T$ 为归一化时间。

归一化的爆炸气浪剖面式(17.2.2)是无量纲比值 $t/\tau$ 的函数。爆炸气浪剖面逐点满足距离 $r$ 处的 $u(t)/u(0)$ 与归一化距离 $R$ 处的 $u(T)/u(0)$ 相等，其中 $t$ 和 $T$ 分别为激波面到达距离 $r$ 或所经过的时间。因为实际爆炸和参考爆炸在各自位置 $r$ 和 $R$ 处激波面到达所经过的时间与持续时间之比是相同的，所以归一化不影响爆炸波剖面。这意味着两个爆炸的 $b$ 相同，因此 $b$ 没有被归一化，它完全决定于马赫数和爆炸类型——化学爆炸或核爆炸，立即可以得到归一化的爆炸气浪超压式(17.2.1)也具有相同的行为。

平均冲击波速度是在传播时间内 $u$ 的平均值，也按照相同的方式归一化。式(17.4.2)

第一个和第三个比值的乘积说明 $ut/r$ 是一个不变量,结果得

$$\langle u_1\rangle_r=(r/R)(T/t)\langle u_1\rangle_R=\langle u_1\rangle_R \tag{17.4.5}$$

## 17.5　当量和表面效应

确定爆炸强度有几种方法,各种方法的结果略有差别。其中某些方法衡量爆炸的破坏力或者说产生一个非常高的初始冲击并粉碎或压碎附近材料的能力,如沙子压碎测试(一粒标准的沙子被碾碎得有多细)以及板凹陷测试(20 g 样品在预备好的 5/8 in 厚钢板上压下的凹痕有多深)。其他一些确定如爆炸总功率这类的量的方法,如弹道摆测试(一种摆,装有试验炸药以及爆炸后反冲装置)以及 Trauzl block 测试(在铅容器中装入沙子和药包,测量爆轰后空腔体积变化)。比较的流行的测试之一是只对比测试炸药与标准质量的 TNT 的超压峰值、持续时间、平均激波速度等,这样就可以根据炸药的 TNT 当量对其进行评级。例如,第二次世界大战中应用的原子弹的评级是等价于 18 000 t($1.8\times10^7$ kg)的 TNT 炸药。因为我们已经看到爆炸的性质被度量为 $W^{1/3}$,因此并不需要知道非常精确的等价质量,等价 TNT 质量 10%的误差仅引起缩放比 3%的误差。

当爆炸的炸药附近存在边界时,则必须针对任何表面效应和/或弹坑的形成来调整爆炸的当量。如果炸药接近地面但不会凿出任何弹坑,则激波面可以从地面反射,就好像它是理想刚硬表面一样。如果度量后的高度 $Z$ 与度量后的水平距离 $X$(从地面零点到斜向距离 $R$ 的点)相比并没有那么大,则反射波很快与非反射波合并而呈现为虚源与真实源同相的偶极子。这种情况下,等效于有两倍的炸药,因此计算爆炸时所采用的当量也要加倍。如果会在地面凿出弹坑而高度仍然足够小,则合理的近似是将当量乘以 1.5。当高度增大时,两个爆炸波的组合效应减弱,直至达到很远的距离。在短的 $X$ 距离上,直达和反射的激波面仍保持各自的特性,仅在地面处才结合到一起。随着时间流逝和距离增大,两个冲击波开始结合成一个,形成高度随 $X$ 增大逐渐增加的马赫数,在很大的距离上两个激波峰才融合成一个。这个过程研究起来要复杂得多,超出我们这里的目的。

至于使用表面效应近似所要求的高度和水平距离之间关系,有一种保守的判断标准(均以米为单位),对于化学爆炸为

$$0<Z<0.5X^{1/3}\quad 1<X<500\ \text{m} \tag{17.5.1}$$

对于核爆炸为

$$0<Z<16X^{1/3}\quad 100<X<3\ 000\ \text{m} \tag{17.5.2}$$

度量后的距离是基于假设无表面效应时的当量,如果结果表明存在表面效应,则应利用介于 $1.5W$ 和 $2W$ 之间的适当当量值对距离进行重新度量。

# 习　　题

17.1.1C　对于理想气体($\gamma=1.4$)中的等熵流,对于0到4.0之间的$M$,列表并绘图给出$\mathscr{P}/\mathscr{P}_0$、$\rho/\rho_0$、$T/T_0$。

17.1.2C　对于气体($\gamma=1.4$)中的标准静态冲击波,对于1.0到4.0之间的$M_1$,列表并绘图给出$\mathscr{P}_2/\mathscr{P}_1$、$\rho_2/\rho_1$、$T_2/T_1$。

17.1.3　一个超压800 mbar的标准冲击波传播进入静止的22 ℃和压力985 mbar空气中。(a)计算激波面的马赫数。(b)计算冲击波后的温度。(c)计算爆炸气浪的停滞压力和停滞超压(关于$\mathscr{P}_1$)。(d)估计冲击波面前后的密度比。(e)借助(A9.24),计算冲击波面前后摩尔熵和比熵的改变。

17.1.4　一个标准冲击波传播进入15 ℃、1 atm大气压力的空气中,产生一个$u_b=436$ m/s的爆炸气浪。(a)计算冲击波后的超压。(b)计算冲击波的马赫数。

17.1.5　(a)从(A9.24)证明一个声学过程是等熵的。提示:用密度表示体积,回顾声学过程满足绝热的过程。(b)证明一个冲击波产生熵的增加。(c)证明,如果有一个$\mathscr{P}_2<\mathscr{P}_1$的冲击波是可能的,那么熵将是减小的。

17.1.6　根据事实$\mathscr{P}_2>\mathscr{P}_1$,证明从式(17.1.11)到式(17.1.15)有:(a)穿过冲击波面,密度和温度是增加的;(b)冲击波面前的流马赫数是超音速的;冲击波面后的流马赫数是亚音速的;(c)穿过冲击波面,停滞压力减小;(d)穿过冲击波面,停滞温度不变。

17.1.7　(a)对于一个标准平面冲击波,以速度$U$传播进入一个流体介质,该流体以速度$u$正在向冲击波移动,冲击波使得流体静止,写出式(17.1.1)和式(17.1.3)。(b)计算大气中一个马赫数2.0的冲击波法向反射后,刚硬壁面上的总压力和温度。(c)证明,对于非常弱的冲击波,这个反射给出的结果与声学中预期的结果是相同的。

17.1.8　(a)对于一个驻立的斜向平面冲击波,上游流速与冲击波面形成夹角$\alpha$,写出式(17.1.1)和式(17.1.3)。令$\beta$是下游流速和冲击波面的夹角,$\delta$是下游流速与初始流速方向的夹角。提示:选择一个坐标系平行移动到冲击波面,该坐标系将斜向冲击波转换为法向冲击波。(b)在大气中马赫数2.0、$\alpha=40°$,计算斜向冲击波下游流的总压力、温度和方向。(c)说明该解如何能用于描述一个无限大楔形物尖端的超声速流。

17.2.1　证明初始超压和爆炸气浪存在关系$p(0)/u(0)=\rho_1 u_1$。

17.2.2　作用在横截面积$S$的空中物体上的爆炸波的累积冲击力为

$$\mathscr{I}(t)=\int_0^t p(t)S\mathrm{d}t$$

(a)估计计算$\mathscr{I}(t)$的积分。(b)验证由式(17.2.3)定义的单位面积冲击力$\mathscr{I}/S$。(c)确定总的冲击力$\mathscr{I}(\infty)$。(d)根据(c)找出相应条件,在该条件下轻质碎片可能最终比它形成的位置更加靠近爆炸点。

17.2.3　(a)证明对于$0<t/\tau\ll1$,$\ln p$相对$t$的曲线是一条直线。(b)当$t=0$时的截距和斜度是多少?(c)如果时间记录也已知,说明衰减参数如何能快速地从(b)获得。

17.2.4　(a)证明$p(0)/u(0)$与冲击波马赫数成正比,对标准条件进行评估。(b)对于弱冲击,$p(0)/u(0)$接近于线性声学中观察到的值么?

17.3.1　一个 160 lb 的沙发从一栋 60 层楼(每层 15 ft 高)的顶端推下,最终速度是 180 ft/s。(a)当沙发撞击地面时,多少能量释放出来?(b)TNT 当量是多少?

17.3.2　两颗原子弹,每颗重约 2 000 lb,飞行速度 60 mph,头部碰撞。(a)计算撞击重释放的能量。(b)估计 TNT 当量。

17.3.3　证明,对于一个半径为 $a$ 的爆炸炸药量,爆炸时冲击波面到达距离 $r$ 所用的时间由下式给出

$$t_a=\frac{1}{c_1}\int_a^r\frac{1}{M_1}\mathrm{d}r$$

17.3.4　证明,在距离 $r$ 的马赫数 $M_1$ 可以根据下面的公式由从爆炸到那个距离上的平均传播速度 $\langle u_1\rangle_r$ 计算得到

$$M_1=\frac{\langle u_1\rangle_r}{c_1}\left(1-\frac{d(\ln\langle u_1\rangle_r)}{d(\ln r)}\right)^{-1}$$

17.3.5　一个表观质量 1 kg TNT 的化学爆炸用不同位置的一系列传感器进行测量,给定每一传感器测量到的什么量,可以确定每个位置如下量中的其他量:距离 $r$,马赫数 $M_1$,超压比 $p(0)/\mathscr{P}_1$,平均抵达速度 $\langle u_1\rangle_R$,持续时间 $\tau$,单位面积的冲击力 $\mathscr{J}/S$,抵达时间 $t_a$,每个站点的延迟参数 $b$。传感器 A 记录一个抵达时间 4.0 ms;传感器 B 记录到冲击波速 $u_1=$ 500 m/s;传感器 C 记录到过压 60 mbar;传感器 D 距离爆炸点 1.3 m;传感器 E 记录到持续时间 2.87 ms;传感器 F 记录到单位面积冲击力 0.838 bar·ms;传感器 G 记录到平均冲击波面速度 369 m/s;从传感器 H 的数据重建显示延迟参数 0.13。

17.3.6　一个爆炸在地面 25 ℃、压强 950 mbar 的空气中被引爆,在距离爆炸点一些传感器测点距离上,一个 0.80 bar 的峰值超压和一个 $\tau=2.0$ ms 的(正压)持续时间被记录到。单位面积冲击力(对于正压)是 0.45 bar·ms,确定:(a)延迟参数 $b$;(b)冲击波面的马赫数 $M_1$;(c)爆炸气浪 $u(0)$;(d)冲击波面后的温度。

17.3.7C　对于基准化学爆炸,对于 $R$ 在 1~500 m,列表并绘制 $p(0)/\mathscr{P}_1$,$M_1$,$\tau$,$b$ 和 $\langle u_1\rangle_R$。

17.3.8C　对于一个基准化学爆炸,绘制对于 $R$ 在 1~500 m 一些值上的爆炸波剖面图。

17.3.9C　对于一个基准核爆炸,对于 $R$ 在 35~5 000 m,列表并绘制 $p(0)/\mathscr{P}_1$,$M_1$,$\tau$,$b$ 和 $\langle u_1\rangle_R$。

17.3.10C　对于一个基准核爆炸,绘制 $R$ 从 35~5 000 m 一些值上的爆炸波剖面图。

17.3.11　对于一个基准化学爆炸,获得在距离 $R$ 上有效的如下情况近似:(a)初始超压 $p(0)$ 的空间依赖性;(b)平均冲击波速;(c)它们同线性声学的结果一致么?

17.3.12　对基准核爆炸,重做习题 17.3.11。

17.5.1　化学爆炸在地面标准大气压下引爆,形成弹坑。一个 $r=50$ m 远的检测站,在引爆后 0.053 s 检测到一个 $u_1=51$ m/s 爆炸波到达,持续时间大约 28 ms。计算:(a)马赫数和初始爆炸气浪超压;(b)初始爆炸气浪;(c)整个路径上的冲击波面平均速度;(f)提供的 TNT 有效质量(kg);(g)TNT 实际等效质量(在自由空间引爆)。

17.5.2　一个当量 40 000 t 的核武器在标准大气中海拔 600 m 的地方引爆,监测位置在地面,距离 6 000 m 远。(a)确定监测点的初始超压。(b)引爆后冲击波面多少时间到达监测点?(c)爆炸波的持续时间 $\tau$ 是多少?(d)爆炸气浪的初始值是多少?(e)计算单位面积冲击力。

17.5.3　一个电视摄制组在一个火箭燃料生产厂拍摄过程中遭遇了一场灾难,禁止进入,他们从高速公路进行记录。后来分析录像带揭示,首先是几个相对小的爆炸,每个小爆炸花费 11.01 s 到达摄像机(根据接收到的闪光和伴随声音的时间的测量获得),之后一个主爆炸发生,它的传播时间确定为 10.55 s。(a)摄制组距离工厂多远?(b)主爆炸的表观当量是多少?假设形成一些弹坑,估计实际爆炸的 TNT 当量。(c)估计峰值超压。(d)计算爆炸气浪初始值。

# 附　　录

## A1　转换参数与物理常数

1. SI 单位与 CGS 单位之间的转换(表 A1.1)

**表 A1.1　SI 单位与 CGS 单位之间的转换**

| 量 | 乘以国际单位制 SI | 乘以 | 得到 CGS 单位制 |
|---|---|---|---|
| 长度 | m | $10^2$ | cm |
| 质量 | kg | $10^3$ | g |
| 时间 | s | 1 | s |
| 力 | N | $10^5$ | dyne |
| 能量 | J | $10^7$ | erg |
| 功率 | W | $10^7$ | erg/s |
| 体积密度 | $kg/m^3$ | $10^{-3}$ | $g/cm^3$ |
| 压力 | Pa | 10 | $dyne/cm^2$ |
| 速度 | m/s | $10^2$ | cm/s |
| 能量密度 | $J/m^3$ | 10 | $erg/cm^3$ |
| 弹性模量 | Pa | 10 | $dyne/cm^2$ |
| 黏性系数 | Pa · s | 10 | $dyne\cdot s/cm^2$ |
| 体积速度 | $m^3/s$ | $10^6$ | $cm^3/s$ |
| 声强 | $W/m^2$ | $10^3$ | $erg/(s\cdot cm^2)$ |
| 机械阻抗 | N · s/m | $10^3$ | dyne · s/cm |
| 声阻抗率 | Pa · s/m | $10^{-1}$ | $dyne\cdot s/cm^3$ |
| 声阻抗 | $Pa\cdot s/m^3$ | $10^{-5}$ | $dyne\cdot s/cm^5$ |
| 机械刚度 | N/m | $10^3$ | dyne/cm |
| 磁通量密度 | T | $10^4$ | Gs |

2. 其他单位之间的转换关系(≡指定精确换算)

1 lb≡0.453 592 37 kg

1 in≡2.54 cm

1 ft≡0.304 8 m

1 yd≡0.914 4 m

1 fathom ≡ 1. 828 8 m

1 mi（美国法律）≡ 1. 609 344 km

1 mi（国际和美国海军）≡ 1 n mile ≡ 1. 852 km = 6 076 ft

1 mph ≡ 0. 447 04 m/s ≡ 1. 609 344 km/h

1 knot ≡ 1 n mile/h ≡ 1. 852 km/h = 0. 514 4 m/s = 1. 150 8 mph

1 bar ≡ $1\times10^5$ Pa ≡ $1\times10^6$ dyne/$cm^2$ = 14. 503 7 psi

1 kgf/$m^2$ ≡ 9. 806 65 Pa

1 ft $H_2O$（39. 2 ℉）= 2. 988 98×$10^3$ Pa

1 in. Hg（32 ℉）= 3. 386 39×$10^3$ Pa

1 lbf/$in^2$(psi) = 6. 894 76×$10^3$ Pa

1 atm ≡ 1. 013 25 bar = 14. 695 9 psi（lbf/$in^2$）= 1. 033 23×$10^4$ kgf/$m^2$
≡ 33. 899 5 ft $H_2O$（39. 2 ℉）= 29. 921 3 in. Hg（32 ℉）

$$℃ = K - 273.15 = \frac{5}{9}(℉ - 32)$$

3. 物理常数(表 A1. 2)

**表 A1. 2　物理常数**

| | | | |
|---|---|---|---|
| 重力加速度 | $g$ | 9. 806 65（标准） | m/$s^2$ |
| 阿伏加德罗常数 | $A$ | 6. 022×$10^{26}$ | $kmol^{-1}$ |
| 玻耳兹曼常数 | $k_B$ | 1. 380 7×$10^{-23}$ | J/K |
| 气体常数 | $\mathscr{R}$ | 8. 314 5<br>8. 314 5×$10^3$ | J/(mol · K)<br>J/(kmol · K) |
| 分子质量 | $M$ | | |
| 干燥空气 | | 28. 964 | kg/kmol |
| 水蒸气<br>特定气体常数 | $r$ | 18. 016 | kg/kmol |
| 干燥空气 | | 287. 06 | J/(kg · K) |
| 水(气体) | | 461. 50 | J/(kg · K) |

# A2　复　　数

设 $x$ 和 $y$ 为实函数,定义 $\mathrm{j}=\sqrt{-1}$。此时,由

$$\sin x = x - \frac{x^3}{3!} + \frac{x^5}{5!} - \cdots$$

$$\cos x = 1 - \frac{x^2}{2!} + \frac{x^4}{4!} - \cdots$$

我们得到欧拉公式:

$$e^{j\theta} = \cos\theta + j\sin\theta$$

因此

$$\cos\theta=\frac{e^{j\theta}+e^{-j\theta}}{2}$$

$$\sin\theta=\frac{e^{j\theta}-e^{-j\theta}}{2j}$$

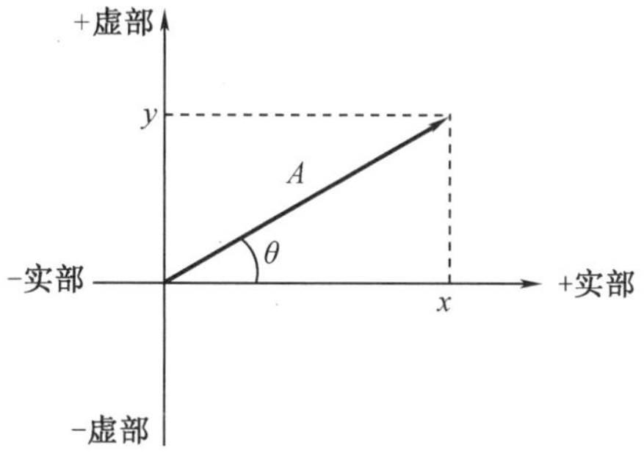


若

$$f=x+jy=Ae^{j\theta}$$

则

$$\mathrm{Re}\{f\}=x=A\cos\theta$$

$$\mathrm{Im}\{f\}=y=A\sin\theta$$

$$|f|=\sqrt{x^2+y^2}$$

$$\theta=\arctan(y/x)$$

$$f^*=x-jy=Ae^{-j\theta}$$

若

$$f=Fe^{j(n\omega t+\theta)}$$

$$g=Ge^{j(n\omega t+\varphi)}$$

则

$$|fg|=|f||g|=FG$$

$$\langle \mathrm{Re}\{f\}\mathrm{Re}\{g\}\rangle_T=\frac{1}{2}\mathrm{Re}\{fg^*\}=\frac{1}{2}\mathrm{Re}\{f^*g\}=\frac{1}{2}FG\cos(\theta-\varphi)$$

在最后的表达式中 $T=2\pi/\omega$。若 $n=0$，则因数 1/2 必须去掉。

## A3　圆函数和双曲函数

令

$$z=x+jy$$

$$\sinh z=(e^z-e^{-z})/2$$

$$\cosh z=(e^z+e^{-z})/2$$

$$\tanh z=\sinh z/\cosh z$$

$$\coth z = 1/\tanh z$$

$$\frac{\mathrm{d}}{\mathrm{d}z}\sinh z = \cosh z$$

$$\frac{\mathrm{d}}{\mathrm{d}z}\cosh z = \sinh z$$

$$\sin(\mathrm{j}y) = \mathrm{j}\sinh y$$

$$\sinh(\mathrm{j}y) = \mathrm{j}\sin y$$

$$\cos(\mathrm{j}y) = \cosh y$$

$$\cosh(\mathrm{j}y) = \cos y$$

$$\sin z = \sin x\cosh y + \mathrm{j}\cos x\sinh y$$

$$\sinh z = \sinh x\cos y + \mathrm{j}\cosh x\sin y$$

$$\cos z = \cos x\cosh y - \mathrm{j}\sin x\sinh y$$

$$\cosh z = \cosh x\cos y + \mathrm{j}\sinh x\sin y$$

$$\sin^2 z + \cos^2 z = 1$$

$$\cosh^2 z - \sinh^2 z = 1$$

在下列等式中，伴生关系可通过对 $z_1$ 和/或 $z_2$ 求导得到。

$$\sin(z_1+z_2) = \sin z_1\cos z_2 + \cos z_1\sin z_2$$

$$\sinh(z_1+z_2) = \sinh z_1\cosh z_2 + \cosh z_1\sinh z_2$$

$$2\sin z_1\sin z_2 = \cos(z_1-z_2) - \cos(z_1+z_2)$$

$$2\sinh z_1\sinh z_2 = \cosh(z_1+z_2) - \cosh(z_1-z_2)$$

总结如下：

$$\sum_{n=0}^{N-1}\cos(n\theta) = \frac{\sin(N\theta/2)\cos[(N-1)\theta/2]}{\sin(\theta/2)}$$

$$\sum_{n=0}^{N-1}\sin(n\theta) = \frac{\sin(N\theta/2)\sin[(N-1)\theta/2]}{\sin(\theta/2)}$$

# A4　一些数学函数

在本附录中，$z=x+\mathrm{j}y$ 中的 $x$ 和 $y$ 为实数，索引中的系数 $v$ 是实数，$l$、$m$、$n$ 为实整数。这些量的任何其他限制将会明确说明。我们将引用与文本相关的部分，有关完整属性，请参见 Abramowitz and Stegun, Handbook of Mathematical Functions, Dover (1965)。

1. 伽马函数

伽马函数虽然不是必需的，但很方便。对于具有正实部的参数，它由下式给出

$$\Gamma(z) = \int_0^\infty t^{z-1}\mathrm{e}^{-t}\mathrm{d}t, z = 0$$

常用的方程是

$$\Gamma\left(\frac{1}{2}\right) = \sqrt{\pi} \quad \Gamma\left(n+\frac{1}{2}\right) = \frac{1\cdot 3\cdot 5\cdot \cdots \cdot (2n-1)}{2^n}\sqrt{\pi}$$

$$\Gamma(1) = 1 \qquad \Gamma(n+1) = n!$$

$$\Gamma(z+1) = z\Gamma(z)$$

2. 贝塞尔函数、修正的贝塞尔函数和斯特鲁夫函数

微分方程如下：

$$z^2\frac{\mathrm{d}^2\omega}{\mathrm{d}z^2}+z\frac{\mathrm{d}\omega}{\mathrm{d}z}+(z^2-v^2)\omega=\frac{4(z/2)^{v+1}}{\sqrt{\pi}\,\Gamma\left(v+\frac{1}{2}\right)}$$

方程具有齐次解 $AJ_v(z)+BY_v(z)$，它们是第一类贝塞尔函数 $J_v(z)$ 和第二类贝塞尔函数 $Y_v(z)$ 的任意线性组合（也称为韦伯函数或诺伊曼函数，有时记为 $N_v(z)$）。具体的组合为

$$H_v^{(1)}(z)=J_v(z)+jY_v(z)$$

$$H_v^{(2)}(z)=J_v(z)-jY_v(z)$$

是第三类贝塞尔函数，即汉克尔函数。微分方程的特解是斯特鲁函数 $H_v(z)$，索引 $v$ 指定了这些函数的阶数。

在本附录的其余部分中，除非另有说明，所有函数都被理解为参数 $z$ 的函数。

对于整数阶数，有

$$J_{-n}=(-1)^nJ_n$$

$$Y_{-n}=(-1)^nY_n$$

$J_v$ 和 $Y_v$ 的朗斯基矩阵为

$$W\{J_v,Y_v\}=J_{v+1}Y_v-J_vY_{v+1}=2/\pi z$$

$z$ 很小时，对于 0 和 1 的系列拓展是有用的，为

$$J_0=1-\frac{z^2}{2^2}+\frac{z^4}{2^2\cdot 4^2}-\frac{z^6}{2^2\cdot 4^2\cdot 6^2}+\cdots$$

$$J_1=\frac{z}{2}+\frac{2z^3}{2\cdot 4^2}-\frac{3z^5}{2\cdot 4^2\cdot 6^2}+\cdots$$

$$Y_0=\frac{2}{\pi}\left\{\left[\ln\left(\frac{z}{2}\right)+\gamma\right]J_0+\frac{z^2}{2^2}-\frac{z^4}{2^2\cdot 4^2}\left(1+\frac{1}{2}\right)+\cdots\right\}$$

$$Y_1=-\frac{2}{\pi}\,\frac{1}{z}+\cdots$$

$$H_0=\frac{2}{\pi}\left(z-\frac{z^3}{1^2\cdot 3^2}+\frac{z^5}{1^2\cdot 3^2\cdot 5^2}-\cdots\right)$$

$$H_1=\frac{2}{\pi}\left(\frac{z^2}{1^2\cdot 3}-\frac{z^4}{1^2\cdot 3^2\cdot 5}+\frac{z^6}{1^2\cdot 3^2\cdot 5^2\cdot 7}-\cdots\right)$$

其中欧拉常数 $\gamma=0.577\ 21\cdots$。

对于 $z$ 极大和 $|\arg z|<\pi$ 时，近似值有用，即

$$J_v\rightarrow\sqrt{2/\pi z}\cos(z-v\pi/2-\pi/4)$$

$$Y_v\rightarrow\sqrt{2/\pi z}\sin(z-v\pi/2-\pi/4)$$

$$H_v^{(1)}\rightarrow\sqrt{2/\pi z}\exp[j(z-v\pi/2-\pi/4)]$$

$$H_v^{(2)}\rightarrow\sqrt{2/\pi z}\exp[-j(z-v\pi/2-\pi/4)]$$

$$H_v-Y_v\rightarrow\frac{1}{\pi}\,\frac{\Gamma\left(\frac{1}{2}\right)}{\Gamma\left(v+\frac{1}{2}\right)}\left(\frac{z}{2}\right)^{v-1}$$

令 $C_v$ 表示 r 阶贝塞尔函数的任意线性组合,然后得到了贝塞尔函数和斯特鲁夫函数的递推关系和微分关系

$$C_{v-1}+C_{v+1}=\frac{2v}{z}C_v$$

$$C_{v-1}-C_{v+1}=2\frac{\mathrm{d}}{\mathrm{d}z}C_v$$

$$\frac{\mathrm{d}}{\mathrm{d}z}C_0=-C_1$$

$$\frac{\mathrm{d}}{\mathrm{d}z}(z^vC_v)=z^vC_{v-1}$$

$$\frac{\mathrm{d}}{\mathrm{d}z}\left(\frac{1}{z^v}C_v\right)=-\frac{1}{z^v}C_{v+1}$$

$$\frac{\mathrm{d}}{\mathrm{d}z}\mathrm{H}_0=\frac{2}{\pi}-\mathrm{H}_1$$

$$\frac{\mathrm{d}}{\mathrm{d}z}(z^v\mathrm{H}_v)=z^v\mathrm{H}_{v-1}$$

有用的积分表达式为

$$\mathrm{J}_0(z)=\frac{2}{\pi}\int_0^{\pi/2}\cos(z\cos\theta)\,\mathrm{d}\theta$$

$$\mathrm{H}_0(z)=\frac{2}{\pi}\int_0^{\pi/2}\sin(z\cos\theta)\,\mathrm{d}\theta$$

$$\mathrm{J}_n(z)=\frac{(z/2)^n}{\sqrt{\pi}\,\Gamma\left(n+\frac{1}{2}\right)}\int_0^{\pi}\cos(z\cos\theta)\sin^{2n}\theta\,\mathrm{d}\theta=\frac{(-\mathrm{j})^n}{2\pi}\int_0^{2\pi}\mathrm{e}^{\mathrm{j}z\cos\theta}\cos n\theta\,\mathrm{d}\theta$$

函数 $\mathrm{J}_v$ 具有实数零点和极值点时,其参数是实数,定义为 $j_{vn}$ 和 $j'_{vn}$,相关计算式包括:

$$\mathrm{J}_v(j_{vn})=0$$

$$\mathrm{J}'_v(j_{vn})=\mathrm{J}_{v-1}(j_{vn})=-\mathrm{J}_{v+1}(j_{vn})$$

$$\mathrm{J}'_v(j'_{vn})=0$$

$$\mathrm{J}_v(j'_{vn})=\frac{j'_{vn}}{v}\mathrm{J}_{v-1}(j'_{vn})=\frac{j'_{vn}}{v}\mathrm{J}_{v+1}(j'_{vn})$$

应用这些定义的参数,第一类正交贝塞尔函数的归一化为

$$\int_0^1\mathrm{J}_v(j_{vm}t)\mathrm{J}_v(j_{vn}t)t\,\mathrm{d}t=\frac{1}{2}[\mathrm{J}'_v(j_{vn})]^2\delta_{nm}$$

$$\int_0^1\mathrm{J}_v(j'_{vm}t)\mathrm{J}_v(j'_{vn}t)t\,\mathrm{d}t=\frac{1}{2}\frac{(j'_{vn})^2-v^2}{(j'_{vn})^2}[\mathrm{J}_v(j'_{vn})]^2\delta_{nm}$$

修正贝塞尔函数 $\mathrm{I}_v$ 满足微分方程得

$$z^2\frac{\mathrm{d}^2w}{\mathrm{d}z^2}+z\frac{\mathrm{d}w}{\mathrm{d}z}-(z^2+\nu^2)w=0$$

与 $\mathrm{J}_v$ 的关系为

$$\mathrm{I}_n(z)=\mathrm{j}^{-n}\mathrm{J}_n(\mathrm{j}z)$$

所有其他需要的关系式可在之前的关于 $J_\nu(z)$ 方程中将参数 $z$ 替换为 j$z$ 即可得到，例如：

$$I_{v-1}-I_{v+1}=\frac{2v}{z}I_v$$

$$I_{v-1}+I_{v+1}=2\frac{d}{dz}I_v$$

$$\frac{d}{dz}I_0=I_1$$

$$\frac{d}{dz}(z^vI_v)=z^vI_{v-1}$$

$$\frac{d}{dz}\left(\frac{1}{z^v}I_v\right)=\frac{1}{z^v}I_{v+1}$$

3. 球贝塞尔函数

球贝塞尔函数第一类 $j_n(z)$、第二类 $y_n(z)$ 和第三类 $h_n(z)$ 以及它们的任何线性组合满足微分方程，为

$$z^2\frac{d^2w}{dz^2}+2z\frac{dw}{dz}+[z^2-n(n+1)]w=0$$

它们与贝塞尔函数的关系如下：

$$j_n=\sqrt{\pi/2z}\,J_{n+1/2}$$
$$y_n=\sqrt{\pi/2z}\,Y_{n+1/2}$$
$$h_n^{(1,2)}=\sqrt{\pi/2z}\,H_{n+1/2}^{(1,2)}$$

$j_n$ 的显式形式为

$$j_0=\frac{\sin z}{z}$$

$$j_1=\frac{\sin z}{z^2}-\frac{\cos z}{z}$$

$$j_2=\left(\frac{3}{z^3}-\frac{1}{z^2}\right)\sin z-\frac{3}{z^2}\cos z$$

$$j_{n+1}=\frac{2n+1}{z}j_n-j_{n-1}$$

4. 勒让德函数

$m$ 阶 $l$ 次勒让德函数 $P_l^m(z)$ 是微分方程的解，为

$$(1-z^2)\frac{d^2w}{dz^2}-2z\frac{dw}{dz}+\left[l(l+1)-\frac{m^2}{1-z^2}\right]w=0$$

任意次的最大阶数都受到 $m\leqslant l$ 的限制。虽然勒让德函数一般是 $z$ 的相当复杂的函数，但我们的兴趣仅限于它们在区间 $|x|\leqslant 1$ 中的实参数的特性。

对于球面驻波，$x=\cos\theta$。对于零阶勒让德函数，$m=0$，阶数上标被抑制，成为勒让德多项式。它们可从下式得到：

$$P_n(x)=\frac{1}{2^nn!}\frac{d^n}{dx^n}(x^2-1)^n$$

最低四阶为

$$P_0=1$$

$$P_1=\cos\theta$$

$$P_2=\frac{1}{2}(3\cos^2\theta-1)$$

$$P_3=\frac{1}{2}(5\cos^3\theta-3\cos\theta)$$

更高阶,即连带勒让德函数,可以从下式得到

$$P_1^m(x)=(-1)^m(1-x^2)^{m/2}\frac{\mathrm{d}^m}{\mathrm{d}x^m}P_1(x)$$

因此

$$P_1^1=-\sin\theta$$

$$P_2^1=-3\sin\theta\cos\theta$$

$$P_3^1=-\frac{3}{2}\sin\theta(5\cos^2\theta-1)$$

$$P_2^2=3\sin^2\theta$$

$$P_3^2=15\sin^2\theta\cos\theta$$

$$P_3^3=-15\sin^3\theta$$

两个递推关系是

$$(l-m+1)P_{l+1}^m=(2l+1)xP_l^m-(l+m)P_{l-1}^m$$

$$P_l^{m+1}=(1-x^2)^{-1/2}[(l-m)xP_l^m-(l+m)P_{l-1}^m]$$

# A5 贝塞尔函数:列表、绘图、零点和极点

1. 列表:第一类 0、1、2 阶贝塞尔函数和修正的贝塞尔函数(表 A5. 1)

**表 A5. 1 第一类 0、1、2 阶贝塞尔函数和修正的贝塞尔函数**

| $x$ | $J_0(x)$ | $J_1(x)$ | $J_2(x)$ | $Y_0(x)$ | $Y_1(x)$ | $Y_2(x)$ | $I_0(x)$ | $I_1(x)$ | $I_2(x)$ |
|---|---|---|---|---|---|---|---|---|---|
| 0 | 1.000 0 | 0 | 0 | $-\infty$ | $-\infty$ | $-\infty$ | 1.000 0 | 0 | 0 |
| 0.100 0 | 0.997 5 | 0.049 9 | 0.001 2 | −1.534 2 | −6.459 0 | −127.644 8 | 1.002 5 | 0.050 1 | 0.001 3 |
| 0.200 0 | 0.990 0 | 0.099 5 | 0.005 0 | −1.081 1 | −3.323 8 | −32.157 1 | 1.010 0 | 0.100 5 | 0.005 0 |
| 0.300 0 | 0.977 6 | 0.148 3 | 0.011 2 | −0.807 3 | −2.293 1 | −14.480 1 | 1.022 6 | 0.151 7 | 0.011 3 |
| 0.400 0 | 0.960 4 | 0.196 0 | 0.019 7 | −0.606 0 | −1.780 9 | −8.298 3 | 1.040 4 | 0.204 0 | 0.020 3 |
| 0.500 0 | 0.938 5 | 0.242 3 | 0.030 6 | −0.444 5 | −1.471 5 | −5.441 4 | 1.063 5 | 0.257 9 | 0.031 9 |
| 0.600 0 | 0.912 0 | 0.286 7 | 0.043 7 | −0.308 5 | −1.260 4 | −3.892 8 | 1.092 0 | 0.313 7 | 0.046 4 |
| 0.700 0 | 0.881 2 | 0.329 0 | 0.058 8 | −0.190 7 | −1.103 2 | −2.961 5 | 1.126 3 | 0.371 9 | 0.063 8 |

**表 A5.1**(续 1)

| $x$ | $J_0(x)$ | $J_1(x)$ | $J_2(x)$ | $Y_0(x)$ | $Y_1(x)$ | $Y_2(x)$ | $I_0(x)$ | $I_1(x)$ | $I_2(x)$ |
|---|---|---|---|---|---|---|---|---|---|
| 0.800 0 | 0.846 3 | 0.368 8 | 0.075 8 | -0.086 8 | -0.978 1 | -2.358 6 | 1.166 5 | 0.432 9 | 0.084 4 |
| 0.900 0 | 0.807 5 | 0.405 9 | 0.094 6 | 0.005 6 | -0.873 1 | -1.945 9 | 1.213 0 | 0.497 1 | 0.108 3 |
| 1.000 0 | 0.765 2 | 0.440 1 | 0.114 9 | 0.088 3 | -0.781 2 | -1.650 7 | 1.266 1 | 0.565 2 | 0.135 7 |
| 1.100 0 | 0.719 6 | 0.470 9 | 0.136 6 | 0.162 2 | -0.698 1 | -1.431 5 | 1.326 2 | 0.637 5 | 0.167 1 |
| 1.200 0 | 0.671 1 | 0.498 3 | 0.159 3 | 0.228 1 | -0.621 1 | -1.263 3 | 1.393 7 | 0.714 7 | 0.202 6 |
| 1.300 0 | 0.620 1 | 0.522 0 | 0.183 0 | 0.286 5 | -0.548 5 | -1.130 4 | 1.469 3 | 0.797 3 | 0.242 6 |
| 1.400 0 | 0.566 9 | 0.541 9 | 0.207 4 | 0.337 9 | -0.479 1 | -1.022 4 | 1.553 4 | 0.886 1 | 0.287 5 |
| 1.500 0 | 0.511 8 | 0.557 9 | 0.232 1 | 0.382 4 | -0.412 3 | -0.932 2 | 1.646 7 | 0.981 7 | 0.337 8 |
| 1.600 0 | 0.455 4 | 0.569 9 | 0.257 0 | 0.420 4 | -0.347 6 | -0.854 9 | 1.750 0 | 1.084 8 | 0.394 0 |
| 1.700 0 | 0.398 0 | 0.577 8 | 0.281 7 | 0.452 0 | -0.284 7 | -0.787 0 | 1.864 0 | 1.196 3 | 0.456 5 |
| 1.800 0 | 0.340 0 | 0.581 5 | 0.306 1 | 0.477 4 | -0.223 7 | -0.725 9 | 1.989 6 | 1.317 2 | 0.526 0 |
| 1.900 0 | 0.281 8 | 0.581 2 | 0.329 9 | 0.496 8 | -0.164 4 | -0.669 9 | 2.127 7 | 1.448 2 | 0.603 3 |
| 2.000 0 | 0.223 9 | 0.576 7 | 0.352 8 | 0.510 4 | -0.107 0 | -0.617 4 | 2.279 6 | 1.590 6 | 0.688 9 |
| 2.100 0 | 0.166 6 | 0.568 3 | 0.374 6 | 0.518 3 | -0.051 7 | -0.567 5 | 2.446 3 | 1.745 5 | 0.783 9 |
| 2.200 0 | 0.110 4 | 0.556 0 | 0.395 1 | 0.520 8 | 0.001 5 | -0.519 4 | 2.629 1 | 1.914 1 | 0.889 1 |
| 2.300 0 | 0.055 5 | 0.539 9 | 0.413 9 | 0.518 1 | 0.052 3 | -0.472 6 | 2.829 6 | 2.097 8 | 1.005 4 |
| 2.400 0 | 0.002 5 | 0.520 2 | 0.431 0 | 0.510 4 | 0.100 5 | -0.426 7 | 3.049 3 | 2.298 1 | 1.134 2 |
| 2.500 0 | -0.048 4 | 0.497 1 | 0.446 1 | 0.498 1 | 0.145 9 | -0.381 3 | 3.289 8 | 2.516 7 | 1.276 5 |
| 2.600 0 | -0.096 8 | 0.470 8 | 0.459 0 | 0.481 3 | 0.188 4 | -0.336 4 | 3.553 3 | 2.755 4 | 1.433 7 |
| 2.700 0 | -0.142 4 | 0.441 6 | 0.469 6 | 0.460 5 | 0.227 6 | -0.291 9 | 3.841 7 | 3.016 1 | 1.607 5 |
| 2.800 0 | -0.185 0 | 0.409 7 | 0.477 7 | 0.435 9 | 0.263 5 | -0.247 7 | 4.157 3 | 3.301 1 | 1.799 4 |
| 2.900 0 | -0.224 3 | 0.375 4 | 0.483 2 | 0.407 9 | 0.295 9 | -0.203 8 | 4.502 7 | 3.612 6 | 2.011 3 |
| 3.000 0 | -0.260 1 | 0.339 1 | 0.486 1 | 0.376 9 | 0.324 7 | -0.160 4 | 4.880 8 | 3.953 4 | 2.245 2 |
| 3.100 0 | -0.292 1 | 0.300 9 | 0.486 2 | 0.343 1 | 0.349 6 | -0.117 5 | 5.294 5 | 4.326 2 | 2.503 4 |
| 3.200 0 | -0.320 2 | 0.261 3 | 0.483 5 | 0.307 1 | 0.370 7 | -0.075 4 | 5.747 2 | 4.734 3 | 2.788 3 |
| 3.300 0 | -0.344 3 | 0.220 7 | 0.478 0 | 0.269 1 | 0.387 9 | -0.034 0 | 6.242 6 | 5.181 0 | 3.102 7 |
| 3.400 0 | -0.364 3 | 0.179 2 | 0.469 7 | 0.229 6 | 0.401 0 | 0.006 3 | 6.784 8 | 5.670 1 | 3.449 5 |
| 3.500 0 | -0.380 1 | 0.137 4 | 0.458 6 | 0.189 0 | 0.410 2 | 0.045 4 | 7.378 2 | 6.205 8 | 3.832 0 |
| 3.600 0 | -0.391 8 | 0.095 5 | 0.444 8 | 0.147 7 | 0.415 4 | 0.083 1 | 8.027 7 | 6.792 7 | 4.254 0 |
| 3.700 0 | -0.399 2 | 0.053 8 | 0.428 3 | 0.106 1 | 0.416 7 | 0.119 2 | 8.738 6 | 7.435 7 | 4.719 3 |
| 3.800 0 | -0.402 6 | 0.012 8 | 0.409 3 | 0.064 5 | 0.414 1 | 0.153 5 | 9.516 9 | 8.140 4 | 5.232 5 |
| 3.900 0 | -0.401 8 | -0.027 2 | 0.387 9 | 0.023 4 | 0.407 8 | 0.185 8 | 10.369 0 | 8.912 8 | 5.798 3 |
| 4.000 0 | -0.397 1 | -0.066 0 | 0.364 1 | -0.016 9 | 0.397 9 | 0.215 9 | 11.301 9 | 9.759 5 | 6.422 2 |
| 4.100 0 | -0.388 7 | -0.103 3 | 0.338 3 | -0.056 1 | 0.384 6 | 0.243 7 | 12.323 6 | 10.687 7 | 7.110 0 |

**表 A5.1(续 2)**

| $x$ | $J_0(x)$ | $J_1(x)$ | $J_2(x)$ | $Y_0(x)$ | $Y_1(x)$ | $Y_2(x)$ | $I_0(x)$ | $I_1(x)$ | $I_2(x)$ |
|---|---|---|---|---|---|---|---|---|---|
| 4.200 0 | −0.376 6 | −0.138 6 | 0.310 5 | −0.093 8 | 0.368 0 | 0.269 0 | 13.442 5 | 11.705 6 | 7.868 4 |
| 4.300 0 | −0.361 0 | −0.171 9 | 0.281 1 | −0.129 6 | 0.348 4 | 0.291 6 | 14.668 0 | 12.821 9 | 8.704 3 |
| 4.400 0 | −0.342 3 | −0.202 8 | 0.250 1 | −0.163 3 | 0.326 0 | 0.311 5 | 16.010 4 | 14.046 2 | 9.625 8 |
| 4.500 0 | −0.320 5 | −0.231 1 | 0.217 8 | −0.194 7 | 0.301 0 | 0.328 5 | 17.481 2 | 15.389 2 | 10.641 5 |
| 4.600 0 | −0.296 1 | −0.256 6 | 0.184 6 | −0.223 5 | 0.273 7 | 0.342 5 | 19.092 6 | 16.862 6 | 11.761 1 |
| 4.700 0 | −0.269 3 | −0.279 1 | 0.150 6 | −0.249 4 | 0.244 5 | 0.353 4 | 20.858 5 | 18.479 1 | 12.995 0 |
| 4.800 0 | −0.240 4 | −0.298 5 | 0.116 1 | −0.272 3 | 0.213 6 | 0.361 3 | 22.793 7 | 20.252 8 | 14.355 0 |
| 4.900 0 | −0.209 7 | −0.314 7 | 0.081 3 | −0.292 1 | 0.181 2 | 0.366 0 | 24.914 8 | 22.199 3 | 15.853 8 |
| 5.000 0 | −0.177 6 | −0.327 6 | 0.046 6 | −0.308 5 | 0.147 9 | 0.367 7 | 27.239 9 | 24.335 6 | 17.505 6 |
| 5.100 0 | −0.144 3 | −0.337 1 | 0.012 1 | −0.321 6 | 0.113 7 | 0.366 2 | 29.788 9 | 26.680 4 | 19.325 9 |
| 5.200 0 | −0.110 3 | −0.343 2 | −0.021 7 | −0.331 3 | 0.079 2 | 0.361 7 | 32.583 6 | 29.254 3 | 21.331 9 |
| 5.300 0 | −0.075 8 | −0.346 0 | −0.054 7 | −0.337 4 | 0.044 5 | 0.354 2 | 35.648 1 | 32.079 9 | 23.542 5 |
| 5.400 0 | −0.041 2 | −0.345 3 | −0.086 7 | −0.340 2 | 0.010 1 | 0.343 9 | 39.008 8 | 35.182 1 | 25.978 4 |
| 5.500 0 | −0.006 8 | −0.341 4 | −0.117 3 | −0.339 5 | −0.023 8 | 0.330 8 | 42.694 6 | 38.588 2 | 28.662 6 |
| 5.600 0 | 0.027 0 | −0.334 3 | −0.146 4 | −0.335 4 | −0.056 8 | 0.315 2 | 46.737 6 | 42.328 3 | 31.620 3 |
| 5.700 0 | 0.059 9 | −0.324 1 | −0.173 7 | −0.328 2 | −0.088 7 | 0.297 0 | 51.172 5 | 46.435 5 | 34.879 4 |
| 5.800 0 | 0.091 7 | −0.311 0 | −0.199 0 | −0.317 7 | −0.119 2 | 0.276 6 | 56.038 1 | 50.946 2 | 38.470 4 |
| 5.900 0 | 0.122 0 | −0.295 1 | −0.222 1 | −0.304 4 | −0.148 1 | 0.254 2 | 61.376 6 | 55.900 3 | 42.427 3 |
| 6.000 0 | 0.150 6 | −0.276 7 | −0.242 9 | −0.288 2 | −0.175 0 | 0.229 9 | 67.234 4 | 61.341 9 | 46.787 1 |
| 6.100 0 | 0.177 3 | −0.255 9 | −0.261 2 | −0.269 4 | −0.199 8 | 0.203 9 | 73.662 8 | 67.319 4 | 51.590 9 |
| 6.200 0 | 0.201 7 | −0.232 9 | −0.276 9 | −0.248 3 | −0.222 3 | 0.176 6 | 80.717 9 | 73.885 9 | 56.883 8 |
| 6.300 0 | 0.223 8 | −0.208 1 | −0.289 9 | −0.225 1 | −0.242 2 | 0.148 2 | 88.461 6 | 81.100 0 | 62.715 5 |
| 6.400 0 | 0.243 3 | −0.181 6 | −0.300 1 | −0.199 9 | −0.259 6 | 0.118 8 | 96.961 6 | 89.026 1 | 69.141 0 |
| 6.500 0 | 0.260 1 | −0.153 8 | −0.307 4 | −0.173 2 | −0.274 1 | 0.088 9 | 106.292 9 | 97.735 0 | 76.220 5 |
| 6.600 0 | 0.274 0 | −0.125 0 | −0.311 9 | −0.145 2 | −0.285 7 | 0.058 6 | 116.537 3 | 107.304 7 | 84.020 8 |
| 6.700 0 | 0.285 1 | −0.095 3 | −0.313 5 | −0.116 2 | −0.294 5 | 0.028 3 | 127.785 3 | 117.820 8 | 92.615 0 |
| 6.800 0 | 0.293 1 | −0.065 2 | −0.312 3 | −0.086 4 | −0.300 2 | −0.001 9 | 140.136 2 | 129.377 6 | 102.083 9 |
| 6.900 0 | 0.298 1 | −0.034 9 | −0.308 2 | −0.056 3 | −0.302 9 | −0.031 5 | 153.699 0 | 142.079 0 | 112.516 7 |
| 7.000 0 | 0.300 1 | −0.004 7 | −0.301 4 | −0.025 9 | −0.302 7 | −0.060 5 | 168.593 9 | 156.039 1 | 124.011 3 |
| 7.100 0 | 0.299 1 | 0.025 2 | −0.292 0 | 0.004 2 | −0.299 5 | −0.088 5 | 184.952 9 | 171.383 4 | 136.675 9 |
| 7.200 0 | 0.295 1 | 0.054 3 | −0.280 0 | 0.033 9 | −0.293 4 | −0.115 4 | 202.921 3 | 188.250 3 | 150.629 6 |
| 7.300 0 | 0.288 2 | 0.082 6 | −0.265 6 | 0.062 8 | −0.284 6 | −0.140 7 | 222.658 8 | 206.791 7 | 166.003 5 |
| 7.400 0 | 0.278 6 | 0.109 6 | −0.249 0 | 0.090 7 | −0.273 1 | −0.164 5 | 244.341 0 | 227.175 0 | 182.942 4 |
| 7.500 0 | 0.266 3 | 0.135 2 | −0.230 3 | 0.117 3 | −0.259 1 | −0.186 4 | 268.161 3 | 249.584 4 | 201.605 5 |

**表 A5.1**(续3)

| $x$ | $J_0(x)$ | $J_1(x)$ | $J_2(x)$ | $Y_0(x)$ | $Y_1(x)$ | $Y_2(x)$ | $I_0(x)$ | $I_1(x)$ | $I_2(x)$ |
|---|---|---|---|---|---|---|---|---|---|
| 7.600 0 | 0.251 6 | 0.159 2 | −0.209 7 | 0.142 4 | −0.242 8 | −0.206 3 | 294.332 2 | 274.222 5 | 222.168 4 |
| 7.700 0 | 0.234 6 | 0.181 3 | −0.187 5 | 0.165 8 | −0.224 3 | −0.224 1 | 323.087 5 | 301.312 4 | 244.824 6 |
| 7.800 0 | 0.215 4 | 0.201 4 | −0.163 8 | 0.187 2 | −0.203 9 | −0.239 5 | 354.684 5 | 331.099 5 | 269.787 2 |
| 7.900 0 | 0.194 4 | 0.219 2 | −0.138 9 | 0.206 5 | −0.181 7 | −0.252 5 | 389.406 3 | 363.853 9 | 297.291 4 |
| 8.000 0 | 0.171 7 | 0.234 6 | −0.113 0 | 0.223 5 | −0.158 1 | −0.263 0 | 427.564 1 | 399.873 1 | 327.595 8 |

2. 绘图:第一类 0、1、2、3 阶贝塞尔函数(图 A5.1)

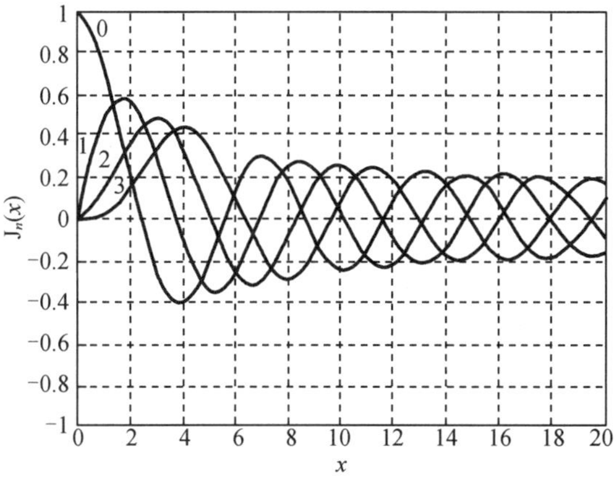


**图 A5.1　第一类 0、1、2、3 阶贝塞尔函数**

3. 零点:第一类贝塞尔函数,$J_m(j_{mn})=0$(表 A5.2)

**表 A5.2　第一类贝塞尔函数,$J_m(j_{mn})=0$**

| $m$ | $n$ | | | | | |
|---|---|---|---|---|---|---|
| | 0 | 1 | 2 | 3 | 4 | 5 |
| 0 | — | 2.40 | 5.52 | 8.65 | 11.79 | 14.93 |
| 1 | 0 | 3.83 | 7.02 | 10.17 | 13.32 | 16.47 |
| 2 | 0 | 5.14 | 8.42 | 11.62 | 14.80 | 17.96 |
| 3 | 0 | 6.38 | 9.76 | 13.02 | 16.22 | 19.41 |
| 4 | 0 | 7.59 | 11.06 | 14.37 | 17.62 | 20.83 |
| 5 | 0 | 8.77 | 12.34 | 15.70 | 18.98 | 22.22 |

4. 极点:第一类贝塞尔函数,$J'_m(j'_{mn})=0$(表 A5.3)

**表 A5.3　第一类贝塞尔函数,$J'_m(j'_{mn})=0$**

| $m$ | $n$ | | | | |
|---|---|---|---|---|---|
| | 1 | 2 | 3 | 4 | 5 |
| 0 | 0 | 3.83 | 7.02 | 10.17 | 13.32 |
| 1 | 1.84 | 5.33 | 8.54 | 11.71 | 14.86 |
| 2 | 3.05 | 6.71 | 9.97 | 13.17 | 16.35 |
| 3 | 4.20 | 8.02 | 11.35 | 14.59 | 17.79 |
| 4 | 5.32 | 9.28 | 12.68 | 15.96 | 19.20 |
| 5 | 6.41 | 10.52 | 13.99 | 17.31 | 20.58 |

5. 列表:第一类 0、1、2 阶球贝塞尔函数(表 A5.4)

**表 A5.4　第一类 0、1、2 阶球贝塞尔函数**

| $x$ | $j_0(x)$ | $j_1(x)$ | $j_2(x)$ | $x$ | $j_0(x)$ | $j_1(x)$ | $j_2(x)$ |
|---|---|---|---|---|---|---|---|
| 0 | 1.000 | 0 | 0 | 4.000 0 | −0.189 2 | 0.116 1 | 0.276 3 |
| 0.100 0 | 0.998 3 | 0.033 3 | 0.000 7 | 4.100 0 | −0.199 6 | 0.091 5 | 0.266 5 |
| 0.200 0 | 0.993 3 | 0.066 4 | 0.002 7 | 4.200 0 | −0.207 5 | 0.067 3 | 0.255 6 |
| 0.300 0 | 0.985 1 | 0.099 1 | 0.006 0 | 4.300 0 | −0.213 1 | 0.043 7 | 0.243 5 |
| 0.400 0 | 0.973 5 | 0.131 2 | 0.010 5 | 4.400 0 | −0.216 3 | 0.020 7 | 0.230 4 |
| 0.500 0 | 0.958 9 | 0.162 5 | 0.016 4 | 4.500 0 | −0.217 2 | −0.001 4 | 0.216 3 |
| 0.600 0 | 0.941 1 | 0.192 9 | 0.023 4 | 4.600 0 | −0.216 0 | −0.022 6 | 0.201 3 |
| 0.700 0 | 0.920 3 | 0.222 1 | 0.031 5 | 4.700 0 | −0.212 7 | −0.042 6 | 0.185 5 |
| 0.800 0 | 0.896 7 | 0.250 0 | 0.040 8 | 4.800 0 | −0.207 5 | −0.061 5 | 0.169 1 |
| 0.900 0 | 0.870 4 | 0.276 4 | 0.050 9 | 4.900 0 | −0.200 5 | −0.079 0 | 0.152 1 |
| 1.000 0 | 0.841 5 | 0.301 2 | 0.062 0 | 5.000 0 | −0.191 8 | −0.095 1 | 0.134 7 |
| 1.100 0 | 0.810 2 | 0.324 2 | 0.073 9 | 5.100 0 | −0.181 5 | −0.109 7 | 0.117 0 |
| 1.200 0 | 0.776 7 | 0.345 3 | 0.086 5 | 5.200 0 | −0.169 9 | −0.122 8 | 0.099 1 |
| 1.300 0 | 0.741 2 | 0.364 4 | 0.099 7 | 5.300 0 | −0.157 0 | −0.134 2 | 0.081 1 |
| 1.400 0 | 0.703 9 | 0.381 4 | 0.113 3 | 5.400 0 | −0.143 1 | −0.144 0 | 0.063 1 |
| 1.500 0 | 0.665 0 | 0.396 2 | 0.127 3 | 5.500 0 | −0.128 3 | −0.152 2 | 0.045 3 |
| 1.600 0 | 0.624 7 | 0.408 7 | 0.141 6 | 5.600 0 | −0.112 7 | −0.158 6 | 0.027 7 |
| 1.700 0 | 0.583 3 | 0.418 9 | 0.156 0 | 5.700 0 | −0.096 6 | −0.163 4 | 0.010 6 |
| 1.800 0 | 0.541 0 | 0.426 8 | 0.170 3 | 5.800 0 | −0.080 1 | −0.166 5 | −0.006 0 |
| 1.900 0 | 0.498 1 | 0.432 3 | 0.184 5 | 5.900 0 | −0.063 4 | −0.167 9 | −0.022 0 |
| 2.000 0 | 0.454 6 | 0.435 4 | 0.198 4 | 6.000 0 | −0.046 6 | −0.167 8 | −0.037 3 |

**表 A5.4(续)**

| $x$ | $j_0(x)$ | $j_1(x)$ | $j_2(x)$ | $x$ | $j_0(x)$ | $j_1(x)$ | $j_2(x)$ |
|---|---|---|---|---|---|---|---|
| 2.100 0 | 0.411 1 | 0.436 1 | 0.212 0 | 6.100 0 | −0.029 9 | −0.166 1 | −0.051 8 |
| 2.200 0 | 0.367 5 | 0.434 5 | 0.225 1 | 6.200 0 | −0.013 4 | −0.162 9 | −0.065 4 |
| 2.300 0 | 0.324 2 | 0.430 7 | 0.237 5 | 6.300 0 | 0.002 7 | −0.158 3 | −0.078 0 |
| 2.400 0 | 0.281 4 | 0.424 5 | 0.249 2 | 6.400 0 | 0.018 2 | −0.152 3 | −0.089 6 |
| 2.500 0 | 0.239 4 | 0.416 2 | 0.260 1 | 6.500 0 | 0.033 1 | −0.145 2 | −0.100 1 |
| 2.600 0 | 0.198 3 | 0.405 8 | 0.270 0 | 6.600 0 | 0.047 2 | −0.136 8 | −0.109 4 |
| 2.700 0 | 0.158 3 | 0.393 5 | 0.278 9 | 6.700 0 | 0.060 4 | −0.127 5 | −0.117 5 |
| 2.800 0 | 0.119 6 | 0.379 2 | 0.286 7 | 6.800 0 | 0.072 7 | −0.117 2 | −0.124 4 |
| 2.900 0 | 0.082 5 | 0.363 3 | 0.293 3 | 6.900 0 | 0.083 8 | −0.106 1 | −0.129 9 |
| 3.000 0 | 0.047 0 | 0.345 7 | 0.298 6 | 7.000 0 | 0.093 9 | −0.094 3 | −0.134 3 |
| 3.100 0 | 0.013 4 | 0.326 6 | 0.302 7 | 7.100 0 | 0.102 7 | −0.082 0 | −0.137 3 |
| 3.200 0 | −0.018 2 | 0.306 3 | 0.305 4 | 7.200 0 | 0.110 2 | −0.069 2 | −0.139 1 |
| 3.300 0 | −0.047 8 | 0.284 8 | 0.306 7 | 7.300 0 | 0.116 5 | −0.056 1 | −0.139 6 |
| 3.400 0 | −0.075 2 | 0.262 2 | 0.306 6 | 7.400 0 | 0.121 4 | −0.042 9 | −0.138 8 |
| 3.500 0 | −0.100 2 | 0.238 9 | 0.305 0 | 7.500 0 | 0.125 1 | −0.029 5 | −0.136 9 |
| 3.600 0 | −0.122 9 | 0.215 0 | 0.302 1 | 7.600 0 | 0.127 4 | −0.016 3 | −0.133 8 |
| 3.700 0 | −0.143 2 | 0.190 5 | 0.297 7 | 7.700 0 | 0.128 3 | −0.003 3 | −0.129 6 |
| 3.800 0 | −0.161 0 | 0.165 8 | 0.291 9 | 7.800 0 | 0.128 0 | 0.009 5 | −0.124 4 |
| 3.900 0 | −0.176 4 | 0.140 9 | 0.284 7 | 7.900 0 | 0.126 4 | 0.021 8 | −0.118 2 |
| | | | | 8.000 0 | 0.123 7 | 0.033 6 | −0.111 1 |

6. 绘图:第一类 0、1、2 阶球贝塞尔函数(图 A5.2)

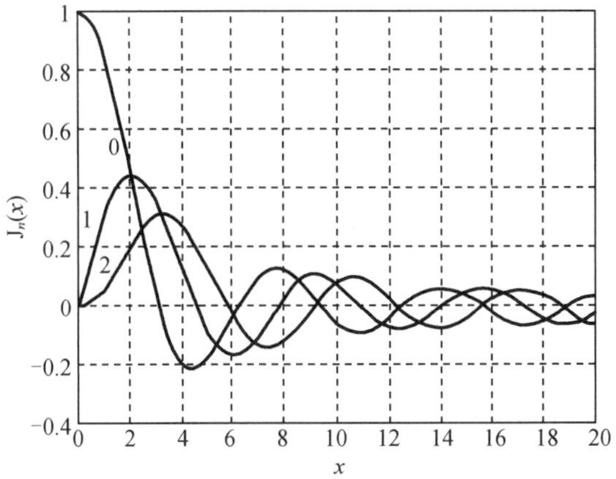


**图 A5.2　第一类 0、1、2 阶球贝塞尔函数**

7. 零点:第一类球贝塞尔函数,$j_m(\zeta_{mn})=0$(表 A5.5)

表 A5.5 第一类球贝塞尔函数,$j_m(\zeta_{mn})=0$

| m | n | | | | | |
|---|---|---|---|---|---|---|
| | 0 | 1 | 2 | 3 | 4 | 5 |
| 0 | — | 3.14 | 6.28 | 9.42 | 12.57 | 15.71 |
| 1 | 0 | 4.49 | 7.73 | 10.90 | 14.07 | 17.22 |
| 2 | 0 | 5.76 | 9.10 | 12.32 | 15.51 | 18.69 |
| 3 | 0 | 6.99 | 10.42 | 13.70 | 16.92 | 20.12 |
| 4 | 0 | 8.18 | 11.70 | 15.04 | 18.30 | 21.53 |
| 5 | 0 | 9.36 | 12.97 | 16.35 | 19.65 | 22.90 |

8. 极点:第一类球贝塞尔函数,$j_m'(\zeta_{mn}')=0$(表 A5.6)

表 A5.6 第一类球贝塞尔函数,$j_m'(\zeta_{mn}')=0$

| m | n | | | | |
|---|---|---|---|---|---|
| | 1 | 2 | 3 | 4 | 5 |
| 0 | 0 | 4.49 | 7.73 | 10.90 | 14.07 |
| 1 | 2.08 | 5.94 | 9.21 | 12.40 | 15.58 |
| 2 | 3.34 | 7.29 | 10.61 | 13.85 | 17.04 |
| 3 | 4.51 | 8.58 | 11.97 | 15.24 | 18.47 |
| 4 | 5.65 | 9.84 | 13.30 | 16.61 | 19.86 |
| 5 | 6.76 | 11.07 | 14.59 | 17.95 | 21.23 |

# A6 活塞的指向性和阻抗函数表

活塞的指向性和阻抗函数表见表 A6.1。

表 A6.1 活塞的指向性和阻抗函数表

| $x$ | 指向性函数($x=ka\sin\theta$) | | 阻抗函数($x=2ka$) | |
|---|---|---|---|---|
| | 声压 | 声强 | 辐射阻 | 辐射抗 |
| | $\frac{2J_1(x)}{x}$ | $\left(\frac{2J_1(x)}{x}\right)^2$ | $R_1(x)$ | $X_1(x)$ |
| 0.0 | 1.000 | 1.000 | 0.000 0 | 0.000 0 |
| 0.2 | 0.995 0 | 0.990 0 | 0.005 0 | 0.084 7 |
| 0.4 | 0.980 2 | 0.960 8 | 0.019 8 | 0.168 0 |

**表 A6.1**(续 1)

| $x$ | 指向性函数($x=ka\sin\theta$) | | 阻抗函数($x=2ka$) | |
|---|---|---|---|---|
| | 声压 | 声强 | 辐射阻 | 辐射抗 |
| | $\frac{2J_1(x)}{x}$ | $\left(\frac{2J_1(x)}{x}\right)^2$ | $R_1(x)$ | $X_1(x)$ |
| 0.6 | 0.955 7 | 0.913 4 | 0.044 3 | 0.248 6 |
| 0.8 | 0.922 1 | 0.850 3 | 0.077 9 | 0.325 3 |
| 1.0 | 0.880 1 | 0.774 6 | 0.119 9 | 0.396 9 |
| 1.2 | 0.830 5 | 0.689 7 | 0.169 5 | 0.462 4 |
| 1.4 | 0.774 3 | 0.599 5 | 0.225 7 | 0.520 7 |
| 1.6 | 0.712 4 | 0.507 5 | 0.287 6 | 0.571 3 |
| 1.8 | 0.646 1 | 0.417 4 | 0.353 9 | 0.613 4 |
| 2.0 | 0.576 7 | 0.332 6 | 0.423 3 | 0.646 8 |
| 2.2 | 0.505 4 | 0.255 4 | 0.494 6 | 0.671 1 |
| 2.4 | 0.433 5 | 0.187 9 | 0.566 5 | 0.686 2 |
| 2.6 | 0.362 2 | 0.132 6 | 0.637 8 | 0.692 5 |
| 2.8 | 0.292 7 | 0.085 7 | 0.707 3 | 0.690 3 |
| 3.0 | 0.226 0 | 0.051 1 | 0.774 0 | 0.680 0 |
| 3.2 | 0.163 3 | 0.026 7 | 0.836 7 | 0.662 3 |
| 3.4 | 0.105 4 | 0.011 1 | 0.894 6 | 0.638 1 |
| 3.6 | 0.053 0 | 0.002 8 | 0.947 0 | 0.608 1 |
| 3.8 | 0.006 8 | 0.000 05 | 0.993 2 | 0.573 3 |
| 4.0 | −0.033 0 | 0.001 1 | 1.033 0 | 0.534 9 |
| 4.5 | −0.102 7 | 0.010 4 | 1.102 7 | 0.429 3 |
| 5.0 | −0.131 0 | 0.017 2 | 1.131 0 | 0.323 2 |
| 5.5 | −0.124 2 | 0.015 4 | 1.124 2 | 0.229 9 |
| 6.0 | −0.092 2 | 0.008 5 | 1.092 2 | 0.159 4 |
| 6.5 | −0.047 3 | 0.002 2 | 1.047 3 | 0.115 9 |
| 7.0 | −0.001 3 | 0.000 0 | 1.001 3 | 0.098 9 |
| 7.5 | 0.036 1 | 0.001 3 | 0.963 9 | 0.103 6 |
| 8.0 | 0.058 7 | 0.003 4 | 0.941 3 | 0.121 9 |

表 A6.1(续 2)

| $x$ | 指向性函数($x=ka\sin\theta$) | | 阻抗函数($x=2ka$) | |
|---|---|---|---|---|
| | 声压 | 声强 | 辐射阻 | 辐射抗 |
| | $\frac{2J_1(x)}{x}$ | $\left(\frac{2J_1(x)}{x}\right)^2$ | $R_1(x)$ | $X_1(x)$ |
| 8.5 | 0.064 3 | 0.004 1 | 0.935 7 | 0.145 7 |
| 9.0 | 0.054 5 | 0.003 0 | 0.945 5 | 0.166 3 |
| 9.5 | 0.033 9 | 0.001 1 | 0.966 1 | 0.178 2 |
| 10.0 | 0.008 7 | 0.000 08 | 0.991 3 | 0.178 4 |
| 10.5 | -0.015 0 | 0.000 2 | 1.015 0 | 0.166 8 |
| 11.0 | -0.032 1 | 0.001 0 | 1.032 1 | 0.146 4 |
| 11.5 | -0.039 7 | 0.001 6 | 1.039 7 | 0.121 6 |
| 12.0 | -0.037 2 | 0.001 4 | 1.037 2 | 0.097 3 |
| 12.5 | -0.026 5 | 0.000 7 | 1.026 5 | 0.077 9 |
| 13.0 | -0.010 8 | 0.000 1 | 1.010 8 | 0.066 2 |
| 13.5 | 0.005 6 | 0.000 03 | 0.994 4 | 0.063 1 |
| 14.0 | 0.019 1 | 0.000 4 | 0.980 9 | 0.067 6 |
| 14.5 | 0.026 7 | 0.000 7 | 0.973 3 | 0.077 0 |
| 15.0 | 0.027 3 | 0.000 7 | 0.972 7 | 0.088 0 |
| 15.5 | 0.021 6 | 0.000 5 | 0.978 4 | 0.097 3 |
| 16.0 | 0.011 3 | 0.000 1 | 0.988 7 | 0.102 1 |

# A7 矢量运算符

在这些关系中,标量 $f$ 和 $g$、矢量 $\boldsymbol{A}$ 和 $\boldsymbol{B}$ 都是时间和空间的函数,$\boldsymbol{A}$ 的幅值是 $A$。

$$\nabla^2 f=\nabla\cdot(\nabla f)$$

$$\nabla^2\boldsymbol{A}=\nabla(\nabla\cdot\boldsymbol{A})-\nabla\times\nabla\times\boldsymbol{A}$$

$$\nabla\times(\nabla f)=0$$

$$\nabla\cdot(\nabla\times\boldsymbol{A})=0$$

$$\nabla(fg)=f\nabla g+g\nabla f$$

$$\nabla\cdot(f\boldsymbol{A})=f\nabla\cdot\boldsymbol{A}+\boldsymbol{A}\cdot\nabla f$$

$$\nabla\times(f\boldsymbol{A})=(\nabla f)\times\boldsymbol{A}+f(\nabla\times\boldsymbol{A})$$

$$\nabla(\boldsymbol{A}\cdot\boldsymbol{B})=(\boldsymbol{A}\cdot\nabla)\boldsymbol{B}+(\boldsymbol{B}\cdot\nabla)\boldsymbol{A}+\boldsymbol{A}\times(\nabla\times\boldsymbol{B})+\boldsymbol{B}\times(\nabla\times\boldsymbol{A})$$

$$\nabla\times(\boldsymbol{A}\times\boldsymbol{B})=\boldsymbol{A}(\nabla\cdot\boldsymbol{B})-\boldsymbol{B}(\nabla\cdot\boldsymbol{A})+(\boldsymbol{B}\cdot\nabla)\boldsymbol{A}-(\boldsymbol{A}\cdot\nabla)\boldsymbol{B}$$

$$(\boldsymbol{A}\cdot\nabla)\boldsymbol{A}=\frac{1}{2}\nabla(\boldsymbol{A}\cdot\boldsymbol{A})-\boldsymbol{A}\times\nabla\times\boldsymbol{A}$$

$$\boldsymbol{A}\cdot\frac{\mathrm{d}\boldsymbol{A}}{\mathrm{d}t}=A\frac{\mathrm{d}A}{\mathrm{d}t}$$

1. 直角坐标(图 A7.1)

$$\mathrm{d}V=\mathrm{d}x\mathrm{d}y\mathrm{d}z$$

$$\nabla f=\hat{\boldsymbol{x}}\frac{\partial f}{\partial x}+\hat{\boldsymbol{y}}\frac{\partial f}{\partial y}+\hat{\boldsymbol{z}}\frac{\partial f}{\partial z}$$

$$\nabla\cdot\boldsymbol{A}=\frac{\partial A_x}{\partial x}+\frac{\partial A_y}{\partial y}+\frac{\partial A_z}{\partial z}$$

$$\nabla^2 f=\frac{\partial^2 f}{\partial x^2}+\frac{\partial^2 f}{\partial y^2}+\frac{\partial^2 f}{\partial z^2}$$

$$\nabla\times\boldsymbol{A}=\hat{\boldsymbol{x}}\left(\frac{\partial A_y}{\partial z}-\frac{\partial A_z}{\partial y}\right)+\hat{\boldsymbol{y}}\left(\frac{\partial A_z}{\partial x}-\frac{\partial A_x}{\partial z}\right)+\hat{\boldsymbol{z}}\left(\frac{\partial A_x}{\partial y}-\frac{\partial A_y}{\partial x}\right)$$

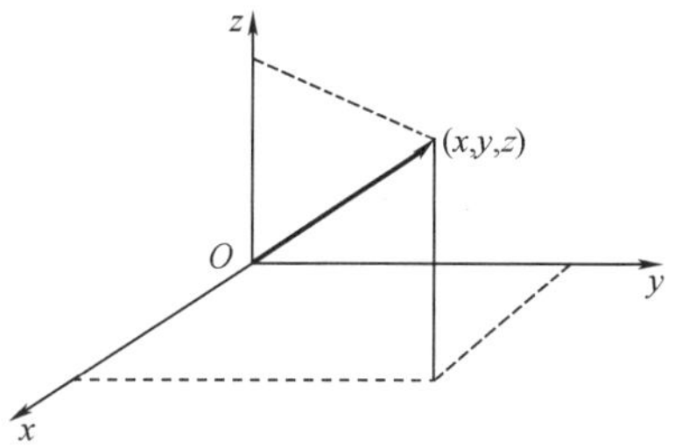


**图 A7.1　直角坐标**

2. 圆柱坐标(图 A7.2)

$$\mathrm{d}V=r\mathrm{d}r\mathrm{d}\theta\mathrm{d}z$$

$$\nabla f=\hat{r}\frac{\partial f}{\partial r}+\hat{\theta}\frac{1}{r}\frac{\partial f}{\partial\theta}+\hat{z}\frac{\partial f}{\partial z}$$

$$\nabla\cdot\boldsymbol{A}=\frac{1}{r}\frac{\partial}{\partial r}(rA_r)+\frac{1}{r}\frac{\partial}{\partial\theta}A_\theta+\frac{\partial}{\partial z}A_z$$

$$\nabla^2 f=\frac{1}{r}\frac{\partial}{\partial r}\left(r\frac{\partial f}{\partial r}\right)+\frac{1}{r^2}\frac{\partial^2 f}{\partial\theta^2}+\frac{\partial^2 f}{\partial z^2}$$

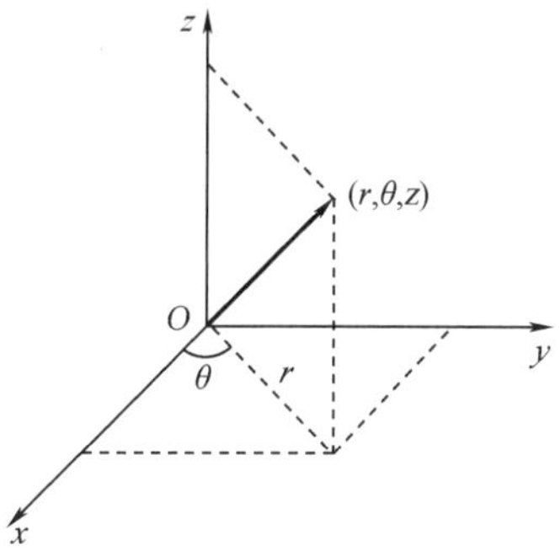


**图 A7.2　圆柱坐标**

3. 球坐标(图 A7.3)

$$dV = r^2 \sin\theta \, dr d\theta d\varphi$$

$$\nabla f = \hat{\boldsymbol{r}} \frac{\partial f}{\partial r} + \hat{\boldsymbol{\theta}} \frac{1}{r} \frac{\partial f}{\partial \theta} + \hat{\boldsymbol{\varphi}} \frac{1}{r\sin\theta} \frac{\partial f}{\partial \varphi}$$

$$\nabla \cdot \boldsymbol{A} = \frac{1}{r^2} \frac{\partial}{\partial r}(r^2 A_r) + \frac{1}{r\sin\theta} \frac{\partial}{\partial \theta}(A_\theta \sin\theta) + \frac{1}{r\sin\theta} \frac{\partial A_\varphi}{\partial \varphi}$$

$$\nabla^2 f = \frac{1}{r^2} \frac{\partial}{\partial r}\left(r^2 \frac{\partial f}{\partial r}\right) + \frac{1}{r^2 \sin\theta} \frac{\partial}{\partial \theta}\left(\sin\theta \frac{\partial f}{\partial \theta}\right) + \frac{1}{r^2 \sin^2\theta} \frac{\partial^2 f}{\partial \varphi^2}$$

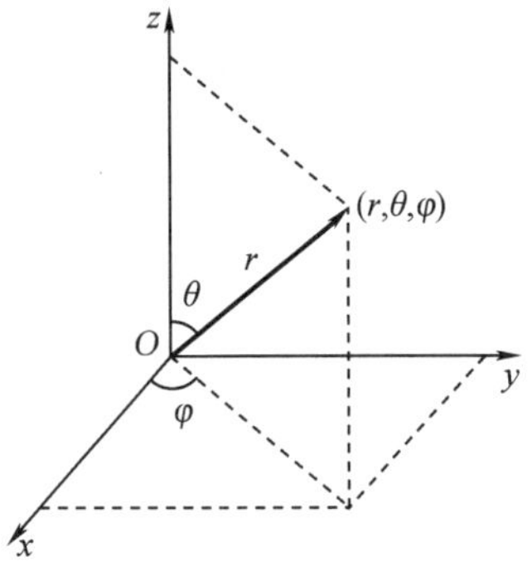


图 A7.3　球坐标

# A8　高斯定理和格林定理

1. 二维和三维坐标系下的高斯定理

高斯定理为输运定理的一种特殊情形。三维情况下为

$$\int_V \nabla \cdot \boldsymbol{F} dV = \int_S \boldsymbol{F} \cdot \hat{\boldsymbol{n}} dS$$

其中 $\hat{n}$ 为体积 $V$ 的表面 $S$ 的外法向单位矢量。用语言叙述即 $\boldsymbol{F}$ 通过表面 $S$ 向外的总通量等于封闭体积 $V$ 内散度 $\boldsymbol{F}$ 的总和。在电磁学中,它将封闭表面上静电场法向分量的积分与封闭表面内的总电荷之间联系起来。

一种特殊情况为其二维形式:

$$\int_S \nabla \cdot \boldsymbol{F} dS = \int_C \boldsymbol{F} \cdot \hat{\boldsymbol{n}} dl$$

其中$\hat{\boldsymbol{n}}$ 为二维坐标系中面 $S$ 边界线 $C$ 的法向矢量。

2. 格林定理

格林定理:

$$\int_V (U \nabla^2 V - V \nabla^2 U) dV = \int_S (U \nabla V - V \nabla U) \cdot \hat{\boldsymbol{n}} dS$$

是下面的矢量恒等式与高斯定理导出的结果:

$$\nabla \cdot (U \nabla V) = \nabla U \cdot \nabla V + U \nabla^2 V$$
$$\nabla \cdot (V \nabla U) = \nabla V \cdot \nabla U + V \nabla^2 U$$

为证明之，将上面恒等式相减并在 $S$ 所围体积 $V$ 内积分得

$$\int_V (U\nabla^2 V - V\nabla^2 U)\,\mathrm{d}V = \int_V \nabla\cdot(U\nabla V - V\nabla U)\,\mathrm{d}V$$

令 $\boldsymbol{F}=U\nabla V-V\nabla U$，对右端应用高斯定理，将$\nabla\cdot\boldsymbol{F}$ 的体积分转换成 $\boldsymbol{F}\cdot\hat{\boldsymbol{n}}$ 的面积分。

# A9　热力学与理想气体基础

1. 能量、功和热力学第一定律

为了符号表示简洁起见，将绝对温度 $T_K$ 写成省略下标的形式。热力学第一定律指出热量像功一样是能量的一种形式——热能。于是热力学系统内能的变化 $\mathrm{d}E$ 可以表示成提供给系统的热能 $\delta Q$ 与对系统所做的功 $\delta W=-\mathscr{P}\mathrm{d}V$ 之和

$$\mathrm{d}E=\delta Q+\delta W=\delta Q-\mathscr{P}\mathrm{d}V \tag{A9.1}$$

这是能量守恒的一种陈述，最初是基于经验观察提出的，其中的负号是因为 $\mathrm{d}V$ 为负时表示系统被压缩，因此必由于外界对其做功而吸收了能量。从某一初状态变到某一末状态时外界对系统所做的功 $\delta W$ 和传递给系统的热能 $\delta Q$ 依赖于过程的特性，且是依赖于路径的。例如，若系统由压力为 $\mathscr{P}_1$、体积为 $V_1$、温度为 $T_1$ 的状态 1 到压力为 $\mathscr{P}_2$、体积为 $V_2$、温度为 $T_2$ 的状态 2，尽管两种情况下最后的内能一定是相等的，但所需要的功和热能却根据系统先被压缩再被加热，或先被加热再被压缩而不同。内能是一个状态函数，它的值仅取决于系统的状态（$\mathscr{P},V,T$）而不管是怎样达到这种状态的。

令热力学系统质量为 $M$，其中 $M$ 是以克为单位的分子量。材料的量定义为 1 摩尔（mol）（若 $M$ 是以千克为单位的分子量，则材料的量定义为 1 千摩尔（kmol））。若传给 1 摩尔系统 $\Delta Q$ 的热能，系统的体积保持不变而温度升高了 $\Delta T$，则“等容热容”定义为

$$C_V=\lim_{\Delta T\to 0}\left(\frac{\Delta Q}{\Delta T}\right)_V \tag{A9.2}$$

单位为 J/(mol · K)。因为 $\Delta V=0$ 而且系统中没有做功，故过程中每一步都有 $\mathrm{d}E=\Delta Q$，由式(A9.1)得

$$\Delta E=C_V\Delta T\quad(\Delta V=0)$$

$$C_V=\lim_{\Delta T\to 0}\left(\frac{\Delta E}{\Delta T}\right)_V=\left(\frac{\partial E}{\partial T}\right)_V \tag{A9.3}$$

类似地，在保持压力不变条件下将 $\Delta Q$ 热量引入 1 mol 的系统，相应的温度变化 $\Delta T$ 与 $\Delta Q$ 之间由“等压热容”联系

$$C_{\mathscr{P}}=\lim_{\Delta T\to 0}\left(\frac{\Delta Q}{\Delta T}\right)_{\mathscr{P}} \tag{A9.4}$$

现在应用式(A9.1)得

$$\Delta E=C_{\mathscr{P}}\Delta T-\mathscr{P}\Delta V\quad(\Delta\mathscr{P}=0)$$

$$C_{\mathscr{P}}=\left(\frac{\partial E}{\partial T}\right)_{\mathscr{P}}+\mathscr{P}\left(\frac{\partial V}{\partial T}\right)_{\mathscr{P}} \tag{A9.5}$$

对 1 mol 单一物质的系统，状态方程将压力、体积和温度之间联系起来，因此内能只是其中两个变量的函数。于是可以将能量视为 $T$ 和 $V$ 的函数，则

$$\Delta E=\left(\frac{\partial E}{\partial T}\right)_V\Delta T+\left(\frac{\partial E}{\partial V}\right)_T\Delta V \tag{A9.6}$$

如果某个过程改变系统的温度但保持压力不变,则可以写成

$$\left(\frac{\partial E}{\partial T}\right)_{\mathscr{P}}=\left(\frac{\partial E}{\partial T}\right)_{V}+\left(\frac{\partial E}{\partial V}\right)_{T}\left(\frac{\partial V}{\partial T}\right)_{\mathscr{P}} \tag{A9.7}$$

由式(A9.3)、式(A9.5)和式(A9.7)得 $C_V$ 与 $C_{\mathscr{P}}$ 之间的联系为

$$C_{\mathscr{P}}-C_V=\mathscr{P}\left(\frac{\partial V}{\partial T}\right)_{\mathscr{P}}+\left(\frac{\partial E}{\partial V}\right)_{T}\left(\frac{\partial V}{\partial T}\right)_{\mathscr{P}} \tag{A9.8}$$

将此关系用于理想气体时可得到一种简单的结果。

2. 焓、熵及热力学第二定律

声和流体流动涉及的另外两个重要的热力学量是焓 $H$ 与熵 $S$(另外还有两个我们这里的讨论用不到的是吉布斯函数 $G=H-TS$ 和亥姆霍兹函数 $A=E-TS$)。焓定义为

$$H=E+\mathscr{P}V \tag{A9.9}$$

由于 $E$ 为状态函数,乘积 $\mathscr{P}V$ 只是系统状态的函数,因此焓也是状态函数。对 $H$ 求微分并利用热力学第一定律得 $\mathrm{d}H=\delta Q+V\mathrm{d}\mathscr{P}$。对于等压过程,过程中每一步都有 $\mathrm{d}\mathscr{P}=0$,于是每一步都有 $\mathrm{d}H=\delta Q$,从而得 $\Delta H=\Delta Q$。则式(A9.4)给出

$$C_{\mathscr{P}}=\lim_{\Delta T\to 0}\left(\frac{\Delta Q}{\Delta T}\right)_{\mathscr{P}}=\left(\frac{\partial H}{\partial T}\right)_{\mathscr{P}} \tag{A9.10}$$

系统由初状态向末状态的过渡可以以一种不可以撤销的方式进行,即不可逆过程。这类过程的例子如气体的自由扩散、核爆炸以及一种气体向另一种气体中的扩散。反之,如果处于平衡的系统受到的作用非常缓慢以至于当它从初状态向末状态过渡时几乎是处于平衡的,则这个过程是可逆的,理想的绝热容器内气体的压缩是可逆过程的一个例子。可逆过程可以用熵 $S$ 描述。如果 $\delta Q_{\text{rev}}$ 是在温度为 $T$ 的无穷小可逆过程中系统吸收的热能,则熵的变化定义为

$$\mathrm{d}S=\frac{\delta Q_{\text{rev}}}{T} \tag{A9.11}$$

同样也是基于经验观察提出的热力学第二定律指出,任何热机都必须在两个不同温度的热源之间工作。这等价于宣称系统的熵是状态函数。那么假如一个状态 1 的系统经过不管什么过程结束于状态 2,计算熵的变化时可以忽略实际的过程而找到一个能完成相同状态变化的可逆过程。(例如先在恒定的 $T_1$ 下,体积可逆地由 $V_1$ 变为 $V_2$,再在恒定的 $V_2$ 下,温度可逆地由 $T_1$ 变为 $T_2$。)熵和内能之间的联系为

$$\mathrm{d}E=T\mathrm{d}S-\mathscr{P}\mathrm{d}V \tag{A9.12}$$

3. 理想气体

理想气体可以看作无穷小刚性粒子的集合,这些粒子只在碰撞时才能相互施加作用力(例如,一组完全弹性、快速移动的台球),粒子之间没有作用力意味着没有势能,则系统的内能只是所有粒子的动能之和。应用“气体动能原理”可以得到两个重要结论。

(1)气体能量只是温度的函数,这直接导致

$$\left(\frac{\partial E}{\partial V}\right)_{T}=0 \tag{A9.13}$$

则式(A9.8)变成

$$C_{\mathscr{P}}-C_V=\mathscr{P}\left(\frac{\partial V}{\partial T}\right)_{\mathscr{P}} \tag{A9.14}$$

(2)1 mol 理想气体的压力、体积和温度之间由下面的状态方程联系

$$\mathscr{P}V=\mathscr{R}T \tag{A9.15}$$

其中 $\mathscr{R}$ 为普适气体常数

$$\mathscr{R}=8.3145\ \mathrm{J/(mol\cdot K)} \tag{A9.16}$$

如果有 $n$ mol,则 $\mathscr{P}V=n\mathscr{R}T$。利用密度 $\rho$ 有 $\rho V=M$,于是

$$\mathscr{P}=\rho rT$$

$$r=\mathscr{R}/M \tag{A9.17}$$

其中 $r$ 为方程所涉及气体的气体常数。

现在关于理想气体的热力学行为可以得出两个重要结论。

1. 因为 $E$ 只是 $T$ 的函数,热容之间有式(A9.14)的关系,利用式(A9.15)的状态方程得

$$\left(\frac{\partial V}{\partial T}\right)_{\mathscr{P}}=\left(\frac{\partial}{\partial T}\frac{\mathscr{R}T}{\mathscr{P}}\right)_{\mathscr{P}}=\frac{\mathscr{R}}{\mathscr{P}} \tag{A9.18}$$

于是

$$C_{\mathscr{P}}-C_V=\mathscr{R} \tag{A9.19}$$

(2) 绝热过程不获得也不损失热能,即 $\Delta Q=0$,于是有

$$\Delta E=-\mathscr{P}\Delta V \tag{A9.20}$$

现在由式(A9.6)、式(A9.13)和式(A9.3)得 $\Delta E=(\partial E/\partial T)_V\Delta T=C_V\Delta T$,于是对于理想气体 $-\mathscr{P}\Delta V=C_V\Delta T$。利用式(A9.15)得

$$-\mathscr{R}\Delta V/V=C_V\Delta T/T \tag{A9.21}$$

两端积分得 $-\mathscr{R}\ln(V/V_0)=C_V\ln(T/T_0)$ 或

$$(V_0/V)^{\mathscr{R}}=(T/T_0)^{C_V} \tag{A9.22}$$

利用式(A9.15)得绝热过程为

$$\mathscr{P}/\mathscr{P}_0=(\rho/\rho_0)^{\gamma}$$

$$\gamma=C_{\mathscr{P}}/C_V \tag{A9.23}$$

其中 $\gamma$ 定义为热容比。

对处于状态 1 和状态 2 之间、热容为常数的理想气体,利用 $\Delta E=C_V\Delta T$ 以及式(A9.15)得到 $\delta Q_{\mathrm{rev}}=C_{\mathscr{P}}\mathrm{d}T-V\mathrm{d}\mathscr{P}$。将其除以温度得到熵,再利用式(A9.15)消去 $V$,然后对温度和压力在两个状态之间积分得

$$S_2-S_1=C_V\left[\ln\left(\frac{\mathscr{P}_2}{\mathscr{P}_1}\right)+\gamma\ln\left(\frac{V_2}{V_1}\right)\right] \tag{A9.24}$$

# A10 物质的物理性质列表

## 1. 固体

| 固体 | 密度($\rho_0$)/($kg/m^3$) | 杨氏模量($\gamma$)/Pa | 剪切模量($\mathscr{G}$)/Pa | 绝热体积模量($\mathscr{B}$)/Pa | 泊松比$\sigma$ | 速度($c$)/(m/s) | | 特性阻抗($\rho_0 c$)/(Pa·s/m) | |
|---|---|---|---|---|---|---|---|---|---|
| | | | | | | 棒 | 体 | 棒 | 体 |
| | | $\times 10^{10}$ | $\times 10^{10}$ | $\times 10^{10}$ | | | | $\times 10^{6}$ | $\times 10^{6}$ |
| 铝 | 2 700 | 7.10 | 2.40 | 7.50 | 0.33 | 5 150.00 | 6 300.00 | 13.90 | 17.00 |
| 黄铜 | 8 500 | 10.40 | 3.80 | 13.60 | 0.37 | 3 500.00 | 4 700.00 | 29.80 | 40.00 |
| 铜 | 8 900 | 12.20 | 4.40 | 16.00 | 0.35 | 3 700.00 | 5 000.00 | 33.00 | 44.50 |
| 铁(铸铁) | 7 700 | 10.50 | 4.40 | 8.60 | 0.28 | 3 700.00 | 4 350.00 | 28.50 | 33.50 |
| 铅 | 11 300 | 1.65 | 0.55 | 4.20 | 0.44 | 1 200.00 | 2 050.00 | 13.60 | 23.20 |
| 镍 | 8 800 | 21.00 | 8.00 | 19.00 | 0.31 | 4 900.00 | 5 850.00 | 43.00 | 51.50 |
| 银 | 10 500 | 7.80 | 2.80 | 10.50 | 0.37 | 2 700.00 | 3 700.00 | 28.40 | 39.00 |
| 钢 | 7 700 | 19.50 | 8.30 | 17.00 | 0.28 | 5 050.00 | 6 100.00 | 39.00 | 47.00 |
| 玻璃(耐高温) | 2 300 | 6.20 | 2.50 | 3.90 | 0.24 | 5 200.00 | 5 600.00 | 12.00 | 12.90 |
| 石英(X切割) | 2650 | 7.90 | 3.90 | 3.30 | 0.33 | 5 450.00 | 5 750.00 | 14.50 | 15.30 |
| 有机玻璃 | 1 200 | 0.40 | 0.14 | 0.65 | 0.40 | 1 800.00 | 2 650.00 | 2.15 | 3.20 |
| 混凝土 | 2 600 | — | — | — | — | — | 3 100.00 | — | 8.00 |
| 冰 | 920 | — | — | — | — | — | 3 200.00 | — | 2.95 |
| 软木 | 240 | — | — | — | — | — | 500.00 | — | 0.12 |
| 橡木 | 720 | — | — | — | — | — | 4 000.00 | — | 2.90 |
| 松木 | 450 | — | — | — | — | — | 3 500.00 | — | 1.57 |
| 橡胶(硬) | 1 100 | 0.23 | 0.10 | 0.50 | 0.40 | 1 450.00 | 2 400.00 | 1.60 | 2.64 |
| 橡胶(软) | 950 | 0.000 5 | — | 0.10 | 0.50 | 70.00 | 1 050.00 | 0.07 | 1.00 |
| 橡胶(透声) | 1 000 | — | — | 0.24 | — | — | 1 550.00 | — | 1.55 |

2. 液体

| 液体 | 温度($T$)/℃ | 密度($\rho_0$)/(kg/m$^3$) | 等温体积模量($\mathscr{B}_T$)/(Pa) | 热容比($\gamma$) | 速度($c$)/(m/s) | 特性阻抗$\rho_0 c$/(Pa·s/m) | 剪切黏滞系数($\eta$)/(Pa·s) | 等压比热容($c_{\mathscr{P}}$)/[J/(kg·K)] | 热导率($\kappa$)/[W/(m·K)] | 普朗特数($Pr$) |
|---|---|---|---|---|---|---|---|---|---|---|
| | | | $\times 10^9$ | | | $\times 10^6$ | $\times 10^{-3}$ | $\times 10^3$ | | |
| 淡水 | 20 | 998 | 2.18 | 1.004 | 1481 | 1.48 | 1.00 | 4.19 | 0.603 | 6.95 |
| 海水 | 13 | 1 026 | 2.28 | 1.01 | 1 500 | 1.54 | 1.07 | | | |
| 酒精(乙基) | 20 | 790 | — | — | 1 150 | 0.91 | 1.20 | | | |
| 蓖麻油 | 20 | 950 | — | — | 1 540 | 1.45 | 960 | | | |
| 汞 | 20 | 13 600 | 25.3 | 1.13 | 1 450 | 19.7 | 1.56 | 0.14 | 8.21 | 0.026 6 |
| 松节油 | 20 | 870 | 1.07 | 1.27 | 1 250 | 1.11 | 1.50 | | | |
| 甘油 | 20 | 1 260 | — | — | 1 980 | 2.5 | 1 490 | | | |
| 液体海底 | | | | | | | | | | |
| 红黏土 | | 1 340 | — | — | 1 460 | 1.96 | | | | |
| 钙质软泥 | | 1 570 | — | — | 1 470 | 2.31 | | | | |
| 粗粉砂 | | 1 790 | — | — | 1 540 | 2.76 | | | | |
| 石英砂 | | 2 070 | — | — | 1 730 | 3.58 | | | | |

(c)气体

| 气体(在 1 atm) | 温度($T$)/℃ | 密度($\rho_0$)/(kg/m$^3$) | 热容比($\gamma$) | 速度($c$)(m/s) | 特性阻抗($\rho_0 c$)/(Pa·s/m) | 剪切黏滞系数($\eta$)/(Pa·s) | 等压比热容($c_{\mathscr{P}}$)/[J/(kg·K)] | 热导率($\kappa$)/[W/(m·K)] | 普朗特数($Pr$) |
|---|---|---|---|---|---|---|---|---|---|
| | | | | | | $\times 10^{-5}$ | $\times 10^3$ | | |
| 空气 | 0 | 1.293 | 1.402 | 331.5 | 429 | 1.72 | | | |
| 空气 | 20 | 1.21 | 1.402 | 343 | 415 | 1.85 | 1.01 | 0.026 3 | 0.710 |
| 氧气 | 0 | 1.43 | 1.40 | 317.2 | 453 | 2.00 | 0.912 | 0.024 5 | 0.744 |
| 二氧化碳($f \ll f_M$) | 0 | 1.98 | 1.304 | 258 | 512 | 1.45 | 0.836 | 0.014 5 | 0.836 |
| 二氧化碳$f \gg f_M$) | 0 | 1.98 | 1.40 | 268.6 | 532 | | | | |
| 氢气 | 0 | 0.090 | 1.41 | 1 269.5 | 114 | 0.88 | 14.18 | 0.168 | 0.743 |
| 水蒸气 | 100 | 0.6 | 1.324 | 404.8 | 242 | 1.3 | | | |

# A11 弹性和黏性

1. 固体

当外力作用于一个物体时使物体发生形变,直至所产生的内力与外力达到平衡,此时物体呈现出一种新的形状。单位面积上施加的外力为"应力",物体尺度的相对变化为"应变"。对于各向同性固体的小应变,可以做两个关键假设:①应力与应变之间服从线性关系(胡克定律);②每个应力单独引起应变,结果线性叠加。各种应力-应变关系都可以用杨氏模量 $Y$ 和泊松比 $\sigma$ 表示。(详细推导见 Feynman, Leighton and Sands, The Feynman Lectures on Physics, Vol. 2, Chap. 38, Addison-Wesley (1965).)

(1)细棒的纵向压缩

在纵向压缩或伸张下,细棒的应力-应变关系见 3.3 节。当压力 $f$ 作用于长为 $l$、横截面积为 $S$ 的细棒两端时,棒的长度将有一个小的缩短量 $\Delta l$。应变 $\Delta l/l$ 正比于所施加的应力 $f/S$,为

$$f/S=-Y\Delta l/l \tag{A11.1}$$

其中的比例常数 $Y$ 为杨氏模量(负号与正压力引起体积减小一致)。

(2)泊松比

细棒长度的变化伴随着横向尺度的变化。如果所有的横向尺度均用 $r$ 表示,则对长度变化 $\Delta l$ 的反应是横向尺度成比例的变化,即

$$\Delta r/r=-\sigma\Delta l/l \tag{A11.2}$$

其中的比例常数 $\sigma$ 为泊松比。

(3)均匀体积压缩

第 5 章推导了均匀体积压缩并给出了应力-应变关系式(5.2.6)$\rho\approx\mathscr{B}s$,则有

$$p=-\mathscr{B}\Delta V/V \tag{A11.3}$$

其中 $s=\Delta\rho/\rho=-\Delta V/V$,$\mathscr{B}$ 为绝热体积模量。可以容易地得到 $\mathscr{B}$、$Y$ 和 $\sigma$ 之间的联系。给长为 $l$、宽为 $w$、厚为 $t$ 的一块材料依次施加均匀压力。如果 $p=f/S$ 施加在 $l$ 的两个端面上,则长度的相对变化由式(A11.1)给出。如果相同的压应力施加在 $w$ 的两个端面上,则 $l$ 的缩短量将恢复一部分,$\Delta l$ 变成初始值的 $1-\sigma$ 倍。当最终的应力施加在 $t$ 的两个端面上,长度将再恢复一部分,$\Delta l$ 变成初始值的$(1-2\sigma)$倍,于是 $l$ 的总变化量 $\Delta l$ 为

$$\Delta l/l=-(1-2\sigma)f/YS \tag{A11.4}$$

由于两个横向尺度的压缩使长度的压缩量有了一个线性的减小量,因为对称性,$\Delta w$ 和 $\Delta t$ 也同样。则体积的相对变化量是三个方向尺度相对变化量之和,有

$$\Delta V/V=\Delta l/l+\Delta w/w+\Delta t/t=-3(1-2\sigma)p/Y \tag{A11.5}$$

其中用 $p$ 代替了 $f/S$。式(A11.3)与式(A11.5)直接对比得

$$\mathscr{B}=Y/3(1-2\sigma) \tag{A11.6}$$

(4)剪切

如果在高 $h$ 的立方体面积为 $S$ 的上下表面施加一对反对称的力 $f$,立方体的变形如图 A11.1 所示。将上表面相对于下表面的位移除以高度得到应变。小应变可以用变形角 $\theta$ 很好地近似。应力为 $f/S$,应力正比于应变

$$f/S=\mathscr{G}\theta \tag{A11.7}$$

其中,$\mathscr{G}$为刚度模量(modulus of rigidity)或剪切模量(shear modulus)。这与式(3.13.2)相同,其中 $\theta=r(\mathrm{d}\varphi/\mathrm{d}x)$,$S=\mathrm{d}w\mathrm{d}r$。由于单元没有旋转,故力矩和为零。这里引入具有相同幅值$f$的力。直接施加的这些力和引起的四个力的矢量组合证明它们等价于沿对角线 $L$ 作用的一对压力以及一对沿另一对角线作用的一对拉力。几何关系表明这些压应力和拉应力与剪应力具有相同的幅值。像以前一样,每一条对角线的长度变化为沿对角线直接作用的压力引起的应变与垂直于对角线方向的横向拉力引起的应变之和。这两种效应是相互加强的,于是对于被压缩的对角线有

$$\Delta L/L=-(1+\sigma)f/YS \tag{A11.8}$$

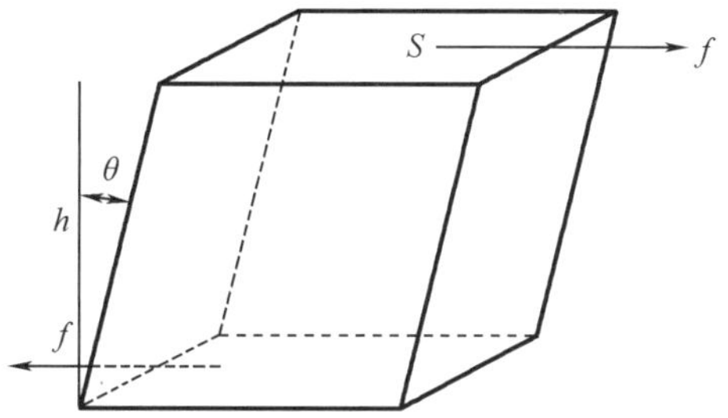


**图 A11.1　在立方体上下表面施加一对反对称的力,立方体的变形情况示意图**

经过简单的几何运算可得 $\Delta L/L=\theta/2$,于是

$$\theta=-2(1+\sigma)f/YS \tag{A11.9}$$

将式(A11.7)与式(A11.9)对比,得

$$\mathscr{G}=Y/2(1+\sigma) \tag{A11.10}$$

(5)纵向体积压缩

若压应力作用在棒两端,棒的横向尺寸受到限制因而是固定的,则棒不能通过横截面积的增大来释放部分应力。在这种限制下,要达到相同的纵向应变需要更大的应力。结果是应力与应变之间的常数更大。可以将这种体积压缩的情形进行推广来考虑分别在三个方向上的一对压力的不同值。假设材料单元是边长等于 $h$ 的正方体,则这种推广就很简单。在 $x$ 方向用一对力 $f_x$ 压缩立方体,同时要求在 $y$ 和 $z$ 方向没有膨胀或收缩。由于对称性,在 $y$ 和 $z$ 方向限制横向伸缩的力一定是相等的,记为 $f_T$。在 $x$ 方向必有

$$\Delta h/h=-(f_x-2\sigma f_T)/YS \tag{A11.11}$$

由每个方向上没有长度变化得

$$0=-[f_T-\sigma(f_T+f_x)]/YS \tag{A11.12}$$

由此方程解出 $f_T/S$ 代入式(A11.11)得到对于纵向体积压缩施加的应力与导致的应变之间的关系为

$$\Delta h/h=-[(1+\sigma)(1-2\sigma)/(1-\sigma)]f_x/YS \tag{A11.13}$$

也可以利用绝热体积模量 $\mathscr{B}$ 和刚度模量 $\mathscr{G}$ 表示成更简单的形式。由式(A11.6)和式(A11.10)得

$$f_x/S=\left(\mathscr{B}+\frac{4}{3}\mathscr{G}\right)\Delta h/h \tag{A11.14}$$

2. 流体

流体分子具有足够的动能从当前最临近的分子迁移到其他分子。这种流动性表现为

可以产生宏观效应的额外力。

(1)剪切黏滞性

若流体处于非均匀的宏观运动状态(声传播,层流或湍流等),则由于流体分子从一个流体单元向另一个流体单元的迁移而在相邻流体单元之间存在着动量扩散。这种动量扩散产生内力,减小相对单元之间的相对运动,使流体回到均匀运动状态或静止状态。流体有剪切运动或纵向相对运动,或两者都有时会发生这种动量扩散。剪切黏滞性是由集合能量(声能)向随机能量(热能)转换的一种重要机制。若流体受到剪应力 $\tau$,它就会产生伴随的剪切运动。相邻流体层之间的动量扩散导致局部稳态速度,即摩擦力与剪切力平衡时的变形率。在简单剪切情况下,如两个无限大平行板之间的流动,流体速度正比于应力。如平行板在 $y$ 和 $z$ 方向延伸,其中一块板沿 $y$ 方向均匀移动,则剪应力 $\tau$ 和流体速度 $u$ 沿 $y$ 方向,应力幅值正比于 $\partial u/\partial x$,$u$ 相对 $x$ 方向的空间变化为

$$\tau=\eta\frac{\partial u}{\partial x} \tag{A11.15}$$

其中比例系数 $\eta$ 为剪切黏滞系数(Pa·s)。

对于更复杂的运动,要得到由于剪切黏滞性而导致的力以及运动之间的关系并非易事。推导出具有黏滞剪切性的物体内应力与应变率张量之间的关系再计算单位质量的体积内力得

$$\boldsymbol{F}_S(\boldsymbol{r},t)=\frac{4}{3}\eta\,\nabla(\nabla\cdot\boldsymbol{u})-\eta\,\nabla\times\nabla\times\boldsymbol{u} \tag{A11.16}$$

作为5.14节非齐次波动方程的贡献项。感兴趣的读者可以参考由 Temkin 所著、Wiley 出版社 1981 年出版的 Elements of Acoustics。

(2)体积黏滞性

对于静止流体,体积模量 $\mathscr{B}$ 的定义与固体完全相同。这个模量表示流体的纯压缩(弹性)性质。相邻流体单元之间的动量传输产生的摩擦效应用剪切黏滞性描述。除此以外,还有不同于动量扩散的其他机理也可以导致某些流体中的损耗。①在新的热力学条件下(对于压缩来说是更高的压力和温度)一些分子群可能适应最近邻的不同构型,这需要时间,则(对应于确定的压力变化)平衡体积滞后于瞬时体积。这虽然源于完全不同的机理,却也同样导致向平衡状态的调整,跟剪切黏滞性一样需要一个有限的持续时间。②变化着的条件可能导致化合物的电离和非电离浓度之间平衡的变化(如海水中的硫酸镁)。尤其是由于电离和非电离化合物与相邻的电离和非电离水络合物的缔合和解离,这可能导致与上述类似的弛豫效应。这些提供了依赖于流体单元瞬时热力学状态过程的例子,这些过程需要一些时间来适应新的条件。实际上,所有这些都像结构变化一样,需要一段有限的时间,在此期间流体试图找到一个新的平衡体积以响应外部刺激。这些调整像动量扩散一样表现为类似于摩擦的内力,但只取决于外部产生的局部密度的时间变化。由线性化的连续性方程,它们只是流体单元应变率 $\nabla\cdot\boldsymbol{u}$ 的函数,与流动无关。由于流体单元上的力产生于压力梯度,因此也产生于密度梯度,故可以将其作为单位体积的力合理地引入欧拉方程(见5.14节):

$$\boldsymbol{F}_B(\boldsymbol{r},t)=\eta_B\,\nabla(\nabla\cdot\boldsymbol{u}) \tag{A11.17}$$

其中 $\eta_B$ 为体积黏滞系数(也称为体黏滞系数扩张黏滞系数等)。

# A12 希腊字母

| | | | | | | | | | |
|---|---|---|---|---|---|---|---|---|---|
| *A* | **A** | *α* | **α** | alpha | *N* | **N** | *ν* | **ν** | nu |
| B | **B** | *β* | **β** | beta | Ξ | **Ξ** | ξ | ***ξ*** | xi |
| Γ | **Γ** | *γ* | **γ** | gamma | *O* | **O** | *o* | ***o*** | omicron |
| *Δ* | **Δ** | *δ* | **δ** | delta | *Π* | **Π** | π | **π** | pi |
| E | **E** | *ε* | **ε** | epsilon | *P* | ***P*** | *ρ* | **ρ** | rho |
| Z | **Z** | *ζ* | **ζ** | zeta | *Σ* | **Σ** | *σ* | ***σ*** | sigma |
| *H* | **H** | *η* | **η** | eta | *T* | **T** | *τ* | **τ** | tau |
| Θ | **Θ** | *θ* | **θ** | theta | *Υ* | **Υ** | *υ* | **υ** | upsilon |
| I | **I** | *ι* | **ι** | iota | *Φ* | **Φ** | *φ* | **φ** | phi |
| K | **K** | *κ* | **κ** | kappa | *X* | **X** | *χ* | **χ** | chi |
| Λ | **Λ** | *λ* | **λ** | lambda | *Ψ* | **Ψ** | *ψ* | **ψ** | psi |
| M | **M** | *μ* | **μ** | mu | *Ω* | **Ω** | *ω* | **ω** | omega |

# 部分习题答案

1.2.1. (a) $(1/2\pi)\sqrt{2s/M}$; (b) $(1/2\pi)\sqrt{s/2M}$; (c) $(1/2\pi)\sqrt{s/2M}$; (d) $(1/2\pi)\sqrt{2s/M}$

1.3.1. $x(t)=-(U/\omega_0)\sin(\omega_0 t)$

1.5.3. (a) $AB\cos(2\omega t+\theta+\varphi)$; (b) $(A/B)\cos(\theta-\varphi)$; (c) $AB\cos(\omega t+\theta)\cos(\omega t+\varphi)$;
(d) $2\omega t+\theta+\varphi$; (e) $\theta-\varphi$

1.6.1. $R_{\mathrm{m}}=1.0\ \mathrm{kg/s}$, $\omega_{\mathrm{d}}=9.85\ \mathrm{rad/s}$, $A=0.040\,2\ \mathrm{m}$, $\varphi=-5.8°$

1.6.5. 1.005, −5.74°; 1.021, −11.5°; 1.048, −17.5°

1.7.1. (a) $-(\omega F/Z_m)\sin(\omega t-\varphi)$; (b) $\omega_0/(1-R_m^2/2\omega_0^2 m^2)^{1/2}$

1.7.3. $\omega^2 mL/Z_m$，其中 $Z_m^2=R_m^2+[\omega(M+m)-s/\omega]^2$

1.10.5. $\frac{1}{2}f_0(\partial\Theta/\partial f)_{f_0}$

1.12.1. (a) $x=F(1/s-1/m\omega^2)\sin\omega t$

1.12.3. (b) $[s(1/m+1/M)]^{1/2}$; (c) 不变

1.15.1. $\mathbf{U}(t)=(F/Z_m)\exp(\mathrm{j}\omega t)$

1.15.7. $(gm/s)\cos(\sqrt{s/m}\,t)$

1.15.9. (c) $\Delta\omega\Delta t=4\pi$

1.15.11. (b) $\frac{1}{2}[\delta(w-\omega)+\delta(w+\omega)]$, $\frac{1}{2}\mathrm{j}[\delta(w-\omega)-\delta(w+\omega)]$

2.3.1. (a) $\partial^2 y/\partial t^2=[T/\rho_L(x)]\partial^2 y/\partial x^2$; (b) $\partial^2 y/\partial t^2=g(\partial/\partial x)(x\partial y/\partial x)$

2.8.1. (a) 4.0 cm, 1.5 cm/s, 0.48 Hz, 3.1 cm, 2 $\mathrm{cm}^{-1}$; (b) 0

2.8.3. $0.083\,5A$

2.9.1. $\rho_{\mathrm{L}}c(1-\mathrm{j}\cot kL)$

2.9.3. (a) $-\mathrm{j}2\rho_{\mathrm{L}}c\cot\left(\frac{1}{2}kL\right)$; (c) $(F/2kT)\sin\left(\frac{1}{4}kL\right)/\cos\left(\frac{1}{2}kL\right)$

2.9.5. (a) $\frac{1}{2}nc/L$; (b) $\frac{1}{2}nc/L$; (c) $\frac{1}{2}\left(n-\frac{1}{2}\right)c/L$; (d) 否

2.9.7. $\left[\left(n-\frac{1}{2}\right)/2L\right]\sqrt{T/\rho_{\mathrm{L}}}$

2.9.9C. (a) 0.65π, 1.57π, 2.54π; (b) $\left(n-\frac{1}{2}\right)\pi$

2.9.11. (a) $\tan kL=-\pi(m/m_l)$, $m_l=\rho_{\mathrm{L}}\lambda/2$; (b) $m_l>\pi m$; (c) $m\ll m_l/\pi$, $m\gg m_l/\pi$

2.10.1. $A_n=[9h/(n\pi)^2\sin(n\pi/3)=0.79h, 0.198h, 0, -0.049h$

2.11.1. 0.65π, 1.57π, 2.54π, …

2. 11. 3. 是

2. 11. 5C. (a)0. 27π, 1. 09π, 2. 05π; (b)$n\pi$; (c)不一致

2. 11. 7C. (c)10 s

2. 11. 9. (d)$\beta/\omega=\alpha/k$,条件 $O(\alpha/k)^2$; (e)相等,条件 $O(\alpha/k)^3$

3. 4. 1. (b)2525 Hz; (d)$A_1=2.1\times10^{-4}$, $A_3=-2.3\times10^{-5}$, $A_5=8.3\times10^{-6}$ m

3. 5. 1. (a)6. 8 kHz; (b)0. 185 m; (c)1. 91; (d)15. 9 kHz

3. 5. 3. (a)不; (b)不

3. 6. 1. 0. 35$M$

3. 6. 3. $Z_{m0}=-Z_{m0}$

3. 6. 5. (a)$\tan kL=-(mkL/\rho_L-sL/SYkL)/(1+msL/\rho_L SY)$; (b)456 Hz; (c)杆上没有节点

3. 7. 3. (a)$A=[F/YSk\sin kL]\cos k(L-x)$; (b)$Z_{m0}=\mathrm{j}\rho_0 cS\tan kL$; (c)$Z_{m0}=\rho_0 cS$

3. 7. 5. (a)$(n/2)(c/L)$; (b)相等

3. 8. 1. $a/2$

3. 10. 1. (b)$f_n=n^2\pi kc/L^2=20.2, 80.9, 182, \cdots$ Hz; 1, 4, 9, …谐波

3. 11. 1. $\dfrac{1}{2}$

3. 11. 5. (a)14. 4 Hz; (b)$A=0.025\,0$ m, $B=-0.018\,3$ m, $g=1.876$ m$^{-1}$

3. 12. 1. (a)179 Hz; (b)0. 033 m

3. 13. 1. (a)148 N · m; (b)2 980 m/s; (c)1 490 Hz

4. 3. 1. (a)0. 406$A$; (b)$0.5=\sin(\pi x/a)\sin(\pi z/a)$; (c)不

4. 3. 3. (a)$(\mathscr{T}/\rho_S)^{1/2}\sqrt{5}/4L$;

(b)$f_{nm}=(\mathscr{T}/\rho_S)^{1/2}[(2n-1)^2+4m^2]^{1/2}/4L$,

$$n=1,2,\ldots,m=1,2,3,\ldots,y_{nm}=A_{nm}\sin\left[\left(n-\frac{1}{2}\right)\pi x/L\right]\sin(m\pi z/L)\exp(\mathrm{j}\omega t)$$

4. 4. 3. (a)10. 4 kHz; (b)13. 8 kHz

4. 5. 1. (a)5. 42 kHz; (b)$1.36\times10^{-2}$ cm$^3$

4. 5. 3. (a)11. 1 kHz; (b)$5.55\times10^{-3}$, $1.28\times10^{-2}$ m; (c)$6.24\times10^{-6}$ m

4. 7. 1. (a)153 Hz; (b)194 Hz

4. 7. 3. (a)3. 83, 5. 14, 6. 38, 7. 59, 8. 77。(b)$s=-0.238, -0.148, -0.083, -0.037, 0$; 不均匀,但是存在规律$[s\approx0.21\ln(n/6)]$

4. 8. 1. $f_M=\mathrm{j}_{1M}/2\pi a$

4. 9. 3. 68. 6%

4. 9. 5C. (b)0. 57

4. 10. 1. $A_{nm}=2/\sqrt{L_x L_y}$

4. 10. 3. (a)$\sqrt{3/8}$; (b)(3, 1); (c)都会,都不会,(2, 1);

(d)$f_{62}=f_{24}=2f_{31}$, $f_{71}=f_{34}=2.10f_{31}$, $f_{93}=f_{36}=3f_{31}$

4. 11. 1. (a)1. 23 kHz; (b)频率加倍; (c)四分之一频率

4. 11. 3. (a)−0. 002 5; (b)$y_2=A_2\cos(\omega_2 t+\varphi_2)\mathrm{J}_0(6.3r/a)-0.002\,5I_0(6.3r/a)$; (d)0. 38

4. 11. 5. (b)加倍

4.11.7. 不存在圆柱对称简正模态

5.2.1. (a) $\mathscr{R}=\mathscr{P}_0\gamma$; (b) $\mathscr{R}\propto T_K$

5.2.3. $\approx\gamma$

5.6.1. (a) 1 260 m/s; (b) 是; (c) 4.1C°

5.6.3. (a) 不变,变化. (b) $c=\sqrt{rT_K}$. (c) 344,291 m/s

5.7.3. (a) $P/\rho_0c^2$; (b) $|s|$

5.7.5. (b) 0.006 5, 0.029

5.9.1. (a) $(P/c^2)\exp[j(\omega t-kx)]$; (b) $(P/\rho_0c)\exp[j(\omega t-kx)]$;
(c) $j(P/\rho_0\omega)\exp[j(\omega t-kx)]$

5.9.3. (a) $(P/c^2)\cos(kx)\sin(\omega t)$; (b) $-(P/\rho_0c)\sin(kx)\sin(\omega t)$;
(c) $-(P/\rho_0\omega)\cos(kx)\sin(\omega t)$

5.10.3. $j\rho_0c\tan(kx)$

5.11.1C. $0.2<ka<7$, $\rho_0c$, $\frac{1}{2}\rho_0c$

5.11.3. (a) $-j(A/\rho_0cr)[\sin(kr)+(1/kr)\cos(kr)]\exp(j\omega t)$;
(b) $j\rho_0c\cos(kr)/[\sin(kr)+(1/kr)\cos(kr)]$;
(c) $(A/r^2)(1/\rho_0c)\cos(kr)[\sin(kr)+(1/kr)\cos(kr)]\cos(\omega t)\sin(\omega t)$; (d) 0

5.11.5. 0.30 m,质点振速的相位和方向

5.12.1C. (b) 无关

5.12.3. (a) $4.8\times10^{-3}$ W/m$^2$, 96 dB*re* $10^{-12}$ W/m$^2$; (b) $7.7\times10^{-6}$ m; (c) $4.82\times10^{-3}$ m/s; (d) 1.41 Pa; (e) 97 dB re 20μPa

5.12.5. (b) 6.75 kW/m$^2$; (c) 59.7

5.12.7. (b) 430,378 Pa·s/m; (c) +13.8%; (d) +0.56,0 dB

5.12.9. 60 dB re 1μbar/V

5.12.11. (a) −180 dB re 1V/μPa; (b) 1.0 V

5.13.1C. 1.1

5.13.5. (c) $\theta=\tan^{-1}(k_z/k_r)$

5.14.1. (b) $c_0/(g\cos\theta_0)$,是; (c) 115, 1.51 km

5.14.3. (a) $Z=2X-X^2$,其中 $Z=\varepsilon z/(\sin^2\theta_0)$ 和 $X=\varepsilon x/(2\sin\theta_0\cos\theta_0)$;
(b) $(4/\varepsilon)\cos\theta_0\sin\theta_0$, $(1/\varepsilon)\sin^2\theta_0$; (c) $c_0\cos\theta_0/\left(1-\frac{2}{3}\sin^2\theta_0\right)$, $1+(\theta_0^2/6)$;
(d) 1%; (e) 1 437, 1 467.1, 1 467.3, 1 468.9, 1 474.4 m/s;
(f) 轴上方的路径,0,7.6,30.4,189.9,753.8 m,和 0,1.74,3.49,8.68,17.1 km;轴下方的路径,前面值的两倍

5.14.5. 4 200 m

5.14.7. 4.00, 3.41, 2.00, 0.59, 0.00, 0.59, 2.00, 3.41, 4.00

5.14.11C. (b) 4.6°, 49.3 km; (c)−(d) 4.6, 3.6 km

5.14.13C. 0.048 s

5.15.1. (a) $\vec{u}\cdot\vec{v}$; (b) $\nabla\cdot\vec{u}$; (c) $\vec{u}\cdot\nabla f$; (d) $f\nabla\cdot\vec{u}+\vec{u}\cdot\nabla f$

6.2.1. (a) 0.028 1 Pa; (b) 1.69, 1.9μW/m$^2$; (c) 29.5 dB; (d) 66.5 Pa, 1.5 mW/m$^2$, 0.5 dB;

(e)0. 109

6. 2. 3. (a)5. 53×$10^{-4}$,1. 10×$10^{-3}$;(b)2,1. 10×$10^{-3}$;(c)−65,−30,+6,−30 dB

6. 2. 5C. $(1+R)/(1-R)$

6. 3. 3. (a)1 dB;(b)0. 2;(c)0. 2 dB,0. 05

6. 4. 3. (a)11. 9°;(b)0. 83

6. 4. 5. (a)146 Pa;(b)146 Pa;(c)0. 212;(d)47. 7°

6. 6. 1. (a)73°;(b)0. 30;(c)0. 53

6. 7. 1. (b)$|k_2L-n\pi|\ll 1$;(c)$n=0$ 时,$k_2L\ll 1$ 与(b)一致

6. 8. 3. (c)$\theta=\sin^{-1}(n\pi/kd)$

6. 8. 5. (a)$2A/r$;(b)$2(A/\rho_0c)(d/r^2)[1+(kr)^2]^{1/2}/kr$

7. 1. 1. (a)0. 628 W。(b)5 W/m$^2$,64. 4 Pa,0. 863 m/s;1. 37×$10^{-3}$m,1. 37×$10^{-2}$,4. 52×$10^{-4}$,2. 52×$10^{-3}$。(c)0. 216 W/m$^2$,13. 4 Pa,4. 79×$10^{-2}$m/s,7. 62×$10^{-5}$m,1. 52×$10^{-4}$,9. 41×$10^{-5}$,1. 40×$10^{-4}$

7. 1. 3. (a)$\rho_0c(1+\mathrm{j})/2,\frac{1}{2}$;(b)$\propto\omega^2$,常数

7. 1. 5C. (c)0. 316

7. 2. 1. (a)$\frac{1}{4}$;(b)4

7. 2. 3. (a)$(2A/r)\exp[\mathrm{j}(\omega t-kr)]$;(b)一致

7. 3. 1. (b)5,5,6;(c)部分,全部,部分

7. 4. 1. (a)$\sin\theta_1=3.83/ka$;(b)$r/a=(ka/4\pi)[1-(2\pi/ka)^2]$;(c)不可能

7. 4. 3. 14. 8°

7. 5. 1. (a)$(1/2\pi)\sqrt{s/m}$;
(b)当 $\omega m\gg s/\omega$ 和 $\gg R_m+S\rho_0c$ 时质量控制,当 $\omega m\gg s/\omega$ 和 $\gg R_m+S\rho_0c$ 时顺性控制

7. 5. 3. (a)$2\pi a^2\rho_0c\cos\theta_a\exp(\mathrm{j}\theta_a)$,其中 $\cot\theta_a=ka$;(b)相同;(c)3

7. 6. 3. (a)0. 032 8 m/s;(b)0. 055 6 kg;(c)18. 6°;(d)25 dB

7. 6. 5. $(Pr/\omega)(2\pi c/\Pi\rho_0)^{1/2}$,$\Pi k/P\pi r$

7. 6. 7. 13. 2

7. 6. 9C. (b)6. 83 kHz

7. 8. 5. (a)2. 42 m;(b)在 $\theta=90°$的直线;(c)42°;(d)19 dB

7. 8. 7. (b)$\cos\theta_0\sim|\theta_0-\theta_1|$

7. 8. 9C. 式(7. 8. 20)和(7. 8. 21)之间光滑过渡

7. 9. 1. $\sin\left(\frac{1}{2}kL_y\sin\theta\right)\sin\left(\frac{1}{2}kL_x\sin\varphi\right)/\left(\frac{1}{4}k^2L_yL_x\sin\theta\sin\varphi\right)$

7. 10. 3. (a)$(Q/4\pi r)\exp[\mathrm{j}(\omega t-kr)]\{3+2[-(kd\sin\theta)^2/2!+(kd\sin\theta)^4/4!-\ldots]\}$

7. 10. 7. $-(Aa^4/12r)\exp[\mathrm{j}(\omega t-kr)]$,0,$-(Aa^4/180r)(ka)^2\exp[\mathrm{j}(\omega t-kr)]$

8. 2. 1. (a)3. 2×$10^{-10}$s;(b)490 MHz;(c)在 7%以内,3. 2×$10^{-12}$ Np・s$^2$/m

8. 2. 3. (a)$\boldsymbol{p}$ 和 $\boldsymbol{s}$ 同相;$\boldsymbol{p}$ 和 $\boldsymbol{u}$ 相位角$\arctan(\alpha/k)$;(b)$(P^2/2\rho_0c)\exp(-2\alpha x)$,条件 $O(\alpha/k)$

8. 2. 5. (b)$\mathbf{u}=U_0\exp(-\alpha z)\exp[\mathrm{j}(\omega t-kz)]$;(c)$\sqrt{2\eta\omega/\rho_0}$,$\sqrt{\rho_0\omega/2\eta}$;

(d) $\sqrt{2\eta/\rho_0\omega}$, $6.9\times10^{-4}$, $6.9\times10^{-5}$ m

8.3.1. (a) $(P_0/\rho_0c^2)[1-\exp(-t/\tau)]$; (b) $c\sqrt{1+j\omega t}$

8.3.3. (b) $20\log r+a(r-1)$; (c) 0.011 5 Np/m

8.3.5C.　0.308, 0.53°

8.4.3.　$1.83\times10^{-10}$, $1.73\times10^{-10}$ s, 1.06

8.6.1.　$f=1/2\pi\tau_M$

8.6.3. (a) $3.18\times10^{-5}$ s; (b) 和 (c)

| Frequency/kHz | $\alpha_M$/(Np/m) | $\alpha$/(Np/m) |
|---|---|---|
| 1 | 0.001 23 | 0.001 24 |
| 2 | 0.004 41 | 0.004 46 |
| 5 | 0.016 0 | 0.016 3 |
| 7 | 0.021 2 | 0.021 9 |
| 10 | 0.025 6 | 0.027 0 |

(d) 不重要

8.6.5.　$C_p=35.2$ J/(mol·K), $C_V=26.8$ J/(mol·K), $C_e=20.3$ J/(mol·K), $C_i=6.5$ J/(mol·K)

8.7.1. (b) 2.6 dB; (c) 47 dB

8.9.1C. (b) $8.3\times10^{-5}$, $8.3\times10^{-6}$; $9.9\times10^{-5}$, $9.9\times10^{-6}$

8.9.3. (a) $1.4\times10^{-4}$ NP/m; (b) $4.0\times10^{-2}$ NP/m; (c) $4.0\times10^{-2}$ Np/m; (d) −0.71 dB

8.9.5.　自由场: $1.2\times10^{-4}$, $1.2\times10^{-2}$, 1.2 dB/m. 管道: 0.82, 2.60, 9.6 dB/m

8.10.1. (a) 0.010 4 dB/m; (b) 0.001 6 dB/m; (c) 0.004 2 dB/m

8.10.3.　0.054

8.10.7 (a) 46.1 kHz; (b) $6.23\times10^{-5}$, $1.14\times10^{-5}$ m²; (c) 36.9 $m^{-3}$; (d) 相同

9.2.1.　60.8 Hz, 66.2 Hz, 70.9 Hz, 89.9 Hz, 93.4 Hz, 97.0 Hz, 114.5 Hz, 121.6 Hz, 132.4 Hz, 138.5 Hz

9.2.5. (1,0,0)(0,1,0)(0,0,1) 反相, (1,1,0)(1,0,1)(0,1,1) 同相, (1,1,1) 反相, (2,0,0)(0,2,0)(0,0,2) 同相

9.3.3. (a) (0,1,1), 20.1 Hz, (0,2,1) 33.3 Hz, (0,0,2), 41.8 Hz, (0,3,1) 45.9 Hz, (1,0,1) 57.2 Hz; (c) 没有

9.3.5C.　462 Hz

9.4.1. (a) 568 Hz。(b) 节点在 0 cm, (反节点在 20 cm); 912, 0, (20); 1 230, 14, (0, 20); (c) 只有最后一个 (0,0,1)

9.5.1.　37.5 Hz, 45.1 Hz, 62.5 Hz, 83.9 Hz, 106.8 Hz

9.5.3.　5.73 kHz, 9.14 kHz, 12.3 kHz, 13.2 kHz, 15.2 kHz

9.5.5. (a) 10.6 kHz, 16.8 kHz, 21.2 kHz, 23.7 kHz; (b) $f_{12}=f_{21}$, $f_{13}=f_{31}$; (c) (1,1), (3,1), (1.3); (d) 没有

9.6.1.　1

9.8.1. (a) $Z_n(z)=A_n\cos k_{zn}z$, $k_{zn}=n\pi/H$, $n=0,1,2...$, $A_0=\sqrt{1/H}$, $A_n=\sqrt{2/H}$, 其中 $n\geq1$; (b) (9.8.5), 其中 $\omega_n=n\pi c/H$; (c) $N=[(H/\pi)(\omega/c)]$;

(d)式(9.8.4)中(2/H)用$A_n^2$代替,从$n=0$到$N$求和,$\kappa_n$与(b)中一致,$A_n$和$k_{zn}$与(a)中一致

9.8.3. (a)2;(b)$0.254/\sqrt{r}$ Pa

9.9.15. (a)120 dB;(b)31 km

10.2.1. 0.218 m

10.3.1. (a)0.029+j13.2 N·s/m;(b)62 N;(c)0.32 W

10.3.3C. (b)0.44

10.4.1. (a)0.25;(b)$4.4\times10^6$ Pa·s/m

10.4.3. (a)12.3;(b)0.38,1.24 m

10.4.5. 546−j1 349 Pa·s/m

10.5.1. (a)$\alpha=[(\mathrm{SWR})_1-(\mathrm{SWR})_2]/[(\mathrm{SWR})_1(\mathrm{SWR})_2(x_1-x_2)]$;
(b)$2.77\times10^{-2}$ NP/m;(c)$2.14\times10^{-2}$ Np/m;(d)非常粗略的大约5%或者50%

10.5.3C. (b)从图中得到28.6,从公式中得到29.1

10.6.3. (a)438 Hz,2.55π;(b)617 Hz,3.60π

10.8.1. (a)1.94 cm;(b)0.34 μbar;(c),(d)380 Hz,452 Hz

10.9.1. (c)是

10.10.1. (a)$4S_1^2/(S_1+S_2)^2$;(b)$S_1>S_2$;(c)$S_1>S_2$时$S_1/S_2$,$S_1<S_2$时$S_2/S_1$

10.10.3. (a)0.33;(b)$2S_1P/S_2$;(c)6

10.10.5. (a)0.49 $m^3$;(b)0.5

10.10.9. (a)用$x^2/(1+x^2)$绘图,其中$x=2\omega m/\rho_0 cS$;(c)0.62 kg

10.10.11. (a)带阻;(b)$6.90\times10^{-4}$ $m^3$;(c)0.64

10.10.13. $2(\sqrt{2}-1)$

10.11.5. (a)$S_1=0.1(1+0.11/L)$ $m^2$,其中$L<0.05$ m,以确保在1 kHz时$kL<1$;(b)333 Hz

11.2.1. (a)3,1.260;(b)2,1.414;(c)12,1.059

11.3.1. (a)$6\times10^{-6}$ W/$m^2$;(b)$6\times10^{-6}$;(c)$3.6\times10^{-5}$ W/$m^2$

11.3.3. (a)150.4 dBre1μ Pa,150.4 dBre1μ Pa/$Hz^{1/2}$

| | | |
|---|---|---|
| (a) | 150.4 | 150.4 |
| | 160 | 150 |
| | 170 | 150 |
| (b) | 153 | 153 |
| | 160.4 | 150.4 |
| | 170 | 150 |
| (c) | 160.4 | 160.4 |
| | 163 | 153 |
| | 170.4 | 150.4 |

11.3.5. (a)128−20 log $f$ dB re 20 μPa/$Hz^{1/2}$;(b)−6 dB/octave;(c)77 dB re 20 μPa

11.4.1. $A_{S,N}$增加0.7σ

11.4.3. 0.03

11.5.1. 如果$\tau>T_s$,DT′是常数;如果$\tau<T_s$,DT′随τ降低而增加

11.5.3. 2,3 dB

11.6.1. $z=3\tan^{-1}\left[\frac{2}{3}(4-\log f)\right]$

11.7.1. (a)22 dB re 20 μPa;(b)53 dB re 20μ Pa

11.7.3. 90 dB re 20μ Pa

11.8.1. (a)2.1 sone;(b)40 dB re $10^{-12}$ W/m$^2$;(c)85 dB re $10^{-12}$ W/m$^2$

11.8.3. (a)85 dB re $10^{-12}$ W/m$^2$;(b)78 sone;(c)97 dB re $10^{-12}$ W/m$^2$

11.8.7. (a)$I_T\sim5\times10^{-12}$ W/m$^2$;(b)$N=460(I-I_T)^{1/3}$;

(d)$P_T\sim4.6\times10^{-5}$ Pa,$N=460(\sqrt{I}-\sqrt{I_T})^{2/3}$;(e)稍微更好地选择声压

12.3.1. (a)3.01×$10^{-7}$ W/m$^2$;(b)1.51×$10^{-5}$ W

12.3.3. (a)1.79 s;(b)8.7×$10^{-6}$ W;(c)2.4×$10^{-7}$ W/m$^2$

12.3.5. (a)$(Sc/8V)\bar{a}$;(b)$(S/8V)\bar{a}$

12.3.7. (a)0.020;(b)0.52;(c)0.15 s

12.4.1. (a)11.6 ft;(b)0.23

12.4.3. (a)0.99,0.97,0.950.90,0.72;(b)0.161 $V/S$,0;(c)13.8,0,艾琳

12.4.5. (a)$0.67\le L_M\le1.3$

12.5.1. (a)1.0 s;(b)0.18 s;(c)0.13 s

12.6.1. (a)1.4×$10^{-4}$ W;(b)2 205 ft$^2$;(c)0.2 s

12.6.3. (a)77.6 dB re 20 μPa;(b)0.142 s;(c)5.83 ft$^2$

12.7.1. 选择(a)更好

12.8.1. 13.8

12.8.3. (a)1.6 s,好的一致性;(b)30 ms(边上),20 ms(天花板),坐在靠后的位置;

(c)12.5 m,47;(d)$\bar{a}=0.30$,$\bar{a}_E=0.26$

12.9.1. (a)2.2 kHz;(b)0.113 s;(c)116 dB re 20 μPa;(d)141,187,234 Hz

12.9.3. (a)54.3 Hz;(b)1.56 s;(c)259 Hz

12.9.5. (a)0.35;(b)0.28,0.46 s

12.9.7. (a)6.4;(b)0.64;(c)0.018 s

13.2.1. (a)73.0 dB re 20 μPa;(b)60.8 dBA

13.2.3. 39 dB re 20 μPa,50 dB re 20 μPa,62 dB re 20 μPa,73 dB re 20 μPa,78 dB re 20 μPa,80 dB re 20 μPa,81 dB re 20 μPa,74,64 dB re 20 μPa

13.3.1. (a)53.5 vs. 53.8 dB re 20 μPa;(b)80 dBA,不切实际的

13.5.1. (a)53;(b)52.8,非常好;(c)商店,车库

13.6.1. 58 dBA,48 dBA,43 dBA

13.6.3. (a)57.5 dBA;(b)59.6 dBA;(c)60 dBA

13.8.1. 61 dBA,71 dBA,67 dBA,78 dBA

13.11.1. 是

13.13.1. 51

13.15.3. (a)22.4 kg/m$^2$;(b)表 13.13.1,条目 8、10、13

13.15.3. 6.1 kHz

13.15.5C. 3.68 m,2.60 m,2.12 m

14.4.1. 60 dB re 1 μbar/V

14. 4. 3. 14. 3%

14. 5. 1. (a)0. 98;(b)0. 98;(c)4. 7

14. 5. 3. (a)50. 3 Hz;(b)2. 37;(c),(d)1. 9×$10^{-3}$,5×$10^{-4}$m

14. 5. 5C.　4. 77 vs. 4. 67

14. 6. 1. (a)2. 37×$10^{3}$N/m;(b)0. 085 kg

14. 6. 3. (a)0. 69 $m^{3}$;(b)1. 08

14. 7. 3. (a)136 Hz;(b)4. 0×$10^{-3}$$m^{3}$/s;(c)3. 2×$10^{-4}$m

14. 7. 5. (a)$1/\sqrt{S}$;(b)一致;(c)$P(x)=(a/x)P(a)$,一致

14. 8. 1. (a)−180 dB re 1V/μPa;(b)1. 0 V

14. 9. 1. (a)0. 05 V/Pa;(b)−26 dB re 1 V/Pa;(c)5×$10^{-9}$m;(d)0. 028 V

14. 10. 1. −50 dB re 1 V/Pa

14. 11. 1. (a)5. 4×$10^{5}$V;(b)−91 dB *re* 1 V/Pa;(c)5. 5×$10^{-6}$m

14. 11. 3. (a)5 dB;(b)7 dB

14. 12. 1. $V_1/2V_0$,$(V_1/2V_0)^2$

14. 12. 3. (a)1. 17×$10^{-3}$V;(b)2. 7×$10^{-12}$W;(c)6. 7×$10^{-4}$

14. 13. 1. (a)−20 dB *re* 1 V/Pa. ;(b)+4 dB *re* 1 Pa

14. 13. 3. (a)5. 0×$10^{-3}$V/Pa;(b)0. 2 Pa

15. 2. 1. 152 9. 66 m/s,1 529. 83 m/s

15. 3. 1.

| | | 100 Hz | 1 kHz | 10 kHz |
|---|---|---|---|---|
| (15. 3. 6) | 0 km | 0. 98×$10^{-3}$dB/km | 5. 25×$10^{-2}$dB/km | 1. 09 dB/km |
| | 2 km | 0. 95×$10^{-3}$ | 4. 97×$10^{-2}$ | 0. 81 |
| 0 km | 5 ℃ | 1. 23×$10^{-3}$dB/km | 6. 31×$10^{-2}$dB/km | 1. 13 dB/km |
| | 20 ℃ | 0. 71×$10^{-3}$ | 5. 22×$10^{-2}$ | 0. 74 |
| 2 km | 5 ℃ | 1. 18×$10^{-3}$ | 5. 90×$10^{-2}$ | 0. 84 |
| | 20 ℃ | 0. 68×$10^{-3}$ | 4. 96×$10^{-2}$ | 0. 57 |

15. 5. 1. (a)1. 36 km;(b)1. 5 °;(c)2. 39 km;(d)310 m

15. 5. 3. (a)115 m;(b)184 m

15. 5. 5.　4. 34 km

15. 5. 7. (a)80 dB;(b)4. 5 dB/bounce

15. 7. 1. (a)−13. 6 dB re 1 μbar;(*b*)0 dB re 1 μbar;(c)4. 8 dB re 1 μbar;(d)0 dB re 1 μbar;
(e)−5. 6 dB re 1 μbar,−1. 2 dB re 1 μbar,2. 4 dB re 1 μbar,0 dB re 1 μbar

15. 7. 3. (a)垂直于表面;(b)2 $Ad/\rho_0 cr^2$

15. 8. 1.　10 dB

15. 8. 3.　$5\log(\omega d/\tau)$

15. 8. 5. (a)$P(D)$降低,$P(FA)$保持不变,$d$减小;(b)$P(D)$降低,$P(FA)$降低,$d$保持不变

15. 10. 1.　1. 3×$10^{-5}$

15. 10. 3. (a)4. 9 Hz;(b)75 dB re 1 μPa;(c)−5 dB;(d)20 s;(e)68 dB re 1 μPa,2 dB,5. 2 s

15.10.5. (a)13.5 km;(b)0.76 km;(c)8.0 km

15.10.7. (a)15 min;(b)1 800;(c)$1.39\times10^{-4}$;(d)5.8 dB

15.11.1. (a)20 s;(b)$6.67\times10^{-5}$;(c)$2.22\times10^{-5}$;(d)16,18

15.11.3. −88 dB

15.11.5. 2.7 km

15.12.1. 2 dB 的差异与假设是一致的

15.12.3. (a)6.67 Pa,6.19 Pa,6.19 Pa,2.81 Pa,2.81 Pa;(b)0.42°,−186°,−325°,−325°,
12.6 Pa;(c)11.7 Pa

15.13.1. (a)80 dB;(b)31 km

15.13.5. 好的一致性

16.3.1. (a)和(b)

| $f$ (kHz) | $l$ (m) | Γ (潮湿空气) | Γ (干燥空气) |
|---|---|---|---|
| 0.1 | $2.27\times10^{3}$ | 3.1 | 12 |
| 1 | $2.27\times10^{2}$ | 2.4 | 9.0 |
| 10 | $22.7\times10^{1}$ | 22 | 2.2 |

(c)$l$ 增加、Γ 减小 10 倍

16.3.3. 15.8,可以

17.1.3. (a)1.302;(b)351.8 K;(c)2 002 mbar,1 017 mbar;(d)1.52;(e)0.17 J/(mol·K)

17.1.7. (a)$\rho_1 U=\rho_2(U+u)$,$P_1+\rho_1 U^2=P_2=\rho_2(U+u)^2$;(b)15.1 atm,735 K

17.2.3. (a)$\ln p\approx\ln p(0)-[(b+1)/\tau]t$;(b)$\ln p(0)$,$-(b+1)/\tau$;
(c)当 $t=\tau$ 时 $p(t)=0$,按照(b)中的 $b$ 进行求解

17.3.1. (a)$1.09\times10^{5}$J;(b)23.7 gTNT 当量

17.3.5.

| 站点 | $R$ (m) | $M$ | $p(0)/P_1$ | $t_a$ (ms) | $\langle u_1\rangle_R$ (m/s) | $\tau$ (ms) | $J/S$ (bar·ms) | $b$ |
|---|---|---|---|---|---|---|---|---|
| A | 3.05 | 1.303 | 0.813 | 4.0 | 761 | 1.67 | 0.52 | 0.75 |
| B | 2.42 | 1.47 | 1.35 | 2.65 | 913 | 1.377 | 0.66 | 1.01 |
| C | 14.7 | 1.025 | 0.059 2 | 36.1 | 408 | 3.915 | 0.105 | 0.30 |
| D | 1.3 | 2.37 | 5.39 | 0.84 | 1 557 | 0.767 | 1.03 | 2.50 |
| E | 6.38 | 1.077 | 0.187 | 12.9 | 495 | 2.87 | 0.24 | 0.44 |
| F | 1.87 | 1.746 | 2.39 | 1.65 | 1 134 | 1.10 | 0.838 | 1.46 |
| G | 38 | 1.009 | 0.022 | 103 | 369 | 4.18 | 0.041 | 0.21 |
| H | 400 | 1.001 | 0.002 | 1 166 | 343 | 4.026 | 0.003 | 0.13 |

17.3.11. (a)$\propto 1/R$;(b)343 m/s;(c)两者都一致

17.5.1. (a)1.506,1.50 bar;(b),(c)238,943 m/s;(d)1.06;
(e)15.2 bar·ms;(f)10,15 t

17.5.3. (a)3.776 km;(b)250,374 tTNT;(c)13.7 mbar;(d)3.3 m/s